U0343854

山东矿床成矿系列

主　编　于学峰　张天祯　王　虹

副主编　宋明春　程光锁　张淑芳　倪振平　李庆平　李大鹏　李洪奎

编写人　(以姓氏拼音排序)

程光锁　曹　佳　曹丽丽　郭宝奎　韩学林　胡艳春　焦秀美

李大鹏　李洪奎　李庆平　李宗成　梁吉坡　刘福魁　刘俊玉

刘书才　罗文强　倪振平　任天龙　单　伟　宋明春　孙　斌

孙伟清　王　虹　王奎峰　王世进　王秀元　王照波　谢颂诗

杨　斌　杨恩秀　游文澄　于学峰　张俊波　张尚坤　张淑芳

张天祯　张义江　张增奇　禚传源

制　图　张淑芳　周　鑫　姜素芝　陶卫卫

编　校　孟舞平

排　版　郑伟冉

地质出版社

· 北　京 ·

内容提要

本书运用我国学者创立的矿床成矿系列理论和方法，对山东全省固体矿产的地质构造环境、成矿作用和地质特征，进行了全面的分析和总结，对其中的主要矿种建立了80个矿床式(类型)；厘定了从太古宙至今的全时段内，以"地质构造部位(地域)、时代、主要成矿作用、矿种(组)"为基本结构的31个成矿系列，对每个矿床成矿系列进行了较详细的论述，特别是对该系列的典型矿床进行了剖析；依据山东地壳演化历史、大地构造分区及各区块内的矿床成矿系列特点，建立了山东地区的矿床成矿谱系；并对山东省金、铁、煤等近30种重要矿产进行了成矿远景预测，为全省深部找矿提供了科学依据。

本书可供矿产勘查、科研、教学及其他相关领域人员参考。

图书在版编目(CIP)数据

山东矿床成矿系列/于学峰，张天祯等主编.—北京：地质出版社，2015.12

ISBN 978-7-116-09436-9

Ⅰ.①山… Ⅱ.①于… Ⅲ.①成矿系列—研究—山东省 Ⅳ.①P612

中国版本图书馆CIP数据核字(2015)第231165号

SHANDONG KUANGCHUANG CHENGKUANG XILIE

责任编辑：白 铁 吕 静 韩 博 曹丽丽
责任校对：李 玫 孟舞平
出版发行：地质出版社
社址邮编：北京海淀区学院路31号，100083
咨询电话：(010)66554643(邮购部)；(010)66554625(编辑室)
网　　址：http://www.gph.com.cn
传　　真：(010)66554686
印　　刷：山东新华印务有限责任公司
开　　本：889 mm×1194 mm 1/16
印　　张：42
字　　数：1198千字
版　　次：2015年12月第1版
印　　次：2015年12月第1次印刷
审 图 号：鲁SG(2015)154号
定　　价：160.00元
书　　号：ISBN 978-7-116-09436-9

总　序

山东省居于中国东部沿海的中北段；在地质构造位置上，处于华北板块东南缘与扬子板块相接部位上，其东部又靠近太平洋板块与欧亚板块相接地带，地壳演化历程较为复杂。这里记录着近30亿年以来发生的沉积、岩浆喷溢及侵入、变质及变形等复杂的地质事件，由此形成了丰富的地层、岩石、构造等地质遗迹景观和能源、金属、非金属、水气矿产资源，历来为世人所瞩目。

山东近代地质工作较早，地质工作程度较高。新中国成立的60余年来，已在地层、岩浆岩、变质岩、构造等基础地质研究方面取得了全面的重要的成果；发现各类矿产150种，资源储量列全国前10位的有58种，前5位的有32种，前3位的矿产有24种。国民经济赖以发展的15种支柱性重要矿产在山东均查明了资源储量，其中石油、铁、金、铝土矿、钾盐、矿盐等矿产保有储量居全国前10位。这些丰富的地质矿产资源，在山东经济社会发展中发挥了极为重要的作用。

成立于1958年的山东省地质科学研究院，是以承担国家和山东省基础性、公益性、战略性地学研究任务为主的多专业、多学科、综合性研究单位。建院近60年来，在区域地质调查、矿产勘查和地质科研等方面取得了许多成果；近10余年来，又在山东煤矿、铁矿、金矿等的地质找矿及区域成矿和基础地质研究等方面取得了一些新的重要的进展，积累了丰富的地质成果资料，并出版了《山东矿床》、《山东大地构造相研究》、《我国黄金矿山尾矿的综合利用》等地质专著，取得了较好的社会效益和经济效益。

2012和2011年，国土资源部金矿成矿过程与资源利用重点实验室、山东省金属矿产成矿地质过程与资源利用重点实验室设立以来，在翟裕生、陈毓川、李廷栋、赵鹏大、裴荣富、孙传尧、莫宣学院士及叶天竺、邓军教授等学者、专家的关心和指导下，山东省地质科学研究院和两个矿产重点实验室规划了当前和近十年的地质科研工作目标和工作方向，在进行地质科研课题的同时，把地质调查和地质科研成果综合集成、形成地质科学文献出版交流作为地质科研链条的组成部分纳入了地质科研工作序列。

地质科研成果出版，对资料积累、学术交流具有重要意义，对促进山东省地质科学研究院地质科技创新将起到重要推动作用。山东地科院鼓励本院在职及受聘客座科研人员在从事地质调查和科研工作中注重论文及专著的写作交流，为其发表和出版创造条件；并将有计划地对近年来完成的基础地质、矿床地质、资源利用等方面的成果进一步总结提升，编辑出版，在出版交流中进一步提高技术业务素质和地质理论水平，以紧跟地学前缘，做好山东地质工作。

对山东这样一个地质构造背景复杂条件下形成的矿产资源的认识是一个不断深化、不断完善的过程。出版有关山东地质专著，把它留给当今和此后从事或关心山东地质调查、矿产勘查、科学研究和教学的广大地学工作者，并在此基础上继续探讨和总结，促进和发展山东地质科学研究水平，寻找出更多的矿产资源，更好地为山东经济社会可持续发展服务，这是本科技成果编辑委员会及山东地科院广大职工的共同心愿。对出版的成果中存在的某些不足和问题，还需要作者和读者共同探讨，以求提高。

多年来，山东地科院有关地质文献编辑出版一直得到上级领导关心和支持；受到我国老一辈地质科学家的关注、鼓励和指导。裴荣富院士、翟裕生院士、陈毓川院士、李廷栋院士、赵鹏大院士、刘宝珺院士、孙传尧院士、张宗祜院士、莫宣学院士、叶天竺教授、邓军教授等专家学者给予很多具体指导和帮助；中国地质科学院矿产资源研究所、山东省国土资源厅、山东省地质矿产勘查开发局、胜利石油管理局、山东省煤田地质局、中国冶金地质勘查工程总局山东局、山东黄金集团、山东招金集团、山东省地质调查院、山东省地质环境监测总站、山东省国土资源档案馆等单位所给予的大力支持，由衷地表示感谢！

山　东　省　地　质　科　学　研　究　院
国土资源部金矿成矿过程与资源利用重点实验室
山东省金属矿产成矿地质过程与资源利用重点实验室
科技成果出版编辑委员会
2015年11月

序　一

矿产资源是国民经济与社会发展的物质基础。历代先辈们为我国矿业发展作出了卓越贡献。找矿是发展矿业的基础,是一项永恒的科技创新事业。找矿工作成功的核心是成功应用经验理论与探测技术方法。经验理论是历代找矿过程中积累起来对矿床与区域矿床成矿规律的认识,有的已达到可普遍适用的理论程度,但大部分是地区性、局部性的规律认识,但都有用于指导找矿,都有待于进一步的提升。指导找矿的经验、规律性认识,有的提升到理论都是阶段性的,都需在新的找矿实践过程中进行提升、再创新,将不断进行,使规律性认识和理论将越来越充实,对指导找矿越来越有效,这也就是对矿床地质认识过程的规律。

矿床的成矿系列概念是一种研究区域成矿规律的学术思想,是对区域成矿规律有关内容的一种新认识,一个重要的研究方向,即研究矿床及矿床组合自然体在自然界形成的自然条件(时代、地质构造环境及发生地质成矿作用)中形成的过程、时空的分布、演化及成因联系。成矿系列概念的核心是在区域中矿床不是单个存在,而是以多类型、多矿种、成因相联、有规律地时空分布的矿床组合自然体存在,构成矿床成矿系列独立体,亦就是地球上矿床世界的细胞,这实际上亦是一个相对独立的矿床成矿系统。成矿系列的本身又是一种新的矿床分类——矿床自然分类。自1979年成矿系列概念由程裕淇先生等正式提出以来,成矿系列研究工作取得很大进展,在矿产地质界得到应用,为找矿服务取得了不少成果,说明此研究方向是有生命力的、是有理论与实用意义的。此项研究意义重大,但目前尚属初步阶段,尚有待深化。殷切希望本行业勘查、矿山、科研、教育部门的同行们共同探索,不断深化、更好为找矿服务,为发展成矿理论获得更大进展。

山东省地质科学研究院以于学峰研究员为首的研究集体致力于山东省地质找矿工作,取得丰硕成果,在地质找矿工作过程中不断努力探索、总结指导找矿的成矿理论与找矿技术方法。这一次用五年时间,联合省内地质勘查各部门专家共同努力,在充分应用本院及省内同行们所获得的本省长期积累的丰富的地质矿产成果基础上,对全省矿床成矿系列进行系统研究,并提出今后的找矿方向。研究成果今正式出版,与广大读者见面。在此时刻,我致以衷心祝贺。

本书以成矿系列概念学术思想对全省固体矿产区域成矿规律进行研究,从太古宙至今的全时段内,以时代、成矿地质构造环境及相应的成矿作用所形成的矿床组合自然体作为一个整体,建立了山东省固体矿产矿床成矿系列群体。对每个矿床成矿系列进行了较详细的论述,特别是对本系列的典型矿床进行了剖析,实际资料十分丰富。在此基础上研究了各系列成矿的条件、成矿规律及区域成矿的演化规律,建立了区域成矿谱系。此项研究使本省区域成矿规律研究提升到一个新高度,对指导找矿必有意义。本书对本省同行无疑是一本值得参考的文献,对地质矿产行业同行们亦值得一读。规律性研究是无止境的,需要不断探索,因此,在本次研究的高平台上,建议继续研究,更上一层楼。衷心预祝在今后的工作中取得更大更多的成果!

2015年11月

序 二

山东省矿产资源丰富，矿种比较齐全，矿床类型多样，是我国主要矿产资源大省之一。山东又是矿业开发大省，矿产开发时代早，强度大，资源利用程度高。山东省重视矿床勘查工作，近年来在金矿深部找矿方面又取得重大进展，储量大增，还完成了我国第一个金矿深部探矿的4 000 m深钻，有重要发现；在陆缘海底下探矿和采矿技术（三山岛金矿）方面也是首创，领先全国。

山东还是我国基础地质和矿床地质研究的大省，就矿床学来说，山东省最早发现和开发金刚石矿床，总结了金刚石原生矿成矿规律；焦家式金矿的首次发现，在我国开创了勘查和开发蚀变岩型金矿的先河；胜利油田山东探区的发现与开发和大汶口盆地蒸发盐类矿床的找寻和研究等，都对全国能源、金属和非金属矿产的地质研究和找矿突破有借鉴和促进作用。

山东地质同行重视矿床地质的综合研究，比较突出的是2006年出版的《山东矿床》，给人以耳目一新和震撼的感觉，公认为是一部精品。更可喜的是，十年之后的今天，又一部《山东矿床成矿系列》专著摆在我们的面前。

该书作者运用我国学者创立的矿床成矿系列理论和方法，对山东省已有矿床的地质构造环境、成矿作用和地质特征，进行了全面的分析和总结，对其中的主要矿种建立了80个矿床式（类型）；厘定了以“地域、时代、主要成矿作用、矿种（组）”为基本结构的31个成矿系列；依据山东地壳演化历史、大地构造分区及各区块内的矿床成矿系列特点，建立了山东地区的矿床成矿谱系，从时空演化上全面深化了对区域成矿规律的认识。

在上述研究的基础上，该书对山东的主要成矿区带进行了成矿远景预测，提出了金、铁、煤，以及金刚石、石膏、石墨等非金属矿产的找矿远景区，为深部找矿提供了科学依据。

本书信息丰富，资料翔实，论述严谨，具有全局性和系统性，是对山东地区矿产资源特征和成矿规律的进一步总结，是一部具有典籍性的矿床学专著，对于在山东从事矿产勘查、矿业开发和地质科学研究都有重要参考价值，必将促进山东矿床研究和找矿工作取得新的进展。考虑到山东省的矿种和矿床系列比较齐全，矿床形成历史漫长，区域成矿特征有其代表性，本书的研究方法和获得的规律性认识，对我国其他省区和成矿区带的矿床成矿系列研究也将有重要的借鉴意义。

总的，我认为《山东矿床成矿系列》是近年来矿床成矿系列研究成果中的又一部精品，我衷心祝贺该书的出版。

2015 年 11 月

前　言

山东地质工作者较早的对我国矿床地质学家程裕淇和陈毓川先生等创立的矿床的成矿系列理论的了解，得益于著名地质学家曹国权教授。1980~1982年间，时任山东省地质局总工的曹国权先生，在部署有关区域矿产研究时，就曾向我们宣讲矿床的成矿系列理论，倡导学习和应用成矿系列理论和方法，进行胶南地区的区域矿产研究及山东区域矿产总结（起初称为“矿产志”），当时我们在这些工作中曾进行过一些学习和应用尝试，但只是做些填空造句式的模仿，对矿床成矿系列的理解还是很肤浅的。

2008年，在纪念山东省地质科学研究院成立50周年时，裴荣富院士建议我们在山东开展以固体矿产为主的矿床成矿系列方面的研究课题。在裴先生的指导下，经山东省国土资源厅批准，在2010年下半年，山东省地质科学研究院组织本院和省内有关矿产地质及区域地质方面的40余位专家正式开始了依托“山东矿床成矿系列及找矿方向研究”课题的山东矿床的成矿系列研究工作，历时5年完成山东全省自新太古代至新生代全时段、以固体矿产为主的山东矿床成矿系列的研究工作。

本项研究涉及到全省以固体矿产为主的矿种近百种，包括：能源矿产有煤、油页岩、铀、钍等4种；金属矿产有金、铁、钛（1组）、钴、铝、铜、钼、钨、铅、锌、银、稀土（1组）、锶、镍、铂族、锆、铪、铌、钽、镓及碲（等稀散金属）等30余种；非金属矿产有金刚石、蓝宝石、石盐及钾盐、自然硫、石膏、石墨、滑石、菱镁矿、透辉石、大理石、白云岩（熔剂、制镁用）、白云母、长石、绿柱石、电气石、石棉、蛇纹岩、硅灰石、型砂及建筑砂、膨润土、耐火黏土（1组）、硫铁矿、明矾石、沸石岩、珍珠岩、石灰岩（1组）、白垩、萤石、重晶石、硅藻土、磷、伊利石黏土、石英砂（玻璃用）、石英砂岩（玻璃用）、石英岩（玻璃用）、红丝石及木鱼石等观赏石（1组）、徐公砚石等工艺料石（1组）、蛇纹玉及绿冻石等玉石（1组）、地下卤水等60余种。凡已查明资源储量的固体矿种都涉及到了。

从2010年开始的山东矿床成矿系列研究课题，是在边学习，边修改工作方案中进行的。我们力图在前人勘查和科研成果的基础上，在有限的篇幅内较全面系统、并有较大深度的、能够清晰地描绘出山东矿床成矿系列的全貌，为山东成矿规律研究、预测及找矿提供矿床成矿系列方面依据。

《山东矿床成矿系列》分为导论、前寒武纪矿床成矿系列、古生代矿床成矿系列、中生代矿床成矿系列、新生代矿床成矿系列、成矿谱系及找矿远景等6篇；涉及的矿种近百种，主要矿种39种。全书分为6篇32章，对所建立的从新太古代至新生代的31个矿床成矿系列形成的的地质时代、成矿构造环境及主要控矿因素、成矿作用及矿床的区域时空分布、成矿系列的形成与演化等做了较全面的表述；对建立的80个矿床式中的每个矿床式都依据控矿条件差异，将矿床的区域分布、产出地质背景、含矿（控矿）岩系、矿体、矿石、围岩蚀变、矿床成因等内容逐条了做了简捷的总结；对每个矿床式对应的代表（典型）性矿床（矿产地），也是依据控矿因素差异，将矿区的位置、地质特征、含矿岩系、矿体、矿石、围岩蚀变、矿床成因、地质工作程度及矿床规模等内容做了规范的叙述。尽量做到资料翔实、论证和引证有据，便于山东地矿同伴查阅检索和使用。

《山东矿床成矿系列》书稿，是在20世纪50年代以来，几代地质工作者用艰辛劳动获得的勘查成果基础上完成的，参加撰稿的40余位作者除山东省地质科学研究院的专家外，还有山东省地质矿产勘查局、山东省地质调查院等单位的专家。在书稿编写过程中一些地勘单位、科研部门及院校提供了大量的地质资料,有些退休的老地质专家无私地提供了自己手头宝贵的资料,这些参与和关心《山东矿床成矿系列》编写工作的专家人数又何以百计!因此,这本专著实际上是全省地质工作者智慧和辛勤劳动的成果。作者希望这本书的出版起到接力棒的作用,把在一个历史阶段中,在山东从事矿产资源勘查和研究的前辈地质工作者的劳动成果做个总结,留给当今及今后从事矿产地质勘查、科学研究和教学的广大地学工作者,并在此基础上继续探讨和总结,发展我省矿床地质学理论,寻找出更多的矿产资源,这是编著本书的目的,也是本书著者们的共同心愿。

《山东矿床成矿系列》,是我们学习运用我国学者创立的矿床成矿系列理论和方法的习作,由于我们对成矿系列理论的理解还不够全面和准确,虽然做了一些工作,但还有许多问题需要进行深化研究和总结,正如陈毓川院士在为本书所作的序中指出的:"对指导找矿的经验、规律性认识,有的提升到理论都是阶段性的,都需在新的找矿实践过程中进行提升、再创新,将不断进行,使规律性认识和理论将越来越充实,对指导找矿越来越有效,这也就是对矿床地质认识过程的规律。"

"山东矿床成矿系列及找矿方向研究"是山东省地质科学研究院承担的山东省国土资源厅委托的山东省地质勘查项目(鲁国土资字〔2008〕410号;编号:鲁勘字〔2008〕53号),因实施的时间较长,我们在2013年提交了阶段总结报告;最终成果报告于2015年10月经山东省国土资源厅组织专家评审,评定为优秀级成果。课题由于学峰主持,按前寒武纪、古生代、中生代、新生代4个大的成矿期和成矿谱系及找矿远景等5个专题遴选有关专家分别研究、按篇综合汇总完成书稿的。承担各部分编写与编制任务的人员是——第一篇:于学峰(统编)、张天祯、张淑芳、杨恩秀、王世进、张增奇、任天龙、谢颂诗;第二篇:宋明春及李庆平(统编)、张尚坤、曹佳、焦秀美、胡艳春、刘俊玉、李宗成;第三篇:张天祯(统编)、郭宝奎、单伟、梁吉坡、张淑芳、王虹、王照波、刘书才、刘福魁、李大鹏、张义江、孙伟清;第四篇:王虹(统编)、于学峰、李洪奎、游文澄、禚传源、李大鹏、韩学林、张俊波;第五篇:程光锁(统编)、罗文强、杨斌、曹丽丽、王秀元、孙斌、王奎峰;第六篇:于学峰(统编)、倪振平、张天祯、王虹、李大鹏;结语:于学峰、张天祯;图件编制:张淑芳;英文翻译:李大鹏、曹丽丽。全书稿由于学峰、张天祯、王虹统编。

《山东矿床成矿系列》的编著受到我国老一辈矿床地质学家的关注、指导和鼓励。裴荣富院士指导本课题立项;陈毓川院士、翟裕生院士等在我们课题进行中听取了我们的汇报、给予指导,审阅了书稿,并欣然为之作序,作者向三位德高望重的院士表示深深的谢意和敬意。同时,作者感谢在"山东矿床成矿系列及找矿方向研究"课题进行中,山东省国土资源厅、山东省地质矿产勘查开发局、山东省地质调查院、山东省国土资源资料档案馆等单位对本课题开展给予的指导和帮助。

作者对在《山东矿床成矿系列》编著出版过程中来自各方面的关心和帮助,表示由衷地感谢。

本专著成果得到山东省地质勘查专项、山东"泰山学者"建设工程专项资金、国家自然科学基金项目(41140025,41272047,41372086)、国土资源部公益性行业科研专项(201511029)的联合资助。

作　者

2015年11月

目　录

总　序
序　一
序　二
前　言
第一篇　导　论 …… (1)
第 一 章　山东自然地理及地质工作概览 …… (4)
第 二 章　山东成矿地质背景 …… (13)
第 三 章　山东主要矿产区域时空分布及矿床成矿系列划分 …… (48)
参考文献 …… (64)
第二篇　山东前寒武纪矿床成矿系列及其形成与演化 …… (67)
第 四 章　山东前寒武纪矿床成矿系列综述 …… (70)
第 五 章　鲁西地块与新太古代早-中期火山-沉积变质作用有关的铁、金、硫铁矿矿床成矿系列 …… (82)
第 六 章　济宁微地块与新太古代晚期沉积变质作用有关的铁矿床成矿系列 …… (114)
第 七 章　鲁东地块与古元古代晚期沉积变质建造(孔兹岩系)有关的铁、稀土、石墨、滑石、菱镁矿、石英岩、透辉石、白云石大理岩、大理岩矿床成矿系列 …… (123)
第 八 章　胶南地块与中元古代沉积变质建造(孔兹岩系)有关的红柱石、石墨、稀土、透辉石、石英岩、硅灰石、大理岩矿床成矿系列 …… (157)
第 九 章　胶南-威海地块与新元古代超高压变质作用有关的榴辉岩型金红石、石榴子石、绿辉石矿床成矿系列 …… (173)
第 十 章　山东前寒武纪其他矿床成矿系列概要 …… (184)
参考文献 …… (210)
第三篇　山东古生代矿床成矿系列及其形成与演化 …… (213)
第十一章　山东古生代矿床成矿系列综述 …… (216)
第十二章　鲁西地块与寒武纪—奥陶纪海相碳酸盐岩-碎屑岩-蒸发岩建造有关的石灰岩、石膏、石英砂岩、工艺料石、天青石矿床成矿系列 …… (222)
第十三章　鲁中地块与加里东期超基性岩浆活动有关的金伯利岩型金刚石矿床成矿系列 …… (249)
第十四章　鲁西地块与石炭纪—二叠纪海陆交互相碎屑岩-碳酸盐岩-有机岩建造有关的煤(-油页岩)、铝土矿(含镓)-耐火黏土、铁、石英砂岩矿床成矿系列 …… (266)
参考文献 …… (308)
第四篇　山东中生代矿床成矿系列及其形成与演化 …… (311)
第 十 五 章　山东中生代矿床成矿系列综述 …… (314)
第 十 六 章　鲁中隆起与燕山早期偏碱性岩浆活动有关的金矿床成矿系列 …… (326)

第 十 七 章　胶北隆起与燕山晚期花岗质岩浆活动有关的热液型金(银-硫铁矿)、银、铜、铁、铅锌、钼-钨、钼矿床成矿系列 …… (339)
第 十 八 章　鲁中隆起与燕山晚期岩浆及热液活动有关的铁(-钴)、铁、金-铜-铁、铜-钼、铜、稀土、磷矿床成矿系列 …… (388)
第 十 九 章　鲁东地区与早白垩世中酸-中基性火山-气液活动有关的金-铜、硫铁矿、明矾石、沸石岩、膨润土、珍珠岩矿床成矿系列 …… (425)
第 二 十 章　鲁东地区与晚白垩世低温(流体)热液裂隙充填作用有关的萤石-重晶石、铅锌-重晶石矿床成矿系列 …… (448)
第二十一章　山东中生代其他矿床成矿系列概要 …… (468)
参 考 文 献 …… (473)
第五篇　山东新生代矿床成矿系列及其形成与演化 …… (475)
第二十二章　山东新生代矿床成矿系列综述 …… (478)
第二十三章　鲁西隆起区与古近纪内陆湖相碎屑岩-碳酸盐岩-蒸发岩建造有关的石膏-石盐-钾盐-自然硫、石膏矿床成矿系列 …… (487)
第二十四章　济阳-临清拗陷与古近纪内陆湖相碎屑岩-碳酸盐岩-蒸发岩建造有关的石油-天然气-自然硫-石盐-杂卤石-石膏、地下卤水矿床成矿系列 …… (514)
第二十五章　鲁中隆起与古近纪内陆湖相碎屑岩-有机岩建造有关的煤-油页岩-膨润土矿床成矿系列 …… (526)
第二十六章　胶北隆起与古近纪内陆湖相碎屑岩-有机岩建造有关的煤-油页岩矿床成矿系列 …… (531)
第二十七章　鲁中隆起火山盆地内与新近纪火山-沉积建造有关的硅藻土-褐煤-磷、膨润土、白垩矿床成矿系列 …… (537)
第二十八章　鲁东地区与第四纪沉积作用有关的含铪锆石-钛铁矿-石英砂、金、金红石、型砂矿床成矿系列 …… (546)
第二十九章　鲁西地区与第四纪沉积作用有关的金刚石、蓝宝石、金、建筑用砂、贝壳砂、地下卤水矿床成矿系列 …… (560)
第 三 十 章　山东新生代其他矿床成矿系列概要 …… (586)
参 考 文 献 …… (592)
第六篇　山东矿床成矿谱系及找矿远景 …… (595)
第三十一章　山东矿床成矿谱系 …… (598)
第三十二章　山东重要矿产资源找矿远景 …… (612)
参 考 文 献 …… (632)
结　　语 …… (633)
英文摘要 …… (638)
附图 1：山东省前寒武纪矿床成矿系列分布图
附图 2：山东省古生代矿床成矿系列分布图
附图 3：山东省中生代矿床成矿系列分布图
附图 4：山东省新生代矿床成矿系列分布图

Contents

General preface
Preface 1
Preface 2
Foreword
Part. 1 Introduction ······ (1)
chapter. 1 Overview of nature geography and previous geological work in Shandong province ······ (4)
chapter. 2 Metallogenic geologic background of Shandong province ······ (13)
chapter. 3 The space-time distribution and the minerogenetic series division of the major mineral resources in Shandong province ······ (48)
References ······ (64)
Part. 2 The Precambrian minerogenetic series and their formation and evolution ······ (67)
chapter. 4 Summary of the Precambrian minerogenetic seriesin Shandong province ······ (70)
chapter. 5 The iron-gold-pyrite minerogenetic series related to early-middle Neoarchean volcanic sedimentary metamorphism in Luxi block ······ (82)
chapter. 6 The iron minerogenetic series relatedto late Neoarchean sedimentary metamorphism in Jining micro block ······ (114)
chapter. 7 The iron-rare earth-graphite-talc-magnesite-quartzite-diopside-marble minerogenetic series relatedto late Paleoproterozoic sedimentary metamorphism formation in Ludong block ······ (123)
chapter. 8 The andalusite-rare earth-graphite-talc-quartzite-diopside-wollastonite-marble minerogenetic series related to Paleoproterozoic sedimentary metamorphism formation in Jiaonan block ······ (157)
chapter. 9 The rutile-garnet-omphacite minerogenetic series relatedto Neoproterozoic ultrahigh pressure metamorphism in Jiaonan-Weihai block ······ (173)
chapter. 10 The other Precambrian minerogenetic series ······ (184)
References ······ (210)
Part. 3 The Paleozoic minerogenetic series and their formation and evolution ······ **(213)**
chapter. 11 Summary of the Paleozoic minerogenetic series in Shandong province ······ (216)
chapter. 12 The limestone-gypsum-quartzs and stone-celestine minerogenetic series related to Cambrian-Ordovician marine carbonatite-clasolite-evaporite formation in Luxi block ······ (222)
chapter. 13 The diamond (inkimberlite pipes) minerogenetic series related to Caledonian ultrabasic magmatism in Luzhong block ······ (249)
chapter. 14 The coal-bauxite-refractory clay-iron-quartzs and stone minerogenetic series related to Carboniferous-Permian land-sea interaction clasolite-carbonatite-organolite formation in Luxi block ······ (266)
References ······ (308)
Part. 4 The Mesozoic minerogenetic series and their formation and evolution ······ (311)

chapter. 15 Summary of the Mesozoic minerogenetic series in Shandong province ··············· (314)
chapter. 16 The gold minerogenetic series related to early Yanshanian alkaline magmatism in Luzhong uplift ··············· (326)
chapter. 17 The gold-silver-copper-iron-lead-zinc-molybdenum-tungsten minerogenetic series related to late Yanshanian graniticmagmatism in Jiaobei uplift ··············· (339)
chapter. 18 The iron-gold-copper-molybdenum-rare earth-phosphorus minerogenetic series related to lateYanshanian magmatic-hydrothermal activities in Luzhong uplift ······ (388)
chapter. 19 The gold-copper-pyrite-alunite-zeolite-bentonite-perlite minerogenetic series related to early Cretaceous volcanic hydrothermal activities in Ludong area ··············· (425)
chapter. 20 The fluorite-barite-lead-zincminerogenetic series related to late Cretaceous epithermal fracture-filling activities in Ludong area ··············· (448)
chapter. 21 The other Mesozoic minerogenetic series ··············· (468)
References ··············· (473)
Part. 5 The Cenozoic minerogenetic series and their formation and evolution ··············· (475)
chapter. 22 Summary of the Cenozoic minerogenetic series in Shandong province ··············· (478)
chapter. 23 The gypsum-halite-sylvite-sulphur minerogenetic series related to Paleogene inland lake clasolite-carbonatite-evaporite formation in Luxi uplift ··············· (487)
chapter. 24 The petroleum-natural gas-sulphur-halite-polyhalite-gypsum-subsurface brine minerogenetic series related to Paleogene inland lakeclasolite-carbonatite-evaporite formation in Jiyang-Linqing depression ··············· (514)
chapter. 25 The coal-oil shale-bentonite minerogenetic series related to Paleogene inland lake clasolite-organolite formation in Luzhong uplift ··············· (526)
chapter. 26 The coal-oil shale minerogenetic series related to Paleogene inland lake clasolite -organolite formation in Jiaobei uplift ··············· (531)
chapter. 27 The diatomite-lignite-phosphor-bentonite-chalk minerogenetic series related to Neogene volcanic sedimentary formation in the volcanic basin of Luzhong uplift ··············· (537)
chapter. 28 The zircon(with hafnium)-ilmenite-quartz sand-placer gold-rutile minerogenetic series relatedto Quaternary sedimentation in Ludong area ··············· (546)
chapter. 29 The diamond-sapphire-ilmenite-quartz sand-placer gold-rutile minerogenetic series related to Quaternary sedimentation in Luxi area ··············· (560)
chapter. 30 The placer gold minerogenetic series relatedto Neogene conglomerate-volcanic formation in Jiaobei uplift ··············· (586)
References ··············· (592)
Part. 6 Mineralizing pedigree and the prospecting direction of the important minerals in Shandong province ··············· (595)
chapter. 31 Mineralizing pedigree ··············· (598)
chapter. 32 Prospecting direction of the important minerals in Shandong ··············· (612)
References ··············· (632)
Epilogue ··············· (633)
English abstract ··············· (638)
List of Figures
1. The distribution of Precambrian minerogenetic series in Shandong province
2. The distribution of Paleozoic minerogenetic series in Shandong province
3. The distribution of Mesozoic minerogenetic series in Shandong province
4. The distribution of Cenozoic minerogenetic series in Shandong province

第一篇　导　论

山东省,简称鲁,位于我国东部沿海的中北段,地处黄河下游。境域介于东经114°47′30″~122°42′18″、北纬34°22′54″~38°24′00″之间。极西点在东明县焦园西黄河河道,极东点在荣成市成山角;极南点在郯城县杨集南,极北点在长岛县北隍城岛的北角;南北最宽处约420 km,东西最远距离约700 km。山东境域包括半岛和内陆两部分。内陆之北、西、南3面分别与河北、河南、安徽、江苏省接壤;海上,北隔老铁山水道与辽宁省、东隔黄海与朝鲜半岛相望。

山东省内陆面积157 900 km^2,沿海滩涂面积约3 000 km^2,15 m等深线以内水域约13 000 km^2。山东半岛三面环海,大陆海岸线长达3 345 km,占全国大陆海岸线的1/6左右。近陆岛屿有299个。

山东省在大地构造部位上居于华北板块东南缘与扬子板块相接地域内。这个陆块,在地壳演化过程中至少经历了从中太古代到新生代长达近30亿年的地质历史时期,历经了陆核形成、陆块形成发展、陆缘海发展和滨太平洋发展等演化阶段,地壳演化历程复杂。由此造就了当今的这个陆块,以山地丘陵为骨架、平原盆地交错环列其间的地貌大势及面貌复杂的地质构造景观。

山东陆块大地构造框架由鲁西地块、胶北地块和胶南-威海地块3部分搭成。这3个连在一起的陆块,既有着相同的地壳演化历史,又有着各自发展特点的历程,发育和保存着多种沉积岩系、侵入岩系和复杂的地质事件记录。由于岩石建造的多样性、地质构造的复杂性和地质演化历史的漫长性,决定了山东省多数矿床所具有的成矿作用的多期性、成矿物质的多源性、成矿类型的多型性和成矿种类的多样性的特点。由此又造就了山东矿产资源较丰富、矿种较多的特点。

2014年底,全省已发现各类矿产150种,查明资源储量的矿产有85种,其中查明的石油、金、金刚石、石膏、石墨、菱镁矿、自然硫等矿产的保有资源储量均居全国前三位;有88种矿产已开发利用,其中主要矿产资源原油、原煤、黄金的年产量均居全国前列,在山东省和我国经济发展中占有重要地位。

山东各类矿产形成于不同地质历史时期、不同的地质构造环境中,在从新太古代到第四纪的漫长的地质历史时期中都形成有一定的矿产。新太古代,在鲁西地块形成有条带状沉积变质型铁矿、与岩浆作用有关的铜镍、铌钽、钛铁、玉石等矿产。元古宙,在鲁东地块形成有沉积变质型铁、稀土、金红石、石墨、滑石、菱镁矿、蓝晶石等矿产。古生代,在鲁西地块除形成有与岩浆作用有关的金刚石外,还形成了沉积型的煤、铝土矿、耐火黏土、高岭土、石灰岩、石膏等矿产;中生代,在鲁东及鲁西地块形成了与岩浆作用有关的金、银、铁、铜、稀土、铅锌、钼、萤石、重晶石、膨润土、珍珠岩、明矾石、硫铁矿等矿产;与沉积作用有关的煤、耐火黏土等矿产。新生代,在鲁西及鲁东地块地块形成了与沉积作用有关的石油及天然气、煤、油页岩、石膏、石盐、钾盐、自然硫、金刚石砂矿、蓝宝石砂矿、硅藻土、砂金、锆英石砂矿等矿产;与岩浆作用有关的蓝宝石原生矿等矿产。这些形成于特定的地质历史时期、特定的地质构造环境、特定的成矿作用和具有特定成因联系的31个矿床自然组合(成矿系列)——从太古宙(主要在鲁西)—元古宙(鲁东)—古生代(鲁西)—中生代(鲁东及鲁西)—新生代(鲁西及鲁东)的5个大的成矿期,在一个省域内连续了起来(成矿谱系),为地质找矿、区划、科研等提供了新的和重要的思考和依据。

Part.1 Introduction

Shandong Province, which is called Lu in short, locates in north central section of eastern coastal areas in China and the lower reaches of the Yellow River. It is located in the area between east longitude 114°47′30″~122°42′18″, north latitude 34°22′54″~38°24′00″. Its westernmost point is the channel of the Yellow River in west of Jiaoyuan in Dongming County; eastmost point is Chengshanjiao in Rongcheng City; southernmost point is in south part of Yangji in Tancheng County; and the northernmost point is in the north of Huangchengdao in north of Changdao County. From north to south, the widest point is about 420 km, and the most farest part is about 700km. Shandong province includes two parts as peninsula and the inland. The inland is bordering on Hebei province, Henan province, Anhui province and Jiangsu province in north, west and south respectively. On the sea, it is facing Liaoning province across the Laotieshan channel in north part, and facing the Korean Peninsula across the Huanghai Sea in east part.

In Shandong province, inland area is 157900 km^2, coastal beach area is about 3000 km^2, and water area within 15m isobath is about 13000 km^2. Shandong peninsula is surrounded by the sea on three sides. The mainland coastline is 3345 km, accounting for 1/6 of the mainland coastline around. The number of near land islands is nearly 299.

Shandong province is in the connected region of North China plate and the Yangtze plate. It has experienced at least 30 billion years of geological history in the process of crustal evolution from Archean to Cenozoic. It has experienced complex crustal evolution as continental nucleus formation stage, landmass formation and development stage, epicontinental sea development stage and the circum Pacific development stage. Thus, complex geological landscape of present landmass has been formed by mountains and hills as the skeleton, and plains and basins staggered out.

Tectonic framework of Shandong landmass consists of Luxi block, Jiaobei block and Jiaonan-Weihai block. These threee connected blocks not only have the same crustal evolution history, but also have their own development characteristics. A variety of sedimentary rocks, intrusive rocks and complex geological events have been formed and developed in this area. Because of the diversity of rock formation, the complexity of geological structures and the long history of geological evolution, it is decided that the majority of deposits in Shandong province have the characteristics of multi periods, multi sources, multi types and variety. It also makes the characteristics of rich and more mineral resources.

By the end of 2014, 150 kinds of minerals have been found in Shandong province The reserves of 85 kinds of mineral resources have been find out, among them, retain reserves of oil, gold, diamond, gypsum, graphite, magnesite, natural sulphur minerals rank the top three. 88

kinds of mineral resources have been explored, among them, annual output of crude oil, coal, gold rank the forefront of our country, and occupies an important position in economic development in Shandong Province and China.

Various minerals in Shandong province are formed in different geological periods and different geological tectonic environment. During the long geological history from late Archean to Quaternary, a certain amount of mineral resources have been formed. In Neoarchean, banded sedimentary metamorphic iron deposit, copper nickel, niobium, tantalum, titanium iron, jade and other minerals which have close relation with magmatism in Luxi block have been formed. In Proterozoic, sedimentary metamorphic iron, rare earth, rutile, graphite, talc, magnesite, kyanite deposit in Ludong block have been formed. In Paleozoic, in addition to the diamond related to magmatism in Luxi block, coal, bauxite, refractory clay, kaolin, limestone and gypsum minerals have been formed; in Mesozoic, gold, silver, iron, copper, rare earth, lead, zinc, molybdenum, fluorite, barite, bentonite, perlite, alunite, pyrite minerals which have close relation with magmatism, and coal, refractory clay minerals which have close relation with deposition in Ludong block and Luxi block have been formed. In Cenozoic period, oil and natural gas, coal, oil shale, gypsum, halite, sylvite, natural sulfur, placer diamond and sapphire placer, diatomite, placer gold, zircon placer minerals which has close relation with deposition, and sapphire primary minerals which have close relation with magmatism in Luxi block and Ludong block have been formed. 31 ore deposits natural combination (Metallogenic Series) which were formed in specific geological history, special environment of geological structure, specific mineralization and has specific genetic relationship, and five large metallogenic periods which is from Archean (mainly in Luxi)—Proterozoic (mainly in Ludong)—Paleozoic(Luxi)—Mesozoic(Ludong and Luxi) —Cenozoic (Ludong and Luxi) have been linked up. It will provide new and important references for geological exploration, division and scientific research.

第一章　山东自然地理及地质工作概览

第一节　山东自然地理 …………………………… 4
一、地势轮廓 ……………………………… 4
二、山川展布 ……………………………… 6
三、自然分区及发育特征 ………………… 7
第二节　山东地质矿产工作概要 ………………… 7
一、古代齐鲁先民对矿产资源的认知和利用 …………………………………………… 7
二、1949 年前的山东地质矿产工作 ………… 9
三、近 60 余年来山东地质矿产工作的进展与成就 ……………………………………… 9

第一节　山东自然地理

自然地理是现代地质构造格局的基本反映，地质构造格局控制着自然地理的发展。现代山东自然地理的特征，是山东地质构造在长期发展中，经受了各种内、外地质作用综合结果的集中反映。

一、地势轮廓

山东省现代地貌是自新近纪中新世以来板块构造长期演化的结果，是新生代板块构造的格架，现代山东省域内，在新的构造格局中沿构造断块重新崛起的山丘或沉陷的盆地，只不过是对老的（前期的）构造形迹的继承而已。

山东省域位于我国地势划分中的第三大阶梯中，虽然海拔高度不大，但地形地貌多种多样，景观万千，山地、丘陵、平原、盆地等都有分布。全省中低山地面积占陆地面积的 11.34 %，丘陵占 26.92 %，盆地占 1.77 %，平原占 58.90 %（包括鲁西北平原及山间、山前平原），河湖水面占 1.07 %。境内中部山地突起，西南及西北部低洼平缓，东部缓丘起伏，形成以山地丘陵为骨架，平原盆地交错环列其间的地貌大势。见山东省地貌简图（图 1-1）。

山东的地形比较复杂。中南部及东部为山地丘陵，包括中山、低山、丘陵、台地、盆地、平原、湖泊等多种地貌类型；山地海拔多在 500 m 左右，少数几座千米以上中山兀立于群山之上，形成了鲁西、胶北和鲁东南 3 个山地丘陵区的中脊：① 以泰山（1 532.7 m）、鲁山（1 108 m）、沂山（1 032 m）、蒙山（1 153 m）和徂徕山（1 028 m）等中山组成的鲁中南山地丘陵区的中脊，泰山是是省内最高点；② 以昆嵛山（923 m）、牙山（806 m）和艾山（814 m）等低山组成的胶北山地丘陵区的中脊；③ 以崂山（1 133 m）、小珠山（724 m）、九仙山（697 m）和马鬐山（662 m）等低山组成的鲁东南山地丘陵区的中脊。鲁北、鲁西平原为全省地势最低的地区，属华北大平原的一部分，系由黄河冲积而成，海拔大多在 50～20 m，黄河三角洲地区海拔一般小于 10 m。总体看，山东地貌大势表现为，中部高，四周低。可分为 3 个地貌类型区：鲁西北平原区、鲁中南山地丘陵区和鲁东山地丘陵区。中部以山地为主体，东部及南部为起伏和缓的低山丘陵，北部及西部为坦荡的平原，呈弧形围绕在山地丘陵的外围分布。

（一）鲁中南山地丘陵区（Ⅰ）

该区位于山东中部及南部。其东部大体以沂沭断裂带东缘的昌邑-大店断裂（地貌上为潍河、沭河谷地）与鲁东山地丘陵区分界；其北及西部大体以齐广断裂（地貌上为小清河）和湖带断裂（地貌上为京杭

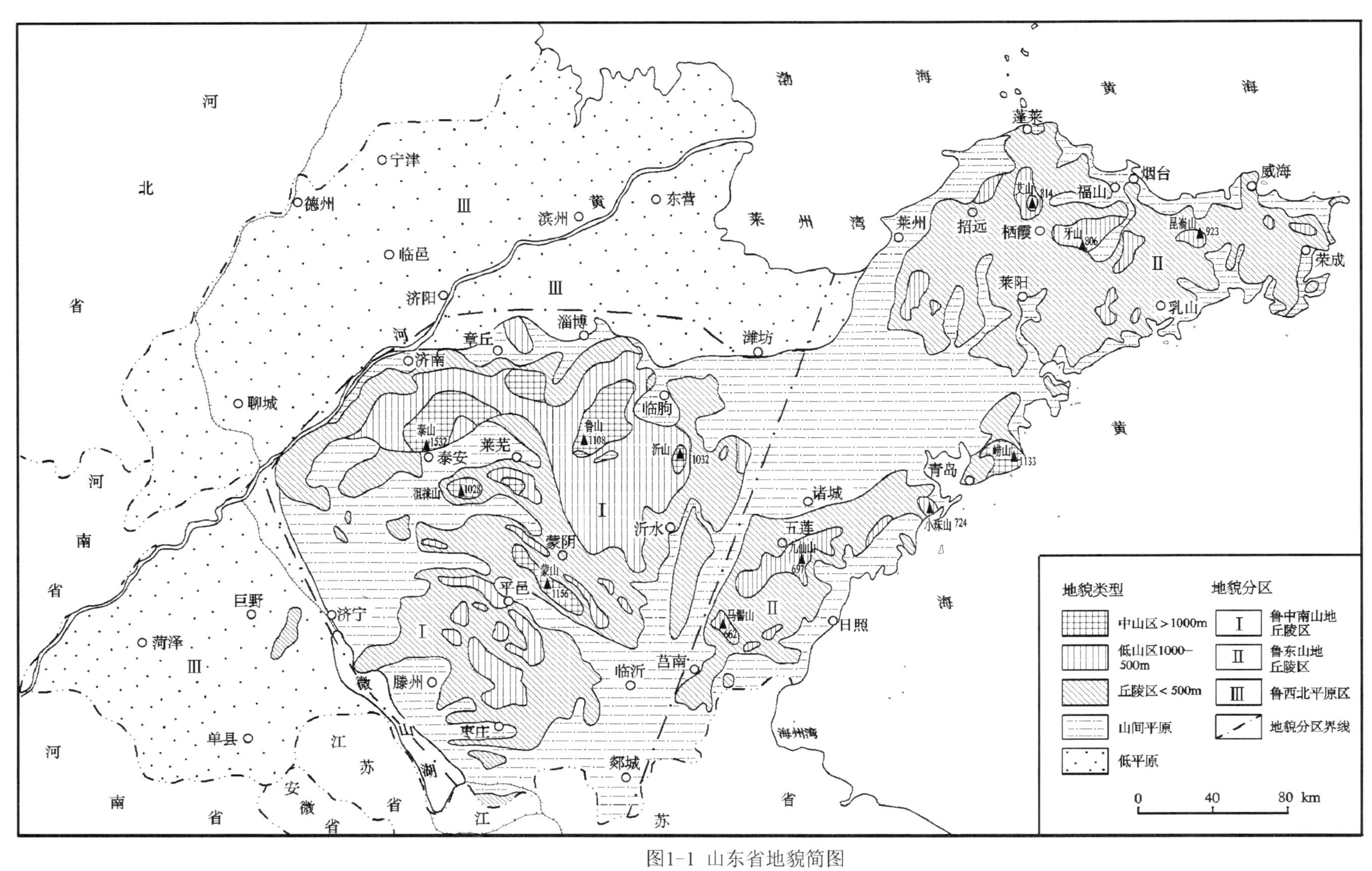

图1-1 山东省地貌简图

(据山东省环境水文地质总站，1996；简化修编)

运河、南四湖）与鲁西北平原区分界。平面上呈一弧面向北的扇形，面积约 6.31×10^4 km^2，约占全省总面积的 39.96 %。该区地势居全省最高部位，泰山、蒙山、鲁山、沂山、徂徕山的主峰均在千米以上，构成该区脊部，脊部两侧为低山和丘陵，其外缘为山间盆地和山前平原。

区内主要分布着新太古代—古元古代 TTG 片麻岩类、闪长岩和花岗岩类等侵入岩及中太古代沂水岩群、新太古代泰山岩群、古生代和中生代地层。就在这个山地丘陵区内的山区及山间和山前平原中，蕴藏着煤、油页岩、金、铁、有色金属、金刚石、蓝宝石、石膏、石盐、石灰岩、花岗石等多种矿产资源。

鲁西南山地丘陵区内 NW 向、近 EW 向断裂构造发育，控制着山脉、谷地、河流走向，这对区域内气候、地下水、植被有很大影响。区内水资源在省内相对较丰厚，农业生产兴盛。但总体来看，区内山地多，沟壑纵横，土薄石厚，草木稀疏，植被覆盖率及垦殖指数低。

（二）鲁东山地丘陵区（Ⅱ）

该区位于山东东部，其北、东、南 3 面环海，为一个呈 NE 向展布的半岛丘陵，其由胶北低山丘陵、胶南低山丘陵及其间的胶莱平原（盆地）组成，面积约为 4.00×10^4 km^2，约占全省总面积的 25.33 %。区内除少数山峰海拔在 700 m 以上外（崂山主峰海拔为 1 133 m），大部分为 200~300 m 的波状丘陵，坡缓谷宽，土层较厚。胶莱平原海拔在 50 m 左右，土层较厚。

区内主要分布着中生代花岗岩类侵入岩及中太古代唐家庄岩群，新太古代胶东岩群，古元古代荆山群、粉子山群及震旦纪蓬莱群，白垩纪莱阳群、青山群、王氏群。就在这个地貌区内的丘陵及山间和山前平原中，蕴藏着金、银、铜、铅锌、钼、钨、金红石、稀土、石墨、滑石、菱镁矿、蓝晶石、硫铁矿、膨润土、沸石、含铪锆石等滨海砂矿多种矿产资源。

区内气候温和，自然条件优越，农耕发达。

（三）鲁西北平原区（Ⅲ）

该区是华北平原的组成部分，其南及东面为鲁中南山地丘陵区和鲁东山地丘陵区。面积约为 5.48×10^4 km^2，约占全省总面积的 34.71 %。地势在全省最低，海拔大多在 50~20 m。

区内为大面积第四纪沉积层所覆盖。在第四系之下主要赋存有新近纪和古近纪沉积岩系及晚古生代沉积岩系；在这些沉积岩系中发育着石油、天然气、煤、煤层气等重要的能源矿产以及潜在的（埋深大）石膏、石盐等矿产资源。

在鲁西北平原区内，由于历史上黄河多次决口、改道和沉积，形成一系列高差不大的河道高地和河间洼地。但总体来说，该区地势平坦，土层深厚，农业生产发达。

二、山川展布

全省地势以泰鲁沂山地为中心，向四周逐渐低下。泰山海拔 1 532.7 m（为全省最高峰）、鲁山海拔 1 108 m、沂山海拔 1 032 m，由它们共同组成鲁中山地的主体，为中部山地的一条东西向的分水岭——泰鲁沂分水岭。泰鲁沂分水岭北侧，低山丘陵海拔 500~200 m，逐渐过渡到黄泛平原；分水岭南侧，山地丘陵海拔从 1 000 m 下降到 160 m，到沂水平原为 60 m。泰鲁沂分水岭（山地）西侧，从鲁西湖带过渡到黄河冲积扇，海拔 50 余米；东侧之山东半岛，海拔 500~700 m，以莱山为骨干，直接伸入于黄海之中。

受山东省这种中部高、向四周逐渐低的地势支配下的水系，呈放射状分布。① 在鲁西地区的山地北侧有淄河、孝妇河、弥河、潍河等；南侧有沂河、沭河；西侧有大汶河、泗河等。② 在东部半岛地区，以艾山、牙山、昆嵛山为脊干，形成南北分流的羽状水系：北侧有黄水河、大沽夹河；南侧有五龙河、母猪河、大沽河；西侧有胶莱河。

山东这些河流分属黄河水系（黄河干流）、海河水系（徒骇河、马颊河）、淮河水系（沂河、沭河、泗河、洙赵新河、万福河、东鱼河）及直接注入渤海、黄海的其他河流（小清河、胶莱河、大沽河）。

黄河是我国第二大河，也是流经山东最长的河流，黄河干流由鲁西南的菏泽市东明县的徐家堤进入山东境内，自西南向东北斜贯鲁西北平原，至东营市垦利县注入渤海，在山东省境内的河段长为 617 km（占黄河全长的 11.3 %），流域面积 13 531 km^2（约为整个黄河流域面积的 1.8 %）。除黄河外，其他主要河流有：徒骇河，长 447 km，流域面积 13 137 km^2；马颊河，长 448 km，流域面积 10 638 km^2；沂河，长 288 km，流域面积 10 910 km^2；沭河，长 263 km，流域面积 6 161 km^2；小清河，长 233 km，流域面积 10 499 km^2；潍河，长 233 km，流域面积 6 493 km^2；大汶河，长 211 km，流域面积 9 069 km^2；弥河，长 206 km，流域面积 3 848 km^2；大沽河，长 180 km，流域面积 4 162 km^2（山东省统计局，2014）。见图 1-2。

三、自然分区及发育特征

山东陆块的的现代自然格局，是由一个相对稳定的陆块（华北板块）和一个活动带（昆仑-秦岭-大别-苏鲁造山带）经过漫长地质时期的发展和演化最后拼贴而成。全省以泰山-沂山-蒙山、艾山-昆嵛山、崂山-九仙山-马髻山为骨干，交切分隔形成各具特点的山东自然分区格局。大体以 NNE 向展布的潍河与沭河谷地为界，该谷地及其以西地区称为鲁西地区（地质上称为鲁西陆块），为山地丘陵区及平原区；谷地以东地区称为鲁东地区（地质上称为鲁东地块），为山地丘陵区及平原（盆地）区。大体又以小清河谷地及济南以西段黄河谷地与大运河谷地及南四湖为界、以胶莱平原（盆地）为界，将鲁西、鲁东分割成不同的山地、平原（盆地）区——鲁中南山地区、鲁西北平原区、胶北山地区、鲁东南山地区、胶莱平原（盆地）区。

1）鲁中南、胶北和鲁东南山地区，岭峦绵亘，丘陵起伏，地貌分割强烈，沟谷众多，有“山东破碎丘陵”之称。①海拔超过千米的山体（中山）都有一个陡峭的主峰，峰顶平坦，一般称为“顶”，如泰山的玉皇顶，崂山的崂顶等。其由新太古代—古元古代变质变形英云闪长质及花岗质岩石、中生代花岗岩构成。②海拔 1000~500 m 的山体（低山），山岭低、山坡缓、沟谷宽浅，个体山形多呈方山或单面山，在鲁中地区，人们通常把方山称为“崮”或“坪”，如被称为的“沂蒙七十二崮”。这些低山，在鲁西地区多由寒武系—奥陶系碳酸盐岩（石灰岩、白云质灰岩）及页岩组成；在胶北和东南部地区多由花岗质岩石或中基性火山岩组成。③ 海拔在 500 m 以下的丘陵，多呈孤丘缓岭，沟谷分割强烈，为破碎丘陵。其多由花岗质侵入岩、变质岩，其次为碳酸盐岩、碎屑岩等沉积岩构成。

2）中东及中西部山间平原（盆地）区，分布在鲁中、胶北与东南山地之间及其边缘，为山间平原（盆地）及山前平原（盆地）。总体上地势平坦，坡度缓、脉络不显，凸现了宽阔坦荡的特征。近山区地形小有起伏及孤零低山。平原（盆地）表面松散沉积物之下的基岩主要为中生代基性—中酸性火山沉积岩或正常沉积岩。

3）西部及北部（简称鲁西北平原）黄泛平原区，包括黄河冲积扇、黄河三角洲，地表平坦，河湖相连，有垄岗、洼槽交错分布；在黄河尾闾部分，地形呈扇状展开。该平原区由第四纪松散沉积物构成。

山东这些自然分区的展布方向、表现特征、形成与发展，均与区域地质构造的时空演化一致，是各区域地质构造此期演化发展的结果和反映。

第二节　山东地质矿产工作概要

一、古代齐鲁先民对矿产资源的认知和利用

山东是我国矿产资源较丰富、种类较多的省份，也是开发利用矿产资源历史悠久的省份。自汉朝至民国初年，历代史志记载的矿种就达 50 余种；春秋时期，人们已掌握许多关于矿床分布及如何寻找矿藏

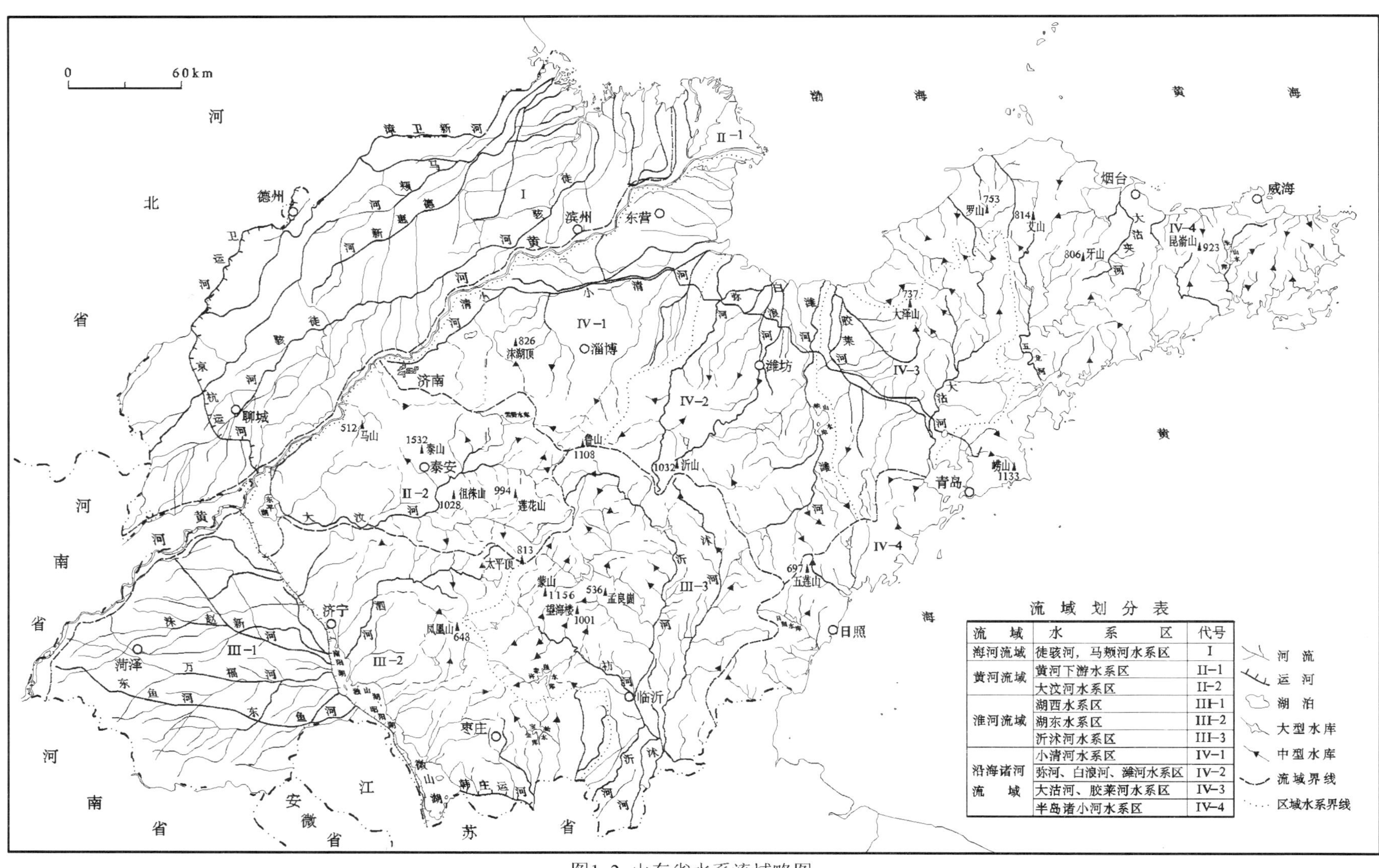

流域划分表

流域	水系区	代号
海河流域	徒骇河，马颊河水系区	I
黄河流域	黄河下游水系区	II-1
	大汶河水系区	II-2
淮河流域	湖西水系区	III-1
	湖东水系区	III-2
	沂沭河水系区	III-3
沿海诸河流域	小清河水系区	IV-1
	弥河、白浪河、潍河水系区	IV-2
	大沽河、胶莱河水系区	IV-3
	半岛诸小河水系区	IV-4

图1-2 山东省水系流域略图

（据山东省地矿局,1995;简化修编）

的知识和经验。

在旧石器时期,齐鲁先民就已经知道利用脉石英、石灰岩等岩石制作石器;新石器时代晚期,已开采陶瓷土制作陶器。在岳石文化遗址中发现的镞、锥、刀等青铜件,表明夏代的山东就有了青铜冶炼和铜制器物了。此后,历经商周至春秋战国,山东的炼铜、冶铁、采金已相当繁盛;从临淄出土的战国时期的金银铜净、错金银牺尊、微型鎏金编钟等推测,2 000 多年前,山东境内黄金加工技术已相当精湛;到汉初,山东产金地达 10 余处,成为当时全国重要产金地之一;至隋唐、元、明、清历代,开金、冶铁、采煤业长盛不衰(刘振等,1993)。

山东先民在开采利用矿产资源的同时,逐渐认识和总结识矿和找矿的一些规律,著名的《管子·地数》篇中的不同矿产产出部位的上下关系("上有丹沙者下有黄金……");明末清初《颜山杂记》中总结的"凡脉炭者,视其山石,数石则行,青石、砂石则否"的煤层赋存规律……这些闪烁着山东古人对金属、煤等矿产产出规律的科学总结,是给后人的宝贵财富。由此可见,齐鲁先民和贤哲对有关矿产的认知和应用在当时是走在前列的。

二、1949 年前的山东地质矿产工作

山东近代地质矿产工作,始于 1840 年鸦片战争后,随着外国商人、传教士、地质学家等大量涌入,近代地质学传到了山东。因此,山东早期地质矿产调查,是 Rev·Al·威廉姆松(1867)、F·V·李希霍芬(1868)、H·M·布切(1887)、B·维里士和 E·布莱克韦尔德(1903)、R·麦尔登(1913)等外国人进行的。那时外国人地质调查主要涉及地层、古生物、构造、矿产等方面概略的地质调查;直到 1914 年丁文江对宁阳磁窑煤田进行的地质调查,山东才开始了中国人自己的地质事业。

20 世纪 20~40 年代,丁文江、章鸿钊、翁文灏、李四光、谭锡畴、安特生、张会若、马溶之、孙云铸、王竹泉、谢家荣、杨钟健、卞美年、南延宗、张兆瑾、小贯义男、冯景兰、王植、刘国昌等先后对山东境内地层、古生物及煤、金、铁、铝土矿、重晶石、菱镁矿、滑石矿等矿产进行地质调查。这个时期的地质工作涉及的主要是地层、古生物、煤矿、金矿、铁矿、铝土矿、菱镁矿、滑石矿、石墨矿等的调查和勘查。其中对中生代和古生代地层,三叶虫、恐龙及鱼类和昆虫等化石,以及石炭纪—二叠纪煤矿的地质调查研究取得重要发现和成果(刘振等,1992)。

三、近 60 余年来山东地质矿产工作的进展与成就

1949 年 新中国成立后,山东地质工作得到全面发展,到 2015 年的 60 余年间,已在全省范围内开展了基础地质调查、矿产勘查、地球物理与地球化学调查、水工环地质调查等地质工作,并且取得了全面的重要的成果,为国民经济建设提供了重要的矿产资源及可靠的地质成果资料。也正是几十年来几代地质工作者艰辛劳动取得的大量的基础地质及矿产地质成果资料,成为本次成矿系列研究的基础。

(一) 矿产地质勘查工作

山东省是我国矿产种类比较齐全、资源比较丰富的省份。截至 2014 年底,对已发现 150 种矿产进行了地质调查评价,对其中的 85 种主要矿产进行了不同程度的勘探和普查评价,查明了资源储量,取得了重要的矿产勘查成果。这些查明资源储量的矿种包括石油、天然气、煤、地热等 7 种能源矿产;金、铁、钛、银、铜、铝、铅、锌、稀土、钼、钨等 25 种金属矿产;金刚石、石膏、石盐、自然硫、石墨、滑石、菱镁矿、蓝宝石、膨润土等 50 种非金属矿产;地下水、矿泉水等 3 种水气矿产。查明资源储量的矿产地 2 701 处(含共伴生矿产地数)。

(二) 基础地质调查

山东省基础地质研究主要是进行了区域地质调查和专题研究工作。区域地质调查工作始于 1958~

1960 年由原北京地质学院和长春地质学院开展的 1:20 万区调，1968 年由山东地矿局 805 队在此基础上进行修编出版。1976 年以来，相继开展了第二轮 1:20 万区调修测（重测）和 1:5 万区调工作，到 2013 年底已完成 —— ① 1:20 万区调 27 幅，面积 124 228 km^2，占全省陆地面积的 79.12 %（覆盖全部基岩出露区）；② 1:5 万区调完成 188 幅，面积 71 341 km^2，占全省陆地面积的 45.41 %（占全省基岩面积的 71.48 %）；③ 1:25 万区调 11 幅，面积 97 862 km^2，约占全省陆域总面积的 62 %（覆盖全部基岩出露区）。

通过 40 几年开展的几轮区调工作，基本查清了全省基岩出露区地层、岩石、构造特征，建立了全省范围内的地层层序、侵入岩序列、区域变质作用演化轨迹、地质构造框架，建立了自中太古代以来的地质演化历史阶段；查清了山东矿产资源产出的地质构造背景条件。

（三）有关区域成矿学研究

1. 有关成矿远景区划与成矿预测工作

山东省的成矿区划与成矿预测工作是在 20 世纪 70~90 年代按原地矿部统一部署由山东省地矿局组织实施的。

1）1979~1982 年，完成了铁、金、铜、钨钼、铝土矿、金刚石、钾盐、自然硫、石膏、石墨、滑石、菱镁矿、膨润土、珍珠岩、沸石岩、重晶石、萤石、石灰岩、硬质耐火黏土等 20 个矿种的成矿远景区划工作和对 6 个铁矿区、2 个金矿区及 1 个金刚石原生矿区等进行了程度不同的资源预测工作。

2）1983~1988 年，完成了铁、金、石灰岩、硬质耐火黏土及铝土矿 5 个矿种的资源总量预测工作。

3）1989~1994 年，完成了金及金刚石原生矿 2 个矿种的中-大比例尺的资源预测工作。

4）1994 年，完成了金及金刚石 2 矿种的以往完成的成矿区划及成矿预测汇总工作。

5）1998~2000 年，开展了鲁西、胶北及胶莱盆地等地区的有关金矿资源预测工作

除上述外，在 2000 年以后，山东省国土资源厅组织有关事业及地勘单位先后在鲁西铜石、苍山和鲁东胶莱盆地边缘、招掖及威海等地开展了有关金矿、有色金属等矿产的分布规律及找矿研究工作。

通过上述的成矿区划及预测工作的开展，取得了对山东几十年来的地质矿产成果资料的系统的梳理和总结，对山东省主要矿产资源的区域成矿地质背景、分布规律及资源远景等取得了进一步的认识，为山东地矿工作部署提供了重要的基础依据。但限于当时（特别是 20 世纪 80 年代）基础地质工作进展程度，对区域成矿规律的认识还存在一定局限性。

2. 近年间开展的有关区域成矿学方面的研究工作

近年间，山东省内开展的有关区域成矿学方面的研究工作及其成果，主要有以下几项：

1）《山东主要成矿区研究报告》：是艾宪森等承担的由中国地质调查局在 1999~2004 年组织、由陈毓川院士具体领导进行的“中国成矿体系和区域成矿评价”大调查综合研究项目的中的“‘华北准地台金铜铅锌银铁铝土矿滑石菱镁矿石墨成矿带’研究区”的山东部分成果名称，于 2000 年 9 月至 2001 年 12 月完成 。报告中对省内铁、金、金刚石、石墨等主要固体矿床（不包括能源矿产）划分了 14 个成矿系列；对部分矿种划分了不同级别成矿区（带）。这个研究报告是首次涉及成矿系列理论探讨我省区域成矿学方面的成果，对我省区域成矿学研究具有一定的参考作用。该成果研究的矿种少（11 种）、对成矿系列特征等内容的描述较简略。

2）《山东省金铁煤矿床成矿系列及成矿预测》：是刘玉强依据以往区域地质、成矿预测等成果资料研究汇集的博士后论文（2004）。该成果中对金矿划分为 4 个成矿系列、12 个亚系列，铁矿划分为 5 个成矿系列、5 个亚系列（煤矿未划分成矿系列）；其对所划分的成矿系列及亚系列所叙述的内容，只是列表式或目录式的，对（金铁）成矿系列及亚系列特征等成矿系列研究的基本内容均未表述。

3）“山东矿床成矿规律及找矿远景研究”（作为专著出版的名称为《山东矿床》）：是 2002~2006 年间，在山东省国土资源厅领导，由山东省地质科学研究院组织有山东省国土资源厅、山东省地质矿产勘

查开发局、胜利石油管理局、山东省煤田地质局、中国冶金地勘总局山东局、中国建材地勘中心山东总队、山东省化工地质勘察院、山东省核工业248地质大队、海洋大学、山东科技大学等系统百余位地质专家完成的研究成果。其是在以往地质成果资料基础上，对全省已查明资源储量的石油、煤、金、铁、铜、金刚石、石膏、石盐、石墨、自然硫、萤石、蓝宝石、地下水等80个矿种的矿床成矿规律和资源远景等的系统研究总结。该成果中总结的矿产大类齐全、矿种和矿产地多、资料翔实、信息量大，成果中集聚的全省大量的地质构造背景、成矿作用及各类矿床地质特征等数据，是深化研究矿床成矿系列组合、成矿系列类型和成矿系列组的非常有利的基础。

4）"山东省重要矿产资源潜力评价"是"全国矿产资源潜力评价"的子项目，为中国地质调查局下达给山东省国土资源厅，由山东省地质调查院承担、有山东省地质科学研究院等11个单位参加的在2007~2013年完成的项目。该项目设立区域成矿地质背景课题、区域成矿规律及矿产预测课题、物化重遥综合信息课题、资源潜力评价综合信息集成课题和煤炭（油页岩）资源预测评价课题共5个课题。对煤炭、油页岩、金、铁、铜、铝、铅、锌、钼、稀土、银、金刚石、石膏、石墨、滑石、菱镁矿、硫、磷、钾、萤石、重晶石、膨润土、水泥用灰岩等23个矿种的资源潜力进行了预测评价，形成了各矿种的资源潜力评价成果报告和全省矿产资源潜力评价成果报告。该成果是迄今山东省内表述矿种比较齐全、描述系统详尽、内容丰富的矿产资源潜力评价成果，是山东省进一步开展地质找矿工作部署的重要依据和矿床成矿系列研究的一份重要基础资料。

（四）其他区域性地质调查工作

1. 区域地球物理调查

（1）山东省1:20万区域重力调查

该项工作全省已全部进行，重力调查成果资料覆盖全省陆域，是一份完整系统的基础地球物理成果资料。

（2）1:5万综合物探调查

重点在胶东和鲁西地区部分金成矿远景区内投入重力、磁法、电法、γ能谱、航空（电/磁）测量等综合物探调查；调查区主要有鲁东的招-平断裂带、昌邑-平度、福山以及鲁西的沂南、沂源、平邑、苍山等地区，共完成面积14 663 km^2。通过对各测区综合物探调查，基本了解了成矿远景区内地层及岩浆岩等的分布情况，追索和推断了隐伏断裂构造。对各远景区（带）进行成矿预测，其对部署金矿找矿工作起了重要作用。

（3）航空物探调查

到目前为止，1:2.5万— 1:100万比例尺的航空磁测已基本覆盖全省陆域及沿海一带。编制了全省1:20万航磁图，山东省1:50万航磁图。这些基础图件在研究区域地质构造、圈定盆地及隐伏岩体、了解断裂构造格架、进行矿产资源预测等方面取得了良好的地质效果，

2. 区域地球化学调查

（1）1:20万区域地球化学调查

全省1:20万区域化探扫面工作是1980~1992年进行的，为水系沉积物测量，分析项目为Au，Ag，As等45个元素。通过此项区域化探扫面工作，包括24幅1:20万图幅，控制面积79 172 km^2，占全省面积的50.1 %。共圈出单元素地球化学异常13 689个，综合异常983处，其中以金为主的异常492个。此项工作进一步查明了基岩区Au，Ag，As等45种元素的含量分布和分散浓集规律，成果对局部异常进行了解释和地球化学特征探讨。

（2）1:5万区域地球化学调查

20世纪80年中期以来开展的第二轮1:5万化探工作，共完成44幅32个元素的水系沉积物测量，

面积 17 536 km^2，占全省面积的 11.1 %。圈定单元素异常 5 236 个，其中金异常 1 037 个，取得十分显著的找矿效果。

（3）1:25 万多目标地球化学调查要求

此项工作是在中国地调局统一部署下开展、并按全省统一安排在 2005 年开始的地球化学调查工作，涉及 56 中元素、包括生态环境、找矿等多目标的地球化学调查，已基本覆盖全省陆地范围，是一项全面系统、大信息量的区域地球化学调查成果。

3. 1:20 万及 1:5 万区域重砂调查

1976~1996 年开展的全省新一轮 1:20 区调工作中的重砂测量供完成 22 幅，面积约 57 000 km^2，占全省陆地面积的 36.1 %，圈出重砂有用矿物异常 867 处，孤高含量 731 个。在 1:20 万重砂测量工作的基础上，对其内 60 个 1:5 万图幅进行了自然重砂测量工作，面积 25 136 km^2，占全省陆地面积的15.9 %；圈定重矿物异常 807 处，矿物孤高点 345 个。

4. 基础地学数据库建设

全省已经完成和正在建设的与矿产资源预测评价有关的全国性数据资源有 13 个数据库。主要包括：1:50 万、1:25 万、1:20 万、1:5 万数字地质图空间数据库；矿产地数据库；重砂测量数据库；同位素地质测年数据库；1:20 万区域地球化学数据库；1:20 万区域重力调查数据库；地质工作程度数据库；地层数据库；钻孔及测井数据库（框架）；山东省岩石数据库（部分完成）等。这些数据库的建设，对地质工作部署及国民经济建设多领域具有重要的应有价值。

上述所列近 60 余年来，全省通过不同比例尺的区域地质调查、区域重力测量和区域航空磁测、区域地球化学调查等区域性地质调查工作取得的成果，以及矿产地勘查等取得的成果，是本次在全省范围内开展矿床的成矿系列研究的基本前提和重要基础。

第二章 山东成矿地质背景

第一节 山东地层 …………………………………… 13
一、概述 …………………………………………… 13
二、太古宙地层 …………………………………… 13
三、元古宙地层 …………………………………… 17
四、古生代地层 …………………………………… 18
五、中生代地层 …………………………………… 19
六、新生代地层 …………………………………… 20
第二节 山东岩浆岩及岩浆作用 ………………… 21
一、岩浆岩的时空分布概况 ……………………… 22
二、鲁西地区侵入岩 ……………………………… 23
三、鲁东地区侵入岩 ……………………………… 29
四、侵入岩与矿产的关系 ………………………… 34
五、中-新生代火山岩及其成矿作用 …………… 35
第三节 山东变质岩及变质作用 ………………… 38
一、区域变质作用 ………………………………… 39
二、接触变质作用 ………………………………… 40
三、变质作用与矿产 ……………………………… 41
第四节 山东地质构造 …………………………… 42
一、大地构造单元划分 …………………………… 42
二、表层构造及深部构造 ………………………… 43
三、区域分划性断裂带 …………………………… 46

第一节 山东地层

一、概述

根据全国地层区划方案,山东省地层属柴达木-华北地层大区华北地层区和扬子-华南地层大区扬子地层区等 2 个地层大区和 2 个地层区。华北地层区可再分为华北平原地层分区、鲁西地层分区、鲁东地层分区和胶南-威海地层分区共 4 个地层分区;扬子地层区山东省境内只有连云港地层分区,仅在日照市达山岛及车牛山岛等小岛上有地层露头。地层分区之间的界线为区域分划性断裂,聊城-兰考(聊考)断裂带和齐河-广饶(齐广)断裂带为华北平原地层分区与鲁西地层分区的分界线;沂沭断裂带为华北平原地层分区、鲁西地层分区、鲁东地层分区胶南-威海地层分区和的分界线;五莲断裂与牟平-即墨断裂为鲁东地层分区与胶南-威海地层分区的分界线;近岸断裂与连云港断裂为华北地层区和扬子地层区的分界线(图 2-1)。

山东省缺失志留-泥盆纪地层,其余各断代地层发育基本齐全(表 2-1),自中太古代至新生代地层都有分布,地表出露以中、新生代地层为主,其次为古生代地层,元古宙地层分布局限,太古宙地层零星出露。华北平原地层分区以发育巨厚新生代含油、气等矿产地层区别于鲁西地层分区,鲁东地层分区及胶南-威海地层分区缺失古生代地层区别于华北平原地层分区和鲁西地层分区。

二、太古宙地层

山东省太古宙地层包括中太古代沂水岩群和唐家庄岩群、新太古代泰山岩群和济宁岩群。分布零星,呈大小不等的包体残留于太古宙—元古宙变质变形深成侵入岩内。沂水岩群、泰山岩群和济宁岩群位于鲁西地层分区,唐家庄岩群位于鲁东地层分区(张增奇等,1996,2014)。

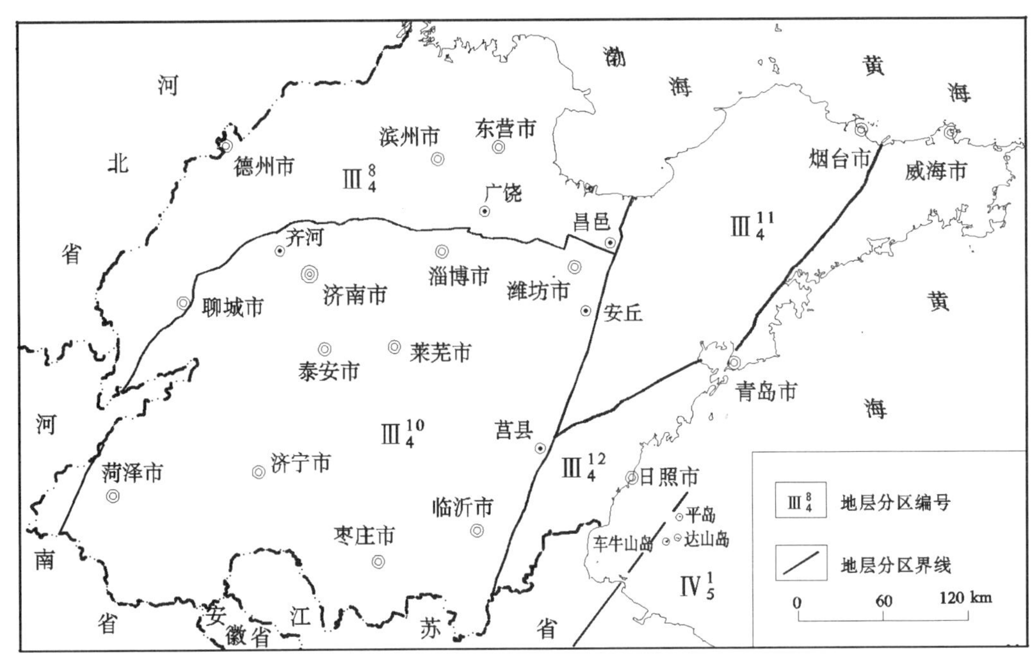

图 2-1 山东省地层综合区划图

（据《山东国土资源》编制，2014）

$Ⅲ_4$—柴达木-华北地层大区华北地层区；$Ⅲ_4^8$—华北平原地层分区；$Ⅲ_4^{10}$—鲁西地层分区；$Ⅲ_4^{11}$—鲁东地层分区；$Ⅲ_4^{12}$—胶南-威海地层分区；$Ⅳ_5$—扬子-华南地层大区扬子地层区；$Ⅳ_5^1$—连云港地层分区

（一）中太古代地层

1. 沂水岩群

沂水岩群发育于沂沭断裂带内汞丹山断隆起的中部，分布于沂水县城以东及其北部一带，总体呈南北向的带状展布，以长条状、透镜状和不规则状包体残存于新太古代及古元古代变质花岗质深成侵入岩体中，是一套经历了麻粒岩相变质作用的表壳岩系，其主要岩石组合为：辉石麻粒岩夹紫苏黑云变粒岩、含紫苏斜长角闪岩、含紫苏磁铁石英岩、角闪黑云变粒岩等。厚 1 781 m，出露总面积约 50 km^2。依据其岩石组合、原岩建造特征，将其自下而上划分为石山官庄岩组、林家官庄岩组。

2. 唐家庄岩群

唐家庄岩群零星出露在莱西市唐家庄、马连庄、莱阳市谭格庄及栖霞市黄岩底等地，呈包体状残存于新太古代条带状英云闪长质片麻岩或奥长花岗岩中，出露范围很小，包体长数米至数十米，主要岩性为为磁铁石英岩、磁铁紫苏斜长片麻岩、黑云（角闪）变粒岩、黑云斜长片麻岩等，地层可控制厚度为 24 m。

（二）新太古代地层

1. 泰山岩群

泰山岩群发育于鲁西地块和沂沭断裂带内，前者呈 NW—SE 及 NE—SW 向的条带状分布于泰安—莱芜及沂水县城东地区。主要岩性为石榴石英岩、斜长角闪岩、黑云变粒岩、二云石英片岩、透闪阳起片岩、磁铁石英岩等。厚度大于 4 000 m，出露面积约 100 km^2，是鲁西地区沉积变质型条带状磁铁矿的赋矿层位。自下而上划分为孟家屯组、雁翎关组、山草峪组和柳杭组。

2. 胶东岩群

胶东岩群仅分布于胶北断隆内，零星分布于栖霞市观里、苏家店及招远市齐山、蓬莱市沟刘家、虎路

表 2-1 山东省区域地层划分表

界	系	统	年龄/Ma	岩石地层单位：鲁西地层分区	岩石地层单位：鲁东地层分区
新生界	第四系	全新统	0.0117	黄河组、小坨子组、旭口组、白云湖组、潍北组、沂河组、泰安组、寒亭组；沂源组；山前组；黑土湖组	山前组；泰安组、沂河组、寒亭组、旭口组、潍北组；沂源组；黑土湖组
		更新统	2.588	平原组；大站组、沂源组、大埠组；羊栏河组、于泉组、史家沟组；小埠岭组	大站组、大埠组；羊栏河组、柳夼组、史家沟组；小埠岭组
	新近系	上新统	5.3	黄骅群：明化镇组、馆陶组；白彦组；巴漏河组；临朐群：尧山组	临朐群：尧山组
		中新统	23.03	黄骅群：馆陶组；临朐群：山旺组、牛山组	
	古近系	渐新统	33.80	济阳群：东营群	
		始新统	55.8±0.2	济阳群：沙河街组；官庄群：大汶口组、朱家沟组；五图群：小楼组、李家崖组	五图群：小楼组、李家崖组
		古新统	65.5±0.3	济阳群：孔店组；官庄群：常路组、卞桥组、固城组；五图群：朱壁店组	五图群：朱壁店组
中生界	白垩系	上统	99.6	王氏群：红土崖组、辛格庄组、林家庄组	王氏群：胶州组、金岗口组、红土崖组、辛格庄组、林家庄组
		下统	119；145	青山群：方戈庄组、石前庄组、八亩地组；大盛群：孟疃组、寺前村组、田家楼组、马朗沟组、大土岭组、小店组；莱阳群：马连坡组、城山后组、水南组、林寺山组	青山群：方戈庄组、石前庄组、八亩地组、后夼组；莱阳群：马连坡组、城山后组、止凤庄组、法家茔组、杜村组、杨家庄组、曲格庄组、龙旺庄组、水南组
	侏罗系	上统	180±4	淄博群：三台组	
		中统	199.6	淄博群：坊子组	
		下统			
	三叠系	上统	247.2		
		中统	251.1	二马营组	
		下统	252.17	石千峰群：刘家沟组、孙家沟组	
古生界	二叠系	乐平统	260.4		
		阳新统		石盒子群：孝妇河组、奎山组、万山组、黑山组	
		船山统	299.0	月门沟群：山西组、太原组	
	石炭系	上石炭统	318.1±1.3	月门沟群：本溪组	
		下石炭统	359.58		
	泥盆系		416.0		
	志留系		443.8		

续表

年代地层单位				岩石地层单位			
界	系	统	年龄/Ma	鲁西地区		鲁东地区	
古生界	奥陶系	上统					
		中统	458.4	马家沟群	八陡组		
					阁庄组		
					五阳山组		
					土峪组		
					北庵庄组		
					东黄山组		
		下统	470.0				
	寒武系	芙蓉统（原上统）	485.4	九龙群	三山子组（亮甲山组）		
					炒米店组		
			497.0		崮山组		
		第三统（原中统）			张夏组		
				长清群	馒头组		
			509.0		朱砂洞组		
		第二统（原下统）			李官组		
		组芬兰统	521.0 541.0				
新元古界	震旦系	上统	580				
		下统	635	上门群	石旺庄组	蓬莱群	香夼组
					浮来山组		南庄组
	南华系	上统	660		佟家庄组		铺子夼组
		上统	725		二青山组		豹山口组
		下统	780		黑山官组		?朋河石岩组?
	青白口系		1000				
中元古界	待建		1400				
	蓟县系		1600			芝罘群	东口组
							兵营组
	长城系		1800				老爷山组
						五莲群	坤山组
							海眼口组
							?
古元古界	滹沱系		2300			粉子山群	岗嵛组
							巨屯组
							张格庄组
							祝家夼组
			2500				小宋组
						荆山群	陡崖组
							野头组
							禄格庄组
新太古界				济宁群	洪福寺组		
					颜店组		
					翟村组		
				泰山岩群	柳杭组		
					山草峪组	胶东岩群	郭格庄岩组 ?
					雁翎关组		苗家岩组 ?
			2800		孟家屯岩组 ? ?		
中太古界				沂水岩群	林家官庄岩组 ?	唐家庄岩群	
			3200		石山官庄岩组		

注：寒武纪自下而上的纽芬兰统、第二统、第三统和芙蓉统，是第四界全国地层会议2013年方案（试用稿）；为方便应用，表中的自下而上加上的原下统、原中统和原上统（即寒武系三分的下统、中统和上统），为2013年以前沿用下、中、上统的三分方案。

线等地,残存于新太古代花岗岩中。其岩性为成层性明显、韵律性清楚的一套黑云变粒岩、斜长角闪岩、角闪变粒岩夹磁铁石英岩组合。自下而上分为郭格庄组和苗家组,二者之间未见接触关系。

3. 济宁岩群

济宁岩群为隐伏地层,分布于济宁市城东兖州市嵫阳山一带的千米盖层之下,钻孔揭示济宁岩群主要岩性为钙质、硅质、铁质灰绿色绿泥千枚状板岩,绢云千枚岩,紫色含铁千枚岩及磁(赤)铁石英岩等,中下部出现变质中酸性火山熔岩-火山碎屑岩。济宁颜店铁矿床就赋存于济宁岩群含铁岩系中。

三、元古宙地层

山东省元古宙地层包括古元古代荆山群和粉子山群、中元古代芝罘群和五莲群、新元古代青白口纪—震旦纪土门群和蓬莱群、南华纪云台岩群花果山岩组和震旦纪朋河石岩组。

(一)古元古代地层

1. 荆山群

荆山群主要分布于胶北地区的莱阳荆山、旌旗山、莱西南墅、平度祝沟、明村、海阳晶山、牟平祥山及昌邑峰山和安丘赵戈庄等地,总体呈 NNE 向的带状展布;主要岩性为高铝片岩、变粒岩、大理岩、含石墨岩系、片麻岩、透辉岩等岩石组合,赋存有晶质石墨矿、透辉石等矿产,遭受了比较强烈的变形作用,达角闪岩相—麻粒岩相变质。在威海—乳山—胶南—日照一带,多呈小包体形式产出于青白口纪二长花岗质片麻岩中;在胶北地区安丘赵戈庄—昌邑峰山—平度祝沟—莱西南墅—莱阳—栖霞一带,呈面状产出,直接覆盖于新太古代角闪黑云英云闪长质片麻岩之上。厚 1 977~2 856 m,出露总面积约 1 405 km^2,自下而上分为禄格庄组、野头组和陡崖组,每个组依据岩性不同,又可二分。

2. 粉子山群

粉子山群主要分布于昌邑峰山、莱州粉子山、平度灰埠、蓬莱金果山、福山张格庄等地,总体呈 NE 向的带状展布;主要岩性为大理岩、黑云变粒岩、透闪岩、石墨透闪岩、浅粒岩、斜长角闪岩、磁铁石英岩、矽线黑云片岩等,经历了比较强烈的褶皱变形,达高绿片岩相-低角闪岩相变质,直接覆盖于太古宙岩系之上,沿接触面多发育顺层的韧性剪切带,在栖霞寨里于家向东一线被震旦纪蓬莱群所覆盖。厚 2 537~5 031 m,出露总面积约 9 013 km^2,自下而上分为小宋组、祝家夼组、张格庄组、巨屯组和岗嵛组。

荆山群和粉子山群是山东省内发育比较齐全、分布比较广泛的沉积变质地层,是一些重要的铁、稀土、石墨、菱镁矿、玻璃用石英岩、透辉石、滑石等矿产的含矿岩系。

(二)中元古代地层

1. 芝罘群

芝罘群分布于烟台市芝罘岛及邻近崆峒岛、担子岛、马岛等大、小不同的岛屿,总体呈 NW 向展布;主要岩性为石英岩、钾长石英岩夹磁铁矿层,达中亚相系低角闪岩相变质。据其岩性特征可以自下而上分为老爷山组、兵营组和东口组,三者整合关系。芝罘群未见顶和底,厚>1 569 m,出露总面积约 10 km^2。

2. 五莲群

五莲群分布于西起五莲城城北的海眼口村、坤山,东至小庄、南窑沟一带,呈 NE 向的带状展布;其主要岩性组合为黑云变粒岩、片岩夹大理岩,达绿片岩相—角闪岩相变质。其底部与新元古代花岗岩为侵入接触关系,顶部与莱阳群为角度不整合或断层接触,厚466~700 m,出露总面积约23 km^2,自下而上分为海眼口组和坤山组。五莲群是晶质石墨、红柱石、稀土矿、玻璃用石英岩等矿产的赋存层位。

（三）新元古代地层

1. 土门群

土门群分布在沂沭断裂带及其西侧的昌乐、临朐、苍山、峄城等地，总体呈 NE 向分布；主要岩性有砂岩、粉砂岩、页岩、灰岩、白云岩等浅海相沉积岩。厚 243～880 m，出露总面积约 257 km^2。自下而上分为黑山官组、二青山组、佟家庄组、浮来山组及石旺庄组，寒武纪长清群覆盖于该群不同层位之上。是玻璃用石英砂岩、水泥用大理岩、石灰岩及砚石等观赏石的赋矿层位。

2. 蓬莱群

蓬莱群主要分布于栖霞豹山口、辅子夼、香夼、福山东龙夼一带，另在庙岛群岛各个岛屿、龙口屺姆岛、黄城附近、蓬莱丹崖山等都有分布。主要岩性为千枚岩、板岩、石英岩、结晶灰岩及大理岩等，为一套延伸稳定的浅变质岩系，底部常见 0～1.5 m 厚的砾状石英岩，达低绿片岩相变质。厚 878～4 507 m，出露总面积约 253 km^2，自下而上分为豹山口组、辅子夼组、南庄组和香夼组。是水泥用石灰岩、砣矶砚及园林石的赋矿层位。

3. 云台岩群花果山岩组

南华纪云台岩群花果山岩组仅分布于日照东南的前三岛、达山岛及车牛山岛。主要岩性为浅粒岩夹白云变粒岩、变质流纹质熔结凝灰岩等，呈巨厚层状，为一套变质程度较浅的绿片岩相组合。厚度 > 88.13 m，出露面积约 0.51 km^2。

4. 朋河石岩组

朋河石岩组零星分布在山东莒南县王家道村峪、朋河石一带，岩石组合以变质砂岩组合为特征，夹石英岩、片岩、千枚岩及板岩，达中高压低绿片岩相变质，呈条带状 NE—SW 向展布，长约 4 km 左右，厚度一般在 10 m 左右，出露面积约 1.89 km^2。

四、古生代地层

山东省古生代地层包括早古生代寒武纪和奥陶纪地层、晚古生代石炭纪和二叠纪地层，缺失志留纪和泥盆纪地层，只发育于沂沭断裂带以西区域，鲁东地区至今未发现古生代地层。

（一）寒武纪—奥陶纪地层

寒武纪-奥陶纪地层位于华北平原地层分区与鲁西地层分区，前者为隐伏隐伏地层，被巨厚新生代地层覆盖，后者露头较好，是一套海相碳酸盐岩沉积建造，富含三叶虫和头足类等化石。包括寒武纪长清群、寒武纪—奥陶纪九龙群和奥陶纪马家沟群。

1. 长清群

该群广布于山东省安丘-莒县断裂以西区域；主要岩性为砖红色、紫色页岩或泥岩为主，次为灰色砂岩、粉砂岩、灰岩、泥云岩、云泥岩、白云岩等，底部常含砾岩，富含三叶虫化石。厚 433～731 m，出露总面积约 3 213 km^2。该群与上覆九龙群整合接触；东部与下伏新元古代土门群平行不整合接触，向西超覆于前寒武纪变质基底之上，自下而上划分为李官组、朱砂洞组和馒头组。该群中赋含玻璃用石英砂岩，石膏、木鱼石等非金属矿产。

2. 九龙群

该群广布于山东省安丘-莒县断裂以西区域；主要由碳酸盐岩组成，下部以厚层灰岩为主，上部以白云岩为主，中下部夹黄绿色钙质页岩，地层厚度一般在 600 m 左右，出露总面积约 6 010 km^2。与上覆马家沟群平行不整合接触，与下伏长清群整合接触，自下而上划分为张夏组、崮山组、炒米店组、亮甲山组和三山子组，张夏组是石灰岩矿重要的赋矿层位。

3. 马家沟群

该群广布于山东省安丘-莒县断裂以西区域；白云岩与灰岩相间分布，据此自下而上分为东黄山组、北庵庄组、土峪组、五阳山组、阁庄组和八陡组。由于怀远运动地壳上升遭受风化剥蚀，保留厚度561～1 267 m，出露总面积约2 542 km^2。北庵庄组、五阳山组和八陡组是优质石灰岩矿重要的赋矿层位，东黄山组、土峪组和阁庄组是石膏矿赋矿层位。

（二）石炭纪—二叠纪地层

石炭纪—二叠纪地层位于华北平原地层分区与鲁西地层分区，前者为隐伏隐伏地层，被巨厚新生代地层覆盖，后者露头比较零星，是一套海陆交互相沉积建造，包括石炭纪—二叠纪月门沟群、二叠纪石盒子群。

1. 月门沟群

该群为一套海陆交互相-陆相含煤岩系，主要岩性以铝土岩、泥岩、粉砂岩、细砂岩及煤层为主，发育煤层是该套地层的主要特征，厚184～475 m，出露总面积约208 km^2。自下而上划分为本溪组、太原组和山西组，山东省可采煤层赋存在该群中，并发育铝土矿（含镓）、铁、耐火黏土、天青石矿等矿产。

2. 石盒子群

该群为一套陆相沉积的由黄绿色、灰绿色砂岩，紫红、灰紫色泥岩夹铝土岩，灰黑色页岩组成的岩石组合，南部偶见有煤线。厚155～713 m，出露总面积约125 km^2。自下而上划分为黑山组、万山组、奎山组和孝妇河组。该群是玻璃硅质原料、耐火黏土矿的赋矿层位。

五、中生代地层

中生代地层包括三叠纪、侏罗纪和白垩纪地层，三叠纪地层分布范围较少，侏罗纪和白垩纪地层分布比较广泛，在鲁西地区和鲁东地区均有分布。

（一）三叠纪地层

1. 石千峰群

石千峰群分布局限，主要分布在章丘于家庄、周村武家庄、淄博大海眼等地。该群岩性以紫红或鲜红色砂岩和泥岩为标志，与下伏石盒子群孝妇河组平行不整合接触。厚219～613 m，出露总面积约30 km^2，自下而上划分为孙家沟组和刘家沟组。

2. 二马营组

二马营组仅见于聊城堂邑乡陈庄钻孔中，主要由灰绿色长石砂岩夹红色泥岩组成的一套地层，红色泥岩中含大量的钙质结核。该钻孔揭露厚度为1 245.5 m。

（二）侏罗纪地层

侏罗纪地层位于华北平原地层分区和鲁西地层分区，前者为隐伏地层，被巨厚新生代地层覆盖，后者露头较好，是一套湖沼-滨浅湖相灰色含煤建造和河流相红色—灰绿色砂岩、砾岩建造，残留地层厚度140～1 800 m，出露面积约193 km^2。山东省侏罗纪地层只有淄博群，分布于坊子、临朐、淄川、蒙阴等地，自下而上分为坊子组和三台组，坊子组为含煤建造，具可采煤层及耐火黏土，是坊子煤矿、杨家埠耐火黏土矿的赋矿岩系，三台组红色大型斜层理，是很好的观赏石赋矿层位。

（三）白垩纪地层

山东省白垩纪地层广布于鲁西和鲁东地区，为一套复杂的陆相火山-沉积岩系，主要由陆源碎屑岩及中酸性火山岩，自下而上划分为莱阳群、青山群、大盛群和王氏群。

1. 莱阳群

莱阳群主要分布于鲁东地区，鲁西地区仅见于新泰-蒙阴盆地、平邑-方城盆地、莱芜盆地、沂源盆地、临朐盆地、周村盆地及鲁西南济宁滕州、鱼台等盆地中。是一套河湖相沉积，中下部主要岩性为粉砂岩、砂岩、砂砾岩、砾岩、页岩、黑色页岩及微晶灰岩等，上部为火山碎屑岩夹熔岩、流纹质凝灰岩等。厚7 996~14 373 m，出露总面积约4 200 km^2。自下而上划分为瓦屋夼组、林寺山组、止凤庄组、水南组、龙旺庄组、杨家庄组、杜村组、曲格庄组、城山后组、法家茔组和马连坡组，共11个组，有的组之间为沉积相变关系。

2. 青山群

青山群分布于山东省的各个中生代盆地中，是火山喷发形成的一套火山岩系，主要岩性为中-酸性及中-基性火山岩及河湖相碎屑岩，厚896~9 350 m，出露总面积约2 454 km^2。据岩浆演化规律及地层发育顺序，自下而上分为后夼组、八亩地组、石前庄组和方戈庄组。青山群是金、铜、硫铁矿、膨润土、沸石岩、珍珠岩、明矾石等矿产的赋矿岩系。

3. 大盛群

大盛群主要分布于沂沭断裂带内，是一套与青山群同时异相的河湖相沉积地层，主要岩性为紫红色砾岩、砂砾岩、砂岩、粉砂岩和页岩等，厚1 486~5 556 m，出露总面积约1 000 km^2。自下而上划分为小店组、大土岭组、马郎沟组、田家楼组、寺前村组和孟疃组，共6个组。

4. 王氏群

王氏群主要发育于沂沭断裂带及鲁东地区，主要岩性以红色砾岩、砂砾岩为主，间夹黄绿色、灰绿色砂岩、钙质含砾细砂岩、粉砂岩、泥岩等，局部有淡水灰岩、泥灰岩，有时有石膏薄层及扁豆体，厚1 814~6 944 m，出露总面积约2 014 km^2。自下而上分为林家庄组、辛格庄组、红土崖组、金刚口组和胶州组，胶州组上部岩性形成时代属古近纪。

六、新生代地层

新生代地层包括古近纪、新近纪和第四纪地层，非常发育，分布广泛，是许多能源、金属、非金属和水气矿产的赋矿岩系。

（一）古近纪地层

古近纪地层分布广泛，为一套复杂的陆相火山-沉积岩系，主要由陆源碎屑岩夹煤、油页岩及石膏、岩盐及基性火山岩等组成，是石油、煤、石膏、石盐、钾盐、自然硫等矿产的赋矿层位，包括官庄群、五图群和济阳群。

1. 官庄群

官庄群主要分布于鲁西山地丘陵区内的一些中新生代断陷盆地中，呈北西向展布，主要岩性为红色河湖相含石膏、岩盐碎屑岩。厚1 215~3 844 m，出露总面积约285 km^2。自下而上划分为固城组、卞桥组、常路组、大汶口组和朱家沟组5个组，富含石膏、石盐、钾盐、自然硫等矿产。

2. 五图群

五图群主要分布于鲁西地区的昌乐县五图、小楼、北岩和临朐县牛山、罗家树、安丘市旧庙、陈家菜园、黑牛冢等地；在鲁东地区主要分布于龙口-蓬莱、平度市香店一带，主要岩性为暗色河湖相含煤、油页岩碎屑岩系，局部夹基性火山碎屑岩系。厚298~1 372 m，出露总面积约63 km^2。自下而上划分为朱壁店组、李家崖组和小楼组，李家崖组是煤的赋矿层位。

3. 济阳群

济阳群分布于华北平原地层分区，属隐伏地层，主要岩性为一套色系、成份都很复杂的碎屑岩系，局部夹基性火山碎屑岩系，含有丰富的石油、天然气和地下卤水，有时夹石膏、石盐和薄层煤线，厚1 202~4 990 m，自下而上分为孔店组、沙河街组和东营组。

（二）新近纪地层

新近纪地层分布比较广泛，包括临朐群、黄骅群及未归并到群的巴漏河组和白彦组。

1. 临朐群

临朐群主要分布于临朐、昌乐、安丘、沂水、栖霞、蓬莱等地，在莱芜、周村等地也有少量分布。岩性主要为玄武岩夹砂砾岩、泥岩及硅藻土，厚217~598 m，出露总面积约510 km^2。自下而上分为牛山组、山旺组、尧山组；其中山旺组分布局限，大部分地区为牛山组、尧山组。该群中含有蓝宝石原生矿、膨润土矿、硅藻土矿-褐煤-磷和白垩矿。

2. 黄骅群

黄骅群主要分布于华北平原地层分区内，属隐伏地层，主要岩性为泥岩、砂岩及砂砾岩，厚439~1 500 m，自下而上分为馆陶组和明化镇组。

3. 巴漏河组和白彦组

巴漏河组地表分布局限，主要见于西巴漏河沿岸，另外，在明水北部及东巴漏河沿岸也有隐伏。岩性主要为淡水结晶灰岩、泥岩及砂砾岩。该组厚度及岩相变化较大，厚度一般为6~17 m。白彦组主要分布于鲁西地区的泗水—平邑—费县，滕州、沂南等地，主要岩性为棕红色—红褐色、黄褐色燧石质砾岩、砂砾岩，局部夹含砾砂岩、砂岩、泥岩，该组因其中大部分含金刚石，是鲁西重要的金刚石赋矿层位。

（三）第四纪地层

山东沂第四纪地层分布广泛，依据其发育特征、岩石组合、接触关系特征等，可分为山地丘陵区和华北平原区2个地层分区，共划分为22个组，即：平原组、小埠岭组、史家沟组、羊栏河组、于泉组、柳夼组、沂河组、临沂组、大站组、大埠组、黑土湖组、旭口组、小坨子组、巨野组、单县组、鱼台组、黄河组、寒亭组、潍北组、沂河组、泰安组和白云湖组。

第四纪地层是山东省一个重要赋矿层位，发育有砂金矿、金刚石砂矿、蓝宝石砂矿、砂金矿、型砂矿、玻璃用石英砂矿、锆英石及金红石砂矿等多种矿产。

第二节 山东岩浆岩及岩浆作用

山东省的岩浆活动十分频繁，从太古宙到新生代都有发现，可划分出迁西期、阜平-五台期、吕梁期、四堡期、晋宁期、加里东期、印支期、燕山期及喜马拉雅期等各岩浆活动期。除迁西期、阜平期、燕山期及喜马拉雅期有较多火山活动外，其他岩浆活动期均以岩浆侵人活动为主。迁西期—五台期岩浆活动在山东境内较为强烈，吕梁期岩浆活动在鲁西地区最强烈，燕山期岩浆活动在鲁东区最强烈。每个岩浆活动期大体构成了一个完整的构造-岩浆旋回，每个岩浆旋回的基本趋势是从基性向酸性演化。岩浆侵人活动和火山喷发活动密切相关，火山活动往往在先侵入活动随后。

一、岩浆岩的时空分布概况

山东岩浆岩在空间上具有区域成带分布特点，在时间上则显承出多旋回活动的特点，在形成上具有多成因的特点；岩浆岩在时空分布上具有“区域成带性”、“多旋回性”和“多成因性”的特点，构成了山东岩浆岩分布的基本轮廓。

（一）岩浆岩分区及发育概况

山东省侵入岩类发育，广泛出露于东南沿海，半岛北部，沂沭断裂带内及鲁中、鲁南等广大地区，面积 30 976 km^2，占基岩面积的 60 %。前寒武纪侵入岩可划分出中太古代晚期、新太古代早期、中期、晚期和古元古代早期、晚期及中元古代早期、新元古代南华纪，古生代加里东期，中生代印支期和燕山期，新生代喜马拉雅期各岩浆活动期。根据侵入岩的时空分布特点，结合构造分布，可将其分为鲁西构造岩浆区及鲁东构造岩浆区，二者以沂沭断裂带安丘-莒县断裂为界。鲁西地区以新太古代侵入岩最为发育，多呈基、岩株状产出；新太古代早期侵入岩经受了区域变质作用，形成一套花岗质片麻岩。自元古宙和其之后的侵入活动较弱，出露少而规模小，呈岩株、岩瘤、岩墙、岩脉状分布。鲁东地区处华北与扬子克拉通接合部位的造山带上，导致岩浆侵入活动剧烈而频繁，集中出露于半岛北部和东南沿海一带，出露面积占鲁东地区基岩面积的3/5。呈北东—北北东和近东西向面状展布的复式岩基、岩株及岩瘤和岩墙状产出。始于中太古代，止于新生代新近纪。以新元古代南华纪和中生代白垩纪侵入岩最发育，其次为新太古代和中生代三叠纪、侏罗纪侵入岩，其他则规模小而分散。

1. 鲁西构造岩浆区

鲁西地区侵入岩主体为早前寒武纪侵入岩，约占侵入岩出露面积的 90 %，是我国新太古代早、中、晚三期岩浆活动强烈，形成典型的灰色片麻岩、两套 TTG 岩系和钾质花岗岩（并间隔三套超基性-基性岩）大面积分布的少数典型地区之一。新太古代早期岩浆活动形成 2 700 Ma 的英云闪长质片麻岩、条带状英云闪长质片麻岩；新太古代中期岩浆活动形成 2 650~2 600 Ma 的片麻状奥长花岗岩、花岗闪长岩；新太古代晚期岩浆活动从地幔岩浆侵入到地壳深熔大规模的钾质花岗岩形成 2 560~2 500 Ma 的中基性-中酸性侵入岩，导致大规模陆壳的形成。古元古代早期和中元古代早期，有少量岩浆沿太古代刚性陆壳裂解形成的张性裂隙侵入。鲁西地区位于华北板块内部，因而发育了与华北板块其他地区相似的太古宙紫苏花岗岩系列及花岗岩-绿岩带系列岩浆岩，中元古代以后地台处于稳定发展阶段，岩浆活动相对较弱。

2. 鲁东构造岩浆区

鲁东地区侵入岩主要有新太古代、新元古代及中生代三个形成期，元古代以来的岩浆活动比鲁西地区强烈的多。岩浆岩带主要有栖霞岩浆岩带（主要由栖霞序列灰色片麻岩和谭格庄序列 TTG 质花岗岩组成），玲珑-平度及鹊山-昆嵛山侵入岩带（主要由玲珑序列组成），临沭-胶南及海阳所-威海侵入岩带（主要由荣成序列、月季山序列、铁山序列等新元古代花岗岩类组成），东部沿海侵入岩带（由柳林庄序列、郭家岭序列、宁津所序列、伟德山序列、雨山序列、大店序列及崂山序列侵入岩组成）。鲁东地区除栖霞发育太古宙花岗岩-绿岩带系列岩浆岩外，最为典型的特征是发育了新元古代造山岩浆岩系列，造山岩浆岩（临沭-胶南及海阳所-威海侵入体岩带）是华北板块与扬子板块于新元古代发生碰撞造山作用所产生的同构造岩浆岩。

从各时代岩浆岩在不同岩浆带中分布情况和发育程度来看，山东省岩浆岩以新太古代岩浆岩分布最广泛，其次是中生代岩浆岩和新元古代岩浆岩。

不同时代的岩浆岩具有明显的旋回性演化特点，每个岩浆旋回一般从超基性、基性岩开始，至酸性、碱性岩结束。岩浆演化总的特点是随时代由老到新渐向偏酸、偏碱方向演化。早期的岩浆演化旋回中常出现较多超基性岩、基性岩;至晚期旋回超基性岩消失,基性岩减少。

岩浆岩的形成、演化与大地构造环境和地壳演化有密切关系。由于山东省处于华北板块与扬子板块及太平洋板块与欧亚板块的接合部位,地质环境差异较大,发展历史也不相同,因而不同岩区(带)的岩浆活动各具特色。东部沿海侵入岩带及盆地火山岩带则导源于华北板块与扬子板块碰撞和太平洋板块向中国大陆的俯冲。由此看来山东省岩浆活动明显受板块构造活动的控制。随着地壳由硅镁质向硅铝质转化,岩浆由基性向酸碱性方向演化,其成因类型由简单到复杂,最终导致不同成因类型岩浆岩在空间上互相叠置。

二、鲁西地区侵入岩

鲁西地区侵入岩分布广泛,从新太古代至新生代各地质时期内都有发育(表2-2)。

(一) 新太古代侵入岩

新太古代侵入岩在鲁西地区分布广泛,包括新太古代早期万山庄序列和泰山序列;中期黄前序列和新甫山序列;晚期南涝坡序列、峄山序列、沂水序列、傲徕山序列、四海山序列和红门序列。

1. 万山庄序列

万山庄序列超基性-基性侵入岩主要分布于新泰、泰安、长清的一些地区,另外在费县、平邑境内亦有分布,呈大小不等的透镜、长条、椭圆及不规则的残留包体零散地出露于泰山序列灰色片麻岩深成侵入体内,其展布方位及侵入体长轴方向均与区域构造线吻合,呈NW向,规模均很小,总面积约23 km^2,岩石组合由变辉石橄榄岩、变角闪石岩、变角闪辉长岩及斜长角闪岩等组成,经受了角闪岩相变质作用改造。泰山彩石溪一带残存于条带状英云闪长质片麻岩中的中粗粒斜长角闪岩(变辉长岩)锆石内核SHRIMP U-Pb年龄2 678 Ma,新泰市岳庄一带残存于条带状英云闪长质片麻岩中的中粗粒斜长角闪岩(变辉长岩)锆石变质边SHRIMP U-Pb年龄2 609 Ma。万山庄序列包括前麻峪单元、安子沟单元、张家庄单元、赵家庄单元和南官庄单元。该序列是著名的泰山石及泰山玉石矿、钛铁矿、桃科式铜镍矿等的控矿侵入岩序列。

2. 泰山序列

泰山序列中-酸性侵入岩分布于泰山-蒙山、马山-四海山和沂水岩浆岩带及汞丹山岩浆岩带的南部,呈明显的带状展布。岩体的延长方向与区域构造线方向一致,出露总面积约864.94 km^2。为一套中酸性-酸性侵入岩序列,岩性主要为石英闪长质片麻岩、英云闪长质片麻岩、条带状英云闪长质片麻岩类岩石。泰山-蒙山地区,岩体分布面积最大,是该时期岩浆活动中心,由于后期岩浆作用和构造作用破坏而残缺不全,大多呈包体状分布于后期侵入体之中。细粒英云闪长质片麻岩锆石SHRIMP U-Pb年龄为(2 712±7) Ma。根据矿物成分、岩石结构构造,该序列划分为白马庄单元、贾村单元、望府山单元、西官庄单元、李家楼单元和扫帚峪单元,共计7个单元。

3. 黄前序列

黄前序列超基性-基性侵入岩主要分布于泰山-蒙山岩浆岩带和马山-四海山岩浆岩带,侵入体分布零星,多独立产出,展布方向与区域构造线方向一致,出露总面积约19.64 km^2。岩石组合由变辉石橄榄岩、角闪石岩、变角闪辉长岩组成。岩石普遍经受了变质作用、岩浆同化混染作用的影响,有些经受了韧性变形改造。侵入岩同位素年龄值多在2 697~2 623 Ma。黄前序列包括西店子单元、麻塔单元、刘家沟单元和竹子园单元。

4. 新甫山序列

新甫山序列中-酸性侵入岩分布于鲁西地区的泰山东侧上港-新甫山一带,明显侵入泰山岩群和蒙

表 2-2　鲁西地区侵入岩划分简表

续表

地质年代			序列	侵入体	岩性及同位素年龄 /Ma
代	纪	世(期)			
新生代	新近纪			八埠庄	橄榄玄武玢岩
中生代	白垩纪	早白垩世(燕山晚期)	卧福山	刘鲁庄	晶洞细粒二长花岗岩
				水牛山	晶洞中粒二长花岗岩
				兴隆庄	晶洞粗粒二长花岗岩
			沙沟	郗山	细粒含霓辉石英正长岩
				沙沟	细粒含黑云辉石正长岩
				关帝庙	细粒含磷灰石黑云母透辉岩 /115
			雪野	鹿野	碳酸岩
				腰关	斑状蛭石化含磷灰石云母岩
			苍山	辉家庄	二长花岗细晶岩
				于山	中细斑二长花岗斑岩 /112
				铁铜沟	斑状中细粒二长花岗岩 /112
				磨坑	粗斑花岗闪长斑岩 /124
				莲子汪	中粒含黑云花岗闪长岩 /121
				柳河	中斑石英闪长玢岩 /125
				栗园	中粗斑含角闪石英二长闪长玢岩 /124
				嵩山	巨斑角闪石英二长斑岩
				王家庄	斑状中粒石英二长岩 /128
				北寺	中粗粒含辉石石英二长岩 /124
			沂南	大朝阳	中细斑二长闪长玢岩 /126
				铜汉庄	石英闪长玢岩 /129
				核桃园	细粒角闪石英闪长岩
				靳家桥	角闪闪长玢岩 /128
				邱家庄	斑状细粒角闪闪长岩
				上水河	细粒角闪闪长岩 /128
				大有	中细粒含黑云角闪闪长岩
				西杜	中粒含黑云辉石角闪闪长岩 /129
				东明生	中细粒辉石闪长岩 /132
				凤凰峪	中粒角闪石岩
			济南	马鞍山	中粒辉石二长岩
				燕翅山	细粒辉长岩
				金牛山	中细粒辉长岩
				药山	中粒苏长辉长岩 /130
				茶叶山	中细粒苏长辉长岩 /131
				无影山	中粒含苏橄榄辉长岩
				萌山	细粒橄榄辉长岩
中生代	侏罗纪	中侏罗世(燕山早期)	铜石	崔家沟	中细斑霓辉二长斑岩
				东马山	中细斑石英正长斑岩
				吴家沟	中斑角闪正长斑岩 /174
				十字庄	粗斑二长斑岩 /188
				李家寨	中斑含辉石角闪二长斑岩
				麻窝	细斑含辉石二长斑岩 /188
				南坦	中粗斑石英二长闪长玢岩 /189
				榆林	中细斑含角闪二长闪长玢岩 /189
				阴阳寨	辉石闪长玢岩
				西封山	斑状细粒角闪闪长岩 /175
古生代	奥陶纪	中奥陶世		常马庄	金伯利岩 /457、467
中元古代	长城纪	长城期		牛岚	辉绿岩脉 /1621
新太古代		晚期	红门	王山	细粒花岗闪长岩
				房庄	中粒含黑云花岗闪长岩
				大寺	中细粒黑云花岗闪长岩 /2518
				何家砚疃	中细粒黑云石英二长岩
				魏家沟	细粒黑云石英闪长岩
				中天门	中粒含角闪黑云石英闪长岩 /2505
				三皇庙	中细粒黑云角闪石英闪长岩
				马家洼子	中粗粒角闪黑云闪长岩
				普照寺	细粒含角闪黑云闪长岩 /2481
			四海山	西南岭	细粒正长花岗岩
				北庄	中粒含斑正长花岗岩
				棠棣峪	中细粒正长花岗岩 /2525
				狼窝顶	弱片麻状中粗粒含黑云正长花岗岩 /2533
			傲徕山	兔耳山	含斑中细粒含黑云二长花岗岩 /2503
				调军顶	细粒二长花岗岩 /2504
				孙家峪	中细粒二长花岗岩 /2530
				松山	中粒二长花岗岩 /2516
				望母山	斑状中粒二长花岗岩
				虎山	斑状中粗粒二长花岗岩 /2508
				邱子峪	巨斑状细粒含黑云二长花岗岩
				条花峪(杜家岔河)	弱片麻状中粒含黑云(角闪)二长花岗岩 /2525
				蒋峪	条带状中粒黑云二长花岗岩
			沂水	牛心官庄	中细粒含紫苏奥长花岗岩
				蔡峪	中粗粒石榴紫苏花岗闪长岩 /2562
				雪山	中粒紫苏花岗闪长岩 /2532
				马山	中粒紫苏二长花岗岩 /2538
				横岭	中粒二辉石英闪长岩
			峄山	下西峪	斑状细粒花岗闪长岩
				金斗庄	含斑中细粒含黑云花岗闪长岩
				望子山	斑状粗粒花岗闪长岩 /2514
				宁子洞	斑状中细粒含黑云花岗闪长岩 /2526
				布山	细粒含黑云花岗闪长岩
				太平顶	片麻状中细粒含黑云花岗闪长岩
				龟蒙顶	片麻状中粒含黑云花岗闪长岩 /2539
				马家河	片麻状粗中粒黑云花岗闪长岩 /2532
				彩山	片麻状中细粒奥长花岗岩
				东桃园	片麻状中粒含黑云奥长花岗岩
				屋山	含斑细粒黑云角闪英云闪长岩
				后峪	细粒黑云英云闪长岩
				东南峪	含斑中细粒黑云英云闪长岩
				窝铺	中粒黑云英云闪长岩 /2557

续表

地质年代			序列	侵入体	岩性及同位素年龄/Ma
代	纪	世(期)			
新太古代		晚期	泽山	卧牛石	弱片麻状中粗粒含角闪黑云英云闪长岩/2523
				水　牛	条带状细粒黑云英云闪长岩
				周公地	弱片麻状中细粒含黑云角闪石英二长闪长岩
				黑石查	弱片麻状巨斑状中粒黑云石英二长闪长岩
				姚　营	弱片麻状中粗粒含角闪黑云石英闪长岩
				王家沟	细粒黑云石英闪长岩
				大众桥	中粒黑云石英闪长岩/2530
				巩家山	细粒含角闪黑云闪长岩
				桃　科	斑状细粒含黑云角闪闪长岩
			南涝坡	南盐店	细粒变辉长岩(斜长角闪岩)
				余粮店	斑状细粒变角闪辉长岩/2531
				百草房	中粗粒变角闪辉长岩
		中期	新甫山	任家庄	片麻状中细粒花岗闪长岩/2613
				上　港	片麻状中粒含黑云奥长花岗岩/2623
				老牛沟	片麻状中细粒奥长花岗岩
				北官庄	片麻状细粒含黑云奥长花岗岩
			黄前	竹子园	中细粒变角闪辉长岩/2624
				刘家沟	斑状中粗粒变角闪辉长岩
				麻　塔	粗粒变角闪石岩/2600
				西店子	变辉石橄榄岩(蛇纹岩、透闪阳起片岩)
		早期	泰山	扫帚峪	细粒含黑云英云闪长质片麻岩/2712
				李家楼	中细粒黑云英云闪长质片麻岩/2714
				西官庄	中粒含黑云角闪英云闪长质片麻岩/2694
				望府山	条带状细粒含黑云英云闪长质片麻岩/2711
				贾　村	中粒角闪石英闪长质片麻岩
				白马庄	细粒含角闪黑云石英闪长质片麻岩
			万山庄	南官庄	中细粒变辉长岩(斜长角闪岩)
				赵家庄	斑状细粒变角闪辉长岩
				张家庄	中粒变角闪辉长岩
				安子沟	中粗粒变角闪石岩/2678
				前麻峪	变辉石橄榄岩(蛇纹石岩、透闪阳起片岩)

表2-3　鲁东地区侵入岩划分简表

地质年代			序列	侵入体	岩性及同位素年龄/Ma
代	纪	世(期)			
新生代	新近纪				橄榄玄武玢岩、玻基辉橄玢岩、辉绿玢岩脉
中生代	白垩纪	早白垩世(燕山晚期)	崂山-大珠山脉岩带		
			崂山	孤　山	晶洞碱长花岗斑岩
				玉皇山	晶洞斑状细粒石英碱长正长岩
				小平兰	晶洞细粒碱长花岗岩
				大平兰	晶洞斑状中细粒碱长花岗岩
				上清宫	晶洞中细粒碱长花岗岩
				八水河	晶洞中粒碱长花岗岩/114
				太清宫	晶洞中粗粒碱长花岗岩
				石兰沟	晶洞细斑正长花岗斑岩
				午　山	晶洞细粒正长花岗岩
				北大崮	晶洞中细粒正长花岗岩
				下书院	晶洞中粒正长花岗岩
				石板河	晶洞中粗粒正长花岗岩
				望海楼	晶洞细粒二长花岗岩
				浮　山	晶洞中细粒二长花岗岩/120
				盘古城	晶洞斑状中细粒二长花岗岩
				会稽山	晶洞中粗粒二长花岗岩/121
				青台山	晶洞中粒二长花岗岩

续表

地质年代			序列	侵入体	岩性及同位素年龄/Ma
代	纪	世(期)			
中生代	白垩纪	早白垩世(燕山早期)	大店	白　旄	石英正长斑岩
				老　山	斑状细粒石英正长岩
				桃花涧	中细粒石英正长岩
				独单山后	中粗粒石英正长岩/120
				前横山	中粒含黑云角闪石英正长岩
				幸福村	斑状细粒角闪石英正长岩
				王家野疃	斑状细粒角闪正长岩
			巨山-龙门口、招虎山岩脉带		
			雨山	贺家沟	二长花岗斑岩
				水　夼	花岗闪长斑岩
				尹家大山	角闪石英二长斑岩
				王家庄	石英闪长玢岩
			伟德山	虎头石	细粒二长花岗岩
				营　盘	含斑中细粒二长花岗岩
				古　楼	中粒二长花岗岩/108
				通天岭	中粗粒二长花岗岩/113
				抓鸡山	密斑状粗中粒二长花岗岩
				任家沟	斑状中粗粒二长花岗岩
				西上寨	含巨斑细中粒含黑云二长花岗岩/102
				后　野	巨斑状中粒含角闪二长花岗岩/127
				崖　西	斑状中粒含角闪二长花岗岩
				马圈南	含斑细粒花岗闪长岩
				东　南	含斑中细粒含黑云花岗闪长岩
				莲花顶	含斑中粒含角闪花岗闪长岩
			埠柳	黄山屯	聚斑微粒含角闪石英二长岩/109
				凤凰山	斑状细粒含辉石角闪石英二长岩/120
				不落耩	巨斑状中粗粒含角闪石英二长岩
				大水泊	斑状中细粒含黑云角闪石英二长岩/121
				洛西头	含斑中粒角闪黑云石英二长岩/120
				岐　阳	中细粒角闪石英二长岩/124
				西响水	中细粒含角闪石英二长闪长岩
				埠　柳	中粒含辉石角闪石英二长闪长岩/112
				崮　庄	细粒辉石角闪石英二长闪长岩/124
				横　山	细粒含角闪辉石二长闪长岩
				上　口	细粒辉石角闪闪长岩/128
			郭家岭	双　山	中细粒二长花岗岩
				罗　家	斑状中细粒含黑云二长花岗岩
				卧　龙	斑状中粗粒二长花岗岩
				万家口	粗中粒二长花岗岩
				风山口	斑状中细粒含角闪黑云花岗闪长岩
				大草屋	斑状粗中粒含黑云花岗闪长岩/128
				上　庄	巨斑状中粒花岗闪长岩
				赵　家	斑状中粒角闪石英二长岩
				圈杨家	含斑中粒角闪石英二长闪长岩
				虎口窑	中细粒含黑云角闪石英二长闪长岩
				鹁鸽崖	中细粒黑云角闪二长闪长岩
				北下庄	细粒含辉石黑云闪长岩
	侏罗纪	晚侏罗世(燕山早期)	玲珑-招风顶岩脉带		
			玲珑	笔架山	不等粒伟晶花岗岩
				北　黄	细粒二长花岗岩
				郭家店	中粗粒二长花岗岩
				大庄子	含斑粗中粒二长花岗岩
				崔　召	中粒含黑云二长花岗岩
				罗　山	弱片麻状中细粒含石榴二长花岗岩
				九　曲	弱片麻状细中粒含石榴二长花岗岩/153
				云　山	弱片麻状细粒含石榴二长花岗岩/160
			文登	草庙子	巨斑中粒二长花岗岩/157
				石门顶	斑状中粒二长花岗岩
				小七夼	含斑细中粒二长花岗岩

续表

地质年代			序列	侵入体	岩性及同位素年龄/Ma
代	纪	世(期)			
中生代	侏罗纪	晚侏罗世(燕山晚期)	文登	冶口	含斑中粗粒二长花岗岩/167
				扒山	含斑中粒含白云二长花岗岩
				姑娘坟	细粒二长花岗岩
			垛崮山	大孤山	斑状中细粒含黑云花岗闪长岩
				老虎窝	弱片麻状含斑中粒含黑云花岗闪长岩/163
				窗笼山	弱片麻状中粒含黑云花岗闪长岩
	三叠纪	晚三叠世(印支期)	槎山	寨东	细粒正长花岗岩
				葛箕	含斑中细粒正长花岗岩
				西北海	斑状中粗粒含黑云正长花岗岩
				人和	粗粒正长花岗岩/205
				院夼	中粗粒正长花岗岩
				南窑	中粒正长花岗岩
			宁津所	码头	斑状粗中粒石英正长岩
				红门石	中细粒石英正长岩/205
				二登山	多斑中细粒含黑云辉石正长岩/209
				东山	斑状中粒含黑云辉石正长岩/220
				朝阳洞	斑状中粗粒含角闪正长岩
				小庄	中粒含角闪正长岩
				峨石山	中细粒含角闪正长岩
			柳林庄	天水庵	中粒含角闪黑云石英二长岩
				屋脊顶	含斑中粒含黑云角闪石英二长岩
				三瓣石	中粒含角闪黑云石英二长闪长岩
				大坡	中细粒角闪石英二长闪长岩
				月庄	中细粒含角闪石英闪长岩
				响水河	中细粒黑云角闪二长闪长岩
				丛家屯	中粒黑云角闪闪长岩
				夏河城	斑杂状中细粒角闪闪长岩/226
				樊家岭	细粒含黑云角闪闪长岩
				小岭子	细粒含辉石角闪黑云二长闪长岩/213
				岳宅	晕斑状细粒含长角闪石岩/200
				竖旗岭	粗粒含长云辉角闪石岩
新元古代	南华纪	南华期	铁山	御驾山	细粒含霓石碱性花岗质片麻岩/759
				官山	中细粒含霓石碱长花岗质片麻岩/818
				老爷顶	中粒含霓石碱长花岗质片麻岩/818
				海青	中粗粒正长花岗质片麻岩
				前石沟	中粒正长花岗质片麻岩/802
				曹界前	条纹状中细粒含磁铁矿正长花岗质片麻岩
				郑家庙	条痕状中粒石英正长质片麻岩
新元古代	南华纪	南华期	月季山	汪家村	中细粒二长花岗质片麻岩/744
				朱子岭	细中粒含角闪黑云二长花岗质片麻岩/788
				苏家村	条纹中粒含黑云二长花岗质片麻岩/759
				冠山	中粒含角闪黑云二长花岗质片麻岩/791
				小河西	条痕中粒二长花岗质片麻岩
				后石沟	中粗粒含黑云二长花岗质片麻岩
				麻姑馆	斑纹状二长花岗质片麻岩/862
				窝洛	斑纹状含黑云石英二长质片麻岩/723
				石灰窑	中粒含角闪二长质片麻岩/755
				清平峪	中细粒含辉石角闪黑云二长质片麻岩/747

续表

地质年代			序列	侵入体	岩性及同位素年龄/Ma
代	纪	世(期)			
新元古代	南华纪	南华期	荣成	邱家	细粒二长花岗质片麻岩/772
				和徐疃	含斑中粒二长花岗质片麻岩
				玉林店	细中粒含黑云二长花岗质片麻岩
				宝山	中细粒黑云二长花岗质片麻岩/783
				甄家沟	细粒含黑云二长花岗质片麻岩/798
				威海	条带状细粒含黑云二长花岗质片麻岩/786
				滕家	条带状细粒含黑云花岗闪长质片麻岩/797
				泊于	条纹中细粒含角闪黑云花岗闪长质片麻岩
				中村	斑纹状中细粒含黑云角闪花岗闪长质片麻岩
				大时家	中细粒含黑云角闪花岗闪长质片麻岩/787
				小屯	中细粒奥长花岗质片麻岩
				东孤石	中细粒云英闪长质片麻岩/780
				岔河	条带状中细粒角闪黑云石英二长闪长质片麻岩
				花林	细粒角闪石英闪长质片麻岩
			梭罗树	大张八	中细粒变角闪辉长岩/741
				仰口	中细粒变辉长岩(斜长角闪岩)/785
				胡家林	变辉石橄榄岩(蛇纹岩)/784
中元古代	长城纪	长城期	海阳所	老黄山	中细粒变辉长岩(斜长角闪岩)/1719
				烟墩山	中细粒变辉石角闪石岩/1718
				通海	变辉石橄榄岩(滑石化蛇纹岩)/1742
古元古代	滹沱纪	滹沱期	莱州	郭家埠	中细粒变角闪辉长岩/1852
				西水夼	细粒变辉长岩(斜长角闪岩)/1865
				彭家疃	中粗粒变辉石角闪石岩
				五佛蒋家	中细粒含磷灰石变角闪透辉岩
				苏家庄子	变纯橄榄岩(蛇纹岩)
			大柳行	顾家庄	片麻状中粒含角闪二长花岗岩/2095
				燕子夼	片麻状细粒含黑云二长花岗岩/2149
新太古代		晚期	官道	北照	片麻状细粒二长花岗岩/2468
				婆婆石	片麻状中粒二长花岗岩/2476
			谭格庄	蓝蔚夼	片麻状细粒含黑云花岗闪长岩/2577
				牟家	片麻状细粒奥长花岗岩/2509
				枣园	片麻状细粒英云闪长岩/2539
		中期	栖霞	新庄	中细粒含角闪黑云英云闪长质片麻岩/2726
				回龙夼	条带状细粒含角闪黑云英云闪长质片麻岩/2716
			马连庄	栾家寨	中细粒变辉长岩(斜长角闪岩)
				大吴家	中粗粒变(辉石)角闪石岩
				南岚	变辉石橄榄岩(辉石蛇纹岩)
中太古代		晚期	十八盘	周家沟	细粒奥长花岗质片麻岩/2902
				西朱崔	细粒含紫苏英云闪长质片麻岩/2858
				黄燕底	中细粒英云闪长质片麻岩/2906
			官地洼	管家	中细粒变辉长岩(二辉角闪麻粒岩)
				福山后	中细粒变橄榄辉石岩
				黎儿埠	细粒变辉石橄榄岩

注："九曲"类为胶辽及胶南-威海隆起区共同发育侵入体；"新庄"类为胶辽隆起区发育侵入体；其余为胶南-威海隆起区侵入体。

山片麻序列。该序列为钠质花岗岩,其形成与泰山片麻序列在26亿年前后发生钠质变质作用及深熔作用有关。新泰市孟家屯村西条带状英云闪长质片麻岩锆石内核SHRIMP U-Pb年龄2 720 Ma、2 709 Ma,锆石外圈测得变质增生边年龄(2 624±11) Ma。由此可知,新甫山序列形成于2 650~2 600 Ma,包括北官庄单元、老牛沟单元、上港单元和任家庄单元。该序列侵入岩中包含的后期伟晶花岗质岩带是铌钽、绿柱(宝)石、钾长石、电气石等的控矿岩石。

5. 南涝坡序列

南涝坡序列超基性-基性侵入岩分布于泰山-蒙山岩浆岩带和马山-四海山岩浆岩带,呈单体的岩枝、岩瘤状产出,侵入新太古代早、中期侵入岩,在沂沭断裂带以西地区呈北西向展布,沂沭断裂带内呈北东向展布,出露总面积约19.64 km^2,岩性为变辉长岩。蒙阴县桃墟乡余粮店村变辉长岩锆石内核SHRIMP U-Pb年龄(2 531±8) Ma。南涝坡序列包括百草房单元、余粮店单元和南盐店单元。

6. 峄山序列

峄山序列中-酸性侵入岩主要分布于马山-四海山岩浆岩带,在肥城、泰山、沂山、鲁山和汞丹山的北部也有零星分布,多呈岩株或复式岩体的形式产出,岩体的延长方向与区域构造线方向一致, 出露总面积约2 770 km^2,是鲁西地区出露面积比较大,分布范围比较广泛的侵入岩,形成石英闪长岩—英云闪长岩—奥长花岗岩—花岗闪长岩岩石序列。锆石SHRIMP U-Pb同位素年龄值集中在2 550~2 520 Ma之间,该序列包括桃科单元、巩家山单元、大众桥单元、王家沟单元、姚营单元、黑石查单元、周公地单元、水牛单元、卧牛石单元、窝铺单元、屋山单元、后峪单元、东南峪单元、东桃园单元、彩山单元、马家河单元、龟蒙顶单元、太平顶单元、布山单元、宁子洞单元、望子山单元、金斗庄单元、下西峪单元,共计21个单元。早期单元规模小,分布零星,而晚期单元分布面积逐渐扩大,出露更趋广泛。

7. 沂水序列

沂水序列分布于沂水岩浆岩带的中部,多呈小岩株形式产出,岩体的延长方向与区域构造线方向一致, 出露总面积约90 km^2,主要由含紫苏辉石的石英闪长岩、二长花岗岩、花岗闪长岩和奥长花岗岩等岩石组成,锆石SHRIMP U-Pb年龄在2 532~2 562 Ma之间,该序列包括横岭单元、马山单元、雪山单元、蔡峪单元和牛心官庄单元,共计5个单元。

8. 傲徕山序列

傲徕山序列广布于鲁西的泰山、鲁山、沂山、蒙山及沂沭断裂带内,呈北西向面状、宽带状复式岩基、岩株状产出,展布方位与区域构造线一致,呈NW向及NNW向带状展布,出露面积约5 900 km^2。岩性为二长花岗岩,大量侵入岩锆石SHRIMP U-Pb年龄为2 561~2 505 Ma,该序列包括蒋峪单元、条花峪(杜家岔河)单元、邱子峪单元、虎山单元、望母山单元、松山单元、孙家峪单元、调军顶单元和兔耳山单元,共计9个单元。各单元排列无规律,界线清晰,脉动或涌动接触,以松山单元分布最广,出露面积最大,揭示岩浆活动晚期较强。

9. 四海山序列

四海山序列分布于平邑县四海山、连子山和沂源县璞丘、薛庄一带,在沂水北部、沂南亦有少量出露。规模相对较小,其呈北西和近东西向的透镜状、不规则状岩株或岩枝状产出,展布方位与区域构造线一致,出露面积约203 km^2。岩性为一套偏碱性的正长花岗岩。沂源县璞丘、平邑县四海山两地钾长花岗岩进行锆石SHRIMP U-Pb年龄测定,分别为为(2 525±13) Ma和(2 533±8) Ma,该序列包括狼窝顶单元、棠棣峪单元、北庄单元和西南岭单元,各单元多独立存在,复式岩体者少。该序列是优质饰面石材"将军红"等的赋矿侵入岩序列。

10. 红门序列

红门序列集中分布于泰山、徂徕山、蒙山、四海山一带,沂沭断裂带内亦有出露,规模较小,呈北西向的条形,不规则状的岩株、岩瘤和岩墙状产出,出露总面积约 178 km^2。岩性为黑云闪长岩、石英闪长岩和石英二长岩。红门序列超动侵入傲徕山序列二长花岗岩,同位素测年 2 505~2 480 Ma,该序列包括 9 个单元,即:普照寺单元、马家洼子单元、三皇庙单元、中天门单元、魏家沟单元、何家砚疃单元、大寺单元、房庄单元和王山单元,各单元多以规模较小而独立的侵入体杂乱分布,群居呈复式岩体者稀少。

(二) 中元古代长城纪侵入岩——牛岚辉绿岩

牛岚单元是鲁西地区中元古代唯一的超基性-基性侵入岩,成群分布于苍山、杨榭、野店一线,呈北北西—南北向或北北东向岩墙、岩脉状,长百余米—几千米—数十千米,断续延伸近百公里,出露总面积约 13 km^2。辉绿岩锆石 SHRIMP U-Pb 同位素年龄值 1 621 Ma。

(三) 古生代奥陶纪侵入岩——常马庄金伯利岩

常马庄金伯利岩是著名的金刚石原生矿的寄主岩体,出露于蒙阴县境内,南从龟蒙顶之西向北东经常马庄、西峪至坡里一带,呈北东向断续展布约 40 km,管状或脉状产出,出露总面积约 2.89 km^2。金伯利岩集中成群分常马庄、西峪、坡里三个岩带,由椭圆形岩管及脉岩组成,侵入泰山、峄山、傲徕山等序列及早古生代地层,蒙阴金伯利岩侵位年龄为(465±2) Ma。

(四) 中生代侵入岩

中生代侵入岩在鲁西地区分布较广泛,包括侏罗纪铜石序列、白垩纪济南序列、沂南序列、苍山序列、雪野序列、沙沟序列和卧福山序列。

1. 铜石序列

铜石序列零散的分布于平邑、蒙阴、费县、苍山、邹城等地,除个别岩体规模稍大外,多数规模甚小,多群居呈等轴状、不规则状复式岩株状或岩墙、岩瘤、岩脉状产出,出露面积约 100 km^2。其延展方位与区域构造线相悖,界线弯曲多变。铜石序列岩性为中性—酸性侵入岩,同位素年龄介于 119~232 Ma 之间,锆石 SHRIMP U-Pb 年龄 (175.7±3.8) Ma。该序列包括西封山单元、阴阳寨单元、榆林单元、南坦单元、麻窝单元、李家寨单元、十字庄单元、吴家沟单元、东马山单元和崔家沟单元,共计 10 个单元。该序列侵入岩是归来庄金矿的控矿岩石。

2. 济南序列

济南序列基性岩—中性岩主要分布于济南市区及其北、东、西部邻区和章丘市东部一带,平面上多呈不规则椭圆形,出露面积约 31 km^2。岩性为中-基性侵入岩,主要侵入奥陶纪地层,局部侵入石炭纪—二叠纪地层,锆石 LA-ICP-MS U-Pb 年龄值为(130.8±1.5) Ma。包括萌山单元、无影山单元、茶叶山单元、药山单元、金牛山单元、燕翅山单元和马鞍山单元,共计 7 个单元。该序列中的中-基性侵入岩是鲁中地区接触交代型富铁矿的控矿岩体。

3. 沂南序列

沂南序列中-酸性侵入岩集中分布于莱芜市矿山、口镇、邹平市茶叶山、济南市历城区埠村、临朐县铁寨、沂源县金星头和沂南县铜井等地,出露面积约 198 km^2。各岩体规模小而散居,偶见复式岩体,呈不规则状、长条状岩株、岩瘤或岩墙状产出于断陷盆地和断裂交会处。其延展方位与区域构造线相悖,侵入于侏罗纪和早白垩世青山群地层。岩性为一套角闪闪长岩、闪长玢岩、二长闪长玢岩的中性侵入岩,锆石 LA-ICP-MS U-Pb 年龄值在 134~126 Ma 之间,凤凰峪单元、东明生单元、西杜单元、大有单元、上水河单元、邱家庄单元、靳家桥单元、核桃园单元、铜汉庄单元、大朝阳单元,共计 10 个单元。该序列中的部分侵入岩是铜井等接触交代型金、铜、铁矿及邹平式斑岩-细脉浸染型铜、钼矿等的控矿岩体。

4. 苍山序列

苍山序列各岩体零星散布于邹平、蒙阴、苍山、滕州、沂水等地，规模较小，出露面积约 170 km^2；多呈规模小的岩瘤、岩技、岩株状产出于断陷盆地边缘或断裂附近，时与沂南序列中的某些岩体相伴出现；侵入早白垩世莱阳群和沂南序列的侵入体，系一套中酸性-酸性的浅成侵入岩类，K-Ar 和 $^{40}Ar/^{39}Ar$ 同位素年龄值集中于 112～125 Ma。该序列包括北寺单元、王家庄单元、嵩山单元、栗园单元、柳河单元、莲子汪单元、磨坑单元、铁铜沟单元、于山单元和辉家庄单元，共计 10 个单元。

5. 雪野序列

雪野序列断续分布于莱芜雪野至博山东石马一带，岩体规模较小，呈简单侵入体产出，岩体多呈岩床状侵入寒武系、奥陶系，部分呈脉状侵入结晶基底，出露面积约 2.23 km^2。岩性是特殊类型的蛭石化云母岩和碳酸岩的侵入岩。雪野、东石马、八陡三地的鹿野单元的黑云母 K-Ar 同位素年龄分别为(122.943±0.7) Ma、(134.943±1.8) Ma、(132.958±0.75) Ma，该序列包括腰关单元和鹿野单元。该序列碳酸岩是淄博、莱芜地区稀土矿化的控矿原岩。

6. 沙沟序列

枣庄沙沟-郗山杂岩体分布于枣庄市关帝庙、沙沟、郗山、东马山等地，呈椭圆形、透镜状产出，出露面积约 3.95 km^2。枣岩性由含磷灰石黑云母透辉岩、含黑云母辉石正长岩及含霓石石英正长岩组成。黑云母辉石岩是最早侵位的，呈包体状分布在黑云母辉石正长岩中。黑云母辉石岩黑云母 $^{40}Ar/^{39}Ar$ 年龄为(115.1±1.1) Ma。包括关帝庙单元、沙沟单元和郗山单元。该序列是岩浆热液型郗山稀土矿、岩浆型沙沟磷矿的控矿侵入岩。

7. 卧福山序列

卧福山序列局限出露于宁阳县的卧福山一带，规模小，大部分被第四系覆盖，出露面积约7.75 km^2；呈不规则的半环形复式岩株状产出，各岩体在其内无序排列，且无定向组构，与区域构造线不协调；侵入新太古代变质变形侵入岩，岩性为一套含晶洞二长花岗岩类，包括兴隆庄单元、水牛山单元和刘鲁庄单元。

三、鲁东地区侵入岩

鲁东地区侵入岩分布广泛，从中太古代至新生代各地质时期内都有发育(表 2-3)。

(一) 中太古代侵入岩

中太古代侵入岩分布范围局限，多呈包体状、透镜状包于栖霞片麻岩中，包括官地洼序列和十八盘序列。

1. 官地洼序列

官地洼序列超基性-基性侵入岩散布于莱西、唐家庄、马连庄、官地洼及莱阳的谭格庄以西地区，单体规模甚小，成群出现，多呈近 EW 向椭圆及不规则的包体残存于栖霞序列 TTG 花岗质片麻岩中，出露面积约 2.50 km^2，是一套经受麻粒岩相变质作用的超基性-基性侵入岩序列。原岩为辉石橄榄岩、橄榄辉石岩和辉长岩类，福山后变橄榄辉石岩测得 Sm-Nd 模式年龄 2 839～2 904 Ma。包括黎儿埠单元、福山后单元和管家单元。

2. 十八盘序列

十八盘序列中-酸性侵入岩分布于莱西市唐家庄乡西朱崔一带及栖霞市刘家河等地，呈透镜状包于栖霞片麻岩中，总体呈 NEE 向带状展布，与区域片麻理及内部片麻理一致，是一套遭受麻粒岩相变质作用和深层次韧性变形改造的中-酸性侵入岩组合，出露面积大于 1.80 km^2。包括黄燕底单元、西朱崔单元和周家沟单元。

（二）新太古代侵入岩

新太古代侵入岩在鲁东地区分布广泛，包括新太古代早期马连庄序列、栖霞序列、晚期第二阶段谭格庄序列和第三阶段官道序列，共计 4 个序列。

1. 马连庄序列

马连庄序列超基性-基性侵入岩集中出露于鲁东地区的莱西唐家庄—马连庄，栖霞以西和东南部，招远和莱州南部，规模小而群居，呈椭圆或透镜状岩瘤、岩株、岩枝状产出，总体呈近东西向展布，呈无根的包体散落于栖霞序列 TTG 花岗质片麻岩中。其延展方位与区域构造线协调。岩性为一套超基性-基性侵入岩岩石组合，经历高角闪岩相变质而形成辉石蛇纹岩、角闪石岩和斜长角闪岩类，出露总面积约 38.99 km^2。包括南岚单元、大吴家单元和栾家寨单元。

2. 栖霞序列

栖霞序列中-酸性侵入岩是鲁东地区变质基底岩系的主要组成部分，广泛分布于招平断裂以东、桃村-东陡山断裂以西、胶莱盆地以北的招远、莱西、莱阳、栖霞等地区，此外在莱州南、蓬莱及烟台莱山区以东亦有出露，规模大，总出露面积 1 202.23 km^2。栖霞序列呈近东西向展布的复式岩基、岩株状产出。原岩由英云闪长岩—奥长花岗岩—花岗闪长岩所构成的 TTG 系列花岗岩类，遭受角闪岩相变质作用和局部地段韧性剪切叠加改造，形成一套条带、条纹和片麻状构造颇为发育的灰色花岗质片麻岩类。条带状闪长质片麻岩锆石内核 SHRIMP U-Pb 年龄 2 738~2 707 Ma，代表岩浆结晶年龄，外圈锆石 SHRIMP U-Pb 年龄 2 500 Ma 左右，代表变质年龄，包括回龙夼单元和新庄单元。

3. 谭格庄序列

谭格庄序列是从原栖霞序列解体出来的一套片麻状细粒奥长花岗岩和片麻状细粒含黑云花岗闪长岩，分布于莱阳市谭格庄—莱西市马连庄一带，呈近 EW 向展布的复式岩基、岩株状产出，总出露面积约 726.98 km^2。锆石 SHRIMP U-Pb 加权平均年龄为(2 509±12) Ma。该序列包括枣园单元、牟家单元和蓝蔚夼单元，。

4. 官道序列

官道序列片麻状二长花岗岩局限分布于栖霞市北照、寺口、孙疃、蓬莱市大辛店及招远市马庄河一带，多呈浑圆状、椭圆状岩株产出，各岩体呈单向排列，延伸方向与其内的定向组构及区域构造线吻合，呈东西或北西向。该套酸性侵入岩组合，经受角闪岩相变质作用。栖霞市北照村该岩体锆石 U-Pb 年龄值为 2 468 Ma。该序列包括婆婆石单元和北照单元。

（三）古元古代侵入岩

古元古代侵入岩在鲁东地区分布较广泛，包括大柳行序列和莱州序列。

1. 大柳行序列

大柳行序列分布于蓬莱市北部龙口店、大柳行、栖霞北部、莱阳市谭格庄及榆科顶等地，呈东西向或北西向岩株产出，岩性为二长花岗岩，经受麻粒岩相变质作用，包括燕子夼单元和顾家庄单元。

2. 莱州序列

莱州序列超基性-基性岩零散出露于鲁东地区的栖霞、招远、莱阳、莱西、平度、莱州以及胶南等一带的变质基底岩系内，规模均较小，出露面积约 96.28 km^2。各岩体多零散分布，偶群居，却彼此不相关，呈长条、椭圆及不规则的岩株、岩瘤、岩墙状沿太古代片麻岩穹窿之边缘展布，展布方位与区域构造线吻合。岩性是一套超基性—基性—中性岩类组合，经受了角闪岩相和绿片岩相叠加变质作用，形成蛇纹岩、透辉岩、变角闪石岩、斜长角闪岩等变质岩类。西水夼变辉长岩锆石 SHRIMP U-Pb 同位素年龄(1 852±9) Ma 和(1 868±11) Ma,说明莱州序列在 1 900~1 850 Ma 侵入形成。该序列包括苏家庄子单元、五佛蒋家单元、彭家疃单元、西水夼单元、郭家埠单元,共计 5 个单元。此序列基性-超基性侵入岩是祥山式铁矿、膨家疃式磷矿的控矿原岩。

(四) 中元古代长城纪侵入岩——海阳所序列

海阳所序列超基性-基性岩零星分布于在荣成、威海、莒南、临沭等地,规模小而分散,呈北东向大小不等的岩株、岩瘤状, 展布方位与区域构造线吻合,出露面积约 40.65 km²,多以单一而分散的侵入体出现。岩性为辉石橄榄岩、辉石角闪石岩及辉长岩,遭受了高压榴辉岩相变质作用,形成蛇纹岩、角闪石岩、斜长角闪岩。老黄山变辉长岩 LA-ICPMS 锆石 U-Pb 年龄(1 719±18) Ma。该序列包括通海单元、烟墩山单元和老黄山单元。

(五) 新元古代侵入岩

新元古代只有南华纪发育侵入岩,广泛分布于鲁东地区东南沿海、半岛东部和西北部一带,呈北东和北北东向的复式岩基、岩株状产出,分布广、规模大。划分 4 个侵入阶段,包括南华纪第一阶段梭罗树序列、第二阶段荣成序列、第三阶段月季山序列和第四阶段铁山序列。

1. 梭罗树序列

梭罗树序列超基性-基性岩零星分布于在五莲—王台一带,呈透镜状、长条带状产出, 展布方位与区域构造线吻合,岩性为辉石橄榄岩、辉石角闪石岩及辉长岩,遭受了高压榴辉岩相变质作用,形成蛇纹岩、角闪石岩、斜长角闪岩。同位素年龄 784~741 Ma。该序列包括胡家林单元、仰口单元和大张八单元。该序列是梭罗树式石棉-蛇纹岩(含镍)矿的控矿岩石。

2. 荣成序列

荣成序列中-酸性侵入岩规模宏大,广泛出露于荣成、威海、文登、牟平和沿海一带的胶南—五莲—莒南—临沭一带,呈北东、北北东向展布的复式基岩、岩株状产出,出露面积约 2 942.22 km²。岩性为石英二长岩—花岗闪长岩—二长花岗岩,经受低角闪岩相变质和韧性剪切带的叠加改造,已变为一套灰色花岗质片麻岩系。岩浆结晶锆石 SHRIMP U-Pb 年龄为 741~780 Ma。该序列包括花林单元、岔河单元、东孤石单元、小屯单元、大时家单元、中村单元、泊于单元、滕家单元、威海单元、甄家沟单元、宝山单元、玉林店单元、和徐疃单元、邱家单元,共计 14 个单元。

3. 月季山序列

月季山序列中-酸性侵入岩广泛出露于胶莱盆地以南的胶南,诸城东南、五莲以西、日照、莒南东部及南部地区,呈带状及不规则的复式岩基、岩株状北东向产出,出露面积约 1 114.42 km²,岩性为二长岩—石英二长岩—二长花岗岩,经受低角闪岩相变质作用和韧性剪切带叠加改造,形成构造面理颇为发育的花岗质片麻岩系。同位素值年龄范围则是 723~870.6 Ma。该序列包括清平峪单元、石灰窑单元、窝洛单元、麻姑馆单元、后石沟单元、小河西单元、冠山单元、苏家村单元、朱子岭单元、汪家村单元,共计 10 个单元。该序列后期的伟晶花岗质岩体(脉)是桃行式云母、长石矿的控矿岩石。

4. 铁山序列

铁山序列中-酸性侵入岩零散的出露于胶南的铁山、海青,诸城石河头,五莲杜家沟、日照黄墩、巨峰和岚山及荣成、文登、莒南、临沭等地区;规模相对较小,出露面积约 251.08 km²;呈近东西向、北东向展布的椭圆、条带及不规则状岩株产出;多系孤立岩体,复式者甚少。岩性为石英正长岩—正长花岗岩—碱长花岗岩,经受了低角闪岩相变质作用和韧性剪切带的叠加改造,形成一套片麻理发育的花岗质片麻岩类。锆石 SHRIMP U-Pb 年龄测试结果，岩浆形成年龄 751 Ma，变质年龄 224 Ma，该序列包括郑家庙单元、曹界前单元、前石沟单元、海青单元、老爷顶单元、官山单元和御驾山单元，共计 7 个单元。

（六）中生代侵入岩

中生代侵入岩在鲁东地区分布最广，与金矿成矿关系密切，研究程度高，包括三叠纪晚三叠世第一阶段柳林庄序列、第二阶段宁津所序列和第三阶段槎山序列；侏罗纪第二阶段垛崮山序列、文登序列和玲珑序列及其同期的玲珑-招风顶脉岩带；白垩纪第一阶段郭家岭序列和埠柳序列，第二阶段伟德山序列、雨山序列、大店序列和崂山序列及其同期的崂山-大珠山脉岩带，共计 12 个序列。

1. 柳林庄序列

柳林庄序列广泛而分散地出露于胶南-威海造山带上，相对集中于文登柳林庄，胶南夏河城，日照西湖乡、日照水库一带和五莲县周围，规模大小不等，以小者居多，形态呈不规则的岩株、岩瘤状产出，除在柳林庄、夏河城和日照水库者构成复式岩体外，其余多系独居的侵入体，出露面积约 302.63 km^2。岩性为一套由超基性-基性-中性-中酸性侵入岩组成的岩石系列；锆石 SHRIMP U-Pb 年龄(213±5) Ma、(211±5) Ma。该序列自早到晚划分为竖旗岭单元、岳宅单元、小岭子单元、樊家岭单元、夏河城单元、丛家屯单元、月庄单元、响水河单元、大坡单元、三瓣石单元、屋脊顶单元、天水庵单元，共计 12 个单元。该序列中的中酸性侵入岩是五莲—莒南一带水晶矿的控矿岩体。

2. 宁津所序列

宁津所序列局限分布于山东半岛东部荣成市宁津所、石岛一带，另外在文登晒字镇亦见之，呈北东向展布的不规则形的复式岩株状产出，规模相对小，出露面积约 125.76 km^2。岩性为角闪正长岩—辉石正长岩—石英正长岩，锆石 SHRIMP U-Pb 年龄(215±5) Ma，该序列自早到晚划分为峨石山单元、小庄单元、朝阳洞单元、东山单元、二登山单元、红门石单元和码头单元，共计 7 个单元。

3. 槎山序列

槎山序列局限出露于荣成市之南的槎山、人和、文登西庄和张家产一带。规模不大，总面积 111.99 km^2，呈近东西向不规则状复式岩株状产出。各岩体呈不规则半环形展布，叠置规律性差，岩体间接触界面弯曲，无定向组构。岩性为不同粒度的正长花岗岩类组合。锆石 SHRIMP U-Pb 年龄(205.7±1.4) Ma、(211.9±1.5) Ma，该序列自早到晚划分为南窑单元、院夼单元、人和单元、西北海单元、葛箕单元和寨东单元，共计 6 个单元。

4. 垛崮山序列

垛崮山序列局限出露于乳山东部的大孤山、垛崮山一带，呈北东东向展布的东小西大之不规则状复式岩基产出，总体展布方位与区域构造线吻合，出露面积约 150.69 km^2。岩性为一套中酸性花岗闪长岩类，经受了绿片岩相变质作用，具弱片麻状构造。锆石 SHRIMP U-Pb 年龄(161±1) Ma，该序列自早到晚包括窗笼山单元、老虎窝单元和大孤山单元。

5. 文登序列

文登序列集中出露于文登市的文登营、汪疃，威海市冶口—篙泊及招远市埠山、潘家店一带地区，文登—威海一带者呈南北向展布的橄榄形复式岩基产出，招远一带者呈北西西向展布的西大东小的不规则状复式岩基产出，出露面积约 307.94 km^2。该序列组成复式岩体的各岩体彼此为涌动或脉动侵入关系，界线弯曲多变，展布方位与区域构造线不甚协调，时有岩枝穿入围岩，岩体边部常有围岩捕虏体。岩性为二长花岗岩，锆石 SHRIMP 年龄为 167~157 Ma。自早到晚划分出姑娘坟单元、姑娘坟单元、扒山单元、冶口单元、小七夼单元、石门顶单元和草庙子单元，共计 6 个单元。

6. 玲珑序列

玲珑序列是胶东地区最发育且与金成矿关系密切的侵入岩，包括西部玲珑和东部昆嵛山两大复式岩基,前者分布于桃村-东陡山断裂以西的龙口,黄城以南,平度之北,莱州以东,莱西南墅和招远以西地区;后者出露于桃村-东陡山断裂以东的栖霞铁口、牟平埠西头以东,乳山冯家,文登晒字镇以西,牟平及其龙泉之南,乳山市之北的广大地区,另外在招远毕郭、烟台、日照、莒县及其他地区亦有零星出露。复式岩基展布方向为北北东向,其内各岩体呈近东西或北西西向展布,规模大,分布广,出露面积约3 741.54 km^2,岩性为各种粒度的二长花岗岩,锆石 SHRIMP U-Pb 测年,同位素年龄值集中在160~150 Ma。自早到晚共划分云山单元、九曲单元、罗山单元、崔召单元、大庄子单元、郭家店单元、北黄单元和笔架山单元,共计 8 个单元。

7. 郭家岭序列

郭家岭序列分布于鲁东地区北部的招远市上庄、北截、从家、蓬莱的南王、郭家岭、村里集一带和鲁东地区东部文登市的泽头等地区,多为群居复式岩基或岩株状产出,出露面积约 373.36 km^2。岩性为闪长岩、角闪石英二长闪长岩、角闪石英二长岩、花岗闪长岩和二长花岗岩,锆石 SHRIMP U-Pb 年龄在130~126 Ma,其自早至晚划分北下庄单元、鹁鸽崖单元、虎口窑单元、圈杨家单元、赵家单元、上庄单元、大草屋单元、风山口单元、万家口单元、卧龙单元、罗家单元和双山单元,共计 12 个单元。该序列侵入岩是胶北地区燕山晚期焦家式、玲珑式等金矿的控矿侵入岩。

8. 埠柳序列

埠柳序列原为伟德山序列埠柳亚序列,发育于苏鲁造山带上,主要分布于荣成伟德山、文登三佛山、大水泊、胶南市西北部及东北部、五莲韩家沟、西响水、莒南县南部及西北部,呈北东、北东东向复式岩基、岩株状产出,多处于北东向区域性断裂南东侧,出露面积约 1 142.24 km^2。岩性为闪长岩—石英二长闪长岩,锆石 SHRIMP U-Pb 测年,同位素年龄值集中在 128~109 Ma。其自早至晚划分为上口单元、横山单元、崮庄单元、埠柳单元、西响水单元、岐阳单元、洛西头单元、大水泊单元、不落耩单元、凤凰山单元和黄山屯单元,共计 11 个单元。

9. 伟德山序列

伟德山序列广布于荣成伟德山、文登三佛山、牟平院格庄、栖霞牙山、艾山、海阳招虎山、龙王山、胶南藏马山、寨里、五莲户部岭、石场、日照石旧、莒县龙山、莒南大山和临沭上石河等地一带,此外在莱州南宿,平度大泽山等地亦有出露,该序列各岩体多群居构成复式岩体,呈北东、北东东向复式岩基、岩株状断续分布,多处于北东向区域性断裂南东盘侧,总面积约 1 312.40 km^2。锆石 SHRIMP U-Pb 结晶年龄(117.7±2.9) Ma。自早至晚划为分为莲花顶单元、东南单元、马圈南单元、崖西单元、后野单元、西上寨单元、任家沟单元、抓鸡山单元、通天岭单元、古楼单元、营盘单元、虎头石单元,共计 12 个单元。该序列是胶东地区诸多形成于燕山晚期的热液型银矿(招远十里堡)、钼-钨矿(福山邢家山等)、铜矿(福山王家庄)等有色金属矿的控矿侵入岩序列。

10. 雨山序列

雨山序列不发育,分布于蓬莱雨山、抓鸡山、烟台福山、栖霞铁口及胶南尹家大山等地,呈椭园、长条和不规则状的岩株、岩墙或岩脉状产出,北东或近南北向分布,规模小而分散,出露面积约 117.84 km^2。岩性为石英闪长玢岩—角闪石英二长斑岩—花岗闪长斑岩—二长花岗斑岩,黑云母 K-Ar 同位素年龄值 123 Ma。自早到晚划分为王家庄单元、尹家大山单元、水夼单元和贺家沟单元。

11. 大店序列

大店序列规模小,集中出露于莒南县大店—陡山水库一带,另外在莒县、黄岛及海阳等地亦有零星分布,出露面积约 167.24 km^2。集中地段形成复式岩体,呈北东向展布的岩株状产出,各岩体排列无序,亦无定向组构,有零星分布者呈南北向或北西向岩株、岩墙状产出,与区域构造线不协调。岩性为偏碱性正长岩类,锆石 SHRIMP U-Pb 年龄值为(120±4) Ma,划分为王家野疃单元、幸福村单元、前横山中单元、独单山后单元、桃花涧单元、老山单元和白旄单元,共计7个单元。

12. 崂山序列

崂山序列广布于鲁东地区东南沿海一带的荣成龙须岛、海阳招虎山、青岛崂山、胶南珠山、五莲五莲山、九仙山及日照会稽山、河山等地,另外在平度大泽山、莒南马鬐山亦有出露,呈北东向展布的复式岩基、岩株状产出,明显受北东向构造制约。出露面积约1 363.37 km^2。锆石SHRIMP U-Pb年龄测定,分别为(120±2) Ma和(114±2) Ma。岩性为二长花岗岩—正长花岗岩—碱长花岗岩,划分为青台山单元、会稽山单元、盘古城单元、浮山单元、望海楼单元、石板河单元、下书院单元、北大崮单元、午山单元、石兰沟单元、太清宫单元、八水河单元、上清宫单元、大平兰单元、小平兰单元、玉皇山单元、孤山单元,共计17个单元。该序列是著名的"崂山灰"等饰面石材、工艺石材的赋矿岩体。

四、侵入岩与矿产的关系

(一)超基性-基性侵入岩与矿产的关系

1. 超基性侵入岩中的蛇纹岩矿、石棉矿

山东省大部分的超镁铁质超基性岩体经受了强烈的后期蚀变作用,被改造为蛇纹岩,部分超镁铁质岩形成蛇纹岩矿,少量超镁铁质岩经蚀变形成石棉矿、滑石矿,如梭罗树蛇纹岩矿及石棉矿是由中元古代海阳所序列中的超基性岩体蚀变形成。

2. 超基性-基性侵入岩与金属矿产

超基性-基性侵入岩经岩浆分异作用可形成铁矿,如昌邑县于埠铁矿是产于古元古代莱州超基性-基性侵入岩序列中的岩浆晚期分异型铁矿。个别辉长岩中产有岩浆熔离型镍矿,如桃科辉长岩中有铜、镍(伴生铂钯)矿。

基性侵入岩与围岩的接触带可形成接触交代型铁矿,如侏罗纪济南辉长岩和古生代碳酸盐类沉积岩接触部位的铁矿床。

3. 金伯利岩与金刚石矿

奥陶纪常马庄金伯利岩原始岩浆来源于上地幔,原生金刚石矿产于其中。

4. 超基性-基性侵入岩中的观赏石、饰面用花岗石矿

部分超基性、基性侵入岩可形成观赏石、饰面用花岗石,如新太古代万山庄序列超镁铁质岩中产有观赏石"金钱石"、中元古代海阳所超基性-基性侵入岩序列中产有观赏石"崂山绿石"、侏罗纪济南辉长岩可开发为饰面用花岗石(济南青)。

5. 超基性-基性侵入岩与磷矿

在莱州彭家、蒋家等地的古元古代莱州超基性-基性侵入岩序列变角闪辉石岩中、枣庄沙沟铜石序列关帝庙单元黑云母辉石岩中、莱芜北部至章丘南部及淄博石马等地的燕山晚期鹿野碳酸岩和腰关云母岩中均发现有岩浆岩型磷灰石矿。

(二)中酸性侵入岩与矿产的关系

1. 中酸性侵入岩与黑色金属矿产

热液交代充填型铁矿及许多接触交代型铁矿的形成与中酸性侵入岩关系密切。如,莱芜一带,在沂南、埠村序列闪长岩类侵入岩与古生代碳酸盐岩围岩接触带上,形成接触交代型铁矿;淄河附近的铁矿成矿的热液可能来自于燕山晚期沂南序列;乳山马陵铁矿形成与燕山晚期岩浆活动有关。

2. 中酸性侵入岩与有色金属矿产

铜、铅、锌、钼等有色金属矿产的成矿与燕山晚期中酸性侵人岩关系密切。如,沂南铜井、金厂铜矿是沂南序列铜井岩体与围岩的接触交代型铜矿,邹平王家庄铜矿是与苍山序列邹平岩体群有关的斑岩型铜矿,福山王家庄铜矿(伴生有镉、碲、硒铟矿)、昌乐青上铜矿可能是与燕山晚期中酸性侵入岩有关的热液型铜矿;栖霞香夼铅锌矿是雨山序列花岗斑岩与蓬莱群接触带上的接触交代型铅锌矿,安丘白石岭、担山、龙口凤凰山等铅锌矿是与燕山晚期岩浆岩有关的热液裂隙充填型铅锌矿;福山邢家山钼矿(伴生钨矿)是雨山序列中酸性侵入岩与粉子山群接触带的接触交代型钼矿;栖霞尚家庄钼矿是产于伟德山序列内的岩浆热液充填型钼矿。

3. 中酸性侵入岩与贵金属矿产

胶东地区大部分金矿的成因与侵入岩的多期次活动有关:① 新太古代栖霞序列与新太古代胶东岩群、古元古代荆山群及粉子山群共同构成了金矿的原生矿源岩;② 侏罗纪玲珑花岗岩构成了金矿的衍生矿源岩;③ 燕山晚期郭家岭序列是金矿成矿的直接矿源体;④ 燕山晚期花岗岩类侵入岩则为金矿成矿提供了热源。

鲁西地区多数金矿与燕山期侵入岩关系密切。如沂水、沂南等地的燕山晚期中酸性侵人岩与古生代地层接触带附近形成接触交代型金矿(如平邑磨坊沟、铜井堆金山金矿);平邑归来庄金矿是与铜石序列有关的隐爆角砾岩型浅成中-低温热液金矿床。

山东银矿以伴生银矿为主,其中以金矿中的伴生银矿最多,其次是铅锌矿及铜矿中的伴生银矿,这些银矿的形成均与燕山期岩浆活动有关。招远十里堡银矿则是产于燕山早期玲珑序列郭家店单元中的岩浆热液裂隙充填型独立银矿。

4. 中酸性侵入岩与稀土金属矿产

稀土金属矿产与偏碱性的中酸性侵入岩有关,如微山县郗山稀土矿(铈、镧、钕)产于燕山早期铜石序列含霓辉石英正长岩中。

5. 中酸性侵入岩与其他矿产

山东饰面用花岗石资源丰富、品种较多,主要产于太古代及中生代一些侵入岩系中,如四海山花岗岩、沂南序列、柳林庄序列、宁津所序列、伟德山序列、槎山序列、崂山序列中,著名的花岗石品种有:将军红、沂山红、中国蓝、昆嵛黑、石岛红、五莲花、向阳花、浮山灰等。

五、中-新生代火山岩及其成矿作用

山东省中、新生代火山岩较为发育。中生代地层有3个含火山岩层位:早白垩世莱阳群和青山群、晚白垩世王氏群红土崖组史家屯段。新生代地层也有3个含火山岩层位:古近纪济阳群沙河街组、新近纪临朐群牛山组和尧山组及第四纪更新世史家沟组。火山喷发强度和规模以中生代白垩纪最强、最大。

中生代火山岩类型齐全、丰富,包括基性、中性、酸性熔岩、火山碎屑岩、潜火山岩及火山-沉积岩,以钙碱性系列为主体;新生代火山岩类型较简单,多为超基性-基性熔岩,多属碱性玄武岩系列。

(一) 中生代火山岩

1. 火山岩与火山岩相

中生代火山岩可分为熔岩、火山碎屑岩、潜火山岩3类。

熔岩类主要有玄武岩、玄武安山岩、安山岩、英安岩、流纹岩、玄武粗安岩、粗安岩、粗面岩等岩石种类。玄武岩见于白垩纪莱阳群城山后组、青山群八亩地组、大盛群大土岭组及王氏群红土崖组史家屯段;玄武安山岩、安山岩主要见于青山群八亩地组,在鲁西莱阳群城山后组中也有出露;英安岩、流纹岩多见于青山群石前庄组中，海阳凉山后杨家庄组中及莱阳市八亩地组中偶见有英安岩；粗安岩、粗面岩主要见于青山群方戈庄组中，零星见于八亩地组和石前庄组中。

火山碎屑岩类为中生代最为常见的火山岩类型，可分为熔结火山碎屑岩、普通火山碎屑岩、沉积火山碎屑岩及火山碎屑沉积岩 4 个亚类，以普通火山碎屑岩最为常见。熔结火山碎屑岩主要为粗面质、流纹质熔结凝灰岩，常含角砾，有时为流纹质熔结角砾岩，多见于火山机构附近，产出层位有 3 个：流纹质岩石见于青山群后夼组、石前庄组；粗面质岩石见于石前庄组上部及方戈庄组。正常火山碎屑岩分布广，出露层位多，按火山碎屑成分分为：（碱性）玄武质、安山质、英安质、流纹质、粗安质、粗面质火山碎屑岩；按粒度分为集块岩、火山角砾岩、凝灰岩及它们之间的过渡类型。

沉积-火山碎屑岩出露较少，按粒度可分为沉集块岩、沉火山角砾岩、沉凝灰岩。火山碎屑沉积岩包括凝灰质砾岩、凝灰质砂岩、凝灰质粉砂岩等，火山碎屑含量 10 %～20 %，该类岩石见于莱阳群曲格庄组、马连坡组，青山群后夼组、八亩地组，大盛群马郎沟组等。

潜火山岩按成分可分为玄武质、安山质、英安质、流纹质、粗安质、粗面质，按产状及岩石学特征可分为熔岩状、熔结凝灰岩状、浅成岩状。多呈岩株状、半环状、脉状产出，以鲁东区最为发育。

中生代火山岩相发育较全，可分为爆发相、喷溢相、爆发-喷溢相、喷发-沉积相、潜火山岩相、火山通道相 6 种。

2. 火山旋回

中生代火山作用可划出 6 个火山旋回。在每一个火山旋回内，火山岩化学成分呈连续演变，在各旋回之间，化学成分呈跳跃性变化。

（1）莱阳旋回

该火山旋回火山岩多在早白垩世莱阳群中呈夹层产出，局部地段火山物质增多，构成城山后组。该旋回火山活动为早中白垩世强烈火山喷发的前奏。火山喷发相对较弱，间断时间较长，以沉积作用占主导，火山物质为中基性—酸性。

（2）后夼旋回

发育于鲁东胶莱断陷外缘的莱西-莱阳、万第-即墨、五莲-青岛火山群及臧家庄火山盆地内，潍坊-郯城区中的雹泉地区偶见出露，主体为酸性火山岩，主要为爆发相火山碎屑流堆积和空落堆积，可见潜火山岩相及火山通道相，后者多侵入莱阳群中，由于剥蚀较深，潜火山岩结晶多较好，远离火山通道可见喷发-沉积相。

（3）八亩地旋回

该旋回全区普遍发育，主体为中基性火山岩，岩石类型、岩相齐全。爆发相、喷溢相火山岩构成八亩地组或大盛群中的熔岩夹层，该火山旋回喷发规模大、分布面积广，为早白垩世火山活动鼎盛期的产物。不同地区，火山喷发方式、强度、岩石地球化学特征等方面表现出较大的差异。

（4）石前庄旋回

主要发育于鲁东区，其次为潍坊-郯城区，主体为酸性火山岩，部分地段后期出现粗面质火山岩。与具相似成分的后夼旋回相比，火山喷发规模有所增大，但爆发强度相对要弱，除常见的爆发相、火山通道相外，发育少量喷溢相、潜火山岩相及喷发沉积相。

（5）方戈庄旋回

主要发育于鲁东区及潍坊-郯城区，鲁西区仅见于邹平火山盆地。主体岩性为中基性偏碱性火山岩，在早白垩世各火山旋回中碱质含量最高。从早至晚物质成分呈现出玄武粗安质—粗安质—粗面质演化，早期以喷溢相为主，晚期以潜火山岩相多见，其爆发强度及喷发规模相对较小。喷溢相及少量爆发相火山岩构成青山群方戈庄组。

（6）史家屯旋回

主要发育于鲁东区,潍坊-郯城区见有零星分布。主体岩性为基性熔岩,构成王氏群红土崖组史家屯玄武岩段。剖面中常见喷溢相—沉积相的喷发-间断韵律。喷发强度及规模在中、新生代各旋回中为最小。

3. 火山构造

山东省Ⅰ、Ⅱ级火山构造分属环太平洋中新生代火山活动带(Ⅰ级)、辽鲁中新生代火山带(Ⅱ级)。可分为鲁东中生代火山喷发区、潍坊-郯城中生代火山喷发带及鲁西中生代火山喷发区,共3个Ⅲ级火山构造。Ⅳ级火山构造进一步划分为火山群、火山盆地及火山洼地4类共21个。

(1) 鲁东中生代火山喷发区

鲁东中生代火山喷发区(简称鲁东区)分布于昌邑-大店断裂以东的广大地区,总体格局呈中部规模巨大的火山群围绕火山洼地(构成胶莱断陷),外围零星分布小型火山盆地,即中部成“群”,外围成“盆”,主体呈NE向。鲁东区可划出9个IV级火山构造,即臧家庄火山盆地、俚岛火山盆地、桃村火山盆地、莱西-莱阳火山群、万第-即墨火山群、五莲-青岛火山群、高密火山洼地、莒南火山盆地及临沭火山盆地。

(2) 潍坊-郯城中生代火山喷发带

潍坊-郯城中生代火山喷发带(简称潍坊-郯城区)位于鲁东区、鲁西区之间,位置与沂沭断裂带吻合,总体呈NNE向展布,其形成及分布受沂沭断裂带控制。可分为6个IV级火山构造,即安丘-莒县火山洼地、坊子火山盆地、雹泉-官庄火山群、马站火山盆地、苏村火山盆地及郯城火山盆地。

(3) 鲁西中生代火山喷发区

鲁西中生代火山喷发区(简称鲁西区)分布于沂沭断裂带以西的鲁西地块中西部,北部可能跨济阳断拗的西部,整体顺沂沭断裂带呈NNE向延伸,内部多为一系列呈NW向斜列的火山盆地,IV级火山构造规模偏小,类型单一。分为6个IV级火山构造,即邹平火山盆地、临朐火山盆地、南麻火山盆地、莱芜火山盆地、蒙阴火山盆地及平邑火山盆地。

(二) 新生代火山岩

1. 火山岩与火山岩相

新生代火山岩为超基性-基性熔岩,主要见有橄榄辉石岩、玻基辉橄岩,前者见于栖霞方山、唐山棚一带的尧山组及蓬莱、无棣大山等地的史家沟组,后者见于蓬莱一带史家沟组。

山东新生代火山岩属基性-超基性碱性岩系,火山岩成分变化幅度小。火山岩相主要为喷溢相,局部出现爆发相及火山通道相。

2. 火山旋回

新生代火山作用可划出4个火山旋回。

(1) 沙河街旋回

该火山旋回为新生代最早期的火山活动,其产物仅在济阳拗陷的一些钻孔中见及。为喷溢相玄武岩、潜火山岩相、火山通道相辉绿岩。

(2) 牛山旋回

主要分布于沂水县圈里、临朐、昌乐等地,为新生代火山活动最强烈时期的产物。火山岩为橄榄玄武岩、橄榄碱性玄武岩,多为喷溢相,偶见火山通道相。

(3) 尧山旋回

零星见于沂水圈里、临朐、栖霞方山等地,为基性-超基性溢流相橄揽玄武岩、橄榄霞石岩,构成尧山组。其喷发强度弱,规模小,分布局限。

(4) 史家沟旋回

仅见出露于蓬莱及无棣大山,为基性-超基性喷溢相玻基辉橄岩、橄榄霞石岩、橄榄玄武岩,见少量火山通道相、潜火山岩相及爆发相岩石。剖面上见玻基辉橄岩、橄揽霞石橄榄玄武岩的喷发韵律性成分演化序列。该旋回喷发强度弱,规模小,分布更为局限。为新生代火山作用末期产物。

3. 火山构造

可划为临朐-蓬莱新生代火山喷发带1个Ⅲ级火山构造。Ⅳ级火山构造划分为圈里-昌乐、方山、蓬莱3个火山台地。

(1) 圈里-昌乐火山台地

分布于沂水圈里、临朐牛山、昌乐五图及潍坊一带,临朐群发育完整,牛山旋回、尧山旋回为被状喷溢相火山岩。地貌上呈零星的残留体或较大面积平顶山。中心式火山机构发育,火山机构类型多为盾状火山,野外见保存较好的至少有40余处,如临朐县的朐山、尧山、灵山、青州市的香山、昌乐县的乔官、豹山、卧虎山、龙泉院等,尤其以乔官盾状火山发育较为典型。

(2) 方山火山台地

分布于栖霞大、小方山和唐山棚一带,呈NNE向不规则状和长条状展布,该火山台地仅发育尧山旋回喷溢相熔岩被,岩性单一,为橄揽霞石岩,不整合于变质基底之上,多呈平顶山出露于地势高处。

(3) 蓬莱火山台地

分布于蓬莱北沟镇—刘家沟镇一带及大黑山岛、桑岛等地,呈近EW向带状展布。其上发育第四纪早更新世史家沟组,以喷溢相碱性系列超基性-基性火山岩为主,少最爆发相及火山通道相火山碎屑岩及潜火山岩。史家沟旋回火山作用早期以裂隙式火山喷溢、晚期以中心式喷溢为主,可识别出2个裂隙式火山机构及14处盾状火山。

(三) 与火山岩有关的矿产

1. 火山岩与金属矿产

早白垩世青山旋回火山机构或潜火山岩体中产有火山热液型金矿、铜矿。五莲七宝山金矿是产于白垩纪火山机构中的火山热液型金铜矿,邹平王家庄铜矿是产于火山机构中的火山热液型铜矿。

2. 火山岩与化工原料非金属矿产

五莲七宝山硫铁矿是产于早白垩世青山群八亩地组中的火山热液交代充填型矿床;诸城石屋子沟、莒南将军山明矾石矿等是产于青山群八亩地组中的热液蚀变型矿床。

3. 火山岩与建筑材料非金属矿产

山东省的沸石、膨润土、珍珠岩矿产主要分布于胶莱拗陷白垩纪火山岩盆地及周围,其形成主要与酸性火山碎屑喷发和喷溢有关,矿层赋存于青山群后夼组和石前庄组中。含矿岩石组合主要为流纹质凝灰岩、角砾岩、晶屑凝灰岩、熔结凝灰岩、流纹岩、碱流质集块角砾岩,少量球粒流纹岩、黑曜岩、珍珠岩等。

4. 火山岩与宝玉石矿

山东蓝宝石原生矿主要赋存于新生代临朐群尧山组,含矿岩石主要是橄榄玄武岩,其成因类型为基性玄武岩浆喷溢型。

第三节 山东变质岩及变质作用

山东省变质岩极为发育,根据变质作用成因,变质作用可分为区域变质、动力变质和接触变质3大类,每一类变质作用,都与某些区域成矿作用关系密切。就其分布范围来说,早前寒武纪区域变质作用所形成的变质岩系是主体,著名的"泰山杂岩"、"沂水麻粒岩"等分布于其中.正是这套变质岩系,构成了山东省稳定而古老的结晶基底。而胶南-威海超高压变质带是一个特殊变质类型,它强烈改造了早期地质体,并在不同岩性的地质体中有不同的表现。

一、区域变质作用

根据大地构造位置、地壳演化及变质作用特点,山东省区域变质作用可划分为3个区域:① 鲁西地块;② 胶北地块;③胶南-威海造山带。沂沭断裂带为鲁西地块与胶北地块及胶南造山带的分界断裂;牟即断裂及五莲断裂为胶北地块与苏鲁造山带的分界断裂。

(一) 鲁西地块区域变质作用

鲁西地块内的变质岩主要分布于泰山、沂山、蒙山诸隆起内。遭受变质作用的地质体为太古宙侵入岩及沂水岩群、泰山岩群、济宁岩群等表壳岩系。在其演化历史中均经历了广泛而复杂的变质作用,不同的原岩类型对各类变质作用有不同的反应,不同期次的变质作用也发生了广泛的叠加,甚至兼并,致使早期的变质岩被后期变质作用改造。

中太古代沂水岩群由变质超镁铁质-镁铁质岩石和变质长英质岩石组成。主要变质岩有:(尖晶)二辉角闪岩、角闪二辉岩、(石榴)二辉斜长角闪岩、紫苏斜长角闪岩、暗色二辉麻粒岩、二辉斜长麻粒岩、紫苏变粒岩夹高铝片麻岩及紫苏磁铁石英岩等。沂水岩群变质岩石的原岩为由玄武质科马提岩、钙碱性玄武岩(熔岩及少量凝灰岩)及泥岩或酸性凝灰岩-凝灰质砂岩夹条带状硅铁质岩石组成的一套火山-沉积建造。沂水岩群经历了麻粒岩相、角闪岩相和绿片岩相3期变质作用。

新太古代泰山岩群有变质超镁铁质岩石、变质镁铁质岩石和变质长英质岩石组成。主要变质岩石有细粒绿泥阳起透闪岩、绿泥透闪片岩、绿泥片岩、细粒斜长角闪岩(其常与黑云变粒岩互层产出)、黑云变粒岩、角闪变粒岩、浅粒岩及磁铁石英岩。其变质岩石的原岩为:① 泰山岩群下部的雁翎关组的原岩为一套镁铁质-超镁铁质熔岩(科马提岩)夹中酸性火山碎屑岩、硅铁建造组成的火山-沉积岩系(沂源韩旺铁矿就产于这套岩系中);② 中部的山草峪组的原岩为一套硬砂岩-泥岩夹中酸性火山岩及硅铁建造组成的火山-沉积岩系(苍峄铁矿及东平-汶上铁矿就产于这套岩系中);上部的柳杭组的原岩为一套拉斑玄武质熔岩、中酸性火山岩及碎屑沉积岩夹硅铁建造组成的火山-沉积岩系。泰山岩群经历高角闪岩相、低角闪岩相和绿片岩相3期变质作用。

济宁岩群主要岩性为钙质、硅质、铁质灰绿色绿泥千枚状板岩,绢云千枚岩,紫色含铁千枚岩及磁(赤)铁石英岩等,中下部出现变质中酸性火山熔岩-火山碎屑岩,经历绿片岩相变质作用。

(二) 胶北地块区域变质作用

胶北地块内的变质岩分布在隆起区内,中太古代唐家庄岩群及大致同时代的侵人体均遭受了麻粒岩相变质作用;新太古代胶东岩群及大致同时代的侵人体均遭受了高角闪岩相变质作用;古元古代荆山群及大致同时代的侵人体均遭受了麻粒岩相—高角闪岩相变质作用;粉子山群遭受了低角闪岩相变质作用,蓬莱群遭受了燕山期的低绿片岩相变质作用。荆山群和粉子山群发生的区域变质作用,对古元古代晚期沉积变质建造(孔兹岩系)有关的铁、稀土、石墨、滑石、菱镁矿、石英岩(玻璃用)、透辉石、白云石大理岩(熔剂用等)、大理岩(饰面、水泥用)矿床成矿系列的形成起了重要作用。

中太古代唐家庄岩群变质岩石类型主要包括:① 长英质岩类:包括浅粒岩,含石榴浅粒岩、黑云(角闪)变粒岩、透辉(透闪)变粒岩及磁铁石英岩和紫苏石榴铁英岩等;② 斜长角闪岩类:包括透辉斜长角闪岩,石英斜长角闪岩,斜长透辉角闪岩,石榴透辉斜长角闪岩等。唐家庄岩群的原岩建造主要是在中太古代初始的洋盆环境中所形成的一套火山-沉积建造。

新太古代胶东岩群变质岩石为黑云(角闪)变粒岩、斜长角闪岩等,内有厚薄不一的磁铁(角闪)石英岩的夹层。① 石英岩及变粒岩类主要有:黑云变粒岩、角闪变粒岩、含磁铁石英岩、含磁铁石榴石英岩等;② 斜长角闪岩类主要是细粒斜长角闪岩和石榴斜长角闪岩。胶东岩群的原岩是一套近陆缘的浅海相环境下形成的火山-沉积建造。

古元古代变质岩系主要分布于胶北地区,包括了荆山群、粉子山群,岩石类型比较复杂。① 片岩类主要有:石榴矽线黑云片岩、黑云片岩、黑云矽线片岩、二云片岩、石墨石榴十字矽线白云片岩等;② 片麻岩类主要有:黑云斜长片麻岩、石墨片麻岩、石墨黑云斜长片麻岩、富铝云母(二长)片麻岩等;③ 石英岩与变粒岩类包括:黑云变粒岩、透辉变粒岩、浅粒岩、二长浅粒岩、长石石英岩、透辉石英岩等。④ 斜长角闪岩及角闪片岩类主要有:斜长角闪岩、石英斜长角闪岩、黑云斜长角闪岩、、含尖晶石紫苏角闪麻粒岩,二辉角闪麻粒岩等;⑤ 大理岩及白云石大理岩类有:大理岩、白云石大理岩、透辉大理岩、蛇纹石化橄榄大理岩、肉红色钾长大理岩等;⑥ 钙硅酸盐岩石类:透辉岩、透辉透闪岩、滑石透闪岩、透闪透辉岩等。古元古代荆山群和粉子山群下部以泥质岩(荆山群)和碎屑岩(粉子山群)为主;中部以碳酸盐岩和钙镁硅酸盐岩为主;上部以含碳质碎屑岩为特征,总体反映了一种浅海相的沉积环境。

中元古代芝罘群变质岩系主要包括:长石石英岩、镜铁石英岩、白云母钾长片麻岩、石英砾岩及透辉(透闪)大理岩和蛇纹石化橄榄大理岩等。芝罘群的岩性特征指示其形成于陆缘滨海相稳定的沉积构造环境。

新元古代蓬莱群变质岩系主要包括:千枚岩、石英岩、黑云变粒岩、绢云绿泥大理岩、结晶灰岩、板岩等,岩石层位稳定,层理清楚,并可见变余泥质结构,变余粉砂状结构。表明其原岩为一套正常沉积的泥砂质碎屑岩、泥质岩等。

另外,朋河石岩组岩石为变质长石石英砂岩、千枚岩、变质砾岩及变质砂岩。

(三) 苏鲁造山带区域变质作用

该区域变质岩主要为新太古代—古元古代地层残片中的变质岩及榴辉岩。

苏鲁造山带变质岩变质作用特征上与胶东岩群、荆山群、粉子山群及芝罘群相类似,岩石组合及原岩建造与胶北地块同期可对比,但经历了印支期更强烈的变质作用叠加。

胶南-威海榴辉岩带大致有3条次级榴辉岩带组成,分别是:荣成-威海带,桃林-尚庄带,板泉-岚山头带。荣成-威海带主要包括威海、泊于、大疃、滕家、黄山5个密集区。桃林-尚庄带包括石河头、尚庄2个密集区。临沭-岚山头带可分�边、朋河石、岚山头3个密集区。榴辉岩主要以包体形式分布于变质花岗岩体中,少部分与变质地层共生及包于超基性—基性岩中,榴辉岩为独立的岩块,规模大小不一,遭受了强烈的变质变形作用,经历了麻粒岩相—角闪岩相—高绿片岩相变质作用。

中元古代五莲群原岩为一套泥质岩、碎屑岩、碳酸盐岩及部分基性火山岩的火山-沉积岩系,后经角闪岩相及部分高角闪岩至麻粒岩相的区域变质作用,形成一套黑云片岩、黑云变粒岩、含石墨黑云变粒岩、大理岩、石英岩及斜长角闪岩的变质岩石组合,在局部地段经历碎裂伟晶岩化作用,形成有黑云片岩-碎裂伟晶岩化(含稀土)岩石组合。

二、接触变质作用

接触变质作用是以岩浆为主要热源的一种局部变质作用。岩浆侵位烘烤围岩而发生变质作用,沿其接触带或在接触带的一段距离内岩石受到岩浆挥发分及其流体的影响而发生显著的交代作用,形成内、外接触带,前者称接触变质作用,后者为接触交代变质作用。

(一) 鲁东地区的接触变质作用

鲁东地区接触变质比较发育;接触变质现象主要发育于中生代花岗岩与新元古代蓬莱群、白垩纪莱阳群的接触带附近。其中以海阳市境内的招虎山岩体的外接触带为代表,形成具填图尺度的接触变质带。在其他地区虽也有发育,例在栖霞的野芝口,蓬莱巨山沟,莱阳老寨顶等地也可见及,但大多只是存在于露头尺度或小范围内,未见有大的规模发育,形成的岩石大都是钠长绿帘角闪岩相的各种角岩。中生代花岗岩体与周围中生代莱阳群的接触变质作用可以分为钠长绿帘角岩相,普通角闪石角岩相和辉石角岩相。各相之间过渡接触,自外向内围绕岩体大致做同心环状展布。

(二)鲁西地区的接触交代变质作用

接触交代变质现象在鲁西地区比较发育,许多中生代岩体,诸如铜石杂岩体、济南辉长岩岩体、沂南闪长岩岩体等在与其围岩(盖层)接触部位大都不同程度的发育接触交代变质现象,形成矽卡岩及其规模不等的铁、铜等矽卡岩矿床。在鲁东地区也有发育,但程度不及鲁西地区那样广泛,主要见于中生代岩体与蓬莱群及与部分高绿片岩相变质的粉子山群的接触部位,形成矽卡岩及相应的矽卡岩矿床(以福山邢家山钼-钨矿为代表)。从各地发育的矽卡岩的展布特征看,多围绕中基性岩体或中酸性岩体的接触带分布,受岩体规模和形态及产状所控制。一般来说,侵入体的形状越不规则,变质带越宽;岩浆越基性,岩浆的温度越高,其接触变质带就愈宽。接触带的形状常呈不规则的环状、囊状、透镜状、脉状,大致围绕岩体展布,宽度变化很大,从几十厘米至数百米,但大多数在几米至几十米之间变化。

三、变质作用与矿产

山东省变质岩石类型繁多,变质作用期次多条件复杂,与某些区域成矿作用有着密切的关系。

(一)区域变质作用与矿产

1. 金属矿产

铁矿主要赋存于新太古代泰山岩群、济宁岩群、沂水岩群和胶东岩群变质岩系中,属沉积变质或火山-沉积变质类型,绿片岩相—角闪岩相变质。如,韩旺铁矿、苍山铁矿、东平铁矿、颜店铁矿等。

钛矿发育于苏鲁造山带变质区,属榴辉岩型钛(金红石)矿,是山东钛矿的主要类型。典型矿床有:诸城上崔家沟钛矿、莒南杨庄钛矿。

绿岩带型金矿为变质热液作用与晚期韧性剪切作用共同控矿,绿片岩相—角闪岩相变质。典型矿床有:泰安市化马湾金矿。

2. 非金属矿产

石墨矿发育于胶北地区的古元古代碳硅泥质岩(孔兹岩系)中,多数产于荆山群陡崖组徐村石墨岩系段,经历了角闪岩相—麻粒岩相的中高级变质作用,属于沉积变质成因类型。典型矿床为莱西南墅石墨矿、平度刘戈庄石墨矿。

滑石矿产于粉子山群张格庄组和荆山群野头组的大理岩系段,为区域变质热液交代成因,绿片岩相—角闪岩相变质。典型矿床为栖霞李博士夼滑石矿、莱州优游山滑石矿、海阳徐家店滑石矿、平度芝坊滑石矿等。

菱镁矿分布于粉子山群张格庄组中,矿床集中产于莱州粉子山一带,绿片岩相—角闪岩相变质,为沉积变质热液蚀变成因类型。典型矿床为莱州优游山菱镁矿。

玻璃用石英岩矿主要赋存于小宋组和五莲群坤山组中,成因类型为沉积变质型,角闪岩相变质。典型矿床为昌邑山阳石英岩矿。

蛇纹岩矿主要分布于胶南-威海造山带中,其次在沂沭断裂带及鲁西隆起区,均为前寒武纪超基性岩经变质而形成,变质程度为角闪岩相—榴辉岩相,多伴生镍。如日照梭罗树石棉-蛇纹岩矿。

蓝晶石矿产于元古宙高铝岩系中,变质程度达角闪岩相,为沉积变质成因类型,目前山东仅发现两处产地：五莲小庄和日照焦家庄子。

透辉石矿主要产于粉子山群巨屯组、张格庄组和荆山群野头组中，前者变质程度为角闪岩相，后者为角闪麻粒岩相，另外在五莲群坤山组也有产出，为沉积变质成因类型。典型矿床：平度长乐透辉石矿、福山老官庄透辉石矿、五莲坤山透辉石矿等。

饰面大理石矿主要产于古元古代荆山群和粉子山群地层中，角闪岩相变质，属区域变质型矿床。

（二）接触变质作用与矿产

1. 金属矿产

金矿：主要分布于沂南—沂源地区和莱芜铁铜沟地区，矿床规模较小，多见于燕山晚期侵入岩与寒武纪灰岩接触带及其两侧的矽卡岩带内，为接触交代型，变质程度为钠长绿帘角岩相。该类型金矿多为铜、金、铁伴（共）生矿床，如沂水铜井金（铜）矿。

铁矿：该类型铁矿主要产于岩体与碳酸盐岩地层接触带及其附近，是山东富铁矿石的一种主要类型，属接触交代（矽卡岩）型，变质程度为钠长绿帘角岩相—辉石角岩相。典型矿床有莱芜张家洼铁矿、淄博金岭铁矿等，多伴生钴。

钼矿：仅见于牟平孔辛头，产于燕山晚期花岗岩与荆山群大理岩接触带附近的矽卡岩及矽卡岩化岩石中，钠长绿帘角岩相变质，为接触交代（矽卡岩）型，铜钼共生。

2. 非金属矿产

饰面大理石矿，仅见于峄城关山口附近，中生代岩体侵入早寒武世石灰岩，重结晶形成。为接触交代成因。

第四节　山东地质构造

一、大地构造单元划分

山东省大地构造单元的划分，以板块构造理论为基础，参照程裕淇等在《中国区域地质概论》中的划分思想和原则，结合山东大地构造单元划分现状和单元名称的称谓进行了山东省大地构造单元断代划分，共划分为五级，包括 2 个一级构造单元，5 个二级构造单元，10 个三级构造单元，42 个四级构造单元，143 个五级构造单元（图 2-2，表 2-4）。

（一）一级大地构造单元及边界

一级大地构造单元的术语为“板块”。山东省跨华北板块和扬子板块 2 个一级大地构造单元，以牟平-即墨断裂、五莲断裂和沂沭断裂带的昌邑-大店断裂联合构成一级大地构造单元的边界，其西北属于华北板块，其东属于扬子板块。

（二）二级构造单元及边界

二级大地构造单元的想方设术语为“拗陷区”和“隆起区”。山东省二级构造单元包括华北板块的华北拗陷区、鲁西隆起区、胶辽隆起区和扬子板块的胶南-威海隆起区及苏北隆起区。二级构造单元的边界为分划性断裂。

聊城-兰考断裂和齐河-广饶断裂为华北拗陷区与鲁西隆起区的边界，沂沭断裂带的昌邑-大店断裂为胶辽隆起区与华北拗陷区和鲁西隆起区的边界。连云港-泗阳-嘉山断裂为胶南-威海隆起区与苏北隆起区的边界。

(三) 三级构造单元及边界

三级大地构造单元的术语除沂沭断裂带外,其余为“拗陷”、“隆起”和“潜隆起”。山东省包括临清拗陷、济阳拗陷、鲁中隆起、鲁西南潜隆起、沂沭断裂带、胶北隆起、胶莱盆地、威海隆起、胶南隆起和海州隆起,共 10 个三级构造单元,其边界为分划性断裂,上叠盆地以现存的盆地范围边界。

(四) 四、五级构造单元的边界

四级大地构造单元的术语为“断隆”、“断陷”和“潜断陷”;五级大地构造单元的术语为“凸起”、“潜凸起”、“凹陷”和“潜凹陷”。山东省包括 42 个四级构造单元,143 个五级构造单元,以大的区域性断裂为其边界。

二、表层构造及深部构造

(一) 表层构造

山东省内的表层构造首先反映在地貌特征上,是由鲁中山区和半岛地区的低山丘陵及环绕的堆积平原、陆架海域构成的现代地貌格局。沂沭断裂带纵贯山东中部,如“刀劈斧砍”将山东一分为二。苏鲁造山带则奠定了鲁东地区基底构造线的总体格局。齐河-广饶断裂和聊城-兰考断裂则是分划鲁西隆起区和华北拗陷区的构造带。因此,山东省内的主要地质块体——华北拗陷区、鲁西隆起区、胶辽隆起区、胶南-威海隆起区,其表层构造活动互有联系,又各具特点。

1. 华北拗陷区

该区构造单元划分所依据的断裂,其形态主要是依据石油地质勘查成果推断的,其精度随着勘查工作的进展和新技术新方法的应用,逐步得到提高。

2. 鲁西隆起区

鲁西陆隆起区基岩露头区断裂构造以 NW 向展布为主,其他方向的断裂一般不甚发育。结晶基底岩系的片麻理或其他构造线展布多与 NW 向断裂趋于平行。但以泰山、新甫山、蒙山一线为“轴线”,向两侧分别向 NNW 和 NWW 偏转,断裂构造的展布方向与其亦步亦趋。沉积盖层产状主要受基底隆起和区域断裂控制,产状一般较平缓,表现为由西向东靠近沂沭断裂带,倾向由 NW—NNW—N—NE 倾斜的较连续变化。地层走向总体呈连续的向北突出的“弧形”弯曲,近沂沭断裂带则趋于与其展布方向一致。断陷内的中、新生代盆地多呈三角形或不等宽的长条形,为构造“掀斜式”盆地。构造线近沂沭断裂带渐趋收敛,主要控盆断裂远离沂沭带呈弧形弯曲,这些断裂一般不切过沂沭断裂带,也许反映了二者的序次关系。

沂沭断裂带呈 NEE 左右展布,总体构成“两堑夹一垒”的地质构造格局。汞丹山地垒区为一透镜状地质块体。在沂水附近显示同心环状放射状构造影像。基底构造线展布方向在沂水附近主要为 NEE 向展布,向南、北两侧渐变为 NE—NNE 向。汞丹山以北主要呈 NNE 向展布。带内沉积盖层展布方向与沂沭断裂带一致或近于一致,沉积盖层的褶皱构造主要为沂沭断裂带活动相关的伴生牵引褶皱。

3. 胶辽隆起区和胶南-威海隆起区

二者一起构成了山东半岛的基底隆起,二者之间为五莲—即墨—牟平一线的断裂带分割成属性不同的两大地质块体。

1) 胶辽隆起基底构造线以近东西向展布为主,但靠近沂沭断裂带则呈 NNE—NE 向弯转。牟平-即墨断裂西侧则为 NW—NWW 向展布。基底褶皱轴向与区域构造线方向基本协调。局部区段见有弧形及环状构造,反映了基底变形的复杂性。断裂构造以 NE—NNE 向为主,其他方向的断裂一般不发育。

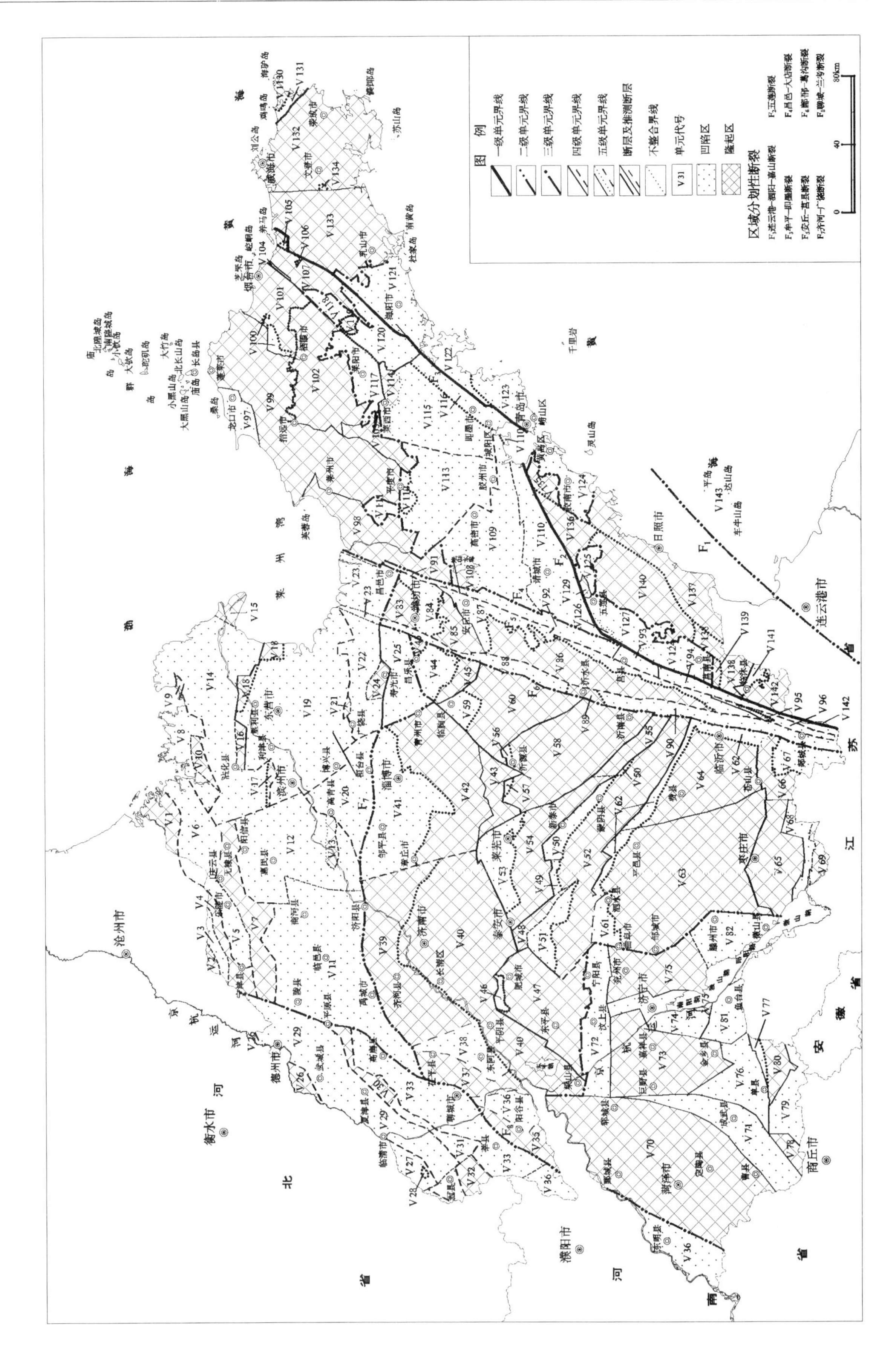
图例
一级单元界线
二级单元界线
三级单元界线
四级单元界线
五级单元界线
断层及推测断层
不整合界线
单元代号
凹陷区
隆起区
区域分划性断裂
F1连云港—泗阳—嘉山断裂
F2五莲断裂
F3牟平—即墨断裂
F4昌邑—大店断裂
F5安丘—莒县断裂
F6鄌郚—葛沟断裂
F7齐河—广饶断裂
F8聊城—兰考断裂
80km

图 2-2 山东省大地构造单元划分简图

（据《山东省地质矿产图册》编制，2012）

Ⅰ1-华北板块

Ⅱ1-华北坳陷区（山东部分）

Ⅲ1-济阳坳陷 —— ① **Ⅳ1-埕子口-宁津潜断隆**：Ⅴ1-埕子口潜凸起，Ⅴ2-寨子潜凸起，Ⅴ3-长官潜凹陷，Ⅴ4-宁津潜凸起；② **Ⅳ2-无棣潜断隆**：Ⅴ5-柴胡庄潜凹陷，Ⅴ6-大山潜凹陷，Ⅴ7-无棣潜凸起；③ **Ⅳ3-车镇潜断隆**：Ⅴ8-车镇潜凹陷，Ⅴ9-刁口潜凸起，Ⅴ10-义和庄潜凸起；④ **Ⅳ4-惠民潜断陷**：Ⅴ11-临邑潜凹陷，Ⅴ12-惠民潜凹陷，Ⅴ13-高青潜凸起；⑤ **Ⅳ5-沾化潜断陷**：Ⅴ14-沾化潜凹陷，Ⅴ15-孤岛潜凸起，Ⅴ16-陈庄潜凸起，Ⅴ17 滨州潜凸起；⑥ **Ⅳ6-东营潜断陷**：Ⅴ18-青坨潜凸起，Ⅴ19-东营潜凹陷；⑦ **Ⅳ7-博兴潜断陷**：Ⅴ20-博兴潜凹陷；⑧ **Ⅳ8-牛头-潍北潜断陷**：Ⅴ21-广饶潜凸起，Ⅴ22-牛头潜凹陷，Ⅴ23-潍北潜凹陷，Ⅴ24-寿光潜凸起；⑨ **Ⅳ9-昌乐县断陷**：Ⅴ25-昌乐凹陷

Ⅲ2-临清坳陷 —— ① **Ⅳ10-故城-馆陶潜断隆**：Ⅴ26-老城潜凸起，Ⅴ27-馆陶潜凹陷，Ⅴ28-北馆陶潜凸起；② **Ⅳ11-德州潜断陷**：Ⅴ29-德州潜凹陷；③ **Ⅳ12-高唐潜断隆**：Ⅴ30-高唐潜凸起，Ⅴ31-贾镇潜凹陷，Ⅴ32-魏庄潜凸起；④ **Ⅳ13-东明-莘县潜断陷**：Ⅴ33-莘县潜凹陷，Ⅴ34-东明潜凹陷

Ⅱ2-鲁西隆起区

Ⅲ3-鲁中隆起 —— ① **Ⅳ14-泰山-济南断隆**：Ⅴ35-阳谷潜凸起，Ⅴ36-安乐潜凹陷，Ⅴ37-茌平潜凸起，Ⅴ38-乐平铺潜凹陷，Ⅴ39-齐河潜凸起，Ⅴ40-泰山凸起；② **Ⅳ15-鲁山-邹平断隆**：Ⅴ41-邹平-周村凹陷，Ⅴ42-博山凸起，Ⅴ43-鲁山凸起；③ **Ⅳ16-柳山-昌乐断隆**：Ⅴ44-郑母凹陷，Ⅴ45-柳山凸起；④ **Ⅳ17-东平-肥城断隆**：Ⅴ46-肥城凹陷，Ⅴ47-东平凸起；⑤ **Ⅳ18-蒙山-蒙阴断隆**：Ⅴ48-布山凸起，Ⅴ49-汶东凹陷，Ⅴ50-蒙阴凹陷，Ⅴ51-汶口凹陷，Ⅴ52-蒙山凸起；⑥ **Ⅳ19-新甫山-莱芜断隆**：Ⅴ53-泰莱凹陷，Ⅴ54-新甫山凸起，Ⅴ55-孟良崮凸起；⑦ **Ⅳ20-马牧池-沂源断隆**：Ⅴ56-沂源凹陷，Ⅴ57-鲁村凹陷，Ⅴ58-马牧池凸起；⑧ **Ⅳ21-沂山-临朐断隆**：Ⅴ59-临朐凹陷，Ⅴ60-沂山凸起；⑨ **Ⅳ22-尼山-平邑断隆**：Ⅴ61-泗水凹陷，Ⅴ62-平邑凹陷，Ⅴ63-尼山凸起，Ⅴ64-临沂凸起；⑩ **Ⅳ23-枣庄断隆**：Ⅴ65-峄城凸起，Ⅴ66-磨山凸起，Ⅴ67-马头凹陷，Ⅴ68-韩庄凹陷，Ⅴ69-河头集凸起

Ⅲ4-鲁西南潜隆起 ——① **Ⅳ24-菏泽-兖州潜断隆**：Ⅴ70-菏泽潜凸起，Ⅴ71-成武潜凹陷，Ⅴ72-汶上-宁阳潜凹陷，Ⅴ73-嘉祥潜凸起，Ⅴ74-济宁潜凹陷，Ⅴ75-兖州潜凸起，Ⅴ76-金乡潜凹陷，Ⅴ77-时楼潜凹陷，Ⅴ78-青堌集潜凸起，Ⅴ79-黄岗潜凹陷，Ⅴ80-龙王庙潜凸起，Ⅴ81-鱼台潜凹陷，Ⅴ82-滕州潜凹陷

Ⅲ5-沂沭断裂带 —— ① **Ⅳ25-潍坊断陷**：Ⅴ83-寒亭凸起，Ⅴ84-坊子凹陷，Ⅴ85-马宋-荆山洼凸起；② **Ⅳ26-汞丹山断隆**：Ⅴ86-汞丹山凸起，Ⅴ87-夏庄凹陷；③ **Ⅳ27-马站-苏村断陷**：Ⅴ88-大盛-马站凹陷，Ⅴ89-沂水凸起，Ⅴ90-苏村凹陷；④ **Ⅳ28-安丘-莒县断陷**：Ⅴ91-朱里凹陷，Ⅴ92-金冢子凹陷，Ⅴ93-莒县凹陷，Ⅴ94-南古凹陷；⑤ **Ⅳ29-郯城断陷**：Ⅴ95-曲坊-大哨凸起，Ⅴ96-郯城凹陷

Ⅱ3-胶辽隆起区

Ⅲ6-胶北隆起 —— ① **Ⅳ30-胶北断隆**：Ⅴ97-龙口凹陷，Ⅴ98-明村-担山凸起，Ⅴ99-胶北凸起，Ⅴ100-臧格庄凹陷，Ⅴ101-烟台凸起，Ⅴ102-栖霞-马连庄凸起，Ⅴ103-南墅-云山凸起；② **Ⅳ31-回里-养马岛断隆**：Ⅴ104-莱山凹陷，Ⅴ105-牟平凹陷，Ⅴ106-冶头凹陷，Ⅴ107-王格庄凸起

Ⅲ7-胶莱坳陷（主体） —— ① **Ⅳ32-高密-诸城断陷**；Ⅴ108-赵戈庄凸起，Ⅴ109-高密-景芝凹陷，Ⅴ110-诸城凹陷；② **Ⅳ33-平度-胶州断陷**；Ⅴ111-三堤凹陷，Ⅴ112-平度凹陷，Ⅴ113-胶州-兰底凹陷；③ **Ⅳ34-莱西-即墨断陷**；Ⅴ114-荆山凸起，Ⅴ115-夏格庄凹陷，Ⅴ116-即墨凹陷；④ **Ⅳ35-莱阳断陷**；Ⅴ117-莱阳凹陷，Ⅴ118-桃村凹陷，Ⅴ119-晶山凸起，Ⅴ120-发城凹陷

Ⅰ2-苏鲁造山带

Ⅱ4-胶南-威海隆起区

Ⅲ7-胶莱坳陷（东南-西南缘） —— ① **Ⅳ36-海阳-青岛断陷**；Ⅴ121-留格庄凹陷，Ⅴ122-王村凹陷，Ⅴ123-崂山凹陷，Ⅴ124-黄岛凹陷；② **Ⅳ37-五莲-莒南断陷**：Ⅴ125-桃林-马耳山凹陷，Ⅴ126-桑园凸起，Ⅴ127-中楼凹陷，Ⅴ128-莒南凹陷，Ⅴ129-坤山凸起

Ⅲ8-威海隆起 —— ① **Ⅳ38-成山卫断隆**：Ⅴ130-成山卫凸起，Ⅴ131-俚岛凹陷；② **Ⅳ39-乳山-荣成断隆**：Ⅴ132-威海-荣成凸起，Ⅴ133-昆嵛山-乳山凸起，Ⅴ134-豹山凹陷

Ⅲ9-胶南隆起 —— ① **Ⅳ40-胶南断隆**：Ⅴ135-灵珠山凸起，Ⅴ136-六汪凸起，Ⅴ137-岚山凸起，Ⅴ138-洙边凸起，Ⅴ139-板泉凸起，Ⅴ140-五莲凸起；② **Ⅳ41-临沭断隆**：Ⅴ141-临沭凹陷，Ⅴ142-店头凸起

Ⅱ5-苏北隆起区

Ⅲ10-海州隆起 ——**Ⅳ42-连云港断隆**：Ⅴ143-车牛山岛-达山岛凸起

2）胶莱坳陷为处于鲁东整体构造“隆升”背景上的中生代盆地，盆地内地层走向与目前盆地边缘平行展布，由向盆地中心缓倾斜的中生代地层组成。盆地内发育北西向及北东向两组断裂，一般规模较小。但内部有时隐时现的近东西向线性构造，卫片影像显示为东西向隐伏堑、垒格局。近沂沭断裂带有与之平行的多组断面，盆地边缘有与之平行展布的断面发育。

3）胶南-威海隆起区具有复杂的演化历史，并以产出榴辉岩等超高压变质地质体为标志，是大陆板块的结合带。结晶基底构造线总体以 NE 及 NNE 向展布为主，个别区块呈弧形或环形弯曲，片麻岩穹窿构造较发育。断裂构造则以 NE—NNE 向占优势，这些断裂近沂沭断裂带者与后者趋于近平行展布，远离沂沭断裂带则向 NE 向偏转。与沂沭断裂带相交切的断裂带，在交结点上或其附近往往发育火山活动和岩浆侵位。

由此可见，山东的地表构造格局总体显示为以沂沭断裂带为主干，两侧构造线向沂沭断裂带逐渐收敛，大致以沂沭带南部为收敛端，两侧则向 NW 及 NE 方向辐射的“树枝状”或“扇形”构造格局，张成基先生曾称其为“业”字型辐射状格局。

（二）深部构造

1. 区域重力场特征

山东省区域重力场特征大致以沂沭断裂带为界，鲁东地区为重力高值区，鲁西地区为以泰安-沂源为中心的重力低值区，沂沭断裂带则处于鲁东重力高值区和鲁西重力低值区的结合部位。

2. 莫霍面特征

山东省的莫霍面（地震莫霍面）埋深一般为 33~35 km，其中沂沭断裂带为 33~34 km，鲁东地块为 32~34 km，鲁西地块为 34~38 km，华北坳陷为 30~34 km。

胶南-威海造山带内的莒南—胶南—威海一线的莫霍面显示为 NE 向的幔源区，鲁西地块整体显示为幔坳背景下的几个幔隆区，其中沂源、济南、肥城、枣庄、曹县等几个幔坳区的莫霍面埋深一般为 37~38 km，肥城地区最深达 40 km；而郓城—泗水一线的幔坳区莫霍面埋深最浅为 33 km。华北坳陷区莫霍面变化较大，幔坳区一般标志潜凸所在位置；幔隆区则为凹陷生油盆地所在区域，反映了裂谷盆地的“热沉降”模式，显示盆地沉积中心沿聊城—临邑—东营一线呈弧形展布，莫霍面埋深最浅为 30 km。

三、区域分划性断裂带

山东省的分划性断裂带有聊城-兰考断裂带、齐河-广饶断裂带，沂沭断裂带、五莲断裂和牟平-即墨断裂带等。其中前两条断裂带为隐伏断裂构造，后三条断裂带地表露头较好。沂沭断裂带为郯庐断裂的山东部分，也是华北坳陷区、鲁西隆起区和胶辽隆起区的分划性断裂带；牟平-即墨断裂带以及五莲断裂带是扬子板块与华北板块分划性构造带。

（一）聊城-兰考断裂带

聊城-兰考断裂带（简称“聊考断裂”），是一条被第四系覆盖的隐伏断裂带，南起河南兰考，北经范县至山东聊城以北，走向 20°~25°，长约 240 km，东西宽 20~40 km。在聊城以北与齐河-广饶断裂相交，二者交切关系不清；聊城以北去向不明，但沿高唐、平原到宁津县大曹一线有较好的物探线性异常显示，与区域上河北省沧东断裂相接。该断裂带与齐广断裂一起构成华北坳陷区与鲁西隆起区的界线断裂。

聊城-兰考断裂带活动主要在喜马拉雅期或始于燕山末期，断裂构造控制了两侧的古近纪含油盆地的巨厚沉积构造，该断裂是现在仍在活动的断裂，带内地震活动时有发生。

（二）齐河-广饶断裂带

齐河-广饶断裂带（简称“齐广断裂”），是一条被第四系覆盖的隐伏断裂带，西起茌平县博平北，西与聊城-兰考断裂相交，东与沂沭断裂带相会。东西延长约300 km，宽5~10 km，由2~3条断裂组成，为阶梯状断裂组合带。走向65°~80°，倾向NNW，倾角60°~80°，是鲁中隆起与济阳坳陷的分划性断裂带。多年来石油勘探资料揭示，断裂带两侧新生代各组地层分布和厚度有较大差异，断距较大，总断距在1 200~2 000 m之间。齐河-广饶断裂也是一条第四纪仍在活动的断裂带，其与NW向青州断裂或NE向五井断裂交会处，往往构成现代地震的发震构造。

（三）沂沭断裂带

沂沭断裂带是郯庐断裂带的中段，它从山东省中东部通过，纵贯全省。其构造变形强烈而复杂，对两侧的沉积作用、岩浆作用有明显的控制作用。沂沭断裂带在山东南起郯城以南，北入渤海，大致沿沂河、沭河及潍河的水系方向展布，在山东境内长达330 km，宽约20~60 km，北宽南窄。断裂总体走向10°~25°，带内地质构造复杂，主要有4条主干断裂组成，每条主干断裂都由一组平行断面组成，形成了中央为地垒、两侧为地堑的“二堑夹一垒”的构造格局，断裂带两端为中、新生代凹陷。断裂带内褶皱少见，但发育韧性剪切构造和推覆构造。

航磁、重力、人工地震、大地电磁测深、地热和深源岩浆的研究资料表明：沂沭断裂带为一条陡倾的深达地幔的复杂断裂带。其中安丘-莒县断裂和昌邑-大店断裂切入莫霍面33~34 km，属超壳断裂，鄌郚-葛沟断裂和沂水-汤头断裂切入康氏面，属壳内大断裂。

沂沭断裂带是第四纪以来仍在活动的断裂，地震活动时有发生。

（四）五莲断裂带

五莲断裂是是扬子克拉通与华北克拉通的分划性断裂，总体走向65°，倾向NNW，倾角65°~80°；全长达113 km。在东起胶南市李家河洛东，向西南经后立柱、杨家庄、至诸城市大岳寺被珠边断裂所切割，再往西南该断裂分为两条：南部为郝格庄-五莲断裂、北部为金翎店-福禄并断裂，也是胶南隆起与中生代莱阳盆地的边界断裂。带内构造岩为碎裂岩化岩石、构造角砾岩及断层泥。带内蚀变为硅化、褐铁矿化、碳酸盐化，并有灰色石英角闪二长斑岩脉、闪长玢岩脉充填。

构造岩特征显示为张—张—压扭活动特征。在航磁图五莲断裂处于正负异常带交接处的NE向负异常区，在布伽重力异常图上，处于NE向重力高与重力低的交接部位，位于同方向展布的重力梯级带上。在莫氏面等深图上，该断裂处于北部幔隆区与南部幔坳区的结合部位。综合表明，五莲-青岛断裂为一条影响范围较大，切割到一定地壳深度的断裂带。

（五）牟平-即墨断裂带

牟平-即墨断裂带（简称牟-即断裂带），北起烟台市牟平区，经栖霞市桃村、海阳市郭城、朱吴，向南延至即墨市、青岛市。由多条NE向、呈雁列展布的断裂组成，延伸长约200 km，宽40 ~50 km，斜切胶东半岛，主要由桃村-南泉断裂、郭城-即墨断裂、牟平-青岛断裂断裂、海阳断裂等4条主干断裂构成，断裂间距10 km左右，单个断裂带宽几十米至数百米，并有同方向的闪长玢岩脉、煌斑岩脉、正长斑岩脉、石英脉等岩脉或岩脉群发育。断面以SE倾为主，亦有直立或NW倾者，倾角一般60°~80°。

牟-即断裂带与五莲断裂带一起，构成华北板块与杨子板块的分划性断裂。

第三章 山东主要矿产区域时空分布及矿床成矿系列划分

第一节 山东各地壳演化阶段中形成的矿产资源 …… 48
一、陆核形成阶段及形成的矿产(中太古代) …… 48
二、陆块形成发展阶段及形成的矿产(新太古代—新元古代) …… 50
三、陆缘海发展阶段及形成的矿产(古生代) …… 51
四、滨太平洋构造发展阶段及形成的矿产(中生代—新生代) …… 52
第二节 山东各地质构造单元中的矿产分布 … 54
第三节 山东省主要矿床成因类型 …… 56
第四节 山东矿床成矿系列划分 …… 56
一、山东矿床成矿系列划分原则与方法 … 56
二、山东矿床成矿系列及成矿系列组合划分 …… 59

山东省位于我国东部沿海的中北段,黄河下游地区;在大地构造部位上居于华北板块东南缘与扬子板块相接地域内。经历漫长的地质历史时期,在这个15.79万平方千米的陆块内保存着多种沉积岩系、侵入岩系和复杂的地质事件记录。由于岩石建造的多样性、地质构造的复杂性和地质演化历史的漫长性,决定了山东省多数矿床所具有的成矿作用的多期性、成矿物质的多源性、成矿类型的多型性和成矿种类的多样性的特点。由此也决定了山东这些矿产资源的分布,在不同地域、不同地质历史阶段中显示着不同特点❶。

第一节 山东各地壳演化阶段中形成的矿产资源

山东陆地在地壳演化过程中至少经历了长达3 000 Ma的地质历史时期,在这个地质历史时期中,陆块内的华北拗陷区(山东部分,下同)、鲁西隆起、胶北隆起及胶南-威海隆起(胶南造山带)这4个构造单元的地壳演化特点不尽相同。华北拗陷区、鲁西隆起和胶北隆起具有稳定区的特点,胶南造山带在中元古代四堡期以后则具有活动带的特点。根据山东陆块地壳演化历程的阶段性特点,其地壳演化历史可分为4个大的阶段,各个阶段表现了各具特点的成矿作用及矿产资源。见表3-1。

一、陆核形成阶段及形成的矿产(中太古代)

包括2 800 Ma之前的迁西构造-岩浆活动期,为陆块初始凝固期;是迄今所知山东最古老的地质历史时期。在这个地质历史时期中,鲁西和鲁东是连在一起的古老陆壳(张增奇等,2014;王世进等,2012),

❶ 截至2014年底,全省已发现150种矿产,查明资源储量的矿产有85种,其中有石油、天然气、煤、地热等7种能源矿产;金、铁、钛、银、铜、铝、铅、锌、稀土、钼、钨等25种金属矿产;金刚石、石膏、石盐、自然硫、石墨、滑石、菱镁矿、蓝宝石、膨润土等50种非金属矿产;地下水、矿泉水等3种水气矿产。查明资源储量的矿产地2 701处(含共伴生矿产地数)。山东现已发现的矿产资源占全国发现矿产资源172种的87.21 %;查明资源储量的矿产资源种类占全国查明资源储量矿产资源种类160种的53.13 %(据山东省国土资源厅2014年储量年报,截至2013年年底)。

表 3-1 山东各地壳演化阶段中形成的矿产

地壳演化阶段		地质年代			主要成矿作用与主要矿产
阶段	期	代	纪	年龄/Ma	
滨太平洋发展阶段	喜马拉雅期	新生代	第四纪	2.588	沉积作用形成(砂矿):金刚石、蓝宝石、金、金红石、含铪锆石、石英砂、型砂、建筑砂、贝壳砂(及地下卤水)等
			新近纪	23.03	沉积作用:砂金、金刚石(砂矿)、硅藻土-褐煤-磷、膨润土、白垩等岩浆作用:蓝宝石(原生矿)-刚玉、玄武岩等
			古近纪	65.5	沉积作用:石油、煤、油页岩、石膏、石盐、钾盐、自然硫等
	燕山期 晚期	中生代	白垩纪	145	岩浆作用:金、铁、铜、银、钼、钨、铅、锌、钴、稀土、硫铁矿、磷等 火山热液及火山沉积蚀变作用:金-铜、硫铁矿、明矾石、膨润土、沸石岩、珍珠岩等 热液作用:萤石、重晶石、铅锌等。
	早期		侏罗纪	199.6	岩浆作用:金等 沉积作用:煤、耐火黏土等
	印支期		三叠纪	252.17	岩浆作用:花岗石等
陆缘海发展阶段	华力西期	古生代	二叠纪	299.0	沉积作用:煤、铝土矿、耐火黏土、石英砂岩、膨胀黏土岩等
			石炭纪	359.6	沉积作用:煤、油页岩、铝土矿(含镓)、铁、耐火黏土、高岭土等
			泥盆纪	416.0	岩浆作用:花岗石等
	加里东期		志留纪	443.8	
			奥陶纪	485.4	沉积作用:石灰岩(水泥、熔剂、制碱、电石、脱硫用)、石膏、白云岩、砚石(红丝砚等)、园林石等; 岩浆作用:金刚石(原生矿)
			寒武纪	541.0	沉积作用:石灰岩、石膏、石英砂岩(玻璃用)、白云岩、天青石、工艺料石(砚石及木鱼石、燕子石等观赏石)等
陆块形成发展阶段	震旦期	新元古代	震旦纪	635	沉积作用:石英砂岩、砚石(浮莱砚)等 沉积(变质)作用:灰岩(水泥用)、造型用千枚岩及板岩、砚石(砣矶砚)等 岩浆作用:白云母、钾长石等
	南华期		南华纪	780	超高压变质作用:榴辉岩型金红石-石榴子石-绿辉石 岩浆作用:石棉、蛇纹岩-玉石(含镍)等
	晋宁期		青白口纪	1000	沉积作用:灰岩(水泥用)、石英砂岩(水泥及玻璃用)、砚石等
	四堡期	中元古代	蓟县纪	1600	沉积变质作用:稀土、红柱石(蓝晶石)、石墨、石英岩(玻璃用)、透辉岩、硅灰石、大理岩(水泥用)等
			长城纪	1800	
	吕梁期	古元古代	滹沱纪	2500	沉积变质作用:铁、稀土、石墨、滑石、菱镁矿(-绿冻石)、白云石大理岩(熔剂用)、大理石、透辉岩等 岩浆作用:铁、磷等
	五台期	新太古代		2600	沉积变质作用:铁、金(?)、钛-铁、铌钽、电气石、绿柱(宝)石、玉石-蛇纹岩(含镍)、铜镍(含铂钯)、长石、硫铁矿等
	阜平期			2800	
陆核形成阶段	迁西期	中太古代			沉积变质作用:条带状磁铁石英岩

据《山东矿床》修改补充,2006。地质年代一栏采用第四届全国地层会议 2013 年方案(试用稿)。

这个陆壳上保留的地质记录反映了鲁西和鲁东在当时是处于大体相似的地质环境下。

在山东形成于中太古代迁西期的地质体为鲁西地块沂沭断裂带内的沂水岩群及鲁东地块内的唐家庄岩群和官地洼序列(变辉橄岩、变橄榄辉石岩、变辉长岩)、十八盘序列(含紫苏英云闪长质片麻岩)。这些地质体分布范围很小,但它们是迄今所知山东最古老的地质记录。

在中太古代早期的地壳初始发展阶段,地球表面温度高,地热梯度大,火山作用强烈;在地球逐渐冷却过程中,开始形成原始地壳,原始地壳受地幔对流影响,引起拉张,造就了大陆边缘海盆-陆棚环境,接受了超基性-中酸性火山岩及浅海陆棚硅铁质沉积物,形成了山东最古老的表壳岩系和条带状硅铁建造,即沂水岩群和唐家庄岩群,有人称其为太古宙早期绿岩带(马云顺,1996;张增奇等,2014)。

山东陆块在中太古代所见到的成矿现象,只是发育于沂水岩群和唐家庄岩群中的变质沉积作用所形成的条带状磁铁矿体(因品位低、规模小,目前尚不能利用)。

二、陆块形成发展阶段及形成的矿产(新太古代—新元古代)

该阶段包括新太古代阜平期—新元古代震旦期(2 800~541.0 Ma)。

(一) 新太古代早-中期(阜平期)(2 800~2 600 Ma)

在新太古代早期之前,山东区块为陆壳固结后的稳定地块。在>2 850 Ma 期间,地块内的鲁东和鲁西部分处于拉张状态中,在大陆边缘发生类似海沟性质的断裂,形成面积广泛的海盆。此后,这个海盆内早期接受了来自地幔的超镁铁质-镁铁质岩浆的喷发、喷溢和火山凝灰质沉积,晚期接受了泥质及杂砂质的正常沉积,在鲁西和鲁东地区分别形成了泰山岩群和胶东岩群,构成了较为典型的绿岩带(尤其在鲁西地区)。在这 2 套新太古代早期火山-沉积岩系列形成之后形成的侵入岩有:①在鲁西地区的万山庄超镁铁质岩、泰山英云闪长质片麻岩序列、黄前超基性-基性侵入岩序列、新甫山奥长花岗岩序列及其派生的花岗伟晶岩;②在胶东地区有早期的马连庄超基性-基性岩序列及中期的栖霞英云闪长质片麻岩序列。

山东陆块在新太古代早-中期(阜平期)形成的上述这些变质火山-沉积岩系和侵入岩中,不但含有著名的条带状含铁建造及金的矿源层(形成了韩旺、苍峄、汶上-东平等大型变质铁矿床及新泰化马湾绿岩型金矿床)(沈其韩,1998,2000;曹国权等,1996),而且形成了与基性火山喷溢作用有关的蛇纹岩、玉石、硫铁矿矿床及与花岗伟晶岩有关的铌钽、绿柱(宝)石、钾长石、硫铁矿等矿产。

(二) 新太古代晚期(五台期)(2 600~ 2 500 Ma)

2 600 Ma 左右,阜平运动使山东陆壳(陆核)抬升,剪切和断裂活动继续,在不同的地区伴有不同性质的岩浆活动。在鲁西地区有基性-中基性岩浆侵入(南涝坡超基性-基性侵入岩序列)及中酸性—酸性岩浆侵入(峄山、沂水、傲徕山、四海山、红门序列);鲁东地区有中酸性岩浆侵入(谭格庄、官道序列),再次将早期地壳焊接起来。此外,新太古代晚期,在鲁西新太古代古陆的西南,局部海盆产生裂陷作用,诱发了火山喷发和陆源碎屑沉积,形成一套以中酸性火山岩及陆源富铁铝碎屑岩和硅铁质岩沉积建造的济宁岩群。

此期形成了发育在济宁岩群中的条带状沉积变质型济宁颜店铁矿床,规模巨大。同时,这个时期还形成了由于基性岩浆侵入活动形成的岩浆型铜镍(含铂钯)矿(历城桃科及泗水北孙徐铜镍矿),钛铁矿(莒县肖家沟)。

(三) 古元古代早期(吕梁期)(2 500~1 800 Ma)

在鲁西地区,因五台运动而继续隆升,因此绝大部分地区缺失这个时期的沉积建造;同时也没有发生岩浆活动。

在鲁东地区裂谷作用发生,形成一个北起莱州—莱阳,往南经平度再向南进黄海海域的一个广阔的海盆(有人称之为胶东裂谷)。在海盆内形成了以正常沉积为主,兼有火山沉积,被称为孔达岩系(刘浩龙等,1995)的岩石组合——荆山群、粉子山群。这套变质岩系遭受了吕梁期早期(2 500~2 000 Ma)和晚期(2 000~1 800 Ma)两期变质作用及超基性-基性—中酸性岩浆侵入(莱州序列和大柳行序列)。

此期在鲁东地区形成了丰富的非金属矿产,是山东省最重要的非金属矿及金属矿成矿期之一。发育有受荆山群和粉子山群控制的铁矿(昌邑莲花山等)、晶质石墨矿(莱西南墅等)、滑石矿(栖霞李博士夼等)、菱镁矿-绿冻石矿(莱州粉子山)、稀土矿(莱西塔埠头)、玻璃用石英岩矿(昌邑山阳等)、饰面及工艺用大理石矿(莱州、海阳等地)、矽线石矿(栖霞塔顶)等。此外,发育有与此期超基性-基性岩浆活动有关的岩浆熔离型铁矿(牟平祥山)、岩浆型磷矿(莱州彭家疃)。

(四) 中元古代四堡期(1 800~1 000 Ma)

古元古代以后,在胶南地块发生裂谷作用作用,形成了一套与胶北地块荆山群相似的碳硅泥岩组合——孔兹岩系建造(五莲群);在胶北地块北缘形成了一套碎屑岩组合(芝罘群)。

由于华北板块与扬子板块碰撞对山东陆块产生一定影响,鲁东地区最为明显,鲁西地区仅有微弱显示。鲁东地区由于其处在华北板块东南部边缘、秦昆海洋北部弧盆体系中,地壳拉张深度大,造成超基性—基性—中酸性幔源岩浆上侵定位(海阳所超基性-基性岩序列组合)。鲁西地区处在华北板块内部,地壳拉张强度稍弱,只在拉张裂缝中形成基性岩墙群(牛岚辉绿岩)。

山东陆块在中元古代形成的矿产主要有发育在胶南隆起区内受控于五莲群的沉积变质型红柱石(蓝晶石)矿(五莲小庄)、晶质石墨矿(五莲南窑沟)、大理石矿及硅灰石矿(五莲坤山)、玻璃用石英岩矿(五莲白云洞等);与变质沉积作用及花岗伟晶岩化作用有关的稀土-铀钍矿(五莲大珠子)。

(五) 新元古代晋宁期—南华期(1 000~635 Ma)

新元古代晋宁期—南华期,鲁东地区的胶南-威海断隆带上有梭罗树基性-超基性岩浆侵入;稍后有同造山期花岗闪长质—二长花岗质序列的岩浆(携带深部榴辉岩)沿北东向构造侵入(荣成序列)。继晋宁运动板块碰撞后的持续俯冲作用,造山后期的月季山序列(二长质—石英二长质—二长花岗质岩)和造山期后的铁山序列(石英正长质—正长花岗质--碱长花岗质岩石)先后侵入定位。其正是罗迪尼亚超大陆裂解的产物。

当鲁东地区处在造山隆起的青白口纪时,鲁西地区靠近沂沭断裂带的局部拗陷,接受了一套页岩夹碳酸盐和石英砂岩的滨浅海相沉积,形成了土门群黑山官组和二青山组,拉开了盖层沉积的序幕。

此期形成的矿产,有胶南隆起西北缘与月季山岩浆活动有关的花岗伟晶岩带中的白云母矿及钾长石矿(诸城桃行、五莲—荒山口等);土门群黑山官组和二青山组中的砚石、灰岩(水泥用)、石英砂岩矿(玻璃及水泥用);受控于梭罗树基性-超基性岩浆侵入活动的石棉矿(日照梭罗树)、蛇纹岩(含镍)-玉石矿(日照梭罗树—袁家林等);榴辉岩型金红石-石榴子石-绿辉石矿(莒南�边等)。此外,分布在日照之南及西南部,赋存在古元古代胶南群大理岩中的日照高旺铁-铜及磷矿、莒南坪上铁矿也曾认为是此时期形成的热液型矿床(据1:20万日照幅区调报告,1982)。

(六) 新元古代震旦期(635~541.0 Ma)

在震旦期,鲁西地区主体依然处于造山隆升阶段,遭受剥蚀;只在"沂沭海峡"内继土门群佟家庄组形成之后沉积了以海相碎屑岩为主的岩石组合(土门群浮来山组、石旺庄组)。至晚震旦世,沂沭海峡上升为陆,致使缺失了晚震旦世至早寒武世早期沉积。

该期在鲁东地区形成海盆,沉积了复理石组合(蓬莱群、朋河石岩组、花果山岩组)。

震旦期内,在山东陆块内主要形成了发育于胶北隆起北部栖霞、福山一带产于蓬莱群香夼组中的水泥灰岩矿床及南庄组千枚岩-板岩造型石及砚石矿。在鲁西地区则有砚石、石英砂岩(水泥用)等矿产。

三、陆缘海发展阶段及形成的矿产(古生代)

该阶段包括古生代加里东期—华力西期(541.0~252.2 Ma)。

(一) 早古生代加里东期(541.0~416.0 Ma)

鲁西地区在早寒武世早期起,整体下沉为陆棚浅海,形成了浅海陆棚沉积组合(寒武纪—奥陶纪长清群、九龙群、马家沟群)及石膏、玻璃用石英砂岩、石灰岩(水泥、电石、制碱、脱硫用)、天青石等多种矿产。在晚奥陶世沿断裂带有幔源岩浆侵入,形成含金刚石金伯利岩(蒙阴常马庄、西峪、坡里金伯利岩)。

在中奥陶世末,加里东运动使鲁西地区第二次上升为陆,直至早石炭世,致使该区缺失晚奥陶世至早石炭世地层。鲁东地区处于陆内挤压造山作用控制下,海盆闭合,地层褶皱,强烈的陆内挤压作用产生高压绿片岩相变质作用。

(二) 晚古生代华力西期(416.0~252.17 Ma)

鲁西地区至晚石炭世整体下沉,重新成为广袤浅海,接受了海陆交替相沉积(晚石炭世—早二叠世月门沟群及二叠纪石盒子群)。形成了铁铝沉积建造(本溪组)及含煤沉积建造(太原组)。二叠纪晚期,海水全部退尽,鲁西地区第三次抬升为陆。二叠纪早期为湖泊沼泽相含煤沉积组合(山西组);中晚期主要为河流相含耐火黏土沉积组合(石盒子群)。

晚古生代华力西期是山东区块极为重要的能源矿产及一些非金属矿重要成矿期,形成了分布于鲁西地区的煤矿、耐火黏土矿、铝土矿、石英砂岩矿、高岭土矿、硫铁矿、膨胀黏土岩等矿产。

鲁东地区自震旦世末一直处于隆升状态,至二叠纪晚期与鲁西地块一起进入了一个新的地质历史时期。

四、滨太平洋构造发展阶段及形成的矿产(中生代—新生代)

该阶段包括中生代—新生代。

(一) 中生代(印支期—燕山期;252.17~65.5 Ma)

中生代包括印支期、燕山期,潘基亚超级大陆裂解、漂移并达到高潮期。此期有的学者称大陆边缘活化阶段(王世进等,2014)。

受太平洋板块向库拉板块俯冲影响,在 NW—SE 向张应力的制约下,沂沭断裂带强烈活动并发生左行平移,先期形成的断裂和新生各方位断裂强烈活动,滨太平洋东南沿海一带岩浆侵入和火山活动十分活跃,隆拗构造形成盆地接受陆相碎屑沉积。盆岭构造基本形成。

1. 印支期(252.17~199.6 Ma)

印支期为构造活动比较弱时期。鲁西地区由于差异升降活动,形成山前内陆盆地,沉积了三叠纪石千峰群陆相河湖碎屑沉积,受周围地区火山事件影响,夹有安山质凝灰岩沉积物质。在三叠纪初期有陨星撞击现象,在其底部不整合面上存在着陨星撞击产生的铱异常。

经历了长期隆起遭受剥蚀的鲁东地区,在印支运动和扬子板块向华北板块深俯冲的侧向应力双重影响的制约下,部分 NNE、NE 向断裂活动,晚三叠世早期先后有柳林庄序列(角闪石岩—闪长岩—二长闪长岩—石英二长岩)和东部石岛附近的宁津所序列(正长岩—石英正长岩)及槎山序列(正长花岗岩)岩浆侵入定位。苏鲁造山带是扬子板块向华北板块深俯冲的陆陆碰撞造山带,其超高压变质作用发生在240~230 Ma。

受印支构造运动影响,鲁西地区缺失晚三叠世沉积,鲁东地区则完全处隆起状态,沂沭断裂带左行剪切活动,形成了徐宿弧形断褶带并控制鲁东地区和鲁西地区差异性发展。

此期形成的矿产主要是除各种优质花岗石材。

2. 燕山期(199.6~65.5 Ma)

燕山期为山东构造活动弱活化和盆岭构造时期。受太平洋板块向库拉板块俯冲过程中的滨太平洋构造活动的影响下,在 SE—NW 向压应力场的控制下,各方位脆性断裂强烈活动,沂沭断裂带巨大的左行平移和之后的张性活动,聊考断裂和齐广断裂等 EW 向断裂的张性活动等导致断陷盆地形成,构成盆岭构造格局;东南沿海一带的岩浆侵入活动和由东向西的大规模火山喷发活动等等,均显示大陆边缘活化主要特色。

此期构造岩浆活动特色突出，是山东及我国重要的金矿、富铁矿、稀土及多种有色金属矿的成矿期。

(1) 燕山早期 —— 侏罗纪(199.6~145 Ma)

鲁西地区先期的内陆盆地又继续拗陷，于早中期沉积了含煤和耐火黏土等碎屑沉积(淄博群坊子组)，其后遭受短暂剥蚀，于中晚期沉积了河流相为主的红色碎屑沉积(淄博群三台子组)。与此同时，幔源岩浆侵入，铜石序列(透辉石岩—闪长岩—二长闪长玢岩—二长斑岩—正长斑岩—含霓石正长斑岩)就位；鲁东地区在胶北隆起和威海隆起内，先后有壳幔型垛崮山序列(花岗闪长岩—二长花岗岩)、文登序列(二长花岗岩)和玲珑序列(花岗闪长岩—二长花岗岩)，沿近EW向引张地带侵入并强力定位。

此期在鲁西地区形成了与铜石岩体关系密切的引爆角砾岩型归来庄式金矿床，产于侏罗纪坊子组中的煤及耐火黏土矿床。

(2) 燕山晚期 —— 白垩纪(145~65.5 Ma)

早白垩世早期，差异升降活动使鲁东地区胶莱盆地和各山间盆地迅速下沉并接受沉积，形成了莱阳群。早白垩世中期，在胶莱盆地及沂沭断裂带内，发生了大规模的火山喷发活动，在胶莱盆地、沂沭断裂带和鲁中隆起的各断凹盆地内，形成广泛分布的基性—中基性、中性或中偏碱性火山岩系(青山群)，以及潜火山岩系，成为某些金属矿、非金属矿形成的物质基础。

伴随青山群强烈火山喷发沉积的尾声至结束时，岩浆侵入活动则十分频繁而强烈。① 鲁西地区者规模小而零散，先后有济南序列(辉长岩)、沂南序列(闪长玢岩—二长闪长玢岩)、苍山序列(石英闪长玢岩—石英二长岩—花岗闪长斑岩—二长花岗斑岩)、雪野序列(蛭石云母岩、碳酸岩)、卧福山(花岗岩)等侵入定位。② 鲁东地区规模大，分布广，有幔源、壳幔型的郭家岭序列(二长闪长岩—石英二长岩—花岗闪长岩—二长花岗岩)、伟德山序列(闪长岩—二长闪长岩—石英二长岩—花岗闪长岩—二长花岗岩)、雨山序列(石英闪长玢岩—石英二长斑岩—花岗闪长斑岩—二长花岗斑岩)、大店序列(正长岩)和崂山序列(二长花岗岩—正长花岗岩—碱长花岗岩)先后侵入定位。

早白垩世末期—晚白垩世—早古新世时期：在火山喷发、地壳缓慢隆升后，受燕山运动影响在胶莱盆地、沂沭断裂带内等凹陷盆地形成一套河流相、河湖相红色碎屑沉积(王氏群)，中后期伴有基性火山岩溢流(史家屯段)。

由于拗陷盆地不断下沉，接受陆相碎屑—火山碎屑、火山岩沉积，而在盆地周边相对隆起有大量花岗质岩浆侵入，形成了在地壳升降机制下的隆拗构造。

燕山运动后，大陆边缘活化阶段的陆内造山结束，地壳隆升，盆地消亡，地壳进入更稳定时期。

燕山晚期在山东形成多种多样、丰富的金属矿产及非金属矿产。如，胶北地区与郭家岭花岗岩等关系密切的焦家、玲珑、金青顶、蓬家夼等重要的金矿床；与伟德山花岗岩等关系密切的胶北地区的铜矿(福山)、钼钨矿(福山邢家山)、银矿(招远十里堡)、铅锌矿(栖霞香夼)；在鲁中地区与济南中基性侵入岩有关的莱芜张家洼、淄博金岭等接触交代型铁(含钴)矿床；与中酸性侵入岩有关的铜钼矿床(邹平王家庄)；与碱性岩有关的稀土矿床(微山郗山)等；在鲁东地区与早白垩世青山期火山活动有关的金-铜及硫铁矿床(五莲七宝山)、膨润土矿-沸石岩-珍珠岩矿床(潍坊涌泉庄、诸城青墩-卢山、莱阳白藤口等)、明矾石矿床(莒南将军山、诸城石屋子沟)等。此外，在鲁东隆起及沂沭断裂带内分布着众多受断裂构造控制的热液(低温流体)型萤石-重晶石、含铅重晶石矿床(蓬莱巨山沟、胶州山相家、胶南七宝山等)等。

(二) 新生代(喜马拉雅期；65.5 Ma迄今)

该阶段包括古近纪、新近纪和第四纪；有的研究者称此期为断块构造发展阶段(王世进，2014)。

1. 古近纪(65.5~23.03 Ma)

山东区块在古近纪时，继续在滨太平洋构造活动影响下发生剧烈的断块升降。

鲁东地区总体处于抬升背景下，仅在局部小型断陷盆地中形成有陆相煤系(五图群)，胶莱盆地已基本消亡。

鲁西隆起区,继续以隆升为主,东西向断裂活动加剧,在早白垩世沉积盆地基础上,形成一系列北断南超的箕状拉分断陷盆地,在这些盆地中接受了巨厚的河湖相碎屑岩、碳酸盐岩、蒸发岩沉积(官庄群、五图群),形成了石膏、石盐、钾盐、自然硫、煤、油页岩、白垩等矿产(泰安汶口石盐-钾盐、石膏、自然硫矿床;泰安朱家庄自然硫矿床;枣庄底阁石膏矿床;单县石盐矿;昌乐五图煤-黏土矿床等)。

在齐广断裂以北及聊考断裂以西的华北拗陷区开始形成,并逐渐形成潜凸(凸起)与潜凹(凹陷)相间分布的格局。在潜凹中沉积了一套厚度巨大的以陆相为主的含油碎屑岩系,形成了石油、天然气、油页岩、石膏、石盐等重要矿产(胜利油田;东明油田;鄄城石盐矿床)。

2. **新近纪**(23.03~2.588 Ma)

山东陆块在新近纪时,华北拗陷区断块式升降运动继续进行,在其内的一些潜陷中沉积了一套以杂砂岩夹砂岩岩系(黄骅群),并保留着该区曾发生过的多次海侵记录。

在沂沭断裂带北段形成零星分布的火山湖、小湖泊及老年期河床,形成了以玄武岩为主夹砂砾岩、硅藻页岩等的沉积组合(临朐群),形成了硅藻土、蓝宝石原生矿及煤、磷等矿产(临朐盆地硅藻土-褐煤-磷-白垩矿;昌乐方山蓝宝石原生矿)。

鲁中隆起区依然处于剥蚀状态,只在山麓边缘岩溶凹地中形成少量河湖相沉积(巴漏河组、白彦组),在白彦组中含金刚石砂矿。

鲁东隆起已经准平原化,发育大量老年期河床,有的岩系中含有砂金(栖霞唐山棚砾岩砂金矿)。

3. **第四纪**(2.588 Ma 迄今)

山东陆块在第四纪时,继承了前期构造活动特点,以差异性升降作用为主。在局部地区接受了河湖相碎屑和黏土质沉积及陆台玄武岩岩浆的中心式喷发;此期的构造活动主要沿沂沭断裂带发生,表现为频繁的地震运动;其他一些大断裂也有新构造活动迹象;在局部地段的一些拉张裂缝中有幔源岩浆侵位,形成一些橄榄玄武岩脉(无棣大山、蓬莱等地)。

此期形成的矿产资源主要是一些砂矿床,如金刚石砂矿(郯城于埠金刚石砂矿床等)、蓝宝石砂矿(昌乐辛旺蓝宝石砂矿床等)、砂金矿(牟平辛安河砂金矿床等),以及胶东半岛滨海地区含锆锆石砂矿、玻璃石英砂矿、金红石砂矿、型砂矿、贝壳砂矿等。

第四纪造就了现今山东地貌大势和人们今天所见到的丰富多彩的地质景观。

第二节　山东各地质构造单元中的矿产分布

在鲁西隆起(包括鲁中隆起、鲁西潜隆起)、鲁东隆起(包括胶北隆起、胶莱拗陷、胶南-威海隆起)及华北拗陷(山东部分,下同)内,由于各自地壳演化历程的差异,决定其岩石建造和含矿建造的差异,从而导致了各大地构造单元内分布着各具特色的矿产。

(一) 鲁西隆起内分布的主要矿产

在鲁西隆起内发育着较多与该隆起地壳演化历程相关而又独具特点的矿产。

1) 在新太古代泰山岩群发育区分布着沉积变质型条带状铁矿及绿岩带型金矿,这种含矿特性与华北板块总体含矿特性是一致的(曹国权等,1996;翟裕生等,2002),如沂源韩旺、苍山-峄县、汶上-东平、单县新太古代 BIF 建造铁矿床;泰安化马湾金矿床等。此外,还发育有蛇纹岩矿(含镍)、玉石矿(泰山玉)、硫铁矿、电气石、绿柱(宝)、长石等矿产。

2) 在鲁中隆起西南缘的济宁北部颜店地区的千米覆盖层之下分布着新太古代(?)浅变质岩系(济

宁岩群），其中发育着沉积变质型条带状磁铁矿体，规模巨大。

3）在震旦纪—寒武纪—奥陶纪地层发育区，分布着玻璃用石英砂岩矿、石灰岩（水泥、化工和冶金用）矿、石膏矿（海相）、白云岩矿、天青石矿、木鱼石等矿产（汤立成，1996；宋明春等，2006）。

4）在靠近沂沭断裂带的蒙阴地区发育的古生代金伯利岩岩体中，分布着金刚石原生矿；在该地块南部第四纪沉积层中，发育着冲积型金刚石砂矿床（罗声宣等，1999）。

5）在石炭纪—二叠纪地层发育区，分布着煤矿、铝土矿、煤层气、耐火黏土矿、高岭土

矿等矿产，使发育这套地层的鲁西南及鲁中地区成为山东省和我国的一个重要产煤区。如巨野煤田、曹县煤田等。

6）概隆起区内，燕山期中酸性、中基性岩株等形态的小型侵入岩发育，在构造、围岩有利的部位形成了多种多样的金、铁、铜、稀土等矿产。如，莱芜张家洼、淄博金岭等地的接触交代性富铁（含钴）矿床，平邑归来庄地区的引爆角砾岩型金矿床，微山郗山碱性岩浆-热液型稀土矿床，沂南铜井接触交代型铁铜金矿床，邹平王家庄斑岩-细脉浸染型铜-钼矿床等（倪振平等，2014）。

7）鲁西隆起内新生代断陷盆地古近纪沉积岩系（官庄群）中，发育着为这套沉积岩系控制的同生沉积石膏、石盐及钾盐、自然硫矿床，如泰安汶口石膏-石盐-钾盐-自然硫矿床，泰安朱家庄自然硫矿床，枣庄底阁石膏矿床、单县石盐矿床等。

8）在隆起东北缘新生代拗陷盆地中，分布着新近纪火山沉积岩系，发育着蓝宝石原生矿，在蓝宝石原生矿下游第四纪沉积层中发育有蓝宝石砂矿（昌乐地区）；此外，在这套新近纪岩系中发育有硅藻土、褐煤、磷、白垩等矿产（王万奎等，1996）。

（二）鲁东隆起内分布的主要矿产

在鲁东地块（胶北隆起、胶莱拗陷及胶南-威海隆起）内，发育着许多与这个地块地壳演化历程密切相关而又独具特点的一些矿产，使该地块成为山东省、乃至全国的一个重要成矿地质构造单元。

1）在胶北隆起内发育的金背景较高的新太古代变质火山-沉积岩系（胶东岩群）及中生代燕山期花岗质岩浆岩，分布着受此期岩浆活动控制的众多的大型和超大型金矿床（胡受奚等，1997；李兆龙等，1993；山东招金集团公司，2002；邓军，2012；宋明春，2013；吕古贤，2013），如莱州焦家金矿、招远玲珑金矿、乳山金青顶金矿等特大型、大型、中型金矿床；以及与燕山期岩浆活动密切相关的银、钼、钨、铜、铅锌、铁等金属矿床，如招远十里堡银矿、福山王家庄铜矿、福山邢家山钼-钨矿、栖霞香夼铅锌矿、乳山马陵铁矿等矿床。

2）在该地块胶北隆起及胶南造山带西北缘发育的碳硅泥岩系 —— 孔兹岩系（刘浩龙等，1995；卢良兆等，1996；姜继圣，1996；宋明春等，2006）（荆山群、粉子山群及五莲群）发育区，分布着受这套沉积变质岩系控制的铁、稀土、晶质石墨矿、菱镁矿、滑石矿、红柱石（蓝晶石）矿、透辉石矿、玻璃用石英岩矿、饰面大理石矿、铁矿、硫铁矿等矿产。如，昌邑莲花山铁矿、莱西南墅石墨矿、栖霞李博士夼滑石矿、莱州粉子山菱镁矿、五莲小庄红柱石矿、五莲大珠子稀土矿等矿床。

3）在鲁东隆起内发育的中生代中酸性—中基性火山岩系（青山群）中分布着与这套火山岩系控制的金-铜-硫铁矿（五莲七宝山、诸城马连口），膨润土-沸石岩-珍珠岩矿（潍坊涌泉庄、莱阳白藤口等）、明矾石（莒南将军山、诸城石屋子沟）等金属和非金属矿产床（张天祯等，1996，1998；李洪奎等，1996；宋明春等 2006）。

4）在胶北隆起、胶莱拗陷、胶南隆起内的燕山晚期侵入岩分布区及其近侧（蓬莱—栖霞—招远—莱州—平度一带和五莲—日照—临沭一带）及胶莱拗陷内分布着与热液活动有关的萤石、重晶石及铅矿床。

5）在胶南-威海隆起分布着：① 元古代南华期超基性-基性侵入岩，其中发育着蛇纹岩矿（含镍）及石棉矿；② 新元古代榴辉岩带，这个形成于大陆碰撞带内的特殊变质岩体（石）内发育着金红石、石榴子石等矿产（宋明春等，2003，2006；索书田等，2003；王来明等，1996）。

（三）华北拗陷分布的主要矿产

在华北拗陷（山东部分）内（包括济阳拗陷和临清拗陷）发育的古近纪济阳群（孔店组、沙河街组、东营

组)中,分布着石油、天然气及石膏、石盐等矿产,使该区成为山东及我国的一个重要石油产区(潘元林等,2003;宋明春等,2014)。如,胜利油田、东明油田、鄄城夏庄石盐矿等。

第三节　山东省主要矿床成因类型

山东矿产资源矿种较多;有金、金刚石、铁、石膏、自然硫、石油等特色金属、非金属、能源等矿产,地质矿产工作程度较高,有关矿床成因分类的讨论与著述很多。参考传统的矿床成因分类理论及20世纪80~90年代及近几年,矿床成矿系列(程裕淇等,1982,1983;陈毓川等,1998,2006,2012)及成矿系统(翟裕生,1999,2003,2012)等矿理论,对山东主要矿床成因类型列表做个简要归纳,以方便研究讨论(表3-2)。

如前节所述,在山东所处的华北板块东南缘与扬子板块相接部位的特殊的大地构造背景下,由于复杂的地壳演化历程所造成的多样性的岩石建造特点,决定了成矿物质的多源性、成矿作用的多期性和成矿类型的多型性特点。从中太古代到新生代第四纪的近30亿年的各个地质历史时期中,几乎都有工业矿床形成;与岩浆作用有关的岩浆矿床、岩浆期后热液矿床、接触交代(矽卡岩)矿床,与沉积作用有关的海相沉积矿床、陆相沉积矿床、海陆交互相沉积矿床、河湖相沉积矿床和变质矿床等都有发育。因此,在一个简表中对几十种矿产的矿床成因类型只能做出简要的、概括的表达。

第四节　山东矿床成矿系列划分

一、山东矿床成矿系列划分原则与方法

陈毓川院士在关于一个地区矿床成矿系列划分(厘定)时指出(2006):"首先应考虑构成此矿床成矿系列的时间、空间、与成矿作用有关的地质作用及形成矿床组合的主要矿种这4个要素","即一定的地质历史时期,一定的地质构造环境所构成的地质构造单元,一定的地质成矿作用和一组具有一定成因联系的矿床";"其中,空间概念是最为复杂的,此处建议可采用相对灵活的'中性的'地理名词来大致限定某一矿床成矿系列的分布范围,同时又不至于与现有的构造概念发生太大冲突。"根据程裕淇、陈毓川院士关于矿床成矿系列研究的学术思想(程裕淇等,1979,1984;陈毓川等,1998,2000,2006),对山东矿床成矿系列厘定中与成矿作用有关的地壳演化阶段、主要成矿作用、地质构造单元等概念作如下界定。

(一)关于山东成矿作用阶段划分

根据山东地壳演化特点,山东成矿作用可划分为早前寒武纪、中元古代—新元古代、古生代、中生代和新生代5个大的阶段。

1. 早前寒武纪成矿阶段

此阶段包括:

1)中太古代(迁西期),为陆核形成阶段(2 800 Ma之前)。

2)新太古代—古元古代(阜平期—五台期—吕梁期),为大陆壳形成阶段(2 800~1 800 Ma),又分为:① 新太古代早-中期(阜平期;2 800~2 600 Ma)、晚期(五台期;2 600~2 500 Ma);② 古元古代(吕梁期;2 500~1 800 Ma)。

2. 中元古代—新元古代成矿阶段

此阶段为华北与扬子克拉通陆-陆碰撞造山阶段(1 800~541.0 Ma)。

3. 古生代成矿阶段

表 3-2 山东主要矿床成因类型简表

大类	矿 种	主要成因类型	含(赋)矿岩系	成矿时代	典型(代表性)矿床产地
能源矿产	石 油 天然气	生物化学沉积型	济阳群孔店组,沙河街组及东营组	古近纪	孤岛,埕东,商河,潍北,文明寨,桥口
	煤 矿	生物化学沉积-变质型	五图群李家崖组 侏罗纪淄博群坊子组 月门沟群太原组、山西组	古近纪 中侏罗世 石炭纪—二叠纪	龙口,昌乐五图 坊子 巨野,兖州,济宁
	油页岩	生物化学沉积-变质型	济阳群沙河街组、孔店组 五图群李家崖组 月门沟群太原组	古近纪 古近纪 石炭纪—二叠纪	济阳拗陷,潍北凹陷 昌乐五图,龙口洼里,安丘周家营子 兖州,邹城南屯
	煤层气	热变质型	济阳群 侏罗系 月门沟群	古近纪 侏罗纪 石炭纪—二叠纪	东营凹陷,东明白庙-桥口 潍北凹陷 黄河北煤田,鄄城煤田
	地 热	地热(梯度)增温型	各类岩系	第四纪	招远,威海;聊城,德州
金属矿产	金 矿	岩浆期后热液破碎带蚀变岩型(焦家式) 岩浆期后热液含金石英脉型(玲珑式) 岩浆期后热液含金硫化物石英脉型(金牛山式) 岩浆热液蚀变层间角砾岩型(蓬家夼式)	燕山晚期花岗岩 燕山晚期花岗岩 燕山晚期花岗岩 前寒武纪片麻岩、侏罗系角砾岩	燕山晚期	莱州焦家,新城,三山岛 招远玲珑,平度旧点 乳山金青顶,牟平金牛山 乳山蓬家夼
		隐爆角砾岩型(归来庄式) 变质热液型(化马湾式) 河流相冲积型	早古生代碳酸盐岩系 前寒武纪变质岩系 临朐群尧山组,第四系	燕山早期 新太古代(?) 新近纪,第四纪	平邑归来庄 泰安化马湾 栖霞唐山棚,牟平辛安河
	铁 矿	沉积变质型(韩旺式) 接触交代型(莱芜式) 交代充填-风化淋滤型(朱崖式) 沉积变质型(莲花山式) 岩浆熔离型(祥山式)	泰山岩群雁翎关组、山草峪组 碳酸盐岩、中生代侵入岩 寒武纪炒米店组等 粉子山群小宋组 角闪辉石岩	新太古代 燕山晚期 燕山晚期 古元古代 中元古代	沂源韩旺,苍峄,东平-汶上 莱芜张家洼及西尚庄 青州店子,淄博黑旺 昌邑莲花山-搭连营 牟平祥山,昌邑高戈庄
	铜 矿	接触交代型(铜井式) 斑岩-细脉浸染型(邹平式) 似层状热液交代型(福山式) 热液裂隙充填脉型	碳酸盐岩与中生代侵入岩 中酸性侵入岩 粉子山群及燕山期侵入岩 变质岩,火山岩,花岗岩	燕山晚期	沂南 邹平王家庄 福山王家庄 莱芜胡家庄,邹平大临池
	铝土矿/耐火黏土矿	滨海沉积型(湖田式) 陆相湖沼沉积型	本溪组湖田段 石盒子群黑山段	中石炭世 晚二叠世	淄博湖田、沣水 淄博万山,新泰黄泥庄
	银 矿	中低温热液石英脉型	燕山晚期花岗岩	燕山晚期	招远十里堡,栖霞虎鹿夼
	铅锌矿	斑岩(细脉浸染)型 热液裂隙充填脉型	花岗斑岩、灰岩 变质岩,花岗岩,火山岩	燕山晚期	栖霞香夼 安丘宋官疃,龙口凤凰山
	钼 矿	接触交代-热液型(邢家山式) 斑岩(细脉侵染)型	花岗岩、粉子山群组大理岩 花岗闪长斑岩	燕山晚期	福山邢家山 栖霞尚家庄
	钨 矿	接触交代(矽卡岩)型 热液裂隙充填型	花岗岩、粉子山群组大理岩 花岗质侵入岩	燕山晚期	福山邢家山(钼矿伴生矿) 牟平八甲(硫铁矿伴生矿)
	铜镍矿(伴生铂钯)	岩浆熔离型	辉长岩	新太古代	泗水北孙徐、历城桃科红洞沟
	钴 矿	接触交代(矽卡岩)型	碳酸盐岩、中生代侵入岩	燕山晚期	莱芜式铁矿伴生矿
	钛 矿(金红石矿)	超高压变质榴辉岩型 沉积变质型 河床相沉积型 滨海相沉积型	花岗质围岩中榴辉岩 荆山群陡崖组 第四纪全新世冲积层 第四纪全新世旭口组	新元古代、中生代 古元古代 第四纪 第四纪	诸城上崔家沟、临沭杨家庄 莱西南墅(石墨矿伴生矿) 平度郑家 荣成石岛

续表

大类	矿　种	主要成因类型	含(赋)矿岩系	成矿时代	典型(代表性)矿床产地
金属矿产	钒　矿	滨海相沉积型	石炭纪本溪组	石炭纪—二叠纪	枣庄沣官庄(铝土矿伴生矿)
	轻稀土(铈镧钕镨)	热液裂隙充填型 变质热液型 变质热液型	碱性岩、片麻岩等 五莲群黑云片岩、伟晶质岩石 荆山群中花岗伟晶质岩石	燕山晚期 中元古代 古元古代	微山郗山 五莲大珠子 莱西塔埠头
	锆　铪 铌钽铍矿	滨海沉积型 伟晶岩型	第四纪全新世旭口组 新太古代变质岩系	第四纪 新太古代	荣成石岛 新泰石棚、黄花岭
	锶	海相沉积型	寒武纪长清群朱砂洞组	寒武纪	枣庄抱犊崮
	镓	滨海相沉积型	月门沟群本溪组 石盒子群黑山组	中石炭世 晚二叠世	淄博湖田、沣水(铝土矿伴生矿)
	镉碲硒铟	似层状热液交代型	粉子山群及燕山期侵入岩	燕山晚期	福山王家庄(铜矿伴生矿)
	金刚石	金伯利岩岩浆型 河流碎屑沉积型	金伯利岩 第四纪于泉组	中奥陶世 第四纪	蒙阴王村、常马村、西峪 郯城陈埠、于泉
	石　膏	陆相碎屑岩系沉积型 海相碳酸盐岩系沉积型	官庄群大汶口组、卞桥组 济阳群沙河街组 长清群、马家沟群	古近纪 寒武纪—奥陶纪	泰安大汶口盆地、枣庄底阁 东营凹陷 博山、薛城、长清、沂源
	石盐-钾盐	陆相碎屑岩系沉积型	古近纪官庄群大汶口组 济阳群沙河街组四段	古近纪	泰安汶口盆地、东营凹陷
	自然硫	陆相碎屑岩系沉积型	官庄群大汶口组	古近纪	泰安朱家庄、汶口盆地
	地下卤水	浅层:海水潮滩成卤型 深层:潟湖相原生卤水型	第四纪更新世海积层 济阳群沙河街组四段	更新-全新世 古近纪	莱州湾沿岸 东营盆地、临邑盆地
	硫铁矿	火山热液充填交代型 中低温热液充填交代型	青山群八亩地组 花岗岩、变质岩等岩石	白垩纪 燕山晚期	五莲七宝山钓鱼台 乳山唐家沟、牟平八甲
	沸石岩	陆相火山岩水解蚀变型	青山群石前庄组、后夼组	早白垩世	潍坊涌泉庄、莱阳白藤口
	膨润土	火山沉积蚀变型 河湖相沉积型 陆相火山岩水解蚀变型	临朐群牛山组 王氏群 青山群石前庄组、后夼组	新近纪 晚白垩世 早白垩世	潍坊于家庄、安丘曹家楼 高密谭家营 潍坊涌泉庄、莱阳白藤口
	珍珠岩	陆相火山喷发-岩浆型	世青山群石前庄组	早白垩世	潍坊涌泉庄、莱阳白藤口
	萤　石	低温热液裂隙育填型	花岗质岩石及变质岩等	燕山晚期	蓬莱巨山沟、莱州三元
	重晶石	低温热液裂隙充填型	碎屑岩及其他各类岩石	燕山晚期	安丘宋官疃、胶州铺集
	石灰岩	浅海沉积型	马家沟群、长清群	寒武纪—奥陶纪	淄博柳泉、滕州马山
	石英砂矿	河湖相沉积型 滨海陆屑滩相沉积型	石盒子群奎山段 长清群李官组下段	二叠纪 寒武纪	淄博黑山、西冲山 沂南蛮山、孙祖,临沂李官
	石英岩	变质沉积型	粉子山群小宋组、五莲群	古、中元古代	昌邑山阳、五莲坤山
	石墨矿	角闪麻粒岩相沉积变质型	荆山群陡崖组	古元古代	莱西南墅、平度刘戈庄
	滑石矿	富镁碳酸盐岩系热液交代型	粉子山群张格庄组 荆山群野头组	古元古代	栖霞李博士夼、平度芝坊
	菱镁矿	富镁碳酸盐岩系热液交代型	粉子山群张格庄组	古元古代	莱州粉子山-优游山
	耐火黏土矿	陆相湖相生物化学沉积型	石盒子群万山段	晚二叠世	淄博洪山、小口山
	硅藻土矿	淡水湖相生物化学沉积型	临朐群山旺组	新近纪	临朐解家河、青山
	明矾石矿	火山岩系中热液蚀变型	青山群八亩地组	早白垩世	莒南将军山、诸城石屋子沟
	透辉石矿	钙镁硅酸盐系沉积变质型 硅质富镁碳酸盐岩系沉积变质型	荆山群野头组祥山段 粉子山群巨屯组下部	古元古代	平度长乐、罗头 福山老官庄、蓬莱战山
	红柱石(蓝晶石)矿	高铝岩系中变质沉积型	五莲群海眼口组	中元古代	五莲小庄(九凤村)

此阶段为陆缘海稳定发展阶段(541.0~252.17 Ma),包括:

1) 早古生代(加里东期,陆缘海沉积亚阶段;541.0~416.0 Ma)。

2) 晚古生代(华力西期,海陆交互相—陆相沉积亚阶段;416.0~252.17 Ma)。

4. 中生代成矿阶段

此阶段为大陆边缘活化阶段(252.17~65.5 Ma),包括:

1) 印支期(252.17~199.6 Ma)。

2) 燕山期(196.6~65.5 Ma),又分为:① 燕山早期(侏罗纪,199.6~145 Ma);② 燕山晚期(白垩纪,145~65.5 Ma)。

5. 新生代成矿阶段

此阶段为断块构造发展阶段(65.5 Ma迄今),包括:

1) 古近纪(65.5~23.03 Ma)。

2) 新近纪(23.03~2.588 Ma)。

3) 第四纪(2.588 Ma迄今)。

(二) 关于山东地质历史时期或构造运动阶段划分

原则上以代(或"亚代")或构造旋回为基本单元。如中太古代、新太古代(早-中期、晚期)、古元古代、中元古代、新元古代、古生代(早古生代、晚古生代)、中生代、新生代;或迁西旋回、阜平旋回、五台旋回、吕梁旋回、晋宁旋回、加里东旋回、华力西旋回、印支旋回、燕山旋回、喜马拉雅旋回。

对于山东有些沉积作用形成的矿床成矿系列(组合),其形成的地质年代学研究程度高,年代清晰、准确者,可以以纪为基本单元,如在鲁西地区(隆起)新生代盆地中古近纪官庄群中发育的与沉积作用有关的石膏、石盐-钾盐、自然硫矿等的一组矿床,就可以以纪为单元厘定成矿系列,如"鲁西隆起区与古近纪内陆湖相碎屑岩-碳酸盐岩-蒸发岩建造有关的石膏-石盐-钾盐-自然硫、石膏矿床成矿系列"。这样,更直接、更具体、更准确对一组有"成因联系的矿床"的成矿时的地质构造环境、成矿作用等的表达。

(三) 关于山东成矿地质构造单元划分

陈毓川等指出(2006),成矿时的构造单元,也就是成矿时的地质构造环境,一般相当于三级构造单元(一般不是指现在的构造单元)。所以矿床成矿系列的分布范围可以与以现今地貌或构造关系为主划分的构造单元不一致,而且可以跨构造单元(如与风化作用有关的矿床成矿系列)。根据山东地壳演化特点,对于古生代及其前的成矿系列命名的构造单元采用"中性化"的"地块"、"微地块"、"地区"等名词;对于中-新生代成矿系列的构造单元命名采用"隆起"、"拗陷"、"凸起"、"凹陷"等名词,且一般不采用对"隆起"、"拗陷"等的定性的称谓,如"断隆"、"断拗"等。

(四) 关于地质成矿作用类型划分

主要按地质作用粗略划分为岩浆、沉积和变质三大成矿作用。对于发育在鲁东地区(胶北隆起、胶莱拗陷及其周缘地区)的晚白垩世晚期(?)的重晶石-萤石-铅锌等脉状矿床,勘查成果表明在矿区内及其近缘尚未发现成矿与"岩浆岩"的直接联系证据,如果按传统将其划归为与岩浆作用有关的低温热液矿床似乎不妥,故将此类矿床暂归为"区域性(低温)成矿流体作用"形成的矿床。

二、山东矿床成矿系列及成矿系列组合划分

依据上述关于山东矿床的成矿系列划分的原则及方法,参考有关研究成果(程裕淇等,1979;1983;陈毓川,1994;1997),在全省初步划分(厘定)为31个矿床成矿系列(早前寒武纪6个、中-新元古代6个、古

生代3个、中生代7个、新生代9个),其中重要成矿系列10个(早前寒武纪3个、古生代2个、中生代3个、新生代2个)。在31个成矿系列中:①“鲁西地块与新太古代中-晚期火山-沉积变质作用有关的铁、金、硫铁矿矿床成矿系列”下划分了2个亚系列;②“鲁东地块与古元古代晚期沉积变质建造(孔兹岩系)有关的铁、稀土、石墨、滑石、菱镁矿、石英岩(玻璃用)、透辉石、白云石大理岩(熔剂用等)、大理岩(饰面、水泥用)矿床成矿系列”下划分了5个亚系列;③“鲁中地块与寒武纪—奥陶纪海相碳酸盐岩-碎屑岩-蒸发岩建造有关的石灰岩、石膏、石英砂岩、工艺料石、天青石矿床成矿系列”下划分了2个亚系列;④“胶北隆起与燕山晚期岩浆及热液活动有关的金(银-硫铁矿)、银、铜、铁、铅锌、钼-钨、钼矿床成矿系列”下划分了2个亚系列;⑤“鲁中隆起与燕山晚期岩浆及热液活动有关的铁(-钴)、铁、金-铜-铁、铜-钼、铜、稀土、磷矿床成矿系列”下划分了4个亚系列;⑥“鲁东地区与早白垩世中酸-中基性火山-气液活动有关的金-铜、硫铁矿、明矾石、沸石岩、膨润土、珍珠岩矿床成矿系列”下划分了3个亚系列;⑦“鲁东地区与第四纪沉积作用有关的含铪锆石-钛铁矿-石英砂、金、金红石、型砂矿床成矿系列”下划分了2个亚系列;⑧“鲁西地区与第四纪沉积作用有关的金刚石、蓝宝石、建造用砂、贝壳砂、地下卤水矿床成矿系列”下划分了2个亚系列。

矿床成矿系列组合是由不同成矿地质作用形成的矿床成矿系列集合体。根据成矿地质作用的不同,可分为岩浆作用矿床成矿系列组合;沉积作用矿床成矿系列组合;变质作用矿床成矿系列组合;含矿流体作用矿床成矿系列组合。本次研究厘定的31个矿床成矿系列,分属于不同的矿床成矿系列组合。其中,属岩浆作用矿床成矿系列组合的11个(早前寒武纪3个,中-新元古代2个,古生代1个,中生代5个,新生代1个);属沉积作用矿床成矿系列组合的14个(中-新元古代2个,古生代2个,中生代2个,新生代8个),属变质作用矿床成矿系列组合的4个(早前寒武纪3个,中-新元古代2个),属含矿流体作用矿床成矿系列组合的1个(中生代)。由此可以看出,岩浆作用成矿系列组合集中分布在中生代;沉积作用成矿系列组合集中分布在古生代及新生代;变质作用成矿系列组合集中分布在早前寒武纪及中-新元古代,这个分布趋势与山东区域地质演化特点是一致的。

山东矿床成矿系列及矿床成矿系列组合划分见表3-3。

表3-3 山东矿床的成矿系列及成矿系列组合

<table>
<tr><th colspan="2">成矿旋回</th><th>序号</th><th colspan="2">矿床成矿系列</th><th>代表性矿床(产地)</th><th>成矿系列组合</th></tr>
<tr><td rowspan="7">新生代</td><td rowspan="4">第四纪</td><td rowspan="2">31</td><td rowspan="2">鲁西地区与第四纪沉积作用有关的金刚石、蓝宝石、金、建筑用砂、贝壳砂、地下卤水矿床成矿系列</td><td>31-2 鲁中地区与第四纪冲洪积-残坡积沉积作用有关的金刚石、蓝宝石、金、建筑用砂等砂矿矿床成矿亚系列</td><td>郯城陈埠金刚石砂矿床
昌乐辛旺蓝宝石砂矿床
新泰岳庄河砂金矿
泰安北集坡汶河建筑砂矿</td><td rowspan="2">沉积</td></tr>
<tr><td>31-1 鲁北地区与第四纪滨海沉积作用有关的地下卤水、贝壳砂矿床成矿亚系列</td><td>昌乐廒里浅层地下卤水矿床
垦利惠鲁贝壳砂矿</td></tr>
<tr><td rowspan="2">30</td><td rowspan="2">鲁东地区与第四纪沉积作用有关的含铪锆石-钛铁矿-石英砂、金、金红石、型砂矿床成矿系列</td><td>30-2 鲁东滨海地区与第四纪滨海沉积作用有关的含铪锆石-金红石-钛铁矿-石英砂等砂矿矿床成矿亚系列</td><td>荣成石岛含铪锆石砂矿床
荣成旭口玻璃用石英砂矿床</td><td rowspan="2">沉积</td></tr>
<tr><td>30-1 胶北及胶莱盆地北部地区与第四纪沉积作用有关的金、金红石、型砂矿床成矿亚系列</td><td>牟平辛安河砂金床
平度郑家金红石砂矿床
高密姚哥庄型砂矿</td></tr>
<tr><td rowspan="3">新近纪</td><td>29</td><td colspan="2">胶北隆起与新近纪河床砾岩-火山岩建造有关的砂金矿床成矿系列</td><td>栖霞唐山硼砂金矿床</td><td>沉积</td></tr>
<tr><td>28</td><td colspan="2">昌乐凹陷内与新近纪火山喷发作用有关的蓝宝石(-刚玉)原生矿-玄武岩矿床成矿系列</td><td>昌乐方山蓝宝石-刚玉原生矿床</td><td>岩浆</td></tr>
<tr><td>27</td><td colspan="2">鲁中隆起火山盆地内与新近纪火山-沉积建造有关的硅藻土-褐煤-磷、膨润土、白垩矿床成矿系列</td><td>临朐解家河硅藻土-褐煤-磷矿床
安丘曹家楼膨润土矿床
临朐陶家庄白垩矿床</td><td>沉积</td></tr>
</table>

续表

成矿旋回		序号	矿床成矿系列		代表性矿床(产地)	成矿系列组合
新生代	古近纪	26	胶北隆起与古近纪内陆湖相碎屑岩-有机岩建造有关的煤-油页岩矿床成矿系列		黄县煤-油页岩矿床	沉积
		25	鲁中隆起与古近纪内陆湖相碎屑岩-有机岩建造有关的煤-油页岩-膨润土矿床成矿系列		昌乐五图煤-油页岩-膨润土矿床	沉积
		24	**济阳-临清拗陷与古近纪内陆湖相碎屑岩-碳酸盐岩-蒸发岩建造有关的石油-天然气-自然硫-石盐-杂卤石-石膏、地下卤水矿床成矿系列**		东营凹陷石油-自然硫-石盐-杂卤石-石膏-地下卤水矿床 (鄄城石盐矿床)	沉积
		23	**鲁西隆起区与古近纪内陆湖相碎屑岩-碳酸盐岩-蒸发岩建造有关的石膏-石盐-钾盐-自然硫、石膏矿床成矿系列**		泰安汶口盆地石盐-钾盐-石膏-自然硫矿床 枣庄底阁石膏矿床	沉积
中生代	白垩纪	22	鲁东地区与晚白垩世低温(流体)热液裂隙充填作用有关的萤石-重晶石、铅锌-重晶石矿矿床成矿系列		蓬莱巨山沟萤石矿床 高密化山铅-重晶石矿床	流体
		21	胶莱拗陷西部与晚白垩世河湖相碎屑岩建造有关的沉积型膨润土、伊利石黏土矿床成矿系列		高密谭家营膨润土矿床 昌邑北孟伊利石黏土矿床	沉积
		20	鲁东地区与早白垩世中酸-中基性火山-气液活动有关的金-铜、硫铁矿、明矾石、沸石岩、膨润土、珍珠岩矿床成矿系列	20-3：胶莱拗陷及其周缘与早白垩世流纹质-碱流质岩浆活动有关的水解蚀变型膨润土-沸石岩-珍珠岩矿床成矿亚系列	潍坊涌泉庄膨润土-沸石岩-珍珠岩矿床	岩浆
				20-2：胶南隆起西缘中生代凹陷中与安山质岩浆活动有关的热液型硫铁矿-明矾石矿床成矿亚系列	五莲钓鱼台硫铁矿床 莒南将军山明矾石矿床	
				20-1：胶莱拗陷南缘与早白垩世中酸性岩浆活动有关的潜火山热液型金-铜矿床成矿亚系列	五莲金线头铜-金矿床	
		19	**鲁中隆起与燕山晚期岩浆及热液活动有关的铁(-钴)、铁、金-铜-铁、铜-钼、铜、稀土、磷矿床成矿系列**	20-4：鲁中隆起与燕山晚期中低温热液及风化淋滤作用有关的铁矿床成矿亚系列	青州店子铁矿床	岩浆
				20-3：鲁中隆起与燕山晚期碱性岩浆及碳酸岩浆活动有关的热液型稀土矿床成矿亚系列	微山郗山稀土矿床 (莱芜胡家庄稀土矿)	
				20-2：鲁中隆起与燕山晚期中酸性、偏碱性岩浆活动有关的金-铜-铁、铜-钼、金、铜、磷矿床成矿亚系列	沂南铜井金-铜-铁矿床 邹平王家庄铜-钼矿床 龙金山金矿床 昌乐青上铜矿床 枣庄沙沟磷矿床	
				20-1：鲁中隆起与燕山晚期中-基性岩浆岩活动有关的铁(-钴)矿床成矿亚系列	莱芜张家洼铁矿床	
		18	**胶北隆起与燕山晚期花岗质岩浆活动有关的金(银-硫铁矿)、银、铜、铁、铅锌、钼-钨、钼矿床成矿系列**	18-2：胶北隆起与燕山晚期花岗质岩浆活动有关的热液型银、铜、铁、铅锌、钼-钨、钼矿床成矿亚系列	招远十里堡银矿床 福山王家庄铜(锌)矿床 乳山马陵铁矿床 栖霞香夼铅锌矿床 福山邢家山钼-钨矿床 栖霞尚家庄钼矿床	岩浆
				18-1：胶北隆起与燕山晚期花岗质岩浆活动有关的热液型金(银-硫铁矿)矿床成矿亚系列	莱州焦家金矿床 招远玲珑金矿床 乳山金青顶金矿床	
	侏罗纪	17	鲁中隆起与燕山早期偏碱性岩浆活动有关的金矿床成矿系列		平邑归来庄金矿床	岩浆
		16	鲁中隆起与侏罗纪沉积作用有关的煤、耐火黏土矿床成矿系列		坊子煤矿床	沉积
古生代	晚古生代	15	**鲁西地块与石炭纪—二叠纪海陆交互相碎屑岩-碳酸盐岩-有机岩建造有关的煤(-油页岩)、铝土矿(含镓)-耐火黏土、铁、石英砂岩矿床成矿系列**		滕枣煤田 巨野煤田 淄博湖田铝土矿床 淄博西冲山铝土(黏土)矿-石英砂岩矿床	沉积

续表

成矿旋回		序号	矿床成矿系列		代表性矿床(产地)	成矿系列组合
古生代	早古生代	14	**鲁中地块与加里东期超基性岩浆活动有关的金伯利岩型金刚石矿床成矿系列**		蒙阴常马庄金刚石矿床	岩浆
		13	鲁中地块与寒武纪—奥陶纪海相碳酸盐岩-碎屑岩-蒸发岩建造有关的石灰岩、石膏、石英砂岩、工艺料石、天青石矿床成矿系列	13-2:与奥陶纪马家沟群海相碳酸盐岩-碎屑岩-蒸发岩建造有关的石灰岩(水泥、熔剂、电石、制碱、脱硫用)、石膏矿床成矿亚系列	淄博柳泉石灰岩矿床 枣庄张范石膏矿床	沉积
				13-1:与寒武纪海相碳酸盐岩-碎屑岩-蒸发岩建造有关的石灰岩、石膏、石英砂岩(玻璃用)、工艺料石(砚石、木鱼石等观赏石)、天青石矿床成矿亚系列	嘉祥磨山石灰岩矿床 沂源源泉石膏矿床 枣庄抱犊崮天青石矿床 临沂李官玻璃用石英砂岩矿床 (青州红丝石矿、长清木鱼石矿)	
中-新元古代	新元古代	12	胶南-威海地块与新元古代超高压变质作用有关的榴辉岩型金红石-石榴子石-绿辉石矿床成矿系列		日照官山金红石-石榴子石-绿辉石矿床	变质
		11	胶南地块与新元古代岩浆作用有关的白云母、长石矿床成矿系列		诸城桃行白云母-长石矿床	岩浆
		10	胶北地块与新元古代震旦纪沉积作用有关的石灰岩(水泥用)、观赏石矿床成矿系列		栖霞油家泊水泥灰岩矿床 蓬莱南庄千枚岩砣矶砚矿	沉积
		09	鲁西地块与新元古代青白口纪-震旦纪沉积作用有关的石灰岩(水泥用)、石英砂岩(水泥用)、观赏石矿床成矿系列		(莒县黑山官石灰岩-石英砂岩矿、莒县浮莱砚石矿、沂南徐公石砚石矿)	沉积
		08	胶南地块与新元古代超基性岩浆侵入作用有关的石棉、蛇纹岩(-镍)矿床成矿系列		日照梭罗树石棉-蛇纹岩(-镍)矿床	岩浆
	中元古代	07	胶南地块与中元古代沉积变质建造(孔兹岩系)有关的红柱石、石墨、稀土、透辉石、石英岩(玻璃用)、硅灰石、大理岩(水泥用)矿床成矿系列		五莲小庄红柱石矿床 五莲大珠子稀土矿床 (五莲南窑沟石墨矿) (五莲坤山大理岩、硅灰石矿) (五莲白云洞玻璃用石英岩矿)	变质
早前寒武纪	古元古代	06	鲁东地块与古元古代晚期基性-超基性岩浆作用有关的铁、磷矿矿床成矿系列		牟平祥山铁矿床 莱州彭家疃磷矿床	岩浆
		05	**鲁东地块与古元古代晚期沉积变质建造(孔兹岩系)有关的铁、稀土、石墨、滑石、菱镁矿、石英岩(玻璃用)、透辉石、白云石大理岩(熔剂用等)、大理岩(饰面、水泥用)矿床成矿系列**	05-5:胶北地块与古元古代(?)伟晶岩化作用有关的稀土矿床成矿亚系列	莱西塔埠头稀土矿床	变质
				05-4:胶北地块与古元古代高角闪岩-麻粒岩相变质含碳质变粒岩-片麻岩建造(荆山群陡崖组)有关的石墨(含金红石)矿床成矿亚系列	莱西南墅石墨矿床	
				05-3:胶北地块与古元古代低-中变质相变质富镁质碳酸盐岩建造有关的滑石、菱镁矿(-绿冻石)、白云石大理岩(熔剂用等)、大理岩(饰面、水泥用)矿床成矿亚系列	栖霞李博士夼滑石矿床 莱州粉子山菱镁矿(-绿冻石)矿床 海阳大理石矿床	
				05-2:胶北地块与古元古代角闪岩相-麻粒岩相变质钙镁硅酸盐建造(荆山群野头组)及绿片岩相-角闪岩相硅质富镁质碳酸盐岩建造(粉子山群巨屯组)有关的透辉石矿床成矿亚系列	平度长乐透辉石矿床 福山老官庄透辉石矿床	
				05-1:胶北地块与古元古代硅质岩-含铁质硅质岩建造(粉子山群小宋组)有关的铁、石英岩矿床成矿亚系列	昌邑莲花山铁矿床 昌邑山阳石英岩矿床	

续表

<table>
<tr><th colspan="2">成矿旋回</th><th>序号</th><th colspan="2">矿床成矿系列</th><th>代表性矿床(产地)</th><th>成矿系列组合</th></tr>
<tr><td rowspan="5">早前寒武纪</td><td rowspan="5">新太古代</td><td>04</td><td colspan="2">济宁微地块与新太古代晚期沉积变质作用有关的铁矿床成矿系列</td><td>济宁颜店铁矿床</td><td>变质</td></tr>
<tr><td>03</td><td colspan="2">鲁西地块与新太古代晚期岩浆作用有关的铌钽、电气石、绿柱(宝)石、长石矿床成矿系列</td><td>邹城下连家电气石矿床
新泰石棚铌钽-长石矿床
(新泰黄花岭绿柱石矿)</td><td>岩浆</td></tr>
<tr><td>02</td><td colspan="2">鲁西地块与新太古代中-晚期基性-超基性岩浆作用有关的玉石-蛇纹岩(含镍)、钛铁、铜镍(-铂族)矿床成矿系列</td><td>历城桃科铜-镍矿床
莒县肖家沟钛铁矿床
长清界首玉石-蛇纹岩矿床</td><td>岩浆</td></tr>
<tr><td rowspan="2">01</td><td rowspan="2">鲁西地块与新太古代早-中期火山-沉积变质作用有关的铁、金、硫铁矿矿床成矿系列</td><td>01-2：鲁中地块与新太古代绿岩带中有关的变质热液型金、硫铁矿矿床成矿亚系列</td><td>泰安化马湾金矿床</td><td rowspan="2">变质</td></tr>
<tr><td>01-1：鲁西地块与新太古代早-中期角闪岩相火山-沉积变质作用有关的条带状铁矿床成矿亚系列</td><td>沂源韩旺铁矿床
苍峄铁矿床</td></tr>
</table>

注：① 表中字体加粗者为重要成矿系列。② 表中“成矿系列组合”栏内的“岩浆”表示“岩浆作用矿床成矿系列组合”；“沉积”表示沉积作用矿床成矿系列组合”；“变质”表示“变质作用矿床成矿系列组合”；“ 流体”表示“含矿流体矿床成矿系列组合”。

参考文献

辞海编辑委员会夏征农.1999.辞海・中册.上海:上海辞书出版社,2214-2242

地质名词审定委员会.1994.地质学名词.北京:科学出版社

地球科学大辞典编委会.2006. 地球科学大辞典・基础学科卷(附录). 北京:地质出版社

国家地震局地质研究所.1991.郯庐断裂.北京:地震出版社,39-56

山东省统计局.2014.山东统计年鉴・2014.北京:中国统计出版社,3-8

山东省地方史志编纂委员会.1986.山东各地概况.济南:山东人民出版社,1-2

山东省地质矿产局.1995.山东省环境地质图集.济南:山东省地图出版社,6

山东省地质矿产局.1990.山东省地质矿产科学技术志.济南:山东省地图出版社,64-237

山东省地质矿产局.1991.山东省区域地质志.北京:地质出版社,30-42

山东招金集团.2002.招远金矿集中区地质与找矿.北京:地震出版社,186-205

中国矿床发现史・山东卷编委会. 1996. 中国矿床发现史・山东卷.北京:地质出版社

中国矿床编委会.1989. 中国矿床・上册.北京:地质出版社

中国矿床编委会.1989. 中国矿床・中册、下册.北京:地质出版社

曹国权,等.1996.鲁西早寒武纪地质.北京:地质出版社,167-188

曹国权,王致本,张成基.1990.山东胶南地质及其边界五莲-荣成断裂的构造意义.山东地质,6(1):1-15

曹国权.1990.试论"胶南地体".山东地质,6(2):1-10

曹国权.2001.山东地质矿产工作的反思.山东地质,17(3/4):6-8

陈毓川,朱裕生,肖克炎,等.1999.1:5000000 中国矿床成矿系列图和说明书.北京:地质出版社

陈毓川,裴荣富,王登红.2006.三论矿床的成矿系列问题.地质学报,80(10):1501-1508

陈毓川,等.2007.中国成矿体系与成矿评价.北京:地质出版社,465-561

陈毓川,裴荣富,宋天锐.1998.中国矿床成矿系列初论.北京:地质出版社,27-70

陈毓川,等.1999.中国主要成矿区带矿产资源远景评价.北京:地质出版社,1-206

陈毓川,李兆乃,毋瑞身,等.2001.中国金矿床及其成矿规律.北京:地质出版社,1-48

陈毓川,陶维屏.1996.我国非金属矿产资源及成矿规律.中国地质,(8):10-13

陈毓川.1999.矿床成矿系列与成矿问题//陈毓川.当代矿产资源勘查评价的理论和方法.北京:地震出版社,19-25

陈晋镳,武铁山,张鹏远,等.1997.华北区区域地层.武汉:中国地质大学出版社

程裕淇,陈毓川,赵一鸣.1979.初论矿床的成矿系列问题.中国地质科学院院报,1(1):32-58

程裕淇,陈毓川,赵一鸣,等.1984.再论矿床的成矿系列问题. 中国地质科学院院报,第 6 期

程裕淇,沈永和,曹国权,等.1994.中国区域地质概论.北京:地质出版社,84-232

程裕淇,陈毓川,赵一鸣,等.1983.再论矿床的成矿系列问题——兼论中生代某些矿床的成矿系列.地质论评,29(2):127-139

程裕淇,徐慧芬.1991.对山东新泰晚太古代雁翎关组中科马提岩类的一些认识.中国地质,2-4

胡受奚,赵懿英,徐金芳,等.1997.华北地台金成矿地质背景 —— 以南、东和东北缘为例探讨金成矿规律.北京:科学出版社,35-49

郭令智,施央申,马瑞士,等.1984.论地体构造、断块构造的最新问题.中国地质科学院院报,第 10 号:27-34

郝建军,黄文山,焦秀美,等.2001.山东省栖霞市虎鹿夼银铅矿床地质特征.山东地质,17(1):30-34

贾东.1990.鲁东联合地体的形成及其构造演化.南京大学学报(地球科学版),(1):34-43

贾东,何永明,施央申,等.1993.山东地体构造及其拼贴运动学研究.南京:南京大学出版社,5-20

姜继圣.1996.中国孔兹岩系的形成及演化[M].长春:吉林科学技术出版社,149-156

孔庆友,张天祯,于学峰,等.2006.山东矿床.济南:山东科技出版社,1-68

李兆龙,杨敏之.1993.胶东金矿床地质地球化学.天津:天津科学技术出版社,26-79

李洪奎,刘明渭,张成基.1996.鲁东地区白垩纪早期非金属矿含矿火山-沉积建造.山东地质,12(2):62-76
李锋,孔庆友,张天祯,等.2002.山东地勘读本.济南:山东科学技术出版社,130-139
刘浩龙,王国斌,熊群尧.1995.古陆边缘以沉积变质岩为容矿岩石的石墨矿床模式//裴荣富.中国矿床模式.北京:地质出版社,47-49
刘建文,于兆安,王来明.1998.山东省岚山头地区发现新元古代 A 型花岗岩.中国区域地质,17(3):331-333
卢良兆,徐学纯,刘福来.1996.中国北方早前寒武纪孔兹岩系.长春:长春出版社,219-234
林景仟,谭东娟,于学峰,等.1997.鲁西归来庄金矿成因.济南:山东科学技术出版社,103-106
罗声宣,任喜荣,朱源,等.1999.山东金刚石地质.济南:山东科学技术出版社,86-89
毛景文,王志良.中国东部大规模成矿时限及其动力学背景的初步探讨.矿床地质,19(4):289-297
苗来成,罗镇宽,关康,等.1998.玲珑花岗岩中锆石的离子质谱 U-Pb 年龄及其岩石学意义.岩石学报,14(2):198-206
马云顺.1996.鲁西太古宙绿岩带地质特征//山东省地质矿产局.山东地质矿产研究文集.济南:山东科学技术出版社,22-32
倪振平,倪志霄,李秀章,等.2014.山东省重要矿种成矿系列成矿谱系研究.山东国土资源,30(3)31-37
刘振,艾宪森,吕昶,刘邦金,等.1993.山东省志・地质矿产志.济南:山东人民出版社,17-138
裴荣富,等.1995.中国矿床模式.北京:地质出版社
裴荣富,熊群尧.1997.成矿学和成矿年代学研究的新进展.中国地质科学院矿床地质研究所所刊,(1):30-37
潘元林,宋国洪,郭玉新,等.2003.济阳断陷盆地层序地层学及砂砾岩油气藏群.石油学报,24(3):16-20
乔秀夫,张安棣.2002.华北块体、胶辽朝块体与郯庐断裂.中国地质,2002,29(4):337-344
沈其韩,等.2000.山东沂水杂岩的组成与地质演化.北京:地质出版社,1-126
沈其韩.1998.华北地台早前寒武纪条带状英铁岩地质特征和形成的地质背景//程裕淇.华北地台早前寒武纪地质研究论文集. 北京:地质出版社,1-30
孙庆基,林育真,吴玉麟,等.1987.山东省地理.济南:山东教育出版社,1-15
宋明春,王来明,张京信,等.1996.胶南-文威碰撞造山带及其演化过程//山东省地质矿产局.山东地质矿产研究文集.济南:山东科学技术出版社,51-61
宋明春,王沛成,等.2003.山东省区域地质.济南:山东省地图出版社,618-928
宋明春,张京信,张希道.1998.山东胶南地区斜长花岗岩的发现.中国区域地质.17(3):273-277
索书田,钟增球,周汉文,等.2003.大别-苏鲁超高压变质带内的块状榴辉岩及其构造意义.地球科学——中国地质大学学报,28(2):111-120
汤立成.1996.鲁西地区古生代非金属矿含矿沉积建造.山东地质,12(2):48-61
汤立成.1992.华北地台鲁西隆起的石炭二叠系沉积矿床成矿系列.山东地质,8(2):60-69
陶维屏.1989.中国非金属矿床的成矿系列.地质学报,(4):324-337
王鸿祯,乔秀夫.1987.中国元古代构造单元及其边界性质//地矿部《前寒武纪地质》编委会。前寒武纪地质,第 3 号,国际晚前寒武纪地质讨论会论文选集》.北京:地质出版社,1-14
王万奎,王玉玲,李艳双.1996.鲁西地区新生代非金属矿含矿沉积建造.山东地质,12(2):77-91
王沛成,张成基.1996.鲁东地区元古宙中深变质岩系非金属矿含矿建造.山东地质,12(2):31-47
王登红,陈毓川,徐珏,等.2001.中国新生代的金属成矿作用的主要特点与成矿系列//中国地质学会.第 31 届国际地质大会中国代表团学术论文集. 北京:地质出版社,264-269
王登红,陈毓川,徐珏,等.2005.中国新生代成矿作用. 北京:地质出版社,55-102
王登红,陈毓川.2001.与海相火山作用有关的铁-铜-铅-锌矿床成矿系列类型及成因初探.矿床地质,20(2):112-118
王登红.1999.地幔柱的识别及其在大规模成矿研究中应注意的问题.地球学报,(增刊):426-432
王登红.2003.铂族元素矿床研究现状及对山东找铂矿的建议.山东国土资源,19(5):18-22
王来明,宋明春,刘贵章,等.1996.鲁东榴辉岩的形成与演化//山东省地质矿产局.山东地质矿产研究文集.济南:山东科学技术出版社,39-49
王来明,宋明春,王沛成,等.2005.苏鲁超高压变质带的结构与演化.北京:地质出版社,126
叶天竺,等.固体矿产预测评价方法技术.北京:中国大地出版社

谢家荣.1965.论矿床的分类//孟宪民等.矿床分类与成矿作用.北京:科学出版社,19-28
徐树桐,陶冠宝,陶正.1993.中国东部徐-淮地区地质构造格局及其形成背景.北京:地质出版社,5-9
徐嘉炜,朱光,吕培基,等.1995.郯庐断裂带平移年代学研究的进展.安徽地质,5(1):1-12
曾广湘,吕昶,徐金芳.1998.山东铁矿地质.济南:山东科学技术出版社,4-18
翟明国,郭敬辉,赵太平.2001.新太古-古元古代华北陆块构造演化的研究进展.前寒武纪研究进展,24(1):17-27
翟明国,丛柏林.1996.苏鲁-大别变质岩石大地构造学.中国科学,26(3):258-264
翟明国,杨进辉,刘文军.2001.胶东大型矿集区及大规模成矿作用.中国科学(D集),31(7):545-552
翟裕生.1999.论成矿系统.地学前缘,6(1):13-28
翟裕生.2002.中国区域成矿特征探讨.地质与勘探,(5):1-4
翟裕生,邓军,彭润民,等.2010.成矿系统论.北京:地质出版社,22-111
翟裕生,彭润民,王建平,等.2003.成矿系列的结构模型研究.高校地质学报,9(4):510-519
翟裕生,姚书振,蔡克勤,等.2011.矿床学(第三版).北京:地质出版社,373-382
翟裕生,王建平,邓军,等.2008.成矿系统时空演化及其找矿意义.现代地质,22(2):143-150
翟裕生,苗来成,向运川,等.2002.华北克拉通绿岩带型金矿成矿系统初析.地球科学——中国地质大学学报,27(5):522-531
翟裕生,姚书振,崔彬,等.1996.成矿系列研究.武汉:中国地质大学出版社
翟裕生,彭润民,向运川.2004.区域成矿研究法.北京:中国地质大学出版社
翟裕生.2003.成矿系统研究与找矿.地质调查与研究,26(2/3):129-135
翟裕生,邓军,李晓波.1999.区域成矿学.北京:地质出版社
翟裕生.1997.地史中成矿演化趋势和阶段性.地学前缘,4(3/4):197-203
张成基.2005.山东省区域矿床成矿谱系概论.山东国土资源,21(2):14-22
张天祯,王鹤立,石玉臣,等.1996.山东地壳演化阶段中非金属矿床含矿建造.山东地质,12(2):5-30
张天祯,石玉臣,王鹤立,等.1998.山东非金属矿地质.济南:山东科学技术出版社,10-35
张增奇,刘明渭,宋志勇,张淑芳,等.1996.山东省岩石地层.武汉:中国地质大学出版社
张增奇,张成基,王世进,等.山东省地层侵入岩构造单元划分对比意见.山东国土资源,30(3):1-23
赵鹏大.1982.试论地质体数学特征.地球科学,7(1):3-6
赵鹏大.2004.定量地质学方法及应用.北京:高等教育出版社

第二篇　山东前寒武纪矿床成矿系列及其形成与演化

前寒武纪是山东省的一个重要成矿期，在全省已发现的150种矿产中，前寒武纪约占25%；在已查明的85种矿产中，前寒武纪约占30%。其中BIF型铁矿、晶质石墨矿、滑石矿、菱镁矿等矿种在山东经济发展中占有重要地位。

山东陆块前寒武纪地质发展过程包括中太古代—古元古代（早前寒武纪）和中元古代—新元古代2个阶段。其在中太古代-古元古代时的基底为华北克拉通基底的组成部分，由大致呈SE—NW向依次排列胶辽微陆块（山东部分）、渤鲁微陆块、迁-怀微陆块3部分组成，构成了以东西分异为主的大地构造单元展布特点；地壳由不成熟陆壳向成熟陆壳转化及各微陆块之间的碰撞拼合，基底固结并逐渐克拉通化。

中太古代时（>2 800 Ma），山东存在沂水和唐家庄2个古陆核。地壳初始发展阶段，原始地壳拉张，形成沂水岩群和唐家庄岩群火山-沉积岩系；中太古代末发生弧-弧或弧-陆碰撞，形成T_1T_2型（组合）钠质花岗岩。就此，该区成为一个非均匀不成熟的过渡型地壳，空间转化为大陆边缘环境。由于后期强烈的构造岩浆活动改造，中太古代地质体保留规模很小，成矿特征不明显。

新太古代（2 800~2 500 Ma）是重要的地壳增生期。初期，地壳拉张减薄，地幔物质上涌，形成科马提岩和枕状玄武岩，使地壳横向增生，泰山岩群和胶东岩群形成。中后期，随着洋盆消减，大量TTG花岗岩类侵位，使地壳增生。晚期，转化为大陆化岛弧；末期，伴随弧陆碰撞、微陆块拼合、地壳增生，发生了强烈的变质变形作用，形成了高角闪岩相变质的基底岩系——花岗-绿岩地体，完成了山东陆块基底第一次克拉通化。在新太古代与绿岩带有关的条带状铁建造、中温热液金矿和铜镍硫化物矿床是山东新太古代的主要成矿类型；此外，在大规模岩浆活动及后期的改造作用，形成了泰山玉石、泰山石（观赏石）等矿床。新太古代末，被动大陆边缘发育成了稳定的台地背景，使后期的苏比利尔湖型条带状铁建造（济宁铁矿）得以形成。

古元古代（2 500~1 800 Ma）早期，华北克拉通经历了一次基底陆块的拉伸-破裂事件，产生了胶辽裂陷盆地，在其中胶北海盆内发育了一套半稳定—较稳定构造环境下的滨、浅海相沉积建造（荆山群、粉子山群）。古元古代晚期，华北克拉通经历了一次挤压构造事件，导致了裂陷盆地的闭合和焊接，形成胶辽造山带，使荆山群和粉子山群发生大量褶皱和韧性剪切变形。此期形成的与以裂陷盆地大规模碎屑沉积和其后的变质事件为代表的铁、稀土、石墨、滑石、菱镁矿等古元古代特征性的矿产。

中元古代—新元古代时（1 800~541.0 Ma），山东陆块经历了与罗迪尼亚超大陆演化有联系的裂解与聚合过程。中元古代早期在陆块边缘的裂陷盆地中形成了一套碎屑岩-泥质岩沉积（五莲群及芝罘群），历经此后的变质及热事件，在五莲群中形成了稀土、红柱石、石墨等矿产；在胶南造山带形成了与新元古代超基性岩浆侵入作用有关的石棉、蛇纹岩（-镍）矿产，与超高压变质作用有关的榴辉岩型金红石、石榴子石、绿辉石矿，与岩浆作用有关的白云母、长石等矿产；展示了这个阶段山东陆块的成矿特点。

Part.2 The Precambrian minerogenetic series and their formationandevolution

Precambrian is an important metallogenic period in Shandong Province. Among 150 kinds of minerals already found in Shandong province, minerals formed during Precambrian accounted for about 25%. About 30% among 85 kinds of minerals with proven reserves formed during Precambrian. The BIF type iron deposit, talc, graphite, magnesite and other minerals occupies an important position in the economic development in Shandong province.

Precambrian geological evolution in Shandong province includes two stages as Middle Archean-Palaeoarchaean (Early Cambrian) and mesoproterozoic-Neoproterozoic. Its basement in Middle-Archaean-Proterozoic is a component part of North China Craton. It is composed of Jiaoliao micro block (Shandong part), Bolu micro block and Qianhuai micro block with the trend approximately of SE-NW sequentially arrayed. It formed the distribution characteristics of tectonic units as east and west differentiation. Crust transformed from immature continental crust to mature continental crust, collision and basal consolidation happened among different blocks, basement gradually consolidated, and cratonization happened.

In Mesoarchean (> 2800 Ma), two continental nucleus as Yishui and Tangjiazhuang occurred in Shandong province. In the initial stage of crust development, original crust was pulled apart and formed Yishui rock group and volcanic-sedimentary rock series in Tangjiazhuang rock group. In late Middle Archean period, arc-arc and arc-continent collision happed and formed T1 T2 (combination) sodium granite. In this regard, this area became a non-uniform and immature transitional crust, and the space was transformed into the continental margin environment. Because of strong tectonic magmatic activities in late period, reserved scale of Mesoarchean geological body was small, and metallogenic characteristics was not obvious.

Neoarchaean (2800~2500 Ma) is an important period for crustal growth. In early period, crust was stretching and thinning, mantle material was upwelling and formed komatiitic rocks and pillow basalt. It would make crust horizontal accretion, and Taishan group and Jiaodong group were formed. In middle and late periods, accompanying with subduction of ocean basin, a large number of TTG granite intruded and made the crust accreted. In late period, it transformed into continental island arc, in the end, accompanying with arc continent collision, micro blocks conjunction and crust accretion, strong metamorphism and deformation happened and formed high amphibolite facies metamorphic basement rocks--granitic greenstone body. Thus, first cratonization of Shandong landmass had been finished. In Neoarchean, banded iron formation, middle hydrothermal gold deposit and copper nickel sulfide deposit which had close relation with greenstone belt were main mineralization types in Neoarchean period in Shandong province. In addition, large scale magmatism and later transformation, Taishan jade and Taishan stone (ornamental) deposits hade been formed. In late period of Neoarchaean, a stable platform background developed in passive continental margin, so that the Lake Superior Type banded iron construction (Jining iron deposit) could be formed in late period. In late Paleoproterozoic, the passive continental edge developed into stable platform environment. It formed Lake Superior banded iron construction.

In the early stage of Proterozoic (2500 ~ 1800 Ma), the North China Craton have experienced a stretching-rupturing event of continental basement block, Jiaoliao rift basin was formed during this stage, and a set of littoral and neritic sedimentary formation (Jingshan group, Fenzishan group) under semi stable-more stable tectonic environment were formed in the North basin. In late Paleoproterozoic, North China Craton experienced a compressional tectonic event, which directly lead to the formation of Jiaoliao orogenic belt. Mineral deposits with Proterozoic ancient features, such as iron, rare earth, graphite, talc, magnesite which is represented by a large scale of clastic sediments in depression basin and later metamorphic events had been formed in this period.

In Mesoproterozoic-Neoproterozoic period (1800 ~ 541.0 Ma), Shandong landmass experienced a cracking and polymerization process which had close relation with the evolution of Rodinia super continent. In early period, a set of clastic rock and argillaceous rock (Wulian group and Zhifu group) were formed in crack depression basin in the margin of the Yangtze block. After experiencing modification and thermal event, rare earth, alusite, graphite and other minerals were formed in Wulian group. Asbestos and serpentinite minerals (nickel) which had close relation with new Proterozoic ultrabasic magma intrusion, eclogite type rutile, garnet, green pyroxene minerals which had close relation with ultrahigh pressure metamorphism, muscovite, feldspar and other minerals which had close relation with magmatism in Jiaonan orogenic belt had been formed.

第四章 山东前寒武纪矿床成矿系列综述

第一节 前寒武纪成矿地质背景与地壳演化 …… 70
一、太古宙活动大陆边缘成矿作用 …… 70
二、古元古代活动带成矿作用 …… 71
三、中元古代陆内裂谷成矿作用 …… 71
四、新元古代造山带成矿作用 …… 71
第二节 前寒武纪矿产区域分布特征 …… 72
一、矿床的时间分布 …… 72
二、矿床的空间分布 …… 73
第三节 前寒武纪矿床成矿系列划分 …… 74
一、新太古代矿床成矿系列 …… 74
二、古元古代矿床成矿系列 …… 78
三、中元古代矿床成矿系列 …… 80
四、新元古代矿床成矿系列 …… 80

第一节 前寒武纪成矿地质背景与地壳演化

一、太古宙活动大陆边缘成矿作用

山东陆块中太古代—古元古代基底属华北克拉通基底的组成部分，由胶辽微陆块、渤鲁微陆块和迁-怀微陆块3部分组成，三者大致由南东向北西依次排列，即胶辽微陆块（山东部分）、渤鲁微陆块、迁-怀微陆块，构成了以东西分异为主的大地构造单元展布特点。地壳演化的主要特点是，由不成熟陆壳向成熟陆壳转化及各微陆块之间（包括与华北克拉通其他微陆块之间）的碰撞拼合，基底固结并逐渐克拉通化。

中太古代时（>2.8 Ga），山东存在沂水和唐家庄2个古陆核。地壳初始发展阶段，原始地壳拉张，形成沂水岩群和唐家庄岩群2个火山沉积岩组合，其中有较多的富集大离子亲石元素的富铁拉斑玄武质基性火山岩，指示当时的大地构造环境类似于现代岛弧环境。中太古代末发生弧-弧或弧-陆碰撞，形成 T_1T_2 型（组合）钠质花岗岩，从而在本区形成一个非均匀的古老基底地壳，表现为不成熟的过渡型地壳，大地构造环境转化为大陆边缘环境。由于后期强烈的构造岩浆改造，中太古代地质体保留的规模较小，成矿特征不明显。

新太古代是重要的地壳增生期。新太古代初（2.8~2.7 Ga）地壳拉张减薄，地幔物质上涌，形成科马提岩和枕状玄武岩，使地壳横向增生。泰山岩群底部的超镁铁质岩属于低钛的橄榄质科马提岩，镁铁质岩属于富铁拉斑玄武岩。泰山岩群下部保留完好的具鬣刺构造的科马提岩和广泛的具枕状构造的玄武岩，指示新太古代初鲁西地区处于与地幔柱相关的大洋高原构造环境。新太古代中后期（2.7~2.56 Ga），随着洋盆消减，发生大规模的（部分）熔融作用，大量TTG花岗岩类侵位，使地壳大幅度垂向增生，出现洋内岛弧，形成山东境内最早期的TTG花岗岩系——蒙山片麻岩套和栖霞片麻岩套；新太古代晚期，转化为大陆化岛弧，在泰山地区形成第二期TTG花岗岩系（峄山花岗岩）；新太古代末，鲁西岛弧与西侧陆块发生拼贴、碰撞，发育了大量代表活动构造环境的大陆边缘花岗岩（傲徕山花岗岩、四海山花岗岩），代表成熟陆壳形成。新太古代晚期的泰山岩群中上部岩石组合和胶东岩群均显示了岛弧和活动大陆边缘环境特点，末期的济宁群则具有明显的活动大陆边缘特征。说明新太古代经历了从不成熟洋内岛弧向半成熟的大陆化岛弧和活动大陆边缘转化的演化过程。新太古代末伴随弧陆碰撞、微陆块拼合、地壳增生，发生了强烈的变质变形作用，形成了高角闪岩相变质的基底岩系——花岗-绿岩地体，完成了山东陆块基底第一次克拉通化。

与绿岩带有关的条带状铁建造、中低温热液金矿和铜镍硫化物矿床是新太古代的主要成矿类型，其成矿特征与现代环太平洋成矿带相似，受活动大陆边缘岛弧、边缘盆地和地体拼贴作用控制。阿尔戈玛型条带状铁建造广泛分布于泰山岩群中下部，反映了低氧的大气圈和高的铁丰度，火山活动喷发的气体是其物源，由于洋底喷发的热液作用导致火山成因块状硫化物硫铁矿的形成。在岩浆混染和岩浆混合条件下，提供了镍、铜、铁硫化物的不混溶分离，形成岩浆熔离型铜镍矿、钛磁铁矿。大规模岩浆活动及后期的改造作用，形成了泰山玉石、泰山石（观赏石）和花岗石（饰面石材）等矿床。来自变质作用或造山晚期岩浆作用的热液流体，在主要构造带汇聚，导致造山带型金矿形成。新太古代末，被动大陆边缘发育成了稳定的台地背景，使后期的苏比利尔湖型条带状铁建造（济宁群中的铁矿床）得以形成。

二、古元古代活动带成矿作用

古元古代的主要特点是，在鲁东地区发育了一套半稳定—较稳定构造环境下的滨、浅海相沉积建造。古元古代早期（2.4～2.1 Ga），华北克拉通经历了一次基底陆块的拉伸-破裂事件（翟明国，2010），产生了胶辽裂陷盆地。鲁东盆地边部构造活动较活跃，形成了含较多火山物质的粉子山群底部沉积岩系；盆地内大部分地区处于半稳定—稳定环境，形成长英质细碎屑岩、黏土质风化产物及钙镁质碳酸盐化学沉积的混杂沉积建造。古元古代晚期（2.1～1.9 Ga），华北克拉通经历了一次挤压构造事件，导致了裂陷盆地的闭合和焊接，形成胶辽活动带，或称造山带。鲁东古元古代地层发生强烈变形，发生大量褶皱和韧性剪切变形构造。古元古代活动带的演化，以末期伟晶岩脉的形成为标志而告结束（翟明国，2010）。

与以裂陷盆地大规模碎屑沉积和其后的变质事件为代表的古元古代活动带有关的石墨、滑石、菱镁矿，以及透辉石、石英岩（玻璃用）、红柱石（蓝晶石）等矿产是古元古代的主要成矿类型。另外，在盆地发育的早期有条带状铁建造和基性岩浆熔离型铁矿、磷灰石（低品位）矿形成；在古元古代构造活动带的末期有伟晶岩型稀土矿、电气石矿形成。

三、中元古代陆内裂谷成矿作用

中元古代—新元古代时，山东陆块北（鲁西和鲁东北地区）属华北克拉通、南（鲁东南地区）为大别-苏鲁造山带，构造单元展布呈现南北分异特点，地壳经历了与罗迪尼亚超大陆演化有联系的裂解与聚合过程。

中元古代时，山东陆块出现两次裂解事件，相应的产生非造山岩浆活动。第一次裂解事件发生于中元古代初期（1.84～1.72 Ga），主要标志是鲁西第一期基性岩墙群的形成；第二次裂解事件发生于中元古代晚期（1.20～1.05 Ga），主要标志是海阳所幔源岩浆杂岩和鲁西第二期基性岩墙群的形成。鲁西基性岩墙属亚碱性玄武岩和玄武安山岩系列，具弧火山和 MORB 双重地球化学属性，是古元古代弧-陆碰撞后伸展作用的结果；海阳所幔源岩浆杂岩具有裂谷岩浆组合的特点（宋明春等，2009）。

中元古代末，经历了广阔的幕式造山活动（格陵威尔造山带）导致了最终罗迪尼亚超大陆的聚集，虽然造山对山东陆块有影响，但很明显它对成矿的贡献不大。与之相反，非造山岩浆作用为一些矿床提供了赋矿岩石，在鲁西的基性岩墙中有岩浆型铁、钛（钛铁矿）矿化，在鲁东海阳所序列中有与基性-超基性岩有关的蛇纹岩矿床，五莲群中有与孔兹岩系沉积变质建造有关的红柱石、石墨、稀土、透辉石、石英岩（玻璃用）、硅灰石、大理岩（水泥用）等矿床。

四、新元古代造山带成矿作用

新元古代的地质事件是与罗迪尼亚超大陆聚合有关的陆-陆碰撞作用，形成了一条规模巨大的岩浆活动带、构造活动带和古地震活动带。新元古代早中期（0.9～0.73 Ga），以出现同碰撞的 S 型和 I 型花岗岩为特征，形成雄伟的碰撞造山带，在造山带北西侧——华北陆块南缘产生具前陆盆地性质的沂沭盆地。新元古代晚期（震旦纪）华北陆块与扬子陆块之间的挤压碰撞结束，地壳开始伸展减薄，形成产于造山后伸展环境的A型花岗岩和具后继盆地性质的蓬莱盆地及具上叠盆地性质的石桥盆地,并伴随有强烈的地震活动。岚山头A型花岗岩的出现指示苏鲁造山带构造体制从碰撞造山转向伸展塌陷,这与罗迪尼亚超大陆于750 Ma开始裂解是一致的。

新元古代虽然与造山运动有关的岩浆活动非常强烈,但造山型矿床尚未发现。发育在胶南造山带内的石棉、蛇纹岩(-镍),受控于新元古代梭罗树基性-超基性岩浆活动;榴辉岩型金红石矿、石榴子石矿、绿辉石矿显然是与后期叠加的超高压变质作用有关,赋存于南华纪—震旦纪蓬莱群中的水泥灰岩矿则是后继盆地中的沉积产物。

第二节 前寒武纪矿产区域分布特征

一、矿床的时间分布

(一)新太古代形成的矿床

山东省新太古代的主要物质组成是花岗-绿岩带,包括鲁西的泰山花岗-绿岩带和鲁东的栖霞花岗-绿岩带,相应的形成了一系列与花岗-绿岩建造有关的矿床,主要发育在鲁西地区。

铁矿是山东省新太古代最重要的矿产资源,也是华北BIF铁矿的重要组成部分,多数铁矿床产在新太古代早-中期绿岩带中。韩旺式铁矿是与泰山岩群雁翎关组、柳杭组角闪质岩石有关的变质火山沉积型磁铁矿矿床,雁翎关组斜长角闪岩Sm-Nd同位素年龄为2 651 Ma,2 684 Ma❶;雁翎关组中“花岗质砾石”的锆石SHRIMP年龄为(2 632±18)Ma(杨恩秀等,2008),新泰市雁翎关村北雁翎关组下部角闪变粒岩岩浆结晶锆石SHRIMP U-Pb年龄值(2 747±7)Ma(王世进等,2009)。苍峄式铁矿是与泰山岩群山草峪组变粒岩、斜长片麻岩有关的沉积变质型磁铁矿矿床,山草峪组锆石U-Pb同位素年龄为2 773 Ma和(2 671.13±15/16)Ma,锆石Pb-Pb同位素年龄为2 498 Ma,在新泰市二涝峪村南和村西山草峪组中,分别测得黑云变粒岩碎屑锆石SHRIMP U-Pb年龄为(2 572±16)Ma和(2 544±6)Ma。济宁式铁矿是与济宁群千枚岩、凝灰质千枚岩、变质泥砂岩有关的沉积变质型磁铁矿矿床,济宁群千枚岩和变质酸性火山岩锆石SHRIMP同位素年龄为(2.56±0.02)Ga,(2.61±0.01)Ga,(2 522±7)Ma(王伟等,2010;焦秀美等,2012)。肖家沟式钛铁矿是与南涝坡序列辉石角闪石岩有关的钛磁铁矿矿床,南涝坡序列变辉长岩中的锆石U-Pb的同位素年龄为2 626.4~2 523 Ma(宋明春等,2009)。上述同位素年龄即是铁矿赋矿地层的形成时代,也指示了铁矿物质来源的年龄。可见,鲁西新太古代铁矿成矿物质来源于2个时期,一是新太古代早-中期,二是新太古代晚期。

新太古代是山东金矿最早的一个成矿期,赋存于绿岩带中和TTG花岗岩中。新泰地区产于韧性剪切带中的糜棱岩型金矿赋存于柳杭组绿岩带内,产于剪切带扩容构造部位的石英脉型金矿赋存于雁翎关组绿岩带内(高长亮等,2000)。这种金矿的形成时代尚无确切数据,多数人认为其可能是与地层同时形成的绿岩带型金矿。

此外,还有赋存于新太古代中期细粒角闪辉长岩中的岩浆熔离型铜镍矿(含铂钯),产于新太古代早期含磁黄铁矿、黄铁矿的基性火山-沉积建造中的硫铁矿,产于新太古代中-晚期超镁铁岩中的泰山玉石矿,产于新太古代早-中期泰山片麻岩套中的泰山石矿(观赏石),产于新太古代末期四海山花岗岩中的花岗石矿(饰面石材)。

---

❶ 1:20万泰安幅及新泰幅区调资料,1991年。

（二）古元古代形成的矿床

山东古元古代的主要特点是，在鲁东地区发育了一套半稳定-较稳定环境下的滨、浅海相沉积建造——荆山群、粉子山群。相应的形成沉积变质型铁矿、石墨、菱镁矿、滑石，以及透辉石、石英岩（玻璃用）等矿产，构成山东陆块前寒武纪一次十分重要的、大规模成矿期。

沉积变质型铁矿主要赋存于粉子山群底部小宋组的中部，小宋组的锆石 U-Pb 同位素年龄为 2 634 Ma和 2 429 Ma，形成于古元古代早期。晶质石墨矿主要赋存于荆山群陡崖组徐村石墨岩系段中，部分石墨矿中伴生金红石矿。菱镁矿赋存于粉子山群张格庄组三段中。滑石赋存于粉子山群张格庄组三段和荆山群野头组定国寺大理岩段中。石英砂岩（玻璃用）见于粉子山群小宋组下部、祝家夼组下部和上部及张格庄组中下部。透辉岩见于荆山群野头组和粉子山群巨屯组。另外，在荆山群野头组和粉子山群张格庄组中产有大理岩（水泥用、饰面石材用）大理石。

与岩浆岩有关的矿床主要有，与莱州序列角闪石岩有关的磷灰石矿和岩浆熔离型铁矿；与伟晶岩有关的稀土矿、电气石矿。

（三）中元古代—新元古代形成的矿床

中元古代—新元古代形成的矿床规模较小，分布零散。中元古代矿床主要有：与五莲群孔兹岩系沉积变质建造有关的红柱石、石墨、透辉石、石英岩（玻璃用）、硅灰石、大理岩（水泥用）等矿床。新元古代矿床主要有：与梭罗树序列超基性岩有关的蛇纹岩矿、石棉矿；与高压、超高压变质有关的榴辉岩型金红石矿、石榴子石矿、绿辉石矿；赋存于震旦纪蓬莱群香夼组中的水泥灰岩矿。

二、矿床的空间分布

早前寒武纪矿床成矿专属性非常明显，不同矿种受控于不同的岩层或岩性，因此矿床的分布与成矿地质体的分布密切相关。不同地域、不同构造环境、不同构造单元的地质体组成不同，相应的出现不同的矿床组合，甚至形成各具特色的成矿区带。

（一）新太古代矿床空间分布

铁矿主要分布于鲁西隆起区，部分在沂沭断裂带附近分布，胶北隆起区有零星分布。铁矿床多沿赋矿地层集中成带分布，主要有 5 条铁矿成矿带：① 分布于枣庄至苍山之间的苍峄铁矿带；② 分布于济宁至聊城之间的济宁-东平-东阿铁矿带；③ 分布于山东西南部的单县-曹县铁矿带；④ 分布于沂南至沂源一带的沂山-鲁山铁矿带；⑤ 分布于沂沭断裂北段东侧的莱州-安丘铁矿带。

金矿主要分布于鲁西隆起新泰—蒙阴一带，沂沭断裂带内的沂南—沂水地区也有与绿岩带有关的金矿分布。

铜镍矿仅分布于鲁西隆起的济南市历城区桃科及济宁市泗水巨龙山附近变辉长岩出露区。钛磁铁矿则分布于沂沭断裂带中段沂水—莒县一带的角闪石岩出露区。

泰山玉、泰山石（观赏石）矿主要分布于泰安市北部、西部的泰山凸起中。

电气石矿主要分布于鲁西隆起邹城凸起北部，在徂徕山凸起也可见之。

（二）古元古代矿床空间分布

石墨、菱镁矿、滑石、透辉石、石英砂岩（玻璃用）、大理岩（水泥用）等矿产赋存于胶北隆起荆山群、粉子山群分布区。石墨矿主要分布于胶北隆起南部平度、莱西、莱阳一带，此外在苏鲁造山带的牟平、文登、乳山、胶南等地也有零星分布。菱镁矿集中分布于胶北隆起西部莱州粉子山—过埠山—优游山一带，在蓬莱山后李家、平度芝坊、海阳徐家店等地见有菱镁矿化。滑石矿、透辉石矿零星分布于胶北隆起周边莱州、平度、栖霞、海阳等地，在蓬莱、福山也有分布，石英岩(玻璃用)主要分布于胶北隆起西南缘的昌邑、平度地区，在胶南隆起中南部莒南一带也有分布。大理岩分布于胶北隆起周缘的栖霞与福山交界处、莱阳、莱州南等地。磷灰石矿零星见于胶北隆起中部莱州、栖霞等地。

(三) 中元古代—新元古代矿床空间分布

中元古代—新元古代地质体主要分布于大别-苏鲁造山带和沂沭断裂带附近，相应的矿产资源主要沿这二个构造单元分布。与中元古代(四堡期)孔兹岩系沉积变质建造有关的红柱石、石墨、透辉石、石英岩(玻璃用)、硅灰石、大理岩(水泥用)等矿床成矿系列主要分布于胶南隆起北缘的五莲小庄、南窑沟、坤山一带；与新元古代基性-超基性岩浆侵入作用有关的石棉、蛇纹岩(-镍)矿床成矿系列主要分布于造山带内部的日照梭罗树和相家庄、五莲镇头；与新元古代青白口纪(晋宁期)超高压变质作用有关的榴辉岩型金红石、石榴子石、绿辉石矿床成矿系列主要分布于超高压变质带中的莒南、岚山、诸城等地；与新元古代青白口纪—震旦纪沉积作用有关的石灰岩(水泥用)、石英砂岩(水泥用)、砚石等(观赏石)及海绿石矿床成矿系列主要分布于沂沭断裂带附近的苍山、沂南、莒县、安丘和蓬莱等县市；与新元古代震旦期岩浆作用有关的白云母、长石矿床成矿系列主要分布于诸城桃行、荒山口一带。

第三节 前寒武纪矿床成矿系列划分

一、新太古代矿床成矿系列

新太古代是重要的地壳增生期，这期间山东的地壳演化大致可划分为2个阶段。一是地壳拉张和洋盆形成阶段：新太古代早期地壳拉张减薄，地幔物质上涌，形成了以科马提岩和枕状玄武岩为特征的泰山岩群，地壳横向增生。二是洋盆消减及岛弧形成阶段：随着洋盆消减，陆块汇聚碰撞，发生大规模的(部分)熔融作用，大量TTG花岗岩类岩浆侵位，使地壳大幅度垂向增生。伴随这一地壳演化过程，形成了以条带状铁矿床为代表的丰富的矿产资源，构成与前寒武纪超大陆增生碰撞汇聚有关的矿床成矿系列组合。可分为4个成矿系列，即：① 鲁西地块与新太古代早-中期火山-沉积变质作用有关的铁、金、硫铁矿矿床成矿系列；② 鲁西地块与新太古代中-晚期超基性岩浆作用有关的玉石-蛇纹岩(含镍矿化)、钛铁、铜镍(-铂族)矿床成矿系列；③ 鲁西地块与新太古代晚期岩浆作用有关的铌钽、电气石、绿柱宝石、长石矿床成矿系列；④ 济宁微地块与新太古代晚期沉积变质作用有关的铁矿床成矿系列(表4-1)。

(一) 鲁西地块与新太古代早-中期火山-沉积变质作用有关的铁、金、硫铁矿矿床成矿系列

1. 鲁西地块与新太古代早-中期角闪岩相火山-沉积变质作用有关的条带状铁矿床成矿亚系列

铁矿床为变质硅铁建造铁矿床，分为与角闪质岩石有关的变质火山沉积条带状角闪石型磁铁矿建造和与变粒岩有关的变质沉积条带状石英磁铁矿建造2种类型，典型矿床分别为沂源韩旺铁矿床(韩旺式)和枣庄苍峄铁矿床(苍峄式)。赋矿层位分别为泰山岩群雁翎关组和山草峪组。

韩旺式和苍峄式铁矿是华北克拉通典型的条带状铁建造，形成于前寒武纪的海相化学沉积岩，当铁含量达到工业品位时就成为BIF铁矿床。国际上将条带状铁建造大致分两类，即阿尔果马型和苏必利尔湖型(Gross,1980)。阿尔果马型主要产在太古宙绿岩带中，与海底火山作用密切相关，大多发育在由基性火山岩向酸性火山岩或沉积岩过渡部位，主要矿体形成于火山喷发的宁静期；苏必利尔湖型与正常沉积的细碎屑岩-碳酸盐岩共生，通常发育在被动大陆边缘或稳定克拉通盆地的浅海沉积环境，规模更为巨大，与火山作用没有直接联系。一些学者从板块构造观点，认为阿尔果马型铁矿形成于火山活动区的岛弧和大洋中脊环境，而苏必利尔湖型铁矿形成于远离火山活动区的近陆一侧或被动大陆边缘(图4-1)。

表 4-1　山东前寒武纪矿床成矿系列表

成矿旋回			成矿系列名称		主要成矿地质作用	含矿建造(岩系)	产出构造部位	成因类型	矿床式	代表矿床
新元古代	震旦纪	震旦期—晋宁期	胶南-威海地块与新元古代超高压变质作用有关的榴辉岩型金红石-石榴子石-绿辉石矿床成矿系列		变质作用	花岗质岩系中榴辉岩	胶南-威海地块	超高压变质型	官山式(榴辉岩)	日照官山榴辉岩矿床
新元古代	震旦纪	震旦期—晋宁期	胶南地块与新元古代岩浆作用有关的白云母、长石矿床成矿系列		岩浆作用	胶南隆起北缘新元古代伟晶岩带	胶南地块北缘	伟晶岩型	桃行式(白云母-长石)	诸城桃行白云母-长石矿床
新元古代	南华纪—青白口纪	震旦期—晋宁期	胶北地块与新元古代震旦纪沉积作用有关的石灰岩(水泥用)、观赏石矿床成矿系列		浅海相沉积作用	浅海碳酸盐岩-碎屑岩沉积——蓬莱群	胶北地块	沉积型	燕地式(石灰岩)	栖霞油家泊燕地石灰岩矿床 蓬莱南庄千枚岩质造型石、砣矶砚石矿
新元古代	南华纪—青白口纪	震旦期—晋宁期	鲁西地块与新元古代青白口纪-震旦纪沉积作用有关的石灰岩(水泥用)、石英砂岩(水泥用)、观赏石矿床成矿系列		浅海相沉积作用	浅海碳酸盐岩-碎屑岩沉积——土门群	鲁中地块东及南缘	沉积型		苍山石门石英砂岩矿,莒县浮莱山、黑山关等地砚石、石灰岩等矿
新元古代	南华纪—青白口纪	震旦期—晋宁期	胶南地块与新元古代超基性岩浆侵入作用有关的石棉、蛇纹岩(-镍)矿床成矿系列		岩浆及热液作用	变辉石橄榄岩——梭罗树序列	胶南地块	岩浆型	梭罗树式(石棉矿-蛇纹岩)	日照梭罗树石棉-蛇纹岩矿床
中元古代	蓟县纪—长城纪	四堡期	胶南地块与中元古代沉积变质建造(孔兹岩系)有关的红柱石、石墨、稀土、透辉石、石英岩(玻璃用)、硅灰石、大理岩(水泥用)矿床成矿系列		沉积变质作用	孔兹岩系建造——五莲群	胶南地块	沉积变质型	小庄子式(红柱石) 大珠子式(稀土矿)	五莲小庄红柱石矿床 五莲大珠子稀土矿床 (五莲南窑沟石墨矿) (五莲大理岩、硅灰石矿) (五莲白云洞玻璃用石英岩矿)
古元古代	滹沱纪	吕梁期	鲁东地块与古元古代晚期基性-超基性岩浆作用有关的铁、磷矿床成矿系列		岩浆熔离作用	基性-超基性岩(角闪石岩、变辉长岩)——莱州序列	胶北地块	岩浆熔离-岩浆交代型	彭家疃(矾山)式(磷) 祥山式(铁)	莱州彭家疃磷矿 牟平祥山、平度于埠铁矿床
古元古代	滹沱纪	吕梁期	鲁东地块与古元古代晚期沉积变质建造(孔兹岩系)有关的铁、稀土、石墨、滑石、菱镁矿、石英岩(玻璃用)、透辉石、白云石大理岩(熔剂用等)、大理岩(饰面、水泥用)矿床成矿系列	胶北地块与古元古代(?)伟晶岩化作用有关的稀土矿床成矿亚系列	沉积变质-伟晶岩化	荆山群内花岗伟晶岩化碎裂岩系	胶北地块	变质-伟晶岩(化)型	塔埠头式(稀土)	莱西塔埠头稀土矿床
古元古代	滹沱纪	吕梁期	鲁东地块与古元古代晚期沉积变质建造(孔兹岩系)有关的铁、稀土、石墨、滑石、菱镁矿、石英岩(玻璃用)、透辉石、白云石大理岩(熔剂用等)、大理岩(饰面、水泥用)矿床成矿系列	胶北地块与古元古代高角闪岩-麻粒岩相变质含碳质变粒岩-片麻岩建造(荆山群陡崖组)有关的石墨(含金红石)矿床成矿亚系列	"基底型"区域沉积变质	孔兹岩系建造——荆山群陡崖组	胶北地块	角闪-麻粒岩相沉积变质型	南墅式(石墨)	莱西南墅石墨矿床
古元古代	滹沱纪	吕梁期	鲁东地块与古元古代晚期沉积变质建造(孔兹岩系)有关的铁、稀土、石墨、滑石、菱镁矿、石英岩(玻璃用)、透辉石、白云石大理岩(熔剂用等)、大理岩(饰面、水泥用)矿床成矿系列	胶北地块与古元古代低-中变质相变质富镁质碳酸盐岩建造有关的滑石、菱镁矿(-绿冻石)、白云石大理岩(熔剂用等)、大理岩(饰面、水泥用)矿床成矿亚系列	区域沉积变质及变质-热液交代	孔兹岩系中富镁碳酸盐岩建造——荆山群野头组、粉子山群张格庄组	胶北地块南部及北部("栖霞复背斜两翼")	区域沉积变质-热液交代型沉积变质型	李博士夼式(滑石) 粉子山式(菱镁矿)	栖霞李博士夼滑石矿床 莱州粉子山菱镁(-绿冻石)矿床 (海阳及莱州大理石矿床)
古元古代	滹沱纪	吕梁期	鲁东地块与古元古代晚期沉积变质建造(孔兹岩系)有关的铁、稀土、石墨、滑石、菱镁矿、石英岩(玻璃用)、透辉石、白云石大理岩(熔剂用等)、大理岩(饰面、水泥用)矿床成矿系列	胶北地块与古元古代角闪岩相-麻粒岩相变质钙镁硅酸盐建造(荆山群野头组)及绿片岩相-角闪岩相硅质富镁质碳酸盐岩建造(粉子山群巨屯组)有关的透辉石矿床成矿亚系列	浅海相沉积变质	孔兹岩系中富镁碳酸盐岩及钙镁硅酸盐岩建造——荆山群野头组、粉子山群巨屯组	胶北地块南部及北部("栖霞复背斜两翼")	沉积变质型	长乐式(透辉石)	平度长乐透辉石矿床 福山老官庄透辉石矿床
古元古代	滹沱纪	吕梁期	鲁东地块与古元古代晚期沉积变质建造(孔兹岩系)有关的铁、稀土、石墨、滑石、菱镁矿、石英岩(玻璃用)、透辉石、白云石大理岩(熔剂用等)、大理岩(饰面、水泥用)矿床成矿系列	胶北地块与古元古代硅质岩-含铁质硅质岩建造(粉子山群小宋组)有关的铁、石英岩矿床成矿亚系列	浅海相沉积变质	孔兹岩系中硅质碎屑岩建造——粉子山群小宋组	胶北地块西南缘	沉积变质型	莲花山式(铁)	昌邑莲花山铁矿床 昌邑山阳石英岩矿床

续表

成矿旋回		成矿系列名称		主要成矿地质作用	含矿建造(岩系)	产出构造部位	成因类型	矿床式	代表矿床
新太古代	五台期—阜平期	济宁微地块与新太古代晚期沉积变质作用有关的铁矿床成矿系列		火山-沉积变质	新太古代晚期含铁火山-沉积变质岩系——济宁岩群	鲁中地块西南部	沉积变质(苏必利尔湖)型	济宁式(铁)	济宁颜店铁矿床
		鲁西地块与新太古代晚期岩浆作用有关的铌钽、电气石、绿柱(宝)石、长石矿床成矿系列		岩浆侵入分异(花岗伟晶岩)	新太古代变质变形侵入岩及变质地层(泰山岩群)	鲁中地块	岩浆分异及热液充填型	石棚式(铌钽-电气石矿-长石)	新泰石棚铌钽-长石矿床(邹城下连家电气石及新泰黄花岭绿柱石矿等)
		鲁西地块与新太古代中-晚期基性-超基性岩浆作用有关的玉石-蛇纹岩(含镍)、钛铁、铜镍(-铂族)矿床成矿系列		岩浆侵入、熔离及热液蚀变	新太古代中-晚期变质基性-超基性岩组合——黄前-南涝坡序列	鲁中地块	岩浆熔离型 岩浆热液蚀变型 岩浆型	桃科式(铜镍) 玉石-蛇纹岩 肖家沟式(钛铁矿)	历城桃科铜-镍矿床 长清界首玉石-蛇纹岩矿床 莒县肖家沟钛铁矿床
		鲁西地块与新太古代早-中期火山-沉积变质作用有关的铁、金、硫铁矿矿床成矿系列	鲁中地块与新太古代绿岩带中有关的变质热液型金、硫铁矿矿床成矿亚系列	火山-沉积及热液交代	新太古代早-中期变质岩系	鲁中地块	变质热液绿岩带型	化马湾式(金) 石河庄式(硫铁矿)	泰安化马湾金矿床 新泰石河庄硫铁矿床
			鲁西地块与新太古代早-中期角闪岩相火山-沉积变质作用有关的条带状铁矿床成矿亚系列	火山-沉积变质	新太古代早-中期含铁火山-沉积变质岩系——泰山岩群雁翎关组、山草峪组	鲁西地块	火山-沉积(阿尔果马)型	苍峄式(铁) 韩旺式(铁)	苍峄铁矿床 沂源韩旺铁矿床

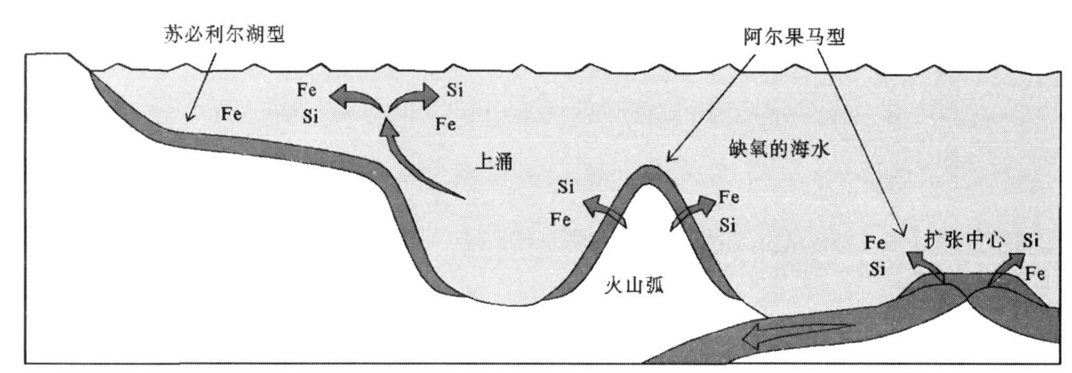

图 4-1 BIF 铁矿的板块构造成因模式

(转引自张连昌等,2012)

实际上一些铁矿的形成环境具有弧后盆地性质,这就为过渡型 BIF 铁矿的形成提供了条件(张连昌等,2012)。

韩旺式和苍峄式铁矿属阿尔果马型铁矿,火山活动间歇期成矿。矿床成因涉及物质来源和成矿机制问题。对于 BIF 铁矿 Fe 和 Si 的物质来源,目前有陆壳风化对海洋供给和海底火山喷发后热液活动两种主流的观点,而近年来越来越多的地球化学证据支持成矿物质主要来自深海热液(张连昌等,2012)。对含铁流体运移、沉淀形成 BIF 矿的机制主要有上升洋流和海底喷流两种认识:① 上升洋流模式:深部富 Fe^{2+} 的海水上涌到大陆边缘浅海盆地和陆棚时,Fe^{2+} 在缺氧水体与上部氧化层界面附近氧化成 Fe^{3+},大量沉淀形成含铁建造;② 海底喷流模式:下伏岩浆房加热新形成的镁铁质-超镁铁质洋壳,海水对流循环从新生洋壳中淋滤出 Fe 和 Si 等元素,在海底减压排泄成矿,成矿流体的脉动式喷发导致形成条带状构造(张连昌等,2012)。

(1) 原始成矿作用

华北陆块内新太古代一系列 BIF 铁矿可能形成于 2.5 Ga 前的诸多块体拼贴环境。泰山岩群雁翎关岩组下部拉斑玄武岩-科马提岩组合的发育，指示了与地幔柱相关的大洋高原背景（宋明春等，2009）。说明铁矿可能形成于深部有地幔柱发育的岛弧环境，镁铁质新生洋壳形成后，由下伏岩浆房加热，海水对流循环并从新生洋壳中淋滤出铁和硅等元素，然后在海底减压排泄成矿。

（2）后期改造作用

BIF 铁矿沉积后，受到后期强烈构造-热液改造叠加，矿体形态以似层状、透镜状为主，向斜构造是矿体富集保存的最佳构造模式（图 4-2），接近向斜核部矿体厚度增大，品位也有增高趋势。

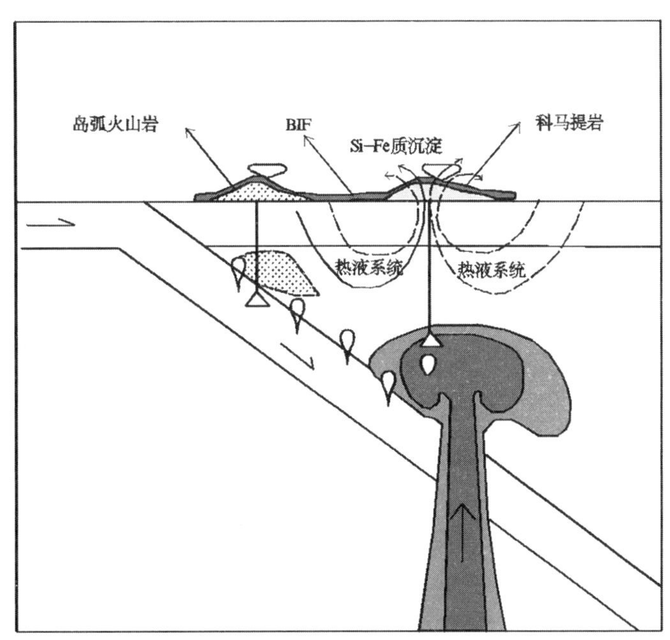

图 4-2　鲁西 BIF 铁矿成矿构造模式
（参照陈亮等，2007）

2. 鲁中地块与新太古代绿岩带中有关的变质热液型金、硫铁矿矿床成矿亚系列

金矿的赋矿层位主要为泰山岩群柳杭组，次为雁翎关组，含矿地层的原岩为一套凝灰-泥砂质碎屑沉积岩系，岩层受到强烈的韧性剪切作用改造，典型矿床为泰安化马湾式金矿，故称“化马湾式”。泰山岩群火山沉积岩系为金矿成矿的矿源岩系，韧性剪切带是金矿赋存的有利空间，变质热液活动为金矿富集提供了有利条件。

硫铁矿的赋矿层位为泰山岩群雁翎关组，含矿地层原岩为一套海底喷发的基性-超基性火山熔岩，经受热液交代及区域变质作用影响，形成热液交代充填型硫铁矿。典型矿床为新泰石河庄硫铁矿，故称“石河庄式”。

（二）鲁西地块与新太古代中-晚期基性-超基性岩浆作用有关的玉石-蛇纹岩（含镍矿化）、钛铁、铜镍（-铂族）矿床成矿系列

鲁西地块与新太古代中期超基性岩浆作用有关的玉石-蛇纹岩（含镍矿化）矿床，分布在济南市与泰安市交界处一带的南涝坡基性-超基性岩组合中，这种矿床是由于超镁铁质岩中的橄榄石、辉石等矿物经热液蚀变转变为蛇纹石、透闪石等新生矿物而形成。典型矿床为济南长清界首玉石-蛇纹岩矿。

鲁西地块与新太古代晚期超基性岩浆作用有关的钛铁矿床，产于南涝坡基性-超基性组合中，辉石角闪石岩为成矿母岩。岩体包于傲徕山花岗岩中，全岩矿化，岩体即是矿体，典型矿床为莒县肖家沟式

钛铁矿。矿床成因为岩浆晚期分异型钛、铁矿床。

鲁西地块与新太古代晚期超基性岩浆作用有关的铜镍(-铂族)矿床,产于南涝坡基性-超基性岩组合中,基性岩体(辉长岩)即为成矿母岩。岩体侵入太古宙地质体中或在TTG花岗岩中呈包体产出,经历了低角闪岩相变质作用改造。岩体受区域构造控制,多沿褶皱核部或断裂侵入,呈脉状、透镜状、岩盘状、岩株状产出,规模不大,常成群分布。矿体严格受岩体控制,典型矿床为济南历城桃科铜镍矿,故称"桃科式"。岩浆结晶过程中的熔离作用是含铜、镍、铂、钯矿物从岩浆中分离、结晶的主要原因。

(三) 鲁西地块与新太古代晚期岩浆作用有关的铌钽、电气石、绿柱(宝)石、长石矿床成矿系列

该系列矿床分布于新太古代晚期的伟晶岩脉、石英脉中,成因类型为热液充填型,典型矿床有新泰石棚(石棚式)铌钽矿、长石矿,新泰任家庄-雁翎关电气石矿,新泰黄花峪绿柱石矿等。

(四) 济宁微地块与新太古代晚期沉积变质作用有关的铁矿床成矿系列

该系列矿床赋存于济宁群中,包括与化学沉积有关的条带状方解磁铁石英岩含矿建造和与泥质沉积有关的千枚岩含矿建造2种类型。矿床主要赋存于济宁群中上部的颜店组和洪福寺组中,典型矿床为济宁颜店铁矿(故称"济宁式")。铁矿的成矿物质由火山喷发提供,条带状方解磁铁石英岩含矿建造形成于化学沉积环境,千枚岩含矿建造形成于碎屑沉积环境,后期的变质作用造成有用物质富集,铁矿成因总体为沉积变质型,大致相当于苏必利尔湖型。

二、古元古代矿床成矿系列

山东省大陆地壳于古元古代发生裂解,出现裂陷盆地,形成了类孔兹岩系岩石组合。古元古代晚期,裂陷盆地闭合,地层发生强烈变形。这一阶段形成的矿产资源以与古元古代裂陷盆地及其后的变质作用有关的变质矿床为特色,构成了与前寒武纪超大陆裂解离散作用有关的矿床成矿系列组合。划分为2个成矿系列:① 鲁东地块与古元古代晚期沉积变质建造(孔兹岩系)有关的铁、稀土、石墨、滑石、菱镁矿、石英岩(玻璃用)、透辉石、白云石大理岩(熔剂用等)、大理岩(饰面、水泥用)矿床成矿系列,此成矿系列之下进一步划分为5个亚系列;② 鲁东地块与古元古代晚期基性-超基性岩浆作用有关的磷、铁矿床成矿系列(表4-1)。

(一) 鲁东地块与古元古代晚期沉积变质建造(孔兹岩系)有关的铁、稀土、石墨、滑石、菱镁矿、石英岩(玻璃用)、透辉石、白云石大理岩(熔剂用等)、大理岩(饰面、水泥用)矿床成矿系列

1. 胶北地块与古元古代硅质岩-含铁质硅质岩建造有关的铁、石英岩矿床成矿亚系列

该亚系列矿床主要赋存于粉子山群小宋组中,主要岩石组合为黑云变粒岩、斜长角闪岩、浅粒岩、长石石英岩夹磁铁(石榴)石英岩、磁铁浅粒岩,偶夹大理岩;其原岩为大陆边缘盆地中的成熟度较高的碎屑岩夹基性火山岩,底部发育泥质岩;遭受角闪岩相变质。该类型矿床主要分布于鲁东地区的昌邑—安丘一带及平度、莱西等地,成因类型为沉积变质型,典型矿床有昌邑莲花山(莲花山式)铁矿、昌邑东辛庄-搭连营铁矿、昌邑山阳石英岩矿等。

2. 胶北地块与古元古代角闪岩相-麻粒岩相变质钙镁硅酸盐建造及绿片岩相-角闪岩相硅质富镁质碳酸盐岩建造有关的透辉石矿床成矿亚系列

透辉岩矿主要产于胶北隆起内的荆山群野头组祥山段和粉子山群巨屯组下段中,这2套沉积变质

岩系原岩均形成于裂谷海盆环境。前者为钙质粉砂岩、泥岩-白云质杂砂岩沉积建造，变质程度以角闪岩相为主，少部分达到麻粒岩相，主要变质岩石组合为透辉岩、透辉变粒岩、斜长透闪透辉岩、黑云斜长片麻岩，代表性矿床有平度市长乐（长乐式）透辉石矿等；后者为含碳硅质白云质灰岩沉积建造，变质程度为绿片岩相-角闪岩相，主要变质岩石组合为石墨透闪岩、透闪片岩、透闪透辉岩夹大理岩、透闪石英岩，代表性矿床有福山老官庄透辉石矿等。

3. 胶北地块与古元古代低-中变质相富镁质碳酸盐岩建造有关的滑石、菱镁矿（-绿冻石）、白云石大理岩（熔剂用等）、大理岩（饰面、水泥用）矿床成矿亚系列

该亚系列是粉子山群形成后遭受区域中级变质作用或热液蚀变作用形成的一组矿床。

菱镁矿主要产于粉子山群张格庄组富镁质碳酸盐岩系中，经受绿片岩相-角闪岩相区域变质作用，典型矿床为莱州粉子山-优游山（粉子山式）菱镁矿。古元古代早期大陆边缘裂陷盆地沉积的白云质灰岩经吕梁期与大陆汇聚有关的低-中级区域变质作用形成白云石大理岩，后经富镁的热液交代作用形成菱镁矿床。

滑石矿常与菱镁矿相伴产出，主要产于粉子山群张格庄组富镁质碳酸盐岩系中，主要矿床类型包括白云石大理岩型和白云石大理岩-石英片岩-菱镁岩型，矿体主要赋矿围岩为菱镁岩、白云石大理岩及绿泥片岩。矿床是由富硅流体交代白云岩和菱镁岩形成。典型矿床为栖霞李博士夼（李博士夼式）滑石矿

4.胶北地块与古元古代高角闪岩-麻粒岩相变质含碳质变粒岩-片麻岩建造有关的石墨（含金红石）矿床亚系列

主要产于荆山群陡崖组，也见于野头组中，变质程度为高角闪岩相至麻粒岩相。典型矿床有莱西南墅（南墅式）、平度刘戈庄等石墨矿。古元古代的碳硅泥质岩系经历中高级变质作用，使原岩中的碳质成为片径较大的晶质石墨。高角闪岩相及麻粒岩相变质程度是晶质石墨矿成矿的重要条件；粉子山群巨屯组也含有较多碳质，但因变质程度较低（绿片岩或相低角闪岩相），石墨结晶差，没有形成工业矿床。

5. 胶北地块与古元古代（?）伟晶岩化作用有关的稀土矿床成矿亚系列

稀土矿赋存于伟晶花岗岩中，其围岩为古元古代荆山群野头组，主要岩性为黑云变粒岩、大理岩、斜长角闪岩等。区内褶皱构造发育，区域地层走向近EW，并发育EW向断裂构造。典型矿床为莱西塔埠头（塔埠头式）稀土矿。古元古代晚期，鲁东古元古代地层发生强烈变形，产生大量褶皱和韧性剪切变形构造，随着古元古代构造活动的演化，末期在古元古代地层中形成伟晶岩脉（翟明国，2010）。2013年获取的年龄数据，在伟晶花岗岩中获得LA-MC-ICP-MS锆石U-Pb同位素年龄值为（1 810.8±4.9）Ma[1]，表明花岗伟晶岩形成于古元古代末期。古元古代区域变质构造活动末期，富含水、CO_2及稀土元素的花岗伟晶岩浆沿区域性EW向构造上升充填，形成稀土矿脉。

（二）鲁东地块与古元古代晚期基性-超基性岩浆作用有关的铁、磷矿床成矿系列

磷矿产于古元古代晚期角闪石岩中，两侧围岩主要为荆山群、粉子山群变质地层。是在幔源岩浆上涌形成基性-超基性岩基础上，经结晶分异和后期变质改造而形成的，属岩浆型磷矿床（彭家疃式），代表矿床为莱州彭家疃、蒋家及栖霞观里磷矿等。铁矿产于变辉长岩（斜长角闪岩）中，为富铁质岩浆在成岩过程中经过岩浆熔离作用和后期岩浆分异作用形成的矿床，属岩浆型铁矿床（祥山式），代表性矿床有牟平祥山、平度于埠、昌邑高戈庄等铁矿。

[1] 山东省稀土矿资源潜力调查研究资料，2013年。

三、中元古代矿床成矿系列

相对于新太古代—古元古代和新元古代,山东陆块中元古代的构造岩浆活动比较薄弱,形成的地质体数量较少,仅有小范围的裂谷沉积杂岩、稀疏的基性岩墙群和被新元古代构造岩浆活动强烈破坏的中元古代幔源岩浆杂岩。形成了与中元古代陆内裂谷岩浆活动有关的矿床成矿系列,矿产资源的分布范围较小、数量和规模有限。中元古代成矿系列只有胶南地块与中元古代沉积变质建造(孔兹岩系)有关的红柱石、石墨、稀土、透辉石、石英岩(玻璃用)、硅灰石、大理岩(水泥用)等矿床成矿系列。

该系列矿床主要分布在胶南隆起西北缘中元古代五莲群分布区,相关矿产严格受控于孔兹岩系沉积变质建造。① 与含碳质变粒岩、片麻岩建造有关的石墨矿床:赋存于五莲群海眼口组,主要岩石组合为黑云变粒岩、斜长角闪岩、角闪变粒岩、斜长透闪变粒岩、石墨变粒岩、石英岩,偶夹大理岩,其原岩为含碳富铝沉积岩系。矿床主要分布于胶南隆起的胶南从家屯、五莲南窑沟等地,成因类型为沉积变质型。② 与富铝泥质、泥砂质建造有关的红柱石(蓝晶石)矿床:赋存于五莲群海眼口组上部和坤山组中部,主要岩石组合为黑云变粒岩、黑云片岩、长石石英岩夹含红柱石、蓝晶石黑云片岩,其原岩为海相富铝系列泥质、泥砂质沉积岩石。矿床主要分布于五莲小珠子山至(大珠子)东岭,小庄(九凤村)至大珠子山前、南窑沟到张家林一带,基本分布在大珠子-贺家岭背斜两翼。③ 与变质钙镁硅酸盐、硅质岩建造有关的透辉石、石英岩矿床:透辉石矿赋存于五莲群海眼口组上部,为透闪岩、透闪变粒岩、黑云变粒岩组合。石英岩矿赋存于坤山组底部,为黑云变粒岩、石英岩、大理岩组合。矿床分布于五莲坤山、小庄等地。④ 与中元古代碳酸盐岩有关的大理岩、硅灰石矿床:矿床赋存于五莲群坤山组,岩性以大理岩为主,夹有碳质板岩、变粒岩,属于海相碳酸盐沉积建造。矿床分布于五莲坤山、福禄并、小庄一带。⑤ 与沉积变质建造和伟晶岩化作用有关的稀土矿床:矿床赋存于五莲群海眼口组下亚组,黑云斜长片麻岩、黑云变粒岩、黑云片岩、片状石英岩等变质岩石中存在着稀土铀钍矿化,伟晶岩化作用使变质岩中的稀土组分进一步富集。据 2013 年获取得年龄数据,在伟晶岩中获得 LA-MC-ICP-MS 锆石 U-Pb 同位素年龄值为(1 757.1±5.3) Ma❶,表明伟晶岩形成于中元古代早期。矿床分布于五莲大珠子南窑沟、贺家岭、丁家庄一带。

四、新元古代矿床成矿系列

新元古代早-中期是山东境内第三次大规模的岩浆活动时期(前两次分别为新太古代早期和晚期 TTG 花岗岩类岩浆活动)。在早南华世有梭罗树序列基性-超基性岩浆活动;其后有荣成花岗片麻序列、月季山花岗片麻序列和铁山序列组成的侵入活动,三者主要同位素年龄介于 896~723 Ma 之间,形成时代相近,构成了一条沿华北克拉通南缘分布的大规模新元古代岩浆活动带。新元古代晚期发生伸展作用,主要标志是出现后造山的 A 型花岗岩和一些小规模的裂陷盆地,发育明显的地震活动痕迹。这些地质事件群紧紧围绕苏鲁同造山花岗岩带分布,说明他们是强烈造山后地壳抬升伸展作用的产物。这些地质作用产生了相应的成矿作用,分别:①构成了胶南造山带与新元古代超基性岩浆作用有关的石棉、蛇纹岩(-镍)矿床成矿系列;② 胶南-威海隆起与新元古代超高压变质作用有关的榴辉岩型金红石、石榴子石、绿辉石矿床成矿系列;③ 鲁西地块与新元古代青白口纪—震旦纪沉积作用有关的石灰岩(水泥用)、石英砂岩(水泥用)、观赏石矿床成矿系列;④ 胶北地块与新元古代震旦纪沉积作用有关的石灰岩(水泥用)、观赏石矿床成矿系列;⑤ 胶南地块与新元古代岩浆作用有关的白云母、长石矿床成矿系列(表 4-1)。

(一) 胶南地块与新元古代超基性岩浆活动有关的石棉、蛇纹岩(-镍)矿床成矿系列

发育在胶南隆起内的新元古代超基性岩(变辉石橄榄岩)侵入及后期热液活动形成的石棉矿、蛇纹

❶ 山东省稀土矿资源潜力调查研究资料,2013 年。

岩矿(化肥用),分布局限,仅见于日照。著名的有日照梭罗树石棉矿及蛇纹岩矿(梭罗树式石棉矿),以及日照袁家庄及后水车沟蛇纹岩矿等。

(二) 鲁西地块与新元古代青白口纪—震旦纪沉积作用有关的石灰岩(水泥用)、石英砂岩(水泥用)、观赏石矿床成矿系列

苍山—临沂一带的新元古代青白口纪—震旦纪土门群黑山官组砂岩段为当地水泥用石英砂岩矿产出层位,同时含有肥料用海绿石。诸城叶家沟一带的震旦纪千枚岩、板岩等都是造型假山石类观赏石的原料。莒县浮莱山的土门群浮莱山组中赋存有砚石类(浮莱砚)观赏石的原料。

(三) 胶北地块与新元古代震旦纪沉积作用有关的石灰岩(水泥用)、观赏石矿床成矿系列

水泥用灰岩矿分布在胶北隆起北部(栖霞复背斜北翼)的栖霞、龙口、福山及长岛等地的蓬莱群分布区,其中以臧格庄凹陷东部及南部香夼组最为发育,栖霞油家泊燕地水泥用石灰岩矿床分布于此,称为“燕地式石灰岩矿床”。胶北隆起北部的栖霞—蓬莱一带的蓬莱群南庄组板岩及千枚岩是造型假山石类观赏石的原料。长岛的蓬莱群辅子夼组石英岩、南庄组板岩可为砚石类观赏石(砣矶砚)的原料。

(四) 胶南地块与新元古代岩浆作用有关的白云母、长石矿床成矿系列

该成矿系列分布在胶南隆起北缘的五莲—胶南一带,含矿的新元古代花岗伟晶岩集中发育在诸城荒山口—桃行地区,主要有诸城桃行白云母矿床(称“桃行式”)及诸城荒山口长石矿等。

(五) 胶南-威海地块与新元古代超高压变质作用有关的榴辉岩型金红石、石榴子石、绿辉石矿床成矿系列❶

在胶南-威海隆起新元古代花岗质片麻岩中大量产出榴辉岩,其矿物组成主要有绿辉石、石榴子石、白云母和金红石,其中的金红石、石榴子石已开发利用,绿辉石、白云母也有利用价值,因此有的研究者直接称其为“榴辉岩矿”。山东的榴辉岩自西南至东北主要分布区有:临沭石门、莒南洙边、日照岚山头、诸城桃林、胶南上庄、青岛仰口、文登侯家、荣成滕家及威海羊亭等地。大致构成3条密集带:板泉-岚山头带、桃林-尚庄带、侯家-滕家-羊亭带。已经评价的矿产地有日照官山、莒南杨庄、诸城上崔家沟等。

❶ 有关研究认为(王来明等,1996;宋明春等,2000,2003)发育在胶南-威海隆起(胶南造山带)内具有的不同产状特征的榴辉岩,为形成于深部地壳的岩石,其在新太古代晚期至中生代三叠纪的几次花岗质岩浆上侵过程中被裹携折返到浅表地壳的;榴辉岩的形成年龄与携带其的花岗质岩浆成岩年龄并非一致。本书在成矿系列厘定时均列入新元古代晚期成矿系列中,其成矿成岩的年代学问题,有待于进一步研究讨论。

第五章　鲁西地块与新太古代早-中期火山-沉积变质作用有关的铁、金、硫铁矿矿床成矿系列

第一节　成矿系列位置和该成矿系列中矿产分布 ………………………………………………… 82
第二节　区域地质构造背景及主要控矿因素 … 83
一、区域地质构造背景及成矿环境 ……… 83
二、主要控矿因素 ……………………… 88
第三节　矿床区域时空分布及成矿系列形成过程…… 92
一、矿床区域时空分布 ………………… 92
二、成矿系列形成过程 ………………… 99
第四节　代表性矿床剖析 ……………………… 100
一、产于新太古代早-中期泰山岩群中沉积变质型铁矿床矿床式(韩旺式、苍峄式)及代表性矿床 ………………………… 100
二、产于新太古代早-中期泰山岩群柳杭组(绿岩带)中,与古元古代晚期韧性剪切作用有关的热液型金矿床矿床式(化马湾式)及代表性矿床 ………………………… 108

前寒武纪形成的铁矿资源在全球及我国都占总资源量的第一位,也是山东省最重要的铁矿类型。山东省已探明达到小型及以上规模的前寒武纪铁矿床100处左右,占全省铁矿床总数的50 %以上;探明前寒武纪铁矿资源储量40多亿吨,占全省铁矿资源储量的75 %以上。探明的铁矿床中资源储量大于5亿吨的超大型铁矿床2处,大于1亿吨的5处。鲁西地区与新太古代中-晚期火山-沉积作用有关的铁矿数量和资源储量分别占前寒武纪铁矿的70 %左右和90 %以上。

金矿和硫铁矿矿床数量、资源储量规模均较小,分布范围局限,主要分布于鲁中地区新泰—蒙阴一带。

铁矿床的勘查研究历史长,工作程度高,基本查清了山东铁矿的分布规律和资源状况。汶上—东平、韩旺、苍峄等许多铁矿都发现于20世纪50年代,并对其开展了少量地质工作;60年代对其进行了磁法勘查和普查找矿工作,其中在60年代初完成了大面积1:100万至1:20万航空磁测和一定范围的地面磁测工作;70年代是山东铁矿地质工作一个快速发展阶段,完成了许多地区的1:5万至1:2.5万航磁和地磁工作,对一些重要矿区进行了系统的勘查评价。由于矿床品位较低,这种类型铁矿长期未得到正规开发,21世纪以来才进入大规模开发阶段。随着我国对铁矿资源需求的快速增长,2005年以来,深部找矿取得重大突破,主要在500~1 500 m深度(部分达2 000 m左右)范围内探明了大量铁矿资源,如:济宁铁矿区,汶上县张宝庄和张家毛坦矿区,兰陵县王埝沟、凤凰山、沟西、宋楼、会宝岭、刘家庄-幸福岭和兰陵等矿区,沂源县韩旺矿区深部,单县龙王庙矿区和东阿单庄矿区。

金矿和硫铁矿地质工作较少,20世纪70年代,提交了《山东省莱芜市鹏山黄铁矿区详细普查地质报告》和《山东省新泰县石河庄矿区硫铁矿地质勘探报告》。20世纪80年代,在泰安化马湾一带发现了产于泰山岩群中的绿岩带型金矿,由于这种金矿规模较小、品位较低,因此地质工作程度也较低,目前主要在泰安西南峪—新泰柳行、新泰岳家庄、黄峪和蒙阴埠洼等地发现有小型矿床。

第一节　成矿系列位置和该成矿系列中矿产分布

铁矿床包括苍峄式和韩旺式2种类型。苍峄式铁矿主要分布于枣庄—苍山、东平—汶上、单县龙王

庙、章丘垛庄、淄博瓦泉寨、安丘常家岭、沂水胡同峪等地，其中在东平—汶上、枣庄—苍山、单县等地矿床规模较大。韩旺式铁矿分布范围较小，主要分布于鲁西地区东部的沂源韩旺和沂水高桥地区，在沂水西虎崖和安丘崔岜峪有零星分布。在地质构造位置上，主要矿床分布在鲁西隆起之尼山凸起、东平潜凸起、泰山凸起、龙王庙潜凸起、沂山凸起、鲁山凸起、马牧池凸起、汞丹山凸起中。

铁矿床赋矿层位主要为泰山岩群雁翎关组和山草峪组，柳杭组有少量分布。雁翎关组主要分布于新泰市雁翎关、石河庄、单家庄，莱芜市任家庄，章丘市西麦腰，长清界首，沂源县韩旺，沂水县胡同峪、安丘市崔岜峪，汶上县彩山等地；山草峪组主要分布在新泰山草峪、盘车沟，章丘火贯、西麦腰、官营，沂水胡同峪，安丘常家岭，枣庄太平村及苍山、东平、汶上等地；柳杭组主要分布在沂水北射垛—峨山口一带。

金矿床和硫铁矿主要分布于新泰—蒙阴一带，在沂水县汞丹山也有金矿化。所属构造单元为泰山凸起、新甫山凸起、蒙山凸起和汞丹山凸起。

金矿床赋矿层位为泰山岩群柳杭组，该组分布在新泰柳杭、东牛家庄、盘车沟，泰安西南峪，莱芜香山，章丘火贯，沂水东虎崖，安丘崔岜峪等地。

第二节　区域地质构造背景及主要控矿因素

一、区域地质构造背景及成矿环境

（一）地层

赋矿地层泰山岩群是分布于鲁西地区各断隆之上的新太古代变质地层，主要岩性为斜长角闪岩、黑云变粒岩、透闪阳起片岩、变质砾岩、石榴石英岩等。自下而上可以四分：孟家屯岩组、雁翎关组、山草峪组和柳杭组。泰山岩群区域分布见图 5-1。

1. 孟家屯岩组

以残留体断续分布于新泰市孟家庄—泽国庄一带，呈 NW-SE 向展布，延伸长达 15 km，在新太古代泰山序列英云闪长质片麻岩体中呈包体群形式出现。主要岩性有石榴石英岩、中细粒石榴长石石英岩、石榴黑云石英岩、含石榴黑云长石石英岩等。原岩主要为一套成熟度中等的含泥质的碎屑岩。

2. 雁翎关组

主要分布于新泰市雁翎关、石河庄、单家庄，莱芜市任家庄，章丘市西麦腰，长清界首，沂源县韩旺，沂水县胡同峪，安丘市崔岜峪、汶上县彩山等地；在鲁西各隆起区大都呈 NWW 向展布，但在安丘市的崔岜峪等地呈 NE 向。主要岩石类型有细粒—微细粒斜长角闪岩、角闪变粒岩、黑云变粒岩、云母片岩、透闪阳起片岩、变质砾岩及少量的磁铁石英岩，以科马提岩为特征。常见有含滑石斑点的透闪片岩、阳起透闪片岩、透闪阳起片岩 3 种岩石渐变组成自下而上的科马提岩小韵律层，韵律层底部为堆晶岩，顶部有变余的鬣刺结构和绿泥石变余淬火边。科马提岩在新泰市石河庄附近厚度可达 300 m。其原岩主要为一套海底喷发的基性-超基性火山熔岩。

3. 山草峪组

主要分布在新泰山草峪、盘车沟，章丘火贯、西麦腰、官营，沂水胡同峪，安丘常家岭，枣庄太平村及苍山、东平、汶上等地。地层总体走向 NW，在枣庄一带为 NWW 至近 EW 向，安丘常家岭为 NNE 向。以不同成分的黑云变粒岩为主夹少量斜长角闪岩、二云片岩及磁铁石英岩；厚 2 110 m。其原岩为细砂级的碎屑岩及粉砂岩，夹含铁硅质岩系，属较稳定环境下的浅海相沉积，变质程度为角闪岩相。

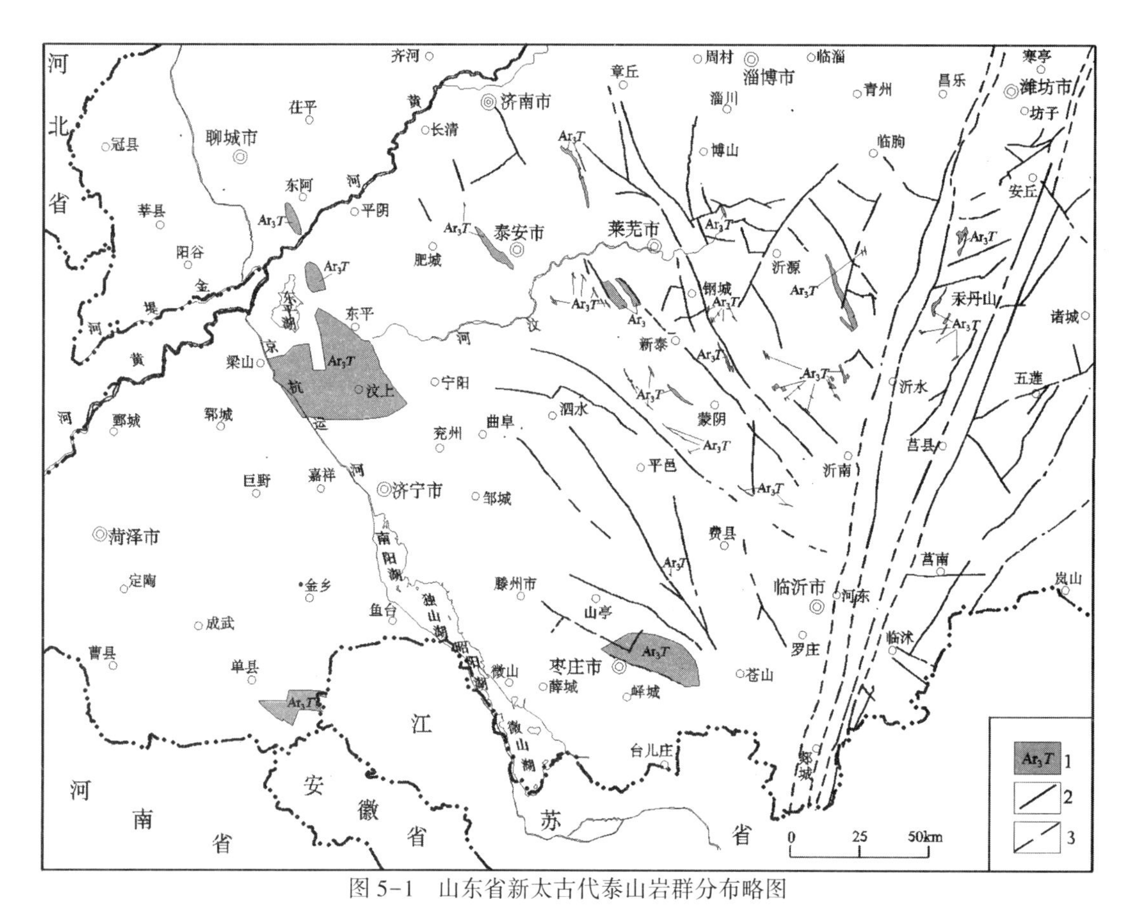

图 5-1 山东省新太古代泰山岩群分布略图

(据叶天竺等,2014)

1—泰山岩群;2—实测断层;3—推测断层

4. 柳杭组

主要分布在新泰柳杭、东牛家庄、盘车沟,泰安西南峪,莱芜香山,章丘火贯,沂水东虎崖,安丘崔岜峪等地;地层总体走向为 NW 向,只在崔岜峪一带呈 NE 向;厚 374~744 m。主要岩石类型为微细粒斜长角闪岩、绿泥片岩、黑云变粒岩、角闪黑云变粒岩、绢云石英片岩、中酸性变质火山角砾岩、变质沉积砾岩,夹有铁闪磁铁石英岩。其原岩主要为正常沉积的碎屑岩及基性火山熔岩和中酸性的火山碎屑岩、凝灰岩等,变质程度达到低角闪岩相。

5. 泰山岩群区域变化特征

泰山岩群在各地的厚度变化较大,从北西往南东:章丘火贯—官营一带泰山岩群雁翎关组仅残留于前寒武纪花岗岩中,山草峪组中上部、柳杭组下部出露较好,总厚约 1 470 m;章丘西麦腰泰山岩群被英云闪长岩侵入,残留厚度 620 m;莱芜市王家庄泰山岩群残留厚度仅 330 m;泰安市西南峪、李家庄、南白塔、山草峪、雁翎关等地泰山岩群出露较齐全,组成倒转向斜构造,最厚达 4 000 m 以上;新泰市东牛家庄仅出露柳杭组二段,厚约 240 m,陈家庄出露泰山岩群厚 680 m,盘车沟的泰山岩群厚 520 m,均由山草峪组中上部和柳杭组组成。雁翎关组仅在新泰市出露较好,其他地区大部分呈残留体状残存于前寒武纪花岗岩中,部分地区被盖层覆盖。山草峪组分布广泛,以新泰市山草峪和章丘官营出露较好。章丘市西麦腰和新泰市盘车沟、红旗庄等地山草峪组中上部出现条带状硅铁建造。

泰山岩群下部保留完好的科马提岩,出现广泛的枕状玄武岩(拉斑玄武岩),具有早期洋壳记录的超镁铁成分比例高、洋壳厚度较大的特点。泰山岩群中上部富铝泥砂质沉积物和其中的花岗质砾石来源于陆壳基底，其岩石组合和地球化学特征指示了岛弧环境。

（二）岩浆岩

TTG质花岗岩是鲁西地区分布最为广泛的基底变质岩系，分布面积约占鲁西早前寒武纪基底总面积的40%，与泰山岩群相伴分布，构成花岗-绿岩带。区域地质调查识别出多期新太古代TTG花岗岩系，主要有泰山序列、新甫山序列和峄山序列。

泰山序列和新甫山序列普遍发育片麻状构造，由黑云闪长质片麻岩、石英闪长质片麻岩、英云闪长质片麻岩、奥长花岗质片麻岩和花岗闪长质片麻岩组成，其中石英闪长质片麻岩和英云闪长质片麻岩较发育。峄山序列为石英闪长岩-英云闪长岩-奥长花岗岩-花岗闪长岩岩石组合，片麻状构造不明显，早期侵入岩规模小，分布零星；而晚期侵入岩分布面积逐渐扩大，出露更趋广泛。

早前寒武纪花岗岩类主要包括：英云闪长岩（简称T_1）、奥长花岗岩（简称T_2）、花岗闪长岩（G_1）和花岗岩（G_2），一般认为太古宙花岗岩类主要由$T_1T_2G_1$构成，代表初始陆壳形成，古元古代开始才有大量的花岗岩类（G_1和G_2）形成，代表成熟陆壳。泰山-新甫山序列和峄山序列均为$T_1T_2G_1$组合，但峄山序列中G_1更加发育，且峄山序列之后出现大面积的二长花岗岩组合（傲徕山序列），指示新太古代早期组合为初始的不成熟陆壳组成，具有大洋斜长花岗岩的某些特征，新太古代晚期开始向成熟陆壳转化，为半成熟陆壳组成。岩石化学成分投点显示泰山序列和新甫山序列更接近于T_1T_2组合，研究表明T_1T_2岩浆的源岩是由地壳的玄武质源岩经局部熔融产生。鲁西TTG岩系显示了从不成熟洋内岛弧向半成熟的大陆化岛弧转化，具从奥长花岗岩系向钙碱性岩系转化的特点，代表了从初始的玄武质地壳依次转化为半成熟的大陆化地壳的演化过程。

（三）构造变形

新太古代可识别的构造事件主要有两次，形成两期主要构造形迹。一期发生在泰山岩群形成之后，另一期发生在蒙山序列侵位的同时或其后，都伴有较强的区域变质作用。主要构造形迹包括面理、褶皱和韧性变形带。

面理构造可以分为3种：S_0为泰山岩群的沉积面理；S_1是以S_0为变形面的第一期韧性变形面，为置换S_0的面理，与第一期褶皱同时并平行于褶皱轴面，$S_0 /\!/ S_1$；S_2是以S_1为变形面，与第二期褶皱同时并平行于其轴面的面理，走向与S_1平行，产状一般为220°～240°∠55°～80°。

第一期褶皱形成于泰山岩群沉积之后，以S_0为变形面，主要褶皱形态为二面角很小（一般小于30°）的顶厚弯滑褶皱，常呈轴面水平的平卧褶皱形态，其枢纽倾伏角较缓，一般在15°～30°之间。褶皱的两翼平直，转折端明显增厚，转折端厚度与两翼厚度之比达5∶1～8∶1。发育递进变形，有时甚至形成“假重褶皱”，表明当时变形的速率较慢，岩石的塑性较高，具地壳中下构造层的变形特征。第二期褶皱也发育在泰山岩群中，形成时间在蒙山序列侵位之后，该期褶皱以第一期平卧褶皱的轴面为变形面，褶皱形态多为紧闭、同斜、顶厚褶皱，轴面斜歪或直立，枢纽近水平，不发育轴面面理。

第一期韧性变形带形成于泰山岩群沉积之后，TTG岩系侵位之前，大致与第一期褶皱同时，这一期韧性变形事件仅在受后期改造较弱的泰山岩群包体内见到残留的构造迹象。伴随着这次区域韧性变形作用，泰山岩群发生了中压相系角闪岩相的区域动热变质作用，属中构造层次产物。第二期韧性变形发生在泰山序列侵位之后，峄山序列侵位之前，这次韧性走滑事件表现得强烈而明显，发育于蒙山TTG岩系中，呈NW向宽大的带状出现。其中变形较强的带有田黄-城前带、下港-新甫山带及南涝坡-龟蒙顶带等。这些带中所有TTG岩系均强烈变形，形成了构造片麻岩。岩石片麻理发育，倾向SW，倾斜陡，倾角多在80°左右，矿物拉伸线理发育，表现为石英被拉伸成细条状集合体，一般石英集合体的$Z:X$为1∶5，韧性变形强的地区可达1∶10～1∶30以上，其拉伸线理近水平或缓倾斜（<13°），NW向倾伏，有的变

形带中还发育强烈的A型褶皱。通过野外 XZ 断面上"δ"型长石残斑等判断,运动性质为右行。伴随着本次韧性变形,TTG岩系发生了中压相系的低角闪岩相变质,属中构造层次的产物。

(四)变质作用

1. 变质期次

泰山岩群经历了3期变质作用,可以分为高角闪岩相变质作用(局部地区达到麻粒岩相)、低角闪岩相变质作用和绿片岩相变质作用。其中高角闪岩相变质作用是泰山岩群的主变质期,它和早期构造变形密切相关。后两期变质作用叠加在早期变质作用之上,表现为广泛的退化变质。

高角闪岩相变质作用所形成的矿物组合呈残留体形式存在,主要在泰山岩群及大致同时代的侵入岩中见及。如在变辉长岩中可见两期角闪石,第一期角闪石呈半自形—不规则状,粒度大,有时呈残留体形式存在。第二期角闪石主要分布于早期角闪石边部,有时单独存在,细粒状。角闪石成分环带明显,早期具高的 Al^{IV} 和 Al^{VI},如花岗闪长质片麻岩中早期角闪石 Al^{IV} 和 Al^{VI} 分别为1.516和0.395,而晚期角闪石 Al^{IV} 和 Al^{VI} 分别为1.276和0.314。黑云母可分为两期:早期黑云母 N_g' = 红褐色,晚期黑云母 N_g' = 深褐色。各岩石中斜长石牌号明显具有3个区间,最多出现的斜长石 $An = 18 \sim 24$,为更长石,偶见有 $An = 35 \sim 44$ 的中长石,在韧性剪切变形中可见 $An = 5$ 的钠长石。第一期角闪石、黑云母是早期高角闪岩相的残留,第二期角闪石、黑云母是晚期低角闪岩相的产物。

2. 变质温压条件

利用斜长石-角闪石矿物对,对鲁西东部地区的泰山岩群和西部地区的泰山岩群的各期变质作用进行温压估算。鲁西东部地区的变质条件为:第一期,T:600 ℃左右,P:0.55 GPa;第二期,T:550 ℃,P:0.40~0.50 GPa;第三期,T:450 ℃;P:0.15 GPa。而西部地区对应3期变质的温度为:第一期532 ℃,第二期443 ℃,第三期350 ℃左右。总的看来,东部地区比西部地区的同一期变质温度相对高100 ℃左右。不论是从测试温度结果,还是从矿物组合及光学特点分析,西部地区没有达到高角闪岩相,而东部地区不仅达到高角闪岩相,在个别点尚达到了麻粒岩相。但是泰山岩群的发育情况西部比东部好,所以泰山岩群低角闪岩相变质给人们的印象更深刻。泰山岩群变质作用的这种差别可能与东、西部地区剥露程度有关。

3. 变质作用 PTt 轨迹

鲁西地区自新太古代以来,伴随多期次的地壳变形,亦有3期不同程度的变质作用。同位素测年资料记录了其发生的时间,分别在2 700 Ma,2 500 Ma,2 000~1 800 Ma呈峰值。

第一期以进变质为特点,在鲁西的中西部地区达低角闪岩相,东部达高角闪岩相。这期变质作用是在泰山岩群形成后经区域褶皱、挤压、地壳加厚、热流值升高引起的区域动力热流变质作用,同时在泰山岩群中形成透入性新生面理,为中层次的构造环境,同位素年龄多在2 700 Ma左右,属阜平期。

第二期变质作用属退变质,比较普遍,一般为低角闪岩相至高绿片岩相,对前期的 S_1 面理没有产生透入性的置换作用,为中浅层次的构造环境。同位素年龄多在2 500 Ma左右,属五台期。

第三期则以更低的退变质为主,多在韧性剪切带附近有出现,主要表现为韧性动力变质作用。呈带状、线型发育于局部地段,属浅构造相的产物,同位素年龄多在2 000~1 800 Ma,属吕梁期。

综上所述,随着时间的推移,鲁西地区的变质作用类型由早期的区域动热变质作用类型向韧性动力变质作用转化,构造层次趋于变浅。

(五)区域地质发展史与重大地质事件

1. 新太古代地壳演化史

新太古代是重要的地壳增生期,这期间山东的地壳演化大致可划分为2个阶段。

（1）地壳拉张和洋盆形成阶段

新太古代早期地壳拉张减薄（2 800~2 720 Ma），产生洋盆，地幔物质上涌，形成科马提岩和枕状玄武岩，使地壳横向增生。从目前零星分布的泰山岩群底部雁翎关组总体展布看，洋盆主要发育于蒙阴一带。

（2）洋盆消减及岛弧形成阶段

随着洋盆消减，发生大规模的（部分）熔融作用，大量 TTG 花岗岩类侵位，使地壳大幅度垂向增生。新太古代中期（2 720~2 560 Ma），出现洋内岛弧，形成山东境内最早期的 TTG 花岗岩系——泰山序列和十八盘序列。新太古代晚期（2 625~2 508 Ma），转化为大陆岛弧，在泰山地区形成第二期 TTG 花岗岩系（峄山序列）。新太古代晚期在鲁东地块尚出现具陆缘海-浅海沉积特点的活动大陆边缘环境沉积（胶东岩群）。这一阶段伴随发生强烈的变质变形作用，形成了高角闪岩相变质的基底岩系——花岗-绿岩地体，完成了山东陆块基底第一次克拉通化。

2. 早前寒武纪地壳演化的重大地质事件及同位素年龄制约

克拉通基底构造历史恢复主要涉及对重大地质事件、区域构造背景及地壳构造运动方式（挤压、伸展、走滑）的认识。构造-岩浆-变质作用既是早期地球演化的主线，也是早期地质历史过程最直接的地质纪录，对其全面研究有助于深入了解地球早期地质演化历史。尤其是围绕标志性地质事件群及其时代开展重点研究，可获得大陆早期区域构造演化的重要进展。从山东省基底地质构造研究进展分析，早前寒武纪标志性地质事件群包括：麻粒岩和紫苏花岗岩、绿岩带底部火山岩系（科马提岩）、大规模 TTG 杂岩带、同构造花岗岩、A 型花岗岩、孔兹岩系等。由于标志性地质事件群具有较清楚的成因和构造背景，可以提出较明确的构造热事件解释，有利于筛选出对区域构造格局有重要影响的构造热事件，以及提出基底构造格局及构造演化事件序列。对标志性地质事件群进行同位素年龄分析，可以揭示重大构造热事件的区域影响。对山东早前寒武纪基底地质体 214 件锆石 U-Pb 和全岩 Sm-Nd 同位素年龄统计表明（图 5-2），变质基底经历了多次构造—热事件。主要同位素年龄集中于 2 725~2 425 Ma，形成2 500 Ma，2 600 Ma 和 2 700 Ma 3 个峰值，其他峰值年龄有 2 825 Ma，2 750 Ma，2 425 Ma，2 200 Ma 和2 025 Ma，分别代表了主要的表壳岩系、花岗岩、中酸性火山岩和基性-超基性侵入岩的形成时代及变质变形事件时代。同位素统计表明，山东大陆基底生长演化过程中的重大热事件幕包括：2 875~2 750 Ma，2 700~2 600 Ma，2 575~2 425 Ma，2 400~2 300 Ma，2 250~2 175 Ma 和 2 075~1 975 Ma，其中 2 575~2 425 Ma 对应于太古宙/元古宙年代地层界线，是最为显著的构造热事件。

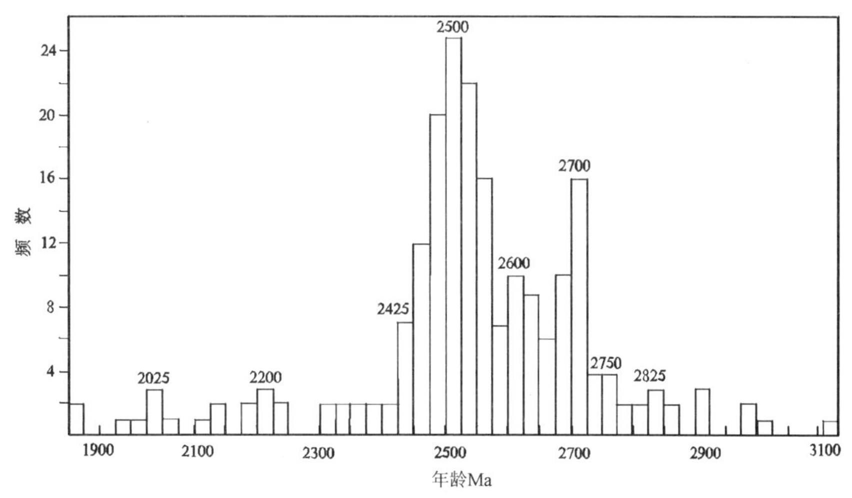

图 5-2　早前寒武纪地质体同位素年龄统计直方图

锆石 U-Pb 年龄统计资料表明，山东早期 TTG 岩类侵位时代集中于 2 720~2 508 Ma，并在 2 600 Ma

达到最高峰值;而山东早期钙碱性花岗岩(GMS组合)的侵位时代集中于2 560~2 424 Ma,于2 500 Ma达到峰值。表明这一时期为克拉通最重要的陆壳(活动陆缘、岛弧)增生、克拉通化时期。在区域构造上,上述TTG和GMS花岗岩侵位分别与早期的辽鲁TTG杂岩及华北中部造山带TTG-花岗岩形成相关,记录了东西部陆块间汇聚增生(2 680~2 600 Ma)及最终碰撞的过程(2 520 Ma)。

二、主要控矿因素

(一) 大地构造

对于绿岩带形成的大地构造背景,有陆内裂谷、岛弧、弧后盆地-小洋盆及大洋组合等不同见解。华北克拉通在2.5 Ga左右发生了强烈的构造拼合事件,但其构造属性存在很大争议。一些地质学家提出岛弧岩浆作用模式;而另一些地质学家认为是地幔柱或板底垫托作用导致了华北克拉通新太古代晚期陆壳生长;还有一种观点认为华北克拉通在新太古代末期就已经成为一个统一的整体,之后这个统一的克拉通再次发生裂解聚合,直到古元古代晚期才最终碰撞,完成克拉通化。笔者认同新太古代一系列BIF铁矿可能形成于2.5 Ga以前,华北地区诸多块体拼贴阶段,形成的构造环境可能相当于岛弧环境。

(二) 含矿建造

苍峄式沉积变质型铁矿赋存于山草峪组中上部,夹于黑云变粒岩和斜长角闪岩中,局部夹在角闪片岩中,近矿围岩为角闪质岩层。赋矿地质体在枣庄—苍山一带以黑云变粒岩为主,夹斜长角闪岩、角闪岩、磁铁角闪石英岩;在东平—汶上一带为黑云变粒岩夹磁铁石英岩、磁铁角闪石英岩、黑云角闪片岩、斜长角闪岩等;菏泽单县一带主要为黑云变粒岩为主,夹磁铁角闪岩、磁铁石英角闪岩;在章丘垛庄一带为黑云变粒岩夹斜长角闪岩;在安丘常家岭一带以黑云变粒岩为主,下部夹斜长角闪岩;在沂水胡同峪一带为含石榴黑云变粒岩夹石榴角闪变粒岩,相当于山草峪组下部。综上分析,苍峄式沉积变质型铁矿赋矿层位以富含黑云变粒岩夹角闪质岩层和磁铁石英岩层为特征,铁矿床类型为沉积变质铁矿床之变质硅铁建造铁矿中产于以黑云变粒岩为主并夹有角闪质岩石等的岩层中的铁矿。

韩旺式沉积变质型铁矿主要赋存于泰山岩群雁翎关组顶部,也有赋存于柳杭组上部者。铁矿体在沂源韩旺一带夹于斜长角闪岩中,磁铁石英岩等含铁岩系厚可达100 m,原岩建造为基性-超基性火山岩、火山碎屑岩夹铁英岩建造,含矿建造为含铁角闪石英片岩;在沂水高桥及西虎崖一带以斜长角闪岩为主,夹磁铁石英岩、黑云变粒岩、二云变粒岩;安丘崔芭峪地区以斜长角闪岩为主,夹黑云变粒岩及磁铁石英岩、阳起片岩、黑云片岩。总的分析,赋矿地质体以斜长角闪岩为主,铁矿床类型与苍峄式铁矿基本相同,为沉积变质铁矿床之变质硅铁建造铁矿中产于以角闪质岩石为主并夹有黑云变粒岩等岩层中的铁矿。

金矿床赋存于新太古代泰山岩群雁翎关组和柳杭组绿片岩内,受NNW向区域韧性剪切带和断裂破碎带控制。产于沂沭断裂带内的金矿床主要受NNE向韧性剪切带控制。岳家庄金矿产于雁翎关组二段绿岩分布区,化马湾金矿和埠洼金矿均产于柳行组一段绿岩分布区,三者处于火贯-雁翎关-盘车沟绿岩分布带上,矿化岩石类型主要为黄铁矿化绢云石英片岩、二云片岩、糜棱岩化斜长角闪岩、滑石透闪片岩等。新泰市东官庄和沂水县汞丹山金矿分别赋存于雁翎关组顶部磁铁角闪岩(第9大层)和磁铁石英岩层(第10大层),均与条带状铁矿建造关系密切。

(三) 控矿构造

铁矿及其赋矿层位褶皱构造比较发育,主要为紧闭顶厚褶皱,往往在向斜转折端附近矿层加厚,形成厚大矿体。苍峄铁矿区自南向北有太白向斜、石阎背斜、辛庄向斜和后大窑北背斜,褶皱轴向为近EW向,两翼倾角较陡,褶皱枢纽自东向西倾伏,并发育次级小褶皱。由于褶皱构造发育,造成含矿带重复出现。

金矿受韧性剪切带控制明显，如在泰安西南峪-柳杭韧性剪切带长 11 400 m，宽 200~350 m，走向 330°，倾向 NE，局部 SW，多近直立，平面上呈波状延展。其东侧为柳杭组，西侧为奥长花岗岩、英云闪长岩。其中，在西南峪-李家庄 5 000 m 长的地段，变质变形强烈，金矿体(矿化体)赋存韧性剪切带中心部位。带内主要由糜棱岩及糜棱岩化岩石组成，岩性为白云石英片岩、二云石英片岩。

(四) 矿床地球化学

根据沈其韩等(2009)对韩旺铁矿的研究，将 BIF 铁矿的地球化学特征简述如下：

1. 岩石化学特征

韩旺条带状磁铁矿主量化学成分含量见表 5-1，矿石全铁(TFe_2O_3) 含量的变化范围为 55.69 %~63.68 %，平均值为 58.42 %。SiO_2 含量的变化范围为 35.49 %~43.44 %，平均值为 40.26 %，与鞍山弓长岭和五台山铁矿氧化物相铁矿中 SiO_2 含量一致。MnO 含量变化范围很小，为 0.075 %~0.083 %，比鞍山弓长岭和五台山氧化物相铁矿中 MnO 含量稍高，但比加拿大阿尔果马型氧化物相铁矿较低。MgO 含量变化范围为 1.39 %~1.75 %，平均值为 1.61 %，与其他几个地区的氧化物相铁矿中 MgO 的含量相近，但远低于硅酸盐相铁矿中的含量。CaO 含量的变化范围为 1.69 %~2.03 %，平均值为 1.88 %，稍高于其他地区的氧化物相铁矿中 CaO 的含量，但均低于硅酸盐相铁矿中 CaO 的含量。K_2O 含量的变化范围为<0.01 %~0.03 %，平均值为 0.018 %，略高于鞍山和五台山氧化物相铁矿中的含量，但远低于鞍山弓长岭和五台山硅酸盐相铁矿中的含量，而加拿大阿尔果马型氧化物矿中 K_2O 的含量则高达 0.58 %。Na_2O 含量变化范围为 0.05 %~0.08 %，平均值为 0.066 %。TiO_2 的含量变化范围为<0.01 %~0.04 %，平均值为 0.018 %。Al_2O_3 含量变化范围为 0.28 %~0.58 %，平均值为 0.41 %，均低于其他地区氧化物相或硅酸盐相铁矿。P_2O_5 含量变化范围为 0.04 %~0.09 %，平均值为 0.056 %，低于五台山地区的硅酸盐相铁矿和加拿大阿尔果马型氧化物相铁矿中 P_2O_5 的含量。韩旺地区条带状铁矿中含量最多的化学成分是 SiO_2 和 TFe_2O_3，二者之和达 97.99 %~99.13 %，其他组分(TiO_2，Al_2O_3，MnO，CaO，MgO，K_2O，Na_2O，P_2O_5)的含量都非常低，这些特征与鞍山和五台山地区条带状铁矿相同，是由极少碎屑物加入的化学沉积物。一般认为沉积变质铁矿的 SiO_2/Al_2O_3的比值应小于 10，火山沉积变质铁矿的 SiO_2/Al_2O_3 应大于 10，韩旺铁矿的 SiO_2/Al_2O_3比值变化范围为 70.9~126.8，平均为 98，与鞍山弓长岭氧化物相铁矿 SiO_2/Al_2O_3比值几乎一致，而同一地区的硅酸盐相铁矿的 SiO_2/Al_2O_3 为 11.7，五台山硅酸盐相铁矿的 SiO_2/Al_2O_3为 59.3，它们比值虽有差异，但均大于 10，指示了韩旺铁矿与火山沉积作用有关，与该铁矿的宏观建造特征一致。

表 5-1 韩旺条带状铁矿的主量化学成分含量 /%

序号	位 置	样 号	SiO_2	TiO	Al_2O_3	TFe_2O_3	Fe_2O_3	FeO	MnO	CaO	MgO	K_2O	Na_2O	P_2O_5	LOI	TFe
1	韩旺	HW01-2	41.11	0.04	0.58	57.18			0.08	1.99	1.60	0.03	0.08	0.02	<0.01	40.03
		HW01-3	43.44	0.01	0.40	55.69			0.08	1.69	1.74	0.01	0.07	0.08	<0.01	38.98
		HW01-4	40.86	0.02	0.37	57.13			0.08	2.03	1.72	0.01	0.07	0.09	<0.01	39.99
		HW01-5	35.49	0.01	0.28	63.68			0.08	1.79	1.37	0.02	0.05	0.04	<0.01	44.58
		平均	40.23	0.02	0.41	58.42			0.08	1.88	1.61	0.02	0.07	0.06		40.85
2	鞍山弓长岭铁矿	氧化物相(9)	43.69	0.04	0.55		35.82	16.40	0.06	1.75	2.51	0.05	0.08	0.08		38.50
3		硅酸盐相(4)	47.73	0.13	4.09		18.50	16.18	0.12	4.16	4.26	0.28	0.56	0.05		35.67
4	五台山铁矿	氧化物相(8)	39.42	0.08	2.31		36.65	16.06	0.02	1.49	1.50	0.02	0.49	0.08		39.53
5		硅酸盐相(5)	47.41	0.04	0.80		20.22	21.60	0.14	2.14	2.26	0.12	0.06	0.26		30.94
6	加拿大阿尔果马型铁矿	氧化物相	50.50	—	3.00		26.90	13.00	0.41	1.51	1.53	0.58	0.31	0.21		28.94

注：序号 1 引自沈其韩等(2009)，序号 2—5 引自沈保丰等(1994)，序号 6 转引自沈保丰等(1994)，原始资料来自 Gross(1980)，括号中的数字表示是多个样品的平均值

2. 稀土元素特征

韩旺条带状铁矿 4 个全岩样品的稀土元素分析结果见表 5-2。韩旺铁矿的稀土元素总量较低，为 9.45×10^{-6}～11.39×10^{-6}，平均为 10.33×10^{-6}，高于鞍山弓长岭地区，但远低于五台山地区，这是太古宙海洋沉积物的一个特征。样品经 PAAS 标准化后呈现非常一致的稀土配分曲线，其特征是轻稀土元素相对亏损，重稀土相对富集，Pr/Yb=0.46～0.78；无明显 Ce 异常，Ce/Ce^* =0.99～1.13；具强烈的 Eu 正异常，Eu/Eu^* =1.57～1.93；Y 显示较明显的正异常，Y/Y^* =1.24～1.37，Y/Ho 比值的变化范围为 32.70～34.57，与鞍山弓长岭和五台山部分数据基本一致。这些特征与世界许多地区的 BIF 特征也一致，表明它们都属于早前寒武纪海洋化学沉积的产物。Eu/Sm 稍高于年轻的铁建造，变化范围为 0.24～0.4，这与世界上其他地区太古宙铁建造稀土元素分布相吻合。

表 5-2 韩旺铁矿稀土元素含量 $/10^{-6}$

样品号	HW01-2	HW01-3	HW01-4	HW01-5	平均	鞍山弓长岭铁矿(3)	五台山铁矿(4)
La	1.42	0.81	0.78	0.89	0.97	0.62	6.48
Ce	2.51	1.53	1.57	1.61	1.80	1.08	14.00
Pr	0.29	0.19	0.20	0.21	0.22	0.15	1.33
Nd	1.16	0.88	0.95	0.89	0.97	0.66	5.28
Sm	0.28	0.23	0.29	0.21	0.25	0.15	1.12
Eu	0.14	0.12	0.13	0.13	0.13	0.12	0.60
Gd	0.39	0.39	0.49	0.39	0.41	0.19	1.20
Tb	0.06	0.06	0.07	0.07	0.07	0.04	<0.250
Dy	0.44	0.46	0.57	0.49	0.49	0.29	0.98
Ho	0.11	0.11	0.13	0.12	0.12	0.08	0.22
Er	0.35	0.35	0.43	0.37	0.38	0.25	0.69
Tm	0.05	0.06	0.06	0.06	0.06	0.04	0.12
Yb	0.37	0.39	0.44	0.41	0.40	0.24	0.72
Lu	0.06	0.06	0.07	0.06	0.06	0.04	0.13
Y	3.76	3.82	4.22	4.18	3.99	3.33	6.74
REE	11.39	9.45	10.39	10.07	10.33	7.28	39.86
LREE/HREE	1.03	0.66	0.61	0.64	0.74	0.62	1.37
La/Yb	3.85	2.09	1.78	2.18	2.43	2.58	9.00
Y/Ho	33.54	34.09	32.70	34.57	33.70	41.63	30.64
Sm/Nd	0.24	0.26	0.31	0.24	0.26	0.23	0.21
Pr/Yb	0.78	0.49	0.46	0.51	0.55	0.63	1.85
Eu/Sm	0.49	0.52	0.46	0.60	0.51	0.80	0.54
Y/Y＊	1.34	1.33	1.24	1.37	1.32	1.73	1.16
La/La＊	1.28	1.70	1.64	1.31	1.42	1.35	1.21
Ce/Ce＊	1.03	1.13	1.12	0.99	1.06	0.94	1.21
Eu/Eu＊	1.87	1.79	1.57	1.93	1.78	3.28	2.42

注：编号样品引自沈其韩等(2009)，弓长岭铁矿 根据李志红等(2012)的 3 个样品的数据平均而得，五台山铁矿根据骆辉等(2002)4 个样品数据平均

3. 微量元素特征

韩旺铁矿的微量元素含量见表 5-3。样品具有 U，Ta，La，Ce，P 正异常，K，Nb，Sr，Hf，Zr 呈负异常，Ti，V，Co，Ni，Mn，Sr，Ba 等元素的含量都较低。一般认为火山岩和海相沉积物的 Sr/Ba 比值大于 1，陆

源沉积岩的Sr/Ba值小于1。韩旺铁矿的Sr/Ba值为1.25~2.92,平均为1.59,与火山岩和海相沉积物的Sr/Ba一致。五台山氧化物相铁矿的Sr/Ba值大于1,与韩旺铁矿一致,而鞍山弓长岭和五台山硅酸盐相铁矿的Sr/Ba值均小于1。Ti/V比值常用来区分成矿物质来源和条带状铁矿的成因类型,H APlaksanko等认为,在铁质页岩中,Ti,V含量的平均比值变化于10.9~1.33之间,在火山建造中则为13~85,韩旺铁矿的Ti/V值在10.10~17.74之间,平均为14.39,与火山建造一致。火山沉积铁矿中Cr,Ni,Co的含量一般高于陆源碎屑,而对Ni/Co比值,火山沉积铁矿一般低于陆源沉积铁矿。韩旺铁矿中Ga和Ge的含量一般为若干个10^{-6},比陆源沉积岩的几十个10^{-6}低一个数量级,故韩旺铁矿更接近于火山沉积岩的范围。综合韩旺铁矿中稀土元素的特点,其与火山沉积铁矿微量元素特征相似,反映其海洋化学沉积的特征。

表5-3　韩旺铁矿微量元素含量 /10^{-6}

样品号	HW01-2	HW01-3	HW01-4	HW01-5	平均	鞍山弓长岭铁矿	五台山铁矿(氧化物相)	五台山铁矿(硅酸盐相)
Sc	1.60	1.12	1.59	0.91	1.31	10.00	0.82	
Ti	215.77	83.91	131.86	59.93	122.87	70.00	479.48	239.74
Rb	1.62	1.05	0.82	0.49	1.00		1.91	
Sr	10.78	9.13	9.04	12.60	10.39	155.00	34.35	30.44
Ba	8.43	7.32	6.06	4.31	6.53	296.00	14.30	62.84
Cr	27.45	33.59	29.78	4.40	23.80	40.00	8.00	36.08
Co	2.60	4.29	3.69	2.66	3.31	2.00	4.99	2.47
Ni	17.33	26.21	19.88	6.84	17.57	30.00	5.07	1.76
V	12.16	8.30	9.16	4.54	8.54	52.00		36.93
Cu	162.30	57.03	18.33	11.08	62.19	11.00	24.70	64.63
Zn	46.00	30.71	40.20	50.76	41.92	482.00	49.90	73.91
Pb	1.64	2.27	2.23	1.55	1.92		2.29	
Zr	1.89	1.66	1.13	0.89	1.39	10.00	9.28	54.96
Hf	0.05	0.05	0.05	0.05	0.05		0.26	
Ga	1.75	1.36	1.42	1.50	1.51		3.57	
Ge	5.13	4.69	5.33	5.16	5.08		5.62	
Nb	0.20	0.21	0.20	0.17	0.19		0.40	
Ta	0.05	0.05	0.05	0.05	0.05		0.06	
Th	0.14	0.10	0.12	0.08	0.11		0.56	
U	0.28	0.11	0.12	0.10	0.15		0.14	
Sr/Ba	1.28	1.25	1.49	2.92	1.59	0.52	2.40	0.48
Sr/Rb	6.67	8.67	11.04	25.56	10.44	—	17.98	—
Ba/Rb	5.22	6.95	7.40	8.74	6.56	—	7.49	—
Co/Zn	0.06	0.14	0.09	0.05	0.08	<0.01	0.10	0.03
Ni/Zn	0.38	0.85	0.49	0.13	0.42	0.06	0.10	0.02
Ti/V	17.74	10.10	14.40	13.20	14.39	1.35		6.49
Ni/Co	6.67	6.11	5.39	2.57	5.31	15.00	1.02	0.71
Cr/Ni	1.58	1.28	1.50	0.64	1.36	1.33	1.58	20.50
Ga/Ge	0.34	0.29	0.27	0.29	0.30	—	0.64	—
Nb/Ta	3.94	4.22	4.06	3.36	3.90	—	6.67	—
Th/U	0.49	0.89	0.94	0.78	0.70	—	4.00	—

注:编号的4个样品数据引自沈其韩等(2009),弓长岭铁矿根据沈保丰等(1994)由几个样品平均而来,五台山铁矿(氧化物相)引自沈其韩等(2009)2个样品的平均值,五台山铁矿(硅酸盐相)根据骆辉等(2002)的1个样品

（五）成矿系列中的大型和超大型矿床控制因素

大型和超大型矿床的形成往往经历了复杂的成矿过程，具有多因耦合成矿特征。纵观鲁西地区与新太古代中—晚期火山-沉积变质作用有关的铁、金、硫铁矿矿床成矿系列，其中的铁矿形成了较多大型和超大型矿床，例如兰陵铁矿、苍峄铁矿、单县铁矿、东平铁矿等，这些矿床的控矿因素主要有以下3个方面：

1）构造位置：原始构造位置位于沉积盆地内部，水深相对较大的位置，容易形成硅铁质沉积。后期构造变动位置，在基底隆起的边缘和相对凹陷部位保留有较多的含铁建造。

2）地层分布：有大面积泰山岩群分布，含矿层位发育，地层厚度大。

3）褶皱发育：褶皱构造使铁矿层重复出现，并在转折端加厚，造成成矿物质相对集中。因此褶皱构造发育区段，容易形成大型、超大型矿床。如苍峄铁矿区正是因为褶皱构造的发育，才出现了多层平行铁矿层。

第三节　矿床区域时空分布及成矿系列形成过程

一、矿床区域时空分布

（一）韩旺式铁矿床

1. 时间分布特征

韩旺式沉积变质型铁矿主要产于泰山岩群雁翎关组和柳杭组中。雁翎关组斜长角闪岩Sm-Nd同位素年龄为2 651 Ma，2 684 Ma❶，雁翎关组中"花岗质砾石"的锆石SHRIMP年龄为（2 632±18）Ma（杨恩秀等，2008），新泰市雁翎关村北雁翎关组下部角闪变粒岩岩浆结晶锆石SHRIMP U-Pb年龄值为（2 747±7）Ma（王世进等，2009）。总之雁翎关岩组的形成时代大致在2 700 Ma，这也代表了韩旺式铁矿的成矿时代。

2. 空间分布特征

韩旺式沉积变质型铁矿分布范围较小，主要分布于鲁西地区东部的沂源韩旺（代表性矿床）和沂水北躲庄—峨山口地区，在沂水西虎崖和安丘崔岜峪有零星分布。含矿建造呈捕虏体、包体状残存于新太古代侵入岩内。沂源韩旺一带矿床规模大，具有代表性。

（1）沂源韩旺铁矿区

在沂源韩旺地区铁矿床出露范围北起沂源县东里镇院峪村，南至沂源县新瓦官庄乡张耿村，呈NW—SE向展布，长约11 km，宽约4 km，面积40 km²。大地构造位置位于鲁西隆起（Ⅲ）之沂山凸起（Ⅴ）南部。矿区划分为5个矿段，自北向南分为西北矿段、卧虎山矿段、上河矿段、王峪矿段及张耿矿段。磁铁矿层赋存于雁翎关组中上部。该组下部以黑云变粒岩、斜长角闪岩为主，中部以角闪片岩为主，夹角闪变粒岩。上部以含铁角闪石英片岩（磁铁石英岩）为主夹角闪变粒岩。区内雁翎关组层厚>500 m，赋矿层磁铁石英岩厚度数十米，最厚100 m（矿区特征详见——代表性矿床韩旺铁矿床地质特征）。

（2）沂水北躲庄-峨山口铁矿带❷

沂水北躲庄-峨山口铁矿床出露范围南起沂水县杨庄镇北躲庄村，北至峨山口村（由北向南为黄崖

❶ 1∶20万泰安、幅及新泰幅区调资料，1991年。

❷ 山东省物化探勘查院，沂水县北躲庄—峨山口成矿带柳杭组沉积变质型铁矿床——北躲庄铁矿，2015年。

头铁矿、杨庄铁矿、吕家庄铁矿、北躲庄铁矿），呈 NE-SW 向展布，长约 10 km，宽约 1~2 km（图 5-3）。大地构造位置位于鲁西隆起（Ⅲ）之汞丹山凸起（Ⅴ）北部，沂水-汤头断裂东侧。

铁矿床主要赋存在泰山岩群柳杭组上部，呈残留体状赋存于松山单元二长花岗岩中，岩性组合为黑云角闪石英片岩、磁铁透辉岩、磁铁角闪石英岩。

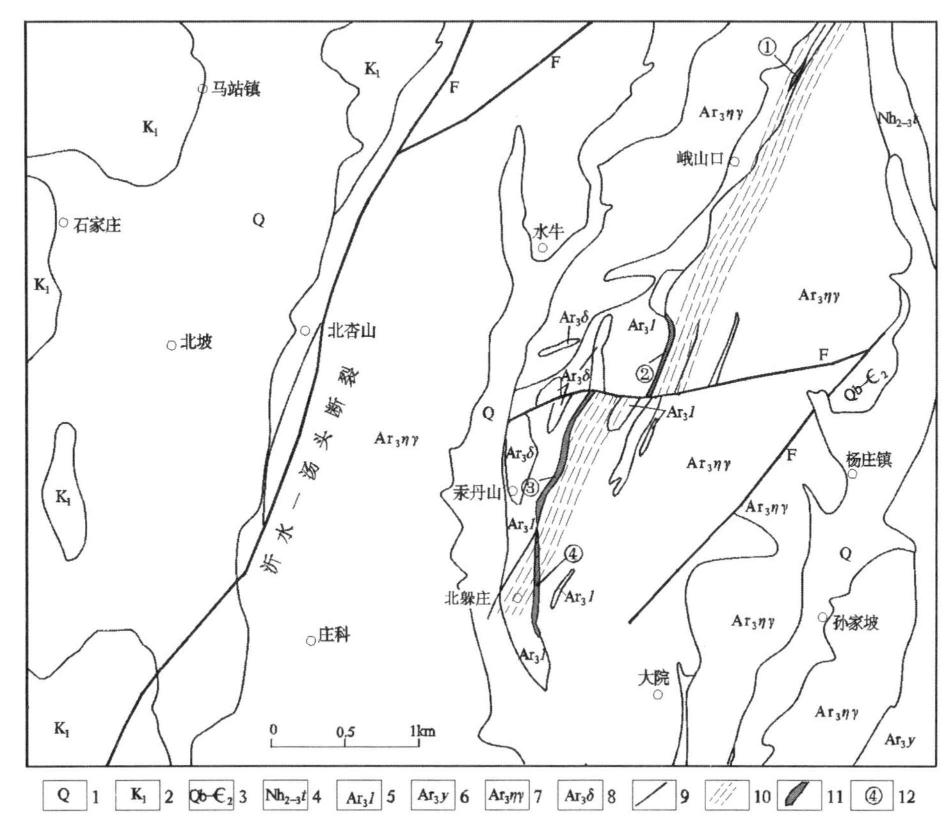

图 5-3　沂水北躲庄-峨山口铁矿区域地质略图

（据山东省物化探勘查院，2015）

1—第四系；2—下白垩统；3—青白口系—中寒武统；4—南华纪佟家庄组；5—新太古代柳杭组 6—新太古代雁翎关组；7—新太古代二长花岗岩；8—新太古代闪长岩；9—断裂；10—韧性剪切带 11—铁矿床；12—矿床编号

①黄崖头铁矿，②杨庄铁矿，③吕家庄铁矿，④北躲庄铁矿

区内构造较发育，有韧性剪切带和脆性断裂构造。前者南起北躲垛村，北至峨山口，呈 NE 向展布，长约 10 km，宽 800~1 000 m，原岩为松山单元二长花岗岩，韧性剪切带产状 110°~125°∠45°~71°，矿体在其边部分布；后者规模较大的有秦家庄-下杨林断裂和吴家楼子-下蔡家沟断裂，走向 NNE—NE 向，局部切断矿体。

侵入岩主要有新太古代傲徕山序列条花峪单元弱片麻状中粒黑云（角闪）二长花岗岩、松山单元中粒二长花岗岩及红门序列马家洼子单元中粗粒角闪黑云闪长岩。

矿体呈层状、似层状产出，自北向南由 3 个矿带 7 个矿体组成，Ⅰ矿带 2 个矿体，Ⅱ矿带 3 个矿体，Ⅲ矿带 2 个矿体。其中Ⅱ矿带 1，2 号矿体为主矿体（图 5-4），占全区资源量的 73 %。矿体倾向 110°~122°，倾角 47°~80°，总出露长度 3~4 km，厚度 3~5 m，最大约 10 m。

（二）苍峰式铁矿床

1. 时间分布特征

苍峰式沉积变质型铁矿赋存于泰山岩群山草峪组中，其形成时代与山草峪组同时。山草峪组锆石

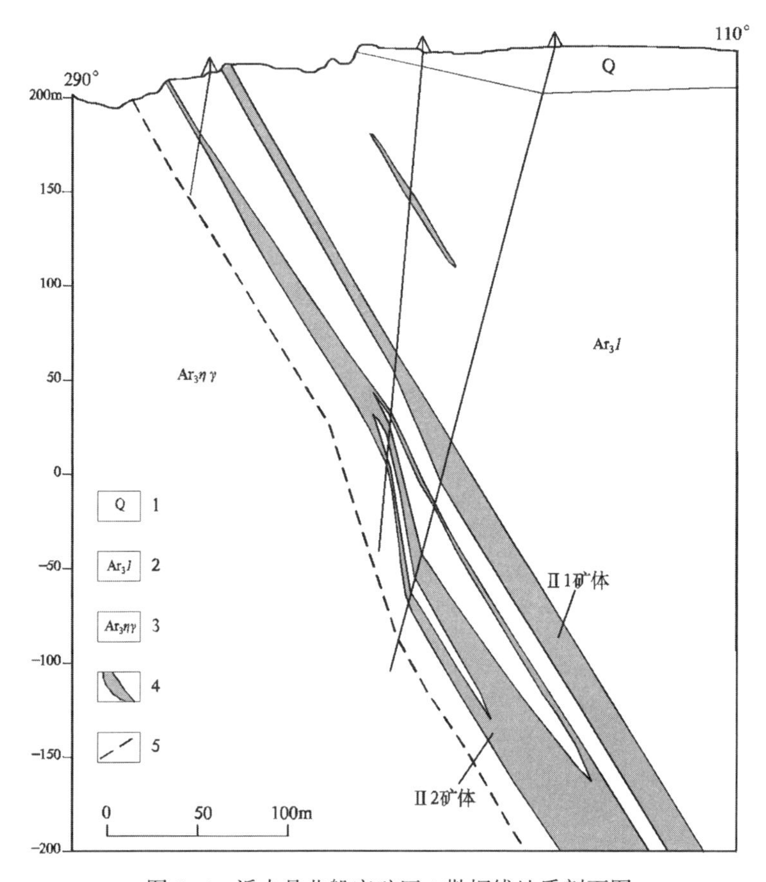

图 5-4 沂水县北躲庄矿区 4 勘探线地质剖面图

(据山东省物化探勘查院,2015)

1—第四系;2—新太古代柳杭组;3—新太古代二长花岗岩;4—铁矿体;5—推测地质界线

U-Pb 同位素年龄为 2 773 Ma 和(2 671.13±15)Ma,锆石 Pb-Pb 同位素年龄为 2 498 Ma。在新泰市二涝峪村南和村西山草峪岩组中,分别测得黑云变粒岩碎屑锆石 SHRIMP U-Pb 年龄为(2 572±16) Ma 和(2 544±6) Ma。多数人认为山草峪组形成于新太古代晚期。

2. 空间分布特征

苍峰式铁矿主要分布于鲁西地区的枣庄—苍山、东平—汶上、菏泽单县、临沂兰陵、东阿单庄、章丘垛庄、安丘常家岭、沂水胡同峪等地,其中在枣庄—苍山、东平—汶上、菏泽单县、临沂兰陵、东阿单庄等地矿床规模较大。

(1) 枣庄-苍山铁矿带

枣庄-苍山地区铁矿床是山东 3 大(韩旺、枣庄-苍山、东平-汶上)沉积变质型铁矿基地之一,大地构造位置位于鲁西隆起(Ⅲ)之尼山凸起(Ⅴ)南部。矿带呈 NWW 至近 EW 向分布,出露范围东自苍山县尚岩,西至枣庄市卓山,全长约 31 km,构成苍峄铁矿成矿带。铁矿床主要赋存在雁翎关组的中部,含矿建造为黑云变粒岩及黑云变粒岩夹斜长角闪岩为组合的条带状石英型磁铁矿建造。矿体受褶皱构造控制,主要褶皱构造自北向南有太白向斜、石阎背斜、辛庄向斜、后大窑北背斜。含铁岩系厚度较大,达 115 m,形成 5 个矿带。近年来(2007 年后),山东省鲁南地质矿产勘查院沿苍峄铁矿带(白水牛石)向东陆续又发现了王埝沟矿段、凤凰山矿段、沟西矿段和宋楼矿段。

（2）东平-汶上铁矿带❶

东平-汶上地区铁矿床呈 NNW 向分布，出露范围南自汶上县张宝庄，北至平阴县洪范池，全长约40 km，构成东平-汶上铁矿成矿带。其大地构造位置位于鲁西隆起（Ⅲ）之东平凸起（Ⅴ）和泰山凸起（Ⅴ）内。

铁矿床主要赋存在山草峪组中，含矿建造为黑云变粒岩、黑云斜长片麻岩、黑云变粒岩夹斜长角闪岩为组合的条带状石英型磁铁矿建造。区内褶皱及断裂构造较发育，据钻探资料揭露，在昙山—彩山一线发育 NNW 向背斜构造，推测由彭集、大牛、田家庄异常带和张宝庄、冯家庄、化肥厂异常带构成背斜的两翼，由山草峪组组成，二者之间为雁翎关组。其两翼倾向一致均为 WS 向，构成同斜背斜构造。区内共发育 4 组断裂。近 EW 向的汶泗断裂，分布在矿区南部为区域性断裂，控制盆地的形成及演化。其他 NW 向、NE 向及近 SN 向断裂均对矿体有不同程度的影响。

区内铁矿床可划分东、西 2 个矿带群 9 个含矿带。西带自南向北依次分布着黄庄含矿带、彭集含矿带、田庄含矿带、陈庄含矿带；东带为张宝庄含矿带、冯家庄含矿带、吕楼含矿带、化肥厂含矿带和大牛含矿带自南向北断续分布。东西 2 个矿带群大致呈 10°的夹角，向 NW 方向收敛，向 SE 方向呈“喇叭状”散开。

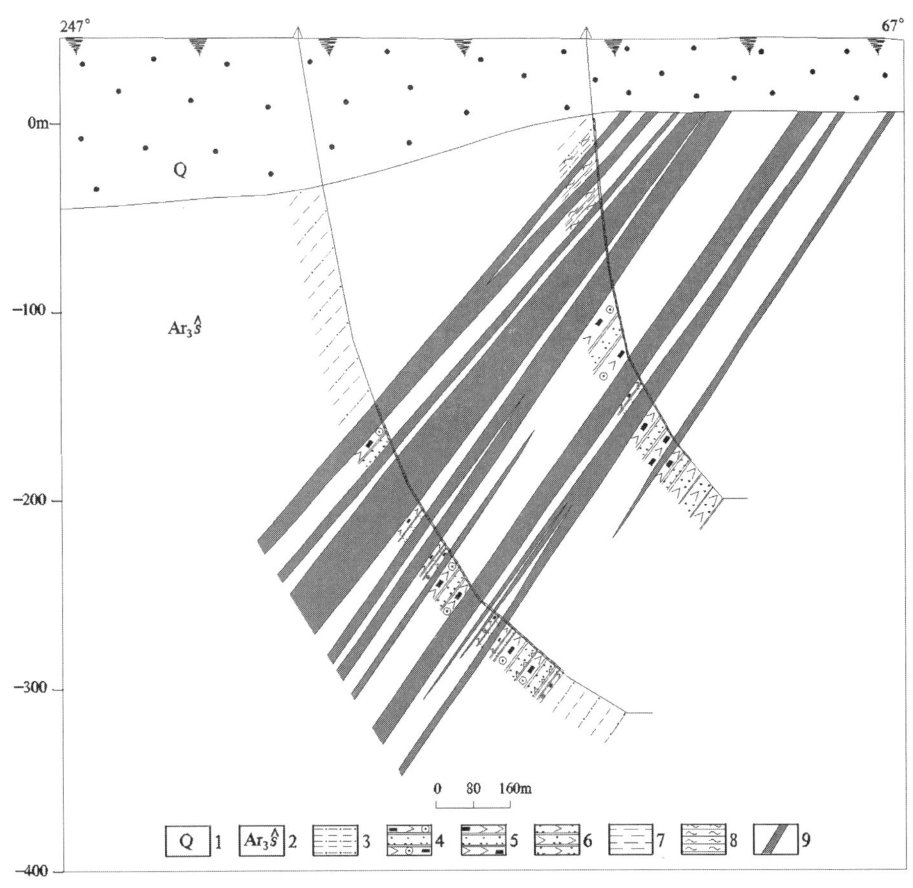

图 5-5　山东东平彭集矿区 21 勘探线地质剖面图

（据淄博矿务局钻探队，山东省汶上-东平铁矿区彭集大牛矿段普查报告，1976）

1—第四系；2—新太古代山草峪组；3—黑云变粒岩；4—含磁铁石榴角闪石英岩；5—条带状含磁铁角闪石英岩；6—条带状角闪石英岩；7—黑云变粒岩；8—黑云绿泥片岩；9—铁矿体

矿体隐伏于第四系之下，部分地段见有寒武系，上覆地层厚度 20~140 m。矿体呈层状、似层状单斜产

❶ 山东省鲁南地质工程勘查院，汶上-东平铁矿带彭集铁矿床勘查成果，2015 年。

出,总体走向 NW,倾向 SW,倾角 50°~70°(图 5-5)。矿体层数多,长度大,单矿体最长 5 193 m,大于 1 000 m的矿体有 19 层。矿层单层厚度一般在 3~8 m,最大厚度 42.72 m,平均厚度 6.06 m。矿层达 51 层之多,总厚度 84~130 m。矿体延深最大 1 302 m,平均 284 m;控制垂深最大-620 m,一般-213~-450 m。近年来(2000 年后),多家地矿勘探部门在此带开展找矿勘探工作,探明铁矿资源储量 11.47 亿吨❶。

(3) 菏泽单县大刘庄铁矿区❷

菏泽单县地区铁矿床是 2000 年由山东省地质调查院新发现的矿床,分布于菏泽单县大刘庄—龙王庙一带。大地构造位置属鲁西南潜隆起(Ⅲ)菏泽-兖州潜断隆(Ⅳ)龙王庙潜凸起(Ⅴ)之上。

泰山岩群山草峪组隐伏于新近系之下,一般埋深 350~500 m。据 ZK1205 钻孔揭露山草峪组最大厚度 495.57 m,主要岩性为黑云变粒岩、黑云斜长片麻岩,夹条带状透辉磁铁石英岩、斜长角闪岩、石榴角闪斜长片麻岩、石榴石英岩等,是铁矿体的赋存层位。与苍峄铁矿、东平铁矿对比,本区黑云变粒岩具有结晶颗粒较粗、纹层不发育的特点。该组地层遭受岩体侵入及岩脉穿插,破坏了地层的完整性。

区内构造以韧性变形构造和脆性断裂为主。脆性断裂主要发育 NW 向和 NE 向 2 组,前者以张性活动为主,构成凸起与凹陷的边界断裂。韧性变形构造主要反映在山草峪组内,岩石普遍发育不规则的条带状韧性变形构造,局部表现为片岩带、糜棱岩带等。条带主要由石英、角闪石、辉石变形集合体构成,片麻理产状 235°~245°∠37°~60°。

大刘庄铁矿有Ⅰ,Ⅱ号 2 个铁矿带(图 5-6),矿体围岩以黑云变粒岩、黑云斜长片麻岩为主,与地层产状一致。矿体呈层状,共揭露矿层 9 层,单层矿体厚度一般几米,最大厚度达到 10 m,总厚度约 40 m。其中Ⅰ号为主矿带长约 2 300 m,宽 20~180 m,走向 315°~325°,倾向 SW,倾角 45°~60°,与地层产状基本一致,矿带内赋存 6 个铁矿体。Ⅱ号矿带位于Ⅰ号带之上,长约 600 m,走向 315°,倾向 SW,倾角 40°,带内赋存 3 个铁矿体。

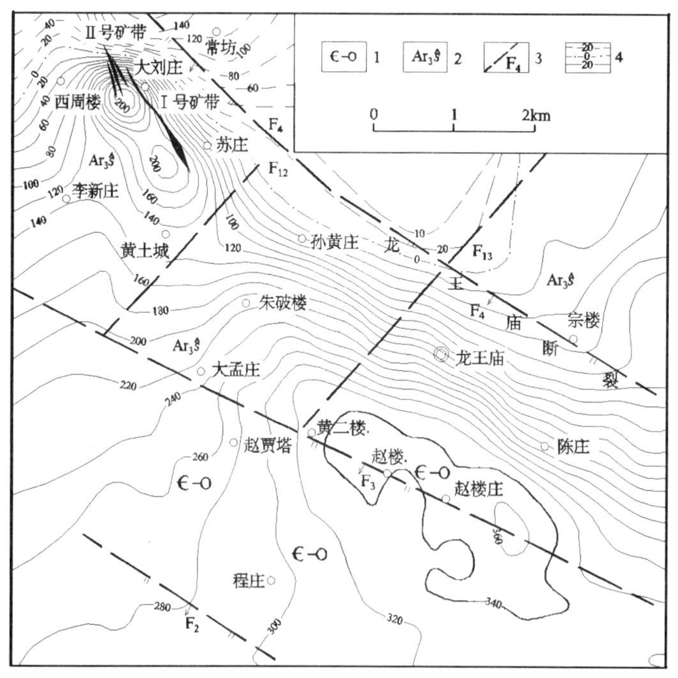

图 5-6　单县大刘庄地区地质、地球物理综合信息简图

(据山东省地质调查院,2015)

1—寒武系—奥陶系;2—新太古代山草峪组;3—断裂;4—地磁异常等值线

❶ 山东省鲁南地质工程勘察院,汶上-东平铁矿带彭集铁矿勘查成果,2015 年。

❷ 山东省地质调查院,山东省单县南部地区地质勘查报告,2008 年。

(4) 临沂兰陵铁矿区❶

临沂兰陵地区铁矿床是2005~2011年由中化地质矿山总局山东地质勘查院新发现的矿床,位于苍峄铁矿东南部的兰陵镇一带(图5-7)。大地构造位置位于鲁西隆起中南部的峄城凸起内。矿体赋存在寒武纪地层之下的泰山岩群山草峪组中,埋藏深度700~1 500 m。其主要岩性为黑云变粒岩夹磁铁角闪石英岩、磁铁角闪片岩、二云变粒岩等,其原岩为基性火山碎屑沉积岩及陆源碎屑沉积岩夹硅铁建造。含矿地层呈带状分布,走向300°~310°,倾向30°~40°,倾角80°~89°,由于受褶皱构造影响,局部岩层产状直立至倒转。区内褶皱及断裂构造发育,自北向南依次发育走向NW的南沙沟-兰陵复式倒转背斜、小寨子向斜和兰陵背斜;断裂构造均为物探推测,近EW向断裂对矿体有明显的控制作用,而近SN向断裂为成矿后断裂,对矿体的分布有一定的影响。

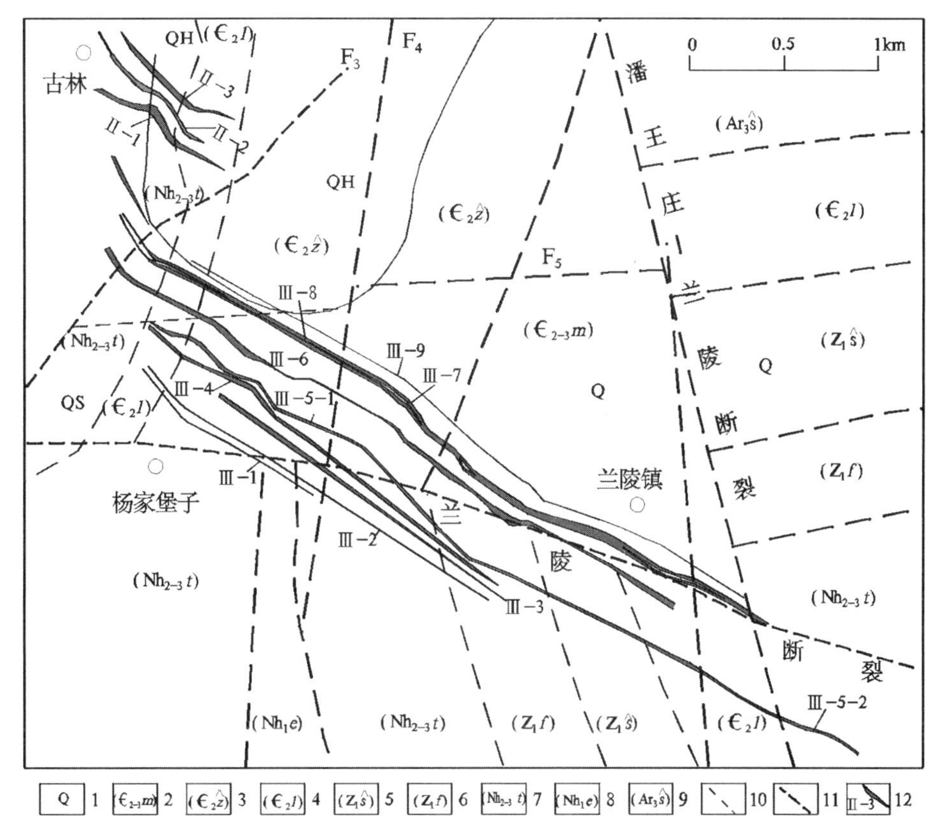

图5-7 兰陵铁矿矿区地质简图

(据中化地质矿山总局山东地质勘查院,2015)

1—第四系;2—寒武纪馒头组;3—寒武纪朱砂洞组;4—寒武纪李官组;5—震旦纪石旺庄组;6—震旦纪浮来山组;7—南华纪佟家庄组;8—南华纪二青山组;9—新太古代泰山岩群山草峪组;10—推测地质界线;11—推测性质不明断裂;12—铁矿体及编号

兰陵铁矿分古林(Ⅱ)和兰陵(Ⅲ)2个矿段,共12个矿体。其中古林矿段圈定3个矿体,兰陵矿段圈定9个矿体。

古林(Ⅱ)矿段矿体总长1 400 m,矿体平均真厚度14.37 m,属厚度变化较稳定型。

兰陵(Ⅲ)矿段总体长度约5 900 m,矿体之间基本平行展布,北部矿体厚度大,品位高;南部矿体厚度薄,品位低。矿体平均真厚度7.16 m,属厚度变化较稳定型。兰陵铁矿为超大型铁矿,全区估算铁矿石

❶ 中化地质矿山总局山东地质勘查院,兰陵铁矿勘查成果,2015年。

资源量约6亿吨，平均品位TFe为32.91 %，mFe为24.31 %。

(5) 东阿单庄铁矿区❶

东阿单庄地区铁矿床是2012年由山东省地质科学研究院新发现的矿床，分布于黄河以北地区的东阿单庄一带，聊考断裂西南侧，属汶上-东平铁矿带的北延部分。大地构造位置位于鲁西隆起(Ⅲ)之泰山凸起(Ⅴ)西北缘。

铁矿床主要赋存在山草峪组中，含矿建造为黑云变粒岩夹黑云斜长片麻岩、黑云角闪斜长片麻岩、斜长角闪岩为组合的含条带条纹状磁铁角闪石英岩建造。区内含矿地层的总体呈NW向展布，倾SW，倾角60°~80°。其上覆地层为寒武系—奥陶系及第四系，厚度300~400 m。矿区西侧为东阿断裂和茌平断裂，走向NE。在东阿断裂以东发育数个NE向褶皱构造，分别为周庄背斜、孙郭关营背斜、苇铺西崔向斜和李家堂向斜，规模较小。按断裂展布方向可分为NE—NNE向、近EW向、NW向3组，以NE—NNE向一组为主，多为高角度正断层。

矿床隐伏于寒武系—奥陶系之下，分为南北2个矿段，即柳林屯矿段(北矿段)和前翟坊矿段(南矿段)，共圈定矿体21个。柳林屯矿段矿体走向为355°，倾向265°，倾角为63°~67°；前翟坊矿段矿体走向为330°，倾向240°，倾角为56°(图5-8)。矿体呈层状产出，近SN向带状展布，最浅部埋深540 m，一般向深部有变厚的趋势，平均真厚度7.53 m。区内探求铁矿石资源量为中型铁矿床。矿床TFe平均品位28.20 %，mFe平均品位22.25 %。

(三) 化马湾式金矿床

1. 时间分布特征

中国地质科学院地质力学研究所利用$^{40}Ar-^{39}Ar$中子活化定年法对鲁西绿岩带内化马湾金矿黄铁绢英岩中的蚀变矿物绢云母进行同位素测定，得到分段升温加权平均年龄(1 696.78±2.91)Ma，全气体年龄(1 736.19±25.52)Ma，高温阶段(从850℃到1 150℃)加权平均年龄为(1 762.33±2.37)Ma，该年龄基本代表了绢云母的生成年龄❷。

沂水城北峨山口的糜棱岩中多硅白云母的$^{40}Ar-^{39}Ar$年龄数据为1 852.02~2 096 Ma，等时线年龄为(1 867.6±49.02)Ma。梁丘附近剪切带中心超糜棱岩中的构造变成矿物多硅白云母进行$^{40}Ar-^{39}Ar$年龄数据为1 769.2 Ma(石玉臣等，2001)。由于多硅白云母封闭温度一般在350~430 ℃，成矿温度一般在125~330 ℃。因此，成矿稍晚于剪切时间，成矿时间大致在1 600~1 700 Ma左右的解释较为合理，时代为吕梁期。

2. 空间分布特征

鲁西前寒武纪金矿床属绿岩带型金矿，称为化马湾式金矿。包括两种成因类型：韧性剪切带型和层控型(王继广等，2013)。韧性剪切带型金矿主要分布于新泰—蒙阴一带，有泰安化马湾、新泰岳家庄、黄峪和蒙阴埠洼等小型矿床和数处矿(化)点，其产状、形态及空间延伸明显受韧性剪切带构造控制，金矿化带长一般1~5 km，宽1~10 m。层控型金矿已知有新泰市东官庄和沂水县汞丹山2处矿点。

(四) 石河庄式硫铁矿矿床

硫铁矿主要赋存在雁翎关组中，呈矿脉群分布，其赋存状态严格受雁翎关组层位控制，同时经受了前寒武纪变质作用影响，故成矿时代应为新太古代。

该类型矿床主要分布于新泰石河庄、单家庄和平邑东近台等地，多为小型矿床。矿体产于以斜长角

❶ 山东省地质科学研究院，山东省东阿县单庄地区铁矿普查报告，2015年。

❷ 山东省地质调查院，鲁西地区金矿成矿作用研究与找矿预测报告，2013年。

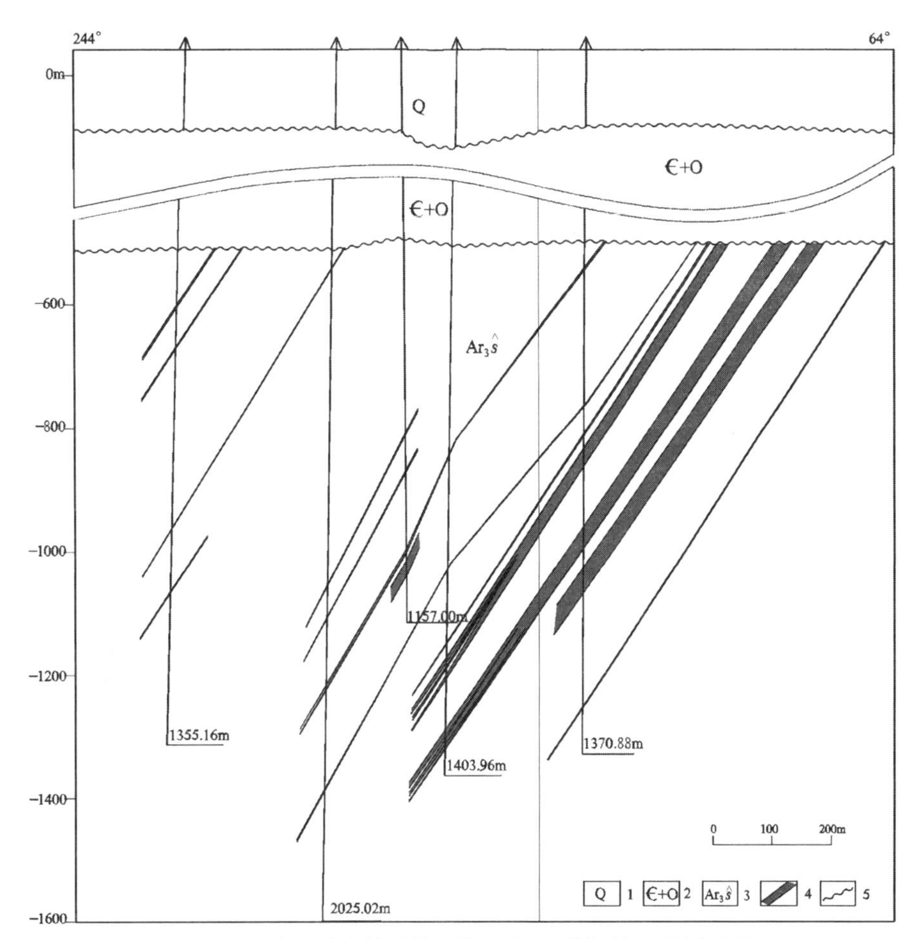

图 5-8　东阿单庄铁矿前翟坊矿段 40 勘探线地质剖面图

（据山东省地质科学研究院，2015）

1—第四系；2—寒武系+奥陶系；3—新太古代泰山岩群山草峪组；4—铁矿体；5—不整合地质界线

闪岩和阳起透闪片岩为主的雁翎关组二段（绿岩带）中，呈层状、透镜状或脉状沿片麻理方向展布。矿体走向近 SN，倾向 W，倾角 50°～80°，长几十米至几千米不等，宽几十厘米至几米。矿体分布层位稳定，一般赋存在火山沉积旋回中、上部的基性熔岩-火山碎屑沉积岩中，含矿岩石为磁铁角闪岩、斜长角闪岩、角闪片岩。除层位控矿外，NW 向构造控矿也很明显，沿矿体展布方向断裂构造及其相应的蚀变、破碎也很发育，矿体中多发育被矿脉充填的微细裂隙。

矿体内部和顶底板附近矽卡岩化较为强烈，石榴子石多呈集合体状产于矿体的顶底板处，并沿裂隙生成透辉石。石榴子石、钠长石、钾长石被金属硫化物磁黄铁矿、黄铁矿捕获，并在形成过程交代作用明显，矽卡岩化晚期有热液形成的石英脉顺层充填。矿床成因为中高温热液交代充填型硫铁矿。

二、成矿系列形成过程

鲁西地区在太古宙时期经历了颇为复杂的地质作用过程，地质历史的发展演化既与华北陆块的整体演化相协调，又有自己独特的发展历程，伴随地质演化过程形成了不同的矿床成矿系列。

迁西期（2 800 Ma）以前，同位素资料指示本区最古老的地质体位于汞丹山凸起的沂水城东，形成于 3 000 Ma 之前。在中太古代早期的地壳初始发展阶段，地球表面温度高，地热梯度大，火山作用强烈。在地球逐渐冷却过程中，开始形成原始地壳，原始地壳受地幔对流影响，引起拉张，接受超基性-中酸性火山岩及浅海陆棚沉积物，形成了富铁质的沂水岩群，但没有富集成矿。

阜平期(2 800~2 600 Ma)，地壳分异成稳定的花岗岩穹窿和活动的绿岩带，稳定区与活动带基本格架逐渐明朗。阜平期早期，以基性火山岩为主的火山喷发强烈，形成雁翎关组；同时侵入岩活动频繁，产生万山庄、泰山、黄前、新甫山等岩浆序列。在雁翎关组中形成与角闪岩相火山-沉积变质作用有关的条带状铁矿床成矿亚系列中的韩旺式铁矿。阜平期后期火山盆地逐渐加大，并逐渐发育双峰式火山岩建造，之后产生碎屑沉积，形成山草峪组和柳杭组；侵入岩则有南涝坡和峄山序列。在山草峪组中发育广泛的与角闪岩相火山-沉积变质作用有关的条带状铁矿床成矿亚系列中的苍峄式铁矿。由于变质热液作用产生与绿岩带有关的金、硫铁矿矿床成矿亚系列。

第四节　代表性矿床剖析

一、产于新太古代早-中期泰山岩群中沉积变质型铁矿床矿床式(韩旺式、苍峄式)及代表性矿床

Ⅰ. 泰山岩群雁翎关组中沉积变质型(韩旺式)铁矿床

(一) 矿床式

1. 区域分布

赋存于雁翎关组和柳杭组中的铁矿床以韩旺铁矿为典型代表，因此称之为韩旺式铁矿。主要分布于鲁西地区东部的沂源韩旺和沂水高桥地区，在沂水西虎崖和安丘崔岜峪有零星分布。沂源韩旺一带矿床规模大，具有代表性。

2. 矿床产出地质背景

在地质构造位置上，主要矿床分布在鲁西隆起中南部的沂山凸起、马牧池凸起、汞丹山凸起等地。矿床产于与雁翎关组和柳杭组角闪质岩石有关的变质火山沉积条带状角闪石型磁铁矿建造，形成于火山活动区的岛弧环境，其成矿物质来源与海底火山活动密切相关，遭受后期变质作用后使成矿物质富集。

3. 含矿岩系特征

雁翎关组主要岩石类型有细粒—微细粒斜长角闪岩、角闪变粒岩、黑云变粒岩、云母片岩、透闪阳起片岩、变质砾岩及少量的磁铁石英岩，并以科马提岩为特征。常见有含滑石斑点的透闪片岩、阳起透闪片岩、透闪阳起片岩3种岩石渐变组成自下而上的科马提岩小韵律层。其原岩主要为一套海底喷发的基性-超基性火山熔岩。柳杭组主要岩石类型为微细粒斜长角闪岩、绿泥片岩、黑云变粒岩、角闪黑云变粒岩、绢云石英片岩、中酸性变质火山角砾岩、变质沉积砾岩，上部夹有铁闪磁铁石英岩。其原岩主要为基性火山熔岩和中酸性的火山碎屑岩、凝灰岩及正常沉积的碎屑岩等。

赋矿地质体以斜长角闪岩为主，产于以角闪质岩石为主并夹有黑云变粒岩等岩石的岩层中。

4. 矿体特征

铁矿体多为似层状、层状、透镜状。一般呈单斜状产出，亦有呈向斜状产出者。呈单斜状产出的矿层倾角在50°~70°；呈向斜状产出的矿层倾角在50°~85°。矿层位于向斜的轴部，倾斜平缓。矿体的长度一般500~3 000 m。由于受构造强烈挤压作用，含矿建造及矿体内褶皱、褶曲发育。矿体的主要特点是条带构造发育，条带主要由磁铁矿、角闪石、石英微细颗粒相间排列组成。

5. 矿石特征

矿石矿物以磁铁矿、假象赤铁矿为主,少量赤铁矿、褐铁矿、白铁矿、黄铁矿、钛铁矿、黄铜矿、磁黄铁矿。脉石矿物主要有石英、铁闪石、普通角闪石,其次有黑云母、透辉石、石榴子石等。

矿石中主要有益组分 Fe 含量比较稳定,并含微量的 Ti,Cr,V,Ga 等黑色及稀有元素,有害组分 P,S 含量一般很低。角闪石型矿石多比石英型矿石全铁品位高,氧化带矿石比原生带矿石品位高。在向斜轴部或构造交会部位矿石品位有所增高。

矿石为细粒变晶结构,磁铁矿粒径一般为 0.015~0.073 mm。矿石构造以磁(赤)铁矿与硅酸盐暗色矿物或石英组成的平行条带为特征。与斜长角闪岩有关的矿床,矿石为磁铁矿与硅酸盐暗色矿物为主,组成条带状构造(韩旺式);与变粒岩有关的矿床,矿石为磁铁矿与石英为主,组成条带状构造(苍峄式);部分矿石为块状构造。矿石类型为低品位需选磁铁矿石。

6. 找矿标志

主要找矿标志是雁翎关组地层及磁异常。雁翎关组为一套含镁铁质较高的火山-沉积岩系,沉积变质岩层由角闪质岩石、黑云角闪变粒岩及含铁角闪石英片岩组成,为铁矿形成的重要的矿源层,而其中的含铁角闪石英片岩为直接的找矿标志。航磁异常呈 NW 向展布,磁异常值较低,仅在 150~200 nT 之间。

7. 矿床成因

韩旺式铁矿属阿尔戈马型铁矿,火山活动间歇期成矿。矿床成因涉及物质来源和成矿机制问题。对于 BIF 铁矿 Fe 和 Si 的物质来源,而近年来越来越多的地球化学证据支持成矿物质主要来自深海热液。即下伏岩浆房加热新形成的镁铁质-超镁铁质洋壳,海水对流循环从新生洋壳中淋滤出 Fe 和 Si 等元素,在海底减压排泄成矿,成矿流体的脉动式喷发导致形成条带状构造(张连昌等,2012)。

(二)代表性矿床——沂源韩旺铁矿床地质特征❶

1. 矿区位置

韩旺铁矿位于山东省中部,沂源县东南端,跨沂源、沂水两县,矿区面积约 40 km^2。大地构造位置位于鲁西隆起之沂山凸起北部。

2. 矿区地质背景

矿区北部广泛出露新太古代傲徕山序列松山单元中粒二长花岗岩和泰山岩群雁翎关组,南侧广泛分布古生代沉积地层。雁翎关组呈单斜产出,岩层倾向 SW,倾角一般 50°~70°,局部地段受侵入岩体影响岩层直立或者变缓。古生代岩层倾向 NE,倾角 15°~30°,与基底变质岩系呈角度不整合接触。韩旺-石桥断层呈 NW-SE 走向纵贯矿区,是一条长期活动的弧形复杂构造带,主断面倾向 SW,倾角 50°~70°,为隐伏正断层。

3. 含矿岩系特征

铁矿层赋存于泰山岩群雁翎关组顶部。区域上主要岩石类型有细粒—微细粒斜长角闪岩、角闪变粒岩、黑云变粒岩、云母片岩、透闪阳起片岩、变质砾岩及少量的磁铁石英岩,划分 3 个岩性段,区内缺失一段。二段为角闪片岩夹角闪变粒岩,厚度 110 m;三段为磁铁石英岩夹斜长角闪岩,厚度 270 m,磁铁石英岩分布在该段的顶部。韩旺一带的雁翎关组阳起片岩厚 41 m,斜长角闪岩厚 148 m,且都不连续,磁铁石英岩含铁岩系(韩旺铁矿开采层位)厚度可达 100 m。向西至蔡店、裴家庄等地,磁铁石英岩含铁岩系厚仅数十米。区内含矿层位被后期 NNW 向断裂构造和侵入岩破坏,形成一系列 NNW 向包体残存

❶ 山东省地质局第一地质队翟颖川等,山东省沂源铁矿韩旺矿床补充勘探报告,1976 年。

于新太古代侵入体内。

4. **矿体及矿带特征**

韩旺铁矿床自西北部的长旺村至东南部的崔家王峪全长约 7 000 m,可划分为 5 个矿段,分别为西北矿段、卧虎山矿段、上河矿段、王峪矿段和张耿矿段(图 5-9)。已探明资源储量 17 521 万吨,矿石品位 TFe(全铁)含量一般为 30 %~39 %,平均为 36 %;SFe(可熔铁)一般在 25 %~37 %,平均为 29 %,最高为 49.29 %。

铁矿体呈似层状、透镜状,产状与围岩一致,总体走向 330°,倾向 SW,倾角 31°~65°。矿床中单层矿体较薄,夹层较多,矿体内部构成较复杂。据统计,卧虎山矿段及上河矿段的单层矿厚度一般 1~25 m,最厚 55 m,数十厘米厚的薄矿层亦较多;厚度>1 m 的夹层最多可达 16 层(耿家岭一带),一般为 3~10 层。王峪矿段单层矿厚度一般为 1~12 m,最厚 21 m,夹层最多可达 5 层;夹层的厚度变化也较大,薄至数厘米,厚达数十米。由于矿层、夹层及夹石类型多,变化大,矿体内部构成复杂,各剖面、各工程之间矿体对比较困难。根据 1~5 m 厚的夹石率统计,王峪矿段夹石率最高,其次是上河和卧虎山矿段,夹石率在 18 %~21 %之间。矿床中的夹层岩石类型主要有片岩、片麻岩、斜长角闪岩和伟晶花岗岩。

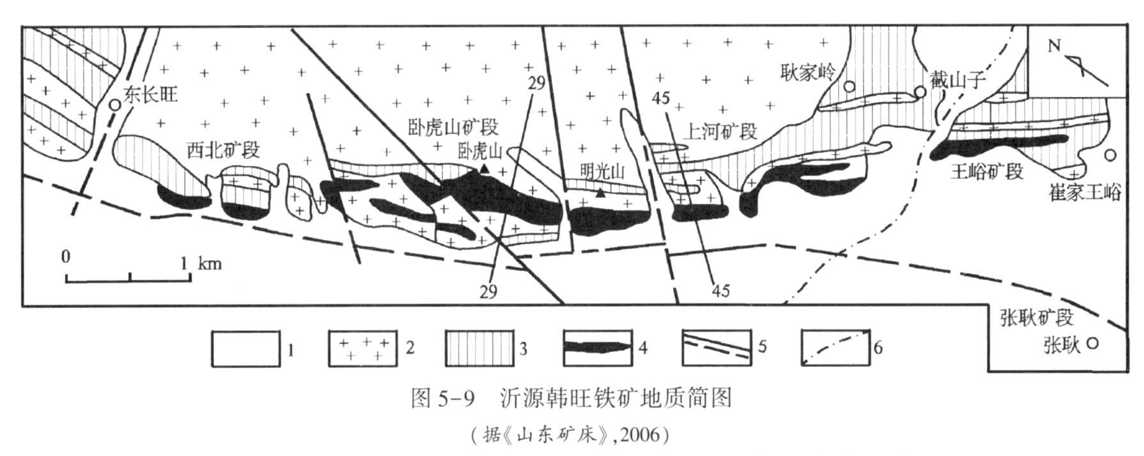

图 5-9　沂源韩旺铁矿地质简图

(据《山东矿床》,2006)

1—第四系;2—早前寒武纪花岗质岩石;3—泰山岩群雁翎关组;4—铁矿体;5—实(推)测断层;6—县界

含铁角闪石英片岩和铁矿体组成的含矿带形态沿走向、倾向均有明显变化。卧虎山矿段和上河矿段是矿床中厚度最大、延深最深、延伸较稳定的地段,但由于伟晶花岗岩的大量侵入,矿带的形态变化比较大,沿走向、倾向矿体分层多、单层矿较薄,矿体分支、复合、尖灭现象明显(图 5-10)。两矿段矿带厚度最小 14.5 m,最大 190 m,平均 80 m 左右,矿层数一般 4~11 层。矿带沿倾向延深达 650 m,深部尚未尖灭。

矿带向南东延伸至耿家岭附近(56 线)出现分支收缩至尖灭现象,形成无矿段。无矿段以南为王峪矿段,该矿段矿带较薄,但延伸较稳定,矿带厚度最小为 4 m,最厚为 31.30 m,平均厚 20 m 左右。矿带沿倾向延深约 200 m,深部尚未控制。

5. **矿石特征**

矿物成分:矿石中金属矿物以磁铁矿为主,其次为赤铁矿、假象赤铁矿、褐铁矿等。少量黄铁矿、黄铜矿、磁黄铁矿。含铁硅酸盐矿物主要有铁闪石、普通角闪石,其次有黑云母、透闪石、阳起石,少量绿泥石、绿帘石。脉石矿物主要有石英,其次有斜长石、绢云母、磷灰石等。

化学成分:矿石中铁组分分布较稳定,沿矿体走向、倾向及厚度变化都比较小。全矿区 SFe(可熔铁)含量一般 25 %~37 %之间,平均为 29 %,最高为 49.29 %;TFe 一般为 30 %~39 %,平均为 36 %。其中卧虎山矿段 SFe 平均为 28.00 %,王峪矿段平均为 30.25 %,上河矿段平均为 31.7 %。矿石中主要

有益组分为 Fe，其次有 Ti，Cr，Ni，Co，Ga 等，但含量较低，达不到综合利用工业要求。

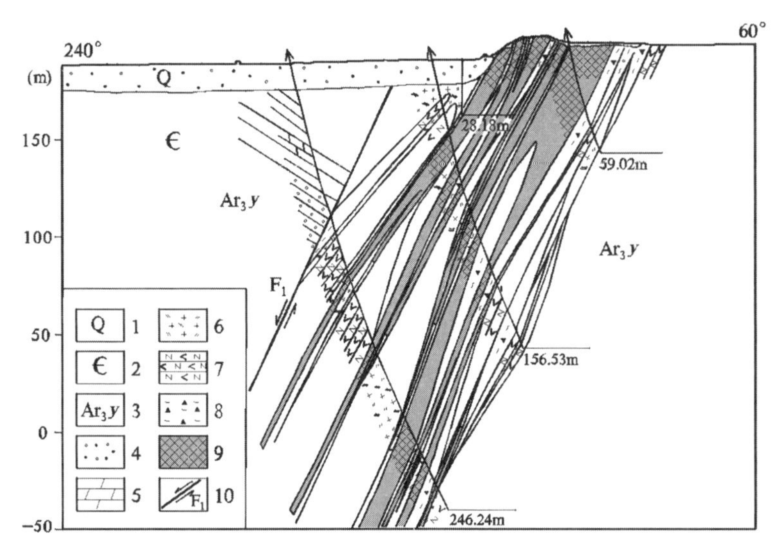

图 5-10　沂源韩旺铁矿 39 线地质剖面简图

（据《山东省铁矿资源潜力评价成果报告》，2011）

1—第四系；2—寒武系；3—新太古代雁翎关组；4—第四纪残坡积层；5—泥灰岩；
6—新太古代二长花岗岩；7—斜长角闪岩；8—含铁石英角闪片岩；9—磁铁矿矿体；10—正断层

结构构造及矿石类型：矿石结构为细粒变晶结构，主要有纤状变晶结构和纤状花岗变晶结构、花岗变晶结构等。矿石构造以条带状构造为主，其次有条纹状、片状、条痕状构造，条带宽一般 0.5～10 mm。根据矿石的矿物组合，该矿床的矿石类型有石英磁铁矿矿石和角闪磁铁矿矿石 2 种，为需选贫铁矿石。

6. 矿床成因

赋存于雁翎关组中的铁矿床，属条带状铁建造（BIF）铁矿床，赋矿地质体以斜长角闪岩为主，原岩建造主要为基性火山岩，类似于阿尔戈马型铁矿。矿床形成于火山活动区的岛弧环境，其成矿物质来源与海底火山活动密切相关，遭受后期变质作用后成矿物质富集，为沉积变质铁矿床产于以角闪质岩石为主并夹有黑云变粒岩等岩石的铁矿。

7. 地质工作程度及矿床规模

沂源韩旺铁矿系统的地质勘查是 1955～1958 年，地质部华北地质局 231 队进行的，基本查清了矿区地质及矿体特征。1975～1976 年间，山东省地质局和山东省冶金局，对矿区进行了补充勘探，进一步查清了矿床规模；为一大型矿床。

Ⅱ. 泰山岩群山草峪组中沉积变质型（苍峰式）铁矿床

（一）矿床式

1. 区域分布

赋存于山草峪组中的铁矿床以苍峄铁矿为典型代表，因此将矿床式称为苍峄式铁矿。苍峄式铁矿主要分布于鲁西地区的枣庄—苍山、东平—汶上、菏泽单县、聊城东阿、章丘垛庄、安丘常家岭、沂水胡同峪等地，其中在东平—汶上、枣庄—苍山、菏泽单县等地矿床规模较大。

2. 矿床产出地质背景

在地质构造位置上，矿床主要分布在鲁西隆起之泰山凸起、东平凸起、尼山凸起、龙王庙潜凸起、汞丹山凸起中。矿床产于与山草峪组黑云变粒岩夹角闪质岩石有关的变质火山沉积条带状石英型磁铁矿建造,形成于火山活动区的岛弧环境,其成矿物质来源与海底火山-沉积活动密切相关,遭受后期变质作用后成矿物质富集。

3. 含矿岩系特征

铁矿赋存于山草峪组中上部,夹于黑云变粒岩和斜长角闪岩中,铁矿赋矿层位以富含角闪质岩层和磁铁石英岩层为特征。铁矿床类型为沉积变质铁矿床之变质硅铁建造铁矿,产于以黑云变粒岩为主并夹有角闪质岩石等岩层中。苍峄式铁矿原岩建造为基性火山岩-中酸性火山岩-沉积粉砂岩-硅铁质建造,属阿尔戈马型铁矿,火山活动间歇期成矿。

变质岩石组合类型为变质砾岩-斜长角闪岩、变粒岩-磁铁石英岩组合,原岩为硬砂岩-泥质岩建造、中酸性火山碎屑岩-火山岩建造,含矿建造主要为条带状磁铁石英岩。北部地区含矿建造受 NNW 向大型韧性剪切带控制明显,南部含矿建造走向一般为 NWW 向或近 EW 向。由于受强烈挤压作用,含矿建造及矿体内褶皱、褶曲发育,矿体受褶皱控制明显。含矿建造内主要特点是条带较发育,条带主要由石英和磁铁矿微细颗粒相间排列组成。

4. 矿体特征

矿床规模一般较大,矿带宽度一般在数十米至百米之间,矿带内矿体数目众多,一般在数个至数十个矿体不等。矿体呈层状、透镜状顺层分布于含矿建造内。矿石类型主要为条带状磁铁石英岩,少量含角闪条带状磁铁石英岩。

5. 矿石特征

矿石矿物有磁铁矿、假象赤铁矿、褐铁矿、黄铁矿,磁黄铁矿、黄铜矿。脉石矿物有石英、黑云母、角闪石、透闪石、阳起石、方解石等。

矿石中主要有益组分 TFe 含量为 20 %~40 %,平均为 33 %;SFe 为 24.97 %~26.26 %;有害组分硅酸铁含量为 7.89 %,S 为 0.007 %~0.763 %;P 为 0.002 %~0.965 %。

矿石结构构造为细粒他形、半自行变晶结构,条带状、条纹状、块状构造。

6. 找矿标志

主要找矿标志有地层、地球物理、地貌。泰山岩群山草峪组为寻找该类铁矿的有利地层,山草峪组中含磁铁角闪片岩、磁铁石英岩、角闪石英岩发育层位为赋矿有利地段。在磁铁矿体分布地段可引起明显的磁异常,异常与矿体吻合较好。ΔT 强度一般为 1 200~2 600 nT,峰值可达 8 000 nT 以上。旁侧有明显的伴生负磁异常,负磁场强度达-800~-1 600 nT。磁铁角闪石英岩及磁铁石英角闪岩抗风化能力强,多形成正地形。由风化而形成的地表呈带状分布的褐色土,也是寻找和追索铁矿化带的地貌标志。

7. 矿床成因

苍峄式铁矿与韩旺式铁矿矿床成因和成矿模式基本相似,不同之处在于前者形成于海底基性火山喷发-沉积期,其原岩为一套硬砂岩-泥质岩建造、中酸性火山碎屑岩-基性火山岩建造;而后者形成于海底基性火山喷发期,原岩主要为基性火山熔岩和中酸性的火山碎屑岩、凝灰岩及正常沉积的碎屑岩等。

(二) 代表性矿床——苍峄铁矿床地质特征[1]

1. 矿区位置

苍峄铁矿床是指位于苍山县西部与枣庄市东部的铁矿,由若干个铁矿体构成一条近 EW 向分布的铁矿带。矿带西起枣庄市卓山,东至苍山县尚岩地区,全长约 31 km。大地构造位置位于鲁西隆起之尼

[1] 山东省地质局第二地质队等单位叶育清等,山东省苍峄铁矿地质补充勘探报告,1976 年。

山凸起南缘。

2. 矿区地质背景

矿区北部广泛出露新元古代土门群和寒武纪地层，南部为泰山岩群山草峪组，矿体产于山草峪组中。矿区内多发育紧闭褶皱，自北向南发育太白向形、石阎背形、辛庄向形和后大窑北背形等，褶皱轴向与变质岩岩层走向一致。区内断裂构造发育，可分为 NNE 走向、NE 走向、NEE 走向、NW 走向和近 EW 走向 5 组，主要断裂有山套断裂、白水牛石断裂、东石门断裂及楚子山断裂，这些断裂都切割矿层，属 NNE 走向断裂，倾向 S，倾角>60°，属张性断裂。

3. 含矿岩系特征

矿区内新太古代泰山岩群山草峪组发育，以黑云变粒岩为主，夹斜长角闪岩、磁铁石英岩、磁铁角闪石英岩，其含矿建造属一套条带状石英型磁铁矿建造。苍峄式沉积变质型铁矿赋矿层位以富含黑云变粒岩夹角闪质岩层和磁铁石英岩层为特征。

4. 矿体及矿段特征

苍峄铁矿床以枣庄市王家庄（-4 勘探线）为界，其东为石门矿区，包括走马岭西、走马岭、主草山、黄牛岭、小阎庄、白水牛石、后大窑等 7 个矿段，长 12 km；王家庄以西为泥河矿区，包括施山口、刘岭、卓山等矿段，长 14 km（图 5-11）。矿床累计探明资源储量达大型规模，矿石品位 TFe 含量为 20.61 %～42.13 %，SFe 一般为 9.21 %～41.90 %。

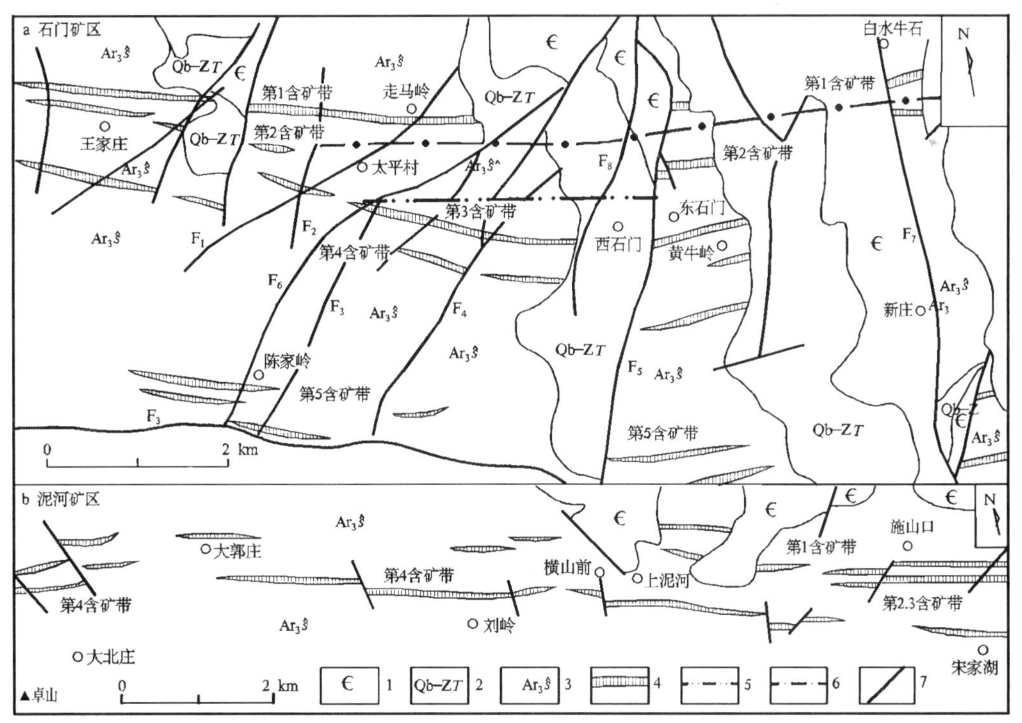

图 5-11　苍峄铁矿（西段）矿体分布图

（引自《山东矿床》，2006）

1—寒武系；2—新元古代土门群；3—新太古代泰山岩群山草峪组；4—含铁矿层；5—太白向斜；6—石阎背斜；7—断层及编号

近年来（2007 年后），山东省鲁南地质矿产勘查院沿苍峄铁矿带（白水牛石）向东陆续又发现了王埝沟矿段、凤凰山矿段、沟西矿段和宋楼矿段❶。勘查共查明南北 2 条矿带（第 1，2 含矿带） 4 个矿体，矿

❶　山东省地质科学研究院，2014 年度主要地质科研项目进展概况，2015 年。

体总体走向 290°~315°,南北两矿带相向而倾;总长度 6 400 m,工程最大控制斜深 850 m;矿体平均厚度 33 m 左右。

铁矿体赋存于泰山岩群山草峪组上部,呈层状产出,产状与围岩岩层一致,矿体形态受基底褶皱构造控制。按照主要矿体分布特点,苍峄铁矿带可划分为 5 个含矿带,自北而南编号为 1,2,3,4,5 含矿带,其中第 1 和第 4 含矿带为主要含矿带(图 5-12)。含矿带大致呈南北向对称分布,反映其具有因褶皱造成岩层和矿层重复出现的特点(图 5-13)。含矿带总体走向,在东石门断层以东为近 EW 向,东石门断层以西为 280°~290°,至卓山西又转为近 EW 向,倾角较陡,一般为 45°~85°,倾向 S 或 N。第 1 含矿带为主要矿带,赋存的矿层厚且稳定。

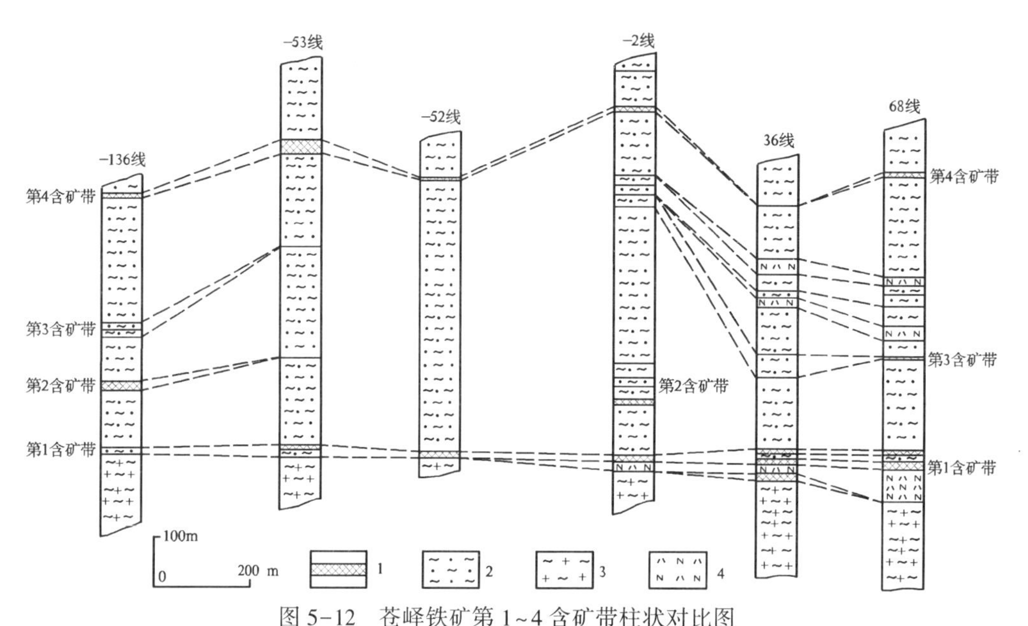

图 5-12 苍峄铁矿第 1~4 含矿带柱状对比图

(据《山东省苍峄铁矿地质补充勘探报告》编绘,1976;引自《山东矿床》,2006)

1—含矿层;2—黑云变粒岩;3—混合岩化黑云变粒岩;4—斜长角闪岩

第 2 含矿带基本为一单斜层,但含矿层内小褶皱较发育。含矿带最厚 90 m,中间地段较厚,向东向西延伸变薄至 10 余米。矿带中有含矿层 1~5 层,厚度 1~15 m,中间夹黑云变粒岩,含矿层由条带状磁铁云母角闪石英岩(*非矿层*)及磁铁石英角闪岩(*矿层*)组成。

第 3 含矿带与第 1,2 含矿带大致平行,倾向 SW,倾角 65°左右。该含矿带在东石门断裂以东为单一含矿层,厚 4.35~10.57 m;在东石门断裂以西至太平村,由 2 个主要含矿层组成,厚 78 m 左右;向西至王家庄,含矿层增至 5 个,主要有 3 个,厚度 25~104 m,由东向西变薄;再向西,含矿层时而尖灭时而出现。除辛庄矿段矿带处于辛庄向形中外,其他矿段均显示为向南倾斜的单斜产状。

第 4 含矿带呈陡倾斜的单斜矿层,矿带走向在东石门断裂以东近于 EW,向西转为 290°,至卓山以西又变为近 EW 向,倾向 S,倾角 60°~70°。该矿带绝大部分地段由 1 个含矿层组成,赋存数层铁矿体。

第 5 含矿带走向 280°,倾向 SSE,倾角 60°~70°。矿带厚约 52 m,有含矿层 5 层,厚 0.47~20.3 m。

5. 矿石特征

矿物成分:矿石中金属矿物主要有磁铁矿、假象赤铁矿及少量褐铁矿、黄铁矿、磁黄铁矿和黄铜矿;非金属矿物主要有石英、普通角闪石、铁闪石、透闪石、阳起石及少量绿帘石、绿泥石、石榴子石、磷灰石、方解石等。

化学成分:矿床平均品位全铁(TFe)在 20.61 %~42.13 %之间,可溶铁(SFe)在 9.21 %~41.90 %之间,

以全铁(TFe)在30 %~35 %之间的矿石最多。矿石有害组分中硅酸铁的含量高,其变化在0.03 %~17.94 %之间。第1矿带平均有益有害组分,全铁(TFe)为32.68 %,可溶铁(SFe)为24.79 %,P为0.09 %,S为0.271 %,SiO_2为44.59 %;其他矿带矿石质量与主矿带基本一致。

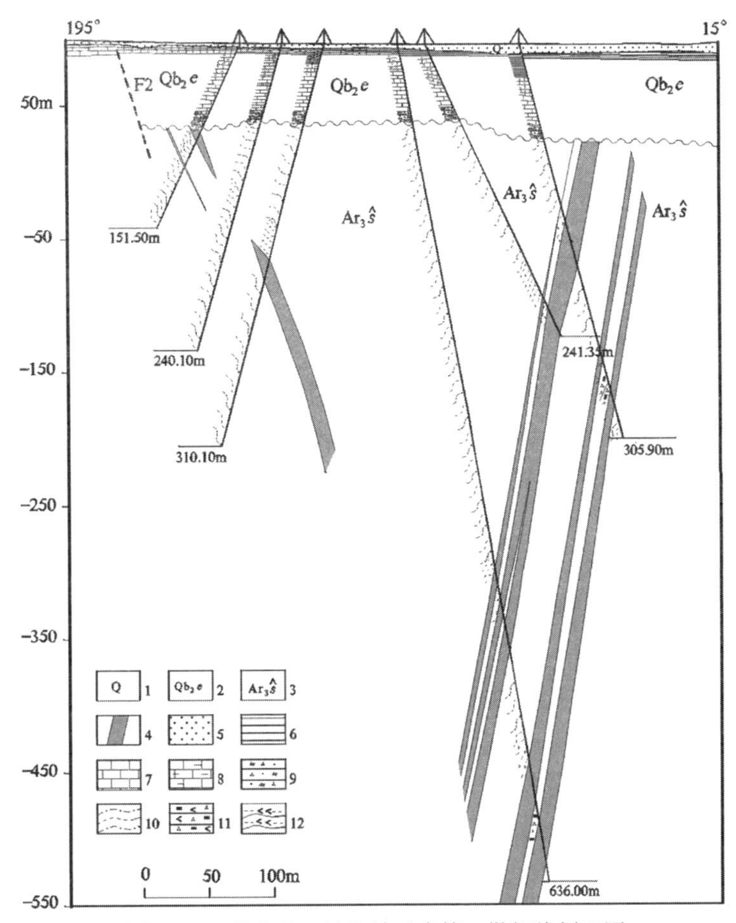

图5-13　苍山县王埝沟铁矿床第7勘探线剖面图

(据《山东省铁矿资源潜力评价成果报告》,2011)

1—第四系;2—青白口纪二青山组;3—新太古代山草峪组;4—磁铁矿体;5—泥、砂层;6—页岩;7—灰岩;8—泥质灰岩;9—含海绿石石英砂岩;10—黑云变粒岩;11—磁铁角闪石英岩;12—黑云角闪片岩

结构构造:矿石具花岗变晶结构和花岗纤维变晶结构,矿石构造以条带状构造为主。

6. 矿床成因

赋存于山草峪组中的铁矿床,属条带状铁建造(BIF)铁矿床,赋矿地质体以黑云变粒岩为主,原岩建造为基性火山岩-中酸性火山岩-粉砂岩-硅铁质建造,属阿尔戈马型铁矿,火山活动间歇期成矿。矿床形成于火山活动区的岛弧环境,其成矿物质来源与海底火山活动密切相关,遭受后期变质作用后成矿物质富集。为沉积变质铁矿床产于以黑云变粒岩为主并夹有角闪质岩石等岩层的铁矿。铁矿沉积后,受到后期强烈构造—热液改造叠加,矿体形态以似层状、透镜状为主,向斜构造是矿体富集保存的最佳构造模式(图5-14),接近向斜核部矿体厚度增大,品位也有增高趋势。

7. 地质工作程度及矿床规模

苍峄铁矿系统的地质勘查工作,始于1959~1962年,临沂专属地质局第一地质队、山东省冶金地质勘探公司第二勘探队,先后对苍峄铁矿走马岭、草主山、黄牛岭和小阎庄4个矿段及刘岭、卓山2个矿段进行了勘探评价。1976~1978年,山东省地矿、冶金、枣庄等系统地勘单位,对苍峰铁矿区的走马岭、黄牛岭、刘岭、卓山4个矿段进行补充勘探;2007~2014年,山东省第二地质矿产勘查院在苍峄地区的东南部进行铁矿勘探工作,进一步查明了苍峄铁矿区王埝沟、凤凰山、宋楼等矿段矿床地质特征及矿床规模。截至2014年苍峄铁矿共发现10个铁矿段,累计查明铁矿石量达超大型矿床规模❶。

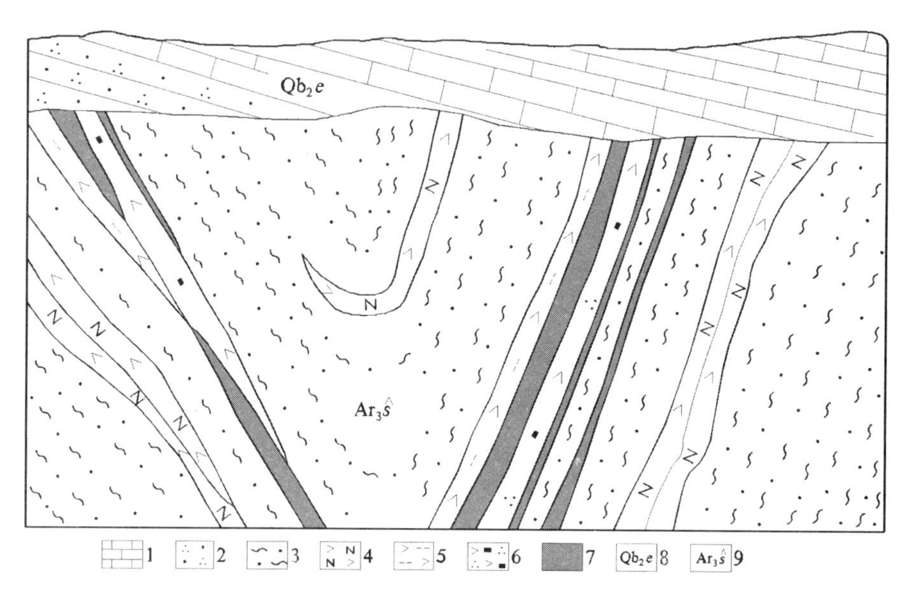

图5-14　苍峄式铁矿典型矿床分布模式

(据《山东省矿产资源潜力评价报告》,2013)

1—灰岩;2—石英砂岩;3—黑云变粒岩;4—斜长角闪岩;5—黑云角闪片岩;6—磁铁角闪石英岩
7—铁矿体;8—青白口纪二青山组;9—新太古代山草峪组

二、产于新太古代早-中期泰山岩群柳杭组(绿岩带)中,与古元古代晚期韧性剪切作用有关的热液型金矿床矿床式(化马湾式)及代表性矿床

(一)矿床式

1. 区域分布

绿岩带型金矿主要分布于新泰—蒙阴一带,有泰安化马湾、新泰岳家庄、黄峪和蒙阴埠洼等处小型矿床和数处矿(化)点。绿岩带型金矿以泰安化马湾金矿为典型代表,因此将矿床式称为化马湾式金矿。大地构造位置位于鲁西隆起之新甫山凸起西部、蒙山凸起中西部、沂沭断裂带之汞丹山凸起内。

2. 矿床产出地质背景

绿岩带型金矿常与绿岩带内的韧性剪切带伴生,韧性剪切带基本控制了金矿床的展布及矿体的定位。金矿类型主要有2种,即产于韧性剪切带中的糜棱岩型金矿和产于韧性剪切带扩容构造部位的石英脉型金矿。这2种类型多数相伴出现,并以前者为主,后者规模较小。

矿床赋存于新太古代泰山岩群雁翎关组和柳杭组绿片岩内,受NNW向莱芜香山-泰安化马湾-蒙阴埠洼区域性韧性剪切带和断裂破碎带控制。产于沂沭断裂带内的金矿床主要受NNE向韧性剪切带控制。岳家庄金矿产于雁翎关组二段绿岩分布区,化马湾金矿和埠洼金矿均产于柳行组一段绿岩分布

❶ 山东省地质科学研究院,2014年度主要地质科研项目进展概况,2015年。

区,这三者金矿处于火贯-雁翎关-盘车沟绿岩分布带上。

3. 含矿岩系特征

金矿体主要产于泰山岩群柳杭组和雁翎关组绿岩带的糜棱岩中,岩石类型主要为黄铁矿化绢云石英片岩、二云片岩、糜棱岩化斜长角闪岩、滑石透闪片岩等。在新泰市东官庄和沂水县汞丹山金矿分别赋存于雁翎关组顶部磁铁角闪岩(第9大层)和磁铁石英岩层(第10大层)中,均与条带状铁矿建造关系密切。

4. 矿体特征

金矿体主要呈脉状、透镜状、似层状,其产状、形态及空间延伸明显受韧性剪切带构造控制。矿体规模一般较小,长度一般在100~500 m之间,厚度1~2 m左右,沿倾向延深不稳定,一般在30~100 m之间。矿体产状与绿片岩产状及韧性剪切带糜棱面理产状基本一致,一般倾角较陡,多数在75°~80°之间。

5. 矿石特征

矿石矿物中主要金属矿物有自然金、银金矿、金银矿、黄铁矿,少量褐铁矿、磁铁矿等;脉石矿物主要有石英、钾长石、斜长石、透闪石、滑石、阳起石等。金矿床品位一般较低,多数在 1×10^{-6} ~ 3×10^{-6} 之间。矿石中伴生有益组分含少量Ag。

矿石结构主要有鳞片变晶结构、压碎结构、填隙结构、交代结构等,矿石构造主要有浸染状、细脉浸染状、碎裂状、网脉状及团块状构造等。

矿石自然类型包括含金硫化物云母石英片岩型、滑石透闪片岩型和石英脉型等。

6. 围岩蚀变特征

该类型金矿围岩蚀变有所差别,但多数围岩蚀变较明显。如泰安化马湾、蒙阴埠洼金矿围岩蚀变较明显,沂沭断裂带中的金矿围岩蚀变不明显。围岩蚀变较明显的以金矿化带为中心,围岩蚀变向两侧具分带性,即由金矿化带→绢云母带→硅化带→多金属硫化物带→碳酸盐化带,各带无明显界线,呈渐变过渡,并有相互重叠现象。

7. 矿床成因

化马湾式金矿成矿模式见图5-15。新太古代,鲁西地区的海盆内沿裂谷发生了大规模的超基性、基性火山喷溢,形成了最初的泰山岩群含金火山-沉积建造(图5-15a)。在区域变质形成绿岩带的过程中,变质热液将金元素迁移富集,形成了初始Au矿源层。随着TTG岩系的侵入和多期区域变质作用的影响,Au在迁移过程中沉淀下来,在新太古代绿岩带中形成了高Au背景矿化带(图5-15b)。

古元古代,在大规模强烈的韧性剪切作用下,使绿岩带及早期形成的TTG岩系产生韧性变形,使Au进一步活化,形成富含矿质的构造热液,在韧性剪切带的有利部位(膨胀部位和片理化强烈部位)交代蚀变、富集成矿。

燕山晚期岩浆活动,花岗斑岩、闪长玢岩在区内局部地段侵入。该期岩浆热液活动叠加于绿岩带金矿化之上,所携带的成矿物质的渗入,使金矿进一步蚀变、富集成矿(图5-15c)。

(二) 代表性矿床——泰安化马湾金矿床地质特征❶

1. 矿区位置

泰安化马湾金矿床位于泰安市城区东南约40 km处。大地构造位置位于鲁西隆起新甫山凸起内。

2. 矿区地质背景

区内广泛出露新太古代泰山岩群山草峪组、柳杭组,为鲁西隆起保存较好的绿岩带之一;古生代寒武纪—奥陶纪地层主要分布在矿区北部(图5-16)。区内构造发育,基底岩系中发育有NW和NNW向

---

❶ 山东省第一地质矿产勘查院胡树庭等,山东省泰安市岱岳区西南峪-柳杭矿区金矿普查报告,2009年。

的韧性剪切构造带,是金矿的主要控矿构造。脆性断裂主要为沂沭断裂带派生形成的一系列NW和NW向及后期叠加的NE和NNE向断裂构造。新太古代TTG岩系和花岗岩分布广泛,少量新太古代超镁铁质岩。矿体的东侧为柳杭组、西侧为新太古代奥长花岗岩、英云闪长岩。

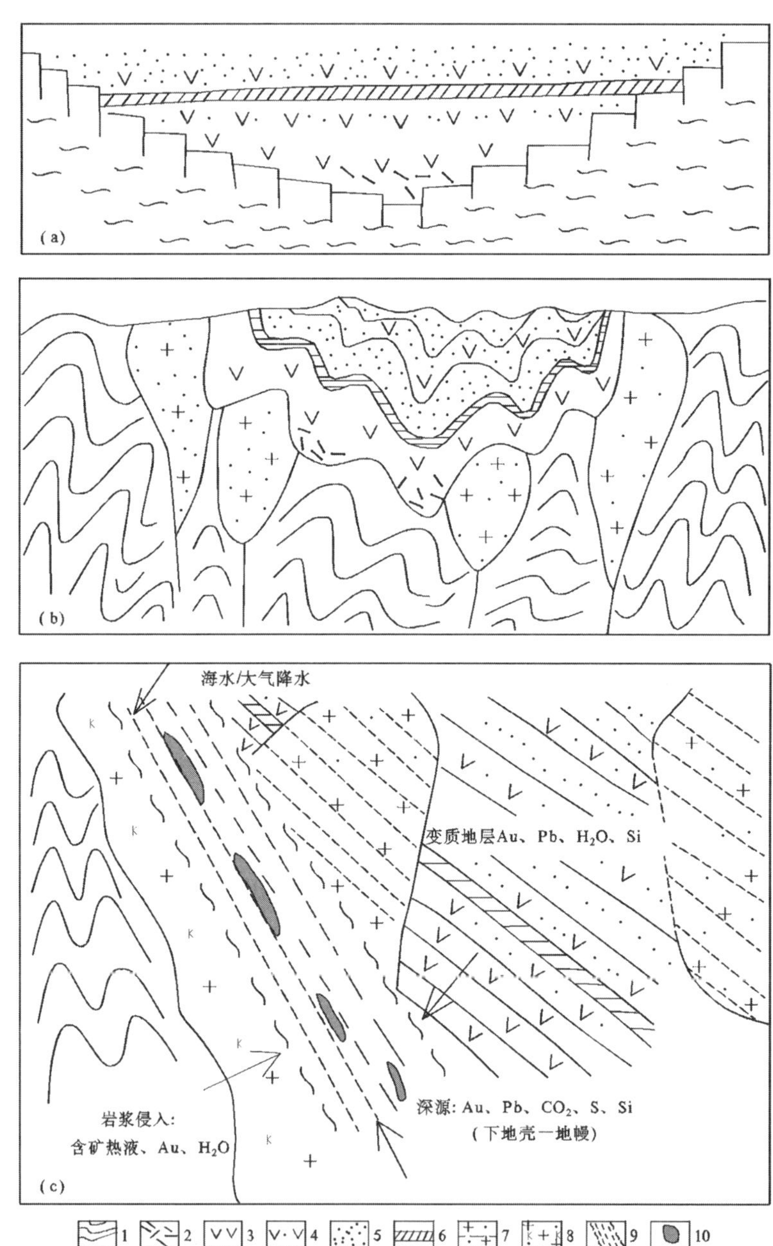

图5-15 化马湾式金矿成矿模式图

(据《山东省重要矿种区域成矿规律研究成果报告》,2013)

1—古陆壳;2—超镁铁质岩;3—镁铁质岩;4—镁铁质-安山质火山岩;5—火山碎屑岩
6—硅铁质岩;7—太古宙TTG岩;8—钾质花岗岩;9—韧性剪切带;10—含金石英脉

3. 含矿岩系特征

含金矿化带受殷家林韧性剪切带控制,赋存于新太古代泰山岩群柳杭组二段顶部的一套绢英片岩、绢云片岩、白云石英片岩等浅色片岩夹少量黑云片岩及黑云变粒岩中。该套地层经受强烈的韧性剪切作用的改造，含金背景较高，平均 72.42×10^{-9}，可视为金矿化之矿源层。金矿化产于该岩系的中下部，含矿岩系的底板为斜长角闪岩夹少量的黑云变粒岩，顶板为斜长角闪岩或角闪片岩。

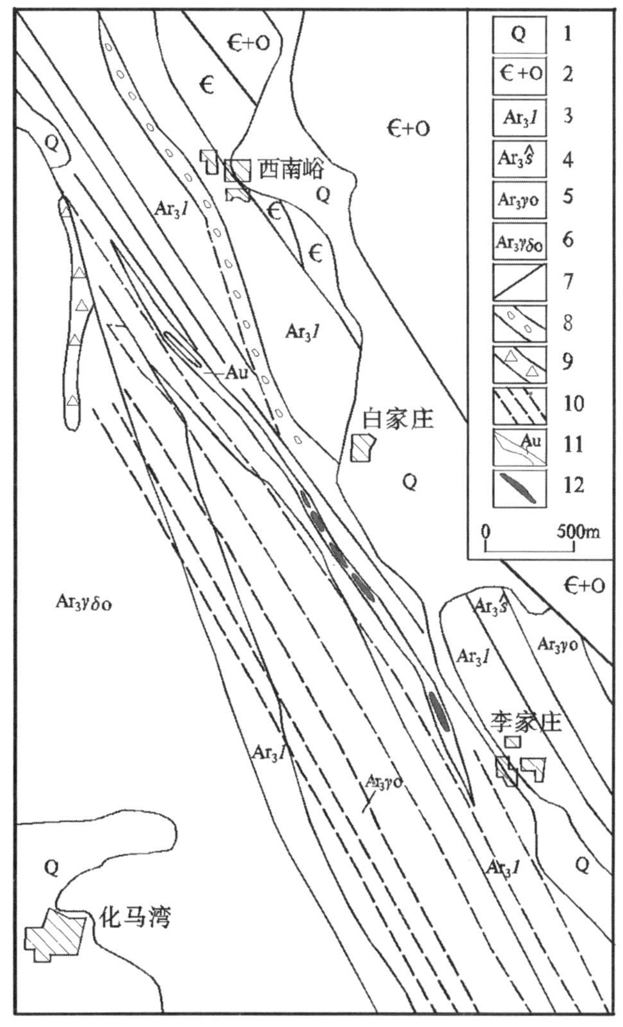

图 5-16　泰安西南峪-柳行金矿地质图

（据《鲁西地区金矿成矿作用研究与找矿预测报告》，2013）

1—第四系；2—寒武系+奥陶系；3—泰山岩群柳杭组；4—泰山岩群山草峪组；5—新太古代奥长花岗岩；6—新太古代英云闪长岩；7—断层；8—变质砾岩；9—角砾岩带；10—韧性剪切带；11—金矿化带；12—金矿化体

4. **矿体特征**

韧性剪切带为区内主要控矿构造，长 11 400 m，宽 200～350 m，走向 330°，倾向 NE，局部 SW，近直立，平面上呈波状延展（图 5-17）。在矿区内西南峪-李家庄地段韧性剪切带长 5 000 m。韧性剪切带由变余糜棱岩及糜棱岩化岩石组成，有较多白云石英片岩和二云石英片岩。金矿体（矿化体）赋存韧性剪切带中心部位，内共分布 5 个矿体。

Ⅰ号矿体控制长度 500 m，最大控制延深 250 m。矿体南段出露地表，北段向 NW 侧伏，侧伏角约 30°。

Ⅱ号矿体出露地表，控制长度 100 m，最大控制延深 87 m。矿体呈陡立的似层状，其产状变化与矿化带及围岩基本一致。矿体厚度在 0.8～2.31 m，平均厚度 1.42 m。

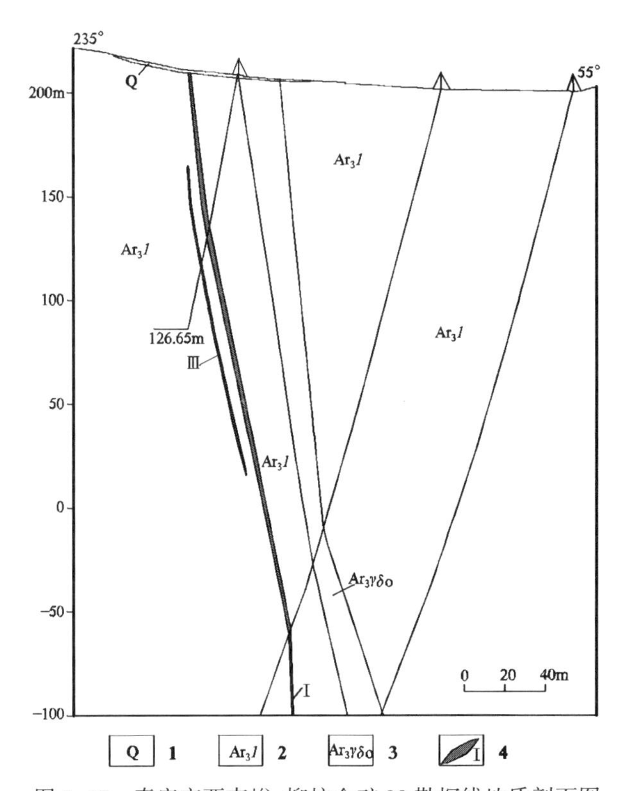

图 5-17 泰安市西南峪-柳杭金矿 98 勘探线地质剖面图

（据山东省第一地质矿产勘查院,2009）

1—第四系;2—新太古代柳杭组;3—新太古代英云闪长岩;4—金矿体及编号

Ⅲ号矿体,出露地表,平面呈"S"型展布。控制长度 350 m,最大控制延深 196 m。呈扁透镜状或陡立的似层状,在深部有分叉现象。矿体厚度在 0.34~2.28 m,平均厚度 1.00 m。

Ⅳ号矿体,大部分出露于地表,北端隐伏于地下。矿体向 NW 侧伏,侧伏角为 40°左右。矿体长 400 m,最大控制延深 250 m。一般为陡立的似层状,其产状变化与矿化带及围岩基本一致。

Ⅴ号矿体分布在金矿化带南段。矿体部分出露于地表,北端向 NW 侧伏,侧伏角 30°左右。矿体为单层,呈尖灭再现的扁透镜体状,其产状变化与围岩基本一致,在倾向延伸上呈明显的舒缓波状。

5. **矿石特征**

矿物成分:矿石中主要金属矿物为自然金、黄铁矿、磁黄铁矿、毒砂、自然银、黄铜矿、辉铜矿、闪锌矿、方铅矿等。非金属矿物为石英、水云母、绢云母、斜长石、碳酸盐矿物等。

矿石品位:矿石金品位变化范围为 1.02×10^{-6}~8.99×10^{-6},平均为 2.75×10^{-6}。其中Ⅰ号矿体 Au 品位为 1.18×10^{-6}~7.41×10^{-6},平均为 2.07×10^{-6};Ⅱ号矿体 Au 品位为 1.08×10^{-6}~1.60×10^{-6},平均为 1.49×10^{-6};Ⅲ号矿体 Au 品位为 1.00×10^{-6}~3.98×10^{-6},平均为 1.69×10^{-6};Ⅳ号矿体 Au 品位为 1.05×10^{-6}~41.22×10^{-6},平均为 5.65×10^{-6};Ⅴ号矿体 Au 品位为 2.65×10^{-6}~3.38×10^{-6},平均为 2.94×10^{-6}。

伴生组分:Ⅰ号矿体银含量为 2.31×10^{-6},硫含量为 1.04 %;有害组分砷含量为 0.196 %。Ⅱ号矿体银含量为 1.25×10^{-6}~2.08×10^{-6},平均为 1.59×10^{-6};硫含量为 2.00 %~7.09 %,平均为 4.32 %;有害组分砷含量为 0.39 %~2.6 %,平均为 1.06 %。Ⅲ号矿体银含量为 1.42×10^{-6},硫含量为 0.87 %;有害组分砷含量为 0.18 %。

结构构造及矿石类型:矿石的结构主要为鳞片变晶结构、晶粒状结构、压碎结构、乳浊状结构和包含结构。矿石构造主要为浸染状构造、细脉浸染状构造、斑点状构造、交错脉状构造等。矿石自然类型为

浸染状、细脉浸染状含金属硫化物云母石英片岩型。含矿岩石主要为黄铁矿化绢英片岩、白云石英片岩和硅化绢云片岩。矿石的工业类型为低硫含银自然金矿石。

6. 围岩蚀变特征

围岩蚀变主要有黄铁矿化、硅化、绢云母化和碳酸盐化。黄铁矿化为一组矿化组合,以黄铁矿为主,还有磁黄铁矿、毒砂、黄铜矿、闪锌矿等组成。这一组合直接指示矿化富集地段的存在,而黄铁矿、磁黄铁矿化为这一蚀变的主要标志。矿体赋存部位的矿物组合中出现较多闪锌矿,黄铁矿化蚀变在地表表现为褐铁矿化,其范围大,易识别,是一种重要蚀变标志。

区内硅化发育,遭受硅化的岩石主要有绢英片岩、绢云片岩、白云石英片岩及斜长角闪岩。硅化与构造关系密切,构造裂隙和片理越发育则硅化越强。硅化与金矿化关系密切,是重要蚀变类型之一。

7. 矿床成因

太古宙大规模的火山喷发所形成的一套火山-沉积岩系,经多期区域变质作用形成了泰山岩群内的一套绿岩组合,Au 元素经历迁移富集,形成了初始 Au 矿源层。其后伴随着 TTG 岩系侵入和区域变质等构造岩浆活动,Au 元素不断迁移富集。在新太古代绿岩带中形成了高 Au 背景矿化带。在古元古代晚期大规模强烈韧性剪切作用下,Au 元素进一步活化、迁移,在韧性剪切带的膨胀部位和片理化强烈部位聚集成矿。

8. 地质工作程度及矿床规模

1984~1990 年和 2007~2008 年,山东省第一地矿勘查院先后对泰安化马湾一带进行了金矿普查及对主要矿段的勘查评价工作,基本查清了矿区地质特征、矿体及矿石特征,以及矿床规模;为小型金矿床。

第六章　济宁微地块与新太古代晚期沉积变质作用有关的铁矿床成矿系列

第一节　成矿系列位置和该成矿系列中矿产分布 …… 114
第二节　区域地质构造背景及主要控矿因素 … 114
一、区域地质构造背景及成矿环境 …… 114
二、主要控矿因素 …… 118
第三节　矿床区域时空分布及成矿系列形成过程 …… 119
一、矿床区域时空分布 …… 120
二、成矿系列形成过程 …… 120
第四节　代表性矿床剖析 …… 120

这一成矿系列铁矿床是20世纪60~70年代发现的,近年来深部找矿工作发现其为有重大远景的矿床。由于矿床埋藏深度较大、品位较低,目前尚未开发。

1958年原地质部航测大队在进行1:100万航磁测量时,在济宁北部相邻两条测线上发现了磁异常。自此以后的40多年来,济宁磁异常一直受到山东地学工作者们高度关注,并对其进行了多次检查验证。20世纪60~70年代,山东省地质勘查队伍对该磁异常进行了钻探验证,共施工了7个钻孔,其中超过1 000 m深度的钻孔有3个,最深钻孔深度达1 142 m。钻探工作在1 000 m以下深度的济宁群顶部发现有9~24 m垂厚的含铁硅质岩层和条带状磁(赤)铁矿层。2006年以来,山东省物化探勘查院对济宁颜店地区进行了磁异常验证和大规模铁矿勘查工作,施工的最深钻孔深度达2 086 m,在兖州颜店和翟村矿区提交了铁矿资源。

第一节　成矿系列位置和该成矿系列中矿产分布

该成矿系列分布范围局限,仅见于济宁北部地区;大地构造位置位于鲁西南潜隆起北部的济宁潜凹陷和兖州潜凸起接合部。目前所知该成矿系列中仅有的一处矿床——济宁颜店铁矿,为全隐伏矿床,其埋深在1 200~2 000 m之间,分布范围大约100 km^2。矿床主要赋存于济宁群颜店组和洪福寺组中,少量见于翟村组。

第二节　区域地质构造背景及主要控矿因素

一、区域地质构造背景及成矿环境

(一) 区域地质构造背景

济宁铁矿是指分布于济宁磁异常区内,赋存于新太古代济宁群浅变质岩中的沉积变质型铁矿床。济宁磁异常分布于济宁市区北至颜店镇南,以规模大、幅值高、形态规则、正负异常相伴生为特点。正磁异常总体走向NE,长约15 km,平均宽约85 km,面积约120 km^2,异常出现南、北两个峰值,北峰值

3 800 nT,南峰值 2 900 nT。正异常区北侧伴生有斜磁化引起的负磁异常,磁异常的正负幅值的比值相对较小,正负异常间水平梯度相对较缓(图 6-1)。

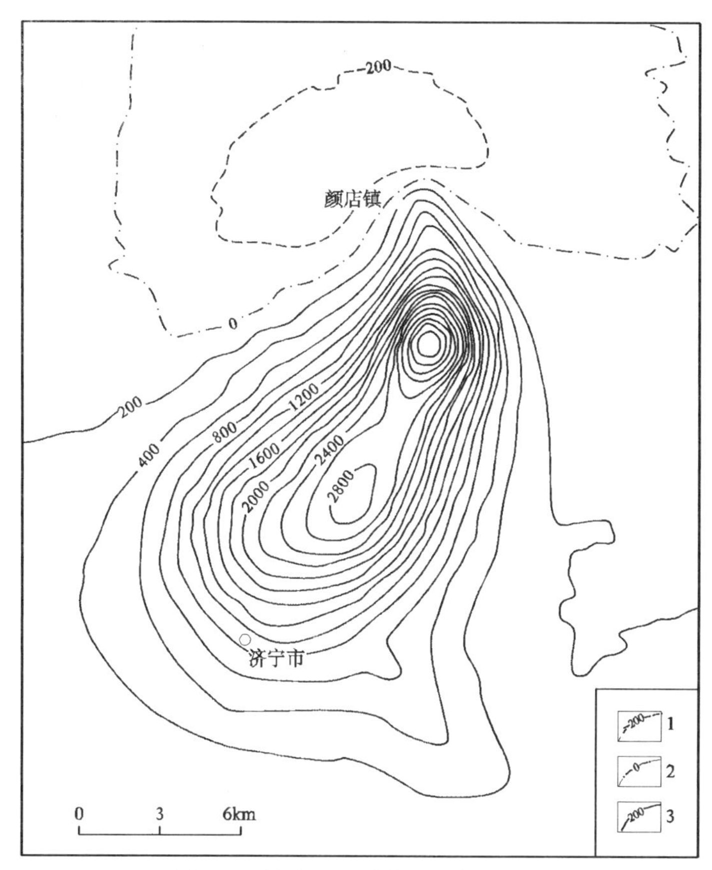

图 6-1　济宁地区垂直磁异常平面图

(据山东省地质调查院,2015)

1—磁力 ΔZ 负等值线;2—磁力 ΔZ 零等值线;3—磁力 ΔZ 正等值线

重力异常表现为负背景中以 NNW 向为主体的重力高,负异常呈 NE 向延伸,正、负异常总体形成似逗号状异常形态。异常主体沿北东方向长 15 km,面积约 100 km^2,重力幅值 $5\times10^{-5}\sim7\times10^{-5}$ m/s^2。

重、磁异常范围大致相当,异常区位置大致吻合,主峰值位置非常接近,显示了重、磁同源异常特征。铁矿体基本分布在重磁同源区内(图 6-2),只是两端稍向外延出。铁矿体的主体可分为"两段(北、南)三支",埋深南、北两端稍浅,中部稍深。北段(1 支)走向 NNW,长约 6.5 km,主体呈箕状向 SW 方向倾斜;南段(2 支)为走向近平行的 NE 向,在倾斜延伸上两支矿体相互叠层、膨大与夹缩。柏家行分支为东南分支,长 7.5 km,多层铁矿体集中分布,宽 1~1.5 km,倾向 NW。李营分支为北西分支,与东南分支走向、倾向一致,长 11 km,多层矿体的集中分布。李营、柏家行两分支之间,也有多层小矿体分布。

1. 区域地层

济宁铁矿分布区处于鲁西南山前平原区,绝大部分被第四系覆盖,仅个别地区出露寒武纪—奥陶纪地层。第四系下伏基岩地层主要有:新太古代泰山岩群、济宁群、寒武纪长清群、寒武纪—奥陶纪九龙群、奥陶纪马家沟群、石炭纪—二叠纪月门沟群、二叠纪石盒子群、侏罗纪淄博群、白垩纪莱阳群和古近纪官庄群。第四系厚度一般小于 100 m。据钻孔揭露(ZK8 孔),第四系下伏地层自上而下依次为:奥陶纪马家沟群、寒武纪—奥陶纪九龙群、寒武纪长清群和新太古代济宁群(图 6-3)。

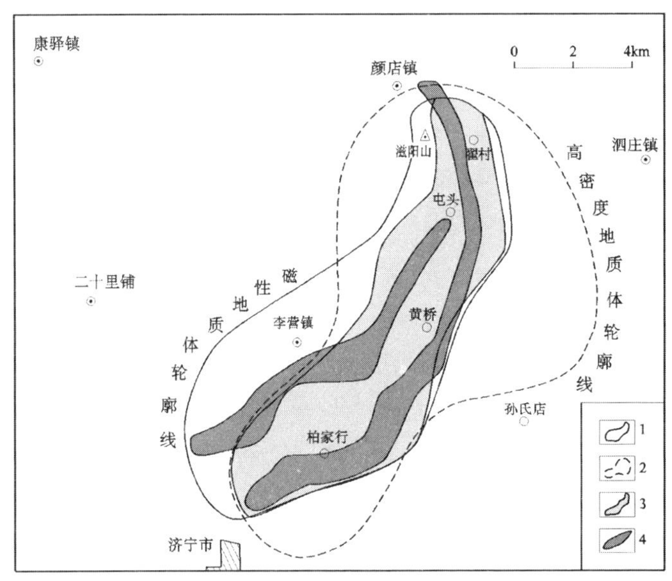

图 6-2　济宁铁矿区重磁同源区内铁矿层分布图

(据山东省物化探勘查院,宋印胜等,2014)

1—磁性地质体范围;2—高密度地质体范围;3—重磁同源地质体范围;4—磁法反演重要磁性体(铁矿体)

济宁群为一套低级变质的海相火山-沉积岩系,主要岩石组合为:千枚岩、变凝灰质砂岩、千枚状粉砂岩、变长石砂岩、碳质(绿泥)绢云千枚岩、方解绢云千枚岩、石英绢云凝灰质千枚岩、磁铁石英岩、微晶大理岩、千枚状变泥砂岩。主要变质矿物组合为绢云母+绿泥石+(石英)+(钠长石)+(方解石)+磁铁矿,变质程度属低绿片岩相。

根据岩石组合特点,将济宁群自下而上划分为 3 个组(张成基等,2010):下部(翟村组)为变火山碎屑岩组,以出现变火山碎屑岩和粒度相对粗的正常碎屑岩为特点;中部(颜店组)为含铁岩系,以出现大量磁铁石英岩(黑云磁铁岩)和沉积碳酸盐岩薄层(条带),变质矿物以出现黑云母为特征;上部(洪福寺组)以大量出现千枚岩为标志,以细碎屑岩和普遍含绿泥石、赤铁矿为特点。

万渝生、王世进等(2009)对济宁群变质碎屑沉积岩和长英质岩浆岩进行了锆石 SHRIMP U-P 年龄测定,含砾绿泥绢云千枚岩的碎屑锆石年龄主要集中在 2 700~2 610 Ma,变质长英质火山岩的岩浆锆石年龄为(2 561±15)Ma,作为济宁群的形成年龄,认为其形成于新太古代晚期。

2. 构造

区域构造较发育,基底岩层济宁群主要表现为总体向 SWW 陡倾斜的单斜构造,盖层则发育褶皱和断裂构造。褶皱构造主要分布于兖州潜凸起和济宁潜凹陷中,前者发育有颜店背斜和兖州向斜;后者总体发育一轴向 NE 向的复式向斜。

区内主要发育 3 组断裂构造,这些断裂大多构成Ⅴ级构造单元凸起与凹陷的分界断裂。近 EW 向的郓城断裂(F_1),具张性断裂性质,倾向 N,倾角 70°左右,断距大于 1 000 m;近 SN 向的有嘉祥断裂(F_2)、济宁断裂(F_3)、孙氏店断裂(F_4)。NNW 向断裂规模相对较小,自西向东发育有辛店断裂(F_5)、兖州断裂(F_6)。NNW 向断裂活动时间较晚,常对前者具有明显的切割关系(图 6-3)。

3. 岩浆岩

区内岩浆岩活动较弱,见于钻孔中,辉绿岩和变闪长岩呈脉状顺层或沿断裂构造侵位于济宁群中。前者规模较小,对矿层未造成破坏;后者规模相对较大,对铁矿层有冲断等破坏作用。

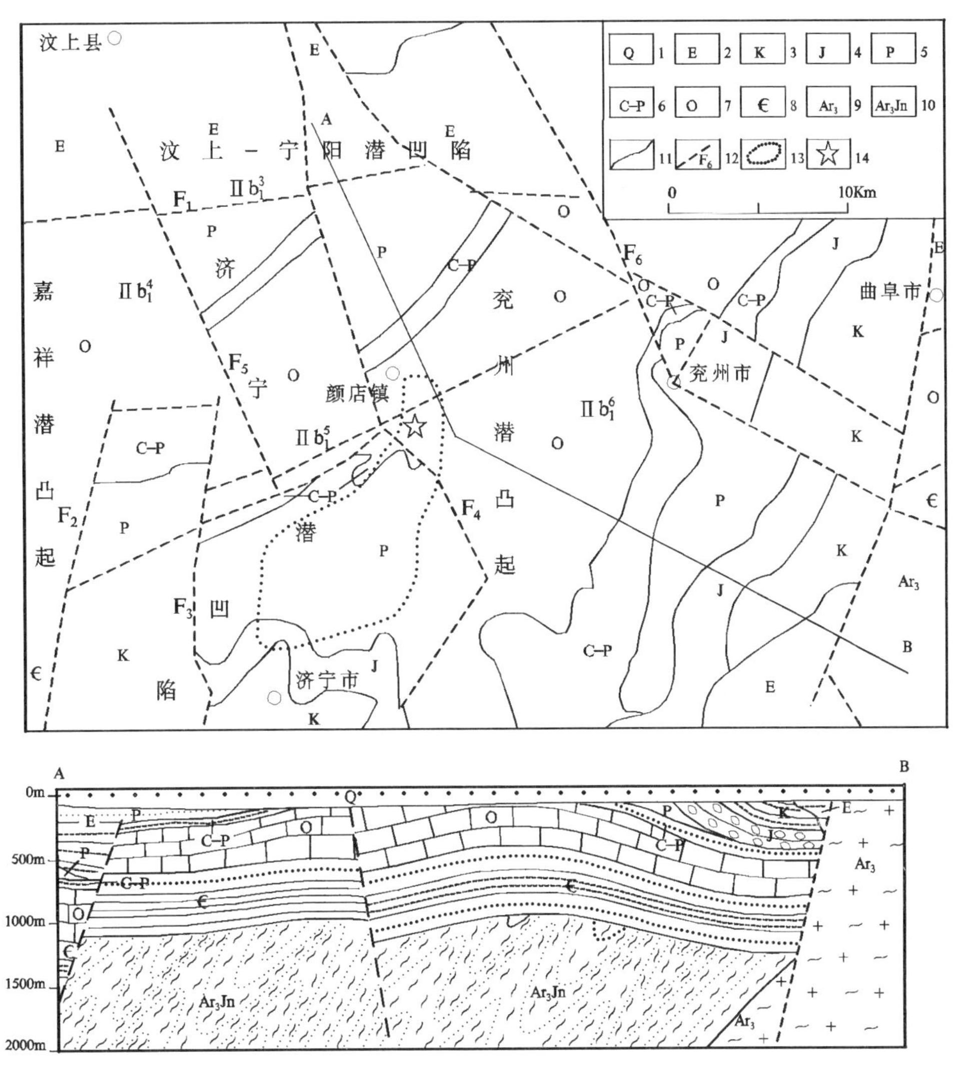

图 6-3 济宁地区基岩地质图

(据明春等,2011)

1—第四系;2—古近系;3—白垩系;4—侏罗系;5—二叠系;6—石炭系—二叠系;7—奥陶系;8—寒武系;9—新太古代变质岩系(TTG 质花岗片麻岩和泰山岩群);10—济宁群;11—地质界限;12—隐伏断裂;13—磁法三维反演推断磁性体在地表的投影位置;14—矿床位置

(二)成矿环境

济宁群岩石化学成分在 F1-F2 判别图解中,主要投点于活动大陆边缘区和大陆岛弧区;在 SiO_2-log(K_2O/Na_2O)图解中,投点于活动大陆边缘和被动大陆边缘区界限两侧(图 6-4)。结合济宁群中含较多火山物质及主量元素、稀土元素、微量元素地球化学特征和稳定同位素特征,综合分析认为,济宁群总体形成于活动大陆边缘拉张构造环境。

1. 主量元素

化学成分分析结果表明,济宁群岩石普遍含有方解石,因此 CO_2 和烧失量较高。岩石化学成分变化较大,SiO_2 为 37.25 %~73.18 %,TiO_2 为 0.05 %~0.76 %,Al_2O_3 为 1.33 %~19.84 %,(Fe_2O_3+FeO)

2.28 %~45.55 %，MgO 为 0.6 %~5.54 %，CaO 0.39 %~4.86 %，Na_2O 为 0.14 %~2.95 %，K_2O 为 0.04 %~5.20 %。不同岩石类型比较而言，泥质变质岩硅含量较低，铝、镁、钾含量较高；砂质变质岩硅、钠含量较高，铝、铁（Fe_2O_3）含量较低；变火山岩镁、钾含量较高，钙、钠较低；碳酸盐岩硅、铝、钙、钠、钾含量明显偏低，铁和 CO_2 含量显著偏高。岩石中 SiO_2 含量高，反映硅的来源相当丰富，可能与火山活动有关。火山活动不仅可以从地壳深部带出大量含 SiO_2 的火山热液，直接进入盆地的火山热液以及形成作为物源区的富含 SiO_2 的酸性火山岩和火山碎屑岩，而且火山活动带来的热量还可使海水的温度升高，提高对硅的溶解度（杨振宇等，2009）。

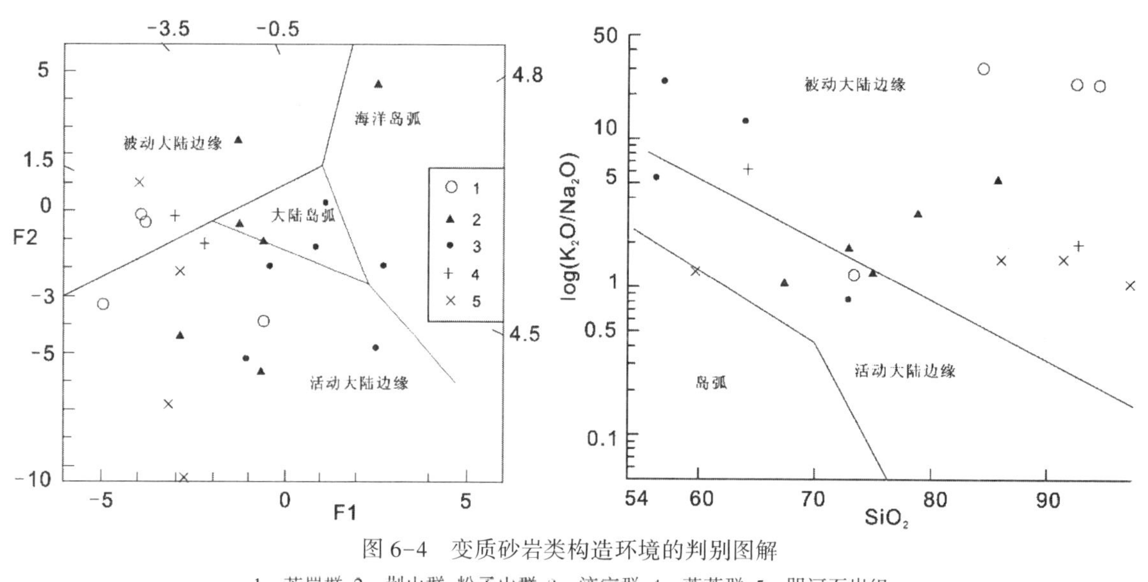

图 6-4 变质砂岩类构造环境的判别图解

1—芝罘群；2—荆山群、粉子山群；3—济宁群；4—蓬莱群；5—朋河石岩组

2. **稀土元素和微量元素**

稀土元素球粒陨石标准化型式呈右倾斜线（图 6-5a），显示了轻稀土富集、重稀土平坦、无或具轻微铕异常的特点（碳酸盐岩稀土含量低，具正铕异常），与澳大利亚后太古沉积岩稀土元素平均值和大陆上地壳稀土元素平均值型式相似。

微量元素组成，富集大离子亲石元素 K，Rb，Ba，贫高场强元素 Nb，Ti 和 P，Cr。在相对于洋中脊玄武岩标准化的蛛网图上（图 6-5b），Sr，Nb，P，Ti，Cr 呈“V”型谷，指示斜长石、磷灰石、钛铁矿等矿物含量少；Rb，Ce 呈明显的尖峰，指示绢云母、榍石含量较高。

采自济宁群沉积岩的 8 件样品，其 $\omega(Sr)/\omega(Ba)$ 值除 1 件微晶大理岩样品>1 外，其余样品比值均<1，指示沉积时的盐度较低。$\omega(Sr)/\omega(Ba)$ 值在钻孔垂直方向上呈现浅部和深部低、中部高的特点，说明济宁群中部盐度高，离岸较远、水的深度较大。在 Ba-Sr 图解中（图 6-6），样品主要投点于淡水区和半咸水区。说明济宁群处于淡水向半咸水过渡的沉积环境。根据 V/（V+Ni）值可以判断沉积环境（Hatch et al.，1992；Jones et al.，1994）：V/（V+Ni）≥0.46 指示还原环境，而 V/（V+Ni）≤0.46 代表氧化环境。济宁群样品的 V/（V+Ni）值为 0.69~0.92，明显高于 0.46，指示它们是在还原环境中形成的。

二、主要控矿因素

济宁群是山东省境内的隐伏地层，仅见于为验证济宁磁异常和评价铁矿资源而施工的钻孔中，埋深>900 m。主要岩石组合为：绢云千枚岩、绿泥绢云千枚岩、含碳绿泥绢云千枚岩、方解绢云千枚岩、石英绢云凝灰质千枚岩、方解磁铁石英岩、微晶大理岩、千枚状变泥砂岩。典型变质矿物组合为绢云母+绿泥石+石英，变质程度属低绿片岩相。

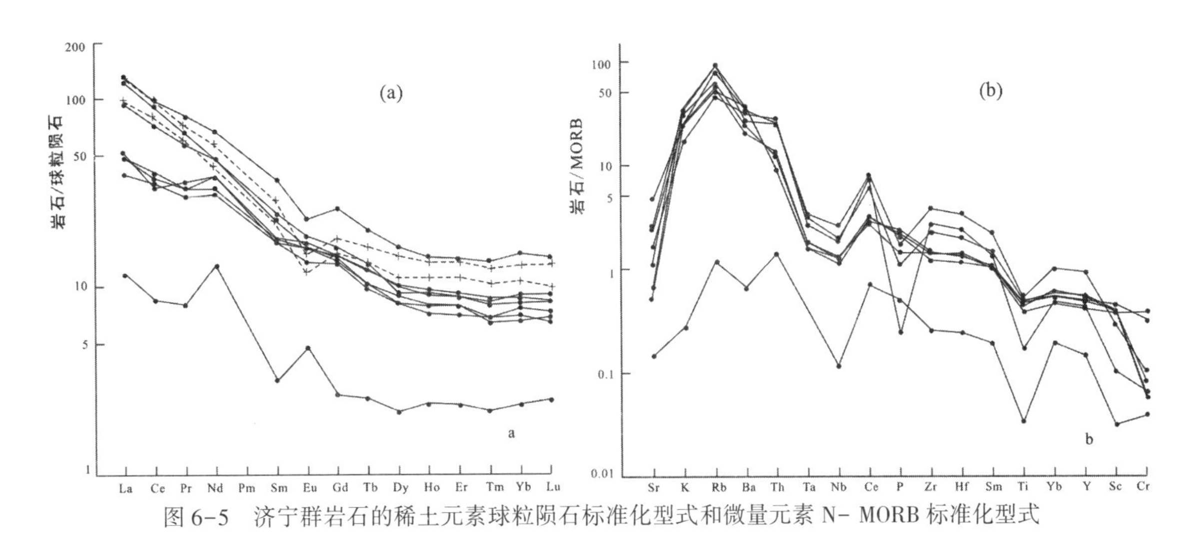

图6-5 济宁群岩石的稀土元素球粒陨石标准化型式和微量元素N-MORB标准化型式

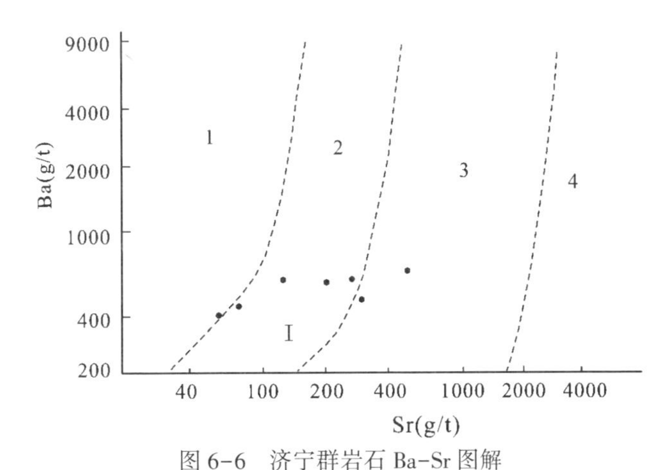

图6-6 济宁群岩石Ba-Sr图解

1—淡水区；2—半咸水区；3—咸水区；4—高咸水区；Ⅰ—现代三角洲半咸水黏土区

济宁铁矿的形成主要受沉积建造和变质构造因素控制。其控矿因素可分3个阶段，即早期沉积阶段、中期变质富集阶段和晚期构造影响阶段。早期沉积阶段，五台早期地壳拉张作用，鲁西地区局部形成裂谷盆地。裂谷内断裂构造活动强烈，因而诱发中酸性火山喷发作用，裂谷周边的泰山岩群和花岗岩类发生风化作用，在裂谷盆地内沉积，形成中酸性火山岩和碎屑沉积岩为主的含铁沉积建造。中期变质富集阶段，地幔岩浆活动产生高热异常，使沉积地层发生区域性低温动力变质作用，形成浅变质岩系。岩石的矿物成分和结构构造发生改变，使原始沉积的铁矿物得到富集，形成沉积变质型铁矿。晚期构造影响阶段，铁矿体受后期褶皱构造的改造，褶皱构造造成矿体厚度及产状变化，使矿体不均匀分布。

第三节 矿床区域时空分布及成矿系列形成过程

目前发现的济宁式铁矿部分范围局限，仅在济宁市北部，矿体埋深在1 200~2 000 m之间，分布范围大约100 km^2，其他地区目前尚未发现有该类型铁矿。

一、矿床区域时空分布

济宁式铁矿形成于新太古代晚期，赋存于济宁群颜店组和洪福寺组中。含矿建造包括与化学沉积有关的条带状方解磁铁石英岩含矿建造和与泥质沉积有关的千枚岩含矿建造。颜店组主要由方解绢云千枚岩、方解磁铁石英岩和微晶大理岩组成，下部有变英安质火山岩，其含矿建造为与化学沉积有关的条带状方解磁铁石英岩含矿建造；洪福寺组主要为千枚岩组夹变粉砂岩，局部有较多含铁千枚岩（张成基等，2010），其含矿建造为与泥质沉积有关的千枚岩含矿建造。总之，铁矿床类型为沉积变质铁矿床之变质硅铁建造铁矿中产于以绢云母质绿泥石质千枚岩和片岩为主的岩层中的铁矿。

矿体顺层展布，总体走向 333°~355°，倾向 SWW。矿体在勘探线剖面上显示西深东浅特征，东部矿体埋深浅，矿头位于东部的济宁群与长清群不整合接触带处；由东向西矿体埋深逐渐增加，并且随着深度的增加矿体变薄尖灭。

二、成矿系列形成过程

济宁式铁矿属阿尔果马型铁矿，但某些特征类似于苏必利尔湖型铁矿，形成于较苍峄式铁矿离火山活动中心稍远的位置。稳定同位素研究表明，济宁群具较低的碳、氧、硅同位素值，与各地的热水沉积相似。主量元素和微量元素地球化学特征指示，济宁群形成于淡水向半咸水过渡的还原环境。济宁群中火山碎屑岩大量发育，指示其形成于强烈的火山活动背景，是一套海底喷发火山-沉积岩系。大规模的火山活动应是造成水温升高和还原环境的主要原因（宋明春等，2011）。

该成矿系列形成于新太古代晚期，分布范围较小，仅分布于济宁地区北部。

第四节　代表性矿床剖析

该类型铁矿在本成矿系列中分布局限，仅见于济宁颜店地区，为超大型铁矿床。故以济宁颜店铁矿为例，表述该矿床地质特征。

代表性矿床——兖州颜店-翟村铁矿床地质特征

该成矿系列铁矿，目前所知，仅有分布在济宁北部颜店-翟村铁矿 1 处，称为“济宁式”铁矿。

1. 矿区位置

颜店-翟村铁矿床位于济宁市的兖州、任城、汶上县三市、区（县）交界地带，东距兖州市城西约15 km，南距济宁市城区约 18 km。大地构造位置位于菏泽-兖州潜断隆的兖州潜凸起和济宁潜凹陷之间。

2. 矿区地质背景

区内基岩出露甚少，仅在嵫阳山出露约 0.6 km^2 奥陶纪马家沟群灰岩。据钻孔资料，地层由老到新主要为新太古代济宁群，古生代长清群、九龙群、马家沟群及新生代地层。济宁群顶面埋深 899.90 ~1 282.81 m。

3. 含矿岩系特征

主要岩性有（绿泥）绢云千枚岩、碳质（绿泥）绢云千枚岩、方解绢云千枚岩、石英绢云凝灰质千枚岩、方解磁铁石英岩、微晶大理岩和千枚状变泥砂岩，为一套绿片岩相浅变质岩系，原岩建造属中-中酸性火山岩-砂岩-泥岩-硅铁沉积建造。岩层中的含铁绿泥绢云千枚岩、磁铁石英岩局部富集成矿，为铁矿的赋矿层位。

4. 矿体特征

矿床由相邻的颜店和翟村 2 个矿区（勘查区）组成，均被第四系及古近系覆盖。济宁群埋深在

1 000 m左右，北部较浅在938.42～1 138.84 m之间，南部相对较深在1 122.79～1 225.18 m之间。

铁矿层赋存于济宁群浅变质岩中，总体走向326°～359°，倾向SWW，倾角54°～70°。颜店矿区圈定铁矿体11个，其中2，6矿体为主矿体，矿石资源量占矿区资源量的65.60 %；翟村矿区圈定铁矿体44个，其中4，19，20，38矿体为主矿体(图6-7)，矿石资源量占矿区资源量的72.79 %。

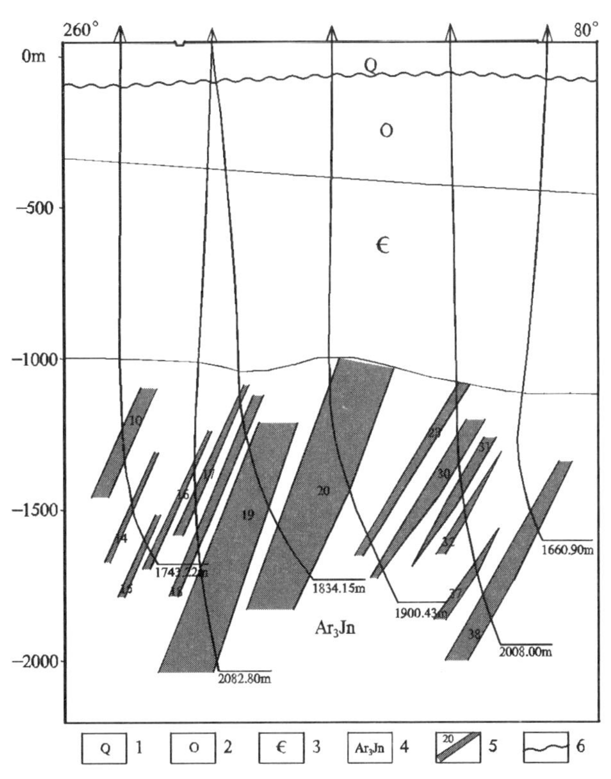

图6-7　翟村矿区第39勘探线地质剖面简图

(据山东省物化探院宋印胜等，2014)

1—第四系；2—奥陶系；3—寒武系；4—新太古代济宁群；5—磁铁矿体及编号；6—角度不整合界线

(1) 颜店矿区主矿体特征

2矿体：埋深904～1 495 m，钻孔控制矿体长度2 294 m，控制斜深374～872 m。矿体走向337°～348°，倾向SWW，倾角56°～64°。矿体沿走向、倾向呈舒缓波状延展，具膨胀狭缩、分支复合的特点。矿体平均厚度28.28 m，厚度变化稳定。矿体平均品位TFe为29.05 %，mFe为21.84 %，品位变化均匀。

6矿体：埋深1 026～1 105 m，矿体沿走向呈中部向东凸出的弧形，走向337°～348°，倾向SWW，倾角56°～65°。钻孔控制矿体长度1 440 m，控制斜深712～995 m。矿体沿走向、倾向膨胀狭缩、分支复合的特点较为明显。矿体平均厚度45.19 m，厚度变化较稳定。矿体平均品位TFe为28.82 %，mFe为21.84 %，品位变化均匀。

(2) 翟村矿区主矿体特征

20矿体：埋深1 118～1 567 m，钻孔控制矿体长度2 134 m，控制斜深290～888 m。矿体走向326°～338°，倾向SWW，倾角54°～68°，倾角沿走向由中部向两侧逐渐增大。矿体平均厚度97.49 m，厚度变化较稳定。矿体平均品位TFe为32.60 %，mFe为23.06 %，品位变化均匀。

19矿体：位于20矿体的上部，埋深1 214～1 254 m，钻孔控制矿体长1 108 m，控制斜深316～1 098 m。矿体走向323°～340°，倾向SWW，倾角57°～70°，沿倾向由浅向深厚度有增大的趋势。矿体平均厚度97.14 m，厚度变化较稳定。矿体平均品位TFe为34.45 %，mFe为22.81 %，品位变化均匀。

4 矿体:埋深 1 073~1 209 m,北部埋深浅,南部埋深大。钻孔控制矿体长度 2 025 m,控制斜深 278~1 052 m。矿体走向 344°~351°,倾向 SWW,倾角 58°~65°,倾角由北向南逐渐变陡。矿体平均厚度 35.83 m,厚度变化较稳定。矿体平均品位 TFe 为 28.20 %, mFe 为 21.19 %,品位变化均匀。

38 矿体:埋深 1 224.5~1 631 m,钻孔控制矿体长度 1 588 m,控制斜深 302~1 018 m。矿体走向 349°~359°,倾向 SWW,倾角 57°~59°,由北向南矿体变陡。矿体平均厚度 30.33 m,厚度变化较稳定。矿体平均品位 TFe 为 28.55 %, mFe 为 22.28 %,品位变化均匀。

5. 矿石特征

矿石中金属矿物主要有磁铁矿、赤铁矿、褐铁矿、黄铁矿、黄铜矿、磁黄铁矿、闪锌矿等;非金属矿物有石英、绿泥石、绢云母、碳酸盐矿物及少量绿帘石、长石、黑云母、高岭石。

矿石的主要有益组分为 Fe,矿床平均品位 TFe 为 28.42 %~31.09 %, mFe 为 20.96 %~22.44 %。其他有用元素含量较低,达不到综合回收利用的要求。

矿石结构主要为自形—他形晶粒状结构、包含结构、碎斑结构;矿石构造主要有条带状构造、条带—稠密浸染状构造。

矿石自然类型主要为石英型条纹条带状磁铁矿石,其次为绿泥绢云母型条纹条带状磁铁矿石。矿石工业类型属需选铁矿石。矿石中碱性矿物与酸性矿物的比值小于 0.50,属酸性矿石。

6. 矿床成因

济宁铁矿在大地构造单元上处于华北陆块的南部,鲁西隆起的西南部,该区地壳演化历史与华北陆块相一致,在新太古代晚期地壳发生裂解形成裂谷型海盆地。

海盆地内早期火山活动强烈,火山喷发带来大量的 Fe,Si 等成矿物质;在湿热的气候、弱氧化环境条件下,泰山岩群、鲁西 GGT 岩系被赋含有机质而呈弱酸性的地表水侵蚀,Si,Fe 等成矿物质随碎屑物质被流水搬运到盆地内。当海底火山喷发,火山喷发热液、热气与海水混合,温度突然下降,硅在海水中的浓度达到过饱和状态,以硅胶的形式在海水中沉淀下来,形成硅质层;随着海水温度的降低,pH,Eh 值的不断增高,部分 Fe^{2+} 逐渐被氧化呈 Fe^{3+},生成 $Fe(OH)_3$ 沉淀下来,形成铁质层。硅质层与铁质层的相间沉积形成了条纹-条带状硅铁沉积建造。

鲁西地区大约在 2.4 Ga,1.8 Ga 发生了两次区域动力变质作用,在热力和定向压力作用下,济宁群产生重结晶作用及千枚理化作用,形成以磁铁矿、石英等主要矿石矿物和脉石矿物,条纹-条带状磁铁矿石。根据铁矿的成矿物质来源及形成机制,济宁铁矿成因类型属与千枚岩、酸性火山岩有关的沉积变质型铁矿床,是山东境内沉积变质型铁矿中又一新亚类,称之为“济宁式”铁矿。

7. 地质工作程度及矿床规模

济宁铁矿的勘查工作是依据 1958 年地质部航测大队开展 1:100 万航测测量时发现的济宁磁异常开展的。

在 20 世纪 60~70 年代,山东省地质局综合一队及第二地质队先后对异常进行钻探验证工作,在 3 个超千米钻孔中,于寒武系之下发现了一套板岩、千枚岩、条纹状假象赤铁矿和变火山岩组合,由此建立济宁群,初步确定异常是由沉积变质铁矿引起。2004~2009 年,山东省物化探研究院优选颜店地区开展铁矿勘查工作,取得重要勘查成果,查明该铁矿为一特大型矿床。

第七章　鲁东地块与古元古代晚期沉积变质建造(孔兹岩系)有关的铁、稀土、石墨、滑石、菱镁矿、石英岩、透辉石、白云石大理岩、大理岩矿床成矿系列

第一节　成矿系列位置及该成矿系列中矿产分布 …… 124
第二节　区域地质构造背景及主要控矿因素 …… 124
一、区域地质构造背景 …… 124
二、主要控矿因素 …… 127
第三节　矿床区域时空分布及成矿系列形成过程 …… 132
一、矿床区域时空分布 …… 132
二、成矿系列形成过程 …… 134
第四节　代表性矿床剖析 …… 135
一、产于古元古代粉子山群小宋组中沉积变质型铁矿床矿床式(莲花山式)及代表性矿床 …… 135
二、产于古元古代荆山群野头组中沉积变质型透辉石矿床矿床式(长乐式)及代表性矿床 …… 139
三、产于古元古代粉子山群张格庄组及荆山群野头组中沉积变质-热液交代型滑石矿床矿床式(李博士夼式)及代表性矿床 …… 142
四、产于古元古代粉子山群张格庄组中沉积变质-热液交代型菱镁矿矿床矿床式(粉子山式)及代表性矿床 …… 146
五、产于古元古代荆山群陡崖组中沉积变质型石墨矿床矿床式(南墅式)及代表性矿床 …… 150
六、产于古元古代荆山群野头组中变质热液(伟晶岩)型(塔埠头式)稀土矿床 …… 154

这是山东省一个非常重要的以非金属矿为主的矿床成矿系列,其中的石墨、滑石、菱镁矿等是山东省优势矿种。这些矿产分布广,资源储量较大,勘查及开发利用程度高,在省内、国内占有重要地位。

该成矿系列中的:① 铁矿已发现中小型矿床数十处,主要包括莲花山、吴沟、栾家屯、城子、毛家寨、郑家坡、杨家庄、东辛庄—搭连营等,分布于胶北隆起西缘,构成昌邑-安丘铁矿成矿带,累计探明铁矿石资源储量 13 338.7 万吨。典型矿床为昌邑东辛庄-莲花山铁矿床。② 全省晶质石墨矿已查明的资源储量居全国第 3 位,石墨产量居全国第 1 位。截至 2012 年底,累计探明石墨矿资源储量 1 757.5 万吨,探明资源储量的矿床 13 处,包括大型 5 处,中型 5 处,小型 3 处。典型矿床为莱西市南墅石墨矿床和平度市刘戈庄石墨矿床。矿床中常伴有金红石和黄铁矿,可供综合利用。③ 山东省滑石矿是我国富镁质碳酸盐岩系中滑石矿床的三大集中产区之一。截至 2012 年底,已探明矿石资源量 2 359.4 万吨,居全国第二位,典型矿床为栖霞市李博士夼滑石矿。④ 山东菱镁矿已查明资源储量和矿石产量均居全国第 2 位,目前,累计查明菱镁矿产地 4 处,其中大型矿床 2 处,中型矿床 2 处。累计查明菱镁矿资源储量 36 468万吨。典型矿床为莱州市优游山菱镁矿。⑤ 全省已评价透辉石矿产地 10 余处,已提交资源储量的矿产地主要有福山老官庄、蓬莱战山、平度长乐、平度罗头等。截至 2000 年底,累计查明资源储量 2 573万吨,资源储量居全国第二位。⑥ 该系列中的石英岩(玻璃用)、白云石大理岩(溶剂用)及大理岩(饰面用)等矿产,含矿层位发育,分布稳定,资源丰富。

第一节　成矿系列位置及该成矿系列中矿产分布

该成矿系列分布于沂沭断裂带以东的鲁东地区，行政区域主要包括烟台市、威海市、青岛市和潍坊市；地质构造单元包括胶北隆起、威海隆起和胶莱盆地西部（荆山凸起）；矿床主要分布在华北板块东南边缘。含矿建造包括古元古代荆山群和粉子山群。荆山群主要分布于胶北地区的莱阳荆山、旌旗山、莱西南墅、平度祝沟、明村、海阳晶山、牟平祥山及昌邑乍山和安丘赵戈庄等地，总体呈NEE向的带状展布；粉子山群主要分布于莱州粉子山、平度灰埠、蓬莱金果山、福山张格庄等地，总体展布于荆山群的南北两侧。各种矿床围绕胶北隆起边缘分布，形成环绕胶北隆起的矿产资源富集带。铁矿床和石英岩矿主要分布于胶北隆起西南边缘昌邑—安丘一带，菱镁矿和滑石矿较集中分布于胶北隆起西侧莱州市粉子山一带，石墨矿和透辉石矿主要分布于胶北隆起南缘莱西、平度一带，大理岩矿则主要见于胶北隆起东北部福山—蓬莱一带，稀土矿主要分布在莱西塔埠头一带。

第二节　区域地质构造背景及主要控矿因素

古元古代时胶东地区出现大量滨-浅海相复理石沉积，指示了裂谷沉积环境，其中沉积了铁质、硅质、碳质、镁质等大量有用物质。后期伴随强烈造山褶皱作用，发生了中-高级变质作用，原始沉积的有用元素集中富集、结晶生长，转变成工业矿物和岩石，形成石墨、滑石、菱镁矿、铁、稀土、透辉石、白云石大理岩、石英岩等重要矿产资源。裂谷构造环境、滨-浅海沉积地层、高温变质作用为这一系列矿床的形成提供了必要的地质条件。

一、区域地质构造背景

（一）鲁东裂谷

华北克拉通早前寒武纪基底由不同微陆块组成，可分为西部陆块群和东部陆块群，其中东部陆块群被胶辽裂谷（胶辽吉构造带）分为包括鲁西、辽北、吉北在内的龙岗微陆块和由鲁东、北朝鲜组成的狼林微陆块（图7-1）。胶辽裂谷（胶辽吉构造带）是一条北自吉南，经过辽东，南至胶东的南北向延伸的构造带，长度约1 200 km，宽度100~200 km。胶辽裂谷（胶辽吉构造带）主要由北辽河群、南辽河群、老岭群、吉安群、粉子山群和荆山群组成，其内包含有太古宙结晶基底岩系和少量古元古代花岗岩类侵入岩。胶北地区的荆山群和粉子山群围绕胶北地块太古宙结晶基底分布，荆山群主要分布于胶北地块南部，粉子山群位于北部，构成鲁东裂谷。裂谷主要由荆山群和粉子山群火山-沉积岩及相关的侵入岩组成，于1.92~1.82 Ga发生了区域变质作用。

（二）区域地层

包括荆山群和粉子山群，二者岩性组合和形成时代均较相近，同位素年龄数据集中于2 484~2 019 Ma；但二者在形成环境、变质程度、构造变形等方面存在明显不同，被认为是同时异相的产物。

1. 荆山群

荆山群主要围绕栖霞花岗-绿岩带分布，总体呈NEE向的带状展布，变质程度达麻粒岩相-角闪岩相。主要岩性为石榴矽线黑云片岩、大理岩、透辉岩、石墨片麻岩、长石石英岩、黑云变粒岩、麻粒岩等，具孔兹岩系岩石组合特点，各组主要特征见表7-1。由于原始沉积和后期改造作用的差异，在各地发育程度不一,厚度有异。牟平祥山地区发育齐全,厚度最大,为 2 798 m;平度明村仅发育野头组和陡崖组(顶部片岩仅剩少量残留),其厚度为 1 084 m。

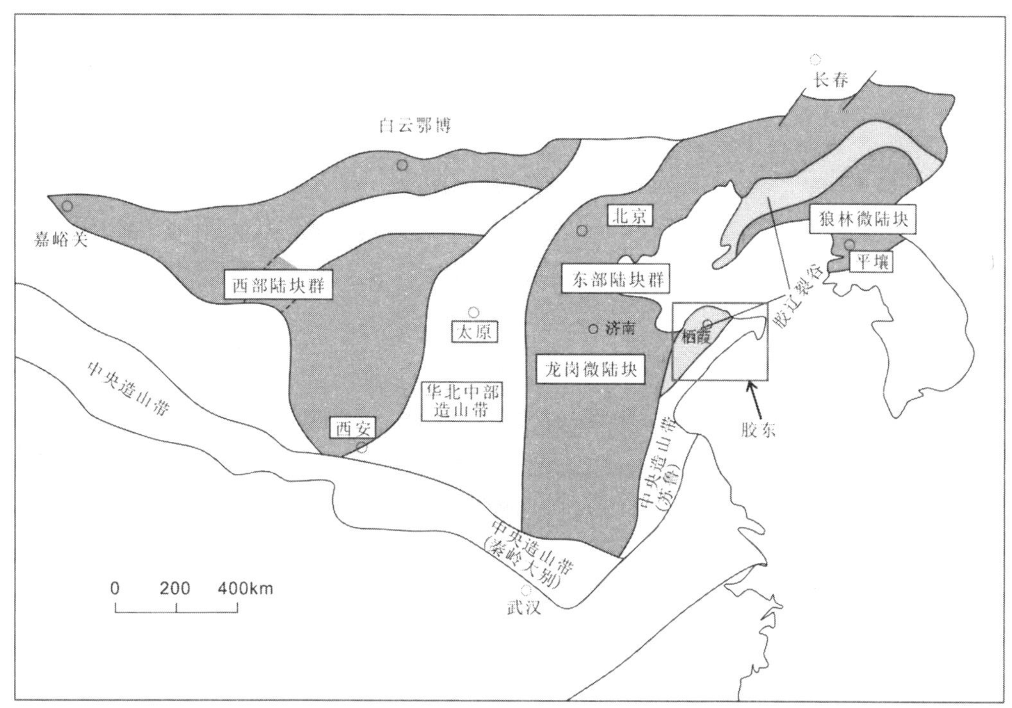

图 7-1 华北克拉通主要构造单元

(据赵国春等,2005)

荆山群的原岩主要为一套正常浅海相的泥质岩、碎屑岩、碳酸盐岩及钙镁硅酸盐岩。3 个组大致代表了 3 个不同的沉积旋回,禄格庄组岩性组合,反映了一种稳定的正常浅海相沉积环境;野头组的原岩除正常沉积的碎屑岩和钙镁硅酸盐岩和碳酸盐岩外,尚有大量的基性火山喷发的斜长角闪岩类,尤其是在祥山段,其横向和纵向上的岩相快速频繁相变反映了当时处于一种地壳不稳定的沉积环境;陡崖组的岩性组合及其稳定延伸昭示着该组沉积时地壳处于稳定状态,其中石墨的出现,表征着本地区第一次大规模出现有机质成分,其原岩主要为一套含碳质的碎屑岩及黏土岩,反映了一种浅海相的沉积环境。

2. 粉子山群

总体分布于荆山群的南北两侧,高绿片岩相-低角闪岩相变质程度。主要岩性为大理岩、黑云变粒岩、透闪岩、石墨透闪岩、浅粒岩、斜长角闪岩、磁铁石英岩、矽线黑云片岩等,各组主要特征见表 7-1。其在各地发育程度不一,在莱州地区发育相对比较齐全,下部岩性变化比较大,厚 3 151 m。从岩性组合看,粉子山群原岩下部以碎屑岩为主,中部以碳酸盐岩为主,上部则以泥质岩系为主。其中在莱州地区下部的碎屑岩中发育较多的基性火山岩夹层,且碎屑岩的成熟度比较低,主要为长石砂岩类;而在福山、蓬莱地区的粉子山群下部则主要为成熟度比较高的长石石英砂岩、石英砂岩,底部为泥质岩。从整体看,粉子山群是形成于滨海相至浅海相的大陆边缘构造环境。

(三) 变质作用

古元古代区域变质作用是与区域变形作用同步发生的,依据矿物组合特征、交切关系,结合变形特征综合分析,可将变质期次分为早、晚 2 期。

表 7-1 荆山群、粉子山群特征

群	组	岩石组合	群	组	岩石组合
粉子山群	岗嵛组	主要以石榴矽线黑云片岩为主夹矽线黑云片岩、石榴黑云片岩、黑云片岩、二云片岩、透闪变粒岩、浅粒岩等	荆山群	陡崖组	上部为光山段，由大理岩组成；下部为安吉村段，以高铝片岩为主
	巨屯组	石墨片岩、黑云片岩、石墨大理岩夹黑云变粒岩、石墨透闪岩			
	张格庄组	以厚层白云石大理岩夹透闪岩、透闪片岩、黑云变粒岩组合为特征		野头组	上部为定国寺段，基本岩性为大理岩，相对比较稳定；下部为祥山段，主要为一套变质的钙镁硅酸盐岩及碎屑岩，各地横向相变比较大
	祝家夼组	黑云变粒岩、浅粒岩，矽线黑云片岩、斜长角闪岩、透闪变粒岩等		禄格庄组	上部为水桃林段，主要为一套变质的泥质岩及部分碎屑岩；下部为徐村段主要为一套含石墨的岩系，石墨变粒岩、石墨透辉岩、石墨片麻岩等
	小宋组	黑云变粒岩、斜长角闪岩、浅粒岩、长石石英岩夹磁铁（石榴）石英岩、磁铁浅粒岩，偶夹大理岩			

1. 早期低角闪岩相变质作用

该期变质作用是与韧性剪切变形同步发生的区域动力热流变质事件。变质作用在胶北隆起的粉子山群发育区具明显的垂向分带性，底部变质强烈，达低角闪岩相，垂向上向上渐弱，至粉子山群巨屯组。典型变质岩石为由黏土岩、砂岩及中基性火山岩等变质的石榴矽线黑云片岩、长石石英岩、黑云变粒岩及斜长角闪岩等。

2. 晚期麻粒岩相-角闪岩相变质作用

该期变质作用是胶北地区最具代表性的带状多相变质作用，早期变质事件在该期变质中大部分被改造、叠加。在空间上，它以“热背斜”的形式产出，核部为麻粒岩相，向两翼依次出现高角闪岩相（荆山群野头组）和低角闪岩相，总体呈 NEE 向展布。

3. 变质作用 *PTt* 轨迹

（1）变质时代

变质相带总体展布呈 NEE 向，其中麻粒岩相的展布与荆山群的展布与荆山群各地区总体褶皱轴的展布及与荆山群沉积时的轴线展布是吻合的。反映了沉积事件、构造事件、变质事件乃至石墨矿的成矿事件是有机联系的，受同一基底构造控制的。荆山群中麻粒岩相和高角闪岩相变质岩的同位素年龄多数在 1 800~2 050 Ma，而在粉子山群及荆山群中低角闪岩相变质岩的同位素年龄多在 2 050~2 470 Ma 之间。由于麻粒岩相变质温度已经达到或超过锆石的计时系统开放条件，其年龄可以理解为的变质年龄峰期年龄，而低角闪岩相中的年龄可理解为原岩与变质改造混合年龄。因此，1 800~2 050 Ma，基本代表了麻粒岩相变质事件的时代。另外，在莱西南墅地区呈似层状侵入到荆山群中的古元古代西水夼单元经历了这期麻粒岩相事件的改造，其侵入时代可作为变质时代的证据，西水夼单元的单颗粒锆石 U-Pb法测年结果为 1 903.4 Ma。

（2）荆山群变质作用演化

荆山群形成后，大致于 2 300 Ma 发生低角闪岩相变质作用（中压相系），于 1 850 Ma 左右发生高角闪岩相至麻粒岩相变质作用，于 1 400 Ma 前后发生低角闪岩相变质作用，至 800 Ma 前后发生绿片岩相变质作用。

（四）区域地质发展史与重大地质事件

鲁东古元古代的主要特点是发育了一套半稳定-较稳定构造环境下的滨、浅海相沉积建造，其地壳演化大致可划分为 2 个阶段。

1. 盆地形成阶段

新太古代末—古元古代初，由于鲁西陆块岛弧与西侧陆块发生碰撞，在鲁西发育大面积同碰撞花岗岩的同时，鲁东地区出现少量碰撞型花岗岩。强烈造山期后构造松弛地壳拉张产生具三叉裂谷性质的裂陷盆地。盆地边部构造活动较活跃，形成了含较多火山物质的粉子山群底部沉积岩系；盆地内大部分地区处于半稳定—稳定环境，形成长英质细碎屑岩和黏土质风化产物及钙镁质碳酸盐化学沉积三者的混杂沉积建造。许多高精度的锆石 U-Pb 定年表明，地球在 2.45 Ga 发生了重大的镁铁质岩浆事件，标志着新太古代超大陆破裂的开始，鲁东莱州基性-超基性岩组合形成时代大致与这一全球岩浆事件相当，可能指示华北克拉通于古元古代开始发生大陆裂解。

2. 褶皱造山阶段

新元古代晚期，鲁东裂陷盆地闭合，出现陆内俯冲作用，古元古代地层发生强烈变形，发育大量褶皱和韧性剪切变形构造，形成褶皱造山带。

二、主要控矿因素

（一）大地构造

根据赋矿的孔兹岩系的岩石组合特征，目前多数人认为其原岩是一套较稳定构造条件下的陆棚浅海沉积物。通过对鲁东地区古元古代荆山群、粉子山群古沉积环境的研究，认为该区的高铝泥质岩石系潮坪及滨岸泻湖低能环境下的沉积物，矽线片岩层位之上的石英片岩和长英片麻岩是障蔽岛外浅水高能带的沉积产物，石墨片岩的原岩形成于高能带外侧浪基面以下的还原环境，含磷钙硅质沉积，则是在更深一些的海盆中以内碎屑为主的沉积物。整个孔兹岩系的沉积序列，反映了一个海进型的浅海陆棚沉积环境。这种构造背景为成矿提供了非常有利的条件。

（二）含矿建造

沉积变质型铁矿赋存在粉子山群小宋组中，赋矿地层岩性以黑云变粒岩、磁铁黑云变粒岩、磁铁黑云透辉变粒岩、磁铁浅粒岩为特征，夹石榴黑云变粒岩、斜长角闪岩、浅粒岩、长石石英岩。石墨矿主要赋存于荆山群陡崖组徐村石墨岩系段中，与石墨矿密切相关的岩层为石墨变粒岩-片麻岩-片岩组合，主要由大理岩、片麻岩、变粒岩、片岩、透辉岩、透闪岩和斜长角闪岩等组成。滑石矿赋矿地层为粉子山群张格庄组和荆山群野头组，张格庄组主要赋矿岩石组合为白云大理岩、绿泥滑石片岩-滑石片岩-菱镁矿，野头组赋矿岩石组合为大理岩，白云大理岩、蛇纹石化大理岩组合。菱镁矿床赋矿地质体为粉子山群张格庄组大理岩-透闪片岩组合，原岩为富镁质碳酸盐岩，矿床产于张格庄组三段中的第二、四白云石大理岩岩性层中（以第二岩性层为主）。透辉石矿赋存于野头组和巨屯组中，野头组赋矿岩层为含透辉石钙镁硅酸盐变质沉积建造，巨屯组赋矿岩层为含透辉石富镁碳酸盐沉积建造。稀土矿赋存在野头组黑云变粒岩、大理岩、斜长角闪岩中的变质热液形成的伟晶岩中。

荆山群与粉子山群的含矿地层位置及主要岩石组合大致可以对比，但不同地区地层发育情况差异较大（表 7-1），因此赋矿特点也有明显不同。

（三）沉积环境和岩相古地理

荆山群和粉子山群岩石类型比较复杂，反映了其沉积环境的多样性的特点。

1. 主要变质岩类的原岩建造和沉积环境分析

（1）高铝片岩类

该类岩系主要发育于古元古代地层的顶部和底部。高铝片岩中常含有一定量的石墨鳞片和电气石，并常夹大理岩、长石石英岩，透闪岩夹层。其岩石化学成分中的铝质系数（Al_2O_3/SiO_2）多数在0.307~0.393之间。上述特征表明高铝片岩原岩是成熟度比较高的泥质沉积岩石，来自于大陆的温带或潮湿气候带，属中—强分异的黏土岩沉积。

（2）长英质粒变岩类

该类岩石成因类型比较复杂，在不同的岩石组合中，其岩石的原岩特点有异。与高铝片岩，大理岩、透辉岩等共生的岩石中石英的含量普遍高，多为长石石英岩、石英岩、透辉石英岩、黑云变粒岩等，岩石多呈薄层状构造，偶见粒序层和波状层理，表明其原岩是成熟度比较高的长石石英砂岩或石英砂岩等碎屑岩石，这些岩石主要见于荆山群的底部禄格庄组安吉村段、陡崖组徐村段、粉子山群小宋组和蓬莱、福山地区的粉子山群祝家夼组、张格庄组二段中。与斜长角闪岩共生的浅粒岩、变粒岩类主要组成矿物为钾长石及石英，岩石具明显的层状构造，但岩石的延伸不甚稳定，横向上厚度变化较大，岩石中锆石呈柱状、短柱状，长宽比值为1.8:1~2.5:1，粒度0.1~0.38 mm，晶面少见磨蚀现象，断口不平坦，表明其原岩为快速堆积的成熟度比较低的碎屑砂岩，该类岩石多见于莱州粉子山地区的南部祝家夼组及荆山群野头组祥山段中。在粉子山地区有一层钾长浅粒岩，其K_2O/Na_2O比值为4.76，与该岩性在层位上近邻的一层浅粒岩以富钠质成分为特征，其中Na_2O/K_2O比值达31.80，与石英角斑岩的成分相近，代表了一种碱性的海底火山岩系。与大理岩、透闪岩、高铝片岩互层的长英质粒变岩类，如石墨变粒岩、黑云变粒岩等，在空间上多具有一定的层位，延伸稳定，表明其原岩为（含有机质）泥砂质沉积岩系。上述特征指示，该类岩石的原岩为成熟度不同、原岩性质有异的碎屑沉积岩，不同岩石组合中的长英质粒变岩类，反映了不同的成熟度。与长石石英岩、透闪岩、高铝质岩石共存的岩石，其成熟度比较高，而与斜长角闪岩共存的岩石则成熟度偏低。砂岩的成熟度的不同，反映了沉积环境的不同，一般来说，活动区成熟度偏低，稳定区则高。

（3）钙镁硅酸盐类

该类岩石主要分布于古元古代地层中部的荆山群野头组祥山段，粉子山群张格庄组二段，在巨屯组中，也有较多分布。另外，在荆山群的底部常呈薄的夹层出现。主要岩性为透辉岩、透闪岩、透闪片岩。野外常呈良好的薄至中厚层状与黑云变粒岩、大理岩呈互层状稳定延伸。在巨屯组中，以岩石中含有大量的隐晶质石墨成分为特征。其原岩是富含硅镁质的白云质泥灰岩类。在荆山群中多以透辉岩为主，而粉子山群则多以透闪岩为主，此乃变质程度差异所致。

（4）铁镁质岩类

该类岩石以莱州地区粉子山群下部祝家夼组和荆山群野头组祥山段最为发育。主要岩性为斜长角闪岩，在明村、南墅、赵戈庄地区的该类岩性中常含有紫苏辉石，而被归入麻粒岩之列。岩层在同一个地区延伸比较稳定，其上下相邻的岩性组合多为黑云斜长片麻岩、浅粒岩等，偶有大理岩夹层出现。结合地球化学特征分析，该类岩石之原岩是具裂谷性质的拉斑玄武岩类。

（5）碳酸盐岩类及富镁质岩类

该岩类集中发育于古元古代地层中部2个大理岩岩性段。富镁质岩系主要指滑石矿和菱镁矿，该岩石的原岩与碳酸盐岩有密切的关系，粉子山滑石矿，芝坊滑石矿、徐家店滑石矿及李博士夼滑石矿等均产于富镁的碳酸盐岩——白云石大理岩中（芝坊滑石矿部分产于斜长角闪岩中），而在方解石大理岩中则无任何滑石矿床（点）形成。可见，滑石矿受控于白云石大理岩层位。菱镁矿的形成也是由富镁的热液交代白云石大理岩而成矿。因此，滑石矿、菱镁矿的成矿母岩主要是富镁的碳酸盐岩。大理岩层延伸极其稳定，并与有机质石墨层位相伴生，无疑表明其原岩为正常沉积的白云岩或灰岩。

2. 岩相古地理分析

古元古代地层可大致分为3部分，下部以泥质岩（荆山群）和碎屑岩（粉子山群）为主，中部以碳酸盐岩为主，上部以泥质岩及碎屑岩和钙镁硅酸盐岩为特征，总体反映了一种浅海相的沉积环境。在空间展布上,荆山群主体发育于安丘赵戈庄、平度明村、莱西直角山、南墅、莱阳旌旗山、栖霞大庄头地区,总体呈NEE向展布,其中分布有古元古代地层底部最发育的高铝片岩系,原岩恢复为泥质岩。而粉子山群主要出露于荆山群北侧莱州、蓬莱、福山一带,其底部岩系主要为一套成熟度不同的碎屑岩及基性火山岩,在其最底部与太古宙岩系的接触面附近则多发育一薄层的含石墨的高铝片岩系。显然,泥质岩和碎屑岩形成于不同的沉积环境,碎屑岩形成于滨海到浅海相,而泥质岩则形成于相对深水区。栖霞大庄头-莱阳旌旗山-莱西直角山-平度明村这一NEE向的高铝片岩发育区,是古元古代沉积槽盆的轴线,即沉降中心部位。这一沉降中心在沉积早期无大规模的火山喷发,代表了一种相对稳定的沉积环境。而其北部,与这套泥质岩系同时形成的沉积岩系,其沉积环境则不同。蓬莱、福山地区的粉子山群底部,原岩主要是一套成熟度较高的薄层至中厚层状的碎屑岩,代表了稳定的陆缘沉积;而莱州粉子山群底部主要为一套成熟度不同的碎屑岩及基性火山岩,形成于活动的沉积环境。由此推断,古元古代早期的变基性火山岩代表了一种陆缘或弧后盆地的构造环境。与变质碎屑岩形成于同一大地构造背景,只是各地的构造环境有别,斜长角闪岩(基性火山岩)发育区,碎屑岩成熟度偏低,反映了一种相对活动的沉积环境,而无斜长角闪岩发育区,多为泥质岩系和成熟度比较高的碎屑岩沉积,代表了一种相对稳定的边缘相沉积环境。这种特征反映了古元古代地壳演化的不均一性,随着槽盆的不断拓宽,沉积盆地的水体不断加深,各地的沉积环境趋于相同,从而使各地古元古代地层的原岩建造显示出良好的可比性,总体代表了一种被动拉张性质的弧后沉积环境。

(四)成矿构造

与古元古代孔兹岩系有关的矿床成矿系列受褶皱构造控制。褶皱变形可以分为3期,早期为线型褶皱,轴向NW向;中期为轴向NE的中常褶皱,这期褶皱基本控制了古元古代构造格局,谓之格架褶皱;晚期是轴向NW的宽缓褶皱,晚期对早期的叠加显示出异轴异面干涉图像。

莱阳荆山地区是鲁东古元古代褶皱的代表性地区,显示有强烈而复杂的多期褶皱形态。早期F1为紧闭的线型褶皱,强烈改造置换了原始层理,形成与褶皱轴面完全平行的透入性片理(S1)。该期褶皱常常表现为轴面、两翼、片理面产状一致,较大规模的褶皱在野外往往难以准确识别,需要在地质图上进行构造分析方能确定;第二期褶皱叠加改造了早期褶皱,其轴面与先期的褶皱轴近直交,为NE向。这期褶皱往往表现为直立或斜歪中常褶皱,较大规模的褶皱可以通过岩层产状的变化识别出来,是野外最易识别的一期褶皱。第二期褶皱基本相当于J.G·Ra msay的第二类叠加干涉型。早期褶皱形态属单斜对称型,晚期则为斜方对称型。第三期褶皱构造,形态宽缓,轴向NW,对前两期褶皱的改造比较弱。该区的片理极点投影,显示不规则的大圆环带,枢扭产状倾向70°,倾角26°,轴面近直立,总体反映了第二期变形的斜方对称特点,但明显有晚期叠加改造的成分,致使环带弥散,对称程度降低。

(五)成矿地球化学

古元古代地层中不同岩石类型或含矿建造的地球化学特征有明显差异。高铝片岩类稀土配分模式呈平缓的右倾曲线(图7-2),略显轻稀土富集,重稀土平坦,具较明显铕亏损。长英质粒变岩类的稀土图谱表现为轻稀土富集,呈平缓右倾曲线,具较明显的铕亏损现象。钙镁硅酸盐类呈轻稀土略富集的右倾曲线,重稀土平坦,铕具弱的亏损现象。铁镁质岩类,明村地区岩石的稀土图谱显示略向右倾斜的曲线,轻稀土略显富集,铕显轻度的负异常,稀土总量较低;南墅地区的麻粒岩和粉子山地区的斜长角闪岩稀土配分模式呈平坦的曲线状,稀土总量较低,铕不具异常特征,说明这些岩石的岩浆来源于没有经过交代富集作用的亏损上地幔。

前人对产于粉子山群中的昌邑铁矿的地球化学特征进行了详细研究(蓝廷广等,2012)。在主量元素方面,矿石中全铁含量变化范围为40.2 %~60.2 %(平均值为48.1 %),SiO_2含量变化范围为31.0 %~54.4 %(平均值为43.7 %),Al_2O_3为0.58 %~5.19 %(平均值为2.75 %),MgO含量变化范围为1.35 %~3.86 %(平均值为2.57 %),CaO含量变化范围为0.13 %~4.19 %(平均值为2.24 %),Na_2O含量变化范围为0.10 %~0.97 %(平均值为0.34 %),K_2O含量变化范围为0.03 %~0.64 %(平均值为0.22 %),MnO为0.04 %~0.11 %,TiO_2为0.01 %~0.07 %。与辽宁弓长岭、冀东迁安、山西五台山及鲁西韩旺等太古宙BIF相比,昌邑铁矿的矿石在SiO_2和全铁含量上与其并没有显著差别,总体上全铁含量稍低,但Al_2O_3,CaO,MgO和K_2O含量明显高于上述铁矿,暗示更多的其他物质如碎屑物质参与了昌邑铁矿形成。与加拿大阿尔戈马型和苏必利尔湖型BIF相比,昌邑铁矿的SiO_2较低,而TFe_2O_3高了8 %左右。一般认为沉积变质铁矿的SiO_2/Al_2O_3应小于10,火山沉积变质铁矿的SiO_2/Al_2O_3应大于10。昌邑铁矿的SiO_2/Al_2O_3变化为6.0~93.8,平均32.4,显示极不均匀的特征,并且平均值也比华北克拉通太古宙BIF低,这表明昌邑铁矿总体上还是以火山沉积为主,但有大量碎屑物质参与。

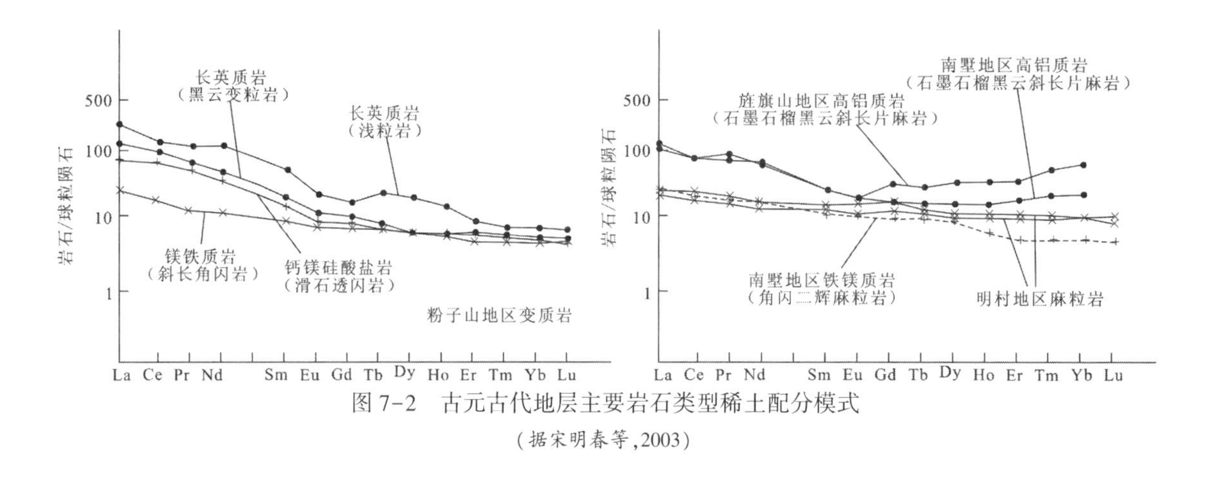

图7-2 古元古代地层主要岩石类型稀土配分模式

(据宋明春等,2003)

在微量元素原始地幔标准化蛛网图中,高场强元素Nb,Ta,Zr,Hf和Ti明显亏损,大离子亲石元素Sr和Ba总体上也亏损,但个别元素的Ba含量很高(可达604×10^{-6})且变化大,表明其物质来源可能是不均一的。昌邑铁矿的Ti/V比值为6.3~24.0,平均值为14.5,接近于火山建造,表明物质来源于火山沉积有关,但部分低值的存在不排除陆源沉积物的参与。作为亲铁元素的Cr,Co,Ni在化学沉积过程中对金属元素来源具有很好的示踪意义,昌邑铁矿石富集Cr,Co,Ni和Zn等元素,指示其与沉积盆地同时期的火山活动有关。

昌邑铁矿的稀土元素总量较低,为5.52×10^{-6}~43.7×10^{-6},平均值21.5×10^{-6},总体上高于华北克拉通太古宙BIF铁矿的稀土总量。在稀土元素PAAS(澳大利亚南后太古宙页岩)标准化图解中,昌邑铁矿具有较为一致的配分模式,即轻稀土相对重稀土亏损和强烈的铕正异常,除个别样品外,多数样品消失La正异常和Y正异常,无明显的Ce正异常,这些特征与华北克拉通内的BIF特征基本一致。关于BIF中Eu的正异常,前人已做了较多研究,一般认为Eu的正异常是海底高温热液的特征,Eu异常的大小可以代表混和热液中高温热液的相对贡献量。昌邑铁矿显著的Eu正异常可能暗示了较多高温热液参与。结合主量及微量元素的研究,认为高温热液可能与海底火山活动有关。

(六)稳定同位素和成矿流体

据研究(陈衍景等,2000)南墅石墨矿区大理岩的平均$\delta^{13}C=-0.7\times10^{-3}$,变化于$-2.7\times10^{-3}$~$1.5\times10^{-3}$,低于海相碳酸盐岩的平均值$0.5\times10^{-3}$,表明变质作用使碳酸盐岩$\delta^{13}C$降低,或者发生了有机质碳的交换加入。如果变质作用使碳酸盐岩$\delta^{13}C$降低,释放重CO_2,那么释放的重CO_2可能参与到石墨中,使石墨$\delta^{13}C$增高,即石墨$\delta^{13}C$值高于未变质或弱变质有机质。南墅矿床27件石墨$\delta^{13}C_{ong}$平均为-22.9×10^{-3},明显高于$\delta^{13}C_{ong}$平均值-26×10^{-3},表明石墨形成时确有重CO_2加入。

南墅矿床院后矿区大理岩平均$\delta^{13}C=1.2\times10^{-3}$,高于岳石矿区大理岩平均$\delta^{13}C=-1.6\times10^{-3}$;院后矿

区石墨 $\delta^{13}C=-24.0\times10^{-3}$，低于岳石矿区石墨 $\delta^{13}C=-22.3\times10^{-3}$；院后矿区△(carb-gr)= 25.2×10^{-3}，大于岳石矿区△(carb-gr)= 20.7×10^{-3}。表明院后矿区的碳同位素均一化程度低于岳石矿区。一般认为温度、压力和流体是影响变质作用强度的3个主要因素，由于同属南墅矿床的院后和岳石两矿区在变质温度、压力上差别并不明显，因此推测可能是流体作用的差异导致两矿区碳同位素均一化程度不同，即岳石矿区流体作用较强，加速了有机质和碳酸盐之间的 $^{13}C/^{12}C$ 交换。

对昌邑铁矿4个样品进行流体包裹体分析(蓝廷广等,2012)，结果表明，磁铁矿中的包裹体气相组分主要为 H_2O(77.5 mol %~89.18 mol %)，其次为 CO_2(10.1 mol %~21.64 mol %)，含少量的 N_2(0.34 mol %~0.71 mol %)、CH_4(0.17 mol %~0.53 mol %)和 C_2H_6(0.043 mol %~0.137 mol %)。总体上为 H_2O-CO_2 组分，与变质流体相似，含少量还原性组分(如甲烷)。还原性气体的参与表明变质作用发生于相对还原的环境，这可能是昌邑铁矿的矿石矿物以磁铁矿而不是赤铁矿出现的主要原因。

(七)成矿系列中大型和超大型矿床控制因素

鲁东地块与古元古代晚期(吕梁期)孔兹岩系沉积变质建造有关的矿床成矿系列是山东省重要的优质非金属成矿系列，其中石墨、滑石、菱镁矿是山东省优势矿种，常形成大中型和超大型矿床，其控矿因素主要有以下3个方面：

1）地层分布和原岩建造。石墨矿严格受地层控制，主要赋存于荆山群陡崖组徐村石墨岩系段中，原岩主要为一套含碳质的碎屑岩及黏土岩，反映了一种浅海相的沉积环境。菱镁矿赋矿地质体为粉子山群张格庄组大理岩-透闪片岩组合，原岩为富镁质碳酸盐岩。滑石矿赋矿地层为粉子山群张格庄组和野头组，原岩为一套以碳酸盐岩为主的海相沉积。

2）褶皱构造。褶皱构造使矿体富集，矿层受褶皱控制。如莱州优游山菱镁矿矿体赋存在粉子山倒转向斜近核部的张格庄组三段白云石大理岩层内，总体呈层状顺层产出，沿走向和倾向矿层稳定，其形态与产状受褶皱控制(图7-3)。

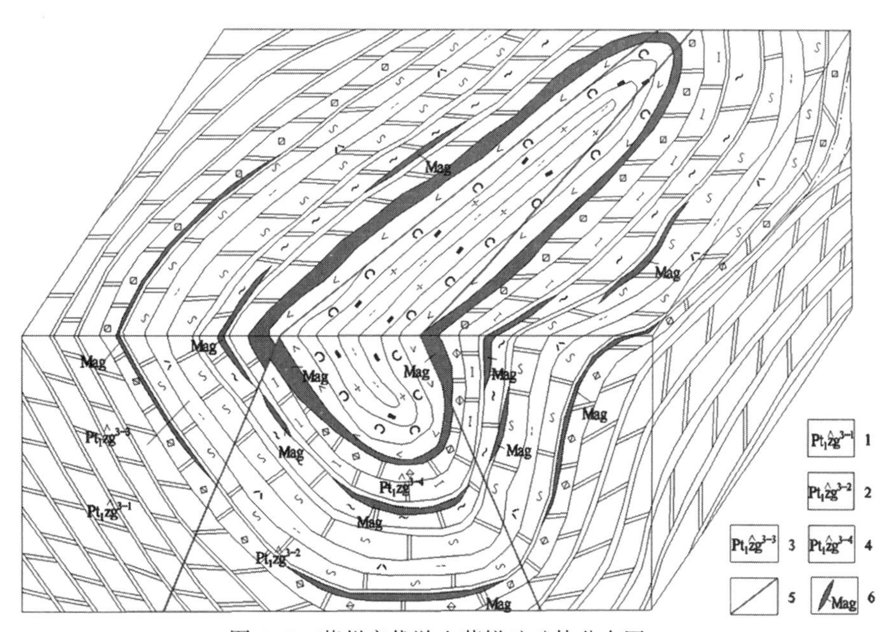

图7-3　莱州市优游山菱镁矿矿体分布图

(据山东省第三地质矿产勘查院李建华等,2013)

1—古元古代张格庄组三段白云石大理岩；2—张格庄组三段菱镁岩、绿泥片岩；3—张格庄组三段黑云斜长角闪岩；4—张格庄组三段绢云绿泥片岩、白云石大理岩、菱镁岩；5—断层；6—菱镁矿

3）变质作用和热液活动。晶质石墨矿的形成需要较高的温度，荆山群陡崖组含矿岩系的变质程度达高角闪岩相和麻粒岩相。菱镁矿及滑石矿的形成除与变质作用有关外，还与后期的热液活动有关，富镁低温热液强烈活动，交代白云石大理岩，形成矿体。

第三节　矿床区域时空分布及成矿系列形成过程

一、矿床区域时空分布

（一）莲花山式沉积变质型铁矿

莲花山式铁矿赋存于粉子山群小宋组中，据1:25万潍坊市幅区调资料，小宋组同位素年龄值为（2 271.3±2.9）Ma，基本代表了铁矿的形成时代。

铁矿床主要分布于鲁东地区的昌邑—安丘一带及平度、莱西等地，大地构造位置位于胶北隆起之胶北断隆明村-但山凸起和胶北凸起西缘，在莱西-即墨断陷的荆山凸起有少量分布。莲花山式沉积变质型铁矿在昌邑—安丘一带铁矿集中分布构成铁矿成矿带，该带位于沂沭断裂带（郯庐断裂山东段）之昌邑-大店断裂东侧，北起莱州西部，向南经平度西部、昌邑东部，至安丘东部，全长约100 km，宽约8～15 km，总体呈15°～40°方向展布（王松涛等，2007），与区域构造线方向基本一致。带内磁异常较多，中、小型铁矿分布范围广，已发现中、小型铁矿20余处。沉积变质型铁矿主要矿床有昌邑东辛庄-莲花山铁矿、郑家坡铁矿、吴沟铁矿及坡子铁矿。

莲花山式铁矿的含矿层位为古元古代粉子山群小宋组，主要岩性为斜长角闪岩、角闪片岩和黑云片岩，由上述岩石类型构成含铁岩系。铁矿体处在莱州复背斜的南翼，呈NE向断续分布，倾向SE，矿层一般2～5层，厚度0.5～5 m，并呈层状、似层状，一般规模不大，品位较低。

（二）长乐式沉积变质型透辉石矿

山东透辉石矿床赋矿地层主要为古元古代荆山群野头组和粉子山群巨屯组及张格庄组，其矿床形成时代与赋矿地层时代基本一致，与吕梁期区域变质作用有关（低角闪岩相-麻粒岩相）。

矿床主要分布于胶北地块的烟台、蓬莱、平度等地；在胶南造山带之胶南隆起的五莲坤山等地也有少量产出。大地构造位置主要位于胶北隆起之明村-担山凸起、南墅-云山凸起、胶北凸起和烟台凸起中。其主要矿床有平度长乐、蓬莱大季家和战家、烟台福山老官庄、莱西南墅刘建村和曹家。

山东透辉石矿床主要为沉积变质型，以平度长乐为代表的透辉石矿和以福山老官庄为代表的透辉石矿。长乐透辉石矿主要赋存于古元古代荆山群野头组，产于钙镁硅酸盐沉积变质建造中，主要分布于胶北隆起南部；老官庄透辉石矿主要赋存于古元古代粉子山群巨屯组及张格庄组中，产于硅质富镁碳酸盐岩沉积变质建造中，多分布于胶北隆起的北部。

长乐透辉石矿主要变质岩石组合为透辉岩、透辉变粒岩、斜长透闪透辉岩、黑云斜长片麻岩。变质程度以角闪岩相为主，少量达到麻粒岩相。其原岩为次级海盆中的含碳硅质白云质灰岩沉积建造。矿床主要特征为：① 矿体呈层状、似层状，延伸变化稳定，单矿体长度一般在1 500 m左右，单层厚度5～25 m；② 矿石的矿物成分简单，透辉石含量高（一般>85 %）；③ 矿石自然类型为单一的透辉石型；④ 矿石中 Fe_2O_3 含量低，一般<5 %，且杂质少，质量好。

老官庄透辉石矿主要变质岩石组合为石墨透闪岩、透闪片岩、透闪透辉岩夹透闪大理岩、透闪石英岩。变质程度为绿片岩相-角闪岩相。其原岩为近陆棚环境下的钙质粉砂岩、泥岩-白云质杂砂岩沉积建造。矿床主要特征为：① 矿体呈层状、似层状，延伸变化稳定，单矿体长度一般在1 200 m左右。矿层厚度较大，单层厚度10～30 m；② 矿石的矿物成分相对较复杂，含量变化大，透辉石或透闪石含量一般为(50 %~90 %)；③ 矿石自然类型有石英透闪透辉石型、透辉石型、钾长透闪石型；④ 矿石中 Fe_2O_3 含量较高，一般在 1.1 %~2.5 %之间。

(三) 李博士夼式热液交代型滑石矿

赋矿地层为古元古代粉子山群张格庄组和荆山群野头组，其矿床形成时代与赋矿地层时代基本一致，与吕梁期区域变质作用有关(绿片岩相–角闪岩相)，成矿时代约为 1 800~2 000 Ma。

滑石矿主要见于胶北地区，已探明资源储量的有栖霞李博士夼、莱州优游山和粉子山大原家—山刘家及道刘家、海阳徐家店、平度芝坊和蓬莱陈家等矿床。此外，在蓬莱山后李家、牟平马山寨、莱阳西北岩、文登汪疃和黑龙洼及威海、福山等地有小型矿床或矿点分布。大地构造位置主要位于胶北隆起之明村–担山凸起、烟台凸起、南墅–云山凸起和晶山凸起中。

主要类型李博士夼式热液交代型滑石矿在栖霞李博士夼、莱州优游山、海洋徐家店和平度芝坊均有分布。矿体特点是：① 矿体赋存于张格庄组三段和野头组定国寺大理岩段中，主要围岩为白云石大理岩，岩石组合简单；② 矿体往往产在褶皱构造(尤其是向斜构造)的核部，与成矿前断裂构造(尤其是与地层走向一致的断裂和层间滑动构造)关系密切；③ 矿体呈似层状、扁豆状或透镜状产出，规模大，分布变化稳定。矿体长一般几百米至 1 500 m，延深几十米至>500 m，厚几米至>20 m。④ 矿石质量好，滑石含量多为 85 %~90 %，白度多为 75 %~80 %。

(四)粉子山式沉积变质–热液交代型菱镁矿

菱镁矿赋存于古元古代粉子山群张格庄组中，其矿床形成时代与赋矿地层时代基本一致，与吕梁期区域变质作用有关(绿片岩相–角闪岩相)。

矿床集中分布于莱州粉子山—过埠山—优游山一带，构成一个东西长约 10 km，南北宽约 3~4 km 的菱镁矿矿带。主要矿床有莱州优游山、莱州粉子山外围和大原家—山刘家。此外，在蓬莱山后李家、平度芝坊、海阳徐家店也有矿化，但尚未发现工业矿床。大地构造位置主要位于胶北隆起之明村–担山凸起中。

赋矿地质体为粉子山群张格庄组大理岩–透闪片岩组合，原岩为富镁质碳酸盐岩，矿床产于张格庄组三段中的第二、四白云石大理岩岩层中(以第二岩性层为主)，其形成与白云石大理岩关系极为密切。矿体产状与围岩产状基本一致，沿走向、倾向延伸稳定。由矿体中心向外，常可见到菱镁矿体—菱镁岩—白云石大理岩的过渡现象。

(五) 南墅式沉积变质型石墨矿

石墨矿严格受地层控制，主要赋存于古元古代荆山群陡崖组徐村石墨岩系段中。据 1:25《潍坊市幅》区调资料，陡崖组 U–Pb 法同位素年龄值为 1 869(平度古岘)~2 036.9(莱西大东馆) Ma，基本代表了石墨矿的形成时代。

此系列中的晶质石墨矿床集中分布于鲁东地区的莱州南部—平度—莱西—莱阳地区，主要矿床有莱西刘家庄、南墅，平度刘戈庄、刘家寨、大金埠。此外，在牟平徐村、海阳北部、威海环翠区田村、荣成泊于、乳山午极等地也有分布。大地构造位置主要位于胶北隆起之明村–担山凸起、烟台凸起、三堤凹陷、荆山凸起和南墅–云山凸起中。

与石墨矿密切相关的岩层为石墨变粒岩–片麻岩–片岩组合，主要由大理岩、片麻岩、变粒岩、片岩、透辉岩、透闪岩和斜长角闪岩等组成，形成于一套滨海–浅海相硅铝质陆源碎屑沉积和少量碳酸盐岩沉积，并经历了高角闪岩相—麻粒岩相的中高级区域变质作用。石墨矿体的产出常与大理岩密切相关，大理岩作为矿体的顶、底板或夹层出现，如南墅各矿区、牟平徐村、威海大西庄、平度境内的石墨矿等。说明含碳质的沉积岩形成环境接近碳酸盐岩的沉积环境，或是在统一环境下沉积的产物。

矿体多呈层状、似层状、透镜状；在石墨岩系中多呈带状分布，每个矿带往往由多个矿体组成。矿体与围岩产状一致，一般比较稳定，局部有膨缩及分支复合现象。矿体规模大小悬殊较大，一般长几十米至几百米（最长者可达1 600 m以上）；斜深几十米至几百米（最大控制斜深420 m以上）；厚度几十米至几百米（最厚达150 m）。

（六）塔埠头式变质热液（伟晶岩）型稀土矿

稀土矿赋存于古元古代荆山群野头组中的伟晶岩中，由于该类型伟晶岩在区域上分布较少，而该矿床的研究程度相对较低（普查阶段），矿床缺乏同位素年龄资料。前人根据区域及矿区地质资料分析，认为矿体周围发育有侏罗纪玲珑期花岗岩、花岗伟晶岩，而矿床的形成与其关系密切，故认为形成时代为燕山早期。2013年，在区内伟晶岩中获得锆石U-Pb法同位素年龄值为（1 810.8±4.9）Ma，矿床赋存于古元古代荆山群野头组伟晶岩脉中，而伟晶岩的形成可能与古元古代区域变质作用及伟晶岩化作用有关，其形成时代暂定为古元古代末期。

稀土矿主要分布在莱西塔埠头一带，大地构造位置位于胶北隆起之胶北断隆荆山凸起的边缘。矿区及外围发育有凤凰山背斜和大野头向斜，区域地层走向近EW。区内侵入岩较少，主要为花岗伟晶岩脉和石英脉。矿体主要呈脉状分布在花岗伟晶岩中，规模不大，地表长120~150 m，宽40~70 m，走向近EW，斜深小于200 m。

二、成矿系列形成过程

该成矿系列形成于古元古代，主要分布于鲁东地区，其主要特点是，发育了一套半稳定—较稳定构造环境下的滨、浅海相沉积建造。古元古代早期，华北克拉通经历了一次基底陆块的拉伸-破裂事件（翟明国，2010），产生了胶辽裂陷盆地。鲁东盆地边部构造活动较活跃，形成了含较多火山物质的粉子山群底部沉积岩系；盆地内大部分地区处于半稳定—稳定环境，形成长英质细碎屑岩和黏土质风化产物及钙镁质碳酸盐岩化学沉积的三者混杂沉积建造。古元古代晚期，华北克拉通经历了一次挤压构造事件，导致了裂陷盆地的闭合和焊接，形成胶辽活动带（或称造山带），鲁东古元古代地层发生强烈变形，发生大量褶皱和韧性剪切变形构造。古元古代活动带的演化以古元古代末伟晶岩脉的灌入为标志而告结束（翟明国，2010）。

与以裂陷盆地大规模碎屑沉积和其后的变质事件为代表的古元古代活动带有关的石墨、滑石、菱镁矿，以及透辉石、石英岩（玻璃用）等矿产是该系列的主要成矿类型。另外，在盆地发育的早期有条带状铁建造和岩浆熔离型铁矿、磷灰石矿形成；在古元古代区域变质作用的末期有伟晶岩型稀土矿和电气石矿形成。

莲花山式沉积变质型铁矿为赋存于古元古代粉子山群变质岩中的条带状铁建造（BIF）铁矿，与华北克拉通太古宙BIF相比，在成因上没有太大的差别，但其可能形成于具有更多碎屑物质和更少热液参与的大陆裂陷环境，成矿构造环境与济宁式铁矿相似。

蓝廷广等（2013）认为昌邑一带的莲花山式铁矿存在大条带和微条带之分，大条带即为矿体，一般长几十至数百米，厚度几厘米到几十米，而微条带则为矿体内部富铁和富硅分带，一般厚约几毫米。根据矿体类似于交错层理的分布形态，大条带可能主要受控于海浪的波动，形成于浅海环境。根据磁铁矿的$\delta^{18}O$随矿石中SiO_2增加而升高的特征，微条带很可能是变质作用造成的，即在变质作用过程中矿物竞争性颗粒生长使系统向减少颗粒数但加大颗粒体积的状态演化，导致矿物相的成层分异，也就是导致微条带中石英和磁铁矿的分层。昌邑铁矿与华北克拉通太古宙BIF一样都不具有明显的的Ce负异常，与缺氧的海水显示的特征一致，暗示研究区古元古代以前可能确实存在一个缺氧的环境，海水中可能不存在一个氧化还原界面，因此在缺乏自由氧化Fe的情况下铁元素的沉淀可能是通过微生物的氧化来完成。铁元素在以Fe^{3+}方式沉淀下来之后，后期变质作用中有还原性流体的参与，从而造成部分Fe^{3+}被还

原成 Fe^{2+},这可能是昌邑铁矿的矿石矿物以磁铁矿而不是赤铁矿出现的主要原因。

长乐式沉积变质型透辉石矿形成的主导因素是沉积作用及变质作用,是由正常沉积的钙镁铝硅酸盐岩石或硅镁质碳酸盐岩石,经区域变质作用及后期的褶皱作用造成成矿物质局部富集。产于野头组的透辉石矿原岩以钙镁硅酸盐岩沉积为主,代表了一种浅海相的较稳定沉积环境。产于巨屯组的透辉石矿原岩为含碳硅质白云质灰岩沉积建造,也是浅海相较稳定沉积环境产物。

产于古元古代粉子山群李博士夼式热液交代型滑石矿床,经受高角闪岩相变质作用,形成富含硅质热水溶液,沿张格庄组三段的层间断裂、裂隙交代厚层状白云石大理岩成矿。矿体呈似层状、透镜状、脉状分布,受地层、褶皱及断裂构造联合控制。矿体赋存在有利于变质热液运移的构造空间及适宜于热液交代成矿的白云石大理岩建造内。

产于富镁质碳酸盐岩系中的粉子山式热液交代型菱镁矿,矿床的成因主要有变质沉积和沉积-热液富集 2 种认识。对于莱州菱镁矿的成因,早期研究者多支持沉积变质成矿观点,即认为菱镁矿矿床是白云岩经区域变质作用形成。后来的矿山开采及区域地质调查发现,菱镁矿矿体的分布与白云石大理岩等围岩的产状并不都是一致的,在局部地段见到菱镁矿矿层与白云石大理岩的接触界线有一定夹角,且二者的接触界线为不规则港湾状,反映出明显的交代作用特点(王沛成等,1996)。因此认为,莱州菱镁矿的形成主要是白云岩经古元古代吕梁期区域变质作用形成白云石大理岩,后经富镁的热液交代形成菱镁矿床,为晶质菱镁矿矿床。莱州优游山菱镁矿矿体赋存在粉子山倒转向斜近核部的张格庄组三段白云石大理岩层内,矿体总体呈层状顺层产出,沿走向和倾向矿层稳定,矿体的形态与产状受地层和褶皱双重控制。

南墅式沉积变质型晶质石墨矿形成于古元古代相对稳定的滨海—浅海环境,温暖湿润的气候条件,使原始生物大量繁衍,为原岩沉积提供了有机质。海底基性火山喷发,携带 CO_2 亦产生部分碳质,沉积形成了浅海相的碳酸盐岩建造夹含碳质黏土岩-中基性火山岩沉积建造。后期盆地闭合,地壳遭受强烈挤压,发生高角闪岩相变质作用和多期褶皱作用,原岩中的碳质结晶成为粒径较大的鳞片晶质石墨,逐渐富集而成矿。矿床成因属基底型区域变质作用形成的沉积变质晶质石墨矿床。

第四节　代表性矿床剖析

一、产于古元古代粉子山群小宋组中沉积变质型铁矿床矿床式(莲花山式)及代表性矿床

(一) 矿床式

1. 区域分布

该类型铁矿以昌邑莲花山铁矿为典型代表,因此将矿床式称为“莲花山式”铁矿。已查明具有一定规模的矿床主要分布于鲁东地区的昌邑—安丘一带及平度、莱西等地,在昌邑—安丘地区构成昌邑-安丘铁矿成矿带,带内已发现中、小型沉积变质型铁矿 20 余处(图 7-4),主要矿床有郑家坡铁矿、莲花山铁矿、东辛庄铁矿、搭连营铁矿、吴沟铁矿、杨家庄铁矿等。其东侧为古元古代岩浆型铁矿;西侧为热液型铁矿。

2. 矿床产出地质背景

在地质构造位置上,主要矿床分布在胶北隆起之胶北断隆明村-担山凸起和栖霞-马连庄凸起中。矿床产于古元古代粉子山群小宋组,其岩性主要为一套成熟度较高的陆源碎屑岩及基性火山岩(斜长角闪岩),层控特征明显。矿床赋存于黑云变粒岩-磁铁浅粒岩-磁铁石英岩建造中,形成于滨海火山-沉

积岛弧环境,其成矿物质来源与海底火山-沉积活动密切相关,遭受后期变质作用后成矿物质富集。

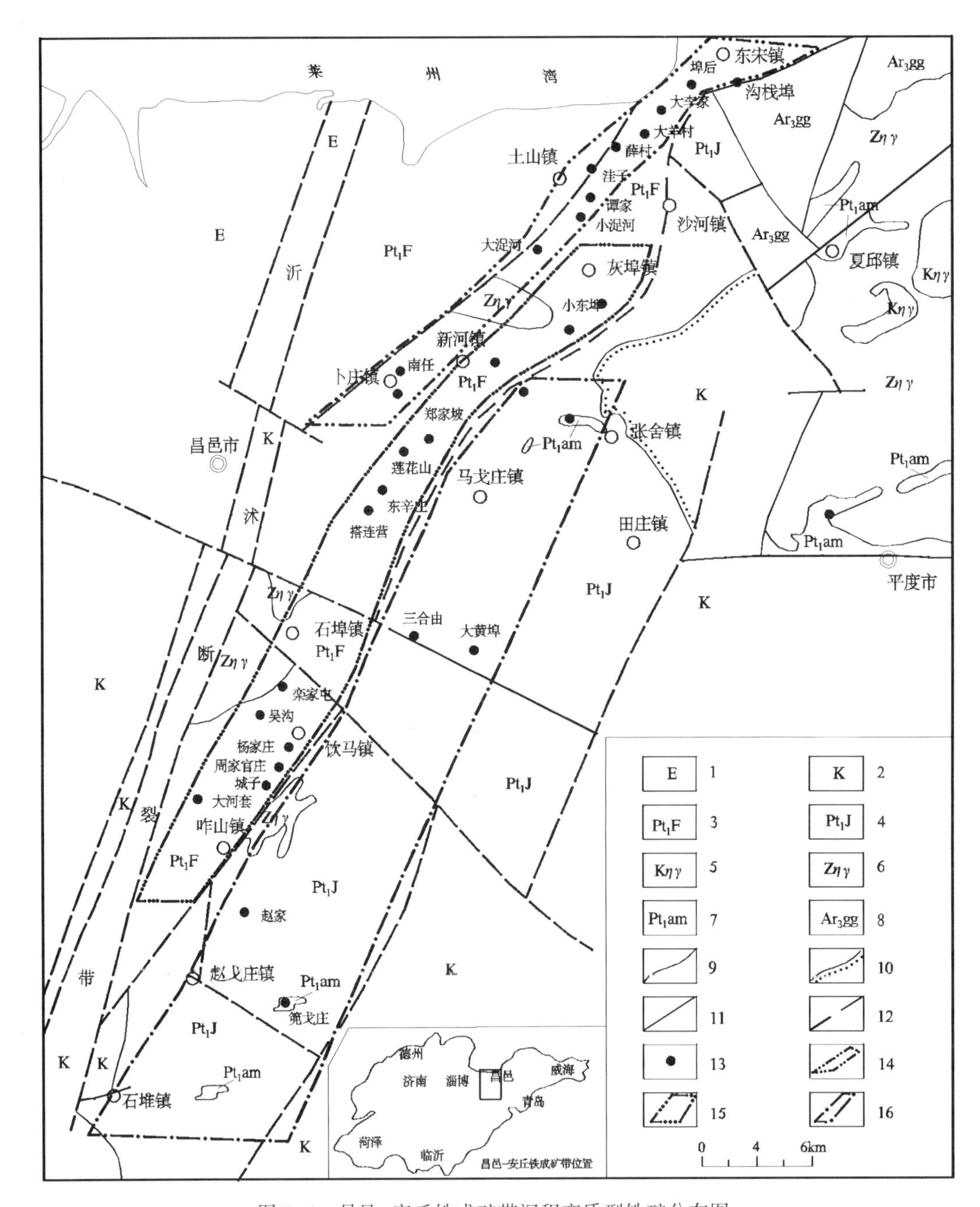

图 7-4 昌邑-安丘铁成矿带沉积变质型铁矿分布图

(据王松涛等,2007;王金辉等,2014)

1—古近系;2—白垩系;3—古元古代粉子山群;4—古元古代荆山群;5—中生代花岗岩;6—新元古代二长花岗片麻岩;7—古元古代辉石角闪岩;8—新太古代花岗片麻岩;9—地质界线;10—不整合界线;11—断层;12—推断断层;13—铁矿床;14—热液型铁矿范围;15—沉积变质型铁矿范围;16—岩浆型铁矿范围

区内褶皱构造发育,其构造形态有紧密褶皱、中等倾斜的短轴褶皱及穹窿构造。硅铁质沉积建造经受区域变质作用的改造,在强烈的热力和定向压力下形成基底褶皱构造,使硅铁质沉积建造产生重结晶和片理化,并使磁铁矿富集,形成工业矿体。

3. 含矿岩系特征

古元古代粉子山群小宋组为粉子山群最下部的一套变质沉积岩系。其在平度灰埠一带出露最全，为一套以变粒岩为主的含铁岩系，自下而上可分为长石石英岩段、含铁岩系段和黑云变粒岩段3个岩性段(于志臣，1996)。小宋组含铁岩系段之顶、底皆以磁铁矿含量高的角闪磁铁石英岩、磁铁石榴石石英岩、磁铁角闪岩等含铁岩系与斜长角闪岩、黑云变粒岩呈薄层互层；中部主要为绿帘石化斜长角闪岩、黑云变粒岩、透闪变粒岩。

4. 矿体特征

矿体大致呈近EW向或NE向展布，其产状与区内地层基本一致。矿体规模一般很小，呈层状、似层状产出，常由多层铁矿组成，厚度一般在0.5~5 m，长度为十几米至几百米，最长千米以上。近矿围岩有含石榴石英岩、角闪片岩、石英片岩、斜长角闪岩、大理岩等。

5. 矿石特征

矿石矿物主要有磁铁矿、赤铁矿，其次为黄铁矿、褐铁矿；脉石矿物主要有石英、角闪石、黑云母、透闪石、绿泥石等。矿石品位TFe含量一般在20 %~35 %，少数高者在40 %以上；SFe含量一般在28 %左右。矿石具粒状变晶结构、鳞片状、纤状花岗变晶结构，块状、条带状构造。

矿石类型主要有磁铁矿石英岩型、角闪磁铁石英岩型、黑云磁铁石英岩型。

6. 找矿标志

矿区第四系覆盖严重，厚度15~45 m，最好的找矿标志是航磁异常。铁矿引起航磁异常ΔT值一般500~1 200 nT，正异常呈椭圆状分布，边部常伴有强负异常；地面磁测nT值在1 000~6 000，且有负异常伴生。

7. 矿床成因

小宋组早期沉积岩中发育有斜层理及波痕构造，反映了早期沉积是在较稳定的陆缘浅滩环境中形成的，至中、晚期水体扩大而成为滨、浅海沉积环境。根据含铁岩系原岩沉积建造和变质岩石组合特征，小宋组为一套含铁碎屑岩-变粒岩-斜长角闪岩和大理岩建造，矿石类型为磁铁变粒岩型。含铁岩系中的铁质组分富集与海底基性、中酸性火山喷溢活动关系密切，幔源物质中的铁质经火山喷发喷溢形式带入水体中，经分解形成硅铁胶体而沉积，再经后期的区域变质作用而形成磁铁矿体。

(二) 代表性矿床——昌邑莲花山铁矿床地质特征[1]

1. 矿区位置

矿区位于昌邑市东13 km处。大地构造位置位于胶北隆起之胶北断隆明村-担山凸起西部，昌邑-大店断裂东侧。

2. 矿区地质特征

区内几乎全被第四系覆盖，第四系之下主要为古元古代粉子山群小宋组变质岩，零星出露有张格庄组白云大理岩。莲花山一带变质岩系总体上为N-NW倾向的单斜构造，倾角8°~30°左右。区内NE向断裂发育，总体走向45°，呈舒缓波状。断裂倾向NW，倾角70°左右，为张扭性断裂，带内出现角砾岩和碎裂岩等。

区内发育褶皱构造，轴向30°左右，轴面倾向NW，倾角20°~40°，含铁矿层位于背斜核部。区内侵入岩较发育，主要为新太古代花岗岩及花岗片麻岩，另还见有燕山期的脉状侵入体顺层侵入。

3. 含矿岩系特征

小宋组总体以黑云变粒岩、磁铁黑云变粒岩、磁铁黑云透辉变粒岩、磁铁浅粒岩为特征，夹石榴黑云

[1] 山东省第四地质矿产勘查院，山东昌邑东辛庄—莲花山铁矿详查报告，2004年。

交粒岩、斜长角闪岩、浅粒岩、长石石英岩组合，区内该组由上至下可分为二个岩性段：二段分布较广，岩性为黑云变粒岩、石榴黑云变粒岩、黑云透辉变粒岩、黑云二长片麻岩、磁铁黑云变粒岩夹斜长角闪岩、浅粒岩，厚度大于 2 000 m，为矿区铁矿的赋矿层位；一段在矿区内不发育，岩性为石英岩、长石石英岩、白云石英片岩等。一段原岩为石英砂岩、长石石英砂岩。二段原岩为富铝泥砂质岩—含铁长石石英砂岩等夹少量基性、中基性火山碎屑岩建造，该组均发生低角闪岩相变质。

4. **矿体特征**

莲花山铁矿床共圈定 11 个矿体，Ⅶ$_1$ 号为主矿体，次为Ⅸ$_1$，Ⅷ，Ⅴ，Ⅵ号矿体；Ⅰ，Ⅱ，Ⅲ$_1$，Ⅲ$_2$，Ⅳ$_1$，Ⅳ$_2$ 号矿体规模较小。矿体呈层状、似层状，平行排列或斜列产出，产状与围岩一致（图 7-5）。矿体一般与顶底板岩石界线分明，沿走向与倾向常见夹石且具分支复合现象。矿化连续，一般长达数百米。沿倾向延深百余米至数百米，两端多具分支变薄或呈尖灭趋势，品位也有所降低。Ⅶ$_1$ 矿体占矿床资源量的 36.30 %。

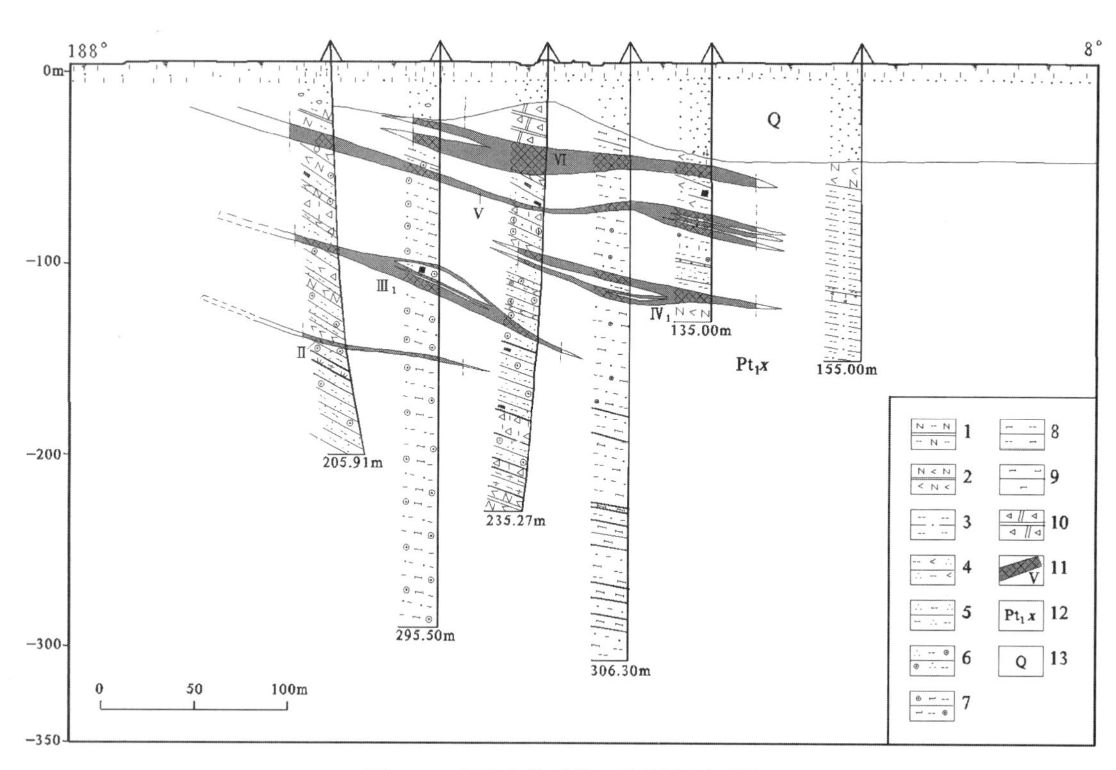

图 7-5　莲花山铁矿第 2 勘探线剖面图

（引自《山东省铁矿资源潜力评价成果报告》，2011）

1—浅粒岩；2—斜长角闪岩；3—黑云变粒岩；4—角闪石英岩；5—黑云石英片岩；6—石英片岩；7—含石榴石透辉石黑云变粒岩；8—透辉石黑云变粒岩；9—透辉岩；10—大理岩；11—矿体及编号；12—荆山群小宋组；13—第四系

Ⅶ$_1$ 号矿体主要分布在 16~5 线之间，矿体呈层状，似层状产出，主要由 2 层矿组成，相距 5~30 m。其总体走向 70°，倾向 SE，局部反倾，倾角 3°~45°。矿体总长 1 190 m，最宽处位于 9 线，最大斜深 528 m，赋矿标高 -116~-255 m。矿体沿走向或倾向上具波状起伏，一般矿体产状变化处，厚度变大。矿体平均品位 TFe 含量为 29.40 %，mFe 含量为 24.99 %；TFe 品位变化系数为 24.42 %，mFe 品位变化系数为 35.08 %，属于品位变化均匀型矿体。矿体平均真厚度 7.15 m，厚度变化系数 47.85 %，属于矿体形态复杂程度简单型矿体。

Ⅴ号矿体主要位于 6~5 线之间，矿体呈层状、似层状，长 460 m，最大斜深 260 m，赋矿标高 -27~-101 m。矿体总体走向 255°，倾向 NW，倾角 3°~16°。矿体平均品位 TFe 含量为 30.54 %，mFe 含量为

24.89 %。TFe 品位变化系数 21.34 %，mFe 品位变化系数 28.49 %，属品位变化均匀型矿体。矿体平均厚 5.25 m，厚度变化系数 47.99 %，属形态复杂程度简单矿体。

Ⅵ号矿体主要分布在 6~4 线之间，矿体呈似层状，长 2481 m，最大斜深 187 m，赋矿标高-24~60 m。矿体总体走向近 EW，倾向 8°，倾角为 3°~8°。矿体平均品位 TFe 为 31.26 %，mFe 为 25.34 %。mFe 品位变化系数为 34.97 %，TFe 品位变化系数为 21.70 %，属品位变化均匀型矿体。矿体平均厚度 6.33 m，厚度变化系数为 60.96 %。属形态变化中等型矿体。

5. 矿石特征

矿石矿物以磁铁矿为主，少量赤铁矿、褐铁矿、黄铁矿、白铁矿、黄铜矿和磁黄铁矿，其中磁铁矿含量一般为 20 %~35 %，个别达 40 %。脉石矿物以石英为主，含量为 24 %~36 %。其次为黑云母、角闪石，含量为 5 %~20 %。其他为少量斜长石、绿泥石、绿帘石、透闪石及方解石。

莲花山铁矿矿石 TFe 平均品位 29.40 %，mFe 平均品位 23.51 %。主要有害组分 SiO_2 含量较高，达 38.16 %~50.34 %（平均 45.31 %）；S 含量变化较大，在 0.02 %~1.15 %（平均 0.28 %），其含量高低与黄铁矿多少有关；P 含量较低，一般为 0.02 %~0.04 %。矿石中其他微量元素含量较低。

矿石具粒状变晶结构或鳞片状、纤柱状花岗变晶结构。块状、条带状、条痕状构造为主，片状构造次之，部分矿石呈角砾状构造。碳酸盐细脉沿矿石裂隙不规则充填较普遍。

矿石自然类型为石英型条纹条带状磁铁矿石，矿石工业类型属需选铁矿石。

6. 围岩蚀变

围岩蚀变较强烈，有硅化、绿帘石化、蛇纹石化、电气石化、透闪石化、绿泥石化和碳酸盐化等。

常见蚀变有硅化，表现为石英矿物成分增多，岩石矿物粒度细，部分石英矿物析出富集，形成石英细脉沿岩矿石层理分布；绿泥石化多见于岩矿石沿层理的裂隙面和碎裂岩顶底板，为动力变质的产物；碳酸盐化在岩矿石中普遍分布，主要表现形式为细脉状，沿岩矿石裂隙不规则分布。

7. 矿床成因

铁质组分与海底基性、中酸性火山喷溢活动关系密切，幔源物质中的铁质经火山喷发喷溢形式带入水体中，经分解形成硅铁胶体而沉积，再经后期的区域变质作用而形成铁矿。变质程度达低角闪岩相，部分达高角闪岩相（含橄榄石、斜硅镁石），故矿床应属沉积变质成因铁矿。

8. 地质工作程度及矿床规模

1956~1975 年，山东冶金物探队、山东地质局物探队在昌邑—平度地区开展 1:2 万、1:1 万、1:5 千地面磁测，发现了一大批有找矿价值的异常。山东省第四地质矿产勘查院于 2003 年和 2005 年分别进行了详查和勘探工作，共探明 11 个铁矿体，矿床规模为中型铁矿床。

二、产于古元古代荆山群野头组中沉积变质型透辉石矿床矿床式（长乐式）及代表性矿床

（一）矿床式

1. 区域分布

该系列中的透辉石矿床分布在胶北隆起内大体以东起栖霞，西至莱州一带的原称“栖霞复背斜”的南北两侧的古元古代荆山群和粉子山群中。发育在荆山群中的透辉石矿以平度长乐透辉石矿为代表；发育在粉子山群中的透辉石矿以福山老官庄为代表。二者不仅含矿岩系不同，矿石特征也有较大差别。鉴于产于荆山群中的透辉石矿体区域分布稳定，矿石中透辉石纯度较高，故将此成矿系列中透辉石矿以平度长乐和福山老官庄透辉石矿为典型矿床，命名为“长乐式”。

2. 矿床产出地质背景

大地构造位置主要位于胶北隆起之明村-担山凸起、南墅-云山凸起和胶北凸起及烟台凸起中。矿床产于古元古代变质地层中,赋矿层位主要为荆山群野头组定国寺段(平度长乐)和粉子山群巨屯组一段及张格庄组(福山老官庄)。前者为钙镁硅酸盐岩沉积变质型透辉石矿,原岩为裂谷海槽内近陆棚环境下的钙质粉砂岩、泥岩-白云质杂砂岩沉积建造,代表一种浅海相的较稳定的沉积环境;后者为硅质富镁碳酸盐岩沉积变质型透辉石矿,原岩为裂谷海槽内次级海盆中的含碳硅质白云质灰岩沉积建造。矿床层控特征明显,其形成与石墨、滑石、菱镁矿等矿床具有密切的成生联系和大体相似的地质成矿条件。

3. 含矿岩系特征

赋矿层位主要为荆山群野头组(平度长乐)和粉子山群巨屯组及张格庄组(福山老官庄)。前者主要岩性为透辉岩、透辉变粒岩、斜长透闪透辉岩、黑云斜长片麻岩;变质程度以角闪岩相为主,少量达到麻粒岩相,其原岩为含碳硅质白云质灰岩沉积建造;后者主要岩性为石墨透闪岩、透闪片岩、透闪透辉岩夹透闪大理岩、透闪石英岩;变质程度为低角闪岩相,其原岩为钙质粉砂岩、泥岩-白云质杂砂岩沉积建造。

4. 矿体特征

矿体呈层状、似层状,延伸变化稳定,单矿体长一般在 1 200~1 500 m 左右,单矿层厚 5~30 m。长乐透辉岩矿石的矿物成分较简单,矿石矿物含量高(透辉石含量一般>85 %),矿石中 Fe_2O_3 含量低,一般<5 %,矿石中杂质少,质量好;老官庄透辉岩矿石的矿物成分相对较复杂,含量变化大,透辉石或透闪石含量一般为(50 %~90 %),矿石中 Fe_2O_3 含量较高,一般在 1.1 %~2.5 %之间。

5. 矿石特征

矿物成分:荆山群野头组中的透辉石矿矿石主要成分为透辉石,含量在 86 %~92 %之间;此外含有少量石英(3 %~6 %)、透闪石(1 %左右)及钾长石、磁铁矿、磷灰石等。粉子山群巨屯组中的透辉石矿矿石主要成分为透辉石,次为透闪石、石英、方解石;有时可见有黄铁矿、磁铁矿、石墨、绿帘石、钾长石等。粉子山群张格庄组中的透辉石矿矿石主要成分为透辉石,含量在 79 %~84 %之间,并含少量的透闪石(<3 %)、石英(1 %)、方解石、白云石等。

化学成分:矿石的化学成分变化较大,分布在胶北隆起北部,巨屯组中的透辉石矿床,矿石类型变化较大,其中 Fe_2O_3 含量普遍较高,为 0.65 %~2.95 %,平均 1.86 %;而分布在胶北隆起南部,野头组中的透辉石矿床,矿石类型单一,化学成分变化较小,其中 Fe_2O_3 含量普遍<0.5 %。

结构构造及矿石类型:矿石结构以柱粒状镶嵌变晶结构为主,其次有斑状变晶结构、残余包粒结构、鳞片细粒变晶结构等。矿石构造以块状构造为主,部分为条带状构造。区内透辉石矿矿石自然类型主要分为——① 透辉石型(平度长乐),透辉石含量>75 %,石英含量<10 %,透闪石含量<10 %;②石英透闪透辉石型(福山老官庄),透辉石含量 50 %~75 %,透闪石含量>10 %,石英含量>10 %,其他矿物均<10 %。

6. 矿床成因

矿床形成的主导因素是沉积作用及变质作用,是由正常沉积的钙镁硅酸盐岩石或硅质富镁碳酸盐岩石,经区域变质作用形成的,后期的褶皱构造使成矿物质局部富集。产于野头组的透辉石矿原岩以钙镁硅酸盐沉积为主,代表了一种浅海相的较稳定沉积环境。产于巨屯组和张格庄组的透辉石矿原岩为含碳硅质白云质灰岩沉积建造,也是浅海相较稳定沉积环境产物。

（二）代表性矿床——平度市长乐透辉石矿床地质特征❶

1. 矿区位置

矿区位于平度市西北约 25 km 处，长乐村东南，大地构造位置位于胶北断隆之明村-担山凸起中。

2. 矿区地质特征

矿区出露地层主要为古元古代荆山群野头组，有少量的第四系和白垩纪王氏群分布。矿体赋存于古元古代荆山群野头组中，其岩性主要为蛇纹大理岩、透辉石英岩、斜长角闪岩、黑云斜长片麻岩等。区内 NNE 向和 NW 向 2 组断裂构造发育，使含矿地层及矿体连续性受到不同程度的影响。矿区内侵入岩不发育，只在矿区东缘出露元古宙片麻状花岗岩及中生代辉绿岩脉和闪长玢岩脉。矿区构造形态为一向 SW 倾伏的背斜。

3. 含矿岩系特征

区内野头组自上而下为定国寺段和祥山段。定国寺段为含矿层位，分为 3 个岩性层，由上而下为：①第Ⅲ岩性层：为厚层蛇纹大理岩，局部夹斜长角闪岩，厚度>350 m。②第Ⅱ岩性层：为透辉岩、透辉石英岩，局部透辉岩过渡为金云母透辉岩，厚度>175 m；是矿区内含矿层位，含透辉石矿体 3~4 层，石英岩矿体 2~3 层。③第Ⅰ岩性层：为厚层蛇纹大理岩，局部夹斜长角闪岩，厚度 460 m。

4. 矿体特征

矿体赋存于野头组定国寺段第Ⅱ岩性段（含矿带）中，含矿带平面形态呈一近似“V”字的弧形，分别向 NE 和 NW 延伸，弧尖端向南凸出（图 7-6）。含矿带出露长 2 350 m，平均宽 100 m；主要由透辉变粒岩、透辉石英岩组成。含矿带内自下而上圈定出 4 个矿体（图 7-7）。在 F_2 断裂以东，矿体走向 50°，倾向 SE，倾角 60°~70°；在 F_2 断裂以西，矿体走向 320°，倾向 SW，倾角 40°~65°。矿体剖面形态总体呈较规整的层状、似层状，局部有分支复合现象。单矿体规模较大，1 号矿体长 1 523 m，平均厚 5.63 m；2 号矿体长 1 873 m，平均厚 6.55 m；3 号矿体长 1 557 m，平均厚 9.05 m；4 号矿体长 1 220 m，平均厚 24.49 m。

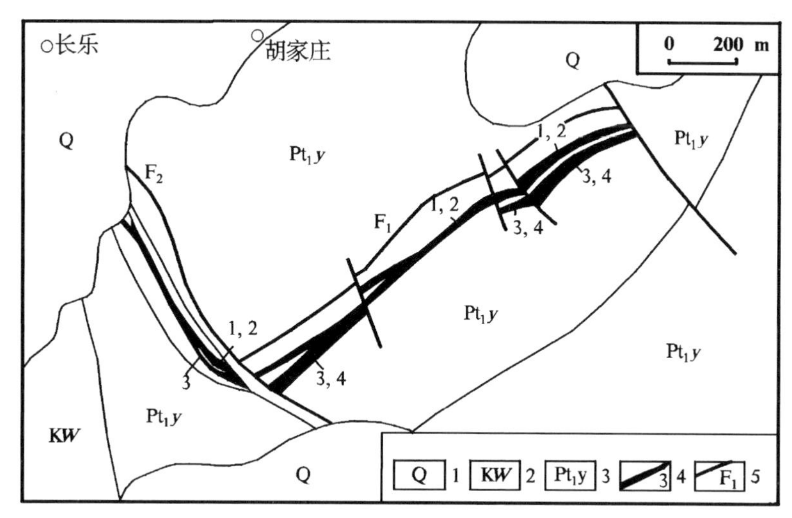

图 7-6　平度长乐透辉石矿区地质略图

（引自《山东矿床》，2006）

1—第四系；2—白垩纪王氏群；3—古元古代荆山群野头组；4—透辉石矿体及编号；5—断层及编号

❶ 山东省地矿局第四地质队魏学著等，山东省平度县长乐矿区透辉石矿详查地质报告，1988 年。

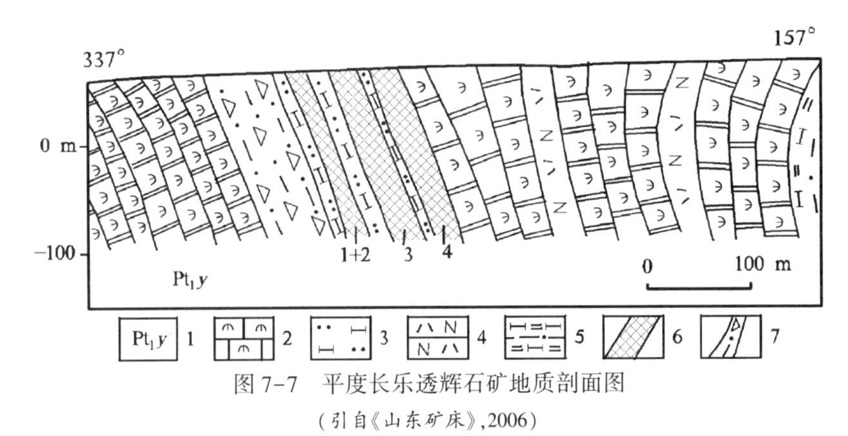

图 7-7　平度长乐透辉石矿地质剖面图

(引自《山东矿床》,2006)

1—古元古代荆山群野头组;2—蛇纹大理岩;3—透辉石英岩;4—斜长角闪岩;5—石墨透辉变粒岩;6—透辉石矿体及编号;7—破碎带;图中的数字(1+2,3,4)为矿体编号

5. 矿石特征

矿物成分:矿石主要由透辉石组成,含少量石英、透闪石、微斜长石、钾长石,偶见磁铁矿、磷灰石等。

化学成分:矿石主要氧化物含量 SiO_2 为 54.50 %,Al_2O_3 为 1.04 %, MgO 为 18.22 %,CaO 为 24.24 %。有害组分含量低,Fe_2O_3+TiO_2 平均含量为 0.38 %。

结构构造及矿石类型:矿石为白色—灰白色,中细粒柱粒状变晶结构及镶嵌变晶结构,块状构造。矿石自然类型单一,均为透辉石型,且均属原生矿石。

6. 矿床成因

产于野头组的透辉石矿原岩以钙镁硅酸盐沉积为主,代表了一种浅海相的较稳定沉积环境。矿床形成的主导因素是沉积作用及变质作用,是由正常沉积的钙镁硅酸盐岩石,经区域变质作用(角闪岩相-麻粒岩相)形成的,后期的褶皱作用造成成矿物质局部富集。

7. 地质工作程度及矿床规模

1986~1988 年山东省地矿局第四地质队,先后对平度长乐透辉石资源进行了初查及详查评价工作,基本查清了矿区地质特征及矿床规模;其已达到大型矿床规模。

三、产于古元古代粉子山群张格庄组及荆山群野头组中沉积变质-热液交代型滑石矿床矿床式(李博士夼式)及代表性矿床

(一) 矿床式

1. 区域分布

该类型矿床以李博士夼滑石矿为典型代表,因此将矿床式称为李博士夼式滑石矿。已探明资源储量的滑石矿有栖霞李博士夼、莱州粉子山-优游山、海阳徐家店、平度芝坊等矿床。此外,在蓬莱山后李家、牟平马山寨、莱阳西北岩、文登汪疃和黑龙沣及威海、福山等地有小型矿床或矿点分布。大地构造位置位于胶北隆起之明村-担山凸起的北部、烟台凸起的西部和晶山凸起中。

2. 矿床产出地质背景

(1) 地层

山东富镁质的碳酸盐岩热液交代型滑石矿产于古元古代粉子山群张格庄组三段和荆山群头组定国寺大理岩段中,受层位控制明显。含矿岩石主要为白云石大理岩、菱镁岩等,成矿最有利部位是白云石

大理岩或菱镁岩与绿泥石片岩或斜长角闪片岩的接触部位。滑石矿的形成明显受控于富镁质的碳酸盐岩。

(2) 构造

滑石矿与褶皱构造、断裂构造和层间构造关系密切。褶皱构造核部和转折端是成矿热液聚集、交代、成矿的有利部位。断裂构造,特别是与地层走向一致的断裂及层间断裂、层间滑动面、挤压带、片理面、破碎带、裂隙带,既有利于成矿热液的运移、气体逸出和热液交代作用的进行,又为成矿热液的汇集和沉淀提供了理想的空间。因此,在断裂交会部位或褶皱核部、转拆、层间构造发育处,往往形成厚大的滑石矿体。

(3) 区域变质作用

栖霞、莱州等地的滑石矿床成矿时代约为1 800~2 000 Ma,这与胶北地区吕梁期区域变质作用时代相同(李驭亚等,1994;曹国权等,1996)。区域变质作用形成了富镁质的含矿变质沉积建造,为滑石矿成矿提供了充足的镁质来源;区域变质作用后期富 SiO_2,MgO 等的变质热液又成为滑石成矿的一种重要含矿热液来源。正是这种活动范围广泛的区域变质作用,为胶北地区广泛分布的滑石矿床的形成提供了基础条件。

3. 含矿岩系特征

赋矿地层为粉子山群张格庄组和野头组,张格庄组主要赋矿岩石组合为白云大理岩、绿泥滑石片岩-滑石片岩-菱镁矿;野头组赋矿岩石组合为大理岩,白云大理岩、蛇纹石化大理岩,主要岩性为厚层白云石大理岩夹黑云(绢云)石英片岩、石英片岩透镜体。白云石大理岩局部含有透闪石、透辉石,则相变为透辉透闪白云石大理岩。

4. 矿体特征

山东富镁质碳酸盐岩热液交代型滑石矿床,按产出地质环境及岩石组合特点可划分4种主要类型。即白云石大理岩型(Ⅰ)、白云石大理岩-菱镁岩型(Ⅱ)、白云石大理岩-石英片岩-菱镁岩型(Ⅲ)、白云石大理岩-斜长角闪岩型(Ⅳ)。这4种类型的区域分布和资源量差别是很大的。Ⅰ型分布广,矿床产地多,资源量大。以已查明的资源量估算,Ⅰ型资源储量约占山东滑石矿总储量的90 %以上,典型矿产地为栖霞李博士夼。Ⅲ,Ⅳ型各约占3 %~5 %;典型矿产地为莱州优游山和海洋徐家店。Ⅱ型所占比例更小,典型矿产地为平度芝坊。

Ⅰ型滑石矿(主要类型)主要特点是:① 矿体赋存于古元古代粉子山群张格庄组三段及荆山群野头组定国寺大理岩段中,矿体围岩为白云石大理岩;② 矿体往往产在褶皱构造(尤其是向斜构造)的核部,并与成矿前断裂构造(地层走向一致的断裂及层间断裂)关系密切;③ 矿体呈似层状、扁豆状或透镜状,规模大,分布变化稳定。矿石质量好,滑石含量多为85 %~90 %。

5. 矿石特征

矿物成分:滑石矿多为白色、浅灰色、淡绿色及浅褐色等,当含有杂质时常呈绿色、深灰色、黑色。主要矿物成分为滑石(含量80 %~90 %),其次为少量的透闪石、绿泥石、蛇纹石、白云石、菱镁矿、方解石等。

化学成分:SiO_2 为42.48 %~61.13 %,MgO 为17 %~31.90 %,CaO 为0.05 %~0.5 %(平度芝坊为2.95 %),Fe_2O_3 为0 %~0.45 %(平度芝坊为4.95 %),有害组分CaO和 Fe_2O_3 含量一般不高。

结构构造:主要结构为鳞片变晶结构和纤维鳞片变晶结构;主要构造为块状构造和片状构造。

6. 围岩蚀变

含矿岩系经受中-低级区域变质作用,属于绿片岩相-铁铝榴石角闪岩相。围岩蚀变主要有滑石化透闪蚀变岩、透闪蚀变岩、蛇纹石化透闪蚀变岩及滑石化蛇纹石化透闪蚀变岩。各类蚀变岩呈透镜体状、似层状及脉状分布。蚀变岩主要受构造控制,走向、倾向与白云石大理岩层一致,但倾角往往大于白云大理岩层。

7. 矿床成因

滑石矿床的形成需要大量的 MgO,SiO_2 和 H_2O。富镁质碳酸盐岩可以提供滑石成矿所需的镁质来源,而 SiO_2 可能主要来源于碱性变质热水对硅质岩的溶解及构造热水、混合岩化热水中携带的 SiO_2。成矿热液的来源是复杂的,有变质的、岩浆的和地下循环的等等。

滑石矿床的成矿作用主要是区域变质作用和热液交代作用的总合。斜长角闪岩在含 SiO_2 热液作用下发生绿泥石化;斜长角闪岩全部蚀变为绿泥石,形成绿泥片岩;含 SiO_2 热液对绿泥片岩进行交代,形成滑石。白云石在 SiO_2 热液和热水的作用下,形成滑石和方解石。菱镁矿在 SiO_2 热液和热水的作用下,形成滑石。

(二) 代表性矿床——栖霞李博士夼滑石矿床地质特征❶

1. 矿区位置

李博士夼滑石矿区位于栖霞县城东北约 25 km 处,其自西向东包括老庙、李博士夼、杨家夼 3 个矿段,东西长约 6 km,南北宽约 1.1 km,其中李博士夼矿段东西长约 2.3 km。矿区在大地构造位置上处于胶北隆起之烟台凸起的西部,栖霞复背斜的北翼。

2. 矿区地质特征

矿区出露地层为古元古代粉子山群张格庄组、新元古代蓬莱群豹山口组及第四系。粉子山群张格庄组自下而上分为 3 个岩段:一段(下白云石大理岩段)、二段(透闪岩段)三段(上白云石大理岩段)。滑石矿赋存于张格庄组三段,并分为 3 个矿带(图 7-8)。

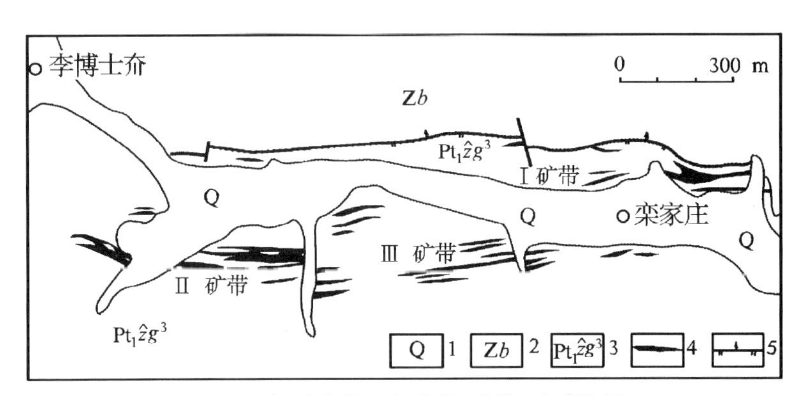

图 7-8 栖霞李博士夼矿段(矿带)地质简图

(据《山东矿床》,2006)

1—第四系;2—新元古代蓬莱群豹山口组(板岩、绿泥石大理岩);3—古元古代粉子山群张格庄组 3 段(白云石大理岩);4—滑石矿体;5—断裂

矿区内主要控矿构造为褶皱构造。矿区南部为向斜,其轴部为粉子山群张格庄组透闪岩、透闪片岩。矿区中部偏北为一背斜,是成矿的主要构造,矿体分布在背斜的轴部附近(图 7-9)。

矿区以近 WE 向断裂构造为主,形成时间最早,其走向与地层走向一致,但倾角不同。断裂带内片理化和挤压透镜体发育,应力矿物定向排列,显示压扭性特点,与成矿关系密切;NE 向断裂比较发育,但规模不大,多隐伏于第四系之下,显示压扭性,矿带、矿体的东延受该断裂影响;SN 向断裂发育,显张

❶ 山东省地矿局第三地质队,山东省栖霞县李博士夼滑石矿区李博士夼矿段详细普查地质报告,1987 年;李殿河等成果,1990 年。

性特征，在矿区东部多被似斑状花岗闪长岩脉充填，并切穿矿体。

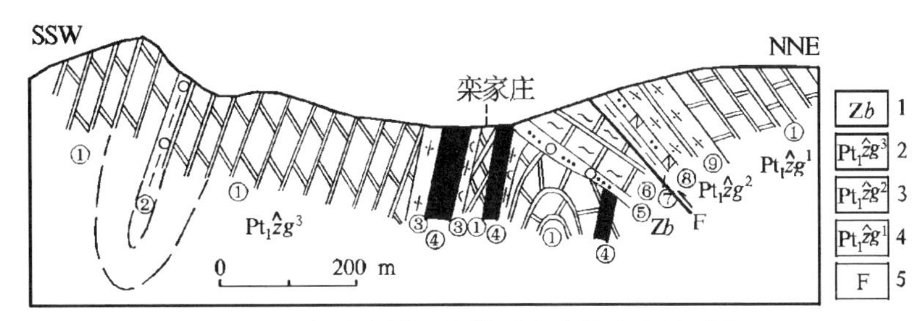

图 7-9　栖霞李博士夼滑石矿矿段地质剖面图

（引自《山东矿床》，2006）

1—蓬莱群豹山口组；2—张格庄组三段；3—张格庄组二段；4—张格庄组一段；5—断层；
① 白云石大理岩；② 疙瘩状黑云片岩；③ 滑石透闪蚀变岩；④ 滑石矿体；⑤ 底砾岩；
⑥ 绿泥石大理岩；⑦ 黑云片岩；⑧ 长石石英岩；⑨ 透闪岩

3. **含矿岩系特征**

李博士夼式滑石矿含矿岩系较单一，主要赋矿地层为粉子山群张格庄组三段，其主要岩性为白云大理岩、绿泥滑石片岩-滑石片岩-菱镁矿，其原岩为浅海相的富镁质的碳酸盐岩。

4. **矿体特征**

矿体赋存在粉子山群张格庄组三段白云石大理岩层内，受 EW 向褶皱和断裂构造控制，矿体走向与白云石大理岩层走向基本一致。

李博士夼矿段可划分 3 个矿带，38 个矿体，大部分为隐伏矿体，矿体形态呈似层状、透镜状、脉状等，沿走向或倾向有分支复合现象。单个矿体长 200～1 800 m，一般在 800～1 500 m 之间。最大控制倾斜宽 546 m，最大厚度 20.50 m，最小厚度 1 m，一般厚度在 3.07～6.40 m 之间（图 7-10）。

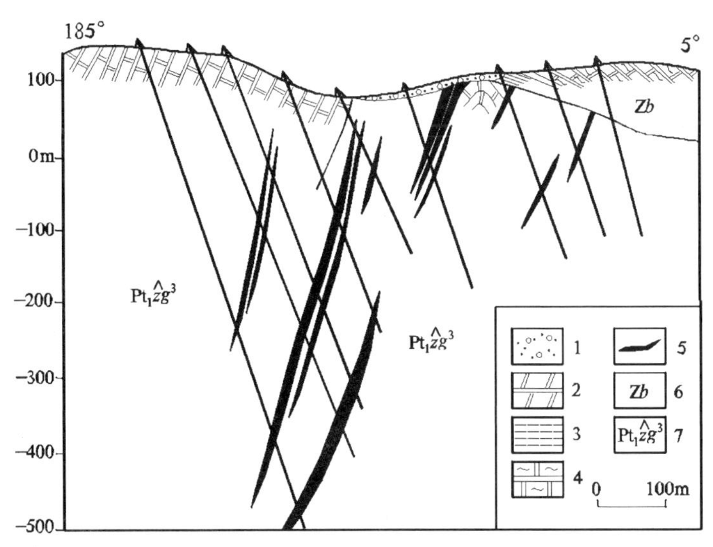

图 7-10　栖霞李博士夼滑石矿区 45 线地质剖面简图

（引自《山东矿床》，2006）

1—第四系；2—白云石大理岩；3—板岩；4—绿泥石大理岩；5—滑石矿体；6—蓬莱群豹山口组；7—粉子山群张格庄组三段

矿体产状，西部走向近 EW，倾向 S，倾角 75°～80°；东部走向 75°左右，倾向 SSE，倾角 55°～65°。矿体在剖面或平面上显示疏密相间平行成群分布的格局,剖面上呈叠瓦式群体排列,自上而下,自南而北叠置;平面上呈雁行式侧列,自西而东,自南而北排列。矿体间距大小不一,群体内矿体间距一般在 1~5 m;群体之间间距一般在 10~50 m。矿体以白滑石为主,其次为少量黑滑石。黑滑石主要集中分布在矿段东西部。

5. 矿石特征

矿区内矿石以块状白滑石为主,其次为黑滑石。白滑石占资源储量的 71.43 %,多分布在矿区的中、东部。矿石中滑石含量平均为 79.43 %,白度为 87.6 %。有 4 个矿体为黑滑石,分布在矿区的西部。黑滑石中滑石的平均含量为 82.4 %,白度为 62.3 %。

矿物成分:矿石中主要矿物由滑石组成,(含量一般在 80 %以上),其次含有少量透闪石、蛇纹石、白云石、方解石等。

化学成分:矿石主要有益有害组分有 SiO_2 为 55 %~60 %,Al_2O_3 为 0~0.1 %,Fe_2O_3 为 0.15 %~0.22 %,酸不溶物为 85 %~90 %,烧失量 5 %~8 %,MgO 为 17 %~29.5 %,CaO 为 0.05 %~1.5 %。白度为 80 %~95 %。

结构构造及矿石类型:矿石结构有鳞片变晶结构、纤状鳞片变晶结构、交代结构、交代残留结构、碎裂鳞片变晶结构,矿石构造有片状构造、条痕状构造、角砾状构造、块状构造。矿石类型按颜色不同,可将矿石分为黑滑石矿和白滑石矿 2 个自然类型。

6. 围岩蚀变

矿化热液蚀变主要发生在 EW 向断裂带内,蚀变作用主要有滑石化、透闪石化、蛇纹石化、硅化等。生成的蚀变岩有透闪蚀变岩、蛇纹蚀变岩、蛇纹石化透闪蚀变岩、滑石化透闪蚀变岩、滑石化蛇纹蚀变岩及滑石岩。蚀变岩呈似层状、透镜状、脉状,沿 EW 向断裂呈带状分布,形成长达 4 km、宽 300~400 m 的蚀变带。

7. 矿床成因

张格庄组三段白云石大理岩(富镁质碳酸盐岩)可以提供滑石成矿所需的镁质来源。滑石矿床的成矿作用主要是区域变质作用和热液交代作用。前者主要为中-低级区域变质作用,属于绿片岩相-角闪岩相;后者主要为含有大量的 MgO,SiO_2 和 H_2O 变质热液,在二者的共同作用下,在构造的有利部位形成滑石矿床。

8. 地质工作程度及矿床规模

1950~1951 年,马子骥、夏希蒙、段承敬、上官俊等先后对栖霞李博士夼滑石矿进行过调查。1957 年山东省工业厅地质队对栖霞李博士夼滑石矿进行普查勘探,提交了《山东栖霞滑石矿地质勘探报告》。1981 年山东省第三地质队对栖霞李博士夼滑石矿进行详查,1987 年李兵等编写提交了《山东省栖霞县李博士夼滑石矿区李博士夼矿段详查地质报告》,探明滑石矿资源储量 3 517 万吨,被列为当时全国第三大滑石矿。

20 世纪 70~80 年代对老矿区外围开展滑石矿找矿工作,探明了栖霞李博士夼滑石矿为超大型滑石矿床。

四、产于古元古代粉子山群张格庄组中沉积变质-热液交代型菱镁矿矿床矿床式(粉子山式)及代表性矿床

(一) 矿床式

1. 区域分布

该类型矿床以莱州优游山-粉子山菱镁矿为典型代表,因此将矿床式称为“粉子山式”菱镁矿。矿

床集中分布于莱州粉子山—过埠山—优游山一带，构成一个东西长约10 km，南北宽约3~4 km的菱镁矿矿带。此外，在蓬莱山后李家、平度芝坊、海阳徐家店也有矿化，但尚未发现工业矿床。

2. 矿床产出地质背景

菱镁矿赋存于古元古代变质岩系中，产于古元古代张格庄组三段内，分布于近EW向的粉子山-优游山向斜中。大地构造位置位于胶北隆起之明村-担山凸起的北部。

3. 含矿岩系特征

赋矿地质体为粉子山群张格庄组大理岩-透闪片岩组合，原岩为富镁质碳酸盐岩。矿体产于张格庄组三段中的第二、四白云石大理岩岩性层中（以第二岩性层为主）。矿床形成与白云石大理岩具有极为密切的关系，矿体由中心向外，常见到菱镁矿矿体—菱镁岩—白云石大理岩的过渡现象。

4. 矿体特征

矿体呈层状、似层状产出，具有膨胀收缩、分支复合现象。矿体成群出现，主要矿体有11层之多。单矿体规模大，长上千米，最长达2 500 m；厚几十至上百米，最厚达130 m。菱镁矿体与滑石矿体伴生，在部分地段伴生有绿冻石矿层。

5. 矿石特征

矿物成分：矿石主要呈白色、灰白色、淡黄色和粉红色、淡褐色等，风化后呈灰黑色、褐色。易碎呈粒状。主要矿物成分为菱镁矿（含量92 %~98 %），含少量滑石、绿泥石、蛇纹石、石英、白云母、绢云母、黑云母等。

化学成分：矿石的主要化学成分为MgO，CaO，SiO_2，Fe_2O_3等。矿石中有益组分MgO，主要以独立矿物菱镁矿的形式存在。MgO粉子山矿区平均含量为45.9 %，优游山矿区平均含量为45.13 %；CaO粉子山矿区平均含量为0.65 %，优游山矿区平均含量为1.36 %；SiO_2粉子山矿区平均含量为2.98 %，优游山矿区平均含量为2.34 %；Fe_2O_3粉子山矿区平均含量为0.67 %，优游山矿区平均含量为3.38 %。

结构构造及矿石类型：矿石具放射状结构和粒状变晶结构；矿石的构造有块状构造、条带状构造和片状构造，以块状构造为主。矿石的自然类型，按菱镁矿的结晶程度，分为晶质菱镁矿和非晶质菱镁矿；按化学成分及矿物组合，分为高硅型菱镁矿和低硅型菱镁矿。山东菱镁矿皆为晶质菱镁矿和高硅菱镁矿。

6. 围岩蚀变

围岩蚀变类型简单，蚀变程度不一，有硅化、绿泥石、碳酸盐化和滑石化。硅化与成矿关系密切，而绿泥石化、碳酸盐化均为成矿作用后期产物，这些蚀变岩组成了菱镁矿含矿带。

7. 矿床成因

莱州优游山菱镁矿矿体赋存在粉子山倒转向斜近核部的张格庄组三段白云石大理岩层内，矿体总体呈层状顺层产出，沿走向和倾向矿层稳定，矿体的形态与产状受地层和褶皱双重控制。矿山开采及区域地质研究时发现，菱镁矿矿体的分布与白云石大理岩等围岩的产状并不都是一致的，局部地段有一定的夹角；还见到二者之间接触界线为不规则的港湾状，反映出明显的交代作用特点。由此认为，山东菱镁矿的形成，主要是白云质灰岩经古元古代吕梁期的低-中级区域变质作用形成白云石大理岩，后经富镁的热液交代作用形成晶质菱镁矿矿床。

（二）代表性矿床——莱州市优游山菱镁矿矿床地质特征[1]

[1] 山东省建材地质队，山东省掖县优游山矿区1978年度菱镁矿详细找矿地质报告，1978年。

1. 矿区位置

矿区位于山东省莱州市西侧约 11 km 的优游山一带。在地质构造位置上,居于胶北隆起的西北部、栖霞复背斜的粉子山-优游山向斜构造的西部。大地构造位置位于胶北隆起之明村-担山凸起的北部。

2. 矿区地质特征

矿区位于粉子山-优游山向斜南翼的一个次级向斜内,出露地层自下而上为粉子山群祝家夼组、张格庄组、巨屯组。张格庄组分 3 个岩性段,菱镁矿及伴生的滑石矿、绿冻石矿均赋存在张格庄组三段中(图 7-11)。

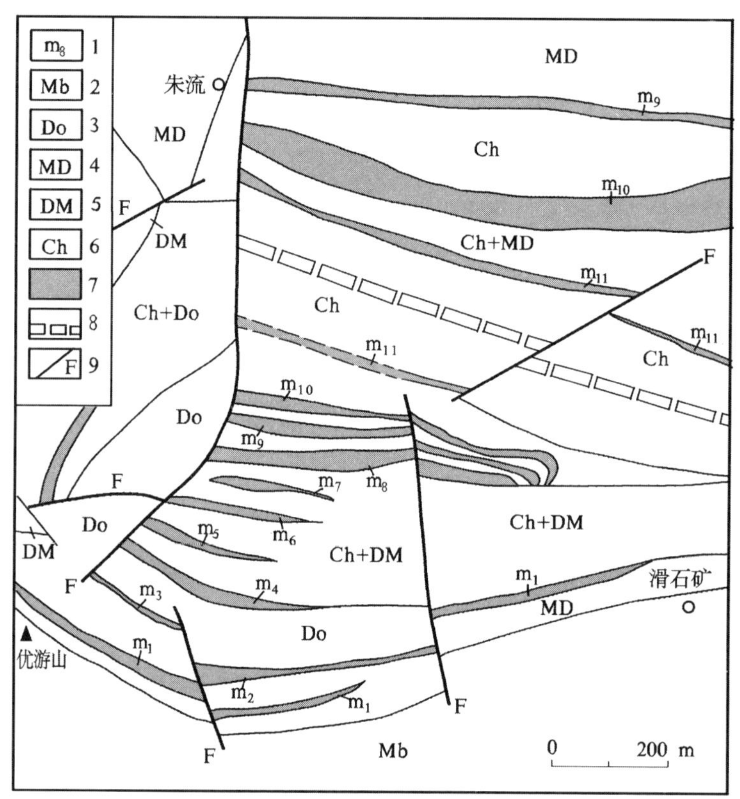

图 7-11 莱州市优游山菱镁矿矿床地质图

(引自《山东矿床》,2006)

1—菱镁矿矿体编号;2—方解石大理岩;3—白云石大理岩;4—菱镁矿夹白云石大理岩;5—白云石大理岩夹菱镁矿;6—绿泥片岩;7—菱镁矿矿体;8—向斜轴部;9—断裂

1~7 为古元古代粉子山群张格庄组三段内的岩(矿)层

矿区内断裂构造比较发育,大致可分为 4 组,近 EW 向的断裂分布于矿区的中部,与地层和褶皱轴向一致,断裂规模比较大;SN 向、NE 向和 NW 向 3 组断裂对矿体的连续性有一定的破坏作用。

3. 含矿岩系特征

张格庄组三段为菱镁矿的主要赋存层位,自下而上可分为 4 个岩带:① 第一岩带:薄层状白云石大理岩,局部夹疙瘩状黑云片岩、黑云变粒岩,厚 112~155 m。② 第二岩带:白云石菱镁岩、菱镁矿夹滑石绿泥片岩、绢云绿泥片岩、滑石片岩、滑石矿、绿冻石矿,厚 225~639 m。此带是菱镁矿、滑石矿、绿冻石矿的主要含矿层位之一。③ 第三岩带:厚层斜长角闪岩,厚 96~109 m。④ 第四岩带:以绢云片岩、绿泥绢云片岩、滑石片岩、二云片岩为主,夹滑石矿、菱镁矿、白云石大理岩、方解石大理岩,厚 210 m。此带是区内菱镁矿、滑石矿的主要含矿层位。

4. 矿体特征

区内菱镁矿矿体主要有11层，其形态呈层状、似层状、透镜状，长100~1 000 m，厚2~5 m，延深100~200 m。矿体总体呈层状分布于向斜的两翼，基本以向斜轴为中心对称分布（图7-12）。

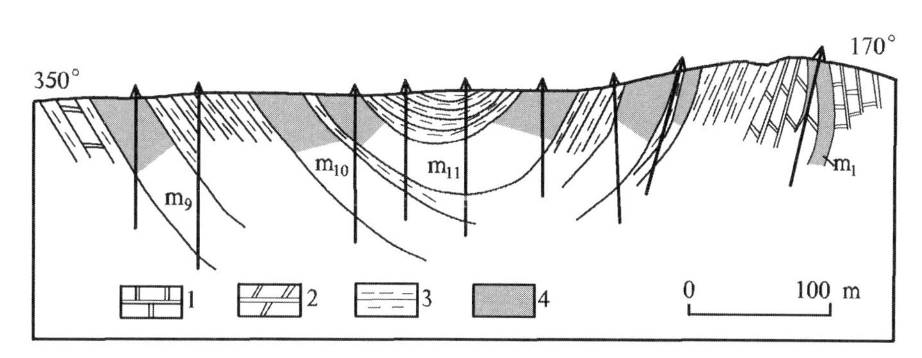

图7-12　莱州优游山菱镁矿矿区7线地质剖面简图

（引自《山东矿床》，2006）

古元古代张格庄组三段：1—方解石大理岩；2—白云石大理岩；3—绿泥片岩；4—菱镁矿矿体及编号

矿层产状严格受地层控制，走向近EW，倾向SSE或SSW，倾角30°~55°，一般在45°左右。矿床由11个矿体组成，主矿体有3个，规模大，矿层稳定，主要位于矿区的中部和北部。矿体与围岩产状基本一致，围岩多为菱镁岩、白云石大理岩和绿泥片岩，并与围岩呈过渡渐变关系。

5. 矿石特征

矿石为白色、灰白色。矿物成分简单，主要为菱镁矿；其次为白云石，少量绿泥石、滑石、蛇纹石、云母等。矿石以不等粒他形粒状变晶结构为主，块状构造。

矿石中MgO平均含量为45.13 %；CaO平均含量为1.36 %；SiO_2平均含量为2.34 %；Fe_2O_3平均含量为3.38 %。矿石中滑石含量增多时，SiO_2增高；白云石含量增多时，CaO增高。从矿体中心向外，有SiO_2，CaO含量增高，矿石质量变差的趋势。

矿石的自然类型为晶质菱镁矿和高硅菱镁矿。

6. 围岩蚀变

近矿围岩蚀变主要有菱镁矿化、硅化、滑石化和白云石化等。

7. 矿床成因

莱州菱镁矿的形成主要受控于3个基本条件：① 菱镁矿赋存于富镁质碳酸盐岩沉积建造，受一定层位和岩性控制（张格庄组上白云石大理岩段中）。② 菱镁矿受褶皱构造控制，矿体分布在近EW向的粉子山——优游山向斜内，靠近向斜轴部的矿体一般规模较大，延伸较稳定。③ 菱镁矿的形成与变质作用关系密切：吕梁期的区域变质作用（区内为绿片岩相-角闪岩相），使白云质灰岩变质成为白云石大理岩，再在变质热液的作用下，促使Mg质交代作用的进行，进而形成菱镁矿矿床。

8. 地质工作程度及矿床规模

优游山矿区先后进行了2次地质勘查工作。1960~1961年，山东省冶金工业局第五勘探队对优游山矿区进行初步勘探；1976~1978年山东省建材地质队对优游山矿区进行详查，查清了矿床规模；为大型菱镁矿矿床。

五、产于古元古代荆山群陡崖组中沉积变质型石墨矿床矿床式(南墅式)及代表性矿床

(一) 矿床式

1. 区域分布

该类型矿床以南墅石墨矿为典型代表,因此将矿床式称为南墅式石墨矿。矿床集中分布于鲁东地区的莱州南部—平度—莱西—莱阳地区;此外,在牟平西部、海阳北部、威海环翠区田村、荣成泊于、乳山午极、安丘高家庄等地有零星分布。

2. 矿床产出地质背景

石墨矿床赋存于古元古代古陆边缘凹陷中,矿体往往产于褶皱比较发育及具有不同程度混合岩化作用或后期岩浆活动的地段。大地构造位置位于胶莱盆地之三堤凹陷、夏格庄凹陷、牟平凹陷、冶头凹陷内。

石墨矿严格受地层层位控制,主要赋存于荆山群陡崖组徐村石墨岩系段中。石墨矿产于栖霞古陆边缘的古元古代荆山群含石墨变粒岩-片麻岩变质沉积建造中,被称为孔兹岩系。该套岩系经历了中压相系高角闪岩相-麻粒岩相区域变质作用。

3. 含矿岩系特征

与石墨矿密切相关的岩石主要为石墨变粒岩、石墨透辉变粒岩、透辉岩、石墨斜长角闪岩等。原岩为一套以含碳质的黏土岩、泥质粉砂岩为主,含少量的火山物质和碳酸盐岩的沉积建造。石墨矿体的产出常与大理岩密切相关,大理岩作为矿体的顶、底板或夹层出现,如南墅、牟平徐村、威海大西庄、平度境内的石墨矿等。

4. 矿体特征

矿体多呈层状、似层状、透镜状;在石墨岩系中,它们多呈带状分布,每个矿带往往有多个矿体组成,矿体与围岩产状一致。矿体产状一般比较稳定,局部有膨缩及分支复合现象。矿体规模大小悬殊,一般长几十米至几百米(最长者达 1 600 m);斜深几十米至几百米(最大控制斜深达 420 m);厚度几米至几十米(最厚达 150 m).

5. 矿石特征

矿物成分:组成石墨矿石的矿物有 20 余种。主要矿物有石墨、斜长石、石英、透辉石、透闪石、黑云母等;次要矿物有黄铁矿、磁黄铁矿、绢云母、绿泥石、石榴子石、黝帘石、矽线石、阳起石、高岭土等;副矿物有金红石、锆石、榍石、磷灰石、电气石等。

化学成分:山东晶质石墨矿床因产地不同、矿石类型不同,矿石的化学成分存在着差异。氧化程度不同,矿石的化学成分也有所不同。风化矿石比原生矿石的 C,SiO_2,Al_2O_3 等含量要高,其 CaO,MgO,FeO 等含量则明显偏低。原生矿石中 S 含量一般为 2 %~4 %,最高达 8.88 %;风化矿石中 S 含量一般 <0.5 %,最低者<0.01 %。矿石中 SiO_2,Al_2O_3,CaO, MgO,Na_2O,K_2O 等组分,主要以脉石矿物形式存在。Fe 和 S 是有害组分,主要以黄铁矿和磁黄铁矿等矿物形式存在,选矿时可以综合回收。

矿石品位:矿石中固定碳以晶质鳞片状石墨形态存在,分布比较均匀。固定碳含量一般为 2.5 %~6.5 %,最高含量为 11.95 %。山东省 11 处石墨矿床平均品位为 3.61 %。

结构构造及矿石类型:矿石以鳞片花岗变晶结构为主,分布较普遍;而柱粒状变晶结构、纤维花岗变晶结构、花岗变晶结构、碎裂结构、鳞片纤维变晶结构者分布局限。根据含矿变质岩石特征,可将山东石墨矿床的矿石类型划分为片麻岩型、透闪透辉岩型、大理岩型、变粒岩型和碎裂岩型等自然类型。其中

以片麻岩型所占比例最大(约 50 %~70 %),其次为透闪透辉岩型(30 %~40 %),其他类型较少。

6. 矿床成因

石墨矿床的赋矿岩石主要为石墨变粒岩、石墨透辉变粒岩、透辉岩、石墨斜长片麻岩夹斜长角闪岩等,原岩为一套以含碳质的黏土岩、泥质粉砂岩为主,含少量的火山物质和碳酸盐岩的沉积建造。是古元古代古陆经过长期剥蚀,在地壳相对稳定时期,在其边缘海槽,气候温度湿润、生物大量繁衍环境下,形成的一套滨海-浅海相硅铝质陆源碎屑沉积和少量碳酸盐岩沉积,并经历了高角闪岩相-麻粒岩相的中高级区域变质作用。沉积物中大量的生物有机质,为原岩提供了碳质;中高级的区域变质作用,使碳质结晶变成晶质石墨。石墨鳞片的大小决定于岩石的变质程度,变质程度越高,石墨鳞片片径越大。

(二) 代表性矿床——莱西市南墅石墨矿床地质特征

1. 矿区位置

矿区位于莱西城西北约 25 km 的南墅镇的北部。自西向东包括岳石矿段、刘家庄矿段和院后矿段,为一个大型石墨矿床。其大地构造位置位于胶莱盆地之夏格庄凹陷中,一个由 NNE 向招平断裂、马家-围格庄断裂及近 EW 向芝山断裂所围限的断块上(图 7-13)。

2. 矿区地质特征

(1) 地层

矿区出露地层主要为古元古代荆山群。主要岩性为野头组定国寺大理岩段的蛇纹石大理岩及陡崖组徐村石墨岩系段的石榴黑云斜长片麻岩、透辉透闪岩及大理岩。

(2) 构造

矿区总体为一个轴向近 EW 向的背斜构造——刘家庄背斜,岳石矿段和后院矿段分布在背斜的南翼,刘家庄矿段分布在背斜的核部及北翼。矿区内 NE 向断裂较发育,次为近 EW 向断裂,多为成矿后断裂,对矿体有一定的破坏作用。

(3) 侵入岩

矿区内新元古代变辉绿岩、二长花岗岩较发育,多呈小岩株状。

3. 含矿岩系特征

石墨矿体赋存在陡崖组徐村石墨岩系段中,主要岩性为蛇纹石大理岩、斜长角闪岩和石榴黑云斜长片麻岩。其形成于一套滨海-浅海相硅铝质陆源碎屑沉积和少量碳酸盐岩沉积建造,并经历了高角闪岩相-麻粒岩相的中高级区域变质作用。矿床分为刘家庄矿段、岳石矿段和院后矿段,各矿段含矿岩系略有差异。刘家庄矿段矿体赋存于蛇纹石大理岩或斜长角闪岩中,或在二者的接触处;岳石矿段矿体赋存于石榴黑云斜长片麻岩中,或分布于石榴黑云斜长片麻岩与蛇纹石大理岩之间。

4. 矿体特征

矿体呈层状、似层状或透镜状,与围岩产状一致,界线较清晰。院后矿段、刘家庄矿段和岳石矿段,自东而西断续延伸长约 4 km。矿体的风化深度为 20~25 m,风化矿石质地疏松,含硫量大为降低,利于采选。

(1) 刘家庄矿段

石墨矿体赋存在背斜核部及近核部北翼的蛇纹石大理岩或斜长片麻岩中,或在后两者的接触处(图 7-13)。矿体走向近 EW,倾向 S 或 N。矿体产状与围岩产状基本一致。矿体呈似层状、透镜状,总体分布较为稳定,但局部有膨胀收缩、分支复合或直立倒转现象(图 7-14)。

矿体沿走向延长数百米至 1 600 m,沿倾向延深数十米至>400 m;矿体厚数米至>50 m。主要矿体有 7 个,以Ⅰ,Ⅴ,Ⅶ号矿体规模最大,约占总储量的 93 %。

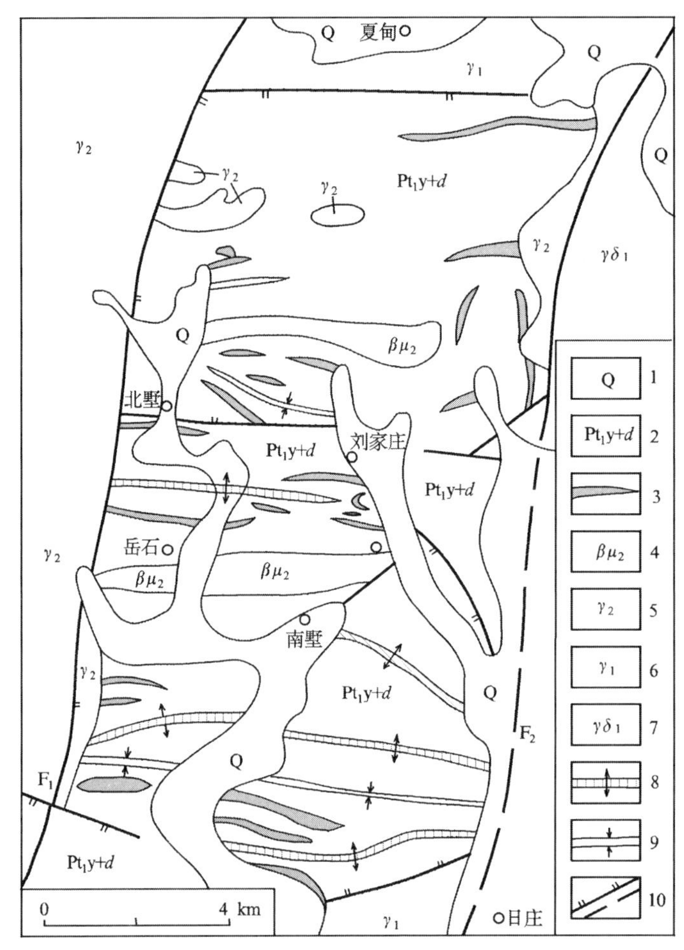

图 7-13 莱西市南墅石墨矿床地质图

(引自《山东矿床》,2006)

1—第四系;2—古元古代荆山群野头组及陡崖组徐村石墨片岩段;3—石墨矿体;4—新元古代变辉绿岩;5—新元古代二长花岗岩;6—新太古代奥长花岗岩;7—新太古代花岗闪长岩;8—背斜;9—向斜;10—断层(F_1 为招平断裂,F_2 为马家-围格庄断裂)

(2) 岳石矿段

石墨矿体赋存于石榴黑云斜长片麻岩中,或分布在石榴黑云斜长片麻岩与蛇纹石大理岩之间。矿体呈似层状、透镜状,其产状与围岩产状一致,走向近 EW,倾向 S,倾角 20°~85°。主要由 3 个石墨矿带组成(Ⅲ矿带为主矿带)。第Ⅰ矿带长 >1 000 m,宽 200 m,由 1~5 个薄层石墨单矿体组成。单矿层长 120~1 000 m,厚 1~30 m,一般厚 3~5 m,东部延深 260 m。第Ⅱ矿带长 1 000 余米,宽 200 m。单矿体厚 90 m(最大 150 m),长 1 000 m 左右,延深>400 m。第Ⅲ矿带宽 400 m,有 3 层薄矿层,矿层厚 2.0 ~4.2 m。

(3) 院后矿段

矿床规模最小,含石墨矿带长约 600 m,最宽 80 m。单矿体多呈透镜状。

5. 矿石特征

矿物成分:矿石中除含有石墨矿物外,脉石矿物主要有斜长石、透闪石、透辉石、石英、微斜长石、方解石、磁黄铁矿、黄铁矿等;次要矿物有黑云母、阳起石、符山石等。副矿物有金红石、榍石等。

化学成分：矿石中固定碳一般为4.5 %~5.5 %，变化较小，高者达11.95 %。Fe_2O_3 一般在7.07 %~8.63 %，S含量为1.02 %~2.4 %。

结构构造：矿石的主要结构为鳞片粒状变晶结构、纤维花岗变晶结构，其次为填隙结构、压碎结构；主要构造为片麻状构造，其次为浸染状构造、碎裂状构造。

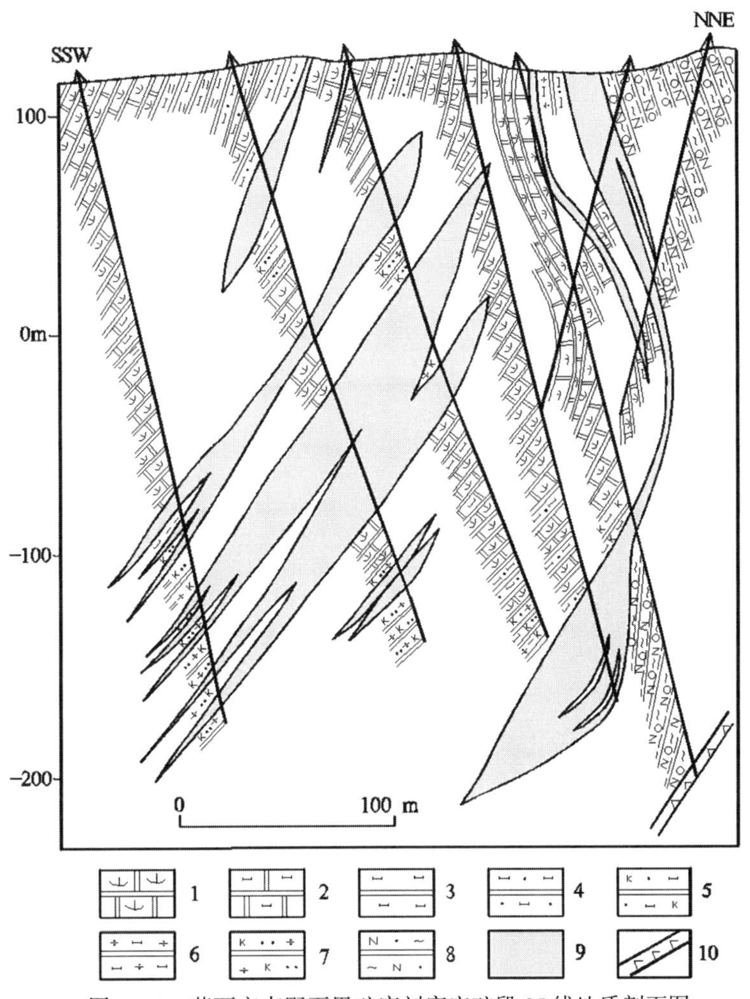

图7-14　莱西市南墅石墨矿床刘家庄矿段25线地质剖面图

（引自《山东矿床》，2006）

1—蛇纹石大理岩；2—透辉石大理岩；3—透辉岩；4—石英透辉岩；5—长英透辉岩；6—透辉透闪岩；7—长英透闪岩；8—石榴斜长片麻岩；9—石墨矿体；10—变辉绿岩

矿石类型：分为晶质矿石和碎裂晶质矿石。晶质矿石包括：① 石墨斜长片麻岩，石墨片径为0.2~1.2 mm，品位4.5 %~6 %；② 石墨透闪透辉岩，石墨片径1~1.5 mm，品位2.88 %~5.22 %；③ 石墨大理岩，品位3.49 %~4.22 %。碎裂晶质矿石包括：① 碎裂晶质石墨矿，品位5.83 %~9.54 %，目前与晶质矿混合使用；② 碎裂土状石墨矿，品位6 %~9 %，量少，无工业价值。

6. **矿床成因**

古元古代胶北古陆边缘长期遭受剥蚀，地壳处于相对稳定的滨海-浅海环境，温暖湿润的气候条件，使原始生物大量繁衍，为原岩沉积提供了有机质及碳质；海底基性火山喷发携带 CO_2 亦产生部分碳质，沉积形成了浅海相的碳酸盐岩建造夹含碳质黏土岩-中基性火山岩沉积建造。由于后期盆地闭合作用,受区域 NNW-SSE 向的强烈挤压,形成具有格架性质的轴向 NEE 向的多期褶皱构造。后经历了高角闪岩相-角闪麻粒岩相的中高级变质作用,同步伴随区域动热变质作用,使岩石中的有机质产生一系列的分解反应,原岩中的碳质成为粒径较大的鳞片晶质石墨,逐渐富集而成矿。

7. 地质工作程度及矿床规模

山东石墨矿系统的地质勘查工作,始于 1957 年至 20 世纪 70 年代末,先后有冶金部地质局华北分局 501 队、建工部非金属矿地质公司 103 队、山东省地质局综合三队等地勘单位,重点对南墅地区石墨矿进行勘探评价,查清了矿区及矿床地质特征,已查明南墅石墨矿区资源储量达到大型矿床规模。

六、产于古元古代荆山群野头组中变质热液(伟晶岩)型(塔埠头式)稀土矿床

该类型稀土矿在本成矿亚系列中分布局限,仅见于莱西塔埠头一带,为小型稀土矿床。该成矿系列稀土矿以莱西塔埠头稀土矿为典型代表,因此将矿床式称为塔埠头式稀土矿。故以莱西塔埠头稀土矿为例,表述该矿床地质特征。

代表性矿床——莱西塔埠头稀土矿床地质特征[1]

塔埠头稀土矿赋存于古元古代荆山群野头组中,矿体形成于古元古代晚期,同位年龄为 1 810 Ma。矿床类型为变质热液型稀土矿床,矿体产于区域变质热液形成的伟晶岩脉中,其围岩为大理岩。

1. 矿区位置

矿区位于莱西城南约 3.5 km 处。大地构造位置居于胶莱盆地的东北部的荆山凸起的边缘地带。

2. 矿区地质特征

矿区出露的基岩地层主要为古元古代荆山群野头组。主要岩性为黑云变粒岩、大理岩、斜长角闪岩等。区域地层总体走向近 EW,褶皱构造有凤凰山背斜和大野头向斜,断裂构造主要有近 EW 向的上庄断裂及水集-徐格庄断裂。矿区侵入岩主要为侏罗纪玲珑期伟晶花岗岩及燕山期辉绿岩脉(图 7-15)。在野头组中与古元古代区域变质作用有关的伟晶岩脉发育,稀土矿化发育在伟晶岩中。

3. 矿体特征

区内分布着 2 条含稀土的伟晶岩脉。1 号伟晶岩脉位于矿区的南半部,地表长 150 m,宽 70 m。矿体走向近 EW,N 倾,地表倾角 50°~80°,深部变缓,平面形态似不规则的纺锤形(图 7-16)。经钻孔验证该伟晶岩脉在斜深 210 m 处已尖灭,浅部稀土矿化较好。Ⅰ号伟晶岩脉赋存 4 个稀土矿体。2 号伟晶岩脉分布在矿区的北部,地表长 120 m,宽 40 m。向下变窄为 8~10 m,延深 110 m 尖灭。矿体走向近 EW,倾向 N,倾角 43°~52°。稀土含量低,未见工业矿体。

伟晶岩脉分带现象明显:一般中心部位为块状石英核,断续分布;向外依次为钾长石带、钾长石伟晶岩带,钾长石-斜长石伟晶岩带,其最外圈往往分布有云母-蛭石化带。稀土矿化大多发育在钾长石伟晶岩带中。

塔埠头稀土矿共探明 4 个工业矿体(图 7-16)。

Ⅰ号矿体:长 43 m,平均厚 1.57 m,延深 20 m。走向 112°,倾向 22°,平均倾角 68°。稀土氧化物总量平均品位 2.47 %,最高达 4.35 %;所含伴生元素平均品位:铀 0.018 %(最高 0.023 3 %)、钍 0.567 4 %(最高 1.225 %)、铌 0.139 1 %(最高 0.232 %)、钽 0.011 8 %(最高 0.022 %)、锆 4.351 %(最高 6.79 %)。

Ⅱ号矿体:长 57.5 m,平均厚 7.47 m,延深 30 m。走向 90°~110°,倾向 360°~20°,平均倾角 32°。稀土氧化物总量平均品位 1.483 %,最高达 4.08 %;所含伴生元素平均品位:铀 0.012 9 %(最高 0.041 %)、

[1] 山东省地质局第六地质队王桐丰等,莱西县望城乡塔埠头稀土矿区普查地质报告,1974 年;核工业三七五队,莱西望城及五莲北部地区普查报告,1982 年。

钍 0.360 %(最高 1.29 %)、铌 0.089 3 %(最高 0.199 %)、钽 0.006 9 %(最高 0.014 2 %)、锆 2.395 %(最高 9.63 %)。

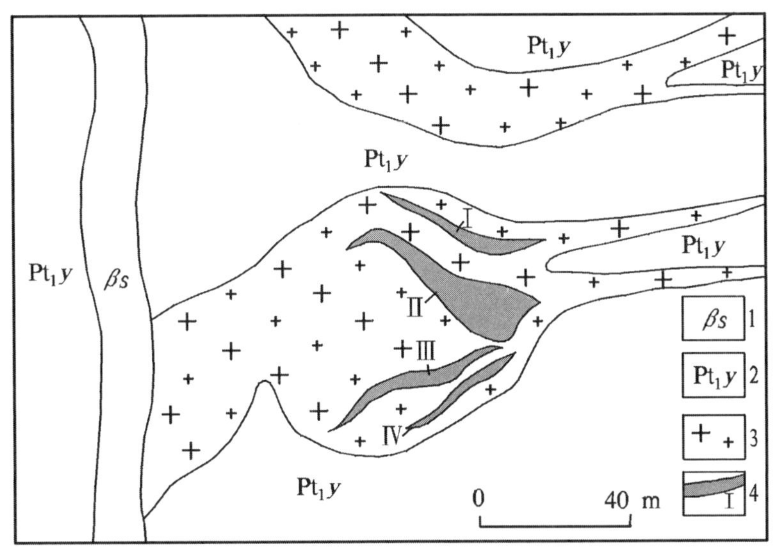

图 7-15　莱西塔埠头稀土矿区域地质略图

(引自《山东矿床》,2006)

1—燕山期辉绿岩脉;2—古元古代荆山群野头组;3—中元古代伟晶岩脉;4—稀土矿体及编号

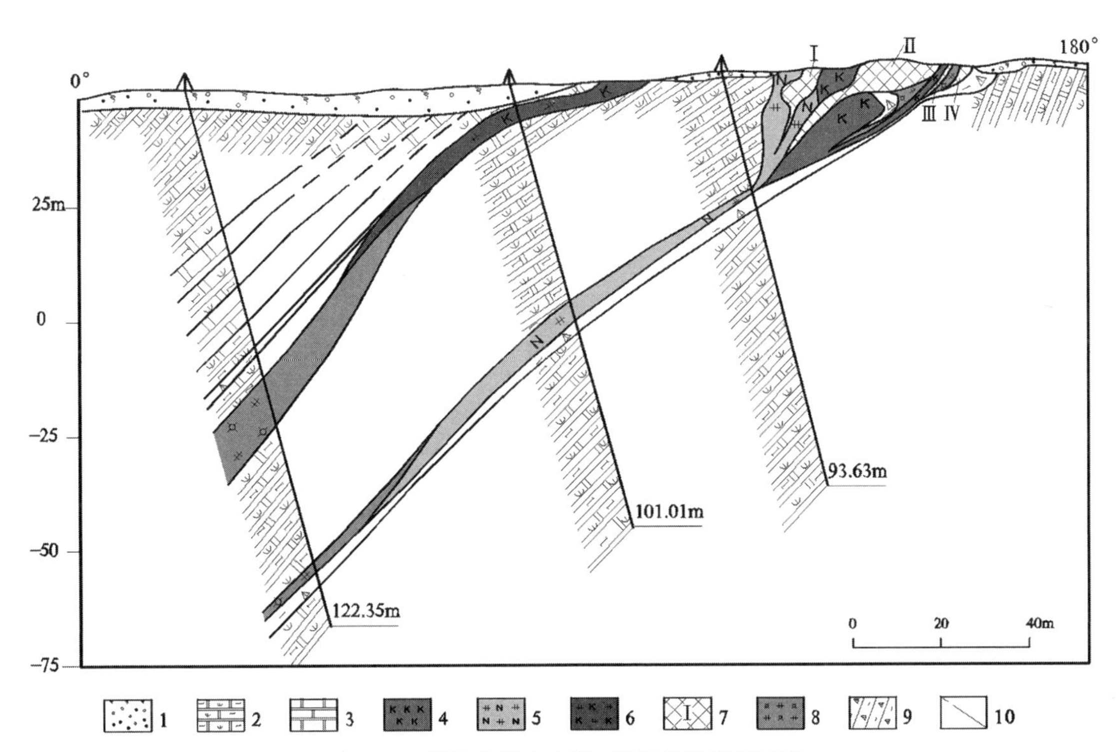

图 7-16　塔埠头稀土矿第 3 勘探线地质剖面图

(据山东省第一地矿勘查院李庆平等,山东省稀土矿资源潜力评价成果报告,2011)

1—第四系砂砾层;2—蛇纹透辉大理岩;3—大理岩;4—块体状钾长石岩;5—斜长伟晶岩;6—钾长伟晶岩;7—矿体及编号;8—含稀土伟晶岩;9—云母-蛭石蚀变岩;10—实测及推测地质界线

Ⅲ号矿体：长 60 m，平均厚 3.66 m，延深 43 m。走向 72°，倾向 342°，平均倾角 35°。稀土氧化物总量平均品位 1.558 %，最高达 3.62 %；所含伴生元素平均品位：铀 0.012 6 %（最高 0.029 9 %）、钍 0.351 7 %（最高 0.624 %）、铌 0.078 8 %（最高 0.168 3 %）、钽 0.006 4 %（最高 0.016 %）、锆 2.004 %（最高 4.75 %）。

Ⅳ号矿体：长 33.5 m，平均厚 2.85 m，延深 7 m。走向 65°，倾向 335°，平均倾角 58°。稀土氧化物总量平均品位 1.166 %，最高达 2.62 %；所含伴生元素平均品位：铀 0.013 5 %（最高 0.023 6 %）、钍 0.313 9 %（最高 0.548 %）、铌 0.056 3 %（最高 0.087 5 %）、钽 0.004 7 %（最高 0.007 3 %）、锆 1.942 %（最高3.98 %）。

4. 矿石特征

矿石中主要含稀土的矿物有：褐帘石、氟碳铈镧矿、磷灰石、锆石、榍石、钍石等；伴生矿物主要有：磁铁矿、钛铁矿、黄铁矿、黄铜矿、方铅矿、金红石、电气石、石榴子石、尖晶石，以及透辉石、透闪石、阳起石、绿帘石、绿泥石等。

在 1 号伟晶岩脉内所圈定的Ⅰ～Ⅳ号矿体的稀土氧化物总量平均值为 1.166 %～2.47 %，4 个矿体稀土氧化物总量平均品位为 1.603 %。在稀土元素氧化物总量中，以 Ce，La，Y，Nd 的氧化物为主。其中 CeO_2 含量为 0.494 %～1.598 %，La_2O_3 含量为 0.213 %～0.635 %，Y_2O_3 含量为 0.088 %～0.318 %，Nd_2O_3 含量为 0.162 %～0.497 %。此外矿石中还伴有可综合利用元素：U 平均含量为 0.012 1 %，Th 为 0.374 5 %，Nb_2O_5 为 0.088 6 %，Ta_2O_5 为 0.008 %，Zr_2O_5 为 2.384 %。

5. 矿床成因

莱西塔埠头稀土矿属于变质热液（伟晶岩）型稀土矿床。在莱西市西起望城东至姜格庄一带的古元古代荆山群分布区，发育着受古元古代区域变质作用末期形成的伟晶岩脉，它们沿区域性 EW 向构造裂隙充填。稀土矿脉分布于伟晶岩中，表明区域变质作用末期产生了大量富含水、CO_2，F 及稀土元素的变质热液，在构造的有利部位充填，形成稀土矿床。

6. 地质工作程度及矿床规模

1972～1974 年山东省地质局第六地质队王桐丰等，在莱西市塔埠头一带的航空放射性异常内开展稀土矿区普查评价，基本查清了矿区地质特征及矿床规模；为小型稀土矿床。

第八章 胶南地块与中元古代沉积变质建造(孔兹岩系)有关的红柱石、石墨、稀土、透辉石、石英岩、硅灰石、大理岩矿床成矿系列

第一节 成矿系列位置及该成矿系列中矿产分布 …… 157
第二节 区域地质构造背景及主要控矿因素 … 158
一、区域地质构造背景 …… 158
二、主要控矿因素 …… 159
第三节 矿床区域时空分布及成矿系列形成过程 …… 159
一、矿床区域时空分布 …… 159
二、成矿系列形成过程 …… 161
第四节 代表性矿床剖析 …… 161
一、产于中元古代五莲群中的沉积变质型(小庄式)红柱石(蓝晶石)矿床 …… 161
二、产于中元古代五莲群海眼口组中的沉积变质型石墨矿床 …… 164
三、产于中元古代五莲群中的沉积变质型透辉石及石英岩矿床 …… 166
四、产于中元古代五莲群坤山组中的沉积变质型大理岩及硅灰石矿床 …… 169
五、产于中元古代五莲群海眼口组变质岩系(伟晶岩)中的(大珠子式)稀土矿床 …… 170

该成矿系列与鲁东地块古元古代晚期(吕梁期)孔兹岩系沉积变质建造有关的铁、稀土、石墨、滑石、菱镁矿、石英岩(玻璃用)、透辉石、白云石大理岩(熔剂用等)、大理岩(饰面、水泥用)矿床成矿系列具有相似性,含矿岩系均具有孔兹岩系岩石组合特征,矿床组合类型相似,赋矿的五莲群曾被认为是古元古代粉子山群的一部分。两个成矿系列的主要差异有:中元古代的成矿系列分布范围局限,多分布于五莲坤山一带;中元古代成矿系列的赋矿地层——五莲群变质程度低,富铝矿物为中等温度的红柱石、蓝晶石等变质矿物,石墨的结晶程度低、开发利用性能较差,而古元古代的荆山群、粉子山群变质程度高,富铝矿物为高温的矽线石,石墨矿开发利用性能好;五莲群中的大理岩遭受了后期的硅化作用,形成硅灰石矿,而粉子山群中的大理岩后期蚀变过程中镁逐渐富集,形成菱镁矿、滑石等;中元古代成矿系列中的矿床普遍规模小、质量差、开发利用程度低。

第一节 成矿系列位置及该成矿系列中矿产分布

该成矿系列矿种主要分布于胶莱盆地西南缘的坤山凸起中,行政区域主要位于五莲县和胶南市。地质构造单元属胶南-威海隆起区,含矿地层为中元古代五莲群。该群主要分布于五莲县的东北部,总体呈 NEE 向带状展布。红柱石、石墨、透辉石矿赋存于五莲群下部的海眼口组,石英岩、硅灰石、大理岩矿则赋存于五莲群上部的坤山组。稀土矿赋存于五莲群海眼口组下亚组中的伟晶岩化发育部位,伟晶岩侵入于五莲群,稀土矿化与伟晶岩化密切相关。

第二节 区域地质构造背景及主要控矿因素

一、区域地质构造背景

(一)区域地层

该成矿系列赋存在五莲群变质地层中,其原岩为海相富铝系列的泥质、泥砂质、钙质沉积岩石。主要分布在坤山凸起上的这套变质岩石组合,原山东省区调队1978~1982年将其命名为五莲群,自下而上划分为海眼口组和坤山组。1994~1995年地层清理时,将其划归古元古代粉子山群,自下而上归属祝家夼组和张格庄组。2013年,依据获得的该群中碎屑锆石SHRIMP U-Pb的年龄值为1 727 Ma和1 685 Ma,将其时代归属为中元古代,依旧采用五莲群一名(王世进等)。其自下而上依然分为海眼口组和坤山组。

1. 海眼口组

该组划分为下部层位和上部层位两部分。下部层位由斜长角闪岩和黑云角闪斜长片麻岩组成,厚度>150 m。上部层位可分为上、下两个岩段,第1岩段由长石石英岩夹黑云片岩,含红柱石蓝晶石黑云片岩,厚层金云母大理岩组成,厚144 m;第2岩段由蓝晶石红柱石黑云片岩、白云石大理岩组成,厚136 m。红柱石(蓝晶石)、稀土、晶质石墨矿赋存于该组中。

2. 坤山组

下部为石英岩、石英片岩和长石石英岩,厚115 m;中部为黑云变粒岩、黑云片岩夹含红柱石黑云变粒岩、含红柱石蓝晶石黑云片岩,厚192 m;上部为厚层大理岩夹黑云变粒岩、碳质板岩。石英岩(玻璃用)、大理岩(水泥用)、硅灰石、透辉石等矿产赋存于该组中。

(二)控矿构造

五莲群中的控矿构造为大珠子-贺家岭背斜,背斜轴向50°,SW方向翘起,向NE倾伏,为两翼地层均向NW倾斜的倒转背斜,两翼大致对称。背斜核部由海眼口组下部层位构成,两翼由海眼口组上部层位和坤山组组成,背斜核部花岗伟晶岩化发育。

(三)变质作用

根据岩石的矿物组合判断,五莲群经历了低角闪岩相和绿片岩相两期变质作用。

1. 低角闪岩相

典型岩石类型和矿物组合有:① 斜长角闪岩、角闪斜长片麻岩,角闪石+斜长石+黑云母+石英;② 红柱石变粒岩、红柱石黑云片岩,黑云母+红柱石+斜长石+石英。

五莲群中低角闪岩相岩石中缺少特征的变质矿物,而且角闪石分布无明显规律,大致对应角闪石-斜长石带。变粒岩中见有红柱石和堇青石,多呈变斑晶出现,并非完全达到变质平衡。利用角闪石-斜长石地质温度计估算的温度为545~560 ℃,利用图解法估算压力为0.6 GPa。局部出现的矽线石+钾长石组合,不能代表高级变质相,可能与交代作用有关。

2. 绿片岩相

典型岩石类型和矿物组合有:① 碳质板岩,绿泥石+黑云母(雏晶)+绢云母+石英;② 绿帘阳起片岩,绿帘石+阳起石+黑云母+更长石;③ 金云母大理岩,方解石+白云石+金云母+石英。

在五莲县孙家岭以东地区见到较多的绿泥石+绢云母+石英组合和结晶灰岩,相当于极低级变质作用。

(四) 区域地质发展史与重大地质事件

中元古代沿华北板块南缘发生裂陷作用,沉积了五莲群,其原岩建造可以分为两类,下部为基性火山岩-碎屑岩沉积组合,上部为一套细碎屑岩-碳酸盐岩沉积组合,指示沉积早期相当于大陆边缘拉张环境,形成玄武质火山-陆源富铝碎屑岩系;晚期为构造环境相对稳定的盆地沉积,形成细碎屑岩系。中元古代末至新元古代,裂陷盆地逐渐闭合,伴随持续的挤压作用和花岗质岩石侵位。大约在 1 660 Ma 前后发生角闪岩相变质作用,同时或稍后发生韧性剪切变形作用。大约在 735 Ma 左右,发生绿片岩相变质作用和第二期韧性变形作用。

二、主要控矿因素

(一) 大地构造

五莲群总体形成于裂陷盆地构造环境,其早期有较多基性火山岩指示了大陆边缘拉张环境,晚期的碳酸盐岩和细碎屑岩组合反映了稳定的盆地沉积环境。

(二) 含矿建造

红柱石、蓝晶石、石墨、透辉石等矿种赋存于海眼口组上部和坤山组中部,稀土矿赋存于海眼口组下部。海眼口组上部第 1 岩段由长石石英岩夹黑云片岩,含红柱石蓝晶石黑云片岩,厚层金云母大理岩组成,第 2 岩段由蓝晶石红柱石黑云片岩、白云石大理岩组成;坤山组中部为黑云变粒岩、黑云片岩夹含红柱石黑云变粒岩、含红柱石蓝晶石黑云片岩。

石英岩矿产于坤山组下部,主要岩石组合为石英岩、石英片岩和长石石英岩。大理岩矿赋存于坤山组上部,为厚层大理岩夹黑云变粒岩、碳质板岩组合。

(三) 原岩建造和沉积环境

五莲群下部海眼口组为基性火山岩-碎屑沉积建造,相当于大陆边缘拉张环境。上部坤山组为细碎屑岩-化学沉积建造,沉积环境为稳定的浅海盆地。

(四) 成矿构造

五莲群及赋存于其中的矿层受到了强烈的构造变形影响,多期褶皱作用形成了控矿的大珠子-贺家岭背斜,矿产资源主要分布于背斜的两翼。韧性变形包括中深层次和中浅层次两类,中深层次韧性变形主要表现为斜长角闪岩中的定向构造和大理岩中的条带状构造。由于构造分异作用、塑性流动作用及物质成分的差异,在透闪大理岩中形成宽度 5 mm 左右的条带状构造,并表现为许多形态复杂的流褶皱。受中浅层次韧性变形作用影响,斜长角闪岩局部退变为绿泥阳起片岩。

第三节　矿床区域时空分布及成矿系列形成过程

一、矿床区域时空分布

该系列矿床受地层层位控制明显,主要产于中元古代五莲群海眼口组和坤山组。红柱石(蓝晶石)、石墨、透辉石等矿种主要赋存于海眼口组上部和坤山组中部,稀土矿赋存于海眼口组下部,石英岩矿产于坤山组下部。硅灰石矿和大理岩矿赋存于坤山组上部,为厚层大理岩夹黑云变粒岩、碳质板岩组合。

(一)小庄式沉积变质型红柱石(蓝晶石)矿

小庄式沉积变质型红柱石(蓝晶石)矿床成矿时代为中元古代,主要分布在五莲县小庄及日照市焦家庄子。其前者位于胶莱盆地的坤山凸起中,矿体赋存于中元古代五莲群海眼口组上部和坤山组中部;后者位于胶南隆起南缘的岚山凸起上,矿体赋存于中元古代五莲群中。矿床赋矿岩石以黑云片岩为主、次为黑云变粒岩。原岩为浅海相富铝系列的泥质、泥砂质、碳酸盐岩沉积建造,受区域变质作用影响形成红柱石(蓝晶石)矿,为沉积变质型矿床。依据沉积韵律特征,含矿岩系由下向上大致可以划分3个沉积旋回。第一旋回:层位相当于海眼组中上部层位,主要岩性为石英岩-含红柱石蓝晶石黑云片岩(下矿化层)-金云母大理岩。第二旋回:层位相当于海眼组上部层位,主要岩性为石英岩-含红柱石蓝晶石黑云片岩(中矿化层)v白云母大理岩。第三旋回:层位相当于坤山组,主要岩性为石英岩-含红柱石蓝晶石黑云变粒岩(上矿化层)-方解石大理岩。

(二)沉积变质型石墨矿

主要分布于五莲县东北部的南窑沟一带、胶南薛家沟及临沭陡沟等地,大地构造位置位于胶莱盆地之坤山凸起中。石墨矿化较集中的出露在大珠子-贺家岭背斜之南翼(南窑沟向斜之东西两翼,尤其是向斜之西翼)。矿体赋存于中元古代五莲群海眼口组上部,矿床特征与南墅式石墨矿基本一致。石墨矿化呈层状、豆荚状或透镜状夹于五莲群海眼口组黑云变粒岩、二云二长片麻岩等岩层中。

(三)沉积变质型透辉石矿

主要分布于五莲县坤山、小庄等地,大地构造位置位于胶莱盆地坤山凸起中,其矿床特征与长乐式透辉石矿床基本相似。矿体主要赋存于中元古代五莲群坤山组中上部。坤山组由下向上可划3个岩性段:一段为白云石大理岩,厚数十米;二段上部为石英岩,下部为黑云变粒岩、二云片岩夹灰绿色透辉岩透镜体;三段上部为含硅质结核方解石白云大理岩,中部为方解石白云大理岩,下部为厚层白云石大理岩夹透辉石大理岩、碳质板岩、黑云变粒岩,为透辉石矿的主要含矿层位。

(四)沉积变质型石英岩(玻璃用)矿

分布在五莲坤山附近的白云洞及五莲小庄等地,构造位置居于坤山凸起中,其矿床特征与昌邑山阳石英岩矿床相似。石英岩矿产于中元古代五莲群坤山组底部,其顶板岩石为坤山组大理岩或透闪岩,底板岩石为海眼口组大理岩、含电气石黑云变粒岩及红柱石二云片岩等。

(五)接触交代型硅灰石矿

硅灰石矿则是产于中元古代五莲群坤山组中的特有矿种,主要见于五莲县坤山,构造位置居于坤山凸起中。坤山组三段方解大理岩、石墨条带大理岩和硅灰石大理岩,是硅灰石矿体赋存层位。矿体(硅灰石大理岩)呈似层状或透镜状产于弱片麻状含角闪黑云二长岩与大理岩(围岩)的接触带附近。

(六)沉积变质型大理岩(水泥用及饰面用)矿

主要见于五莲县坤山及其以东福禄并、小庄一带,大地构造位置位于胶莱盆地之坤山凸起中。大理岩矿分布于中元古代五莲群坤山组三段中,矿体呈互层状产出。

(七)大珠子式变质热液型稀土矿

稀土矿化出露范围西起五莲杨家林—贺家岭,东至大珠子东岭(与诸城县交界处)—张家林一带。

在区内伟晶岩中获得LA-MC-ICP-MS锆石U-Pb法同位素年龄值为(1 757.1±5.3)Ma[1](中国地质科学院地质矿产研究所,2013),成矿时代为中元古代早期。矿床位于NEE向的大珠子-丁家庄背斜东段,该背斜的核部为中元古代五莲群海眼口组,两翼为海眼口组、坤山组。稀土矿化赋存在海眼口组及发育在核部的花岗伟晶质碎裂岩带中,与中元古代区域变质作用及伟晶岩化作用有关。矿体总体呈层状沿NEE向展布,多数倾向NW。

二、成矿系列形成过程

该成矿系列主要分布在胶莱盆地与胶南隆起相接地带之胶莱盆地一侧的坤山凸起和胶南隆起南缘的岚山凸起中,矿床主要产于中元古代五莲群中。中元古代沿苏鲁造山带北缘发生强烈拉张,在五莲一带形成大陆裂谷,裂谷活动的早期有较多基性岩浆活动,属活动大陆边缘环境,局部有铁质富集;裂谷活动早中期岩浆活动消失,转化为稳定的沉积盆地,泥质、富碳质沉积物发育,经后期变质作用形成石墨矿、红柱石(蓝晶石)矿;裂谷发育的中后期,盆地变得更加稳定,陆源碎屑物减少,钙镁硅酸盐岩石或硅镁质碳酸盐岩石及硅质岩发育,经后期变质作用形成透辉石、石英岩;裂谷发育的后期,为稳定的盆地沉积环境,海水中的杂质较少,碳酸盐大量发育,经后期变质作用形成大理岩矿床。

关于硅灰石矿床的形成,目前有"接触交代型"和"沉积变质型"两种意见。由于该矿床中硅灰石矿体呈似层状或透镜状产于弱片麻状含角闪黑云二长岩与大理岩(围岩)的接触带附近,矿体与含硅灰石大理岩、方解大理岩等呈渐变关系,加之矿石中伴生有透辉石、绿帘石及石榴子石等蚀变矿物,因此将其归为接触变质成因中的大理岩型硅灰石矿床。是中元古代沉积的碳酸盐岩经后期接触交代形成的矿床。

五莲群中稀土元素含量偏高,因此其中的伟晶岩易富集形成稀土矿。未经伟晶岩化作用的变质岩,如黑云斜长片麻岩、黑云变粒岩、黑云片岩、片状石英岩等变质岩石中存在着稀土、铀、钍矿化,说明含稀土、铀、钍等泥质-泥砂质-砂质岩石经区域变质作用,在形成区域变质岩的同时形成稀土、铀、钍矿化。后期的花岗伟晶质碎裂岩化作用,不仅使变质岩中某些稀土组分集中,而且使含稀土矿物中之稀土组分增高,形成第二期的稀土、铀、钍矿化,而这一矿化明显地受到地层及构造条件的控制。

这一矿床系列的赋矿地层形成后经历了强烈的构造岩浆活动改造,大部分地层已被重熔改造为花岗岩类岩石,仅有少量地层残留,其中在胶莱盆地南缘的坤山凸起上残留地层较完整,因此大部分矿床分布在这一范围不大的区域内,在胶南隆起的其他大部分地区仅有少量地层及矿床残留。

第四节　代表性矿床剖析

一、产于中元古代五莲群中的沉积变质型(小庄式)红柱石(蓝晶石)矿床[2]

红柱石类矿产主要见于胶莱盆地西南缘和胶南隆起南部,具有一定规模和经过勘查评价的产地只有2处——五莲小庄和日照焦家庄子,以前者为典型代表,因此称之为小庄式红柱石(蓝晶石)矿床。矿床赋存于五莲群海眼口组上部和坤山组中部。矿床成矿时代为中元古代。蓝晶石赋矿地层原岩为浅海相富铝系列的泥质、泥砂质、钙质沉积岩石,受区域变质作用影响形成红柱石(蓝晶石)矿,为变质沉积型矿床。

[1] 山东省稀土矿资源潜力调查研究资料,2013年。

[2] 1∶20万日照幅区调报告(矿产部分),1982年;山东省地质局第四地质队,五莲县小庄矿区红柱石矿详查地质报告,1988年。

代表性矿床——五莲县小庄红柱石(蓝晶石)矿床地质特征

1. 矿区位置

矿区位于五莲县城东北约 17 km,属许孟镇管辖。大地构造位置位于胶莱盆地西南边缘的坤山凸起上,北与胶莱盆地的诸城凹陷交界,西近沂沭断裂带。

2. 矿区地质特征

(1) 控矿地层

红柱石矿赋存在中元古代五莲群变质地层中,其原岩为浅海相富铝系列的泥质、泥砂质及钙质的沉积岩石组合。自下而上划分为海眼口组和坤山组,海眼口组分上、下层位 2 个部分。下部层位由斜长角闪岩和黑云斜长片麻岩组成,厚度>150 m;上部层位为含矿层位,分上、下 2 个岩段,由长石石英岩夹黑云片岩、含红柱石(蓝晶石)黑云片岩、金云母大理岩、白云石大理岩组成,厚 280 m。坤山组下部为石英岩、石英片岩和长石石英岩,厚 114 m;中部为黑云变粒岩、黑云片岩、含红柱石(蓝晶石)黑云片岩,厚 192 m;上部为厚层方解石大理岩夹黑云片岩、碳质板岩等。

(2) 控矿构造

矿体的分布受大珠子-贺家岭背斜构造控制,该背斜为紧密褶皱构造,轴向 50°,SW 方向翘起,向 NE 倾伏,是一个两翼地层均向 NW 倾斜的倒转背斜,两翼地层大体对称。背斜核部由海眼口组下部层位构成,两翼由海眼口组上部层位和坤山组构成(图 8-1)。

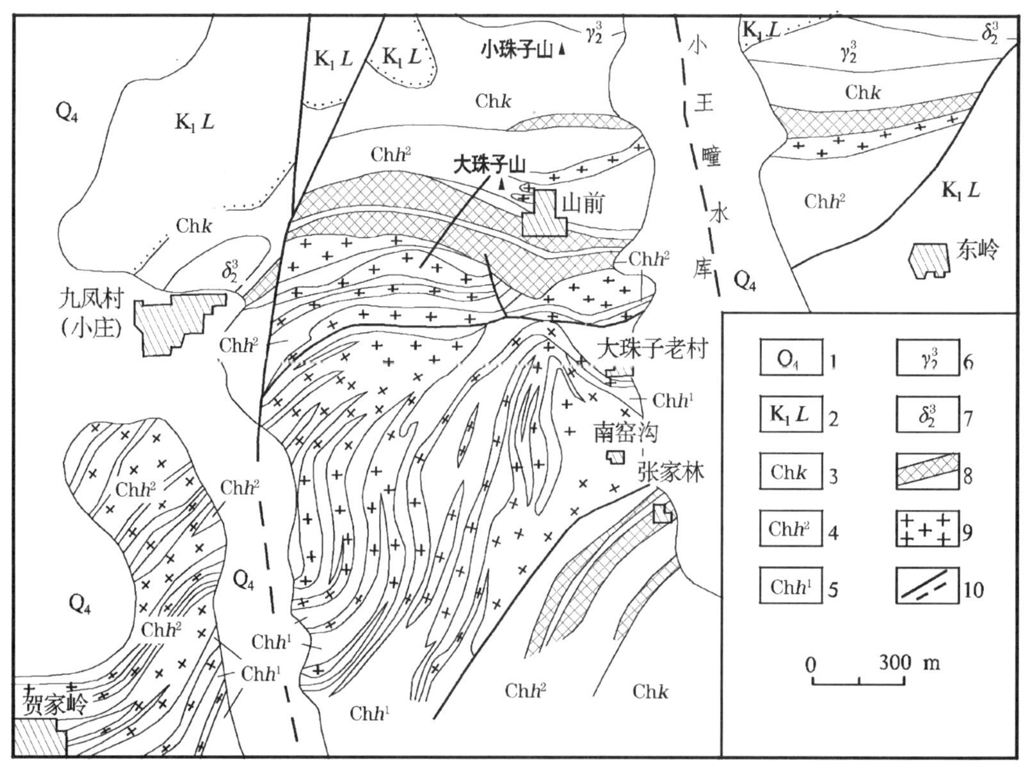

图 8-1 五莲小庄红柱石(蓝晶石)矿区地质简图

(据《山东矿床》编绘,2006)

1—第四系;2—早白垩世莱阳群;3—中元古代五莲群坤山组;4—五莲群海眼口组上部层位(含矿层位);5—海眼口组下部层位;6—新元古代片麻状花岗岩;7—新元古代闪长岩;8—含红柱石蓝晶石黑云片岩、黑云变粒岩(含矿层位);9—中元古代含稀土花岗伟晶质碎裂岩;10—实测及推测断裂

3. 含矿岩系特征

红柱石矿赋存在中元古代五莲群海眼口组上部和坤山组中部。海眼口组上部第1岩段(下矿化层)由长石石英岩夹黑云片岩,含红柱石蓝晶石黑云片岩,厚层金云母大理岩组成,厚144 m;第2岩段(中矿化层)由蓝晶石红柱石黑云片岩、白云石大理岩组成;坤山组中部(上矿化层)为黑云变粒岩、黑云片岩夹含红柱石黑云变粒岩、含红柱石蓝晶石黑云片岩,厚136 m。

4. 矿体特征

矿体总体呈层状、似层状或透镜状,具有分支现象。Ⅰ,Ⅱ,Ⅳ号矿体赋存于五莲群海眼口组上部第1岩段。Ⅲ号矿体赋存于海眼口组上部第2岩段,为区内主要矿体,呈层状和似层状,与围岩产状一致,总体走向110°左右,NE倾,倾角一般在35°~50°。矿体底板为金云母大理岩,顶板为方解石大理岩或石英片岩,中间厚,向东西延伸具分支现象。矿体长950 m,厚17.4~95.4 m,平均厚52.2 m,矿体向两端厚度变化大,平均厚度变化系数44.68 %。平均品位9.90 %,氧化带平均深度30 m。矿体在纵向和横向上,均见到被后期断裂构造破坏的现象(图8-2、图8-3)。

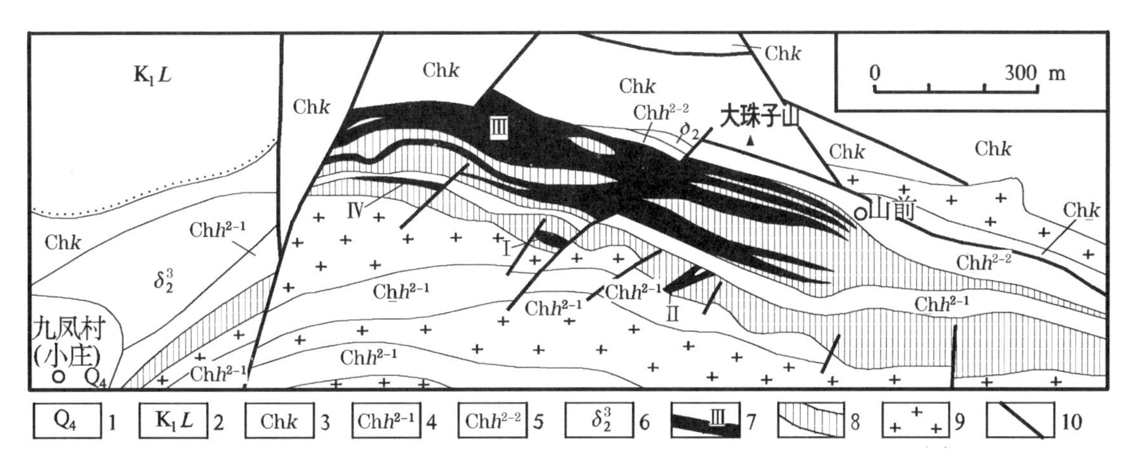

图8-2 五莲县小庄红柱石(蓝晶石)矿床地质简图

(据《山东矿床》编绘,2006)

1—第四系;2—早白垩世莱阳群;3—中元古代五莲群坤山组;4—五莲群海眼口组上部层位(含矿层位)第1岩段;5—海眼口组上部层位第2岩段;6—新元古代闪长岩;7—蓝晶石矿体及编号;8—蓝晶石(红柱石)矿化层;9—新元古代含稀土花岗伟晶碎裂岩;10—断层

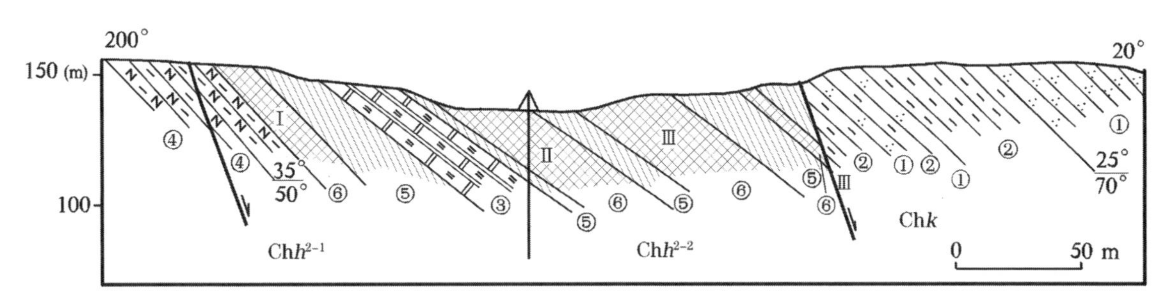

图8-3 五莲县小庄红柱石(蓝晶石)矿区4线剖面图

(据《山东矿床》编绘,2006)

①—石英片岩;②—黑云片岩;③—金云母大理岩;④—黑云斜长片麻岩;⑤—含红柱石蓝晶石黑云片岩黑云变粒岩;⑥—蓝晶石矿体(Ⅰ,Ⅱ,Ⅲ为矿体编号);Chk—中元古代五莲群坤山组;Chh^{2-1}—五莲群海眼口组上部层位第1岩段;Chh^{2-2}—海眼口组上部层位第2岩段

5. 矿石特征

矿物成分：矿石矿物为红柱石和蓝晶石；脉石矿物以黑云母和石英为主，其次为斜长石、石墨和绢云母及少量的电气石、十字石、锆石、磷灰石、磁铁矿、钛铁矿和石榴子石等。

矿石中红柱石和蓝晶石的含量在5 %~25 %之间，个别样品在30 %以上。以Ⅲ号矿体矿石品位较高，一般在8.53 %~11.20 %之间。矿石中有益组分 Al_2O_3 含量较高，平均为23.77 %。

结构构造：细（中）粒半自形柱状结构是主要结构类型，其次有连生体结构、固体包裹体结构、包裹镶嵌结构、交代结构等；块状构造和条带片理构造。

矿石类型：自然类型以蓝晶石红柱石黑云片岩型为主，其次为蓝晶石红柱石黑云变粒岩型，蓝晶石黑云片岩型等。以矿石矿物含量多少划分为蓝晶石矿石及蓝晶石红柱石矿石。

工业类型：分为原生矿石和氧化矿石。

6. 矿床成因

五莲地区红柱石（蓝晶石）矿的原岩为浅海相富铝系列的泥质、砂泥质、钙质的沉积岩石。经区域变质作用，泥质岩石形成的变质矿物生成顺序为：黑云母→红柱石→蓝晶石→绢云母；黑云母→绿泥石。钙质岩石形成的变质矿物生成顺序为：金云母→透闪石→透辉石。其变质程度均属角闪岩相。中温低压环境下出现红柱石矿物，随着地壳下降，压力增加，出现蓝晶石矿物，已转入中温中压的变质环境。

区内红柱石化发育地段紧密褶皱构造和伟晶岩化比较强烈，挤压作用产生的褶皱构造及热液活动，促成粗大的蓝晶石、红柱石晶体形成和矿石的富化。一般认为区内蓝晶石、红柱石是富铝泥质原岩在低压中温→中压中温的区域变质作用及后期区域动力变质作用下形成的产物。

7. 地质工作程度及矿床规模

1977年及1987~1988年，山东省地质局区域地质调查队、第四地质队，先后对小庄矿区红柱石矿开展初查及详查评价工作，基本查清了矿区地质特征及矿床规模；为一中型矿床。

二、产于中元古代五莲群海眼口组中的沉积变质型石墨矿床

产于五莲群中的晶质石墨矿，矿床特征与南墅式石墨矿基本一致。主要见于五莲县东北部的南窑沟一带、胶南薛家沟及临沭陡沟等地。矿床赋存于五莲群海眼口组的上部，以五莲南窑沟石墨矿为代表性矿产地。

代表性矿床——五莲县南窑沟石墨矿床地质特征

1. 矿区位置

矿区位于五莲县城东北约17 km处，许孟镇管辖。大地构造位置处于胶莱盆地南缘的坤山凸起中。

2. 矿区地质特征

矿区及其外围主要出露中元古代五莲群、白垩纪莱阳群及第四系。出露侵入岩主要为新元古代二长花岗岩。石墨矿化较集中的出露在大珠子-贺家岭背斜之南翼（南窑沟向斜之东西两翼，尤其是向斜之西翼）。

3. 含矿岩系特征

石墨矿化呈层状、豆荚状或透镜状产于五莲群海眼口组黑云变粒岩、二云二长片麻岩等岩层中，而含石墨矿化岩层则较多与伟晶岩化岩石（伟晶质碎裂岩）毗邻。

4. 矿体特征

区内共有含石墨岩层13~14层，但石墨含量较高的矿化层主要有5层（图8-4）。

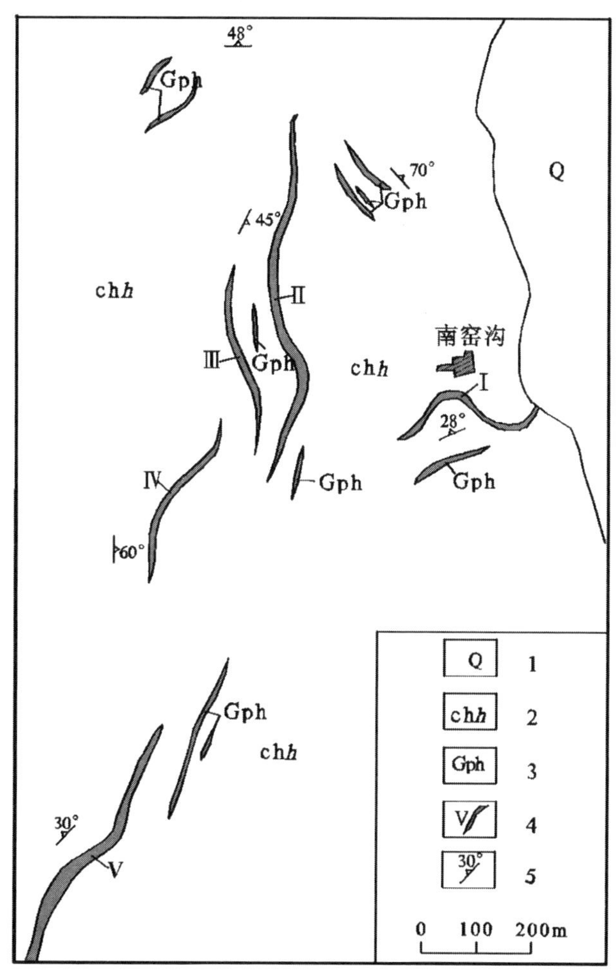

图 8-4　五莲县窑沟石墨矿床矿体分布平面
（据山东省地质局区调队，1:20 万日照幅区调报告，1983）
1—第四系；2—五莲群海眼口组；3—石墨矿化体；4—矿化体编号；5—片理产状

第一层石墨矿化：出露在南窑沟村南，出露长约 300 m。矿化层总体走向近 EW，倾向 NE 或 NW。岩层产状变化较大，时而 NE 倾，时而 NW 倾，岩层倾角较陡（67°~85 °）。晶质石墨变粒岩层厚 2~7 m，岩石中目估含晶质石墨约 5 %~10 % ，石墨片度较大（直径 0.5~1.0 mm）。少量拣块样品分析，该层含固定碳 1.57 %。

第二层石墨矿化：位于南窑沟村西 250 m。含石墨变粒岩层顶板岩层为黑云变粒岩及黑云片岩，底板为伟晶质碎裂岩。石墨矿化层长约 650 m，最厚约 7 m，平均厚 3.43 m，为矿区主要矿化层。矿化层中固定碳最高含量为 3.44 %，平均含量 1.97 %。该矿化层北段有长约 100 m、厚 2.21 m 的石墨矿化较富部位，平均含固定碳为 2.83 %。矿化层总体走向近 SN，倾向 E 或 NEE，倾角 40°~50° 。

第三层石墨矿化：位于南窑村之西 400 m（在第二层石墨矿化之西）。矿化层走向近 SN，倾向 E 或 SEE，倾角 27°~59°，矿化层长约 330 m，厚 3 m。黑云变粒岩中含晶质石墨约 3 %~5 %左右，含固定碳约 1 %~2 %。

第四层石墨矿化：位于张家林村正西 700 m 左右。含石墨黑云变粒岩（矿化及矿层）顶板为伟晶质碎裂岩（含稀土铀钍），底板为二云片岩（图 8-5）。矿化层总体走向为 NNE，SEE 倾，倾角 50°~67°。矿化层长约 320 m。含石墨矿化岩石及石墨矿化层总厚 5.67 m。其中（矿化中间部分）有一层厚 3.70 m，含

固定碳平均为 3.04 %，为该区较好之矿化。

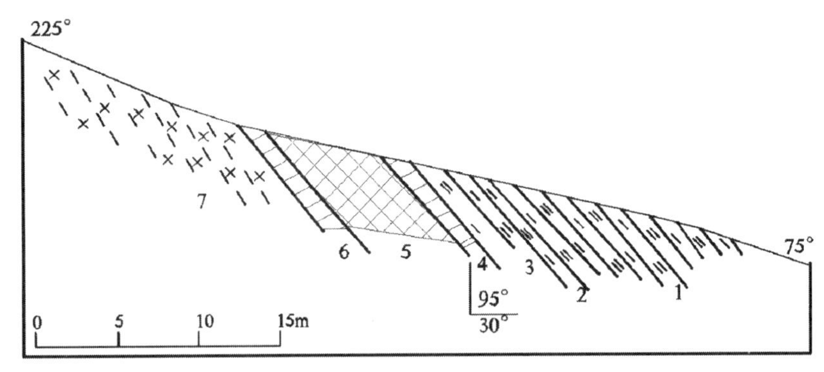

图 8-5　五莲县窑沟石墨矿床矿体第四矿化层剖面图

（据山东省地质局区调队，1∶20 万日照幅区调报告，1983）

1—二云片岩；2—含石墨二云片岩；3—二云片岩；4—含石墨变粒岩

5—石墨矿层（第四矿化层）；6—含石墨变粒岩；7—伟晶质碎裂岩

第五层石墨矿化：该矿化层位于张家林村西南 1 000 m（朱家老庄东北）。矿化层总体走向 NE，NW 倾，倾角 55°~65°。出露长约 500 m。含石墨变粒岩之顶、底板岩石均为二云片岩。矿化层由 2~4 个含石墨变粒岩的单层组成。单层厚约 1.00~2.40 m，矿化层总厚为 2.00~5.40 m。矿化层中含固定碳约 1.50 %~2.00 %。

上述 5 层石墨矿化，第二层及第四层矿化较好。第四层石墨矿化含固定碳平均为 3.04 %；第二与第四矿化层，石墨矿化平均含固定碳为 2.51 %。

5. 矿石特征

含矿岩石主要为变粒岩；副矿物有磁铁矿、褐铁矿、锆石、榍石、金红石等，但含量均很低。主要氧化物平均百分含量：Al_2O_3 为 14.66 %，TiO_2 为 0.56 %，SiO_2 为 62.15 %，Fe_2O_3 为 6.77 %，MgO 为 1.75 %，CaO 为 0.67 %，Na_2O 为 1.78 %，K_2O 为 3.21 %。

三、产于中元古代五莲群中的沉积变质型透辉石及石英岩矿床

产于五莲群中的透辉石及石英岩矿床，其矿床特征与长乐式透辉石矿床及昌邑山阳石英岩矿床相似。透辉石矿床主要见于五莲县坤山、小庄等地；石英岩矿床主要分布在五莲白云洞和大珠子两处。典型矿床描述如下：前者以五莲坤山透辉石矿床为代表，后者以五莲白云洞石英岩矿床为代表。

（一）代表性矿床——五莲县坤山透辉石矿床地质特征❶

1. 矿区位置

矿床位于五莲县城东北 5 km 处的坤山一带。处于胶莱盆地西南部的坤山凸起中。

2. 矿区地质特征

矿区及其外围主要出露中元古代五莲群、白垩纪莱阳群及第四系；出露侵入岩主要为新元古代二长花岗岩，与成矿作用无关；矿区内断裂及褶皱比较发育，对矿体有一定破坏作用。矿区内五莲群分布于坤山周围，自下而上为海眼口组和坤山组。透辉石矿赋存于坤山组中。

❶ 山东省第四地质矿产勘查院刘先荣等，五莲坤山矿区透辉石地质普查报告，2002 年。

3. 含矿岩系特征

坤山组由下至上可划分3个岩性段：一段为白云石大理岩，厚数十米；二段上部为石英岩，下部为黑云变粒岩、二云片岩夹灰绿色透辉岩透镜体；三段上部为含硅质结核方解石白云大理岩，中部为方解石白云大理岩，下部为厚层白云大理岩夹透辉石大理岩、碳质板岩、黑云变粒岩透镜体，为透辉石矿主要含矿层位（图8-6）。

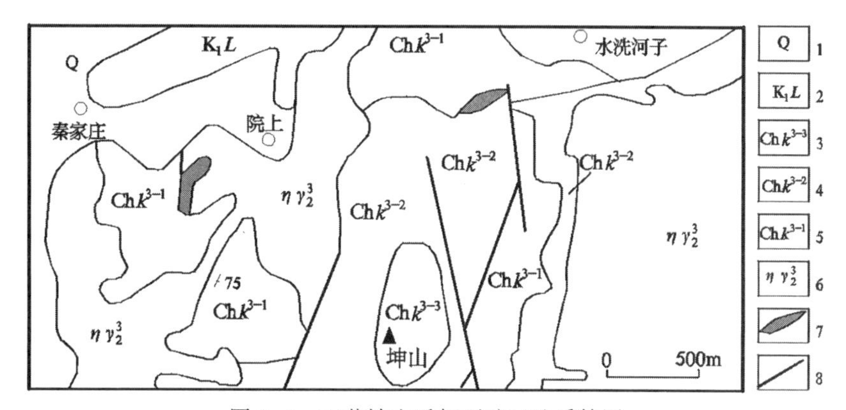

图8-6　五莲坤山透辉石矿区地质简图

（据山东省第四地矿勘查院，2002）

1—第四系；2—白垩纪莱阳群；3—中元古代五莲群坤山组三段上部；4—坤山组三段中部；5—坤山组三段下部；6—新元古代二长花岗岩；7—透辉岩矿体；8—断裂

4. 矿体特征

矿床由2个矿段组成，即水西河子和院上矿段。水西河子矿段分布于水西河子村南，该矿段有2个透辉岩矿体。I矿体：呈似层状，走向85°，倾向355°，倾角50°~60°。矿体地表出露长264 m，地表宽27.19~35 m，平均厚17.5 m。矿石中透辉石平均含量86.87 %。II矿体：位于I矿体南侧，与I矿体平行分布。向西自然尖灭，向东被NW向断裂切断。矿体呈似层状，走向80°，倾向350°，倾角55°~63°。其地表出露长度220 m，厚度4.92~24.06 m，平均厚13.25 m。矿石中透辉石平均含量79.23 %。

院上矿段分布于院上村西南，也由2个矿体组成（图8-7）。I矿体呈似层状，走向55°，倾向325°，倾角70°~80°。矿体地表出露长154 m，地表宽2.50~8.66 m，平均厚5.68 m。矿石中透辉石平均含量72.96 %。II矿体位于I矿体南侧，与I矿体平行分布，产状与I矿体一致。矿体地表出露长度166 m，厚度4.88~9.67 m，平均厚7.22 m。矿石中透辉石平均含量83.35 %。

5. 矿石特征

矿物成分：以透辉石为主，透闪石次之；并含有少量的方解石、白云石和石英等。矿石自然类型属透辉石型。

化学成分：矿石中主要氧化物含量为：SiO_2 为52.64 %，CaO为22.55 %，MgO为18.51 %，Fe_2O_3 为0.35 %，CO_2 为4.46 %。矿石主要化学成分简单，含量变化幅度较小，特别是影响陶瓷产品质量的 Fe_2O_3 含量普遍较低，矿石质量好，物化性能稳定，适用作陶瓷原料。

结构构造：矿石结构以柱粒状变晶结构为主，次为交代结构、片状结构及碎裂状结构等，有片麻状构造、条带状构造和块状构造。

6. 矿床成因

矿床成因与分布在平度和莱西地区的古元古代荆山群野头岩组长乐式透辉石矿基本相似。透辉石矿原岩以钙镁硅酸盐沉积为主，代表了一种浅海相的较稳定沉积环境，后经区域变质作用形成的，后期的褶皱构造使成矿物质局部富集。

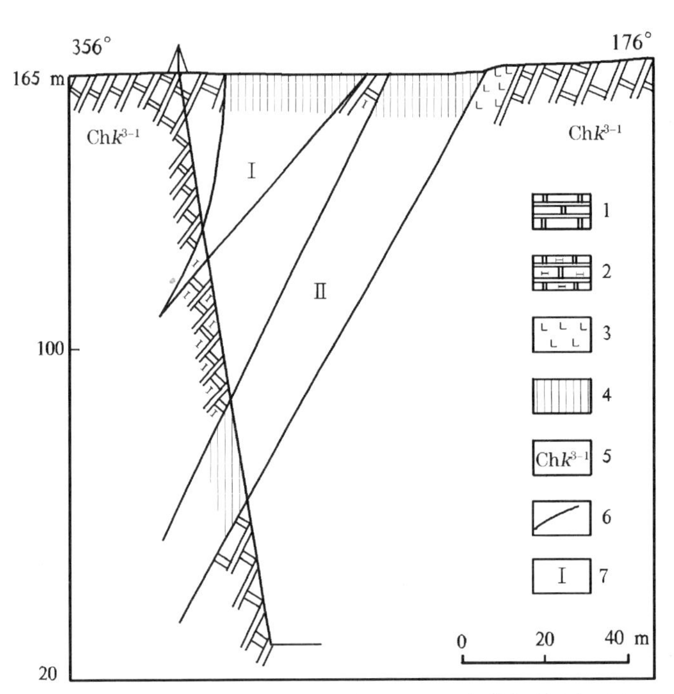

图 8-7　五莲坤山透辉石矿区水西河子矿段勘探线剖面图

(据山东省第四地矿勘查院，矿区普查报告，2002)

1—白云石大理岩；2—透辉石大理岩；3—煌斑岩；4—透辉岩；5—中元古代五莲群坤山组三段下部；6—地质界线；7—透辉石矿体及编号

7. 地质工作程度及矿床规模

2002 年，山东省第四地质矿产勘查院对五莲坤山透辉石矿进行普查，基本查清了矿区地质特征和矿床规模；为中型矿床。

(二) 代表性矿床——五莲县白云洞石英岩矿床地质特征❶

1. 矿区位置

矿区位于五莲县城东北约 4 km 的坤山南坡白云洞附近。大地构造位置位于胶莱盆地西南边缘的坤山凸起上，北与诸城凹陷交界。

2. 含矿岩系特征

石英岩矿床产于中元古代五莲群海眼口组顶部。石英岩顶板岩石为坤山组大理岩或透闪岩，底板岩石为海眼口组含电气石黑云变粒岩、红柱石二云片岩及大理岩等。

3. 矿体特征

矿体呈稳定的层状，总体走向近 EW，倾向 NNW，倾角 45°～50°。矿体长 5 150 m，平均厚度 40 m，最大厚度 73 m。

4. 矿石特征

矿物成分：石英 97 %、白云母<3 %、少量金红石、锆石和金属矿物。

❶　山东省地质局区调队，1:20 万日照幅区调报告，1982 年。

化学成分：矿石中有益组分 SiO_2 95.07 %~97.02 %，有害组分 Al_2O_3 含量为 1.45 %~1.91 %，Fe_2O_3 含量为 0.06 %~0.40 %，CaO 含量为 0.10 %~0.20 %，P_2O_5 含量为 0.03 %~0. 04 %，成分基本能满足冶金熔剂用工业要求。

结构构造：矿石呈细粒花岗变晶结构，块状构造。

5. 矿床成因

五莲白云洞玻璃用石英岩矿床为产于中元古代五莲群中的沉积变质型矿床。

6. 地质工作程度及矿床规模

该玻璃用石英岩矿，在 1978~1982 年间，山东省地质局区调队开展的 1:20 万区调的进行过地质调查评价，基本查清了控矿岩系及矿体分布范围；矿床可达到大型规模。

四、产于中元古代五莲群坤山组中的沉积变质型大理岩及硅灰石矿床

产于五莲群坤山组中的大理岩矿床与产于粉子山群张格庄中的大理岩相似，而硅灰石矿则是产于坤山组中的特有矿种。大理岩（水泥用及饰面用）矿主要见于五莲县坤山及其以东的福禄并、小庄一带；硅灰石主要见于五莲坤山。

（一）代表性矿床——五莲坤山大理岩（水泥用及饰面用）矿床地质特征

1. 矿区位置

矿床位于五莲县城东北 5 km 处的坤山一带。大地构造位置位于胶莱盆地西南边缘的坤山凸起上，北与诸城凹陷交界。

2. 矿区地质特征

矿区及其外围主要出露中元古代五莲群、白垩纪莱阳群及第四系；出露侵入岩主要为新元古代二长花岗岩；矿区内断裂及褶皱比较发育，对矿体有一定破坏作用。

3. 含矿岩系特征

区内仅见坤山组第一段和第三段。其中第一段为蛇纹石化白云大理岩，局部为紫红色方解石大理岩；第三段为方解石大理岩、石墨条带大理岩和硅灰石大理岩，是水泥用大理岩矿体赋存层位。

4. 矿体特征

大理岩矿体赋存在五莲群坤山组中，呈层状、透镜状，共有 10 层，单层厚 17~90 m，长 2 500~3 000 m，分布稳定。

5. 矿石特征

矿石主要由方解石和白云石组成，MgO 含量为 20.32 %，CaO 含量为 30.80 %。局部可做玉雕材料。

（二）代表性矿床——五莲坤山硅灰石矿床地质特征

1. 矿区位置

矿区位于五莲县城东北 5 km 之坤山，大地构造位置位于胶莱盆地西南边缘的坤山凸起上，北与诸城凹陷交界。

2. 矿区地质特征

区内出露中元古代五莲群坤山组变质地层，呈 NE-SW 向展布，以残留体形式分布于片麻状二长岩中，且仅见其第一段和第三段。新元古代片麻状中粒含角闪黑云二长岩呈岩株状侵入于五莲群中。燕山期钠长斑岩呈脉状穿插于地层及岩体中，走向近 SN；煌斑岩脉充填于 NE—NNE 向裂隙中。区内

NNW 向张扭性断裂发育。

3. 含矿岩系特征

坤山组第一段为蛇纹石化白云大理岩,局部为紫红色方解石大理岩;第三段为方解石大理岩、石墨条带大理岩和硅灰石大理岩,是硅灰石矿体赋存层位。

4. 矿体特征

矿体(硅灰石大理岩)呈似层状或透镜状赋存于大理岩残留体中,矿体与围岩(含硅灰石大理岩、方解大理岩)呈互层状产出,且为渐变关系。矿区内共有 3 个矿体,其产状与地层一致,走向 30°~40°,倾向 SE,倾角 61°~69°。其中Ⅰ矿体呈反"S"形透镜状分布于残留体西北缘,长约 150 m ,平均宽 38 m;Ⅱ矿体呈层状分布于残留体中部,长约 560 m,平均宽 33 m,被 NNW 向钠长斑岩脉及断裂切割;Ⅲ矿体呈透镜状分布于残留体南端,长约 110 m,最宽处 35 m。

5. 矿石特征

矿物成分:方解石 45 %~65 % ,硅灰石 25 %~40 %;次要矿物:透辉石 2 %~5 % ,绿帘石 2 %~6 %,石英 1 %~3 % ,钙铝榴石少量。

化学成分:CaO 含量为 48.51 %,SiO_2 含量为 22.74 %,MgO 含量为 1.01 %,Al_2O_3 含量为 1.34 %,Fe_2O_3 含量为 0. 29 %,FeO 含量为 0.11 %,TiO_2 含量为 0. 10 %,MnO 含量为 0.04 %,K_2O+Na_2O 含量为 0.96 %,SO_3 含量为 0.01 %,P_2O_5 含量为 0.03 %,LOS 含量为 24. 11 %。根据化学成分换算矿石中硅灰石含量为 32.25 %,与岩矿鉴定基本一致。

结构构造及矿石类型:矿石呈灰白—淡绿色,粒状变晶结构、块状构造。矿石类型为硅灰石大理岩型。

6. 矿床成因

五莲坤山硅灰石矿发育在中元古代五莲群坤山组大理岩与新元古代二长岩接触带中,为交代型矿床。

7. 地质工作程度及矿床规模

1987 年,山东省地矿局第四地质队对该硅灰石矿区进行了普查评价,查明其为一小型矿床。

五、产于中元古代五莲群海眼口组变质岩系(伟晶岩)中的(大珠子式)稀土矿床

该类型稀土矿主要见于胶南隆起西北缘,分布于五莲县北部与诸城市相接地带的东起大珠子山西至五莲城南丁家庄一带,以五莲大珠子山一带矿化发育好,矿体分布其中,故称"大珠子式"稀土矿床。矿床赋存于五莲群海眼口组中的伟晶质碎裂带及黑云片岩中,成矿时代为中元古代早期,同位素年龄为 1 757.1 Ma。受区域变质作用和伟晶岩化作用影响形成稀土矿,为变质热液型矿床。

代表性矿床——五莲大珠子稀土矿床地质特征[1]

1. 矿区位置

五莲县大珠子稀土矿化位于五莲县城北东约 17 km 处,在大地构造位置上处于胶莱盆地与胶南隆起相接地带之胶莱盆地一侧的坤山凸起上。矿化出露范围西起杨家林—贺家岭,东至大珠子东岭(与诸城县交界处)—张家林,面积为 12.3 km^2。

2. 矿区地质特征

矿区主要出露中元古代五莲群变质地层。其北部莱阳群不整合覆盖于变质地层之上或以断裂与变

[1] 山东省地质局区域地质调查队张天祯等,山东五莲大珠子稀土铀土矿地质调查报告,1978 年。

质地层相接。第四系残坡积物及冲积物出露于河谷或洼地。

矿区处于 NEE 向的大珠子-丁家庄背斜东段,该背斜分布岩系为中元古代五莲群。其核部为五莲群海眼口组黑云变粒岩、黑云片岩、黑云斜云片麻岩、斜长角闪岩,含蓝晶石矿;两翼为坤山组大理岩、黑云变粒岩、石英岩等变质岩石。稀土矿化赋存在海眼口组及发育在核部的花岗伟晶质碎裂岩带中。

3. **矿体特征**

区内稀土矿化体主体存在于花岗质伟晶岩中,具有较高的放射性强度,由于后期动力变质作用,均形成了碎裂岩及糜棱岩。花岗伟晶岩总体沿 NEE 向展布,多数倾向 NW,倾角多在 40°~60°之间。矿化体总体为层状,局部为扁豆状、透镜状等,有分支复合、收缩膨胀等形态变化,但总的变化比较稳定,总体为一个自东北收敛,向西南撒开的帚状(图 8-8)。矿区内有 12 个矿化体,就规模而论,4,9,11 号 3 个矿化体较大(矿化体长 380~800 m,宽 50~120 m);就矿化强度而论,5,10 号 2 个矿化体稀土含量较高(矿化体长 80~1400 m,宽 20~60 m)。

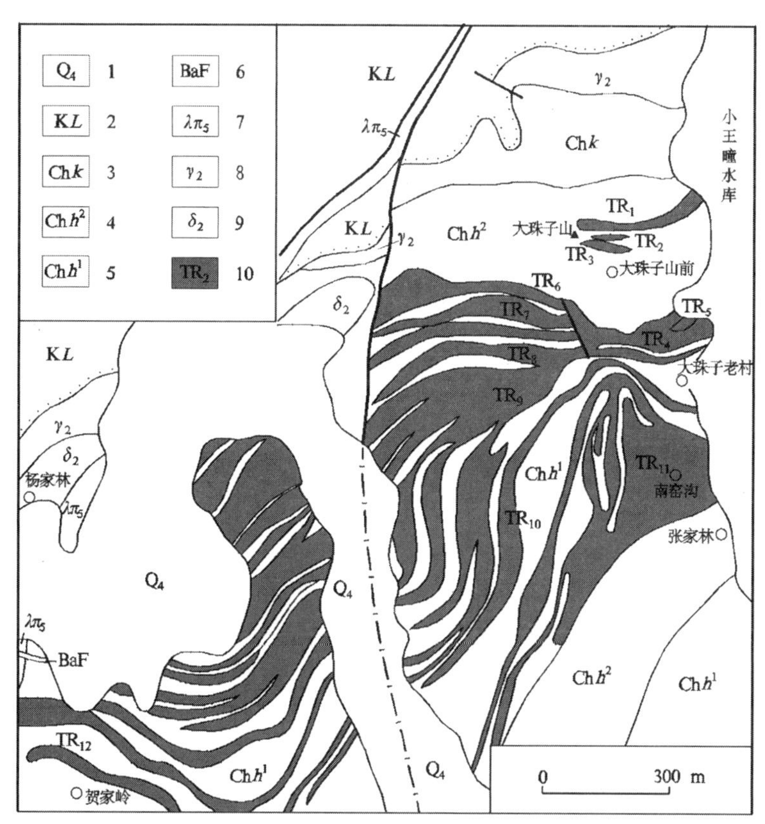

图 8-8　五莲县大珠子稀土矿化地质简图

(山东省地质局区域地质调查队张天祯等,1980)

1—第四系;2—白垩纪莱阳群;3—中元古代五莲群坤山组;4—五莲群海眼口组上部;5—海眼口组下部;6—重晶石萤石脉;7—燕山期霏石斑岩;8—中元古代片麻状花岗岩;9—中元古代闪长岩;10—稀土矿化体及编号

4. **矿石特征**

矿石中主要含稀土矿物为独居石(占 81.5 %),其次为锆石(占 10.59 %)和金红石(占 7.91 %)。

独居石为不规则粒状,粒径为 0.05~0.25 mm,最大 0.75 mm;含稀土总量为 47.01 %,ThO_2 为 11.91 %,U 为 0.142 %。锆石含稀土总量为 0.194 %,金红石为 0.137 %。

矿区中的矿化岩石有花岗伟晶岩质碎裂岩、花岗质眼球状糜棱岩、黑云斜长片麻岩、黑云片岩、长英质碎裂岩、碎裂状钾长(斜长)伟晶岩等10余种,以前4种为主。这几种矿化岩石都具有较高的放射性强度。矿化岩石中有益组分以黑云斜长片麻岩中稀土总量最高,平均为0.441 %,最高达1.640 %;其次是含独居石的黑云片岩,稀土总量平均为0.512 %,最高达1.396 %。区内这些矿化岩石中 TR_2O_3 与(ThO_2+U)之比值一般为4.07~5.66,最高为12.78;Th/U一般为18.31~23.73,最高为38.93。

5. **矿床成因**

五莲大珠子稀土矿化为区域变质作用及伟晶岩化作用形成。未经伟晶岩化的变质岩亦存在着稀土、铀、钍矿化,说明含稀土、铀、钍等元素的泥质—泥沙质—砂质岩石,经区域变质作用,在形成变质岩的同时,形成了稀土、铀、钍矿化。后期的伟晶岩化作用叠加,使变质岩中的稀土元素集中,使含稀土矿物中的稀土组分进一步富集,形成第2期稀土、铀、钍矿化。后者明显地受到地层及构造条件的控制。该矿的稀土矿化,分布范围大,区域成矿条件好。

6. **地质工作程度及矿床规模**

1978年山东省地质局区域地质调查队张天祯等,在五莲县大珠子—坤山一带的航空放射性异常区,发现了稀土矿化,并进行了普查评价;为小型稀土矿床。

第九章　胶南-威海地块与新元古代超高压变质作用有关的榴辉岩型金红石、石榴子石、绿辉石矿床成矿系列

第一节　成矿系列位置和该成矿系列中矿产分布 …… 173
第二节　区域地质构造背景及主要控矿因素 …… 173
一、区域地质构造背景 …… 173
二、主要控矿因素 …… 175
第三节　矿床区域时空分布及成矿系列形成过程 …… 178
一、矿床区域时空分布 …… 178
二、成矿系列形成过程 …… 181
第四节　代表性矿床剖析 …… 181

山东省的莒南—日照—文登—威海一带属大别-苏鲁超高压变质带，其内分布有许多榴辉岩体，1960年前后，地质工作者在开展1:20万区域地质调查时，就将榴辉岩作为特殊的地质体识别出来。20世纪80年代以来，人们才将榴辉岩作为一种矿产资源进行普查评价，山东省第八地质矿产勘查院、山东省区域地质调查队、中国建材地勘中心山东总队等单位先后对莒南杨庄、诸城上崔家沟榴辉岩进行了普查、详查。山东省第八地质矿产勘查院于2000~2001年和2007~2008年分别完成了日照官山榴辉岩的普查、详查工作。目前榴辉岩型金红石、石榴子石、绿辉石矿尚未正规开发利用。

第一节　成矿系列位置和该成矿系列中矿产分布

该成矿系列矿种在苏鲁造山带的胶南隆起和威海隆起均有分布，但经过普查评价的具有一定工业价值的矿床主要分布在莒南杨庄、日照官山和诸城上崔家沟等地，均位于胶南-威海隆起区内。

该成矿系列的矿种——金红石、石榴子石、绿辉石均赋存于榴辉岩中，构成同体共生或伴生矿床。榴辉岩成群成带分布，可分为4条榴辉岩带（图9-1），分别是：荣成-威海带，桃林-尚庄带，板泉-岚山头带及东海-城头带（江苏省）。荣成-威海带主要包括威海、泊于、大疃、滕家、黄山5个密集区，桃林-尚庄带包括石河头、尚庄2个密集区，板泉-岚山头带可分洙边、朋河石、石桥（江苏）、岚山头4个密集区，东海-城头带（江苏）可分为阿湖、东海、温泉、大兴4个密集区。

第二节　区域地质构造背景及主要控矿因素

一、区域地质构造背景

榴辉岩分布区的前寒武纪变质岩系主要由新元古代花岗质片麻岩组成，少量古元古代变质表壳岩和中元古代基性-超基性岩组合。另外，有较多中生代侵入岩，以白垩纪伟德山花岗岩、白垩纪崂山花岗岩和侏罗纪玲珑花岗岩为主，少量三叠纪宁津所正长岩、槎山正长花岗岩和柳林庄闪长岩。

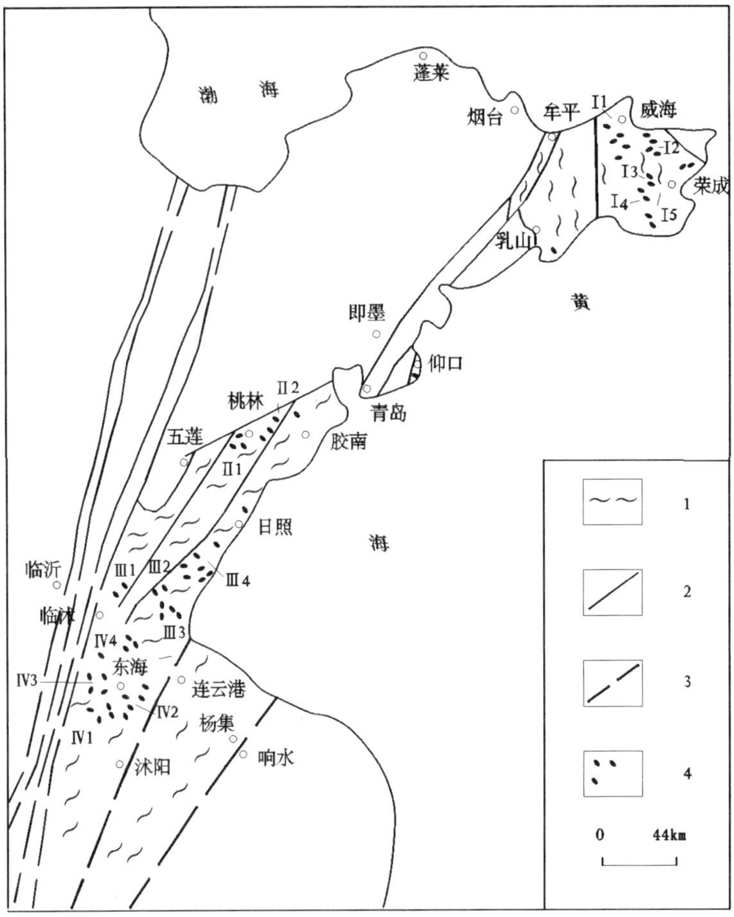

图 9-1　苏鲁造山带榴辉岩分布略图

(据宋明春等,2000 年)

1—苏鲁造山带;2—断裂;3—推断断裂;4—榴辉岩。Ⅰ—荣成-威海榴辉岩带:Ⅰ1—威海集中区,Ⅰ2—泊于集中区,Ⅰ3—大疃集中区,Ⅰ4—滕家集中区,Ⅰ5—黄山集中区;Ⅱ—桃林-尚庄榴辉岩带:Ⅱ1—桃林集中区,Ⅱ2—尚庄集中区;Ⅲ—板泉-岚山头榴辉岩带:Ⅲ1—�边集中区,Ⅲ2—朋河石集中区,Ⅲ3—石桥集中区,Ⅲ4—岚山头集中区;Ⅳ—东海-城头榴辉岩带:Ⅳ1—阿湖集中区,Ⅳ2—东海集中区,Ⅳ3—温泉集中区,Ⅳ4—大兴集中区

新元古代花岗质片麻岩的大量发育是苏鲁造山带与相邻构造单元(华北板块、扬子板块)的重要区别之一,这些花岗岩是榴辉岩的主要围岩,具有造山型花岗岩特点,指示新元古代发生了强烈的造山作用。荣成序列具 S 型花岗岩特点,月季山序列属 I 型花岗岩,二者构成了同造山双花岗岩,属大陆碰撞花岗岩类。荣成序列形成于造山早期和主期,月季山序列形成于造山晚期。铁山序列岩套具 A 型花岗岩的特点,属造山后花岗岩类。

根据苏鲁造山带的主要地质构造特征,重塑其形成演化过程为:太古宙为陆壳增生阶段,至太古宙末许多古陆核聚合,大陆板块初步形成,古元古代地壳开始转向拉张,形成具裂陷槽性质的陆缘海,沉积了孔兹岩系岩石组合。中元古代地壳拉张深度增大,古陆壳被拉开形成裂谷带,深源火成物质沿裂谷带涌出,形成裂谷火山岩及拉张幔源深成岩,在五莲一带有裂谷沉积形成,华北与扬子板块形成,推测二者之间未形成典型的大洋,可能为小洋盆。中元古代末,华北板块开始向扬子板块下俯冲。新元古代洋壳俯冲消失、扬子板块陆壳与华北板块陆壳产生陆陆碰撞,俯冲碰撞过程中形成的大量花岗质岩浆上侵形成岩浆弧,同时产生超高压变质作用及形成丰富的碰撞构造。震旦期山体隆起,发生拉张作用,并形成弧前盆地、弧后盆地,沉积了复理石组合。

前人对榴辉岩的形成时代进行了大量研究,获得了较多的同位素年龄数据,年龄值有 3 个数据集中区间,分别是 613~900 Ma,313~435 Ma,207~242 Ma。第一组年龄主要由锆石 U-Pb 法测得,第二组年龄主要为全岩 Sm-Nd 法年龄和白云母 $^{40}Ar-^{39}Ar$ 法年龄,第三组年龄主要由锆石 SHRIMP 法和全岩 Sm-Nd 法测得。有研究者认为在新元古代、晚古生代和三叠纪均发生了高压、超高压变质作用,也有研究者认为超高压变质作用发生于三叠纪。

二、主要控矿因素

(一) 大地构造背景

榴辉岩属高温高压变质岩类,产状十分复杂,一般在造山带的核部,常常代表古板块的边界。关于榴辉岩的成因,主要观点有:① 榴辉岩是在地幔形成的,是地幔物质在一定深度的结晶产物,或是地幔岩石部分熔融的残留体;② 榴辉岩是玄武岩在大陆地壳深部条件下的变化产物;榴辉岩是在高压下,由玄武质岩浆结晶形成;③ 榴辉岩是地壳深部变质作用的产物,压力极高。山东日照—威海一带榴辉岩的大量发育证明,这是一条超高压变质带,这条带向西被郯庐断裂错断后沿大别山、秦岭、祁连一带延伸,构成了横亘中国中部的一条巨型超高压变质带,这条带将中国大陆分割为南、北两大古板块,是华北板块与扬子板块之间的碰撞造山带。由于在榴辉岩中发现有柯石英、金刚石等超高压变质矿物,指示榴辉岩的形成深度达 100 km 以上,而且榴辉岩的围岩——花岗片麻岩中也发现有超高压变质矿物,因此科学家们认为苏鲁造山带的变质岩系是巨量物质深俯冲遭受超高压变质作用后,快速折返到地壳浅部的产物。

(二) 赋矿围岩

赋矿的直接围岩为榴辉岩,榴辉岩的围岩多为花岗质片麻岩。榴辉岩中的矿物可分为两大类,一类为原生矿物,一类为后生矿物。原生矿物主要为辉石和石榴子石,占总量的 70 %以上。特征指示性矿物有:柯石英、金刚石、透长石、尖晶石、钛磁铁矿、金红石、石墨等。根据矿物组成特点,区内榴辉岩可分为以下几种类型:① 榴辉岩:主要由绿辉石、石榴子石组成,少量金红石、角闪石、透辉石,绿辉石含量略多于石榴子石;② 富榴榴辉岩:石榴子石含量>60 %;③ 石英(柯石英)榴辉岩:石英含量>10 %或见有柯石英假象;④ 蓝晶榴辉岩:岩石中可明显见到蓝晶石;⑤ 二辉榴辉岩:出现斜方辉石;⑥ 尖晶石榴辉岩:岩石中含有有少量尖晶石;⑦ 白云母榴辉岩:白云母含量≥10 %;⑧ 金红石榴辉岩:金红石含量≥5 %;⑨ 退变榴辉岩:是原生榴辉岩发生不同程度退变质作用的产物,区内大部分榴辉岩均有退变质现象,按退变质程度分别出现透辉石化榴辉岩、角闪石化榴辉岩、石榴斜长角闪岩及含金红石斜长角闪岩等。

(三) 变质作用

变质作用是金红石、石榴子石、绿辉石等有用矿物形成的重要因素,研究表明,榴辉岩的演化可大致分为 3 个阶段:

1. 前榴辉岩相变质阶段(M_1)

本阶段的温压条件由石榴子石中包裹的角闪石来标定:安东卫榴辉岩中的包体角闪石 $\Sigma Al=3.901$,按 Schmidt(1992)角闪石压力计,其变质压力为 1.56 GPa,在萨克路特金(1968)的角闪石 $Al^{IV}-Al^{VI}$ 变异图(图略)中,其投影点在麻粒岩相域。若以麻粒岩相低温界 700 ℃作为该角闪石变质的温度条件,可追溯 M_1 变质阶段大致的温压条件为:$T=700$ ℃,$P=1.56$ GPa(张希道等,1999)。

用角闪石地质温度(赫兹,1972)及角闪石中全铝含量与压力的关系(Hollister 等,1987),求得胶南尚庄前榴辉岩相阶段的温压条件为:$T=572.25$ ℃,$P=1.48$ GPa(宋明春等,2003)。

2. 榴辉岩相变质阶段(M_2)

本阶段石榴子石和绿辉石平衡共生,因此可利用 Eullis 和 Green(1979)的石榴子石-单斜辉石地质温度计估算石榴子石-绿辉石的平衡温度,根据电子探针分析结果计算的温度范围是 661~1 094 ℃,可分为 661~758 ℃和 827~1 094℃两个区段,结合野外地质和岩相学资料,可以推测后者代表变质高峰期温度,前者代表退变质温度。由于本区榴辉岩的石榴子石和绿辉石中普遍有柯石英及其假象包体,因此石英-柯石英相转变线应是榴辉岩高峰变质期(M_2)压力的下限,这一压力值大致在 2.8 GPa 左右。

3. 退变质阶段(M_3-M_4)

本阶段早期(M_3)形成的白云母与石榴子石,单斜辉石与角闪石,角闪石与石榴子石共生。分别用上述 3 个矿物对的矿物化学成分求得该阶段的温压条件为:T=568~900 ℃,P=0.51~1.54 GPa。

本阶段晚期生成的平衡共生矿物为角闪石和斜长石,因此可利用角闪石和斜长石温压计及角闪石压力计求其温压条件,结果为:T=455~495 ℃,P=0.4~1.04 GPa。

4. 榴辉岩形成与演化的 *PTt* D 轨迹

根据榴辉岩各变质阶段的温压条件,结合其变形特点及形成时代(见后述),可得到岚山头地区的 *PTt* D 轨迹(张希道等,1999)。

岚山头榴辉岩的 *PTt*D 轨迹(图 9-2)呈倒"8"字形;前榴辉岩相阶段具中高压相系角闪麻粒岩相或高角闪岩相的特点,大致形成于中元古代;经历近等温增压的俯冲过程,出现超高压变质矿物柯石英,再经历增温增压过程在>613.3 Ma(锆石 Pb-Pb 年龄)左右达到变质高峰期,出现超高压组构,这一阶段增温过程滞后于增压过程;其后榴辉岩开始了折返过程,这一过程首先经历近等压增温的快速折返阶段,然后沿降压降温曲线行进,至 315.5 Ma(白云母坪年龄)左右遭受韧性剪切变形作用,形成剪切变形组构,最后进入脆性破裂变形阶段。

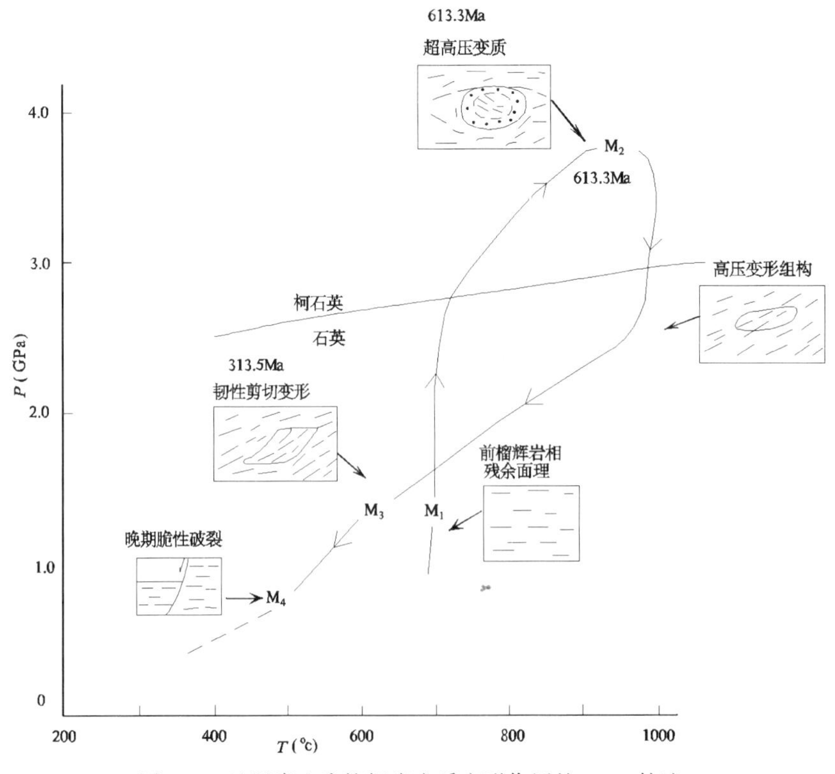

图 9-2 日照岚山头榴辉岩变质变形作用的 *PTt*D 轨迹

（四）有用矿物

1. 石榴子石

主要为铁铝榴石、镁铝榴石，呈淡粉红色或淡玫瑰红色，粒径 0.5 mm 左右。也有呈变斑晶者，粒径 1～1.5 mm。有的斑晶呈近椭圆状，其内包括微晶金红石，石榴子石自形等轴晶体的原始形态，有呈残余环带状分布的金红石包裹体所显示，说明矿物形成的初始阶段为均衡压力重结晶，而后为应力重结晶。石榴子石内可见柯石英、透长石、金红石、锆石、金刚石、石墨等包体，指示其形成于超高压、高温环境。部分石榴子石因含有辉石、角闪石、石英等包体而呈骸晶状或筛状变晶结构。

不同地区榴辉岩石榴子石的化学成分有所差异，反映了榴辉岩的成因不同。在石榴子石单元组分判别图解中（图 9-3a），绝大多数位于 B 类榴辉岩区，仅有荣成、莒南地区的部分榴辉岩位于 A 类榴辉岩区。在 Ca^{2+} 与 $Mg/(Mg+Fe^{2+}+Mn)$ 相关性判别图解中（图 9-3b），大部分位于幔成榴辉岩区，其中威海地区榴辉岩均位于壳成榴辉岩区，荣成—文登地区榴辉岩多位于幔成榴辉岩区，胶南—诸城地区榴辉岩位于壳成榴辉岩与幔成榴辉岩区接线附近，日照地区榴辉岩多位于幔成榴辉岩区，莒南—临沭地区榴辉岩多位于壳成榴辉岩区，东海地区榴辉岩位于壳成榴辉岩与幔成榴辉岩区接线附近。可见苏鲁超高压变质带的榴辉岩多为地幔成因，其中荣成—文登地区榴辉岩及日照地区榴辉岩多为地幔成因，威海地区榴辉岩及莒南—临沭地区榴辉岩多为地壳成因，胶南—诸城地区榴辉岩及东海地区榴辉岩地壳成因与地幔成因榴辉岩差不多。

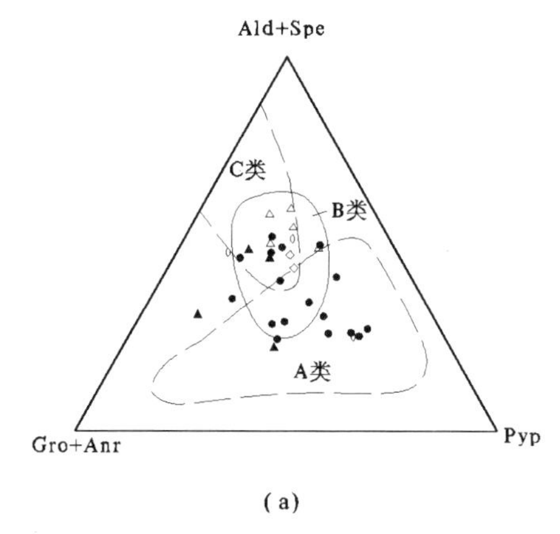

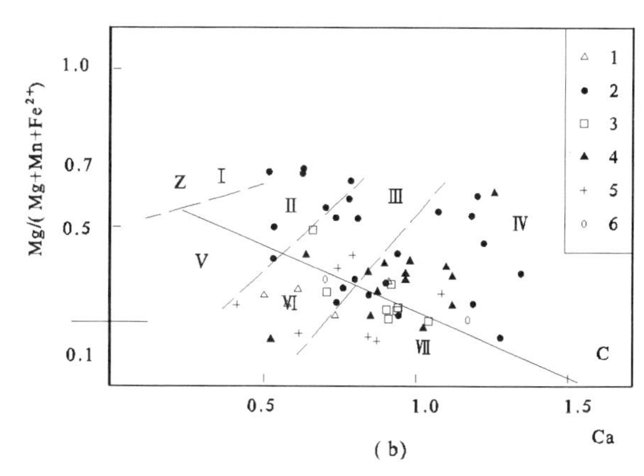

图 9-3　榴辉岩中石榴子石的成分图解

图(a)：A 类为金伯利岩或玄武岩中的包体及超基性岩层状体中的榴辉岩；B 类为在片麻岩中呈夹层或透镜体的榴辉岩；C 类为在阿尔卑斯变质岩层中呈夹层或透镜体的榴辉岩。

图(b)：ZC 线以上为幔成、以下为壳成；Ⅰ—组Ⅰ榴辉岩；Ⅱ—组Ⅱ榴辉岩；Ⅲ—可能为蓝晶榴辉岩；Ⅳ—刚玉榴辉岩；Ⅴ—麻粒岩相榴辉岩；Ⅵ—角闪岩相榴辉岩；Ⅶ—蓝片岩相榴辉岩；1—威海地区榴辉岩；2—荣成—文登地区榴辉岩；3—胶南—诸城地区榴辉岩；4—日照地区榴辉岩；5—莒南—临沭地区榴辉岩；6—东海地区榴辉岩

2. 单斜辉石

以绿辉石和透辉石为主，一般呈柱状、板柱状、粒状均匀分布。有的绿辉石呈团块状或条带状聚集，构成绿辉石岩。绿辉石边部常有透辉石和斜长石的指纹状合晶冠状体，透辉石则出现角闪石镶边。绿辉石的硬玉组分一般在 11.65 %～65.91 %之间。

单斜辉石的化学成分分类图解显示：绝大多数单斜辉石投点于 Na-Ca 辉石区（图 9-4a）、绿辉石区（图 9-4b）及透辉石区（图 9-4c），投点于 Quad 辉石（Mg-Fe-Ca 辉石）区的主要为威海及荣成地区的单斜辉石。比较而言：威海及荣成地区的单斜辉石成分变化范围较大，但多数相对富 Mg，Fe，Ca；东海及青岛地区的单

斜辉石较富硬玉分子;胶南、诸城、日照、莒南、临沭地区单斜辉石的成分变化范围较小,且相互接近。

3. 金红石-榍石

金红石是榴辉岩中的常见矿物,但不是所有榴辉岩中都有金红石。它有两种产出状态:一种微晶针状,通常产于石榴子石中心部位,呈交织状散布于石榴子石内,可能是石榴子石重结晶时 TiO_2 出溶物;另一种分布在石榴子石和单斜辉石的外部晶内或粒间,粒径为 0.1~0.3 mm,呈正方柱状。这两种金红石虽处于不同部位,但重结晶和出溶时间相同。后一种在退变质阶段仍不断聚集、加大、生长,有的达 1~1.5 mm,并呈细脉集结。榴辉岩中金红石最多的为 1 %~5 %左右,成为具有工业意义的矿体。金红石在榴辉岩内较为稳定,但是在强退变时,由于压力的长期递减和 P_{H_2O} 的增大,金红石转变为榍石或钛铁矿的情况仍有发生,在金红石周围有一圈榍石镶边,或全部被榍石和钛铁矿代替。

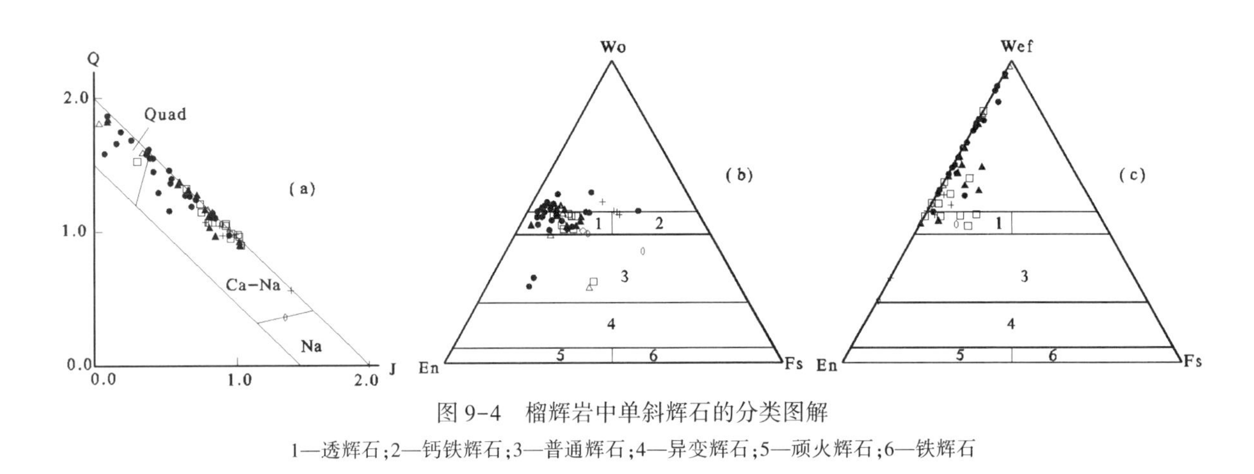

图 9-4 榴辉岩中单斜辉石的分类图解

1—透辉石;2—钙铁辉石;3—普通辉石;4—异变辉石;5—顽火辉石;6—铁辉石

第三节 矿床区域时空分布及成矿系列形成过程

一、矿床区域时空分布

(一) 榴辉岩区域分布

榴辉岩广泛分布于苏鲁造山带中,但经过普查评价的矿床数量较少,主要有莒南杨庄、日照官山和诸城上崔家沟等矿床。榴辉岩的分布受高压超高压变质带控制,依据高压、超高压变质岩的展布特点,苏鲁造山带自北向南分为 7 条带(图 9-5)。

1) 牟平-乳山麻粒岩相-榴辉岩相高压变质带,以低压相系高绿片岩相-低角闪岩相变质为主,少量中低压相系高角闪岩相变质,中压麻粒岩及高压榴辉岩(未见柯石英)呈透镜状分布其中。麻粒岩受到榴辉岩相变质作用的叠加(叶凯等,1999),高绿片岩相-低角闪岩相是退变质作用产物。该带西侧以牟即断裂与胶北隆起相隔,东侧以米山断裂与超高压变质带分开。

2) 威海-荣成榴辉岩相超高压变质带、桃林-黄岛榴辉岩相超高压变质带及胶南-东海榴辉岩相超高压变质带(3 条带),以广泛发育高压绿片岩相变质为主,少量中低压相系高角闪岩相变质,超高压榴辉岩在其中呈透镜状分布。威海-荣成榴辉岩相超高压变质带与桃林-黄岛榴辉岩相超高压变质带之间被胶莱盆地分隔;桃林-黄岛榴辉岩相超高压变质带及胶南-东海榴辉岩相超高压变质带与五莲-日照高压绿片岩相变质带间,分别被中生代大场岩体所分隔及由三皇山-望海寺韧性剪切带相叠接。

3) 五莲-日照高压绿片岩相变质带,以高压绿片岩相变质为主,有低压相系高绿片岩相-低角闪岩相变质残余。其西侧以脆性断裂与胶莱盆地相邻,南东侧以韧性剪切带与超高压变质带相接,北东侧以中生代岩体与超高压变质带相隔。

4）锦屏山榴辉岩相高压变质带（蓝晶石+黄玉带），以高压绿片岩相变质为主，榴辉岩相高压变质（蓝晶石+黄玉组合）仅局部可见。以连云港-嘉山断裂及沭阳-锦屏韧性剪切带与其北侧的超高压变质带相接。

5）云台山-灌云蓝片岩相高压变质带，以高压绿片岩相变质为主，零星分布有蓝片岩相变质矿物组合。其北以猴嘴-韩山韧性剪切带与锦屏山榴辉岩相高压变质带相接，其南以响水-淮阴断裂与扬子板块分隔。

榴辉岩分布于其中的牟平-乳山麻粒岩相-榴辉岩相高压变质带、威海-荣成榴辉岩相超高压变质带、桃林-黄岛榴辉岩相超高压变质带及胶南-东海榴辉岩相超高压变质带中，分别形成4条榴辉岩带（见上述）。

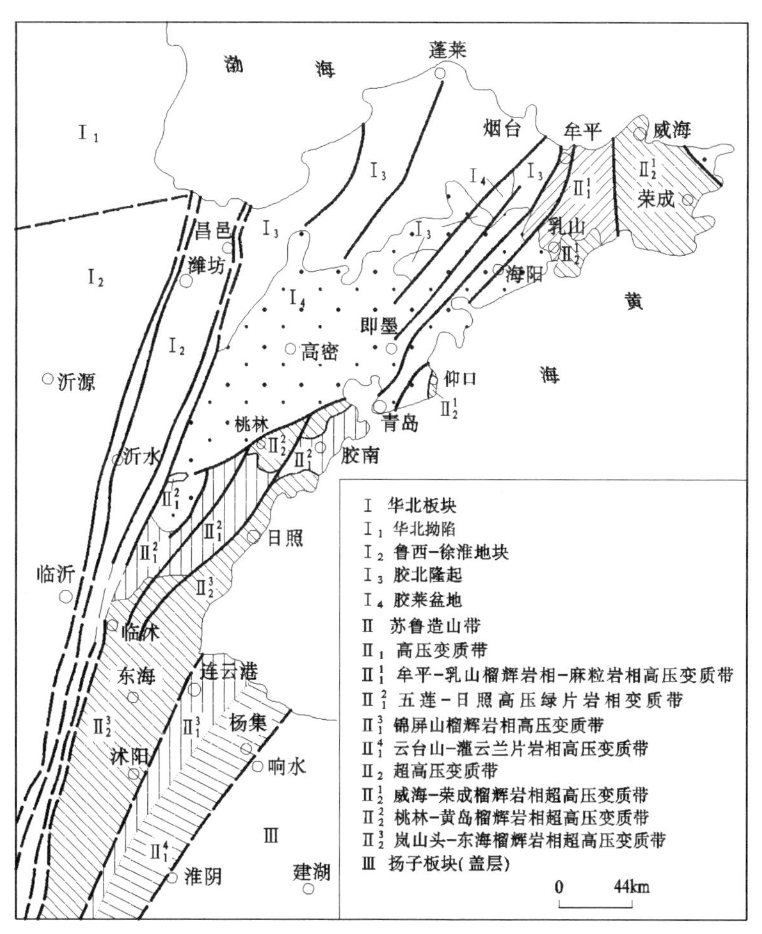

图9-5　苏鲁造山带结构分带图

（据王来明，2005）

（二）榴辉岩产出特点

区内榴辉岩产出具有如下3方面的特点——①是密集性：即榴辉岩体一般不孤立出现，如果在一个地点发现一个榴辉岩出露，那么在其附近就可能找到一“串”榴辉岩，在每一个榴辉岩集中区内均有数十处甚至数百处榴辉岩露头点；②是榴辉岩的构造控制性：即榴辉岩一般与大型韧性剪切带相伴出现，部分地区（如宝山地区）榴辉岩沿花岗片麻岩穹窿构造呈环带状产出；③是榴辉岩的岩性亲缘性：即榴辉岩多与某些固定的岩石类型相伴产出，区内大部分榴辉岩呈包体状存在于荣成序列及铁山序列中。

(三)榴辉岩的产出形态

该成矿系列中的榴辉岩产出,主要有3种形态——① 似层状榴辉岩:是一种自身显示层状构造特征的榴辉岩,常与其他岩石构成互层状或间层状产出状态。这种产状的榴辉岩在威海崮山、荣成市镆铘岛及文登泽库等地区均可见及。威海崮山与榴辉岩共存的似层状岩系是细粒石榴斜长角闪岩、黑云透闪斜长角闪岩、斑点状细粒斜长角闪岩、透辉变粒岩、黑云变粒岩、角闪黑云斜长片麻岩。岩石呈薄至中厚似层状构造,岩石界面清晰。同时,该处尚可见到由细粒石榴子石的富集带和细粒含石榴斜长角闪岩互层而构成的岩性层,岩层厚数毫米至2 cm。在文登泽库地区,见有石英榴辉岩,岩石呈中厚似层状构造,同榴辉岩、斜长角闪岩、黑云变粒岩等呈互层状产出。在镆铘岛地区,榴辉岩与其他岩石的互层共存关系更具代表性。岩性层厚度变化较大,从数毫米至数十厘米,层面平直,产状125°∠54°。在该地区,同样可以看到石榴子石的富集带,其余岩性主要有石榴斜长角闪岩、石榴片麻岩、石榴角闪斜长片麻岩、黑云斜长片麻岩、斜长角闪岩等。上述榴辉岩,尽管在新元古代的花岗质片麻岩中呈包体出现,但榴辉岩自身的似层状构造组合特征,昭示着该类榴辉岩的原岩不同于非似层状构造的块状榴辉岩,可能是一种富铁镁的沉积岩;② 块状、透镜状榴辉岩:是区内榴辉岩的主要产出状态,主要呈透镜状、补丁状包于花岗质片麻岩中,少量见于超铁镁质、铁镁质岩及大理岩中。岩石除部分区段可以见到明显的韧性变形作用,导致矿物定向性外,大部分榴辉岩在露头尺度上显示均一的块状构造。其内发育的面理或透镜体的长轴方向,平行区域片麻理;③ 脉状榴辉岩:该类榴辉岩野外较少见及,仅见于乳山海阳所,岩石呈细的岩脉状切入斜长角闪岩中。

(四)榴辉岩的产状类型

依据围岩的性质榴辉岩可分为3种产状类型:第一种是变质花岗岩中的榴辉岩,这种榴辉岩一般呈透镜状,似层状包于变质花岗岩中,其边部往往有薄的角闪质或云母质退变边,局部可见变质花岗岩对榴辉岩有侵入穿切现象,二者为突变接触。变质花岗岩主要为荣成序列及铁山序列,与榴辉岩直接接触处变质花岗岩往往变为白云钠长片麻岩、黝帘白云石英片岩或含石榴绿帘白云钠长片麻岩等(图9-6)。第二种是与变质地层共生的榴辉岩,一般呈似层状,团块状、肠状、透镜状,常与含石墨变质岩及大理岩相伴产出,榴辉岩与围岩呈突变接触(图9-7)。第三种是呈透镜状包于基性超基性岩中的榴辉岩,榴辉岩与围岩呈渐变或突变接触。榴辉岩绝大部分是第一种产状者,第二、三种产状者仅少量见之。第二种产状者见于胶南李家店子、石灰窑及荣成大疃等地,第三种产状者见于日照梭罗树、荣成埠柳及临沭西花沟等地。从大的角度来看区内所有的榴辉岩均包于(直接或间接)变质花岗岩中,因为变质地层及变质基性岩本身就是变质花岗岩中规模较大的包体,可以说变质花岗岩是榴辉岩的海洋性围岩。

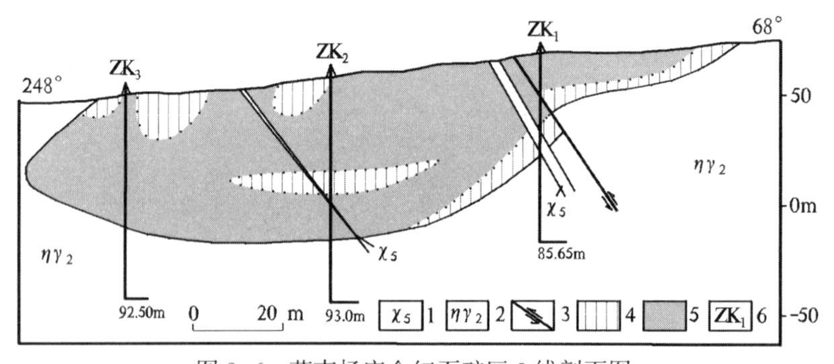

图9-6 莒南杨庄金红石矿区0线剖面图

(据山东省化工地质勘查院资料编绘,1993)

1—中生代燕山期煌斑岩脉;2—新元古代片麻状中细粒角闪黑云二长花岗岩;3—断层;4—榴辉岩-榴辉云母石英片岩;5—矿体(榴辉岩体);6—钻孔及编号

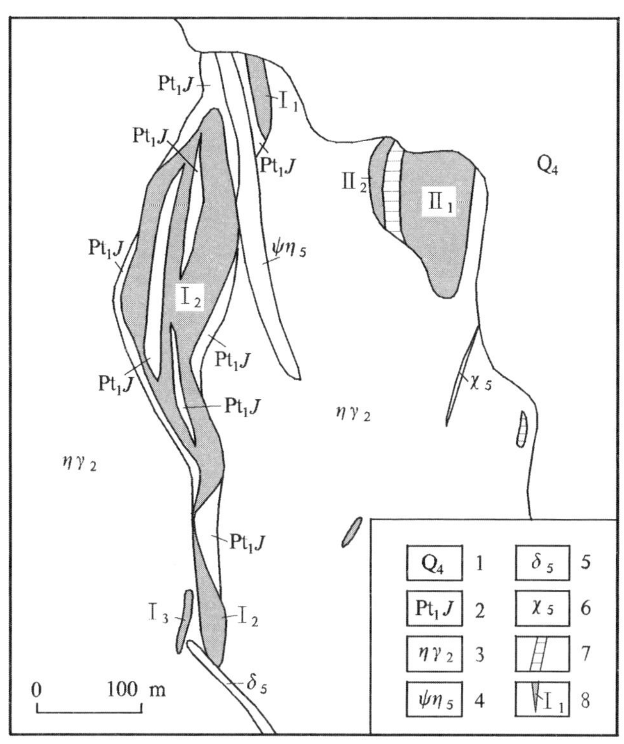

图 9-7　诸城上崔家沟金红石矿区地质简图

(据山东省地矿局第四地质队原图简化,1994)

1—第四系;2—古元古代荆山群;3—新元古代片麻状黑云二长花岗岩;4—中生代燕山期角闪闪长岩;5—燕山期闪长岩;6—燕山期煌斑岩;7—新元古代伟晶岩;8—矿体(含金红石榴辉岩体)及编号

榴辉岩都表现为独立的岩块,无根。规模大小不一,一般长数十厘米—数百米,宽数厘米—数十米;大部分长数米,宽数十厘米—数米;长宽比(1.5~5):1,部分达 10:1。诸城桃行榴辉岩体长 800 m,宽 300 m。而胶南李家沟附近的部分榴辉岩仅似核桃大小。

二、成矿系列形成过程

榴辉岩的原岩是多成因的,来源于不同的岩浆源区,而且经历了强烈的结晶分异作用。由于华北、扬子两大板块俯冲、碰撞,引起地壳巨量物质深俯冲,将其中的基性岩带入到上地幔的高温、高压、强还原富氧环境,发生超高压变质作用,岩石中的化学成分重新调整、组合,原始岩浆矿物转化为变质矿物,生成石榴子石、绿辉石等高压-超高压变质矿物,随着变质分异和交代作用矿物不断生长并聚集成矿。同时,岩石中部分钛呈氢化物活化,由于地壳运动,榴辉岩折返、抬升,地幔深部的钛氢化物随榴辉岩一同折返至地壳浅部,随着氧逸度大增,压力、温度巨降,还原性气体逃逸、氧化,逐渐演化成相对氧化性的环境,钛氢化物被氧化成金红石,富集成矿。

板块结合构造部位、基性岩浆岩、深俯冲、超高压变质作用是榴辉岩形成的必要条件,因此榴辉岩均分布于苏鲁造山带这一华北古板块与扬子古板块碰撞带中,形成于两大板块俯冲、碰撞时期。

第四节　代表性矿床剖析

榴辉岩型金红石、石榴子石、绿辉石矿广泛分布于苏鲁造山带中,主要矿床有日照官山、莒南杨庄和诸城上崔家沟等矿床。以日照官山矿床工作程度高,是该类矿床的典型代表,因此命名为"官山式"榴辉岩型金红石、石榴子石、绿辉石矿。榴辉岩体本身就是矿体,成矿的榴辉岩体呈透镜状包于新元古代花岗质片麻岩中。

代表性矿床——日照官山榴辉岩型金红石、石榴子石、绿辉石矿床地质特征[1]

1. 矿区位置

矿区位于日照市区西南 34 km,行政区划归岚山办事处。该矿区位于沂沭断裂带以东之胶南隆起南部,华北、扬子两大板块的碰撞带上。大地构造位置位于胶南隆起之岚山凸起中。

2. 矿区地质特征

区内地层不发育,除局部零星出露中元古代五莲群外,另有新生代第四纪松散堆积层分布。区内构造较为复杂,形式多样,主要表现为脆性断裂构造及韧性剪切构造;岩浆活动主要为中新元古代变质变形侵入岩。

新元古代花岗质片麻岩广泛发育。铁山序列包括官山单元中粒二长花岗质片麻岩和老爷顶单元中粗粒含霓石二长花岗质片麻岩;荣成序列为威海单元条纹状细粒黑云二长花岗岩质片麻岩。另外在榴辉岩中侵入有少量中生代闪长岩脉。榴辉岩矿体呈包体状赋存于官山单元中(图 9-8)。

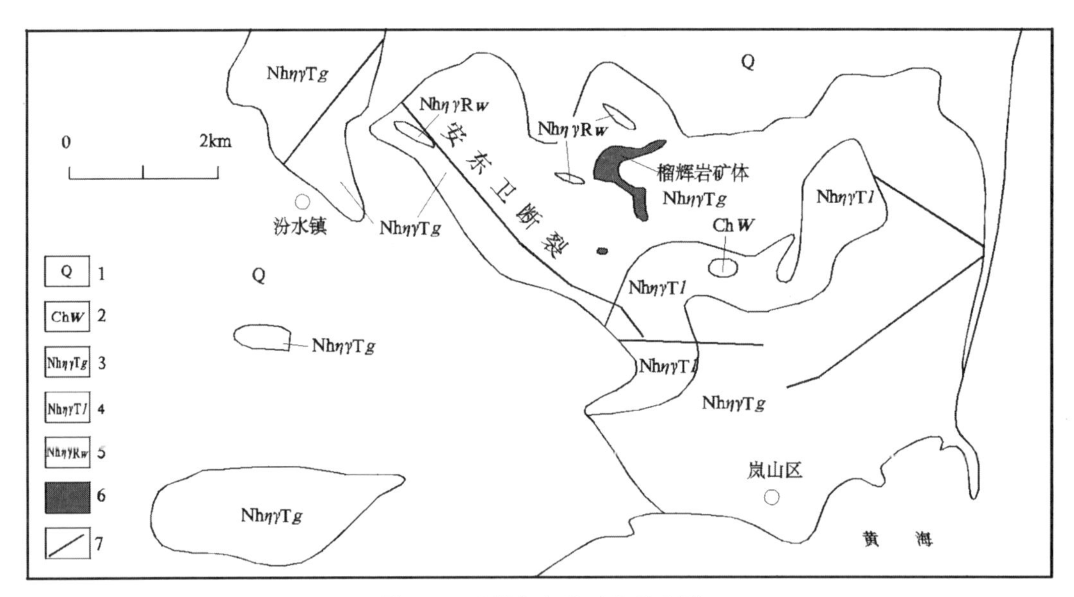

图 9-8 日照官山地区地质略图

(据山东省第八地质矿产勘查院,2008)

1—第四系;2—中元古代五莲群;3—中粒二长花岗质片麻岩(铁山序列官山单元);4—中粗粒含霓石二长花岗质片麻岩(铁山序列老爷顶单元);5—条纹状细粒黑云二长花岗岩质片麻岩(荣成序列威海单元);6—榴辉岩矿体;7—断裂

安东卫村北官山单元中的安东卫断裂断续出露长约 700 m,断裂影响宽度 25~30 m,走向 300°~310°,倾向 SW,倾角 80°。

3. 矿体特征

榴辉岩矿体呈包体状产于官山单元二长花岗岩质片麻岩体中,地表出露形态为似"马蹄铁形"(图 9

[1] 山东省第八地质矿产勘查院,日照市官山地区榴辉岩矿普查报告,2008 年。

-8)，围绕官山主峰展布。其出露总长度 1 800 m，出露宽度变化较大，最宽处 400 m，窄处 80 m，一般宽度 150 m，长宽之比为 1∶12。空间形态为西高东低、两侧薄中部厚的透镜状或似层状(图 9-9)，矿体最大垂直厚度为 119.40 m，最小垂直厚度 60.73 m，平均垂直厚度 72.65 m。矿体产状较稳定，长轴总体走向 290°。矿体南、北两侧相向倾斜，南侧向 NE 倾斜，倾角 35°~45°，北侧向 SSE 倾斜，倾角 35°~43°。平均厚度为 64.44 m，厚度变化系数为 10.61 %，厚度变化均匀。

4. **矿石特征**

矿物成分：矿石的组成矿物较为简单，主要非金属矿物为石榴子石、绿辉石，其次是石英、白云母、角闪石，另有少量金红石、绿帘石；金属矿物常见磁铁矿、黄铁矿、褐铁矿和钛铁矿；其他微量矿物有锆石、磷灰石、黝帘石等。

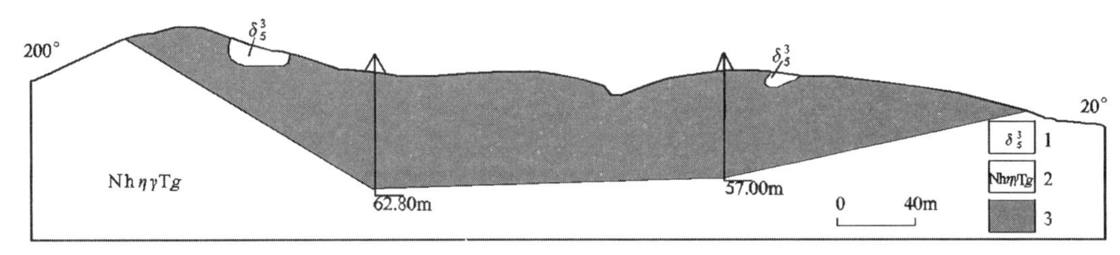

图 9-9　日照官山榴辉岩矿区 1 勘探线剖面图

(据山东省第八地质矿产勘查院，2008)

1—中生代闪长岩；2—中粒二长花岗质片麻岩(铁山序列官山单元)；3—榴辉岩矿体

矿石中有益组分：金红石平均含量 1.4 %，石榴子石含量在 35.24 %~50.59 %之间，平均为 47.28 %；绿辉石含量 43.95 %~50.22 %之间，平均为 48.09 %。TiO_2 一般在 1.00 %~4.95 %之间，平均为 1.72 %；品位变化系数为 41.36 %，品位变化均匀。

结构构造：矿石结构以中粗粒、不等粒粒状变晶结构为主，次为包含结构(*绿辉石、石榴子石颗粒中常包有金红石小颗粒*)。矿石构造以条带状为主(*由石榴子石、绿辉石矿物分别聚集分布形成带状构造*)，次为块状构造。

矿石类型：榴辉岩矿石按其构造特点分为条带状矿石和块状矿石。

5. **矿床成因**

在新太古代至古元古代时，华北和扬子板块为一整体。中元古代时，扬子板块下沉，两板块分裂，在本区形成裂陷盆地，有大陆裂谷型玄武岩浆喷出，同时一些基性-超基性岩浆沿断裂上升，侵入到古陆边缘中元古代沉积物中。新元古代时盆地闭合，扬子板块向北俯冲，裂谷盆地基底俯冲至地壳深处，遭受了高压变质作用，形成榴辉岩。稍后，伴随碰撞过程的一系列逆冲、叠瓦、剪切和板底垫托作用，使榴辉岩抬升折返。印支运动阶段，由于郯庐断裂的巨大平移，可造成胶南-威海造山带向华北板块逆冲攀升，这是榴辉岩折返的又一动因，其结果使榴辉岩最终被抬升露出地表。

6. **地质工作程度及矿床规模**

山东省第八地质矿产勘查院于 2000~2001 年和 2007~2008 年分别完成了日照官山榴辉岩的普查、详查工作。探获榴辉岩矿石资源量为大型金红石、石榴子石矿床。

第十章 山东前寒武纪其他矿床成矿系列概要

第一节 鲁西地块与新太古代中-晚期基性-超基性岩浆作用有关的玉石-蛇纹岩(含镍)、钛铁、铜镍(-铂族)矿床成矿系列 ········ 184
一、矿床区域分布 ································ 185
二、成矿地质构造背景 ························ 185
三、主要控矿因素 ································ 185
四、控矿地质体区域分布 ···················· 185
五、代表性矿床地质特征 ···················· 186
第二节 鲁西地块与新太古代晚期岩浆作用有关的铌钽、电气石、绿柱(宝)石、长石矿床成矿系列 ································ 191
一、矿床区域分布 ································ 191
二、成矿地质构造背景 ························ 192
三、主要控矿因素 ································ 192
四、控矿地质体区域分布 ···················· 192
五、代表性矿床地质特征 ···················· 193
第三节 鲁东地块与古元古代晚期基性-超基性岩浆作用有关的铁、磷矿床成矿系列 ··· 196
一、矿床区域分布 ································ 197
二、成矿地质构造背景 ························ 197
三、主要控矿因素 ································ 197
四、控矿地质体区域分布 ···················· 197
五、代表性矿床地质特征 ···················· 198
第四节 胶南地块与新元古代超基性岩浆活动有关的石棉-蛇纹岩(-镍)矿床成矿系列 ··· 201
一、矿床区域分布 ································ 201
二、成矿地质构造背景 ························ 201
三、主要控矿因素 ································ 201
四、控矿地质体区域分布 ···················· 201
五、代表性矿床地质特征 ···················· 202
第五节 山东地块与新元古代沉积作用有关的石灰岩、石英砂岩、观赏石矿床成矿系列 ·· 204
一、矿床区域分布 ································ 204
二、成矿地质构造背景 ························ 205
三、主要控矿因素 ································ 205
四、代表性矿床地质特征 ···················· 206
第六节 胶南地块与新元古代岩浆作用有关的白云母、长石矿床成矿系列 ········ 206
一、矿床区域分布 ································ 207
二、成矿地质构造背景 ························ 207
三、主要控矿因素 ································ 207
四、控矿地质体区域分布 ···················· 207
五、代表性矿床地质特征 ···················· 208

第一节 鲁西地块与新太古代中-晚期基性-超基性岩浆作用有关的玉石-蛇纹岩(含镍)、钛铁、铜镍(-铂族)矿床成矿系列

该成矿系列矿产规模相对较小,分布零散。以往地质工作对该成矿系列的研究资料较少,对新太古代基性-超基性岩体的研究资料主要有:1978~1979年,山东省革委地质局地质综合研究队完成的《泗水—平邑南部前震旦系基性岩、超基性岩特征的初步小结》和《山东省历城县桃科地区基性岩、超基性岩带初步工作小结》;1981年,山东省地矿局地质综合研究队完成的《山东前震旦纪基性、超基性岩特征及含矿性初步研究报告》;1986年,山东省地质科学研究院完成的《山东省长清一带绿岩带及其金矿化条件调查报告》;2014年,山东省第五地质矿产勘查院编写的《山东省蛇纹石玉矿产地质志》(汇编稿);2005年山东省地质科学实验研究院在莒县肖家沟开展铁矿详查工作,提交了《山东省莒县肖家沟矿区钛、铁矿详查报告》。

一、矿床区域分布

该成矿系列矿床主要分布于鲁西地区的泰安与济南交界处的界首—大辛庄(玉石-蛇纹岩)、莒县肖家沟(钛铁)、济南桃科、泗水北徐和沂水羊圈(铜镍-铂族),主要产于新太古代中—晚期基性—超基性岩中。该类岩体主要分布在中-新太古代变质地层中,一般成群出露、成带分布,单个岩体较多、分布较广,但规模较小。

二、成矿地质构造背景

新太古代是重要的地壳增生期,这期间山东的地壳演化大致可划分为2个阶段。一是地壳拉张和洋盆形成阶段:新太古代早期地壳拉张减薄,地幔物质上涌,形成了以科马提岩和枕状玄武岩为特征的泰山岩群,地壳横向增生。二是新太古代中—晚期洋盆消减及岛弧形成阶段:随着洋盆消减,陆块汇聚碰撞,发生大规模的岩浆活动,在新太古代中-晚期发生2次TTG花岗岩类和基性、超基性岩浆侵位,使地壳大幅度垂向增生。在基性、超基性岩浆侵位后,经受了低角闪岩相区域变质作用,超镁铁质岩形成玉石、蛇纹岩矿床;基性岩体(辉长岩)在岩浆结晶过程中的熔离作用下形成铜、镍矿床;辉石角闪石岩在岩浆分异过程中形成钛铁矿床。其大地构造位置前二者位于鲁中隆起之泰山凸起南缘,后者位于沂沭断裂带之汞丹山凸起东南缘。

三、主要控矿因素

与新太古代早期超基性岩浆作用有关的玉石、蛇纹岩(含镍矿化)矿床,这种矿床产于西店子基性-超基性岩组合中,是由于超镁铁质岩中的橄榄岩、辉石等矿物经区域热液蚀变转变为蛇纹石、透闪石等新生矿物而形成。蚀变作用越强,玉石质量越好。典型矿床为位于济南长清区和泰安岱岳区交界处的泰山玉(蛇纹岩)矿床。

与新太古代晚期超基性岩浆作用有关的钛、铁矿床,产于南涝坡基性-超基性组合中,辉石角闪石岩为成矿母岩。岩体包于傲徕山花岗岩中,全岩矿化,岩体即是矿体。矿体是一个含钛、铁较高的基性程度较高的辉石角闪石岩岩体。其形成地质条件主要与新太古代基性-超基性岩浆侵入及断裂构造活动有关。成矿过程是地壳深部基性—超基性岩浆经过长期的结晶分异作用,断裂活动导致地壳深部或上地幔基性—超基性岩浆上升侵入,形成含铁、钛成分较高的含矿岩体。典型矿床为莒县肖家沟钛、铁矿床。

与新太古代晚期超基性岩浆作用有关的铜镍(-铂族)矿床,产于南涝坡基性-超基性岩组合中,基性岩体(辉长岩)即为成矿母岩。岩体侵入太古宙地质体中或在TTG花岗岩中呈包体产出,经历了低角闪岩相变质作用改造。岩体受区域构造控制,多沿褶皱核部或断裂侵入,呈脉状、透镜状、岩盘状、岩株状产出,规模不大,常成群分布。矿体严格受岩体控制。岩浆结晶过程中的熔离作用是含铜、镍、铂、钯矿物从岩浆中分离的主要原因。典型矿床为济南历城桃科铜镍矿床。

四、控矿地质体区域分布

玉石、蛇纹岩(含镍矿化)矿控矿地质体主要分布在济南界首和泰安大辛庄一带,赋矿岩体为新太古代早期的万山庄序列前麻峪单元的变辉石橄榄岩(蛇纹岩),侵位于泰山岩群雁翎关组中。蛇纹岩呈NW向展布的不规则脉状分布,并明显的受区域性基底构造控制。玉石多呈不规则的团块状、透镜状赋存于蛇纹岩内。

钛、铁矿控矿地质体主要分布在沂水、沂南和莒县一带,赋矿岩体为新太古代晚期的南涝坡序列的变角闪辉长岩。岩体零星分布于新太古代二长花岗岩中,多呈NNE向条带状展布。

铜镍(-铂族)矿控矿地质体主要分布在济南桃科、泗水北孙徐、沂水羊圈等地,赋矿岩体为新太古代晚期的南涝坡序列的变角闪辉长岩,岩体多侵位于泰山岩群中。济南桃科岩体主要岩性为角闪石岩、角闪辉长岩和辉长闪长岩,岩体呈 NNW 向分布,与区域片麻理方向一致。自东向西分 3 个岩带,即桃科-李家塘-白菜滩辉长岩带(长 9 km,宽 0.4~0.7 km),水峪-川道角闪石岩带(长 3.5 km,宽 0.4~0.6 km)和湖太-岱密庵角闪石岩带(长 4.5 km,宽 0.2~0.6 km)。泗水北孙徐岩体主要岩性为角闪辉长岩—辉长闪长岩,岩体呈 NW 向分布,侵位于泰山岩群山草峪组中。

五、代表性矿床地质特征

(一) 泰安市岱岳区石腊泰山玉(蛇纹岩)矿床地质特征❶

泰山玉(蛇纹岩)矿床地处济南与泰安交界处,矿床分布范围跨济南市长清区和泰安市岱岳区两个行政区。现以位于泰安市岱岳区的石腊泰山玉(蛇纹岩)矿床(区)为例,介绍该矿床地质特征。

1. 矿区位置

矿区位于泰安市城区西北约 11 km 的济南与泰安交界处,行政区划归济南长清区和泰安岱岳区。大地构造位置位于鲁中隆起之泰山凸起南缘。

2. 矿区地质特征

区内出露地层为泰山岩群雁翎关组,主要分布于矿区的中部。其走向 NW,倾向 SW,倾角 55°左右。主要岩性为斜长角闪片岩夹绿泥透闪阳起片岩、黑云角闪变粒岩和黑云变粒岩,厚约 840 m。泰山玉赋矿母岩主要产于该组地层内。

区内构造主要有韧性剪切带构造和断裂构造。区内韧性剪切带主要有 3 条,均呈 NW 向展布,分布宽度较大,具有强-弱-强"波浪式"间隔分带性。构造走向 320°~340°,与区域构造线方向基本一致。受韧性剪切作用影响,在泰山岩群内形成片理构造。断裂构造主要分布于矿区东北部,对矿体影响较小(图 10-1)。

区内岩浆岩广泛分布,岩性较复杂,主要为新太古代侵入岩,受区域构造影响均呈 NW 向展布。其中泰山玉矿体就分布在变辉石橄榄岩(蛇纹岩)内。

3. 矿体特征

区内有 5 个泰山玉矿体,自北西至东南依次斜列分布,编号Ⅰ,Ⅱ,Ⅲ-1,Ⅲ-2,Ⅳ。各矿体特征如下:

Ⅰ矿体:矿体呈脉状产出,总体走向 320°,倾向 SW,倾角 70°。矿体长度 370 m,厚度 7.19~22.14 m,平均厚度 14.65 m。控制倾向延深 80~100 m,最大 180 m。

Ⅱ矿体:矿体呈脉状产出,总体走向 320°,倾向 SW,倾角 62°~77°。矿体长度 238 m,厚度 13.82~57.01 m,平均厚度 36.52 m。控制倾向延深 75~113 m。该矿体连续性较好,厚度变化稳定,玉石质量最好。

Ⅲ-1 矿体:矿体呈不规则的脉状产出,总体走向 320°,倾向 SW,倾角 65°~67°。矿体长度 298 m,厚度 13.7~69.6 m,平均厚度 32.6 m。控制倾向延深 64 m。该矿体连续性较好,厚度变化稳定。

Ⅲ-2 矿体:矿体呈脉状产出,总体走向 320°,倾向 SW,倾角 65°~67°。矿体长度 180 m,厚度 14.8~24.8 m,平均厚度 19.8 m。控制倾向延深 64 m。该矿体连续性较好,厚度变化稳定。

Ⅳ矿体:矿体呈不规则的脉状产出,总体走向 320°,倾向 SW,倾角 60°~78°。矿体长度 424 m,真厚度 2.72~41.38 m,平均厚度 19.24 m。控制倾向延深 74~88 m。该矿体连续性较好,厚度变化稳定。

4. 矿石特征

矿物成分:以蛇纹石为主,其次为绿泥石,伴生有少量滑石、石棉、碳酸盐矿物、磁铁矿等。

---

❶ 山东省第五地质矿产勘查院,山东省蛇纹石玉矿产地质志(汇编稿),2014 年。

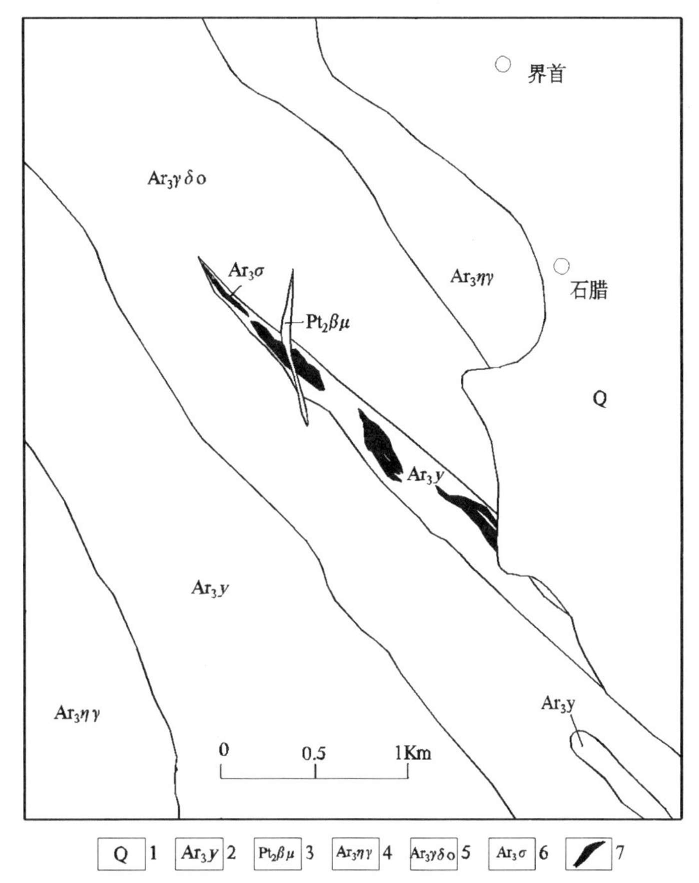

图 10-1　泰安市岱岳区石腊泰山玉矿区地质图

（据山东省第五地质矿产勘查院，2013）

1—第四系；2—新太古代泰山岩群雁翎关组；3—中元古代辉绿岩；4—新太古代二长花岗岩；5—新太古代英云闪长岩；6—新太古代橄榄岩；7—泰山玉矿体

化学成分：以 SiO_2，MgO 为主，其次为 Fe_2O_3，H_2O^+等。MgO 含量 31.40 %～38.95 %，一般>35 %；Ⅰ矿体平均 34.26 %，Ⅱ矿体平均 35.65 %，均大于钙镁磷肥用蛇纹岩矿石的工业品位要求。经光谱分析确定泰山玉中放射性低对人体无危害。

结构构造：矿石主要呈纤状-鳞片状变晶结构，部分呈交代残留结构。矿石构造以块状为主，少量呈片状构造。

根据泰山玉的颜色、杂质成分、显微结构及市场认可度等特征，将其分为泰山碧玉、泰山墨玉、泰山紫檀玉、泰山花斑玉 4 类。

5. 围岩蚀变

矿区内出现的蚀变现象主要有蛇纹石化、透闪阳起石化、滑石化、蛭石化、石棉化及绿泥石化等。蛇纹石化为矿区最主要的蚀变作用，是形成泰山玉的必要条件。蛇纹岩脉体自边部至中心依次出现滑石片岩→含透闪金云滑石片岩→含滑石石棉蛇纹岩→蛇纹岩，蛇纹岩占主体。蛇纹岩呈灰绿色、暗灰色、黑色等，鳞片变晶结构，块状构造，主要矿物蛇纹石（93 %）与石棉、滑石、绿泥石及磁铁矿等矿物共生。极少数矿物显微镜下尚能看出其原生矿物假象，恢复原岩为辉石橄榄岩。

6. 矿床成因

泰山玉的成矿母岩是上地幔的超基性岩浆，经阜平期构造运动，沿着构造有利部位上升形成二辉橄榄岩。该岩石主要由橄榄石和辉石组成,橄榄石是一种富镁含铁硅酸盐矿物,其成分与蛇纹石相似,易蚀变成蛇纹石;辉石是一种含镁铁钙钠铝的硅酸盐,可蚀变成蛇纹石、碳酸盐矿物、滑石、石棉等矿物。

二辉橄榄岩侵位后,经过后期的区域变质(热液蚀变)转为蛇纹岩。继而又有后期多次岩浆活动和热液蚀变作用,使蛇纹岩进行玉化蚀变,形成玉石。

7. 地质工作程度及矿床规模

泰山玉矿在 20 世纪 70 年代至 80 年代曾一度作为工艺料石开采。2009~2011 年,山东省第五地质矿产勘查院及山东省地矿集团工程有限公司对界首地区蛇纹岩质泰山玉矿先后开展了初查和详查工作,基本查清了矿床地质特征,为当地开发提供了依据。

(二) 莒县肖家沟(肖家沟式)钛、铁矿矿床地质特征[1]

1. 矿区位置

莒县肖家沟钛、铁矿床位于莒县棋山镇北约 10 km 的肖家沟村南,大地构造位置位于沂沭断裂带之汞丹山凸起东南缘。

2. 矿区地质特征

矿区地层仅见泰山岩群雁翎关组,岩性为斜长角闪岩夹黑云变粒岩。区内构造不发育,断裂构造规模小,且发育在矿体外围,对矿体无影响。区内岩浆岩比较发育,主要为新太古代二长花岗岩及花岗闪长岩,次为新太古代晚期南涝坡序列的变角闪辉长岩及中粒含钛磁铁辉石角闪石岩,后者为赋矿岩体。

3. 矿体特征

矿体即辉石角闪石岩岩体,呈大型捕掳体赋存于新太古代二长花岗岩岩体中。其总体走向为 45°,倾向 SE,倾角 46°~80°。矿体平面形态呈较规则的长条形,总长度约 1 600 m。最大出露宽度 260 m,一般宽度 170~220 m,平均宽度 180 m。矿体延深 >200 m。矿体深部未封闭(图 10-2)。

4. 矿石特征

矿物成分:矿石中的金属矿物主要由磁铁矿、钛铁矿、黄铁矿、黄铜矿组成;脉石矿物主要由角闪石、斜长石、辉石、黑云母组成,少量榍石、石英、磷灰石、碳酸盐等矿物。

化学成分:矿石中主要有用组分为 TiO_2,含量为 5.01 %~14.48 %,平均为 8.68 %,达到工业利用要求;共生有用组分为 Fe,TFe 含量为 11.51 %~24.60 %,平均为 18.46 %,可以综合利用;伴生有用组分为 Au,V_2O_5 和 Cu,有望可以综合回收。矿石中 SiO_2 为 32.00 %~38.09 %; P_2O_5 为 0.31 %~1.96 %;S 为 0.02 %~1.5 %,平均为 0.43 %;V_2O_5 平均为 0.08 %。

结构构造:矿石结构主要为中粗粒粒柱状变晶结构、次为粗粒粒状变晶结构、定向结构、交代结构。粗粒粒状变晶结构的矿石,粒度在 0.5~1.0 mm 之间,TiO_2,TFe 含量较高;定向结构多分布于矿体边部,柱状、片状矿物呈定向性有规律的排列;交代结构多分布于较深部,早先形成的钛铁矿被晚期形成的磁铁矿交代而形成。矿石构造主要为块状构造、碎裂状构造。

矿石自然类型:为含钛磁铁角闪石岩型矿石,主要矿物成分为角闪石含量在 70 %左右,磁铁矿含量在 10 %左右,钛铁矿含量 8 %~12 %。mFe 一般 4 %~6 %,最高 8.64 %, mFe/TFe≤85 %,为弱磁性铁矿石。

5. 围岩蚀变特征

区内蚀变较发育,主要有绿泥石化、硅化、碳酸盐化。

绿泥石化:分布于角闪石岩岩体之中,深部较地表发育程度高,主要是角闪石蚀变所致。在钻孔岩心裂隙面上能见到叶片状绿泥石,呈深绿色,是区内主要的蚀变类型。

[1] 山东省地质科学实验研究院,山东省莒县肖家沟矿区钛、铁矿详查报告,2006 年。

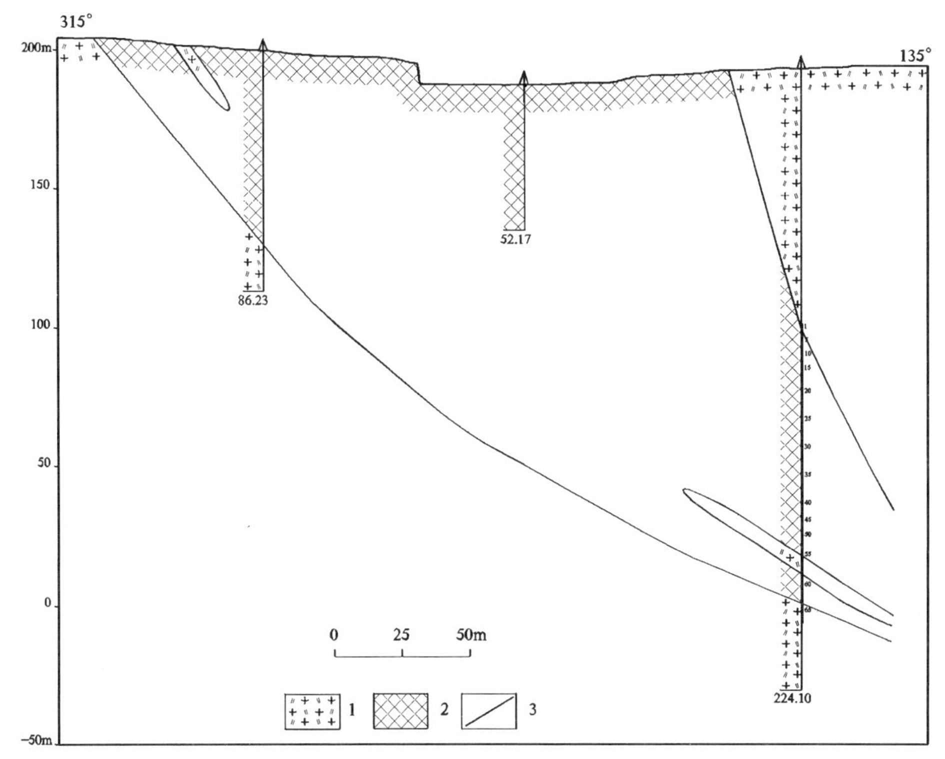

图 10-2　莒县肖家沟钛铁矿矿区 2 勘探线剖面图
(据山东省地质科学实验研究院,2006)
1—新太古代二长花岗岩;2—辉石角闪石岩(钛铁矿体);3—地质界线

硅化:蚀变程度强弱不一,地表呈团块状或条带状,形成硅质脉体,在小断裂面上及裂隙滑动面上尤为强烈。钻孔内分布不连续,局部硅化程度甚高,岩石坚硬,能见到隐晶质石英或细脉状石英。

碳酸盐化:在钻孔内见到,发育在磁铁角闪石岩中,多数沿岩石的节理、裂隙分布,呈细脉状或网脉状。裂隙面上能见到呈薄膜状的碳酸盐矿物,局部呈团块出现。颜色呈浅灰白色,颗粒大者晶形轮廓明显。

6. 矿床成因

该矿体是一个含钛铁矿和磁铁矿较高的辉石角闪石岩捕掳体,规模较大,形态简单,矿化均匀,形成于新太古代晚期。原始岩浆应是基性-超基性岩浆,在重力分异的作用下,富含铁、镁、钛等成分的岩浆因比重较大,受重力影响下沉到地壳深处或上地幔。当有大规模的断裂形成时,深大断裂切穿地壳深部达到上地幔。在应力作用下或小板块挤压力的作用下,沿深大断裂上侵到达地壳深部,在次级断裂中冷凝结晶,形成含钛磁铁角闪石岩岩体(即矿体),后被新太古代二长花岗岩捕掳。矿床成因应为岩浆晚期分异型钛、铁矿床。

7. 地质工作程度及矿床规模

2006 年,山东省地质科学实验研究院在莒县肖家沟一带进行铁矿详查工作,基本查明了矿区地质特征及矿体规模;为一大型钛铁矿床。

(三) 济南市历城区桃科(桃科式)铜镍(-铂族)矿床地质特征❶

❶ 山东省地矿局地质综合研究队杨惠南等,山东前震旦纪基性、超基性岩特征及含矿性初步研究报告,1981 年。

1. 矿区位置

矿区位于济南市区东南约 32 km 的柳埠镇桃科一带，行政区划归济南历城区。大地构造位置位于鲁中隆起之泰山凸起北缘。

2. 矿区地质特征

区内地层不发育，侵入岩主要为新太古代二长花岗岩、奥长花岗岩和呈包体状分布的变角闪石岩、角闪辉石岩和辉长岩。岩体呈带状分布，总的延伸方向为 330°～340°，与区域片麻理方向基本一致。区内断裂构造不发育。与铜、镍、铂矿化有关的岩体主要为红洞沟细粒辉长岩、斑鸠峪角闪石岩和杨山角闪辉石岩，其形成顺序为角闪石岩—角闪辉石岩—细粒辉长岩。红洞沟岩体是桃科-周家庄辉长岩带最南端的一个岩体。岩体长约 500 m，宽 20～70 m，北宽南窄。其长轴方向 330°～340°，倾向 SW，倾角 60°～80°。

3. 矿体特征

区内有 5 个埋深不同的矿化体，呈板状、透镜状产出。矿体走向与细粒辉长岩方向基本一致，倾向 S，倾角 70°～80°。1 号矿化体总长 240 m（出露长 160 m），平均宽 2 m，11 线最宽达 12.5 m，埋深 20～60 m（图 10-3）。其余 4 个矿化体均赋存在 1 号矿化体之下。

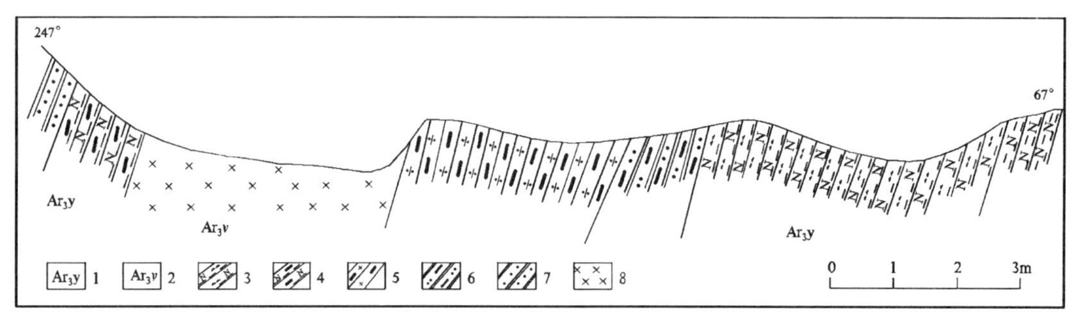

图 10-3 济南桃科红洞沟矿区 11 线地质剖面图

（据山东省地矿局地质综合研究队，1981）

1—新太古代雁翎关组；2—新太古代细粒辉长岩；3—黑云斜长片麻岩；4—含矿阳起石黑云斜长片麻岩；5—含矿绿泥透闪阳起片岩；6—含矿长英质岩石；7—长英质岩石；8—含矿细粒辉长岩

4. 矿石特征

矿物成分：主要矿物有黄铁矿、黄铜矿、磁铁矿、磁黄铁矿、紫硫镍铁矿、针镍矿、辉钼矿、铂族矿物（砷铂矿、碲铂矿）、钛铁矿、金红石、自然金等。① 黄铜矿不规则粒状者充填于脉石矿物裂隙中，呈浸染状产出；颗粒较大者与针镍矿伴生，交代黄铁矿或在其裂隙中；② 针镍矿在致密块状、团块状矿石中含量较高，多充填于黄铁矿裂隙中，或被黄铜矿交代；③ 紫硫镍铁矿个别较大晶体的解理发育，沿黄铁矿周围分布；④ 黄铁矿是矿石中主要金属硫化物，有粗粒和细粒 2 种。粗粒者呈块状、脉状产出，具不同程度的破碎，被黄铜矿、针镍矿、铂族矿物及其他硫化物沿裂隙充填交代；细粒者沿脉石矿物裂隙充填交代，呈浸染状矿石，其周围有黄铜矿、紫硫镍矿分布。

化学成分：矿区内矿石有用组分平均含量 Cu 为 0.38 %，Ni 为 0.23 %，Pt+Pd 为 0.52×10^{-6}（Pt 为 0.19×10^{-6}，Pd 为0.32×10^{-6}）。铜、镍、铂钯之间呈正消长关系。

结构构造：矿石以填隙结构为主，次为碎裂、包含、溶蚀、固熔体分离结构；以稠密浸染状构造为主，脉状、致密块状次之。

5. 矿床成因

新太古代晚期基性岩体（辉长岩）即为成矿母岩。岩体侵入太古宙地质体中或在 TTG 花岗岩中呈包体产出,经历了低角闪岩相变质作用改造。岩体受区域构造控制,多沿断裂侵入,呈脉状、透镜状产出。矿体严格受岩体控制,基性岩浆(辉长岩)结晶过程中的熔离作用把含铜、镍、铂钯矿物从岩浆中熔离出来,而后期沿裂隙交代充填作用使有用组分富集,使围岩中有用组分增高,则是岩浆期后热液活动叠加的结果。矿床成因类型为岩浆熔离型。

6. 地质工作程度

1958年及1965~1971年,冶金部502队及山东省地质局816队先后在桃科红洞沟和岱密庵一带开展铜镍矿地质调查及普查工作,基本查清了矿区地质特征及矿石中铂、钯、铜、镍有用组分含量及矿床规模;为小型矿床。

第二节　鲁西地块与新太古代晚期岩浆作用有关的铌钽、电气石、绿柱(宝)石、长石矿床成矿系列

该成矿系列矿产规模较小,分布零散,开发利用程度较低,对地方经济发展的影响不大。

1973年,山东省地质局第一地质大队对新泰市石棚铌钽矿进行了普查。1983~1990年,山东省地矿局区调队在邹城下连家—魏家窝、新泰南涝坡、泰安下港及莱芜任家庄等地的新太古代地质体中发现了含电气石花岗伟晶岩脉及含电气石石英脉;1999~2005年,山东省地质科学研究院先后开展了邹城市下连家地区电气石矿普查、鲁西地区电气石资源调查、邹城市下连家矿区及外围电气石矿普查等项目。1966~1969年建材部地质总公司进行了新泰石棚长石矿勘探。

一、矿床区域分布

该成矿系列矿床主要分布于新泰、泰安、邹城一带,大致位于鲁西隆起区的西部和西北部。含矿的伟晶岩脉主要产于泰山岩群和新太古代TTG岩系中,含矿建造遍布于鲁西隆起的早前寒武纪基底变质岩系出露区。

铌钽矿床主要赋存在变质地层和花岗伟晶岩中,主要分布在新泰市石棚—梨园沟一带。铌钽主要赋存于伟晶岩中的铌铁矿、锂辉石、锂电气石、绿柱石、硅铍石、独居石等矿物内。典型矿床为新泰石棚铌钽矿床。

电气石矿床主要分为石英脉型和花岗伟晶岩型2种类型。石英脉型矿床主要分布于邹城下连家—大杜沟—魏家窝一带,赋存于新太古代变质英云闪长质—二长花岗质侵入岩中;花岗伟晶岩型矿床主要分布在新泰雁翎关、石棚、南涝坡,莱芜任家庄,泰安下港等地区,赋存于新太古代泰山岩群和变质英云闪长质—二长花岗质侵入岩中。前者矿体一般呈脉状,分布比较集中,单矿体规模相对较大;矿石中电气石矿物颗粒大、含量高,是当前勘查研究的主要类型。后者呈脉状单矿体规模相对较大;矿石中电气石矿物颗粒大、矿物晶体发育,含量较石英脉型低,矿物分布不均匀。典型矿床为邹城市下连家电气石矿床(石英脉型)。

绿柱(宝)石主要分布于新泰黄花岭一带,产于新太古代花岗伟晶岩和气成热液矿床中,绿柱石作为矿物主要应用于提取金属铍。在未受交代的伟晶岩中,绿柱石基本不含碱,常与石英、微斜长石、白云母共生;而受晚期钠质交代作用形成者,含碱量可高达7.23 %,常与钠长石、锂辉石、石英、白云母等共生。在未受交代作用的花岗伟晶岩和气成热液矿床中,绿柱石的碱含量一般<0.5 %,常为长柱状晶体;而产于交代型伟晶岩矿床中的绿柱石,其碱含量随交代作用的增强而增高,Li,Rb富集可达7 %以上,常呈短柱状晶体。

长石矿分布局限,仅见于鲁西新泰石河庄一带,赋存于侵入新太古代泰山岩群中的伟晶岩脉中。

二、成矿地质构造背景

与铌钽矿、电气石矿、长石矿矿床系列有关的岩浆岩主要有峄山序列和傲来山序列。峄山序列主要特征见本篇第二章第二节，本节只简述傲来山序列主要特征。

傲徕山序列花岗岩同位素年龄多在 2 560~2 424 Ma，由中粗粒—细粒和似斑状结构的二长花岗岩组成，分布较广，约占鲁西早前寒武纪侵入岩面积的 53 %。傲徕山花岗岩的中期侵入体——松山单元分布最广，出露面积最大，揭示岩浆活动中期较强；且气液活动强烈，伟晶岩脉发育，是该系列矿床的成矿基础。自早期侵入体至晚期侵入体，在地理分布上具有由北东（鲁山—沂山一带）向南西（马山—四海山一带）迁移的特点；岩石由中粒结构变化为细粒结构，粒度由粗变细；岩石变形程度由强到弱，由条带状构造演化为块状构造；矿物成分上表现为，斜长石逐次减少，石英及微斜长石略有增加，暗色矿物逐渐减少。

三、主要控矿因素

（一）大地构造环境

鲁西新太古代处于岛弧环境，在 2.5 Ga 左右发生了强烈的构造拼合事件，漫长的地质演化过程中发生了多次强烈的岩浆活动，造成地壳大幅度垂向增生，岩浆晚期的含挥发组分的残余岩浆结晶形成伟晶岩脉。伟晶岩脉大多产在侵入体的顶部，往往成群出现。伟晶岩脉中除长石、石英和白云母等主要矿物之外，还赋存多种不常见的金属矿物和绿柱石、电气石等矿物。很多伟晶岩岩体呈脉状或透镜状，但也有巢状、筒状和不规则状的。伟晶岩脉有大有小，以长数米到数十米的最多。伟晶岩形成过程比较长，大多数伟晶岩是在 700~950 ℃之间形成的。

（二）含矿建造

含矿的伟晶岩脉主要产于泰山岩群和新太古代 TTG 岩系中。铌钽矿赋矿地质体主要为变质地层和变质侵入岩。电气石矿赋矿地质体主要有：变质变形英云闪长质—二长花岗质侵入岩中的含电气石石英脉型；变质地层（泰山岩群雁翎关组）及变质变形英云闪长质—二长花岗质侵入岩中的含电气石花岗伟晶岩脉。长石矿赋存地层为新太古代泰山岩群雁翎关组，斜长角闪片岩为直接围岩。

（三）控矿构造

鲁西前寒武纪变质基底中韧性剪切变形构造发育，这些构造为伟晶岩脉的形成和矿化富集提供了有利条件。第一阶段韧性变形作用发生于新太古代中期，其中第一期韧性变形带形成于泰山岩群沉积之后，TTG 岩系侵位之前，大致与第一期褶皱同时；第二期韧性变形发生在新甫山片麻岩套侵位之后，峄山序列花岗岩侵位之前，变形较强的韧性变形带有田黄-城前带、下港-新甫山带及南涝坡-龟蒙顶带等。第二阶段韧性变形作用发生于新太古代晚期，分布于傲徕山岩浆活动带内部，其规模巨大，最长可达 85 km，最宽可达数千米，走向为 NW 向至 NNW 向，均显示强烈的右行走滑性质，基本继承了第一阶段变形特征，但其构造层次较浅，发育明显的糜棱岩带。

四、控矿地质体区域分布

该系列矿床的主要控矿地质体为新太古代晚期的花岗伟晶岩岩脉，区域分布较广泛。

铌、钽矿分布局限，主要分布在新泰市石棚—梨园沟一带的新太古代泰山岩群雁翎关组中的花岗伟晶岩岩脉中。

电气石矿主要含矿地质体为新太古代晚期的花岗伟晶岩岩脉和中元古代五莲群海眼口组黑云变粒

岩层及古元古代芝罘群石英岩层。前者区域上分布相对较多，主要分布在于邹城下连家—大杜沟—魏家窝一带，在新泰雁翎关、石棚、南涝坡，莱芜任家庄，泰安下港等地区也有分布，是主要矿化类型，具有勘查开发利用价值；后二者只是一种电气石矿化，分布局限，主要分布在胶莱盆地坤山凸起和胶北隆起北缘的芝罘岛，不具备勘查开发利用意义。

绿柱（宝）石矿仅分布在新泰黄花岭一带，产于新太古代晚期的花岗伟晶岩岩脉。

长石矿主要分布于鲁西新泰石河庄一带，赋存于侵入新太古代泰山岩群中的伟晶岩脉中。

五、代表性矿床地质特征

（一）新泰市石棚铌钽矿床地质特征

1. 矿区位置

矿区位于新泰市北西 20 km 处的石棚—梨园沟一带。在地质构造部位上，居于鲁中隆起内的新甫山凸起西侧。

2. 矿区地质特征

矿区内分布着新太古代和古元古代变质侵入岩。这二套变质岩系呈 NW-SE 向的带状贯穿于矿区。变质地层下部为雁翎关组，上部为山草峪组。矿区内总体构造线方向为 NW 向，其控制着含矿花岗伟晶岩的分布（图 10-4）。

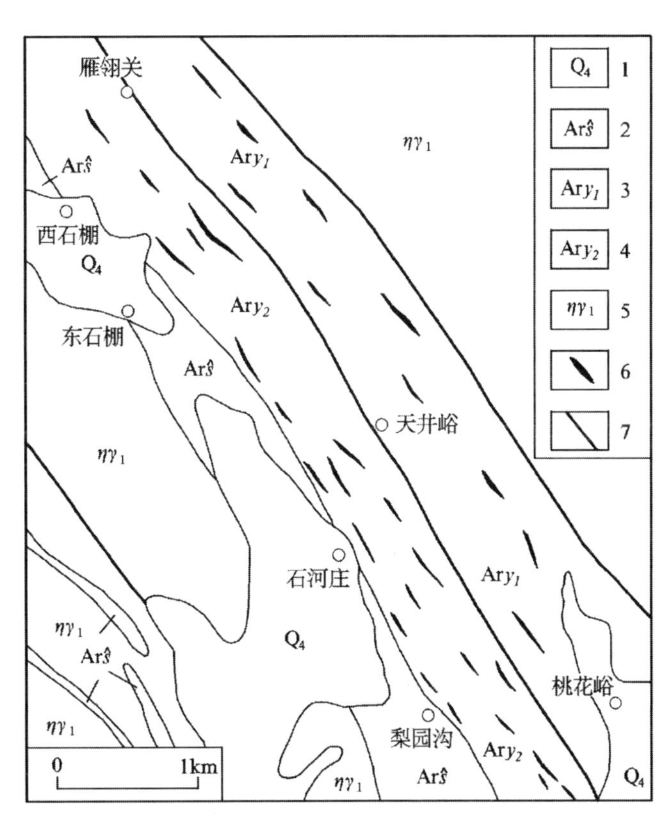

图 10-4　新泰石棚地区含铌钽伟晶岩脉分布图

（据山东省地质矿产局第一地质大队资料编绘，1989；引自《山东矿床》，2006）

1—第四系；2—新太古代泰山岩群山草峪组；3—泰山岩群雁翎关组下亚组；4—雁翎关组上亚组；5—新太古代二长花岗岩；6—含铌钽花岗伟晶岩脉；7—断裂

3. 矿体特征

矿区内共发现25个铌钽矿化体，勘查评价了12个，圈出9个工业矿体，探获$(Nb+Ta)_2O_5$资源量266.72 t。含矿花岗伟晶岩脉分布在桃花峪-石河庄-天井峪-西石硼-雁翎关；长约7 km，宽约2 km，分布范围约14 km^2。

矿区含矿花岗伟晶岩脉主要赋存于新太古代泰山岩群雁翎关组中，分东、西2个带。① 西带矿化发育较好，分布于石硼、石河庄、梨园沟一带，含矿伟晶岩脉赋存于雁翎关组上亚组中；西带内赋存有9个铌钽工业矿体。② 东带内的含矿伟晶岩脉主要赋存于雁翎关组下亚组中，岩脉分布较西带稀疏，单条岩脉规模相对较小。

含矿花岗伟晶岩脉走向一般300°~320°，倾向主要为NE，个别倾向SW。倾角变化在30°~70°之间，一般近地表变陡。矿脉的产状受同方向的断裂构造控制。含矿花岗伟晶岩呈脉状或透镜状，多数为单一脉，但存在着分支、复合、膨胀、收缩现象。

矿体呈脉状、分支脉状或透镜状，长70~310 m，厚1.71~5.70 m。

4. 矿石特征

矿物成分：矿石矿物主要是铌铁矿，次为铌钽矿、锂辉矿、锂电气石、绿柱石、硅铍石、锆石、独居石等；脉石矿物为钾长石、斜长石、石英、白云母等。

化学成分：矿石中Nb_2O_5+ Ta_2O_3含量一般在0.02 %左右，最高为0.064 %。矿石中伴生Rb（铷）含量为0.01 %~0.35 %，Cs（铯）为0.01 %~0.02 %，Li_2O（氧化锂）为0.01 %，BeO（氧化铍）为0.008 %，Ga（镓）为0.005 %，伴生组分多可综合利用。

结构构造：矿石主要结构为粒状结构和伟晶结构；主要构造为块状构造。

5. 地质工作程度及矿床规模

1973年，山东省地质局第一地质队对区内伟晶岩进行了铌钽普查，求得$(Nb+Ta)_2O_5$资源量266.71 t，为小型铌钽矿床。

（二）邹城市下连家电气石矿床地质特征

1. 矿区位置

矿区位于邹城市以东35 km的下连家—人杜沟—魏有窝一带。

2. 矿区地质特征

区内出露的基岩主要为新太古代变质变形英云闪长岩、二长花岗岩、花岗闪长岩等，含电气石石英脉赋存在切割这些侵入岩体的构造裂隙或构造破碎带内（图10-5）。区内断裂构造发育，主要有NW，NNW，NNE和近EW向断裂，其中矿区西部的NW向尼山断裂为区内的主干断裂，具多期活动特点，对电气石矿体产出具有一定影响。

3. 矿体特征

区内共圈定工业矿体38个，分别位于下连家、小杜沟、大杜沟和魏家窝4个成矿密集区内。矿体多呈脉状，少数呈透镜状、豆荚状。矿体规模变化较大，长度最短15 m，最长210 m，平均100 m左右；宽度最窄0.55 m，最宽3.18 m，平均1 m左右。同一矿体厚度沿走向一般变化不大，沿倾向延伸变薄。矿体产状变化一般较稳定，部分矿体走向以NW，NNW，NNE向为主，多倾向W，倾角较陡，一般>75°，少数矿体倾角在35°~65°之间（图10-6）。

4. 矿石特征

矿物成分：主要矿物成分为电气石，脉石矿物主要为石英，其次为长石、黑云母、角闪石、绿帘石、绿

泥石等。电气石的成分介于镁电气石与铁电气石之间,更接近于镁电气石。

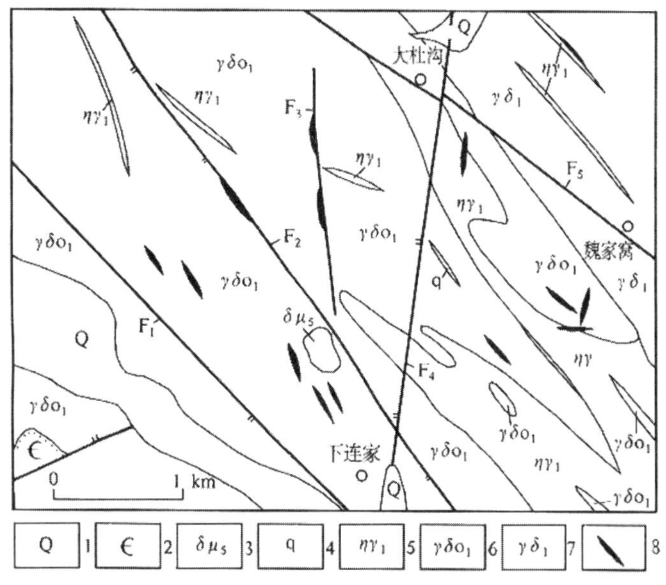

图 10-5　邹城下连家电气石矿区地质图

(引自《山东矿床》,2006)

1—第四系;2—寒武系;3—中生代燕山期闪长玢岩;4—石英脉;5—新太古代片麻状二长花岗岩;6—新太古代片麻状英云闪长岩;7—新太古代片麻状花岗闪长岩;8—电气石矿体

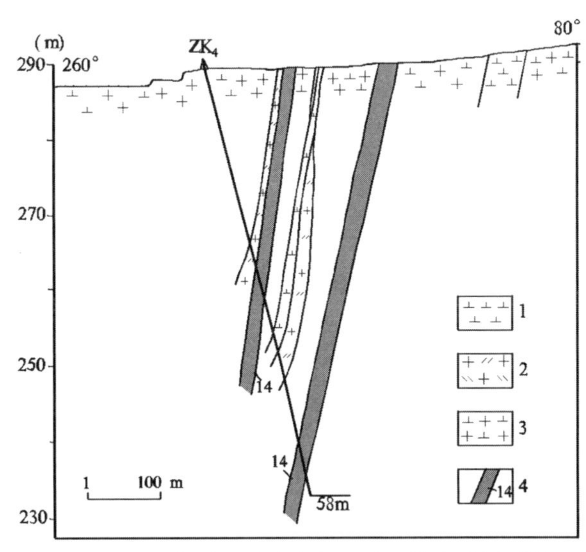

图 10-6　邹城下连家电气石矿 0 线地质剖面图

(据《山东矿床》,2006)

1—新太古代细粒闪长岩;2—新太古代细粒二长花岗岩;3—新太古代条带状英云闪长岩;4—电气石矿体及编号

矿石品位:电气石多呈团块状不均匀分布在石英脉中,矿石组分变化较大,尤其在倾向上矿石组分及品位变化明显,而沿走向延伸矿石质量变化相对稳定。矿石品位(*电气石含量*)为 247.17~996.68 kg/t,平均为 553.04 kg/t。

结构构造及矿石类型:矿石结构以柱粒状晶质结构为主,其次为纤维状晶质结构、包含结构、碎粒状结构等;矿石构造主要为块状构造、脉状构造,其次为斑杂状构造、浸染状构造等。矿石的自然类型以石

英-电气石型为主，其次为闪长质-电气石型、英云闪长质-电气石型、二长花岗质-电气石型和混杂型。

5. 矿床成因

鲁西地区电气石矿区内的断裂、裂隙控制着中高温热液充填型电气石矿体的形态、规模和产状，是重要的导矿、储矿构造，它对电气石矿成矿热液的运移、定位起决定性作用。已发现的电气石矿体多呈脉状、透镜状豆荚状沿张性构造裂隙展布，矿体产状与构造产状基本一致，矿体与围岩界线清晰、平直，围岩无大规模的蚀变作用发生，仅见轻微的硅化、云母化、褐铁矿化等，说明电气石矿体是由成矿热流体沿构造裂隙充填而成。电气石包裹体研究表明，成矿热流体中有部分残浆加入，表明电气石的形成与岩浆期后热液有关。

6. 地质工作程度

1983～1990年，山东省地矿局区调队在鲁西地区开展早前寒武纪专题研究及1:20万泰安幅和新泰幅区调时，在邹城下连家—魏家窝、新泰南涝坡、泰安下港及莱芜任家庄等地的新太古代变质侵入岩及变质地层中发现电气石矿。1999～2005年，山东省地质科学实验研究院开展了邹城下连家矿区电气石矿普查工作，共查明电气石矿资源量$33×10^4$ t。

（三）新泰市石河庄长石矿床地质特征

1. 矿区位置

矿区位于新泰市北西24 km的羊流镇石河庄一带，大地构造位置位于新甫山-莱芜断隆之新甫山凸起中。

2. 矿区地质特征

区内出露地层为新太古代泰山岩群雁翎关组。矿床为伟晶岩脉型长石矿，斜长角闪片岩为直接围岩；围岩普遍有绿泥石化、阳起石化等蚀变现象，并有10～30 cm宽的蚀变带。

3. 矿体特征

区内共圈定伟晶岩矿脉13条，总体走向320°～330°，倾向NE，倾角75°～80°，矿体沿走向及倾向有分支、复合、膨胀、收缩等变化。几条矿脉往往在同一延长线上相间断续出露。矿脉宽5～18 m，长10～200 m，厚1～7 m。矿脉最大延深可达80 m。

4. 矿石特征

矿石类型有微斜长石型和微斜长石-钠长石型两种。主要成分为K_2O+Na_2O，其含量为13.3 %；Al_2O_3含量为17.83 %；Fe_2O_3含量为0.07 %。矿体平均含矿率为80.86 %，矿石以Ⅰ级品为主（陶瓷用长石）。

第三节 鲁东地块与古元古代晚期基性-超基性岩浆作用有关的铁、磷矿床成矿系列

与古元古代晚期基性-超基性岩浆作用有关的铁、磷矿产，矿床规模一般较小，分布零散。磷矿作为必须的农作物肥料和重要的化工原料，在国民经济发展中有着举足轻重的地位。自山东地矿局成立以来，便开始了磷矿的地质找矿评价工作，专门成立了磷矿找矿专业组，至20世纪80年代初期基本结束了磷矿地质找矿评价工作，历经近30年，进行了大量的磷矿勘查工作，提交了大量磷矿地质勘查资料，工作程度从矿点检查，到矿区勘探皆有，累计提交各类地质报告、科研报告，总计57份，涉及山东省

17个地市。山东省形成的磷矿化类型主要有:岩浆型、变质型、接触交代型、沉积型4种类型,并以古元古代晚期基性-超基性岩浆作用形成的磷矿床为主。该类型磷矿规模最大,品位相对略高,其他类型的磷矿床皆为矿点、矿化点。

至1988年底,P_2O_5矿石品位以2.5 %为圈矿指标(低品位磷矿),全省累计探明矿石资源储量6 006万吨,平均品位3.35 %~4.1 %,折合标矿7 350万吨。至2009年山东省累计磷矿上表矿石资源储量为29 453万吨,累计总探明磷矿石资源量29 759万吨。

山东省境内虽然分布有众多的磷矿(化)点,但由于品位低,目前不具备开发价值。

一、矿床区域分布

该成矿系列中与基性-超基性岩有关的(祥山式)岩浆型铁矿床主要分布于胶北地块西部的昌邑、平度、牟平一带,构造位置居于胶北隆起西部的明村—担山凸起和东部的烟台凸起中。矿床的围岩为古元古代荆山群野头组和粉子山群张格庄组,矿体产于古元古代基性-超基性侵入岩中。

岩浆型(彭家疃式)磷矿分布较局限,只有胶东隆起区发现。其主要分布在莱州彭家疃、五佛蒋家及栖霞汤上马、回兵崖、东陡崖一带,已发现矿床5处(低品位),矿化点多处。矿床产于古元古代滹沱纪基性-超基性岩体中,主要岩性为辉石角闪石岩和含磷灰石角闪透辉岩,围岩为古元古代荆山群,主要岩性为黑云母斜长片麻岩、黑云母变粒岩、斜长角闪岩。

二、成矿地质构造背景

古元古代晚期,华北克拉通经历了一次挤压构造事件,导致了裂陷盆地的闭合和焊接,形成胶辽活动带,或称造山带。鲁东古元古代粉子山群和荆山群发生强烈变形,形成大量褶皱和韧性剪切变形构造。随古元古代构造活动带的演化,晚期幔源基性-超基性岩岩浆上涌,在裂陷带内发育莱州序列的基性-超基性岩浆侵位,形成年龄在1 800~2 000 Ma。该序列岩浆侵位后,经结晶分异和后期变质作用改造形成彭家疃式岩浆型磷矿和祥山式铁矿。代表性矿床为莱州彭家疃磷矿和牟平祥山铁矿。大地构造位置位于胶北隆起之明村-担山凸起、栖霞-马连庄凸起和王格庄凸起东缘。

三、主要控矿因素

祥山式铁矿产于基性-超基性侵入岩体内,矿体与角闪石岩、辉石岩关系非常密切。如牟平祥山铁矿矿体赋存于荆山群斜长角闪岩中的古元古代辉石角闪岩、角闪辉石岩中;平度于埠铁矿矿体赋存于古元古代辉石角闪石岩中,昌邑高戈庄铁矿矿体赋存在古元古代角闪石岩中。岩体沿EW向层间构造和向斜轴部侵位,呈连续似层状或透镜状产出,与古元古代荆山群接触时有热液交代现象。围岩蚀变有蛇纹石化、绿泥石化、透闪石化和蛭石化。

彭家疃式磷矿(低品位)产于古元古代滹沱纪基性-超基性侵入岩中。其含矿岩性:彭家疃地区为含磷灰石透辉角闪岩、蒋家地区为含磷灰石角闪透辉岩、汤上马地区为含磷灰石斜长角闪岩。控矿构造主要为近EW向的层间断裂构造以及与EW向断裂构造配套的低序次NW,NE向断裂。矿体被后期构造和侵入岩所破坏,呈大的残留体状。矿体的形态、产状、规模完全受侵入体控制。围岩为新太古代及古元古代变质岩层。

四、控矿地质体区域分布

该系列矿床的主要控矿地质体为古元古代晚期的基性-超基性岩。祥山式铁矿主要分布在鲁东地区的昌邑、平度和牟平地区;彭家疃式磷矿主要分布在栖霞、莱州一带。岩体一般规模不大,呈岩株、岩床状侵入古元古代荆山群禄格庄组和粉子山群张格庄组中。其主要岩性为辉石角闪岩、角闪辉石岩和透辉角闪岩、斜长角闪岩等。

五、代表性矿床地质特征

(一) 烟台市牟平祥山(祥山式)铁矿床地质特征[1]

1. 矿区位置

矿区位于烟台市西南 24 km,东距牟平城区 17 km。矿区分布在曲家疃—金村—马村一线之北侧。地质构造居于胶北隆起之王格庄凸起东缘。

2. 矿区地质特征

祥山铁矿床位于桃村断裂以东,栖霞复背斜的东端 N 翼。区内出露地层为古元古代荆山群野头组祥山段和第四系。矿区褶皱构造主要为祥山短轴向斜,铁矿体赋存于向斜之两翼,而主要分布于向斜的东南翼。侵入岩主要为与成矿关系密切的古元古代角闪辉石岩,呈岩株状侵入于野头组祥山段中。矿区东部有燕山早期花岗岩,南部有燕山晚期花岗岩分布。

3. 矿体特征

矿体主要赋存于沿斜长角闪岩和大理岩(祥山段)层间侵入的角闪辉石岩、辉石角闪石岩中,其产状与荆山群野头组地层产状基本一致。矿体的顶底板主要为斜长角闪岩、大理岩及辉石角闪石岩(图 10-7)。矿床由 14 个大小不等的矿体组成,均出露于地表。矿体呈似层状、透镜状产出,长度一般 80~800 m,厚度 2~14 m,沿倾向延深 100~300 m。其中Ⅱ,Ⅲ,Ⅴ号为主矿体,其储量占矿床总储量的 72 %。

Ⅱ号矿体位于矿区东部,走向 10°,倾向 NWW,倾角 4 线以北 25°~35°,4 线以南 35°~60°。沿走向长 800 m;沿倾向延深 150~300 m,最大 350 m。矿体厚度 4 线以南 3~5 m,4 线以北 10~15 m。顶板为大理岩、透辉石化大理岩,底板为斜长角闪岩。

Ⅲ号矿体位于Ⅱ号矿体上部,间距 30~80 m,与Ⅱ号矿体几乎平行分布,产状也与Ⅱ号矿体几乎一致。矿体沿走向长 800 m,沿倾向延伸 100~250 m,矿体厚 3~10 m。

Ⅴ号矿体位于Ⅱ,Ⅲ号矿体南端,相距仅 30 m。矿体长 220 m,宽 20 m,向下延深 180 m。矿体走向近 SN,倾向 W,倾角 50°~80°。矿体上部产状较缓,厚度较大,下部产状变陡,厚度变薄,沿走向和倾向均有分支现象。矿体顶板为大理岩,底板为斜长角闪岩。

4. 矿石特征

矿物成分:金属矿物主要为磁铁矿,其次为黄铁矿、磁黄铁矿,少量黄铜矿、钛铁矿、赤铁矿,微量磁赤铁矿及褐铁矿;脉石矿物主要为单斜辉石、普通角闪石,少量斜长石,微量磷灰石、榍石、绿帘石、绿泥石、纤闪石等。磁铁矿常与黄铁矿、磁黄铁矿、钛铁矿共生。

化学成分:矿石中主要有益元素是铁,TFe 含量一般 20 %~40 %,大于 40 %者较少。Ⅴ号矿体上部品位较下部高,Ⅵ号矿体埋深较深,品位一般较低,大多为表外矿。铁矿石中 Cu,Ti,V,Co,Ni 等有益元素含量很少,无工业意义。主要有害成分 S 含量为 1 %~3 %,多以黄铁矿形式存在,局部硫含量达 5 %左右,分布无规律;P 含量一般在 0.1 %~0.2 %之间,低于允许含量。

结构构造及矿石类型:矿石结构主要为海绵陨铁结构和固溶结构;矿石构造主要为致密块状构造、浸染状构造;矿石自然类型为块状磁铁矿石和浸染状磁铁矿石。矿石的工业类型为需选磁性铁矿石。

5. 矿床成因

祥山铁矿床赋存于古元古代辉石角闪石岩中,辉石角闪石岩的主要矿物为单斜辉石、普通角闪石和磁铁矿,由于经历了区域变质作用,多为半自形短柱状结构和粒状变晶结构,其原岩仍为海绵陨铁结构。

[1] 山东冶金地质勘探公司三队及烟台冶金地质勘探队,山东省牟平祥山铁矿 2,3 号矿体补充勘探报告,1978 年。

辉石角闪石岩主要沿斜长角闪岩和大理岩的层间侵入，局部地段呈脉状贯穿围岩。在与大理岩的接触

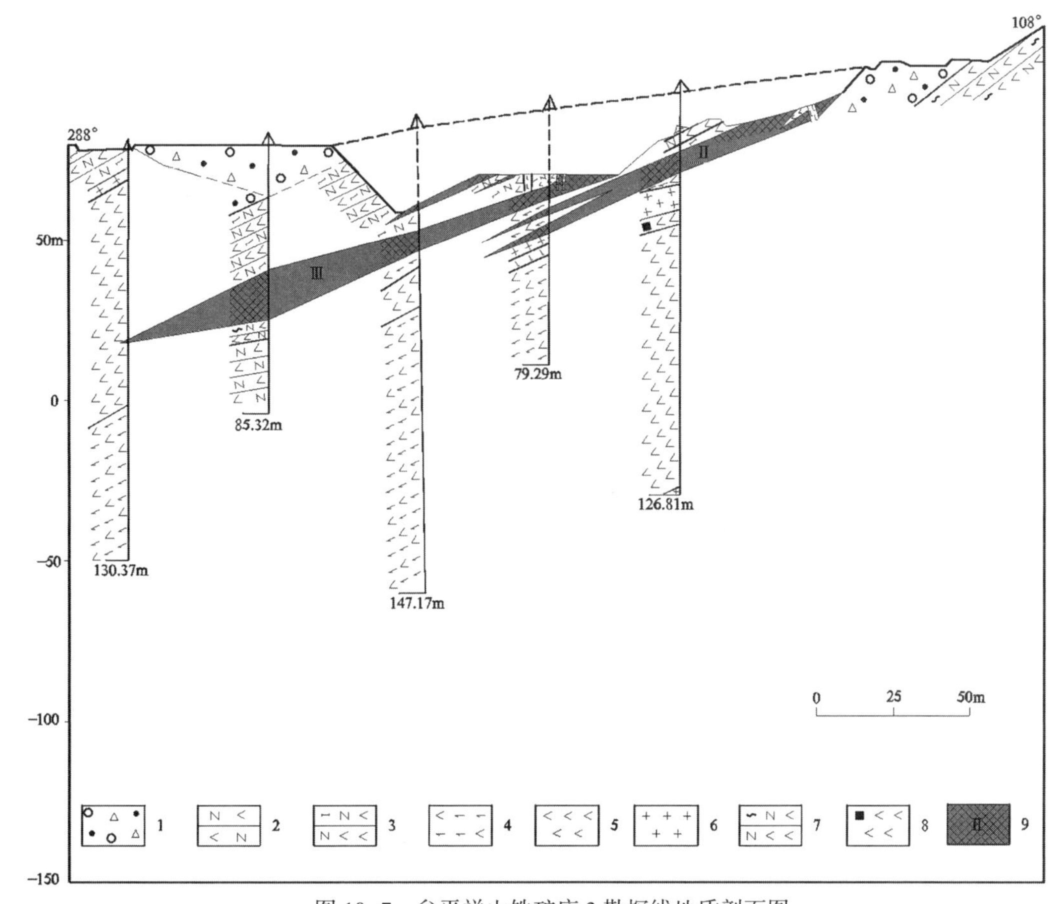

图 10-7　牟平祥山铁矿床 3 勘探线地质剖面图

(据山东省铁矿资源潜力评价成果，2011)

1—第四系；2—斜长角闪岩；3—透辉斜长角闪岩；4—角闪辉石岩；5—角闪石岩；
6—花岗岩；7—绿泥石化斜长角闪岩；8—含铁角闪石岩；9—磁铁矿体及编号

带上常见方柱石、透辉石、石榴子石、阳起石等矽卡岩期矿物和热液蚀变期的黄铁矿、黄铜矿等金属硫化物。

祥山铁矿矿体与母岩的界线清楚，矿体多呈似层状、层状，为顺层贯入式矿体。矿体主要产于岩体内部，沿着分异良好的岩体下部边缘或靠近下部呈不连续分布，尤其多分布于岩体底部凹陷的部位。未经压滤作用的上悬矿体多产于岩体底部及边部，矿石多见海绵陨铁结构，浸染状、块状构造。而深部熔离形成的底部矿体也呈层状及似层状，但常可形成块状构造的矿石。

根据矿床特征、矿石和辉石角闪石岩所具结构，特别是钛铁矿-磁铁矿、镁铁尖晶石-磁铁矿的固溶分离结构，说明祥山铁矿床属岩浆熔离型铁矿床。

6. 地质工作程度及矿床规模

牟平祥山铁矿区在 1985 年、1961～1962 年及 1970～1978 年，山东省地质局第一地质队、山东冶金一队、山东冶金三队先后开展初查、勘探及补充勘探工作，查清了矿床地质特征和矿床规模，为中型铁矿床。

(二) 莱州市彭家疃(彭家疃式)磷矿床地质特征

1. 矿区位置

矿区位于莱州市约东 3 km 的彭家疃一带,大地构造位置位于胶北隆起之栖霞-马连庄凸起中。

2. 矿区地质特征

区内地层主要为古元古代荆山群,由一套成层性清楚,韵律性明显的黑云母变粒岩、角闪斜长变粒岩、斜长角闪岩和黑云变粒岩夹磁铁石英岩等岩石组成。古元古代超基性岩体主要分布在彭家疃以东、前杨家等地,其岩性主要为含磷灰石角闪石岩;中生代晚期二长花岗岩侵入体主要分布在莱州东南,呈岩脉、岩株状侵入于含磷基性岩体中。区内断裂构造不发育。

3. 矿体特征

区内超基性岩体含磷灰石角闪石岩(角闪透辉岩)即为矿体,矿体产状与地层产状基本一致,地层产状走向 NW,倾向 SW,倾角 40°~50°。矿体呈层状、透镜状产出(图 10-8),共有 2 个矿体组成。1 号矿体地表长 420 m,水平宽 127 m,最大控制斜深 540 m,倾向 210°,倾角 33°;2 号矿体地表长 1 020 m,水平宽 60 m,倾向 285°,倾角 45°。

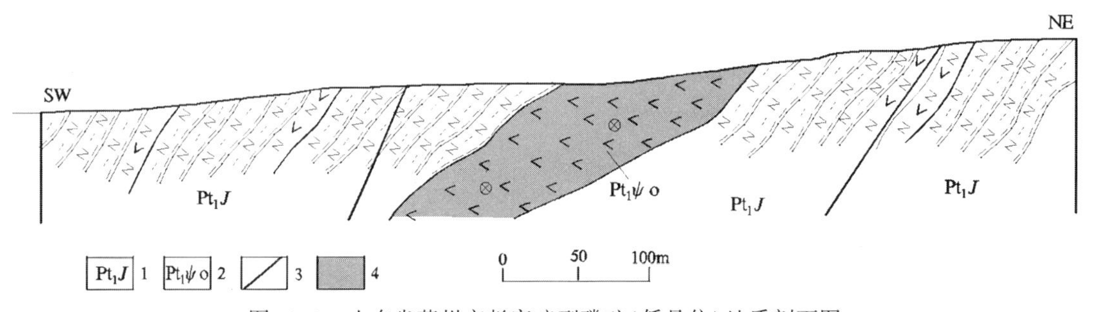

图 10-8 山东省莱州市彭家疃型磷矿(低品位)地质剖面图

(据《山东省磷矿资源潜力评价成果报告》,2011)

1—古元古代荆山群;2—古元古代中粗粒变辉石角闪石岩;3—断裂;4—磷灰石矿体

4. 矿石特征

矿物成分:矿石矿物主要为磷灰石,脉石矿物主要为角闪石、绿泥石、绿帘石、透辉石、方解石、长石等,金属矿物为磁铁矿、黄铁矿、黄铜矿等。

化学成分:SiO_2 平均含量 47.45 %,属基性岩;P_2O_5 平均含量 4.24 %。

结构构造:中细粒粒状变晶结构、交代结构、纤维粒状变晶结构;浸染状构造、条带状构造、块状构造、细脉-串珠状构造。

5. 矿床成因

富含磷灰石的古元古代莱州序列中的辉石角闪岩为源于地幔的基性-超基性岩石(彭家疃单元),故该磷矿应属岩浆型矿床。

6. 地质工作程度

1975~1977 年,山东地矿局第六地质队于对彭家疃磷矿进行了地质普查勘探工作,基本查明了矿床地质特征,确认其为低品位大型磷矿床。

第四节　胶南地块与新元古代超基性岩浆活动有关的石棉-蛇纹岩(-镍)矿床成矿系列

与新元古代超基性岩浆活动有关的中温热液型(梭罗树式)石棉-蛇纹岩(-镍)矿产,规模较小、分布零星。石棉属建筑材料;蛇纹岩矿做为制钙镁磷肥用,并已为地方开采利用,做为耐火材料用,其储量也有远景。

蛇纹岩中普遍含有温石棉矿化和透闪石-阳起石石棉矿化,前者品位高、质量好,但矿化规模小,后者矿化分布较广,质量差,前人研究资料较少。

温石棉矿化呈横纤维脉状,纤维长度<2.5~5 mm,纤维细而柔软,坚固、劈分好、桡曲、松散性良好;透闪石-阳起石石棉矿化,呈纵纤维簇状、放射状集合体,纤维长度10~30 cm,颜色为白、银白、浅黄绿色,纤维粗,性脆,劈分差。

一、矿床区域分布

该成矿系列中与超基性岩有关的石棉-蛇纹岩矿床主要分布在胶南—荣成一带。透闪石-阳起石石棉矿化分布广,规模较大;主要分布在荣成的雨夼、二里周家,五莲小庄等地,威海白马也有类似的矿化分布。温石棉矿化在岩体中分布散,规模小;主要分布在日照梭罗树及滕家庄子胶南皂户及东龙古、威海白马及王家河等地。蛇纹岩矿体的原岩为辉石橄榄岩、橄榄岩、辉石岩,经区域变质作用形成蛇纹岩,主要分布在以上地区。

日照梭罗树温石棉矿品位较高,质量好,具中小型规模,是省内主要温石棉产地,可作为代表性矿床。

二、成矿地质构造背景

新元古代的地质事件是与罗迪尼亚超大陆聚合有关的陆-陆碰撞作用,形成了一条规模巨大的岩浆活动带。新元古代早中期(0.9~0.73 Ga),以出现同碰撞的S型和I型花岗岩为特征,形成雄伟的碰撞造山带,并在早期伴有基性-超基性岩浆活动。在南华纪形成梭罗树序列的变辉长橄榄岩(蛇纹岩)、变辉长岩、变角闪辉长岩,经后期的区域变质作用形成石棉、蛇纹岩(-镍)矿产。大地构造位置主要位于胶南隆起的南缘、威海隆起的东缘,在胶莱盆地南缘、沂沭断裂带及鲁中隆起区也有分布。

三、主要控矿因素

石棉-蛇纹岩(-镍)矿产于变质基性-超基性侵入岩中,主要控矿因素为岩浆控矿、构造控矿、热液变质作用控矿。① 岩浆控矿:矿体与橄榄石(蛇纹岩)岩关系非常密切,蛇纹岩矿体一般沿岩体走向呈串珠状分布,而石棉矿化在蛇纹岩中普遍存在。② 构造控矿:与成矿有关的基性岩体常分布在褶皱构造的轴部或近轴部的两翼,并明显的受断裂破碎带控制,破碎蚀变带中往往有石棉-蛇纹岩矿体分布。③ 热液变质作用控矿:蛇纹岩的形成与区域变质作用关系密切,区内的辉橄岩、橄榄岩、辉石岩及角闪石岩大部分蚀变为蛇纹岩,后经中温热液作用形成石棉。

四、控矿地质体区域分布

该系列矿床的主要控矿地质体为新元古代早期的基性-超基性岩,一般成群分布,但规模较小。其主要有日照梭罗树岩体群、莒南洙边-蝎子山岩体群、安丘温泉岩体群和乳山唐家-母猪岛岩体群;还分布在乳山南夼、贾家庄-王海庄、威海小七夼等,但规模相对较小。

日照梭罗树岩体群位于日照城区西南45 km的低山丘陵地区。在90 km^2范围内分布有60余个岩体,合计出露面积2.7 km^2。岩体大小不一,最大者达1.52 km^2,是省内最大的单个超基性岩体。岩体赋存在NNW向的复背斜构造的轴部及两翼,其形态、规模受褶皱构造控制,岩性以辉橄岩、橄榄岩为主。在后期的断裂构造作用下,形成角砾状蛇纹岩及温石棉,构造破碎带对石棉的形成起控制作用。

莒南洙边-蝎子山岩体群位于莒南县城南12 km处。在洙边、张连子坡、赵家坊前、殷家沟之间约160 km^2范围内分布有108个岩体,合计出露面积2.02 km^2。岩体赋存在甄家沟-清水涧穹状背斜构造的轴部及近轴部两翼,其形态、规模受褶皱构造控制。岩性以辉橄岩、橄榄岩为主体,均蚀变为蛇纹岩,约80个岩体赋存有温石棉矿体。

安丘温泉岩体群位于安丘城西南约12 km处,温泉—常家岭之间。7个岩体呈40°方向断续出露,合计出露面积0.02 km^2。其岩性以橄榄岩为主,局部有辉橄岩、橄辉岩,均已蚀变为蛇纹岩,岩体围岩为新太古代雁翎关组黑云斜长片麻岩、透闪片岩、石英角闪片岩夹磁铁石英岩组成的背斜构造。

乳山唐家-母猪岛岩体群位于乳山县城南7 km处。其岩性主要为含辉纯橄岩、辉橄岩、橄榄岩、辉石岩及角闪石岩。岩体侵入于唐家短轴背斜的轴部及近轴部两翼,约12 km^2范围内分布有40多个岩体。

五、代表性矿床地质特征

日照市梭罗树(梭罗树式)石棉矿床地质特征

1. 矿区位置

矿区位于日照城区西南40 km处,大地构造位置位于胶南隆起南缘的岚山凸起中。

2. 矿区地质特征

矿区出露地层为中元古界五莲群,岩性为黑云二长片麻岩夹浅粒岩,斜长角闪岩。侵入岩主要为南华纪梭罗树序列的超基性岩,主要岩性为斜辉辉橄岩、橄榄岩及辉石岩、角闪石岩和榴辉岩等。区内构造较为发育,主要有梭罗树背斜、梭罗树向斜、平山倒转背斜,这些褶皱构造与超基性岩及石棉矿化有着密切的成生关系。断裂构造主要发育有4组,NNE向断裂主要有姚沟断裂、滑石山断裂;NE向断裂主要有乱子岭断裂;NNW向断裂主要以大官庄断裂为代表,位于梭罗树背斜轴部,为一较宽的构造破碎带,与石棉矿化关系密切;NWW向断裂主要发育在矿区西部。

3. 矿体特征

矿体产于蛇纹岩中,赋存于强烈蛇纹岩化和岩体的边缘部位。在强蛇纹岩化带中,石棉矿化不均匀,往往呈矿化带出现。这些矿化带长短宽窄不一,相间平行排列。总方位大体与岩体长轴方向一致,矿体即赋存于矿化带中。区内石棉矿床可划分5个矿段,即乱子岭矿段、梭罗树矿段、狼山矿段、滑石山矿段和蔡家岗矿段,各矿段都有若干个矿体组成。以狼山矿段为例描述其矿体特征。

狼山矿段处于乱岭子-水车沟岩体的中段,此处岩体宽约450 m,石棉矿化带分布于岩体东侧150 m宽的范围内,长约400 m。中部无矿化,西接触带内虽有矿化显示,但构不成矿体。在上述矿化范围内,共圈出矿体35条(图10-9)。矿体呈脉状或透镜状,局部有分支复合、膨大狭缩现象,有的呈叠瓦状产出。矿体总体走向340°,倾向NEE,倾角65°~85°;矿体一般长50~200 m,平均厚度4.7 m,最厚15 m,最薄1 m;矿体沿倾斜延深20~170 m,平均100 m左右(图10-10)。

4. 矿石特征

矿物成分:除石棉外,脉石矿物主要为蛇纹石,蛇纹石含量因蛇纹石化强度不同而有所差异,近地表之蛇纹岩中,蛇纹石含量高达94 %,一般为80 %以上,深部新鲜岩石含量在30 %~60 %之间。其次为辉石、橄榄石,残留很少,多已蚀变成蛇纹石和滑石。次生蚀变矿物还有透闪石、阳起石、绿泥石、磁铁矿、方解石、菱镁矿等。

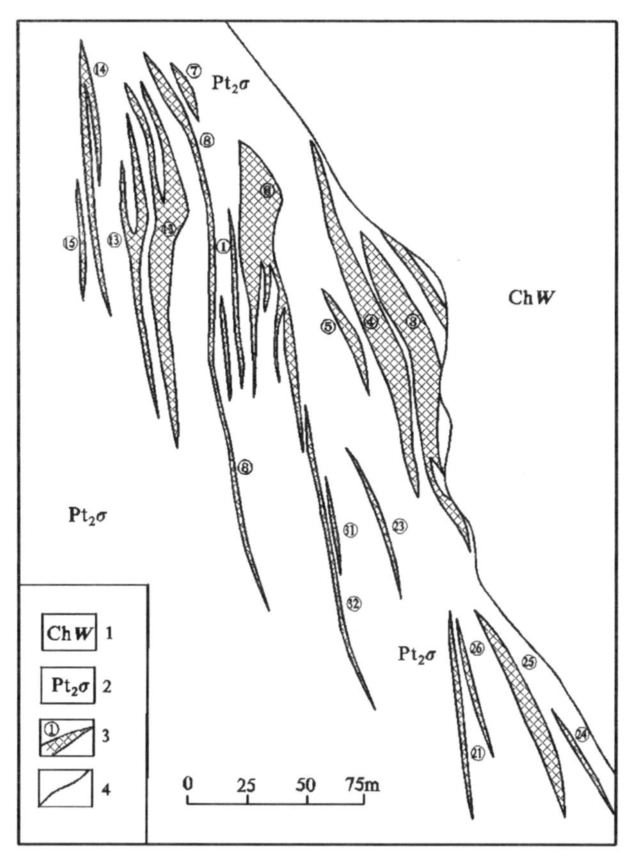

图 10-9 日照梭罗树石棉矿区狼山矿段-50 m 中段地质图

(据山东省非金属地质队,山东省日照县梭罗树石棉矿区狼山矿段储量核实报告,1979)

1—中元古代五莲群;2—中元古代变辉石橄榄岩;3—石棉矿体及编号;4—地质界线

化学成分:石棉化学成分较稳定,只是含铁量较高。MgO 含量为 39.05 %,SiO_2 含量为 39.77 %,Fe_2O_3 含量为 4.43 %,FeO 含量为 1.07 %。

结构构造:其主要结构为中细粒全晶质结构、变余他形粒状结构、残留结构、网状结构、纤维结构;以块状构造为主,片状构造次之。

5. 围岩蚀变

围岩蚀变主要有:蛇纹石化、碳酸盐化、透闪石化,其次为绿泥石化、滑石化、菱镁矿化等。蛇纹石化是主要的蚀变作用,分布相当普遍且较强烈,使原岩全部或部分蚀变。

6. 矿床成因

(1) 成矿物质来源

超基性岩发生强烈的蛇纹石化时,必须是在含 SiO_2 的碱性溶液作用下才能实现。这种溶液水是主要成分,同时还含有一定量的 CO_2,与橄榄石、辉石发生交代作用而生成蛇纹石、石棉、滑石和菱镁矿等。含 SiO_2,CO_2 的碱性热水溶液有 2 个来源:一是产于超基性岩本身的岩浆期后热液;二是岩体群附近的其他侵入体分异出的热液,携带 SiO_2 和 CO_2 沿成岩后的断裂构造上升、运移,进入岩体(蛇纹岩)与其发生蚀变交代作用,使早期形成的蛇纹石重结晶形成石棉。

(2) 受成矿构造控制

岩体形成严格受区域褶皱构造的控制,成矿作用主要受断裂构造的控制。较大的断裂,特别是处于岩体接触带的断裂是热液上升移动的通道,蛇纹岩内次级断裂裂隙是储矿的主要场所。

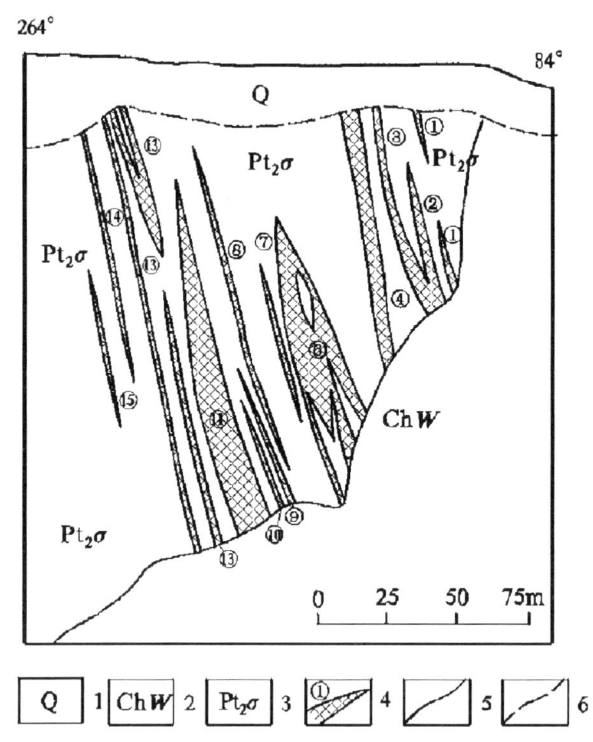

图 10-10 日照梭罗树石棉矿区狼山矿段第Ⅴ勘探线剖面图

(据山东省非金属地质队,山东省日照县梭罗树石棉矿区狼山矿段储量核实报告,1979)

1—第四系;2—中元古代长城纪五莲群;3—中元古代变辉石橄榄岩;

4—石棉矿体及编号;5—地质界线;6—推测地质界线

(3) 成矿温度

实验得知,温度在 250~300 ℃时,橄榄石在碱性热水溶液作用下,就可转变为蛇纹石和纤维蛇纹石,成矿温度应属中温热液。矿床类型属中温热液型蛇纹石-石棉矿床。

7. 地质工作程度及矿床规模

该矿自 1957 年发现到 1980 年间,山东省非金属矿床地质队、山东省地质局 816 队,先后做过大量的地质普查勘探和物化探工作,地质研究程度较高,已达到详查、勘探程度。认为该矿床不但储有较丰富的石棉矿产,也有非常可观的蛇纹岩矿产。梭罗树石棉矿累计探明石棉资源量达中型矿床。

第五节　山东地块与新元古代沉积作用有关的石灰岩、石英砂岩、观赏石矿床成矿系列

该节内包括 2 个新元古代成矿系列:鲁西地块与新元古代青白口纪—震旦纪沉积作用有关的石灰岩(水泥用)、石英砂岩(水泥用)、观赏石矿床成矿系列;胶北地块与新元古代震旦纪沉积作用有关的石灰岩(水泥用)、观赏石矿床成矿系列。

一、矿床区域分布

与新元古代沉积作用有关的矿产在全省均有分布。在鲁西地区主要出露在沂沭断裂带和沂水、莒

县等地，石灰岩（水泥用）、石英砂岩（水泥用）和观赏石主要产于新元古代青白口纪—震旦纪土门群中。土门群由下向上划分为黑山官庄组（石英砂岩矿）、二青山组、佟家庄组（砚石矿）、浮来山组和石旺庄组（石灰岩矿），其主要岩性为灰岩、泥灰岩、页岩、白云岩、砂质灰岩、石英砂岩、粉砂岩、藻灰岩。

鲁东地区主要分布在栖霞、蓬莱、龙口等地，其矿产主要产于南华纪—震旦纪蓬莱群中，地层普遍遭受低绿片岩相。蓬莱群由下向上划分为豹山口组（砚石矿）、辅子夼组（石英岩矿）、南庄组（大理岩矿）和香夼组（石灰岩矿），其主要岩性为板岩、大理岩、石英岩、千枚岩、泥灰岩、灰岩等。在胶莱盆地南缘五莲群坤山组中有少量石英砂岩和大理岩（水泥用）分布。

分布在鲁西地区与新元古代沉积作用有关的矿床有：产于土门群石旺庄组的矿床有莒县洛河石灰岩矿、产于黑山官组中的矿床主要有沂南黄山石英砂岩矿和苍山鲁城打磨山、鲁城平山石英砂岩矿、产于佟家组下部含粉砂质微晶灰岩中的矿床有莒县浮莱砚石矿和上部泥灰岩中的矿床有沂南徐公砚石矿。分布在鲁东地区与新元古代沉积作用有关的矿床有：产于蓬莱群香夼组上部的矿床主要有栖霞油家泊及马院山石灰岩矿（水泥用），产于豹山口组的矿床有蓬莱砣矶岛砣矶石砚。

浮来山砚石矿为含粉砂质的微晶灰岩，产于莒县城西约 10 km 的浮来山西南的砚疃村北。用它制成的砚台称“浮来山石砚”或“浮来山砚”。相传此地在历史上盛产砚石，故称“砚疃”。在地质构造方面，浮来山石产于白芬子-浮来山断裂旁侧的土门群佟家庄组下部。其岩性为暗绿色薄层状或透镜体状含粉砂质的微晶灰岩，石色绀青、褐黄、沉绿，由于多具有自然溶蚀边及制砚工艺中所称的“冰纹”，因而大放异彩。这种“冰纹”是沿岩层的不规则裂隙进行充填的褐色含铁质的方解石脉。砚石不仅质润理细，加工性能良好，而且与墨相亲，发墨有光。加上其“冰纹”和周边风化纹的存在，别有风趣。

徐公砚石矿产于沂南县青砣镇南徐公店附近的砚台沟，其赋存于土门群佟家庄组上部，地层产状平缓。山东省地质博物馆张希雨认为，徐公石多为自然形扁平石饼，大者直径约 30 cm，小者约 10 cm，厚约 10~13 cm。石饼周边有细碎石乳状天然纹饰。其颜色多种多样，有蟹盖青、鳝鱼黄、生褐、橘红色等。《临沂县志》称：“石可为砚，其形方圆不等，边生细碎石乳，不假人工，天趣盎然，纯朴雅观”。可见古人对徐公石的评价颇高。

砣矶砚矿产于烟台长岛县砣矶岛西海岸悬崖山泉水眼处，用它做成的砚台称为“砣矶砚”。砣矶石为千枚岩。张希雨认为砣矶石赋存地层为蓬莱群豹山口组，矿层走向 NW，倾角 60°，厚度 0.5~1 m 不等，夹于白色绢云母石英片岩中，延深到海下。砣矶石成分均一，质地致密，硬度 3~4 级，既不吸水，也不透水。其闪闪群星是岩石中所含的白色星点状分布的白钛矿所致，波浪状纹彩是千枚状构造所致，雪浪为其间所夹的石英片岩微层。该砚石成矿地质条件较好，储量较大。

二、成矿地质构造背景

新元古代的地质事件是与罗迪尼亚超大陆聚合有关的陆-陆碰撞作用，形成了一条规模巨大的岩浆活动带、构造活动带和古地震活动带。新元古代早中期（青白口纪—震旦纪），以出现同碰撞的 S 型和 I 型花岗岩为特征，形成碰撞造山带，在造山带北西侧——华北陆块南缘产生具前陆盆地性质的沂沭盆地。晋宁运动使华北板块与扬子板块发生汇聚，其后迅速分开，此时应力场为南北拉张，而沂沭断裂带作为构造的薄弱地带，发生地壳下沉，形成沂沭古海峡，其范围比现在大的多，控制了土门群的沉积。

新元古代中-晚期（南华纪—震旦纪）华北陆块与扬子陆块之间的挤压碰撞结束，地壳开始伸展减薄，形成产于造山后伸展环境的和具后继盆地性质的蓬莱盆地及具上叠盆地性质的石桥盆地，控制了蓬莱群的沉积。岚山头 A 型花岗岩的出现指示苏鲁造山带构造体制从碰撞造山转向伸展塌陷，形成五莲-莒南断陷盆地。

三、主要控矿因素

该成矿系列矿产主要产于沉积地层中，成矿因素主要受沉积环境控制。石英砂岩矿主要产于黑山官组底部石英砂岩中,岩石中交错层理、斜层理发育,石英含量约占 90 %,为滨海或水体较浅的浅海相沉积环境。

石灰岩矿(水泥用)主要产于石旺庄组中部,为清水碳酸盐岩沉积,总体代表潮下低能环境,为开阔台地相沉积环境。矿体规模一般较小,化学成分不稳定,CaO 含量较低,一般在 40 %~45 %之间; MgO 含量较高,一般在 4 %~8 %之间。矿石质量较好者,可作为水泥原料利用。

大理岩矿及石灰岩矿(水泥用)主要产于蓬莱群香夼组上部及南庄组中部,岩性为青灰色厚层灰岩或大理岩,其沉积环境为开阔台地相。矿体规模一般较大,化学成分较稳定,CaO 含量较高,平均为 49 %; MgO 含量较低,平均为 1.5 %。矿石质量较好,可作为水泥、熔剂和化工原料利用。

四、代表性矿床地质特征

栖霞市油家泊(燕地式)石灰岩(水泥用)矿床地质特征

1. 矿区位置

矿区位于栖霞城东北约 30 km 处,其西距臧格庄镇约 6 km。在地质构造部位上,居于胶北隆起北部之臧格庄凹陷内。

2. 矿区地质特征

矿区出露地层主要为蓬莱群南庄组和香夼组、早白垩世青山群及第四系;侵入岩主要为呈小岩株产出的中生代燕山晚期花岗闪长岩及闪长玢岩脉等;区内构造:地层呈总体为 NW 倾斜的单斜构造和 NW 向和近 EW 向的断裂构造。断裂构造对矿体的连续性有一定影响。

3. 矿体特征

矿体呈层状和似层状赋存于蓬莱群香夼组中,灰岩层即为矿体。矿体长一般>1 000 m,有的矿层长达 7 000 m;厚度一般在 200 m 左右,最厚可达 250~270 m。在矿体内有厚约 10~15 m 白云质灰岩夹层。

4. 矿石特征

矿物成分:以方解石为主,含量占 80 %~90 %;其次为白云石,含量占 5 %~10 %;此外,还含有少量石英、铁质、黏土矿物等。

化学成分:矿石中 CaO 平均含量 48.68 %,最高达 55.18 %; MgO 平均为 1.41 %,最低为 0.06 %; SiO_2 一般在 5 %左右(为矿石中所含微细石英所致,对水泥生产无害);K_2O 一般为 0.2 %;Na_2O 一般为 0.01 %~0.02 %。

结构构造:以微细粒结构为主,中—厚层块状构造。矿石类型主要为块状石灰岩,其次为条带状石灰岩及角砾状石灰岩。

第六节　胶南地块与新元古代岩浆作用有关的白云母、长石矿床成矿系列

在胶南隆起北部的新元古代花岗质片麻岩和中元古代五莲群出露区发育较多伟晶岩脉,这些伟晶岩脉中常有白云母、长石、稀土等矿化,在五莲、诸城等局部地区富集成矿。这些矿产主要在 20 世纪 80 年代开展过工作,除诸城桃行白云母矿工作程度达到勘探外,其他矿点均为踏查或调查程度。由于矿床规模不大、品位不高,开发利用价值不高,除白云母矿以往进行过开采(现已停采)外,其他矿点均未开发利用。

一、矿床区域分布

该成矿系列矿种主要分布于五莲、诸城等地的变质基底岩系中，产于侵入基底变质岩中的伟晶岩中，属一组与伟晶岩有关的矿床成矿系列，大地构造位置位于胶南隆起北缘。白云母在苏鲁造山带中广泛分布，主要产于荣成序列花岗质片麻岩和榴辉岩中，但由于其片径小、含量低，没有形成矿化，只有经过了伟晶岩阶段生长、富集的白云母才成为有利用价值的矿床，具有一定规模的矿床分布于诸城桃行、郜家沟等地。长石矿是伟晶岩中的钾长石富集而成，矿(床)点数量稀少，仅见于五莲河南村和日照市平山等地。

二、成矿地质构造背景

(一) 控矿构造

苏鲁造山带既是一条规模巨大的岩浆岩带，又是一条强烈的构造活动带。不同构造类型、不同构造层次的构造形迹交集在一起，以韧性剪切变形带为格架，构成了网结状、穹窿状、帚状及岩片叠覆构造格局，主要构造形迹分为挤压流动构造、片麻岩穹窿构造、逆冲构造、走滑构造、正滑构造和拆离滑脱构造6类，赋矿的伟晶岩脉往往沿韧性剪切带侵入。

(二) 新元古代侵入岩

苏鲁造山带新元古代侵入岩大量发育，部分赋矿的伟晶岩侵入到新元古代花岗质片麻岩中。其主要有3个侵入岩序列：① 荣成序列以二长花岗质片麻岩为主，岩体中常含较多变质表壳岩、镁铁-超镁铁质岩及榴辉岩包体；② 月季山序列以含角闪二长花岗质片麻岩为主，岩体内常保留变质变形较弱的地段，显示良好的变余花岗结构—花岗结构；③ 铁山序列早期为碱长花岗岩类，包括中细粒正长花岗质片麻岩、中粒正长花岗质片麻岩和中粗粒正长花岗质片麻岩；晚期为碱性花岗岩类，包括中粒含霓石花岗质片麻岩、中细粒含霓石花岗质片麻岩和中粒含霓辉花岗质片麻岩。

三、主要控矿因素

(1) 成矿大地构造背景

含矿的伟晶岩主要分布于苏鲁造山带胶南隆起的北缘，形成于强烈造山之后的挤压向伸展转换时期，主要在拉张背景下形成。

(2) 赋矿围岩

赋矿的直接围岩为花岗伟晶岩，伟晶岩的围岩有两大类，一类是中元古代五莲群，主要见于五莲县北部的坤山凸起上；另一类为新元古代花岗质片麻岩，在胶南隆起大范围分布。

(3) 控矿构造

在胶南隆起北缘分布一条具有伸展构造性质的韧性变形带——石门-薛家庄韧性变形带，为伟晶岩侵位提供了有利空间，沿该带断续赋存伟晶岩脉。石门-薛家庄韧性变形带西起诸城市康家岭，经大岳寺、桃园至胶南市前立柱、东台头一带，区内长37 km，宽0.5~3 km，其总体呈60°方向展布。

四、控矿地质体区域分布

该成矿系列矿种主要分布于胶南隆起北缘变质基底岩系中，赋矿岩系包括中元古代五莲群和新元古代花岗质片麻岩。新元古代花岗质片麻岩在苏鲁造山带中广泛分布，主要在胶南隆起北缘新元古代花岗质片麻岩分布区的韧性变形带附近赋存伟晶岩脉，其中在诸城荒山口—桃行集中分布着200~300条含矿花岗伟晶岩脉。白云母矿主要分布于诸城桃行、郜家沟等地的伟晶岩中，钾长石矿见于五莲河南村和日照市平山等地的伟晶岩中。

关于伟晶岩型矿床成矿系列的形成时代,目前尚没有可靠的数据和论证资料。根据伟晶岩侵入新元古代花岗质片麻岩及其后的韧性变形糜棱岩分析,伟晶岩形成于这些地质体之后;依据伟晶岩仅出露于胶南隆起变质岩系中推测,伟晶岩属变质基底岩系的组成部分,应当形成于造山带基底岩系隆升之前。据此,本文暂将伟晶岩及其内赋存的伟晶岩型矿床形成时代置于新元古代末。

五、代表性矿床地质特征

诸城桃行白云母矿床地质特征

1. 矿区位置

桃行矿区位于诸城市东南约 25 km,在地质构造位置上位于胶南隆起西北边缘,郝戈庄断裂南侧。矿区东起黄山口,西至桃林—柳家店一线;北起下六沟—吕乐沟,南至李子园—桃林东沟—线,面积约 60 km^2。

2. 矿区地质特征

矿区包括桃行矿段、郜家沟矿段、桃林东沟矿段和黄山口矿段等。本文以桃行矿段为特征进行描述。

矿区出露地质体主要为新元古代荣成序列花岗质片麻岩,有榴辉岩、变辉长岩、蛇纹岩等包体,也有燕山期闪长玢岩、石英斑岩、煌斑岩等岩脉侵入。伟晶岩脉成群出现,受岩性和构造裂隙控制。岩脉沿走向、倾向都有膨胀、收缩、分支、复合现象,膨胀部位为成矿有利地段。矿床赋存于花岗质伟晶岩中。

矿区构造较为复杂,变质基底岩系除遭受了褶皱和韧性剪切变形作用改造外,后期被断裂构造破坏,矿区北侧为郝戈庄断裂,东西两侧分别为石河头断裂和桃林断裂,矿区内发育一系列小规模断裂。

3. 矿体特征

花岗伟晶岩脉成群成带分布,主要出露在鲁山沟、黄山口、桃行、叩官一线,形成了一个呈 NE 向展布的长达 40 余千米的伟晶岩带。该带在桃林以西被中生代侵入岩和火山岩所隔,形成东西 2 个脉带。东带发育有桃行、黄山口、鲁山沟 3 个岩脉群。

桃行矿区总计有伟晶岩脉 2 000 余条,其中有 205 条具有不同程度的白云母矿化,矿脉约占伟晶岩脉的 10 %左右。其形态多为脉状,其次为串珠状、透镜状,具明显的膨胀狭缩、分支复合现象。桃行矿段矿脉一般长 30~60 m,最长 350 m,最短 2~3 m,脉厚一般为 0.5~1.5 m,最厚达 5 m,最窄仅几厘米。脉间距最密处为 10~20 m。桃行矿段含矿率一般为 10~50 kg/m^3,最高达 163.80 kg/m^3。

4. 矿石特征

矿物成分:矿石的主要矿物有微斜长石、更长石、钠长石、石英、白云母、黑云母等;副矿物有磷灰石、石榴子石、黄铁矿、方铅矿、锐钛矿、自然铅、锆石、榍石、绿帘石、褐帘石、金红石、重晶石、白钛矿、刚玉及辉石、角闪石等。

矿石矿物白云母主要与石英、钠长石或分别与其构成集合体分布于伟晶岩上盘或脉体膨胀部位,白云母呈斑杂状嵌布于上述集合体中,其含量由于矿化程度不均匀,亦有多寡之分。

矿区平均含矿(*原矿或生料云母*)率(*据 8 条矿脉统计*)为 77.85 kg/m^3,单样最高含矿率为 277.17 kg/m^3。

矿石结构构造:矿石结构以中粗粒结构、块体结构为主,其次有似文象结构、板柱状结构、细粒花岗结构;矿石构造以斑杂状构造、块状构造为主,少数呈带状构造。

5. 矿床成因

(1) 物质来源

岩浆型伟晶岩应是由硅铝层花岗质岩浆,侵入结晶和交代作用形成的。当花岗质岩浆受到内部压力作用时，它便沿褶皱轴部构造裂隙上升运移，在规模小，且具较好封闭条件的剪切或张性裂隙中，经缓慢的结晶分异作用，形成具细粒、文象结构的伟晶岩。该伟晶岩矿物成分主要为更长石、微斜长石和石英，次要矿物为黑云母和少量的白云母及磁铁矿等。在岩浆缓慢的结晶分异过程中，逐渐进入岩浆期后热液阶段。气水成分增加，挥发分富集，开始与早期结晶的矿物产生自交代作用。此时钠长石化、白云母矿化开始发育，微斜长石、更长石分别与热水反应，产生水解作用，生成白云母和石英。

（2）构造控矿

鲁山沟-桃行伟晶岩带严格的受早期褶皱“桃林-报屋顶背斜”的控制，而伟晶岩脉更严格的受断裂构造控制。变质岩系地层受强烈挤压产生褶皱，包含了许多紧密的倒转褶皱，当褶皱回返时，产生与其伴生的剪切和张性裂隙，这些裂隙成为矿液上升的通道和储矿的场所。

6. 地质工作程度及矿床规模

20 世纪 50~60 年代，山东昌潍专署地质局第二地质队、山东省地质厅 812 队、山东省地质厅第二综合地质大队、建材部地质总公司 502 队，先后在诸城桃行云母矿区开展普查、勘探工作，基本查清了胶南隆起西北边缘的诸城—五莲一带的伟晶岩型白云母矿、长石矿的区域分布特征，查清了桃行云母矿床地质特征和矿床规模；该云母矿属大型矿床。

参考文献

山东省地质矿产局.1990.山东省地质矿产科学技术志.济南:山东省地图出版社,279

山东省地质矿产局.1991.山东省区域地质志.北京:地质出版社,58-274

艾宪森,纪兆发,张钦文,等.1996.中国矿床发现史·山东卷.北京:地质出版社,200-208,288-230

曹国权,等.1996.鲁西早前寒武纪地质.北京:地质出版社,1-7,182-188

曹国权,王致本,张成基.1990a.山东胶南地质及其边界五莲-荣成断裂的构造意义.山东地质,6(1):1-15

曹国权.1990b.试论"胶南地体".山东地质,6(2):1-10

曹国权.2001.山东地质矿产工作的反思.山东地质,17(3/4):6-8

陈亮.2007.固阳绿岩带的地球化学和年代学.博士后出站报告.北京:中国科学院地质与地球物理研究所,1-40

陈衍景,刘丛强,陈华勇,等.2000.中国北方石墨矿床及赋矿孔达岩系碳同位素特征及有关问题讨论.岩石学报.16(2):233-242

陈正国,邱素梅.1996.山东平度斜长角闪岩—大理岩型滑石矿床的成因新认识.建材地质,(4):8-13

程裕淇,陈鑫,夏宪民,等.1980.中国主要铁矿类型及其区域成矿分析的一些新认识//国际交流地质学术论文集·3.成矿作用和矿床.北京:地质出版社,30-42

程裕淇,沈永和,曹国权,等.1994a.中国区域地质概论.北京:地质出版社,84-232

程裕淇,赵一鸣,林文蔚.1994b.中国铁矿床//宋叔和主编:中国矿床·中册.北京:地质出版社,401

程裕淇,赵一鸣,陆松年.1978.中国主要几组铁矿类型.地质学报,52(4):286-290

都城秋穗.1979.变质作用与变质带.周云生译.北京:地质出版社,222-235

高长亮,王公运,吕振山,等.2000.新泰地区绿岩型金矿及其成因探讨.山东地质,16(4):33-38

郭守国,何斌.1991.非金属矿产开发利用.武汉:中国地质大学出版社,82-93,148-150

黄翠蓉,1989.石墨的晶体结构与变质作用的关系.建材地质,(1):9-13

季海京,陈衍景,赵懿英.1990.孔兹岩系与石墨矿床.建材地质,(6):9-11

姜春潮主编.1987.辽吉东部前寒武纪地质.沈阳:辽宁科学技术出版社,42-45

孔庆友,张天祯,于学峰,等.2006.山东矿床. 济南:山东科学技术出版社,19-59,291-350,537-566,745-766

兰心俨.1981.山东南墅前寒武纪含石墨建造的特征及石墨矿床的成因研究.长春地质学院学报,(3):30-42

蓝廷广,范宏瑞,胡芳芳,等.2012.鲁东昌邑古元古代 BIF 铁矿矿床地球化学特征及矿床成因讨论.岩石学报,28(11):3595-3611

李殿河,赵伦华.1988.山东平度芝坊斜长角闪岩型滑石矿床的地质特征及成因.矿床地质,(2):170-175

李殿河.1990.李博士夼滑石矿矿床地质特征.矿床地质,9(2):176-181

李锋,孔庆友,张天祯,等.2002.山东地勘读本.济南:山东科学技术出版社,304-312

李驭亚,刘国春,郑宝鼎.1994.中国滑石矿菱镁矿矿床//中国矿床·下册.北京:地质出版社,497-538

李驭亚.1981.我国碳酸盐型滑石矿床成矿热液性质及其成因反应式的讨论.建材地质,(4):1-10

李驭亚.1987.中国的碳酸盐型滑石矿床.建材地质,(2):1-9

李志红,朱祥坤,唐索寒.2012.鞍山-本溪地区条带状铁矿的 Fe 同位素特征及其对成矿机理和地球早期海洋环境的制约.岩石学报,28(11):3545-3558

林润生,于志臣.1988.山东胶北隆起区荆山群.山东地质,4(1):13

刘浩龙,王国斌,熊群.1991.古陆边缘以沉积变质岩为容矿岩石的石墨矿床模式//裴荣富主编.中国矿床模式.北京:地质出版社,47-49

刘建文,于兆安,王来明.1998.山东省岚山头地区发现新元古代 A 型花岗岩.中国区域地质,17(3):331-333

刘振,艾宪森,吕昶,等.1993.山东省志·地质矿产志.济南:山东人民出版社,102-212

卢良兆,徐学纯,刘福来.1996.中国北方早前寒武纪孔兹岩系.长春:长春出版社,219-234

罗耀星,朱钧瑞,王耀坤.1989.从几个地质特征初步探讨大石桥晶质菱镁矿矿床成因.矿床地质,8(1):42-46

骆辉,陈志宏,沈保丰,等.2002.五台山地区条带状铁建造金矿地质及成矿预测.北京:地质出版社
马洪昌.1993.论粉子山群的划分与对比.山东地质,9(1):1-17
马云顺.1996.鲁西太古宙绿岩带地质特征∥山东省地质矿产局.山东地质矿产研究文集.济南:山东科学技术出版社,22-32
裴荣富,梅燕雄.2003.金属成矿省演化与成矿年代学——以华北地台北缘及其北侧金属成矿省为例.北京:地质出版社,1-3
乔秀夫,张安棣.2002.华北块体、胶辽朝块体与郯庐断裂.中国地质,29(4):337-344
沈保丰,骆辉,韩国刚,等.1994.辽北-吉南太古宙地质及成矿.北京:地质出版社,1-255
沈其韩,宋会侠,赵子然.2009.山东韩旺新太古代条带状铁矿的稀土和微量元素特征.地球学报,30(6):693-699
宋明春,焦秀美,宋英昕,等.2011.鲁西隐伏含铁岩系-前寒武纪济宁群地球化学特征及沉积环境.大地构造与成矿学,35(4):543-551
宋明春,崔书学,张希道.2000.鲁东榴辉岩构造年代学研究进展.地质科技情报,19(4)
宋明春,王来明,张京信,等.1996.胶南-文威碰撞造山带及其演化过程∥山东省地质矿产局.山东地质矿产研究文集.济南:山东科学技术出版社,51-61
宋明春,王沛成,梁帮奇,等.2003.山东省区域地质.济南:山东省地图出版社,618-928
宋明春,张京信,张希道.1998.山东胶南地区斜长花岗岩的发现.中国区域地质,17(3):273-277
宋明春.2009.山东省大地构造格局和地质构造演化.北京:地质出版社
谭冠民,莫如爵.1994.中国石墨矿床∥宋叔和主编.中国矿床·下册.北京:地质出版社,463-479
陶维屏.1988.胶东变质地体上非金属矿成矿的双重特征.建材地质,(1):3-8
陶维屏.1989.中国非金属矿床的成矿系列.地质学报,(4):324-337
王登红.2003.铂族元素矿床研究现状及对山东找铂矿的建议.山东国土资源,19(5):18-22
王继广,李静,李庆平,等.2013.鲁西地区缘岩带型金矿及其矿源层探讨.地质学报,87(7):994-1004
王克勤,1988.山东南墅石墨矿床地质特征及矿床成因的新认识.建材地质,(6):1-9
王克勤,1989.石墨矿物的一些基本性质与变质程度关系初探.建材地质,(6):11-17
王来明,宋明春,刘贵章,等.1996.鲁东榴辉岩的形成与演化∥山东省地质矿产局.山东地质矿产研究文集.济南:山东科学技术出版社,39-50
王来明,宋明春,王沛成,等.2005.苏鲁超高压变质带的结构与演化.北京:地质出版社,126
王沛成,张成基.1996.鲁东地区元古宙中深变质岩系非金属含矿变质建造.山东地质,12(2):1-47
王世进,万渝生,宋志勇,等.2013 鲁西地区新太古代早期岩浆活动.山东国土资源,29(4):1-7
王世进,万渝生,张成基,等.2008.鲁西地区早前寒武纪地质研究新进展.山东国土资源,24(1)
王松涛,高美霞,万中杰,等.2007.山东昌邑东部地区古元古代变质沉积型铁矿地质特征.山东国土资源,23(1):45-48
王伟,王世进,郭敦一,等.2010.鲁西新太古代济宁群含铁岩系形成时代——SHRIMP U-Pb 锆石定年,岩石学报,26(04):1176-1181
王伟,杨恩秀,王世进,等.2009.鲁西泰山岩群变质枕状玄武岩岩相学和侵入的奥长花岗岩 SHRIMP 锆石 U-Pb 年代学.地质论评,55(5):738-744.
温克勒.1984.变质岩成因.北京:科学出版社,106
吴春林,张福生.1995.辽河群孔达岩系原岩建造及沉积环境分析.辽宁地质,(4):298-304
徐秉衡.1998.山东菱镁矿∥张天祯等.山东非金属矿地质.济南:山东科学技术出版社,277-284
杨振宇,沈渭洲,郑连弟.2009.广西来宾蓬莱滩二叠纪瓜德普统-乐平统界线剖面元素和同位素地球化学研究及地质意义.地质学报,83(1):1-15
杨子亭.1991.红柱石蓝晶石矿石性质及选矿工业研究.非金属矿,(1):11-13
姚培慧,王可南,杜春林,等.1993.中国铁矿志.北京:冶金工业出版社
于志臣.1996.胶北西部平度、莱州一带粉子山群研究新进展.山东地质,12(1):24-34
曾广湘,吕昶,徐金芳.1998.山东铁矿地质.济南:山东科学技术出版社,4-139
翟明国.2010.华北克拉通的形成演化与成矿作用.矿床地质,29(01)
张成基,焦秀美,李世勇,等.2010.济宁群大量变质碎屑岩和碳质岩的发现及地层划分.山东国土资源,26(7):1-3

张连昌,张晓静,崔敏利,等 2012.华北克拉通前寒武纪 BIF 铁矿研究进展与问题.岩石学报,28(11):3431-3445

张天祯,石玉臣,王鹤立,等.1998.山东非金属矿地质.济南:山东科学技术出版社,283-300,301-314

张天祯,王鹤立,石玉臣,等.1996.山东地壳演化阶段中非金属矿床含矿建造.山东地质,12(2):5-30

张增奇,刘明渭主编.1996.山东省岩石地层.武汉:中国地质大学出版社,42-83

章少华,蔡克勤,袁见齐.1992.中国滑石矿床的含矿建造类型.矿床地质,11(1):85-91

赵震.1993.从碳、氧同位素组成看蓟县元古宙碳酸盐岩特征.沉积学报,13(3):46-53

周世泰.1995.太古宙活动带与 BIF 有关的(鞍山式)铁矿床模式//裴荣富主编:中国矿床模式.北京:地质出版社,37

朱国林.1986.菱镁矿矿床//赵东甫主编.非金属矿床.北京:地质出版社,85-99

朱杰.2004.五莲坤山透辉岩矿地质特征.山东国土资源,20(1):13-16

Hatch J R and Leventhal. 1992. Reiationship hetween inferred redox potentiad of the depositionai environment and geochemistry of the vpper pennsylvanian (Missourian) Stark Shale Member of the Dennis Limestone, Wabaunsee County Kansas, U.S.A.Chemical Geology, 99(1-3):65-82

Jones B and Manning D A S.1994.Comparison of geochemical indices used for the inrenpretation of palaeoredox conditions in ancient mudstones Chemical Geology, 111(1-4):111-129

第三篇　山东古生代矿床成矿系列及其形成与演化

山东陆块在古生代时进入到陆表海发展阶段，在290 Ma左右（541.0~252.2 Ma）的地质历史时期中，历经加里东期（541.0~416.0 Ma）和华力西期（416.0~252.2 Ma）2个发展旋回，其总体上与华北板块地质演化格局一样，一直处在稳定发展的地质进程中。在这个发展阶段中，鲁东地区与鲁西地区的地质发展各具特点，地质景观迥异。

鲁东地区在陆内挤压造山作用控制下，地壳抬升，海盆闭合，前期地层发生褶皱，强烈的陆内挤压作用致使古元古代等沉积岩系发生高压绿片岩相变质作用；陆块长期遭受剥蚀。

鲁西地区在加里东期，遭受由南向北的海水入侵，整体成为陆表浅海，形成了浅海陆棚环境的以碳酸盐岩为主、包括碎屑岩、蒸发岩等沉积建造（寒武纪—奥陶纪长清群、九龙群、马家沟群），以及受控于这套海相沉积建造的石膏、石英砂岩（玻璃用）、石灰岩（水泥、熔剂、化工、制碱用）、天青石等多种矿产；构成了“鲁中地块与寒武纪—奥陶纪海相碳酸盐岩-碎屑岩-蒸发岩建造有关的石灰岩、石膏、石英砂岩、工艺料石、天青石矿床成矿系列”。此阶段，山东陆块岩浆侵入活动十分微弱，显示着地台发展特点。只是于晚奥陶世，在鲁中局部地区有幔源低碱偏钾镁质超镁铁质岩浆——金伯利岩浆沿深大断裂（沂沭断裂带西旁侧断裂）爆发侵入，在蒙阴常马庄、西峪、坡里地区形成众多的、规模不同的管状、脉状状含金刚石金伯利岩体，形成了著名的蒙阴常马庄、西峪等重要金刚石矿床；构成了“鲁中地块与加里东期超基性岩浆活动有关的金伯利岩型金刚石矿床成矿系列”。

在中奥陶世末，加里东运动使鲁西地区上升为陆，直至早石炭世，致使该区缺失晚奥陶世至早石炭世沉积，而长期遭受风化剥蚀。至晚石炭世，鲁西陆块整体下沉，沦为广袤浅海。由于当时地壳振荡频繁，海水反复进退，因此形成了滨海沼泽、潮坪、潟湖、碳酸盐台地等相间出现的海陆交互相沉积（石炭纪—二叠纪月门沟群及石盒子群）；形成了煤、耐火黏土-铝土矿（含镓）、石英砂岩（水泥-玻璃用）、高岭土、硫铁矿、膨胀黏土岩等矿产；构成了“鲁西地块与石炭纪—二叠纪海陆交互相碎屑岩-碳酸盐岩-有机岩建造有关的煤（-油页岩）、铝土矿（含镓）-耐火黏土、铁、石英砂岩矿床成矿系列”。

鲁西地块至二叠纪晚期，受华力西运动影响，地壳隆升，陆缘海稳定发展阶段结束，与鲁东地块一起进入了一个新的地质历史时期——滨太平洋发展阶段。

Part.3 The Paleozoicminerogenetic series and their formationandevolution

Shandong block was in epicontinental sea development stage during Palaeozoic. During a long geological history period of almost 300 Ma (541.0~ 252.2 Ma), it has experienced two development cycles as Caledonian (541 ~ 41.6 Ma) and Variscan (41.6 ~ 2.522 Ma). In general, it has the same geological evolution framework with the North China plate, and has been in stable geological development stage. During this stage, geological development in Ludong area and Luxi area has different caracteristics and geological landscapes.

Under the control of continental extrusion and orogeny, crust uplift, basin closed, strata folded in early period in Ludong area. Strong intracontinental compression made Paleoproterozoic sedimentary rocks produce high-pressure greenschist facies metamorphism, and blocks had suffered long-term erosion.

During Caledonian period, Luxi area became the overall shallow sea on land surface due to seawater intrusion from south to north, and formed a shallow shelf environment sedimentary formation which carbonate rocks was main components, accompanying with clastic rocks and evaporites (Cambrian-Ordovician Changqing group, Jiulong group, Majiagou group), and many kinds of mineral deposits as gypsum, quartz sandstone (glass using), limestone(cement, flux, chemical industry, alkali using), celestite, and so on controlled by marine sedimentary formation. It constituted the "limestone, gypsum, quartz sandstone, process ashlar, celestine deposit minerogenetic series in Luzhong block related to Cambrian-Ordovician marine carbonate rock and clastic rock-evaporite formations".

In this stage, magmatic activities was very weak, Shandong block showed the development features of the platform. Only in the late Ordovician, mantle-derived low alkali potassium magnesium ultramafic magma--kimberlite magma intruded along deep fault (west fault beside Yishu fault belt) in partial region of Luzhong area. Numerous and different sizes of tubular and vein like containing diamond were formed in Changmazhuang aera in Mengyin and Xiyu area. It formed kimberlite type diamond minerogenetic series of ore deposits in Luzhong block related to Caledonian ultrabasic magma intrusion activities" .

In late Middle Ordovician period, Caledonian movement made Luxi area rise until the Early Carboniferous. It caused the lack of sedimentary from Late Ordovician to Early Carboniferous Cretaceous, and made this area suffer long-term weathering and denudation.

In Late Carboniferous, Luxi block depressed in general, and became vast shallow sea. Due to frequent crust shock and repeated retreat of sea water, formed marine-terrigenous facies which coastal marshes alternating with tidal flat, lagoon and carbonate platform(carboniferous-Permian Yuemengou group and Shihezi group), formed minerals as coal, refractory clay-bauxite

(containing gallium) , quartz sandstone (cement and glass using) , kaolinite, pyrite, expansion diagenetic clay; and constituted "coal (-oil shale), bauxite (containing gallium)-refractory clay, iron, quartz sandstone deposit minerogenetic series in Luxi block related to Carboniferous-Permian marine-terrigenous facies clastic rocks-carbonate rocks-organic rock construction ".

In late Permian, due to the effect of Variscian movement, crust uplift, and stable development of epicontinental sea ended. Ludong and Luxi block came into a new geological history--circum Pacific development stage..

第十一章　山东古生代矿床成矿系列综述

第一节　古生代成矿地质背景与地壳演化 …… 216
一、成矿地质背景 …… 216
二、地壳演化过程 …… 216
三、古生代主要成矿作用 …… 217
第二节　古生代矿产区域分布特征 …… 218
一、矿产形成时代 …… 218
二、矿床区域分布 …… 219
第三节　古生代矿床成矿系列划分 …… 220
一、早古生代成矿系列 …… 221
二、晚古生代矿床成矿系列 …… 221

处于陆缘海发展阶段的山东古生代，发育着海相碳酸盐岩-碎屑岩-蒸发岩建造、海陆交互相碎屑岩-碳酸盐岩-有机岩沉积建造和幔源金伯利岩建造，以及受这些沉积及岩浆建造控制的煤、金刚石、铝土矿-耐火黏土矿、优质石灰岩等重要矿产资源；由此构成了山东寒武纪—奥陶纪（*以优质灰岩、铝土矿为主*）和石炭纪—二叠纪（*以煤为主*）2个沉积成矿作用成矿系列、1个岩浆成矿重要成矿系列。

第一节　古生代成矿地质背景与地壳演化

一、成矿地质背景

山东省古生代地层分布在沂沭断裂带内及以西地区，鲁东地区缺失这一阶段的地层。古生代时，鲁西地区属华北板块陆缘海盆地，以奥陶系与石炭系之间的不整合面为界，下古生界以较稳定的海相沉积为主，上古生界则显示海陆交互的沉积特点。

早古生代，鲁西地区沉积相以浅海相为主体，滨海相多出现于早寒武世，沉积-构造古地理格局的总趋势是东深西浅。进入晚古生代，沉积-构造古地理格局发生重大变化，构造活动趋于活化，开始为缓慢沉降，很快便转为缓慢隆升，从海陆交互相沉积转为陆相沉积。上奥陶统与上石炭统之间虽然在区域上呈小角度不整合，但从奥陶纪纯碳酸盐广布的海相沉积，转变为早石炭世以紫红色—灰黄色砂泥质夹海相灰质沉积及二叠纪以河流、湖沼及湖相的全陆相沉积，表明陆源物质有大量来源，陆源区与沉积区交织，盆-岭结构有重大变化。

二、地壳演化过程

山东古生代包括加里东期（541.0~416.0 Ma）和华力西期（416.0~252.2 Ma）2个构造发展旋回，即古生代地壳演化发展阶段的2个亚阶段。加里东期早期，山东陆块以差异性升降活动为主，岩浆侵入活动十分微弱，显示着地台发展特点。由于沂沭断裂带的张剪性活动，致使鲁东地区持续稳定隆升；鲁西地区则由隆升转为非均衡性沉降，加之其处在被动大陆边缘，海水几经进退，形成了早古生代以碳酸盐为主的海相地层和晚古生代碎屑岩-有机岩为主的海陆交互相地层（*宋明春*，2008；*王世进*，2014）。

（一）早古生代陆表海沉积亚阶段（541.0~416.0 Ma）

隆升后的鲁西陆块，直至早寒武世沧浪铺期，自东南向西北方向海侵逐步扩展，形成东南厚西北薄的陆地边缘-台地相的滨浅海陆源碎屑-碳酸盐沉积(寒武纪长清群),超覆不整合于古陆壳或不整合于青白口纪—震旦纪土门群之上。自中寒武世张夏期海水扩大加深,直至早奥陶世道保湾期,形成一套以碳酸盐岩为主夹页岩等内源碎屑岩的台地边缘相、开阔浅海-深海相沉积(寒武纪—奥陶纪九龙群)。其间,于龙王庙期发生了古地震事件,在馒头组石店段和下页岩段形成了震积层;于长山期和凤山期经历了多次风暴事件,形成了炒米店组砾屑灰岩等风暴岩。

受怀远运动的影响,自中寒武世张夏末期开始,华北陆壳由南而北逐步海退成潟湖,形成了穿时的地层单元——三山子组白云岩;鲁西地区则是从早凤山期开始由东南向西北逐步海退,直至早奥陶世道保湾期末,全部隆起成陆,经受了短暂剥蚀。

受加里东前期运动的影响,从中奥陶纪大湾早期地壳沉降,海水入侵,直至晚奥陶世,形成了白云岩与灰岩相间出现的潟湖-开阔浅海的3个明显的海侵沉积旋回的马家沟群。此时地壳相对平静,仅在中晚奥陶世期间,幔源低碱偏钾镁质超镁铁质岩浆在泰山-蒙山隆起的蒙阴地区爆发侵入,形成了含金刚石金伯利岩(常马庄单元),这是迄今所知,山东陆块仅有的岩浆活动事件(曹国权等,1996;宋明春等,2008;张增奇等,2013;王世进,2013)。奥陶纪末(加里东旋回中期),鲁西地区隆升为陆,海水尽退,遭受长期风化剥蚀。

(二) 晚古生代海陆交互相-陆相沉积亚阶段(416.0~252.2 Ma)

陆缘海发展阶段的后期——华力西期,是潘基亚联合古陆形成的顶峰时期。泥盆纪—早石炭世期间,鲁西地区仍然处于隆起环境,遭受剥蚀,缺失沉积。在NW—SE向挤压应力制约下,由于NW向断裂继承性活动,形成一系列NW向山间盆地雏形。晚石炭世早期,受华力西运动影响,地壳再度沉降,海水沿陆缘山前盆地由东向西逐步侵入,并逐步向东南方向海退;至早二叠世结束,此时地壳震荡频繁,海水进退无常,沉积了海陆交互相的含铝、煤夹碳酸盐岩组合(石炭纪—二叠纪月门沟群);早二叠世晚期,华力西运动迫使鲁西地区隆升为陆,海水退出,仅在陆缘山前盆地内形成一套湖泊-河流相含铝碎屑岩沉积(中-晚二叠世石盒子群)。二叠纪末,受华力西运动影响,地壳隆升,遭受短暂的剥蚀。陆缘海稳定发展阶段至此结束。

三、古生代主要成矿作用

(一) 沉积成矿作用

古生代时,山东的沉积物总体为克拉通泛大陆盆地内的海相稳定型盖层沉积,形成一些海相-海陆交互相非金属及能源矿床含矿建造,是此期的突出特点(张天祯等,1996,2006)。在此大阶段中,总体上,鲁东隆升遭受剥蚀;鲁西沉降为海,之后海水退出,由海陆交互相转为陆相沉积。

自早寒武世,鲁西地区首先沿沂沭海峡下沉,而后海侵由东南向北西超覆,在这个滨海陆屑滩(砂砾岩)相环境下,造成了李官组碎屑沉积,形成了寒武纪早期的沉积型优质玻璃用石英砂岩矿。从龙王庙期到凤山期及至早奥陶世,地壳逐渐下沉,海侵继续向北西扩大,鲁西地区与华北海连成一体。此阶段,鲁西地区总体处在局限海潮上-潮间带萨布哈及潮间带-浅潮下带环境下,形成了一套碳酸盐岩、碎屑岩等的岩石组合(朱砂洞组、馒头组、张夏组、崮山组、炒米店组、三山子组)及其中的石膏(朱砂洞组、馒头组中)、天青石(朱砂洞组中)、水泥灰岩(张夏组中)、白云岩(三山子组中)及燕子石、砚石、木鱼石等观赏石(馒头组、崮山组中)等矿产。早奥世陶到中奥陶世为局限台地潟湖与开阔台地潮间-浅潮下带交替环境,形成马家沟群,自下而上为东黄山组-北庵庄组、土峪组-五阳山组、阁庄组-八陡组构成3个明显的海进沉积旋回,每一旋回都有海侵高潮,相间形成了与此相关的石膏(东黄山组、北庵庄组、阁庄组中)及优质石灰岩矿(北庵庄组、五阳山组、八陡组中),以及红丝石等观赏石矿(北庵庄组中)。

晚石炭世,鲁西地区位于滨海地带,加之地壳振荡频繁,海水反复进退,因此形成了滨海沼泽、潮坪、潟湖、碳酸盐台地等相间出现的海陆交互相沉积环境。当时气候温暖潮湿,植物十分茂盛,海洋生物也很丰富,且属华北海与扬子海混生生物群。形成了铁铝岩及碳酸盐岩、碎屑岩等的岩石组合(本溪组)及其中的铝土矿(含镓)-耐火黏土矿(G层)、煤矿及山西式铁矿等矿产。石炭纪晚期—二叠纪早期,鲁西地区上升为陆,早期形成了主要为浅海沼泽相-内陆沼泽相沉积(太原组、山西组)及其中的煤(主成煤期)、油页岩、膨胀黏土岩等矿产;二叠纪中晚期形成了以河流相-河湖相碎屑岩为主的岩石组合(石盒子群)及其中的耐火黏土-铝土矿(A及B层)、石英砂岩(水泥及玻璃用)、薄煤层等矿产。

(二)岩浆成矿作用

赋存金刚石的金伯利岩,是一种源自地幔的偏碱性超基性岩浆,在适当的地质环境下,沿断裂构造上侵,并将其裹携的、在地壳深处形成的金刚石带到地壳浅表,形成金刚石原生矿床(R·H·米切尔,1987)。

山东金伯利岩集中分布在蒙阴县境内,呈脉状及管状产出,分布在常马庄、西峪、坡里3个岩带中。Dobbs等(1994)对金伯利岩中的钙钛矿进行了U-Pb测年,得到的年龄值为465±8 Ma,这与张宏福等(2007)测得到的金伯利岩中金云母Ar-Ar年龄近于一致(466.3±0.3 Ma和464.9±2.3 Ma),表明蒙阴金伯利岩型金刚石矿床形成于中-晚奥陶世。

第二节　古生代矿产区域分布特征

一、矿产形成时代

鲁西地区古生代时,除幔源岩浆作用形成的金伯利岩型金刚石原生矿而外,由于经历了一系列的化学沉积、生物沉积、碎屑沉积,以及腐植堆积等地质作用,形成了海相-海陆交互相-陆相地层及一系列能源、金属和非金属矿产(表11-1,图11-1)。

表11-1　鲁西地区古生代沉积岩相及主要矿产

年代		地层单位			沉积岩相	主要矿产	矿床规模
古生代	华力西期	二叠系	石盒子群	孝妇河组	内陆河湖相		
				奎山组	内陆河湖相	石英砂岩(玻璃、水泥用)	中-大型
				万山组	内陆湖泊相	A层硬质耐火黏土-铝土矿,B层铝土矿	中-大型
				黑山组	内陆湖泊相	煤线、薄煤层	
			月门沟群	山西组	内陆沼泽相	煤矿,油页岩,膨胀黏土矿,黄铁矿	中-大型
		石炭系		太原组	浅海沼泽相及浅海相	煤矿,膨胀黏土矿,高岭岩,铁矿,砚石	中-大型
				本溪组	滨海至浅海相	G层铝土矿(含镓)-硬质耐火黏土矿,F层软质耐火黏土	中型
	加里东期	奥陶系	马家沟群	八陡组	开阔台地相及潮上带潟湖相	灰岩(水泥、熔剂、化工、制碱用)、砚石	大型
				阁庄组		石膏、白云岩	中型
				五阳山组		灰岩(水泥、熔剂、化工、制碱用)、饰面材料	大型
				土峪组		石膏、白云岩(熔剂、炼镁)	中型
				北庵庄组		灰岩(水泥、熔剂、化工、制碱用)	大型
				东黄山组		石膏、白云岩(熔剂、炼镁)	中型
			九龙群	三山子组	局限台地潟湖相	白云岩(熔剂、炼镁)	中-大型
		寒武系		炒米店组	浅海相 台地边缘礁、滩相	灰岩(水泥用)、饰面材料	中-大型
				崮山组		燕子石	
				张夏组		灰岩(水泥用)	中-大型
			长清群	馒头组	滨海至浅海相	石膏、木鱼石、砚石	小型
				朱砂洞组	滨海至浅海潟湖相	石膏、天青石、白云岩、石灰岩	中型
				李官组	滨海陆屑滩相	石英砂岩(玻璃用)、海绿石	大型

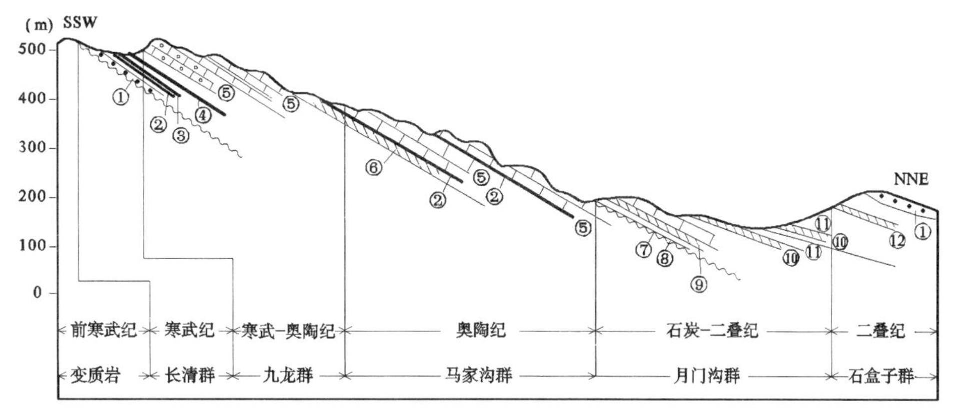

图 11-1　鲁西地区古生代沉积岩系含矿性分布剖面示意图

(据《山东矿床》修改,2006)

①—石英砂岩;②—石膏;③—木鱼石;④—天青石;⑤—石灰岩;⑥—白云岩;⑦—A 层硬质耐火黏土-铝土矿;⑧—山西式铁矿;⑨—软质耐火黏土;⑩—膨胀黏土;⑪—煤层;⑫—G 层铝土矿-硬质耐火黏土

(一) 加里东期形成的矿产

加里东期的矿产包括寒武纪与沉积作用有关的石灰岩矿(水泥用)、石膏矿、石英砂岩矿(玻璃用)、白云岩矿(熔剂)、天青石矿,以及木鱼石、燕子石、砚石等工艺料石;奥陶纪与沉积作用有关的石灰岩(水泥、熔剂、化工制碱、脱硫用)、石膏、白云岩(熔剂、炼镁原料)和砚石、园林石等观赏石,以及与岩浆作用有关的金伯利岩型金刚石原生矿。

石灰岩主要赋存于鲁西地区的寒武纪九龙群张夏组和奥陶纪马家沟群中;石膏矿床为海相沉积矿床,主要赋存于寒武纪长清群朱砂洞组、馒头组和奥陶纪马家沟群的东黄山组、土峪组及阁庄组中;石英砂岩主要赋存长清群李官组中;白云岩集中于寒武纪朱家洞组、寒武纪—奥陶纪三山子组和奥陶纪马家沟群中;天青石矿赋存于长清群朱砂洞组丁家庄白云岩段。另外,木鱼石、砚石和园林石等观赏石形成于该阶段的沉积建造中。燕子石为三叶虫化石,主要赋存于九龙群崮山组中。金刚石原生矿赋存于加里东期金伯利岩岩脉及岩管中。

(二) 华力西期形成的矿产

华力西期形成的矿产,主要包括石炭纪与沉积作用有关的煤、G 层铝土矿(含镓)-硬质耐火黏土、F 层软质耐火黏土、高岭土、膨胀黏土岩、砚石,以及铁矿(山西式)等;二叠纪与沉积作用有关的煤、油页岩、A 层耐火黏土-铝土矿、B 层铝土矿、硫铁矿、石英砂岩、膨胀黏土岩等。

石炭纪—二叠纪是山东重要的成煤期,山东绝大部分煤炭资源赋存在石炭系—二叠系中。煤矿床主要赋存于石炭纪—二叠纪太原组和二叠纪山西组内。鲁西地区石炭纪—二叠纪含煤地层中常有数层铝土矿和耐火黏土矿。铝土矿质量好、分布广者有 2 层;一层为石炭纪本溪组底部的 G 层铝土矿,赋存于本溪组下部的湖田铁铝岩段中;另一层为赋存于二叠纪万山组中的 A 层铝土矿。耐火黏土主要赋存于石炭纪本溪组和二叠纪万山组中。在鲁西地区的石炭纪—二叠纪地层中赋存有十余层硬质高岭土。硬质高岭土矿层多与煤层共生,主要以煤层夹矸或底板形式存在。

二、矿床区域分布

山东古生代矿床成矿专属性明显,不同矿种受控于不同的地层或岩性,因此矿床的分布与地质体的分布密切相关。不同地域、不同构造环境、不同构造单元的地质体组成不同,相应的出现不同的矿床组合,甚至形成各具特色的成矿区带。

山东石灰岩矿广泛分布于鲁西地区的寒武纪—奥陶纪海相碳酸盐岩沉积建造中,出露地表的局限于沂沭断裂带内及其以西的鲁西隆起区的山区。古生代的石膏矿床为海相沉积矿床,主要分布在鲁西隆起区的山区部分,如济南长清、历城,淄博博山、沂源及泰安新泰、枣庄地区。石英砂岩矿为滨海砂质碎屑岩相沉积建造,分布于靠近郚部-葛沟断裂东(沂沭断裂带内)、西两侧的沂南蛮山、孙祖和临沂李官等地。白云岩矿建造相应层位在鲁西山区分布较为广泛。“木鱼石”在长清张夏一带称“木纹石”,赋存于寒武系馒头组,岩性为紫色中厚层含粉砂泥质白云岩及紫红色纹层状含粉砂云泥岩(张天祯等,1996)。砚石类主要分布于鲁中山区。

金刚石原生矿分布于蒙阴县地区的常马庄、西峪和坡里金伯利岩带中。矿床赋存于金伯利岩岩脉和岩管中。

产于太原组的煤矿主要分布于淄博、章丘、枣庄、新泰、宁阳、肥城及黄河北等地,产于山西组的煤矿主要分布于鲁西南地区。铝土矿主要集中于淄博、枣庄、新泰、临沂、宁阳等地古生代沉积盆地的边缘。耐火黏土矿主要分布于淄博—章丘一带。高岭土矿主要发育于鲁中地区的煤系地层中。

第三节　古生代矿床成矿系列划分

依据山东地块古生代大地构造环境、含矿沉积建造、含矿岩浆建造,以及古生代矿产分布及矿床特征等因素,将山东古生代矿产划分出3个主要成矿系列(表11-2)。

表11-2　山东古生代矿床成矿系列

<table>
<tr><th colspan="3">成矿旋回</th><th colspan="2">成矿系列名称</th><th>主要成矿地质作用</th><th>含矿建造(岩系)</th><th>产出构造部位</th><th>成因类型</th><th>矿床式</th><th>代表矿床</th></tr>
<tr><td rowspan="4">古生代</td><td>石炭纪—二叠纪</td><td>华力西期</td><td colspan="2">鲁西地块与石炭纪—二叠纪海陆交互相碎屑岩-碳酸盐岩-有机岩建造有关的煤(-油页岩)、铝土矿(含镓)-耐火黏土、铁、石英砂岩矿床成矿系列</td><td>海陆交互相-陆相沉积 变质</td><td>碎屑岩-碳酸盐岩-有机岩建造 月门沟群</td><td>鲁西地块古生代盆地内</td><td>生物化学沉积-变质型
滨海沉积型
陆相湖沼-河湖相沉积型</td><td>巨野式(煤-油页岩)
湖田式(铝土-耐火黏土)
西冲山式铝土-耐火黏土-石英岩矿床</td><td>巨野煤田
淄博湖田铝土(含镓)-耐火黏土矿床
淄博西冲山铝土矿-耐火黏土-石英砂岩矿床</td></tr>
<tr><td>奥陶纪</td><td rowspan="3">加里东期</td><td colspan="2">鲁中地块与加里东期超基性岩浆活动有关的金伯利岩型金刚石矿床成矿系列</td><td>金伯利岩岩浆侵爆</td><td>金伯利岩建造</td><td>鲁中地块近沂沭断裂带的断裂构造发育区</td><td>(金伯利)岩浆型</td><td>常马庄式金刚石矿床</td><td>蒙阴王村金刚石矿床</td></tr>
<tr><td rowspan="2">寒武纪—奥陶纪</td><td rowspan="2">鲁西地块与寒武纪—奥陶纪海相碳酸盐岩-碎屑岩-蒸发岩建造有关的石灰岩、石膏、石英砂岩、工艺料石、天青石矿床成矿系列</td><td>与奥陶纪马家沟群海相碳酸盐岩-碎屑岩-蒸发岩建造有关的石灰岩、石膏矿床成矿亚系列</td><td rowspan="2">陆缘海相沉积</td><td rowspan="2">海相碳酸盐岩-碎屑岩-蒸发岩建造——长清群、九龙群、马家沟群</td><td rowspan="2">鲁中地块古生代盆地内</td><td>海相沉积型碳酸盐岩-蒸发岩系沉积型</td><td>柳泉式(石灰岩)</td><td>淄博柳泉石灰岩矿床
张范石膏矿床</td></tr>
<tr><td>与寒武纪海相碳酸盐岩-碎屑岩-蒸发岩建造有关的石灰岩、石膏、石英砂岩(玻璃用)、工艺料石(砚石、木鱼石等观赏石)、天青石矿床成矿亚系列</td><td>海相沉积型碳酸盐岩-蒸发岩系沉积型
滨海陆屑滩相沉积型</td><td>磨山式石灰岩矿床
源泉式石膏矿床
李官式石英砂岩矿床</td><td>嘉祥磨山石灰岩矿床
淄博口头-源泉石膏矿床
沂南蛮山石英砂岩矿床</td></tr>
</table>

一、早古生代成矿系列

（一）鲁西地块与寒武纪—奥陶纪海相碳酸盐岩-碎屑岩-蒸发岩建造有关的石灰岩、石膏、石英砂岩、工艺料石、天青石矿床成矿系列

该成矿系列矿产（石灰岩、石膏、石英砂岩、天青石、观赏石）中，截至目前，除石灰岩、石英砂岩开发应用较广，具有较大经济价值外，石膏及天青石因其赋存条件、质量、规模、经济价值等原因尚未开发利用。观赏石（工艺料石）类资源开发历史悠久，尤其是近年来，随着人们生活水平的提高，对该类资源的需求呈增长趋势。该成矿系列根据成矿时代及沉积建造等因素可分为以下两个亚系列。

1. 鲁西地块与寒武纪海相碳酸盐岩-碎屑岩-蒸发岩建造有关的石灰岩、石膏、石英砂岩、工艺料石（砚石、木鱼石等观赏石）、天青石矿床成矿亚系列

该亚系列主要与鲁西地区的寒武纪的海相-滨海相碳酸盐岩沉积建造有关，出露地表的局限于沂沭断裂带内及其以西的鲁中隆起内。其中，石灰岩矿与浅海相碳酸盐岩沉积建造有关；石英砂岩矿与滨海陆屑滩相硅质岩沉积建造有关；而天青石、石膏矿与滨海潟湖潮坪相碎屑岩-碳酸盐岩-硫酸盐岩沉积建造有关。

2. 鲁西地块与奥陶纪马家沟群海相碳酸盐岩-碎屑岩-蒸发岩建造有关的石灰岩、石膏矿床成矿亚系列

该亚系列矿床主要与奥陶纪马家沟群海相碳酸盐岩-碎屑岩-蒸发岩建造有关。石灰岩的主要岩石组合为深灰色中厚层石灰岩夹薄层泥灰岩和白云岩；石膏矿主要的岩石组合为白云岩、泥灰质白云岩、泥灰岩、白云质泥灰岩及石膏层，为陆缘海咸化潟湖相环境下生成的；白云岩矿的主要岩石组合为紫红色竹叶状白云岩、中厚层（含燧石结核或条带的）中细晶白云岩、白云岩。

（二）鲁中地块与加里东期超基性岩浆侵入活动有关的金伯利岩型金刚石矿床成矿系列

金伯利岩型原生金刚石矿床产于稳定的鲁中隆起（华北克拉通一部分）上。幔源金伯利岩岩浆携带着深源捕虏的金刚石，沿深切地幔的大断裂上升，成群或呈带状在近地表的浅层、超浅层环境下（爆发）侵位，形成了呈岩管（筒）状及岩脉状的金伯利岩型原生金刚石矿床。

二、晚古生代矿床成矿系列

此阶段为海陆交互相—陆相沉积阶段。晚石炭世早期，地壳再度沉降，海水沿陆缘山前盆地侵入，并逐步海退，至早二叠世结束。此时地壳震荡频繁，沉积了陆棚滨海-陆相的海陆交互相的含铝、煤夹碳酸盐岩岩系（月门沟群）；早二叠世晚期，鲁西地区隆升为陆，海水退出，仅在陆源山前盆地内形成中晚二叠世石盒子群一套湖泊-河流相含铝碎屑沉积岩。

晚古生代是山东重要的能源矿产及非金属矿产成矿期，形成了鲁西地块与石炭纪—二叠纪海陆交互相碎屑岩-碳酸盐岩-有机岩建造有关的煤（-油页岩）、铝土矿（含镓）-耐火黏土、铁、石英砂岩矿床成矿系列。

第十二章 鲁西地块与寒武纪—奥陶纪海相碳酸盐岩-碎屑岩-蒸发岩建造有关的石灰岩、石膏、石英砂岩、工艺料石、天青石矿床成矿系列

第一节 成矿系列位置和该成矿系列中矿产分布 ······ 223
一、滨海陆屑滩相硅质岩沉积建造及石英砂岩矿分布 ······ 223
二、滨海潟湖潮坪相碎屑岩-碳酸盐岩-蒸发岩沉积建造及天青石、石膏矿分布 ··· 224
三、浅海相碳酸盐岩沉积建造及石灰岩矿分布 ······ 224
四、滨海潟湖相碳酸盐岩-蒸发岩沉积建造及石膏矿分布 ······ 224
第二节 区域地质构造背景及主要控矿因素 ··· 225
一、区域地质构造背景及成矿地质环境 ··· 225
二、主要控矿因素 ······ 227
三、成矿系列中大型和超大型矿床控制因素 ······ 227
第三节 矿床区域时空分布及成矿系列形成过程 ······ 229
一、矿床区域时空分布 ······ 229
二、成矿系列的形成过程与时空分布 ······ 231
第四节 代表性矿床剖析 ······ 232
一、产于寒武纪长清群李官组中的滨海陆屑滩相沉积型玻璃用石英砂岩矿床式(李官式)及代表性矿床 ······ 232
二、产于寒武纪张夏组中的海相沉积型(水泥用)石灰岩矿矿床式(磨山式)及代表性矿床 ······ 236
三、产于奥陶纪马家沟群中的海相碳酸盐岩沉积型石灰岩矿床式(柳泉式)及代表性矿床 ······ 238
四、产于寒武纪长清群及奥陶纪马家沟群中的海相碳酸盐岩系型石膏矿床(源泉式)基本特征及代表性矿床 ······ 240
五、产于寒武纪长清群中的滨海潟湖相沉积型(抱犊崮式)天青石矿床 ······ 246

该成矿系列矿产(石灰岩、石膏、石英砂岩、天青石、观赏石)中,截至目前,除石灰岩、石英砂岩开发应用较广,具有较大经济价值外,石膏及天青石因其赋存条件、质量、规模、经济价值等原因尚未开发利用。观赏石(工艺料石)类资源,开发历史悠久,尤其是近年来,随着人们生活水平的提高,对该类资源的需求呈增长趋势,兴起了勘查、评价鉴赏及开发等活动的热潮。

石灰岩是一种用途很广的工业岩石,传统工业用途主要是生产水泥,其次是生产建筑用石子和生石灰。随着科学技术的进步,用途日益增多。目前,石灰岩及其制品已经成为国民经济各部门使用最广泛(熔剂、化工、制碱、脱硫、填料等用途),居民生活中不可缺少的矿物原料,是山东省内的一种优势矿产资源。石灰岩矿在鲁西地区广泛分布,历经几十年的勘查,已查清了其资源远景,其中水泥用灰岩保有资源储量居全国第二位,制碱用灰岩保有资源储量居全国第三位,熔剂用灰岩居全国第五位。

石英砂岩有多种工业用途,但主要作为玻璃硅质原料,其次作为冶金熔剂、制作窑炉用的硅砖以及生产硅铁、含硅合金、硅铝和有机硅,以及水泥生产配料等。石英砂岩矿的勘查工作始于20世纪80年代,主要对沂南、沂水、苍山一带的石英砂岩矿进行了勘查评价。自20世纪80年代开始了不同规模的矿山开采,加工后供省内外生产玻璃企业使用。玻璃用砂岩也是山东省优势矿产资源,其保有资源储量居全国第一位。

对赋存于寒武纪—奥陶纪地层中的石膏矿的勘查工作始于20世纪70年代。山东省地矿系统先后对淄博市淄川口头-博山源泉、沂源龙泉以及枣庄市张庄镇下张范-小屯等地区进行了勘查工作。20世纪90年代，山东省地质科学研究所对枣庄抱犊崮天青石矿进行了初步普查工作；1995~2001年，山东省地矿局一队、山东省地质调查院、原化工部矿山局泰安地质勘察院先后在该区及外围开展地质调查工作，对天青石矿产出层位及成矿远景进行了探索。

第一节　成矿系列位置和该成矿系列中矿产分布

山东省内赋存石灰岩、石膏、石英砂岩、天青石、工艺料石等矿产的寒武纪—奥陶纪海相沉积岩系，在鲁中南山地丘陵区及鲁西南平原北部等地区都有分布，其地理范围大致在北起济南—淄博—昌乐，南到临沂—枣庄，西到肥城—梁山，东至潍坊—莒县，面积约17 000 km^2；在大地构造上，处在华北板块东南缘的鲁西隆起区，跨鲁中隆起、鲁西南潜隆起、沂沭断裂带3个Ⅲ级构造单元。以鲁中隆起分布为主，其余零星分布于鲁西南潜隆起的东部和沂沭断裂带的北部(图12-1)。根据矿床及含矿岩系特征，该成矿系列中的矿产可归为4种含矿沉积建造类型，各建造类型及其中的矿产分布在不同的地理位置和构造部位中：① 石英砂岩矿——滨海陆屑滩相硅质岩沉积建造；② 天青石、石膏矿——滨海潟湖潮坪相碎屑岩-碳酸盐岩-硫酸盐岩沉积建造；③ 石灰岩矿——浅海相碳酸盐岩沉积建造；④ 石膏矿——滨海潟湖相碳酸盐岩-硫酸盐岩沉积建造。

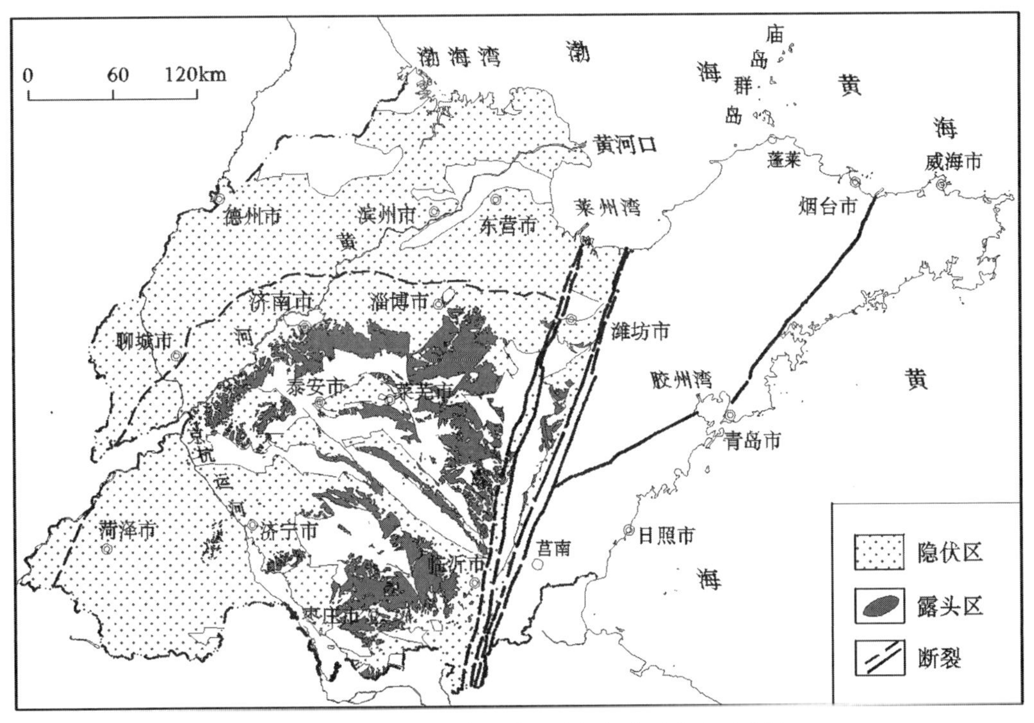

图12-1　鲁中地区古生代含矿沉积岩系分布示意图

(据《山东省地质矿产图集》修编，2012)

一、滨海陆屑滩相硅质岩沉积建造及石英砂岩矿分布

该含矿沉积建造分布在鲁中地区的枣庄—蒙阴桃墟、岱崮—沂源九山—昌乐一线以东，鄌郚-葛沟

断裂以西的NE走向狭长带状范围内。

由于中生代燕山期构造活动，鲁中地区自南而北形成了NW向的4条平行分布的蒙山断裂、新泰-垛庄断裂、铜冶店-孙祖断裂和坦埠-界湖断裂。4条断裂的SW盘下降，NE盘上升，落差较大，呈阶梯状分布。断裂发生之后，经过长期风化剥蚀，上升的NE盘一侧古生代沉积盖层已基本剥蚀殆尽，大部分地区只保留新太古代变质岩系；下降的SW盘古生代盖层得以较少的剥蚀和较多的保存。故石英砂岩矿产只保留在断裂的下降盘上，即分布在每个断块凸起的北部。含矿层位为寒武纪长清群李官组

二、滨海潟湖潮坪相碎屑岩-碳酸盐岩-蒸发岩沉积建造及天青石、石膏矿分布

分布于鲁中地区的鱼台—宁阳—新泰—蒙阴—临朐—寿光一线以西、以北地带。该带内古地形相对较高，加之陆表海的障壁作用，形成局限台地潮间-潮上带萨布哈沉积环境。由于气候干旱，海水蒸发量大，在相对较为封闭的海湾形成石膏、天青石沉积，含矿层位为长清群朱砂洞组丁家庄白云岩段、馒头组石店段。石膏矿主要分布在长清、历城、博山、沂源、新泰等地；天青石矿分布在枣庄等地。

三、浅海相碳酸盐岩沉积建造及石灰岩矿分布

赋存石灰岩矿的该类沉积建造形成于中寒武世张夏期、晚寒武世长山期、早奥陶世道堡湾期、中奥陶世达瑞威尔期等4个沉积时代。

中寒武世石灰岩矿——中寒武世张夏期：此期是寒武纪沉积环境、沉积相及沉积物组合的重要转折时期，为标准的碳酸盐台地至中深缓坡沉积，自东向西由台缘斜坡相向台地礁滩相过度。台地礁滩相主要分布于滨州—泰安—东平—汶上—济宁—泗水—费县—枣庄以西的大部地区，形成鲕粒灰岩、藻礁灰岩区，赋矿层位为寒武纪—奥陶纪九龙群张夏组下灰岩段和上灰岩段，为石灰岩矿的重要赋存层位之一。

晚寒武世石灰岩矿——晚寒武世长山期：此期以中深缓坡的风暴岩夹泥质条带灰岩沉积为主，整个鲁中地区相对较均一，沉积相带分异不明显，大致分布在青州—淄川—沂源—蒙阴—莱芜—泰安—泗水—滕州—邹城—汶上—巨野—鄄城以西、以北的广大地区，赋矿层位为九龙群炒米店组，为石灰岩矿的重要赋存层位之一。

早奥陶世石灰岩矿——早奥陶世道堡湾期：石灰岩成矿期为该期早期的中晚阶段和晚期的中晚阶段，沉积环境以开阔台地浅潮下带为主，局部为潮间带。分布范围遍布鲁中地区，其中早期的中晚阶段沉积中心位于沂源—潍坊—寿光一带，沉积厚度多大于300 m，次级小沉积中心分别为莱芜、蒙阴和临沂李官，呈北西向串珠状分布，且自北西向南东方向厚度逐渐减小；晚期的中晚阶段沉积中心分别为费县—枣庄地区及章丘—文祖地区和潍坊—安丘地区，沉积物厚度多在400 m以上。赋矿层位为奥陶纪马家沟群北庵庄组、五阳山组，为石灰岩矿的重要赋存层位之一。

中奥陶世石灰岩矿——中奥陶世达瑞威尔期：石灰岩成矿期为达瑞威尔期早期，为开阔台地浅潮下带沉积环境，以中厚层质纯的灰岩为主。由于受到沉积后地壳上升不均匀的影响，沂沭断裂带和济宁一带上升幅度大于中部淄博—新泰地区，造成鲁西地区的淄博—新泰—枣庄—薛城一带的中奥陶世地层保存完好，其余地区多剥蚀强烈，个别地区仅残余厚度几米到几十米。赋矿层位为马家沟群八陡组，为石灰岩矿的重要赋存层位之一。

四、滨海潟湖相碳酸盐岩-蒸发岩沉积建造及石膏矿分布

赋存石膏矿的该沉积建造形成于早奥陶世道堡湾期、中奥陶世大坪期、达瑞威尔期。

早奥陶世石膏矿——早奥陶世道堡湾期：石膏成矿期为该期早期的早阶段和晚期的早阶段。早期早阶段沉积环境为局限台地潟湖相，在山东境内基岩露头区普遍含有膏溶角砾岩，局部地区可达4层，在第四系覆盖区的菏泽等地的钻孔中均可见到石膏层；晚期早阶段沉积环境与早期早阶段沉积环境相

似,同样为局限台地潟湖相,在鲁西各地均可见到明显的膏溶现象,在第四系覆盖的钻孔中均可见到石膏矿层分布。赋矿层位为马家沟群东黄山组和土峪组。

中奥陶世石膏矿——中奥陶世大坪期、达瑞威尔期:石膏成矿期为大坪期和达瑞威尔期晚期,沉积环境为局限台地潟湖相沉积,以藻席白云岩、膏溶角砾白云岩为主。由于受到沉积后地壳上升不均匀的影响,沂沭断裂带和济宁一带上升幅度大于中部淄博—新泰地区,造成鲁西地区的淄博—新泰—枣庄—薛城一带的中奥陶世地层保存完好,其余地区多剥蚀强烈,个别地区仅残余厚度几米到几十米。赋矿层位为马家沟群阁庄组。

第二节　区域地质构造背景及主要控矿因素

一、区域地质构造背景及成矿地质环境

鲁西隆起区系指沂沭断裂带以西,齐河-广饶断裂以南的山东中西部范围。它耸立在华北平原中东部。其外围则多为断陷盆地,构成了独特的地貌景观。

(一) 寒武纪—奥陶纪地层及其含矿性

从图12-1上看,寒武纪—奥陶纪地层具有环状分布和线状分布两大特征:环状分布受同心环状拆离滑脱构造控制;同时受到NW—EW向弧形铲状断裂控制,分布于弧形断陷盆地的西南部边缘地带。

鲁西隆起与石灰岩(水泥、熔剂、化工、制碱、脱硫用)、石膏、石英砂岩(玻璃用)、工艺料石(观赏石)、天青石矿床成矿系列的有关含矿沉积地层,主要为寒武纪长清群的李官组砂岩段、朱砂洞组丁家庄白云岩段、馒头组石店段;九龙群的张夏组、崮山组、炒米店组以及奥陶纪的马家沟群。

1. 长清群

长清群处于寒武系下部,与青白口纪—震旦纪土门群平行不整合接触,由东向西超覆于前寒武纪变质基底之上,其上与九龙群为整合接触。长清群属陆表海碎屑岩-碳酸盐岩沉积建造,依其岩石组合特征由下而上划分为李官组、朱砂洞组及馒头组。区域上该群由东向西逐渐变薄,且李官组及朱砂洞组下灰岩段、余粮村页岩段及上灰岩段逐渐尖灭。该群在潍坊-临沂地层小区地层厚度最大,地层发育最完整。

(1) 李官组

李官组仅分布于潍坊-临沂地层小区。下部以中厚层中粒石英砂岩为主,多见波痕及斜层理构造,底部多发育复成分砾岩、角砾岩,上部以砖红色厚层砂质泥岩、泥岩为主夹薄层泥云岩及少量页岩,常见石盐假晶印痕。其下与土门群平行不整合或与前寒武纪变质基底异岩不整合接触,其上与朱砂洞组整合接触。

李官组由下而上可划分为砂岩段和泥岩段两个非正式岩石地层单位,其中砂岩段为玻璃用石英砂岩矿的赋矿层位。

(2) 朱砂洞组

朱砂洞组为以灰岩、白云岩为主夹紫红色粉砂质泥岩或泥质粉砂岩的一套碳酸岩沉积组合。朱砂洞组由下而上划分为下灰岩段、余粮村页岩段、上灰岩段及丁家庄白云岩段等4个正式段级岩石地层单位。枣庄抱犊崮层状天青石矿赋存在朱砂洞组丁家庄白云岩段角砾状白云岩层中;平邑磨坊沟金矿及沂源金家山铅锌矿之似层状矿体也赋存在朱砂洞组丁家庄白云岩段内。

(3) 馒头组

馒头组以紫(砖)红色页岩为主夹云泥岩、泥云岩、白云岩、灰岩及中粒石英砂岩,普遍分布于整个鲁西地区。馒头组与上覆九龙群张夏组整合接触,地层厚度多大于200 m。馒头组由下而上划分为石

店段、下页岩段、洪河砂岩段及上页岩段。馒头组石店段为石膏矿含矿层位;馒头组下页岩段为木纹石(木鱼石)观赏石的赋存层位。

2. 九龙群

九龙群是跨系的岩石地层单位,属中上寒武统—下奥陶统。九龙群与上覆马家沟群平行不整合接触(怀远间断),与下伏长清群整合接触,主要由碳酸盐岩组成,地层厚度一般在 600 m 左右,在沉积环境、岩石组合特征、生物化石特征等方面都与长清群有较大区别。九龙群依其岩石组合特点由下而上划分为张夏组、崮山组、炒米店组及三山子组。

(1) 张夏组

张夏组主要由厚层鲕粒灰岩,叠层石藻礁灰岩及黄绿色钙质页岩、薄层灰岩等组成。层型剖面地层厚 178 m。由于张夏组在区域上具明显的鲕粒灰岩、叠层石藻礁灰岩及黄绿色钙质页岩三套岩性组合,故由下而上划分为下灰岩段、盘车沟页岩段及上灰岩段 3 个段级正式岩石地层单位。该组是水泥灰岩(磨山式)、叠层石、鱼子石(鲕粒灰岩)等观赏石的赋矿层位。

(2) 崮山组

崮山组以黄绿(夹紫红)色页岩、灰色薄层疙瘩状-链条状(瘤状)灰岩、竹叶状灰岩互层为主夹蓝灰色薄板状灰岩。层型剖面地层厚 62 m。崮山组与上(炒米店组)、下(张夏组)地层均为整合接触。该组为燕子石(三叶虫化石)观赏石的产出层位。

(3) 炒米店组

炒米店组以灰色薄层泥质条带灰岩、生物碎屑灰岩、鲕粒灰岩、中厚层竹叶状灰岩为主夹厚层叠层石藻礁灰岩。层型剖面厚 169 m。该组为水泥用灰岩、竹叶石(竹叶状砾屑灰岩)及鱼籽石(鲕粒灰岩)等观赏石的含矿层位。

(4) 三山子组

三山子组为一套薄层—厚层状的微晶-结晶白云岩类岩石组合。厚 107~220 m。该组是优质白云岩矿(熔剂、制镁用)层位

3. 马家沟群

马家沟群其上被石炭纪本溪组平行不整合覆盖,其下与寒武纪—奥陶纪九龙群平行不整合接触。该群在鲁中地区分布广泛。马家沟群由相间分布的白云岩、灰岩组成,依其岩性组合特征由下而上划为东黄山组、北庵庄组、土峪组、五阳山组、阁庄组及八陡组 6 个组级岩石地层单位,层型剖面厚 847 m。

马家沟群中自下而上的东黄山组、土峪组和阁庄组,为以颜色及组构各具特征的白云岩为主的一套岩石组合,是海相碳酸盐岩-硫酸盐岩-蒸发岩建造石膏矿和熔剂、冶金白云岩矿,以及红丝砚石矿的含矿层位。马家沟群中自下而上的北庵庄组、五阳山组和八陡组,为以青灰色厚层灰岩为主的一套岩石组合,是山东省水泥、化工、熔剂、制碱、脱硫用石灰岩的重要含矿层位。

(二) 区域地质构造格局特点

鲁西隆起区的断裂构造展布具有明显的规律性。总体上以中部的长清—泗水—平邑—蒙阴地区为中心,向外呈同心环状和放射状断裂展布。

根据主要同心环状断裂展布,可划分为二个基本完善的环状构造。从内向外分别为:

1) 肥城-沂源-临沂-曲阜环状断裂:该环状断裂实际上是古生界寒武系—奥陶系盖层与基底间的主拆离滑脱带。尽管拆离滑脱带不尽连续,但总体呈环状,是在基底向上隆升、盖层向外拆离过程中形成的一种正向滑脱带,也可能原为盖层与基底间的不整合界面,在上隆过程中被主拆离滑脱带所改造、利用。

2) 巨野-梁山-济南-淄博环状构造带:它是以古生界为底的中新生代断陷-沉积岩系与古生界之间的拆离带。断裂向外缓倾,倾角多为 10°~30°,界面往往具有明显的滑脱作用。中新生代的断陷沉积

从内向外沉积逐渐加厚，剖面上具有明显的箕状特征，外侧沉积厚度最大可达 600～1 000 m。

放射状断裂主要有夏蔚断裂、淄河断裂、上五井断裂、金山-姚家峪断裂、白泉庄-五色崖断裂、文祖断裂、长清断裂、汶上-泗水断裂、蒙山断裂、郓城断裂、荷泽断裂、凫山断裂、尼山断裂、独角山断裂等。尤以尼山断裂、郓城断裂、汶上-泗水断裂、肥城断裂、文祖断裂、金山-姚家峪断裂、上五井断裂等规模较大，特征明显。

一般情况，放射状断裂面以陡倾为主，同心环状断裂向外缓倾为主。两者相互切错，表明两组断裂为同应力场、同构造期的产物。

另外在鲁中隆起区的中部，出现了 4 条隆拗相间的构造组合，并具有明显的弧形拆离滑脱带特征。4 个隆起带自南向北依次为：① 尼崌山-母子山；② 蒙山；③ 徂徕山-新甫山-孟良崮；④ 泰山-鲁山-沂山。在每条弧形隆起的凹侧，则为四条弧形断陷带，自南向北依次为泗平（泗水-平邑）断陷、汶蒙（大汶口-蒙阴）断陷、肥城断陷和莱芜断陷。各断陷均为中新生代断陷火山-沉积建造。断陷与隆起之间均发育典型的铲状断裂，并控制着断陷中的箕状沉积。从隆起至断陷，表现出明显的由变质基底杂岩、寒武系—奥陶系、石炭系—二叠系、侏罗系—白垩系、古近系—第四系展布。其间的不整合面作为构造薄弱面，多被改造为拆离滑脱断层，如新泰断陷。铲状断裂外侧又为另一个隆拗组合，明显表现出了鲁西幔枝隆升过程中，从核部向外围拆离滑脱的总体特征（毛景文，2008）。

（三）区域地质发展史及重大地质事件

古生代是中国现代意义板块构造形成和剧烈演化期，新元古代形成的中国大陆——古中国地台，于中寒武世初发生大规模裂解，形成华北、扬子、塔里木 3 个小板块和一系列更小的陆块以及昆仑-祁连-秦岭-大别、天山-北山等洋盆，从而使古亚洲洋向古中国地台扩展。寒武纪—志留纪华北、扬子、塔里木等小克拉通，实际上已演化为广阔古亚洲洋中的 3 个浅海台地。山东陆块北（鲁西地区）属华北板块浅海台地，南（鲁东北地区）为华北板块被动大陆边缘，最南侧（鲁东南地区）为与秦岭-大别洋沟通的三叉裂谷（大别-苏鲁裂谷）。构造单元呈现南北展布特点，地壳经历了受板块对接碰撞影响的海陆变迁演化。

早古生代，突出特征是全域同步缓慢沉降，有小幅度差异升降。鲁西寒武系及中、下奥陶统总体以台地相及潮坪、潟湖相碳酸盐岩为主，早中寒武世有较多潮坪泥砂质沉积及少量滨海砂砾岩沉积，晚寒武世出现较多风暴沉积；早奥陶世早期地壳抬升，遭受剥蚀，形成马家沟群与三山子组之间的平行不整合，稍后，幔源岩浆侵入形成金伯利岩；中、下奥陶统为典型地台型沉积，马家沟群沉积期区内沉积相稳定，泥质极少，远离陆源区。怀远运动和地幔岩浆活动，可能与秦岭-大别洋壳向华北板块之下俯冲作用有关。早古生代晚期—晚古生代早期，受板块汇聚俯冲作用的影响，华北板块整体抬升剥蚀，表现为鲁西地区缺失晚奥陶世—泥盆纪沉积，形成加里东运动不整合面。

二、主要控矿因素

鲁中地块与寒武纪—奥陶纪海相碳酸盐岩-碎屑岩-蒸发岩建造有关的灰岩、石膏、石英砂岩、工艺料石、天青石矿床成矿系列的形成和分布主要受大地构造背景、岩相古地理、古气候、古地球化学特征和沉积含矿建造等因素控制（表 12-1）。

三、成矿系列中大型和超大型矿床控制因素

该成矿系列中的大中型矿床控制因素主要为含矿岩层厚度、构造发育程度、风化剥蚀程度等因素影响。

（一）石英砂岩矿（玻璃用）

李官时期沉积沉降中心位于台儿庄及沂南县西侧一带，厚度最大；次级沉降中心为兰陵、沂水一带，厚度次之，两者皆有形成中大型矿床的物质基础。但台儿庄地区由于处于枣庄断裂以南，为覆盖区，地

层剥蚀程度较差，李官组被覆盖或出露面积小，开采条件差，难以形成较大规模矿床；而兰陵、沂南及沂水等地区，多处于剥蚀区。因石英砂岩抗风化较强，其围岩以页岩和灰岩为主，多有风化剥蚀，故易形成单面山地貌，开采条件优越，多形成大中型矿床。

表 12-1　鲁中地块早古生代沉积型矿产主要控矿因素简表

主要控矿因素				基本特征与成矿关系
大地构造背景				处于华北板块东南边缘，沂沭断裂带以西；自早寒武世沧浪铺晚期开始，由于郯庐断裂带活动，地壳由上升逐渐转为非均衡沉降，遭受由南向北的海水入侵，整体成为陆表海，形成了浅海陆棚沉积组合（长清群、九龙群、马家沟群）
岩相古地理	奥陶纪	中奥陶世	达瑞威尔期 大湾期	开阔台地潮下带及潟湖相环境，以中厚层质纯的灰岩及白云岩为主；相间分布石膏矿及石灰岩矿 为局限台地潟湖相沉积，白云质灰岩及灰岩发育（东黄山组、北庵庄组）；含有石膏、石灰岩矿
		早奥陶世	道堡湾期	为潟湖及局限台地浅潮下带沉积环境；含燧石结核-条带白云岩（三山子组 a 段；亮甲山组）
			新厂期	与晚寒武世凤山期为连续的白云岩沉积（三山子组 b、c 段）；古地理轮廓与凤山期末基本一致
	寒武纪	晚寒武世	凤山期	东部以潟湖相沉积为主；西部以浅缓坡沉积为主
			长山期	以中深缓坡的风暴岩夹泥质条带灰岩沉积为主
			崮山期	是寒武纪最大一次海侵时期，主要为钙泥质、灰质沉积；由东北向西南逐渐出现风暴沉积
		中寒武世	张夏朝	为标准的碳酸盐台地至中深缓坡沉积，自东向西由台缘斜坡相向台地礁滩相过渡
			徐庄期	以砂岩沉积为基本特征；处于滨海砂坝相沉积环境
		早寒武世	毛庄期	以细碎屑沉积为主；主体形成于潮间带砂坪环境
			龙王庙期	以碳酸盐台地沉积为主；包括潮间-潮上带萨布哈、潮间带-浅潮下带及浅潮下带3种沉积环境；气候干旱炎热，海水蒸发量较大，在相对较封闭的海湾形成石膏矿
			沧浪铺期	主体为陆屑滩相沉积，以碎屑沉积为主；形成玻璃用石英砂岩矿
古气候特征				总体显示陆表海碎屑岩-碳酸盐岩沉积建造特征，早期为碎屑岩-碳酸盐岩沉积为主，间夹砖红色泥云岩、肝紫色-紫红色页岩，并可见石盐假晶，反应气候条件为干旱炎热；中后期为碳酸盐岩沉积为主，岩性主要为灰岩夹白云岩组合，含少量页岩等，总体属于半干旱气候条件
含矿建造	8. 马家沟局限台地白云岩-碳酸盐岩沉积建造组合			一套以碳酸盐岩为主的组合，相当于奥陶纪马家沟群；岩性由相间分布的白云岩、灰岩组成；为重要的优质石灰岩（水泥、熔剂、化工、制碱、脱硫用）及石膏矿的赋存层位
	7. 三山子局限台地白云岩沉积建造组合			一套以碳酸盐岩为主的组合，相当于寒武纪—奥陶纪三山子组；主要岩性为含燧石结核-条带白云岩；为白云岩矿赋存层位
	6. 炒米店碳酸盐岩生物礁沉积建造组合			一套碳酸盐岩组合，相当于寒武纪炒米店组；岩性以灰色薄层泥质条带灰岩、生物碎屑灰岩、鲕粒灰岩、中厚层竹叶状灰岩为主夹厚层叠层石藻礁灰岩；为石灰岩（水泥用）、竹叶石、鱼子石等观赏石矿赋存层位
	5. 崮山缓坡碳酸盐岩沉积建造组合			一套碳酸盐岩组合，相当于寒武纪崮山组；岩性以黄绿（夹紫红）色页岩、灰色薄层疙瘩状-链条状（瘤状）灰岩、竹叶状灰岩互层为主夹蓝灰色薄板状灰岩；该套地层中三叶虫化石发育，为燕子石观赏石矿的主要赋存层位
	4. 张夏台地边缘浅滩碳酸盐岩沉积建造组合			一套碳酸盐岩组合，相当于寒武纪张夏组；岩性主要由厚层鲕粒灰岩、叠层石藻礁灰岩及黄绿色钙质页岩、薄层灰岩等组成；为石灰岩矿（水泥用）含矿层位
	3. 馒头远滨泥岩-粉砂岩-页岩沉积建造组合			一套以泥岩、粉砂岩及页岩为主的组合，相当于寒武纪馒头组；岩性以紫（砖）红色页岩为主，夹云泥岩、泥云岩、白云岩等；为石膏、木鱼石及砚石等观赏石赋存层位
	2. 朱砂洞临滨泥岩-灰岩沉积建造组合			一套碳酸岩沉积组合，相当于寒武纪朱砂洞组；岩性是以灰岩、白云岩为主夹紫红色粉砂质泥岩或泥质粉砂岩，为石膏、天青石、白云岩、石灰岩的赋存层位
	1. 李官前滨石英砂岩沉积建造组合			一套以石英砂岩为主的组合，相当于寒武纪李官组；岩性下部以中厚层中粒石英砂岩为主；为石英砂岩矿的主要赋存层位

注：表中的寒武纪地层尚未采用2013年全国地层委员会公布（试行）的4分方案；按4分方案，表中的早寒武世大体相当于4分方案的第二世（统）晚阶段，中寒武世大体相当于4分方案的第三世（统），晚寒武世相当于4分方案的第三至第四世（统）。

（二）石膏矿

龙王庙中期局限台地潮间-潮上带萨布哈沉积环境位于鱼台—宁阳—新泰—蒙阴—临朐—寿光一线以西地区，其沉降沉积中心位于该区东南部，以沂源—临朐为中心，青州—莱芜—泰安为次中心，沉积厚度较大，形成龙王庙期主要的石膏矿含矿地段。如沂源淄河南段、平阴刁山坡、长清胡同店等石膏矿区。

道堡湾期早期的局限台地潟湖相沉积遍布鲁西地区，其沉降中心为莱芜—沂源—潍坊—寿光一带，次级中心有蒙阴、李官等；大湾期至达瑞威尔期的局限台地潟湖相沉积分别于济南—淄博—枣庄薛城一带，共同构成早-中奥陶世主要的石膏矿含矿地段。如济南等石膏矿区。

(三) 石灰岩矿(水泥、熔剂、化工、制碱、脱硫用)

张夏期早期为标准的碳酸盐岩台地至中深缓坡沉积,自东向西由台缘斜坡相向台地礁滩相过渡,台地斜坡相海水较深,在沂沭断裂带西侧沉积较多的盘车沟段页岩。张夏期晚期,寒武纪总体处于相对较深水区沉积,济南-滕州小区下灰岩段和上灰岩段直接接触以鲕粒灰岩和豹皮灰岩为主要特征,淄博-新泰小区以东地区下灰岩段、盘车沟段、上灰岩段均有沉积,末期出现风暴沉积以竹叶状灰岩为主。

古生代—中生代出现造山运动,鲁西地区出现大的断裂,受这些断裂影响,致使局部古生代地层被断裂切割,局部含矿岩系被剥蚀或错位改造。主要石灰岩成矿区分布在泰安—东平—汶上—济宁—泗水—平邑—费县—枣庄以西地区,重要成矿区段为济南—平阴—东平、泗水—平邑和枣庄等三大地区。

奥陶纪马家沟群早期,继怀远运动上升剥蚀后再次沉降接受海侵,至中奥陶纪整个沉积过程接受道堡湾期-大湾期-达瑞威尔期沉积,为局限台地-开阔台地-局限台地潟湖相三个沉积相沉积,主要物质来源为周边古陆剥蚀和海相生物沉积。

奥陶纪马家沟群在鲁西淄博小区内较发育,一般分布于淄博向斜的核部或两翼内,后期活动地壳上升使该层灰岩出现一定程度剥蚀。主要石灰岩成矿位于济南-平阴和章丘-淄博-青州等两大成矿地带。

第三节　矿床区域时空分布及成矿系列形成过程

一、矿床区域时空分布

(一) 李官式玻璃用石英砂岩矿床

李官式玻璃用石英砂岩矿床,赋存于寒武纪李官组中下部,主要分布在沂沭断裂带西侧的安丘、莒县、沂水、沂南、临沂及兰陵一带,大体呈NNE向展布的狭长区域内,与李官组地层分布相一致。由于中生代燕山期构造活动,自南而北形成了NNW向4条平行分布的蒙山断裂、新泰-垛庄断裂、铜冶店-孙祖断裂和坦埠-界湖断裂。此4条断裂的SW盘下降,NE盘上升,落差较大,呈阶梯状展布。断裂发生以后经过长期的风化剥蚀,上升的NE盘一侧古生代沉积盖层已基本剥蚀殆尽;下降的SW盘古生代盖层得以较少的剥蚀和较多的保存。因此,石英砂岩矿床多保存在断裂的下降盘上,即分布于每个断块凸起的中北部(图12-2)。

(二) 磨山式(张夏组中)石灰岩矿床及柳泉式(马家沟群中)石灰岩矿床

鲁西隆起区内的石灰岩矿床产于寒武纪—奥陶纪地层中,其中产于寒武纪张夏组中的石灰岩矿称为磨山式;产于奥陶纪马家沟群内的石灰岩矿称为柳泉式。

该区内石灰岩矿的出露范围大体在北起济南—淄博—昌乐,南到枣庄—临沂,西到肥城—梁山,在嘉祥一带有零星出露,东到沂沭断裂带。出露面积约17 000 km^2。总体看,石灰岩矿分布受到鲁西环状断裂、NW向断裂及鲁南帚状断裂的共同控制,呈现带状及环状分布特征。其中磨山式石灰岩矿分布范围广,遍布鲁西山区,其中以枣庄、滕州、泗水一带矿床规模较大;柳泉式石灰岩矿则主要分布在济南—淄博等地。见图12-1。

(三) 源泉式(寒武系中)及张范式(奥陶纪系中)石膏矿床

鲁中隆起区内赋存于寒武纪寒武纪朱砂洞组丁家庄段中和馒头组石店段中的石膏矿床,因已经勘查评价的主要矿产地为淄博口头-源泉,故命名为“源泉式”石膏矿床。该类石膏矿床广泛出露于鲁西山区。主要含矿岩石组合为薄层泥灰岩、白云质灰岩、杂色页岩和石膏层等,在不同地区,岩石组合略有差异,为浅海潟湖潮坪带环境产物,属浅海潟湖潮坪带碳酸盐岩-硫酸盐岩沉积建造。该建造中的石膏矿,目前仅见于钻孔深部,地表尚未发现。已知该建造中含石膏层最好地段为淄河南段、长清胡同店、平阴刁山坡等地。一般含 3 层石膏矿,其中下部含石膏矿层较厚,如口头—南邢一带,厚度约 35 m,层位稳定;往中上部厚度逐渐变小。

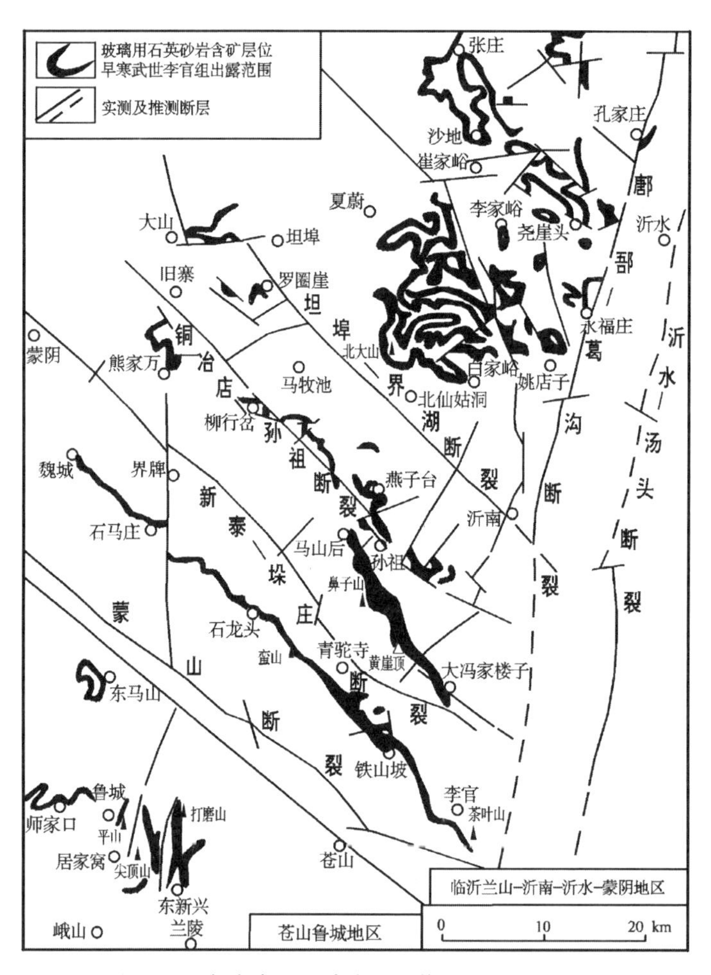

图 12-2 鲁中南地区玻璃用石英砂岩矿含矿层位
——寒武纪长清群李官组分布示意图
(据《山东矿床》修编,2006)

鲁西隆起区内赋存于马家沟群东黄山组、土峪组和阁庄组内的石膏矿床因已勘查评价的矿产地为枣庄薛城张范,故暂命名为“张范式”石膏矿床。赋存该类石膏矿床的马家沟群东黄山组、土峪组分布广泛,阁庄组分布于鲁西中部,主要分布于济南、淄博一带。主要含矿岩石组合为白云岩、泥灰质白云岩、泥灰岩、白云质泥灰岩、石膏层等。为陆缘海咸化潟湖相环境下形成的,属碳酸盐岩-硫酸盐岩沉积建造。含矿层厚度在不同地区各不相同,与赋矿岩层厚度相关。一般含石膏带 3~4 层不等。

(四) 抱犊崮式天青石矿床

该系列中的天青石矿,目前仅发现于枣庄市抱犊崮一带的 1 处产地。

抱犊崮式天青石矿分布局限，赋矿层位为寒武纪朱砂洞组丁家庄白云岩段。丁家庄白云岩段出露范围大体在鱼台—宁阳—新泰—蒙阴—临朐—寿光一线以西地区，主要分布在长清、历城、博山、新泰等地，与源泉式石膏矿的分布范围大体一致。

（五）砚石、木鱼石、燕子石等观赏石类矿产

发育在鲁中隆起内的寒武纪—奥陶纪沉积岩系中的观赏石资源较多，层位较稳定，分布广。根据观赏石产出的地质背景、形态特征，以及观赏者的人文意识和审美取向，将该系列观赏石分为以下2种基本类型：图纹石类、造型石类（表12-2）。

表12-2　鲁中地块寒武纪—奥陶纪地层中观赏石（资源）类型及主要品种

石种			原岩地质属性	主要产地
图纹石类	砚石类	红丝石	奥陶纪纹层状灰岩（土峪组，北庵庄组）	临朐、青州
图纹石类	砚石类	紫金石	寒武纪紫色云泥质灰岩	临朐
图纹石类	砚石类	金星石	寒武纪微硅化含黄铁矿泥质灰岩（张夏组）	费县
图纹石类	砚石类	燕子石	寒武纪含三叶虫化石泥质灰岩（崮山组）	莱芜、泰安
图纹石类	砚石类	天景石（尼山石）	寒武纪杂色纹层状云泥质灰岩	费县、曲阜、临朐
图纹石类	砚石类	淄石	寒武纪泥质微晶灰岩	博山
图纹石类	竹叶石		寒武纪竹叶砾灰岩（崮山组，炒米店组）	临朐、平邑、枣庄、长清
图纹石类	鱼子石		寒武纪鲕粒灰岩（张夏组）	长清、莱芜、临沂等地
图纹石类	枣花石（藻花石）		寒武纪泥斑-条纹云泥质微晶灰岩	临朐
图纹石类	红花石		奥陶纪含铁质泥质灰岩	平邑
图纹石类	旋花石		奥陶纪纹理微晶白云岩	临朐
图纹石类	彩云石（彩霞石）		寒武纪含铁质泥灰岩	平邑
图纹石类	香黄石、泰黄石		寒武纪含铁质角砾状泥灰岩	历城
图纹石类	济北石（黄公石）		寒武纪石灰岩	平阴、枣庄
图纹石类	木纹石（木鱼石）		寒武纪纹层状含粉砂泥云岩（馒头组）	长清、历城、枣庄
图纹石类	蓝天石		奥陶纪中厚层灰岩、泥灰岩	平邑
图纹石类	杠子石（波纹石）		寒武纪条带状含云泥质细晶灰岩	临朐
图纹石类	竹节石		寒武纪云泥质灰岩	临朐、枣庄、苍山
造型石类	太湖石类	北太湖石	奥陶纪马家沟群灰岩	费县、临朐、章丘
造型石类	太湖石类	费县异形青石	寒武系—奥陶系灰岩	费县
造型石类	太湖石类	淄博文石（汶石）	奥陶纪马家沟群灰岩	淄博、莱芜、新泰
造型石类	太湖石类	济南异形青石	奥陶纪马家沟群灰岩	济南南部山区
造型石类	太湖石类	临朐异形青石	奥陶纪马家沟群灰岩	临朐
造型石类	临沂艾山石		奥陶纪马家沟群灰岩	临沂
造型石类	枣庄玲珑石		寒武纪—奥陶纪云泥质灰岩	枣庄、苍山等地
造型石类	上水石		寒武纪薄层灰岩及钙质页岩	章丘、山亭、沂源
造型石类	千层石		寒武纪条带状泥晶灰岩	临朐、历城、费县、博山
造型石类	龟纹石		寒武纪云泥质灰岩	费县、莒县、临朐、青州
造型石类	钟乳石		石灰岩溶洞中淋滤方解石	沂源、博山、苍山、枣庄

二、成矿系列的形成过程与时空分布

加里东期鲁西地区的沉积含矿建造主要有三类，第一类是滨海陆屑滩相含石英砂岩矿沉积建造；第二类为局限台地或潟湖相的含石膏矿建造；第三类是开阔台地或鲕粒滩相的水泥用石灰岩建造。石英砂岩矿建造发育一期，产于早寒武世李官组中；石膏矿建造主要发育两期，一期在早寒武世，产于朱砂洞组丁家庄白云岩段和馒头组石店段中，二期在早-中奥陶世，产于马家沟群的东黄山组、土峪组、阁庄组中。石灰岩建造也主要有两期，一期是寒武纪张夏组的鲕粒灰岩，一期是中奥陶世马家沟群中的北庵庄组、五阳山组和八陡组。这些含矿建造均反映构造活动较弱的稳定台地环境。

1）滨海陆屑滩相含石英砂岩矿沉积分布于鲁西东南部，海水自东南向西北逐渐漫进，在枣庄、苍山、沂南、昌乐一带形成了一个呈 NE 向展布的狭长区域，大致范围在枣庄—蒙阴桃墟、岱崮—沂源九山—昌乐一线东南至沂沭断裂带范围，具有中间厚四周薄和南厚北薄的变化趋势，构成砂体之石英碎屑粒度存在着自西而东、自下而上逐渐变细的特征，与海进方向及岩相古地理特征一致。

2）局限台地或潟湖相的含石膏矿沉积，分为早寒武世龙王庙早-中期和早-中奥陶世。① 早寒武世龙王庙早-中期：龙王庙早-中期的海侵第一次将鲁西古陆淹没，海水仍由东南向西北漫进，其海域在东南部地区海水较深，而在鱼台—宁阳—新泰—蒙阴—临朐—寿光一线以西的地区，古地形相对较高，加之陆表海的自然障壁作用处于局限台地潮间-潮上带萨布哈沉积环境中，因气候干旱，海水蒸发量大，在相对较封闭的海湾形成石膏沉积。主要分布地段为济南长清、历城、淄博博山、沂源以及新泰等地。② 早-中奥陶世：道堡湾期早期是继怀远运动上升剥蚀后再次沉降接受海侵的产物，为局限台地潟湖相沉积建造。在鲁西基岩露头区普遍含有膏溶角砾岩，钻孔中均可见到石膏层。中奥陶世大湾期，由于山东境内受到沉积后地壳上升之不均衡性的共同影响，沂沭断裂带和济宁一带上升幅度大于中部淄博-新泰地区，因此该沉积建造仅分布于山东中部的济南—淄博—新泰—枣庄薛城一带，其他地区多剥蚀较强烈。为局限台地潟湖相沉积，该时期的潟湖海水相对较深，个别地区发育页岩及薄层白云质灰岩，膏溶角砾岩相对不发育，局部有石膏层沉积。

3）开阔台地或鲕粒滩相的水泥用石灰岩沉积，分为中寒武世张夏期和早-中奥陶世。①中寒武世张夏期：张夏期为标准的碳酸盐台地至中深缓坡沉积，自东向西由台缘斜坡相向台地礁滩相过渡。台地礁滩相位于滨州—泰安—东平—汶上—济宁—泗水—费县—枣庄一线以西的大部地区，为山东主要石灰岩矿分布区。该线以东地区为台缘斜坡相，海水较深，以页岩沉积为主，两相带之间存在一条狭长的过渡带，相当于台地的前缘斜坡，在该地带多见滑塌的藻泥丘。张夏期是寒武纪沉积环境、沉积相及沉积物组合的重要转折时期，张夏期以前水体相对较浑浊，沉积物中陆源碎屑占绝对优势，说明其沉积场所总体离古陆较近，水体相对较浅；而在张夏期以后，寒武纪总体处于相对较深水区沉积，以发育碳酸岩为主要特征，很少含有陆源碎屑物质，出现风暴沉积。② 早-中奥陶世：道堡湾期早期是继怀远运动上升剥蚀后再次沉降接受海侵的产物，道堡湾期早期的中晚期以开阔台地浅潮下带为主，局部为潮间带，为厚层灰岩沉积。其主要沉积中心分别为沂源—潍坊—寿光一带，沉积物厚度多大于 300 m，次级小沉积中心有 3 个，分别为莱芜、蒙阴和临沂李官，呈北西向的串珠状排列，而且由北西向南东沉积中心的沉积物厚度逐渐变薄。道堡湾期晚期的中晚期亦为开阔台地浅潮下带沉积环境，其沉积-沉降中心分别为费县—枣庄地区、章丘—文祖地区及潍坊—安丘地区，沉积物的厚度多在 400 m 以上。中奥陶世达端威尔期，由于山东境内地壳上升之不均衡性的共同影响，沂沭断裂带和济宁一带上升幅度大于中部淄博—新泰地区，因此，山东中西部地区的济南—淄博—新泰—枣庄薛城一带中奥陶世地层保存完好，其他地区多剥蚀较强烈。岩性以中厚层质纯的灰岩为主，生物化石丰富。

第四节　代表性矿床剖析

一、产于寒武纪长清群李官组中的滨海陆屑滩相沉积型玻璃用石英砂岩矿床式(李官式)及代表性矿床

(一) 矿床式

1. 区域分布

该类矿床主要分布在靠近沂沭断裂带中的鄌郚-葛沟断裂西侧的莒县、沂水、沂南、临沂及兰陵一

带，大体呈 NNE 向展布在狭长区域内；但构成玻璃硅质原料的石英砂岩矿床和矿点，主要出露于临沂茶山-沂南石磨山及沂南黄崖顶-马山的2条NW向展布的石英砂岩矿化带中；在沂南北部的院东头和北大山、沂水崔家峪等地也有达到工业要求的石英砂岩层出露。该层位中的石英砂岩矿层层位稳定，厚度大，质量好。主要有沂南蛮山和孙祖、临沂李官及沂水崔家峪等大型矿床和院东头、北大山、鼻子山、黄崖顶、石磨山、胡子山及苍山打磨山、尖顶山等多处矿点。

2. 含矿岩系特征

矿床赋存于寒武纪长清群李官组砂岩段内，其形成于滨海陆屑滩相；主要分布在鲁中隆起的东南部地区。

含矿岩系李官组自下而上可分为2个岩性段。下段称为砂岩段，为含矿段，以灰色中厚层石英砂岩为主，偶含海绿石及铁质，常见波痕，底部在局部地段含有砾岩。厚20~50 m；其底与新元古代土门群为平行不整合接触，与新太古代变质岩系为不整合接触。上段称泥岩段，为砖红色夹黄绿色泥岩、页岩，含砂质页岩夹粉砂岩，上部见石盐假晶，厚6~13 m，其顶与寒武纪朱砂洞组呈整合接触（张增奇，1994）。

出露在沂南—临沂一带的这套含石英砂岩矿的李官组下段，由于受到晚期（燕山期）自南而北展布的4条NW向断裂（蒙山断裂、新泰-垛庄断裂、铜冶店-孙祖断裂、坦埠-界湖断裂）的影响，在区域分布上被分割成由南向北的4段（图12-3）。南段长50 km，含有李官-胡子山-蛮山等石英砂岩矿床及矿点；中段长25 km，含有黄崖顶-鼻子山-马山等石英砂岩矿床及矿点；北段断续长30 km，由于断裂和风化剥蚀破坏，分布零乱。坦埠-界湖断裂（F_4）之北，石英砂岩层呈不规则圈状分布。

3. 矿体特征

赋存于李官组中的玻璃用石英砂岩矿体，为层状，其产状因矿体所在地质构造部位不同而有所变化。如：① 分布在坦埠-界湖断裂以南的矿层，延伸比较规则，倾斜平缓（6°~12°）。主矿层为一层，沿走向延伸自1 500 m至数千米，沿倾向延伸300~800 m；矿层厚度各地略有不同，最大为33 m，最小为5.02 m，一般厚度为十几米。② 分布在坦埠—界湖以北的矿层，大体沿山体等高线延伸，呈不规则的圈形，走向及倾向变化较大。如沂水崔家峪矿区的4个石英砂岩矿体走向变化在20°~110°之间。其中Ⅰ号矿体走向290°，倾向200°，倾角一般<3°。矿体出露长度1 500 m；延伸139.0~806.3 m；厚度8.0~17.5 m，平均11.91 m。矿体自上而下依据矿石品级可分为3个矿层（图12-4）。

全区所见各矿区的石英砂岩矿层均裸露于小山顶，形成一层盖帽。见图12-3。

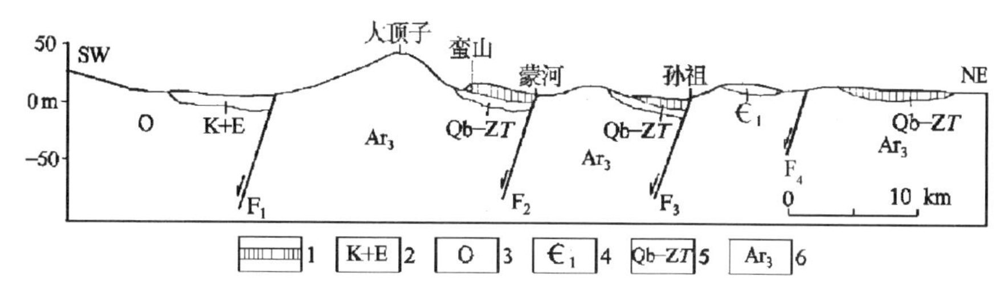

图12-3　鲁中地区寒武纪长清群李官组中石英砂岩矿分布地质剖面示意图

（据汤立成（1996）和《山东矿床》（2006）编绘）

1—李官组中石英砂岩矿层；2—白垩系+古近系；3—奥陶系；4—早寒武世地层；5—青白口-震旦纪土门群；6—新太古代变质岩系；F_1—蒙山断裂；F_2—新泰-垛庄断裂；F_3—铜冶店-孙祖断裂；F_4—坦埠-界湖断裂

4. 矿石特征

矿物成分：产于早寒武世李官组下段中的玻璃用石英砂岩矿石，为灰白色石英（净）砂岩，中细粒砂状结构，块状（层状）构造。矿物成分以分选好、圆度较高的中粒石英碎屑为主（含量>95 %），长石少见，

含微量水云母、电气石、锆石、磷灰石、磁钛铁矿、海绿石、玉髓、白云母、金红石等;胶结物主要为硅质,极少为钙铁质。石英颗粒具明显的次生加大边,原石英为浑圆状或次圆状,次生加大后呈棱角状或不规则状。矿石中石英碎屑的粒径多在0.10~0.50 mm之间,平均为0.3 mm,属中细粒石英砂岩矿石。

化学成分:① 矿石中 SiO_2 含量较高,变化较稳定,多在96 %~98 %之间,高者>99 %;包括特级品和Ⅰ级、Ⅱ级、Ⅲ级品矿石。② Al_2O_3 含量为0.62 %~0.96 %,变化较为稳定。③ Fe_2O_3 含量在0.06 %~0.55 %之间,变幅较大;据蛮山、孙祖和李官3个矿区的矿石进行的可选性试验,其经过破碎—水洗脱泥—擦洗—磁选等流程,获得的精矿 SiO_2 含量>99 %,达到Ⅰ级玻璃硅质原料要求。

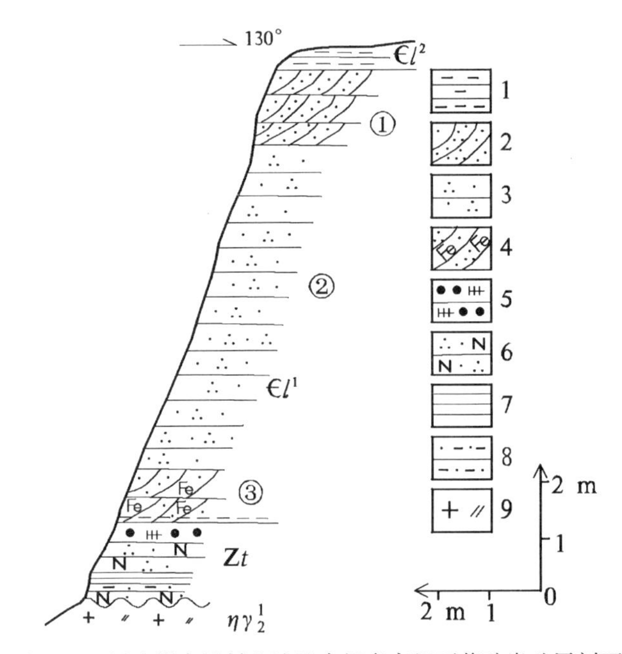

图12-4 沂水崔家峪村北沙地南坪李官组石英砂岩矿层剖面图

(据李忠祥等,2004)

1—红色泥岩;2—灰白-黄褐色石英砂岩;3—厚层-巨厚层灰白色石英砂岩;4—棕褐色石英砂岩;5—中-细砾岩;6—粗粒长石石英砂岩;7—肝紫色及黄绿色页岩;8—土黄色泥质砂岩;9—中元古代中粒二长花岗岩($\eta\gamma_2^1$);

$\epsilon_1 l^2$—李官组二段;$\epsilon_1 l^1$—李官组一段;Zt—新元古代土门群佟家庄组;① 灰白色-黄褐色石英砂岩矿层,平均厚1.83 m;② 灰白色石英砂岩矿层,平均厚8.62 m;③ 棕褐色石英砂岩矿层,平均厚1.46 m。

5. 矿床成因

李官式玻璃用石英砂岩矿床,为形成于早寒武世沧浪铺期滨海陆屑滩相沉积型矿床;称为李官式。

(二)代表性矿床——沂南县蛮山玻璃用石英砂岩矿床[1]

1. 矿区位置

沂南县蛮山玻璃用石英砂岩矿区位于沂南县双堠乡南龙口村西北约800 m。大地构造位置居于鲁西隆起中东部的孟良崮凸起内。

2. 矿区地质特征

该矿床为赋存于蒙山断裂与新泰-垛庄断裂之间的李官组石英砂岩带上的一个大型矿床。矿区出

[1] 据国家建材工业局地质公司山东地质勘探大队,沂南蛮山石英砂岩矿矿普查及勘探报告,1982~1986年。

露的地层自下而上有新太古代变质岩系、新元古代土门群佟家庄组、早寒武世长清群李官组下段(含矿层)和上段、长清群朱砂洞组、馒头组及第四纪残坡积和冲积层。见图 12-5。

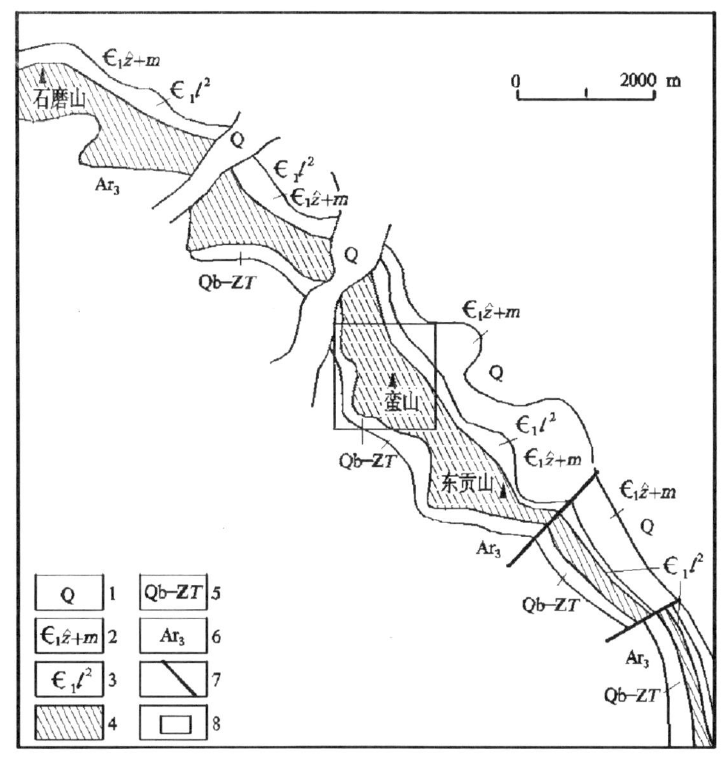

图 12-5　沂南蛮山石英砂岩矿区域地质略图

(据《山东矿床》编制,2006)

1—第四系;2—寒武纪长清群朱砂洞组及馒头组;3—寒武纪长清群李官组上段;4—李官组下段——石英砂岩矿(化)层;5—新元古代土门群;6—新太古代变质岩系;7—断层;8—沂南蛮山矿区范围

矿区内出露的含矿层位——长清群李官组可分为下、上 2 个岩性段。下段为含矿层位,主要由灰白色中—厚层石英砂岩组成,其上部夹黄绿色—紫红色页岩,其底部常见有 0.6~1.6 m 厚的含角砾石英砂岩;下段总厚度>35 m。李官组上段由钙质页岩、粉砂质页岩及薄层泥灰岩组成,含石盐假晶,厚 8~12 m。

矿区内构造简单,总体为一走向 330°、倾向 NE、倾角 9°~12°的单斜构造。有 NE 向断裂,但对矿层破坏不大。岩浆岩不发育,仅在新元古代土门群与寒武系接触面处见煌斑岩岩床。

3. 矿体特征

矿区内含矿层自下而上可分为 2 层。①第 1 含矿层为灰白色—淡紫红色中—细粒石英砂岩,偶夹紫红色页岩透镜体,厚 7.87~26.78 m,为主矿体——Ⅰ号矿体的赋存层位。②第 2 含矿层为灰白色—浅紫色中—细粒石英砂岩,厚 0.72~6.31 m,为Ⅱ号矿体的赋存层位。两个含矿层之间为石英砂岩与黄绿色—紫红色页岩互层(厚 0.2~3.61 m)隔开。

赋存在下、上两个含矿层中的石英砂岩矿体为层状。Ⅰ号矿体沿走向长 1 500 m,沿倾向宽 300~800 m;厚 5.02~23.78 m,平均厚 11.29 m;Ⅰ号矿体为主矿体,其资源储量占矿区总量的 98 %。Ⅱ号矿体长>500 m,沿倾向延伸 200 m;厚度 3.15~6.13 m,平均厚 4.25 m(图 12-6)。

4. 矿石特征

矿物成分:以石英为主(含量>95 %),长石少见;含微量水云母、白云母、电气石、锆石、磷灰石、磁钛

铁矿、玉髓、金红石等;胶结物主要为硅质,极少为钙铁质。

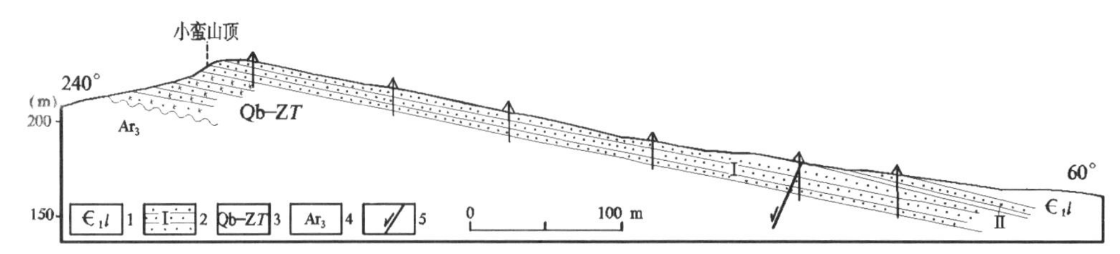

图 12-6 沂南蛮山石英砂岩矿区 8 线地质剖面图

(据《山东矿床》编修,2006)

1—早寒武世李官组;2—石英砂岩矿体及编号;3—新元古代土门群;4—新太古代变质岩系;5—断层

化学成分:Ⅰ号矿体矿石以Ⅰ级品为主,SiO_2 平均含量为 98.49 %,Al_2O_3 为 0.70 %,Fe_2O_3 为 0.09 %;Ⅱ号矿体矿石 SiO_2 含量为 98.43 %,Al_2O_3 为 0.77 %,Fe_2O_3 为 0.14 %,属Ⅱ级品矿石。

结构构造:矿石为灰白色石英(净)砂岩,以分选好、圆度较高的中细粒石英碎屑为主(粒径多在 0.10 ~0.50 mm 之间,平均为 0.3 mm),中细粒砂状结构,块状(层状)构造。属中细粒石英砂岩矿石。

5. 矿床成因

沂南县蛮山玻璃用石英砂岩矿床为形成于滨海陆屑滩相的沉积型矿床。

6. 矿床规模

在 1982~1986 年间,国家建材工业局地质公司山东地质勘探大队先后对沂南县蛮山玻璃用石英砂岩矿开展了普查及勘探评价工作,基本查清了矿床地质特征和矿床规模,为一大型矿床。

二、产于寒武纪张夏组中的海相沉积型(水泥用)石灰岩矿矿床式(磨山式)及代表性矿床

(一) 矿床式

1. 区域分布

产于寒武纪九龙群张夏组中的石灰岩(水泥用)矿床,在鲁西山区出露较为广泛,已经勘查评价的该类矿床主要产地有嘉祥磨山,泗水踞龙山、戈山、马头山,滕州马山,枣庄虎头山、大明山等。

2. 含矿岩系特征

赋矿的寒武纪九龙群张夏组,主要岩石组合为鲕粒灰岩、藻灰岩、豹皮状灰岩和条带状灰岩及黄绿色页岩,为浅海-滨海环境产物。张夏组在各地的岩性及厚度存在一定变化,如淄博、莱芜、费县等地,该组中上部黄绿色页岩较多;在滕州马山矿区,主要为厚层鲕粒灰岩与豹皮状灰岩交替出现;在泗水踞龙山矿区,亦以鲕粒灰岩、豹皮状灰岩为主,夹薄层条带状石灰岩;在莒县以豹皮状灰岩、薄层灰岩、泥灰岩为主,鲕粒灰岩不发育。

3. 矿体特征

张夏组中水泥灰岩矿层数,虽然有的矿区可见到五六层,但从区域上看可划分为 2 大矿层,分别赋存在该组的上部和下部。矿层的长度和宽度随地势陡缓和剥蚀程度而变化。长度一般在数百米到千余米,厚度一般为十多米到三五十米。

4. 矿石特征

该类灰岩矿石类型以鲕粒灰岩为主体,其次为豹皮状及条带状灰岩。

鲕粒灰岩矿石一般为灰色—深灰色,中厚层—厚层状,鲕粒结构,块状构造。矿物成分以方解石为主,含量为75 %~90 %,其次为白云石,占1 %~25 %。CaO 含量在48.54 %~52 %之间,一般为51 %;MgO 变化较大,为1.41 %~3.50 %。

5. 矿床成因

磨山式石灰岩矿床为形成于浅海-滨海环境下的沉积型矿床。

(二) 代表性矿床特征——嘉祥县磨山石灰岩矿床地质特征❶

1. 矿区位置

嘉祥磨山石灰岩矿区位于嘉祥县城南偏西4.5 km处,其东距马集约1.5 km。在地质构造部位上,居于鲁西隆起西缘的嘉祥凸起上。

2. 矿区地质特征

矿区出露地层为寒武纪九龙群张夏组和崮山组,矿床赋存于张夏组中。矿区构造简单,为由张夏组和崮山组组成的向NW缓倾斜的单斜构造;断层不发育。

3. 矿体特征

磨山石灰岩矿床为一海相化学或生物化学沉积作用形成的大型石灰岩矿床。石灰岩矿体呈层状产于张夏组的上部,矿层裸露于地表。矿体长>1 000 m,控制最大斜深700 m。分为上、下2个矿层,矿层总厚度为29.50~47.00 m,平均厚36.76 m(图12-7)。

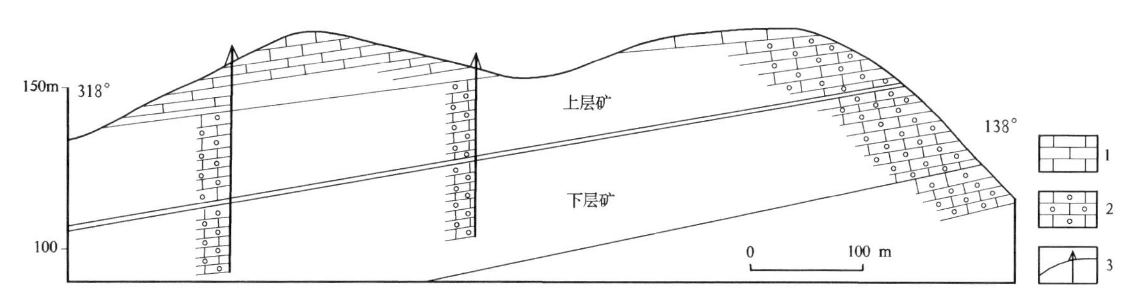

图12-7　嘉祥磨山石灰岩矿区5线地质剖面简图

(据汤立成,1998;引自《山东矿床》,2006)

1—寒武纪崮山组薄层灰岩;2—石灰岩矿层(寒武纪张夏组鲕粒灰岩,包括下矿层和上矿层);3—钻孔位置

上矿层为中厚层鲕粒灰岩夹中厚层豹皮状石灰岩,长>700 m,控深140~700 m;厚度在16.75~22.33 m之间,向两侧变薄。

下矿层为厚层鲕粒灰岩夹厚层石灰岩,长1 000 m,厚度在12.5~30.25 m之间。

4. 矿石特征

矿石类型主要有鲕粒灰岩和豹皮状灰岩2种。

鲕粒灰岩:灰色,鲕粒结构、生物碎屑结构,块状构造。矿物成分以方解石为主,占95 %左右;白云石占5 %左右;含少量黄铁矿、海绿石、石英等。

豹皮状灰岩:灰色—灰黄色,粉晶结构,豹皮状构造。矿物成分以方解石为主,占75 %~90 %;其次为白云石,占10 %~25 %;含少量褐铁矿、石英等。矿石质量较好,CaO 含量一般为50 %~52 %, MgO

❶ 据山东省地矿局第二地质队,嘉祥县磨山石灰岩矿勘探报告,1988年。

一般为 2.5 %~3.2 %;Al_2O_3 一般为 0.1 %~0.6 %;Fe_2O_3 一般为 0.1 %~0.5 %。矿石质量稳定。

5. 矿床成因

嘉祥县磨山石灰岩矿床为形成于浅海-滨海环境下的沉积型矿床。

6. 矿床规模

20 世纪 80 年代,山东省地矿局第二地质队对嘉祥县水泥用石灰岩矿床进行勘查评价,已基本查清矿床地质特征和矿床规模;为一大型矿床。

三、产于奥陶纪马家沟群中的海相碳酸盐岩沉积型石灰岩矿床式(柳泉式)及代表性矿床

(一) 矿床式

1. 区域分布

赋存在奥陶纪马家沟群中的石灰岩矿床,除作为水泥用外,还可为制碱、电石、熔剂、脱硫等用途,被称为"万能灰岩"。该类矿床广泛分布在其含矿层位——奥陶纪马家沟群分布的鲁中隆起区内。主要产地有济南东凤凰山、临淄康山、淄博龙泉、淄川水峪、淄博市东望山等。

2. 含矿岩系特征

奥陶纪马家沟群中的石灰岩矿床,发育在由下而上的北庵庄组、五阳山组和八陡组中。这 3 个含矿地层单元在鲁西地区分布较为广泛(图 12-8)。其主要岩石组合为深灰色中厚层石灰岩及豹皮状灰岩,夹薄层泥灰岩和白云岩。是在浅海水动力条件下,以低能为特征的陆表海陆棚环境下形成的含石灰岩矿层位。厚度和岩性变化稳定、含矿率高(50 %~70 %)、所赋存矿层厚度大(单层厚 20~50 m)、矿石类型简单(主要为块状泥晶灰岩)、矿物成分单一、有用组份高(CaO 含量一般为 50 %~54 %)、有害组分或杂质少,符合水泥、熔剂、化工、制碱和脱硫用石灰岩质量要求的优质石灰岩矿石类型。

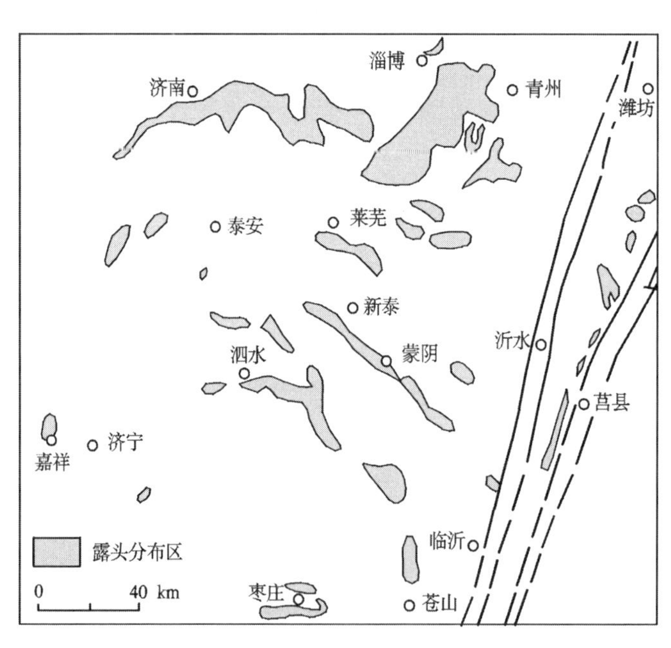

图 12-8 鲁西地区奥陶纪马家沟群出露区分布略图

(据张增奇等,1996)

3. 矿体特征

矿体一般呈单斜层状产出，与地层产状一致。成矿后受多期构造影响，一般呈带状分布，矿体走向与鲁西地区大型构造方向基本一致。走向多为NW向，倾向NE，倾角平缓。主矿层一般为2~4层，沿走向千余米至数千米，沿倾向一般为数百米，厚度各地略有不同，一般单层厚度为20~50 m。

4. 矿石特征

矿石中主要矿物成分为方解石，含量一般在95 %以上，次为少量白云石及黏土矿物等。矿石中CaO含量一般为50 %~55 %，MgO含量一般为0.5 %~1.5 %。从最下部的北庵庄组到最上部的八陡组，矿石中CaO含量逐渐增高，MgO含量逐渐降低。

矿石类型以块状（泥晶）灰岩为主体，其次为豹皮状及条带状灰岩。

块状（泥晶）灰岩矿石呈深灰色或青灰色，中厚—厚层状，泥晶结构。矿物成分主要为方解石，一般含量在95 %以上，含有极少量白云石，微量的黏土物质，个别层位的石灰岩矿石中还含有微量的微粒石英。

块状（泥晶）石灰岩的CaO含量比较高，一般为50 %~55 %，尤其八陡组中的块状石灰岩，CaO含量一般为53 %~55 %，最高达56 %，接近方解石理论成分。有害成分都比较低，如：MgO为0.08 %~1.5 %；SiO_2一般<1 %；Al_2O_3为0.4 %~0.9 %；Fe_2O_3为0.21 %~0.6 %；SO_3为0.02 %~0.17 %；(K_2O+Na_2O)为0.19 %~0.41 %。奥陶系马家沟群中的块状石灰岩是优质的水泥、熔剂、化工用石灰岩矿石。

5. 矿床成因

产出奥陶纪马家沟群北庵庄组、五阳山组和八陡组中的石灰岩矿床为形成于陆表海陆棚环境下的沉积型矿床。

（二）代表性矿床特征——淄博市淄川柳泉石灰岩矿床地质特征[1]

1. 矿区位置

淄川柳泉石灰岩矿区，位于淄川城南约11 km处（龙泉镇南约3 km）。在地质构造部位上，居于鲁西隆起北缘的淄博凹陷的中南部。

2. 矿区地质背景

龙泉石灰岩矿床为海相化学沉积作用形成的大型石灰岩矿床。矿区出露地层为奥陶纪马家沟群阁庄组和八陡组及石炭纪本溪组。矿区为一轴向NE的背斜和向斜构造，成矿后的NE向和NW向断层较发育，在某些地段对矿体连续性稍有破坏。

3. 矿体特征

矿区自下而上有3个赋存于八陡组中的石灰岩矿层。第Ⅰ矿层出露长2 100 m，平均厚17.81 m（分为上、下2层，中间为镁质泥灰岩所隔）；第Ⅱ矿层出露长2 100 m，平均厚19.49 m；第Ⅲ矿层出露长2 400 m，平均厚17.78 m。3个矿层中间为镁质泥灰岩隔开（图12-9）。

4. 矿石特征

矿物成分及结构构造：矿石类型主要有块状（泥晶）灰岩和豹皮状灰岩2种，其矿物成分及矿石结构基本一致，矿石构造有一定差异。①块状（泥晶）灰岩为深灰色，粉晶—泥晶结构，块状构造。矿物成分以方解石为主（占95 %以上），含少量白云石、褐铁矿、泥质等。②豹皮状灰岩为灰色—灰黄色，粉晶—泥晶结构，豹皮状构造。矿物成分以方解石为主（占95 %以上），其次为白云石，含少量铁质物。

化学成分：3个矿层的主要化学成分基本一致。第Ⅰ矿层CaO 54.19 %，MgO 0.68 %；第Ⅱ矿层CaO

[1] 据国家建材工业局地质公司山东地质勘探大队，山东淄川柳泉石灰岩矿勘探报告，1986年。

为 54.56 %，MgO 为 0.44 %；第Ⅲ矿层 CaO 为 54.14 %，MgO 为 0.87 %。矿区 CaO 平均含量为 54.28 %，MgO 为 0.67 %，$SiO_2+Al_2O_3+Fe_2O_3$ 为 1.34 %，为优质的制碱及熔剂、化工、水泥用石灰岩矿石。

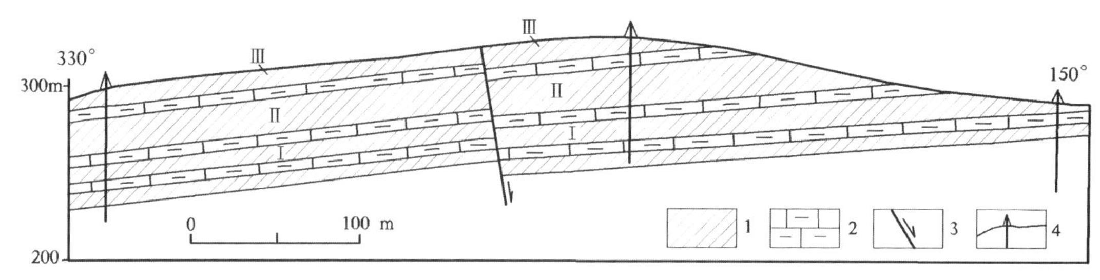

图 12-9　淄博柳泉龙泉石灰岩矿区 2 线地质剖面简图

（据汤立成，1998；引自《山东矿床》，2006）

1—石灰岩矿层（奥陶纪马家沟群八陡组深灰色厚层石灰岩）及编号（Ⅰ，Ⅱ，Ⅲ矿层）；

2—八陡组镁质泥灰岩；3—断层；4—钻孔位置

5. 矿床成因

该矿床为形成于中奥陶世末期陆棚广海环境下，以中厚层泥晶石灰岩和豹皮状石灰岩为主的浅海相隐晶质碳酸盐岩沉积建造中的沉积型矿床。

6. 地质工作程度及矿床规模

淄川柳泉石灰岩矿床（制碱、化工、熔剂、水泥用），经 20 世纪 80 年代，国家建材工业局地质公司山东地质勘探大队勘探评价，已基本查清矿床地质特征和矿床规模；为一大型矿床。

四、产于寒武纪长清群及奥陶纪马家沟群中的海相碳酸盐岩系型石膏矿床（源泉式）基本特征及代表性矿床

该类石膏矿床在本成矿系列中发育在寒武纪长清群及奥陶纪马家沟群 2 套海相碳酸盐岩-硫酸盐岩沉积建造中，暂称为“源泉式”。这 2 个产于不同层位中的石膏矿床的含矿岩系、矿体及矿石特征相近，成矿作用基本是一致的。

（一）矿床基本特征

1. 寒武纪碳酸盐岩-蒸发岩沉积建造中的石膏矿床（源泉式）

该含矿建造广泛出露于鲁西山区，主要分布在长清、博山、沂源、新泰等地。其相应层位为寒武纪长清群朱砂洞组丁家庄（白云岩）段及馒头组石店段。主要岩石组合为薄层泥灰岩、白云质灰岩、杂色页岩、石膏层。在不同地区，此建造的岩石组合略有差异。其是在滨海相潟湖潮坪带环境下生成的。该建造中的石膏层，目前仅见于钻孔深部，地表尚未发现。已知该建造中含石膏层最好地段有淄河南段、长清胡同店、平阴刁山坡、沂源龙泉等地。

在淄河南段的口头—南邢一带，该建造中的含石膏矿呈层状产于寒武纪朱砂洞组丁家庄（白云岩）段及馒头组石店段中，共有 3 层含膏带。下部含膏带厚 35 m，层位稳定，其中的 2 个石膏矿层厚度分别为 11.0 m 和 7.5 m；中部含膏带较下部差，厚度<10 m，其中所含 2 层石膏厚度分别为 1.8 m 和 3.6 m；上部含膏带厚<5 m，所含石膏层厚 1 m 左右。石膏矿石之主要矿物成分为硬石膏、石膏、白云石等。矿石的平均品位（$CaSO_4 \cdot 2H_2O+CaSO_4$）为 58.63 %❶。

❶ 山东省地质调查研究院，山东省沂源县土门镇龙泉石膏矿区普查地质报告，1998 年。

在沂源龙泉，该建造中的石膏矿体呈层状、似层状或透镜状产于早寒武世朱砂洞组丁家庄（白云岩）段中，自下而上有3个矿体。其中Ⅰ号矿体为主矿体，控制长2 195 m，沿倾斜延伸1 000余米，厚1.00~13.98 m，平均厚5.78 m。Ⅱ号和Ⅲ号矿体规模小，长约200 m，沿倾斜延伸100余米，厚2.42~3.51 m。龙泉石膏矿矿石以块状石膏及网脉状-块状石膏为主，其次为网脉状-浸染状石膏/硬石膏及纤维状石膏。主矿体单工程矿石平均品位（$CaSO_4 \cdot 2H_2O+CaSO_4$）为59.14 %~71.60 %，矿体平均品位65.49 %。

2. 奥陶纪碳酸盐岩-蒸发岩建造中的石膏矿床

该含矿建造在鲁西山区广泛出露，其相应层位为奥陶纪马家沟群东黄山（白云岩）组、土峪（白云岩）组及阁庄（白云岩）组。主要岩石组合为白云岩、泥灰质白云岩、泥灰岩、白云质泥灰岩、石膏层，为陆缘海咸化潟湖相环境下形成的碳酸盐岩-蒸发岩岩石组合。目前发现此建造中的石膏矿层见于济南地区及枣庄薛城张范等地的钻孔中，最好的石膏层见于济南地区的ZKx钻孔内（阁庄组中），见有4层石膏，厚度分别为8 m，2.23 m，1.48 m，3.21 m，其中最厚一层石膏见于孔深749.88 m处，为白色块状晶质石膏，半透明，粒状结构，有后生的脉状纤维石膏穿插。$CaSO_4 \cdot 2H_2O$平均含量为66.62 %，单样最高为79.52 %。石膏质量为一级品和二级品。在其他钻孔同一层位中也见有石膏层，说明本建造中石膏矿层分布具有区域上的稳定性。

3. 海相碳酸盐岩系型石膏矿床成矿条件

山东海相碳酸盐岩系型石膏矿床在空间分布上具有以下特征：①不同时代的石膏矿床均赋存于碳酸盐岩-蒸发岩建造的中上部。②含石膏碳酸盐岩-蒸发岩建造最常见的岩石组合为石灰岩+白云岩+石膏岩。一般情况下，在该建造中，石灰岩矿床在下，白云岩矿床居中，石膏矿床在上。由于建造的旋回性，石膏矿层在一个建造中往往重复出现。石膏层厚度大，单层石膏厚几米至几十米。③含矿建造中可见岩溶砾屑及石盐假晶，但尚未发现石盐层。④碳酸盐岩-蒸发岩含矿沉积建造及其中的石膏层，具有大区域范围内分布的稳定性，显示了水体盐度具有全区一致的浓缩和淡化的变化特点。在蒸发岩区，石膏层产出位置往往具有组、段之间的对应性（如淄博源泉及沂源龙泉等地的钻孔剖面所见）。

有关海相石膏矿床成矿物质的来源，一般认为主要来自海水蒸发。但近三四十年来国内外研究成果表明，海相膏盐矿床的成矿物质不仅来自海水，而且与岛弧和海底火山喷溢的热卤水、生物死亡后生成的H_2S及陆缘成矿物质的供给有关（陶维屏等，1994）。其成矿过程可分为原生石膏沉淀、硬石膏化和纤维石膏化3个阶段（陈从喜，1994；图12-10）。

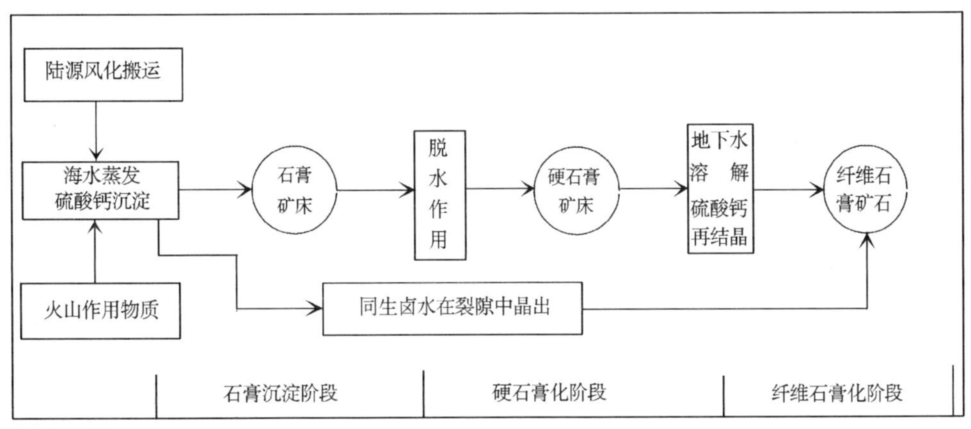

图12-10　海相碳酸盐岩系型石膏矿床成矿模式图

（据陈从喜，1994）

(二)代表性矿床——淄博市口头-源泉石膏矿床地质特征❶

1. 矿区位置

矿区位于淄博市淄川区口头—博山区源泉一带,西距博山城约 20 km。在地质构造部位上居于鲁西隆起区鲁山断块凸起的中南部。

2. 矿区地质特征

矿区出露地层主要为寒武纪—奥陶纪张夏组、崮山组、炒米店组、三山子组和马家沟群;钻孔中见到寒武纪朱砂洞组和馒头组,石膏矿体赋存于其中;第四系沿山间坡地及河谷分布。

寒武纪朱砂洞组丁家庄(白云岩)段,在矿区仅见于钻孔中,主要岩性为中厚层灰岩、白云质灰岩、泥质灰岩、膏质灰岩夹石膏矿和少量紫红色、黄绿色页岩,厚 76.20~81.81 m。是区内石膏矿的主要赋存层位(图 12-11)。该段岩性在区域上变化较大,与下伏古元古代二长花岗岩呈不整合接触。

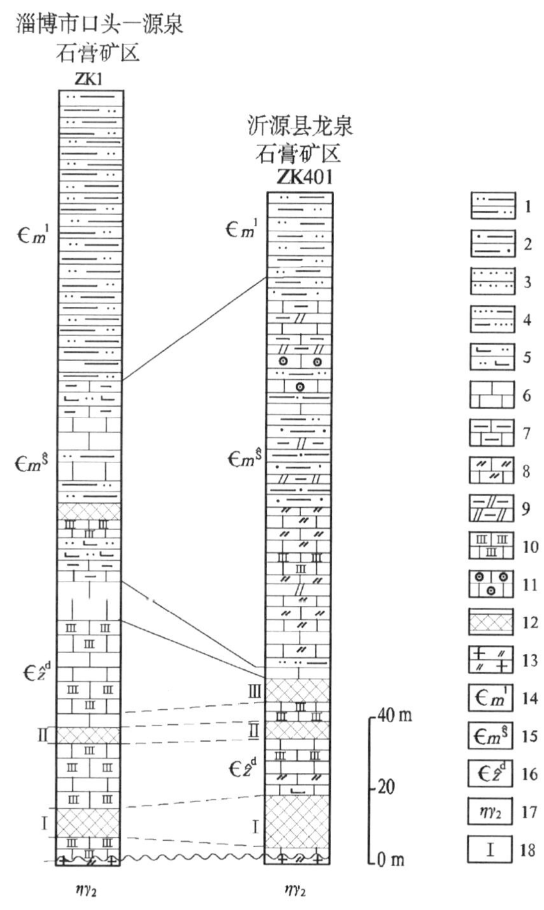

图 12-11 淄博市口头-源泉石膏矿区与沂源龙泉石膏矿区地层柱状对比图

(据山东省地质调查研究院 1988 年成果及山东省第八地质矿产勘查院 1999 年成果编绘;引自《山东矿床,2006》)

1—粉砂质页岩;2—粉砂质泥岩;3—粉砂岩;4—泥质粉砂岩;5—钙质粉砂岩;6—灰岩;7—泥质灰岩;8—白云质灰岩;9—泥质白云岩;10—膏质灰岩;11—鲕粒灰岩;12—石膏矿层;13—二长花岗岩;14—寒武纪馒头组下页岩段;15—寒武纪馒头组石店段;16—寒武纪朱砂洞组丁家庄段;17—古元古代二长花岗岩;18—石膏矿层编号

❶ 山东省第八地质矿产勘查院,山东省淄博市口头-源泉地区石膏矿普查报告,1999 年。

寒武纪馒头组石店段，在矿区仅见于钻孔中，厚26.13~54.85 m。主要岩性为中薄层泥质（纹层）灰岩、厚层膏质灰岩、紫红色粉砂岩、钙质粉砂岩、石膏层。其与下伏朱砂洞组丁家庄段整合接触。

矿区内岩浆岩不发育，仅在断裂内见碳酸岩脉及钻孔中见古元古代二长花岗岩。

矿区内地层呈单斜分布，断裂构造非常发育，主要有NNE，NE，近EW和NW向4组。其中以从矿区东部边缘通过的NNE向淄河断裂带规模最大。矿区内这些断裂构造均为成矿后断裂，对矿体的连续性有一定影响。

3. 矿体特征

矿区内有3个石膏矿层（自下而上为Ⅰ，Ⅱ，Ⅲ号），其中Ⅰ号矿体为主矿体（图12-12）。

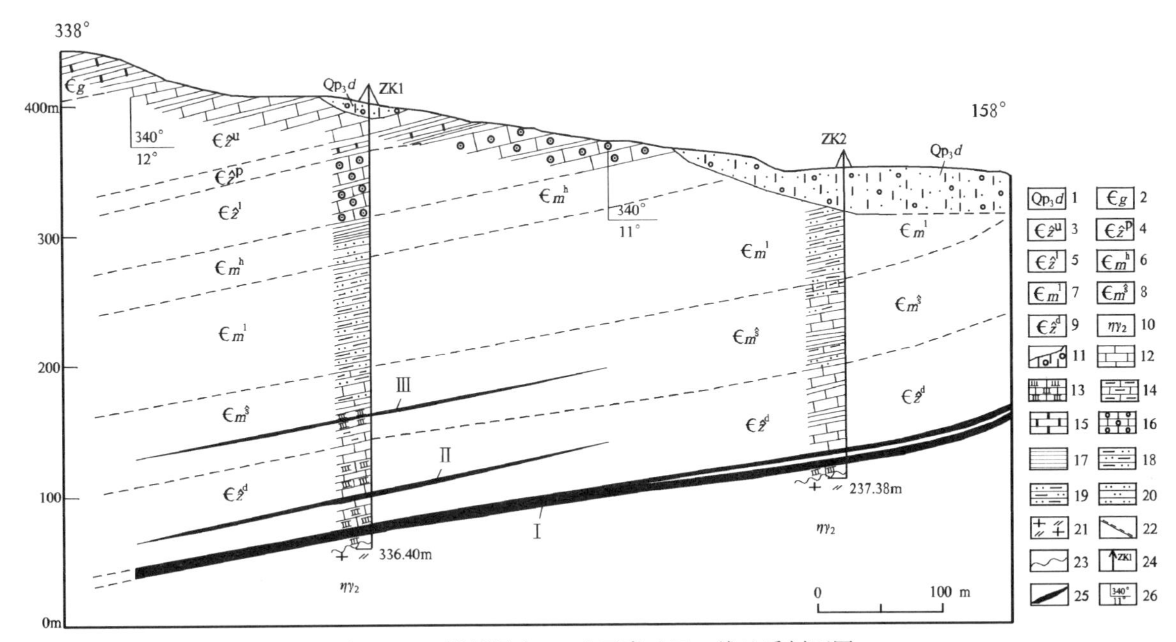

图12-12　淄博源泉-口头石膏矿区0线地质剖面图

（据山东省第八地质矿产勘查院1999年成果编绘；引自《山东矿床，2006》）

1—第四纪大站组；2—寒武纪崮山组；3—寒武纪张夏组上灰岩段；4—张夏组盘车沟段；5—张夏组下灰岩段；6—寒武纪馒头组洪河段；7—馒头组下页岩段；8—馒头组石店段；9—寒武纪朱砂洞组丁家庄段；10—古元古代二长花岗岩；11—含砾砂质黏土；12—灰岩；13—含膏灰岩；14—泥质灰岩；15—疙瘩状灰岩；16—鲕粒状灰岩；17—页岩；18—粉砂质页岩；19—钙质粉砂岩；20—粉砂岩；21—黑云母二长花岗岩；22—实测及推测地质界线；23—不整合地质界线；24—钻孔及编号；25—石膏矿体及编号；26—地层产状

Ⅰ号矿体：赋存于朱砂洞组丁家庄段底部厚层含膏灰岩中，呈层状。控制长800 m，沿倾斜延伸Ⅱ号矿体：赋存于世朱砂洞组下部厚层含膏灰岩中，呈层状。控制长800 m，沿倾斜延伸329 m，厚3.86 m。矿体产状与Ⅰ号矿体一致，倾角10°~11°。此矿体位于Ⅰ号矿体之上19.00 m处。

Ⅲ号矿体：赋存于寒武纪馒头组石店段下部中厚层含膏灰岩中，矿体呈层状。控制长800 m，沿倾斜延伸282 m，厚1.93 m，矿体产状与Ⅰ号和Ⅱ号矿体一致，倾角10°~11°。下距Ⅱ号矿体58.00 m。

Ⅰ，Ⅱ，Ⅲ号矿体的顶、底板围岩均为深灰色—浅紫色厚层含膏灰岩，矿体与顶、底板围岩为渐变过渡关系。

4. 矿石特征

矿石颜色：石膏矿石呈灰黑色、浅灰白色。

矿物成分：主要矿物成分为石膏、硬石膏、方解石，少量的天青石、碳质及泥灰质等。

结构构造及矿石类型：矿石结构主要有板状结构、柱状结构、纤维状结构及包含结构；主要构造有块

状构造、角砾状构造、网脉状构造。以矿石结构构造特点可划分为块状矿石、条带状矿石、角砾状矿石、网脉状矿石、纤维状矿石5个自然类型;又可分为石膏+硬石膏矿石、硬石膏矿石2个工业类型。

化学成分:矿石中 $CaSO_4 \cdot 2H_2O+CaSO_4$ 含量为32.12 %~90.93 %,平均为58.80 %;Ⅰ,Ⅱ,Ⅲ号矿体的平均品位分别为58.64 %,60.62 %,56.70 %。矿石中其他组分含量:SiO_2 为2.53 %,Fe_2O_3 为1.93 %,Al_2O_3 为1.12 %,K_2O 为0.24 %,Na_2O 为0.04 %。

5. 矿床成因

淄博源泉-口头石膏矿床为形成于寒武纪陆缘海中的滨-浅海相潮坪带内半封闭的海盆-潟湖环境的碳酸盐岩-蒸发岩建造中的碳酸盐岩系型石膏矿床。

6. 地质工作程度及矿床规模

淄博市口头-源泉石膏矿床含矿层位及矿层分布稳定,矿床规模较大,矿石质量较好,具有一定的潜在经济价值。但矿体埋深大(211~320 m),目前尚未开发利用。1999年,山东省第八地质矿产勘查院对该石膏矿进行了普查评价,估算了资源储量,为一中型石膏矿床。

(三)代表性矿床—— 薛城区张范乡小屯石膏矿床地质特征❶

1. 矿区位置

矿区位于枣庄市薛城区张范乡小屯村北一带,东距枣庄市约20 km,北距枣薛铁路邹坞车站6.5 km。在区域地质构造部位上居于鲁中隆起西南部的峄城凸起的中北部。

2. 矿区地质特征

矿区出露地层主要为泰山岩群山草峪组,寒武纪长清群馒头组,寒武纪—奥陶纪九龙群张夏组、崮山组、炒米店组及三山子组,奥陶纪马家沟群东黄山组、北庵庄组、土峪组、五阳山组、阁庄组及八陡组,以及石炭纪—二叠纪和第四纪地层。石膏矿体赋存于马家沟群东黄山组内。

矿区内地层呈单斜分布,或呈舒缓背斜构造。断裂构造较发育,主要有NE和NW向2组,这些断裂构造均为成矿后断裂,对矿体的连续性有一定影响。

矿区内未见岩浆岩分布。

3. 含矿岩系特征

赋存石膏矿的奥陶纪马家沟群东黄山组,分布在矿区中南部,总体产状走向250°左右,倾向NNW,倾角15°~20°,与上、下地层均呈整合接触。据钻孔揭露,该组自上而下可分为3层,即泥云岩层(厚8.40~29.80 m)、角砾状灰质泥岩及石膏层(为矿区含矿带,厚17.10~59.40 m)、泥灰岩层(厚4.60~7.50 m)。

含膏岩带呈层状产出,其产状与上下岩层基本一致,厚度17.10~59.40 m,中东部厚度较大,向西向南逐渐减小。含矿岩带厚度较大的地段,矿层层数较多,厚度较大,反之则减少;纵向上,中部矿层厚度大,层数多,向两侧减少;横向上,中东部矿层厚度大,层数多,向南、向西减少。

4. 矿体特征

(1)矿体

矿区内有3个石膏矿层(自上而下为Ⅰ,Ⅱ,Ⅲ号),其中Ⅱ号矿层为主矿体。见图12-13。

Ⅰ号矿层:呈透镜体状。走向长130 m,沿倾斜延伸150 m,厚72.50 m。中东部厚度较稳定,向南、西逐渐尖灭。

Ⅱ号矿层:呈层状,分布于整个矿区。走向长370 m,沿倾斜延伸400 m,平均厚度13.55 m,最大厚度为19.70 m。矿体产状与Ⅰ号矿体一致。该矿层向南、西、北均有逐渐变薄趋势。

---

❶ 山东省第七地质矿产勘查院,枣庄薛城区张范乡小屯石膏矿详细普查报告,1994年。

Ⅲ号矿层：呈透镜体状，走向长150 m，沿倾斜延伸200 m，厚6.40 m，矿体产状与Ⅰ号和Ⅱ号矿体一致。中东部厚度较大，向南、向西、向北逐渐尖灭。

（2）围岩及夹石

矿层顶板围岩：为灰黑色角砾状灰质泥岩或含膏灰质泥岩，局部为黄褐色白云质泥岩。与矿体呈渐变过渡关系，靠近矿体石膏含量逐渐升高，过渡为石膏矿层。

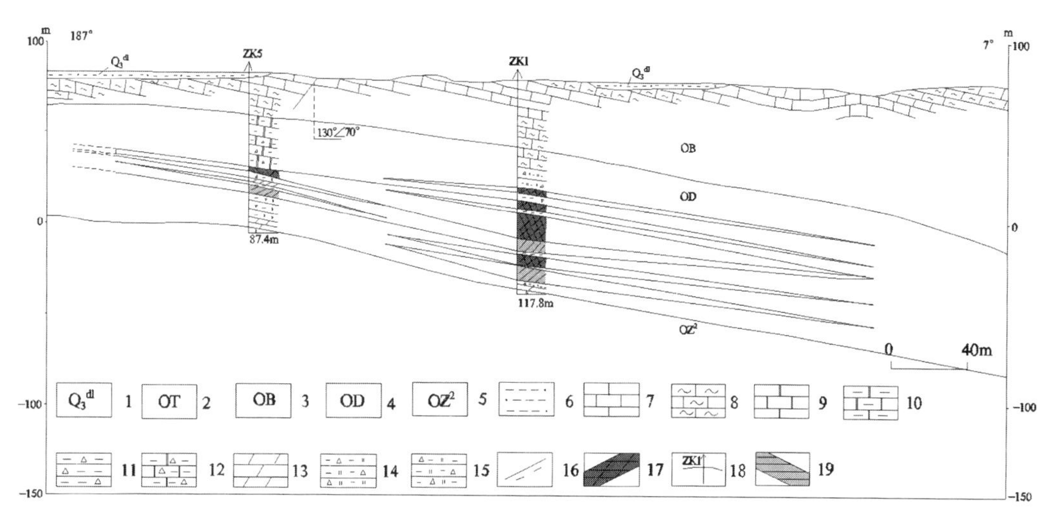

图12-13　薛城张范乡小屯石膏矿区1线地质剖面图

（据山东省第七地矿勘查院编绘，1994）

1—坡积砂质黏土层；2—角砾状白云岩或白云质泥岩；3—中厚层灰岩夹云斑灰岩；4—泥岩、泥质白云岩、泥灰岩、石膏层；5—含燧石结核白云岩；6—含砂黏土层；7—灰岩；8—云斑灰岩；9—白云岩；10—泥质白云岩（白云质泥岩）；11—角砾状灰质泥岩；12—角砾状泥质白云岩；13—泥灰岩；14—含膏泥质灰岩；15—膏质泥岩；16—实测及推测断层；17—石膏层（矿体）；18—钻孔及编号；19—低品位石膏层

矿层底板围岩：为灰黑色角砾状含膏灰质泥岩及灰绿色泥灰岩。

矿层中的夹石主要由角砾状膏质泥岩组成，少量为含膏灰质泥岩，呈灰黑色，角砾状结构，块状构造。中东部夹层较多（3层），向西、南减少，趋于尖灭。

5. 矿石特征

石膏矿石呈灰黑色、浅灰白色；主要矿物成分为石膏、硬石膏、方解石，少量的天青石、碳质及泥灰质等。

矿石结构主要有角砾状结构、纤维状结构及包含结构；主要构造有块状构造、角砾状构造、网脉状构造。依据矿石结构构造特点可划分为角砾状石膏矿石、角砾状灰质石膏矿石和纤维状石膏矿石等3个自然类型；又可分为石膏+硬石膏矿石、硬石膏矿石2个工业类型。

矿石中$CaSO_4 \cdot 2H_2O+CaSO_4$一般含量为56.79 %～62.22 %，最高含量为80.75 %，平均含量为58.84 %；矿石中其他组分含量为：SiO_2为14.58 %，Fe_2O_3为0.58 %，Al_2O_3为3.22 %，K_2O为2.35 %，Na_2O为2.12 %。

6. 矿床成因

枣庄市薛城区张范乡小屯石膏矿床为形成于奥陶纪陆缘海中的滨-浅海相潮坪带内半封闭的海盆-潟湖环境的碳酸盐岩-蒸发岩建造中的碳酸盐岩系型石膏矿床。

7. 地质工作程度及矿床规模

枣庄市薛城区张范乡小屯石膏矿区，在1994年经过山东省第七地质矿产勘查院详细普查，基本查清了矿床地质特征;为一中型石膏矿床。

五、产于寒武纪长清群中的滨海潟湖相沉积型(抱犊崮式)天青石矿床

目前山东省内仅发现枣庄市抱犊崮1处天青石矿床,称其为“抱犊崮式”,故以其为例表述该类天青石矿床地质特征。

枣庄市抱犊崮天青石矿床地质特征❶

1. 矿区位置

矿区位于枣庄市山亭东南约30 km的抱犊崮西南坡。在地质构造部位上,居于鲁西隆起内的尼山(白彦)凸起的东南部。矿体赋存在寒武纪长清群朱砂洞组中(图12-14)。

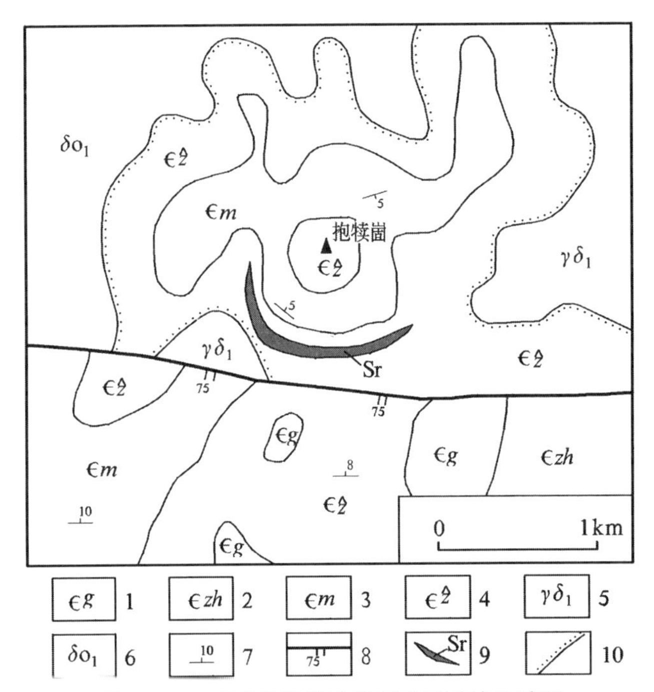

图12-14 枣庄抱犊崮天青石矿区区域地质图

(据山东省地质调查研究院,1999年成果编绘,引自《山东矿床,2006》)

1—寒武纪—奥陶纪九龙群崮山组;2—九龙群张夏组;3—寒武纪长清群馒头组;4—长清群朱砂洞组;5—新太古代花岗闪长岩;6—新太古代石英闪长岩;7—地层产状;8—张性断层及产状;9—天青石矿化体;10—不整合地质界线

2. 矿区地质特征

(1) 地层

矿区发育寒武纪海相沉积地层,自下而上划分为朱砂洞组、馒头组和张夏组;天青石矿化发育在朱砂洞组丁家庄白云岩段中(图12-15)。

朱砂洞组根据岩性特征划分为下灰岩段、余粮村页岩段、上灰岩段及丁家庄白云岩段。

下灰岩段:以微晶灰岩为主,夹泥灰岩、白云质灰岩等,发育水平层理,形成于局限台地的潮间带和潮上带,局部发育底砾岩。

❶ 山东省地质调查研究院,1:5万枣庄幅区域地质调查报告,1999年;山东省地质科学研究所孙秀珠等,山东省枣庄市山亭区抱犊崮天青石矿普查地质报告,1994年。

余粮村页岩段:为灰紫色页岩、粉砂质页岩,发育水平层理。上灰岩段下部为灰黑色砂屑灰岩、生物碎屑灰岩和豹皮状云斑灰岩,上部以砂屑灰岩、泥质条带灰岩和纹层灰岩为主;中部之灰岩与丁家庄白云岩段呈相变关系。

丁家庄白云岩段:是夹于上灰岩段之间的一套白云岩-硫酸盐岩沉积建造,厚度不稳定,其下部为灰色中薄层细晶白云岩,发育鸟眼构造;上部为角砾状白云岩(赋存天青石);顶部为天青石矿。丁家庄白云岩段由下至上发育由白云质灰岩—白云岩—天青石岩组成的沉积旋回,显示了海退时期由浅海向咸化潟湖(萨布哈环境)的演化过程。

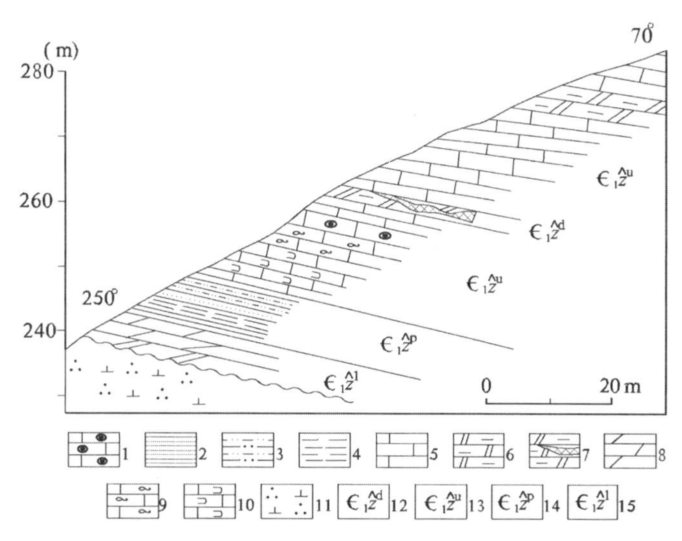

图 12-15　枣庄抱犊崮天青石矿体层位剖面图

(据山东省地质调查研究院,1999 年成果编绘;引自《山东矿床》,2006)

1—藻灰岩;2—页岩;3—粉砂质页岩;4—泥岩;5—泥晶灰岩;6—泥云岩;7—含青天石矿层泥晶白云岩;8—泥灰岩;9—泥质条带灰岩;10—云斑灰岩;11—新太古代石英闪长岩;12—寒武纪朱砂洞组丁家庄含天青石白云岩段;13—朱砂洞组上灰岩段;14—朱砂洞组余粮村页岩段;15—朱砂洞组下灰岩段

(2) 侵入岩

矿区内侵入岩主要为新太古代片麻状石英闪长岩和花岗闪长岩,分布比较广泛。在寒武纪地层中,局部地段见有中生代正长斑岩。区内侵入岩与成矿作用无关。

(3) 构造

矿区地层呈单斜产出,地层倾向 NE,倾角 7°左右。区内断裂构造发育,主要有近 EW 向的抱犊崮断裂,该断裂北盘上升,南盘下降,断层倾向 SE,倾角 65°~70°;断裂对天青石矿体无影响。

3. 矿体特征

天青石矿化层发育在朱砂洞组中的一套白云岩-硫酸盐岩的沉积组合——丁家庄白云岩段中,矿化层的产出严格地受控于丁家庄白云岩段。天青石矿化层呈向 SW 凸出的牛轭形,长约 2.5 km。其顶板为灰色厚层泥晶灰岩,底板为褐灰色中厚层细晶鲕粒灰岩、泥质灰岩及生物碎屑灰岩。矿化层厚 1.8~2.0 m。区内的天青石矿化层产状具有如下特点:① 矿化层产状与上覆、下伏围岩产状一致,呈单斜状,倾向 N — NE,倾角 3°~7°。② 矿化层层位分布较为稳定,沿走向延伸可达千米至几千米;矿化层厚度保持在 1.8 m 左右。③ 矿化层内不均匀地分布着围岩角砾、胶结物为天青石,以及方解石、文石和钙质、泥质等。④ 矿化层内天青石的含量在三维空间内的分布都是不均匀的。⑤ 矿化层岩石硅化发育。⑥ 矿化层内的天青石富集地段(矿体)处的顶板围岩裂隙中有的见充填的天青石细脉,其与主矿体断续相连(孙秀珠等,2004)。

按 $SrSO_4 \geqslant 25$ %的要求❶,自东而西圈定了 3 个透镜状矿体。1 号矿体长 50 m,厚 1.50 m,倾向 67°,倾角 8°;2 号矿体长 50 m,厚 1.6 m,倾向 20°,倾角 5°;3 号矿体长 100 m,厚 1.5 m,倾向 3°,倾角 6°。

4. 矿石特征

矿物成分:矿石矿物为天青石;脉石矿物有方解石、白云石、石英、文石及少量黏土矿物。

结构构造及矿石类型:矿石呈白色,细晶—粗晶结构,块状构造及角砾状构造。依据矿石结构构造特点,矿区内矿石划分为块状矿石、细粒块状矿石、角砾状矿石 3 种类型。

不同类型矿石中天青石的含量差别较大。块状矿石中天青石含量高,一般为 75 %~80 %;细粒块状矿石多已硅化,其中天青石含量比较均匀,一般在 50 %左右;角砾状矿石由天青石及灰岩碎块组成,多已硅化,其中天青石含量变化较大,一般在 30 %左右。

化学成分:矿石中 $SrSO_4$ 含量在不同矿石类型中变化较大。不同的矿石类型产出于矿体的不同部位,$SrSO_4$ 的含量变化反映了矿化的不均匀性。据初步计算,1 号矿体矿石 $SrSO_4$ 平均品位为 77.91 %,2 号矿体为 36.95 %,3 号矿体为 34.75 %;矿区 $SrSO_4$ 平均品位为 45.94 %。其他化学成分 —— SiO_2 为 6.89 %~29.85 %;Fe_2O_3 为 0.10 %~0.35 %;CaO 为 4.98 %~16.58 %; MgO 为 0.18 %~6.10 %;BaO 为 1.10 %~3.90 %;SO_3 为 13.82 %~34.89 %。

5. 矿床成因

抱犊崮天青石矿体呈层状赋存于寒武纪朱砂洞组丁家庄白云岩段中,为形成于一种海退时期由浅海向咸化潟湖(*萨布哈环境*)演化环境的沉积型天青石矿床。

6. 地质工作程度及矿床规模

枣庄抱犊崮天青石矿床在 1994~2001 年间,山东省地质科学研究所(1994)、山东省地矿局第一地质队(1995)、山东省地质调查研究院(1999)、化工部矿山局泰安地质勘查院(2001),先后在矿区和外围开展地质调查和评价工作,基本查清了矿床地质条件和矿床规模,为一小型矿床。

---

❶《矿产资源工业要求手册》(2014 年修订本)。

第十三章　鲁中地块与加里东期超基性岩浆活动有关的金伯利岩型金刚石矿床成矿系列

第一节　成矿系列位置及该系列中金刚石矿分布 …… 249
第二节　区域地质构造背景及主要控矿因素 …… 249
一、区域地质构造背景及成矿环境 …… 249
二、主要控矿因素 …… 252
三、成矿系列中大矿、富矿产出部位及控制因素 …… 253
第三节　矿床区域时空分布及成矿系列形成过程 …… 255
一、矿床区域时空分布 …… 255
二、成矿系列的形成过程与时空分布 …… 256
第四节　代表性矿床剖析 …… 258
爆发相金伯利岩建造岩浆型金刚石原生矿床矿床式(蒙阴式)及代表性矿床 …… 258

山东金刚石发现历史久远,金刚石砂矿开采也有百八年的历史了。1965年在蒙阴首次发现我国第一个金刚石原生矿床后,金刚石地质及开发工作进入了一个新阶段,金刚石已成为山东的一种特色和优势矿种,资源储量居于全国第二位,矿山已连续开采了40余年。

第一节　成矿系列位置及该系列中金刚石矿分布

山东已发现的金刚石原生矿,分布在鲁中山区中部的蒙阴境内,而次生分散的金刚石矿物遍及整个鲁西山区,赋存于不同时代的粗碎屑沉积物中,仅在鲁中南部郯城于埠等地的第四纪沉积物中形成金刚石砂矿床(图13-1)。

蒙阴地区金伯利岩型原生金刚石矿床,位于华北克拉通的东南缘,鲁西隆起区中部。金刚石成矿带发育在郯庐深大断裂带西侧的次级断裂带中,距主断裂约60~70 km。由常马庄、西峪、坡里3个含金刚石金伯利岩矿带组成的蒙阴金伯利岩矿化区,在总体呈NNE向展布,长约60 km,宽约20 km范围内,发育着百余个金伯利岩体(图13-2)。

从大地构造环境来看,全球金伯利岩型原生金刚石矿床均产于稳定的克拉通上,幔源金伯利岩岩浆(超基性岩浆)沿深切地幔的大断裂上升,成群或呈带状在近地表浅成、超浅成环境下侵位或喷发形成金伯利岩岩群,其中含金刚石的金伯利岩岩筒(岩脉)则形成金伯利岩型原生金刚石矿床。金刚石属古老地幔结晶成因,表现为金伯利岩的捕虏体,金伯利岩岩浆起到了运载工具的作用,这一观点已经成为一些地学工作者的共识。

第二节　区域地质构造背景及主要控矿因素

一、区域地质构造背景及成矿环境

(一) 区域地质构造背景

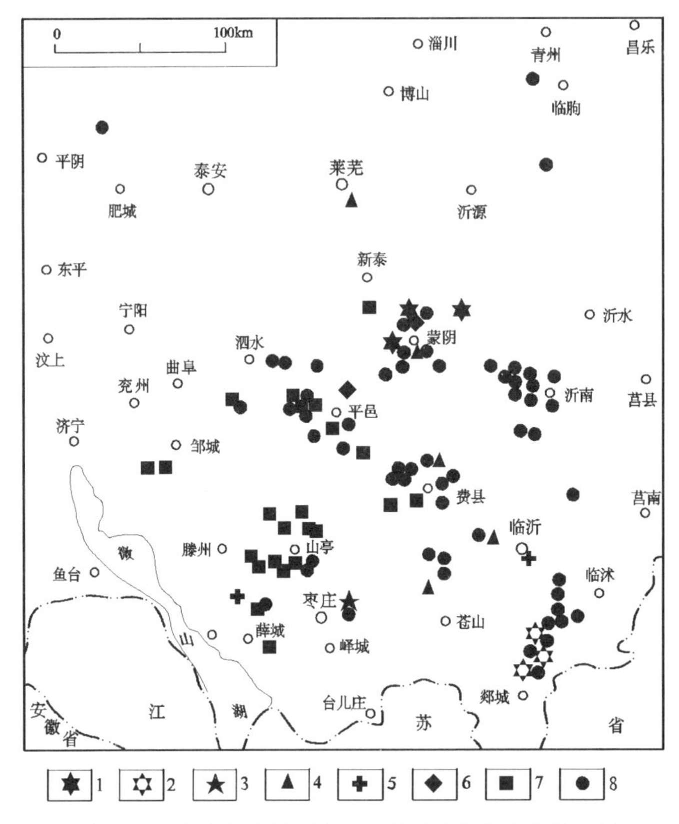

图 13-1 山东省金刚石矿及金刚石矿物出土点分布图

(据山东省第七地质矿产勘查院编制,2002)

1—金刚石原生矿;2—金刚石砂矿;3—寒武纪李官组砾岩金刚石出土点;4—石炭纪本溪组砾岩金刚石出土点;5—侏罗纪三台组砾岩金刚石出土点;6—古近纪官庄群固城组砾岩金刚石出土点;7—新近纪-第四纪白彦组砾岩金刚石出土点;8—第四纪砂砾层金刚石出土点

该成矿系列位于华北克拉通东南缘的鲁西隆起区,自新太古代初始陆壳形成,至新生代历经多次地质构造构造事件,包括各地质历史阶段形成了各具特点的地质建造:太古宙—元古宙结晶基底,古生代稳定的海相碎屑岩-碳酸盐岩建造及海陆交互相碎屑岩-碳酸盐岩-有机岩建造、中生代河湖相碎屑岩建造及中基性火山岩建造,等等。

蒙阴金伯利岩的围岩主要为新太古代变质变形侵入岩、泰山岩群,以及古生代地层。

金伯利岩分布区内断裂构造发育,主要为 NW 向及 NNE 向断裂,其次是 NEE 向和近 SN 向断裂。区内 3 条规模巨大的 NW 向断裂分别是:矿区北侧的铜冶店-蔡庄断裂,矿区南侧的蒙山断裂和通过金刚石矿区中部的新泰-垛庄断裂。该 3 条断裂规模巨大,是鲁西地区的主干断裂。断裂走向 310°~340°,倾向 SW,倾角较陡,一般在 55°~85°,个别直立以致出现反倾现象。断裂性质比较复杂,有张、压、扭性及多次活动特征,总的趋势是张扭在前,压扭在后,左行扭动强而晚,右行扭动弱而早。在常马庄岩带及西峪岩带断裂特别发育。在常马庄岩带区有台上断裂、蒲河断裂、榛子崖断裂、大望山断裂;在西峪岩带区有榆树山断裂、河洼断裂等。NW 向断裂中有一些为张性断裂,主要走向为 NWW,对金伯利岩管的形成有一定的控制作用。NNE 向断裂在区内最为发育,规模大小不等,与金伯利岩的关系比较密切,金伯利岩脉多充填在 NNE 向断裂之中。区内走向 65°~85°的断裂主要显示张扭性,以右行扭为主,其对西峪金伯利岩管有较重要的控制作用。

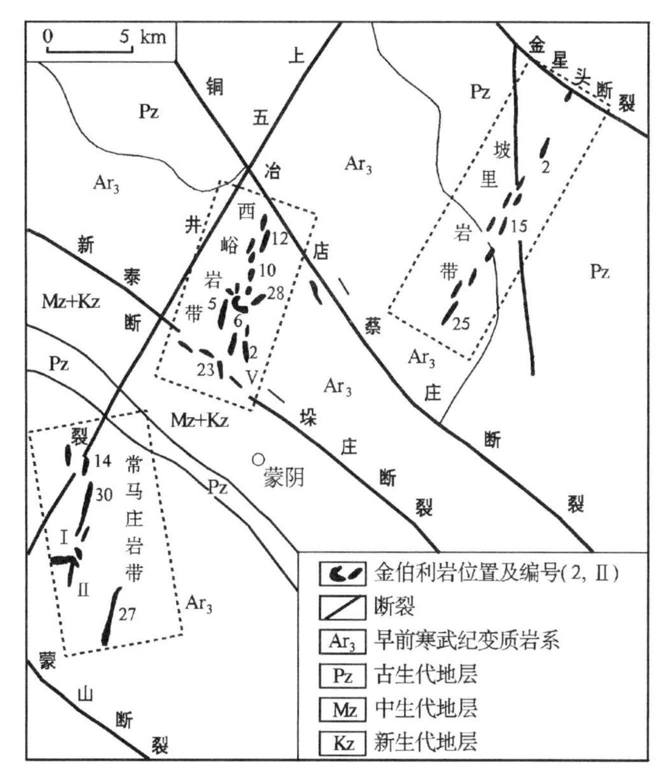

图 13-2　蒙阴金伯利岩带分布略图

（据《山东金刚石地质》修编，1999）

（二）区域地球物理场特征

1. 地壳厚度

山东省莫霍面总体为东浅西深的缓变带，东部为带状地幔隆起区，莫霍面深度为 31~33 km。中、西部为地幔相对拗陷区，莫霍面的深度>33 km（图 13-3）。从鲁西地壳深部构造轮廓图看，蒙阴金伯利岩带正好位于莫霍面隆起向凹陷转变的过渡地带。蒙阴金伯利岩带位于幔隆与幔坳相交的斜坡部分，并偏向于幔坳区。

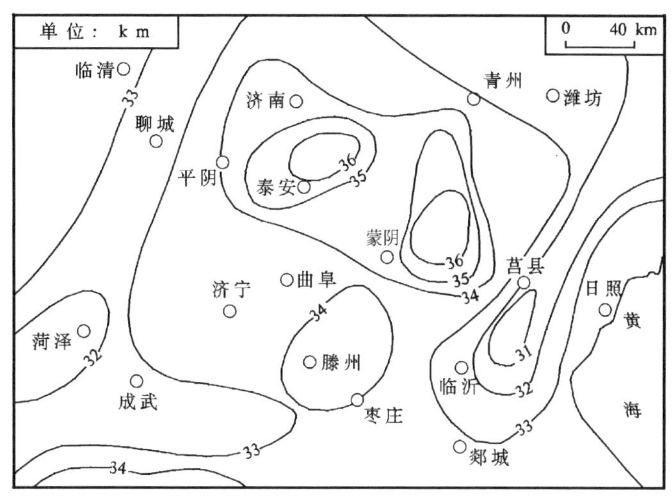

图 13-3　鲁西地区莫霍面等深线图

（据山东省物化探勘查院调绘，1979；引自《山东矿床》，2006，等深线数值单位为 km）

2. 重磁场特征

鲁西地区重力场条块分割，磁场变化复杂（黄太岭等，2002）。按照其形态可将该地区重磁场分为鲁北重磁缓变区、鲁西南重高磁高区、中部弧形重磁场区、鲁西中部重低磁高区和鲁中南条带状重磁场区。蒙阴金伯利岩带位于鲁西重低磁高区（图 13-4）。

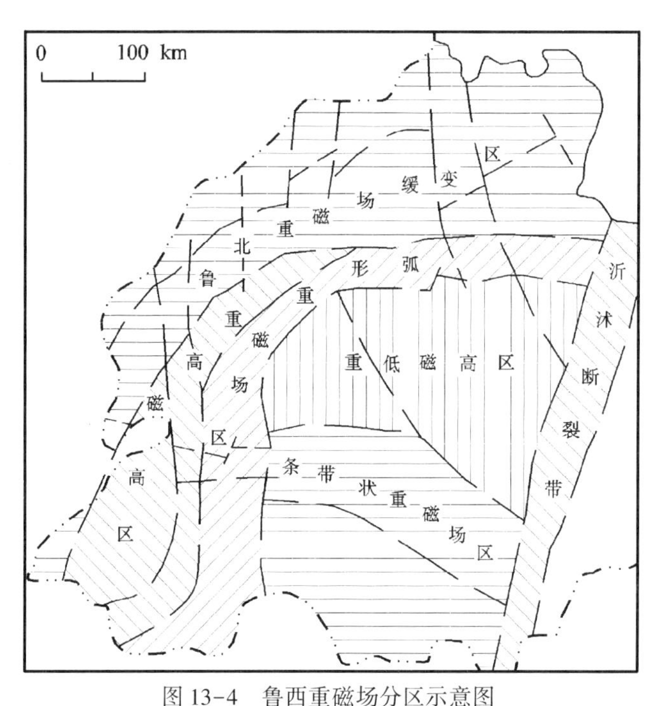

图 13-4　鲁西重磁场分区示意图

（据黄太岭，2002；引自《山东矿床》并修改，2006）

重力场处于由高值区向低值区的变化带上，其中的常马矿区正处于负磁场、高重力场中。重磁场复杂多变的特征，主要是由于变质基底岩系磁性和密度极为不均匀造成的。

在重磁相关分析系数图上，华北地台金伯利岩主要分布于正负相关系数等值线过渡带上，这可能是因为相关系数梯度带主要反映深大断裂有关。

二、主要控矿因素

（一）构造控矿作用及矿体的生成和展布

常马庄、西峪、坡里 3 个金伯利岩金刚石原生矿带的分布明显受构造控制，3 个矿带呈右旋斜列式分布，其含矿性自南向北由富渐贫，常马庄矿带富，西峪矿带中富，坡里矿带贫，表现为含矿性的空间分布的差异。

矿带内部的岩筒、岩脉和岩床的生成及大小、形态和产状的变化主要受围岩断裂、节理和裂隙构造控制，岩脉都在破碎带及密集节理带中断续分布，呈雁列式或斜列式展布。岩脉的形态严格受 NNE 向构造控制。岩管受 NNE 与 NW 向两组构造控制。NW 向断裂有二种性质，一为 NNE 的横张，一为棋盘格的一组扭面，在这二种性质的 NW 向断裂与 NNE 向断裂相交处容易形成岩管。

（二）金伯利岩岩性控制金刚石含矿性

蒙阴的金伯利岩岩管和岩脉，岩性以粗晶金云母金伯利岩为基础并有期次及相带变化，如加入围岩碎屑变成金伯利角砾岩；镁铝榴石多就过渡为粗晶镁铝榴石金伯利岩；含岩球就过渡为含岩球粗晶金伯利岩;碳酸盐化强可过渡为碳酸盐化粗晶金伯利岩等。

常马庄岩带各岩体主要是粗晶金伯利岩,其中含镁铝榴石较多,故大多数岩体都有粗晶镁铝榴石金伯利岩,但在量上有差别。常马庄岩带含金刚石较富。

西峪岩带主要岩性有 3 种,即粗晶金伯利岩角砾岩、粗晶镁铝榴石金伯利岩、褐铁矿化硅化粗晶金伯利岩。这 3 种岩性前者形成最早,后者最晚。分布最广的是最后侵入的褐铁矿化硅化粗晶金伯利岩。西峪岩带各岩体均含金刚石,但含量中等到贫,比常马庄岩带明显下降,不足其 1/5。

坡里岩带主要岩性为斑状富金云母金伯利岩,含金刚石极少或不含。

(三) 金伯利岩岩相控制金刚石含矿性

在同一岩管或岩脉中,金伯利岩具有岩相分带,如常马庄各岩脉主要是粗晶金伯利岩,构成岩脉边缘相的一般是细粒金伯利岩,在金伯利岩与围岩接触处一般有厚度不等的蛇纹石化碎裂岩。金刚石主要富含在粗晶金伯利岩中,蛇纹石化碎裂岩带内主要是细脉状的金伯利岩,含矿较贫。

另外,蒙阴金刚石矿床的含矿性还受岩体形态及产状的控制,一般表现为岩管富于岩脉;岩脉的膨大部位一般比窄的部位富;对整个岩带来说是中间富,两头贫;对一条岩脉来说一般也是中间富两端贫。

(四) 金伯利岩含矿建造

金伯利岩即角砾云母橄榄岩,是大陆板块内部一种较其他岩浆来源更深的高温岩浆作用的产物。金伯利岩是一种超浅成相、偏碱性超基性岩;具角砾状构造、块状构造、斑状构造或凝灰状构造;常含有某种标型矿物、钛矿物和深源捕虏体,不含长石。岩石主要由橄榄石、金云母等铁镁矿物组成,常含数种特征矿物如金刚石、含铬镁铝榴石、铬透辉石、铬尖晶石、镁钛铁矿、钙钛矿、锐钛矿、金红石、铌铁矿等;铌钽等稀土元素含量较一般超基性岩可高出数倍至数十倍。岩石所含捕虏体中有深源岩石和矿物,如橄榄石、辉石类和透辉石矿物及二辉橄榄岩和斜辉橄榄岩等。按橄榄石和金云母含量的不同,金伯利岩可分为橄榄石型金伯利岩(橄榄石含量>50 %)和金云母型金伯利岩(金云母含量>50 %)。

山东蒙阴地区常见的金伯利岩有 4 种类型,分别为粗晶金伯利岩、细晶金伯利岩、粗晶金伯利角砾岩、凝灰质金伯利岩,其中以粗晶金伯利岩为主。约占各类金伯利岩总量的 75 %(表 13-1)。

表 13-1　蒙阴地区金伯利岩主要岩石类型及特征

岩石类型		颜色	主要组分/%	结构构造	产出环境	其他
粗晶金伯利岩	镁铝榴石粗晶金伯利岩	暗绿色、灰绿色,风化后呈黄绿色、黄褐色	粗晶橄榄石平均 43.58,最高达 61.4。粗晶金云母一般<5,肉眼可见镁铝榴石	粗晶结构,块状构造	岩管	常见深源和同源捕虏体
	金云母粗晶金伯利岩		粗晶橄榄石 30~40,粗晶金云母 10~40	粗晶结构,块状构造	岩管岩脉	
	分凝粗晶金伯利岩		球粒 5~30	分凝结构、块状构造	岩管	
细晶金伯利岩	金云母细晶金伯利岩	灰绿色、暗灰褐色	显微斑晶橄榄石一般 5~20,金云母一般 10~30	显微斑状结构、块状构造	岩管或岩脉的边部	
粗晶金伯利角砾岩		灰-灰绿色	碎屑 15~70,粗晶橄榄石 10~40,粗晶金云母<5	碎屑结构,角砾状构造	岩管或岩脉的膨大部位	碎屑物有同源碎屑和异源碎屑
凝灰质金伯利岩		灰绿色	碎屑成分以围岩为主	碎屑结构、凝灰结构,斑杂构造	岩管局部	

据山东省第七地质矿产勘查院,2000 年。

三、成矿系列中大矿、富矿产出部位及控制因素

(一) 金伯利岩管是大矿、富矿产出的有利部位

金伯利岩浆上升侵位及隐爆作用形成的金伯利岩管是大矿、富矿形成的有利部位。蒙阴王村大型

金刚石原生矿床就赋存在常马庄矿带的胜利1号岩管中。该岩管受NNE与NW向断裂构造控制,形成于两组断裂的相交处。岩体围岩主要为新太古代片麻状英云闪长岩,岩体与围岩呈侵入接触,局部为断层接触。围岩蚀变有蛇纹石化、碳酸岩化和红长石化。

蒙阴金刚石矿床的含矿性表现为岩管富于岩脉;岩脉的膨大部位一般比窄的部位富;对整个岩带来说是中间富,两头贫,对一条岩脉来说一般也是中间富两端贫。

(二)粗晶金伯利岩是最有利的含矿岩石

粗晶镁铝榴石金伯利岩含金刚石较富,是有利的赋矿岩石。在常马庄矿带金伯利岩管和岩脉中,金伯利岩常具有岩相分带,金刚石主要富含在粗晶金伯利岩中,蛇纹石化碎裂岩带内细脉状的金伯利岩含矿较贫。

(三)金刚石成矿显示

金伯利岩指示矿物是能够指示其母岩为金伯利岩的矿物,它包括金伯利岩中特有的矿物和物理性质、化学成分可以和其他岩石来源相区别的矿物。蒙阴地区金伯利岩的指示矿物有6种,即含铬镁铝榴石、铬铁矿、铬透辉石、镁钛铁矿、沂蒙矿和蒙山矿。指示矿物是寻找金伯利岩型金刚石原生矿床的重要标志。山东省第七地质矿产勘查院(原沂沭队、809队、第七地质队)在鲁西几十年的金刚石找矿工作中,除了发现了郯城金刚石砂矿、蒙阴金刚石原生矿外,还发现了6个含金刚石层位。分别是寒武纪李官组砾岩、石炭纪本溪组砾岩、侏罗纪—白垩纪三台组砾岩、古近纪官庄群砾岩、岩溶砾岩、第四纪中更新世小埠岭组及晚更新世—全新世的松散沉积物。

1. 寒武纪李官组砾岩

李官组砾岩分布在陶枣断裂东段北侧的狭长地带内,在枣庄上泥河、横山前、师口、臬山等地都有出露,另外在平邑、费县、泗水、苍山的局部地区也有分布。砾岩呈透镜状产出,规模不大,最大厚度8 m,呈角度不整合覆盖于基底变质岩系之上,其底面即基底岩系的剥蚀夷平面。砾岩层倾向北,倾角10°~20°。李官组砾岩中金刚石含量贫,分布零星,加之地层时代较老,物源供给不清。

2. 石炭纪本溪组砾岩

本溪组砾岩在鲁西地区广泛分布,大都保存在掀斜式断凹内,断凹的边缘多有该地层的出露。本溪组砾岩共发现4层砾岩:第一层砾岩位于中奥陶系马家沟群灰岩风化剥蚀面上;第二层位于G层铝土矿之上;第三层位于草埠沟灰岩之上;第四层位于徐家庄灰岩之上。在第二、第三层位发现有金刚石;在第四层发现有铬铁矿。本溪组砾岩中金刚石具有以下4个特征:绿色和表面带有绿色、褐色斑点的金刚石含量多;磨圆程度高,宽晶棱金刚石含量多;晶体完整度高;具熔蚀边的八面体晶型含量高。以上特征归结为古老金刚石的特征,其时代属于前寒武纪,来源可能有3种情况:前寒武纪金刚石原生矿,时代更老的金刚石中间储集层,来源于前石炭纪金刚石原生矿(蒙阴金刚石原生矿)。

3. 侏罗纪—白垩纪淄博群三台组砾岩

三台组在新泰—蒙阴一带发育,出露较好,平邑—费县一带很少出露。以紫红色具交错层的砂岩、砂砾岩为特征,属河流相沉积。在临沂金雀山地区,可见指示矿物金刚石、镁铝榴石、铬透辉石、铬铁矿等。该组中的金刚石大部分可与李官组底部砾岩中金刚石相对比,尤其是蒙阴石花园一颗金刚石与枣庄上泥河的金刚石完全相同,应产于前寒武纪金刚石原生矿中。其来源以来自石炭纪含金刚石砾岩的可能性较大,但也有直接来自前寒武纪金伯利岩的可能。

4. 古近纪官庄群砾岩

官庄群主要分布于莱芜掀斜式断凹,大汶口-蒙阴掀斜式断凹及平邑掀斜式断凹中,地层分布受大断裂控制。其中在蒙阴召子官庄和平邑前南埠崖选到金刚石和镁铝榴石。蒙阴召子官庄地区官庄群中的金刚石、镁铝榴石来源于西峪矿区。平邑前南埠崖地区官庄群中砾岩含金刚石品位极低,特征极似古老金刚石,来源难以确定。

5. 早古生代灰岩岩溶充填砾岩

在山东省西部地区发现岩溶砾岩点 274 处,采集选矿样品 91 件,其中 49 件样品选到金刚石,44 件样品选到镁铝榴石。

岩溶充填砾岩分布范围较广,其踪迹遍布整个鲁西隆起,在江苏、安徽等地也有发现。比较集中的地段有泗水—平邑—费县地区、滕县—枣庄地区及肥城地区。砾岩分布严格受早古生代灰岩出露范围控制,目前发现的砾岩只分布于中寒武至中奥陶的灰岩形成的负地形中。含金刚石的岩溶充填砾岩仅限于蒙山断裂以北的已知矿带以西,及蒙山断裂至微山湖之间的地区。主要地点有平邑—泗水地区、山亭地区、费县—苍山地区、兖州地区及岈山—布山地区。其中以平邑—泗水地区的砾岩点含金刚石最富,费县—苍山地区砾岩点中金刚石的平均重量最大。在蒙山断裂以南金刚石以无色为主,其次是深黄、浅绿、浅黄、浅灰等色调,绿色金刚石含量多是该砾岩中金刚石的一大特色。蒙山断裂以北仅在原生矿带西侧的汶南大山口、卧牛山两地选获金刚石,颜色以深黄为主,其次为无色和浅黄色,与已知矿带中金刚石相同。岩溶砾岩中含有一定数量的古老金刚石,来源可能与石炭纪含金刚石砾岩关系密切。蒙山断裂以南的平邑白彦地区岩溶砾岩中的金刚石可能存在远、近两种来源,供源方向可能是自北西向南东方向。砾岩中镁铝榴石含量很少,出现了铬铁矿和利马矿,据此推测可能存在金伯利岩和钾镁煌斑岩 2 种来源。

6. 第四纪松散沉积层

主要指分布于鲁中南低山丘陵区大小河流的河床、河漫滩及阶地中的冲积、洪积层。该区域自中更新世以后沉积较发育,小埠岭组主要分布在沂河及其支流以及该区域其他主要河流的Ⅱ级阶地上,其后期进一步改造形成的残积物、残坡积物和坡积物称为于泉组,两者构成含金刚石及指示矿物的"广义的小埠岭组"。以上地层为主要含矿层位。该地层含金刚石及指示矿物的范围主要是祊河地区、东汶河—沂河中下游地区。小埠岭组属河流沉积,分布在整个沂河流域的Ⅱ级阶地上,在中更新世时水流方向与现代河流一致,每一点的沉积物质都来源于上游的供给。东汶河中、下游及沂河中、下游小埠岭组中金刚石大部分来源于蒙阴已知矿带,东汶河中、上游地区和沂河中、下游地区部分镁铝榴石也是来源于蒙阴已知矿带。但是东汶河中、下游地区尤其是沂河中、下游地区还有相当数量的金刚石和金伯利岩指示矿物另有供源,显示了小埠岭组金刚石来源的复杂性,部分来源于未知金刚石原生矿。

以上金刚石及指示矿物的分布特征,为在鲁西地区进一步寻找金刚石原生矿提供了有益线索,具有重要的指示意义。

第三节　矿床区域时空分布及成矿系列形成过程

一、矿床区域时空分布

(一) 常马庄矿带

常马庄矿带(Ⅰ矿带)位于蒙阴金刚石矿田南端,蒙阴县城南常马庄一带。该矿带长约 14 km,宽约 5 km,沿 350°方向展布,由 8 脉 2 管组成,岩体呈雁行左列式排列。其中红旗 1 号岩脉和胜利 1 号岩管具工业价值,已经进行勘探,规模达大型。该矿带金刚石矿体分布最为集中,品位高,巨型金刚石多。中国第一个金刚石原生矿床——山东蒙阴金刚石矿(701 矿),就赋存在常马庄矿带中。

常马庄矿带横跨蒙山背斜轴部,主要岩体在其北翼。岩体围岩主要为新太古代片麻状英云闪长岩。岩体与围岩多呈侵入接触,局部为断层接触,接触界线清楚。接触带围岩常有蛇纹石化、碳酸岩化和红长石化现象。岩脉严格受 NNE 向断裂构造控制,成矿前为张性或张扭性,在成矿期为左行压扭性,成矿后仍有活动。岩管受 NNE 与 NW 向两组构造控制,在 NW 向断裂与 NNE 向断裂相交处容易形成岩管。

(二) 西峪矿带

西峪矿带(Ⅱ矿带)位于蒙阴矿田中部西峪村一带。该矿带内的岩管和岩脉中金刚石,品位不高,但有工业价值。按岩体的展布特征,分为 NNE 向岩带和 NW 向岩带 2 部分。① NNE 向岩带位于新泰-垛庄断裂与铜冶店-孙祖断裂之间的新太古代片麻状英云闪长岩中,总体走向 15°,长约 12 km,宽 0.5~1 km,共有 10 组岩脉和 8 个岩管;岩脉断续分布在相距 500~800 m 的 3 条 NNE 向破碎带内,岩管集中分布在岩带中部的西峪周围。② NW 向岩带位于新泰-垛庄断裂主断面的南侧,总走向 300°左右,与新泰-垛庄断裂的方向一致,分布在寒武奥陶纪灰岩中,岩带长 4.7 km,宽约百米,由 1 个岩管(床)4 个岩脉组成。

西峪岩带岩脉的生成及大小、形态、产状变化主要受构造控制,岩脉在破碎带及密集节理带中断续分布,呈雁列式或斜列式排列。控制脉体的构造主要有 2 个方向,主要是 NNE 东向构造,成矿期呈左行压扭性,绝大部分脉都充填在 NNE 向的构造内。其次是 NW 向构造,主要控制西峪 NW 向岩带的岩脉,呈左行压扭性。若无 NNE 向岩带与 NW 向构造相交,NW 向构造单独不能控矿。

西峪岩带岩管的产出位置、大小、边界及形态变化部受构造控制,不同方向、不同性质的构造对岩管的控制不相同。① 主要是 NNE 向左行压扭性断裂,西峪岩管群就处在西峪 NNE 向岩带的中间,岩管群向深部归并到 NNE 向构造上;② 其次是 NEE 向压扭性断裂,它是与 NNE 向压性构造配套的扭裂面,由于 NNE 向构造有左行扭动,故 NEE 向扭裂转变为压扭性构造,在 NNE 向与 NEE 向构造相交部位首先形成岩管,450 m 以下岩管成“+”字形。

(三) 坡里金伯利岩带

坡里岩带位于蒙阴县城东北约 30 km 的野店—坡里—金星头一带,长约 18 km,宽 0.5 km,岩带总走向 35°~40°;由 25 条岩脉组成,单脉之间呈平行侧列式断续分布,单脉与岩带方向基本一致。

岩脉的围岩北部为寒武纪灰岩、页岩;南部为新太古代片麻状英云闪长岩。岩脉与围岩呈侵入接触,接触界线清楚,围岩蚀变轻微,且因岩性而异。岩脉明显受构造控制,主要是 35°~45°的压扭性构造。主要岩性为斑状富金云母金伯利岩,含金刚石极少或不含。

二、成矿系列的形成过程与时空分布

(一) 构造旋回与金刚石形成

李江海等(2001)提出,华北克拉通前寒武纪有 3 次超大陆聚合期(2.8~2.5 Ga,2.0~1.8 Ga,1.3~1.0 Ga)及相间超大陆存在期,并且至少发生 3 次大规模的伸展裂解事件(2.5~2.4 Ga ,1.8~1.7 Ga, 0.8~0.7 Ga)。太古宙阜平旋回(2.8~2.6 Ga)是中国境内陆壳最初形成时代,中朝准地台陆核得以迅速增长,伴随陆核的形成而使其中的物质降温结晶,蒙阴和复县金刚石在这一时期开始形成。在 1.8~1.7 Ga,华北处于非造山岩浆作用和地壳隆升阶段。

路凤香(2010)针对蒙阴金伯利岩中捕掳体的研究提出,2.5 Ga 左右是克拉通内古陆核形成的时间,这一时期地幔橄榄岩经历过成分改造、重组等事件。1.7 Ga 左右是华北克拉通最后固结形成的时间,也是一期金刚石结晶以及地幔橄榄岩经历成分改造、重组的时间。1.4~1.3 Ga 中元古时期是地幔熔融作用比较活跃的时期。0.9~0.7 Ga 是金刚石重要的生长时期,形成含金云母的地幔,为熔融金伯利岩岩浆提供了源区的物质条件。

非造山岩浆作用已被假设是元古宙伸展体制下超大陆裂解时形成的,非造山岩浆作用的特点归因于成熟的大陆岩石圈的再活化、相对小规模的重熔和侵位到克拉通核部的古老地壳中。显然,大陆岩石圈的再活化和重熔为金刚石的再度形成提供了条件。

邵济安等(2002)认为华北克拉通元古宙存在有3次伸展事件,它们是:1.8~1.7 Ga, 1.3~1.2 Ga 和 0.8~0.7 Ga,其中1.3~1.2 Ga的伸展事件是以白云鄂博、渣尔泰裂谷发育以及晋、冀、蒙交接地带发育的一套基性岩墙群为标志。

在新元古代华北克拉通又开始了伸展裂解作用。扬子旋回(0.6~1.0 Ga)的构造运动使扬子陆块和塔里木陆块形成,并与中朝陆块连成一体,形成巨大的古中国板块,这些构造运动都促进了金刚石的形成。

(二)金伯利岩形成时代

蒙阴地区金伯利岩的就位时期目前普遍认为是中晚奥陶世。主要证据有:① 从地质体相互穿插关系来看,西峪和坡里岩带都侵入并穿插了早古生代的灰岩,胜利1号岩管(常马庄岩带)、红旗6号岩管(西峪岩带)中含有大量中下奥陶系灰岩角砾。② 蒙阴盆地古近纪官庄群砾岩中含有由西峪岩带供源的金刚石和含铬镁铝榴石。③ 根据金伯利岩中金云母K-Ar法和Rb-Sr法测年,年龄为455~554 Ma,由于金云母为幔源粗晶矿物,其生成年龄略早于金伯利岩就位年龄。

(三)成矿机制

山东金伯利岩产出于古老、稳定的地台的中心部位。该部位岩石圈厚度大,约220 km左右,地壳厚度大,约32~34 km;该部位距离深大断裂(郯庐深大断裂)有一定距离,约40~70 km。产出的金伯利岩岩脉或岩管主要沿着15°~40°走向发育,个别沿着300°走向发育。在新太古代晚期至古生代早期,沂沭断裂带开始形成并显示张性。当时岩石圈厚度大于220 km,古老与稳定的华北地台中心部位的蒙阴地区岩石圈深处,存在着张性断裂或裂隙。在此深部地带,早已形成的稳定的固体金刚石岩或以金刚石巨晶为主的岩层,由于断裂或裂隙的出现,压力骤然降低,含金刚石晶体(碎裂或不碎裂的金刚石晶体)地幔岩以及其他深部围岩,被更深处的岩浆、流体捕虏并沿着断裂或裂隙向着温度压力相对较小的岩石圈上部上升。

由于距离地表数千米深处岩石韧性较大,岩浆、流体裹挟着固体物质沿着裂隙向上运移。随着与地表距离的缩小,岩石的脆性增大,许多流体逐渐气化,大量的气体在断裂顶端逐渐富集并发生隐爆,隐爆在脆性岩石中既产生新的裂隙又使得爆炸周围的岩石碎裂,大量气体又重新在充满碎裂岩石的断裂顶端逐渐富集。越靠近地表,岩石脆性越大,流体气化的比例越大,隐爆的爆炸力越强。大量气体和部分岩浆所裹挟的固相物质既有深部的金刚石晶体、碎块及其围岩,也有爆炸产生的新的围岩碎块,在气体、岩浆、流体的作用下掺杂在一起继续沿着爆炸产生的空间向上运移。持续不断的隐爆作用在相对脆性的岩石中形成了上大下小的莲藕状岩管(图13-5)。

岩管中金刚石晶体或碎块在突然减压情况下开始熔蚀,至断裂或裂隙的顶端,由于温度的降低,金刚石结晶所需要的压力也随之降低,也就是说金刚石的"熔蚀-结晶临界点"在不断的降低。随着气体的逐渐增多,断裂或裂隙顶端的压力逐渐增大,金刚石熔蚀作用逐渐停止。在新的温度压力条件下,随着含碳的气体逐渐增加,新的金刚石沿着已有的金刚石晶体表面或少数铬尖晶石、金云母、镁铝榴石、橄榄石表面一层层长大,或生长出新的金刚石晶体。但是当含碳的气体量超过爆炸的临界点时,隐爆发生了。随着隐爆,许多新的小颗粒金刚石产生了。新金刚石的产生消耗了大量的含碳气体,隐爆作用产生了新的空间,这一切都使得压力骤然减小。骤然减压又让金刚石进入熔蚀状态。如此循环往复,经过长距离的搬运,含碳气体和金刚石都在逐渐减少,大颗粒金刚石多被炸成碎块,含量降低。

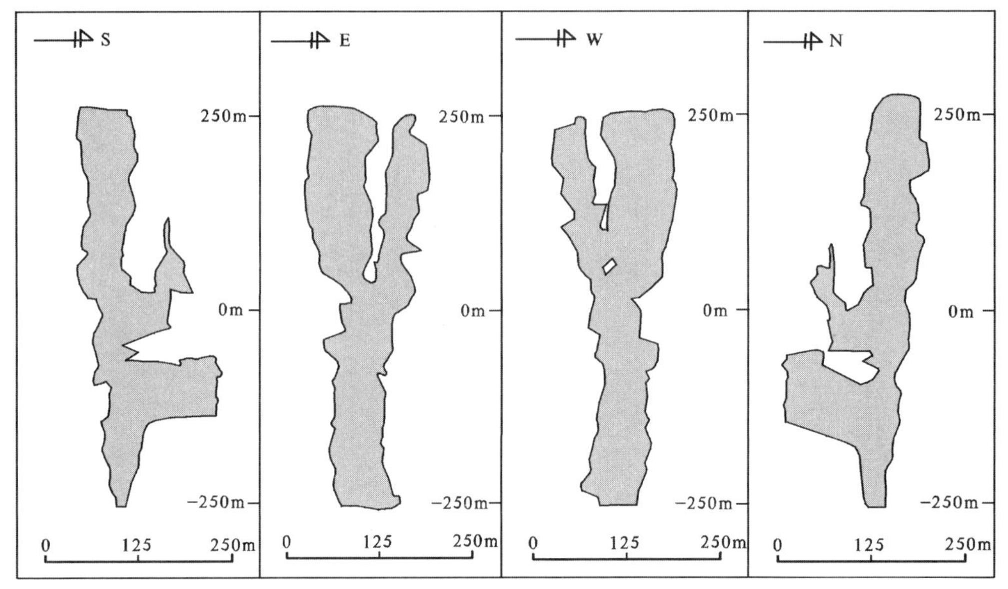

图 13-5　蒙阴胜利 1 号岩管立体剖面图

(据 Micheal Michaud,2004)

(四) 金伯利岩型金刚石原生矿成矿类型及空间分布

金伯利岩型金刚石原生矿床根据其产出位置、物质组成及形成机制等因素,可划分为 3 个亚个类型:金伯利火山沉积凝灰岩亚类、金伯利火山凝灰角砾岩亚类、金伯利火山-次火山侵入相亚类。这 3 个亚类基本上是按照其形成时间从早到晚顺序排出的。这种时间顺序是与火山活动次序相匹配的。

金伯利火山沉积凝灰岩亚类:大致相当于火山口相堆积物,其主要物质组成是火山喷发早期的火山灰、围岩碎屑以及少量火山弹和火山角砾。围岩碎屑是此类物质堆积的重要组成标志之一,也是其区别于金伯利火山凝灰角砾岩亚类物质组分的重要标志之一。一般来说,金伯利火山沉积凝灰岩亚类的金刚石品位比较高。

金伯利火山凝灰角砾岩亚类:大致相当于火山口相与火山通道相之间的物质堆积体。这种堆积体的主要物质组成是火山角砾、火山灰和部分火山熔浆物质。其组构主要为角砾凝灰结构、角砾斑杂构造。几乎不含围岩碎屑是此类物质的重要组成标志之一,也是它区别于金伯利火山沉积凝灰岩亚类物质组分的重要标志之一。一般来说,该亚类的金刚石品位在 3 个亚类中是最高的。

金伯利火山-次火山侵入相亚类:大致相当于纯理论意义上的火山通道相和火山根部相物质堆积体,其主要构成物质是火山活动后期缓慢上升的岩浆熔融体。由于此时岩浆熔融体上升的速度极为缓慢,远远低于金伯利火山沉积凝灰岩亚类和火山凝灰角砾岩亚类形成时的火山喷发速度,不利于金刚石的保存(多数金刚石在如此缓慢的上升就位过程中熔化分解掉了)。因此,该亚类的金刚石品位是最低的。

蒙阴金伯利岩型金刚石原生矿床由于形成时代久远,历经后期构造作用改造,风化剥蚀作用强烈,前 2 个亚类的矿床已剥蚀殆尽,现今保留的矿床类型属于金伯利火山-次火山侵入相亚类。

第四节　代表性矿床剖析

爆发相金伯利岩建造岩浆型金刚石原生矿床矿床式(蒙阴式)及代表性矿床

（一）矿床式

1. 区域分布

如前所述，已知该类型金刚石原生矿在鲁西隆起区内分布范围很窄，仅见于蒙阴地区。在地质构造部位上，位于沂沭断裂带西侧的蒙山凸起内。自南而北的常马庄、西峪和坡里3个含金刚石金伯利岩带分布在蒙山断裂（居南）和金星头断裂（居北）之间。

2. 矿床产出地质背景

从大区域来讲，山东含金刚石金伯利岩带分布在华北早前寒武纪克拉通的东南缘，为由早前寒武纪结晶基底及新元古代盖层组成的刚性地块。这个古老的刚性地块处在莫霍面深度较小（31～33 km）的幔隆与幔凹相交的斜坡带、偏向于幔凹区内。区内分布的基底岩系为早前寒武纪变质变形花岗质侵入岩及新太古代变质地层；盖层主要为新元古代和早古生代海相碳酸盐岩及碎屑岩系，含矿金伯利岩赋存于其内。该区东部（约40～70 km）有呈NNE向展布、深切达上地幔的沂沭断裂带，其次级EW，SN，NW及NE向断裂构造发育（尤其是NW及NE向2组），为金伯利岩岩浆上侵、爆发、成岩、成矿提供了通道和空间。

3. 金伯利岩体的分布特征

蒙阴地区发现的金伯利岩岩体产出形态有3种，分别为岩脉、岩管、岩床，其中以岩脉居多。

金利岩岩脉：蒙阴地区绝大多数金伯利岩脉赋存在NNE向压扭性节理、裂隙或规模较小的破碎带中，岩脉长度一般为300～800 m，最长者在1000 m以上，岩脉厚度为几厘米到3.35 m，一般中间厚（0.2～0.6 m）。岩脉走向多为NNE向，个别NW向，倾角一般在85°左右。在垂向上呈上宽下窄的扇形。每条（组）金伯利岩脉多由几条至20余条小岩脉组成；小岩脉的长度从几米、几十米到百米；最长者可达400 m，最短的只有几厘米。

金伯利岩管：岩管在地表呈圆形、椭圆形或不规则形状。岩管在平面上的长轴方向主要有NNE、NW、NWW和NEE方向。岩管长40～260 m，宽10～60 m。NNE向岩管倾向不稳定，向下收缩，到一定深度变成岩脉。此方向岩管一般规模较小。NW向岩管延伸到一定深度后逐渐归并到NNE向岩管中。规模一般较大。NEE向与NWW向岩管，规模中等，到一定深度后也归并到NNE向岩管中。

金伯利岩岩床：金伯利岩岩床一般产于沉积盖层地区，其产状与岩层层理基本一致。此类岩体规模较小，出露地表者仅有红旗23号。

蒙阴地区发现的3个金伯利岩带共有岩管10个，岩脉47条（组）。岩床1个，共58个金伯利岩体。这58个岩体中，含矿岩体有43个，达到工业品位的岩体有25个（占发现岩体总数的43％）。总体看，常马庄岩体含矿性最好，9个岩体均见矿，8个达到工业品位；西峪岩带24个岩体均含矿，17个达到工业品位；坡里岩带25个岩体，10个含矿，但均达不到工业品位要求。区内发现的10个岩管和岩床金刚石品位均达到工业要求；47条岩脉中只有14条达到工业品位要求。

4. 金伯利岩主要类型

依据结构构造特点，蒙阴地区金伯利岩分为粗晶金伯利岩、细晶金伯利岩、粗晶金伯利角砾岩及凝灰质金伯利岩，以粗晶金伯利岩为主。金伯利岩类型不同，含矿性有较大差异。见表13-1。

5. 金伯利岩的矿物成分及金刚石矿物学特征

蒙阴地区金伯利岩中矿物由捕掳矿物、岩浆期结晶矿物、热液期矿物3部分组成。主要造岩矿物为橄榄石和金云母；主要副矿物有磁铁矿、铬铁矿、钛铁矿、钙钛矿、磷灰石、镁铝榴石等。金刚石仅存在于少数金伯利岩中（表13-2）。

蒙阴地区金伯利岩中金刚石——

颜色：以无色和浅色为主（无色占51.61 %，浅黄色占33.29 %；其他为浅灰色、浅棕黄色、浅蓝绿色、褐色、玫瑰色、乳白色、黑色、紫色等）。

表13-2 蒙阴地区金伯利岩的矿物组合

捕掳矿物		岩浆期矿物	热液期矿物
深源	一般围岩		
橄榄石、金云母、镁铝榴石、铬铁矿、铬透（绿）辉石、镁钛铁矿、金刚石、斜方辉石、石墨	镁铝-铁铝榴石、镁铝榴石、电气石、角闪石、黑云母、锆石、赤铁矿、褐铁矿、磁铁矿、金红石、锐钛矿、石英、长石	橄榄石、金云母、镁铝榴石、铬尖晶石类、金刚石、铬透（绿）辉石、镁钛铁矿、钛铁矿、磷灰石、钙钛矿、沂蒙矿、蒙山矿、碳硅石、石墨	蛇纹石、斑铜矿、方解石、闪锌矿、滑石、方铅矿、绿泥石、黄铁矿、榍石、针硫镍矿、水白云母、磁铁矿、蛭石、透辉石、钙铁矿、铜蓝、白钛石、孔雀石、赤铁矿、黄铜矿、褐铁矿、软锰矿、重晶石、钙铁榴石、钙铝榴石、金云母

晶形：绝大部分属八面体、菱形十二面体、立方体及其聚形。晶体完整程度较差，完整晶体平均占44.22 %。晶体大小悬殊，各粒级的颗粒百分比：（-16+8）mm，占0.001 %；（-8+4）mm，占0.14 %；（-4+2）mm，占2.16 %；（-2+1）mm，占22.49 %；（-1+0.5）mm，占75.20 %。

密度及硬度：密度为3.47~3.53g/cm^3，一般为3.52g/cm^3；莫氏硬度为10级。

包裹体：金刚石中常含有石墨、橄榄石、铬铁矿等包裹体。

6. **金刚石成因及矿床成矿模式**

20世纪70年代初，多数金刚石矿研究者还认为金刚石是金伯利岩浆结晶的产物；直到20世纪80年代初，金刚石地质研究工作取得最大的进展是确定了金伯利岩中的金刚石属于捕掳体成因。依据金刚石中石榴子石包裹体、寄主岩年龄成果（克瑞莫斯，1977；理查森，1984；S·E·哈格蒂，1986），得出了金刚石属于古老地幔结晶成因，而金伯利岩浆只起了运输作用的观点，这一认识得到了广泛的认同（图13-6）。

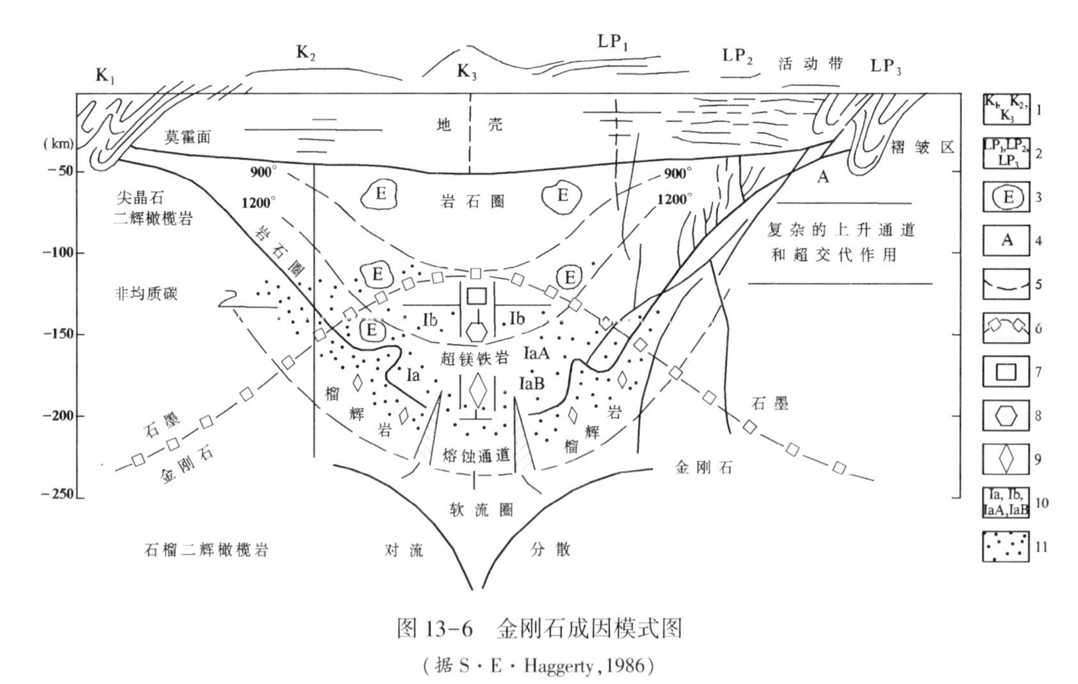

图13-6 金刚石成因模式图

（据S·E·Haggerty，1986）

1—不同构造单元的金伯利岩；2—不同构造单元的钾镁煌斑岩；3—榴辉岩豆荚状体；4—克拉通类型；5—等温线；6—石墨-金刚石类型；7—立方体金刚石；8—八面体金刚石；9—菱形十二面体金刚石；10—金刚石类型；11—微粒金刚石和晶质碳

根据金刚石包裹体估算的山东蒙阴地区金刚石形成深度为220 kn左右，温度为1 184℃，压力为6.75 GPa。山东蒙阴地区金伯利岩区金刚石包裹体中的石榴子石几乎全部为G10型，显示其金刚石形成于方辉橄榄岩环境中，金刚石属橄榄岩型。

1987年,R·H·米切尔依据南非金伯利岩深部结构,建立了金伯利岩型金刚石原生矿矿床模式。根据模式,一个完整的金伯利岩筒从上到下有火山口相、火山道相和根部相(带)组成(图13-7)。

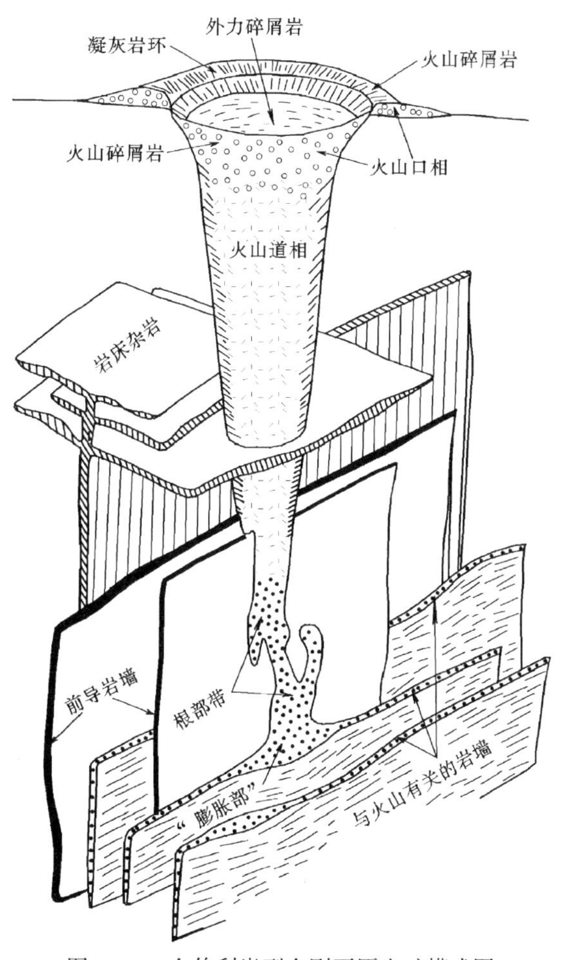

图13-7　金伯利岩型金刚石原生矿模式图
(据R·H·米切尔,1987;引自《山东矿床》并修改,2006)

蒙阴地区金伯利岩形成后,受到比较严重的剥蚀,其证据是本区金伯利岩岩管只有根部相,而无火山口相和火山道相,金伯利岩岩管的围岩,均为早前寒武纪变质岩,西峪岩管群中,特别是红旗6号岩管中含有大量寒武系灰岩和下奥陶统灰岩角砾,常马庄岩管中也有寒武系和奥陶系灰岩角砾,说明岩管形成时上覆有下古生界灰岩,而金伯利岩侵入的最高层位是中奥陶统。据资料估算,蒙阴地区寒武系和中、下奥陶统的厚度之和为900 m左右;西峪和常马庄矿区基底剥蚀深度分别在500 m和800 m左右。分析认为,西峪岩管群的剥蚀深度为1 400 m,常马庄岩管为1 700 m以上。这与金伯利岩管上部火山口相加火山道相深度(1 800 m)的模式是符合的。剥蚀的金刚石重量,估计相当现有储量的10倍以上。从鲁西地区几个含金刚石砂矿的层位分析,其剥蚀时代主要是古近纪至第四纪。

对于蒙阴地区金伯利岩形成时代的研究,在20世纪80年代,一些研究者做了许多探索性工作,依据古地磁学及同位素年代学研究,认为蒙阴常马庄胜利1号岩管金伯利岩古地磁位置与华北地台中奥陶世古地磁数据接近(张京良,1987);同位素年龄数据为450~480 Ma❶。综合有关成矿年代信息,认为

❶ 山东省地质矿产据第七地质队朱源等,山东省金伯利岩同位素年代学研究报告,1989年。

蒙阴金伯利岩浆侵位时期应为中-晚奥陶世,并可能存在多期(次)侵位❶。

(二)代表性矿床——蒙阴县王村金刚石原生矿床地质特征❷

1. 矿区位置

矿床位于蒙阴县矿区联城乡王村西南约300 m处。在大地构造位置上,居于鲁中隆起之蒙山凸起内。

2. 矿区地质特征

矿区内出露地层为新太古代泰山岩群山草峪组,呈残留体形式零星分布,主要岩性为黑云变粒岩;第四纪山前组和临沂组,广布于丘陵前缘的麓坡地带和东汶河两侧,岩性为含黏土砂层、砂砾层。

矿区内断裂构造按其展布方向可分为NNW向和NE向2组。受断裂构造的影响,区内节理构造十分发育。控制胜利1号大岩管的节理有3组:290°~310°,0°~15°,60°~70°;这3组节理局部控制了大岩管的边界。控制小岩管边界的节理有4组:5°~15°,30°~45°,290°~310°,330°~340°。

矿区内古生代加里东期金伯利岩发育,常马庄金伯利岩带由8脉2管组成,岩体沿350°方向展布,呈雁行左列式排列,分布范围长约14 km,宽约5 km。王村金刚石原生矿床赋存在其中的胜利1号岩管中。矿区内除金伯利岩外,尚发育新太古代片麻状花岗岩及英云闪长岩;中生代辉绿岩、闪长玢岩及煌斑岩。胜利1号岩管围岩为新太古代片麻状英云闪长岩。

3. 矿体特征

蒙阴王村金刚石原生矿由胜利1号岩管的大小2个岩管组成;2个岩管地表相距最小距离为20 m,最大距离约50 m(图13-8)。

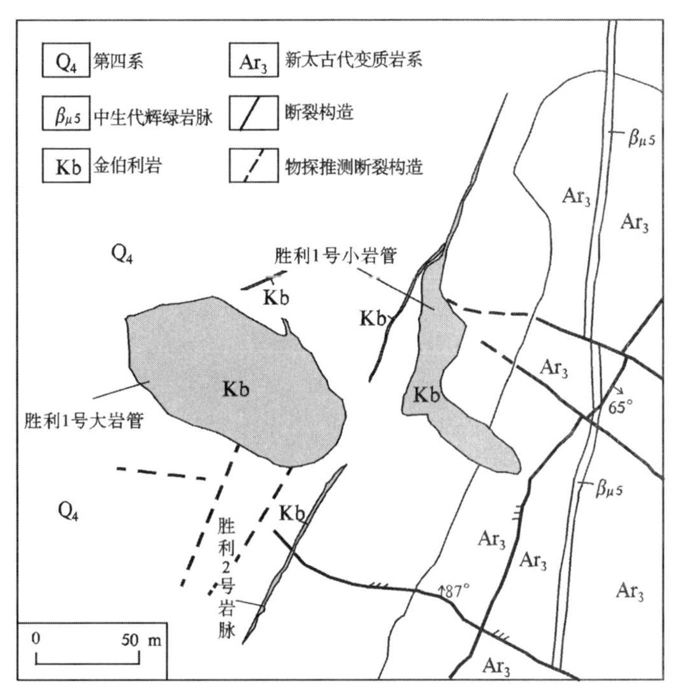

图13-8 蒙阴县王村金刚石原生矿矿区矿体分布地质略图

(据山东省地质局第七地质队,1972)

❶ 山东省地质矿产局第七地质队万国栋等,山东省金伯利岩与碱性超基性岩及暗色岩的关系研究报告,1983年。

❷ 山东省地质矿产据第七地质队,山东省蒙阴县金刚石矿王村矿区胜利1,2号地质勘探报告,1972年。

胜利1号大岩管：矿体形态在地表呈椭圆形，长轴走向300°左右，长约100 m；短轴长约50 m。总体向SW倾斜，倾角85°左右。大岩管从上到下随着深度的增加，矿体在总体变化趋势上是由大变小，各断面的平面形态由地表至300 m，仍保持椭圆形态；各断面的位置叠次南移。剖面上，大岩管在垂深250 m，厚度较上下为薄，呈"蜂腰状"。就产状而言，地表至垂深50 m向SW倾斜；50~200 m倾向与上部相反，转为NE向；200 m以下复转为SW向 。

胜利1号小岩管：位于大岩管之东，地表呈"L"形，有2个长轴，南部长轴方向与大岩管长轴方向一致；西部长轴方向为NNE向。小岩管南北长65 m，东西宽15 m。其南北两端与胜利2号岩脉相连。矿体各水平面叠次南移，剖面上，矿体倾向NW，倾角80°，局部可见膨大现象。在垂深250 m左右，大小岩管相连，呈向NE凸出的牛轭形，长130~160 m，宽10~24 m。胜利1号小岩管是蒙阴金伯利岩中含矿最富的一个矿体。

胜利1号岩管出露于地表。1972年勘探钻孔将岩管控制到-355 m标高。2013~2015年开展的深部普查时，钻孔见矿体赋存标高为-340~-740 m，赋存深度达600~1 000 m，斜深400 m。平面形态呈"镰刀状"。"刀头"走向210°，倾向SE，倾角87°；长33~38 m，宽9~12 m。"刀把"走向300°，倾向SW，倾角80°，长60~80 m，宽7~21 m。胜利1号矿体总的变化趋势是向下变细。

在2013~2015年进行的普查中，在胜利1号岩管西南60 m处发现胜利1-1号岩管。该岩管走向NWW，倾向180°~210°，倾角85°，推测走向长度55 m，宽5~10 m，延深200 m，赋存标高-340~-540 m❶。见图13-9。

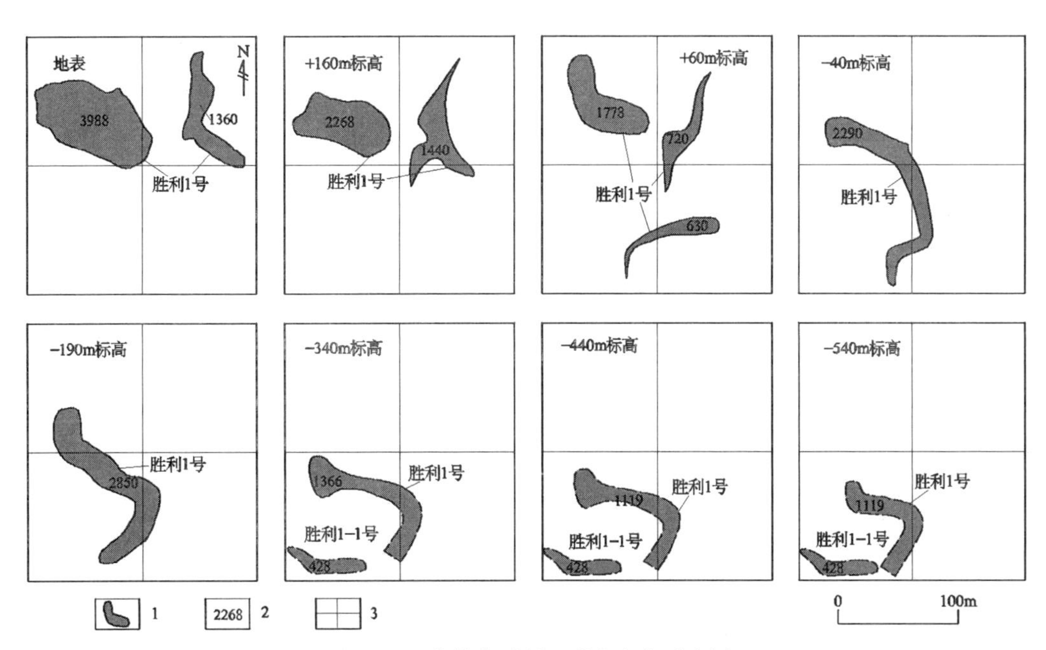

图13-9　岩管水平断面形态变化示意图

（据山东省第七地质矿产勘查院编制，2015）

4. 矿石特征

特征副矿物：矿石中主要特征副矿物为含铬镁铝榴石、铬铁矿、铬透辉石、镁钛铁矿等。

类型及其分布：根据矿石的结构、构造及其对选矿的影响分为：粗晶金伯利岩、金伯利角砾岩、细晶金伯利岩、蛇纹石化碎裂岩、含金伯利岩细脉-网脉状片麻状英云闪长岩等5类矿石；根据风化程度分

❶据山东省第七地质矿产勘查院，山东省蒙阴县常马矿区金刚石原生矿深部普查（续作）报告，2015年。

为新鲜硬矿和风化软矿 2 类矿石。胜利 1 号岩管以粗晶金伯利岩矿石为主;金伯利角砾岩矿石次之,主要分布在大岩管的边部(图 13-10)。

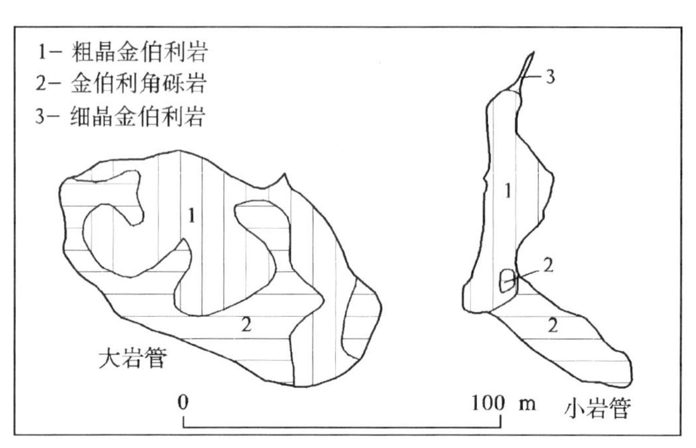

图 13-10 蒙阴县胜利 1 号岩管矿石类型分布略图

(据山东省地质局第七地质队编制,1972)

含矿性:① 粗晶金伯利岩、细晶金伯利岩矿石金刚石品位一般为 100 ~ 800 mg/m^3,最高达 3 155 mg/m^3;② 金伯利角砾岩矿石一般为 100~600 mg/m^3,最高达 626 mg/m^3;③ 蛇纹石化碎裂岩矿石一般为 25~100 mg/m^3,最高达 285.306 mg/m^3;④ 含金伯利岩细脉的片麻状英云闪长岩矿石一般为 12 mg/m^3,最高 300 mg/m^3。

5. **金刚石质量**

胜利 1 号岩管金刚石晶体形态以菱形十二面体为主,其次为八面体及八面体与菱形十二面体的聚形;较为少见的有:立方体、四六面体、六八面体,六八面体、八面体与菱形十二面体的聚形及立方体与菱形十二面体聚形以及八面体、立方体与菱形十二面体的聚形。

金刚石大部分为淡黄色(约占 52.75 %);其次为无色和浅黄棕色(分别约占 36.28 %,6.14 %);少数为浅灰色、褐色、浅蓝绿色、乳白色和玫瑰色。

矿区金刚石粒度,按颗粒重量计算,以小于 2 mg 的颗粒最多。浅部矿体金刚石粒度, -4+1 mm 级金刚石约占 70 %,>4 mm 约占 10 %,<1 mm 约占 20 %。按重量比,16~8 mm 占 1.86 %,8~4 mm 占 8.93 %,4~2 mm占 33.22 %,2~1 mm 占 37.24 %,1~0.5 mm 占 11.9 %,0.5~0.2 mm 占 6.85 %。

从 2007 年生产情况看,金刚石以碎粒级最多,具体分级情况如下:首饰级占 11.2 %,拉丝模级占 1 %,玻璃刀占 1.15 %,砂轮刀占 14.28 %,地质钻头占 14.57 %,碎钻占 57.28 %。

金刚石完整度差异很大,完整的约占 30 %,不完整的约占 20 %,原生碎块者约占 50 %。另外在选矿过程中造成约 17 %~19 %的金刚石发生次生破碎。

6. **矿床品位**

在地表到垂深 300 m 间,胜利 1 号大岩管金刚石品位一般为 200 ~ 500 mg/m^3,最高品位 1 909.531 mg/m^3,平均品位 390.080 mg/m^3;小岩管多为 600 ~800 mg/m^3,最高品位 3 155 mg/m^3,小岩管平均品位 963.342 mg/m^3。300~600 m,大小岩管合并后平均品位 378.505 mg/m^3。

胜利 1 号岩管在垂深 300~450 m 间(标高-40~-190 m),平均品位为 347.133 mg/m^3;在垂深 450 m ~600 m 间(标高-190~-340 m),平均品位为 409.877 mg/m^3;在垂深 800 m 单孔平均品位为 369.643 mg/m^3,与上部岩管平均品位相差不大。不同深度平均品位变化见图 13-11。

根据矿石的品位变化情况,判断小岩管侵位较早,大岩管侵位较晚,这也可以通过小岩管中含有大量的灰岩角砾,而大岩管中则稍有灰岩角砾得到同样的判断,其意义在于,早期侵位的金伯利岩的金刚石含量要高于晚期侵位的金伯利岩。

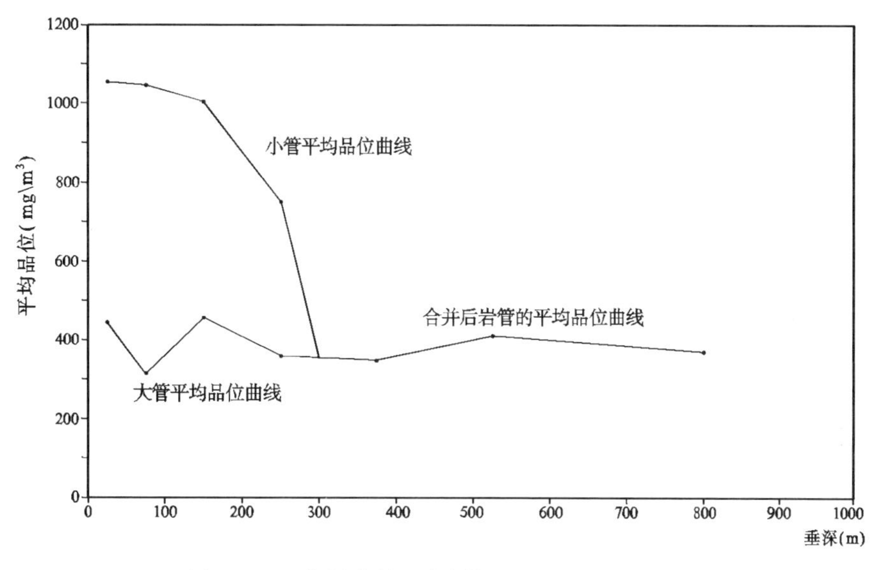

图 13-11　蒙阴胜利 1 号岩管不同深度品位变化图

(据山东省第七地矿勘查院,2015)

7. 矿床成因

蒙阴县王村金伯利岩型金刚石矿床,形成于鲁西早前寒武纪稳定克拉通边缘的沂沭深大断裂带的次级断裂中。中-晚奥陶世时,幔源金伯利岩浆沿深切地幔的断裂上侵,在近地表的浅成—超浅成环境下侵位或喷发,形成从地幔深处裹携的早期结晶的金刚石矿物的金伯利岩管(脉)群,在成岩之前由于金刚石再富集形成爆发相(-浅成相)金刚石矿床。

8. 地质工作程度及矿床规模

蒙阴县王村金刚石原生矿床,自 20 世纪 60 年代发现以来到 2015 年的四五十年来,山东省第七地质矿产勘查院(简称七院,即原沂沭地质队、809 队、第七地质队)等单位,先后投入大量的地质勘查及科研工作。1970 年,七院在矿区投入的勘查工作,钻孔控制深度为 600 m(-340 m 标高);2011~2015 年,七院对矿床深部进行的普查工作,控制深度为标高-340~-740 m 标高。通过矿区浅部和深部的地质勘查工作,基本查清了矿床成矿地质条件、矿床地质特征及矿石与金刚石矿物特征,查明了金刚石资源储量;其为大型金伯利岩型金刚石原生矿床。

第十四章　鲁西地块与石炭纪—二叠纪海陆交互相碎屑岩-碳酸盐岩-有机岩建造有关的煤(-油页岩)、铝土矿(含镓)-耐火黏土、铁、石英砂岩矿床成矿系列

第一节　成矿系列位置和该成矿系列中矿产分布 ………… 267
第二节　区域地质构造背景及主要控矿因素 ………… 268
一、区域地质构造背景及成矿地质环境 ………… 268
二、主要控矿因素 ………… 276
三、成矿系列中大型和超大型矿床控制因素 ………… 279
第三节　矿床区域时空分布及成矿系列形成过程 ………… 280
一、矿床的时间分布 ………… 281
二、矿床空间分布 ………… 282
三、成矿系列的形成与演化 ………… 283
第四节　代表性矿床剖析 ………… 286
一、产于石炭纪—二叠纪太原组及山西组中的沉积型煤矿矿床式(巨野式)及代表性矿床 ………… 286
二、产于石炭纪本溪组中的古风化壳-滨海相沉积型(G层)铝土矿(含镓)-耐火黏土(-铁)矿床式(湖田式)及代表性矿床 ………… 293
三、产于二叠纪石盒子群中的陆相湖沼碎屑沉积型(A层)硬质耐火黏土-铝土矿(含镓)-石英砂岩矿床式(西冲山式)及代表性矿床 ………… 299
四、产于石炭纪—二叠纪月门沟群中的沉积型油页岩及铁矿床 ………… 304

鲁西地块与石炭纪—二叠纪海陆交互相碎屑岩-碳酸盐岩-有机岩建造有关的铁、煤(-油页岩)、耐火黏土-铝土矿-石英砂岩矿床成矿系列是山东省一个重要的成矿系列。该系列中的煤矿、铝土矿(含镓)、耐火黏土矿在山东占有极为重要的地位;形成于石炭纪—二叠纪的煤炭资源占全省各时代煤炭资源总量的95 %以上,耐火黏土矿资源总量占全省各时代耐火黏土矿资源总量的98 %,100 %的铝土矿(含镓)发育在本系列中。

山东石炭纪—二叠纪煤矿是华北板块中的华北型煤矿的组成部分,由于其处于沿海地区、交通方便等因素,涉及到有关煤矿的地层、构造、矿床等的调查、科研及勘查等地质工作开展早,工作程度高。在19世纪中叶起,国外一些地质学家以不同目的对山东这套含煤岩系开展过一般性地质调查工作;20世纪初起,我国地质学家及一些外国地质学家,开始对淄博、陶枣等盆地区开展了石炭纪—二叠纪含煤地层及其中的煤矿、铝土矿、耐火黏土矿、高岭石矿等的地质调查及科研工作;20世纪50年代起,山东省开始了大规模的煤田地质勘查及煤系地层研究工作,到20世纪末,已基本查明了鲁中隆起区内各盆地煤炭、油页岩、铝土矿、铁、耐火黏土、陶粒(膨胀)黏土岩和煤层中的高岭土、硫铁矿等资源,以及有关鲁中地区石炭纪—二叠纪含煤盆地、含煤岩系岩石地层及层序地层等基础研究;20世纪80年代起,山东开始了鲁西南潜隆起内的巨野等覆盖区石炭纪—二叠纪煤炭资源勘查评价工作,到2010年前已勘查评价了巨野、曹县、阳谷等重要煤矿田,为山东煤炭地质找矿、勘查、科技和开发提供了重要的基础地质成果。

第一节　成矿系列位置和该成矿系列中矿产分布

该成矿系列之石炭纪--二叠纪海陆交互相碎屑岩-碳酸盐岩-有机岩含矿沉积建造，分布在沂沭断裂带东部边界(昌邑-大店断裂)以西地区，习惯上称为鲁西地区。在山东省一级地貌单元上包括鲁中南山地丘陵区和鲁西北-鲁西南平原区；在地质构造上包括鲁西隆起区(含鲁中隆起及鲁西南潜隆起)及济阳-临清拗陷区(华北拗陷区的山东部分)。从区域分布和地质研究程度来说，山东石炭纪—二叠纪含矿岩系在隆起区出露好和埋深较浅，是以往地质研究程度高，含矿岩系和矿产资源特征研究清晰、勘查和开发强度大的区域；而济阳-临清拗陷区(主要是济阳拗陷区)内，尽管分布有石炭纪—二叠纪地层，但埋深大，工作程度低。所以，该成矿系列分布范围主要是指鲁西地区(鲁西隆起区)。鉴于济阳-临清拗陷区与鲁西隆起区处于不同的Ⅱ级大地构造单元，在进一步深入研究时，对与鲁西隆起区石炭纪—二叠纪成矿地质背景和成矿特征相同的济阳-临清拗陷区，可单独划分为一个矿床成矿系列或将这2个石炭纪—二叠纪成矿地质背景和成矿特征相同的地质单元划分为并列的2个亚系列。见图14-1。

鲁西地区发育的石炭纪—二叠纪海陆交互相碎屑岩-碳酸盐岩-有机岩沉积建造，是山东省煤矿、油页岩矿、煤层气、铝土矿、铁、耐火黏土、高岭土、膨胀黏土岩等能源、金属、非金属矿产资源的含矿建造；如前所述，山东省95 %以上的煤矿、98 %的耐火黏土矿和100 %的铝土矿，发育在由该沉积建造构成的基本地质背景的本成矿系列中。赋存上述矿产的石炭纪—二叠纪地层广泛发育在沂沭断裂带及其以西的的鲁西地块内，但由于赋岩赋矿的石炭纪—二叠纪盆地受到中生代以来地质构造活动的改造，或为被抬升，使含矿岩系遭受剥蚀，其中的矿产资源被部分保存或全部被剥蚀殆尽；或为被下潜，含矿岩系及其中的矿产得以保存。因此，尽管该含矿岩系中的原始沉积建造发育是普遍的，但历经250 Ma以来地壳运动的改造，如今展现在鲁西地区内相关矿产的分布却是因地而异的。

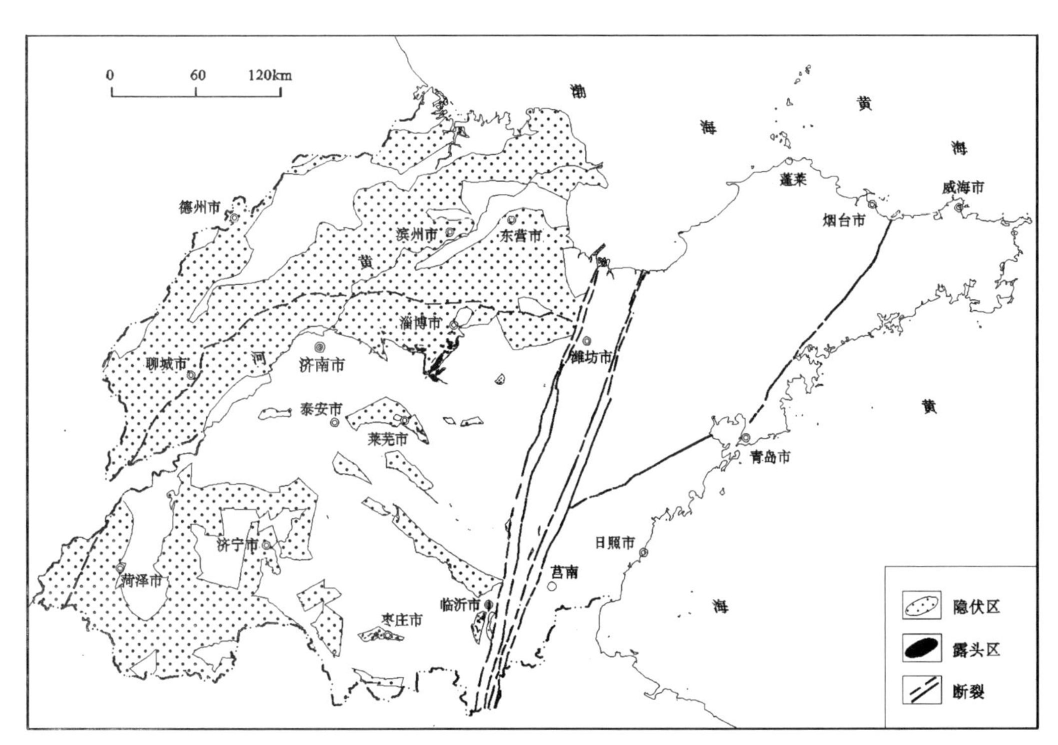

图14-1　鲁西地区石炭系—二叠系分布略图

(据《山东省地质图册》编制，2014)

该成矿系列中:① 煤矿资源分布比较普遍,在鲁中隆起区的北起淄博—章丘—黄河北盆地,往南到肥城、莱芜、沂源、新汶、滕县、临沂、济宁、陶枣诸盆地,以及鲁西南潜隆起区内的郓城、巨野、单县、曹县、阳谷等盆地均保存着煤矿床,分布着多处大型矿田、矿区或井田。② 煤层气分布比较普遍,但藏储条件较好的为在鲁西隆起北缘、齐广断裂以南的茌平—齐河—章丘—淄博一带的煤田和鲁西南潜隆起内的阳谷—鄄城—曹县一带的煤田中。③ 油页岩分布极其局限,主要见于兖州-济宁盆地,仅为小型矿床。④ 发育在奥陶纪侵蚀面上的石炭纪本溪组中的沉积型铁矿——山西式铁矿,分布极为局限,规模小、不稳定,见于淄博、泗水、蒙阴等盆地。⑤ 铝土矿、耐火黏土等主要分布在淄博盆地内,有多处大、中型矿床。

第二节 区域地质构造背景及主要控矿因素

一、区域地质构造背景及成矿地质环境

鲁西地块是华北陆块的一个组成部分,在石炭纪—二叠纪时的地壳演化及成矿地质环境与华北陆块是一致的。加里东运动后,华北陆块已形成了一个稳定的、基底相对平坦的内陆海沉积盆地(其类型为克拉通内坳陷盆地),为晚古生代含煤岩系沉积创造了极为有利的条件。

(一) 石炭纪—二叠纪含矿(煤、铝土矿、耐火黏土等)岩系❶

1. 地层及岩性特征

鲁西地块石炭纪—二叠纪含矿(煤、铝土矿、耐火黏土等)岩系自下而上的月门沟群本溪组、太原组、山西组及石盒子群黑山组、万山组、奎山组、孝妇河组(张增奇等,1996,2014;陈晋镳等,1997),为连续沉积。主要含煤、油页岩、高岭石地层为太原组及山西组;含铝土矿-耐火黏土矿地层为本溪组及万山组;含玻璃用石英砂岩地层为奎山组。其岩石类型包括碎屑岩、碳酸盐岩、可燃有机岩等大类,以碎屑岩为主,其次为碳酸盐岩、可燃有机岩(煤、油页岩);其中,砂岩、泥岩及粉砂岩等碎屑岩含量占 89.83 %,石灰岩占 7.29 %,煤占 2.88 %。碎屑岩含量自下而上逐渐增加;石灰岩发育在太原组;煤层主要发育在太原组与山西组;本溪组及石盒子群黑山组仅发育有薄煤层或煤线。粗碎屑的含量由南向北,由西向东逐渐增加;石灰岩南部比北部厚;煤层中部厚,南、北部薄。

2. 主要标志层特征

鲁西地块石炭纪—二叠纪含煤(包括铝土矿、耐火黏土等矿产)岩系,自下而上可划分出 9 个主要标志层(图 14-2)。

徐家庄石灰岩(L_2—L_3):简称“徐灰”,在鲁南、鲁西南地区称“十四灰”和“十三灰”,位于太原组底部,多为泥晶生物碎屑灰岩。厚度一般 3~5 m,最厚达 10 m。分布稳定,含燧石结核,各类生物化石极为丰富,含典型䗴类化石与牙形石等。是山东省及华北地区的重要标志层。

十一灰(L_5)与煤 17:为太原组下部石灰岩,较稳定;厚度一般 1~3 m,为主要可采煤层——煤 17 的直接顶板,是鲁南、鲁西南地区的良好标志层。

十灰(L_6)与煤 16:位于太原组中下部,为泥晶生物碎屑灰岩;厚度 3~6 m,是太原组主采煤层——煤 16 的直接顶板。淄博煤田称“G 灰岩”、“第一层灰岩”;鲁中、鲁西北地区各煤田称“四灰”,是太原组最厚最稳定的一层石灰岩。富含各类海相动物化石,包括典型的䗴和牙形石等。

---

❶ 主要依据山东煤田地质局,华北晚古生代聚煤规律与找煤(山东部分)研究报告,1990 年;李增学等,陆表海盆地海侵事件成煤作用机制分析,2003 年;魏久传,鲁西地区晚古生代陆表海盆地沉积充填及煤聚积规律研究(博士后论文),2003 年;等成果。

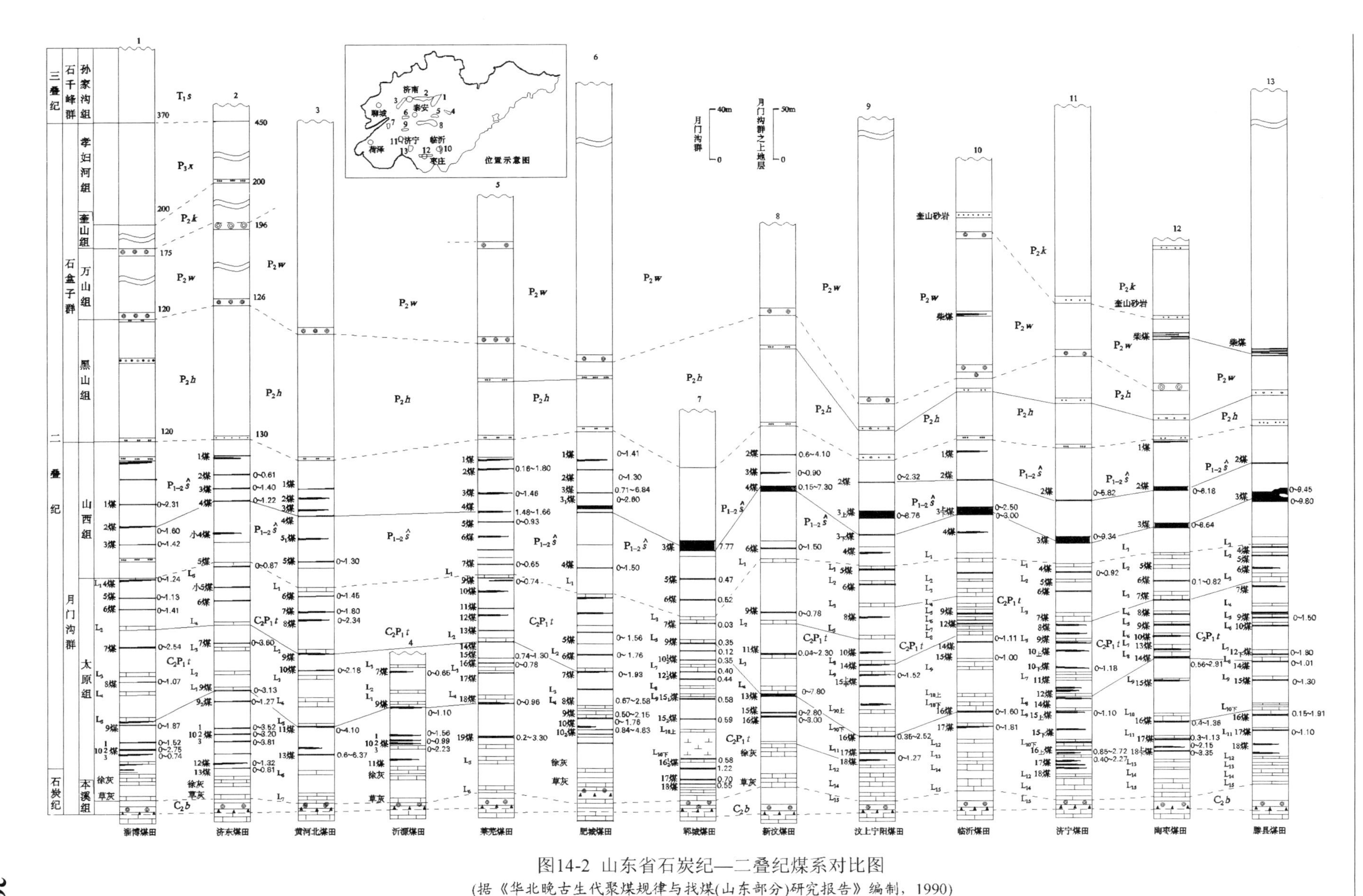

图14-2 山东省石炭纪—二叠纪煤系对比图

(据《华北晚古生代聚煤规律与找煤(山东部分)研究报告》编制，1990)

九灰(L_7)与煤$15_上$:位于太原组中部,为泥晶生物碎屑灰岩;厚度一般为1~2 m,为煤$15_上$(局部可采煤层)的直接顶板。

八灰(L_8)与煤14:位于太原组中部,厚度2~3 m,较稳定,是局部可采煤层——煤14的直接顶板。在淄博煤田也称"H灰岩"、"第二层灰岩";在临沂煤田厚可达20 m。

三灰(L_{13}):位于太原组上部,为泥晶生物碎屑灰岩,厚度3~6 m。在淄博煤田也称"L灰岩"、"长身贝石灰岩"、"博山石灰岩"、"第四层灰岩",富含䗴、牙形石等化石。是太原组上部最好的标志层。

煤3:煤3是山西组中、厚煤层,也是全省最厚的较稳定—稳定可采煤层。鲁中北及鲁西北地区,厚度相对变薄,一般在2 m以下;鲁中南地区的新汶、宁阳煤田,最大厚度可达7~8 m;鲁西南地区的兖州、济宁煤田,最大厚度可达11.55~17.95 m,平均6~8 m;鲁南地区的滕县、官桥煤田,厚度可达10~14.15 m。煤3是山西组重要标志层。

B层铝土岩:位于石盒子群黑山组顶部。B层铝土岩在淄博、章丘煤田较厚且纯,可达3~6 m,向南逐渐变薄,为铝质泥岩。可与相邻省区对比。

奎山砂岩:位于石盒子群奎山组内,为中粗粒石英砂岩,质坚硬,厚20~40 m;分布广泛。

除上述重要标志层外,各组还有一些辅助标志层,如太原组徐上灰(L_4)、七灰(L_9)、六灰(L_{10})、五灰(L_{11})、四灰(L_{12})、二灰(L_{14})、一灰(L_{15});山西组底界砂岩,煤3顶、底板"花砂岩"及2煤层;石盒子群下部的柴煤,万山段上部的A层铝土岩等。但其稳定性差,分布局限,只能做为辅助标志层。

3. 煤层对比

(1) 太原组煤层对比

该组分上、中、下3个含煤段。各段厚度稳定,所含灰岩和煤层呈规律性变化,主要煤层和标志层都可进行对比(图14-2)。

下含煤段:十灰之下至十二灰顶界称下含煤段。含稳定及较稳定可采煤层2~3层,为16,17,18煤层。其相当于:淄博、章丘和沂源煤田的8,9,10煤层;黄河北煤田11,13煤层;莱芜煤田18,19煤层;肥城煤田8,9,10煤层;新汶煤田13,15,16煤层。

中含煤段:三灰以下至十灰为中含煤段,含较稳定可采煤层1~4层。有淄博煤田7,8煤层;章丘煤田7煤层;黄河北煤田10煤层;莱芜煤田15,16煤层;肥城煤田6,7煤层;新汶煤田11煤层;鲁西南诸煤田14,15煤层。在济宁、兖州、滕县煤田,该段上部的10,12煤层,亦为可采煤层。

上含煤段:二灰之上称之为上含煤段,含不稳定局部可采煤层1层,在鲁西南地区为6煤层。该层层位稳定,其厚度介于可采与不可采之间,是太原组含煤程度最差的含煤段。

(2) 山西组煤层对比

该组含煤2~4层。最上部为2煤层,中下部厚煤层为3煤层;3煤层常分叉为$3_上$、$3_下$两层,间夹S_2砂体,当$3_上$、$3_下$合并时,S_2砂体即尖灭。山西组煤层厚度大,层位稳定,对比可靠。3煤层相当于:章丘煤田的3,4煤层;黄河北煤田、新汶煤田4煤层。在肥城、济宁、巨野、兖州、滕县、枣庄煤田的$3_上$、$3_下$煤层,对比可靠。

(二) 石炭纪—二叠纪含矿(煤、铝土矿、耐火黏土等)盆地沉积环境

1. 沉积体系及主要成因相构成

鲁西地块在中奥陶世后,随着华北板块地壳隆起,经受长期剥蚀。晚石炭世地壳缓慢下降,再次遭受海侵,在古风化壳上开始了本溪组沉积;继而海侵加大,形成碳酸盐台地——潟湖沉积体系;早二叠世本区基本处于陆表海与障壁岛环境,形成了碳酸盐台地——障壁岛复合沉积体系;以后地壳缓慢上升,发展为三角洲环境,形成三角洲沉积体系。

碳酸盐台地沉积体系:主要为泥晶生物碎屑灰岩、生物碎屑泥晶灰岩及泥晶灰岩。所含生物碎屑及

化石种类繁多,有䗴、腕足类、海百合、珊瑚、瓣鳃、腹足、有孔虫等。古盐度 Z 值>130×10^{-3},常与潟湖相共生,反映了海域广阔、地形平坦的沉积特征。主要发育于鲁西地块的中部、北部及东南部的太原组。

障壁岛-潟湖沉积体系:障壁岛和潟湖为两个不可分割的沉积环境单元,尤其在陆表海条件下,障壁岛和潟湖更是密不可分,共生组合在一起。该沉积体系有障壁岛相、潟湖相、潮道相、潮汐三角洲相、潮坪相。潮坪相又分有砂坪、砂泥混合坪、泥坪、泥炭坪等。为本溪组、太原组主要沉积相类型(图 14-3)。

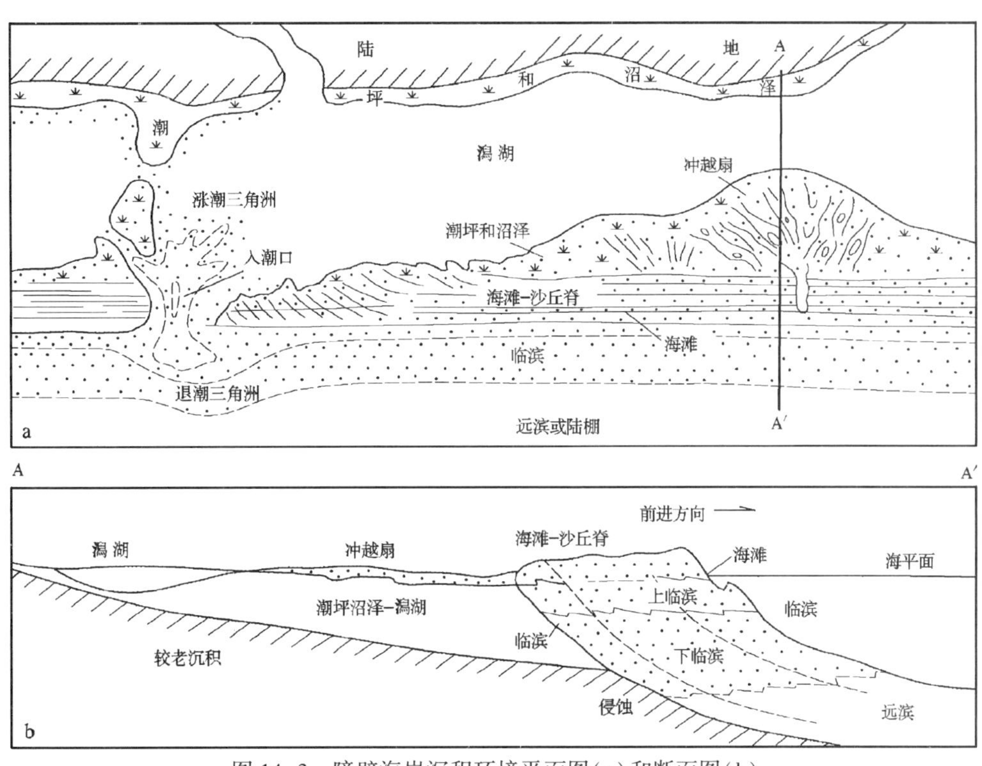

图 14-3　障壁海岸沉积环境平面图(a)和断面图(b)

(据 Me Cubbin 编制,1982 年)

河控浅水三角洲沉积体系:山西组沉积是在陆表海基础上发展起来的,浅水三角洲广泛发育,主要特征是以分流河道占主导地位。三角洲平原相极为发育,它又分为分流河道、天然堤、泛滥盆地、决口扇、湖泊相等。分流河道为主导,其两侧洼地主要由决口扇和越岸沉积充填。在时序上,三角洲平原由活动到废弃的转化,大面积分布煤层,完整地揭示了三角洲平原的演化趋势(李增学等,1995)(图 14-4)。

2. 聚煤盆地分析

(1) 聚煤盆地的形成

加里东运动后,华北地台已形成基底相对平坦的箕状盆地,为晚古生代含煤岩系沉积创造了极为有利的条件。晚石炭世开始,华北陆块下沉成为规模可观的陆表海(李增学等,1997,1998,2003;魏久传等,2011)。由于地壳振荡运动,海水频繁进退,每次海退都为泥炭聚集提供有利的古地理环境;随之海进又为煤层的覆盖保存创造了条件,晚石炭世—早二叠世太原组煤层就是在这一有利的构造古地理背景下形成的;随后,华北陆块抬升,海水由 NW 向 SE 逐步海退过程中,于滨海平原沼泽广泛发育了早二叠世山西组煤层,随着海退逐渐向南退缩,聚煤带也逐渐向南迁移,造成煤层层位越往南越高,成煤期越往南越晚的特点。早二叠世晚期,变成了内陆盆地,并且由于北方大陆干燥气候的影响,失去了聚煤的古气候和古地理环境(张韬,1995;魏久传等,2011)。

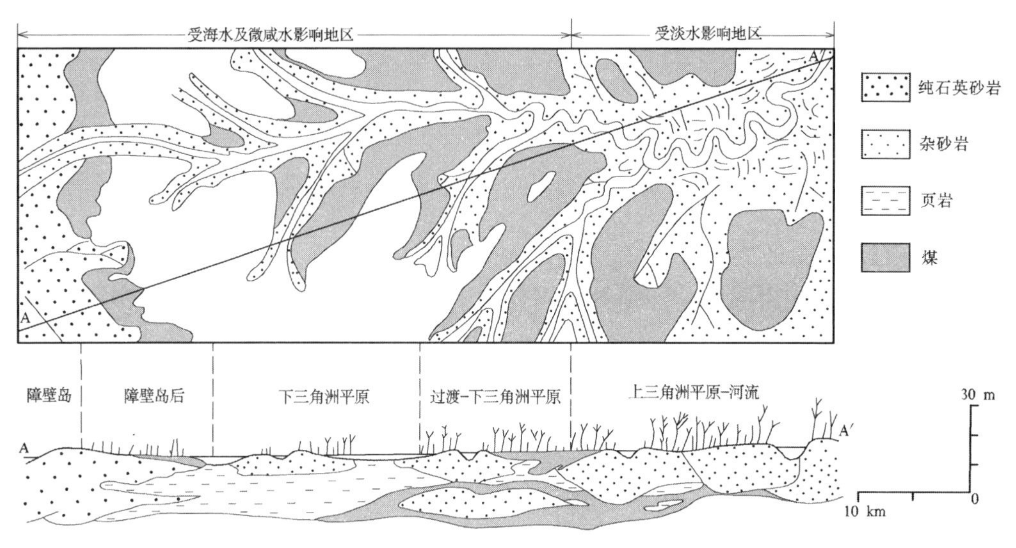

图 14-4 浅水三角洲沉积体系的划分示意图

(据 Horne 等编制,1978 年)

古构造运动塑造了华北大型聚煤盆地,并控制了石炭纪—二叠纪的沉积和煤层聚集,形成了海相、过渡相、陆相沉积体系,成为山东和华北地区最主要的成煤时期。

(2) 聚煤盆地的发展演化及充填特征

本溪期:随着地壳下降,海水逐渐侵入本区,形成广阔的陆表海环境,在广泛准平原化及残积物发育的基础上沉积了一套以碳酸盐台地-潟湖体系为主的沉积相组合,局部地区有障壁岛及泥炭坪沉积。

太原期:晚石炭世,本区基本继承了本溪期陆表海的沉积面貌,发育以潮坪沉积体系与障壁岛-潟湖沉积体系为主体的陆表海海侵与陆源碎屑交互沉积,间有台地体系。

山西期:在海盆整体抬升的区域背景下,海水逐步南退,陆表海盆地退化,冲积体系活跃,形成以三角洲环境为主体的古地理景观,发育了以三角洲体系为主体间夹河流体系的沉积组合。

3. 层序地层与聚煤盆地变化

(1) 层序地层划分

鲁西地块石炭纪—二叠纪沉积盆地实际上是一种大型复合型盆地,由 3 种盆地原型构成:① 晚石炭世至早二叠世早期为陆表海聚煤盆地,整个华北盆地具有一致性;② 早二叠世晚期至晚二叠世早期,为稳定背景条件下的内陆河流-湖泊盆地;③ 晚二叠世晚期,整个华北隆升为陆,地势高差差异较大,为陆内冲积-河流湖泊盆地。

陆表海盆地含煤岩系,以盆地区域性不整合面、区域性海退事件界面和最大海退事件界面的 3 种界面作为陆表海聚煤盆地Ⅲ级层序界面的典型界面(李增学等,1998,2003;魏久传等,2011)。据此,在陆表海盆地海陆交替型含煤充填序列中共识别出:① 1 个盆地区域性不整合面,位于盆地充填序列的底界,即石炭纪—二叠纪煤系与奥陶系之间的假整合面;② 1 个区域性海退事件界面,位于盆地充填序列的顶界,界面上下盆地体制发生根本变化(即该界面上不再是陆表海盆地沉积)③ 2 个最大海退事件界面在盆地充填序列的内部,即影响全盆地的最大的几次(三级)海退事件造成的界面,界面附近往往发育具有对比意义的沉积矿床层位(煤、铝土矿-耐火黏土矿等沉积矿产)。

根据层序内部最大海泛面出现的位置、小层序的进积、加积及退积特点,鲁西地块与整个华北陆块一样,石炭纪—二叠纪陆表海盆地的含煤层序为二元结构型(或称为双层结构),即为"海侵体系域-高水位体系域"的层序结构(图 14-5)。陆表海海陆交替型含煤层序(三级层序)共划分出 3 个。层序 I 形成于中奥陶统假整合面之上，当时海侵方向总体为由东向西北及偏南方向，该层序为含煤层序，呈北厚南薄体态。层序Ⅱ和层序Ⅲ形成时，聚煤盆地的总体地势发生了明显的变化，北高（以陆源碎屑沉积为主）南低（海相碳酸盐比例较大），西高东低，海侵方向总体为由南东向北西。

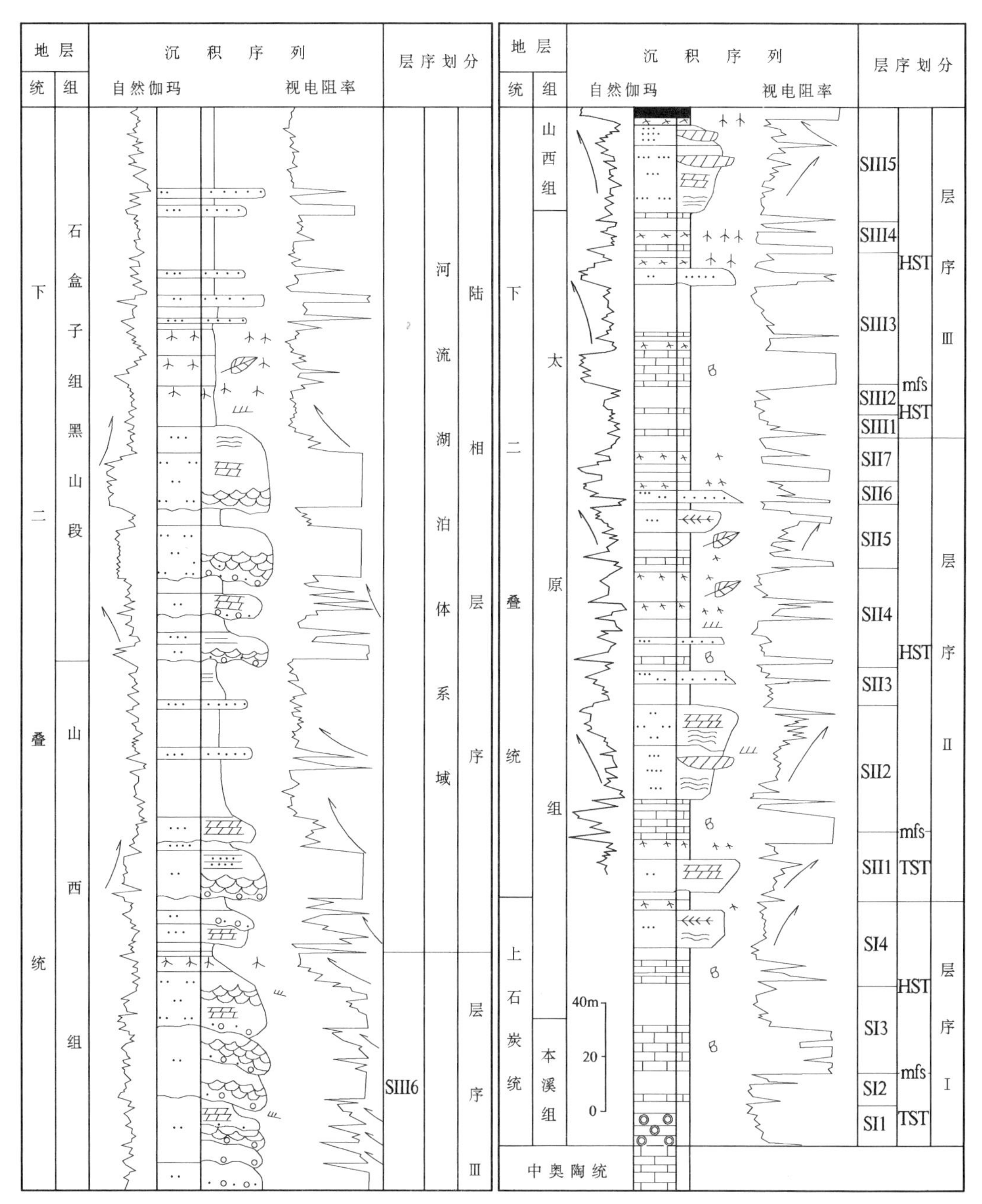

图 14-5 鲁西地块南部煤田岩心、测井综合划分层序地层单元图

（据李增学等，1998 年）

（2）海侵体系域特征及富煤单元分布

海侵体系域单元：鲁西地区陆表海含煤层序具有二元结构特点，即“海侵体系-高水位体系”的构成样式（李增学等，1998，2003，2003；尚冠雄等，1997）。海侵体系域由 1~2 个小层序组成，厚度较薄，为大型陆表海煤盆地层序构成中比较重要、独具特色的构成单元。层序Ⅰ海侵体系域的逐步形成是陆表海盆

地海陆交替型沉积层序形成的重要时间,由此开始了长期的海水进退即海平面周期性变化控制的环境沉积,基本上没有形成大规模的沼泽及泥炭沼泽环境,因而不含煤层。但层序Ⅰ海侵体系域的形成为陆表海盆地聚煤环境的逐步形成创造了条件和物质基础,形成了陆表海充填沉积的最初沉积层序和沉积组合。层序Ⅱ为陆表海海陆交替型含煤岩系的中部层序,为最典型的高频海陆交替型含煤沉积层序。以最大海泛面为界,下部的海侵体系域仅由 1 个小层序构成,而且为鲁西南地区重要的含煤体系域单元。

富煤单元的分布:海侵体系域单元成煤以 SⅡ1 为最好。SⅡ1 为层序Ⅰ中的主要含煤单元,在鲁西全区发育了稳定可采煤层。总趋势是北厚南薄,北部成煤条件好。如新汶和肥城煤田 SⅡ1 单元,煤层厚度均在 2 m 左右,鲁西南煤田则在 1 m 左右。总体上富煤区分布在北部区。

在鲁西南地区,富煤单元的分布较为复杂。滕南地区明显呈现 EW 向富煤单元,富煤单元主要分布在砂质沉积少和无砂质沉积区,砂岩层与煤层分布呈明显的互为消长关系,富煤单元的分布界线与砂岩层变薄、消失的界线基本一致。富煤单元和地层厚度间的关系与其和砂体分布的关系基本相似。说明 SⅡ1 单元中的砂质沉积为该单元的骨架,反映了沼泽化潮坪沉积体系中,潮汐沉积体系中潮汐水道活动不利于成煤,而在 SⅡ1 单元沉积时,潮汐水道的活动是由南而北减弱的。

整个鲁西地区海侵体系域单元聚煤规律是:富煤单元由北而南、由东而西依次分布,由弱到强的特点;而砂分散体系则是北弱南强、北薄南厚,表明活动水道北弱南强,成煤条件随着海水北侵而由南向北变好。尽管当时聚煤盆地基底比较平缓,但海水北侵的特点还是比较明显的。SⅡ1 单元煤层是在一种弱退积背景下形成的,即海侵过程中成煤。煤层下部成因相组合,尤其砂分散体系的特点对成煤有重要影响。海侵开始并由南而北推进,南部沼泽环境受到影响,活动水道逐步形成,而北部沼泽继续发育。在高频海平面变化中,一次大规模的海侵(最大海泛期)使全省泥炭沼泽终止发育,而泥炭被迅速加深的海水淹没处于还原环境下得以保存。

(3) 盆地沉积体系域及聚煤规律

高位体系域单元:陆表海盆地充填沉积层序的高水位体系域比较发育,表现在厚度、单元的数量上均比海侵体系域多。① 层序Ⅰ(图 14-6)高水位体系域沉积期是整个陆表海的海陆交替沉积之重要转折时期,因此,此次海退与接踵而来的海侵,在总体水侵水退方向上出现了大的调整。层序Ⅰ海侵方向大致呈 NE 向 SW,而层序Ⅱ和层序Ⅲ的海侵方向由南东向北偏西。但沉积物源较复杂,总体上以北部为主要物源方向。② 层序Ⅱ(图 14-7)高水位体系域单元是三级海平面下降期间沉积的,但在海水总的退却过程中又发生多次低级别进退,因此形成了 6 个周期性小层序。海平面高频变化的规模是随时间的推移而变小的,在沉积记录上表现为海相层的厚度逐渐变小,小层序的厚度也具有向上变薄的趋势。在高水位体系域中,沉积体系的发育在垂向上具有明显的继承性。这反映当时的陆表海海盆地地势平坦、开阔;沉积体系的迁移规律不甚明显,往往表现为同类沉积体系的更叠,而这种更叠又与海平面高频变化密切相关(李增学等,1996a,b,2000,2003;魏久传,2003)。③ 层序Ⅲ(图 14-8)中的高水位体系域单元,为含煤岩系的最上部层序单元。层序Ⅲ与层序Ⅱ高水位体系域具有明显的差异,发育了进积作用较强的高水位体系域单元与层序强的三角洲沉积体系,也形成了厚度大、分布面积广的主要煤层。三角洲体系的迅速发展及海平面的总体下降,导致研究区面貌出现了大的改观。沉积体系的主导影响因素由层序Ⅰ和层序Ⅱ的单一高频海平面变化转变为海平面变化、构造活动和沉积物供应速度三者共同控制。使层序Ⅲ的沉积类型与其下伏的 2 个层序形成鲜明的对比(李思田等,1993;李增学等,1995b,2000b,2003;魏久传,2003)。

障壁岛-潟湖沉积体系与聚煤作用:晚古生代华北地区陆表海盆地是一种受限内陆陆表海盆地,聚煤作用主要在潮坪三角洲环境下发生。与潮坪沉积体系聚煤作用相比,障壁岛-潟湖湖沉积体系泥炭沼泽,在横向上变化较大,因此所形成的煤层厚度小、稳定性差。在潟湖及潮坪三角洲远端的部位,水动力条件相对较弱,泥炭沼泽化程度较高,形成的煤层也较好,局部达可采厚度。

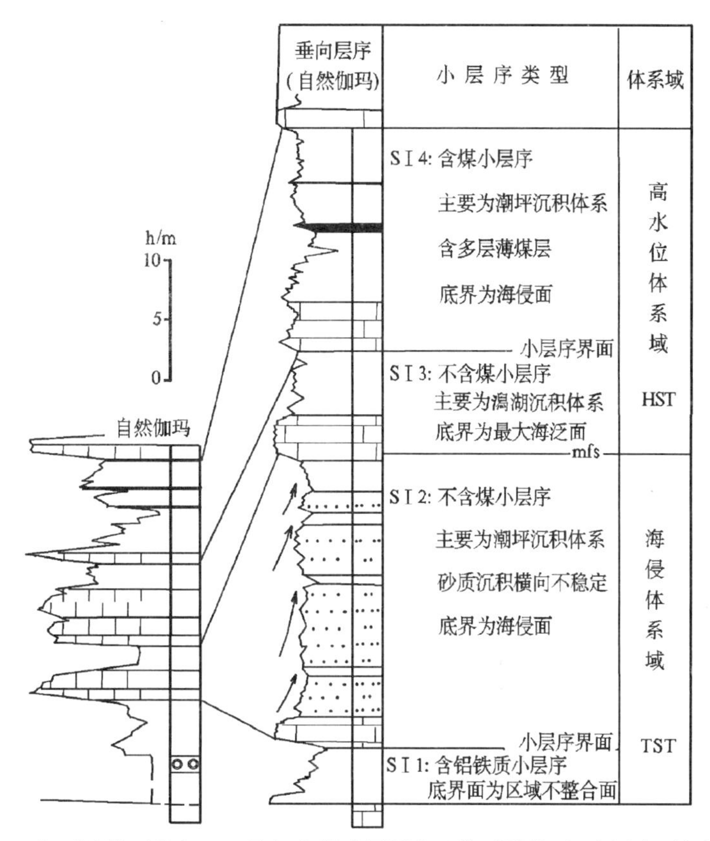

图 14-6　鲁西地块石炭纪—二叠纪含煤地层层序Ⅰ体系域单元(小层序)构成剖面图

(据李增学等编制,1998 年)

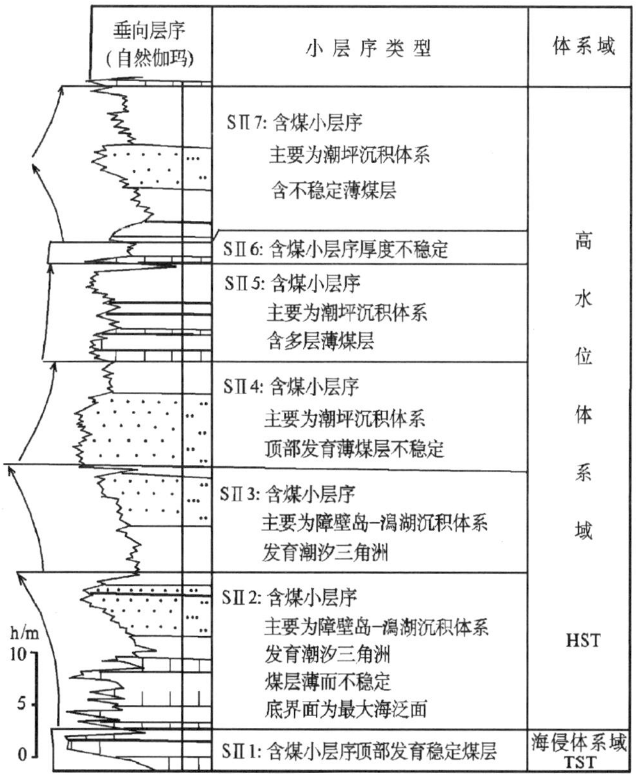

图 14-7　鲁西地块石炭纪—二叠纪含煤地层层序Ⅱ体系域单元(小层序)构成剖面图

(据李增学等,1998 年)

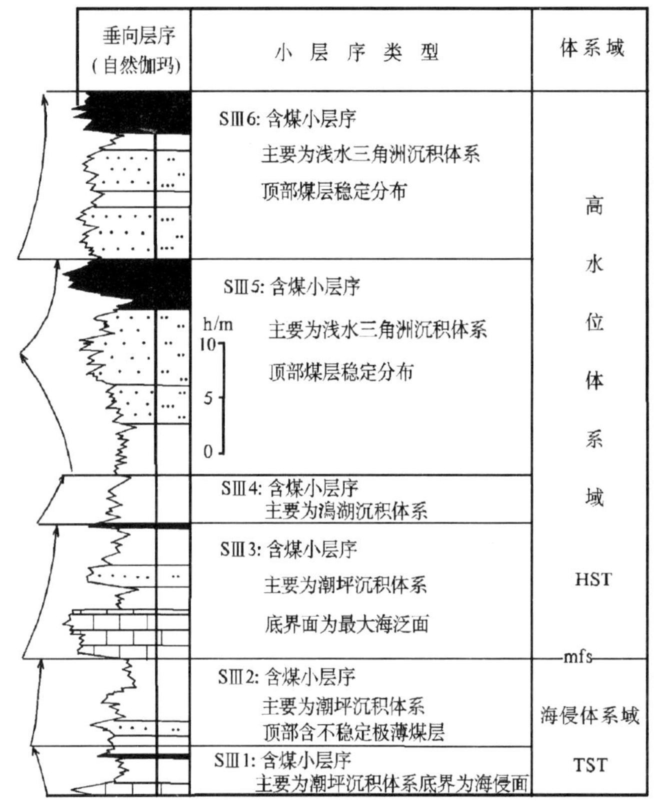

图 14-8 鲁西地块石炭纪—二叠纪含煤地层层序Ⅲ体系域单元(小层序)构成剖面图
(据李增学等,1998)

河控浅水三角洲沉积体系与聚煤作用:河控浅水三角洲沉积体系发育于层序Ⅲ的高水位体系域。为海陆交替含煤岩系的最上部地层。从煤聚积的角度来说,上部层段在含煤盆地充填序列中最为重要,它包含着厚度巨大、分布面积最广的主采煤层。层序Ⅲ高水位体系域与层序Ⅱ和层序Ⅰ中的高水位体系域相比较,沉积面貌发生了明显的改变,出现了进积作用较强的河控浅水三角洲沉积体系;而且,主要煤层的形成与三角洲朵体推进作用密切相关。二角洲朵体的迅速发展及海平面的总体下降,使影响沉积体系发育的主导因素发生了大的变化,由高频海平面变化转变为由盆地构造运动、沉积物供应速度及海平面变化三者共同控制。随着海水逐渐远退,河流影响逐渐压倒潮汐影响,河控浅水三角洲在大面积范围内迅速发展。三角洲沉积体系由发生到发展再到废弃及沼泽普遍发育的全过程,都与上述3个因素密切相关(李增学等,1995c,d,2000b,2003;魏久传,2003,2011)。

二、主要控矿因素

鲁西地块石炭纪—二叠纪海陆交互相碎屑岩-碳酸盐岩-有机盐沉积建造,是控制其中的煤、油页岩、煤层气、铁、铝土矿、耐火黏土、高岭土、硫铁矿、陶粒(膨胀)黏土岩等矿产形成的决定因素;而这套含矿沉积建造的形成则受控于早古生代基底岩系及华北石炭纪—二叠纪巨型盆地;沉积建造及其中的矿产形成后的保存受控于华里西期末期及250 Ma以来的印支期、燕山期和喜马拉雅期构造运动对含矿建造和矿层的改造,或使其被坳降埋藏得以保存,或使其被隆升暴露遭受剥蚀。

(一) 早古生代基底及石炭纪—二叠纪含矿岩系分布对成矿的控制作用

华北陆块在早古生代时,海水自南向北漫侵,沉积了以碳酸盐岩占绝对优势的巨厚寒武系—奥陶系，奠定了石炭纪—二叠纪煤系基底。至华力西期，由于内蒙地轴升起，促使华北板块自北向南抬升，并向南扩张，直至海水向南完全撤出。这一系列的构造运动结果，首先是华北陆块内早奥陶世—晚石炭世沉积岩系缺失；接着造成了包括鲁西在内的海陆交互相—内陆湖泊相的有利成煤环境，堆积了大面积石炭纪—二叠纪含煤、铝土矿-耐火黏土等矿产的沉积岩系，并具有明显的东西成带，南北分异现象，致使太原组煤层北厚南薄(图 14-9)；山西组煤层北薄南厚(图 14-10)。

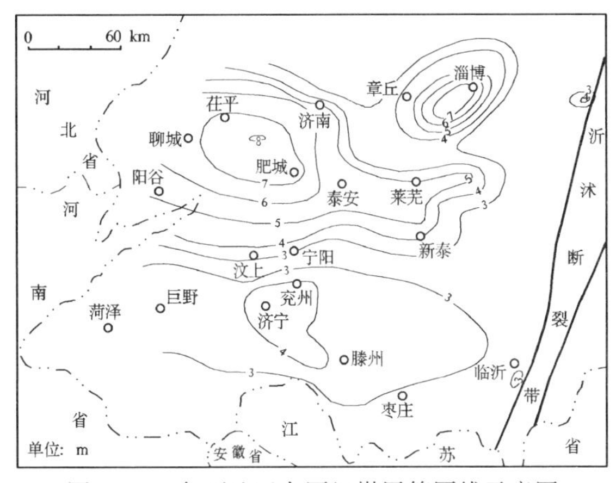

图 14-9　鲁西地区太原组煤层等厚线示意图
(据山东煤田地质局，2000；引自《山东矿床》，2006)

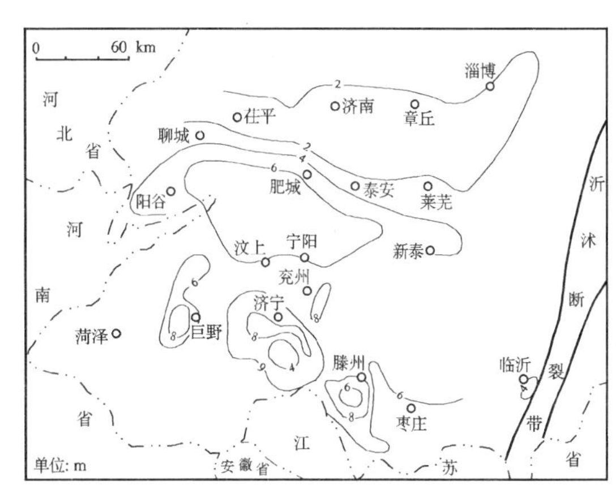

图 14-10　鲁西地区山西组煤层等厚线示意图
(据山东煤田地质局，2000；引自《山东矿床》，2006)

(二) 含煤盆地的后期改造对成矿的控制作用

鲁西地块石炭纪—二叠纪聚煤盆地及其中的沉积岩系和煤、铝土矿、耐火黏土等矿产形成以后，经历了印支期、燕山期及喜马拉雅期 3 次构造运动，对其产生了不同程度的改造和影响。

1. 断裂构造对含矿盆地的后期改造

鲁西地区的区域构造具有明显的断块性质。煤系在后期改造中，主要被各个巨大断裂分割成不同块体。鲁西北拗陷区受聊考断裂和齐广断裂控制，整体下陷，使晚古生代地层大幅度沉降至-2 000 m以下或更深；鲁中隆起区相对上升，使石炭纪—二叠纪地层大部分被剥蚀，仅局部地区因断陷而相对沉降，含煤建造得以保存，且赋存相对较浅；鲁西南是一个典型的断陷区，煤系保留程度较鲁中隆起区好，煤田规模大，分布连续。

断裂构造的多期继承性活动，对煤田的保存关系影响更大，如鲁中隆起区虽主要受一组断裂控制，但煤系的赋存往往受断陷沉降幅度等因素控制，遭受剥蚀而保留不全(如新汶条带、肥城-莱芜-沂源条带)，甚至被剥蚀殆尽(如泗-费条带等)。鲁西南潜隆起区，同时发育 SN 向和近 EW 向 2 组断裂，煤系保存较好。

当断陷区由地堑叠加时，煤系保存好，但埋藏深，如金马、汶上预测区等；当断陷区由地堑、地垒叠加时，煤系埋藏较浅，仅局部遭剥蚀，如兖州、济宁、巨野煤田等；当含煤区由地垒叠加而成时，煤系保存不全，甚至仅有部分煤系残留，如巨野东区等。

2. 剥蚀作用对含矿盆地的后期改造

华力西期后期，鲁西地块普遍经历挤压造山作用，已经形成的石炭纪—二叠纪沉积岩系经受了褶皱及断裂作用，形成多个不同性质、不同级次、不同规模的隆起及拗陷；之后经受印支期、燕山期及喜马拉雅期构造运动，使石炭纪—二叠纪含矿建造(含煤、油页岩、铝土矿、耐火黏土等矿产)经历了长期地改造，部分含矿建造被剥蚀掉，部分含矿岩系被保存下来。

印支期:早期以差异升降和褶皱作用为主,末期有断块作用,控制着石炭纪—二叠纪含矿岩系的剥蚀与保存。此旋回内鲁西地块普遍抬升,石炭纪—二叠纪含矿建造遭受剥蚀,尤其是正向构造区,或全无保存(如鲁中隆起区的各个凸起),或剥蚀殆尽(如泗水凹陷、临沂凹陷北部),或残存不多(如新蒙凹陷)。负向构造区含煤建造得到较好保存(如鲁西南潜隆起区)。总体看,在鲁西地块内石炭纪—二叠纪含矿建造的剥蚀强度,显示北弱、南强的特点。

燕山期:主要为块断作用和褶皱作用。燕山运动早期(侏罗纪),石炭纪—二叠纪含矿建造在正向构造地区仍广泛遭受剥蚀;燕山运动晚期(白垩纪),鲁西局部地区,如鲁西南的凫山断层以北、嘉祥断层以西地区的石炭纪—二叠纪含矿建造剥蚀比较严重。晚侏罗世末期的褶皱作用,对石炭纪—二叠纪含矿岩系保存意义较大,尤其在鲁西南潜隆起区更是如此(如济宁、巨野、兖州煤田)。NE 向向斜是最有利的赋岩赋矿空间,次为复背斜两翼(如滕县复背斜)。

喜马拉雅期:受弧形断裂控制。古近纪末,全区抬升,未被覆盖的石炭纪—二叠纪含矿建造受到剥蚀。此时期仍然是断陷中沉积,隆起区剥蚀;官庄群之下也可能有煤系赋存。

上述各次构造剥蚀作用,石炭纪—二叠纪含煤建造分布范围已经大为缩小。

综上所述,有利的石炭纪—二叠纪赋岩赋矿构造是向斜,尤其在 EW 向向斜、NE 向向斜、SN 向向斜及各方向向斜叠加而成的盆地构造,最有利于石炭纪—二叠纪赋岩赋矿岩系保存(不管是凹陷或者是凸起内,其均可被保存);断陷盆地是另一类有利石炭纪—二叠纪赋岩赋矿岩系空间,尤其是断陷盆地与向斜叠加部位。

3. 岩浆活动对煤层煤质的影响

燕山期以来,岩浆活动对石炭纪—二叠纪煤系煤层的后期改造影响较大。鲁西地区石炭纪—二叠纪各煤田由于所在的区域构造和空间位置不同,受岩浆活动的影响也各异。不同形式和规模的岩浆侵入体,携带大量热源对围岩烘焙、蚀变并波及煤层,导致煤变质程度加深,灰分增加,使煤类复杂化;或直接侵入煤层,破坏煤层结构,使煤变成天然焦甚至被吞蚀。

(三)赋岩赋矿盆地构造类型对含矿建造的控制作用

根据石炭纪—二叠纪含矿建造保存形式,鲁西地块内地赋岩赋矿构造(指赋存含矿岩系及赋存矿产的盆地构造,下同),可以大体概括为箕斗型和堑垒型 2 大类型。

1. 箕斗型赋岩赋矿盆地构造

这类赋岩赋煤盆地构造特点是一侧有断层,含矿建造成单斜产状,形成箕斗状盆地。又可分为反倾向及同倾向盆地 2 个亚型(图 14-11)。① 反倾向盆地:含矿建造赋存于断层上盘,其倾向与断层倾向相反,形成典型的箕斗状盆地。这些地区含矿建造一般呈条带状分布,断层倾角较陡,常达 60°~70°或更大;矿层(如煤层、铝土-黏土矿层等)基本呈单斜,靠近断层处赋存较深,相反方向变浅且出现露头。鲁中地区各煤田大多属这一类型,如莱芜,新汶煤田。② 同倾向盆地:含矿建造赋存于断层下盘,其倾向与断层倾向一致,其他特征与反倾向盆地相同。如鲁中地区的黄河北、章丘、淄博煤田。

2. 堑垒型赋岩赋矿盆地构造

这类赋煤构造赋存于近 EW 向及近 SN 向 2 组断裂组成的复式堑垒构造内。一般成片出现,面积较大,次一级宽缓褶曲比较发育,盖层较厚,全部隐伏。根据断层组合形式又可分为地堑、地垒 2 个亚型。鲁西南潜隆起区各煤田皆属这一类型。① 自北而南有汶泗、郓城、凫山及韩台(丰沛)断裂,组成中间为地垒,北部为地堑,南部为半地堑的"两堑一垒"构造。② 从西向东有聊考、田桥、巨野、嘉祥、孙氏店、峄山断裂,组成中间及两边为地垒,中夹地堑的"三垒二堑" 构造。③ 位于南北两侧的 EW 向地堑(汶宁凹陷和成武、滕州凹陷)含矿建造保存比较完整,构成汶上-宁阳煤田、滕县煤田及鱼台、单县、曹县等含煤区。位于中部的地垒含煤建造保存不完整,只是在与 SN 向地堑构造叠加的地带保存完好(如济宁凹陷、巨野凹陷)，形成济宁煤田及巨野煤田(中部)。④ 与SN向地垒构造叠加的地带大部遭到剥蚀(如菏泽凸起、嘉祥凸起、兖州凸起含矿建造)，仅在背斜翼部、向斜轴部有所保存，如位于兖州凸起的兖州煤田(兖州复向斜西翼)和位于菏泽凸起的巨野煤田西部(巨野向斜西翼)。⑤ 正向构造叠加区煤田范围大，煤层埋藏深(如鱼台北部据地震推测可达5 000 m左右)(图14-12)。

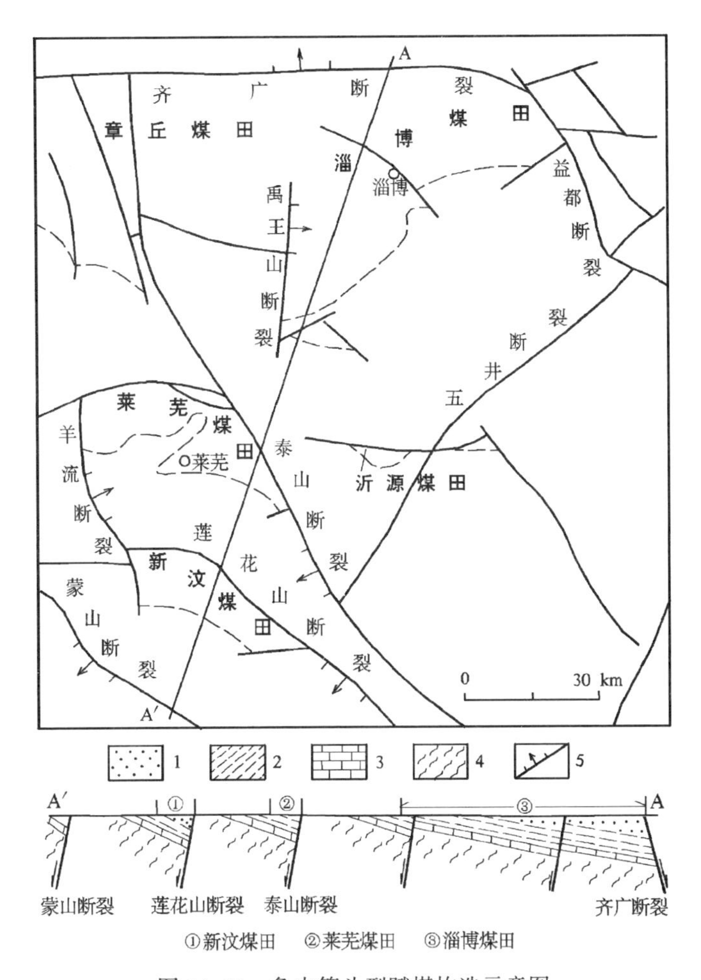

图14-11　鲁中箕斗型赋煤构造示意图

(据山东煤田地质局资料修编，2000；引自《山东矿床》，2006)

1—中生界+新生界；2—石炭-二叠系；3—寒武-奥陶系；4—新太古代变质岩系；5—断层

三、成矿系列中大型和超大型矿床控制因素

本成矿系列中包含有已知的多处大型煤矿床、耐火黏土矿床、玻璃用石英砂岩矿床。这些矿床产出的地质构造环境、地质历史阶段基本是一致的，矿床形成严格受控于含矿沉积建造，其分布决定着含矿建造形成后，历经印支期以来断块构造活动(为主)对原始含矿沉积建造改造状况，即赋矿凹陷盆地发育及分布状况。赋矿盆地结构特征及规模、盆地中含矿岩系的发育程度是控制矿床规模的基础。

1) 含矿沉积建造发育齐全的凹陷盆地是形成大矿的决定因素。如在鲁中隆起及鲁西南潜隆起区内的多个凹陷盆地中，石炭纪—二叠纪月门沟群发育齐全，赋存着重要煤矿床。太原组煤层多、分布稳定(下含煤段含稳定及较稳定可采煤层2~3层、中含煤段含较稳定可采煤层1~4层)，山西组煤层厚度大、层位稳定(主要为3煤)，由此造就了淄博、莱芜、肥城、新汶、黄河北-章丘、陶枣、济宁、兖州、巨野等多处大型煤田或矿区。

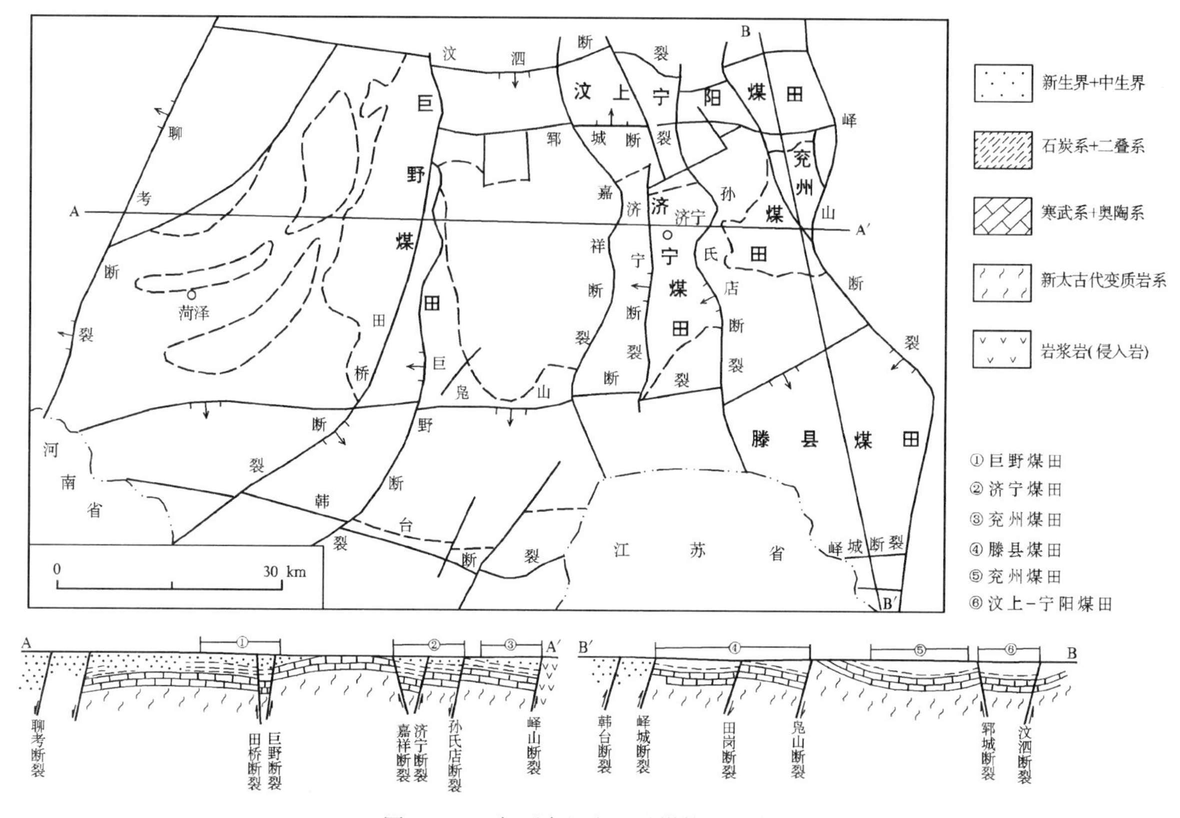

图 14-12 鲁西南堑垒型赋煤构造示意图

2）负向构造区宜于含矿岩系保存，而赋存全隐蔽大型煤矿床。如鲁西南潜隆起区内的郓城、金乡、曹县等地堑型盆地，石炭纪—二叠纪含矿岩系因断块构造运动下沉，被覆盖保存，分布有大型煤田或矿区。

3）根据鲁西地区石炭纪—二叠纪聚煤规律和太原组煤层北厚南薄、山西组煤层北薄南厚的煤层分布规律，在鲁中隆起区北部盆地中的一些大型煤矿多以太原组煤层为主（如淄博、章丘、肥城等煤田）；在鲁西南潜隆起区诸多大型煤矿多以山西组煤层为主。

4）在济阳拗陷区内，有的Ⅴ级构造单元的凹陷中心，由于继承性沉降和沉积的双重作用，这个地区含煤地层保存最好，煤层多，累计厚度大（如车镇、沾化等凹陷）。

5）赋矿盆地空间位置是某些大矿存在的前提。如淄博盆地在晚二叠世时河湖（沼）相沉积岩系发育齐全，靠近鲁东古陆，有着较丰富的石英碎屑及铝质等的物质来源，因此在盆地内形成的石英砂岩矿层、耐火黏土-铝土矿层规模大，矿石质量好；而距古陆更远一些的鲁西中部及南部地区，则少有或质量优、规模大的石英砂岩及耐火黏土矿层形成。

第三节 矿床区域时空分布及成矿系列形成过程

石炭纪—二叠纪地层中赋存的煤、油页岩、煤层气、铁、铝土矿、耐火黏土、高岭土、硫铁矿、陶粒用（膨胀）黏土岩等矿产，及其赋矿岩系——碎屑岩-碳酸盐岩-有机盐建造，广泛发育在作为华北陆块一个组成部分的鲁西地块内。在地理位置上，这套沉积岩系及其中的矿产，大体分布在以沂沭断裂带东缘的昌邑-大店断裂以西（地貌上大体为潍河-沭河谷地及其以西）地区，包括鲁中地区及鲁西南和鲁西北地区。在大地构造位置上，为鲁西隆起区（包括鲁中隆起和鲁西南潜隆起）及华北拗陷区（山东部分；包括济阳坳陷和临清坳陷的一部分)。这套沉积岩系中的矿产分布严格的受控于特定的地质时代和特定的成矿原始地质、地理环境,以及成矿后因构造运动形成的特定的赋矿构造。

一、矿床的时间分布

(一) 成矿系列中各种矿产的时间分布

该成矿系列中的各种矿床为与赋矿岩系同时形成的同生沉积矿床,其分布严格受控于石炭纪—二叠纪海陆交互相碎屑岩-碳酸盐岩-有机盐沉积建造,即晚石炭世—早二叠世月门沟群及晚二叠世石盒子群。其中,煤矿床是本成矿系列的重要矿产,主要赋存在月门沟群太原组和山西组中;G层铝土矿-耐火黏土矿及山西式铁矿赋存在月门沟群本溪组底部铁铝岩系(湖田段)中;陶粒(膨胀)黏土岩主要赋存在本溪组和山西组中;高岭土及硫铁矿主要赋存在太原组中;A层耐火黏土-铝土矿赋存在石盒子群万山组中;玻璃用石英砂岩矿赋存在石盒子群奎山组中。

(二) 煤矿的时间分布

在鲁西地区,由于石炭纪—二叠纪煤层发育具有区域性稳定性特点,几乎有较厚石炭纪—二叠纪地层残留的地区都可能分布有煤层,但是,由于原始沉积、后期剥蚀和构造破坏等因素,煤层的保存程度和分布状况有很大差异。总体说,晚石炭世开始,华北陆表海由于地壳震荡运动,海水频繁进退,山西期煤层形成后,随着海水逐渐向南退缩,聚煤带也逐渐向南迁移,造成鲁西地区煤层层位越往南越高,成煤期越往南越晚的特点(李增学,2013)。

1. 鲁西隆起区

在太原期形成的煤层有8~20层。北部(淄博、济东、黄河北煤田)和中部(莱芜、新汶、肥城)含煤性较好,含可采煤5~8层,总厚2.50~8.00 m;南部(汶上煤田—宁阳煤田及其以南各煤田)含可采煤3~6层,总厚2~4 m。灰岩和煤层成数,由北向南增多,但煤层渐薄。

在山西期形成的煤层有3~6层,其中可采煤1~4层,总厚2~10 m。以鲁西南和鲁中地区煤层发育最好。

总体看,在鲁西隆起区内山西期形成的煤层总厚度大于太原期形成的煤层总厚度。

2. 济阳-临清坳陷区

据有关统计(宋明春等,2014),济阳坳陷内,在81个钻遇石炭纪—二叠纪地层的见煤钻孔中,有72个在山西组中发现煤层,33个在太原组中发现煤层,说明山西期是首位成煤期。从煤层累计厚度看,也是山西组普遍大于太原组(在24个两组皆发育煤层的钻孔中,有14个钻孔煤层累计厚度山西组大于太原组)。

(三) 晚二叠世A层耐火黏土-铝土矿及玻璃用石英砂岩矿的时间分布

在鲁西隆起区,赋存A层硬质耐火黏土-铝土矿的晚二叠世石盒子群万山组及赋存玻璃用石英砂岩矿的石盒子群奎山组均为陆相湖沼沉积,在鲁西地区分布比较稳定,凡是有二叠纪石盆子群万山组及奎山组分布的地区都发育有A层耐火黏土-铝土矿及玻璃用石英砂岩矿;但由于晚二叠世后的构造运动改造,原始的鲁西大型晚二叠世湖沼盆地受到破坏改造,致使改造后的赋矿小盆地分布零星,有的甚至被剥蚀殆尽。目前所见,发育较完整的赋存石盒子群及其中A层耐火黏土-铝土矿和玻璃用石英砂岩矿的晚二叠世盆地,主要有北部的淄博盆地及南部的枣庄、临沂等盆地,其中分布有A层耐火黏土-铝土矿及玻璃用石英砂岩矿或只分布有A层耐火黏土-铝土矿(万山组上覆奎山组已被剥蚀殆尽)。

在济阳-临清坳陷区,大量钻孔资料表明,坳陷内的石炭纪—二叠纪地层,主要为山西组及其以下层位，上部的石盒子群在多数地区不发育，特别是拗陷东部的广饶凸起、孤岛凸起和义和庄凸起等剥蚀强烈的正向构造和凹陷斜坡上，月门沟群之上常常直接着覆盖新生代古近纪地层。在这些地区已无A层耐火黏土-铝土矿及奎山组玻璃用石英砂岩矿了。

二、矿床空间分布

该成矿系列中的煤、油页岩、煤层气、铁、铝土矿、耐火黏土、陶粒（膨胀）黏土岩、硫铁矿等矿产的空间分布，受控于大地构造环境、沉积岩系、盆地构造等因素。

（一）地理分布

石炭纪—二叠纪沉积岩系中的煤、油页岩、煤层气、铁、铝土矿、耐火黏土、陶粒（膨胀）黏土岩、硫铁矿等矿产矿床，在区域上分布在鲁西及鲁北地区。

煤、煤层气、油页岩矿及陶粒（膨胀）黏土岩、高岭土、硫铁矿等矿产，在鲁西山地丘陵区及鲁西北和鲁西南平原区都有分布。其中煤矿分布范围广泛，煤层气、陶粒（膨胀）黏土岩、高岭土、硫铁矿及油页岩分布地域范围较窄（特别是油页岩分布局限）。铝土矿、耐火黏土矿及石英砂岩矿的含矿层位分布范围较大，但主要矿床分布在鲁中地区北部的淄博盆地内；其中A层硬质黏土矿除分布在淄博盆地而外，在枣庄、新泰及临沂等地，也有零星分布，从全省来看，该层位中的硬质黏土资源量占山东耐火黏土资源总量的98 %以上。

（二）大地构造单元与矿床的空间分布

该成矿系列中的矿产，在地质构造位置上分布在沂沭断裂带以西的鲁西隆起（包括鲁中隆起及鲁西南潜隆起）和济阳-临清拗陷内。鲁西和鲁北地区的煤矿床所赋存的聚煤盆地，是华北克拉通上的巨型石炭纪—二叠纪拗陷盆地的一部分，几乎整个巨型盆地都接受了含煤沉积。只是在聚煤盆地形成后，历经后期构造运动的改造使含煤建造得到保存或被剥蚀。

在鲁西隆起区内，石炭纪—二叠纪赋煤构造盆地的大地构造单元主要为Ⅴ级凹陷，其控制着煤系地层及煤层分布与保存。如：① 鲁中隆起（Ⅲ级）中的新甫山-莱芜隆起（Ⅳ级）内的泰莱凹陷（Ⅴ级，莱芜煤田）；马牧池-沂源隆起（Ⅳ级）内的沂源凹陷（Ⅴ级，沂源煤田）；等。② 鲁西南潜隆起（Ⅲ级）中的菏泽-兖州潜隆起（Ⅳ级）内的济宁潜凹陷（Ⅴ级，济宁煤田）；金乡潜凹陷（Ⅴ级，金乡井田）；等。

在济阳-临清拗陷区内，Ⅴ级构造单元的凹陷中心，由于继承性沉降和沉积的双重作用，这个地区含煤地层保存最好，煤层多，累计厚度大。但是，这些区域煤层埋深很大。统计显示（宋明春等，2014），济阳-临清拗陷内石炭纪—二叠纪煤层厚度存在自凸起区向凹陷区变厚的趋势。如，车镇潜凹陷（Ⅴ级）内煤层厚度等值线呈NE—SW方向展布，长轴方向与凹陷延伸方向一致，自南侧的无棣潜凸起（Ⅴ级）、义和庄潜凸起（Ⅴ级）北缘向中心逐渐增厚，形成两个富集中心。沾化潜凹陷（Ⅴ级），煤层厚度自西向东增加，最厚部位在孤岛以东，而西侧的下洼潜凹陷（Ⅴ级）煤层不发育。东营潜凹陷（Ⅴ级）、惠民潜凹陷（Ⅴ级）、临邑潜凹陷（Ⅴ级）煤层主要发育在凹陷南坡，由于齐广断裂对其的破坏，凹陷的整体轮廓不清，但煤层等值线还是反映其最大厚度在鲁西隆起一侧。

（三）含矿岩系及矿层的空间分布

鲁西地块石炭纪—二叠纪含煤、铝土矿-耐火黏土等矿产的沉积岩系的分布状况异地而异，但总体上具有明显的东西成带，南北分异的特点。

1. 煤层空间分布

碎屑岩-碳酸盐岩-有机岩建造中的煤矿床因含煤层不同，其空间分布有较大差异。① 本溪组分布比较广泛,含不稳定煤线,无开采价值。② 太原组含可采煤层集中于太原组下部,煤层在鲁中隆起北部莱芜、淄博一带发育较好。③ 山西组煤层是山东省主要可采煤层,分布广、厚度大,除北部的淄博、章丘、黄河北煤田较薄外,往南逐渐变厚;鲁中的新汶、汶宁煤田,煤层最大厚度可达7~8 m;鲁西南的兖州、济宁煤田,煤层最大厚度可达9.43~17.95 m,滕县、官桥煤田,煤层厚度可达10~14.15 m,巨野煤田煤层厚度最大达10.43 m 。总体说,山西组煤层在山东省西南部煤层发育好,可采厚度大,层位稳定;中部次之,北部明显变差;到了鲁西北济阳 拗陷等地区,煤层已不可采。

2. G 层铝土矿层空间分布

古风化壳-滨海相沉积型G层铝土矿赋存在石炭纪—二叠纪月门沟群本溪组(晚石炭世)底部的湖田(铁铝岩)段内,即发育在奥陶纪马家沟群风化侵蚀面上。鲁西地区凡是石炭纪煤纪地层分布区,一般都发育着这个含矿层位,其厚度一般为8~20 m,但是构成工业矿体者主要见于淄博盆地东北部。湖田段内的铝质岩层比铁质岩层发育普遍,当二者均发育时,都为铁质岩在下、铝土岩居中、铝土页岩在上。

3. A 层耐火黏土-铝土矿-石英砂岩矿层空间分布

赋存A层硬质耐火黏土-铝土矿的晚二叠世石盒子群万山组为陆相湖沼沉积,A层在鲁西地区分布相对比较稳定,但发育好者见于北部的淄博盆地。

赋存玻璃用石英砂岩矿的石盒子群奎山组为陆相湖沼碎屑沉积,其下伏地层为石盒子群万山组,二者为整合接触。因此在区域上A层耐火黏土-铝土矿(在下)与石英砂岩矿(在上)常常相伴而生。

(四) 不同类型断块构造区煤系(煤层)的空间分布

1. 不同断块区煤系的空间分布

鲁西地区的区域构造具有明显的断块性质。煤系在后期改造中,主要被各个巨大断裂分割成不同块体。① 鲁中隆起区相对上升,使石炭纪—二叠纪地层大部分被剥蚀,仅局部地区因断陷而相对沉降,使其含煤建造得以保存,且赋存相对较浅。② 鲁西南潜隆起是一个典型的断陷区,煤系保留程度较鲁中隆起区好,煤田规模大,分布连续;特别是处在断陷区的煤田,在有地堑叠加时,煤系保存好,但埋藏深(如金马、汶上等煤田);而处于断陷区的煤田,在有地堑、地垒叠加时,煤系埋藏较浅,仅局部遭剥蚀(如兖州、济宁、巨野等煤田)。③ 鲁西北拗陷区受聊考断裂和齐广大断裂控制,整体下陷,使石炭纪—二叠纪地层大幅度沉降至-2000 m以下或更深。

2. 不同正负向构造区煤系的空间分布

华力西期后期,鲁西地块普遍经历挤压造山作用,已经形成的石炭纪—二叠纪沉积岩系经受了褶皱及断裂作用,形成多个不同性质、不同级次、不同规模的隆起及拗陷;之后经受印支期、燕山期及喜马拉雅期构造运动,使石炭纪—二叠纪含矿建造(含煤、油页岩、铝土矿、耐火黏土等矿产)经历了长期地改造,使处于正向构造区(地垒区、背斜区)的部分含矿建造被剥蚀掉,处于负向构造区(地堑区、向斜区)的部分含矿岩系被保存下来(见前文)。

区内有利的石炭纪—二叠纪赋岩赋矿构造是向斜,尤其在EW向向斜、NE向向斜、SN向向斜及各方向向斜叠加而成的盆地构造,最有利于石炭纪—二叠纪赋岩赋矿岩系赋存(不管断陷或断隆中,均可有其赋存);断陷盆地是另一类有利石炭纪—二叠纪赋岩赋矿岩系空间,尤其是断陷盆地与向斜叠加部位。

三、成矿系列的形成与演化

(一) 矿床成矿系列的形成过程

鲁西地块在奥陶纪末期,因加里东运动上升为陆,遭受了长期的风化剥蚀,地形起伏不平。加里东运动后,该地块已形成为基底相对平坦的开阔盆地(汤立成将其称为黄河盆地或黄河浅海盆地,1996),为石炭纪—二叠纪含矿岩系形成与聚煤作用创造了极为有利的条件。开始了本矿床成矿系列的形成过程。

1. 晚石炭世本溪期

晚石炭世本溪期早期的沉积作用是在奥陶纪末期凹凸不平的风化剥蚀面上进行的,基本是填平补齐式的沉积。晚二叠世末期开始,鲁西地块伴随华北陆块开始下沉,海水自东南(临沂地区)向西北逐渐侵入鲁西地块,形成广阔的陆表海。发育了一套以碳酸盐台地-潟湖体系为主的沉积相组合〔铁铝岩组合——山西式铁矿及G层铝土矿(含镓)-耐火黏土矿〕,局部地区有障壁岛及泥炭坪沉积(含有不稳定煤层),即石炭纪—二叠纪月门沟群本溪组。

本溪组在鲁西的大部分地区不具备成煤或仅发育煤线(在淄博湖田地区的草埠沟灰之下、G层铝土岩之上发育有3层局部可采的薄煤层,厚0.61~2.10 m)。

2. 晚石炭世-早二叠世太原期

晚石炭世—早二叠世太原期,鲁西地块基本是继承了本溪期陆表海的连续沉积的面貌,由于海侵范围的扩大,地区发育以潮坪沉积体系与障壁岛-潟湖沉积体系为主体的陆表海与陆源碎屑交互沉积,间有台地体系,即月门沟群太原组。

太原期是鲁西地区在这总的海进过程中,由于地壳震荡运动,造成海水频繁进退,为煤的多次聚集创造有利条件。每次海退都为泥炭聚集提供有利的古地理环境,在近海平原、沼泽或潮上坪地带,迅速堆积泥炭;而当海水侵进时,泥炭层又迅速被碳酸盐岩所覆盖,为煤层的覆盖保存创造了条件。鲁西地区晚石炭世—早二叠世太原组中分布比较稳定的17煤、16煤、15煤、12煤等诸多煤层,以及与其相伴的高岭土矿层、硫铁矿结核体、陶粒(膨胀)黏土岩等矿层。这些矿层,就是在这一有利的古地理背景下形成的。太原组中的多数煤层,碳酸盐岩为其直接顶板,是鲁西陆块早二叠世聚煤作用的一个重要特征。

从整个鲁西地区古环境来看,在太原期北部海进较晚,海退较早,聚煤时间长,发育了比较稳定的煤层,而南部聚煤时间相对较短,成煤效果差些。

3. 早-中二叠世山西期

鲁西地块早二叠世中期开始,在海盆整体抬升的区域背景下,海水开始由北西向南东方向逐步退出,陆表海盆地退化,冲积体系活跃,由开阔的陆表海环境过渡为半封闭的潟湖环境的海退过程中,海湾逐渐被充填,形成广阔的滨海平原,在滨海平原、潟湖、潮坪基底上,发育了以三角洲体系为主体间夹河流体系的沉积组合——山西组含煤岩系。

山西组主要可采煤层为3煤,其成煤前鲁西地区地形相对较平坦,分流河道、分流间湾和泛滥盆地广泛发育,泥炭沼泽就在广泛的三角洲平原和三角洲前缘或潮坪之上发育,并形成较厚的泥炭堆积,进而形成分布稳定的3煤层($3_{下}$煤层、$3_{上}$煤层),以及分布局限的2煤层。随着海水逐渐向南退缩,聚煤带也逐渐向南迁移,造成煤层层位越往南越高,成煤期越往南越晚的特点。早二叠世晚期,变成了内陆盆地,并且由于北方大陆干燥气候的影响,失去了聚煤的古气候和古地理环境(李增学等,2002;魏久传,2013)。

4. 中-晚二叠世石盒子期

以沉积岩系特征,中—晚二叠纪石盒子群自下而上划分为中二叠世黑山组、万山组和奎山组,晚二叠世孝妇河组(张增奇等,2014);从与本成矿系列有关的含矿沉积建造来看,含石英砂岩矿的奎山组是本成矿系列中赋矿的最高层位。

黑山阶段:鲁西地块在晚二叠世石盒子期黑山阶段处于冲积平原-上三角洲平原的古地理和从潮

湿向干旱过渡的古气候环境。在北纬 35°20′(大体在菏泽—费县一线)以北地区,以冲积平原河湖沉积体系为主,以南则以三角洲平原体系为主。河流从北部和东北部流入本区,主要发育有边滩相和泛滥盆地相,间有浅水湖泊相沉积,已不具备成煤条件,反映了沉积期陆源碎屑物由北部(阴山山脉)和东北部(鲁东古陆)供给的古地理景观。

万山阶段:此阶段鲁西地块处淡水—半咸水介质条件下冲积平原河湖并间有三角洲平原沉积环境格局。河流、曲流砂坝、泛滥盆地共生组合在鲁西地区占主导地位;三角洲平原主要分布在南部地区。在盆地边缘地带湖泊中有 A 层耐火黏土-铝土矿层(含镓)形成(汤立成认为物源为其东部约 110 km 的鲁东古陆高地);在沼泽地带有柴煤形成(一般为煤线或鸡窝矿,以临沂黑虎墩发育最好)。

奎山阶段:鲁西地区晚二叠世晚期,地壳总体表现为上升趋势,海水退尽,全区形成了广阔的陆相盆地。至晚二叠世晚期,地壳继续缓慢上升,盆地日渐缩小,湖盆水体变得更浅,出现河网径流,由盆地周边古陆带来大量的石英砂堆积起来,形成了厚 23~65 m 的石盒子群奎山组——石英砂岩矿(化)层。汤立成(1992)认为,石英碎屑分别来自胶东古陆和鲁西本地:鲁西晚二叠世黄河盆地东缘——淄博盆地,距胶东古陆较近,由这个古陆搬运来分选较好的石英砂直接在淄博盆地内堆积下来,形成较纯净的石英砂岩;而远离胶东古陆的鲁中和鲁西南其他盆地,接受本地周缘剥蚀区搬运来的分选相对差一些的长石石英砂屑,因而未能形成较纯净的石英砂岩层。

在鲁西地块内奎山组形成之后,为分布局限的晚二叠世孝妇河组河湖相沉积物,其上为以红色为特征的中生代三叠纪石千峰群沉积物(孙家沟组)所覆盖。

至此,"鲁西地块与石炭纪—二叠纪海陆交互相碎屑岩-碳酸盐岩-有机岩建造有关的铁、煤(-油页岩)、耐火黏土-铝土矿(含镓)-石英砂岩矿床成矿系列",完成了它的形成过程。

(二) 成矿系列形成后的改造

从前述的该成矿系列的形成过程看,山东陆块在晚古生代的突出特征是结束了的单一海相沉积史,并完成了海陆交互相向纯陆相沉积的重大古地理转变。尽管基本保持了区内同步沉积,但差异性大增,以近陆源沉积为主体,物源区与沉积区交织。与前阶段相比,构造运动活化显著(段吉业等,2002)。鲁西地区的晚古生代沉积始于晚石炭世,晚石炭世华北板块与西伯利亚板块对接、碰撞,华北板块北部地区的阴山—燕山古陆不断隆升、剥蚀,古地势北高南低,此时海水从东南方向入侵,华北地区形成了广阔的陆表海环境。在鲁西地区沉积了一套准碳酸盐台地和三角洲-潮坪潟湖相的暗色砂泥岩、灰岩和煤层(宋明春,2008)。早二叠世随着华北板块南、北两侧持续不断的挤压作用,华北盆地抬升,鲁西地区海水向北退出,沉积了三角洲相砂岩、泥岩建造夹煤层,沉积厚度由晚石炭世的南厚北薄转化为北厚南薄。从中二叠世开始,华北板块南、北部挤压应力加强,华北盆地整体抬升,海水完全退出,鲁西地区沉积了河湖相沉积建造。自此,鲁西地块内原始状态的、与石炭纪—二叠纪海陆交互相碎屑岩-碳酸盐岩-有机岩建造有关的铁、煤(-油页岩)、耐火黏土-铝土矿-石英砂岩矿床成矿系列形成,然而这个原始的成矿系列,在其后的华力西期后期开始,普遍经历挤压造山作用,已经形成控制该成矿系列中的煤、铝土矿等沉积矿床的石炭纪—二叠纪沉积岩系,经受了褶皱及断裂作用,被分割在多个不同性质、不同级次、不同规模的隆起及拗陷内;之后经受印支期、燕山期及喜马拉雅期构造运动,使这套石炭纪—二叠纪含矿建造(含煤、油页岩、铝土矿、耐火黏土等矿产)经历了长期地改造,部分含矿建造被剥蚀掉,部分含矿岩系被保存下来。

鲁西陆块在印支期早期,以差异升降和褶皱作用为主,末期有断块作用,控制着石炭纪—二叠纪含矿岩系的剥蚀与保存。

燕山期,在区域上主要为块断作用和褶皱作用。燕山运动早期(侏罗纪),石炭纪—二叠纪含矿沉积建造在正向构造地区仍广泛遭受剥蚀;燕山运动晚期(白垩纪),鲁西局部地区,如鲁西南的凫山断层以北、嘉祥断层以西地区的石炭纪—二叠纪含矿建造剥蚀比较严重。晚侏罗世末期的褶皱作用,对石炭纪—二叠纪含矿岩系保存意义较大，尤其在鲁西南潜隆起区更是如此（如济宁、巨野、兖州煤田）。NE向向斜是最有利的赋岩赋矿空间，次为复背斜两翼（如滕县复背斜）。

该成矿系列中的A层硬质耐火黏土-铝土矿等的含矿层位，由于晚二叠世后的构造运动改造，使原始的鲁西大型晚二叠世湖沼盆地受到破坏改造，致使改造后的赋矿小盆地分布零星，有的甚至被剥蚀殆尽。目前所见，发育较完整的赋存石盒子群及其中A层耐火黏土-铝土矿和玻璃用石英砂岩矿的晚二叠世盆地，主要有北部的淄博盆地及南部的枣庄、临沂等盆地，其中分布有A层耐火黏土-铝土矿-玻璃用石英砂岩矿组合，或只保存有A层耐火黏土-铝土矿（万山组上覆奎山组已被剥蚀殆尽）。

鲁西陆块在喜马拉雅期受着弧形断裂控制。古近纪末，全区抬升，未被覆盖的石炭纪—二叠纪含矿建造受到剥蚀。此时期仍然是断陷中接受沉积，隆起区遭受剥蚀；所以在鲁西陆块内的古近系之下也可能有该套含矿沉积建造被保存下来，尤其是鲁西北拗陷区（及鲁西潜隆起内的地堑区）。

经历上述各次构造作用，原始的石炭纪—二叠纪大盆地遭受分割、位移，含矿沉积建造分布范围大为缩小；部分煤质因岩浆活动影响被改造。由此，增加了找矿难度，也为在鲁西覆盖区进一步开展地质科学研究和矿产勘查部署提出了新的课题。

第四节　代表性矿床剖析

一、产于石炭纪—二叠纪太原组及山西组中的沉积型煤矿矿床式（巨野式）及代表性矿床

（一）矿床式

1. 区域分布

该成矿系列中的煤矿床，在区域上分布在鲁西及鲁北地区；在地质构造位置上分布在沂沭断裂带以西的鲁西隆起（包括鲁中隆起及鲁西南潜隆起）和济阳-临清拗陷内。

鲁西和鲁北地区的煤矿床所赋存的聚煤盆地，是华北克拉通上的巨型石炭纪—二叠纪拗陷盆地的一部分，几乎整个巨型盆地都接受了含煤沉积。只是在聚煤盆地形成后，历经后期构造运动的改造使含煤建造得到保存或被剥蚀，形成今天鲁西地块上煤矿分布的格局❶。

2. 含矿岩系

鲁西地块与石炭纪—二叠纪海陆交互相碎屑岩-碳酸盐岩-有机岩建造为一套含煤岩系（月门沟群），其与下伏奥陶纪马家沟群平行不整合接触，与上覆二叠纪石盒子群整合接触，自下而上分为本溪组、太原组和山西组。这套岩系的岩性以铝土岩、泥岩、粉砂岩、细砂岩及煤层为主。月门沟群各组中含煤状况因地而异，太原组煤层在鲁中隆起北部莱芜、淄博一带发育较好；而山西组煤层在鲁中隆起南部的济宁、枣庄一带，以及鲁西南潜隆起的巨野、单县、曹县等地发育较好。

3. 煤层特征

石炭系—二叠系中的煤层在月门沟群各组中发育状况存在一定差异。① 本溪组厚20~40 m，含不稳定煤线，无开采价值。② 太原组厚150~190 m，含煤8~20层（可采者4~8层，可采总厚2~4 m），主要可采煤层为16，17煤层，集中于太原组下部，大面积稳定可采，厚度多在1 m左右。③ 山西组厚60~120 m，含煤2~4层（可采者1~2层），其中3煤层为主要可采煤层，位于山西组中、下部，属分布稳定和较稳定的中厚—厚煤层（3煤层最大厚度可达6.84 m，平均厚4 m左右）。

---

❶ 山东省煤炭地质工程勘察研究院，山东省煤炭资源预测与信息管理系统，2002年。

山西组煤层是山东省主要可采煤层，分布广、厚度大，除北部的淄博、章丘、黄河北煤田较薄外，往南逐渐变厚。肥城煤田，3煤层最大厚度可达6.84 m(平均厚4 m左右)；鲁中的新汶、汶宁煤田，最大厚度可达7~8 m(平均厚4 m左右)；鲁西南的兖州、济宁煤田最大厚度可达9.43~17.95 m(一般厚6~8 m)，滕县、官桥煤田，厚度可达10~14.15 m，巨野煤田厚度最大达10.43 m(一般厚5.81 m)。3煤层常分叉为$3_上$和$3_下$的2层煤，其直接顶板为砂岩或粉砂岩，分叉后的$3_上$、$3_下$煤层，一般保持为中厚—厚煤层。总体说，山西组煤层在山东省西南部煤层发育好，可采厚度大，层位稳定；中部次之，北部明显变差；到了鲁西北济阳拗陷等地区，煤层已不可采。

4. 煤岩特征

太原组煤岩：① 以半亮煤和光亮煤为主；条带状结构，层状构造。② 为以微镜煤、微亮煤为主的显微煤岩类型。③ 化学成分——水分：多在1 %~2 %之间；灰分：中灰为主；挥发分：为9.80 %~45.54 %；硫分：在1.42 %~4.78 %之间，低—高硫；磷分：为0.003 6 %~0.013 5 %，属特低—低磷煤。④煤层为优等极易选煤。

山西组煤岩：① 以半暗煤和暗淡煤为主；条带状结构，层状构造。② 为以微三合煤、微镜惰煤、微镜煤为主的显微煤岩类型。③ 化学成分——水分：为0.60 %~2.45 %；灰分：为12.38 % ~24.38 %，以中灰为主；④ 挥发分：11.03 %~40.68 %；硫分：0.39 %~1.30 %，以特低硫为主；磷分：0.005 4 %~0.027 4 %，属特低—低磷煤。⑤ 煤层为优等易选煤和优等极易选煤。

5. 伴生矿产

与石炭纪—二叠纪煤相共(伴)生的矿产主要有：本溪组底部G层铝土矿-耐火黏土矿、山西式铁矿；太原组及山西组中的高岭土矿、黄铁矿、陶粒(膨胀)黏土岩等。

6. 矿床成因

山东石炭纪—二叠纪煤矿床是华北克拉通巨型聚煤盆地中煤矿资源的组成部分，为与海陆交互相碎屑岩-碳酸盐岩-有机岩建造有关的沉积(变质)型矿床。

对于煤的成因，一般认为，煤这种可燃的有机岩石，是由远古时代繁盛的植物及其堆积物，在地壳变迁中被埋于地下，经过长期的高温、高压复杂的碳化过程而形成的。除了这种传统观点，目前尚有无机成因的观点，认为煤这种碳氢化合物是由地球内部的碳合成的。

(二) 代表性矿床——鲁西巨野煤田地质特征❶

1. 煤田位置

鲁西巨野煤田位于山东省西南部，地跨嘉祥、巨野、金乡、郓城、梁山、菏泽、成武等县市，主体位于菏泽市巨野县和郓城县内。该煤田北起汶泗断层，南至万丰-鸡黍断层；东起嘉祥断层，西至巨野西勘探区西部煤系底界露头。包括郓城、郭屯、赵楼、龙固、万福、彭庄、梁宝寺等井田。有效含煤面积1 794 km^2(包括预测含煤面积326 km^2)。是迄今为止山东省发现的最大全隐蔽整装石炭纪—二叠纪(华北型)煤田(图14-13)。

2. 煤田区地质特征

(1) 地层

煤田区内地层自下而上有奥陶纪、石炭纪—二叠纪、古近纪、新近纪和第四纪地层，其中含煤岩系——石炭纪—二叠纪地层发育比较齐全。巨野煤田为被晚二叠世至新生代地层覆盖的隐蔽型煤田。含煤岩系的下伏地层为奥陶纪马家沟群，上覆地层为二叠纪石盒子群及古近纪、新近纪和第四纪地层。

❶ 山东煤田地质局，1987年以来有关巨野煤田勘查报告。

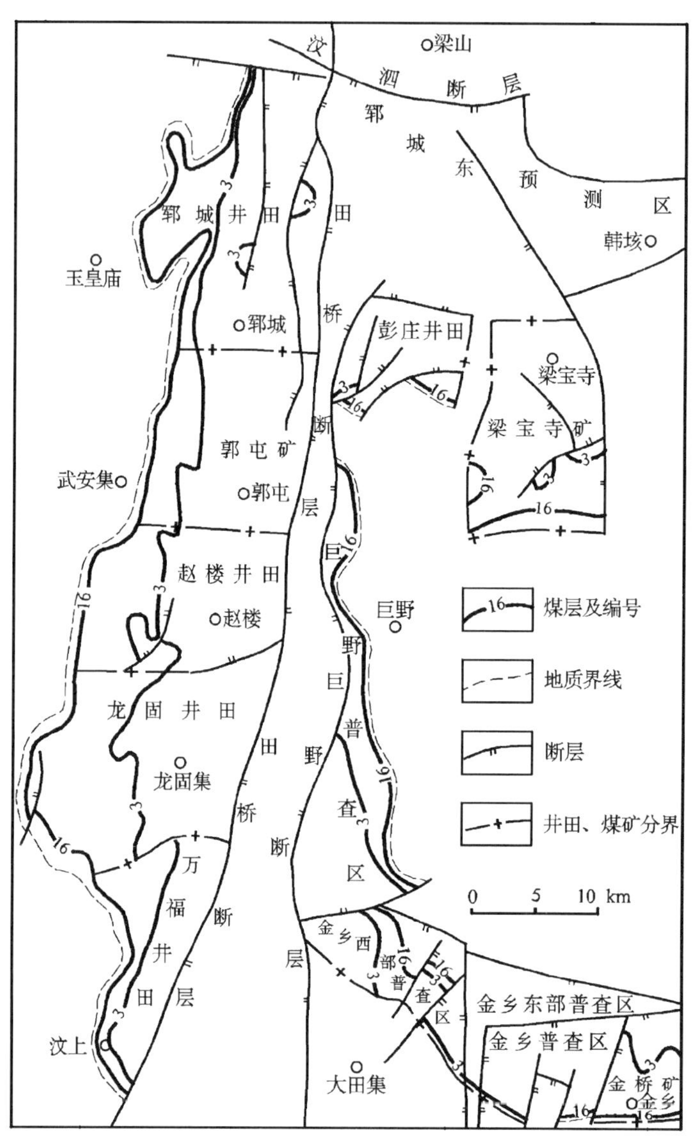

图 14-13　巨野煤田矿田地质简图

（据山东煤田地质局编制，2000）

下伏地层——奥陶纪马家沟群：由厚层状石灰岩、白云质灰岩、泥质灰岩和钙质泥岩组成，厚约 800 m。

上覆地层——（自下而上为）① 二叠纪石盒子群：下部（相当于黑山组）由紫色、灰绿色泥岩、粉砂岩及灰白色砂岩组成；中部（相当于万山组）有柴煤层位，夹铝土岩一层；上部（相当于奎山组）由杂色泥岩、粉砂岩、灰绿色中、细粒砂岩及厚层状灰白色石英砂岩组成。石盒子群最大残厚 657 m。② 古近系：仅在田桥断层与巨野断层之间断陷带及郓城断层以北的凹陷区有分布，主要由灰绿色、杂色细砂岩、粉砂岩、泥岩组成，最大揭露厚度 348 m，与下伏地层不整合接触。③ 新近系：主要由黏土、砂质黏土及细、粉砂组成，已半胶结。厚 221~591 m。与下伏地层呈不整合接触。④ 第四系：主要由黏土、砂质黏土、黏土质砂及细砂、粉砂组成。厚度 92~186 m。与下伏地层呈不整合接触。

含煤岩系——石炭纪—二叠纪月门沟群（自下而上）① 本溪组：主要为紫色泥岩，底部为山西式铁矿层和 G 层铝土岩层，偶含 1~2 层煤线。厚 5.20~35.35 m，与下伏地层呈假整合接触。② 太原组：由灰黑色泥岩、粉砂岩，浅灰色、中细粒砂岩及薄层石灰岩组成。厚 150~174 m。该组中含灰岩 7~14 层、煤 20 层,其中可采及局部可采煤 5 层。③ 山西组:由灰白色砂岩、灰黑色粉砂岩及泥岩组成,厚约 65 m。该组中含煤 3~4 层,其中 3 煤层为主要可采煤层。

(2) 构造

该煤田总体位于巨野向斜内(少部分位于嘉祥背斜中)。该向斜为轴向近 SN、向东南倾伏的宽缓褶皱构造,地层走向近 SN 向,倾向东或西,倾角 5°~15°;北部稍陡,达 20°以上。巨野向斜次一级宽缓褶曲发育,形成近 SN 向和 NNE 向相间排列的背、向斜。在嘉祥背斜南北两端处,地层走向向东回转、呈近 EW 向,倾向北或南,倾角 5°~14°。

煤田内断层发育,主要有 SN 向、EW 向及 NE 向 3 组,绝大部分为高角度正断层。SN 向断层以巨野断层、田桥断层及嘉祥断层为代表,落差大、延展长、派生断层多;近 EW 向断层以汶泗断层、凫山断层为代表,延展长、落差大。另有张庄断层、谷庄断层、郓城断层及大南断层,规模较小。NE 向断层落差较小、延展短。

(3) 侵入岩

煤田内燕山晚期侵入岩有煌斑岩类及闪长玢岩(68.45±2.24~122.86±2.35) Ma (王明山,2005),呈岩床、岩脉状产出。该类岩浆岩对煤田内煤层、煤质影响较大:北部及中部下组煤破坏严重;3 煤层北部遭破坏,南部也受影响;巨野西区中南部,3 煤层出现大片肥煤。煤田内凡有燕山晚期煌斑岩质岩浆侵入的煤层,煤层结构变为复杂,煤质变质程度增高;一般靠近岩浆岩部位的煤层,部分变为无烟煤、天然焦或岩浆岩与天然焦的混合体,降低了煤层的可采性和利用价值。

3. 煤层特征

巨野煤田内含煤地层主要为月门沟群太原组及山西组,总厚度平均为 226 m,含煤 23~26 层,可采及局部可采 6~8 层,即:$3_{上}$、3、$3_{下}$、$15_{上}$、$16_{上}$、$16_{下}$、17 和 18 煤;总可采煤层厚度 7.04 m,含煤系数 3.1 %。见表 14-1、图 14-14。

表 14-1　巨野煤田煤层及煤质特征

煤　系	山西组			太原组				
煤层名称	$3_{上}$	3	$3_{下}$	$15_{上}$	$16_{上}$	$16_{下}$	17	18
两级厚度 /m	0~4.32	0~10.43	0~4.34	0~1.07	0~2.23	0~1.14	0~1.27	0~1.74
一般厚度 /m	1.96	5.81	1.54	0.66	0.77	0.52	0.62	0.73
结　构	较简单	较简单	较简单	简单	简单	简单	简单	简单
稳定性	稳定性	稳定-稳定性	稳定性	稳定性	稳定性	不稳定	不稳定	稳定性
层间距/m			18.02	124.79	25.95	6.13	2.22	11.78
顶　板	泥岩	泥岩粉砂岩	泥岩粉砂岩	泥岩	泥岩石灰岩	粉砂岩泥岩	泥岩、粉砂岩、石灰岩	泥岩粉砂岩
原煤灰分 /%	13.13	14.68	10.14	8.97	15.09	15.57	13.67	
挥发分 /%	35.67	36.68	37.44	33.90	34.15	33.52	33.92	
原煤全硫 /%	0.54	0.53	3.15	2.96	3.98	3.90	4.06	
发热量 /mJ/kg	29.91	29.44	31.94	32.37	29.99	28.82	29.75	
煤　类	肥煤、气煤、1/3 焦煤		肥煤、气煤	肥煤、气煤	肥煤、气煤	肥煤、气煤	肥煤、气煤	肥煤、气煤

据山东煤田地质局,1987~2000 年;引自《山东矿床》2006 年。

3 煤层为主要可采煤层,属较稳定—稳定煤层。该煤层厚度为 0~10.43 m,其在煤田的南部及北部稍有差异,北部平均厚 5.96 m,南部平均厚 7.58 m。总体看,3 煤层在巨野向斜中段厚度大,变化幅度小,属稳定煤层,结构简单,赋存区全部可采。3 煤层夹石 0~3 层,局部煤 3 分叉成煤 $3_{上}$ 和煤 $3_{下}$(其中煤 $3_{上}$ 厚度为 0~4.32 m,平均 1.96 m,夹石 0~1 层,煤 $3_{下}$,0~4.43 m,平均 1.54 m,夹石 0~2 层)。

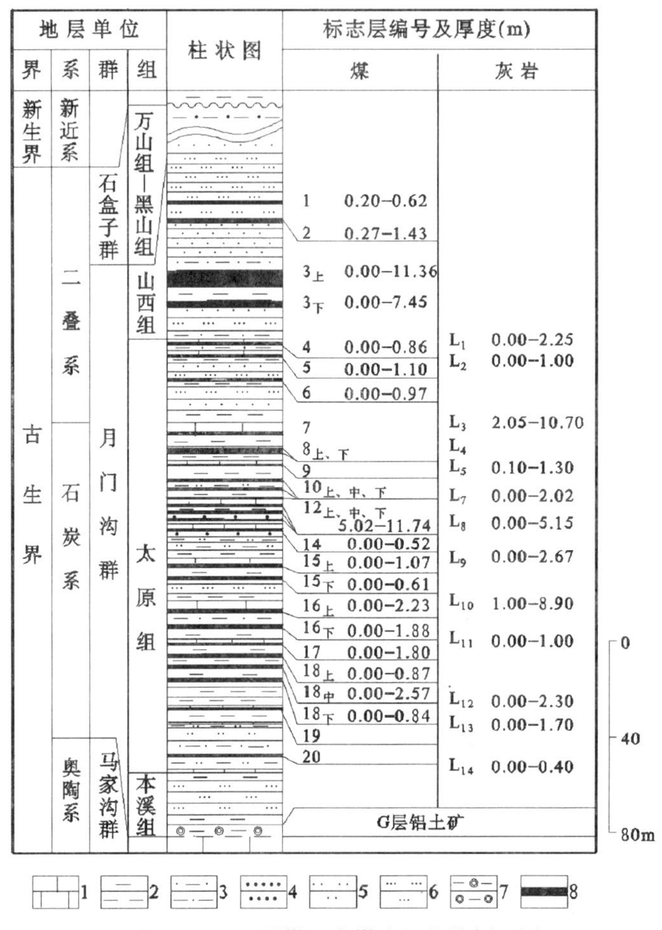

图 14-14 巨野煤田含煤岩组柱状剖面图

(据山东煤田地质局编制,2000)

1—石灰岩;2—泥岩;3—砂质泥岩;4—粗砂岩;5—细砂岩;6—粉砂岩;7—含铝土矿泥岩;8—煤层

煤 $15_{上}$ 中部大部可采,厚度 0~1.07 m,平均厚度 0.66 m,夹石 0~1 层。煤 $16_{上}$ 中部大部可采,厚度 0~2.23 m,平均厚度 0.77 m,夹石 0~1 层。煤 $16_{下}$ 厚度 0~1.14 m,平均厚度 0.52 m,夹石 0~1 层。煤 17 厚度 0~1.27 m,平均厚度 0.62 m,夹石 0~1 层。煤 $16_{下}$ 和煤 17 均不稳定。

煤田内煤层埋深在 800~1 200 m 之间,主要资源储量分布在-1 000 m 以浅地段。

4. 煤质特征

山西组煤层以气煤为主,西区还有一部分肥煤和 1/3 焦煤,中灰、特低硫,局部受岩浆活动影响成天然焦;太原组煤层为气肥煤、肥煤并有少量的 1/3 焦煤、贫煤和无烟煤,多为低至中灰、富硫煤。

从表 14-1 中可以看出,煤田可采和局部可采煤层中,3 煤层(含 $3_{上}$ 煤、3 煤、$3_{下}$ 煤)属低—中灰、特低硫煤;$15_{上}$ 煤、$16_{上}$ 煤、$16_{下}$ 煤、17 煤、18 煤属低灰—中灰富硫煤。除 $15_{上}$ 煤、$16_{下}$ 煤属高发热量煤层外,其他煤层均属中高发热量煤。

5. 矿床成因

鲁西巨野煤田为发育于石炭纪—二叠纪月门沟群中的海陆交互相碎屑岩-碳酸盐岩-有机岩建造有关的沉积(变质)型矿床。

6. 地质工作程度及矿田规模

巨野煤田包括郓城、彭庄、郭屯、赵楼、龙固、万福、梁宝寺等井田,其在 20 世纪 60 年代后期起至 21

世纪初,山东煤炭地质勘查等部门投入了大量的井田勘查及区域调查研究工作,基本查清了区域地质构造格架,煤田空间分布特征,以及煤层煤质特征和各矿田规模,确认鲁西巨野煤田为一可采煤层分布广、厚度大、分布稳定的大型煤田。

(三) 代表性矿床——曹县煤田矿床地质特征[1]

1. 矿区位置

曹县煤田位于菏泽地区南部,即鲁西南潜隆起区的西南部。其范围北以东西向的菏泽断裂为界;东以曹县断裂—单县断裂—曹巨集断裂为界;西界为聊考断裂;南至省界。面积约 3 000 km^2。

2. 矿区地质特征

曹县煤田为一处全隐蔽石炭纪—二叠纪煤田,大地构造位置在鲁西南潜隆起内的菏泽-兖州潜断隆的菏泽潜凸起和成武潜凹陷 2 个Ⅴ级构造单元上。

(1) 地层

煤田区内地层自老到新依次为新太古代泰山岩群、寒武纪—奥陶纪九龙群、奥陶纪马家沟群、石炭纪—二叠纪月门沟群、二叠纪石盒子群、古近纪官庄群、新近纪黄骅群及第四纪地层。

新太古代泰山岩群、寒武纪—奥陶纪九龙群和奥陶纪马家沟群,为含矿地层——石炭纪—二叠纪月门沟群和二叠纪石盒子群的基底岩系;总厚度约 1 100 m。古近纪官庄群(厚 0~550 m)、新近纪黄骅群(厚度>500 m)和第四纪地层(约厚 450 m),为含矿地层的上覆岩系;总厚 1 000 m 左右。

(2) 构造

煤田内区域性大断裂,单县断裂、常乐集断裂横穿东西;北部发育有菏泽断裂;东南部有曹县断裂;向西约 20 km 为聊考断裂。①单县断裂:在省境内长 135 km;走向 NWW,倾向 NNE,倾角 70°;断距 100~700 m。②常乐集断裂:长约 60 km;走向近 EW,倾向 S,倾角 60°;断距大于 200 m。由于它的活动,使菏泽凸起解体,形成次级的含煤凹陷。③菏泽断裂:煤田北部边界断裂,西与聊考断裂相接;向近 EW,倾向 S,倾角 60°;断距>400 m。④曹县断裂:走向 NE,断面倾向 SE,倾角 40°左右;断距大于 500 m。是菏泽凸起与成武凹陷的边界断裂。⑤聊考断裂:是一区域性大断裂。走向 NNE,倾向 SWW,倾角 40~60°,断距 900~1 500 m,断裂控制了煤田的西部边界。

(3)岩浆岩

在区内东北部的青岗集地区的个别钻孔发现有两层闪长岩体,厚度分别为 6.25 m 和 5.46 m,并且侵入层位为山西组,将 $3_{上}$ 煤层上部烘烤变质为天然焦。岩性以闪长岩、辉长岩、辉长玢岩、蚀变闪长岩等为主。

3. 含煤岩系特征

本区主要含煤地层为石炭纪—二叠纪月门沟群的山西组和太原组。

(1) 太原组

该组地层厚度稳定,主要由泥岩和粉砂岩组成,次为砂岩、石灰岩和煤层,为海陆交互相沉积。根据岩性组合特征,可以进一步分为下、中、上 3 个岩性段。

下段:自 $L_{10上}$ 灰顶界至 L_{12} 底界,厚度 30 m 左右,以灰黑色—灰色泥岩、粉砂岩为主,次为石灰岩、细砂岩和及煤层。含灰岩 4 层($L_{10上}$、$L_{10下}$、L_{11}、L_{12}),$L_{10上}$ 灰厚度仅 0.5 m 左右,层位稳定,可作为区内的辅助标志层。$L_{10下}$ 灰为灰—深灰色厚层石灰岩,厚度 6.60 m 左右,全区稳定,含丰富的䗴、海百合茎等海相动物化石,是全区煤岩层对比的重要标志层。该段含煤 3 层($16_{上}$、$16_{下}$、17 煤层),但煤层厚度均不可采。

中段:自 L_3 灰底界至 $L_{10上}$ 灰顶界,厚度 90 m 左右,以粉、细砂岩和泥岩为主,含灰岩 5 层(L_5~L_9)。各层灰岩均较薄,但层位较稳定,富含腕足类等海相动物碎屑化石,可作为区内的辅助标志层。本段含

---

[1] 山东省地质科学研究院,曹县煤田勘查报告,2008 年。

7层薄煤层(8、10、11、12$_{上}$、12$_{下}$、14、15$_{上}$煤层),均不可采。

上段:本段自太原组顶界至三灰底界,厚度40 m左右,以灰黑色泥岩、粉砂岩为主,上部含薄层细砂岩,夹有2层灰岩(L_2、L_3)。顶部海相泥岩含黑色、质纯,含菱铁矿结核,偶见蜿足类化石,相当于区域的一灰层位,全区稳定,是太原组对比的辅助标志层。L_2灰厚度1.35 m,L_3灰为青灰色中厚层状石灰岩,含丰富的海百合茎及䗴类化石,厚度和层位稳定,厚度8.50 m左右,是区内地层对比的重要标志层。本段含两层薄煤层(5、6煤层),均不可采。

(2)山西组

本区最主要的含煤地层,根据钻孔揭露,厚47.35 m~66.25 m,平均厚度56.80 m。以中、细砂岩为主,次为泥岩和粉砂岩,该组所含煤层为3煤层,大部分范围分叉为3$_{上}$煤层、3$_{下}$煤层,均为可采煤层。本组顶部以石盒子群底界砂岩为界,该层砂岩为河床相沉积,典型地段为中、粗粒长石石英砂岩,但常相变为粉、细砂岩或泥岩,以致有时不太容易区分。本组底部有一层厚达10 m左右的粉、细砂岩,具脉状、透镜状斜层理或浑浊状层理,含生物遗迹化石(底栖动物通道),具逆粒序沉积韵律,该层底界砂岩是用于进行区域地层和煤层对比的良好标志层。

本组发育两套砂岩体,位于3煤层顶板之上的一套厚度较大,主要为灰—灰白色的中细粒长石石英砂岩,分选中等,具正粒序沉积韵律,底部有时为含砾粗砂岩,含有泥岩、粉砂岩包裹体及煤屑,成为3煤层的直接顶板,并可对其造成冲刷,属河流相沉积。3煤底板的底界砂岩,则为灰色粉、细砂岩,成分以石英、长石为主,含少量白云母片,具脉状、透镜状斜层理或浑浊状层理和底栖动物通道,具逆粒序沉积韵律,属典型的过渡相(三角洲相)沉积。

4. 煤层及煤质特征

太原组含煤15层,煤层总厚度5.02 m,含煤系数3.54 %。根据前期勘查工作,煤层厚度均不可采。其全硫含量大于3.0 %,即使区内存在达到可采厚度的煤层,由于不符合标准规范的最低含硫量,也构不成可采煤层。见图14-15。

山西组含煤3层(2、3、3$_{下}$),煤层总厚度9.53 m,含煤系数12.89 %;全区可采煤层为3(3$_{上}$)煤层,平均厚度6.92 m。3$_{下}$煤层分叉范围内可采。

区内月门沟群总厚度215.72 m,含煤共18层,煤层总厚度14.55 m,含煤系数6.74 %。煤层的划分与层数、厚度情况见表14-2。

区内可采煤层为3(3$_{上}$)煤层及其分叉区3$_{下}$煤层。

3(3$_{上}$)煤层位山西组中下部,全区可采。厚4.95~8.83 m,平均6.92 m,厚度变化系数24.19 %。煤层结构简单,不含或偶含1层夹矸,属稳定煤层,在分布范围内全区可采。顶板以泥岩为主,次为粉砂岩,厚度一般在0.8~6.25 m之间。底板为泥岩,厚度0.75~6.70 m。

分叉区的3$_{下}$煤层厚1.37~2.92 m,平均厚度2.26 m。厚度变化系数20.55 %,煤层结构简单,不含或偶含1层夹矸,属稳定煤层,在分叉范围内全部可采。与3(3$_{上}$)煤层间距为0.75~13.15 m,有自北西向东南间距变大的趋势。

太原组的17煤层,厚度0.65~0.68 m,平均0.67 m。虽然厚度不开采,根据钻孔资料临近可采厚度且厚度稳定,今后工作应注意评价。

5. 矿床成因

曹县煤田为发育于石炭纪—二叠纪月门沟群中的海陆交互相碎屑岩-碳酸盐岩-有机岩建造有关的沉积(变质)型矿床。

6. 地质工作程度及矿床规模

2003~2009年间,山东省地质科学研究院,已完成了曹县煤田的青岗集、张湾、万楼集等勘查区普查,大致查明了-1 500 m以浅煤炭资源储量,证实该煤田为一大型隐伏煤田。

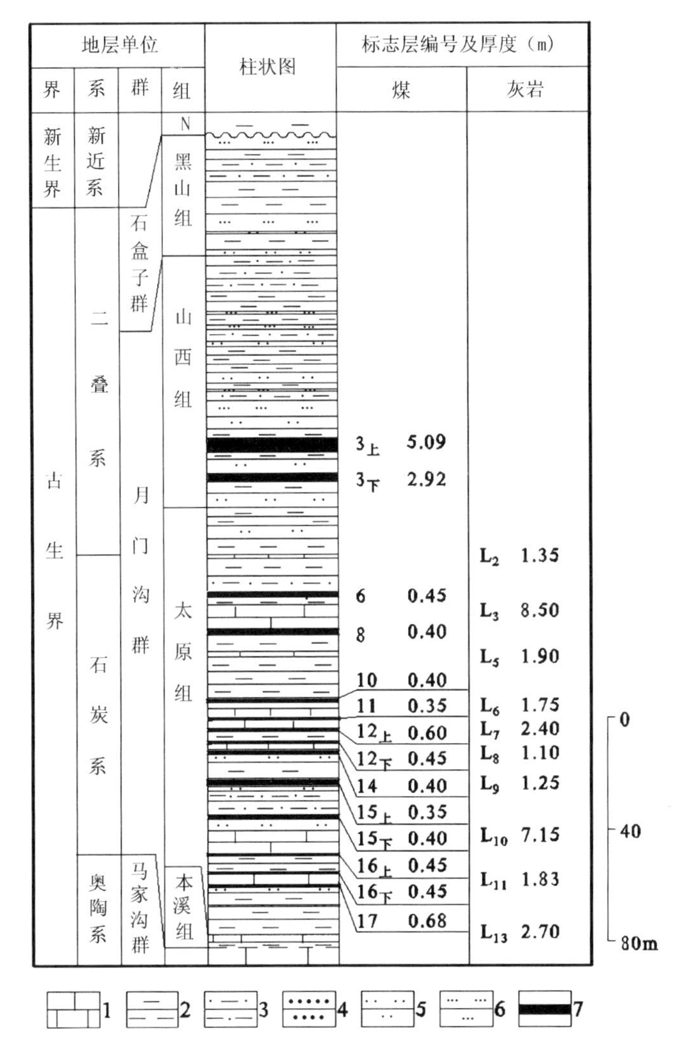

图 14-15　曹县煤田张湾 2 号钻孔煤层及标志层柱状剖面图

（据山东省地质科学研究院编制，2008）

1—石灰岩；2—泥岩；3—砂质泥岩；4—粗砂岩；5—细砂岩；6—粉砂岩；7—煤

二、产于石炭纪本溪组中的古风化壳-滨海相沉积型（G 层）铝土矿（含镓）-耐火黏土（-铁）矿床式（湖田式）及代表性矿床❶

（一）矿床式

1. 区域分布

山东赋存铝土矿的石炭纪—二叠纪含矿岩系与煤矿一样，在沂沭断裂带以西的鲁西隆起区（包括鲁中隆起及鲁西南潜隆起）和济阳拗陷内都有分布，但作为铝土矿床，主要分布在鲁西隆起北部的淄博地区，少量分布在泰安、枣庄等地。主要铝土矿产地 23 处，其中，淄博铝土矿是我国铝土矿基地之一。

发育在淄博盆地中的铝土矿，以 G 层为主，少部分是作为 A 层耐火黏土矿伴生的铝土矿床。G 层铝土矿主要集中于淄博盆地东北边缘，断续分布；其南起邹家庄，向东北经太平庄、河东、田庄，至湖田、北焦宋、

---

❶　山东省冶金地质勘探公司，山东淄博铝土矿成矿地质特征及成因探讨，1973 年；山东铝厂矿山公司，山东淄博铝土矿湖田矿区北部区段补充基建勘探地质报告，1983 年。

铁冶一带,总长约24 km;在该带内有中型矿床5处(湖田南部、田庄、河东、北焦宋、铁冶),小型矿床3处(图14-16)。耐火黏土矿是G层铝土矿的伴生矿产,其分布与G层铝土矿一致;一般发育在G层铝土矿下部的沉积型山西式铁矿层在鲁西地区分布局限,规模很小,如淄博八块石、蒙阴小张疃、新泰员外哨铁矿等。

表14-2 曹县煤田含煤岩系煤层厚度

赋煤地层	序号	煤层名称	厚度/m		可采性	控制点数/可采点数
			最小 — 最大	平均(点数)		
山西组	1	2煤层	0—0.35	0.35(1)	不可采	9/0
	2	3(3$_上$)煤层	4.95—8.83	6.92 (8)	可采	9/9
	3	3$_下$ 煤层	1.37—2.92	2.26 (4)	可采	4/4
太原组	4	6煤层	0—0.45	0.39 (7)	不可采	7/0
	5	8煤层	0—0.40	0.21 (3)	不可采	3/0
	6	9煤层	0—0.25	0.13 (2)	不可采	2/0
	7	10$_上$ 煤层	0.30—0.40	0.35 (2)	不可采	2/0
	8	10$_下$ 煤层	0—0.30	0.15 (1)	不可采	2/0
	9	11煤层	035—0.60	0.48 (2)	不可采	2/0
	10	12$_上$ 煤层	0—0.60	0.30 (2)	不可采	2/0
	11	12$_下$ 煤层	0—0.45	0.23 (2)	不可采	2/0
	12	14煤层	0—0.40	0.20 (2)	不可采	2/0
	13	15$_上$ 煤层	0.35—0.35	0.35 (2)	不可采	2/0
	14	15$_下$ 煤层	0.35—0.40	0.38 (2)	不可采	2/0
	15	16$_上$ 煤层	0.45—0.50	0.48 (2)	不可采	2/0
	16	16$_下$ 煤层	0.35—0.45	0.40 (2)	不可采	2/0
	17	17煤层	0.65—0.68	0.67 (2)	不可采	2/0
	18	18煤层	0—0.60	0.30 (2)	不可采	2/0

据山东省地质科学研究院2007年勘查成果。

淄博盆地G层铝土矿储量较大,累计探明资源储量占全省探明资源储量的75 %。在该盆地南部八陡及西部巩家坞—明水一带及鲁西其他一些含煤盆地,虽然G层层位依然存在,但是绝大部分已递变为铝土岩,仅在磁窑盆地及枣庄盆地的部分地段形成零星的小型工业矿体,矿石质量比较差。

2. 含矿岩系

古风化壳-滨海相沉积型G层铝土矿赋存在石炭纪—二叠纪月门沟群本溪组(晚石炭世)底部的湖田(铁铝岩)段内,即发育在奥陶纪马家沟群风化侵蚀面上。鲁西地区凡是石炭纪地层分布区,一般都发育着这个含矿层位,其厚度一般为8~20 m,但是构成工业矿体者主要见于淄博盆地东北部。该套含矿岩系以Al_2O_3和Fe_2O_3高、SiO_2低为特点。

湖田段为一套泥岩(黏土岩)、页岩、灰岩,夹铝土岩的岩石组合,其分布在华北地台具有普遍性。厚度虽然不大,但普遍发育一套铁、铝质岩层组合。一般由铁质岩(如褐铁矿、赤铁矿、菱铁矿、鲕绿泥石、黄铁矿等)、铁铝岩、铝土矿、铝土页岩、富铝黏土岩等组成。铝质岩层比铁质岩层发育普遍,当二者均发育时,都为铁质岩在下、铝土岩居中、铝土页岩在上;有时铁质岩呈结核状含于铝土岩中(陈晋镳等,1997)。

3. 矿体特征

G层铝土矿发育于本溪组的底部,矿体露头多见于山麓边缘,成为小岗(丘)分布在山体与平川之间,其与近处平地高差约为10~30 m。矿体倾角一般为8°~15°(局部15°~20°)。矿体长度一般为200~2 500 m,沿倾向延深一般为50~800 m,矿体厚度一般在1.5~2.7 m之间(最厚者>10 m);矿体厚度变化较大,一般是浅部厚,深部薄。矿体沿倾向具有分带性,浅部为氧化带,深部为原生带。

在G层内通常只发育1层铝土矿体,呈厚薄不均的层状或透镜状;局部由于底板喀斯特塌陷,形成

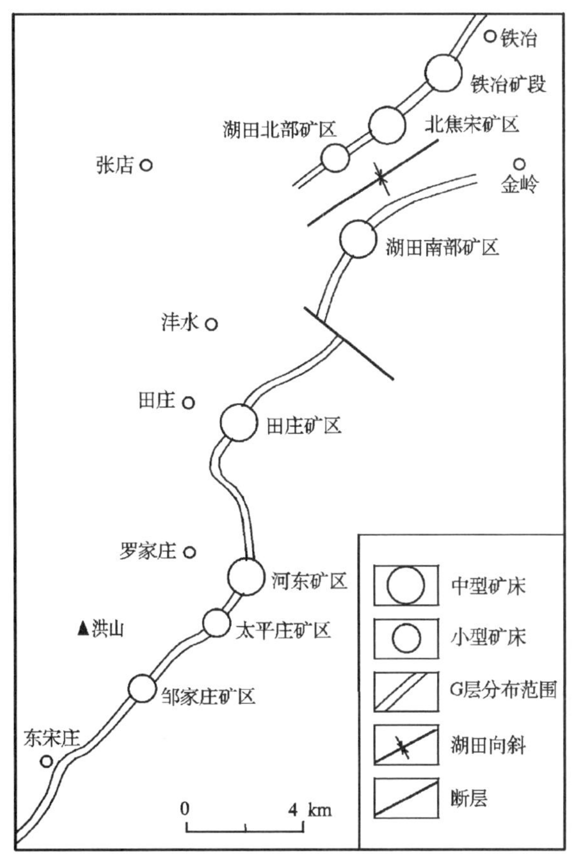

图 14-16　淄博盆地东北部铝土矿含矿(G)层及矿床分布示意图
(据汤立成,1992;引自《山东矿床》,2006)

漏斗状或囊状矿体。矿体顶板相对较为平整,稍有起伏,但有时受断层的影响,有1~2 m、甚至十几米的落差;矿体底板变化较大,其形态受古地形的控制,在同一矿床中,有的部位矿体呈层状、似层状,有的部位呈透镜状、漏斗状,或出现无矿天窗及表外矿段(图 14-17)。

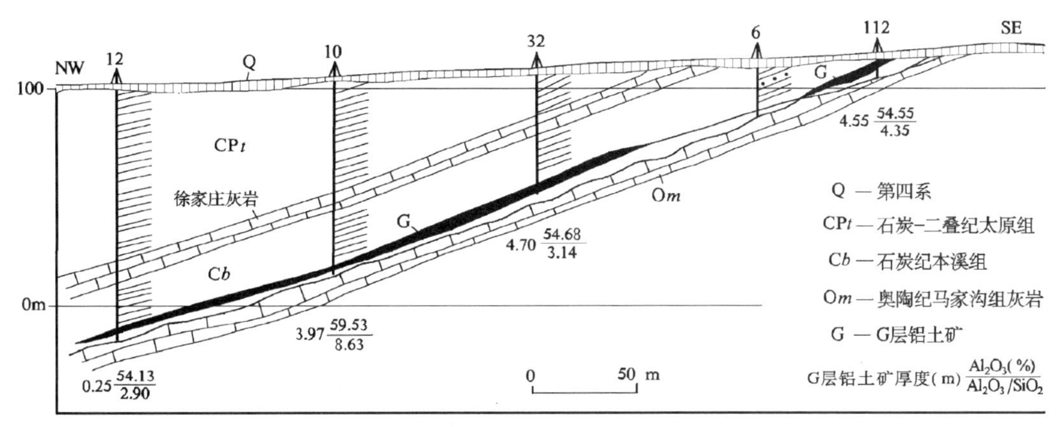

图 14-17　淄博湖田铝土矿南部矿区 0 线地质剖面图
(据《山东省地质矿产科学技术志》,1990;引自《山东矿床》,2006)

矿体沿倾向具有分带性,浅部为氧化带,深部为原生带。主要体现在——

1) 矿石外观:氧化带矿石一般呈深灰色、灰白色、灰黄色或暗绿色,氧化孔洞发育(为黄铁矿或有机质流失的结果);原生带矿石一般为深灰色、黑灰色,无氧化孔洞,一般呈致密状或鲕状,含黄铁矿及有机质。

2) 矿物组分:原生带矿石中高岭石含量比氧化带高,一水铝石含量较低;氧化带则以一水铝石为主,因而浅部氧化带之下的原生带的矿石质优,铝硅比高。

3) 化学成分:氧化带矿石含硫低,一般只有0.05%;原生带含硫量高,有时达到3%。在氧化带由于硫化物和碳质的流失,以及 SiO_2 迁移,相对提高了 Al_2O_3 的含量,浅部的 Al_2O_3 为55%~65%,铝硅比在4左右,有时 Al_2O_3 高达70%,SiO_2 低到4%,因而铝硅比最高达18;原生带的 Al_2O_3 一般在50%,铝硅比在3左右。

4. 矿石特征

矿物成分:主要矿物成分为一水硬铝石,其次为高岭石。此外,尚有少量针铁矿、赤铁矿、黄铁矿、菱铁矿、绿泥石、锐钛矿、金红石、白钛石以及微量的电气石、锆石、长石、方解石、锡石等。

结构构造:矿石以鲕粒状结构为主,其次为致密状结构、粗糙状结构及豆状结构、碎屑状结构等。矿石主要构造为块状构造,其次为多孔状构造及条带状构造等。

矿石类型:依据矿石矿物成分、结构构造及化学成分特点划分为3个工业类型、10个自然类型。

Ⅰ. 一水硬铝石低铁低硫铝土矿($Fe_2O_3<10$ %,S<0.8 %):① 一水硬铝石土状铝土矿;② 高岭石一水硬铝石豆(鲕)状铝土矿;③ 高岭石一水硬铝石碎屑状铝土矿;④ 高岭石一水硬铝石致密状铝土矿。

Ⅱ. 一水硬铝石高铁铝土矿($Fe_2O_3\geqslant10$ %,S<0.8 %):⑤ 赤(针)铁矿一水硬铝石豆(鲕)状铝土矿;⑥ 赤(针)铁矿一水硬铝石碎屑状铝土矿;⑦ 赤(针)铁矿一水硬铝石致密状铝土矿。

Ⅲ. 一水硬铝石高硫铝土矿(S>0.8 %):⑧ 黄铁矿一水硬铝石豆(鲕)状铝土矿;⑨ 赤(针)铁矿一水硬铝石碎屑状铝土矿;⑩ 黄铁矿一水硬铝石致密状铝土矿。

化学成分:① 有益组分——Al_2O_3 含量在45 %~70 %之间,一般为55 %~60 %;伴生Ga含量为0.003 %~0.01 %。② 有害组分——SiO_2 含量在3 %~25 %之间,一般为11 %~18 %;Fe_2O_3 含量在2 %~20 %之间,一般为5 %~13 %;TiO_2 含量在0.5 %~5.0 %之间,一般为2.0 %~2.5 %;S含量多在0.1 %以下,部分高达1.0 %~1.5 %;CaO含量为0.2 %~0.6 %; MgO含量为0.12 %~0.33 %; MnO含量为0.00 %~0.16 %。

矿石中 H_2O^+ 含量一般为12 %~15 %。

矿石铝硅比(Al_2O_3/SiO_2)一般为2.1~4.5。

5. 矿床成因

当前对G层铝土矿-耐火黏土矿(-山西式铁矿)的成因在国内已有许多论述(如刘长龄等,1987;廖士范等,1989,1998;章柏盛,1995;丛远等,2009;闫石,2013;等),普遍认为,G层铝土矿应属碳酸盐岩古风化壳钙红土化-沉积矿床,其物质主要来自基底碳酸盐岩经长期风化,在温暖潮湿的气候条件下和准平原的背景上,普遍产生了钙红土化,正是这种钙红土成为成矿的母源。晚石炭世早期,在海侵(泛)作用影响下,含铝土矿物的钙红土风化壳遭受破坏。风化壳中形成的铝、铁矿物、黏土矿物及碳酸盐岩中的不易风化的陆源碎屑物,被海水河水搬运到低凹地区沉积就位。由于风化壳具有垂直分带性,上部氧化带首先被破坏,经搬运再沉积、此带以铁的氧化物为主,呈褐色或红色。因此,在含矿岩系底部,形成山西式铁矿和含铁黏土岩。风化壳中部是以三水铝石为主的铝土矿带,再下是高岭石带。随着风化壳被解体,组成风化壳的物质依次经搬运再沉积。在风化壳被破坏,物质搬运,再沉积的过程中,铁铝物质按机械分异作用发生从盆地边缘向中心及同一地区的垂向分异,形成含矿岩系自下而上(Fe-Al-Si)完整的纵向沉积系列。最初在风化壳中形成的铝土矿物是三水铝石,在成岩及后生阶段,上覆岩层加厚,加以构造作用,在温度升高、压力加大的情况下,三水铝石脱水为勃姆矿,再转变为一水硬铝石。简言之,G层铝土矿-耐火黏土矿的形成与红土化古风化壳有关,其经历了含铝矿物原地残积或异地堆积、水体淹没(深埋地下,形成原始铝土矿层)、原始铝土矿层抬升,经过表生阶段使铝质富集而形成工业矿床——古风化壳-滨海相沉积型铝土矿-耐火黏土矿床。见图 14-18。

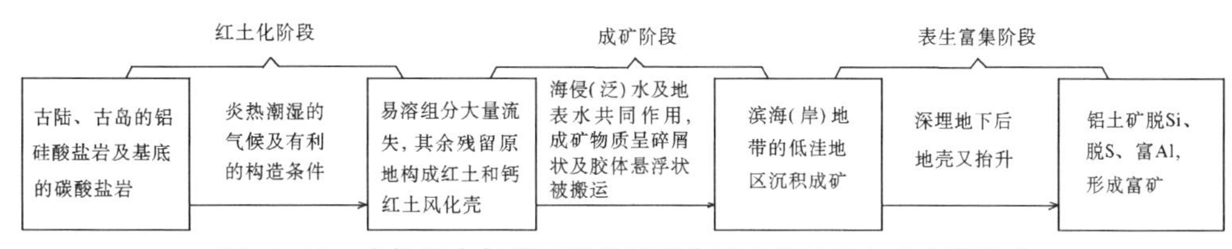

图 14-18　克拉通内与晚石炭世沉积作用有关的铝土矿矿床模式

(据章柏盛,1995)

(二) 代表性矿床——淄博市张店区湖田北部铝土矿床地质特征❶

1. 矿区位置

淄博湖田北部铝土矿矿区位于淄博市张店区正东约 4 km 处。在地质构造部位上居于鲁西隆起北部淄博凹陷的东北缘。

矿区处于淄博凹陷东北缘的呈 NE 向展布的湖田向斜内,矿区内地层及矿体的分布均受湖田向斜的控制(图 4-19)。

2. 矿区地质特征

地层:矿区内出露地层自下而上为:① 奥陶纪马家沟群八陡组(*主要岩性为厚层灰岩,其次为白云质灰岩等*)。② 石炭纪—二叠纪月门沟群——A.本溪组(*其自下而上分为 2 段,下段称为湖田段,G 层铝土矿发育于其中;上段主要由灰岩——徐庄灰岩、及页岩组成*);B.太原组(*为含煤岩系*)。③ 第四系。

湖田段自下而上可分为 3 层:① 含少量铁质结核的紫色页岩,一般厚 3~4 m;② 铝土页岩、铝土岩、页岩及泥岩,一般厚 2~12 m;③ 薄层灰岩(*草埠沟灰岩*)。

岩浆岩:矿区内岩浆岩不发育,仅在太原组底部有 1~2 层辉绿岩呈岩床状产出,岩床厚度一般为 2~5 m,其产状与地层产状基本一致,对矿体无影响。

构造:矿床发育在轴向为 NE 向的湖田向斜北翼西段(*玉皇山断层之西*),含矿地层呈单斜分布,走向 65°,倾向 SE,倾角一般为 15°~20°(*矿区东部地段>30°*)。矿区内主要断裂构造为 NNE 向的玉皇山逆断层(*走向 20°~40°,倾向 NW,倾角 83°*),其为成矿后断层,切割除第四系而外的所有地层,将矿体错断下降并平移:NW 盘下降,垂直断距 45 m;NW 盘相对向南推移,水平断距 450 m。

3. 矿体特征

矿体呈层状或似层状与上覆、下伏岩层产状一致(图 14-20)。

矿体沿走向长度 1 800 m,最大延深 520 m,一般延深 300 m。矿体厚度一般为 2~3 m,最大厚度为 10.39 m,平均厚度 2.64 m,厚度变化系数为 66 %。矿体厚度变化较大,但总体上看,浅部矿体较厚,深部矿体较薄。

在矿体内出现 11 个无矿天窗,但都很小;矿体的下部边缘为表外矿。矿体范围总面积 565 104 m^2,其中无矿面积 22 188 m^2;表外矿面积 129 160 m^2,含矿系数为 0.96,可采面积系数为 0.73。

---

❶ 山东省冶金地质勘探公司第一勘探队,淄博铝土矿湖田矿区北部区段补充勘探地质总结报告,1964 年;山东铝厂矿山公司,山东淄博铝土矿湖田矿区北部区段补充基建勘探地质报告,1983 年。

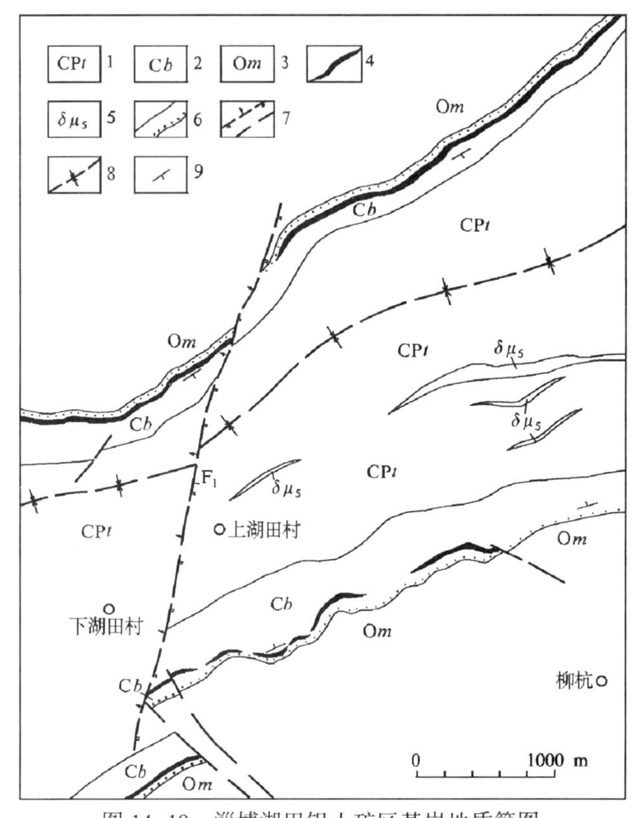

图 14-19　淄博湖田铝土矿区基岩地质简图

（据山东省冶金地质勘探公司第一勘探队原图缩编，1964；引自《山东矿床》，2006）

1—石炭纪—二叠纪太原组；2—石炭纪本溪组；3—奥陶纪马家沟群；4—铝土矿体；5—燕山期辉绿岩；6—地质界线和地层假整合界线；7—推测逆断层及正断层（F_1 为玉皇山逆断层）；8—湖田向斜轴；9—地层产状

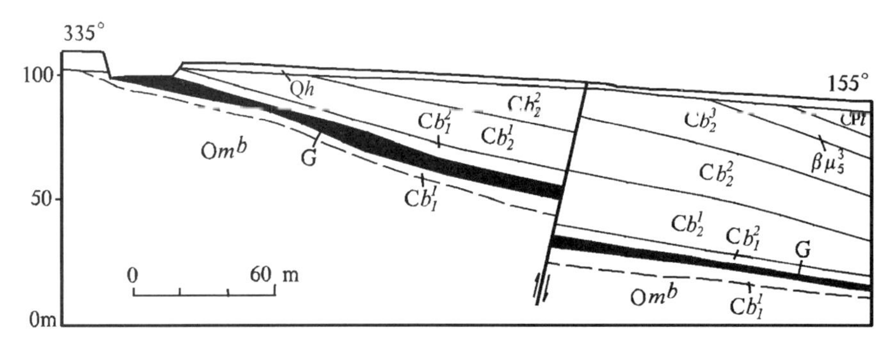

图 14-20　淄博湖田北部矿区 N8C 勘探线剖面图

（据山东铝厂矿山公司成果，1983）

Qh—第四系黄土；CPt—石炭纪—二叠纪太原组砂页岩互层夹煤及灰岩；Cb_2^3—晚石炭世本溪组黄绿色页岩、炭质页岩、砂岩；Cb_2^2—本溪组灰岩（徐家庄灰岩）；Cb_2^1—本溪组砂岩、页岩及黏土岩；Cb_1^2—本溪组铝土页岩及黏土页岩；G—G 层铝土矿；Cb_1^1—本溪组紫色页岩及铝土页岩；Omb—奥陶纪马家沟群八陡组灰岩、泥灰岩、白云岩；$\beta\mu_5^3$—燕山晚期辉绿岩

4. 矿石特征

矿物成分：主要矿物为一水硬铝石，次要矿物为高岭石；少量矿物有水云母、勃姆石（*一水软铝石*）、

赤铁矿、针铁矿、绿泥石；微量矿物有金红石、锆英石、绿帘石等。

矿石类型及其结构构造：以灰白色铝土矿为主，其次为草绿色铝土矿。① 灰白色铝土矿：灰白色，鲕粒状结构、碎屑状结构，致密块状构造、层状构造。此类矿石 Al_2O_3 含量一般为 55 %~65 %，Fe_2O_3 含量一般为 3 %~8 %，铝硅比（Al_2O_3/SiO_2）一般为 3~5。矿石构成的矿层较稳定，是本区的主要矿石类型。② 草绿色铝土矿：草绿色或暗绿色，碎屑结构及鲕粒状结构，致密层状构造。此类矿石 Al_2O_3 含量一般为 45 %~55 %，Fe_2O_3 含量一般为 10 %~20 %，铝硅比一般为 2~3。此种矿石构成的矿层不稳定，多出现在主矿层的下部。

化学成分：湖田铝土矿北部矿区矿石化学成分，露天开采地段及地下开采地段总体上一致，但略有差异，Al_2O_3 平均含量 55.94 %，伴生 Ga 0.0073 %；Fe_2O_3 平均含量 11.25 %，SiO_2 平均为 15.16 %。

5. 矿床成因

产于奥陶纪马家沟群碳酸盐岩侵蚀面上的 G 层铝土矿（-耐火黏土矿）的形成与红土化古风化壳有关，为古风化壳-滨海相沉积型铝土矿（-耐火黏土）矿床。

6. 地质工作程度及矿床规模

淄博湖田铝土矿床在 20 世纪 40 年代日本人开始进行掠夺性开采，资源遭到破坏。20 世纪 50 年代起地质及冶金部门对该铝土矿田投入了地质调查及勘查评价工作，已基本查明了矿床成矿地质背景、矿床地质特征及矿床规模，其为一小型铝土矿床。

三、产于二叠纪石盒子群中的陆相湖沼碎屑沉积型（A 层）硬质耐火黏土-铝土矿（含镓）-石英砂岩矿床式（西冲山式）及代表性矿床

（一）矿床式

晚二叠世石盒子群是鲁西地区 A 层硬质耐火黏土-铝土矿及玻璃用石英砂岩矿的含矿层位，前者发育在万山组中，后者发育在奎山组中。万山组与奎山组位于石盒子群中部，二者为连续沉积；在空间分布上二者往往同时出现在同一矿区；在同一地质剖面上，往往含硬质耐火黏土-铝土矿的万山组分布在剖面下部缓坡地带，含石英砂岩矿的奎山组分布在剖面的上部陡峭地带。从石盒子群这个大的含矿层位来看，硬质耐火黏土-铝土矿与石英砂岩矿，产于同一陆相湖沼碎屑沉积环境，二者应算作共生矿产。

1. 区域分布

赋存在石盒子群万山组中的 A 层硬质耐火黏土-铝土矿及赋存在奎山组中的玻璃用石英砂岩矿，集中分布在鲁西隆起北缘的淄博盆地一带。在淄博盆地中，大体以近 SN 向的周村-博山（金山-姚家峪）断裂为界分为东部和西部的 2 个带（图 14-21）：断裂以东，北起淄博南定，往西南到博山，呈 NNE 向的带状展布，长约 35 km；主要有南定、唐庄、罗村、洪山、东龙角村、大奎山、万山、博山西山等矿床（点）。断裂以西，东起东冲山，西到济南郭店于山，呈 NWW 向的带状展布，长约 40 km；主要有西冲山、王村、小口山、宝山、玉皇山、后营、温家村等矿床（点）。

在淄博盆地金山-姚家峪断裂两侧的石盒子群中奎山组石英砂岩因为抗风化力强，矿体保存好，矿产地多，资源丰富；而万山组以易风化剥蚀的泥岩等为主，故耐火黏土-铝土矿保存较石英砂岩矿要少些，但产地也较多，已查明的耐火黏土-铝土矿矿床 20 余处（其中大中型 10 处），资源储量约占全省耐火黏土总资源储量的 87 %。

A 层硬质黏土除分布在淄博盆地而外，在枣庄、新泰及临沂等地，也有零星分布。从全省来看，该层位中的硬质黏土资源量占山东耐火黏土资源总量的 98 %以上。

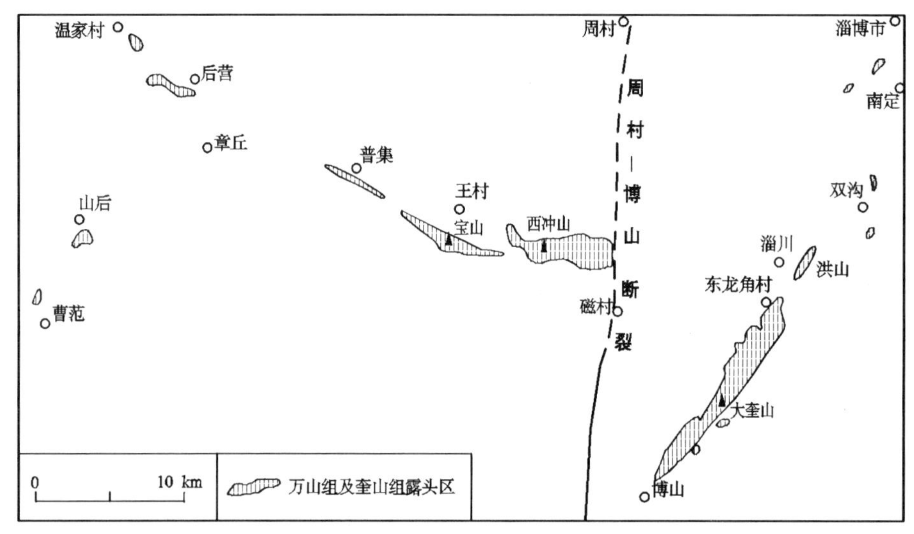

图 14-21　淄博盆地二叠纪石盒子群万山组及奎山组出露范围简图

（据山东省地质调查院 1:25 万淄博市幅地质图编绘，2003）

2. **含矿岩系**

赋存 A 层硬质耐火黏土-铝土矿的晚二叠世石盒子群万山组为陆相湖沼沉积，主要岩石组合为暗紫色页岩及 A 层铝土矿和硬质耐火黏土、含铁页岩、砂岩。该层底部为长石石英砂岩（厚 5~7 m），中部为泥岩、硬质耐火黏土岩及铝土岩组成（铝土岩及耐火黏土岩 3~5 层，单层厚 0~5 m），上部为炭质泥岩及薄层煤（厚 0~2 m）（汤立成，1996）。A 层在鲁西地区分布比较稳定，凡是有二叠纪石盆子群万山组分布的地区都发育有 A 层，其厚度一般为 6~10 m，较薄者 3.38 m，厚者达 15 m。沿走向分布长达百余千米。如，自淄博盆地最南部的东黑山，向西至明水浅井庄，基本上是连续分布的。

A 层内大致可以分为硬质耐火黏土矿、铝土矿、铝土岩 3 种，其相互间没有截然界线，存在着相互消长关系。A 层硬质耐火黏土矿一般为单层矿。在淄博盆地，多分布于 A 层的下部。一般厚 2~3 m，沿走向一般长 1 500~2 000 m，沿倾向宽 600~1 200 m，常常形成中大型矿床。A 层的上部则变为铝土岩，但不稳定。A 层在明水一带变为 2 层耐火黏土矿，上、下 2 层矿规模差不多，厚度一般为 1.2~4.5 m；在枣庄，也为 2 层硬质耐火黏土矿；在临沂罗庄，A 层含有 3 层硬质耐火黏土矿，中间亦为铝土岩分隔。

赋存玻璃用石英砂岩矿的石盒子群奎山组为陆相湖沼碎屑沉积，主要由 2~3 层的黄白—灰白色厚—巨厚层粗粒石英砂岩及泥质粉砂岩、长石石英砂岩和泥岩组成，总厚一般为 40~60 m，其中粗粒石英砂岩层总厚 20~27 m。由于该段上部的厚层粗粒石英砂岩质地坚硬，抗风化能力强，形成陡崖状地貌，为良好的标志层。奎山组下伏地层为石盒子群万山组，二者为整合接触。因此在区域上 A 层耐火黏土-铝土矿（在下）与石英砂岩矿（在上）常常相伴而生（图 14-22）。

3. **矿体特征**

A 层硬质耐火黏土-铝土矿赋存在二叠纪石盒子群万山段的下部，呈似层状及透镜状产出，顶底板起伏较小。矿层倾角为 10°~17°（一般浅部为 12°~17°；深部为 10°~11°）。矿体长一般为 400~1 300 m；宽一般为 200~1 200 m；厚一般为 1~2 m。矿体中的矿石质量一般是浅部好，深部变差；沿矿体走向中间好、两边变差。此类矿床矿体规模一般较小，常形成小型矿床或零星矿点。

含石英砂岩矿的石盒子群奎山组，由于长期的风化剥蚀作用，石英砂岩层多不连续地分布于每个小山顶上，故每个小山头构成了一个矿点，山头越长矿层越长。石英砂岩矿体呈层状，长数百米至一二千米，出露宽自 200~1 500 m，厚度一般为 5~8 m，最厚 20 m 左右。

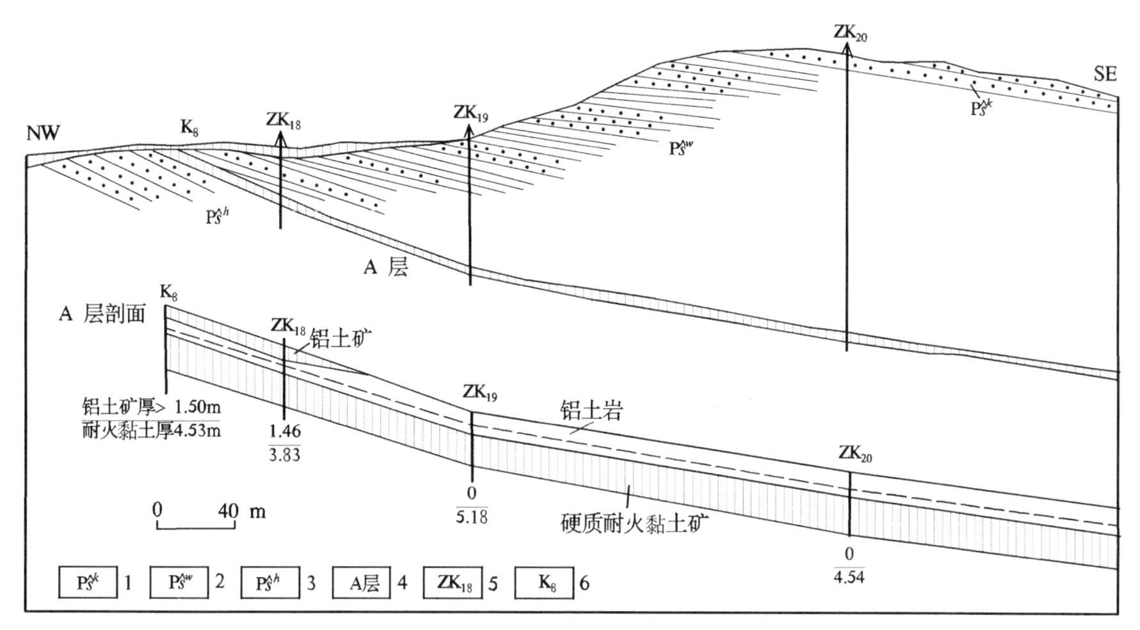

图 14-22　淄博小口山硬质黏土-铝土矿-石英砂岩矿矿区 10 线地质剖面简图

（据汤立成，1998）

1—晚二叠世石盒子群奎山组——石英砂岩矿层；2—石盒子群万山组；3—石盒子群黑山组；4—A 层硬质耐火黏土-铝土矿矿；5—钻孔及编号；6—探槽及编号

4. 矿石特征

（1）硬质耐火黏土矿

矿物成分：主要为高岭石，次要为硬水铝石和软水铝石、菱铁矿、赤铁矿、金红石、水云母、锆英石、石英等。

主要矿石类型及其结构构造：① 深灰—灰色硬质耐火黏土矿石，为胶状及隐晶质结构，块状构造；② 灰白色致密块状硬质耐火黏土矿石，为隐晶质结构，致密块状构造；③ 深灰色微晶粒状硬质耐火黏土矿石，为胶状及隐晶质结构，块状构造。

化学成分❶：矿石中 Al_2O_3 含量一般在 37 %～53 %左右；SiO_2 一般为 35 %～50 %；Fe_2O_3 一般为 1 %～5 %；TiO_2 一般为 1.3 %～1.5 %；CaO 一般为 0.2 %～0.4 %；烧失量为 14 %左右。矿石铝硅比（Al_2O_3/SiO_2）一般为 3～5.60，最高为 22.40。

物化性能：可塑性指标为 1.77（kg-cm），属低塑性原料❷。耐火度很高，绝大部分矿石的耐火度≥1 770 ℃，多为特级品或一级品，少量为二级品。

（2）铝土矿

矿物成分：主要矿石矿物为一水硬铝石，其次为高岭石及勃姆石（*一水软铝石*）。少量和微量矿物有菱铁矿、绢云母、针铁矿、赤铁矿、绿帘石等。

结构构造及矿石类型：主要为豆状结构，其次为鲕粒状结构；主要构造为致密块状结构。矿石自然类型以菱铁矿-一水硬铝石豆（鲕）状铝土矿和菱铁矿-一水硬铝石致密状铝土矿为主，其次为高岭石-勃姆石-一水硬铝石豆（鲕）状铝土矿。

---

❶ 山东省地质矿产局第一地质大队，山东省鲁西地区铝土矿硬质黏土矿资源总量预测总结报告，1989 年。

❷ 林树民，山东陶瓷原料概要，108 页。

化学成分：主要有益组分——Al_2O_3 含量在46.32 %~70.61 %之间，一般为50 %~60 %；伴生有益组分Ga含量为0.006 5 %~0.009 5 %。有害组分——SiO_2 一般为8 %~20 %；Fe_2O_3 一般为7 %~15 %；TiO_2 一般为1.30 %~1.50 %；S含量<0.05 %。H_2O^+ 一般为12.3 %~14.9 %。矿石铝硅比（Al_2O_3/SiO_2）一般为2.4~4.7，最高为22.14。

（3）石英砂岩矿

矿物成分：主要矿物成分由石英碎屑组成，其含量占95 %以上；含有少量高岭土化长石、绢云母及微量的锆石、电气石等。胶结物为硅质、泥质和铁质。石英碎屑粒径多在0.5~1 mm，磨圆度较好。

结构构造：矿石为灰白色，中粗粒砂状结构、块状（层状）构造。

化学成分：矿石中 SiO_2 含量一般在94 %~98 %之间；Al_2O_3 一般为0.5 %~1.5 %；Fe_2O_3 一般为0.66 %~1.00 %。经水洗选矿 Fe_2O_3 含量可以大大降低，达到工业指标要求。经对淄博东黑山和西冲山2个石英砂岩矿区的矿石进行的破碎—水洗脱泥等流程的选矿试验，获得的精矿（石英砂）质量较好：其 SiO_2 含量为96.71 %~99.17 %，Fe_2O_3 含量下降到0.14 %~0.35 %，达到玻璃硅质原料Ⅲ级品和Ⅱ级品质量要求。

5. 矿床成因类型

赋存硬质耐火黏土-铝土矿的晚二叠世石盒子群万山组及赋存玻璃用石英砂岩矿的石盒子群奎山组均是在陆相湖沼盆地环境下沉积产物，因此其中的耐火黏土-铝土矿-石英砂岩矿床成因类型，应划归陆相湖沼碎屑沉积型矿床。

（二）代表性矿床——淄博市淄川区西冲山硬质耐火黏土-铝土矿（含镓）-石英砂岩矿矿床地质特征

1. 矿区位置

淄博市淄川区西冲山硬质耐火黏土-铝土矿-石英砂岩矿区位于淄博市淄川城西约15 km之西冲山。在地质构造部位上居于鲁西隆起区北部的淄博凹陷西部，近SN向的金山-姚家峪断裂（周村-博山断裂）西侧。硬质耐火黏土-铝土矿分布在山体中下部，石英砂岩矿层，出露于山顶（图14-23）。如果将西冲山作为一个大矿区，可以划分为东冲山、西冲山、小口山等矿段。

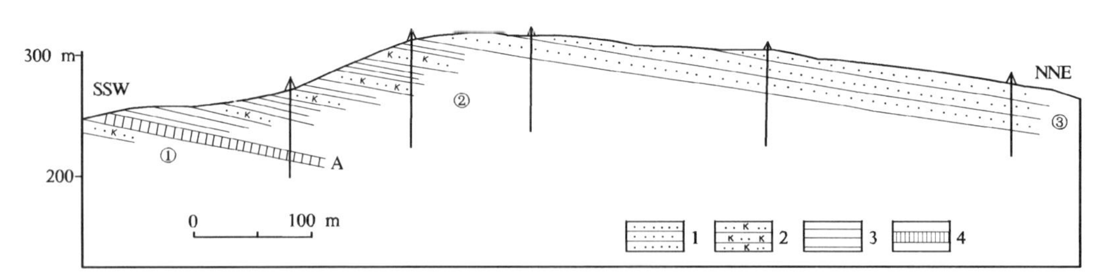

图14-23　淄博西冲山硬质耐火黏土-铝土矿（含镓）-石英砂岩矿区不同矿层空间分布位置地质剖面简图

（据汤立成，1996年）

1—石英砂岩矿体；2—长石石英砂岩；3—页岩；4—A层硬质耐火黏土/铝土矿；①—二叠纪石盒子群黑山组；②—石盒子群万山组（A层硬质耐火黏土-铝土矿含矿层位）；③—石盒子群奎山组（玻璃用石英砂岩矿含矿层位）

2. 矿区地质特征

矿区为一走向近EW的单斜构造，岩层向北倾斜，倾斜较平缓（倾角10°~17°）。矿区内露头发育，出露地层自下而上（由南而北）为：二叠纪石盒子群黑山组、万山组及奎山组；A层硬质耐火黏土-铝土矿赋存在万山组中，玻璃用石英砂岩矿赋存在奎山组中。万山组和奎山组这2个含矿层位为连续沉积，区域分布稳定。

3. 矿体地质特征

在鲁西地区，A层中的铝土矿是作为硬质耐火黏土矿的伴生矿存在的，它们发育于同一矿层中，在一个矿段上其矿体特征基本是一致的。为表述清晰，按单矿种叙述。

(1) 硬质耐火黏土矿体(以小口山矿段为例)

小口山硬质黏土矿床，赋存在二叠纪石盒子群万山段底部。矿层及其顶、底板岩石自下而上为：① 中粒长石石英砂岩，厚3.5 m；② 灰—深灰色砂质黏土(矿层底板围岩)，厚0.3~0.5 m；③ 灰—深灰色硬质黏土，厚4~5 m；④ 深灰色铝土岩，厚0~2 m；⑤ 深灰色铝土矿，厚0~3.16 m；⑥ 深灰色铝土岩，厚0~2 m；⑦ 黑色—紫色炭质页岩(矿层底板围岩)，厚0.5 m左右。上述的②至⑥为A层，在矿区最厚达8.65 m，薄者3.38 m，一般厚6.5~7.5 m。硬质黏土层居于A层的下部。

硬质耐火黏土矿呈缓倾斜的层状(倾角12°~14°)，厚度一般为4~5 m，最厚5.5 m，矿层向西及深部延伸变薄，最薄处仅1 m左右；矿体长1 800 m，沿倾斜宽700 m左右。矿体连续性好，与上覆的铝土岩/铝土矿为过渡关系，无明显界线。

(2) 铝土矿(含镓)矿体

矿体呈层状，产状变化较小，倾斜平缓，倾角10°~17°(图14-24)。矿区内A层只有一层矿体，由于中部矿层尖灭，成为东、西2个矿体。其中1号矿体长500~900 m，延深192~1 000 m，平均厚1.44 m(为目前所知省内最大的一个A层铝土矿体)；2号矿体长97~440 m，延深163~260 m，平均厚2.17 m。

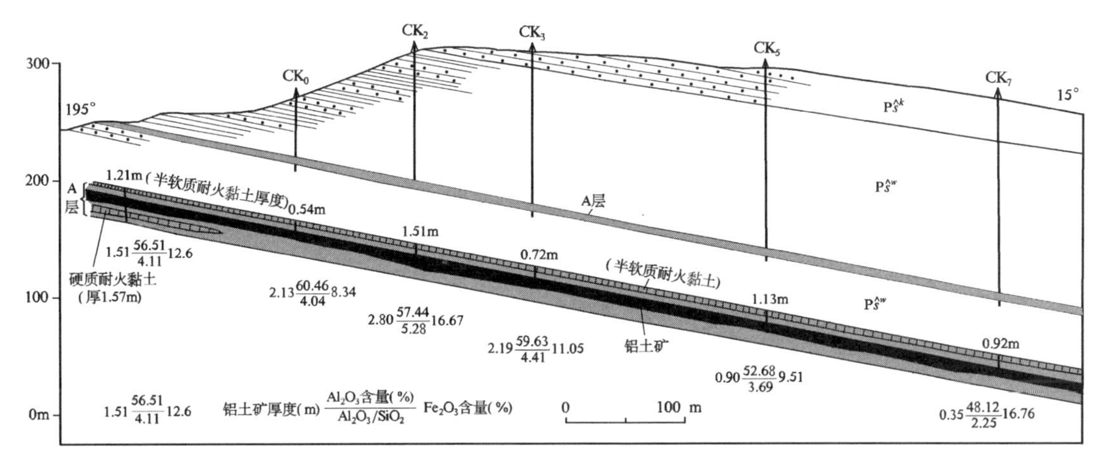

图14-24　淄博西冲山硬质耐火黏土-铝土矿-玻璃用石英砂岩矿区30线地质剖面图

(据汤立成，1992；引自《山东矿床》，2006)

$P\hat{s}^k$—奎山组(玻璃用石英砂岩矿含矿层位)；$P\hat{s}^w$—万山组(A层硬质耐火黏土-铝土矿含矿层位)

(3) 石英砂岩矿体

石英砂岩矿体呈层状，长1 000余米，出露宽约700 m；矿体厚度由于剥蚀在山脊处，仅8 m左右，在山坡北侧钻孔内最厚约35 m，一般为20 m左右。分布稳定。

4. 矿石特征

(1) 硬质耐火黏土矿石(以小口山矿段为例)

矿物成分：矿石为单一的硬质黏土，主要组成矿物为高岭石，有少量一水铝石。

化学成分：化学成分稳定，矿石煅烧后，Al_2O_3+TiO_2含量为42 %~59 %，平均为46 %；Fe_2O_3为0.2 %~3.4 %，平均为1.36 %；SiO_2在煅烧前为36 %~46 %。耐火度：矿石耐火度很高，绝大部分≥1 770 ℃，仅少量为1 730~1 750 ℃。

矿石品级:工业品级为Ⅰ级(占矿区资源储量的51.9 %)和特级品(占矿区资源储量的48.1 %)。

(2) 铝土矿矿石

矿物成分:矿石矿物主要为一水硬铝石,其次为高岭石、一水软铝石(勃姆石)。

结构构造:主要结构为鲕粒状结构、豆状结构;主要构造为块状构造。

矿石类型:矿石类型主要有2种,为高岭石-一水硬铝石铝土矿和高岭石-一水软铝石(勃姆石)铝土矿。

化学成分:Al_2O_3含量在46.32 %~70.61 %之间,平均为57.73 %;伴生有益组分Ga含量为0.007 0 %~0.008 5 %。SiO_2在2.94 %~24.96 %之间,平均为15.93 %;Fe_2O_3为1.34 %~26.75 %。铝硅比(Al_2O_3/SiO_2)在2.14~22.14之间,平均为3.62。

(3) 石英砂岩矿石

矿物成分:主要矿物成分由石英碎屑组成,其含量占95 %以上;含有少量高岭土化长石、绢云母等。胶结物为硅质、泥质和铁质。石英碎屑粒径多在0.5~1 mm,磨圆度较好。

结构构造:矿石为粗粒砂状结构、块状构造。

化学成分:主要化学成分平均值SiO_2为95.74 %,Fe_2O_3为0.66 %,Al_2O_3为1.60 %,TiO_2为0.14 %,Cr_2O_3为0.00 %。

矿石品级:原矿石经粉碎—水洗选矿处理后,SiO_2含量提高到96.71 %,Fe_2O_3含量降为0.35 %,可以达到玻璃硅质原料一类Ⅲ级矿石品级要求。

5. 矿床成因

矿区中A层硬质耐火黏土-铝土矿(含镓)-石英砂岩矿,为产于内陆河湖(沼)相环境,严格受控于二叠纪石盒子群万山组和奎山组层位的沉积型矿床。

6. 地质工作程度及矿床规模

淄博西冲山A层硬质耐火黏土-铝土矿(含镓)矿床,在20世纪60~80年代,山东冶金及地质系统进行过勘查评价,已基本查明了硬质耐火黏土-铝土矿(含镓)-玻璃用石英砂岩矿床成矿地质背景、矿床地质特征及矿床规模。矿区铝土矿为小型铝土矿床;(小口山矿段)硬质耐火黏土矿为中型规模矿床;玻璃用石英砂岩矿为大型矿床。

四、产于石炭纪—二叠纪月门沟群中的沉积型油页岩及铁矿床

(一) 代表性矿床——兖州市油页岩矿床地质特征[1]

1. 矿区位置

油页岩矿区包括兖州煤田的鲍店井田和南屯井田两个井田,位于邹城市城区西7.2 km,面积约270.5 km^2。

2. 矿区地质特征

矿区位于兖州煤田内;在区域构造位置上处于鲁中隆起的西南部。矿区为第四系全覆盖区,第四系之下发育有奥陶纪、石炭纪—二叠纪、侏罗纪地层。

兖州煤田构造形态为为一向东倾伏、轴向NE—SW向的向斜构造,地层倾角较为平缓(一般小于10°);其南为凫山背斜,其北为滋阳背斜。

含矿岩系石炭纪—二叠纪月门沟群自下而上为本溪组、太原组及山西组,油页岩赋存在太原组中。

本溪组:该组与下伏奥陶系呈平行不整合接触,平均厚度23 m。岩性为灰绿、紫红色黏土岩、铁质泥岩、砂岩等。下部为含黄铁矿及黏土岩;上部为杂色泥岩,夹黏土质粉砂岩,局部为粗粒砂岩;顶部以

[1] 山东省兖州煤田油页岩矿核查区资源储量核查报告,2011年。

L_{14}灰底界与太原组分界。

太原组：由深灰—灰黑色泥质岩、粉砂岩、砂岩、灰岩和煤层组成；厚 155.75～186.02 m，平均厚 170.12 m。该组下部为具有砾状结构的 L_{12}灰岩和灰绿色鲕状铝质泥岩，L_{12}灰岩多分为两层；中部主要为灰白色质纯的 L_{14}灰，其厚度变化大，但层位较稳定，而 L_{13}灰顶部多呈砾状或相变为泥岩，其间常出现一层相变的粗砂岩，由西向东显著变薄；底部为紫色铁质泥岩和灰、灰绿色铝土岩，间夹不稳定薄层 L_{15}灰。其中下部的 L_{10}灰和 L_3 灰厚度较大，层位稳定，是本区的主要标志层。共含煤 18 层，主要可采煤层为 $16_{上}$、17 煤，局部可采的有 6、$15_{上}$、$18_{上}$ 煤。$15_{上}$ 煤在核查区中部靠近皇甫断层地段相变为油页岩，厚为0.45～2.98 m，平均厚 1.76 m。

山西组：由厚层砂岩、砂岩与粉砂岩互层、薄层粉砂岩、浅灰色铝质泥岩及煤层组成；厚 60.44 ～ 90.37 m，平均厚 77.94 m，是区内最主要的含煤层段。井田南部本组已全部剥蚀掉。本组发育主要可采煤层 2 层（$3_{上}$、$3_{下}$），位于本组下部，中上部发育局部可采的 2 煤。与上覆地层呈整合接触。

3. 油页岩层地质特征

（1）含油页岩地层

兖州煤田内油页岩层赋存于太原组中下部，为 $15_{上}$ 煤层相变的产物，主要分布于南屯井田和鲍店井田的中部相邻处，油页岩含油率在 5 %以上，最高达 45.53 %。

（2）可采油页岩层

区内分布可采油页岩层 1 层为 $15_{上}$，为局部可采，位于太原组中下部，L_9 灰为其顶板，见油页岩工程点 16 个，可采点 14 个，可采点指数 0.98。油页岩层厚 0.45～2.98 m，平均厚 1.76 m，厚度变化系数为 48 %。层位较稳定，厚度较小，结构简单。顶板为 L_9 灰，在本区内较稳定，底板为泥岩或炭质泥岩。属较稳定型顶底板。

4. 油页岩质量特征

区内油页岩结焦性好，含油率较高，可用来提炼页岩油，也可作为燃料用于发电。见表 14-3。

表 14-3　兖州煤田油页岩化验成果表

项　目	焦油产率 /%		胶质层 /mm	坩锅粘结性	灰分 /%	全硫 /%	挥发分 /%	发热量 /mJ/kg
	Tar,ad	Tar,daf						
油页岩	5.59～45.43 17.23(20)	16.27～56.47 26.67(20)	0～10.5 3.5(4)	1～6	18.65～56.44 37.75(22)	3.67～9.42 7.66(8)	40.47～74.81 54.74(20)	16.18～32.01 20.91(10)

5. 矿床成因

兖州煤田油页岩矿为发育于石炭纪—二叠纪月门沟群太原组中的海陆交互相碎屑岩-碳酸盐岩-有机岩建造有关的沉积(变质)型矿床。

6. 地质工作程度及矿床规模

20 世纪 60～80 年代，煤田地质勘探部门对该煤矿及伴生油页岩矿进行了勘查评价，基本查清了矿床地质特征及资源储量；据《山东省兖州煤田油页岩矿核查区资源储量核查报告》（2011），矿区内油页岩资源储量达到大型油页岩矿床规模，也是济宁地区目前发现的唯一的一处油页岩矿床。

（二）代表性矿床——临沂兰山-罗庄地区山西式铁矿地质特征[1]

[1] 临沂专员公署地质局第二地质勘探队，临沂市山西式铁矿普查勘探报告，1960 年。

1. **区域分布**

山东省内山西式铁矿是指发育在石炭纪本溪组湖田段G层铝土-耐火黏土矿之下,距中奥陶侵蚀面1~3 m的紫色页岩之上的一套呈鸡窝状、透镜状、砾石状赤铁矿为主的铁矿(有时为含褐铁矿的铁质黏土岩层)。该类铁矿主要分布在临沂岚山区及罗庄区、蒙阴县、沂水县、费县,沂源县,泗水县等地;其在20世纪50年代末至60年代初,地矿部门做过一些地质勘查评价工作,出露及浅表的铁矿体已开采殆尽。现以临沂市兰山区和罗庄区内的八块石、韦江屯、朱家岭、白庄及罗庄西等山西式铁矿为例简述其地质特征(下简称"兰山-罗庄地区山西式铁矿")。

2. **含矿岩系特征**

兰山-罗庄地区古生代地层发育,其中的含矿岩系石炭纪—二叠纪月门沟群本溪组、太原组和山西组发育比较齐全。

本溪组在该区呈单斜岩层产出。其下部由紫红色铁质泥岩、页岩、青灰—灰白色铝土质泥岩、铝土岩组成;上部由淡灰、黄色长石砂岩、砂质页岩等组成,局部含薄层煤及灰岩凸镜体。本组底部以平行不整合与奥陶纪马家沟群接触,顶以太原组最底部一层稳定分布的灰岩之底为界与之整合接触。厚度多在8~20 m之间。

本溪组下部的紫红色铁质泥岩、黄灰—灰白色铝土质泥岩及青灰色—灰白色铝土岩,即为山西式铁矿的含矿层位——湖田段(铁铝岩系段)。

3. **矿体特征**

兰山-罗庄地区山西式铁矿,在矿层顶有紫色黏土页岩和铁质砂页岩,有时可见赤铁矿结核与碎屑,厚0.5 m左右,可作为采矿标志。有的地区在含矿层顶部的紫色铁质黏土页岩中有白色斑点,特征明显,是找矿的标志层。含矿层底板为棕色黏土,表面光滑,也可作为含矿层的标志层。

含矿层厚度一般2~10 m,矿层很稳定。根据各矿区钻探结果来看,均见该矿层。含矿层内的赤铁矿及褐铁矿,呈团块状、豆状,具有同心圆结构,有的中心有晶洞,晶洞内一般有结晶较好的方解石颗粒。矿层中呈团块状产出者,有的重达几十吨,被称之为铁牛;小者有鸡蛋大小。赤铁矿在含矿层内一般呈窝状,沿走向、倾向变化较大

含矿层内除赤铁矿外,还有一种含铝较高的绿色铁矿石,有的位于赤铁矿层位之上,有的位于赤铁矿层位之下。含矿层内除了赤铁矿石、绿色铁矿石、褐铁矿石之外,其余为紫色黏土以及黏土质砂页岩,多构成胶结物,表面较粗糙。质地坚硬,色泽暗淡,此特点可与底板岩石组合相区别。

4. **矿石特征**

在八块石、韦江屯、朱家岭、白庄及罗庄西等矿区,铁矿石可分为3种类型。

赤铁矿矿石:表面红色,新鲜断面钢灰色;条痕为红褐色。质地坚硬者比重较大。在矿层中块状、棱角状或较圆滑状的块体,大者数十吨;小者拳头大小,被紫色黏土胶结在一起;有的敲开中间成晶洞,个别呈肾状者。此类含铁品位很高,一般在40 %以上,SiO_2为20 %左右,P为0.8 %左右,大多数为富铁矿。有的赤铁矿表面有云母,此类型矿石在含矿层内占绝大多数。但分布不均匀,总的呈窝状,在走向、倾向变化均较大。

绿色铁矿石:表面呈绿色,Al_2O_3含量较高,一般达到30 %左右,TFe一般在30 %左右,高者可达50 %。矿石呈块状。在韦江屯矿区、朱家岭矿区均有此类型矿石。该类型矿石在湖田段中呈层状分布,但赋存状态变化较大。有的矿区(如罗庄西)可见到赤铁矿在绿色铁矿石中呈小的脉状穿插构成网格状(网格中间为绿色铁矿石)。

褐铁矿矿石:多分布在含矿层顶部,呈块状。品位较高,但不是主要矿石类型。

上述3个类型矿石,以赤铁矿石类型为主,绿色铁矿石次之,褐铁矿石类型较少。

5. 矿床成因

一般认为山西式铁矿(*以赤铁矿和褐铁矿为主*)为沉积型矿床。从华北板块地质演化历史分析,认为山东古陆受加里东运动抬升之后,经过长时期的风化剥蚀,陆块逐渐准平原化;在中石炭世初期海水侵入陆块后,在老剥蚀面上长期残留的铁、铝物质发生运移,并在适宜的 pH、Eh 值等条件下,促进铁、铝质矿物汇集,形成赤铁-褐铁矿层——山西式铁矿。也有的学者认为山西式铁矿为陆相淋滤-堆积作用形成。但这些都属于沉积作用成矿的观点。

6. 地质工作程度及矿床规模

自 1958 年以来,先后有地矿单位在区内开展该类矿床的勘查工作,基本查清了区域及矿区地质特征、矿床特征,以及资源状况。该类矿床规模小,多数矿产地为几百万吨到千数万吨的小型矿床。在鲁中地区,该类铁矿的地表及浅部矿体多被采掘殆尽。

参考文献

山东省地质矿产局.1990.山东省地质矿产科学技术志.济南:山东省地图出版社,64-237

山东省地质矿产局.1991.山东省区域地质志.北京:地质出版社,30-42

曹国权.1996.鲁西山区早前寒武纪地壳演化再探讨//山东省地矿局主编.山东地质矿产研究文集.济南:科学技术出版社,1-13

陈晋镳,武铁山主编.1997.华北区区域地层.武汉:中国地质大学出版社,65-78

陈钟惠,武法东.1993.华北晚古生代含煤岩系沉积环境和聚煤规律.武汉:中国地质大学出版社,28-46

陈骏,王鹤年主编.1994.地球化学.北京:科学出版社,255

陈从喜.1994.初论中国北方的海相碎屑岩碳酸盐岩建造.磷灰岩——石膏沉积成矿系列.建材地质,(3):2-7

池际尚,路凤香,赵磊,等.1996.华北地台金伯利岩及古生代岩石圈地幔特征.北京:科学出版社,33-274

地质矿产部《地质辞典》办公室.1986.地质辞典(四) 矿床地质应用地质分册.北京:地质出版社,114-158

地质学名词审定委员会.1993.地质学名词.北京:科学出版社,102.

董振信.1991.山东金伯利岩中橄榄石的研究.岩石矿物杂志,10(4):354-362

董振信.1992.我国金伯利岩稀土元素特征.岩石矿物杂志,11(2):125-134

范士彦,武旭仁,郭剑平.2001.山东省黄河北煤田煤层气资源评价.中国地质,28(6):28-30

胡思颐,魏同林.1994.山东蒙阴金刚石矿床和郯城金刚石砂矿//宋叔和主编.中国矿床·下册.北京:地质出版社,350-365

黄太岭,高建国.2002.山东区域地球物理场.山东地质,18(3/4):88-94

黄蕴慧,秦淑英,周秀仲,等.1992.华北地台金伯利岩与金刚石.北京:地质出版社,12-49

江茂生,沙庆安.1996.苏鲁地区中寒武统张夏组藻灰岩及沉积岩相.岩相古地理,16(5):12-17

柯元硕,田为恕.1991.金伯利岩和钾镁煌斑岩的集群特性在金刚石地质勘查中的意义.地质科技情报,41(10):21-28

李锋,孔庆友,张天祯,等.2002.山东地勘读本.济南:山东科学技术出版社,147-148

李明潮,张伍侪.1990.中国主要煤田浅层煤层气.北京:科学出版社,162.

李思田,李祯,林畅松.1993.含煤盆地层序地层分析的几个基本问题.煤田地质与勘探,21(4):1-9

李增学,魏久传.1998.华北陆表海盆地南部层序地层分析.北京:地质出版社,13-14

李增学.1996a.内陆表海聚煤盆地的层序地层分析——华北内陆表海聚煤盆地的研究进展.地球科学进展9(6):65-70

李增学,魏久伟,李守春.1995b.鲁西河控浅水三角洲沉积体系及煤聚集规律.煤田地质与勘探,23(2):7-12

李增学,魏久伟,王明镇,等.1997.鲁西南晚石炭世潮汐三角洲与煤聚积规律.煤岩学报,22(1):1-7

李增学,李守春,魏久传.1996b.鲁西煤田内陆表海含煤层序的小层序类型及煤聚积规律.沉积学14(3):38-46

李增学,李守春,魏久传.1996c.内陆表海含煤盆地层序地层分析的思路与方法.石油与天然气地质,17(1):1-7

李增学,魏久传,韩美莲.2000a.鲁西陆表海盆地高分辨率层序划分与海侵过程成煤特点.沉积学报,18(3):44-48

李思田,李祯,林畅松.1993.含煤盆地层序地层分析的几个基本问题.煤田地质与勘探,21(4):1-9

李增学,李守春,魏久传.1995a.含煤岩系沉积体系研究.北京:地震出版社,35-96

李增学,单松炜.2000.陆表海盆地含煤地层的高分辨率层序地层研究特点.煤田地质与勘探,28(4):20-24

李增学,魏久传,李守春,等.1996d.内陆表海含煤盆地Ⅲ级层序的划分原则及基本构成特点.地质科学,31(2):186-192

李震唐,李兰桂.1994.中国耐火粘土矿床//宋叔和主编.中国矿床·下册.北京:地质出版社,246-249

李祥忠,程晓萍,杨学生,等.2004.沂水崔家峪玻璃用石英砂岩矿地质特征.山东国土资源,20(2):34-40

刘长龄.1987.中国铝土矿的成因类型.中国科学(B集),(5):535-544.

刘继太.2002.山东金刚石原生矿找矿前景探讨.山东地质,18(3/4):100-104

罗声宣,任喜荣,朱源,等. 1999.山东金刚石地质.济南:科学技术出版社,1-128

罗颖都,陈祢生.1985.煤质及化验基础知识.北京:煤炭工业出版社,1-41

路凤香,郑建平,陈美华.1998.有关金刚石形成条件的讨论.地学前缘,5(3):125-131

廖士范.梁同荣.章柏盛,等.1989.中国铝土矿床//宋叔和主编.中国矿床(上册).北京:地质出版社,267-337

穆新和.2002.我国铝土矿资源合理利用的探讨.矿产与地质,16(5):313-315
秦元熙.1994.中国玻璃硅质原料矿床[M]//宋叔和主编.中国矿床·下册.北京:地质出版社,424-428
任磊夫,1992.粘土矿物和粘土岩.北京:地质出版社,77-92
任喜荣.1996.山东含金刚石金伯利岩标型矿物特征//山东省地矿局主编.山东地质矿产研究文集.济南:科学技术出版社,135-161
尚冠雄.1997.华北地台晚古生代煤地质学研究.太原:山西科学技术出版社,9-42
宋明春,李洪奎.2001.山东省区域地质构造演化探讨.山东地质,17(6):12-21
宋明春,王沛成主编.2003.山东省区域地质.济南:山东省地图出版社,558-770
汤立成.1992.华北地台鲁西隆起内的石炭二叠系沉积矿床成矿系列.山东地质,8(2):60-69
陶维屏.1989.中国非金属矿床的成矿系列.地质学报,(4):324-337
王桂梁,曹代勇,姜波,等.1992.华北南部的逆冲推覆伸展滑覆与重力滑动构造——兼论滑脱构造的研究方法.徐州:中国矿业大学出版社,30-55
王仲会.1998.金刚石成矿模型与勘探方法.北京:地质出版社,48-101
王瑛,凌文黎,路凤香.1997.山东蒙阴金伯利岩侵位年代研究新成果.地质科技情报,16(3):8-10
吴国炎.姚公一.1996.河南铝土矿床.北京:冶金工业出版社,64-80
薛平.1985.华北中奥陶世石膏矿床的某些成矿规律研究.建材地质,(4):26-37
许志华.1992.煤炭加工利用概论.徐州:中国矿业大学出版社,7-24
杨起.1987.煤田地质学进展.北京:科学出版社,35-47
杨松君,陈怀珍.1999.动力煤利用技术.北京:中国标准出版社,99-321
曾广湘,吕昶,徐金芳.1998.山东铁矿地质.济南:山东科学技术出版社,49-88
张安棣,谢锡林,郭立鹤,等. 1991.金刚石找矿指示矿物研究及数据库.北京:科学技术出版社,54-100
张安棣,许德焕.1995.克拉通 Archon 中金伯利岩型金刚石矿床模式//裴荣富主编.中国矿床模式.北京:地质出版社,31-34
张凤舫.1983.山东的水泥灰岩.建材地质,(3):39-42
张培元,王家枢,周永芳.1982.世界金刚石矿床的形成和分布规律.北京:地质出版社,6-39
张培元.1991.世界金刚石勘查新成果新认识.中国地质,12(1):19-22
张韬.1995.中国主要聚煤期沉积环境与聚煤规律.北京:地质出版社,69-92
张淑芬,张增奇,宋志勇,等.1994.山东省石炭-二叠-三叠纪岩石地层清理意见.山东地质,10(增刊):46-51
张天祯,石玉臣,王鹤立,等.1998.山东非金属矿地质.济南:山东科学技术出版社,38-40,224-250
张增奇,刘明渭主编.1996.山东省岩石地层.武汉:中国地质大学出版社,169-187
章柏盛.1995.克拉通内与中石炭世沉积岩有关的铝土矿矿床模式//裴荣富主编.中国矿床模式.北京:地质出版社,124-126
章少华.1994.中国水泥石灰岩矿床//宋叔和主编.中国矿床·下册.北京:地质出版社,394-418
章少华.1982.我国水泥石灰岩矿床概况.建材地质,(4):22-26
周秀仲,杨建民,黄蕴慧,等.1990.山东和辽宁金伯利岩的稀土元素地球化学特征.岩石矿物学杂志,9(4):299-308
朱训,尹惠宇,项仁杰,等.1999.中国矿情第三卷:非金属矿矿产.北京:科学出版社,324-352
朱源,毛志海.1991.山东金伯利岩同位素地球化学特征的初步研究.地质科技情报,10(增):77-84
朱训主编.1999.中国矿情·第二卷 金属矿产.北京:科学出版社,558-578
J.C.Horne, J.C.Fern and B.P.Baganz.1978, Depositional models in coal exploration and mine planning in Appalachian Region.Bull.A.A.P.G.Vol.62, No.12
Me C]ubbin D.G., 1982, Barrierisland and strand plain facies, P. A. and Spearing, D.R.(eds,) Sandston depositional environments, A.A.P.G., Men.31
E.Paterson and R · Swaffield.1987.A handbook of determinative method in clay mineralogy. Blackie, USA. Chapman and Hall, New York:248-270
Dawson, J.B.1980, Kimberlites and their xenoliths.Springerverlag, New York.
Dawson, J.B.1989.Geographic and time distribution of kimberlite and lamproites: relationships to tectonic prosses. 4I K.C.

Kimberlites and related rocks, Vol. 1.p.323-342.Geol.Soc.Aust.Spes.Publ.,4.

Dawson.J.B. and Stephens, W.E., 1975. Statistical classification of garnets from kimberlites and associated xenoliths. The Journal of Geology, Vol. 83,p.589-607.

Marakushev, A.A., 1982, The fluid regime in the formation of diamond-containing rock. Int.Geol.Rev, Vol.24, p.1241-1252.

Gurney, J · J ·, 1985, A collation between garnets and diamonds in kimberlites. In: Glover, J.E. and Harris, P.G. ed., Kimberlite occurrence and origin: a basis for conceptual models in Exploration, p.143-166.UNiv.of W.A.Publ., No.8

Gurney, J · J ·, 1989, Diamonds. 4IKC, Kimbertites and related rocks, Vol.2, p.935-965, Geol. Soc. Aust, Spec. Publ., No.14.

Mitc, R.H., 1986, Kimberlites: Mineralogy, Geochemistry, and Petrology. Plenum Press, New York.p.1-442.

Mitchell, R.H., 1989, Aspects of petrology of kimberlites and lamprorites: some definitions and distinctions, kimberlites and related rocks. Vol.1, p.7-45. Geol. Soc. Aust.Spec. Publ.,4.

Haggerty, S.E., 1986, Diamond genesis in amultiply-constrained model, Nature, Vol.320, p.34-38.

Raeside, R.P., Helmstaedt, H., 1982, The Bizard intrusion, Montreal, Quebec-kimberlite or lamprophy? Can.J.Earth Sci., Vol.19, p.1996-2011.

Rock, N.M.S., 1986, The nature and origin of ultramafic lamprophyres: alnoites and allied rock, J.Petrol., Vol.27, p.96-155.

Rock, N.M.S., 1987, The nature and origin of lamprophyress, an overview, In: Fitton, J.G. and Upton, B. G. J. (eds.), Alkaline Igneous Rock, Geological Society Special Publication, No.3, p.191-266.

Rock, N.M.S., 1989. Kimberlites as varieties of lamprophyres: implications for geological maping petrological research and mineral exploration, In: Proceeding of 4th IKC, Kimberlites and Related Rocks, GAS Special publication, Vol.1, No. 14, p.46-59.

Wyllie, P.J., Transfer of subcratonic carbon into kimberlites and rare earth carbo natites, Geochem.Soc.Spe.Pub., No.1.p.107-119.

第四篇 山东中生代矿床成矿系列及其形成与演化

从古生代进入中生代,山东陆块地质发展进入了一个重要的转折期;同时也进入全省的一个重要成矿期,著名的胶东金矿、鲁中富铁矿、归来庄金矿,以及诸多有色金属、非金属等全省重要矿产形成于这个阶段。

山东中生代构造演化,主要受控于古亚洲构造域的扬子陆块与华北古陆块的碰撞和滨太平洋构造域的太平洋板块向欧亚板块俯冲2种动力学背景。中生代早期受华北古陆块与扬子古陆块碰撞作用制约,表现为挤压构造体制;中生代中晚期受太平洋板块向欧亚板块俯冲作用制约,构造体制转换为伸展为主。

侏罗纪时,鲁东地区受到华北与扬子板块后碰撞的挤压作用,呈现隆起剥蚀状态。鲁西地区局部发生沉降,济阳坳陷盆地及周村、坊子、蒙阴等凹陷盆地形成;在鲁中地区这些凹陷盆地中充填了碎屑岩-泥质岩-有机岩岩系——淄博群,其中的坊子组是山东侏罗纪煤矿、耐火黏土矿的含矿层位。中侏罗世,在鲁中地块的断裂构造系统发育地段发生的偏碱性二长质岩浆侵入活动(铜石杂岩),控制了归来庄式金矿的形成,这是目前所知,山东省内发生在燕山早期唯一的一次金属矿产成矿事件。早侏罗世末,沂沭断裂带发生左行平移,对山东陆块地质发展产生了重要影响。

白垩纪是中国东部构造体制转折的重要时期,在岩石圈减薄强烈,构造岩浆作用活跃的背景下,山东陆块发生了与岩石圈减薄有关的大规模岩浆作用、大范围盆地断陷、高强度金矿成矿爆发、高速度地壳隆升、多期次幔源岩浆活动和多式样脆性断裂切割等地质构造事件。在鲁东地区形成了山东出露最大的中生代盆地——胶莱拗陷盆地,以及马站-苏村、安丘-莒县、莒南、临沭、郯城、桃村、臧格庄、俚岛等盆地;在鲁西地区形成了坊子、邹平-周村、莱芜、沂源、蒙阴、费县、郿部-葛沟等盆地。在鲁东和鲁西这些断陷盆地(特别是鲁东)中,发育了从早白垩世到晚白垩世的几套陆相沉积岩系(莱阳群)、火山-沉积岩系(青山群、大盛群)、沉积岩系(王氏群),其中赋存着铜-金-硫铁矿、膨润土、沸石岩、珍珠岩、明矾石等金属和非金属矿产。

白垩纪(燕山晚期),由于强烈的构造岩浆活动,在鲁东和鲁西地区形成了发育良好的断裂构造系统及多期次岩浆侵入就位和相关矿产。在鲁西地区,形成了受控于中基性岩浆岩的接触交代型莱芜式富铁矿及受控于中酸性、碱性、碳酸岩等岩浆岩的斑岩型铜钼矿(邹平王家庄)、接触交代型金-铜-铁矿(沂南铜井)、热液充填交代型稀土矿(微山郗山)、碳酸岩热液充填型稀土矿化(莱芜-淄博)、裂隙充填型铜矿(昌乐青上)等;在鲁东地区则形成了受控于燕山期玲珑、郭家岭、伟德山诸序列侵入岩形成的著名的胶东金矿(莱州焦家、招远玲珑、乳山金青顶等)及银(招远十里堡)、铜(福山王家庄)、钼-钨(福山邢家山)、铅锌(栖霞香夼)等重要的金属矿床。

燕山期成矿作用,受控于造山作用的大陆动力学环境。130~125 Ma间形成的与胶东金矿具有密切关系的燕山晚期郭家岭花岗闪长岩是控制焦家、玲珑、金牛山式等金矿的重要岩浆岩系,开启了胶东金矿的主成矿期。

Part.4 The Mesozoic minerogenetic series and their formationandevolution

From Paleozoic to Mesozoic, geological development of Shandong continental block not only came into an important turning point, but also came into an important metallogenic period. Many famous deposits, such as Jiaodong gold deposit, rich iron ore in Luzhong area, Guilaizhuang gold deposit, and many non-ferrous metals, non-metallic and other important minerals were formed in this stage.

Mesozoic tectonic evolution in Shandong province were mainly controlled by two kinds of dynamics background: one is the collision between Yangtze block in Paleo-Asian tectonic domain and ancient continental block of the North China, the other is the subduction of Pacific plate continental block in circum Pacific tectonic domain to Eurasian plate. In the early Mesozoic period, by constraints of the collision between ancient North China continental block and the Yangtze continental block, evolution showed a compressional tectonic mechanism. During the middle and late Mesozoic period, by constraints of the subduction from the Pacific plate to Eurasian plate, tectonic mechanism transformed to extension.

During the Jurassic period, due to the impact of the collision between the North China and the Yangtze plate, it showed an erosion state in the eastern area; while local settlement happened in Luxi area, and Jiyang, Zhoucun, Fangzi, Mengyin, depression basin were formed. In Luzhong area, these depression basins were filled with clastic rock-argillaceous rock-organic rock system-Zibo group. Fangzi group was the ore-bearing layers of Jurassic coal deposit and fire clay deposit. In the Middle Jurassic, alkaline monzonitic magma intrusion activity (Tongshi complex rock) occurred in the development sections of fault structure system in Luzhong continental block controlled the formation of Guiliazhuang type gold deposit. It is the only known metal metallogenic event occurred in the early Yanshanian in Shandong Province. At the end of early Jurassic, sinistral strike-slip occurred in Yishu fault zone. It had an important impact on geological development of Shandong continental block.

Cretaceous is an important period in the tectonic regime transition in eastern China. In the background of lithosphere thinning and active tectonic setting, many geological events which had been associated with lithospheric thinning occurred in Shandong continental block, such as large scale of magmatic activities, large scale of basin depression, high strength gold ore forming, high speed crust uplift, multi-period mantle derived magma activities and multi-type brittle fracture cutting. In Ludong area, the largest outcropped Mesozoic basin in Shandong province——Jiaolai depression basin, Mazhan-Suncun basin, Juxian basin, Anqiu basin, Junan basin, Linshu basin, Tancheng basin, Taocun basin, Zanggezhuang basin and Lidao basin were formed. In Luxi area, Fangzi basin, Zouping-Zhoucun basin, Laiwu basin, Yiyuan basin,

Mengyin basin, Feixian basin and Tangwu-Gegou basin were fomed. A set of continental sedimentary rock system (Laiyang group), volcano-sedimentary rock system (Qingshan group, Dasheng group), sedimentary rock system from early to late Cretaceous developed in these depression basins (especially in eastern Shandong) in Ludong and Luxi area. Many metal and non-metallic minerals occurred in this area, such as copper-gold-pyrite deposit, bentonite, zeolite rock, perlite and alunite.

In Cretaceous (late Yanshanian), due to intense tectonic magmatic activities, well developed fault structural system, multi stage magma intrusion and emplacement, and related minerals were formed in Ludong and Luxi area. In Luxi area, contact metasomatic type Laiwu rich iron ore which was controlled by medium and basic magmatic rocks, porphyry copper deposit (Wangjiazhuang in Zouping county) which was controlled by medium-acidic, alkaline and carbonate rock, contact metasomatic type gold-copper-iron deposit (Tongjing in Yinan county), hydrothermal filling metasomatism type rare earth deposit (Xishan), carbonatite rock filling type rare earth mineralization (Laiwu-Zibo), fissure filling type copper deposit (Qingshang in Changle county) were formed; while in the eastern Shandong area, famous Jiaodong gold deposit (Jiaojia in Laizhou city, Linglong in Zhaoyuan city, Jinqingding in Rushan city, etc.) and silver (Shilipu in Zhaoyuan city), copper (Wangjiazhuang in Fushan), molybdenum and tungsten (Xingjiashan in Fushan), zinc (Xiangkuang in Qixia city) and other important metal deposits which were controlled by Linglong, Guojialing and Weideshan intrusive rocks sequences were formed.

Mineralization in Yanshan stage was controlled by the continental dynamics environment. Guojialing granodiorite in late Yanshanian formed in 130 ~ 125 Ma related to Jiaodong gold deposit closely was important magmatic rocks for controlling Jiaojia, Linglong, Jinniushan type gold deposits. This stage began the main mineralization stage of Jiaodong gold deposit.

第十五章　山东中生代矿床成矿系列综述

第一节　中生代成矿地质背景与地壳演化 …… 314
一、中生代矿床形成的地球动力学背景 … 314
二、中生代构造旋回 ……………………… 315
第二节　中生代矿产区域分布特征 …………… 316
一、鲁西地区与沉积作用有关的煤、耐火黏土矿区域分布特征 ………………… 316
二、鲁东地区与燕山期岩浆热液作用有关的金、银、硫铁矿、铜、钼钨、铅锌、铁矿区域分布特征 ……………………… 317
三、鲁西地区与燕山期岩浆热液及接触交代作用有关的金、铜、铁、稀土、磷矿区域分布特征 ……………………………… 317
四、沂沭断裂带及鲁东地区与火山-气液交代作用及沉积作用有关的明矾石、沸石岩、膨润土、珍珠岩、伊利石黏土矿区域分布特征 ……………………………… 318
五、沂沭断裂带及鲁东地区与低温(流体)热液作用有关的铅锌、萤石、重晶石矿区域分布特征 ……………………………… 319
第三节　中生代矿床成矿系列划分 …………… 320
一、燕山早期矿床成矿系列 ……………… 320
二、燕山晚期矿床成矿系列 ……………… 322

第一节　中生代成矿地质背景与地壳演化

一、中生代矿床形成的地球动力学背景

(一) 中国东部中生代构造转折及其动力学机制

中国中东部地区中三叠世—晚三叠世经历了华北、扬子和华夏陆块碰撞-拼贴的过程,形成了古中国大陆和古亚洲大陆的雏形。通常将三叠纪微陆块拼合碰撞和大陆形成的过程归结为印支运动,其标志为近EW向的古特提斯海洋关闭。三叠纪之后,中国大陆进入陆内构造变形阶段,尤其是侏罗纪太平洋板块向西俯冲,形成滨太平洋NNE向大陆边缘体系,李四光称之谓新华夏构造体系。侏罗纪—白垩纪中国东部转变为挤压造山带,翁文灏最早提出“燕山运动”这一术语用来描述侏罗纪—白垩纪的挤压造山作用,并指出,燕山运动以强烈的岩浆活动和挤压构造变形以及成矿作用为特征。对燕山运动的性质目前大多数学者认为:燕山运动的本质是中国东部近EW向的特提斯构造域向NNE向的滨太平洋构造域的转换,即从大陆碰撞构造体制转为以西太平洋陆缘俯冲构造体制为主导的陆内变形和陆内造山。另外,构造运动导致岩浆侵入、火山爆发作用使得燕山期成为我国最重要的成矿期,约80 %的大中型金属矿床的形成与这个阶段有关。构造作用形成地质环境的巨变导致燕辽生物群向热河生物群的更替,成为生物进化的激变期。因此,燕山运动在我国甚至在东亚具有特殊的地质意义,是全球中生代构造演变的重大事件。

由于中国东部中生代一系列重大地质作用的过程和效应均涉及了印支运动和燕山运动问题,时代跨越了三叠纪、侏罗纪和白垩纪,而且是中生代成矿大爆发时期,始终成为中国大地构造研究和成矿作用研究的热点。

(二) 山东中生代构造背景及其动力学机制

山东中生代构造演化,主要受控于古亚洲构造域的扬子(古华南陆块北段)与华北古陆块的碰撞和

滨太平洋构造域的太平洋板块向欧亚板块俯冲两种动力学背景。中生代早期受华北古陆块与扬子古陆块碰撞作用制约,表现为挤压构造体制;中生代中晚期受太平洋板块向欧亚板块俯冲作用制约,构造体制转换为伸展为主。

1) 扬子与华北古陆块碰撞——① T_1(陆陆碰撞):华北、华南两地块在胶东半岛发生陆陆碰撞。② T_2—J_2(板片断离):华北与华南地块的主要缝合期发生在中三叠世晚期至中侏罗世,其中,造山带地壳和岩石圈的挤压、拆离、俯冲、缩短、增厚、隆升等构造作用在侏罗纪达到高潮。华南地块上地壳的向北仰冲导致胶东北部和鲁西地壳的逆冲。③ J_3—K(伸展减薄):造山带岩石圈伸展减薄作用在早白垩世达到高潮。造山作用在晚白垩世最终结束,并以A型花岗岩和玄武岩类发育为结束标志。

2) 沂沭断裂带构造演化——① 250~208 Ma:平移断层。② 208~135 Ma:逆断层。③ 135~52 Ma:正断层。④ 52~23.3 Ma:逆断层。⑤ 23.3~0.73 Ma:正断层。⑥ 0.73~0 Ma:逆断层。

3) 太平洋板块俯冲作用——① T—J_1 期间:伊泽奈崎(Izanagi)板块NW向快速俯冲。② J_1— K_1 期间:库拉板块(Kula)NNW向减速俯冲。③ K_2 期间:太平洋板块NWW向俯冲。

4) 华北东部岩石圈减薄——① T_1—J_1:岩石圈增厚与拆沉。② J_2:SN向构造应力场向EW向构造应力场转换。③ J_3—K_1:此期岩浆活动广泛而强烈,岩石圈减薄达到顶峰。④ K_1—K_2:岩石圈地幔增生。

二、中生代构造旋回

(一) 印支构造旋回

印支期是中国大陆发生大规模碰撞和拼合的时期,也是中国东部古太平洋洋壳与东亚大陆相互作用的开始,更是中国东部由EW向构造向NE向构造机制的转换以及发生强烈构造-岩浆活化的起点。印支期不仅具有承前的构造意义,而且也具有启后的动力作用。

印支期,中朝板块与扬子板块均向北运动,扬子板块运移速度较快(3.68 cm/a),中朝板块运移速度较慢(1.75 cm/a),形成苏鲁高压-超高压变质带及同造山花岗岩及后造山高碱正长岩。此时区域最大主压应力为近SN向(万天丰,2004),形成轴向近EW的褶皱和近EW向韧性剪切带,而且在华北地块内形成比较平整的4条左行平移断层,即沂沭断裂带。

胶东地区的印支造山作用大致经历了50 Ma强烈碰撞、俯冲和折返的3个阶段,其时限主要在250~200 Ma,主要造山作用为250~230 Ma。210~200 Ma,进入后造山拉张阶段,A型花岗岩和玄武岩类发育代表印支造山阶段的结束,同时证明三叠纪末期已经完成南北板块的拼合,到侏罗纪—白垩纪时期应力场与三叠纪已经完全不同,进而转入燕山造山作用阶段。

(二) 燕山构造旋回

燕山构造旋回是中生代地质构造演化发展的新阶段。燕山运动是在印支运动形成的中国统一大陆的主体上发生的,它进一步强化了印支期开始的中国大陆由EW向为主的构造方向转换为以NE—NNE向为主的构造机制,促发中国大陆内克拉通稳定陆块和前中生代造山带的活化,形成了一系列叠置于前中生代诸构造单元之上的构造-岩浆岩带及沉积盆地,构成独具特色的双向构造分带。

山东是一系列不同起源且经历了不同演化的微大陆及地块经多期增生和碰撞而形成的复合大陆(李洪奎等,2009;2010),其漫长的板块构造演化明显具有阶段性。中生代晚期(尤其是白垩纪)是本区板块构造演化史上的一个重要转换期(宋明春等,2009)。

侏罗纪时,鲁东地区一方面受到华北与扬子板块后碰撞的挤压作用,另一方面受太平洋伊泽奈崎板块向NW方向运移的影响,呈现隆起剥蚀状态。同时,这种双重大地构造背景形成了具有碰撞后的抬升和大陆弧特点的高锶花岗岩。鲁西地区局部发生沉降,周村盆地、济阳拗陷、坊子盆地、蒙阴盆地等凹陷盆地开始产生，同时，形成了一套与大陆的造陆抬升有关的高镁辉长岩、闪长岩。早侏罗世末，沂沭断裂开始产生并发生左行平移运动。

白垩纪是中国东部构造体制转折的重要时期，表现为强烈的岩石圈减薄，构造岩浆活动非常活跃。在山东省则发育了与岩石圈减薄有关的大规模岩浆作用、大范围盆地断陷、高强度金矿成矿爆发、高速度地壳隆升、多期次幔源岩浆活动和多式样脆性断裂切割等地质构造事件。由于太平洋板块对欧亚板块由 SSE 向 NNW 俯冲，导致郯庐断裂发生大幅度左行平移，使原位于华北板块东南缘的鲁东地区与位于华北板块内部的鲁西地块并置，沂沭断裂带两侧伴生形成大量次级断裂，形成羽状断裂系统、棋盘格状断裂系统和多层次拆离滑脱构造系统；同时，产生大量断陷盆地，构成隆起与凹陷相间分布的盆山耦合格局。中白垩世—晚白垩世时沂沭断裂发生强烈张裂活动，形成二堑夹一垒的构造格局。

燕山造山作用的大陆动力学环境起源于中亚-特提斯构造域向滨太平洋构造域转化和太平洋板块的俯冲，在胶东地区表现为造山运动和伸展活动。

1）170~150 Ma 时，太平洋板块俯冲开始，进入燕山造山幕初始阶段，与金矿有关的玲珑-昆嵛山造山早期片麻状花岗岩组合(J_3)对金矿形成初期富集，160~150 Ma 年龄段与玲珑花岗岩锆石 SHRIMP U-Pb 年龄值相吻合。玲珑花岗岩为基底岩系交代重熔的具继承性演化的复式岩体，其形成时代可以代表胶东构造体制转变的起始时代，是胶东侏罗纪—白垩纪大规模岩浆活动最早期形成的花岗岩体，标志着构造体制转变的开始，这与中国东部统一的以挤压为主的动力学背景相一致。

2）130~125 Ma，与金矿有关的燕山晚期郭家岭造山中期弱片麻状花岗闪长岩-花岗岩组合，开启了胶东金矿的主成矿期。

3）125~110 Ma，造山后强烈伸展阶段，由于太平洋板块的俯冲和郯庐断裂的走滑作用，胶莱拉分盆地形成并接受沉积。随着盆地的进一步演化，其性质由拗陷盆地向断陷盆地演化，边界断裂沟通上地幔而导致青山期大规模火山喷发，同时伴有同火山期的伟德山、招虎山岩体侵位，形成胶东地区近于平行的火山-岩浆岩带。

4）110~90 Ma 时，出现后造山 A 型崂山晶洞过碱性碱长花岗岩-正长花岗岩组合侵入活动，标志着燕山造山过程的结束。

5）晚白垩世晚期（约 80~65 Ma），处于以拉张为主的动力学背景之下，导致岩石圈及大陆地壳的大规模减薄和一系列裂陷沉积盆地的形成。见裂谷型火山岩，为玄武玢岩组合，代表陆内裂谷。

第二节　中生代矿产区域分布特征

一、鲁西地区与沉积作用有关的煤、耐火黏土矿区域分布特征

山东中侏罗统内的煤炭资源储量仅占全省煤炭资源总量的 0.3 %。中侏罗统内的含煤地层分布于潍坊市坊子区，煤层赋存于淄博群坊子组内，为坊子式煤矿床。坊子煤田含煤 5 层，可采 3 层，可采总厚度 1.15~11.64 m。以中—中高灰、低—低中硫、低—特低磷无烟煤为主，局部为不黏煤、弱黏煤、贫煤和天然焦。

山东软质黏土所占比重很小，其资源量约占全省耐火黏土资源总量的 2 %，其中产于石炭纪地层中的软质黏土占 1.32 %，产于侏罗纪地层中的仅占 0.7 %。与侏罗纪沉积作用有关的耐火黏土矿主要为产于中侏罗统坊子组中的软质黏土，为陆相湖沼沉积型，矿体为层状、似层状，在坊子、淄博、章丘、济阳、蒙阴等凹陷盆地中都有分布。以潍坊坊子和淄博贾黄等地发育较好，有可供开采的软质黏土矿层，但均为小型矿床。坊子软质黏土矿床主要分布在坊子南部的杨家埠和荆山洼，为坊子组下层煤中的软质黏土，矿体长度一般为 250~550 m，厚度一般为 0.8~2.6 m。矿石主要矿物成分为高岭石，其次为伊利石。

二、鲁东地区与燕山期岩浆热液作用有关的金、银、硫铁矿、铜、钼钨、铅锌、铁矿区域分布特征

与燕山期花岗质岩浆活动有关的金矿床主要分布在鲁东地区。金矿分布区横跨华北板块东南缘和秦岭-大别-苏鲁造山带的东延部分。自西向东形成三山岛-仓上、龙口-莱州、招远-平度、西林-毕郭、桃村-即墨、牟平-乳山及威海-文登 7 条矿带，矿床围绕中生代 NNE 向主干断裂与 EW 向基底构造带的交会复合段集中分布，形成近 20 个金矿田。胶西北的三山岛断裂、焦家断裂、招平断裂控制着区内超大型、大型及中小型金矿床的生成和分布，控制着胶东金矿 90 %以上的资源储量。东部的金牛山断裂带纵贯胶东半岛东部，控制着胶东东部数十处硫化物石英脉型金矿床。金矿床在空间分布上与燕山期花岗岩类关系密切，75 %以上的金矿床分布于郭家岭、玲珑序列诸岩体接触带 1~3 km 范围内。胶东金矿有多种金矿化类型，代表性矿床有焦家式、玲珑式、金牛山式和蓬家夼式等。

山东银矿区(床)主要分布于招远、莱州、栖霞、龙口、福山、牟平、荣成、文登、莱西等地。银主产矿区(床)分布于招远十里堡、栖霞虎鹿夼、文登—荣成老横山、荣成同家庄、莱西小东馆、莱州朱家庄子等地，规模均为小型，代表性矿床为招远十里堡银矿床。伴生银矿区(床)主要分布于胶西北地区，与金、铜、铅锌等矿产伴生，其中与金矿伴生的银矿占 90 %以上。莱州焦家、三山岛、新立，招远玲珑、大尹格庄等大型超大型金矿床伴生银矿均达中型规模以上。山东银矿床主要分布于沂沭断裂带以东的鲁东地区，与金矿分布区重叠并具有相同的成矿地质环境。在空间分布上与燕山晚期伟德山序列花岗岩及其期后的浅成、超浅成脉岩密切相关。矿床受区域性断裂及其次级断裂构造的控制，均分布于构造破碎蚀变带中。

与岩浆热液作用有关的充填交代型硫铁矿矿床主要分布在胶北隆起区，如蓬莱小杨家、平度金沟、牟平八甲及乳山唐家沟等硫铁矿矿床。矿床受区域性断裂及其次级断裂构造控制，与断裂构造性质关系密切，与围岩无直接关系。火山热液充填交代型硫铁矿矿床主要分布在胶莱拗陷和胶南隆起的相接地带，矿床受火山机构控制，在空间上与青山群八亩地组、石前庄和方戈庄组火山岩地层关系密切。

与岩浆热液作用有关的热液交代型铜矿床，主要分布在胶北隆起区。代表性矿床为福山王家庄铜矿床，是省内查明资源储量最多的铜矿床。区内褶皱及断裂构造发育，不同序次的褶皱、韧性变形带、断裂构造叠加出现，为矿液运移和沉淀提供了有利的空间。区内呈岩枝、岩脉产出的燕山期石英闪长玢岩、闪长岩等发育。铜矿化主要发育在粉子山群大理岩、变粒岩及片岩中。与中酸性岩浆活动及潜火山热液有关的充填交代型金铜硫化物矿床主要分布在胶莱拗陷南缘和胶南隆起区。代表性矿床为五莲七宝山金线头金-铜矿床。矿床赋存于七宝山次火山穹窿隐爆角砾岩筒中，矿化围岩为石英闪长玢岩、花岗闪长斑岩、闪长岩等。

钼钨矿床主要分布在胶北隆起南缘与胶莱拗陷东北缘(桃村凹陷)接合部位的隆起区一侧。代表性矿床有福山邢家山钼钨矿床和栖霞尚家庄钼矿床。区内褶皱及断裂构造发育。岩浆岩主要为燕山晚期的斑状花岗闪长岩、石英闪长玢岩、闪长岩、煌斑岩等。

栖霞香夼铅锌矿床位于胶北隆起北部。矿化主要发育在中生代花岗闪长斑岩与蓬莱群香夼组灰岩接触带内。伴生有铜硫矿化和铜钼矿化。铅锌矿化主要发育于上部，铜硫矿化主要发育于中部，铜钼矿化主要发育于下部。是省内发现的规模最大的铅锌矿床。

与燕山期花岗质岩浆活动有关的岩浆期后热液型铁矿床，分布在胶北隆起的莱州大浞河、西铁埠和威海隆起西缘的乳山马陵等地，代表性矿床为乳山马陵铁矿床，铁矿化发育在荆山群祥山段内，矿区内发育燕山期花岗闪长岩及闪长玢岩、石英正长闪长岩等。

三、鲁西地区与燕山期岩浆热液及接触交代作用有关的金、铜、铁、稀土、磷矿区域分布特征

与燕山早期偏碱性潜火山岩及浅成侵入岩有关的归来庄式、磨坊沟式金矿床，分布于沂沭断裂带西

侧,鲁中隆起南部尼山凸起与平邑凹陷的接合地带。燕山早期形成的铜石杂岩体在空间上与金矿化关系密切,金矿床(点)均分布在杂岩体的边部、外侧和内部的构造带中。金矿田的展布受区域性主干断裂——燕甘断裂和铜石杂岩体控制。矿田内发育隐爆角砾岩型、碳酸盐岩微细浸染型、矽卡岩型及斑岩型等多种类型金矿床(点),属同一成矿系列。

与燕山晚期中酸性浅成侵入岩有关的接触交代型铜(金、铁)或铁(金)矿床主要分布在沂南铜井、临朐铁寨、沂源金星头、莱芜铁铜沟及苍山莲子汪等地。该类矿床形成于燕山期侵入岩与古生代及土门群碳酸盐岩的接触带处。代表性矿床为铜井金铜铁矿床。与燕山晚期二长斑岩—正长斑岩有关的潜火山热液石英脉型金矿床,主要分布于苍山龙宝山地区,代表性矿床为龙宝山金矿床。与燕山晚期中偏基性侵入岩有关的接触交代型铁矿床主要分布在莱芜、济南、淄博等地,矿床主要赋存于燕山期闪长岩类与奥陶纪碳酸盐岩接触带的矽卡岩中,称为莱芜式铁矿床。与燕山晚期中低温热液及风化淋滤作用有关的铁矿床主要分布在淄河地区的朱崖、店子和文登等地。总体沿淄河断裂带呈 NNE 向带状分布,长约 70 km。文登、店子、黑旺等大型矿床分别产于 NW 向断裂与淄河断裂带的交会处。代表性矿床为朱崖铁矿床。朱崖式铁矿主要赋矿层位为寒武纪炒米店组中下部及奥陶纪马家沟群北庵庄组和五阳山组。

与中生代火山活动晚期浅成-超浅成侵入岩有关的斑岩型铜矿床,以邹平王家庄铜矿床为代表。矿床地质构造位置位于鲁西隆起北缘的邹平火山岩盆地中。铜矿床赋存于火山岩盆地中破火山口的中心部位,主要铜矿体处于破火山口中心的火山通道中。铜矿化在空间上及成因上与王家庄中酸性、偏碱性浅成杂岩体密切相关,该岩体侵入于青山群方戈庄组,铜矿化发育在石英正长闪长岩中。与燕山晚期热液充填作用有关的铜矿床主要分布在昌乐青上、枣庄下道沟、莱芜胡家庄、邹平大临池等地,代表性矿床为昌乐青上铜矿床。

鲁西地区的稀土矿化主要发育微山县郗山、苍山龙宝山、淄博西石马和莱芜胡家庄等地。稀土矿的生成和分布与燕山晚期碱性侵入岩、碳酸岩及其期后的热液活动密切相关,代表性矿床为郗山稀土矿床。该稀土矿位于微山县东南约 17 km 的郗山村及其周缘,西临微山湖。在地质构造部位上居于鲁中隆起西南部峄城凸起的西南缘。稀土矿主要赋存于含稀土石英重晶石碳酸岩脉中,矿体总体为脉状,矿区内已发现含稀土矿脉 60 余条,多分布在碱性岩体顶底板附近。

磷矿床主要分布在枣庄市沙沟、苍山等地,在地质构造部位上位于鲁西隆起西南缘。枣庄沙沟磷矿床分布于枣庄-峄县断陷西部,峄城 EW 向深断裂北侧,矿体赋存于枣庄沙沟偏碱性杂岩体的含黑云辉石正长岩内。

四、沂沭断裂带及鲁东地区与火山-气液交代作用及沉积作用有关的明矾石、沸石岩、膨润土、珍珠岩、伊利石黏土矿区域分布特征

(一)明矾石矿区域分布特征

山东已发现明矾石矿床 2 处,产地为莒南县将军山和诸城石屋子沟,均为小型。矿床赋存在沂沭断裂带东侧白垩纪火山岩盆地中的青山群八亩地组安山质火山岩内。莒南将军山明矾石矿床位于昌邑-大店断裂带东侧、莒县凹陷西北部的中生代火山岩盆地中。诸城石屋子沟明矾石矿区位于胶南隆起西北及西部边缘的中生代火山岩盆地中。矿床赋存于安山质晶屑-岩屑凝灰岩、熔结凝灰岩、安山质含砾凝灰岩中。

(二)沸石岩、膨润土、珍珠岩矿区域分布特征

目前省内已发现 30 余处沸石岩矿床(点),主要分布在潍坊、诸城、五莲、胶州、莱阳、莱西、荣成、安丘、莒县、莒南等地。在地质构造位置上,则居于沂沭断裂带内及其以东的胶北隆起、胶莱拗陷和胶南隆起内,矿床主要产于胶莱拗陷边缘及沂沭断裂带北段的次级构造单元中。沸石岩矿的产出明显受层位

和岩性控制,所有具有工业价值的沸石岩矿均产于早白垩世青山群石前庄组(酸性火山熔岩-火山碎屑岩建造)中。山东沸石岩矿可分与陆相火山碎屑岩堆积有关的水解蚀变型沸石岩矿床和与陆相火山熔岩流堆积有关的水解蚀变型沸石岩矿床。潍坊涌泉庄、诸城青墩-芦山、胶州李子行、莱西于家洼等矿床均属第一种类型,为山东沸石岩矿的主要成因类型。

山东膨润土矿主要分布在潍坊、昌邑、高密、诸城、胶州、莱阳等地。在地质构造位置上主要分布在沂沭断裂带北段东侧和沂沭断裂带内的中生代陆相火山-沉积盆地中,在沂沭断裂带以东的胶莱拗陷及沭断裂带内的坊子凹陷、安丘凹陷内,均有膨润土矿分布。其往往与沸石岩矿、珍珠岩矿伴生。早白垩世陆相火山沉积水解蚀变型膨润土矿床产于早白垩世青山群内,其中多数矿床产于石前庄组中,少数产于后夼组中,与酸性-中酸性火山岩关系密切。此类矿床规模较大,资源丰富,是山东膨润土资源的主体,代表性矿床有潍坊涌泉庄、诸城青墩、胶州石前庄、莱阳白藤口等。中晚白垩世河湖相沉积型膨润土矿床产于王氏群林家庄组及辛格庄组中,该类矿床分布局限,仅见于沂沭断裂带北段及胶莱拗陷的局部地区,矿床规模较小,代表性矿床有高密谭家营膨润土矿床。

山东珍珠岩矿多见于鲁东地区,主要分布在潍坊涌泉庄、莱阳白藤口、诸城大土山、胶州西石及里山前、莱西于家洼及福山后、安丘胡峪和荣成龙家—大岚头等地,多与沸石岩、膨润土矿床伴生。地质构造位置,居于胶莱拗陷边缘及沂沭断裂带北段的次级构造单元中,其产出受白垩纪青山群石前庄组内的酸性-中酸性火山岩控制。山东珍珠岩矿床分为酸性火山喷溢熔岩-碎屑岩型和酸性火山爆发碎屑角砾岩型。第一种类型分布普遍,主要分布在潍坊涌泉庄、诸城大土山、胶州西石等地,矿床赋存在火山口外各种地形上,矿体规模较大,形态多为层状、似层状。第二种类型分布较少,主要见于莱阳白藤口及荣成龙家—大岚头等地,矿床赋存在穹窿状火山机构(火山颈相)的外缘角砾岩或熔岩带中。

(三)伊利石黏土矿区域分布特征

山东省内至今发现的含伊利石黏土矿品位均较低,尚未发现真正的伊利石黏土工业矿床。含伊利石黏土矿主要分布在沂沭断裂带东侧胶莱拗陷边缘的安丘金冢子乡和昌邑南部的丈岭、太堡庄、金戈庄、北孟等地,其中以昌邑市北孟—太堡庄一带伊利石黏土矿床最为典型。矿床主要发育在王氏群中,王氏群胶州组细碎屑岩系为含伊利石黏土矿的主要赋存地层。

五、沂沭断裂带及鲁东地区与低温(流体)热液作用有关的铅锌、萤石、重晶石矿区域分布特征

该类型铅锌矿床主要分布在鲁东地区的龙口、乳山、荣成、海阳、胶南及沂沭断裂带内的安丘、沂水等地。矿床主要分布在中生代火山-沉积岩系及花岗质侵入岩出露的拗陷内及隆起边缘,矿化发育在区域性断裂旁侧的次级构造中。矿体产于不同时期的地质体中,主要赋存于构造裂隙带内。成矿作用以充填为主,围岩没有明显的热液蚀变现象。该类型铅锌矿床为省内较重要的铅锌矿类型,规模较大的产地有安丘白石岭及龙口凤凰山等。此类矿床在胶莱盆地周缘多与重晶石矿共生,代表性矿床为安丘白石岭铅锌-重晶石矿床。

萤石矿主要分布在鲁东地区的蓬莱、龙口、莱州、平度、招远、胶州、诸城及五莲、日照、莒南、临沭等地。其中,艾山-雨山萤石矿带为鲁东地区最重要的萤石成矿区带,该带位于胶北隆起中北部的艾山-雨山二长花岗岩、花岗闪长岩分布区中。NNE向的山后曹家-邢庄断裂、头包家-巨山沟-村里集断裂控制着区内萤石矿床的生成和展布,该组断裂所派生的近EW向和NW向次级断裂是有利的控矿赋矿构造。萤石矿床(点)集中分布在蓬莱巨山沟、小骆家、头包家、高家沟、卧龙沟、古城李家、等口店、下薛家、上炉、接家沟及龙口山后曹家、竹园村、任家沟等地,代表性矿床为蓬莱巨山沟萤石矿床。

重晶石矿床主要分布在蓬莱、莱州、海阳、乳山、莱阳、莱西、昌邑、安丘、诸城、高密、胶州、即墨、五莲、日照东港、莒南、莒县、临沭等地。在地质构造位置上,主要分布在沂沭断裂带内及其以东的胶莱拗

陷和胶北隆起、胶南隆起区。如诸城荆山—锡山、高密化山等重晶石矿分布在胶莱拗陷及周缘的白垩纪火山碎屑岩及正常沉积碎屑岩区；蓬莱上炉重晶石矿分布在胶北隆起中生代花岗岩区；胶南前沟、五莲福禄头等重晶石矿分布在胶南隆起古元古代变质岩区；安丘宋官疃、莒南仕沟等重晶石矿分布在沂沭断裂带内白垩纪火山碎屑岩及正常沉积碎屑岩区。山东重晶石矿床均属低温热液裂隙充填型，矿体受断裂构造控制明显，围岩蚀变不发育，代表性矿床为高密化山重晶石矿床。

第三节　中生代矿床成矿系列划分

各种矿床都是在大地构造演化过程中在特定大地构造环境下形成的特殊地质体，成矿作用过程与大地构造演化密切相关，成矿作用过程中特定成矿类型反映了大地构造环境的时空专属性。山东地区中生代岩浆-沉积-构造-成矿事件序列时空演化是对区内地层划分、岩浆侵入时序关系、火山喷发建造、构造活动及成矿作用的概括和模式化，而矿床成矿系列的划分则是对成矿事件与构造环境的高度统一。山东中生代可以划分为两个构造阶段：其一是三叠纪华北板块与扬子板块陆陆碰撞阶段，代表了印支造山过程；其二是中国东部叠加造山-裂谷发展阶段，是燕山造山事件的表现，可进一步分为3个构造幕。每一个造山幕，均符合于挤压造山到随后的伸展作用，亦即从地幔对陆壳的加热开始，随后是挤压造成的岩浆侵位以及造山后的伸展作用，并伴随着与岩浆事件紧密相关的不同的成矿作用。

构造-岩浆-沉积-成矿事件与区域构造事件具有相互耦合性。大尺度和强烈的金属成矿作用发育于同造山（早期、中期和晚期）幕，与此形成鲜明对照的是，造山中期由于强烈的伸展作用，除了形成大规模的金矿成矿作用外，还形成了火山岩型金属矿产和与火山作用有关的膨润土、沸石岩和珍珠岩矿床，而造山早期和造山晚期则形成多金属矿产，这一特征在胶东地区表现特别明显。它进一步表明，造山幕的识别和划分为金属成矿作用与大规模岩浆活动时空相伴生的成生联系提供了好的约束，而过热的大量岩浆作用发育期则在时空上与形成大型金、铜、钼、铅锌矿床相伴生。

中生代爆发成矿与壳幔作用和大规模的下地壳熔融有关，成矿时代集中在构造转折的峰期时限内，主成矿阶段时代从140~130 Ma到120~110 Ma。

中生代俯冲岩浆岩/陆内盆地相与成矿的地质事实表明：构造体制发生的重大转折是导致矿床形成的内因，不同的构造环境——即岩石构造组合和建造制约了各自不同矿床的形成，而不同的岩石建造是矿床形成的具体载体。俯冲岩浆岩/陆内盆地相构造-岩浆活动从晚侏罗世以前强烈的陆内挤压造山和地壳增厚作用演变到早白垩世以来强烈的陆内断陷和岩石圈减薄作用，这种构造体制的转折过程与太平洋板块向亚洲大陆的俯冲作用紧密相关。早白垩世是中国东部强烈的伸展变形和裂谷作用时期，形成了广泛发育的断陷盆地和伸展盆山耦合系统。山东省中生代形成了一系列受构造控制的陆相盆地、火山喷发和岩浆侵入活动，构成盆岭相间的构造格局，因而形成了金矿、铁矿、铜铅锌钼多金属矿、非金属矿等丰富多彩的矿产。

按大地构造演化阶段、成矿环境及其形成的矿床成矿系列组合，分为燕山早期和燕山晚期矿床成矿系列。山东中生代矿床成矿系列划分见表15-1。

一、燕山早期矿床成矿系列

1. 鲁中隆起与侏罗纪沉积作用有关的煤、耐火黏土矿床成矿系列

该系列中的煤、耐火黏土矿发育在淄博群坊子组中，是山东侏罗纪的含煤建造。坊子湖泊相泥岩-砂岩-碳质页岩含煤组合（坊子组）分布局限，除坊子煤田外，仅见于淄博、章丘等地。岩性以灰色细砂岩、碳质页岩、泥岩及煤层组成为主，代表了湖水由浅变深和由深变浅的沉积过程，可进一步分为砂砾岩

建造、砂岩建造、页岩泥岩建造和含煤建造。坊子煤田含可采煤3层,厚4~6 m;淄博、章丘一带坊子组含煤1~2层,煤层厚度0.6~0.7 m。

表15-1 山东中生代矿床成矿系列划分

成矿旋回			成矿系列名称		主要成矿地质作用	含矿建造(岩系)	产出构造部位	成因类型	矿床式	代表矿床
中生代	晚白垩世	燕山晚期	鲁东地区与晚白垩世低温(流体)热液裂隙充填作用有关的萤石-重晶石、铅锌-重晶石矿床成矿系列		低温热液裂隙充填	不同时代侵入岩、变质岩、碎屑岩、火山岩等岩系	矿体赋存在各类脆性岩石(体)构造裂隙中	低温热液裂隙充填型	巨山沟式(萤石) 化山式(重晶石) 白石岭式(铅锌-重晶石)	蓬莱巨山沟萤石矿床 高密化山重晶石矿床 安丘白石岭铅锌-重晶石矿床
			胶莱拗陷西部与晚白垩世河湖相碎屑岩建造有关的沉积型膨润土、伊利石黏土矿床成矿系列		河湖相沉积	晚白垩世河湖相碎屑岩建造——王氏群	河湖盆地中	河湖相沉积型	谭家营式(膨润土) 北孟式(伊利石黏土)	高密谭家营膨润土矿床 昌邑北孟-太堡庄伊利石黏土矿床
	早白垩世		鲁东地区与早白垩世中酸-中基性火山-气液活动有关的金-铜、硫铁矿、明矾石、沸石岩、膨润土、珍珠岩矿床成矿系列	胶莱拗陷及其周缘与早白垩世流纹质-碱流质岩浆活动有关的水解蚀变型膨润土-沸石岩-珍珠岩矿床成矿亚系列	火山-沉积及水解蚀变	流纹质-碱流质火山岩建造——青山群石前庄组	火山盆地中	火山-沉积水解蚀变型	涌泉庄式(膨润土-沸石岩-珍珠岩)	潍坊涌泉庄膨润土-沸石岩-珍珠岩矿床
				胶南隆起西缘中生代凹陷中与安山质岩浆活动有关的热液型硫铁矿-明矾石矿床成矿亚系列	火山-沉积及交代蚀变	粗安质-安山质-英安质火山岩建造——青山群八亩地组	火山盆地中	火山热液充填型	钓鱼台式(硫铁矿) 将军山式(明矾石)	五莲钓鱼台硫铁矿矿床 莒南将军山明矾石矿床
				胶莱拗陷南缘与早白垩世中酸性岩浆活动有关的潜火山热液型金-铜矿床成矿亚系列	火山及潜火山热液蚀变	中酸-中偏碱性火山-侵入杂岩——青山期潜火山岩系	近火山盆地中心地带	潜火山热液充填交代型	金线头式(金-铜)	五莲七宝山金线头金-铜矿床
			鲁中隆起与燕山晚期岩浆及热液活动有关的铁(-钴)、铁、金-铜-铁、铜-钼、铜、稀土、磷矿床成矿系列	鲁中隆起与燕山晚期中低温热液及风化淋滤作用有关的铁矿床成矿亚系列	中低温热液充填及风化淋滤	矿床主要赋存在寒武纪碳酸盐岩系中	早古生代碳酸盐岩层间脆弱地带	中低温热液充填及风化淋滤型	朱崖式(铁)	青州店子铁矿床
				鲁中隆起与燕山晚期碱性岩浆及碳酸岩浆活动有关的热液型稀土矿床成矿亚系列	岩浆热液充填交代	霓石正长岩等碱性岩、碳酸岩	前寒武纪片麻岩或早古生代碳酸盐岩裂隙发育地带	中低温热液充填交代脉型	郗山式(稀土) 胡家庄式(稀土)	微山郗山稀土矿床 莱芜胡家庄稀土矿床
				鲁中隆起与燕山晚期中酸性、偏碱性岩浆活动有关的金-铜-铁、铜-钼、金、铜、磷矿床成矿亚系列	岩浆热液充填交代	中酸性、偏碱性浅成岩建造组合	构造裂隙发育的中酸性岩株等小侵入体近处	接触交代型 斑岩型 热液充填型 岩浆分异型	铜井式(金铜铁) 邹平式(铜-钼) 龙宝山式(金) 青上式(铜) 沙沟式(磷)	沂南铜井金铜铁矿床 邹平王家庄铜-钼矿床 苍山龙宝山金矿床 昌乐青上铜矿床 枣庄沙沟磷矿床
				鲁中隆起与燕山晚期中-基性岩浆岩活动有关的铁(-钴)矿床成矿亚系列	接触交代	辉长岩-闪长岩-花岗闪长岩建造组合	背斜翼部中-基性侵入岩与早古生代碳酸盐岩接触部位	接触交代型	莱芜式(铁)	莱芜张家洼铁矿床

续表

成矿旋回			成矿系列名称		主要成矿地质作用	含矿建造（岩系）	产出构造部位	成因类型	矿床式	代表矿床
中生代	早白垩世	燕山晚期	胶北隆起与燕山晚期花岗质岩浆活动有关的金(银-硫铁矿)、银、铜、铁、铅锌、钼-钨、钼矿床成矿系列	胶北隆起与燕山晚期花岗质岩浆活动有关的热液型银、铜、铁、铅锌、钼-钨、钼矿床成矿亚系列	燕山晚期岩浆期后热液交代、充填	伟德山期花岗闪长岩-二长花岗岩等岩石建造	胶北前寒武纪克拉通地块中花岗质侵入岩区断裂构造系统发育部位	中低温热液充填型 中低温热液充填交代型 岩浆热液交代型 斑岩(浸染)型 中温热液充填交代型	十里堡式(银) 福山式(铜) 马陵式(铁) 香夼式(铅锌) 邢家山式(钼-钨) 尚家庄式(钼)	招远十里堡银矿床 福山王家庄铜矿床 乳山马陵铁矿床 栖霞香夼铅锌矿床 福山邢家山钼钨矿床 栖霞尚家庄钼矿床
				胶北隆起与燕山晚期花岗质岩浆活动有关的热液型金(银-硫铁矿)矿床成矿亚系列	燕山晚期岩浆期后热液交代、充填	玲珑及郭家岭二长花岗岩-花岗闪长岩岩石建造	胶北前寒武纪克拉通地块中花岗质侵入岩区断裂构造系统发育部位	破碎带蚀变岩型 石英脉型 硫化物石英脉型 蚀变层间角砾岩型	焦家式(金-银) 玲珑式(金-银) 金牛山式(金-银-硫铁矿) 蓬家夼式(金)	莱州市焦家金矿床 招远市玲珑金矿床 乳山市金青顶金矿床 蓬家夼金矿床
	侏罗纪	燕山早期	鲁中隆起与燕山早期偏碱性岩浆活动有关的金矿床成矿系列		中-偏碱性侵入杂岩侵入-隐爆	铜石二长闪长质-二长正长质岩石建造	鲁西前寒武纪克拉通地块中铜石杂岩区断裂构造系统发育部位	中低温热液隐爆角砾岩型 碳酸盐岩微细浸染型	归来庄式(金) 磨坊沟式(金)	平邑归来庄金矿床 磨坊沟金矿床
			鲁中隆起与侏罗纪沉积作用有关的煤、耐火黏土矿床成矿系列		河湖相沉积	碎屑岩-有机岩沉积建造——淄博群坊子组	鲁中隆起断陷盆地内	河湖相沉积-变质型	坊子式(煤) 荆山洼式(耐火黏土)	潍坊坊子煤矿床 荆山洼耐火黏土矿床

2. 鲁中隆起与燕山早期偏碱性岩浆活动有关的金矿床成矿系列

该系列主要分布于沂沭断裂带西侧，鲁中隆起东南部的次级断块凸起内及其边缘地带。区内广泛出露新太古代泰山岩群及寒武纪、奥陶纪和中新生代地层。寒武系上部及奥陶系下部的白云质灰岩、白云岩等，是归来庄式金矿的有利围岩。区内前寒武纪和中生代侵入岩发育，中生代燕山早期闪长(玢)岩-二长(斑)岩-正长斑岩组合与金矿形成密切相关。矿床(点)多产于潜火山杂岩体的边部，潜火山作用形成的环状、放射状断裂及隐爆角砾岩体，是含矿热液运移和聚集成矿的有利空间。NNW向燕甘断裂控制着区内地层、岩浆岩和金矿床(点)的展布。燕甘断裂派生的次级近EW向、NW向断裂构造，是区内主要的导矿和容矿构造，控制归来庄等金矿床的生成和分布。区内发育隐爆角砾岩型、碳酸盐岩微细浸染型、矽卡岩型及斑岩型等多种类型金矿床(点)，具“多位一体”的特征，在成因上均与铜石中偏碱性次火山杂岩体有关，属同一矿床成矿系列。代表性矿床为归来庄金矿床和磨坊沟金矿床。

二、燕山晚期矿床成矿系列

燕山造山事件在山东表现为旋回性的造山幕特点，每一幕表现为挤压与伸展的交替性，这种交替性是山东金矿和多金属矿成矿的地质背景。岩浆-沉积-构造-成矿事件与区域构造事件具有相互耦合性，金矿、多金属矿的形成与定位同燕山晚期构造幕紧密相联，形成了与之相协调的成矿系列组合。

1. 胶北隆起与燕山晚期花岗质岩浆活动有关的金(银-硫铁矿)、银、铜、铁、铅锌、钼-钨、钼矿床成矿系列

该系列分布区横跨华北板块东南缘的胶北隆起区和秦岭-大别-苏鲁造山带的威海隆起。特殊的大地构造位置造就了该系列得天独厚的地质背景和成矿条件。区内有广泛分布的太古宙—元古宙变质

基底岩系,有不同构造岩浆期的岩浆侵入活动,有中生代以来广泛发育的NNE,NE等不同方位和不同序次的断裂构造。该成矿系列的形成与分布受燕山期花岗质侵入岩和断裂构造的控制,特别是与燕山晚期郭家岭序列、伟德山序列及雨山序列岩浆热液活动密切相关。该成矿期是胶东地区贵金属、有色金属矿的主要成矿期。该成矿系列包含2个亚系列。

(1) 胶北隆起与燕山晚期花岗质岩浆活动有关的热液型金(银-硫铁矿)矿床成矿亚系列

该亚系列主要分布于胶北隆起区,金矿床围绕中生代NE—NNE向主干断裂与EW向基底构造带的交会复合段集中分布。胶西北的三山岛断裂、焦家断裂、招平断裂及东部的金牛山断裂是区内主要的控矿构造,控制着金矿床的形成和分布。近年来,在栖霞-蓬莱成矿带上,也发现和评价了笏山-西陡崖等大型金矿床。在胶莱盆地东北缘新发现了辽上特大型金矿床。金矿床在空间上与燕山期玲珑花岗岩、郭家岭花岗岩关系密切,胶东75 %以上的金矿床分布于郭家岭、玲珑序列诸岩体接触带1~3 km范围内。金矿成因类型为壳幔混合岩浆期后热液型金矿床,该亚系列包含多种金矿化类型。代表性矿床有焦家破碎带蚀变岩型金矿床、玲珑含金石英脉型金矿床、金青顶硫化物石英脉型金矿床、蓬家夼蚀变层间角砾岩型金矿床。该系列中的银矿主要以伴生矿产产出,在莱州焦家、三山岛、新立,招远大尹格庄等大型超大型金矿床中伴生银矿均达中型规模以上。该亚系列中与岩浆热液作用有关的充填交代型硫铁矿矿床主要分布于胶北隆起区的蓬莱、平度、牟平等地,矿床受区域性断裂及其次级断裂构造控制。

该亚系列的形成受地壳演化及其结构的制约,自太古宙至中生代,从成岩到成矿,有着明显的承袭关系。该亚系列的形成与重要的致矿地质异常事件和重大成矿作用对应耦合。中生代燕山期的构造体制转换、岩石圈减薄、大规模的构造岩浆活动,特别是郭家岭序列的形成、侵位和岩浆期后热液作用是金矿成矿的主导因素。

(2) 胶北隆起与燕山晚期花岗质岩浆活动有关的热液型银、铜、铁、铅锌、钼-钨、钼矿床成矿亚系列

该亚系列分布区与胶东金矿区重叠,在空间上和成因上与伟德山造山晚期闪长岩-花岗闪长岩-花岗岩组合、雨山浅成-超浅成石英闪长玢岩-花岗闪长斑岩-石英二长斑岩组合密切相关。该成矿期是区内多金属矿的主成矿期,也是金矿的叠加成矿期。该亚系列银矿床主要分布于胶北隆起的招远、栖霞、莱西、莱州等地,少部分分布于威海隆起区的文登、荣成等地,代表性矿床为招远十里堡银矿床;铜矿床主要分布于胶北隆起的福山、牟平等地,代表性矿床为福山王家庄铜矿床;铁矿床主要分布在胶北隆起的莱州和威海隆起西缘的乳山等地,代表性矿床为乳山马陵铁矿床。铅锌矿床主要位于胶北隆起北部的栖霞等地,代表性矿床为栖霞香夼铅锌矿床。钼-钨矿床分布于胶北隆起的福山,代表性矿床为福山邢家山钼钨矿床;钼矿床分布于胶北隆起的栖霞、牟平等地,代表性矿床为栖霞尚家庄钼矿床。

2. 鲁中隆起与燕山晚期岩浆及热液活动有关的铁(-钴)、铁、金-铜-铁、铜-钼、铜、稀土、磷矿床成矿系列

该成矿系列主要分布于鲁中隆起区,区内中生代侵入岩发育。该成矿系列的形成与分布和区内的中-基性、中酸性及偏碱性燕山晚期侵入岩密切相关。矿床的形成受断裂构造、褶皱构造、接触带构造、层间构造及火山机构构造等控制。该成矿期是鲁西地区铁及有色金属矿的重要成矿期。该成矿系列包含4个亚系列。

(1) 鲁中隆起与燕山晚期中-基性岩浆活动有关的铁(-钴)矿床成矿亚系列

该亚系列主要分布于沂沭断裂带西侧鲁中隆起区北部的莱芜、济南及淄博金岭等地。矿床形成于中生代燕山晚期中偏基性侵入岩与奥陶纪马家沟群碳酸盐岩的接触带上,铁矿体在空间上严格受接触带和矽卡岩带的控制。矿体的形态、产状和规模与接触带的产状密切相关。在接触带内凹、上凸或在岩体的倾状转折端处,易形成规模较大的矿体。该类矽卡岩铁矿床称之为莱芜式,代表性矿床有莱芜矿区的张家洼、西尚庄等铁矿床。

(2) 鲁中隆起与燕山晚期中酸性、偏碱性岩浆活动有关的金-铜-铁、铜-钼、金、铜、磷矿床成矿亚

系列

该亚系列分布于鲁中隆起区内的沂南、临朐、沂源、邹平、昌乐、莱芜、枣庄及苍山等地。与燕山晚期中酸性浅成侵入岩有关的接触交代型铜(金、铁)或铁(金)矿床,主要分布在沂南铜井、临朐铁寨、沂源金星头、莱芜铁铜沟及苍山莲子汪等地。该类矿床形成于燕山晚期侵入岩与古生代及土门群碳酸盐岩的接触带,代表性矿床为沂南铜井金铜铁矿床。与燕山晚期二长斑岩-正长斑岩有关的潜火山热液石英脉型金矿床,主要分布于苍山龙宝山地区。与中生代火山活动晚期浅成-超浅成侵入岩有关的斑岩型铜矿床,位于鲁西隆起北缘的邹平火山岩盆地中。与燕山晚期热液充填作用有关的铜矿床主要分布在昌乐青上、枣庄下道沟、莱芜胡家庄、邹平大临池等地,代表性矿床为昌乐青上铜矿床。与燕山晚期偏碱性岩浆活动有关的磷矿床,分布于枣庄沙沟地区。

(3) 鲁中隆起与燕山晚期碱性岩浆及碳酸岩浆活动有关的热液型稀土矿床成矿亚系列

该亚系列分布于微山郗山、苍山吴家沟、淄博西石马和莱芜胡家庄等地。与燕山晚期碱性侵入岩及热液活动相关的稀土矿床(点)为郗山稀土矿床、苍山吴家沟稀土矿点;与碳酸岩有关的稀土矿床(点)为莱芜胡家庄稀土矿床和淄博西石马等稀土矿点。

(4) 鲁中隆起与燕山晚期中低温热液及风化淋滤作用有关的铁矿床成矿亚系列

该亚系列主要分布在鲁中淄河地区的朱崖、店子、文登和黑旺一带。寒武纪九龙群炒米店组为主要赋矿围岩,个别小矿体赋存于寒武纪—奥陶纪三山子组中。矿床主要产于 NW 向断裂与淄河断裂带的交会处,铁矿体受断裂构造和层间构造的控制。褐铁矿主要产于矿体的上部,菱铁矿主要产于矿体下部或被包裹于褐铁矿中。该类铁矿床称之朱崖式铁矿床。

3. 鲁东地区与早白垩世中酸-中基性火山-气液活动有关的金-铜、硫铁矿、明矾石、沸石岩、膨润土、珍珠岩矿床成矿系列

该成矿系列主要分布在潍坊—临沂一线以东的鲁东地区。大地构造位置跨沂沭断裂带、胶莱拗陷及胶南隆起、威海隆起等构造单元。矿床主要分布在胶莱拗陷边缘及沂沭断裂带北段的火山-沉积盆地中。该成矿系列的分布明显受中生代火山岩盆地中青山群火山-沉积岩系的控制,其形成与青山期的火山-沉积作用、潜火山岩浆侵入及热液作用密不可分。该成矿系列包含 3 个亚系列。

(1) 胶莱拗陷南缘与早白垩世中酸性岩浆活动有关的潜火山热液型金-铜矿床成矿亚系列

该亚系列主要分布于胶莱拗陷南缘,矿床受火山-沉积盆地断裂构造控制,赋存于七宝山次火山穹窿中,在空间上与石英闪长玢岩、花岗闪长斑岩、闪长岩等关系密切。矿床的形成与中酸性岩浆活动及潜火山热液密切相关,代表性矿床为五莲七宝山金线头金-铜矿床。

(2) 胶南隆起西缘中生代凹陷中与安山质岩浆活动有关的热液型硫铁矿-明矾石矿床成矿亚系列

该亚系列中的明矾石矿床赋存在胶南隆起西北部及西部边缘的白垩纪火山岩盆地中。矿床分布受火山-沉积盆地边缘断裂控制,矿体赋存于青山群八亩地组安山质火山岩中。火山作用对明矾石矿床的形成起着重要的控制作用,不仅提供了成矿母岩,而且提供了丰富的火山热液。火山机构对明矾石矿床的形成密切相关,诸城石屋子沟、莒南将军山明矾石矿床均发育在火山机构附近。

火山热液充填交代型硫铁矿矿床主要分布在胶莱拗陷和胶南隆起的相接地带,矿床受火山机构控制,在空间上与青山群火山岩关系密切。该类硫铁矿床主要分布在五莲、诸城和胶南等地。代表性矿床有五莲七宝山钓鱼台硫铁矿矿床。

(3) 胶莱拗陷及其周缘与早白垩世流纹质-碱流质岩浆活动有关的水解蚀变型膨润土-沸石岩-珍珠岩矿床成矿亚系列

该亚系列矿床主要分布在胶莱拗陷边缘及沂沭断裂带北段的火山-沉积盆地中。沸石岩矿床产于早白垩世青山群石前庄组酸性火山熔岩-火山碎屑岩建造中。膨润土矿床主要产于石前庄组中,少数产于后夼组中,与酸性-中酸性火山岩关系密切。珍珠岩矿床主要受石前庄组的酸性-中酸性火山岩控制。沸石岩、膨润土、珍珠岩三者常相伴产出,也有单独产出者。代表性矿床为潍坊涌泉庄膨润土、沸石岩、珍珠岩矿床。

4. 胶莱拗陷西部与晚白垩世河湖相碎屑岩建造有关的沉积型膨润土、伊利石黏土矿床成矿系列

该成矿系列见于沂沭断裂带北段及胶莱拗陷西部的高密凹陷内，分布局限，为中白垩世—晚白垩世河湖相沉积矿床。膨润土矿床产于王氏群林家庄组及辛格庄组中，代表性矿床为高密谭家营膨润土矿床。伊利石黏土矿床产于王氏群胶州组中，代表性矿床为昌邑北孟-太堡庄伊利石黏土矿床。

5. 鲁东地区与晚白垩世低温(流体)热液裂隙充填作用有关的萤石-重晶石、铅锌-重晶石矿床成矿系列

该系列中的萤石、重晶石和铅锌矿在鲁东地区常以伴生或共生矿产产出。矿体产于不同时期的地质体中，主要赋存于构造裂隙带内。铅锌矿床主要分布在中生代火山-沉积岩系及花岗质侵入岩出露的拗陷内及隆起边缘，矿化发育在区域性断裂旁侧的次级构造中，多与重晶石矿共生。代表性矿床为安丘白石岭铅锌-重晶石矿床。萤石矿床分布于胶北隆起、胶南隆起和胶莱拗陷等构造单元中。矿床受区域性断裂构造控制，在胶北隆起中北部的艾山—雨山一带集中成带分布，代表性矿床为蓬莱巨山沟萤石矿床。重晶石矿床主要分布在沂沭断裂带内及其以东的胶莱拗陷、胶北隆起和胶南隆起区。矿体受断裂构造控制，围岩蚀变不发育，成矿作用以充填为主，代表性矿床为高密化山重晶石矿床。

第十六章　鲁中隆起与燕山早期偏碱性岩浆活动有关的金矿床成矿系列

第一节　成矿系列位置和该成矿系列中矿产分布 …… 326
第二节　区域地质构造背景及主要控矿因素 …… 326
一、区域地质构造背景 …… 326
二、区域地质发展史与重大地质事件 …… 327
三、主要控矿因素 …… 327
第三节　矿床区域时空分布及成矿系列形成过程 …… 330
一、矿床时间分布特征 …… 330
二、矿床空间分布特征 …… 331
三、成矿系列形成过程 …… 332
第四节　代表性矿床剖析 …… 332
一、隐爆角砾岩型(归来庄式)金矿床 …… 332
二、碳酸盐岩微细浸染型(磨坊沟式)金矿床 …… 336

鲁西地区具备有利的金矿成矿地质条件,已发现金矿床(点)多处。区内有良好的物化探、重砂异常显示,具有较大的资源潜力和良好的找矿前景。1988年,山东省地矿局第二地质队在平邑县归来庄发现了隐爆角砾岩型金矿;1989~1994年,开展了归来庄金矿普查-勘探工作,1993年5月提交了《山东省平邑县归来庄金矿床中间勘探地质报告》,1994年12月提交《山东省平邑县归来庄金矿床勘探地质报告》。查明金矿资源储量35 t,是鲁西地区发现的唯一大型金矿床。实现了鲁西地区金矿找矿的重大突破,开辟了鲁西地区找金的新领域。1995~1998年,山东平邑—苍山地区被列为部控重点金矿普查区,相继发现并评价了磨坊沟等金矿床,提交了《山东平邑—苍山地区金矿普查报告》和《山东平邑磨坊沟金矿普查报告》。

第一节　成矿系列位置和该成矿系列中矿产分布

该成矿系列大地构造位置位于沂沭断裂带西侧,鲁中隆起南部尼山凸起与平邑凹陷的接合地带。受区域性主干断裂——燕甘断裂和燕山早期中偏碱性铜石杂岩体控制,金矿床(点)均分布在杂岩体的边部、外侧和内部的构造带中。铜石金矿田内发育隐爆角砾岩型(归来庄式)、碳酸盐岩微细浸染型(磨坊沟式)、矽卡岩型及斑岩型等多种类型金矿床(点),具有“多位一体”的特征,以归来庄式和磨坊沟式金矿床为典型代表。各类金矿化的控矿构造、成矿深度、产出部位、赋矿围岩有所差异,在成因上均与铜石中偏碱性次火山杂岩体有关,属同一矿床成矿系列。

第二节　区域地质构造背景及主要控矿因素

一、区域地质构造背景

区内泰山岩群山草峪组以残留体形式残存于新太古代花岗闪长岩中,山草峪组主要岩性为黑云变粒岩、角闪变粒岩和斜长角闪岩。区内广泛出露寒武纪炒米店组、寒武纪—奥陶纪三山子组、奥陶纪马家沟群东黄山组、北庵庄组、土峪组、五阳山组。由燕山早期二长闪长质、二长正长质岩石构成的铜石杂岩体出露于矿区西侧。矿区内呈岩墙、岩床及小岩株状产出的正长斑岩、二长斑岩、二长闪长玢岩及脉状隐爆-侵入角砾岩发育。区内断裂构造发育，与成矿关系密切的有 NNW 向、近 EW 向和 NW 向断裂。NNW 向的燕甘断裂是区内主干断裂，控制着本区地层、岩浆岩和金矿化的展布。近 EW 向、NW 向断裂为燕甘断裂派生的次级构造，是区内主要导矿和容矿构造。

二、区域地质发展史与重大地质事件

中生代燕山运动早期，太平洋板块与欧亚板块的碰撞挤压，导致了郯庐断裂带左行扭动，在鲁西整体处于 NNE 向拉张、NWW 向挤压的构造应力场作用下，沂沭断裂带及其旁侧一系列 NW 向、NNW 向主干断裂的交会诱导了本区燕山期大规模的岩浆活动及热液作用，控制着鲁西各类金矿床的生成和分布。这些主干断裂是重要的导岩和导矿构造，主干断裂旁侧的次级近 EW 向、NE 向断裂裂隙是矿液运移和聚集的有利场所，为重要的控矿赋矿构造。

在平邑铜石地区，先期闪长质、二长闪长质、二长-正长质岩浆活动频繁，末期次火山岩、隐爆角砾岩活动，形成铜石次火山杂岩体。在岩浆分异和上侵过程中，激活和萃取了基底岩系中的金等成矿物质。铜石杂岩体的多次脉动上侵，为金元素的运移提供了足够的热源和热液，形成了富含挥发分的含矿流体。随着温度、压力和介质条件的改变，在有利的构造部位和围岩等条件下沉淀富集交代成矿。在隐爆角砾岩带（筒）及围岩中形成了隐爆角砾岩型金矿床（*归来庄式*）；在寒武纪朱砂洞组白云质灰岩中形成了碳酸盐岩微细浸染型金矿床（*磨坊沟式*）；在岩体与碳酸盐岩的接触带形成了矽卡岩型金矿化；在二长斑岩中形成了斑岩型金矿化。各类金矿化是同一成矿系统中不同定位形式的产物。

三、主要控矿因素

（一）大地构造位置及断裂构造对金矿的控制作用

归来庄式金矿床大地构造位置位于华北板块东南缘，沂沭断裂带西侧，鲁中隆起南部尼山凸起与平邑凹陷的接合地带。中生代燕山运动早期，沂沭断裂带发生左行扭动，派生出该区 NW 向、NNW 向主干断裂及次级断裂。NNW 向燕甘断裂为区内主干断裂，控制着本区地层、岩浆岩和铜石金矿田的展布。燕甘断裂派生的次级近 EW 向、NW 向断裂构造，是区内的主要导矿和容矿构造，是矿液运移和沉淀的有利空间，控制归来庄等金矿床的生成和分布。近 EW 向、NW 向断裂的局部引张、转折及其与次级构造的复合交会部位是金矿富集的有利部位，控制矿体的生成。该断裂具有先压后张的活动特点，在后期张性活动中隐爆角砾岩贯入，伴有强烈的热液蚀变并形成金矿体。构造隐爆角砾岩带是归来庄式金矿床赋存的最佳部位。磨坊沟式金矿床主要受区内近 EW 向、NW 向及 NE 向断裂构造旁侧的次级断裂裂隙和层间裂隙的控制。

（二）燕山早期中偏碱性杂岩体对金矿的控制作用

铜石杂岩体是燕山早期岩浆多次脉动上侵的产物，是由多阶段岩浆活动构成的次火山穹窿。分布于杂岩体外环带的闪长岩-二长闪长玢岩为第一阶段岩浆活动产物；分布于杂岩体内环带的二长斑岩系列为第二阶段岩浆活动产物；粗面斑岩-隐爆角砾岩为第三阶段产物，多分布于杂岩体的中心部位或边缘构造带中。二长斑岩-隐爆角砾岩活动阶段，为本区的主矿化阶段。与铜石次火山穹窿的 3 个环带相对应，区内金矿化的分布也分为中心带、内矿化带和外矿化带 3 个环状矿化集中带。外矿化带是区内的主要金矿成矿带，归来庄大型金矿床和小而富的卓家庄金矿床均分布在该带的北环带中。

铜石次火山杂岩体二长闪长质及二长质岩石，是两个岩石系列的岩浆于先后两个阶段分别侵入、分异演化生成的(林景仟等,1997)。两个系列岩石均体现为以结构、构造演化为主的岩浆侵入系列。

二长闪长玢岩类 SiO_2 平均含量为 63.48 %。岩石中钠质含量较高,钾钠比为 0.40。里特曼指数 3.12,属钙碱性系列岩石。二长斑岩类 SiO_2 平均含量低于二长闪长玢岩类为 60.33 %。岩石中富钾,钾钠比为 1.16。里特曼指数 8.01,属钾质碱性系列岩石。由两系列岩石的分异指数、钾质指数、长英指数、含铁指数、及碱度、基度、钾钠比等特征参数对比可见,二长闪长玢岩类均低于二长斑岩类。说明后者分异演化的较彻底。

两个系列岩石中的微量元素含量变化规律不明显,但稀土元素含量特征有较明显的差异。二长斑岩类的稀土总量、轻重稀土比值及 δEu 值均高于二长闪长玢岩类。Eu/Sm 比值相近,说明两种岩石在成因上有内在联系。在稀土模式图上两系列均显示轻稀土富集型。二长闪长玢岩类 δEu 值显示负铕异常,二长斑岩显示弱负铕异常。

二长闪长玢岩和二长斑岩 $^{87}Sr/^{86}Sr$ 值与大洋拉斑玄武岩相近,说明岩浆来源于上地幔。Sr,Nd 同位素研究证明,二长闪长质岩浆是地幔产生的岩浆和源自地壳的岩浆混合生成的;二长质-正长质系列岩石可与区域上的正长岩系列相对比,正长岩系列的起始岩浆来源于地幔,曾发生过混染作用,但并没有改变岩浆的属性(林景仟等,1997)。

石英二长闪长玢岩和二长斑岩的 $^{40}Ar/^{39}Ar$ 同位素年龄值为(189.8±0.2) Ma 和(188.4±1.6) Ma(林景仟等,1997),SHRIMP U-Pb 年龄为(175.7±3.8) Ma(胡华斌,2004)。说明铜石杂岩体形成于燕山早期。

铜石杂岩体在空间上与金矿化关系密切,控制着铜石金矿田的生成与分布。目前已知的金矿床(点)均分布在杂岩体的边部、外侧和内部的构造带中。在铜石杂岩体的侵位及隆升过程中,岩体内及围岩中形成了一系列环状、放射状断裂,这些断裂构造是矿液运移的良好通道,其叠加、复合和交会部位,是矿液沉淀聚集的良好空间。归来庄大型金矿床和小而富的卓家庄金矿床与岩浆期后热液和隐爆侵入作用有着直接的关系。

铜石杂岩体侵位于前寒武纪变质变形岩体和泰山岩群中,在岩浆分异和上侵过程中,激活和萃取了基底岩系中的金等成矿物质。随着铜石杂岩体多次脉动上侵,为金元素的运移提供了足够的热源和热液,形成了富含挥发分的含矿汽水溶液,在二长斑岩-隐爆角砾岩活动阶段,在有利的构造部位沉淀富集成矿。

(三)基底岩系和寒武纪—奥陶纪地层对金矿的控制作用

区内与归来庄金矿成矿密切相关的地层主要为新太古代泰山岩群和寒武纪—奥陶纪地层。泰山岩群表壳岩和太古宙—元古宙变质变形侵入体共同构成的变质基底岩系是金矿形成的有利地质构造单元。泰山岩群绿岩带地层总体金背景值较高,是金矿形成的初始矿源层。鲁西中生代金矿床的分布与出露基底或隐伏基底有关,基底岩系的分布控制着金矿成矿系列的分布。区内出露的寒武纪炒米店组、寒武纪-奥陶纪三山子组和奥陶纪马家沟群东黄山组、北庵庄组,位于铜石次火山穹窿的顶部和周边,受区域应力及次火山穹窿的叠加作用,断裂裂隙发育,有利于矿液运移和沉淀,是归来庄式金矿赋存的有利层位。该层位中的灰质白云岩、白云质灰岩等是归来庄金矿的有利围岩。

与归来庄式金矿床处于同一矿田、形成于同一成矿系统的磨坊沟式金矿床,赋存于寒武系底部的朱砂洞组地层中。该套地层位于基底岩系不整合面之上,断裂裂隙发育,层间有二长斑岩岩床、岩脉侵入。该层位中的灰质白云岩等,化学活动性强,有利于热液的扩散和交代,是磨坊沟式金矿的有利围岩。区内的磨坊沟、梨方沟和东大湾等金矿床均赋存于该层位中。

(四)隐爆角砾岩对金矿的控制作用

隐爆角砾岩主要分布于铜石杂岩内部及其边缘地带。根据其产出部位和成因分为隐爆角砾岩、隐爆崩塌角砾岩和隐爆侵入角砾岩。前两类金矿化相对较弱，无工业矿体形成。产于杂岩体边缘构造带的隐爆侵入角砾岩与金矿化密切相关，归来庄大型金矿床和小而富的卓家庄金矿床的形成与隐爆侵入作用有着直接的关系。

该隐爆侵入角砾岩体沿 EW 向断裂侵位于寒武纪—奥陶纪灰岩、白云岩中，其形态产状规模受断裂带控制，以岩墙产出，沿走向时有膨缩，沿倾向延深较大。角砾岩体主体以侵入岩角砾为主，边部含较多的石灰岩、白云岩角砾。角砾其成分主要取决于围岩的成分，部分来自深部。角砾有先期侵入的各种组构的二长质-正长质及二长闪长玢岩，有来自古生代地层的泥岩、灰岩、白云岩、砂岩，特别是有来自深部基底岩系的片麻岩，说明该角砾岩体并非原地岩石隐爆碎裂生成，而是具有侵入的性质。角砾岩体中曾有霏细状粗面斑岩的贯入，并遭受了多次碎裂和蚀变作用。早期被霏细斑岩胶结的角砾岩碎裂后，被以黑云母为代表的蚀变矿物组合胶结；再次碎裂后又被石英-冰长石为代表的蚀变矿物组合胶结。其后，角砾状岩石再次遭受挤压破碎和角砾岩化，胶结物形成以绢云母、水云母为代表的矿物组合。在近地表环境下又有高岭土化发生。

区内隐爆角砾岩的胶结物差别较大，有的以黑云母、绢云母为主要胶结物，有的以霏细状粗面斑岩为胶结物，有的以石英萤石方解石黄铁矿为胶结物，有的则以高岭石及碳酸盐矿物为胶结物。不同类型的胶结物是不同的蚀变阶段的产物，反映了一定的成因作用。根结胶结物蚀变矿物的共生组合，区内隐爆角砾岩分为 5 种岩石类型。其中绢云母、水白云母、萤石、碳酸盐矿物、黄铁矿胶结的角砾岩主要分布在归来庄矿区。该类岩石早期经历黑云母化，之后绢云母化、水白云母化、碳酸盐化、黄铁矿化蚀变广泛发生。伴随着硅化和萤石化，金矿化发生。后期受断裂活动影响，在地表水参与下又叠加了高岭土化蚀变。该类角砾岩是归来庄金矿床的主要含矿岩石。石英、冰长石、黄铁矿、碲化物胶结的角砾岩主要见于卓家庄矿区，该角砾岩沿断裂交会部位侵位，蚀变强烈部位形成富矿石，是卓家庄金矿床的主要含矿岩石。

隐爆侵入角砾岩体是在深层隐爆作用下形成的，强大的内能驱使熔浆挟带易于流动的碎屑体，沿着次火山穹窿的放射状断裂上升，侵位到古生代岩层和先期侵位岩体中的，形成隐爆侵入角砾岩体。隐爆侵入角砾岩体在构造活动和多次热液蚀变的叠加作用下，金质逐渐富集成矿。

（五）成矿地球化学

1.归来庄式金矿岩石地球化学特征

归来庄金矿区主要岩石类型地球化学参数特征见表 16-1。由表可见，褐铁矿化蚀变岩、硅化蚀变岩和矽卡岩等矿化蚀变岩石的 Au，Ag，Cu 等元素含量均高，标准离差相对较大。其中褐铁矿化蚀变岩 Au 高达 $3\ 180\times10^{-9}$，Ag 高达 $7\ 500\times10^{-9}$。此外，燕山期侵入岩 Au 含量明显高于古生代沉积岩类。说明上述地质体与金矿成矿关系密切，在有矿化蚀变时，金含量显著增高。

2.归来庄式金矿水系沉积物地球化学特征

据 1:5 万水系沉积物测量资料，金元素含量变化与不同的地质体分布区密切相关。在以碳酸盐岩为主的寒武纪—奥陶纪地层分布区，金含量一般在 $1.5\times10^{-9}\sim2.5\times10^{-9}$之间；在以碎屑岩、页岩为主的中生代—新生代地层分布区，金含量一般在 $0.8\times10^{-9}\sim2.0\times10^{-9}$之间；在闪长玢岩、二长斑岩等燕山期侵入岩分布区，金含量明显增高，一般大于 5.0×10^{-9}。

由 1:5 万水系沉积物测量金地球化学图及异常图可见，金化探异常的分布明显受铜石次火山穹窿的控制。围绕杂岩体中心，由内到外金含量由高到底，呈圈闭的环带状分布。以 10×10^{-9} 等值线圈闭的范围基本对应次火山杂岩体的内环带，为金异常中心带；以 4×10^{-9} 等值线圈闭的范围基本对应杂岩外环边缘，为金异常内环带；以 3×10^{-9} 等值线圈闭的范围对应杂岩外缘，为金异常外环带。铜石地区的归来庄式、磨坊沟式金矿床全部位于 10×10^{-9} 和 4×10^{-9} 等值线圈定的金异常内环带中。有 7 处金矿点位

于以 10×10^{-9} 等值线圈闭的金异常中心带中。

金局部异常一般分布在断裂构造、岩体与围岩接触带及岩体的凹凸部位等。归来庄金矿矿体异常为单金元素异常，呈近 EW 的椭圆状，面积约 1.5 km^2，异常最大值 15×10^{-9}，衬度 1.8，浓集中心明显。银元素含量变化表现为地层由老到新，银含量由高渐低。银异常一般与金异常相伴出现。从化探剖面上看，Au 元素异常的高值区主要对应矿体、矿化体产出部位，向两侧逐渐减低，伴有 Ag，Zn，Cu，Pb，Mo 等组合异常，元素有迁移次生富集现象，Au 元素高值与矿体对应较好。

表 16-1　矿区主要岩石类型元素参数

岩性类型		$Au/10^{-9}$		$Ag/10^{-9}$		$Cu/10^{-6}$		$Pb/10^{-6}$		$Zn/10^{-6}$	
		$\overline{X}$	δ	$\overline{X}$	δ	$\overline{X}$	δ	$\overline{X}$	δ	$\overline{X}$	δ
沉积岩类	砂岩	1.1	0.3	31.0	10.5	10.2	7.3	9.5	6.1	32.7	19
	灰岩	1.3	0.6	45.3	35.6	1.4	3.0	5.8	3.2	9.0	137
	页岩	1.3	0.4	28	10	3.3	2.3	2.9	0.4	9.5	10
侵入岩类	闪长玢岩	1.6	0.3	37.7	11.1	2.8	4.1	10.5	4.2	26.7	21.2
	二长斑岩	3.7	5.1	20.2	4.1	1.1	1.9	2.9	0.8	27.2	16.8
	石英脉	1.1		77		12.2	17.4	8.4		32	21.9
变质岩类	变粒岩	2.6	2.6	40	27.9	20	1.8	10.1	3.6	38.7	
	大理岩	1.7	0.4	136	22.6	1.4		7.3	2.5	30	
矿化岩石	褐铁矿化蚀变岩	3180		7500		175		10.7		46	
	硅化蚀变岩	1425	6.0	7900	1838	48.5	17.7	176	162	174	100
	矽卡岩	12.8	5.5	176	81	68.5	31.8	9.7	6.2	79	43.8

（六）成矿流体特征

归来庄金矿床流体包裹体研究表明（林景仟等，1997），随着成矿流体从高温向低温演化，流体的压力降低，密度增加。早期流体温度大于 310～330 ℃，压力大于或等于 360×10^5 Pa，密度为 0.7～0.8 g/cm^3 的沸腾流体；晚期为温度不高于 120 ℃，密度为 0.92～1.08 g/cm^3 的低压流体。早期成矿热液为一种低盐度（1 %～6 %）的 CO_2-H_2O 流体，富含挥发组分；中期流体中挥发组分大量逸失，基本不含 CO_2，为一种中—低盐度（4 %～10 %）的水溶液；晚期成矿热液盐度变化较大，从近于纯水到接近 10 %的盐度，且流体中的 Ca^{2+} 离子含量明显增加。成矿热液晚期盐度变化大与围岩中 Ca^{2+}，Mg^{2+}，Fe^{2+} 离子的进入，及大气水加入所导致的盐度稀释有关。根据方解石和黄铁矿内流体包裹体气相成分计算的物理化学参数（于学峰❶，2010），成矿溶液的 pH 值为 5.04～6.03，属弱酸性。黄铁矿中流体包裹体的 Eh 值为-0.24～0.28，还原参数为 0.28～0.37，属还原环境；方解石中流体包裹体的 Eh 值为-0.46，还原参数为 1.26，近于氧化环境。

第三节　矿床区域时空分布及成矿系列形成过程

一、矿床时间分布特征

铜石杂岩体主体岩性石英二长闪长玢岩和二长斑岩的 $^{40}Ar/^{39}Ar$ 同位素年龄值为（189.8±0.2）Ma 和（188.4±1.6）Ma（林景仟等，1997），其 SHRIMP U-Pb 年龄为（175.7±3.8）Ma（胡华斌，2004）。可见铜

❶ 于学峰，山东平邑归来庄矿田金矿成矿作用成矿规律与找矿方向研究（博士论文），2010 年。

石杂岩体形成于早侏罗世。区内淄博群三台组覆盖于铜石杂岩体二长斑岩之上，其底砾岩中见有二长斑岩等砾石。淄博群三台组的年龄下限为(161.2±4.0) Ma。归来庄金矿床金矿化发生在二长斑岩和正长斑岩侵位之后的隐爆角砾岩、粗面斑岩阶段，矿床形成于淄博群三台组沉积覆盖之前，时限在175~161 Ma之间，属中侏罗世。

磨坊沟金矿床与归来庄金矿床位于同一金矿田，形成于同一成矿系统。矿体呈似层状产于寒武纪朱砂洞组灰质白云岩及白云质灰岩中，矿化层位上下部普遍有二长闪长玢岩和二长斑岩岩床分布，局部有脉岩穿插。说明磨坊沟式金矿化发生在二长斑岩侵位之后，与归来庄金矿成矿时代相当。从成矿机制和成矿深度等因素推测，在矿化顺序上磨坊沟金矿床应先于归来庄金矿床。

二、矿床空间分布特征

与燕山早期偏碱性岩浆活动有关的金矿成矿系列受沂沭断裂带及其次级构造的控制，分布于沂沭断裂带以西的鲁中隆起区，该成矿系列受不同级次构造单元和成矿单元(区带)的控制。由NW向的甘霖断裂、龙辉断裂、北中庄断裂和NNW向的燕甘断裂等构成的鲁南小型帚状构造及其次级构造控制平邑-苍山金矿成矿区，燕甘断裂带及其次级断裂控制铜石金矿田；燕甘断裂的次级构造控制着归来庄式、磨坊沟式金矿床(点)的生成与分布；近EW向、NW向断裂的局部引张、转折及其与次级构造的复合交会部位控制矿体的产出。

与铜石次火山穹窿的3个环带相对应，区内金矿化的分布也分为中心带、内矿化带和外矿化带3个环状矿化集中带。受差异性升降运动的影响穹窿整体向NE倾斜，使赋存于各环带上的矿(化)体遭受了不同程度的剥蚀。穹窿南部及中心已剥蚀至底部，外环带已剥蚀殆尽；穹窿北半部则保存相对完好，产于北外环带边缘浅部的归来庄、卓家庄金矿床被保留下来。与之相反，由于穹窿南部剥蚀强烈，使原形成于较深层位的磨坊沟式金矿暴露于地表浅部(图16-1)。

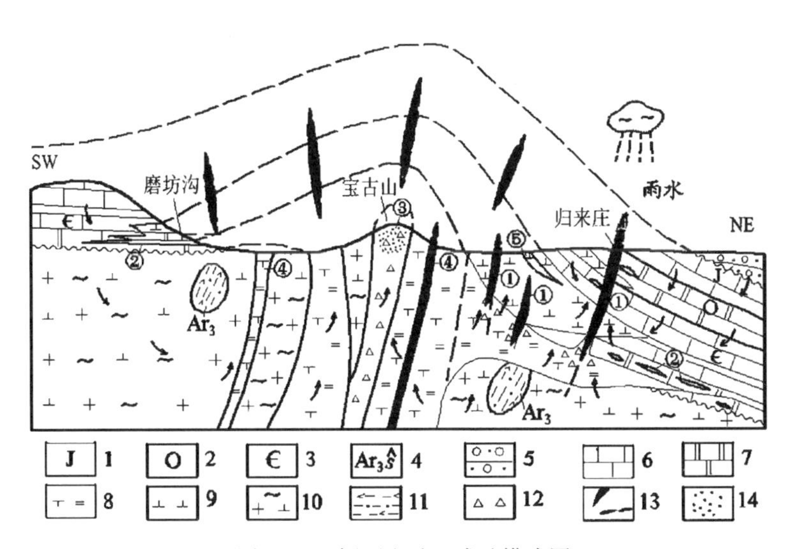

图16-1　铜石金矿田成矿模式图

(据于学峰，2015)

1—侏罗系；2—奥陶系；3—寒武系；4—泰山岩群山草峪组；5—砾岩；6—灰岩；7—白云岩；8—二长斑岩；9—二长闪长玢岩；10—片麻状花岗闪长岩；11—黑云角闪变粒岩；12—隐爆角砾岩；13—金矿体；14—金矿化体；①—隐爆角砾岩型金矿床；②—碳酸盐岩微细浸染型金矿床；③—隐爆崩塌角砾岩型金矿化；④—斑岩型金矿化；⑤—矽卡岩叠加型金矿化

外矿化带是区内的主要成矿地带。由于差异性剥蚀，可分为北矿化环带和南矿化环带。北矿化环带分布于归来庄至卓家庄一线，为区内主要成矿地段。带内分布着归来庄、卓家庄隐爆角砾岩型金矿床及十字庄等矽卡岩叠加型金矿点。南矿化环带分布于磨坊沟—梨方沟—东大湾一带,是区内磨坊沟式金矿床的主要成矿地段,带内分布着磨坊沟、梨方沟、东大湾等碳酸盐岩微细浸染型金矿床及刘家庄北岭、郝家山头等金矿点。内矿化带对应次火山穹窿的内环带,控制着区内斑岩型金矿化的分布,该类金矿化与二长斑岩系列岩浆活动密切相关。银洞沟小型金矿及北张里东岭、小黄家庄等金矿点均产于该带之中。

中心矿化带对应次火山穹窿的中心带,位于宝古山—担山一带。宝古山隐爆崩塌角砾岩型金矿化就发育在次火山穹窿中心崩塌堆积的隐爆角砾岩体中。

三、成矿系列形成过程

鲁西地区金矿成矿具有长期性、多来源、多次叠加的特点。泰山岩群绿岩带是鲁西金矿的原始矿源层,多期的区域变质作用、TTG岩系的大规模侵入和强烈的韧性变形作用,使鲁西地区金质早在中元古代就有了初步富集,并局部形成绿岩型金矿床。中生代燕山早期,太平洋板块向欧亚板块俯冲挤压,郯庐断裂的左行扭动,派生了鲁西一系列NW向、NNW向主干断裂及其次级断裂,发生了较广泛的岩浆活动和成矿作用。在平邑铜石地区,中偏碱性次火山杂岩体的侵入,不仅从深部带来了金等成矿物质,而且激活和萃取了基底岩系中的金等成矿物质,提供了足够的热源和热液,形成了富含挥发分的含矿流体,在有利的构造和围岩条件下沉淀富集交代成矿,形成了鲁西地区独具特色的归来庄式大型金矿床和其他多种类型的金矿床(点)。该成矿系列形成时限在175~161 Ma之间,属中侏罗世。

中生代金矿成矿之后,鲁西地区除部分断陷盆地外整体处于隆升剥蚀状态。铜石次火山穹窿位于尼山凸起与平邑凹陷的边缘带上,断块掀斜运动使穹窿整体向NE倾斜,南部抬升,形成差异性升降。穹窿南部及中心因抬升剥蚀强烈,外环带被剥蚀殆尽,使形成于较深层位(寒武纪朱砂洞组)的磨坊沟式金矿床暴露于地表浅部。穹窿北部因倾伏剥蚀程度较弱,使产于北外环带边缘浅部层位的归来庄金矿床(围岩为寒武纪-奥陶纪三山子组和奥陶纪东黄山组、北庵庄组)被保存下来。

第四节　代表性矿床剖析

一、隐爆角砾岩型(归来庄式)金矿床❶

该类型金矿在本成矿系列中分布局限,主要矿床见于平邑归来庄,为一大型矿床;另见平邑卓家庄小型矿床1处;其他多为矿(化)点。故以规模大、地质工作程度高的平邑归来庄金矿床为例,表述该类金矿床地质特征。

代表性矿床——平邑县归来庄金矿床地质特征

1. 矿区位置

归来庄金矿床位于平邑县城东南约25 km处。矿区大地构造位置居于沂沭断裂带西侧,鲁中隆起南部的尼山凸起与平邑凹陷的接合部位。矿床发育在沂沭断裂带次级NNW向断裂——燕甘断裂东侧,铜石潜火山杂岩体东部边缘。

2. 矿区地质特征

区内出露地层为寒武纪炒米店组、寒武纪—奥陶纪三山子组、奥陶纪马家沟群东黄山组、北庵庄组。由二长闪长质、二长正长质岩石构成的铜石潜(次)火山杂岩体主要出露于矿区西侧,矿区内仅见呈岩墙、岩床及小岩株状产出的正长斑岩、二长斑岩及二长闪长玢岩,以及呈脉状产出的隐爆-侵入角砾岩。

❶ 山东省地矿局第二地质队,于学峰等,山东省平邑县归来庄金矿床勘探地质报告,1994年。

铜石杂岩体与金矿化关系密切，金矿体赋存于构造隐爆角砾岩带内。

区内断裂构造发育，与成矿关系密切的有 NNW 向、近 EW 向、NW 向断裂。NNW 向的燕甘断裂是区内的主干断裂，控制着本区地层、岩浆岩和金矿化带的展布。近 EW 向、NW 向断裂为燕甘断裂派生的次级构造，是矿区内主要导矿和容矿构造。归来庄 F_1 断裂，出露长度 2 200 m，总体走向 85°，倾向 S，倾角 45°~68°，该断裂具有先压后张的活动特点，在后期张性活动中隐爆角砾岩贯入，伴有强烈的热液蚀变并形成金矿体（图 16-2）。

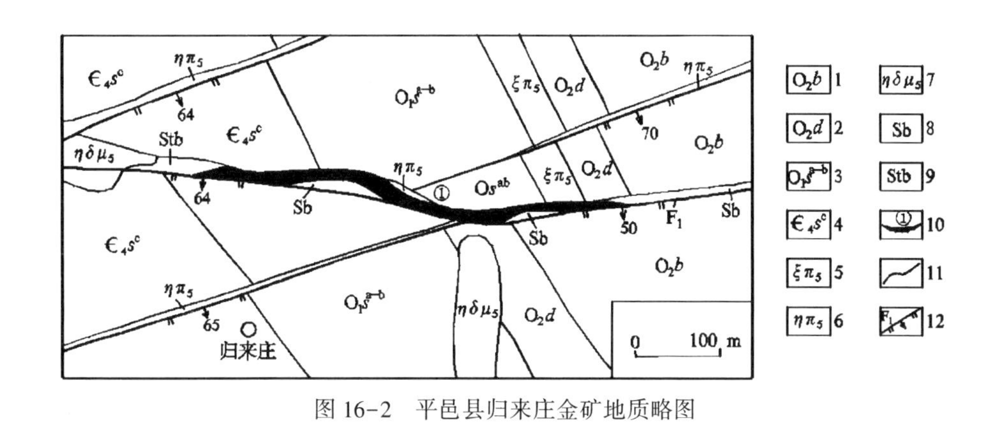

图 16-2　平邑县归来庄金矿地质略图

（据《山东矿床》，2006）

1—奥陶纪马家沟群北庵庄组；2—奥陶纪马家沟群东黄山组；3—奥陶纪三山子组 a，b 段；4—寒武纪三山子组 c 段；5—正长斑岩；6—二长斑岩；7—二长闪长玢岩；8—隐爆角砾岩；9—碎裂状硅化白云质灰岩；10—矿体及编号；11—地质界线；12—断层及产状、编号

3. 矿体特征

矿体赋存于近 EW 向的构造隐爆侵入角砾岩带内及其两侧的碳酸盐岩中。矿区内有大小矿体 12 个，以 1 号矿体规模最大，其储量占探明总储量的 99 %以上。1 号矿体长度 550 m，斜深大于 650 m，呈脉状产出，矿化连续，沿走向及倾向呈舒缓波状延展，具膨胀狭缩、分支复合之特点。西段分为近于平行的上下 2 个支矿体，分别靠近蚀变带顶底板展布。矿体产状与 F_1 断裂基本一致，走向近 EW，倾向 S，倾角 45°~68°，自上而下倾角有变缓的趋势。矿体厚度一般 2~15.0 m，最大 36.5 m，平均厚度 6.12 m；矿体中部厚度大，向两端及深部渐薄，厚度变化系数 72 %，为厚度较稳定矿体（图 16-3，图 16-4）。

4. 矿石特征

矿物成分：金矿物主要有自然金、碲铜金矿、银金矿，银矿物主要有自然银、辉银矿。其他金属矿物以褐铁矿为主，次为黄铁矿、赤铁矿、磁铁矿、黄铜矿、方铅矿、锌锑黝铜矿，少量碲镍矿、碲铅矿、碲汞矿、孔雀石、铜蓝。硫化物较少，仅占 0.5 %。非金属矿物主要有石英、白云石、方解石、正长石、斜长石，次为绢云母、萤石、伊利石、高岭石、冰长石、重晶石等。载金矿物以石英、方解石、白云石为主（占 90 %以上），少量为黄铁矿、褐铁矿等。

化学成分：矿石中有益组分主要为金，金品位一般为 3.50×10^{-6} ~ 12.0×10^{-6}，平均品位 8.10×10^{-6}；伴生有益组分为银，平均品位 14.21×10^{-6}；Au，Ag 含量呈正相关，Au∶Ag 值为 1∶1~1∶2。Cu，Pb，Zn，Te，S 含量均较低，S 含量仅为 0.06 %；矿石中 K_2O 含量较高，角砾岩含金矿石中平均达 6.53 %。

金矿物赋存状态及性状：矿石中金矿物以自然金为主占 55 %，其次为碲铜金矿占 29 %、银金矿占 16 %。金矿物的赋存形式主要为粒间金，其次为包体金，少量裂隙金。金矿物呈星散状或集合体分布于石英、方解石等粒间；呈粒状、集合体状包裹于石英、方解石等内，少量包裹于褐铁矿及黄铁矿中；沿矿石裂隙或碳酸盐矿物节理充填分布。

结构构造：矿石结构主要有晶粒结构、填隙结构、假象结构、侵蚀结构、交代残余结构、交代环变结构、星

状结构等。矿石构造主要有角砾状构造、浸染状构造、脉状构造、网脉状构造、土状构造及蜂窝状构造等。

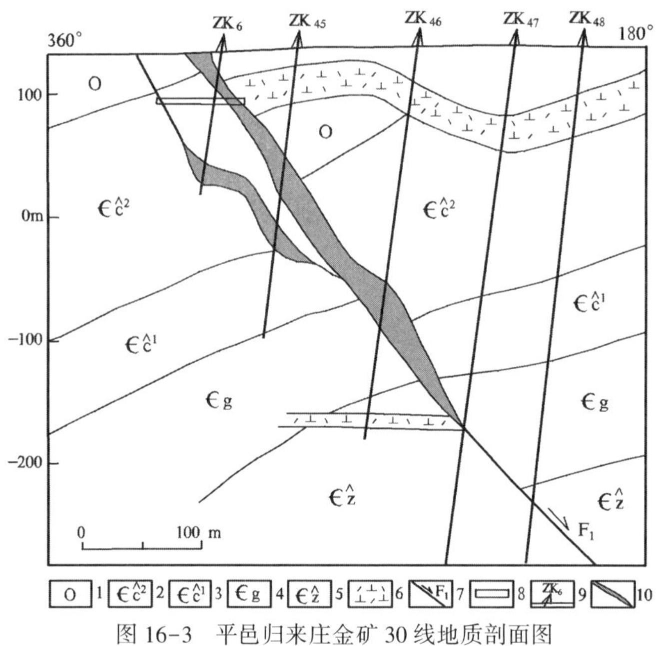

图 16-3 平邑归来庄金矿 30 线地质剖面图

(据山东省地矿局第二地质队资料编绘,1994)

1—奥陶纪三山子组 a+b 段;2—寒武纪炒米店组二段+三山子组 c 段;3—炒米店组一段;4—寒武纪崮山组;5—寒武纪张夏组;6—中生代燕山早期二长闪长玢岩(潜火山岩);7—断层(F_1 为归来庄断层);8—穿脉坑道;9—钻孔及编号;10—金矿体

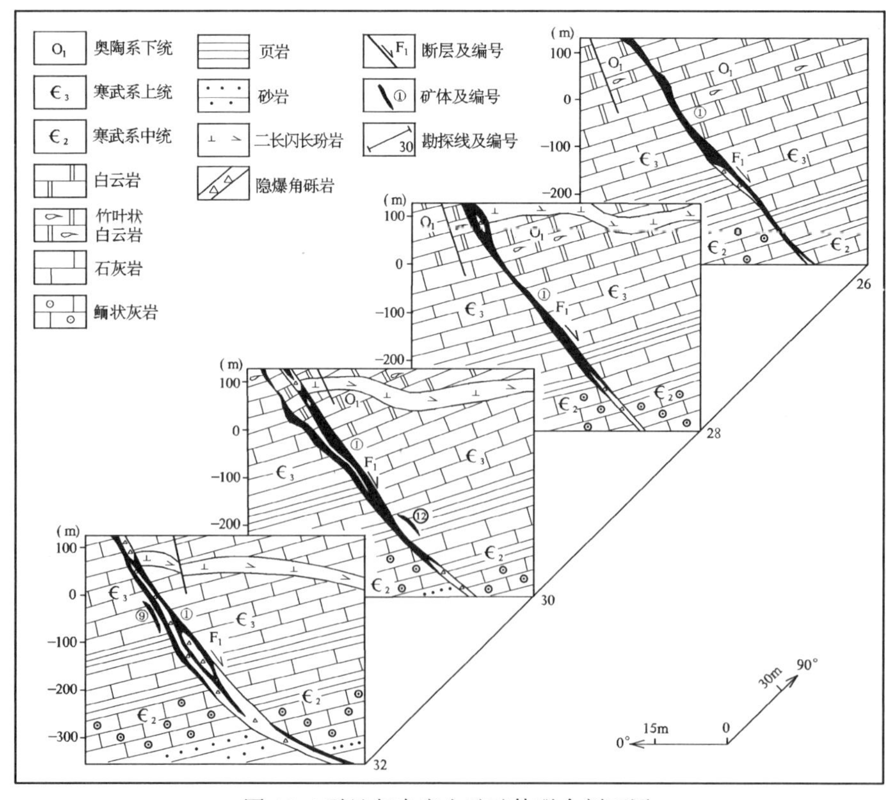

图 16-4 平邑归来庄金矿矿体联合剖面图

(据于学峰,1996;引自《山东矿床》,2006)

矿石类型:矿石成因类型主要有隐爆角砾岩含金矿石(70 %)、石灰岩白云岩含金矿石(27 %)及斑(玢)岩含金矿石(3 %)。隐爆角砾岩含金矿石呈角砾状构造,角砾成分主要为二长斑岩、二长闪长玢岩,少量石灰岩、页岩,偶见变质岩石成分,胶结物主要为熔浆、岩屑及蚀变矿物,金矿物主要赋存在胶结物中,角砾内一般不含金。

矿床氧化带深度达 300 m 左右,矿石自然类型以氧化矿石为主(占 96 %),少量原生矿石。

5. 围岩蚀变特征

与金矿化关系密切的蚀变主要有硅化、泥化(水白云母化)、萤石化、黄铁矿化,其次是碳酸盐化、绢云母化。在控矿构造隐爆角砾岩带内,表现为多期蚀变、多种蚀变矿物组合叠加,无明显分带,一般在角砾岩体及顶底板附近蚀变最强。

6. 矿床成因

(1) 成矿阶段

根据蚀变岩石中主要矿物的生成顺序、嵌布特征及矿石结构构造,将成矿作用分为矽卡岩期、热液期及表生期。热液期为金矿主成矿期,分 4 个阶段。① 黑云母-磁铁矿阶段;② 石英-黄铁矿阶段(早期成矿阶段);③ 多金属硫化物阶段(主要成矿阶段);④ 金-碲化物阶段(主要成矿阶段)。

(2) 成矿物质及成矿流体特征

含矿岩石中黄铁矿的 $\delta^{34}S$ 值为$-0.71\times10^{-3}\sim2.99\times10^{-3}$,与地幔硫偏离不大,表明硫的来源与岩浆同源,来自上地幔或地壳深部。

区内各类有代表性岩石的微量元素分析结构表明,铜石杂岩体的主体岩石二长闪长玢岩和二长斑岩金元素含量分别为 0.7×10^{-6}和 1.06×10^{-6},明显低于地壳丰度值 4.1×10^{-9};而泰山岩群山草峪组变粒岩、斜长角闪岩等岩石的金元素平均含量为 10.14×10^{-9},明显高于地壳丰度值。成矿物质可能主要来源于泰山岩群,部分来自地壳深部或上地幔。

矿石中脉石英的氢氧同位素测定结果表明,矿床成矿溶液的 $\delta^{18}O_{H_2O}$值显示出原生岩浆水及部分变质水、雨水的特征。矿石 δD 值主要变化于$-68.9\times10^{-3}\sim-109.6\times10^{-3}$,与原生岩浆水及变质水相当,更接近于中国东部北方中生代大气降水的 δD 值$-70\times10^{-3}\sim-110\times10^{-3}$。因此认为,成矿热液具有多来源性,以岩浆水和大气降水为主,并有少量变质水的参与。

(3) 成矿温度压力

萤石、石英流体包裹体的均一温度测定表明,石英-黄铁矿阶段包裹体的最高温度 300~>350 ℃;多金属硫化物阶段包裹体均一温度 210~270 ℃;金碲化物阶段包裹体的均一温度 130~170 ℃。成矿主要发生于 130~270 ℃间,为中—低温热液成矿。

方解石、黄铁矿的爆裂法测压结果分别为 0.028 4 GPa 和 0.022 7~0.023 4 GPa。CO_2 包裹体测压结果表明,CO_2-H_2O 包裹体形成时的压力为 0.033~0.036 GPa。据此推测,成矿压力≤0.036 GPa,相当深度不超过 1 500 m。与成矿有关的岩体多呈斑状结构,且伴有隐爆角砾岩形成,表明成矿环境为浅成-超浅成环境。

7. 地质工作程度及矿床规模

山东省地矿局第二地质队 1994 年 12 月提交的《山东省平邑县归来庄金矿床勘探地质报告》,查明金矿资源储量 35 t,为鲁西地区唯一的大型金矿床。自 2009 年 9 月以来,山东省鲁南地质工程勘察院在榆林地区开展归来庄金矿深部普查—详查评价工作,钻探工程控制矿体深度达 700 m,在-500 m 至-700 m标高间,查明(332+333)金矿石量 193.98 万吨,金金属量 6.37 吨,平均品位 3.28×10^{-6},伴生银金属量 36.47 吨,平均品位 18.80×10^{-6}。另外,在归来庄金矿开采过程中,在原主矿体顶底板发现并开采了多个小型盲矿体。经深部勘查验证,预计归来庄矿区新增资源量 20 吨左右,矿床总资源量可达 50 吨以上。

二、碳酸盐岩微细浸染型（磨坊沟式）金矿床[1]

目前所发现的该类矿床主要分布在平邑县铜石地区，已经普查评价的有磨坊沟、梨方沟、东大湾金矿床和小广泉、刘家庄北岭等金矿点。在沂源县南部的金星头等地也有与之相似的金矿点分布。该类金矿床一般规模小，多为小型矿床。以平邑磨坊沟金矿矿化特征显示清晰，地质工作程度较高，故以其为例表述该类金矿地质特征。

代表性矿床——平邑县磨坊沟金矿床地质特征

1. 矿区位置

磨坊沟金矿床位于平邑县铜石镇西南约 3 km 处。矿区大地构造位置位于沂沭断裂带中段西侧，鲁中隆起南部的尼山凸起与平邑凹陷的接合部位。居于沂沭断裂带的次级 NNW 向断裂——燕甘断裂西侧，铜石潜火山杂岩体的西南部边缘。

2. 矿区地质特征

区内主要出露寒武纪朱砂洞组、馒头组、张夏组，朱砂洞组不整合于新太古代片麻状花岗岩之上。矿区西北部被第四系覆盖。新太古代二长花岗岩分布于矿区西侧，中生代燕山早期二长斑岩、二长闪长玢岩等呈岩墙、岩床及岩瘤状侵入于朱砂洞组白云质灰岩层间或沿底部不整合面侵入。金矿化主要发育在不整合面附近的白云质灰岩层间或岩体与灰岩的接触部位（图 16-5）。

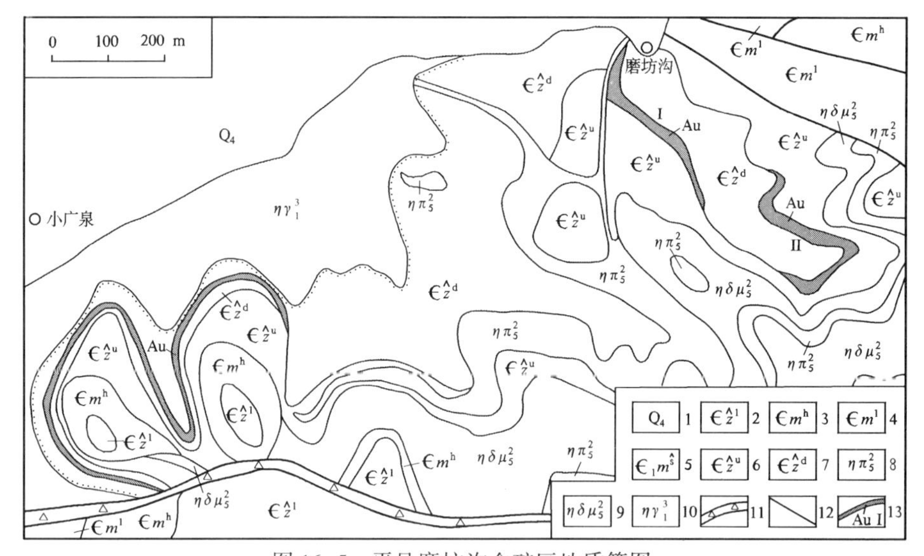

图 16-5 平邑磨坊沟金矿区地质简图

（据山东省第二地质矿产勘查院，2003）

1—第四系；2—张夏组下灰岩段；3—馒头组洪河段；4—馒头组下页岩段；5—馒头组石店段；6—朱砂洞组上灰岩段；7—朱砂洞组丁家庄段；8—燕山早期二长斑岩；9—燕山早期二长闪长玢岩；10—新太古代二长花岗岩；11—角砾岩带；12—断层；13—金矿体及编号

3. 矿体特征

矿体呈似层状赋存于寒武纪朱砂洞组下部的厚—巨厚层灰质白云岩及白云质灰岩中，矿化分布严格受该层位控制。矿化层位上下部普遍有二长闪长玢岩和二长斑岩岩床分布，局部有脉岩穿插。矿化

[1] 山东省第二地质矿产勘查院，山东省平邑县磨坊沟金矿普查报告，1998 年。

层顶板为薄层泥云岩,其上为中层含燧石结核(条带)灰岩或白云质灰岩,底板为中—中厚层青灰色灰岩(图16-6)。

共圈定2个金矿体,其中Ⅰ号矿体长340 m,厚度0.6~4.80 m,平均2.82 m。矿体产状与岩层产状基本一致,倾向325°~350°,倾角8°~20°。金品位在1.09×10^{-6}~25.21×10^{-6},平均品位11.57×10^{-6}。

Ⅱ号矿体长200 m,厚度1.20~3.20 m,平均厚度2.05 m。矿体产状与岩层产状一致,倾向10°~20°,倾角8°~20°。金品位1.64×10^{-6}~12.88×10^{-6},平均品位4.54×10^{-6}。含矿层中金矿化普遍,但金品位变化较大,金矿化的强弱一般与含矿岩石的破碎程度、裂隙发育程度和蚀变强弱有关。

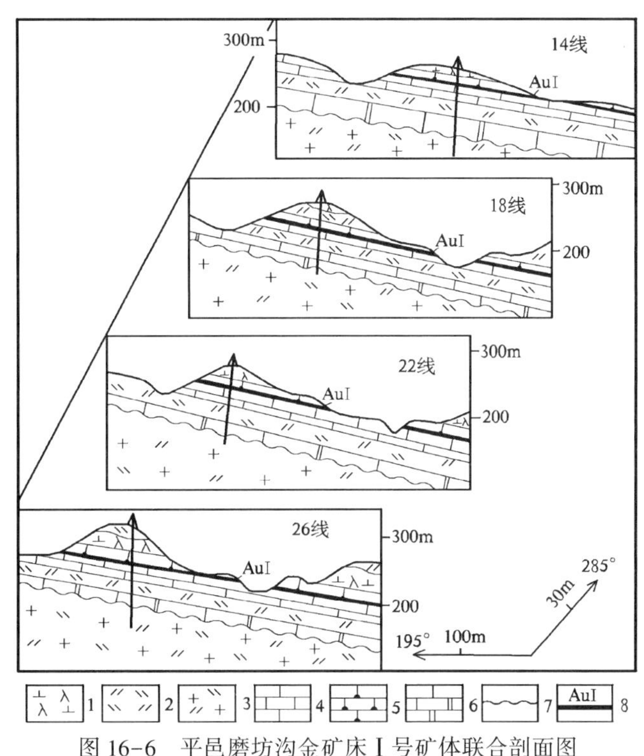

图16-6 平邑磨坊沟金矿床Ⅰ号矿体联合剖面图

(据山东省第二地质矿产勘查院,2001;《山东矿床》,2006)

1—燕山期二长闪长玢岩;2—燕山期二长斑岩;3—新太古代二长花岗岩;4—朱砂洞组厚层灰岩;5—朱砂洞组含燧石结核灰岩;6—朱砂洞组白云质灰岩;7—不整合地质界线;8—金矿体及编号

区内断裂构造发育,近EW向的营子洼断裂展布在矿区南部,伴有NE向、NWW向断裂裂隙。金矿化主要发育在近EW向断裂裂隙两侧的白云质碳酸盐岩岩层内,硅化、萤石化、金矿化沿碳酸盐岩裂隙及层理发生。

4. 矿石特征

矿物成分:矿石中的金矿物主要有自然金、碲金银矿、银金矿;银矿物主要为辉银矿。其他金属矿物主要为黄铁矿、黄铜矿、方铅矿、闪锌矿、辉铜矿、白铁矿、褐铁矿及铅钒、铜蓝等。非金属矿物主要为方解石、白云石、石英、萤石、绢云母等。载金矿物主要为石英、萤石,少量白云石和方解石,部分为黄铁矿等硫化物。

化学成分:矿石中主要有用组分为Au,平均品位为10.61×10^{-6};伴生有益组分Ag含量为12.50×10^{-6},Cu为7.0×10^{-6},Pb为600×10^{-6},Zn为140×10^{-6};其他组分Te为9.16×10^{-6},As为65.3×10^{-6},Cd为4.39×10^{-6},Cr为27.4×10^{-6}。

金矿物赋存状态及性状:金矿物以自然金为主占75 %,其次为碲金银矿、银金矿。金矿物的赋存形式以包体金(71 %)为主,其次为粒间金(29 %)。包体金主要载金矿物为石英,少量萤石。粒间金主要以石英与萤石粒间金为主,部分是赋存于石英与方解石或白云石晶粒间。金矿物的形态主要为角粒状和圆粒状,少量长角粒状、片状、枝杈状。

结构构造:矿石结构有自形粒状结构、半自形粒状结构、他形粒状结构、粒状变晶结构、交代残余结构、交代环边结构、假象结构、星状结构、包含结构、填隙结构、连生结构等。矿石构造主要有浸染状构造、脉状构造、条带状构造、网脉状构造、层纹状构造、块状构造、角砾状构造、晶洞状构造等。

矿石类型:根据矿石的矿物成分、结构构造及蚀变矿化特征,划分为3种矿石类型,即萤石化硅化灰质白云岩型金矿石、萤石化硅化硅质岩型金矿石、萤石化硅化角砾岩型金矿石。其中萤石化硅化灰质白云岩型金矿石为本区的主要矿石类型,占总量的90 %以上。该类矿石金品位变化较大,一般在$2.13\times10^{-6}\sim10.90\times10^{-6}$,最高达$21.62\times10^{-6}$。而萤石化硅化硅质岩型金矿石品位相对较低,一般在$2.50\times10^{-6}\sim4.0\times10^{-6}$,最高达$8.80\times10^{-6}$。

5. 围岩蚀变特征

围岩蚀变类型主要有硅化、萤石化、黄铁矿化、绢云母化及碳酸盐化,偶见冰长石化。其中硅化、萤石化与金矿化关系最为密切,均表现为多期多阶段性蚀变。

6. 矿床成因

(1)成矿阶段

根据蚀变作用及金属矿物生成顺序等特征,将成矿作用大致划分为热液成矿期和表生期。热液成矿期分为4个成矿阶段:石英-黄铁矿阶段;石英-萤石-多金属硫化物阶段(主要成矿阶段);石英-萤石-金-碲化物阶段(主要成矿阶段);萤石-方解石阶段。

(2)成矿物质及成矿流体特征

磨坊沟金矿床与归来庄金矿床同位于铜石金矿田内,属于同一成矿系统中的不同产物。据归来庄$\delta^{34}S$测定值推测,磨坊沟金矿床黄铁矿中的硫可能来源于岩浆热液,与岩浆岩同源,来自地幔或地壳深部。据归来庄硅化石英$\delta^{18}O_{H_2O}$测定值推测,成矿流体具有多来源性,可能以岩浆水和大气降水为主,并有少量变质水的参与。

矿石萤石中包裹体成分测定结果表明,成矿流体中富含CO_2,H_2S,CH_4,SO_2及少量的SO_4^{2-},HCO_3^-,说明流体可能处在酸性或弱酸性环境,CO_2含量的增加可能是金成矿的有利因素。H_2S的普遍出现及少量的SO_2和SO_4^{2-},说明金可能主要呈硫络合物的形式迁移。流体中含较多的CH_4,表明金的迁移与富集可能与有机质有关。

(3)成矿温度压力

矿石萤石中流体包裹体的均一温度主要在120~220 ℃之间,个别达250~360 ℃。在磨坊沟金矿和铜石杂岩体中至少存在3个阶段的流体包裹体,这3个阶段大致代表了石英-黄铁矿、石英-萤石-多金属硫化物及石英-萤石-金-碲化物3个主要成矿阶段。表明金矿化主要在中—低温条件下形成,其温度、盐度、密度、压力总体呈有规律的变化,反映了成矿热液形成和演化趋势。

7. 地质工作程度及矿床规模

1998年,山东省第二地质矿产勘查院提交了《山东平邑县磨坊沟金矿普查报告》,查明磨坊沟金矿为小型金矿床。

第十七章　胶北隆起与燕山晚期花岗质岩浆活动有关的热液型金(银-硫铁矿)、银、铜、铁、铅锌、钼-钨、钼矿床成矿系列

第一节　成矿系列位置和该成矿系列中矿产分布 …… 340
第二节　区域地质构造背景及主要控矿因素 …… 340
一、区域地质构造背景 …… 340
二、区域地质发展史与重大地质事件 …… 342
三、主要控矿因素 …… 343
第三节　矿床区域时空分布及成矿系列形成过程 …… 345
一、矿床区域时空分布 …… 345
二、成矿系列形成过程 …… 348
第四节　胶北隆起金矿亚系列代表性矿床剖析 …… 350
一、破碎带蚀变岩型金矿床矿床式(焦家式)及代表性矿床 …… 350
二、石英脉型金矿床矿床式(玲珑式)及代表性矿床 …… 362
三、硫化物石英脉型金矿床矿床式(金牛山式)及代表性矿床 …… 366
四、蚀变层间角砾岩型(蓬家夼式)金矿床 …… 370
第五节　胶北隆起银、有色金属及铁矿亚系列代表性矿床剖析 …… 372
一、热液裂隙充填型银矿床矿床式(十里堡式)及代表性矿床 …… 372
二、似层状热液交代型(福山式)铜矿床 …… 375
三、热液型(马陵式)铁矿床 …… 378
四、接触交代-斑岩型(香夼式)铅锌-铜钼矿床 …… 379
五、接触交代-斑岩型(邢家山式)钼钨矿床 …… 382
六、斑岩型(尚家庄式)钼矿床 …… 384

胶北地区是全国乃至世界闻名的大型、超大型金矿集中分布区。自20世纪50年代至21世纪初，区内探明储量超百吨级的金矿床有焦家、新城、台上3处；储量超过50 t的金矿床有三山岛、东风、九曲、大尹格庄、金青顶5处，储量20~50 t的大型金矿床有河东、河西、望儿山、仓上、新立、界河、上庄、罗山、大河、夏甸、邓格庄、金牛山、大庄子等13处。区内大型以上金矿床占全国大型金矿床总数的20 %。区内金矿床分布集中，仅在焦家金矿田面积约10 km^2 范围内，就分布有大型—超大型金矿床10处，中小型金矿床多处，焦家金矿田累计查明资源量已超过1 000 t；在玲珑金矿田面积不足60 km^2 内，分布有大型、特大型金矿床10余处。

2005年以来，胶东地区深部找矿(500~1 800 m深度)取得重大突破，新发现中型以上金矿床20余处，累计探明金资源储量1500余吨，超过2005年以前50余年山东省累计探明金矿资源储量总和。新探明莱州寺庄深部金矿、莱州焦家深部金矿、莱州马塘深部金矿、莱州滕家金矿、莱州新立深部金矿、莱州西岭金矿、莱州北部海域金矿、莱州纱岭金矿、招远市东风矿床171号脉深部金矿、招远水旺庄金矿、栖霞市笏山村-西陡崖金矿、海阳土堆-沙旺金矿和牟平邓格庄深部等金矿，资源储量超过100 t的超大型金矿床6处，其中三山岛北部海域金矿资源量超过400 t。显示该区具有巨大的资源潜力。2015年，山东省第三地质矿产勘查院在烟台市牟平区辽上金矿区深部及外围找矿取得重大突破，新增金矿资源储量约69 t，是目前胶东东部唯一一处特大型金矿床。该矿床位于胶莱拗陷东北缘牧牛山成矿带，这一

特大型金矿的发现，预示着胶东东部地区其他矿床深部可能具有良好的找矿远景。

胶北地区既是重要的金矿成矿区，也是银及铜、铅、锌、钼等有色金属的主要成矿区和矿产地。其中的福山王家庄铜矿床及栖霞香夼铅锌-铜钼矿的资源储量均达中型规模，其已成为山东省重要的有色金属矿产地和产区。胶东东部地区的乳山马陵铁矿床为鲁东地区唯一一处达到中型规模的铁矿床，目前仍在开采。

第一节　成矿系列位置和该成矿系列中矿产分布

该成矿系列分布于胶东半岛中北部及东部，横跨华北板块东南缘和秦岭-大别-苏鲁造山带的东延部分两大地质构造单元。该系列中的金矿床围绕中生代NNE向主干断裂与EW向基底构造带的交会复合地段集中分布，自西向东形成三山岛-仓上、龙口-莱州、招远-平度、西林-毕郭、桃村-即墨、牟平-乳山及威海-文登7条矿带。金矿床在空间分布上与燕山期花岗岩类关系密切，75 %以上的金矿床分布在郭家岭、玲珑序列诸岩体接触带1~3 km范围内。该系列中的银矿主要以伴生矿产产出，莱州焦家、三山岛、新立、大尹格等大型超大型金矿床伴生银矿均达中型规模以上。该系列中的伴生硫铁矿，广泛赋存在各类金矿床中，可综合回收利用。与岩浆热液作用有关的充填交代型硫铁矿矿床主要分布于胶北隆起区的蓬莱、平度、牟平等地，矿床受区域性断裂及其次级断裂构造控制。

胶东地区金矿成因类型主要有破碎带蚀变岩型（焦家式）、含金石英脉型（玲珑式）、硫化物石英脉型（金牛山式）和蚀变层间角砾岩型（蓬家夼式）。此外还有介于焦家式和玲珑式之间的过渡类型“河西式”，以及与蓬家夼式成因相近的“杜家崖式”和“发云夼式”。这些不同形式的金矿床，受同一大地构造单元和成矿系统控制，与一定地质作用或成矿事件有关，有相近的矿质来源和矿化流体来源，形成于大致相同的地质时代，是具有成因联系的一组矿床，属同一矿床成矿系列。

该成矿系列中的银、有色金属及铁矿床，分布于烟台市的招远、莱州、蓬莱、栖霞、龙口、福山、牟平和威海市的荣成、文登、乳山等地，与胶东金矿分布区重叠。在空间上和成因上与燕山晚期伟德山序列闪长岩-花岗闪长岩-花岗岩组合，雨山序列石英闪长玢岩、石英二长斑岩、花岗闪长斑岩和花岗斑岩组合密切相关。银矿床主要分布于招远十里堡、栖霞虎鹿夼、文登—荣成老横山、荣成同家庄、莱西小东馆、莱州朱家庄子等地，在空间分布上与燕山晚期伟德山序列花岗岩、雨山序列浅成岩及脉岩密切相关。矿床规模均为小型，代表性矿床为招远十里堡银矿床；与岩浆热液作用有关的热液交代型铜矿床，主要分布在胶北隆起的福山、牟平等地，铜矿化主要发育在粉子山群大理岩、变粒岩及片岩中，代表性矿床为福山王家庄铜矿床；铁矿床主要分布在胶北隆起的莱州和威海隆起西缘的乳山等地，代表性矿床为乳山马陵铁矿床；铅锌矿床主要分布在胶北隆起北部的栖霞等地，矿化发育在燕山晚期花岗闪长斑岩与蓬莱群灰岩接触带内，代表性矿床为栖霞香夼铅锌矿床。钼-钨矿床分布于胶北隆起北缘，控矿岩体为燕山期花岗闪长岩，赋矿围岩为古元古代粉子山群张格庄组透闪岩、大理岩等。代表性矿床为邢家山钼钨矿床；钼矿床主要分布在胶北隆起的栖霞、牟平等地，代表性矿床为栖霞尚家庄钼矿床。

第二节　区域地质构造背景及主要控矿因素

一、区域地质构造背景

该成矿系列分布区大地构造位置横跨华北板块东南缘和秦岭-大别-苏鲁造山带的东延部分，跨胶北隆起、胶莱拗陷和威海隆起等次级构造单元。矿集区主要分布于各断隆的Ⅴ级凸起构造单元之上。

（一）地层

区内出露地层自老至新为中太古代唐家庄岩群、新太古代胶东岩群、古元古代荆山群、粉子山群、芝罘群和新元古代蓬莱群，中生代白垩纪莱阳群、青山群、王氏群及新生代五图群、临朐群及第四纪火山堆积和松散堆积等。

一直以来，前人关于胶东地区前中生代地层对金矿成矿作用的直接影响就有较多的观点，就目前来看，一般的说法是中太古代唐家庄岩群的磁铁石英岩来源于地幔玄武岩浆，是区内最早的金质携带者；新太古代胶东岩群是胶东地区太古宙花岗-绿岩带的组成部分，是胶东金矿集中发育的建造基础，是胶东金矿形成的原始矿源岩系。此外，发育于胶莱拗陷东北缘的蓬家夼金矿床的赋矿层位为古元古代荆山群陡崖组；杜家崖金矿床的赋矿层位是古元古代粉子山群祝家夼组、张格庄组；发现于胶莱拗陷东北缘的发云夼金矿床的赋矿层位是莱阳群林寺山组。该系列中的福山王家庄铜矿床赋存于粉子山群巨屯组及岗嵛组糜棱岩化大理岩中；栖霞香夼铅锌矿赋存于新元古代蓬莱群香夼组灰岩中。

（二）侵入岩

受特殊大地构造环境制约，胶东地区岩浆侵入活动剧烈而频繁，形成时代自中太古代至新生代均有见及，其中以新元古代和中生代侵入岩最发育。前震旦期的侵入岩均遭受不同程度的变质变形，形成一套灰色片麻岩类，其中栖霞序列 TTG 岩系与金矿形成关系密切。中生代以来构造岩浆活动强烈，侵入岩广泛发育，其中燕山期玲珑序列和郭家岭序列侵入岩与金矿形成关系最为密切。燕山晚期伟德山序列和雨山序列侵入岩与银、铜、铁、铅、锌、钼等矿产具有密切成因关系。

新太古代栖霞序列广布于招平断裂以东、桃村-陡山断裂以西及胶莱拗陷以北地区，呈复式岩基、岩株产出。该序列是由英云闪长岩-奥长花岗岩-花岗闪长岩所构成的 TTG 系列花岗岩类，经角闪岩相变质和韧性剪切作用改造，形成了一套灰色花岗质片麻岩系，其与胶东岩群等共同构成的太古宙花岗-绿岩带，是胶东金矿形成的原始矿源岩系。该序列做为金矿的有利围岩在空间分布上与金矿紧密相伴，与金矿成矿密切相关。

中生代燕山早期玲珑序列为胶东地区最发育的侵入岩，规模大分布广，包括西部的玲珑和东部的昆嵛山两大复式岩基。该序列为一套不同粒度结构的二长花岗岩类，局部具弱片麻状构造形成片麻状花岗岩。玲珑复式岩基东侧受招平断裂控制，西侧受唐田断裂和南十里-焦家断裂控制；昆嵛山复式岩基分布于桃村-陡山断裂和米山断裂之间。该序列的早期单元含有较多的变质地层和栖霞序列及基性岩残留包体，大部分为过渡关系。玲珑序列是胶东金矿形成的衍生矿源岩系，对胶东金矿的形成和定位起到预富集作用。玲珑序列花岗岩也是胶东金矿化形成的载体，数以百计的大中型金矿产于玲珑复式岩体内和其与太古宙变质岩系、燕山晚期郭家岭序列的接触带上。

中生代燕山晚期郭家岭序列自西向东分布于招远上庄、北截、丛家、蓬莱南王、郭家岭、村里集一带和文登泽头等地，规模较大的岩体有上庄、北截、丛家、曲家、范家店和郭家岭等岩体，呈岩基、复式岩株、岩株状产出。该序列为一套中性-中酸性-酸性岩类岩石组合，主要岩性为二长闪长岩、花岗闪长岩和二长花岗岩。郭家岭序列是胶东金矿形成的直接矿源岩系，郭家岭序列的侵位导致了胶东金矿的最终定位形成。胶东地区 75 %以上的金矿床分布于郭家岭序列诸岩体与玲珑序列接触带 1～3 km 范围内。

中生代燕山晚期伟德山序列广泛分布于荣成伟德山、文登三佛山、牟平院格庄，栖霞牙山和艾山、海阳招虎山和龙王山及莱州南宿、平度大泽山等地。呈 NE，NNE 向的复式岩基、岩株状产出。该序列为一套中性-中酸性-酸性岩类岩石组合，主要岩性为闪长岩、二长闪长岩、二长岩、石英二长岩、花岗闪长岩和二长花岗岩。伟德山序列的侵位在胶东金矿主成矿期之后，对金矿具有叠加成矿作用。伟德山序列在空间上与区内银、铜、铅、锌、钼等金属矿化密切相关。

中生代燕山晚期雨山序列零星分布于东部沿海侵入岩带，该序列侵入体一般呈岩瘤、岩枝状产出，多呈 NE 至近 SN 向展布,与区域断裂方向一致。侵入体规模一般较小,主要有雨山、王家庄和尹家大山等岩体。该序列多侵入于伟德山序列中,并与其组成杂岩体。在艾山岩体及铁镢山-藏马山杂岩体中多见该序列之侵入体。雨山序列主要岩性为石英闪长玢岩、石英二长斑岩、花岗闪长斑岩和花岗斑岩。该序列在空间上与区内铜、铅、锌等金属矿化密切相关。

(三) 构造

地跨两大构造单元的胶东地区在漫长的地质历史中,经受了多期构造运动的改造,保留下复杂多样的地质构造形迹。变质基底中韧性变形广泛发育,两大板块的碰撞使其构造形式更加复杂;中生代以来滨太平洋构造活动导致表层脆性断裂活动强烈频繁,表现为多期性、继承性和不同力学性质的转换。EW 向基底构造和中生代以来 NE,NNE 向构造的叠加,构成了胶东地区的构造格局。

在胶北地区,中、中浅构造相韧性剪切带主要发育于新太古代栖霞序列 TTG 岩系和其与古元古代荆山群、粉子山群的接触带。主要有下丁家-乐土夼韧性剪切带、栖霞-唐家泊韧性剪切带、大庄头-大白马韧性剪切带、裕家沟-岭户夼韧性剪切带和旌旗山-齐山韧性剪切带。在东部的威海地区,中浅构造相韧性剪切带发育较广。

近 EW-NEE 向断裂构造系统:该方向断裂在胶北隆起内发育,规模较大的有 7 条,多为Ⅳ,Ⅴ级构造单元的分界断裂,如黄山馆-得口店断裂及西林、门村、金岗口等断裂。该方向断裂具多期活动特点,继承性强,时限跨度大,早期形成于元古宙,活动于印支期、燕山期和喜马拉雅期,控制中生代—新生代盆地生成和发展。福山王家庄铜矿床受近 EW 向吴阳泉断裂控制。栖霞香夼铅锌矿床受近 EW 向白洋河断裂及 NE 向亭口断裂控制。

NW 向断裂构造系统:主要分布在基底岩系和其与中生代盖层的分界处,具一定规模的有 6 条。该方向断裂形成于燕山早期,燕山晚期活动强烈。该组断裂一般对金矿床具破坏作用,但部分含金石英脉如马家窑、南墅等金矿床赋存于 NNE 向断裂下盘的 NW 向张性羽裂中,代表了燕山早期形成、残存于 NNE 断裂构造带中的 NW 向含金构造。

NE 向断裂构造系统:牟即断裂带自西向东由桃村-陡山、郭城-即墨、牟平-店集和海阳-青岛等 4 条主干断裂平行展布构成,是华北、苏鲁两大构造单元单元的分界性断裂,总体向北收敛、南端撒开。各条主干断裂强烈活动的部位,均有数条规模不等、近于平行的低序次断裂构成断裂束。该断裂形成于燕山早期,活动于燕山晚期,具多期活动特点。该断裂控制中生代莱阳群、青山群地层及燕山晚期侵入岩的生成和展布。分布于招远以北和栖霞以东的破头青断裂、西林断裂和后夼断裂、马家窑断裂等 NE 向断裂,发育于栖霞和玲珑超单元之中,并被 NNE 向断裂切割,挤压破碎带和蚀变岩带发育,控制着玲珑、灵山沟、旧店及栖霞地区的石英脉型金矿床的生成和分布。栖霞尚家庄钼矿床受 NE 向桃村-陡山断裂控制。

NNE 向断裂构造系统:该断裂系统是胶东地区最重要的控矿构造系统,密集展布于牟即断裂带以西地区。自西向东分为仓上-明村-双羊断裂带、蚕庄-大泽山-平度断裂带、蓬莱-招远-麻兰断裂带、解宋营-栖霞-沐浴店断裂带和金牛山断裂带(李士先等,2007)。各断裂带均由主干断裂和其旁侧近于平行、规模不等的低序次断裂构成断裂束。总体自北向南由强变弱,自西向东由密渐疏,向南西渐呈收敛之势。破碎蚀变带发育,宽度数百米至上千米,伴有强烈的褐铁矿化、绢英岩化、黄铁矿化、硅化和绿泥石化等热液蚀变。著名的三山岛、焦家、新城、大尹格庄等众多金矿床均受该断裂系统控制。

二、区域地质发展史与重大地质事件

华北板块与扬子板块碰撞造山之后,胶东地区大陆动力学条件发生了根本变化。资料表明,印支运动和燕山运动在胶东表现为二个截然不同的构造体系域的特征,燕山造山作用的大陆动力学环境起源于中亚-特提斯构造域向滨太平洋构造域转化和太平洋板块的俯冲,在胶东地区表现为造山和伸展活动。

1) 170~150 Ma,太平洋板块俯冲开始,进入燕山造山幕初始阶段。与金矿有关的玲珑-昆嵛山造山早期片麻状花岗岩组合形成，对区内金矿形成初期富集。玲珑花岗岩锆石 SHRIMP U-Pb 年龄值集中在 160~150 Ma。玲珑花岗岩为地壳熔融产物，为基底岩系交代重熔的具继承性演化的复式岩体，系陆壳重熔型花岗岩。其形成时代可以代表胶东构造体制转变的起始时代，是胶东侏罗纪—白垩纪大规模岩浆活动最早期形成的花岗岩体，标志着构造体制转变的开始，这与中国东部统一的以挤压为主的动力学背景相一致。其后的伸展主要表现为玲珑岩体内呈 NNE 向分布的闪长岩、闪长玢岩、石英闪长玢岩、花岗闪长斑岩、花岗斑岩、正长斑岩、石英正长斑岩等岩脉群的侵位。

2）130~125 Ma，与金矿有关的燕山晚期郭家岭造山中期弱片麻状花岗闪长岩-花岗岩组合侵位形成。郭家岭花岗岩是幔源岩浆和壳源岩浆混合经结晶分异形成的。郭家岭花岗岩呈不连续分布，从西向东有仓上岩体、上庄岩体、北截岩体、丛家岩体、曲家岩体、郭家岭岩体、范家店岩体及泽头岩体。郭家岭岩体岩浆锆石 SHRIMP U-Pb 年龄集中在 130~126 Ma，为早白垩世早期。伴随着郭家岭序列的侵位，拉开了胶东金矿主成矿期的序幕。120 Ma 左右形成了金矿成矿的峰期，发生了大规模的金矿成矿作用。来自地幔的热流携带成矿组分和挥发分，交代熔融原始矿源岩系和衍生矿源岩系，分异出含矿流体和大气降水混合，与来自深部的和被活化萃取的金等成矿物质形成了一个新的岩浆-流体成矿系统。金与挥发分、碱质等形成易溶络合物等进入流体相，在温度、压力等物化条件影响下，在脆性断裂裂隙等有利构造部位沉淀富集成矿。构成了由焦家式、玲珑式、金牛山式、蓬家夼式等多种金矿类型组成的矿床成矿系列，形成了分布集中、规模大、富集强度高的胶东金矿集中区。

3）125~105 Ma，造山后强烈伸展阶段。由于太平洋板块的俯冲和郯庐断裂的走滑作用，胶莱拉分盆地形成并接受沉积。随着盆地的进一步演化，其性质由拗陷盆地向断陷盆地演化，边界断裂沟通上地幔而导致青山期大规模火山喷发（早白垩世晚期青山群火山喷发-沉积阶段）。随着地幔隆起，软流圈上涌，诱发壳幔相互作用，产生了壳幔混合型花岗岩，形成了伟德山造山晚期闪长岩-花岗闪长岩-花岗岩组合。其后伴有火山喷发及浅成、超浅成的雨山序列侵位，开启了区内金矿的叠加成矿期及有色金属矿的主成矿期。伟德山期花岗岩在鲁东地区分布范围广，面积大，该次岩浆热事件产生的热量足以造成强烈的流体活动及金、银、铜、钼等成矿元素的大范围迁移、富集，在金矿叠加成矿和有色金属成矿作用中起到了“热机”作用。该期岩浆活动分凝和激活的围岩流体萃取了胶东岩群、TTG 岩系及玲珑花岗岩中的成矿物质，在有利构造部位富集成矿。雨山序列及其同期的中酸性脉岩多沿区域性断裂及其次级断裂构造侵位，该断裂系统及侵入接触带等构造薄弱带是矿液运移的有利通道，也是铜、铅、锌、钼等有色金属充填交代富集成矿的良好空间。雨山序列和伟德山序列侵位热事件与区内的银、铜、铅、锌、钼等金属矿化在时间上和空间上对应耦合，是控制该类矿产形成的主导因素。

三、主要控矿因素

（一）金矿床形成的主要控矿因素

1. 特殊的地球动力学环境制约大规模成矿作用

矿床成矿系列大矿富矿的形成，与该成矿系列所处的大地构造位置和中生代燕山期的地球动力学背景密不可分，与重要的致矿地质异常事件和重大成矿作用相耦合。中生代燕山期的构造体制转换、岩石圈减薄、大规模的构造岩浆活动，特别是郭家岭序列的形成、侵位和岩浆期后热液作用是金矿形成的主导因素。太平洋板块向欧亚板块强烈俯冲，使处于前缘的胶北隆起区再度大规模活化；构造体制由挤压向拉张作用转换，造成地壳减薄地幔物质上涌，与壳源物质混熔形成以壳幔混合岩浆作用为主的郭家岭花岗岩组合。燕山期构造体制转换岩圈减薄壳幔相互作用产生的的热能、太平洋板块向欧亚板块挤压俯冲的热能和郭家岭花岗岩大规模侵位时幔源高热能及断裂构造形成时的热效应，是该成矿系列大矿富矿形成的主要能量和动力来源。该成矿作用主要发生在 110~130 Ma，集中发生在 120 Ma 左右。具有区域集中、规模大、富集强度高和成矿期短等特点，属爆发式成矿或巨量金属元素堆积。受不同力学性质、不同规模断裂构造和所处构造位置不同等因素控制，形成了焦家式、玲珑式等多种不同矿床形式的大型、特大型金矿床。

2. 区域性断裂构造控制大型金矿床产出部位

地跨两大构造单元的胶东地区经历了多期构造运动的改造，表现为多期性、继承性和不同力学性质的转换。中生代以来，在EW向基底构造基础上叠加了NE，NNE向构造，构成了胶东地区新的构造格局，控制着金矿床的生成和展布。金矿床集中分布在中生代NNE向构造带与EW向基底构造带的重叠部位，自西向东构成7条成矿带，其中大型、超大型金矿床集中分布在胶西北的三山岛-仓上、龙口-莱州、招远-平度成矿带上。围绕中生代NNE向主干断裂与EW向基底构造带的交会复合段，矿床集中成片分布，形成大型金矿床云集的金矿田。

据前人研究成果，主干导矿断裂与矿田单元的交切关系与成矿规模有一定的关联。据统计，胶东地区金矿田中被主干导矿断裂切穿的矿田单元约占60 %，且多为包含大型、特大型金矿床的矿田单元（李士先等，2007）。不被主干导矿断裂穿过，仅位于主干导矿断裂下盘的矿田单元约占20 %，多产出中小型矿床；位于主干导矿断裂上盘的矿田单元不足20 %，仅有小型矿床产出。这充分说明，主干导矿断裂是深部含矿流体运移的良好通道，对大型金矿床的生成和定位起着至关重要的主导作用。主干导矿构造与矿田中各地质体的交切及其形成的次级断裂裂隙构造，是矿液沉淀富集的良好空间，是有利的赋矿构造。切穿整个矿田的主干导矿断裂构造是最有利的导矿控矿构造，控制着区内大型、超大型金矿的生成和分布，是形成大型、超大型金矿床的必备条件和有利因素。

3. 侵入岩接触带构造控制大型金矿床产出部位

区内与金矿有关的侵入岩接触带是大型金矿成矿的有利部位，大型金矿床明显受玲珑花岗岩、郭家岭花岗岩侵入接触带构造控制。焦家式金矿床多分布于玲珑花岗岩与太古宙TTG岩系、胶东岩群和郭家岭花岗岩的接触带附近。纵观整个胶东地区，许多大型金矿床均分布于郭家岭序列诸岩体与玲珑序列接触带1~3 km范围内。这些侵入接触带往往与断裂构造带复合，构成重要的金矿成矿带，如招平断裂和焦家断裂均复合在玲珑花岗岩与早前寒武纪变质岩的接触带上。受断裂叠加的接触带是岩浆和成矿流体最活跃的地方，是金矿成矿的有利部位。该类复合构造是有利的控矿构造，许多大型、超大型金矿床均受此类复合构造控制。如三山岛断裂发育于玲珑序列与栖霞序列接触带的内带，沿断裂带具有强烈的绢英岩化并形成上百米至千余米的脉状工业矿体。该断裂控制三山岛、新立和仓上3处特大型和大型金矿床；焦家断裂沿栖霞序列及胶东岩群与玲珑序列的接触带展布，部分地段发育在栖霞序列中或切穿玲珑序列和郭家岭岩体，该断裂带为最密集的金矿成矿构造带，超大型焦家、新城金矿床及河东、河西等15处大中型金矿床均受该断裂或其次级断裂控制；招平断裂沿玲珑序列与栖霞序列和荆山群接触带曲折延伸，至招远城北被破头青断裂截切并切过玲珑岩体。该带具有多期活动的特点，直接控制着玲珑金矿田和大尹格庄、东风、台上、夏甸等特大型金矿床。

4. 大型金矿床深部仍有巨大的资源潜力

20世纪末以来，胶东金矿深部找矿取得了重大突破，探明了台上深部、焦家深部、新立深部、马塘深部、东风深部、三山岛深部等特大型深部金矿床和寺庄深部、夏甸深部等大型深部金矿床，以及其他中小型深部金矿床。近年来，在莱州三山岛北部海域、莱州纱岭和牟平辽上等矿区的深部找矿中，又取得了重大突破。这充分说明，区内大型金矿床的深部仍有巨大的隐伏矿床和资源潜力。

做为主要控矿构造的三山岛断裂、焦家断裂走向相近倾向相反，有研究认为三山岛断裂为焦家主拆离带上盘的反倾向铲状断裂。据地球物理及矿产勘查资料推测，三山岛断裂与焦家断裂深部可能交会，交会深度大约在地表下4 000 m左右，该交会部位可能存在巨型的隐伏金矿带。焦家金矿床深部勘探表明，焦家断裂沿倾向呈舒缓波状延深，由地表向深部沿倾向呈现倾角陡缓相间变化的趋势，构成台阶式展布的特点。金矿体沿断裂倾角平缓部位和陡缓转折部位富集，赋存于断裂倾角变化的台阶处。焦家金矿床深部勘探在穿越断裂陡倾段无矿带后发现了深部金矿的“第二富集带”。莱州市寺庄深部金矿床也是在焦家金矿带深部第二矿化富集带上发现的大型金矿床，这都充分印证了该区深部第二金矿富集带的存在，揭示了焦家成矿带深部蕴藏着巨大的资源潜力和良好的找矿前景。

（二）银、有色金属及铁矿床形成的控矿因素

该系列有色金属及银矿床的形成在时间上与伟德山期、雨山期岩浆热事件耦合，在空间上与伟德山序列、雨山序列侵入岩密切相关。伟德山期花岗岩面积大、分布广，该次岩浆热事件在银及有色金属成矿作用中起到了“热机”作用。雨山期浅成岩及同期脉岩与铜、铅、锌等矿床相伴而生，对矿床的形成和定位具有不可替代的控制作用。银、铜、铅锌、钼等矿床的形成和分布明显受区域性断裂及其派生构造的控制，矿床多分布在区域性断裂及其次级断裂构造的旁侧。矿体形态和规模主要受断裂破碎带、接触构造带、褶曲转折端及层间破碎带控制。如招远十里堡银矿床受招平弧形断裂控制，断裂转折部位的NE向断裂控制着银矿体的生成和分布；福山王家庄铜矿床受近EW向吴阳泉断裂控制，矿区内近EW向分布的向斜、背斜构造及其派生的次级褶曲转折端及层间构造对铜矿化定位起着重要控制作用。近EW向的吴阳泉断裂也控制着福山邢家山钼钨矿床的形成和分布；栖霞尚家庄钼矿床受NE向桃村-东陡山断裂控制，矿床赋存在由NNE向、NWW向和NEE向次级断裂裂隙交织形成的裂隙网状带内；栖霞香夼铅锌矿床受近EW向白洋河断裂及NE向亭口断裂控制。

古元古代荆山群、粉子山群及新元古代蓬莱群变质地层，对该系列铜、铁及铅锌矿床的形成具有重要的控制作用。该变质岩系具备有利的建造基础和构造条件，是成矿的有利围岩。如福山王家庄铜矿床赋存在粉子山群巨屯组、岗嵛组糜棱岩化大理岩中；乳山马陵铁矿床赋存在荆山群野头组层间裂隙中，赋矿岩层为一套富铁高镁岩层，为铁矿的矿源层；栖霞香夼铅锌矿床发育在燕山晚期花岗闪长斑岩与蓬莱群香夼组灰岩接触带内。

第三节　矿床区域时空分布及成矿系列形成过程

一、矿床区域时空分布

（一）金矿床时空分布

1.时间分布

近年来，随着高精度实验测试仪器的利用，在众多的同位素年龄值的支持下，国内外研究者对胶东金矿成矿时代的认识渐趋一致，普遍认为金矿形成于中生代（陈衍景等，2004）。据李洪奎等（2013）统计，目前取得的胶东地区金矿床的形成年龄数据主要集中在3个区段：81～105 Ma（占15.6 %）；110～130 Ma（占71.0 %）；141～160 Ma（占14.30 %）。3个金矿成矿峰期年龄值与区内的3次构造-岩浆热事件耦合，主成矿期在110～130 Ma，主成矿事件与胶东地区构造体制由挤压向拉张作用转换有关，岩浆热事件为130 Ma左右郭家岭序列的侵位。宋明春等认为，胶东金矿形成于同一成矿时代，其年龄范围为110.6～128.17 Ma，集中于115～122.5 Ma之间。据李士先等（2007）统计，胶东矿集区焦家式、玲珑式和蓬家夼式等多种类型金矿，主成矿年龄都集中在（120±3） Ma范围内。说明胶东地区金矿大规模成矿作用发生在120 Ma左右。

2. 空间分布

（1）金矿床总体分布格局

胶东金矿床集中分布在中生代NNE向构造带与EW向基底构造带的重叠部位，呈EW向带状展

布。在东西长约 280 km、南北宽约 70 km 的范围内,集中分布着数百个金矿床(点)。区内自西向东形成三山岛-仓上、龙口-莱州、招远-平度、西林-毕郭、桃村-即墨、牟平-乳山及威海-文登 7 条矿带,矿床围绕中生代 NNE 向主干断裂与 EW 向基底构造带的交会复合段集中分布,形成近 20 个金矿田。构成区域宏观上金矿床(点)东西成带,南北成串,集中成片的总体格局(图 17-1)。控制矿床定位的扭性断裂、裂隙带的引张段,受等距分布的 EW 向基底构造制约,矿带内金矿床大致呈等距分布,在主矿带及其下盘支矿带上常呈近东西向对应出现,形成矿田内矿床(点)成点阵分布的特点。金矿床总体上具有等距分布、对应产出、分段富集等分布规律。

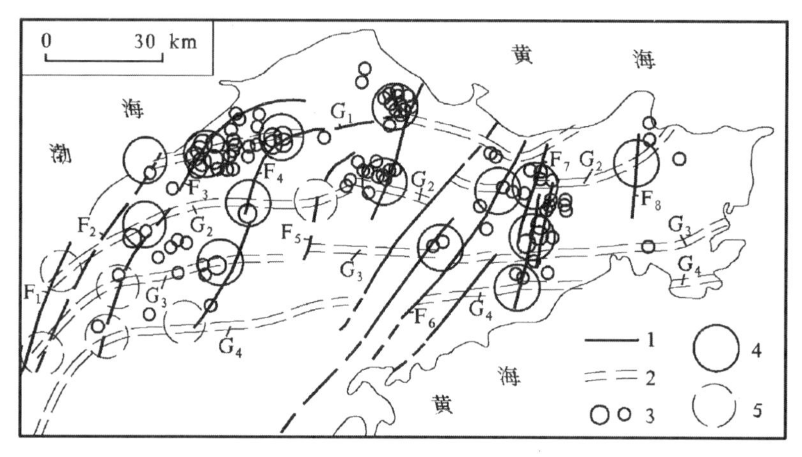

图 17-1 胶东金矿床分布规律示意图

(据《山东矿床》,2006)

1—NNE 向断裂构造;2—EW 向基底构造带;3—金矿床;4—已知金矿田;5—预测金矿田;F_1—昌邑-大店断裂;F_2—三山岛-仓上断裂;F_3—龙口-莱州断裂;F_4—招远-平度断裂;F_5—西林-陡崖断裂;F_6—桃村-即墨断裂;F_7—金牛山-乳山断裂;F_8—威海-文登断裂;G_1—三山岛-吴阳泉构造带;G_2—莱州-旺疃构造带;G_3—新河-泽头构造带;G_4—石埠-乳山构造带

(2) 燕山晚期花岗质侵入岩控制金矿床分布

金矿床在空间上与燕山晚期花岗质岩浆岩密切相关,区内 75 %以上的金矿床分布在郭家岭序列诸岩体与玲珑序列接触带 1~3 km 范围内。数以百计的大中型金矿床产于玲珑复式岩体内和玲珑岩体与太古宙变质岩系、燕山晚期郭家岭序列的接触带上。由郭家岭序列、玲珑序列和栖霞序列等构成的"H"形花岗岩带,是胶东金矿的主要成矿区,囊括了该系列绝大多数的特大型、大型和中小型金矿床。

(3) 不同级别构造控制金矿床分布

该系列金矿床的生成和分布受多级构造的控矿,不同级别的构造控制着不同级别的成矿单元。NNE 向构造带与 EW 向基底构造带的重叠部位,控制着胶东金矿集中分布区;NNE 向断裂裂隙系统与 EW 向基底构造的复合段控制各成矿带;NNE 向控矿主干断裂带与脆-韧性变形的复合段控制金矿田;NNE 向以扭性为主的断裂或裂隙带的控制金矿床;断裂构造局部开启或其分支复合、羽支交会部位控制金矿体;矿化裂隙发育程度增高或控矿构造多次活动、矿化裂隙叠加部位控制富矿柱。

(4) 不同性质断裂控制金矿类型的分布

不同性质的断裂构造控制着不同的金矿床类型的分布。区内 NNE 向主干断裂与主韧性剪切带复合段控制呈带状展布焦家式金矿床。该构造段是在基底韧性剪切变形的基础上又叠加了成矿前和成矿过程中的脆性断裂变形,由压扭为主的糜棱岩带变为张性的碎裂岩带,形成一套糜棱岩质碎裂岩、碎粒岩和角砾岩。岩石裂隙纵横发育、高度贯通,有利于矿液渗滤交代和沉淀富集,形成规模大、形态简单、矿化连续、以浸染状矿化为主的蚀变岩型带状矿体,如焦家、三山岛、新城等大型、超大型金矿床。NNE

向主干断裂带下盘伴生、派生的低序次断裂裂隙带控制河西等网脉状金矿床。在主干断裂带下盘发育的密集裂隙带，与导矿主构造连通，矿质沿密集的网脉充填、沉淀，形成规模较大、矿化较为连续、厚度不稳定、以细网脉状矿化为主的带状矿体，如河西、寺庄等金矿床。NNE 向主干控矿断裂下盘伴生、派生的低级别、低序次断裂控制玲珑等石英脉状金矿床。在主干断裂带下盘发育的次级断裂，局部形成宽大的引张扩容空间，在充填作用下形成含金石英脉体。脉体规模不大，矿化连续性好，呈脉群或单脉，如玲珑金矿田和邓格庄金矿床。

(5) 矿床深部矿体分布特征

近年来随着胶东金矿深部找矿取得重大突破，发现控矿断裂沿倾向自浅部向深部，出现一系列倾角陡缓交替变化的台阶。厚大金矿体往往分布于断裂倾角较缓部位。如焦家金矿床，控矿断裂沿倾向呈现陡缓相间的倾角变化规律，金矿沿断裂倾角的平缓部位和陡缓转折部位富集，构成“阶梯式”分布型式（宋明春等，2013）。焦家金矿床深部勘探成果证明，在穿越断裂陡倾段的无矿带后发现了深部金矿体。目前胶东地区焦家式金矿已探明和开采的浅部金矿位于阶梯式成矿的第一台阶，深部可能会有第二、第三赋矿台阶。

（二）银、有色金属及铁矿床时空分布

该系列银、有色金属及铁矿床分布的大地构造位置居于胶北隆起及威海隆起区。其中铜、铅、锌矿床主要分布在胶北隆起区，银、钼、铁矿床在胶北隆起及威海隆起区均有分布。该成矿系列的空间分布明显受区域性断裂及其派生的次级构造控制，矿床多分布在区域性断裂及其次级构造的旁侧。与成矿有关的侵入岩多沿区域性断裂及其次级断裂构造侵位，含矿流体沿断裂破碎带、接触构造带及层间破碎带等构造薄弱带运移，并交代充填成矿。

伟德山期和雨山期岩浆侵位热事件与区内的银、铜、铅、锌、钼（钨）、铁等金属矿化在时间上和空间上对应耦合，该时期是区内银及有色金属矿的主成矿期。成矿时限在 128～80 Ma，多集中在 120～102 Ma，为中生代燕山晚期。在空间分布上与燕山晚期伟德山序列和雨山序列侵入岩密不可分，伟德山期闪长岩-花岗闪长岩-花岗岩组合在空间上与银、铜、铅、锌、钼等矿化密切相关，雨山期石英闪长玢岩-花岗闪长斑岩-石英二长斑岩组合在空间上与铜、铅、锌、银及铁等金属矿化密切相关。

1. 十里堡式银矿床

该类银矿床在成矿时间上滞后于胶东金矿的主成矿期，与胶东造山晚期的伟德山闪长岩-花岗闪长岩-花岗岩组合及雨山浅成石英闪长玢岩-花岗闪长斑岩-石英二长斑岩等组合的形成耦合，代表了胶东地区后造山环境的金矿-多金属矿成矿作用，该时期是区内金矿的叠加成矿期同时也是有色金属矿的主成矿期，其时限在 105～80 Ma（李洪奎等，2013）。十里堡银矿区与银矿脉同期产出的闪长玢岩同位素年龄（Ar-K 法）为 96 Ma。

该系列银矿床主要分布于鲁东地区，其中招远十里堡银矿床、栖霞虎鹿夼银铅矿床、莱西小东馆银矿床、莱州朱家庄子银矿床分布于胶北隆起区，文登-荣成老横山银矿床、荣成同家庄银矿床分布于威海隆起区。该系列银矿床具有与金矿相同的成矿地质背景和构造条件。在空间分布上与燕山晚期伟德山序列花岗岩和雨山序列浅成岩及脉岩密切相关。如荣成同家庄银矿床就赋存在伟德山序列斑状角闪二长花岗岩的构造蚀变带中，招远十里堡、栖霞虎鹿夼及文登-荣成老横山银矿床在空间上均与燕山晚期闪长玢岩等脉岩相关。矿区的分布一般受区域性断裂及其次级断裂构造的控制，矿床均分布于受断裂构造控制的构造破碎蚀变带中。该类银矿体主要为脉状，含银矿化蚀变碎裂带受断裂构造及其蚀变构造岩的产状和形态控制。

2. 福山式铜矿床

该类铜矿床分布局限，主要位于胶北隆起区的福山王家庄，属燕山晚期与中酸性浅成杂岩体有关的

似层状热液交代型铜矿床。矿区内发育雨山序列石英闪长玢岩、闪长岩等,与铜矿成矿作用关系密切。铜矿化发生在闪长岩侵入之后或同期侵入作用的较晚阶段,铜矿床形成于早白垩世晚期。

矿床大地构造位置居于胶北隆起区的北部边缘。区内发育有轴向近 EW 的向斜、背斜构造,铜矿体主要产在车家向斜南翼。矿区内韧性及脆性断裂发育,近 EW 向吴阳泉断裂为铜矿床控矿构造,韧性剪切带呈弧形沿粉子山群巨屯组和岗嵛组的分层界面发育。铜矿床受层位控制明显,赋矿围岩为古元古代粉子山群巨屯组二段和岗嵛组一段,铜矿化发育在石墨大理岩、透闪大理岩、变粒岩及片岩中。矿区内大致呈顺层分布的闪长岩亦为铜矿化岩石。

3. 马陵式铁矿床

马陵铁矿床的形成与燕山晚期岩浆活动相关,含矿热液沿荆山群野头组岩石片理和层间裂隙交代充填成矿。与该铁矿有关的侵入岩同位素年龄为 128 Ma 左右(倪振平等,2014),属燕山晚期。

该类铁矿床主要分布在胶北隆起的莱州和威海隆起西缘的乳山等地,莱州地区以大泥河、西铁埠铁矿为代表;乳山地区以马陵铁矿为代表。铁矿床受地层层位控制明显,莱州大泥河、西铁埠铁矿赋存于古元古代粉子山群小宋组中,赋矿围岩主要为蛇纹岩、细粒透辉岩、磁铁石英岩、透闪变粒岩、浅粒岩、黑云片岩等。乳山马陵铁矿赋存于古元古代荆山群野头组祥山段中,赋矿围岩主要为黑云变粒岩、透辉变粒岩夹透辉透闪岩、大理岩、浅粒岩、斜长角闪岩等。

4. 香夼式铅锌矿床

该类矿床省内仅栖霞香夼 1 处。与成矿有关的香夼杂岩体侵入于早白垩世晚期青山群中,主要岩性为黑云母花岗闪长斑岩、角闪石花岗闪长斑岩及流纹质英安玢岩。花岗闪长斑岩黑云母及白云母 K-Ar 同位素地质年龄值为 120.6 Ma 和 127.6 Ma,属燕山晚期。

矿区地质构造位置处在胶北隆起北部的臧格庄凹陷南缘与胶北凸起相接地带。矿床产于早白垩世青山群火山岩盆地与早前寒武纪古隆起的相接部位,为一个与中生代造山晚期浅成—超浅成杂岩体有关的斑岩型铅锌-铜钼矿床。区内分布古元古代粉子山群、新元古代蓬莱群及早白垩世青山群,矿化发育在蓬莱群香夼组灰岩与燕山晚期侵入岩接触带内。区内断裂构造发育,香夼岩体及铅、锌、铜、硫等矿化作用均受区域性近 EW 向及 NE 向断裂控制。

5. 邢家山式钼钨矿床

邢家山钼钨矿床分布于胶北隆起北缘,赋矿围岩为古元古代粉子山群张格庄组变质地层,控矿岩体为矿区东部的幸福山斑状花岗闪长岩。该岩体的 K-Ar 法同位素地质年龄为 163.24~124.27 Ma。接触交代型矿化体产于接触带矽卡岩中,斑岩型矿化体产于花岗闪长岩岩体内。近 EW 向吴阳泉断裂控制着区内岩浆活动和矿化作用。

6. 尚家庄式钼矿床

该矿床地质构造位置处在胶北隆起南缘与胶莱拗陷东北缘接合部的隆起区一侧。矿区处在 NE 向桃村-东陡山断裂的西北侧。钼矿床发育在中生代燕山晚期伟德山序列含斑中细粒二长花岗岩中,其分布与斑状中粒二长花岗岩及其后形成的花岗闪长斑岩脉也具有密切的空间与时间联系。含斑中细粒二长花岗岩的同位素年龄值为 102 Ma。该矿床属于与燕山晚期与斑岩有关的高—中温热液型钼矿床。

二、成矿系列形成过程

横跨华北板块东南缘和秦岭-大别-苏鲁造山带的东延部分两大地质构造单元的胶东地区,在长期的地质发展历史中,经历了多次构造运动、岩浆活动和区域变质等多种地质作用。该成矿系列的形成与整个地质演化过程密不可分,与重要的致矿地质异常事件和重大成矿作用对应耦合。

中太古代迁西期(3 200~2 800 Ma),为陆核形成、固结和增生加厚期。在区域拉张环境下,局部海盆内形成了一套中基性火山岩、中酸性火山沉积和泥沙沉积的火山硅铁建造——唐家庄岩群,构成区内的原始陆核。该套壳幔杂岩为区内最早的金质携带者。其后,幔源超基性和玄武岩浆侵位,形成官洼地序列和西朱崔单元,陆块增生、加厚。迁西构造运动,使陆核发生强烈的韧性变形和变质作用,形成了塑性变形的麻粒岩相片麻岩。

新太古代阜平期至五台期(2 800~2 500 Ma),在南北向拉张环境下,早期海盆发生裂陷诱发中基性-中酸性火山喷发,并接受间歇期陆源碎屑沉积,形成了胶东岩群火山-碎屑沉积建造。中期马连庄序列幔源超铁镁质-镁铁质岩浆侵入定位。后期玄武岩浆重熔壳源物质上升侵位,形成栖霞序列 TTG 岩系,表壳岩发生塑性流变并产生高角闪岩相变质,唐家庄岩群、胶东岩群及马连庄序列等呈残片和包体残存于 TTG 岩系中。栖霞序列形成过程中,岩浆热液将上地幔和下地壳古陆核的金等成矿物质带至上地壳,弥散于其中。伴随着五台运动,栖霞序列 TTG 岩系产生韧性变形和角闪岩相变质,成为灰色花岗质片麻岩,构成太古宙花岗-绿岩带,形成了胶东金矿的原始矿源岩系。变质热液使金等成矿物质进一步活化迁移,金矿化"雏形"形成。

元古宙后,胶东地区经历了长期隆起的过程。印支运动以来,在扬子、华北板块碰撞和太平洋板块向欧亚板块俯冲强烈挤压作用下,区内构造岩浆活动趋于强烈。

中生代燕山期(205 Ma)以来,进入中国东部构造转折的重要时期,燕山运动进一步强化了中国东部由 EW 向转换为 NE—NNE 向为主的构造机制。受华北与杨子板块后碰撞的挤压作用和太平洋板块向北西方向俯冲的影响,早侏罗世末,郯庐断裂带发生左行平移,其后玲珑岩体、昆嵛山岩体强力侵位。在侵位过程中带来了深部的金质并熔入了地壳中金等成矿物质,原始矿源岩系中的金等成矿元素被激活萃取,含矿流体向超覆前缘运移,在胶北及金牛山一带形成金的高背景区。玲珑岩体的岩浆热液活动,引起了胶东地区金矿早期成矿作用的发生,完成了胶东金矿大规模矿化的"预富集"。

约在 137 Ma,在太平洋板块向欧亚板块的强烈俯冲作用下,处于前缘的胶东地区深受影响,胶东隆起区再度大规模活化。随着构造体制由挤压向拉张作用转换,地幔物质上涌,和壳源物质混熔形成中酸性岩浆,沿 EW 向构造带底辟上升侵位,形成以壳幔混合岩浆作用为主的郭家岭序列。在岩浆上涌过程中,来自地幔的热流携带成矿组分和挥发分,交代熔融原始矿源岩系和衍生矿源岩系,分异出的含矿流体和大气降水混合,与来自深部的和被活化萃取的金等成矿物质形成了一个新的岩浆-流体成矿系统。金与挥发分、碱质等形成易溶络合物等进入流体相,在温度、压力等物化条件影响下,含矿热液由高能带向低能带运移,在已形成的脆性断裂裂隙等有利构造位置沉淀富集成矿。郭家岭序列的形成、侵位和岩浆期后热液作用是金矿成矿的主导因素。其主成矿期滞后于郭家岭序列的成岩时代,为 120 Ma 左右。由于金矿化所处的构造位置不同,形成了焦家式、玲珑式等多种不同的矿床形式。矿床类型的差异主要表现在成矿围岩、矿体形态、规模产状、矿化特征和矿石自然类型等方面,但具有内在的统一性和共性,受同一成矿系统控制。

伟德山闪长岩-花岗闪长岩-花岗岩组合的侵位和其后浅成、超浅成雨山序列的侵位,开启了区内银、铜、铅、锌、钼等金属矿产的主成矿期。伟德山期花岗岩面积大分布广,该次岩浆热事件在银及有色金属成矿作用中起到了"热机"作用。该期岩浆活动产生的含矿流体从深部携带成矿物质并激活和萃取了胶东岩群、TTG 岩系及玲珑花岗岩中的成矿物质,在有利构造部位富集成矿。其后的雨山序列及同期的中酸性脉岩多沿区域性断裂及其次级断裂侵位,该断裂系统及侵入接触带是矿液运移的有利通道,也是铜铅锌等有色金属充填交代富集成矿的良好空间。雨山期浅成岩及同期脉岩与铜、铅、锌等矿床相伴而生,对矿床的形成和定位起着不可替代的控制作用。

第四节 胶北隆起金矿亚系列代表性矿床剖析

一、破碎带蚀变岩型金矿床矿床式(焦家式)及代表性矿床

(一) 矿床式

焦家式金矿床是山东省最重要的一种矿床类型,其以矿体规模大、形态简单、延伸较为稳定、品位变化较均匀、含矿程度高、勘探成本低、易采易选等为突出特点。该类金矿床赋存于区域性断裂带中,控矿断裂既导矿又容矿,与国内其他类型金矿有着明显的区别。焦家式金矿床查明资源储量约占全省岩金查明资源总量的70%。

1. 区域分布

焦家式金矿床主要分布在胶西北的莱州、招远及平度一带,大地构造位置位于胶北隆起西北部,地处华北板块东南缘。新太古代基底变质岩系、多期次构造岩浆活动和以NE向断裂构造为主的构造格架,构成了本区金矿的成矿地质背景。其特殊的大地构造位置造就了金矿得天独厚的成矿地质条件。

2. 矿床产出地质背景

(1) 侵入岩与金矿床

该类金矿床与太古宙TTG花岗岩系和燕山期玲珑序列二长花岗岩、郭家岭序列斑状花岗闪长岩分布区紧密相伴,金矿床分布明显受岩体空间分布的控制,绝大多数金矿床多分布于玲珑复式岩体内和其与太古宙变质岩系、燕山期郭家岭序列的接触带上。焦家、三山岛、大尹格庄、台上、夏甸等大型超大型金矿床均在其内。由郭家岭序列、玲珑序列和栖霞序列等组成的胶东"H"形花岗岩带,是金矿的主要成矿区,囊括了该系列绝大多数的金矿床。

(2) 区域断裂构造与金矿床

该类金矿床严格受断裂构造的控制,金矿床主要展布在NE—NNE向的三山岛断裂、焦家断裂、招平断裂北段和陡崖-龙门口断裂带内,金矿化主要发育在断裂带主裂面的下盘。金矿体主要赋存在断裂的交会部位或断裂带沿走向、倾向转弯的部位。

三山岛断裂发育于玲珑序列与栖霞序列接触带的内带,该断裂控制三山岛、新立和仓上3处特大型、大型金矿床;焦家断裂沿栖霞序列与玲珑序列的接触带展布,部分地段发育在栖霞序列中或切穿玲珑和郭家岭岩体。该断裂带为最密集的金矿成矿构造带,焦家、新城及河东等超大、大中型金矿床均受该断裂或其次级断裂控制;招平断裂沿珑序列与栖霞序列和荆山群接触带曲折延伸,至招远城北,被破头青断裂截切并切过玲珑岩体。该断裂直接控制着大尹格庄、东风、台上、夏甸等特大型金矿床。

近年深部找矿成果表明,焦家等控矿断裂沿倾向由浅部向深部出现倾角陡缓相间变化的规律。金矿沿断裂倾角的平缓部位和陡缓转折部位富集,具有"阶梯式"成矿的特征。焦家金矿区深部在穿越断裂陡倾段的无矿带后发现了深部金矿"第二富集带"。

(3) 基底变质岩系与金矿床

中太古代唐家庄岩群呈不规则状包体残留于新太古代栖霞序列及中太古代西朱崔单元中,变质程度达麻粒岩相,是区内最早的金质携带者。新太古代胶东岩群呈长条状或不规则状包体残留于新太古代栖霞序列及中生代玲珑序列中,变质程度达角闪岩相,是胶东地区太古宙花岗-绿岩带的组成部分。栖霞超单元的侵位带来了上地幔和下地壳古陆核的金等成矿物质,活化了太古宙变质地层中的金等成矿物质,形成了胶东金矿的原始矿源岩系,为金矿的形成打下了良好的建造基础和物质基础。

3. 矿体特征

矿体赋存的构造部位：分布于主干断裂带中的金矿体，赋存在新太古代胶东岩群与中生代燕山期玲珑花岗岩接触断裂主断裂面下盘的构造岩中。如三山岛、焦家、新城、大尹格庄等金矿床，直接赋存于主干断裂中。构造岩厚大，矿体和矿床规模巨大，常形成大型矿床。赋存于主干断裂带分支断裂中的金矿体，焦家-新城金矿田的红布、候西、河东、河西等矿段属之，多为大、中型矿床。产于花岗岩体内，远离主干断裂，分布于次级断裂中的金矿体，如北截-灵山沟断裂带上的北截、灵山沟以及洼孙家等金矿床，矿床规模多为中小型。

矿体形态、产状及规模：焦家式金矿床由于赋存于规模较大的断裂构造岩带内，矿体规模一般较大，多呈脉状、似层状（如三山岛、焦家、台上金矿）或透镜状。走向多为 NNE 或 NE 向，倾向 NW 或 SE，倾角一般 25°~45°。根据矿化特征，焦家式金矿床可进一步分为带状浸染亚型、带状网脉-细脉浸染亚型和蚀变脉岩亚型 3 种亚类型。带状浸染型矿床以黄铁绢英岩化岩石为含矿主体，赋存于主干断裂破碎带中的矿体，延长可达 1 000~1 200 m，延深可达 800~1 500 m；矿体厚一般 3~10 m，最厚达 58 m。产于分支断裂或远离主干断裂的带状网脉-细脉浸染型的矿体，延长多在 300~500 m 之间，厚一般 2.5~7.0 m。

工业矿体在金矿带中普遍存在侧伏的规律。勘查表明，胶北地区蚀变岩型金矿，凡矿体走向 NE、倾向 NW 者，向 SW 侧伏；走向 NE、倾向 SE 者，向 NE 侧伏。单个矿体沿走向延长短于倾斜延深，其比值可达 1:1~1:5。如莱州马塘、招远夏甸等金矿床，某些矿体呈长“裤腿”状。

4. 矿石特征

矿物成分：焦家式金矿矿石的金矿物是金-银系列矿物，主要为银金矿（占 74.08 %~99.37 %），其次是自然金（占 0.63 %~25.94 %），少量金银矿和自然银。金的成色一般为 685~721，平均为 693。

该类金矿总体为低硫金矿石。金属硫化物以黄铁矿为主，占金属硫化物总量的 90 %以上，其次为黄铜矿、方铅矿、闪锌矿、斑铜矿、磁黄铁矿及斜方辉铅铋矿、黝铜矿、辉铜矿等。脉石矿物以石英、绢云母为主，其次为长石、方解石，少量绿泥石、绿帘石、石榴子石、锆石、磷灰石、萤石、重晶石等。

金矿物特征：矿石中金的赋存状态主要为晶隙金（占 65.7 %~82.2 %），其次为裂隙金（占 12.5 %~24.6 %），少量为包体金（占 5.6 %~9.6 %）。金主要赋存在黄铁矿中，其次分布于石英中，少量赋存于黄铜矿、方铅矿、闪锌矿等矿物中。

金矿物的形态以角粒状、圆粒状和不规则状为主，其次是麦粒状、线状、叶片状、链状等。不同矿区的金粒形态分布有所差异。焦家金矿以不规则状（占 44.47 %）和线状（占 32.94 %）为主；三山岛金矿以粒状（占 64.38 %）和不规则状（占 28.77 %）为主；新城金矿以粒状最多（占 37.00 %），其次为线状（占 23.69 %）、叶片状（占 19.85 %）和不规则状（占 19.46 %）。金的粒度以微粒金（0.005~0.074 mm）为主（占 67.70 %~74.46 %），其次为细粒金（>0.074~0.295 mm）。

化学成分：矿石中的金品位一般为 $3\times10^{-6}\sim10\times10^{-6}$，很少有 $>30\times10^{-6}$ 的富矿样品地段，属中—低品位金矿石。银与金的含量大致呈 1:1 的关系，银主要以单矿物银金矿的形式出现，在某些矿区，银赋存于辉银矿、碲银矿及极少量的角银矿、硫银铋矿中。在一些矿区，银含量与铅含量呈正相关，显示银与方铅矿关系密切。矿石中的硫主要赋存于以黄铁矿为主的硫化物中，含量在 2 %~3 %，一般不超过 5 %，属低硫金矿石。

结构构造：矿石结构以晶粒结构、嵌晶结构为主，其次有压碎结构、填隙结构、乳滴状结构、包含结构、网状结构、交代残余结构、反应边结构等。矿石构造以浸染状构造、细脉浸染状构造为主，其次为角砾状构造、团块状构造、斑点状构造、网脉状构造及交错脉状构造等。

矿石类型：金矿石按氧化程度可分为原生矿石、氧化矿石和混合矿石 3 个自然类型，以原生矿石为主。氧化矿石赋存深度在距地表 10~20 m 以内。按矿石的矿物共生组合及矿石结构构造，原生矿石划分为 5 种矿石自然类型：① 块状含浸染状黄铁矿的黄铁绢英岩型；② 细脉浸染状黄铁绢英岩质碎裂岩型；③ 网脉状黄铁绢英岩化碎裂状花岗岩型；④ 细脉-交错（网）脉浸染状裂隙带伟晶状钾化花岗岩型；⑤ 浸染状黄铁绢英岩化糜棱岩或角砾岩型。以前3种为主。

5. 围岩蚀变特征

焦家式金矿床围岩蚀变发育，分带性明显。围岩蚀变主要有钾长石化、黄铁绢英岩化、碳酸盐化，以及绿泥石化、红化、高岭土化等。其中黄铁绢英岩化与金成矿关系极为密切。根据蚀变岩的空间分布、类型及强度的差异，自蚀变带中心向外可依次分为黄铁绢英岩化碎裂岩带、黄铁绢英岩化花岗质碎裂岩带、黄铁绢英岩化花岗岩带和钾长石化花岗岩带。

6. 矿床成因

该类金矿床的形成与和燕山期玲珑序列、郭家岭序列花岗岩及基底变质岩系密切相关。新太古代栖霞序列的侵位带来了上地幔和下地壳古陆核的金等成矿物质，活化了太古宙变质地层中的金等成矿物质，形成了金矿的原始矿源岩系。燕山早期玲珑序列侵位上涌时与壳源物质发生强烈的重熔作用，使原始矿源岩系中的金等成矿元素被活化迁移，是金矿形成的衍生矿源岩系。燕山晚期，随着构造体制由挤压向拉张作用转换，地幔物质上涌，形成以壳幔混合岩浆作用为主的郭家岭序列。在岩浆上涌过程中，来自地幔的热流携带成矿组分和挥发分，交代熔融原始矿源岩系和衍生矿源岩系，分异出的含矿流体和大气降水混合，与来自深部的和被活化萃取的金等成矿物质形成了一个新的岩浆-流体成矿系统。金与挥发分、碱质等形成易溶络合物等进入流体相，在温度、压力等物化条件影响下，在有利构造部位沉淀富集成矿。属与中生代燕山期花岗岩有关的岩浆-热液型金矿床。

（二）代表性矿床

Ⅰ．莱州市焦家金矿床地质特征[1]

1. 矿区位置

焦家金矿床位于莱州市北东方向30 km金城镇焦家村西侧。大地构造位置位于沂沭断裂带东侧、胶北隆起的北部边缘，属华北板块东延部分滨太平洋构造-岩浆岩带的内侧。

2. 矿区地质特征

矿区内主要出露燕山期玲珑序列黑云母二长花岗岩和郭家岭序列斑状花岗闪长岩及其派生的脉岩。太古宙栖霞序列TTG岩系及胶东岩群斜长角闪岩等呈包体残留于玲珑序列之中。玲珑序列黑云母二长花岗岩呈岩基展布于矿区北部和东部，郭家岭序列斑状花岗闪长岩呈岩株出露于矿区东北部。焦家主干断裂（龙口-莱州断裂中段）纵贯全区，矿区内长1 900 m，宽100~300 m，延深925 m，为矿区Ⅰ级控矿断裂（图17-2）。断裂走向NE 10°~30°，倾向NW，倾角35°~45°，局部60°~70°。望儿山分支断裂位于矿区东南部，矿区内长1 800 m，宽10~30 m，斜深800余米，为矿区Ⅱ级控矿断裂。断裂倾向NW，倾角63°，与主干断裂构成“人”字形。侯家及鲍李断裂为矿区Ⅲ级断裂，主要由碎裂岩组成。NW断裂为区内一组重要控矿断裂，位于焦家主干断裂与望儿山分支断裂之间，为其派生构造。断裂长500 m，宽30~100 m，延深200余米，走向310°~320°，倾向NE，倾角40°。

3. 矿体特征

矿体赋存于焦家主干断裂的破碎蚀变岩带中，控制长度1 600 m。矿区内共圈定2个矿体和1个矿体群。Ⅰ号矿体规模最大，紧靠主裂面分布，Ⅰ号矿体下盘依次为Ⅱ号矿体和Ⅲ号矿体群。Ⅰ号、Ⅱ号矿体产状与破碎蚀变岩带产状基本一致，走向NE 30°，倾向NW，倾角25°~50°。矿体沿走向和倾向均呈舒缓波状延伸，有明显的分支复合、膨缩和尖灭再现特征。矿体一般长几百米至上千米，厚1~10 m，金

[1] 山东省第六地质矿产勘查院，山东省莱州市焦家金矿床地质勘探—生产勘探总结报告，1996年。

矿石品位 $5.89\times10^{-6}\sim25.20\times10^{-6}$。Ⅲ号矿体群由100多个规模不大的脉状矿体组成,集中分布在破碎蚀变带的肥大部位。矿体大部分倾向SE,倾角70°~85°,在平面上与Ⅰ号、Ⅱ号矿体大致平行展布,在剖面上呈"人"字形有规律的排列。单矿体一般长几十米至上百米,最大倾斜延深100余米(图17-3)。

在焦家金矿床的深部发现并圈定了1个主矿体和3个矿体群❶。其中Ⅰ号矿体是区内主矿体,资源储量占总量的89.77%。Ⅱ号矿体群圈定矿体11个,Ⅳ号矿体群圈定矿体56个,Ⅴ号矿体群圈定矿体21个。Ⅰ号矿体紧靠主裂面分布,受黄铁绢英岩化碎裂岩和黄铁绢英岩化花岗质碎裂岩带控制,局部向下延入黄铁绢英岩化花岗岩带内。与中浅部的Ⅰ-1号主矿体在104至128线相连。钻孔控制最大走向长960 m,平均750 m;最大倾斜长1 370 m,平均870 m。最大控制垂深1 120 m,最低见矿工程标高为-1 080 m。矿体呈似层状、大脉状,具分支复合、膨胀夹缩和无矿天窗等特点。产状与主裂面基本一致,走向30°,倾向NW,倾角15°~30°。-850 m标高以下倾角逐渐变缓。矿体厚大部位位于由陡变缓转折点下部,矿体单工程厚0.91~37.82 m,平均10.95 m,其中厚度6~26 m的矿体占62.96%。矿体高品位样品多分布在厚度较大的部位,矿体厚度与品位呈正相关关系。矿体单工程品位为 $1.01\times10^{-6}\sim11.97\times10^{-6}$,平均品位为 4.27×10^{-6},以低品位矿石为主。随着距主裂面的由近到远,矿石品位有由高到低的变化趋势。

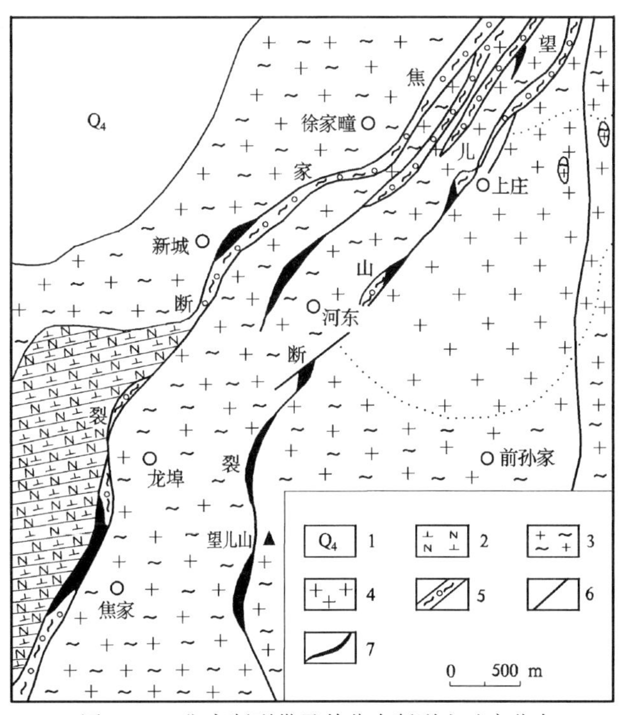

图17-2 焦家断裂带及其分支断裂金矿床分布

(据孔庆友等,2006)

1—第四系;2—栖霞超单元TTG岩系及胶东岩群斜长角闪岩等包体;3—玲珑序列黑云母二长花岗岩;4—郭家岭序列斑状花岗闪长岩;5—构造破碎带;6—断裂带;7—金矿体

4. 矿石特征

矿物成分:矿石主要载金矿物有黄铁矿、黄铜矿、闪锌矿、方铅矿、褐铁矿、石英、绢云母。

化学成分:焦家金矿床矿石Au平均品位为 6.22×10^{-6},其中Ⅰ号矿体平均品位为 6.18×10^{-6},Ⅱ号矿

❶ 山东省第六地质矿产勘查院,山东省莱州市焦家金矿床深部详查报告,2008年12月。

体平均品位为 5.64×10⁻⁶，Ⅲ号矿体平均品位 7.18×10⁻⁶。主要伴生元素为 Ag，平均品位为 12.60×10⁻⁶，可综合回收利用。次要伴生组分为 S，Cu，Pb；其中硫含量为 1.86 %，通过选矿可回收利用，其他组分含量尚未达到综合利用要求。深部矿体矿石 Au 平均品位 3.60×10⁻⁶，Ag 平均品位 5.89×10⁻⁶，S 平均品位 1.28 %，银、硫可做为伴生有益组分综合回收利用。

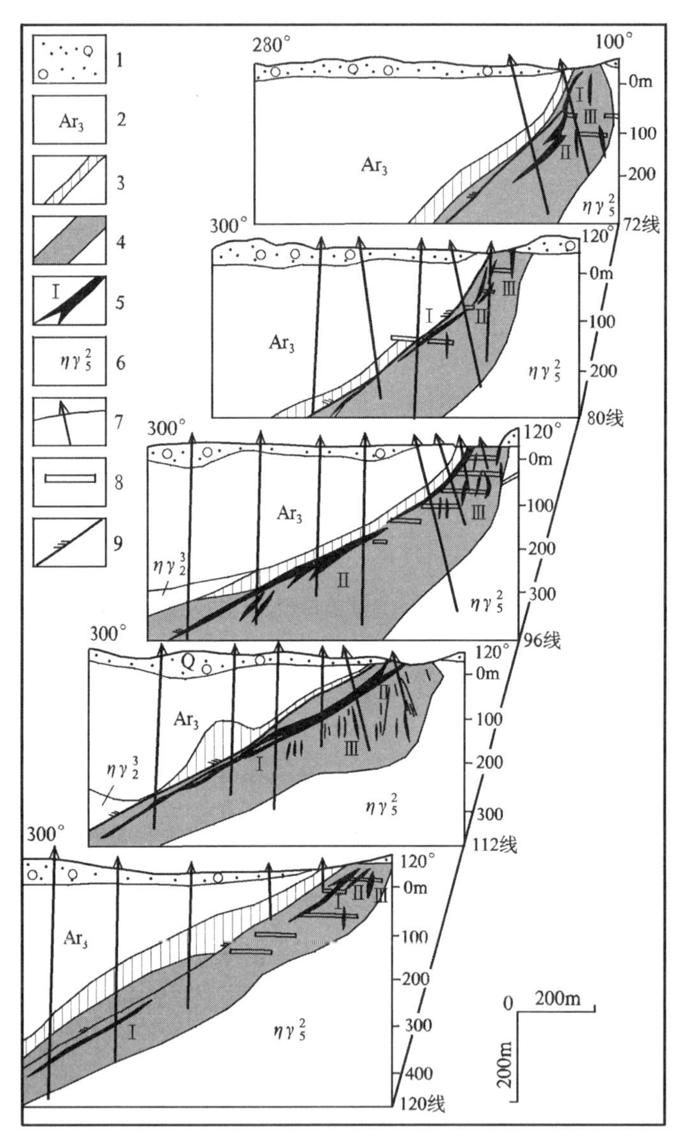

图 17-3　莱州焦家金矿床联合剖面图

（据山东省地矿局第六队 1985 年原图及矿山资料修编，引自《山东矿床》，2006）

1—第四系；2—新太古代变质岩系；3—黄铁绢英岩化斜长角闪岩；4—黄铁绢英岩化碎裂岩、黄铁绢英岩化花岗质碎裂岩及黄铁绢英岩化花岗岩；5—金矿体及编号；6—玲珑含黑云母二长花岗岩；7—钻孔位置；8—坑道；9—焦家断裂

金矿物赋存状态及性状：矿石中的金以独立矿物存在的显微金为主，赋存状态主要为晶隙金，次为裂隙金和包体金。晶隙金、裂隙金以黄铁矿、石英晶隙、裂隙最多，其他矿物的晶隙、裂隙次之。包体金以黄铁矿、方铅矿、黄铜矿、闪锌矿等硫化物包体金最多，石英包体金次之。矿石中的金矿物主要为银金矿、自然金和金银矿。中浅部矿体以银金矿为主占 85 %，深部矿体以自然金居多占 71 %。银金矿中的金含量平均为 66.66 %，银含量平均为 28.43 %。

结构构造：矿石结构主要为自形晶粒状结构、半自形晶粒状结构和压碎结构，其次为填隙结构、包含结构和文象结构。矿石构造以浸染状、细脉浸染状和网脉状构造及斑点状构造为主，其次为脉状和角砾状构造。

矿石类型：焦家金矿床的矿石工业类型为贫硫矿石。矿石自然类型多为原生矿石，仅地表浅部有少量氧化矿、混合矿分布。根据矿石矿物共生组合和结构构造等特征，可分为浸染状黄铁绢英岩化碎裂岩型矿石、细脉浸染状黄铁绢英岩化花岗质碎裂岩型矿石、细脉网脉状黄铁绢英岩化花岗岩型矿石3种成因类型。

5. 围岩蚀变特征

焦家主干断裂构造破碎带形成的蚀变岩带，位于玲珑序列黑云母二长花岗岩与太古宙TTG岩系的接触带上，蚀变带在玲珑序列一侧更为发育。破碎蚀变岩带走向30°，倾向NW，倾角25°~50°，厚度70~250 m，倾向延深有增大趋势。蚀变岩与构造岩对应，蚀变强度以主裂面为界，向两侧逐渐减弱。矿化与蚀变关系密切，矿体主要受成矿期断裂、裂隙及节理的控制，主矿体赋存在主裂面下盘。

按照蚀变作用的先后，焦家金矿床围岩蚀变大致可分为3个阶段，即成矿期前的钾长石化、钠长石化和赤铁矿化；成矿期中的黄铁绢英岩化、硅化、碳酸盐化；成矿期后的绿泥石化。根据蚀变类型、蚀变程度及矿物组合，划分为四个蚀变带，自内向外依次为黄铁绢英岩质碎裂岩带；黄铁绢英岩化花岗质碎裂岩带；黄铁绢英岩化花岗岩带；钾长石化、红化花岗岩带。

6. 矿床成因

成矿阶段：焦家金矿床的成矿作用分为热液期和表生期，按矿物组合和矿物生成顺序，将热液期划分为4个成矿阶段：① 黄铁矿石英阶段；② 金石英黄铁矿阶段；③ 金石英多金属硫化物阶段；④ 石英碳酸盐阶段。其中②，③为主要成矿阶段。在表生期，原生矿物被氧化，黄铁矿变为褐铁矿，黄铜矿形成孔雀石。氧化带深度20~30 m，未见金次生富集现象。

成矿物质及成矿流体来源：焦家金矿床的硫同位素$\delta^{34}S\times10^{-3}$变化范围小，且都是正值，平均值9.99，方差0.70。而胶东岩群变质岩系的同位素$\delta^{34}S\times10^{-3}$值平均7.4；说明焦家金矿床的硫主要应来自胶东岩群变质岩系。根据矿石中石英包裹体氢氧同位素测试结果，$\delta^{18}O_{H_2O}$值一般为+3.94~+5.01；δD值主要变化在-75.40~-95.80之间（李士先等，2007）。在氢氧同位素δD-$\delta^{18}O$关系图上，其投影点大都在大气降水和岩浆水一侧，晚期成矿阶段的投影点更接近于天水线。结合区域成矿研究成果，认为热液来源主要是大气降水和来自岩浆成岩过程中脱水作用释放的水。据矿石中石英包裹体组分研究，矿液成分突出的特点是阳离子Ca^{2+}、阴离子HCO_3^-含量高，应属钙重碳酸盐型，反映了成矿热液明显的天水特征；CO_2/H_2O低，反映成矿热液具岩浆成因的特点；K^+/Na^+高，反映岩浆成岩晚期强烈的钾质交代作用。焦家金矿床矿液成分可能与变质热液、重熔岩浆热液及大量天水的加入有关。

成矿温度和压力：利用石英包裹体均一法测温获得：① 石英黄铁矿阶段成矿温度为340 ℃，成矿压力为72 MPa；② 金石英多金属硫化物阶段成矿温度为291 ℃。成矿压力为52 MPa；③ 金银石英多金属硫化物阶段成矿温度为237 ℃，成矿压力为32 MPa；④ 石英碳酸盐阶段成矿温度为201 ℃，成矿压力为12 MPa（李士先等，2007）。显示成矿作用由早到晚其温度和压力存在着由高到低的演化趋势；其主要成矿阶段属于中温环境。

7. 地质工作程度及矿床规模

1967~1996年，焦家金矿床先后经历多次勘查工作，提交正式勘查储量报告5份。1996年12月，山东省地质矿产局第六地质队与山东省焦家金矿联合提交了《山东省莱州市焦家金矿床地质勘探—生产勘探总结报告》，查明焦家金矿床为特大型金矿床。1997~2006年，山东省第六地质矿产勘查院在焦家矿区进行了多次深部普查找矿工作。2007~2008年，山东省第六地质矿产勘查院对焦家金矿床深部开展了详查工作，2008年底编制完成《山东省莱州市焦家金矿床深部详查报告》，探获深部金资源储量超百吨。

Ⅱ. 莱州市三山岛北部海域金矿床地质特征(宋明春等,2015)

1. 矿区位置

矿区位于莱州市 NNE 方向约 20 km 的三山岛村北部近岸浅海海域。在地质构造部位上居于胶北隆起西北缘三山岛-仓上断裂带北端。矿床与位于其南侧的三山岛金矿区的深部主矿体相连。

2. 矿区地质特征

矿区均为海水覆盖,主要区域水深 8.5~20 m。海水之下第四系厚度一般为 35~40 m,最厚 60 m,为海相沉积的粗、中、细砂和淤泥。基岩主要为燕山早期玲珑序列花岗岩和新太古代变辉长岩,玲珑序列花岗中见有燕山晚期郭家岭序列巨斑状中粒花岗闪长岩侵入和煌斑岩、辉绿玢岩、石英闪长玢岩、闪长玢岩等脉岩,变辉长岩分布于三山岛断裂上盘。

三山岛北部海域金矿床位于三山岛-仓上断裂北端向海域的延伸位置(图 17-4)。矿区内钻探工程控制的三山岛断裂长 4 420 m,最大倾斜延深 2 156 m,走向 35°左右,倾向 SE,-400 m 标高以上段倾角 40°左右;-400~-1 000 m 标高段倾角 75°~85°,-1 000 m 标高以下倾角 35°~43°。断裂切割玲珑序列花岗岩,接近于花岗岩与变辉长岩的接触界线。灰白—灰黑色断层泥沿断裂主裂面连续发育,厚 0.05~0.5 m,构造岩带宽 40~400 m。以主裂面为界,上盘依次为花岗质碎裂岩、碎裂状花岗岩,下盘依次为碎裂岩、花岗质碎裂岩、碎裂状花岗岩。局部有 NW 走向小断裂将三山岛断裂错断。

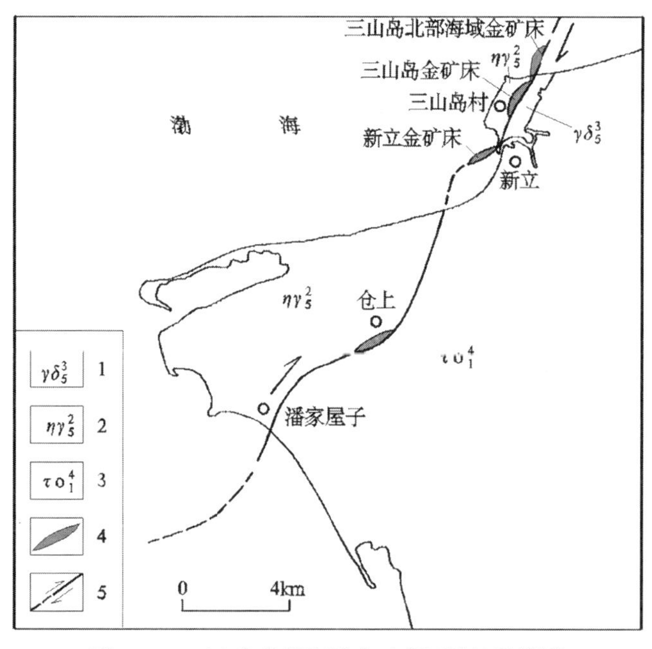

图 17-4 三山岛北部海域金矿床区域地质简图

(据叶天竺等,2014)

1—郭家岭序列花岗闪长岩;2—玲珑序列二长花岗岩;3—新太古代变质岩系;4—金矿体;5—断裂及运动方向

3. 矿体特征

该矿床共有 21 个金矿体,其中具有经济价值的矿体 18 个。矿区南段和北段矿体不连续,分为北矿段和南矿段。南矿段深部和浅部矿体之间存在无矿间隔,分为浅部矿体群和深部矿体群。南矿段由 7 个矿体组成,其中 1,2,6,7 号矿体为浅部矿体;3,4,5 号矿体为深部矿体;北矿段由 8,9,10,11,12 等 5 个矿体组成。该矿床主矿体为4号矿体，其次为1号、3号、11号及2号矿体，其他矿体规模较小(图17-5)。

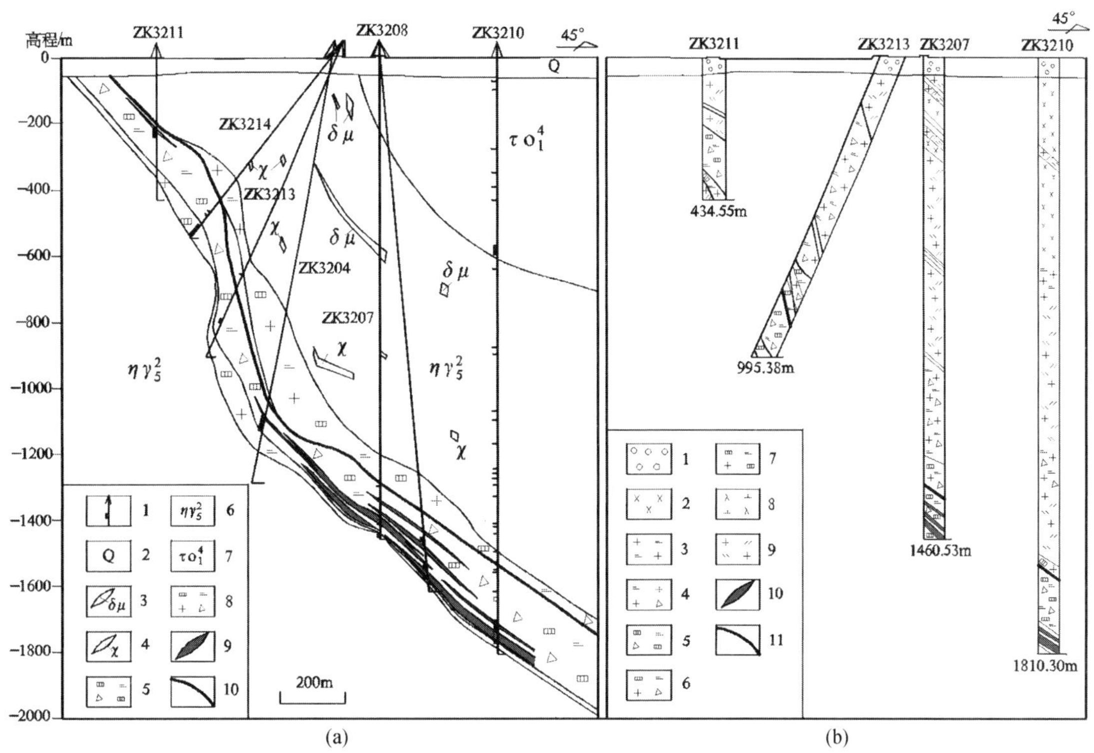

图17-5　三山岛北部海域金矿床勘探线剖面图

(据宋英昕❶，2014)

(a)1—钻孔及采样位置；2—第四系；3—闪长玢岩；4—煌斑岩；5—黄铁绢英岩化碎裂岩带；6—玲珑序列二长花岗岩；7—新太古代变质岩系；8—黄铁绢英岩化花岗质碎裂岩；9—金矿体；10—断裂面

(b)1—第四系；2—变辉长岩；3—绢英岩化花岗岩；4—绢英岩化花岗质碎裂岩；5—黄铁绢英岩化碎裂岩；6—黄铁绢英岩化花岗质碎裂岩；7—黄铁绢英岩化花岗岩；8—闪长玢岩；9—二长花岗岩；10—金矿体；11—断裂

4. 矿石特征

矿物成分：金矿物主要为银金矿，其次为自然金、金银矿。主要矿石矿物为黄铁矿，其次为方铅矿、闪锌矿、黄铜矿、毒砂、磁黄铁矿、褐铁矿、磁铁矿等。主要脉石矿物为石英、绢云母、长石，其次为碳酸盐类矿物方解石、白云石、菱铁矿等。黄铁矿为主要载金矿物，其次为方铅矿和石英。

化学成分：矿石金平均品位4.3×10^{-6}；伴生银平均品位6.4×10^{-6}，硫2.78%，铅0.39%，均达综合利用要求；伴生铜平均品位0.022 2%、锌0.079 9%，含量较低，达不到综合利用要求。矿石有害元素砷含量较高，平均为137.1×10^{-6}。

金矿物特征：金矿物主要为银金矿、自然金及金银矿。金矿物主要以晶隙金、裂隙金、包体金和粒间金4种状态赋存，以晶隙金为主。金矿物粒度以细粒金为主，多见角粒状、叶片状、麦粒状、枝杈状等。

结构构造及矿石类型：矿石结构主要为碎裂结构(包括碎斑、碎粒、碎粉等结构)、粒状变晶结构、糜棱结构等。矿石构造主要为浸染状构造，次之为网脉状、角砾状、细脉状构造。按照破碎蚀变程度和主要构造特征，将矿石类型划分为浸染状、细脉—网脉状黄铁绢英岩化碎裂岩或黄铁绢英岩型矿石；浸染状、细脉—网脉状黄铁绢英岩化花岗质碎裂岩型矿石；细脉—网脉状、角砾状黄铁矿化钾化花岗岩型矿

❶　宋英昕，三山岛北部海域金矿成因矿物学与找矿研究(硕士论文)，2014年。

石。矿石工业类型为低硫型金矿石。

5. **矿化蚀变特征**

矿化蚀变沿三山岛断裂主裂面发育,蚀变岩垂向分带明显,由上而下依次为黄铁绢英岩化花岗岩带、黄铁绢英岩化花岗质碎裂岩带、断层泥(主裂面)、黄铁绢英岩化碎裂岩带(或黄铁绢英岩带)、黄铁绢英岩化花岗质碎裂岩带、黄铁绢英岩化花岗岩带,各蚀变岩带之间呈渐变过渡关系。主裂面之下0~320 m范围内一般为黄铁绢英岩化碎裂岩带(或黄铁绢英岩带),蚀变与金矿化最强,是主矿体的赋存部位,以浸染状或细脉浸染状矿化为主。

根据矿石矿物成分、矿物共生组合、矿物间穿插关系及矿石结构构造,矿化蚀变可划分为4个阶段:① 黄铁矿-绢英岩阶段,为矿化蚀变作用的早期;② 金-石英-黄铁矿-毒砂阶段,为金的主要成矿期;③ 金-石英-多金属硫化物阶段,为金成矿的晚期阶段;④ 石英-碳酸盐阶段,为矿化蚀变作用的末期,无金矿化。

6. **矿床成因**

燕山晚期花岗质岩浆活动在金矿成矿中起到了“热机”作用,使围岩中的金活化,并将地幔中的金携带上来,提供了部分成矿物质。金矿形成于早白垩世热隆-伸展构造背景,强烈的壳幔混合岩浆活动为金矿形成提供了适宜的物源、热源和流体,伸展拆离构造为金矿成矿提供了有利空间,构造、岩浆、流体耦合造成了胶东金矿大规模成矿作用。

7. **地质工作程度及矿床规模**

该矿床经山东省第三地质矿产勘查院勘查评价,探明金资源储量超过400 t,为海域超大型金矿床。

Ⅲ. 莱州市纱岭金矿床地质特征❶

1. **矿区位置**

矿区位于莱州市北东部,距莱州市直线距离27 km,北起吕北西,南至后陈北。行政区划跨金城镇与朱桥镇。大地构造位置位于胶北隆起之胶北凸起。

2. **矿区地质特征**

矿区位于焦家断裂带中段西部,地表距焦家断裂带约1.5~4 km。区内第四纪地层广布,为临沂组松散堆积物。据钻孔揭露,矿区深部以焦家断裂主裂面为界,上部主要为马连庄序列栾家寨单元,下部为含矿蚀变带及玲珑序列崔召单元。区内脉岩不甚发育,主要分布于马连庄序列中,有石英闪长玢岩、闪长玢岩、辉绿玢岩和煌斑岩脉。

区内断裂构造发育,控矿断裂为焦家主干断裂,矿区内长约4 600 m,宽140~500 m,控制最大斜深4 040 m,最大垂深2 012 m,走向0°~30°,倾向N—NW,倾角一般12°~40°,平均27°。平面或剖面上呈舒缓波状延伸,主要沿马连庄变辉长岩与玲珑二长花岗岩接触带展布,部分地段发育于二长花岗岩中。主裂面以灰黑色断层泥为标志,下盘的碎裂岩带和花岗质碎裂岩带是主要工业矿体赋存部位,为区内重要成矿赋矿构造。在断裂主裂面附近,主裂面下盘沿走向、倾向产状变化部位或“人”字形构造交会部位,都是工业矿化的有利地段。此外,伴生裂隙构造对金的富集也起着重要作用。区内成矿后断裂主要为近SN向或NNW向,展布于马连庄变辉长岩岩体内,对矿体影响作用不大。

3. **矿体特征**

在矿区内按不同蚀变岩带,将矿(化)体划分为Ⅰ,Ⅱ,Ⅲ,Ⅳ号4个矿(化)体群。

Ⅰ号矿(化)体群产于断裂下盘紧靠主裂面(局部位于主裂面之上)的黄铁绢英岩化碎裂岩带中,圈

❶ 山东省第六地质矿产勘查院,山东省莱州市纱岭矿区金矿详查报告,2014年7月。

定矿体 2 个,编号Ⅰ-1,Ⅰ-2。其中Ⅰ-2 号矿体为矿区主要矿体,其资源储量占矿区总量的 83.26 %;Ⅰ-1,Ⅰ-2 号矿体资源储量之和,占矿区总量的 86.01 %。另圈定矿化体 2 个(未估算资源储量)。

Ⅰ-2 号矿体:为矿区内主矿体,分布于矿区南半部 240~352 线间,矿体赋存标高-940~-2 030 m。矿体赋存在黄铁绢英岩化碎裂岩带中。区内最大走向长 1 680 m,最大倾斜长 2 180 m,最大控制垂深 1 039 m。矿体呈似层状、大脉状,具分支复合、膨胀夹缩等特点。矿体产状与主裂面基本一致,倾向 243°~291°,倾角 6°~42°。矿体向深部未封闭,有延深趋势。向南部未封闭,延伸于前陈-上杨家矿区内。该矿体资源储量占矿区总量的 83.26 %,矿体平均品位 2.97×10^{-6}。

Ⅱ号矿(化)体群产于黄铁绢英岩化碎裂岩带之下的黄铁绢英岩化花岗质碎裂岩带中,圈定矿体 15 个,其中Ⅱ-1,Ⅱ-8,Ⅱ-10,Ⅱ-11 号矿体为矿区较大矿体,其资源储量占矿区总量的 9.99 %。另圈定矿化体 25 个(未估算资源储量)。

Ⅲ号矿(化)体群产于黄铁绢英岩化花岗质碎裂岩带之下的黄铁绢英岩化花岗岩带中,圈定矿体 43 个,其资源储量占矿区总量的 2.54 %。其中Ⅲ-37,Ⅲ-74,Ⅲ-75 号矿体为矿区较大矿体。另圈定矿化体 52 个(未估算资源储量)。

Ⅳ号矿(化)体群赋存于主裂面之上黄铁绢英岩化花岗质碎裂岩带和局部分布的黄铁绢英岩化碎裂岩带中,圈定矿体 17 个,其资源储量占矿区总量的 1.46 %。另圈定矿化体 38 个(未估算资源储量)。

4. 矿石特征

矿物成分:金属矿物主要有自然金、银金矿、黄铁矿等;非金属矿物主要有石英、绢云母、长石等。按矿物共生组合关系可分为三个矿物共生组合。① 原生残留矿物:斜长石、钾长石、石英及绢云母等。② 蚀变矿物:绢云母、微粒石英、钾长石、碳酸盐、绿泥石及黄铁矿等。③ 热液矿物:黄铁矿、石英、黄铜矿、方铅矿、闪锌矿、绢云母及银金矿等。

化学成分:有益组分以金为主,矿床平均金品位 2.81×10^{-6}。伴生组分为银、硫,平均银品位 2.95×10^{-6},平均硫品位 1.82 %,部分矿体达到评价要求,可以综合回收利用。有害元素砷含量为 3.74×10^{-6}~48.96×10^{-6},远低于 0.2 %。

结构构造:矿石结构以晶粒结构为主,其次为碎裂结构、填隙结构、包含结构、交代残余结构、交代假象结构、文象结构和乳滴状结构。矿石构造以浸染状、脉状浸染状及斑点状构造为主,其次为角砾状及交错脉状构造。

金矿物特征:金矿物绝大部分为自然金,极少量为银金矿。金矿物粒度以细粒金为主(64.25 %),其次为微粒金(24.71 %)和中粒金(10.05 %)。金矿物形态以角粒状为主(60.13 %),其次为片状(16.64 %)和麦粒状(7.74 %)。金矿物赋存状态以晶隙金为主(91.92 %),其次为包体金(7.91 %)、裂隙金(0.17 %)。

矿石类型:矿石自然类型全部为原生矿石。矿石工业类型属低硫型金矿石。矿石成因类型有 3 种:① 细粒浸染状黄铁绢英岩化碎裂岩型。Ⅰ-1 号矿体全部及Ⅰ-2 号矿体部分矿石为该类型矿石。该类型矿石大约占矿床总矿石量的 30 %。② 浸染状-细脉状-脉状黄铁绢英岩化花岗质碎裂岩型。Ⅰ-2 号矿体大部分矿石及Ⅱ号矿体群绝大部分矿石为该类型矿石,约占矿床总矿石量的 68 %。③ 细脉-网脉状、脉状黄铁绢英岩化花岗岩型 。Ⅲ号矿体群由该类型矿石组成,该类型矿石约占矿床总矿石量的 2 %。

5. 围岩蚀变特征

矿床围岩蚀变发育,主要有钾长石化、黄铁绢英岩化、硅化、碳酸盐化,其次为绿泥石化、高岭土化等。其中黄铁绢英岩化、硅化与金矿生成关系密切。

6. 矿床成因

矿床成矿作用主要为热液期,其次为氧化期。热液成矿期可分划为 3 个阶段:①金-石英-黄铁矿阶段;②金-石英-多金属硫化物阶段(金主要成矿阶段);③石英-碳酸盐阶段。

纱岭金矿床位于焦家断裂带中段西部,矿体主要发育在黄铁绢英岩化碎裂岩和黄铁绢英岩化花岗质碎裂岩中,矿床成因类型为破碎带蚀变岩型,属焦家式金矿床。矿床成因与焦家金矿床相同。

7. 地质工作程度及矿床规模

2008 年 12 月开始,山东省第六地质矿产勘查院对纱岭矿区开展了普查工作,至 2010 年底,基本完成普查工作。2011 年 4 月转入详查,至 2014 年 7 月提交《山东省莱州市纱岭矿区金矿详查报告》。探获金资源储量 389.275 t,为超大型金矿床。

Ⅳ.烟台市牟平区辽上金矿床地质特征[1]

1. 矿区位置

矿区位于牟平区观水镇西南 15 km 处,辽上村位于矿区中心部位。大地构造位置位于胶北隆起之王格庄凸起之南部,南接胶莱拗陷莱阳断陷,东临威海-胶南造山带。

2. 矿区地质特征

矿区位于胶东牧牛山成矿区中部,区内主要出露古元古代荆山群和第四纪临沂组。荆山群野头组祥山段分布于矿区西北部,岩性主要为透闪变粒岩、角闪黑云变粒岩、角闪变粒岩夹大理岩。野头组定国寺段分布于矿区中部,呈北东向展布。岩性主要为大理岩,局部夹角闪变粒岩、角闪黑云变粒岩薄层。

区内侵入岩主要为燕山早期玲珑序列九曲单元含石榴二长花岗岩,在矿区南东部大面积分布,其中可见荆山群包体。区内中生代脉岩发育,走向多为 NE,倾向 SE 和 NW,倾角较陡,一般斜切矿体。主要有闪长玢岩、煌斑岩及正长斑岩、角闪正长岩、角闪闪长岩、石英脉等。

区内构造以断裂为主,与成矿关系密切的断裂构造为 NE 向断裂构造和层间滑脱构造。NE 向断裂构造发育在矿区中部的花岗岩中,为压扭性,发育多组平行的次级断裂及裂隙,控制矿体的展布。层间滑脱构造主要发育在荆山群中,部分位于花岗岩中,临近岩体与地层接触带,其总体走向与大理岩产状一致,为 NE20°~50°,倾向 SE,倾角 30°~55°。该断裂显示正断层特点,控制着区内多条矿体的展布。区内成矿后断裂有 NE 向、近 EW 向、NW 向和近 SN 向 4 组,以 NE 向最为发育。

3.矿体特征

矿区内共圈定 7 个矿化蚀变带,其中Ⅲ号、Ⅳ号蚀变带为重要矿化带(图 17-6)。矿区内共圈定矿体 38 个,其中在Ⅲ号蚀变带深部圈定了 4 个规模较大的矿体,编号为Ⅲ-8,Ⅲ-9,Ⅲ-10,Ⅲ-11,另圈定了 30 个小矿体;在Ⅳ号蚀变带圈定了 4 个小矿体。其中以Ⅲ-9 矿体规模最大,占本次探获金资源总量的 55 %。Ⅲ-8,Ⅲ-10,Ⅲ-11 合计占探获金资源总量的 36.5 %,另 24 个达到工业品位的小矿体占 8.2 %。

Ⅲ-9 矿体赋存于 7~32 线间,标高-537~-919 m,矿体控制走向长 310 m,倾向延深 587 m。矿体呈不规则透镜状产出,沿走向具分支复合,厚大部位在矿体南东段。沿倾向呈舒缓波状展布。矿体走向 35°~39°,倾向 SE,倾角 24°~38°。矿体厚度最小 1.57 m,最大 47 m,一般在 1.57~44.78 m 之间,平均 16.79 m。厚度变化系数 97.34 %,属较稳定性。该矿体为矿区主要矿体,规模最大。

4. 矿石特征

矿物成分:矿石中金矿物以银金矿为主,其他金属矿物主要为黄铁矿、黄铜矿、方铅矿及少量磁黄铁矿、磁铁矿。脉石矿物有石英、钾长石、斜长石、方解石、绢云母、白云石、透辉石等。银金矿呈不规则细粒状分布于黄铁矿和脉石矿物的接触处,形成粒间金,部分呈粒状分布于黄铁矿、黄铜矿、石英等晶隙中,或充填于黄铁矿、石英矿物裂隙中,少量呈细粒包于黄铁矿及脉石矿物中。

---

[1] 山东省第三地质矿产勘查院,山东省烟台市牟平区辽上矿区深部及外围金矿详查报告,2014 年 12 月。

化学成分：矿石中金含量一般 $0.8\times10^{-6}\sim10\times10^{-6}$，最高达 197.10×10^{-6}，平均 3.33×10^{-6}。伴生银含量 $0.05\times10^{-6}\sim54\times10^{-6}$，平均 2.64×10^{-6}；硫 0.44 %～25.72 %，平均 4.10 %；有害元素砷小于 0.2×10^{-2} 的评价标准，不会对选冶产生影响。

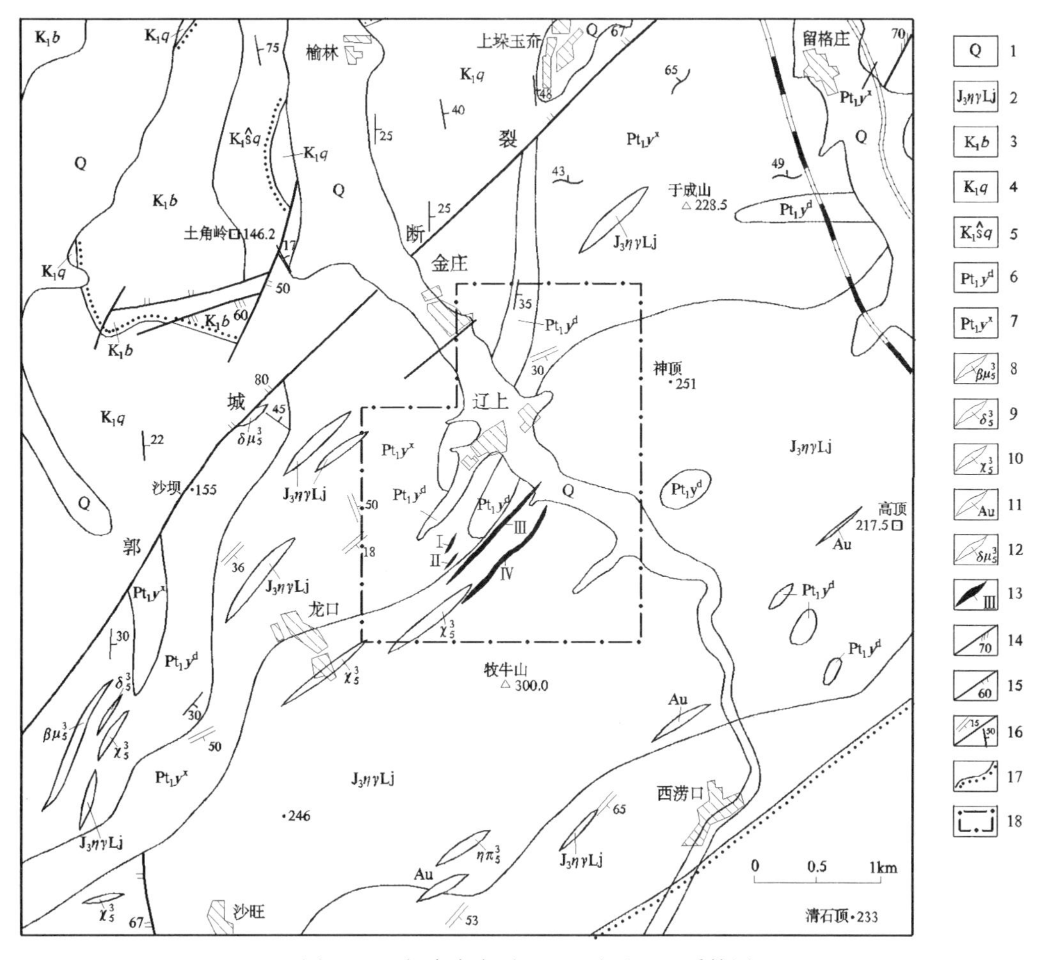

图 17-6　烟台市牟平区辽上金矿区地质简图

（据山东省烟台市牟平区辽上矿区深部及外围金矿详查报告编绘，2014）

1—第四系；2—玲珑序列九曲单元；3—白垩纪青山群八亩地组；4—白垩纪莱阳群曲格庄组；5—白垩纪青山群石前庄组；6—荆山群野头组定国寺段；7—荆山群野头组祥山段；8—辉绿玢岩；9—闪长岩；10—煌斑岩；11—金矿脉；12—闪长玢岩；13—金矿化蚀变带；14—压性断裂；15—张性断裂；16—岩层及片理产状；17—不整合地质界线；18—矿区范围

结构构造：矿石结构主要为粒状变晶结构，其次为碎裂结构、碎斑碎粒结构及交代结构。矿石构造主要为浸染状、细脉状、团块状、网脉状构造。

矿石类型：矿石自然类型均为原生矿石。根据矿物成分和结构构造划分为 3 种类型：①黄铁矿化二长花岗岩型；②黄铁矿化大理岩型；③黄铁矿碳酸盐脉型。金矿石主要为黄铁矿化二长花岗岩型。矿石工业类型属低硫化物型金矿石。

5. 围岩蚀变特征

近矿围岩受热液影响，主要发育黄铁矿化、硅化蚀变，其次有绢云母化、绿泥石化、碳酸盐化蚀变。其中，黄铁矿化、硅化、绢云母化蚀变与金矿化关系密切。

6. **矿床成因**

根据矿物组合特征和生成顺序,金矿成矿作用可分为3个阶段:① 金-石英-黄铁矿阶段(仅少量金富集沉淀);② 金-石英-多金属硫化物阶段(金矿主要形成阶段);③ 金-碳酸盐阶段(金矿次要形成阶段)。

矿体主要发育在玲珑序列二长花岗岩和荆山群变质岩的构造破碎带中,矿床成因类型为破碎带蚀变岩型,属焦家式金矿床。矿床成因与焦家金矿床相同。

7. **地质工作程度及矿床规模**

1987~1999年,山东省第三地质矿产勘查院对辽上矿区开展了地质调查及普查工作,提交了《山东省烟台市牟平区辽上矿区金矿普查报告》。2003~2004年对矿区开展了详查工作,提交了《山东省烟台市牟平区辽上矿区金矿详查报告》。2010~2014年,山东省第三地质矿产勘查院对辽上矿区深部及外围开展了详查工作,并由山东恒邦冶炼股份有限公司提交了《山东省烟台市牟平区辽上矿区深部及外围金矿详查报告》,探获金资源储量69.003 t,为特大型金矿床。

二、石英脉型金矿床矿床式(玲珑式)及代表性矿床

(一)矿床式

玲珑式金矿床是山东重要的金矿床类型,该类金矿成矿地质背景与焦家式金矿相同。由于所处构造部位及控矿构造不同,为一系列受NEE—NE向压扭性断裂控制、以热液充填方式为主形成的石英脉型金矿床。矿体规模一般较小,矿化不稳定,矿石品位较高,但品位变化大,矿石类型较复杂。该类金矿多出露地表,开采历史悠久,是一种易采易选的矿床类型。该类金矿查明资源储量占全省岩金查明资源总量的25.19 %。

1. **区域分布**

该类型金矿主要分布在招远市东北部的玲珑金矿田及外围、莱州南部—平度北部,以及蓬莱东南部—栖霞东部地区。大地构造位置位于胶北隆起西北部,地处华北板块东南缘。该类金矿床主要展布在中生代燕山期玲珑序列二长花岗岩、郭家岭序列花岗闪长岩分布区。多数矿床(点)沿龙口-莱州断裂、招远-平度断裂、西林-陡崖断裂的分支断裂或平行次级断裂裂隙分布。

2. **矿床产出地质背景**

(1)赋矿围岩

矿床围岩主要为玲珑序列片麻状中粒二长花岗岩和中粗粒含黑云母二长花岗岩,部分为郭家岭序列花岗闪长岩或新太古代变质基底岩系。分布在岩体内部的矿床一般发育在接近岩体侵入顶面处,或发育在岩体的边缘。

(2)赋矿断裂构造

玲珑式金矿床的形成严格受断裂构造控制,赋矿构造主要是NE—NNE向的龙口-莱州、招远-平度、西林-陡崖3条S型断裂的次级及再次级断裂构造。如,玲珑矿田帚状构造断裂系为其SE侧的NE向破头青断裂带下盘发育的次级右行压扭性断裂束,断裂局部地段常形成相对宽大的引张扩容空间,矿液多沿剪切裂隙充填沉淀形成脉状矿体。控矿断裂倾角较陡,金矿体产状高角度近于直立,局部反倾;招远西北部由西向东展布的前后孙家、草沟头、埠南、金翅岭-原疃、马鞍石、石棚等金矿床,为龙口-莱州断裂与招远-平度断裂带之间的次级NE—NNE向压扭性断裂所控制。

3. **矿体特征**

矿体赋存在含金石英脉中,含金石英脉形态较简单,局部有分支现象,沿倾向尖灭端往往由单一脉

体变成网脉体。发育在主干断裂中的含金石英脉长度逾千米，宽 10～20 m，最宽达 40 m。矿脉走向多为 NE 向，倾向 NW，倾角 60°～75°；分支断裂中的含金石英脉一般上百米至上千米，走向 NE，倾向 SE，倾角 75°～85°。主脉与支脉沿走向及倾向常呈"入"字形或"Y"字形相交。含金石英脉内无矿段较多，因而圈定的矿体形态较复杂，主要为脉状、透镜状、扁豆状、囊状、串珠状及不规则状。单个矿体一般规模较小，长 10～230 m，厚 0.2～2 m，延深数十米至 300 余米。矿体产状与含金石英脉产状基本一致。矿体多有侧伏现象，且沿倾向延深多大于沿走向延长。

4. 矿石特征

矿物成分：矿石矿物以银金矿、自然金、黄铁矿、黄铜矿为主；其次为磁黄铁矿、方铅矿、闪锌矿、磁铁矿、钛铁矿，少量为自然铜、自然银、毒砂、斑铜矿、斜方辉铅铋矿、白钛矿、赤铁矿；氧化带见褐铁矿、孔雀石、蓝铜矿、辉铜矿、铅矾、菱锌矿等。脉石矿物以石英为主；其次为绢云母、方解石、白云石、长石、重晶石、绿泥石等。

金矿物特征：矿石含金矿物主要为银金矿和自然金。一般粒径为 0.007～0.030 mm，多数为显微金，很少部分为次显微金及粗粒金。金矿物以不规则粒状为主，其次为片状、粒状和不规则状。主要为赋存于黄铁矿裂隙中的裂隙金（占 50 %）和呈包体赋存于黄铁矿、黄铜矿及石英中的包体金（占 40 %），少量为嵌布于与石英共生的硫化物晶隙中的晶隙金。

结构构造：矿石结构主要为晶粒状结构、骸晶结构、填隙结构、乳滴状结构、镶嵌结构等。矿石构造以致密块状构造为主，其次为条带状构造、浸染状构造、细脉状及网脉交错构造、角砾状构造以及氧化带的蜂窝状构造等。

矿石品位及伴生有益组分：矿石中 Au 含量较高，一般变化于 6.41×10^{-6}～20.15×10^{-6}之间；常可见到品位>30×10^{-6}的富矿地段，矿体内金品位分布不均匀；富矿柱往往分布于金矿体近中部较肥厚地段。矿体内伴生 Ag 含量一般为 8.02×10^{-6}～58.03×10^{-6}；S 含量一般在 2 %～5 %之间，部分硫金矿石 S 含量可达 7.84 %～13.18 %，Cu 可达 0.15 %～0.65 %。

矿石类型：玲珑式金矿矿石按氧化程度可划分为原生矿石和氧化矿石。氧化深度一般在 15 m 以内，部分硫化物富集矿脉可深达 50～60 m。氧化带主要发育细胞状或蜂窝状褐铁矿化石英脉型金矿石。原生矿石按物质成分和矿物共生组合，可分为含金石英脉型、含金黄铁矿石英脉型、含金多金属硫化物石英脉型和含金蚀变花岗岩型 4 种矿石类型。以前 3 种类型为主，品位一般较高；而含金蚀变花岗岩型矿石金品位多较低。矿石工业类型为贫硫金矿石（含 S<8 %）、硫金矿石（含 S≥8 %）和含铜硫金矿石（含 Cu≥0.2 %，S≥8 %）3 类，以前二者为主。

5. 围岩蚀变特征

围岩蚀变以黄铁绢英岩化为主，其次有碳酸盐化、绿泥石化等，常见于石英脉两侧及沿走向尖灭端。构成矿体者，主要为黄铁绢英岩及强黄铁绢英岩化花岗岩。

6. 矿床成因

玲珑式金矿床与焦家式金矿床具有相同的成矿物质来源，受同一成矿系统控制。其区别是该类金矿床主要赋存于花岗岩体内部，矿体受主干控矿断裂下盘低级别、低序次的断裂裂隙控制，成矿作用以充填作用为主。矿体多数规模不大，矿化连续性好，多呈脉体群分布。

（二）代表性矿床——招远市玲珑金矿床地质特征（李士先等，2007）

1. 矿区位置

玲珑金矿田位于招远城东北约 20 km 处，矿田范围约 70 km^2。在大地构造位置上居于胶北隆起西部，招远-平度断裂带的北侧。

2. 矿区地质特征

区内主要出露玲珑序列黑云母二长花岗岩,栖霞序列TTG岩系及胶东岩群斜长角闪岩、黑云变粒岩等呈包体残留体零星分布于玲珑序列之中。区内主干断裂为招-平断裂带北东延伸段的破头青断裂,在矿田内出露长度5.5 km。断裂在平面上呈波状弯曲,走向40°~80°,倾向SE,倾角28°~47°。断裂带宽40~320 m,带内挤压揉皱、片理化发育。破头青断裂及其下盘所伴生、派生的NE向次级断裂是矿田的主要含矿构造。这些次级含矿断裂在平面上呈自北东向南西撒开的似帚状构造形式。断裂密集分布,仅在大开头矿段,大于50 m的断裂蚀变带就有250余条。断裂走向NE,倾向NW,倾角50°~90°,个别向SE陡倾,沿走向及延深方向呈舒缓波状变化。含矿断裂上盘常形成"人"字形分支,倾向相反,常形成较大矿体(图17-7)。

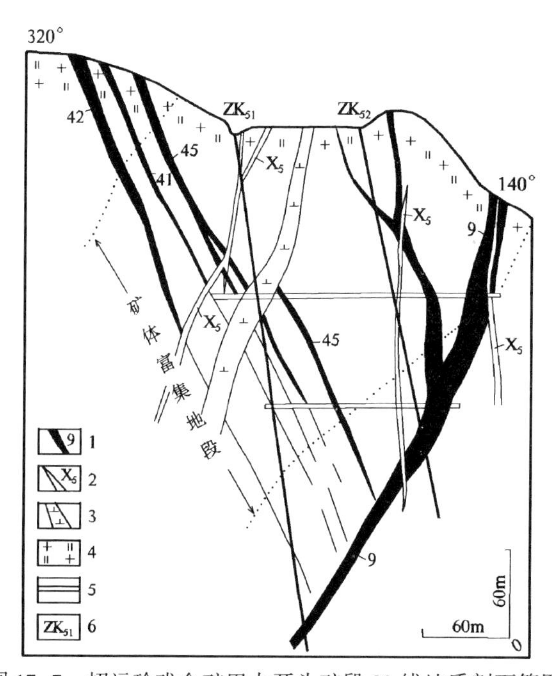

图17-7 招远玲珑金矿田大开头矿段83线地质剖面简图

(据张志敏等资料编绘,1976;《山东矿床》,2006)

1—矿体及编号;2—燕山晚期煌斑岩;3—燕山晚期闪长岩;4—玲珑二长花岗岩;
5—穿脉坑道;6—钻孔及编号

玲珑断裂纵贯矿田中部,在矿田内长4 km,走向NE 20°,倾向NW,局部SE,断裂带宽20~40 m。该断裂切割破头青断裂及矿田内较早形成的矿化蚀变带,为成矿后断裂。矿田内脉岩发育,大小脉岩有300余条,成矿前脉岩主要有石英脉、闪长玢岩脉、煌斑岩脉和正长岩脉。成矿后脉岩主要有闪长玢岩脉、辉绿玢岩脉和闪斜煌斑岩脉等。

3. 矿体特征

矿脉主要由两个似帚状脉体群组成,展布于玲珑断裂东西两侧(图17-8)。自东向西划分为东风、九曲、双顶、玲珑-大开头、108脉、欧家夼等矿段。矿体呈脉状、透镜状、扁豆状、囊状、串珠状和不规则状。矿体产状与控矿断裂一致,在空间上具有分支复合、侧现和尖灭再现现象。单个矿体规模较小,一般20~60 m,个别达80~320 m。沿50°~60°方向展布的一组矿体规模较大,长达1 500~2 060 m。矿体延深30~80 m,最大延深580 m。矿体厚度一般0.2~2 m。

根据含金石英脉的出露特征,可划分为4种类型,其含矿性各有差异。① 稳定厚脉型含金石英脉,长度在 80 m 以上，厚度小于 2~6 m，脉体稳定而连续，含矿率高，为主要工业矿脉。② 稳定薄脉型含金石英脉，长度在 80 m 以上，厚度小于 1 m，脉体较稳定，含矿率低，有时出现贫矿体。③ 透镜状含金石英脉，脉体长度一般较小，但倾向相对稳定，含矿率高，是金矿化富集地段。④ 似镜状含金石英脉，透镜体由若干个平行的小石英脉组成，其中有一条为主干，沿倾向往往与厚型或薄型脉会合，含矿率较高。

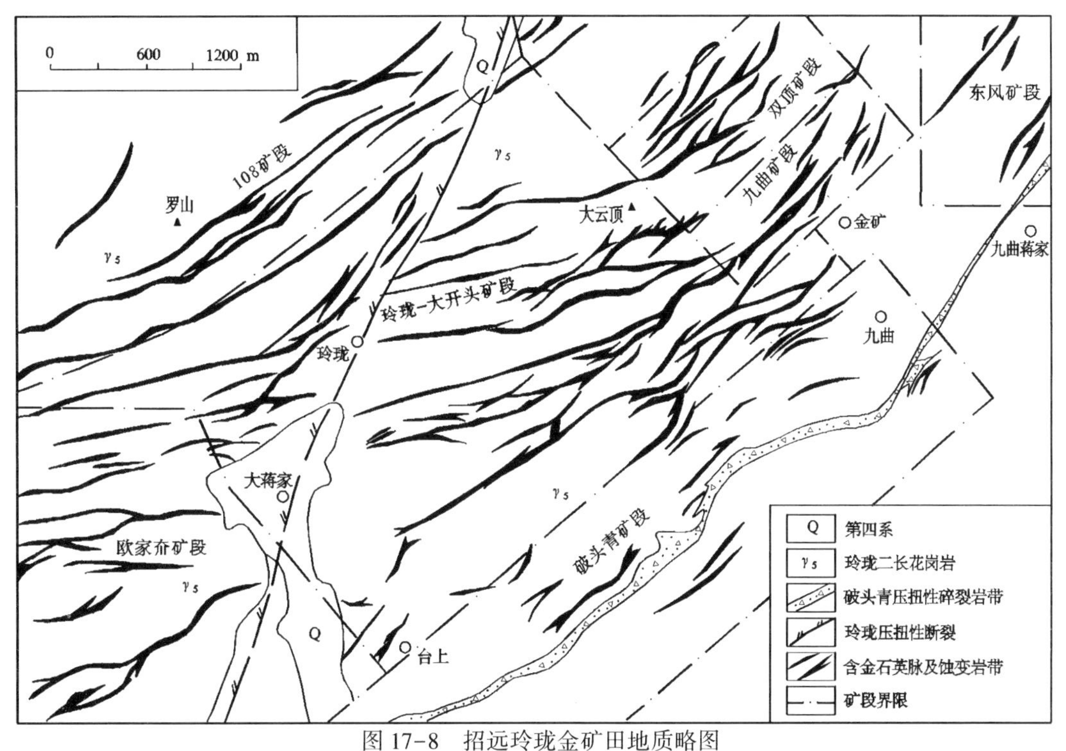

图 17-8　招远玲珑金矿田地质略图

（据山东省地质局第六地质队原图简化，1970）

4. 矿石特征

矿物成分：矿石主要矿物成分为黄铁矿、黄铜矿、石英、绢云母，及少量的磁铁矿、方解石等。金矿物主要为银金矿，其次为自然金。

化学成分：矿石主要有益组分为金，伴生有益组分为银、铜、硫。矿体中 Au 品位变化较大，Au 品位变化系数为 100 %~200 %，Au 平均品位 6.41×10^{-6}~20.15×10^{-6}，以中高品位为主。Ag 品位 8.02×10^{-6}~58.03×10^{-6}，S 品位 3 %~8 %。

金矿物赋存状态及性状：金矿物主要以裂隙金形式嵌布于黄铁矿和磁黄铁矿及石英等矿物中；呈包体赋存在黄铁矿、黄铜矿、磁黄铁矿、石英、方铅矿、闪锌矿中；以晶隙金形式嵌布于黄铁矿晶隙中；嵌布于石英与黄铁矿、黄铜矿，石英与磁黄铁矿、碳酸盐，黄铁矿与闪锌矿、黄铜矿等矿物之间。金矿物主要与金属硫化物伴生，以黄铁矿中的含金量最高。矿石中金矿物主要为银金矿和自然金，以不规则粒状为主，其次为片状、粒状和不规则状。

结构构造：矿石结构以晶粒状结构、压碎结构为主，其次为填隙结构、充填交代结构、乳滴结构、包含结构、浸蚀结构、碎斑结构、残余结构等。矿石构造以致密块状构造、浸染状构造为主，其次有脉状构造、角砾状构造、蜂窝状构造，细脉—网脉状构造等。

矿石类型：矿石工业类型属中硫-黄铁矿型。矿石自然类型多为原生矿石，仅地表浅部有少量氧化矿分布。矿石成因类型为含金黄铁矿石英脉型。

5. 围岩蚀变特征

围岩蚀变作用有硅化、黄铁矿化、绢云母化及重晶石化。在花岗岩内的断裂带中，蚀变分带上下盘对称，由内向外依次为：含金石英脉、黄铁绢英岩带、黄铁绢英岩化花岗岩带、钾长石化花岗岩带。在变质地层内的断裂带中，蚀变分带上下盘对称，由内向外为：含金石英脉、黄铁绢英岩带、黄铁绢英岩化斜长角闪岩（片麻岩）带。

6. 矿床成因

成矿阶段：玲珑金矿田的成矿作用具多阶段性，主要成矿阶段可分为4期：① 金-石英-黄铁矿阶段；② 金-石英阶段；③ 金-石英-多金属硫化物阶段；④ 金-石英-黄铁矿-碳酸盐阶段。其中金-石英-多金属硫化物阶段是金的主要富集阶段。玲珑金矿田石英脉型金矿床的成因类型属中温热液裂隙充填交代型金矿床。由于控矿构造的规模、性质及矿脉矿物含量的差异，玲珑金矿田中存在着3种矿床亚类：① 含金石英脉型；② 含金黄铁矿石英脉型；③ 含金石英多金属硫化物型。

成矿物质及成矿流体：玲珑式金矿床的硫同位素 $\delta^{34}S\times10^{-3}$ 平均值变化于6.27~7.07（李士先等，2007），与胶东岩群变质岩系、玲珑序列黑云母二长花岗岩和郭家岭序列花岗闪长岩接近。显示玲珑金矿床的硫来源于岩浆热液，并与上述地质体中的硫有一定的关系。根据矿石中石英包裹体氢氧同位素测试结果，$\delta^{18}O_{H_2O}$ 值为6.4~8.4；δD值主要变化在-64.6~-85.2之间（李士先等，2007）。上述特征表明，成矿热液与岩浆水有关。

成矿温度和压力：根据包裹体测温资料，成矿温度区间为258~340 ℃，主要成矿阶段温度在290~300 ℃左右，属于中温成矿环境（李士先等，2007）。研究资料表明，玲珑式金矿床的成矿压力高于焦家式金矿床的成矿压力。

7. 地质工作程度及矿床规模

玲珑金矿田勘查及开采历史悠久。1962年以来，山东地质局807队开始勘探工作，于1965年12月提交了《山东省招远玲珑金矿田九曲矿段地质勘探报告》。1968~1999年，多家地勘单位在该区进行地质勘查工作，先后提交地质勘查报告9份，累计查明金资源储量166吨。2006~2008年，山东正元地质资源勘查有限责任公司承担2005年度危机矿山接替资源勘查项目，于2009年提交《山东省招远市玲珑金矿接替资源勘查报告》，新增金资源储量27.8吨。

三、硫化物石英脉型金矿床矿床式（金牛山式）及代表性矿床

（一）矿床式

金牛山式金矿床主要指分布于胶东半岛东部的牟平-乳山金矿成矿带中，发育于昆嵛山二长花岗岩及其与荆山群接触带附近的金矿床。金矿床主要发育在NNE向金牛山断裂带内及其两侧，以沿断裂发育脉体宽大的含金硫化物石英脉为特征。该类金矿床以含金硫化物石英脉单脉产出为主，部分矿区呈脉体群产出。其赋矿围岩和控矿构造位置、方向及矿物组合与招远—莱州地区的玲珑式金矿床有较明显的差异。

1. 矿床区域分布

该类金矿主要分布在胶东半岛东部的牟平—乳山一带，大地构造位置位于华北板块东南缘和秦岭-大别-苏鲁造山带的东延部分，跨胶北隆起和威海隆起两个地质构造单元。金矿床主要分布在昆嵛山岩体西缘的金牛山断裂带内及其两侧。

2. 矿床产出地质背景

赋矿围岩：金牛山式金矿床与燕山期昆嵛山二长花岗岩在空间分布上密切相关。已知金矿床（点）

及矿化点主要分布在昆嵛山岩体西部的内接触带(占 90 %)和外接触带(占 10 %)。

控矿构造:金牛山断裂带纵贯胶东半岛东部的牟平、乳山一线,由 7 条大致平行、近于等距排列的断裂组成。其中以金牛山-寨前断裂规模最大,构造活动强烈,控矿作用显著。该断裂沿昆嵛山复式岩体西侧展布,总体走向 10°~15°,部分地段近 SN 向,倾向 E,倾角 70°~85°,局部反倾。沿断裂有含金石英黄铁矿脉及多金属石英脉等充填,在有利地段形成工业矿床。金牛山断裂带控制着胶东东部数十处大、中、小型硫化物石英脉型金矿床。

3. 矿体特征

该类金矿床以含金硫化物石英脉单脉产出为主,部分矿区呈脉体群产出。成矿作用以裂隙充填作用为主。矿体形态较简单,多呈脉状、薄板状及透镜状不规则状等。矿体沿走向、倾向断续出露,长度 100~540 m,部分近千米;厚度多在 1~4 m 之间。矿体多为陡倾斜脉状,倾角 60°~82°,部分矿体向深部有产状变缓、厚度变薄的趋势。

4. 矿石特征

矿物成分:矿石矿物以黄铁矿为主,含量由<10 %到 30 %~60 %;其次为黄铜矿、磁黄铁矿、闪锌矿、方铅矿、白铁矿、磁铁矿、菱铁矿及微量毒砂、辉铜矿、铜蓝等。脉石矿物主要为石英,其次为绢云母、方解石、长石、绿泥石及微量的绿帘石、磷灰石等。金矿物主要为银金矿,含少量自然金及金银矿。金矿物主要赋存于黄铁矿中。

化学成分:该类金矿矿石品位较高,平均值在 8×10^{-6}左右;部分金矿床达 $18.34\times10^{-6}\sim23.19\times10^{-6}$之间;矿石中 Ag 平均含量一般略高于 Au,矿石中 S 的平均品位在 11.77 %~22.10 %之间,Cu 的平均品位在 0.30 %~0.65 %之间。

结构构造:矿石结构有粒状结构、压碎结构、填隙结构、交代残余结构、包含结构等。矿石构造以致密块状构造、浸染状构造、条带状构造为主,其次为角砾状构造、网脉状构造等。

矿石类型:矿石按氧化程度以原生矿石为主;按矿石的主要矿物组合,划分为金-黄铁矿(*石英脉*)型、金-黄铜矿黄铁矿(*石英脉*)型和金-多金属硫化物(*石英脉*)型等 3 种类型。以第一类分布最为普遍,第二、三类仅见于个别矿床的局部地段。

5. 围岩蚀变特征

沿含金硫化物石英脉两侧,发育有黄铁矿化、绢云母化、硅化、绢英岩化、碳酸盐化、钾化等蚀变。蚀变岩沿脉壁两侧分布,宽度由不足 2 m 至 10 余米,最宽可达 20 m。强烈的绢英岩化矿化蚀变带,由石英脉向外侧依次可划分出绢英岩化花岗岩质碎裂岩、碎裂状绢英岩化花岗岩、绢英岩化花岗岩、钾化花岗岩等几个蚀变带。

6. 矿床成因

该类金矿床成矿具有多期、多阶段叠加的特点。成矿物质来源于前寒武纪变质基底岩系和昆嵛山花岗岩。成矿流体由不同比例的岩浆热液及深处岩石孔隙-裂隙中循环的地下水和天水混合组成,成矿温度属中温环境,其成矿作用以充填为主。金矿床主要分布在牟平—乳山地区的 NNE 向压扭性断裂构造带中。

(二) 代表性矿床——乳山市金青顶金矿床地质特征[1]

1. 矿区位置

金青顶金矿床位于乳山市城区东北约 30 km 处,大地构造位置位于胶南-威海隆起区之威海隆起

---

[1] 冶金工业部山东地质勘探公司第三地质勘探队,山东省乳山县金青顶金矿床深部勘探地质报告,1989 年。

的西部,处于牟平-乳山金矿成矿带的中段。

2. 矿区地质特征

区内主要出露昆嵛山弱片麻状中细粒二长花岗岩,古元古代荆山群陡崖组含石墨变粒岩、大理岩及斜长角闪岩等呈残留体零星分布于昆嵛山二长花岗岩中。区内断裂构造发育, NNE 向将军石-曲河庄断裂纵贯全区,为区内主要控矿构造,金青顶金矿床产于该断裂南端。将军石-曲河庄断裂总体走向20°左右,倾向 SE,倾角 77°~90°。断裂含矿段地表走向 10°~50°,倾角 85°~90°,局部反倾。在走向和倾向上,均呈反“S”形波状展布。断裂沿走向及倾向呈舒缓波状,局部地段急剧转折或有分支复合现象,主断裂旁侧发育有分支或平行次级断裂,在断裂转弯处赋存含金黄铁矿石英脉矿体(图 17-9)。

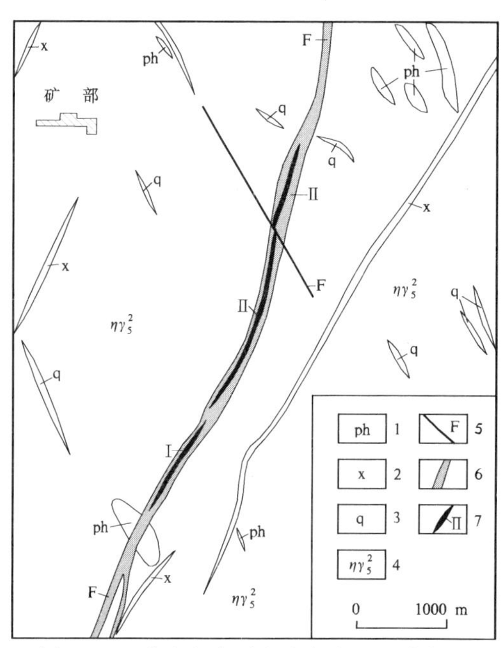

图 17-9 乳山金青顶金矿床矿区地质略图

(据山东冶金地勘公司第三勘探队原图编绘,1987;《山东矿床》,2006)

1—古元古代荆山群陡崖组;2—燕山期煌斑岩脉;3—燕山期石英脉;4—昆嵛山二长花岗岩;
5—断裂;6—黄铁绢英岩;7—金矿体及编号

3. 矿体特征

矿区内共发现矿体 16 个,经矿山生产证实可开采利用的有 10 个。编号为Ⅰ,Ⅱ,Ⅳ,02,03,07,010,011,012,013 号矿体。其中Ⅱ号矿体为主矿体。Ⅰ号、Ⅱ号矿体赋存在主控矿断裂内,其余矿体均是Ⅱ号矿体的分支或两侧平行的小矿体。

Ⅱ号矿体为矿区内规模最大的矿体,资源储量占矿区总量的 96 %。矿体以比较规则的脉状产出,沿走向和倾向均呈反“S”型。矿体赋存于断裂产状由缓变陡处和走向转弯处,赋存标高+120~-1 100 m。矿体总体走向 5°~30°,倾向 SE,局部反倾,倾角 77°~90°(图 17-10)。矿体向 NE 侧伏,侧伏角上陡下缓,-785 m 标高以上 55°~65°,深部变缓为 30°。地表出露在 4~12 线,长 245 m;最长部位出现在-900 m 水平,分布于 19~29 线,长达 680 m;最短部位在-115 m 水平,长 120 m。矿体平均长度 350 m。控制斜深 130~590 m,平均 400 m 左右。沿侧伏方向斜长已达 1 800 余米。矿体厚度 0.2~6.73 m,平均 1.65 m❶。

❶ 中国冶金地质总局山东正元地质勘查院,山东省乳山市金青顶、三甲金矿接替资源普查报告,2010 年 4 月。

4. **矿石特征**

矿物成分：主要金属矿物为黄铁矿，其次为黄铜矿、闪锌矿、方铅矿，少量磁黄铁矿、磁铁矿、斑铜矿、赤铁矿等。主要非金属矿物为石英、绢云母，次之为斜长石、钾长石、碳酸盐矿物等。金矿物为自然金，黄铁矿为主要载金矿物。

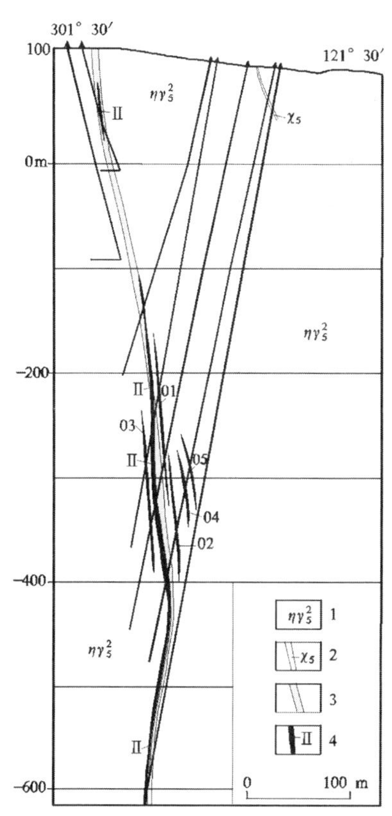

图 17-10　乳山金青顶金矿床第 13 号勘探线地质剖面简图

（据山东冶金地勘公司第三勘探队资料编绘，1987；《山东矿床》，2006）

1—燕山早期昆嵛山二长花岗岩；2—燕山期煌斑岩脉；3—绢云母化硅化蚀变岩；4—金矿体及编号

化学成分：矿石中主要有用元素为 Au，金品位一般 1.50×10^{-6} ~ 30×10^{-6}，平均品位 10.40×10^{-6}，具上富下贫特征。伴生有益元素为 Ag，S；有害元素为 As。Ag 品位最高 152×10^{-6}，平均品位为 31.89×10^{-6}。S 品位最高 11.74 %，最低 0.78 %，平均品位为 3.96 %。有害组分 As 平均为 69.33×10^{-6}，对矿石选冶性能基本不构成影响。

结构构造：矿石结构为半自形粒状结构、压碎结构、交代残余结构和交代假象结构等；构造为浸染状、团块状、块状、网脉状、角砾状及斑杂状、条带状构造等。

金矿物特征：金矿物主要为自然金，矿体上部见银金矿及少量碲金银矿，深部仅见自然金。自然金粒度以中粗粒为主，形态主要为浑圆状、针状和角（麦）粒状。赋存状态以裂隙金和晶隙金为主，其次为包体金。

矿石类型：深部矿体矿石自然类型均为原生矿石。根据矿物共生组合、结构构造等特征，可分为黄铁矿（化）石英脉型和黄铁矿化花岗岩型。矿石工业类型属中硫含金石英脉型，部分属中硫含金石英脉+含金黄铁矿化花岗岩复合型。

5. **围岩蚀变特征**

矿床围岩蚀变发育，蚀变种类与原岩性质有关。原岩为花岗岩时，蚀变为钾化、硅化、绢云母化和高岭土化及黄铁矿化、黄铁绢英岩化,原岩为斜长角闪岩或片麻岩包体时,一般为绿泥石化、硅化及黄铁矿化。

6. 矿床成因

成矿阶段:金青顶金矿床成矿具有多期、多阶段叠加成矿特点,分为4个成矿阶段:黄铁矿-石英阶段(Ⅰ);石英-黄铁矿阶段(Ⅱ);石英-多金属硫化物阶段(Ⅲ);方解石阶段(Ⅳ)。其中Ⅱ,Ⅲ阶段为主成矿阶段,该阶段同位叠加部位形成富矿体。

成矿物质来源和成矿条件:通过Pb同位素和稀土元素地球化学研究,表明成矿物质来源于前寒武纪变质基底岩石、昆嵛山花岗岩和深部。黄铁矿硫同位素分析结果表明,取自不同矿体和不同中段的黄铁矿的硫同位素值均一化程度高,其值介于$(+7.43\sim+8.69)\times10^{-3}$之间,平均$7.83\times10^{-3}$(李旭芬❶,2011)。黄铁矿与昆嵛山花岗岩具有相近的硫同位素组成,反映出成矿物质硫主要来自花岗岩。在石英氢氧同位素的$\delta D-\delta^{18}O$关系图上,投影点大都在大气降水和岩浆水一侧,主成矿阶段(第Ⅱ,Ⅲ成矿阶段)的投影点更接近岩浆水区域,认为成矿流体主要为岩浆水,后期有大气降水的加入。成矿物理化学环境特征表明,金青顶金矿床形于中温、浅成、偏酸性弱还原的成矿环境。

7. 地质工作程度及矿床规模

1968~1973年,山东省冶金地质勘探公司第三勘探队进行了勘探及补充勘探。1982~1989年,该队又对矿床深部开展了普查找矿工作,提交了《山东省乳山县金青顶金矿床深部勘探地质报告》,经深部评价金青顶金矿为一伴生铜、银、硫的大型金矿床。2006~2010年,山东正元地质勘查院对Ⅱ号矿体深部(-785 m标高以下)及其他矿体开展勘查工作,提交《山东省乳山市金青顶、三甲金矿接替资源普查报告》,新增金资源储量逾5 t。

四、蚀变层间角砾岩型(蓬家夼式)金矿床

目前所知,该类金矿床主要见于乳山市蓬家夼,故以其为例表述该类金矿床地质特征。

代表性矿床——乳山市蓬家夼金矿床地质特征❷

1. 矿区位置

矿床位于乳山市西北约35 km处的崖子镇东井口村至山西村一带。矿区大地构造位置位于胶莱拗陷东北缘与胶北隆起的相接地带,牟平-即墨断裂与郭城断裂之间。

2. 矿区地质特征

区内出露古元古代荆山群陡崖组、中生代白垩纪莱阳群林寺山组及第四纪地层。荆山群陡崖组是区内赋矿层位,岩性为黑云斜长片麻岩、含石墨斜长片麻岩夹白云石大理岩。岩浆岩主要为玲珑序列弱片麻状中细粒含石榴二长花岗岩,其次为燕山晚期角闪闪长岩、闪长岩及闪长玢岩、煌斑岩等脉岩。区内韧性剪切带发育,属桃园-蓬家夼NW向韧性剪切带的一部分。脆性断裂发育EW,NE,NNE向3组,滑脱拆离断裂以东井口-崖子断裂为代表,总体走向近EW向,长5 000 m,宽20~30 m。断裂面倾角上陡下缓,陡处40°,缓处15°左右,主要特征为牵引滑动及褶皱弯曲。该断裂具多期活动特点,属控制性盆缘断裂。构造带内碎裂岩化发育,蚀变强烈,主要有硅化、绢云母化、碳酸盐化,部分地段金矿化伴有黄铁矿化,为区内主要控矿构造。

3. 矿体特征

矿化蚀变带分布在东井口-崖子滑脱拆离断裂带中,矿区控制长度1 700 m,宽30~280 m。倾向

❶ 李旭芬,山东牟平-乳山金矿带金青顶金矿矿床成因与找矿方向研究(博士论文),2011年。

❷ 山东省第三地质矿产勘查院、乳山市大业金矿,山东省乳山市蓬家夼矿区金矿详查地质报告,2001年。

SW，倾角 5°～50°。矿化带南侧岩性为含石墨斜长片麻岩质构造角砾岩，挤压破碎强烈，发育小褶皱。北侧岩性为二长花岗岩质碎裂岩，挤压破碎强烈，构造角砾呈圆形，被断层泥胶结。矿体矿化带为含金黄铁矿硅化构造角砾岩，主要由黄铁矿硅化碎裂白云大理岩、黄铁绢英岩化花岗质碎裂岩及黄铁矿化长英质碎裂岩组成，局部含金较高部位构成金矿体（图 17-11）。

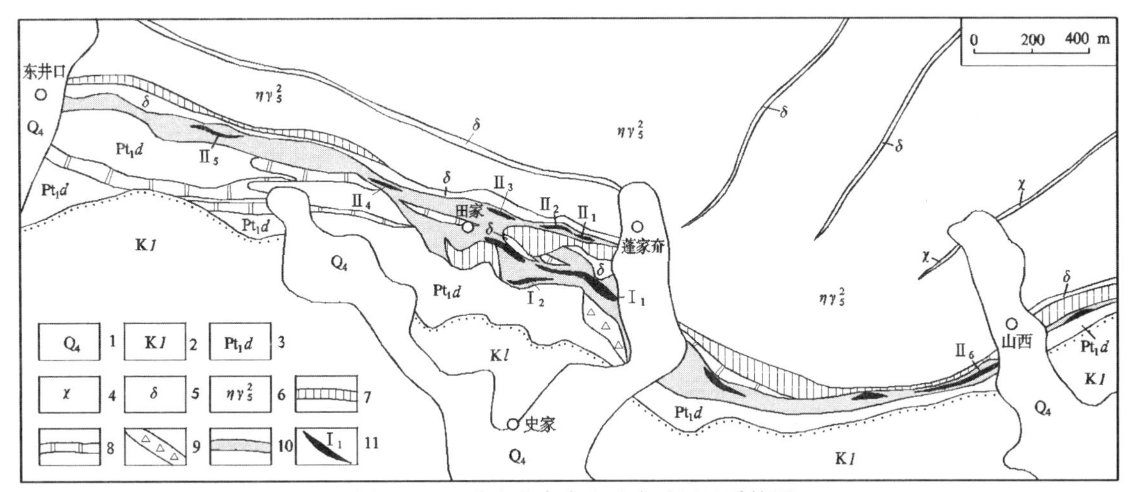

图 17-11　乳山蓬家夼金矿床矿区地质简图

（据山东省第三地质矿产勘查院资料编绘，2001）

1—第四系；2—莱阳群林寺山组；3—荆山群陡崖组；4—燕山晚期煌斑岩；5—燕山晚期闪长玢岩-闪长岩；6—鹊山岩体二长花岗岩；7—二长花岗质碎裂岩；8—白云质大理岩；9—石墨片麻岩质构造角砾岩；10—黄铁矿化二长花岗质角砾岩；11—金矿体及编号

Ⅰ号矿体控制长度 500 m，控制斜深 100～400 m，矿体厚度 1.19～10.60 m，平均 5.39 m。矿体呈透镜状，有分支复合现象，中间厚度较大，沿走向两端有变薄趋势，沿倾向自上至下厚度变薄。矿体走向近 EW，倾向 S，浅部倾角较陡 30°～50°，深部渐缓 15°～25°（图 17-12）。Ⅱ号矿体压覆于Ⅰ号矿体之下，矿体长 800 m，斜深大于 50 m，矿体厚度 0.33～1.60 m，平均 0.75 m。矿体呈似层状，走向近 EW，倾向 S，倾角上部较陡，下部变缓，一般 15°～30°。Ⅲ号矿体地表长度 300 m，倾斜延深尚未控制。

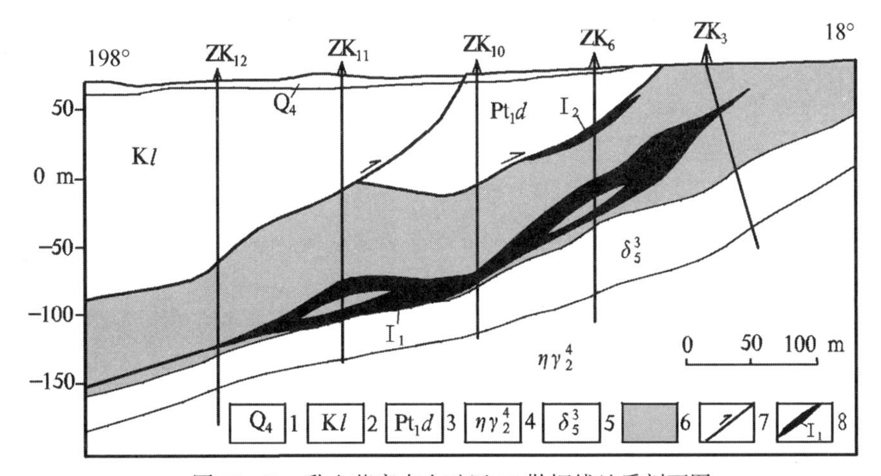

图 17-12　乳山蓬家夼金矿区 11 勘探线地质剖面图

（据山东省第三地质矿产勘查院资料编绘，2001）

1—第四系；2—莱阳群林寺山组；3—荆山群陡崖组；4—鹊山岩体二长花岗岩；5—燕山晚期角闪闪长岩；6—黄铁矿化二长花岗质碎裂岩及角砾岩；7—压扭性断裂；8—金矿体及编号

4. **矿石特征**

矿物成分:矿石中金属矿物为自然金、银金矿、黄铁矿,其次为方铅矿、闪锌矿、黄铜矿等。非金属矿物与原岩及后期蚀变有关,主要为石英、斜长石、绢云母、方解石,其次为钾长石、白云石、绿泥石等。

化学成分:矿石 Au 品位 $2.01\times10^{-6}\sim22.42\times10^{-6}$。据Ⅰ号矿体分析数据,$5\times10^{-6}$以下样品占 79 %,平均 4.51×10^{-6}。Ag 品位 2.88×10^{-6},S 含量 3 %~10 %。微量元素分析数据表明,矿石中铜、铋、锌含量与金含量有正相关关系,砷、银也有一定的相关性。

金矿物赋存状态及性状:矿石中金矿物为自然金、银金矿。赋存状态为晶隙金、包体金和裂隙金,以晶隙金为主,分布于黄铁矿晶隙中。金矿物形态主要为角粒状、浑圆粒状、片状、枝杈状。金矿物粒级以细粒金为主,其次为微粒金,少量中粒金。

结构构造:矿石结构主要为压碎结构、自形—半自形粒状结构。矿石构造为浸染状构造、角砾状构造、块状构造、蜂窝状构造、脉状构造。

矿石类型:矿石自然类型为原生矿石和氧化矿矿石。因矿体地表部分氧化作用不发育,无明显氧化带,矿石类型基本为原生矿石。按矿物组合、结构构造和蚀变等特征,分为含金黄铁矿白云大理岩型和含金黄铁矿硅化构造角砾岩型。前者所占比例小,但品位高;后者为主要矿石类型,金品位较低。矿石工业类型属黄铁矿型矿石。

5. **围岩蚀变特征**

围岩蚀变作用主要有黄铁矿化、硅化、绢云母化和碳酸盐化,其中黄铁矿化、硅化与金矿化关系密切。围岩蚀变由南向北、由上至下呈分带现象,可分为含石墨挤压褶曲片理化带,发育绢云母化、碳酸盐化;黄铁矿化硅化构造角砾岩带,发育硅化、黄铁矿化、金矿化、碳酸盐化;长英质糜棱岩带,发育硅化。

6. **矿床成因**

成矿阶段:根据控矿因素、矿体形态、围岩蚀变、矿化特征及矿物共生组合等因素将矿床成矿作用划分为 4 个阶段:大理岩-片麻岩阶段;石英-黄铁矿-方解石阶段;方解石-黄铜矿-金阶段;褐铁矿阶段。

成矿物质与成矿流体:矿石中黄铁矿的 $\delta^{34}S\times10^{-3}$测定值为 9~9.8,平均值 9.05(李士先等,2007),与焦家金矿床非常接近,与邓格庄金矿床和胶东岩群变质岩系、玲珑序列二长花岗岩大体接近。矿石中石英的 $\delta^{18}O_{H_2O}$值为 9.3~9.1(李士先等,2007),具有极差小、变化范围窄、与陨石值相近、与花岗岩类氧同位素类同的特点。表明蓬家夼金矿床的硫、氧具有同源性质,具有来自金原始建造的变质岩系和玲珑序列二长花岗岩体的双源特征。

7. **地质工作程度及矿床规模**

1994~2000 年,山东省第三地质矿产勘查院完成详查工作,并编制《山东省乳山市蓬家夼金矿详查地质报告》,查明蓬家夼金矿为一大型金矿床。

第五节 胶北隆起银、有色金属及铁矿亚系列代表性矿床剖析

一、热液裂隙充填型银矿床矿床式(十里堡式)及代表性矿床

(一) 矿床式

1. **区域分布**

十里堡式银矿床主要分布于胶北隆起和威海隆起区,与胶东金矿成矿区重叠。

2. **矿床产出地质背景**

十里堡式银矿床赋存在不同时代的地质体中,如招远十里堡银矿床分布于玲珑花岗岩中,栖霞虎鹿

夼银矿床分布于栖霞序列英云闪长岩中，文登-荣成老横山银矿床分布于新太古代 TTG 岩系中，荣成同家庄银矿床赋存于伟德山序列斑状角闪二长花岗岩中，但银矿床的最终形成均与燕山晚期伟德山序列花岗岩和浅成的雨山序列的侵位及其同期的中酸性脉岩密切相关。银矿床的分布受区域性断裂及次级张扭性或压扭性断裂构造控制，如招远-平度弧形断裂及次级 NE 向断裂控制着招远十里堡银矿床的分布；虎鹿夼断裂、上崖头断裂等控制着栖霞虎鹿夼银矿床的分布。

3. 矿体特征

银矿床均为陡倾斜脉状矿体，矿脉受断裂构造破碎蚀变带的形态、产状控制。含有银工业矿体者多为单脉或脉带，脉长 300～2 000 m，脉宽变化较大，窄者<1 m，宽者 5～20 m，个别破碎带膨大部位达 5～45 m。矿脉或脉带的组成为矿化蚀变程度不等的石英脉、蚀变碎裂岩或成分复杂的构造角砾岩等。矿体在矿脉或含矿蚀变破碎带中呈稳定连续或不连续分布，矿体长 252～700 m 不等，多数在 300～350 m 之间。矿体呈脉状、豆荚状及透镜状，可见分支复合现象。矿体厚度变化较大，薄者<0.5 m，最厚达 7.29 m，一般 1.5～4.5 m。矿体倾斜延深多在 120～330 m 之间。矿体倾斜较陡，倾角变化在 55°～86°之间。矿体有侧伏现象，如招远十里堡和栖霞虎鹿夼银矿，矿体均向 NE 侧伏，前者较缓，后者侧伏角 50°左右。

4. 矿石特征

各银矿床矿石中的含银矿物主要为辉银矿、自然银等，少量为金银矿、角银矿，见有锑银矿、辉铜银矿。矿石中主要金属矿物有黄铁矿、方铅矿、闪锌矿、黄铜矿，氧化带可见白铅矿、菱锌矿、斑铜矿、铜蓝、孔雀石、褐铁矿等。非金属矿物主要有石英、长石、绢云母、重晶石、绿泥石、玉髓等中低温热液矿物。矿石结构主要有半自形粒状—他形粒状结构、填隙结构、交代残余结构、包含结构、溶蚀结构和假象结构等。矿石构造主要为斑点状构造、网脉状—脉状构造、角砾状构造、块状构造、浸染状构造、细脉浸染状构造等。矿石类型主要为含多金属硫化物石英脉型和细脉浸染状黄铁绢英岩质碎裂岩型。

5. 围岩蚀变特征

围岩蚀变主要有硅化、绢英岩化或黄铁绢英岩化、钾长石化、碳酸盐化等，以硅化、绢英岩化蚀变与银矿化关系最为密切。

6. 矿床成因

该类矿床的形成与中生代燕山晚期伟德山序列和雨山序列的岩浆热液活动密切相关，含矿热液沿有利构造部位充填交代成矿，矿体产状规模严格受断裂构造控制。其成因类型为与中生代燕山晚期花岗岩及浅成侵入岩有关的热液裂隙充填脉型银矿床。

（二）代表性矿床——招远市十里堡银矿床地质特征[1]

1. 矿区位置

招远市十里堡银矿床位于招远城北 4 km 处。大地构造位置位于沂沭断裂带东侧，胶北隆起的北部，招远-平度弧形断裂带的北侧。

2. 矿区地质特征

区内主要出露燕山早期玲珑序列黑云母二长花岗岩，呈岩基产出。胶东岩群苗家岩组呈包体状分布于矿区东南部柳杭村至朱家咀一带的玲珑花岗岩中。区内中生代燕山期脉岩分布广、种类多，主要有煌斑岩、闪长玢岩、花岗闪长斑岩、石英闪长玢岩等。脉岩大多平行分布，密集成群，走向 10°～25°。区内构造以断裂为主，成矿前断裂主要为招远-平度弧形断裂，从矿区南侧通过。考家断裂为招平断裂的分支断裂，呈弧形展布，走向 350°～50°，倾向 NE—SE，倾角 20°～30°。另外发育一组 NNE 向张扭性断

[1] 山东省地质矿产局第六地质队，山东省招远县十里堡银矿床初步勘探地质报告，1983 年。

裂,走向15°~25°,控制区内脉岩和矿化蚀变带的分布。控制矿体的断裂有NNE向(15°~25°)、NE向(50°~60°)、近EW向(100°)和SE向(145°)4组。

3. **矿体特征**

矿区内共有矿化蚀变带12条。其中考家蚀变带和5,6,7号带为金矿化带;1,2,3,4,8,9,10,12号蚀变带为银矿化带。矿化带几乎切穿了所有的脉岩,说明成矿作用发生在燕山期岩浆活动的末期。银矿化蚀变带中的1,9,12矿化带中含有工业矿体,3个矿化带共圈出9个矿体。其中1号矿化带圈出4个工业矿体,2个表外矿体;9号矿化带圈出1个工业矿体,1个表外矿体;12号矿化带圈出1个工业矿体(图17-13)。

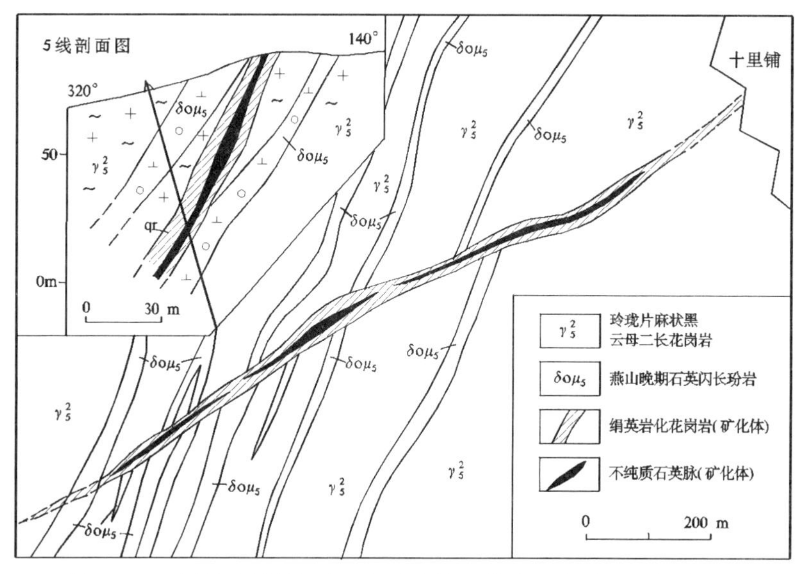

图17-13 招远十里堡银矿1号矿化蚀变带地质略图及5线剖面图

(据《山东省区域矿产总结》,1989;引自《山东地勘读本》,2002)

1号矿化带是矿区内主要含矿蚀变带,分为东西两段。① 东段长约800 m,宽1~10 m,走向50°,倾向NW,倾角78°~86°(局部65°)。矿脉由角砾状石英脉及蚀变碎裂岩组成,向深部变为绢英岩化碎裂岩,有微弱的黄铁矿化和金矿化。该段矿化期受张扭性断裂控制,石英脉体多,金属硫化物富集,矿化强。② 西段长约300 m,宽1~8 m,走向15°,倾向NW,倾角65°左右,与东段呈"入"字形展布。该段矿化期受压扭性断裂控制,石英脉体少,金属硫化物贫,矿化弱。

1号矿化带东段是矿区主要含矿地段,共圈定4个工业矿体,银资源储量占全矿区的91 %,其中Ⅰ号矿体和Ⅲ号矿体规模较大,由近地表浅部至深部,矿体延长加大。Ⅰ号矿体为矿床内主要矿体,矿体长300 m,延深360 m,矿体呈豆荚状,沿走向和倾向均有分支复合现象。矿体厚0.73~5.26 m,平均2.61 m。Ag品位多数在100×10^{-6}~500×10^{-6}之间,平均品位329.74×10^{-6}。富矿柱集中在70~0 m标高间,向深部逐渐变贫。矿体厚度变化系数为49 %,属稳定矿体。品位变化系数为162 %,属品位分布极不均匀者。Ⅱ号矿体呈垂向延长的楔形,长46 m,延深125 m,厚2.33~4.15 m。Ag品位944.3×10^{-6}。Ⅲ号矿体形态较复杂,呈豆荚状,沿走向常见分支复合现象。矿体长252 m,延深145 m。矿体厚度变化较大,最厚7.29 m,最薄0.47 m,平均2.94 m。Ag品位变化较大,在77.5×10^{-6}~$1\ 168.59\times10^{-6}$之间,平均品位236.8×10^{-6}。矿体厚度变化系数为113 %,品位变化系数为125 %。属厚度变化大,品位分布很不均匀的矿体。

4. **矿石特征**

矿物成分:矿石中的银矿物主要为辉银矿-螺状硫银矿、自然银和金银矿;矿石矿物有黄铁矿、闪锌

矿、黄铜矿、方铅矿、斑铜矿、菱锌矿、黝铜矿、辉铜矿、褐铁矿、铜蓝、白铅矿、铅矾、黄钾铁矾等；脉石矿物有石英、绢云母、重晶石、玉髓、黑云母、长石、方解石、绿泥石等。

化学成分：矿区内 9 个矿体的 Ag 平均品位变化在 $68.31\times10^{-6}\sim2\ 545\times10^{-6}$之间，主要工业矿体的 Ag 平均品位变化在 $220.83\times10^{-6}\sim329.74\times10^{-6}$之间，矿区矿石 Ag 平均品位为 317.38×10^{-6}。矿石中其他伴生有益组分平均含量 Au 为 0.51×10^{-6}，Pb 为 0.33 %，Zn 为 0.62 %，Cu 为 0.04 %。矿石中的 Ag 与伴生的 Au，Cu，Pb，Zn 等关系密切，均为正相关关系。与 Au 的相关系数为 0.79，与 Cu 为 0.61，与 Pb 为 0.59，与 Zn 为 0.58。

银矿物特征：银矿物主要为辉银矿-螺状硫银矿，其次为自然银，另有微量的金银矿。① 辉银矿-螺状硫银矿以枝杈状、粒状为主，细脉状次之。其赋存状态以晶隙银居多，占 57.6 %（主要产于石英晶隙中）；裂隙银占 42.4 %（主要分布于石英裂隙和闪锌矿裂隙中）。② 自然银常呈单体或与金属硫化物分布在一起，主要为粒状和枝杈状，海绵状和脉状次之，以晶隙自然银为主，占 72.65 %（主要产于石英晶隙中）；裂隙自然银仅占 27.35 %（主要分布于石英裂隙中，闪锌矿裂隙次之）。

结构构造及矿石类型：矿石结构主要有他形晶粒状—半自形、自形粒状结构，交代残余及填隙结构等；矿石构造主要有斑点状构造、脉状构造、浸染状构造、斑杂状构造、网脉状构造等。矿石类型分为原生矿石和氧化矿石，氧化矿石主要分布于氧化带深度 50 m 以上。原生矿石主要为含银多金属细脉浸染状石英脉型，少量为石英网脉型。矿石工业类型为含多金属银矿石。

5. 围岩蚀变特征

矿体受构造蚀变带控制，主要蚀变作用有硅化、绢英岩化、重晶石化及绢云母化、黄铁矿化。其中硅化与银矿化关系最为密切。

6. 矿床成因

招远十里堡银矿床为形成于中生代燕山晚期，发育在燕山早期玲珑花岗岩中的一处中型规模矿床。矿体产出严格受控于断裂构造，呈脉状产出。矿石中 $\delta^{34}S$ 为 $-2.12\times10^{-3}\sim-5.65\times10^{-3}$，富$^{32}S$，贫$^{34}S$，推测岩浆水和大气降水均参与了银的成矿作用。

据宋明春等研究（2003），与银矿成矿关系密切的燕山晚期伟德山岩体为壳源与幔源岩浆混合而成的同熔型花岗岩类，故 Ag，Pb，Zn 等有益组分，均为其演化晚期潜火山岩侵入和热液作用的产物。

7. 地质工作程度及矿床规模

1980～1983 年，经山东省地质局第六地质队勘查，为一中型银矿床。

二、似层状热液交代型（福山式）铜矿床

该类型铜矿床分布局限，主要矿床见于福山王家庄，故以其为例表述该类型铜矿床地质特征。近几年有关成果中将此类矿床命名为“王家庄式”，但鲁西地区又有个邹平市王家庄铜矿床，“王家庄铜矿”一名很易混淆，故将福山王家庄铜矿床，改称“福山式”；邹平市王家庄铜矿床改称为“邹平式”。这与人们常称的 “福山铜矿”、“邹平铜矿”是很谐调的。

代表性矿床——福山王家庄铜（锌）矿床地质特征❶

1. 矿区位置

福山王家庄铜矿位于烟台市福山区城西约 6 km。在大地构造位置上居于胶北隆起东缘。

2. 矿区地质特征

矿区内出露地层为古元古代粉子山群张格庄组、巨屯组、岗嵛组，其中巨屯组二段及岗嵛组一段是

❶ 山东地质局第三地质队，仲瑾等，山东福山铜矿王家庄矿区地质勘探报告，1977 年。
山东地质局第三地质队，赵伦华，福山王家庄铜锌矿床成因探讨，1980 年。

主要赋矿层位，铜矿化主要发育在不纯质的石墨大理岩、透闪大理岩及变粒岩、片岩中。

矿区内褶皱及断裂构造发育，不同序次的褶皱、韧性变形带、断裂构造叠加出现，为矿液迁移和沉淀提供了有利空间，在一定程度上控制了矿体的形态及产状变化。其中横贯矿区的成矿前近 EW 向吴阳泉断裂(F_1)，则是区内主要控矿构造(图 17-14)。矿区南、西、北部广泛发育呈岩脉、岩枝产出的燕山期石英闪长玢岩、闪长岩及花岗斑岩等浅成杂岩体，其中的闪长岩 Cu 含量在 100×10^{-6} 以上，Zn 含量为 150×10^{-6}，明显高于正常岩浆岩，与铜矿成矿作用关系密切。

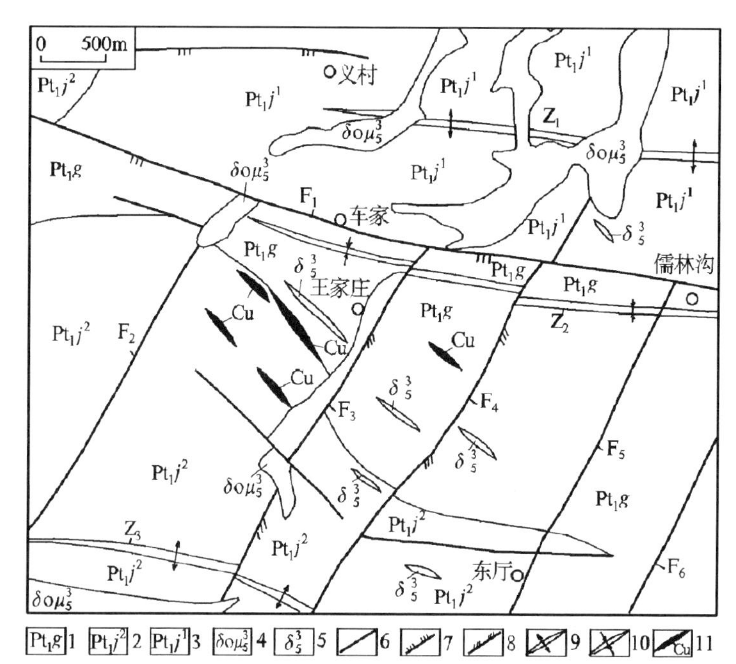

图 17-14 福山王家庄铜矿区基岩地质简图

(据山东省地质局第三地质队仲瑾等，1977；《山东矿床》，2006)

1—古元古代粉子山群岗嵛组；2—粉子山群巨屯组二段；3—巨屯组一段；4—中生代燕山晚期石英闪长玢岩；5—燕山晚期闪长岩；6—性质不明断裂；7—压性断裂；8—压扭性断裂；9—背斜构造；10—向斜构造；11—铜矿体；F_1-吴阳泉断裂；F_2—英咀西断裂；F_3—丁家夼断裂；F_4—玉石山断裂；F_5—东厅断裂；F_6—桃源断裂；Z_1—钟家庄背斜；Z_2—车家向斜；Z_3—厚滋沟背斜

3. 矿体特征

赋矿围岩为粉子山群巨屯组和岗嵛组一段的不纯质硅化大理岩，矿化带受层位控制。矿区以丁家夼断层为界，分为两个矿段，西部称一矿段(埋藏较浅，部分出露地表，以铜矿为主)；东部称二矿段(为隐伏矿体，铜锌矿共生)。矿区内分布有 20 余个含矿层，每个矿层由数十个至十余个矿体组成，全区共有 226 个矿体，其中工业矿体有 40 个，主要分布在Ⅰ，Ⅱ 2 个矿段内。矿体呈层状、似层状、透镜状产出，长、宽几十米至几百米；其中最大矿体长 1 150 m，矿体厚度一般为 1~5 m，最大厚度>30 m，平均厚度 1.87 m。矿体在含矿层中断续出现，常见分支复合、膨胀收缩现象。① 一矿段：矿体赋存在岗嵛组中，产状较平缓，倾向 NE，倾角一般在 15°~25°。矿体沿走向长 400 余米，矿体控制最大延伸 410 m，向深部仍有延续。② 二矿段：矿体倾向 NE，倾角一般在 15°~20°，矿体沿走向长 502 余米，矿体控制最大延伸 510 m，向深部仍有延续(图 17-15)。

4. 矿石特征

矿物成分：矿石矿物主要为黄铜矿、铁闪锌矿、黄铁矿、磁黄铁矿等，此外有少量的方铅矿、白铁矿、胶黄铁矿等。氧化带(深度 30~40 m)的矿石中有孔雀石、土状沥青铜矿、褐铁矿等；脉石矿物主要有石

英、方解石、绢云母、黑云母、斜长石、透闪石、石墨等。

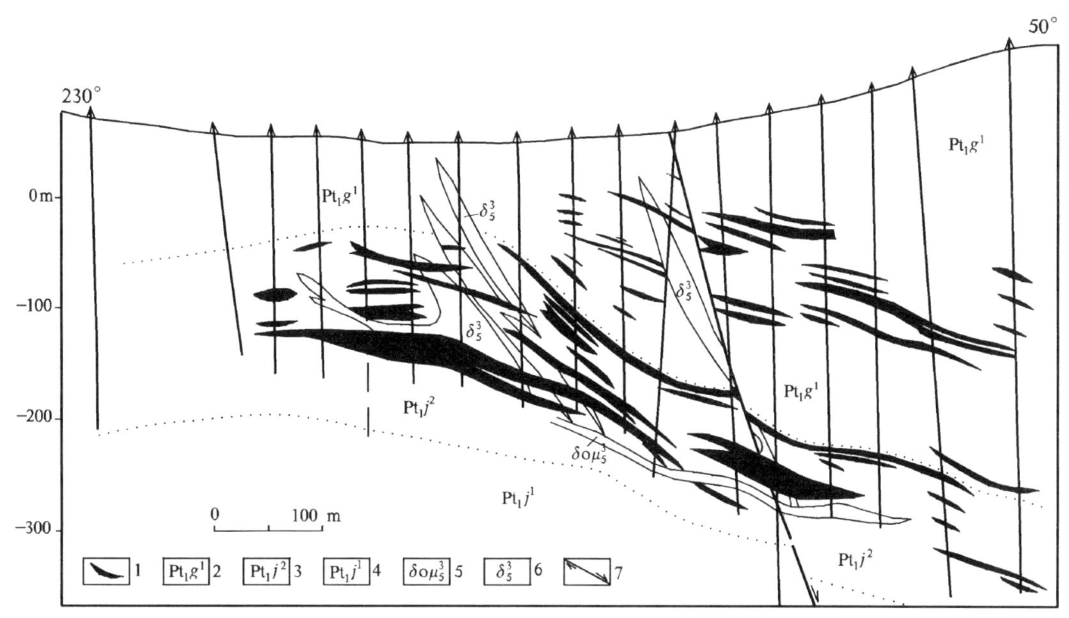

图 17-15　福山王家庄铜(锌)矿区第 18 线地质剖面简图

(据山东省地质局第三地质队编绘,1977)

1—铜矿体(大理岩型铜矿体及部分大理岩型铜矿化体);2—古元古代粉子山群岗嵛组一段(云母片岩夹透闪大理岩、透闪片岩);3—粉子山群巨屯组二段(石墨大理岩夹变粒岩、黑云片岩);4—粉子山群巨屯组三段(石墨片岩夹硅化石墨大理岩);5—燕山晚期石英闪长玢岩;6—燕山晚期闪长岩;7—断层

化学成分:矿石中 Cu 品位一般在 0.30 %~1.30 %之间,最高位 14.07 %;一矿段平均为 1.13 %;二矿段平均为 0.81 %;矿区平均为 0.85 %。Zn 品位多在 0.3 %~1.5 %之间,最高达 17.43 %,平均 1.02 %。Ag 平均品位为 13.89×10^{-6}。矿石中伴生的 Cd,Se,Te 均可回收利用。

结构构造:矿石为自形—他形粒状结构、包含结构、乳状结构、交代结构、压碎结构等;矿石构造有块状构造、细脉浸染状构造、星点浸染状构造、条带状构造、角砾状构造等。

矿石类型:依含矿石类型可划分为石墨硅质大理岩型、透闪岩(透闪大理岩)型、蚀变闪长岩型、云母大理岩型、云母片岩型、变粒岩型、石英脉型、伟晶岩型等。以前 3 种矿石类型为主,约占 90 %以上。

5. 围岩蚀变特征

近矿围岩普遍发生蚀变。主要有硅化、钾化、绢云母化、碳酸盐化、绿泥石化等。矿化与硅化、钾化关系密切。

6. 矿床成因

福山王家庄铜矿为一中型铜矿床。矿体主体赋存在古元古代粉子山群变质地层中,少部分矿化发生在中生代燕山晚期闪长岩中;矿体分布受控于变质地层之层间构造,呈似层状或透镜状产出;矿石中金属矿物成分复杂,矿区普遍发育与成矿作用有关的硅化、钾化等热液蚀变现象。一般认为福山王家庄铜矿床应属于形成于晚白垩世,受构造-岩性控制的热液充填交代型矿床。

7. 地质工作程度及矿床规模

1977 年 10 月,山东省地质局第三地质队在前人工作基础上完成矿床勘查评价,提交了《山东福山铜矿王家庄矿区地质勘查报告》。查明福山铜矿为一中型铜矿床,伴生锌矿也达中型规模。

三、热液型(马陵式)铁矿床

该类型铁矿床分布于胶北隆起的东西两侧，主要产地有乳山马陵、莱州大浞河和西铁埠，但重要产地为乳山马陵铁矿，故以乳山马陵铁矿为例，表述该类铁矿床地质特征。

代表性矿床——乳山市马陵铁矿床地质特征❶

1. 矿区位置

矿区位于乳山市北西方向约 20 km 处的马陵村北。在大地构造位置上居于威海隆起之西缘，靠近牟即断裂带。矿区由西向东分为铁山、后庄西、后庄，马陵和神童庙 5 个矿段，其中以马陵矿段和铁山矿段矿体数目多，且规模较大。两矿段矿石储量占矿区总储量的 91 %(图 17-16)。

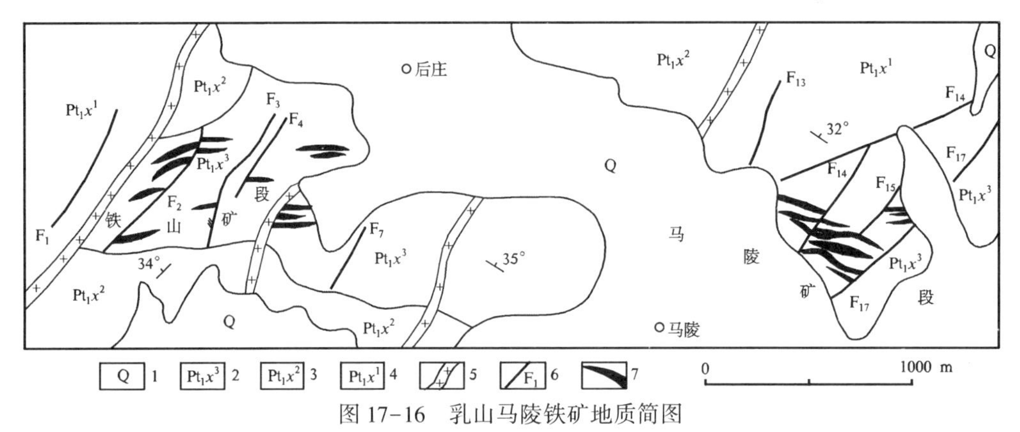

图 17-16　乳山马陵铁矿地质简图

(据山东省地矿局第三地质队资料编绘，1980;《山东矿床》，2006)

1—第四系;2—荆山群野头组祥山段透辉岩、斜长角闪岩、黑云变粒岩夹大理岩组合;3—祥山段黑云变粒岩夹大理岩、斜长角闪岩组合;4—祥山段黑云变粒岩组合;5—中生代燕山晚期石英正长闪长岩; 6—断层及编号;7—铁矿体

2. 矿区地质特征

铁矿床受地层层位控制较明显。主要赋存于荆山群野头组祥山段透辉岩、蛇纹石大理岩及斜长角闪岩中。底板多为蛇纹石大理岩和变粒岩，顶板多为变粒岩和斜长角闪岩。蚀变带为蛇纹岩、透辉岩、透闪岩。

3. 矿体特征

矿区内矿体规模小、数量多。全矿区共有 119 个规模不等的单矿体，组合成 53 个矿体群，其中马陵矿段 18 个，铁山矿段 19 个，后庄矿段 4 个，后庄西矿段 8 个，神童庙矿段 4 个。矿体一般为层状、似层状、透镜状。矿体长度一般为 300~500 m;沿倾斜延深一般 12~150 m，最大 470 m;厚度一般为 6~8 m，最厚达 53 m。分布在铁山至神童庙矿段的矿体群长 3 500 m，宽 250 m。

矿体沿走向和倾向膨胀收缩分支复合现象明显，且连续相连。矿体形态变化大，沿走向稳定系数为 75 %~80 %。厚度变化系数为 85 %~90 %。单矿体相距近，一般相距 5~15 m。矿体膨大部位相邻的两矿体相连构成一体(图 17-17)。

4. 矿石特征

矿物成分:矿石矿物以磁铁矿为主(含量一般为 40 %~50 %)。其次为黄铁矿、磁黄铁矿，另外还有赤铁矿、褐铁矿、闪锌矿、黄铜矿、辉铜矿。脉石矿物以蛇纹石、透辉石、透闪石为主，其次为橄榄石、金云

---

❶ 山东地质局第三地质队，山东省乳山县马陵铁矿区详细勘探地质报告，1980 年。

母,以及斜长石、石英、滑石、绢云母、绿帘石、绿泥石。

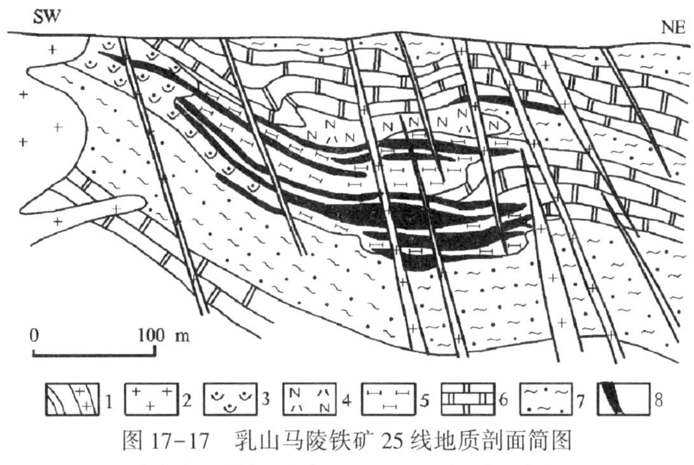

图 17-17 乳山马陵铁矿 25 线地质剖面简图

(据山东省地矿局第一地质队编绘,1984;《山东矿床》,2006)

1—中生代燕山晚期石英正长斑岩;2—燕山晚期花岗岩;3—蛇纹岩(蛇纹石化大理岩);4—荆山群野头组祥山段斜长角闪岩;5—祥山段透辉岩;6—祥山段大理岩;7—祥山段黑云变粒岩;8—铁矿体

化学成分:① TFe 含量一般为 25 %~35 %,最高达 57 %。各矿段 TFe 平均品位:铁山 31.46 %,马陵 31.13 %,后庄 36.20 %,神庙 38.24 %。据矿物相分析,矿石 TFe 中 Fe_3O_4 平均占 93 %,(Fe_2O_3+$FeCO_3$)占 3 %,硫化物中 Fe 占 3 %,硅酸盐矿物中 Fe 占 1 %。② S 含量为 0.35 %~1.83 %。③P 含量为 0.02 %~0.04 %。(CaO+ MgO)/(SiO_2+Al_2O_3)平均为 0.9,属自熔性矿石。矿石可选性良好。

结构构造:矿石以自形、半自形—他形晶粒状结构为主,并见有包含结构、交代残余结构、骸晶结构。矿石以浸染状构造为主,其次为条带状、块状构造,碎裂构造少见。

矿石类型:按矿石主要脉石矿物的含量划分,全矿区矿石划分 2 个主要类型,即蛇纹岩型磁铁矿和透辉(透闪)岩型磁铁矿。其中蛇纹岩型磁铁矿占 75.8 %,透辉岩型磁铁矿占 19.2 %,其他类型占 5 %。

5. 围岩蚀变特征

围岩蚀变主要发育在近矿体的大理岩、透辉岩中;主要有蛇纹石化、透闪石化等。

6. 矿床成因

乳山马陵铁矿床呈层状、似层状、透镜状,赋存在古元古代荆山群野头组祥山段透辉岩、蛇纹石化大理岩及斜长角闪岩中;与中生代燕山晚期花岗质岩石有关的含矿岩浆期后热液沿变质岩石层间裂隙构造发生充填交代作用形成铁矿床。

7. 地质工作程度及矿床规模

1976~1980 年,山东省地质局第三地质队在前人工作基础上进一步开展勘查工作,提交了《山东省乳山县马陵铁矿区详细勘探地质报告》。截至 2002 年,马陵铁矿累计探明资源储量达中型规模。

四、接触交代-斑岩型(香夼式)铅锌-铜钼矿床

该类型铅锌-铜钼矿床在本成矿系列中仅栖霞市香夼 1 处,故以其为例表述该类铅锌-铜钼矿床地质特征,称其为"香夼式"。

代表性矿床——栖霞市香夼铅锌-铜钼矿床地质特征❶

❶ 山东省冶金地质勘探公司第三勘探队,霍继贤等,山东省栖霞县香夼矿区硫-铜矿区地质勘探报告,1980 年。

1. 矿区位置

矿区位于栖霞城东 21 km 的香夼村东。在大地构造位置上处于臧格庄凹陷与栖霞-马连庄凸起相接地带。

2. 矿区地质特征

矿区处在新元古代蓬莱群与中生代白垩纪青山群接触地带,铅锌矿化发育在中生代燕山晚期花岗闪长斑岩与震旦纪蓬莱群香夼组灰岩的接触带内,少部分分布在接触带两侧的蚀变围岩中。

区内断裂构造发育,臧格庄凹陷、香夼杂岩体及铅、锌(铜、硫)矿化作用,均受成矿前区域性近 EW 向及 NE 向断裂控制(图 17-18)。

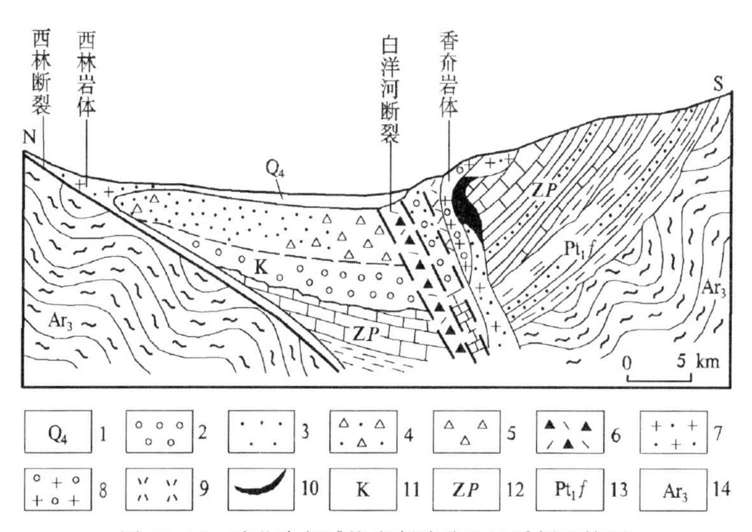

图 17-18 胶北隆起臧格庄断陷盆地地质剖面简图

(山东省冶金地质勘探公司第三勘探队,1980;引自《山东矿床》,2006)

1—第四系;2—白垩纪砂砾岩;3—白垩纪青山群凝灰岩;4—青山群凝灰角砾岩;5—青山群沉集块角砾岩;6—白垩纪青山期含角砾英安斑岩;7—白垩纪青山期第一次岩浆侵入形成的黑云母花岗闪长斑岩;8—白垩纪青山期第二次岩浆侵入形成的角闪石花岗闪长斑岩;9—白垩纪青山期第三次岩浆侵入形成的英安斑岩;10—铅锌铜硫矿体;11—白垩系(青山群+莱阳群);12—震旦纪蓬莱群;13—古元古代粉子山群;14—新太古代变质岩系(变质变形侵入岩/变质地层)

香夼杂岩体位于 EW 向香夼断裂与 NE 向枣林河断裂交会处,主要岩性为黑云母花岗闪长斑岩、角闪石花岗闪长斑岩及流纹质英安玢岩,为火山活动晚期形成的浅成-超浅成的潜火山岩。杂岩体侵入于早白垩世青山群中,岩体中黑云母及白云母 K-Ar 同位素地质年龄值为 120.6 Ma 和 127.6 Ma,应属中生代燕山晚期产物。

3. 矿体特征

栖霞香夼矿区是 Pb-Zn-Cu-Mo 4 种主要金属元素组合矿床。矿区内矿化范围宽约 600 m,长约 1 700 m,延深大于 700 m;矿区内除地表曾有零星的铅锌矿体露头外,均为埋深于 200 m 以下的隐伏矿体。主要矿体有 4 个,即Ⅰ和Ⅱ号铜硫矿体,Ⅳ和Ⅴ号铅锌矿体,钼矿化发育在 4 个矿体之外的斑岩体内。矿体沿接触带断续分布,产状与接触带基本一致,具明显的垂直分带现象,浅部为铅锌矿体,中部为铜硫矿体,深部为铜钼矿化(图 17-19)。

矽卡岩铅锌矿带:多分布于浅部接触带及灰岩捕虏体边缘,少量呈脉状充填于香夼组灰岩裂隙构造中。矿体规模较小,长及延深多为十几米至百余米,矿体形态复杂,多呈透镜状、脉状、囊状、似层状产出。

矽卡岩-斑岩铜硫矿带：主要赋存于接触带的中部，主矿体（Ⅰ号矿体）长 1 054 m，延深 200~300 m，厚 10~44 m，矿体呈似层状，产状较为稳定，其资源储量约占全矿区铜、硫总量的 80 %。

斑岩铜钼矿化带发育于深部的花岗闪长斑岩中，埋深在 500 m 以下，单工程控制厚度达 100 余米，Cu 品位为 0.1 %~0.3 %，Mo 含量为 0.002 %~0.005 %。

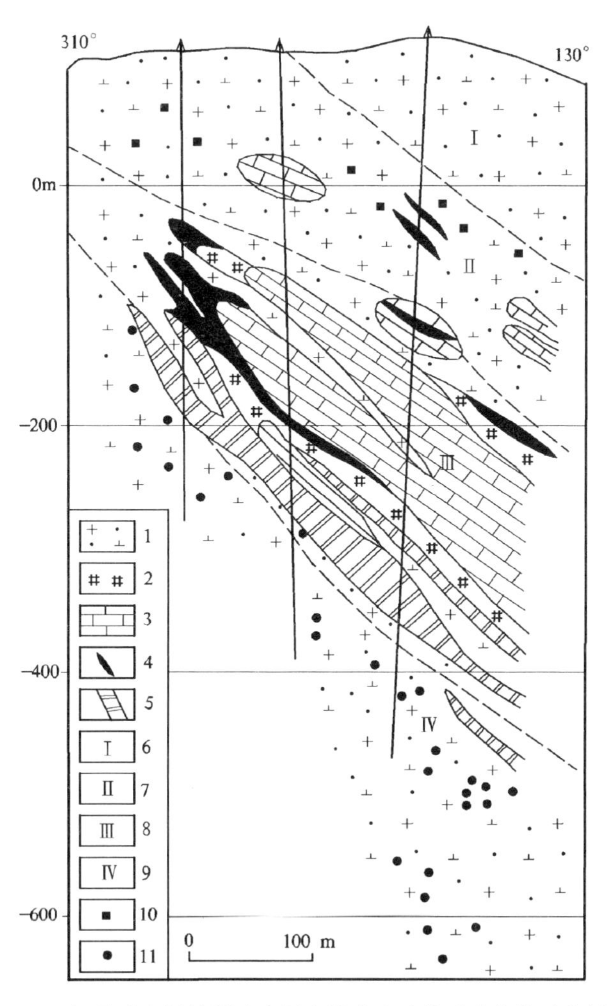

图 17-19　栖霞香夼铅锌铜矿床围岩蚀变和矿化垂直分带示意剖面图

（山东省冶金地质勘探公司第三勘探队，1980；引自《山东矿床》，2006）

1—白垩纪青山期花岗闪长斑岩；2—矽卡岩；3—震旦纪蓬莱群香夼组灰岩；4—铅锌矿体；5—黄铁矿-黄铜矿矿体；6—碳酸盐化-绢云母化带；7—弱绿泥石化绿帘石化带；8—矽卡岩化带；9—弱钾长石化-强硅化-绢云母化-碳酸盐化；10—铅锌矿化；11—铜钼矿化

4. 矿石特征

矿物成分：矿石矿物有方铅矿、闪锌矿、黄铁矿、黄铜矿、辉铜矿、磁黄铁矿等；脉石矿物有石榴子石、透辉石、绿泥石、方解石、石英等。

化学成分：该矿床属 Pb-Zn-Cu-Mo 组合矿床，主要有益组分在矿床中分布比较均匀，但在-88 m 以上和以下仍存在一些差异。其平均品位在-88 m 以上区段 Pb 为 1.88 %，Zn 为 1.45 %，Cu 为0.42 %，S 为 12.51 %；在-88 m 以下区段 Pb 为 1.14 %，Zn 为 2.52 %，Cu 为0.52 %，S 为 12.17 %。矿石中 Ag 含

量在 $10\times10^{-6}\sim50\times10^{-6}$之间,Mo 为 0.002 %~0.005 %。此外,矿石中尚含有少量 Sn,Sb,Ni,Cd,Ga,In,Ge,Ti,Bi,Se,Te 等。

结构构造:矿石具有半自形—他形粒状结构、反应边结构、乳滴结构、交代残余结构;浸染状构造(铜硫矿体)、细脉浸染状构造(铜钼矿体)、块状构造(铅锌矿体)及条带状构造。

5. 围岩蚀变特征

铅锌矿化发育在燕山晚期花岗闪长斑岩与蓬莱群香夼组灰岩之接触带内,围岩蚀变作用比较强烈,从岩体内部至灰岩(围岩)大致可分为强硅化绢云母化弱钾长石化带(发育于花岗闪长斑岩中,矿化以黄铁矿、黄铜矿化为主,形成铜硫矿体和硫矿体)、矽卡岩化带(发育于接触带中,尤其是灰岩一侧,矿化以黄铁矿、黄铜矿化为主,形成铜硫矿体)、弱绿帘石化绿泥石化带(发育于远离接触带的灰岩及花岗闪长斑岩岩枝中,矿化以方铅矿、闪锌矿为主,形成铅锌矿体)。

6. 矿床成因

该矿床发育在中生代燕山晚期花岗闪长斑岩与震旦纪蓬莱群香夼组灰岩接触带之内外接触带及近接触带之斑岩体内。鉴于其成矿地质条件、矿体及矿石特征,以及稳定同位素及流体包裹体等特征,该矿床可归属为接触交代-斑岩型矿床。

7. 地质工作程度及矿床规模

至 2002 年底,栖霞香夼矿区累计查明资源储量表明,铅矿为小型矿床,锌为中型矿床,铜为中型矿床,银为小型矿床,硫为小型矿床。

五、接触交代-斑岩型(邢家山式)钼钨矿床

该类型钼钨矿床在本系列中仅烟台市福山区邢家山钼钨矿床 1 处,故以其为例表述该类矿床地质特征,称其为“邢家山式”。

代表性矿床——烟台福山区邢家山钼钨矿床地质特征[1]

1. 矿区位置

矿床位于烟台市福山区城西约 2 km 处。大地构造位置居于胶北隆起东缘。

2. 矿区地质特征

区内出露地层为古元古代粉子山群,自下而上有祝家夼组、张格庄组、巨屯组和岗嵛组。其中张格庄组为赋矿层位,自下而上分为 3 段。一段为白云质大理岩;二段为透闪岩、透闪透辉岩夹大理岩;三段为白云石大理岩。二段和二段是主要的赋矿层位(图 17-20)。区内褶皱及断裂构造发育。褶皱以巨屯-上夼复背斜为骨架,枢纽波状起伏,由一系列小的倒转背斜和向斜及一些次级小褶皱构成。矿区内的上夼以北为蟹子顶向斜,上夼以南为幸福山(穹状)背斜。矿区内主要断裂构造为近 EW 向的吴阳泉断裂(F_1),其为成矿前断裂,控制着区内中生代燕山晚期酸性岩浆活动和成矿作用。此外,有 NE 向的钟家庄断裂(F_2)和邢家山断裂(F_3)。

矿区内岩浆岩为中生代燕山晚期的斑状花岗闪长岩、石英闪长玢岩、闪长岩、煌斑岩等。其中分布在矿区东部呈岩株状产出的幸福山斑状花岗闪长岩是钼钨矿的控矿岩体。

在岩体北西端外接触带,普遍发育矽卡岩化和硅化等蚀变,并发育钼矿化。

3. 矿体特征

邢家山钼钨矿化西北起邢家山断裂(F_3),东南至吴阳泉断裂(F_1),矿化范围约 13 km^2。工业矿化

---

[1] 山东省地矿局第三地质队,朱增田等,山东省烟台市福山县邢家山铜矿详细普查地质报告,1984 年。

集中分布在上夼村周围，面积约 5 km^2。主矿化体赋存于幸福山岩体（前峰）外接触带的矽卡岩和矽卡岩化蚀变岩中，呈扁圆形分布，长 2 500 m，宽 1 200 m。邢家山矿区以钟家庄断裂为界分为北、南 2 个矿段（图 17-21）。

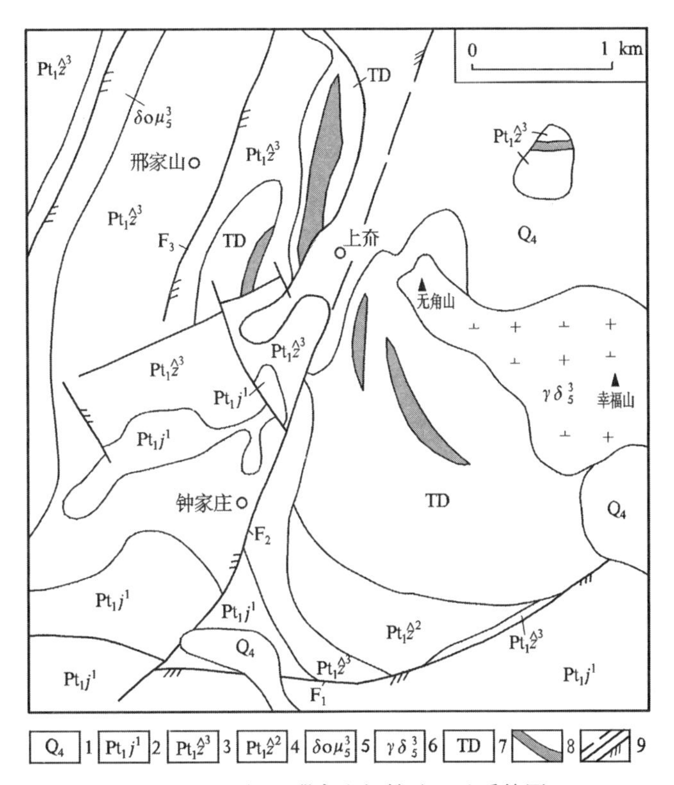

图 17-20　福山邢家山钼钨矿区地质简图

（据《山东省地质矿产科学技术志》编绘，1990）

1—第四系；2—古元古代粉子山群巨屯组（石墨黑云片岩、变粒岩）；3—粉子山群张格庄组三段（白云石大理岩）；4—张格庄组二段（透辉岩夹黑云片岩）；5—中生代燕山晚期石英闪长玢岩；6—燕山晚期斑状花岗闪长岩；7—透闪透辉岩；8—石榴透辉矽卡岩；9—断裂；F_1—吴阳泉断裂；F_2—钟家庄断裂；F_3—邢家山断裂

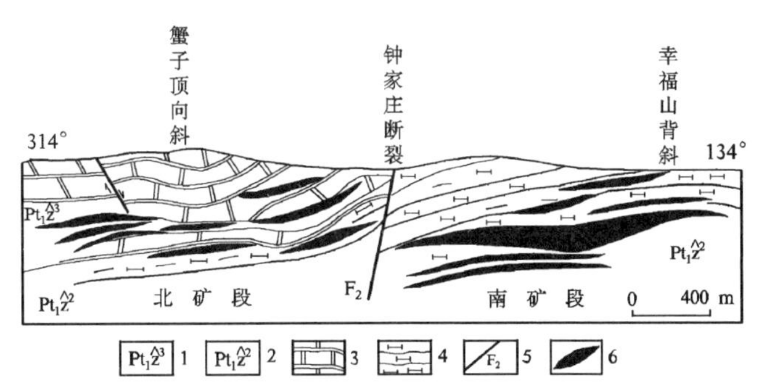

图 17-21　福山邢家山钼钨矿区矿段分布剖面示意图

（据《山东矿床》，2006）

1—古元古代粉子山群张格庄组三段（白云石大理岩）；2—粉子山群张格庄组二段（透辉岩夹黑云片岩）；3—大理岩；4—透辉岩夹黑云片岩；5—断裂；6—钼矿体；

矿区内共圈定钼矿体107个,其中北矿段63个,南矿段44个。矿体多呈似层状、透镜状产出,其产状与地层产状基本一致,部分矿体切穿地层。其中北矿段矿体走向20°~30°,倾向NW,倾角20°~30°;南矿段矿体走向近SN,倾向W,倾角10°~15°。各矿体大致平行排列,其间距10 m左右。矿体总厚度大于400 m。矿体多而大小相差悬殊,长200~2 200 m,宽75~1 750 m,垂直厚度1.17~185.47 m。以北矿段9号矿体规模最大,长2 200 m,宽1750 m,平均厚度66.20 m。产于透闪透辉岩与大理岩之间。

矿区内圈定钨矿体48个,矿体长190~1 465 m,宽55~740 m。垂直厚度1.0~13.3 m。其中北矿段18号矿体规模最大,长1 465 m,宽740 m,平均厚度2.77 m。

4. 矿石特征

矿物成分:矿石的矿物成分比较复杂。矿石矿物主要为辉钼矿、白钨矿、磁黄铁矿;次要为黄铁矿、黄铜矿、赤铁矿、褐铁矿;微量有斜方辉铅铋矿、闪锌矿、白铁矿、毒砂、方铅矿、辉钼矿等。脉石矿物主要为透辉石、石英、方解石、钾长石、白云母;次要为石榴子石、符山石、绿泥石、黝帘石、绢云母等。

化学成分:矿石中Mo含量多在0.03 %~0.3 %之间,最高为1.51 %,矿区平均为0.08 %;WO_3含量一般在0.2 %~0.4 %之间,最高为1.875 1 %,矿区平均为0.234 %。矿石中伴生Cu含量为0.009 %,Sn含量为0.003 %,Bi为0.06 %,伴生组分无综合利用价值。

结构构造:矿石结构主要为自形—半自形—他形粒状结构、填隙结构;次要为交代蚕食结构、乳滴结构、碎裂结构。矿石构造主要为浸染状构造、细脉—脉状构造;次要为条带状构造、角砾状构造、块状构造等。

矿石类型:按含矿岩石类型可分为透辉透闪岩型、石榴透辉矽卡岩型、大理岩型、二云片岩型、斑状花岗闪长岩型等,以透辉透闪岩型、石榴透辉矽卡岩型为主,约占91 %。按金属矿物组分又可分为钼矿石(*辉钼矿+闪锌矿+黄铁矿*)、钨矿石(*白钨矿+辉钼矿+磁黄铁矿*)、钨钼矿石(*辉钼矿+白钨矿+磁黄铁矿*)。

5. 围岩蚀变特征

矿区围岩蚀变强烈,种类繁多。斑状花岗闪长岩体内部以钾长石化、硅化、绢云母化为主,接触带以矽卡岩化为主,硅化、碳酸盐化也很强烈。矿化阶段可分为早期矽卡岩化、中期多金属硫化物矿化和晚期碳酸盐化3个阶段。

6. 矿床成因

福山区邢家山钼钨矿床赋存在幸福山斑状花岗闪长岩外接触带及岩体中,岩石中的Mo,W,Cu,Pb,Zn,As等成矿元素丰度较高。主要成矿元素具明显的分带现象,表现为由高温向低温递变。包体测温结果反映了钼钨矿成矿经历了从高温到中低温的过程。硫同位素测定结果表明,矿石中的$\delta^{34}S$值与岩体接近,属同源产物,成矿物质来源于斑状花岗闪长岩。矿床成因类型为与燕山晚期花岗质岩浆热液活动有关的接触交代-斑岩型钼钨矿床。

7. 地质工作程度及矿床规模

经山东省地质局第三地质队1977~1984年普查和详查,查明钼资源储量达大型矿床,钨资源储量达中型矿床。

六、斑岩型(尚家庄式)钼矿床

该类型钼矿床在本成矿系列中仅栖霞市尚家庄1处,故以其为例表述该类钼矿床地质特征。

代表性矿床——栖霞市尚家庄钼矿床地质特征❶

❶ 山东省地质局第六地质队,傅玉舟等,山东省栖霞县尚家庄钼矿普查地质报告,1979年;山东省地质局第六地质队桃村地质组,山东栖霞尚家庄斑岩钼矿地质特征初步认识,山东地质情报,1977年第4期。

1. **矿区位置**

矿床位于栖霞市城东约 27 km(桃村西 2 km)的尚家庄东。在地质构造部位上处在胶北隆起南缘与胶莱拗陷东北缘(桃村凹陷)接合部位的隆起区一侧。

2. **矿区地质特征**

矿区处在桃村-东陡山断裂中段,断裂北西部为燕山晚期伟德山序列营盘单元牙山岩体(斑状中粒花岗闪长岩、含斑中细粒花岗闪长岩和二长花岗岩),南东部为中生代白垩纪青山群八亩地组中基性火山碎屑岩、火山熔岩。钼矿床产于牙山岩体中(图 17-22)。

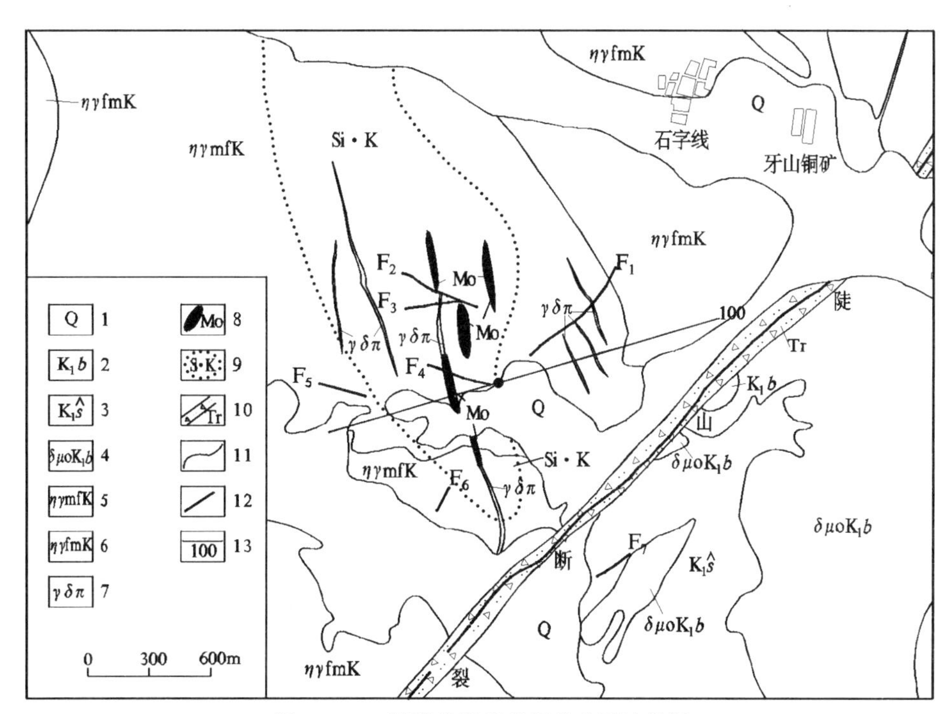

图 17-22　栖霞市尚家庄钼矿矿区地质图

(据《山东省矿产资源潜力评价成果报告》, 2013)

1—第四系;2—早白垩世八亩地组;3—水南组;4—潜石英二长玢岩;5—含斑中细粒二长花岗岩;6—含巨斑细中粒含黑云二长花岗岩;7—花岗闪长斑岩;8—隐伏钼矿体范围;9—硅化、钾化蚀变带范围;10—构造破碎带;11—地质界线;12—断层;13—勘探线及编号

桃村-东陡山断裂从矿区东南部通过,宽近百米,其东南侧分布有白垩纪莱阳群和大面积的中生代燕山晚期侵入岩。呈岩株和岩基产出的中深成相斑状中细粒二长花岗闪长岩及含巨斑中粒二长花岗岩(牙山岩体),分布在隆起区与拗陷区接合部位上,其边缘部分具有铜钼矿化;呈岩株状产出的浅成相花岗闪长斑岩,分布在隆起边缘杂岩带内,具有铜钼矿化;呈岩流或块状带产出的超浅成相英安玢岩、闪长斑岩等,分布在拗陷区边缘,多见黄铁矿化。钼矿化发育在含斑中细粒二长花岗岩及含巨斑(斑块)中细粒二长花岗岩中。桃村-东陡山断裂为区内控岩控矿断裂,矿区内次级控矿裂隙构造主要有 NNE 向、NWW 向和 NEE 向 3 组,钼矿床赋存在由其相互交织形成的呈 NNW—SSE 向展布的裂隙网状带内。

3. **矿体特征**

矿体主体呈似层状,赋存在含斑中细粒花岗闪长岩、斑状中粒花岗闪长岩及二者接触带中,具有分支复合膨胀夹缩等特点(图 17-23)。矿区内的这些矿体集中分布于南北长 900 m,标高 140~-722 m 范围内。矿区内共圈定矿体 106 个,其中主矿体 15 个,其资源量占矿床总量的 97 %。

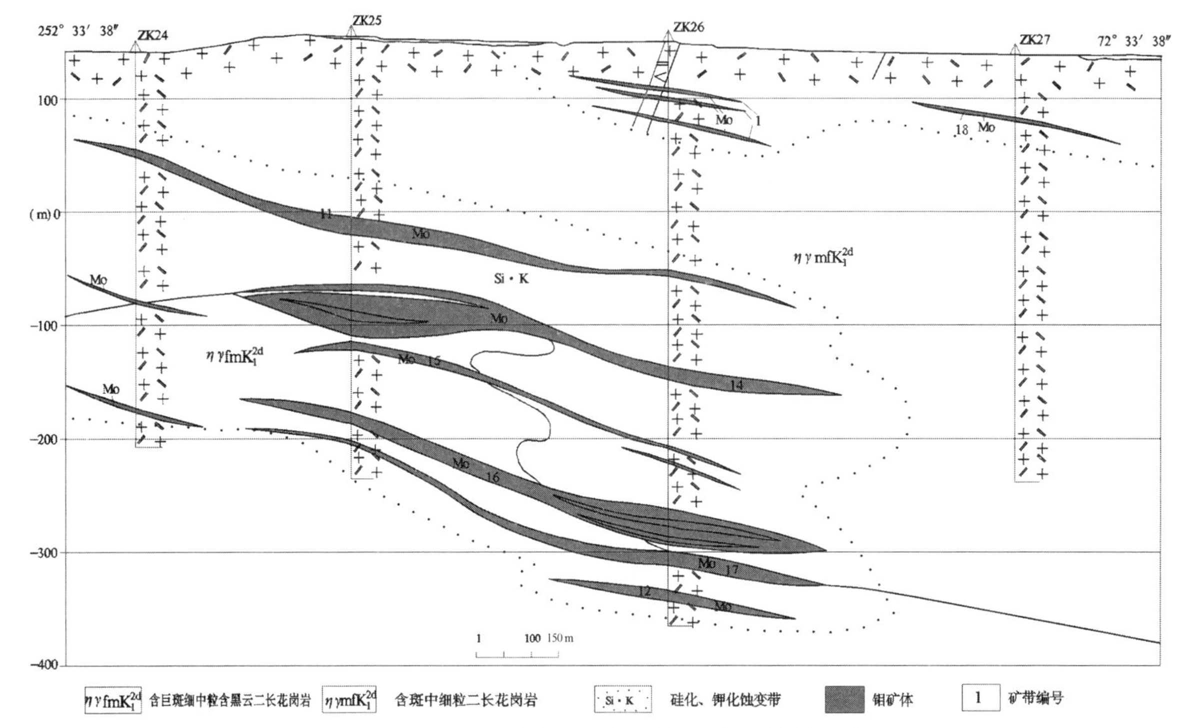

图 17-23 栖霞市尚家庄钼矿第 100 勘探线剖面图

(据《山东省矿产资源潜力评价成果报告》,2013)

矿体规模变化较大,15 个主矿体长度在 100 m 至 1 000 m 之间,资源储量在前 3 位的 15 号、19 号和 17 号矿体平均长度分别为 583 m,503 m 和 534 m;平均斜深分别为 497 m,539 m 和 582 m。主矿体厚度变化也较大,多在 1.35 m 至 39.74 m 之间。矿体总体 NEE 倾(70°左右),矿体倾斜较平缓,倾角多在 21°~26°之间。

4. 矿石特征

矿物成分:矿石矿物主要为辉钼矿、黄铜矿、黄铁矿、孔雀石、褐铁矿;其次为磁铁矿、磁黄铁矿;少量为方铅矿、闪锌矿、斜方辉铅铋矿等。脉石矿物主要为石英、绢云母,其次为绿泥石、方解石,少量绿帘石、黑云母等。

化学成分:矿石中钼品位较低,多在 0.04 %~0.09 %之间,最高为 0.435 %;单矿体钼平均品位多在 0.03 %~0.111 %之间;全区矿石平均品位为 0.053 %。矿石中 Cu,Au 等伴生金属组分含量很低,Cu 为 0.03 %~0.05 %,Au<0.1×10^{-6}(最高为 0.59×10^{-6}),Re 为 0.004 4 %。

结构构造:矿石为自形—半自形粒状结构;细脉状—网脉状构造、细脉浸染状构造。含矿岩石为含辉钼矿花岗闪长岩、含辉钼矿二长花岗岩及含辉钼矿花岗闪长斑岩。矿石类型有钼矿石和铜钼矿石。

5. 围岩蚀变特征

矿体围岩蚀变发育,主要有钾长石化、黑云母化、硅化、绢英岩化、绿泥石化和碳酸盐化。其中硅化与钼、铜矿化关系密切。蚀变规模较大,强度不一,叠加作用明显,具有一定分带性,由内而外为钾化(钾长石化、黑云母化)、硅化-绢英岩化、绿泥石化和碳酸盐化。

6. 矿床成因

栖霞尚家庄钼矿发育于中生代燕山晚期伟德山序列中牙山含斑中细粒花岗闪长岩体中,其分布与斑状中粒花岗闪长岩、含斑中细粒二长花岗岩及其后形成的花岗闪长斑岩脉具有密切的空间及时间关系。矿化具有明显的分带性，在剖面上，由深至浅，金属矿物依次为磁铁矿+辉钼矿—黄铜矿+辉钼矿—黄铁矿+方铅矿+闪锌矿；在平面上，由矿化中心向外依次为辉钼矿+黄铜矿—黄铁矿+方铅矿+闪锌矿。成矿温度显示着由高温至中温递变的特点。鉴于矿化及围岩蚀变等特征认为，该矿床应属于与燕山晚期斑岩有关的高-中温热液型钼矿床。

7. 地质工作程度及矿床规模

栖霞市尚家庄钼矿经山东省地质局第六地质队 1977~1979 年勘查评价，为一中型矿床。

第十八章　鲁中隆起与燕山晚期岩浆及热液活动有关的铁(-钴)、铁、金-铜-铁、铜-钼、铜、稀土、磷矿床成矿系列

第一节　成矿系列位置和该成矿系列中矿产分布 …… 389
第二节　区域地质构造背景及主要控矿因素 …… 389
一、区域地质构造背景 …… 389
二、区域地质发展史与重大地质事件 …… 390
三、主要控矿因素 …… 390
第三节　矿床区域时空分布及成矿系列形成过程 …… 395
一、矿床区域时空分布 …… 395
二、成矿系列形成过程 …… 397
第四节　代表性矿床剖析 …… 398
一、接触交代(矽卡岩)型铁矿床矿床式(莱芜式)及代表性矿床 …… 398
二、中低温热液交代充填及风化淋滤型(朱崖式)铁矿床矿床式及代表性矿床 …… 402
三、接触交代(矽卡岩)型金-铜-铁矿床矿床式(铜井式)及代表性矿床 …… 406
四、斑岩(细脉浸染)型(邹平式)铜-钼矿床 …… 411
五、热液裂隙充填型铜矿床矿床式(青上式)及代表性矿床 …… 415
六、潜火山热液石英脉型(龙宝山式)金矿床 …… 417
七、岩浆热液-碳酸岩脉型(郗山式)稀土矿床 …… 420
八、岩浆分异型(沙沟式)磷矿床 …… 423

该系列中的接触交代型(莱芜式)铁矿床是山东重要的铁矿成因类型,也是山东富铁矿石的主要产出类型。已查明资源储量占全省铁矿资源总量的19.94 %。该类铁矿开发历史悠久,早在春秋战国时代,齐国就在金岭铁矿的铁山采矿炼铁了。20世纪50年代中期以来,历经50多年的勘查已经基本查清了此类铁矿资源。经过几十年矿山开发建设,淄博、莱芜等地已成为山东主要的铁矿石生产基地。中低温热液交代充填-风化淋滤型(朱崖式)铁矿床,也是山东重要铁矿类型之一。20世纪50年代末至60年初,在淄河地区铁矿勘查第一次会战时被命名为朱崖式铁矿。该类铁矿床已查明资源储量占全省铁矿资源总量的6.96 %。

该系列中的铜矿床(或以铜为主的共生矿床)主要有3种矿床类型:① 与中生代火山活动晚期浅成-超浅成岩浆作用有关的斑岩型铜矿床(邹平式);② 与中生代岩浆期后热液裂隙充填作用有关的脉状铜矿床(青上式);③ 与中生代中性—中酸性岩浆活动有关的接触交代(矽卡岩)型铜矿床(铜井式)。《山东省铜矿资源利用现状调查成果汇总报告》(山东省地质科学研究院,2011年),将山东省中生代铜矿床按矿产组合分为非伴生铜矿和伴生铜矿2大类,上述3类铜矿床均被列入非伴生铜矿大类中。这3类铜矿床累计查明资源储量在全省非伴生铜矿资源总量中占有重要比重,其中邹平式铜矿床占37.73 %,铜井式占3.00 %,青上式占11.77 %。近十年来,随着地质工作的进一步深入,在沂南铜井、邹平王家庄等矿区发现深部矿体。这些新发现在促进矿山生产建设的同时,也促进了矿床地质研究和区域成矿规律研究的进展。

潜火山热液石英脉型金矿床(龙宝山式)为鲁西地区主要金矿类型之一,矿床规模均为小型,但仍具

有一定的找矿潜力。与岩浆分异和热液叠加有关的磷灰石矿床(沙沟式)是鲁西地区唯一一处大型低品位磷矿床。山东稀土矿资源储量约占全国总量的8 %。在地域分布上,查明资源储量主要分布于微山县,占全省稀土资源储量总量的99.62 %,保有资源储量占全省的99.54 %。微山郗山稀土矿是全省唯一一处中型矿床,也是山东省唯一的稀土金属生产矿山。

第一节　成矿系列位置和该成矿系列中矿产分布

该成矿系列分布的大地构造位置位于沂沭断裂带西侧的鲁中隆起区。接触交代型铁矿床主要分布在莱芜市、济南市历城及淄博市金岭等地。该类铁矿床形成于中生代燕山晚期中偏基性侵入岩与奥陶纪马家沟群碳酸盐岩的接触带上,铁矿体在空间上严格受接触带和矽卡岩带的控制;中低温热液交代充填-风化淋滤型(朱崖式)铁矿床主要分布在鲁中隆起中北部的博山凸起中,矿床沿淄河断裂带呈NNE向带状展布,铁矿体赋存于寒武纪—奥陶纪碳酸盐岩岩层中;接触交代型金-铜-铁矿床分布在沂南、沂源、临朐和莱芜等地,矿床主要赋存在中生代燕山晚期中酸性侵入岩与寒武纪长清群、九龙群碳酸盐岩的接触带上;斑岩型铜(钼)矿床分布在邹平火山岩盆地中,矿体赋存在侵位于火山机构的王家庄岩体中;与燕山晚期潜火山热液活动有关的石英脉型金矿床集中分布在苍山西部地区,矿床发育在中酸性、偏碱性杂岩体的边部及岩体内的断裂构造中;热液裂隙充填型铜矿床主要分布在昌乐、安丘、沂南、临朐、枣庄等地,矿床在空间上与中酸性侵入岩有关。成矿作用以热液充填作用为主,铜矿体赋存不同时代的地层或岩浆岩的构造裂隙中;与燕山晚期碱性岩浆活动有关的热液型稀土矿床主要分布在微山和苍山,与碳酸岩浆活动有关的稀土矿床(点)主要分布在淄博—莱芜一带;与偏碱基性岩浆活动有关的磷灰石矿床位于枣庄市沙沟一带,磷灰石矿化体赋存在黑云母辉石岩中。

第二节　区域地质构造背景及主要控矿因素

一、区域地质构造背景

该成矿系列分布区所处大地构造位置为华北板块鲁西隆起区之鲁中隆起,沂沭断裂带纵贯鲁西隆起区的东部。中生代燕山期沂沭断裂左行扭动派生了一系列NW—NNW向断裂构造,形成向北西散开、南东收敛的帚状构造格架,鲁中隆起发育了一系列断凹与断凸,构成了凸起与凹陷相间分布的盆岭构造格局。

(一) 地层

区内地层发育齐全,由老至新为新太古代泰山岩群,新元古代土门群,古生代寒武纪、奥陶纪、石炭纪、二叠纪地层,中生代三叠纪、侏罗纪、白垩纪地层及新生代地层。

寒武纪地层是本系列有利的成矿层位,铜井金-铜-铁矿床即产于朱砂洞组、馒头组及张夏组地层与闪长玢岩的接触带上。与朱崖式铁矿成矿相关的地层单元为寒武纪炒米店组和寒武纪—奥陶纪三山子组。奥陶纪马家沟群是莱芜式铁矿床的赋矿层位,矿床发育在马家沟群碳酸盐岩与燕山期侵入岩的接触带上。

(二) 侵入岩

区内岩浆岩主要为前寒武纪侵入岩和中生代侵入岩。前寒武纪侵入岩为本区结晶基底,在区内广泛分布,以新太古代泰山序列、新甫山序列TTG岩系和傲徕山序列二长花岗岩分布最广。中生代侵入岩主要为燕山早期的铜石序列,燕山晚期的济南序列、沂南序列、苍山序列和沙沟序列等一系列基性-中性-中酸性-偏碱性侵入岩。与矽卡岩型铁矿密切相关的侵入岩为济南序列、沂南序列的辉长岩-闪长岩组合;与金-铜-铁、铜-钼、金、稀土、磷等成矿作用相关侵入岩主要为沂南序列闪长岩-闪长玢岩组合、苍山序列中酸性岩石组合和沙沟序列的偏碱性岩石组合。燕山晚期的雪野序列鹿野单元碳酸岩,分布于鲁中隆起北部的博山—莱芜一带,侵入于寒武纪—奥陶纪灰岩的断裂构造和层间构造中,为稀土矿成矿母岩。

(三)构造

沂沭断裂带纵贯鲁西隆起区的东部,在其西侧的鲁中隆起区派生出一系列NW—NNW向断裂构造,控制着区内凹陷与凸起的生成。受燕山期活动的影响,其上又叠加了NE,NNE向构造。齐河-广饶断裂带的横贯鲁西隆起区的北缘,控制着区内地层、岩浆岩的展布和火山活动。

该成矿系列矿床分布明显受区域性大断裂及次级断裂构造的控制。接触交代型铁矿床,均分布于齐河-广饶断裂带的南侧,受区域EW和NW向断裂构造的控制。Ⅲ,Ⅳ级大地构造单元边界的区域性断裂及单元内部的次级断裂多为铁矿床的控岩控矿构造,如莱芜铁矿区诸岩体受近EW向的鹿角-颜庄断裂和泰安-大王庄断裂以及NW向莱芜弧形断裂复合部位的控制;NNE向的淄河断裂带为朱崖式铁矿的主干控矿断裂,文登、店子等大型铁矿床均产于次级NW向断裂与淄河断裂带的交会处;铜井金-铜-铁矿床受沂沭断裂带鄌郚-葛沟断裂与NW向马家窝-铜井断裂的交会部位控制;邹平王家庄铜-钼矿床,位于齐河-广饶断裂带南侧的邹平火山岩盆地中;龙宝山金矿床位于鲁中隆起南部的尼山凸起南翼,龙辉断裂的北东侧。矿床的生成受龙宝山杂岩体放射断裂状构造控制,矿体主要赋存于NNE向断裂构造中;枣庄沙沟磷矿床位于鲁中隆起区西南缘,峄城EW向深断裂北侧。

二、区域地质发展史与重大地质事件

太古宙以来,鲁西地区经历了多期构造运动、岩浆活动和区域变质作用。晚侏罗世至早白垩世的构造体制转换,使中国东部发生强烈的伸展变形和裂谷作用,导致岩石圈减薄,构造岩浆活动频繁。受太平洋板块向欧亚板块俯冲影响,郯庐断裂左行平移,形成大量次级断裂,构成羽状、棋盘格状等断裂构造系统。在鲁西地区形成了一系列受构造控制的断陷盆地,发生了强烈的陆相壳幔混源火山喷发及超浅成侵入活动、中基性岩浆侵入活动和壳源花岗质岩浆侵入活动,并伴随着较为广泛的的成矿作用。形成了金、铜、铁、钼等重要金属矿产及非金属矿产,迎来了鲁西中生代燕山期成矿的高峰。在济南、莱芜、淄博等地燕山晚期中基性侵入岩与奥陶纪灰岩的接触带,形成矽卡岩型铁矿床;在铜井闪长玢岩接触带形成了铜井式金铜铁矿床;在龙宝山杂岩体形成了龙宝山式金矿床及多种金矿化类型;在侵位于邹平火山机构的石英正长闪长岩中形成了邹平式斑岩型铜钼矿床;在郗山碱性杂岩体中形成了郗山式稀土矿床;在沙沟岩体黑云母辉石岩中形成了沙沟式磷矿床。各类矿化的发生与相应的岩浆侵位在时间上紧密相随,在空间上密切相伴,其成矿作用均与相应的岩浆热事件耦合。

三、主要控矿因素

(一)莱芜式铁矿床主要控矿因素

1. 燕山晚期中基性侵入岩对成矿的控制作用

与中基性侵入岩有关的接触交代(*矽卡岩*)型铁矿床主要分布在济南、莱芜、淄博金岭地区,在空间分布上与济南杂岩体、莱芜杂岩体、金岭杂岩体密切相关。与成矿作用最为密切的岩石类型为辉长闪长岩、辉石闪长岩、黑云母闪长岩、正长闪长岩等闪长岩类。成矿物质主要来自岩浆特定演化阶段的深部分异，铁质来源与岩浆期后热液活动密切相关。岩体与围岩接触带是热液活动、聚集成矿的有利场所，含铁的岩浆期后热液沿断裂构造和接触带构造上升，在一定的围岩层位和构造形式中产生接触交代作用，使铁质沉淀富集成矿。在铁矿床形成过程中，钠质交代和矽卡岩化交代起着重要作用。当闪长质岩浆侵入碳酸盐岩时，先期发生热变质作用，继而为钠质交代阶段，致使矿液中含铁量增加，递进的早期矽卡岩交代作用对促进铁矿沉淀富集起了重要作用。杂岩体的产状规模，对铁矿床的定位和规模具有明显的控制作用。当杂岩体为岩盖、岩床且规模较大时，其形成的接触交代型铁矿床规模也较大。

侵入体的岩石化学特征对铁矿床的形成具有一定的影响作用。如莱芜矿山成矿岩体中 Fe_2O_3+FeO 含量高，其内部相为 9.68 %，外部相为 9.39 %，富含 Fe 质对铁矿化有利；成矿岩体中 CaO 含量高，且边缘相中的 CaO 含量（7.40 %）高于内部相的 CaO 含量（5.78 %）；MgO 含量（6.11 %～6.47 %）也高于一般闪长岩（4.17 %）；成矿岩体因受同化混染作用的影响，边缘相岩石的碱性程度高于内部相，边缘相的碱质含量（Na_2O 为 3.40 %，K_2O 为 1.93 %）亦高于内部相（Na_2O 为 3.12 %，K_2O 为 1.58 %）；SiO_2 含量在中性岩范围（53 %～66 %）的岩石有利于成矿作用的进行。

2. 构造对成矿的控制作用

铁矿成矿作用与区域断裂构造的性质、规模、切割深度及活动方式等密切相关。山东中生代铁矿成矿区带及大中型铁矿床多分布于Ⅱ，Ⅲ级大地构造单元的边缘地带；做为构造单元边界的分划性断裂往往深切上地幔或下地壳，从而成为深部岩浆和矿液的上升通道。

与成矿有关的岩浆活动明显受 EW 向、NW 向断裂控制，两者的复合部位更是岩浆活动的主要通道。济南、金岭岩体受 EW 向的齐河-广饶断裂的控制，莱芜矿区诸岩体是受 EW 向的鹿角-颜庄断裂和泰安-大王庄断裂及 NW 向的莱芜弧形断裂复合部位控制。控制矿田和矿床的构造主要是背斜构造，莱芜矿山岩体沿 NE 向矿山弧形背斜的核部侵入，区内大、中型铁矿几乎都产于背斜的两翼及其倾伏端。如张家洼铁矿床分布在背斜的 NE 倾伏端；西尚庄铁矿床分布在背斜的 SW 倾伏端；顾家台等铁矿床分布在背斜的两翼及转折部位。莱芜矿山弧形背斜控制了莱芜地区探明铁矿资源储量的 98.6 %。金岭背斜为淄博金岭矿区的主体构造，金岭杂岩体沿 NNE 向金岭背斜的核部侵入，铁矿床均分布在背斜的周缘。金岭短轴背斜是大矿富矿赋存的良好空间。NW 向和 NE 向成矿前断裂与岩体接触带的复合部位是矿床形成的有利部位，岩体的拐弯处、凹部有利于成矿。假整合面、舌状围岩和捕掳体往往形成较大矿体（图 18-1，图 18-2）。

3. 马家沟群碳酸盐岩对成矿的控制作用

鲁西地区的接触交代型铁矿床均发育在燕山晚期中基性侵入岩与奥陶纪马家沟群接触带中，主要控矿地层为马家沟群北庵庄组、五阳山组和八陡组，其中大型矿床主要赋存在五阳山组和八陡组中，次为北庵庄组中，阁庄组中也有少量铁矿赋存；此外，尚有个别矿体发育在马家沟群与石炭纪本溪组平行不整合面中或中基性侵入岩与本溪组灰岩的接触带中。说明接触交代型铁矿床受地层层位及岩性控制明显，古生代碳酸盐岩是接触交代型铁矿成矿的有利围岩。

（二）朱崖式铁矿床主要控矿因素

1. 断裂构造对成矿的控制作用

淄河断裂带是朱崖式铁矿最主要的控岩控矿构造。该断裂具多期活动，大体经历了早期张性为主、中期左行压扭为主和晚期右行压扭为主的发展阶段。早期的张性构造活动，引发了地壳深部岩浆热液活动，提供了矿质来源。中期平推扭动所产生的层间裂隙和层间空隙，为成矿热液交代沉淀提供了有利空间，铁矿体形态严格受断裂构造和层间构造的控制。

朱崖式铁矿床沿 NE 向淄河断裂带分布，淄河断裂带和与其交叉切割的 NW 向断裂的交会部位，是形成大矿富矿的有利部位，朱崖、店子、文登等大型铁矿床均赋存在这些有利部位中。

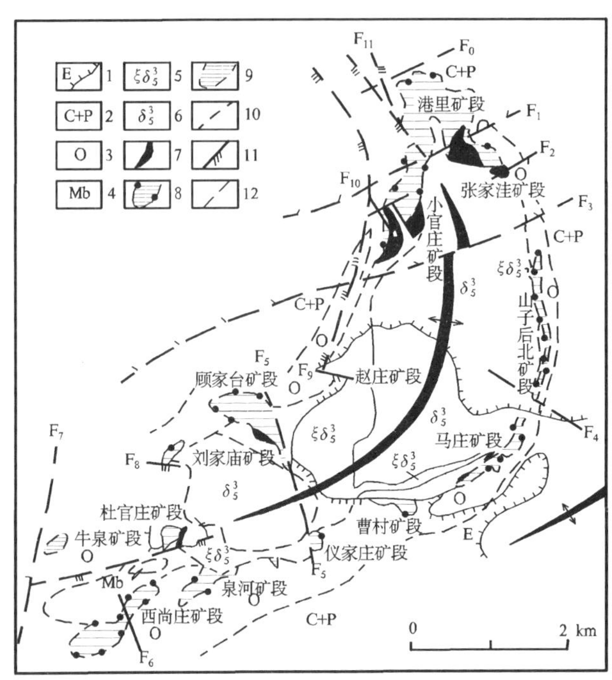

图 18-1 莱芜铁矿矿山弧形背斜矿床分布简图

(据山东省地质局第一地质队,1980)

1—古近系;2—石炭系+二叠系;3—奥陶纪马家沟群;4—大理岩;5—正长闪长岩;6—闪长岩;7—矿体;8—矿体延伸范围;9—推测矿体范围;10—推测地质界线;11—推测压扭性断层;12—推测张性断层

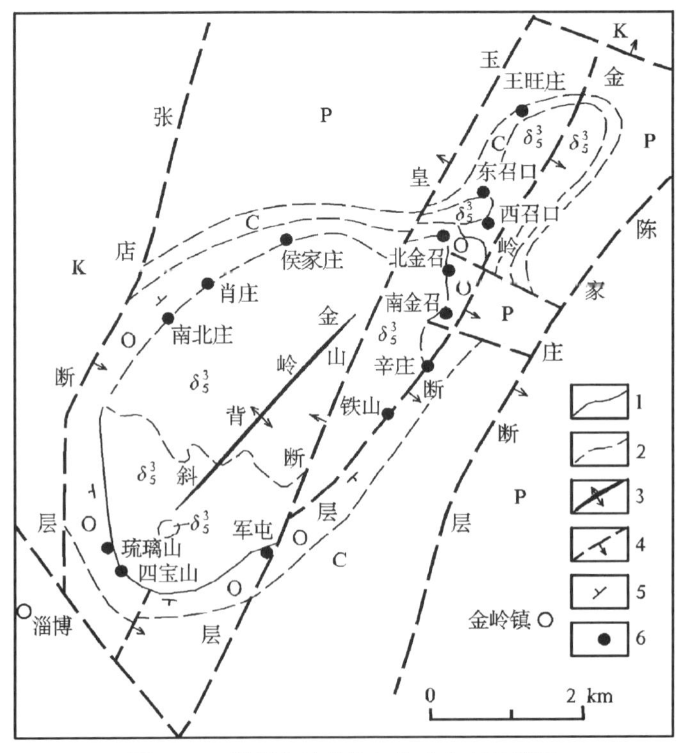

图 18-2 淄博金岭岩体与铁矿分布示意图

(据《中国铁矿志》,1993)

K—白垩纪火山岩;P—二叠系;C—石炭系;O—奥陶纪马家沟群;δ_5^3—燕山晚期闪长岩

1—实测地质界线;2—推测地质界线;3—背斜轴;4—推测断层;5—地层产状;6—矿床位置

2. 岩浆热液活动对成矿的控制作用

该类型铁矿床大体沿淄河断裂带展布，区内岩浆岩不甚发育。淄河断裂带中段的太河岩体岩性以闪长岩为主，岩性组合为正长闪长岩、黑云闪长岩、辉石闪长岩和辉长闪长岩，呈岩床状侵入于晚寒武世—早奥陶世碳酸盐岩地层中。淄博—莱芜一带碳酸岩脉及铁白云石脉、铁方解石脉分布广泛，与铁矿体相伴发育。菱铁矿、褐铁矿矿石中所含少量的橄榄石、透辉石、黑云母、磷灰石等矿物，可能来源于富铁碳酸岩。稳定同位素测定结果也显示菱铁矿具有岩浆期后热液的特征。该区菱铁矿与碳酸岩、蛭石化云母岩、煌斑岩、正长(斑)岩等脉岩密切共生，该脉岩为幔源中-基性岩浆晚期阶段分异作用的产物，形成于由挤压为主向伸张为主转换的构造环境。区内广泛分布的偏碱性脉岩群，与朱崖式铁矿的形成在空间上和时间上均有密切的相关性。来自深部的岩浆热液活动是朱崖式铁矿形成的重要条件和有利因素。

3. 沉积岩层位和岩性对成矿的控制作用

有利的地层层位和沉积岩性是控制菱铁矿成矿的重要因素。铁矿床赋存于炒米店组链条状隐晶灰岩、粒屑灰岩、条带状灰岩、花斑灰岩和三山子组下部的微细晶白云岩中，其中花斑灰岩为主要的控矿层位，次为粒屑灰岩及微细晶白云岩。花斑灰岩其显著特点为结构不均匀，粒屑结构、花斑状构造，性脆、CaO 含量高，泥质物及 SiO_2 低，有利于成矿。白云岩化强者不利于成矿。粒屑灰岩为粒屑—变粒屑结构，一般以砂屑为主，有时鲕粒占优势，白云石往往为鲕核，SiO_2 低，白云岩化微弱者利于成矿。在砾屑灰岩中菱铁矿交代竹叶状灰岩，将竹叶状灰岩的叶、砾及基石全部交代，有的只交代基石；在花斑灰岩中菱铁矿选择交代其钙质部分却保留岩石中的白云石斑块。由上可见，性脆、CaO 含量高、泥质物及 SiO_2 低、白云岩化弱，且具有粒屑或砾屑等不均匀结构构造的碳酸盐岩，更有利于矿液的渗滤和菱铁矿的交代成矿，易形成品位高、规模大的矿体或矿床。

（三）铜井式(金-铜-铁)、邹平式(铜-钼)、龙宝山式(金)、青上式(铜)、沙沟式(磷)矿床主要控矿因素

1. 燕山晚期杂岩体对成矿的控制作用

燕山期以来，鲁西地区发生了较广泛的岩浆侵入活动。与成矿作用相关的侵入岩主要为燕山晚期沂南序列、苍山序列和沙沟序列。该时段构造岩浆活动在空间上和时间上与金、铜、铁、钼等金属矿化和磷矿化密切相关，对各类矿床的形成和定位具有不可替代的控制作用。

铜井杂岩体控制着铜井金-铜-铁矿床的生成和展布，矿床主要赋存在侵入体与寒武纪碳酸盐岩的接触带中；龙宝山杂岩体控制着龙宝山金矿床等多种金矿化类型，各类金矿化大都分布在侵入体的边部、外侧和岩体内部构造带中；邹平铜-钼矿床赋存在沿火山通道侵位的王家庄岩体中，该岩体既是成矿母岩，也是赋矿围岩；青上式铜矿床属与燕山晚期中酸性侵入岩有关的热液裂隙充填型铜矿床，岩浆期后含矿热液沿断裂裂隙作用于不同时代、不同类型的围岩，经充填交代成矿；沙沟磷矿床属晚期岩浆型磷矿床，在岩浆结晶分异作用下形成，后有热液叠加富集成矿。磷灰石矿化体赋存在沙沟岩体黑云母辉石岩中。

2. 不同构造单元及不同级别构造对成矿的控制作用

郯庐断裂左行平移，形成大量次级断裂，形成羽状、棋盘格状等断裂构造系统，构成了鲁西地区凸起与凹陷相间的盆-岭构造格局，并伴随着广泛火山喷发和岩浆活动。在此特定的构造时段和背景下，形成了该系列不同的矿床类型。该成矿系列中的铜井式金-铜-铁矿床、邹平式铜-钼矿床、龙宝山式金矿床和青上式铜矿床等的形成主要受区域性断裂及其派生的次级构造控制，矿体形态及规模主要受控于断裂破碎带、接触构造带、层间破碎带和火山构造。

铜井金-铜-铁矿床位于在沂沭断裂带西侧鲁中隆起的马牧池-沂源断隆上。矿床受沂沭断裂带鄌郚-葛沟断裂与NW向马家窝-铜井断裂的交会部位控制,矿体主要受燕山晚期侵入岩和古生代地层的接触带构造控制,部分矿体受断裂破碎带、层间破碎带和不整合面构造控制;龙宝山金矿床位于鲁中隆起南部尼山凸起的南缘,龙辉断裂的北东侧。矿床的生成受龙宝山杂岩体周围放射断裂状构造和与围岩的接触带构造控制,矿体主要赋存于NNE向断裂构造中;邹平县王家庄铜矿床位于齐(河)-广(饶)断裂南侧鲁西隆起区北缘的邹平火山岩盆地中。铜矿床受破火山口中心部位发育的火山通道构造控制,破火山口发育的放射状断裂与环状构造的交汇部位是有利的成矿部位。昌乐青上铜矿床发育在沂沭断裂带内及其近侧的次级断裂构造及裂隙带内,铜矿化往往发育在性脆、断层裂隙发育的围岩中。

3. **有利的地层层位对成矿的控制作用**

铜井金-铜-铁矿床主要产于寒武纪朱砂洞组、馒头组及张夏组地层与闪长玢岩的接触带上,部分产在寒武系与土门群、土门群与前寒武纪基底界面上。寒武系底部及中上部的碳酸盐岩与矿化密切相关,是主要赋矿层位和有利围岩。朱砂洞组位于基底岩系和土门群不整合面之上,受区域构造、岩浆侵位上拱和上覆地层压应力等作用影响,脆性断裂及层间裂隙、层间破碎带发育,有利于矿液的运移和沉淀富集。该层位中的白云岩、灰质白云岩等富含镁质的碳酸岩盐化学活动性强,有利于热液的渗滤和扩散,易于形成矿化蚀变。

(四)郗山式稀土矿床主要控矿因素

1. **碱性杂岩对成矿的控制作用**

郗山碱性杂岩体主要分布在微山县郗山周围,长轴呈NE-SW向。岩体主体由正长岩、石英正长岩及含霓辉石石英正长岩等组成。岩体与新太古代基底岩系接触带多发生程度不同的碱性交代作用,形成蚀变岩和交代岩,有时则伴之发生铌、钍及稀土金属矿化,形成富铀烧绿石、钍石和独居石等矿物。岩体内脉岩分布广泛,主要有闪长玢岩、石英正长斑岩、霓石石英正长斑岩、钠长斑岩、金云母岩、正长辉石岩、辉石正长岩等。与稀土矿化有一定关系的脉岩一类为石英正长斑岩脉,包括正长斑岩、霓辉正长斑岩等,此类脉岩中含有霓辉石及稀土矿物;另一类为霓石石英正长斑岩脉(或霓石正长斑岩、石英霓石正长斑岩),此类岩石中含有霓辉石及氟碳铈矿、独居石等矿物,在矿区内分布较多。岩脉走向多为NE向及NW向;脉宽一般0.5~1.5 m,最宽达10 m以上。

从区域构造上看,郗山杂岩体位于尼山凸起西南边缘,其西侧为近SN向的峄山断裂,北侧为近EW向的峄城断裂。杂岩体形态不规则,与围岩呈枝叉状接触,边部无定向组构,含较多棱角状围岩捕虏体,属以被动式就位为主的就位机制类型。郗山碱性杂岩体与郗山式稀土矿关系密切,为成矿母岩。稀土矿化赋存于杂岩体及其附近围岩中,远离杂岩体无矿化现象。在郗山矿区范围内,已知含稀土单矿脉60余条,细小矿脉在岩体裂隙内多可见到。矿脉多分布在碱性岩体顶底板附近。单脉型稀土矿体按其物质组分可分为含稀土石英重晶石碳酸岩脉,含稀土霓辉花岗斑岩脉,含稀土霓辉石脉,铈磷灰石脉。其中含稀土石英重晶石碳酸岩脉为矿区主矿体。

2. **构造对成矿的控制作用**

鲁西地区的稀土矿床均分布在鲁中隆起的次级凸起构造单元中。郗山式稀土矿床主要分布于鲁中隆起西南部的峄城凸起和尼山凸起中。矿区的分布受区域性断裂构造的控制,区域性断裂是有利的控岩和控矿构造。其次级不同方向的构造是有利的控矿和赋矿构造,控制着矿床、矿体的生成和展布。郗山稀土矿区内成矿期断裂有NW,NNW,NE,NEE,SN和EW向6组,其中前4组是矿区内主要控矿赋矿构造。矿脉的形态、产状和规模受断裂构造控制,矿体走向与控矿断裂相一致,以NW-NNW和NE-NEE向矿体为主矿体,形成工业矿脉。受近EW向和近SN向断裂构造控制的矿体则规模小、不规则、变化大。

第三节　矿床区域时空分布及成矿系列形成过程

一、矿床区域时空分布

(一)与燕山晚期中-基性岩浆活动有关的铁(-钴)矿床成矿亚系列时空分布

与该亚系列成矿有关的金岭、莱芜等地闪长岩的K-Ar同位素年龄集中于110~132 Ma;济南辉长岩的同位素年龄(锆石U-Pb法)为(130.8±1.5) Ma,说明该亚系列铁矿床的形成时限为早白垩世燕山晚期。

该亚系列铁矿床主要分布在莱芜、淄博金岭和济南地区。其大地构造位置分别处于鲁西隆起区肥城-泰莱拗陷东部的莱芜凹陷和茌平-淄博凹陷的北部边缘。规模较大的有莱芜矿区的张家洼、马庄、西尚庄、顾家台、山子后等铁矿床,淄博金岭矿区的王旺庄、北金召、铁山、侯家庄铁矿床及济南地区的张马屯铁矿床等。铁矿床在空间分布上与中生代燕山晚期中基性侵入岩关系密切。侵入体大多处在断陷盆地的边缘及构造的交会部位,多呈杂岩体产出。与成矿关系密切的有莱芜地区的矿山、崅峪、铁铜沟、金牛山杂岩体;淄博金岭地区的金岭杂岩体及分布于张马屯、流海、黄台山、郭店等地的济南杂岩体。莱芜、金岭、济南等地的杂岩体,具有多期次侵入和多期成矿的特征,与成矿关系最为密切的为中性及中偏基性的辉石闪长岩、辉长闪长岩、透辉闪长岩、黑云闪长岩、正长闪长岩等闪长岩类侵入岩。该闪长岩类侵入于奥陶纪马家沟群北庵庄组、土峪组、五阳山组、八陡组等不同层位及马家沟群与石炭纪本溪组平行不整合面(少部分侵入于本溪组灰岩中),在侵入体与围岩接触带形成接触交代(矽卡岩)型铁矿床。

铁矿床的形成和分布受区域性断裂及褶皱构造的控制,特别是背斜构造的两翼和倾伏端是矿床赋存的有利空间。如莱芜矿山岩体沿NE向矿山弧形背斜核部侵入,张家洼铁矿床受矿山弧形背斜构造的控制,矿体发育于背斜的NE倾伏端;西尚庄铁矿床分布在背斜的SW倾伏端;顾家台等铁矿床则分布在背斜的两翼及转折部位。淄博金岭矿区的主要控矿构造为金岭背斜,金岭杂岩体沿背斜核部侵入,铁矿床均分布在背斜的周缘。铁矿体在空间上严格受燕山晚期闪长岩与马家沟群碳酸盐岩接触带和矽卡岩的控制,矿体主要赋存在外蚀变带,在内蚀变带和岩体内部(捕虏体)也有矿体存在。矿体的形态、产状和规模与接触带的形态密切相关,在接触带内凹、上凸或在岩体的倾伏转折端处,易形成规模较大的矿体。

(二)与燕山晚期中酸性、偏碱性岩浆活动有关的金-铜-铁、铜-钼、金、铜、磷矿床成矿亚系列时空分布

1.铜井式金-铜-铁矿床

铜井金-铜-铁矿床矽卡岩中黑云母Rb-Sr等时线测试,获得了(133±6) Ma和(128±2) Ma的年龄数据(胡芳芳等,2010)。该年龄值与铜井闪长玢岩的形成时间(129±1) Ma基本吻合,说明矿床的形成与侵入体有密切的成因联系,岩浆热事件和成矿作用发生在中生代早白垩世早期,燕山晚期的早期阶段。

铜井式金铜铁矿床主要分布在鲁中隆起的沂南铜井—金厂、沂源金星头、临朐铁寨和莱芜铁铜沟等地,矿床主要赋存在中生代燕山晚期中酸性侵入岩与寒武纪碳酸盐岩的接触带上。代表性矿床为铜井金-铜-铁矿床,矿区大地构造位置位于沂沭断裂带西侧鲁中隆起之马牧池-沂源断隆上,沂沭断裂带NNE向鄌郚-葛沟断裂与NW向的马家窝-铜井断裂、马牧池-金厂断裂的交会部位控制着区内侵入岩和铜井、金厂2个矿区的展布。矿床赋存在沂南序列铜汉庄单元闪长玢岩与寒武纪碳酸盐岩、土门群灰

岩的接触带及土门群与新太古代基底岩系的不整合面上。矿体主要发育在闪长玢岩与碳酸盐岩接触带及两侧的矽卡岩带内,矿体产状受控于接触带的产状。

2. 邹平式铜-钼矿床

与邹平斑岩型铜-钼矿床的形成密切相关的王家庄岩体石英正长闪长岩,其K-Ar同位素地质年龄值为132.22 Ma,128 Ma。说明成矿作用发生在中生代早白垩世早期,燕山晚期的早期阶段。

邹平斑岩型铜-钼矿床分布在邹平火山岩盆地中,铜矿床赋存在邹平火山岩盆地中偏北部会仙山破火山口的中心部位,矿体产于沿火山通道侵位的王家庄岩体石英正长闪长岩岩颈的中部。王家庄岩体为一个中偏碱性浅成复式岩体,既是成矿母岩,也是赋矿围岩,目前发现的主要铜矿体均赋存于该岩体内。破火山口中心部位发育的火山通道构造为铜矿床主要的控矿构造,破火山口发育的放射状断裂与环状构造的交会部位是有利的成矿部位,隐爆角砾岩筒构造是形成高品位角砾状矿石的良好场所。

邹平王家庄铜矿床在火山岩颈中分布深度的海拔标高为-100~-700 m之间,伟晶状含金富铜矿体集中分布在-150~-180 m之间;细脉浸染状贫铜矿体多集中在-500 m以上,规模较小;王家庄、碑楼的铜矿体,尖灭于-500~-700 m之间。资料表明,王家庄岩体深部-700 m以下仍有铜矿化发育。

3. 龙宝山式金矿床

龙宝山金矿床Ⅰ号矿体矿石和Ⅲ号矿体蚀变角砾岩中绿泥石的K-Ar同位素年龄为(107.34±1.32) Ma和(111.62±1.93) Ma❶,说明成矿时代为早白垩世燕山晚期。区内与成矿有关的苍山浅成杂岩组合同位素年龄大多集中在125~112 Ma之间,少数在144~135 Ma(李洪奎等,2012),说明成岩年龄早于成矿年龄,成矿作用发生在岩浆侵入热事件之后。

与中生代燕山期潜火山热液活动有关的龙宝山式金矿床(点),集中分布在苍山县的龙宝山、晒钱埠、莲子汪、拾钱庄一带。大地构造位置位于鲁中隆起南部尼山凸起的南缘。该类矿床(点)多发育在燕山期潜火山杂岩体的边部,金矿化的形成与燕山期中酸性、偏碱性的侵入杂岩密切相关。龙宝山、晒钱埠和莲子汪3个侵入杂岩体分别控制着3个成矿区,成矿区内金及多金属矿化集中分布。代表性矿床为龙宝山金矿床,位于区域性NW向龙辉断裂的北东侧。矿床赋存在龙宝山杂岩体中,金矿化多发生在构造岩浆活动形成的放射状断裂和岩体与围岩的接触带构造中。在龙宝山杂岩体中有多种金矿化类型相伴产出,主要为石英脉型或石英脉与蚀变构造角砾岩过渡型,其次为构造破碎带型、蚀变破碎脉岩型、侵入角砾岩型和接触交代型等。各类金矿化形成于不同的地质体、不同的深度和不同的构造部位,但属同一成矿系统。

4. 青上式铜矿床

青上式铜矿床主要分布在莒县、沂南、临朐、昌乐、枣庄等地。大地构造位置位于鲁西隆起区的鲁中隆起和沂沭断裂带内。此类矿床形成于中生代燕山晚期,属与中生代燕山晚期中酸性侵入岩有关的热液裂隙充填型脉状铜矿床。代表性矿床为青上式铜矿床,发育在沂沭断裂带内及其近侧的次级断裂及裂隙带中,赋矿围岩为新太古代—中生代不同时代的地层或岩浆岩。成矿作用以热液充填作用为主,交代作用为辅,形成脉状铜矿床。

5. 沙沟式磷矿床

沙沟式磷矿床属晚期岩浆型磷矿床,后有热液叠加。钾-氩法同位素年龄测定为101~133 Ma(夏学惠、刘昌涛,1987),矿床形成于早白垩世燕山晚期。

沙沟磷矿床位于枣庄市沙沟一带,地质构造位置位于鲁西隆起西南缘,韩庄凹陷西部,峄城东西向深断裂北侧。磷灰石矿化与沙沟杂岩体偏碱性超基性岩-碱质基性岩-碱性正长岩系列关系密切。磷

❶ 宋有贵等,鲁西南苍山龙宝山—莲子汪地区金矿成矿规律研究及找矿靶区优选(研究报告),1997年。

灰石在沙沟杂岩体中分布广泛,在第一期成岩的黑云母辉石岩中含量最高,平均3 %~5 %(体积含量),局部高达10 %~40 %(体积含量),形成磷灰石黑云母岩。在杂岩体第一期岩石结晶过程中,磷灰石自始至终都有晶出,但以晚期析出为主,并富集成矿。磷灰石矿化体赋存在黑云母辉石岩中,矿体形态有层状、脉状、透镜状等。

(三) 与燕山晚期碱性岩浆及碳酸岩浆活动有关的热液型稀土矿床成矿亚系列时空分布

郗山式稀土矿床主要分布于鲁中隆起西南部的峄城凸起和尼山凸起中。其中,微山郗山稀土矿床分布在峄城凸起的西南缘,矿床赋存在燕山晚期郗山碱性杂岩体中;苍山吴家沟稀土矿点位于尼山凸起的南翼,矿床赋存在燕山晚期龙宝山偏碱性杂岩体中。胡家庄式稀土矿床分布于鲁中隆起北部的博山凸起中,莱芜胡家庄稀土矿床和淄博西石马等稀土矿点赋存在燕山晚期雪野序列鹿野单元碳酸岩岩体中。

据《山东省稀土矿资源潜力评价成果报告》(山东省地质调查院,2011),郗山稀土矿脉中白云母的同位素年龄(K-Ar法)为110 Ma;蓝廷广等(2011)对微山稀土矿的成因研究,得出郗山稀土矿成矿年龄为119.5 Ma;在苍山吴家沟发育的稀土矿化与龙宝山一带的金矿化同受龙宝山杂岩体控制,稀土矿化与金矿化的形成时间(107.34 Ma,111.62 Ma)应大致相当。淄博八陡西石马稀土矿(胡家庄式)的成矿时代为134.9 Ma(K-Ar法)。由上可见,该亚系列稀土矿形成于中生代早白垩世燕山晚期。

(四) 与燕山晚期中低温热液及风化淋滤作用有关的铁矿床成矿亚系列时空分布

该亚系列铁矿床分布在鲁西隆起区的中北部,北起辛店,经青州文登、朱崖、淄川太河,南至莱芜颜庄南,总体沿淄河断裂带呈NNE向带状分布,长约70 km。在淄河及其两岸分布此类铁矿床(点)共46个,由北而南分为辛店-太河区段、太河-寄姆山区段和颜庄南区段,代表性矿床为分布于淄河中下游(辛店-太河区段)的文登、店子、朱崖等大型铁矿床,均为隐伏矿床。

淄河断裂带由数条总体走向30°左右且大致平行的断裂束组成,断裂带内300°~315°方向的次级断裂比较发育。淄河断裂带及与其交叉切割的NW向断裂的交会部位,是含矿热液富集成矿的有利部位,朱崖、店子、文登等大型铁矿床均产于这些构造部位(图18-3)。淄河断裂带构造活动所产生的层间裂隙和空隙,为成矿热液活动提供了有利条件,铁矿体赋存在寒武纪—奥陶纪碳酸盐岩的有利层位和层间构造中。矿体形态规模严格受断裂构造和层间构造的控制。

区内岩浆岩不甚发育。淄河断裂带中段的太河岩体岩性以闪长岩为主,其岩石组合为正长闪长岩、黑云闪长岩、辉石闪长岩和辉长闪长岩,呈岩床状侵入于晚寒武世—早奥陶世碳酸盐岩地层中。淄博—莱芜一带碳酸岩脉及铁白云石脉、铁方解石脉分布广泛,与铁矿体相伴而生。该区菱铁矿与碳酸岩、蛭石化云母岩、煌斑岩、正长(斑)岩等脉岩密切共生,偏碱性脉岩群分布区为朱崖式铁矿成矿的有利地区。

区内成矿前闪长岩体地质年龄为180 Ma(K-Ar法),该岩体内有菱铁矿脉穿插;金鸡山辉石闪长岩体地质年龄为128 Ma;云煌岩为98 Ma,区域上切穿闪长岩;区域上碳酸岩的形成年龄为(134.943±1.8) Ma和(132.958±0.75) Ma(K-Ar法)。由此推断,该成矿亚系列的形成时限在128~134 Ma期间,属早白垩世燕山晚期。

二、成矿系列形成过程

中生代燕山运动晚期,鲁西地区构造环境总体处于活动大陆边缘。中国东部动力体制由挤压转为拉张,伴随着岩石圈的伸展和大规模的拆沉减薄,鲁西地区发生强烈的陆相壳幔混源火山喷发及超浅成侵入活动、中基性岩浆侵入活动和壳源花岗质岩浆侵入活动,开启了鲁西地区中生代成矿的高峰期。

在济南—莱芜—淄博等地形成了基性-中基性侵入杂岩体。在与奥陶纪马家沟群接触带的有利部位,经接触交代等成矿作用形成矽卡岩蚀变带和铁矿床。

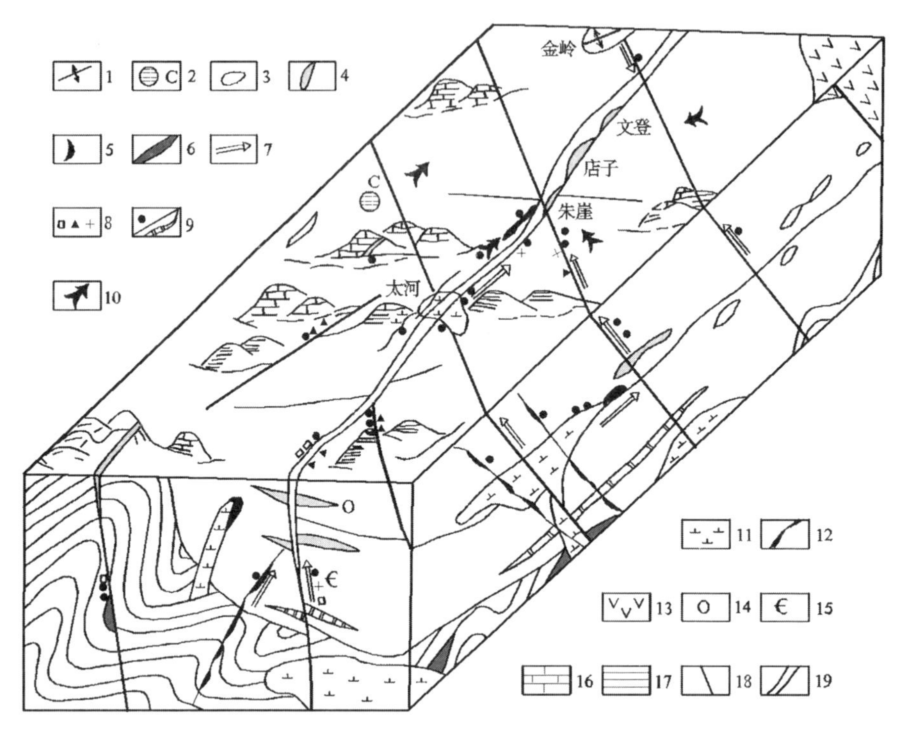

图 18-3　朱崖式铁矿成矿模式图

（据《山东铁矿地质》,1998;《山东矿床》,2006）

1—背斜;2—碳酸岩筒;3—溶洞;4—朱崖式铁矿;5—交代型铁矿;6—变质沉积型铁矿;7—热液流向;8—石英、重晶石、硫;9—铁、石膏;10—地下水流向;11—闪长岩;12—碳酸岩;13—火山岩;14—奥陶系;15—寒武系;16—石灰岩;17—页岩;18—断层;19—淄河断裂带

铜井式金-铜-铁矿床、邹平式铜-钼矿床、龙宝山式金矿床、青上式铜矿床和沙沟式磷矿床在空间上和时间上与燕山晚期沂南序列闪长岩-闪长玢岩组合、苍山序列中酸性岩石组合和沙沟序列偏碱基性岩石组合密切相关,各矿化类型的形成和成矿作用均与相应的岩浆热事件耦合。

在郯庐断裂左行平移的背景下,淄河断裂显示张性活动,引发地壳深部的中-基性、碱性超基性岩浆活动。岩浆分异作用产生的含矿热液,在有利构造部位和物化条件下,形成了以充填交代作用为主的菱铁矿原生矿体。后经氧化淋滤作用的改造,最终形成了具有新的结构构造特征的以褐铁矿为主体的朱崖式铁矿床。

郗山稀土矿床位于鲁中隆起西南缘,SN 向的峄山断裂和 EW 向的峄城断裂通过该区。中生代燕山运动晚期,碱性岩浆沿深大断裂上侵,形成了以正长岩、石英正长岩及含霓辉石石英正长岩为主的郗山岩体。碱性岩浆上侵过程中携带了丰富的稀土元素,在岩浆活动后期分异作用下,稀土元素进一步富集,形成富含稀土的含矿热液,在有利构造部位充填交代,形成含稀土石英重晶石碳酸岩脉、含稀土霓辉花岗斑岩脉、含稀土霓辉石脉、铈磷灰石脉等含稀土矿脉。

第四节　代表性矿床剖析

一、接触交代(矽卡岩)型铁矿床矿床式(莱芜式)及代表性矿床

(一) 矿床式

1. 区域分布

该类铁矿床主要分布在莱芜市、济南市历城及淄博市金岭等地。这三地该类铁矿床产出地质特征相同，鉴于莱芜地区该类铁矿规模较大，地质工作程度较高，为当前省内富铁矿床重要分布区，故将山东省内此类铁矿床称为莱芜式铁矿床。

2. 矿床产出地质背景

该类铁矿床均形成于中生代燕山晚期辉长岩—闪长岩类与奥陶纪马家沟群碳酸盐岩的接触带上。中生代燕山晚期辉长岩—闪长岩类侵入岩及奥陶纪马家沟群碳酸盐岩是该类矿床产出的基本条件。

3. 矿体特征

铁矿体在空间上的分布严格受接触带和矽卡岩带的控制。矿体赋存的主要空间是外蚀变带，在内接触带和岩体内部（捕虏体）也有部分矿体存在。矽卡岩带、接触带的产状和围岩性质不同，矿体产出的空间也有所差别。

4. 矿石特征

矿物成分：矿石矿物主要为磁铁矿（40 %～80 %）、镁磁铁矿（如莱芜张家洼铁矿），其次为赤铁矿、假象赤铁矿、褐铁矿、黄铁矿，少量为镜铁矿、自然铜、斑铜矿、菱铁矿、磁黄铁矿、白铁矿、闪锌矿等；局部见硬锰矿、镍黄铁矿、针镍矿、碲铜矿、自然金及孔雀石、蓝铜矿、赤铜矿等。脉石矿物主要为蛇纹石、绿泥石、金云母、方解石，其次为尖晶石、镁橄榄石、透辉石、白云石、磷灰石、石英、玉髓等。

化学成分：矿石品位 TFe 含量一般在 30 %～50 %，最高达 70 %，Co 含量一般为 0.007 %～0.024 %（淄博金岭、莱芜及济南地区有 23 处该类矿床中的 Co 可供综合利用）；伴生有益组分 Cu 的含量一般为 0.008 %～0.05 %（莱芜及淄博金岭地区的铁矿床中，分别有 7 处和 8 处铁矿的铜含量达到综合利用要求）。有害组分 S，P 含量不超过工业指标要求。$(CaO+MgO)/(SiO_2+Al_2O_3)$ 为 0.7～1.5，多为自熔性矿石，部分为偏碱性或偏酸性矿石。

结构构造：矿石的主要结构为半自形—他形粒状结构，其次为自形—半自形粒状结构、交代残余结构、压碎结构、似文象结构、填隙结构等。矿石构造常见有致密块状、条带状构造，其次为角砾状构造、稠密浸染状构造、稀疏浸染状构造、粉状构造，少见斑杂状构造、蜂窝状构造；其中致密块状构造是高品位矿石的常见类型。

矿石类型：可划分为 4 个自然类型，即磁铁矿矿石、赤铁矿-磁铁矿矿石、黄铜矿-磁铁矿矿石、黄铁矿-磁铁矿矿石。矿石易选，回收率高。

5. 交代蚀变作用

接触交代（矽卡岩）型铁矿床的形成经历了热变质→钠质交代→矽卡岩→中低温热液蚀变的先后 4 个阶段的交代蚀变作用。当中-基性岩浆侵入碳酸盐岩时，先期为热变质作用，继而为钠质交代作用阶段，它使矿液中含铁量增加；递进的早期矽卡岩作用阶段，对促使铁质沉淀、富集起了重要作用，特别是 Mg，Ca 质是铁矿形成的重要沉淀剂；铁矿形成后，剩余的 Ca 质和热水溶液形成晚期矽卡岩，并叠加在早期的蚀变岩石之上；晚期的中低温热液蚀变使金属硫化物富集，并进而叠加在前期的含铁等蚀变岩之中。每期蚀变作用均可形成不同的蚀变矿物共生组合，热变质作用生成以橄榄石、透辉石、尖晶石为主的矿物组合；钠质交代作用主要生成钠长石矿物。

6. 矿床成因

该类铁矿形成于燕山晚期闪长质侵入岩与奥陶纪碳酸盐岩的接触带。来自深部的偏中性岩浆侵位到奥陶纪碳酸盐岩中就位后，分异出的岩浆热液与围岩碳酸盐岩发生接触交代作用形成矽卡岩，并在矽卡岩化蚀变过程中发生铁矿化，形成接触交代型（矽卡岩）铁矿。

(二)代表性矿床——莱芜市张家洼铁矿床地质特征❶

1. 矿区位置

矿区位于莱芜市莱城区城北约 8 km 处。矿区地质构造位置居于鲁中隆起之泰莱拗陷内。

2. 矿区地质特征

区内出露奥陶纪、石炭纪—二叠纪及古近纪地层。与成矿有关的为奥陶纪马家沟群。马家沟群自下而上出露五阳山组、阁庄组及八陡组。以八陡组与成矿关系最为密切。区内马家沟群灰岩、白云质灰岩遭受热变质作用,多蚀变为大理岩和结晶灰岩。

区内侵入岩为中生代燕山晚期沂南序列矿山岩体,主要岩性为辉石闪长岩、黑云母辉石闪长岩、正长闪长岩及似斑状闪长岩。该岩体沿矿山弧形背斜轴部侵入,构成背斜核部。岩体南北长 15 km,东西宽 4 km,面积约 32 km^2,为一不规则岩盖。其顶平缓,大致与被侵入的马家沟群围岩层面平行接触。深部陡峭,斜切岩层。

张家洼铁矿床的分布受 NE 向矿山弧形背斜的控制,矿体发育于背斜的倾没端。矿体赋存部位受石炭纪本溪组与奥陶纪马家沟群间平行不整合面和闪长岩体与马家沟群接触带构造的控制(图 18-4)。

3. 矿体特征

该矿床包括张家洼(Ⅰ)、小官庄(Ⅱ)和港里(Ⅲ)3 个主要矿段,具有代表性的为小官庄矿段。矿体总体的走向为 NNE(17°),倾向 NW,倾角一般为 10°~30°,多顺层产出,与围岩产状基本一致。埋深在 400~1 000 m 之间,一般在 500~700 m(即标高-300~-500 m 之间)。矿体沿走向长 1 600 余米,与港里矿段以 F_1 断层为界,呈断层接触;沿倾向最宽 800 m,一般 300~500 m;控制最大深度为 1 000 m。

小官庄矿段中部的 F_3 断层及与其走向一致的闪长岩凸起带,将矿床分为东西两部分,中间为一狭长无矿带(图 18-5)。矿体的层次较多,共划分Ⅰ~Ⅵ号矿体和砾岩矿体,共 7 个矿体,其中Ⅱ号、Ⅳ号和Ⅴ号为主矿体,矿层厚度变化较大,最大单层厚度 39.87 m,薄者 1~2 m,主矿体单层厚度一般为 15~20 m。

矿体形态为似层状及透镜状,赋存在不同的围岩条件下:① 闪长岩体与大理岩接触带附近(Ⅲ及Ⅳ号矿体);② 闪长岩体之下或闪长岩体下部及相接的大理岩中(Ⅱ及Ⅴ号矿体);③ 石炭系与奥陶系接触面间、闪长玢岩床之上(Ⅳ和Ⅰ号矿体);④ 古近系之下的原生铁矿体近处(砾岩矿体)。

7 个矿体平均厚度在 9.52~21.94 m 之间。厚度变化系数有 3 组:① Ⅳ,Ⅴ和Ⅵ号矿体为 39.07 %~47.00 %,属厚度变化稳定矿体;② Ⅰ,Ⅱ号和砾岩矿体为 52.37 %~67.19 %,属厚度变化较稳定型矿体;③ Ⅲ号矿体 91.62 %,属厚度变化不稳定矿体。矿体倾斜比较平缓,倾角一般在 10°~20°,最大者 40°。

小官庄矿段 7 个矿体中的Ⅱ,Ⅳ和Ⅴ号为主矿体,矿体长轴延展分别为 1 600 m,800 m 和 1 060 m;倾斜延伸分别为 550 m,360 m 和 410 m;平均厚度分别为 21.94 m,15.91 m 和 16.22 m。

4. 矿石特征

矿物成分:组成矿石的金属矿物比较简单,主要为磁铁矿;次之为赤铁矿,少量水赤铁矿、自然铜、褐铁矿;微量的黄铁矿、黄铜矿、辉铜矿。脉石矿物主要为蛇纹石、方解石、白云石、绿泥石、透辉石;少量的皂石、沸石、石英、尖晶石等。

化学成分:矿石中主要有益元素为 Fe,可供综合利用的元素有 Cu,部分 Co 能够回收。矿石中有害元素有 S,P,Zn,As,Sn 等,含量均很低;其他微量元素有 Mn,Ni,V,Ti,Mo,Zr,Cr,Ga,Ba,Co,Na,K 等。

---

❶ 山东冶金地质勘探公司(山东省正元地质勘探公司)及山东省第一地质矿产勘查院,1976~2014 年间有关张家洼铁矿勘查成果。

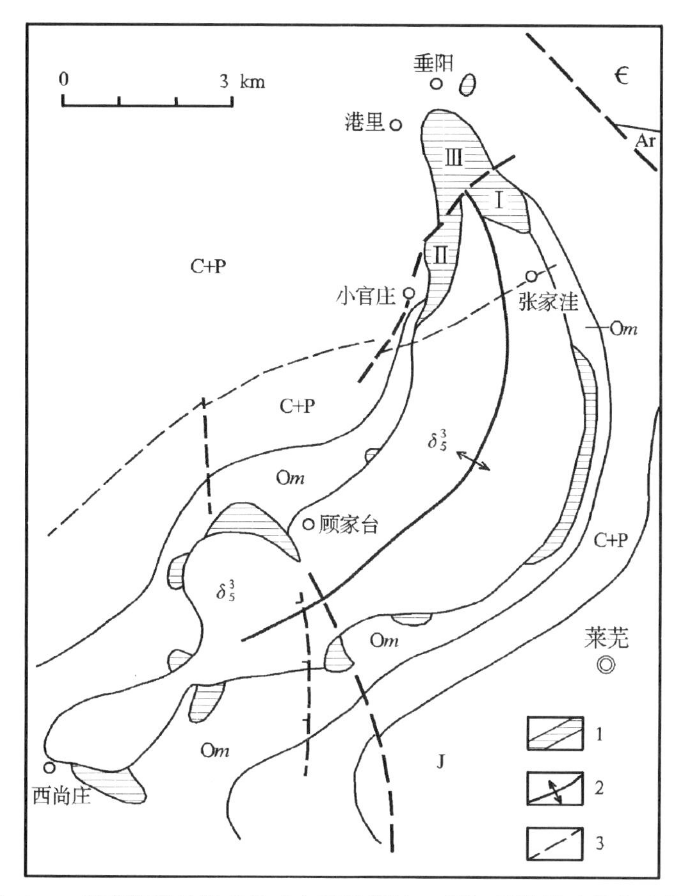

图 18-4 莱芜张家洼铁矿及矿山弧形背斜(/岩体)周缘铁矿分布示意图

(据《中国铁矿志》,1993;《山东矿床》,2006)

J—侏罗系;C+P—石炭系—二叠系;O*m*—奥陶纪马家沟群;∈—寒武系;Ar—新太古代变质岩系;δ_5^3—燕山晚期闪长岩类岩体;Ⅰ—张家洼矿段;Ⅱ—小官庄矿段;Ⅲ—港里矿段;1—矿体水平投影范围;2—矿山弧形背斜;3—断层

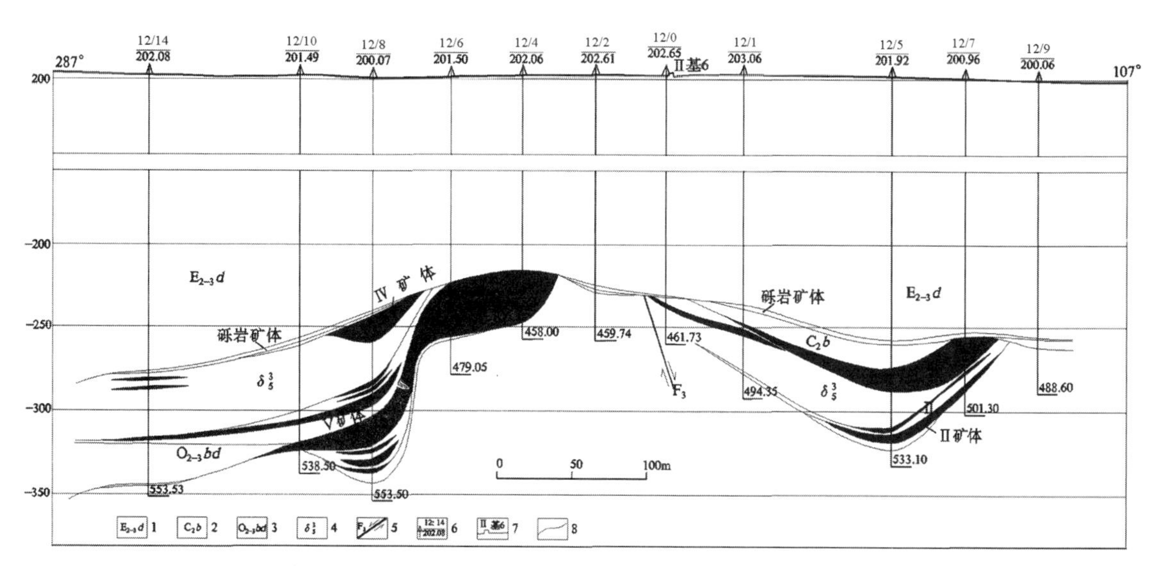

图 18-5 张家洼铁矿矿床成矿模式图(第 12 勘探线)

(据山东省冶金地质勘探公司张家洼铁矿勘查成果报告,1976~1998;山东省第一地质勘查院,2013)

1—古近纪官庄群大汶口组;2—石炭纪本溪组;3—奥陶纪八陡组;4—燕山晚期闪长岩;5—断裂及编号;6—钻孔位置;7—基线桩位置及编号;8—地质界线

小官庄矿段(Ⅱ)中 TFe 最高品位为 68.59 %,平均品位为 46.42 %,其中 mFe 占 90 %以上;7 个矿体 TFe 平均品位在 34.05 %~59.85 %之间;Ⅱ,Ⅳ和Ⅴ号 3 个主矿体平均品位分别为 44.03 %,43.91 %和42.14 %。张家洼矿段(Ⅰ)中 TFe 平均品位为 46.83 %,港里矿段(Ⅲ)平均品位为 46.33 %。

在张家洼(Ⅰ)、小官庄(Ⅱ)和港里(Ⅲ)3 个矿段,伴生有益及有害组分平均含量分别为(%):Co 为 0.014,0.015 和 0.019;Cu 为 0.038,0.071 和 0.094;P 为 0.028,0.024 和 0.031;S 为 0.052,0.015 和 0.343。Co 和 Cu 均达到综合回收利用要求。

矿石中(CaO+ MgO)/(SiO_2+Al_2O_3)比值为 0.6~1.0,平均为 0.81,属半自熔—自熔性矿石。

结构构造及类型:矿石结构主要为半自形晶粒状结构或他形粒状结构、假象结构、边缘状结构、交代残留结构、网格结构、压碎结构;矿石构造主要为致密块状、块状、浸染状、蜂窝状、角砾状、条带状及松散状,以致密块状、块状及浸染状构造最常见。矿石的自然类型按其构造大致可分为 7 种:致密块状矿石、块状矿石、浸染状矿石、蜂窝状矿石、角砾状矿石、条带状矿石和松散状矿石。以前 3 种为主,中间两种次之,后两种少见。此外,在古近系底部残坡积形成的砾岩矿,为次生矿石。

5. 围岩蚀变特征

莱芜张家洼铁矿床系中生代燕山晚期闪长质岩浆侵入奥陶纪马家沟群碳酸盐岩中发生接触交代作用而形成的矿床,围岩蚀变作用强烈,从闪长岩体到碳酸盐岩可分为 7 个蚀变带。① 蚀变闪长岩带:各种蚀变闪长岩沿裂隙发生蚀变,主要为热液蚀变。② 矽卡岩化闪长岩带:包括矽卡岩化似斑状闪长岩、矽卡岩化正长闪长岩等,多沿裂隙发育,叠加有热液蚀变。③ 石榴子石透辉石矽卡岩带:包括石榴子石透辉石矽卡岩、透辉石方柱石矽卡岩、绿帘石透辉石矽卡岩等,此带不发育,常缺失。④ 透辉石矽卡岩带:主要是透辉石矽卡岩,其次有绿泥石透辉石矽卡岩等。该带常构成矿体底板。⑤ 蛇纹石化大理岩带:主要为蛇纹石化大理岩,包括蚀变大理岩及金云母、蛭石、绿泥石等。该带常夹多层薄矿体,矿体与大理岩之间常呈过渡关系。⑥ 大理岩带:主要是奥陶纪马家沟群碳酸盐岩蚀变大理岩。⑦ 板岩角岩带:主要由石炭纪本溪组砂页岩经热变质作用而成,局部的薄层矿体系交代薄层碳酸盐岩而成。

上述蚀变带中:①,②为内带;③,④为过渡带;⑤,⑥,⑦为外带。其中④带与成矿关系密切。

6. 矿床成因

该铁矿床的矿体,主要赋存在燕山晚期闪长质侵入岩与奥陶纪碳酸盐岩接触带内及其附近,少数赋存在不整合面、层间破碎带及岩体的围岩捕掳体中。铁矿是由于燕山晚期深源中浅成中基性岩浆侵入奥陶纪马家沟群碳酸盐岩,在适宜的构造部位发生接触交代成矿作用形成的。铁质来源,一部分来自在成矿作用过程中岩体的钠化、褪色及去硅作用;但主要来源与岩浆期后热液活动有密切关系。当闪长质岩浆侵入围岩时,同化了膏(盐)岩层,致使含矿流体中 Na,Cl 及其他组分增加,并呈碱性状态。当含矿流体一旦迁移到接触带及其他有利空间,与碳酸盐岩发生交代作用,使含铁络合物沉淀,便形成富铁矿体。该铁矿的成矿过程与“邯邢式”铁矿基本是一致的,为典型的接触交代(矽卡岩)型(莱芜式)铁矿床。

7. 地质工作程度及矿床规模

截至 2013 年底,莱芜张家洼铁矿床累计查明铁矿石资源储量 2.72 亿吨(TFe 平均品位 43.64 %),为特大型富铁矿床。累计查明伴生钴金属资源储量 1.61 万吨(Co 平均品位 0.022 %),相当于中型规模矿床;伴生铜金属资源储量 18.27 万吨(Cu 平均品位 0.03 %~0.09 %),相当于中型规模矿床。

二、中低温热液交代充填及风化淋滤型(朱崖式)铁矿床矿床式及代表性矿床

在 20 世纪 50 年代末至 60 年代初,该铁矿勘查在第一次会战时的成果中被命名为“朱崖式铁矿”;20 世纪 70 年代后期,该铁矿勘查在第二次会战时的成果中将其易名为“淄河式铁矿;1998 年在《山东铁矿地质》中将其恢复为“朱崖式铁矿”。本着命名优先的原则,在本专著中仍称为“朱崖式铁矿”。

（一）矿床式

1. 区域分布

该类型铁矿分布在鲁西隆起区的中北部，北起辛店，经青州文登、朱崖、淄川太河，南至莱芜颜庄南，总体沿淄河断裂带呈 NNE 向带状分布，在长约 70 km 的范围内分布有 50 多个矿床和矿点，其中分布在淄河中下游（辛店–太河区段）的文登、店子、朱崖铁矿为大型矿床（均为隐伏矿床）。

2. 矿床产出地质背景

淄河断裂带由数条总体走向 30°左右且大致平行的断裂束组成，断裂带内 300°~315°方向的次级断裂比较发育，文登、店子、黑旺等大型矿床即分别产于 NW 向断裂与淄河断裂带的交会处。

该类铁矿床诸矿区岩浆岩不甚发育，仅有呈岩床状产出的闪长岩、闪长玢岩、辉石闪长岩及碳酸岩、煌斑岩等。分布于淄河断裂带中段的太河闪长岩体（淄河断裂东侧称金鸡山岩体，西侧称月明泉岩体）为燕山晚期侵入岩，普遍具有褐铁矿化，并见有菱铁矿脉穿插现象；该岩体南北两侧碳酸岩脉发育，在空间上与铁矿相伴出现。在该类铁矿床勘查和研究过程中，有些研究者认为燕山晚期太河岩体与朱崖式铁矿床具有成因联系。

朱崖式铁矿主要赋矿层位为晚寒武世炒米店组中下部（原凤山组）及奥陶纪马家沟群北庵庄组和五阳山组，岩石钙质含量高、硅质含量低，性脆、裂隙发育，易于交代成矿，形成品位高规模大的矿体或矿床。

3. 矿体特征

矿体形态主要为层状、似层状和脉状，另有囊状、团块状、不规则状等。由于矿体形态不同，矿体规模变化很大：层状、似层状矿体规模一般较大（如店子、文登、朱崖矿区），矿体长一般为 1 500~8 000 m，延深 800~1 500 m，厚几十米到百余米；有的矿区脉状矿体也较大（如芦芽店矿区），矿体长数十米到数百米，延深数十米到三四百米；囊状、团块状等矿体规模都小（如博山文字岭矿区），矿体长几米到十几米，厚几十厘米到一两米，延深几米到十几米。

4. 矿石特征

矿物成分：矿石矿物以褐铁矿（针铁矿）和菱铁矿为主。脉石矿物主要为方解石、铁白云石、铁方解石等。褐铁矿主要产出部位在矿体的上部，而菱铁矿则主要产于矿体的下部或被包于褐铁矿之中。

结构构造：矿石结构由于矿石类型不同有所差异，主要为交代残余结构，菱形网格状结构，镶嵌结构、粒状结构等，主要构造有致密块状构造、蜂窝状及粉末状构造等。

化学成分：矿石中 TFe 含量，褐铁矿型矿石一般在 35 %~58 %之间，多在 43 %左右，以富矿为主；菱铁矿型矿石一般在 23 %~32 %之间，多在 28 %左右，均为贫矿。矿石 Mn 含量为 0.54 %~2.90 %，有害组分 S，P 含量较低（在 0.05 %~0.1 %间）。朱崖式铁矿石以自熔性碱性矿石为主体，部分为半自熔性矿石和酸性矿石。

5. 围岩蚀变特征

矿床围岩蚀变比较普遍，蚀变作用主要有硅化、碳酸盐化、铁白云石化、菱铁矿化、重晶石化及黄铁矿化、黄铜矿化等，见于矿体顶底板和夹层附近，以及沿断裂或岩石裂隙发育处。

6. 矿床成因

目前对朱崖式铁矿的成因有以下 4 种观点：① 岩浆中低温热液交代充填矿床；② 沉积–热液改造层控矿床；③ 次生淋滤溶洞堆积矿床；④ 碳酸岩气成–热液矿床。依据铁矿床中褐铁矿与菱铁矿的相互依存关系，含矿热液的交代作用及稳定同位素测定资料，一般认为，该类矿床为中低温含矿热液经充填交代作用，在形成以菱铁矿为主的铁矿体的基础上，后经氧化淋滤作用改造，最终形成具有新的结构构造特征的,以褐铁矿为主体的工业矿床。其成因应属于中低温热液交代填充-风化淋滤型铁矿床。

(二)代表性矿床——青州市店子铁矿床地质特征[1]

1. 矿区位置

店子铁矿床位于青州市城西约 24 km,处于文登与朱崖两铁矿区之间。大地构造位置处于鲁中隆起中北部的博山凸起之上。

2. 矿区地质特征

矿区地层除第四系外,为寒武纪及奥陶纪地层,自下而上有九龙群炒米店组、三山子组及马家沟群,均为赋矿层位。矿区内断裂构造发育,NNE 向的淄河断裂带为区内主要断裂,近 EW 向和近 SN 向断裂亦较发育,店子铁矿床即处于 NNE 向淄河断裂与 NWW 向西峪断裂的交会部位。矿区内岩浆岩主要有燕山晚期辉石闪长岩—闪长岩和煌斑岩类,呈岩床状侵位于奥陶纪马家沟群土峪组中下部的厚层白云质灰岩与薄层灰岩之间,少数侵位于马家沟群东黄山组和寒武纪炒米店组中。

3. 矿体特征

铁矿体主要赋存于寒武纪九龙群炒米店组中,在奥陶纪马家沟群东黄山组和北庵庄组中亦有一些小矿体存在。矿床内共有铁矿体 11 个。矿体总体走向 NNE,倾向 NW,总长约 3 500 m(主矿体长 2 500 m),宽 750~1 500 m,10 线以南矿体宽度 300 m 左右。矿体形态严格受断裂构造和层间构造控制,主要呈似层状,局部为扁豆状,并有分支现象。F_9(淄河断裂带东侧的主断层)断层以东,矿带总厚度由数米、数十米至 240 m。矿带内各矿体厚度一般在数米至数十米之间,最大厚度 105 m。矿带内各矿体平行重叠出现,仅是规模和分布范围不同(图 18-6)。矿体垂直间隔 6~80 m。

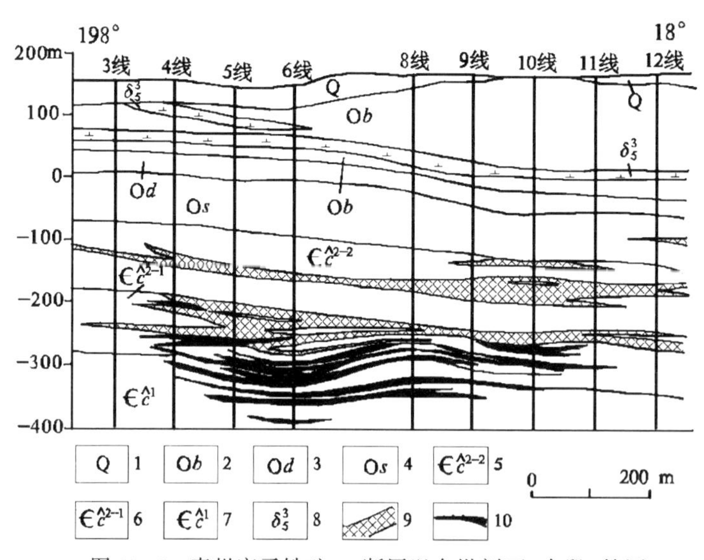

图 18-6　青州店子铁矿 F_9 断层以东纵剖面(南段)简图

(据《山东铁矿地质》,1998)

1—第四系;2—马家沟群北庵庄组;3—东黄山组;4—九龙群三山子组;5—炒米店组二段上亚段;6—炒米店组二段下亚段;7—炒米店组一段;8—燕山晚期闪长岩;9—褐铁矿矿体;10—菱铁矿矿体

F_9 断层以东,矿体主要由褐铁矿石组成,其次为菱铁矿石。菱铁矿石主要分布在 12 线以南的矿带

[1] 刘来友等,山东朱崖式铁矿店子矿床地质特征,1983 年。

下部、V号矿体的下部；Ⅷ，Ⅸ，X号矿体基本由菱铁矿石组成。F_9断层以西，矿体均由褐铁矿石组成。

矿体产状与地层产状接近，但不完全一致，矿体斜切岩层层面及层理，矿体最厚地段集中在矿区南部F_9断层东侧；远离F_9断层，矿体厚度则由大变小至尖灭（图18-7）。

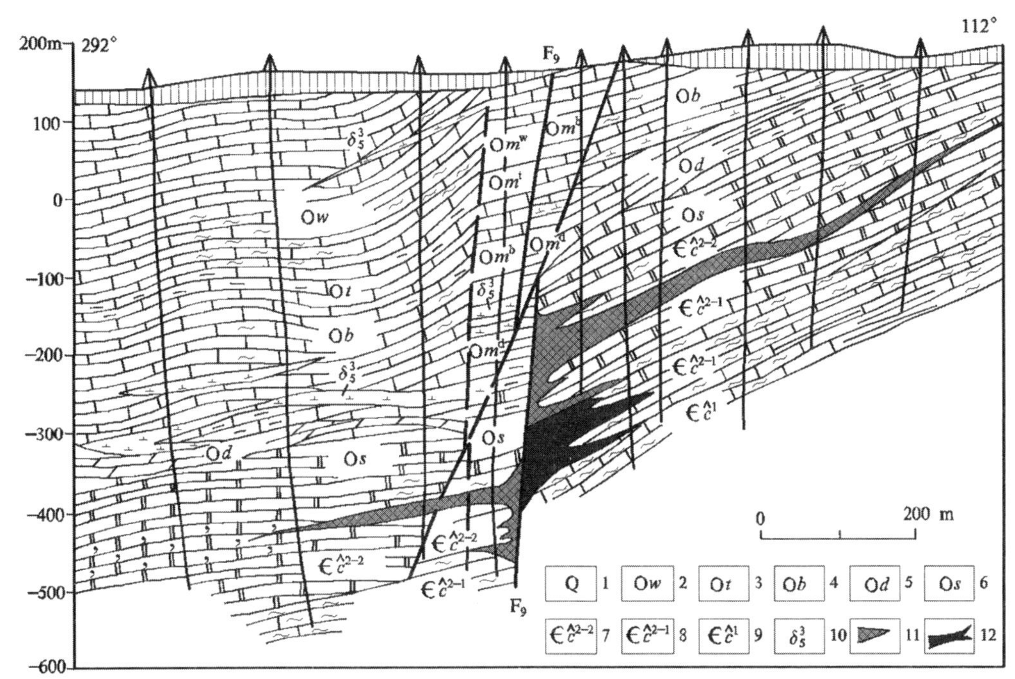

图18-7　青州店子铁矿10线地质剖面图

（据《山东铁矿地质》，1998）

1—第四系；2—马家沟群五阳山组；3—土峪组；4—北庵庄组；5—东黄山组；6—九龙群三山子组；7—炒米店组二段上亚段；8—炒米店组二段下亚段；9—炒米店组一段；10—燕山晚期闪长岩；11—褐铁矿矿体；12—菱铁矿矿体

4. 矿石特征

矿物成分：矿区内矿石分为褐铁矿矿石和菱铁矿矿石2个基本类型。① 褐铁矿矿石金属矿物主要由褐铁矿、针铁矿组成，其次为纤铁矿、赤铁矿、水赤铁矿，另有少量软锰矿-黝锰矿、硬锰矿、镜铁矿、黄铁矿、黄铜矿等；脉石矿物主要为方解石、白云石、石英，另有少量重晶石、泥质物及橄榄石、黑云母、透辉石、磷灰石、锆石等。② 菱铁矿矿石金属矿物有菱铁矿、黄铁矿、黄铜矿、镜铁矿及磁铁矿等，脉石矿物以石英、铁白云石、绿泥石、重晶石为主，其次为黑云母、透辉石、磷灰石、锆石等。

结构构造：褐铁矿矿石一般为网格状结构、胶状结构及土状结构，主要构造为致密块状、蜂窝状、粉粒状构造，其次为条带状及葡萄状构造。菱铁矿矿石一般为中—细粒变晶结构，块状构造。

化学成分：褐铁矿矿石中TFe含量多在35 %~55 %之间，平均45.52 %，最高61.70 %，占矿区铁矿资源储量总量的95.73 %，以富矿为主（占71 %）；菱铁矿中TFe含量一般为25 %~30 %，平均29.70 %，最高30.74 %，占矿区总储量的4.27 %，均为贫矿。Mn在矿石中的含量一般在0.8 %~1.5 %之间，最高3.0 %，与Fe呈正增长关系；Ti，V属微量元素；S，P，Cu含量低于0.2 %。矿石之（CaO+MgO）/（SiO_2+Al_2O_3）比值，褐铁矿富矿石为0.57，属半自溶性矿石；褐铁矿贫矿为1.74，属碱性矿石；菱铁矿为0.64，属半自熔性矿石。

5. 围岩蚀变特征

矿体围岩主要为石灰岩和白云岩两大类岩石。店子铁矿床围岩蚀变有褐铁矿化、菱铁矿化、铁白云石化、碳酸盐化、大理岩化。褐铁矿化出现在矿体围岩及隐伏矿体顶部灰岩、白云岩中，重晶石化为伴随褐铁矿化的一种蚀变。围岩蚀变总体比较微弱，连续性差，未形成完整或单独的交代岩。

6. 矿床成因

一般认为朱崖式铁矿床，为历经菱铁矿和褐铁矿2个成矿阶段的中低热液交代填充-风化淋滤型铁矿床。

7. 地质工作程度及矿床规模

1978年，山东省地质局第一地质队提交《山东淄河铁矿店子矿区初步勘探地质报告》，探明该矿床为大型铁矿床。

三、接触交代(矽卡岩)型金-铜-铁矿床矿床式(铜井式)及代表性矿床

(一)矿床式

1.区域分布

本成矿系列中的接触交代(矽卡岩)型金-铜-铁矿床主要分布在沂沭断裂带以西的沂南铜井—金厂、莱芜铁铜沟、沂源金星头等地。矿床规模一般都比较小，其中以沂南铜井—金厂地区金-铜-铁矿床规模相对较大，成矿条件和成矿作用具有代表性，故将此类矿床命名为“铜井式”。

2. 矿床产出地质背景

此类矿床主要发育在中生代燕山期中偏基性—中酸性侵入岩与古生代、古元古代碳酸盐岩的接触带中，个别矿体发育在中生代侵入岩与新太古代变质岩层接触带处。

以金-铜为主(或铜金共生矿床)的接触交代型金-铜-铁矿床，主要见于鲁西隆起区的沂南北部一带，该区成矿前断裂构造发育，在断裂构造交会部位，易形成中生代燕山晚期中—基性和中—酸性岩浆浅成上侵空间，在与早古生代地层中的碳酸盐岩接触带处发生交代作用，形成矽卡岩带并成矿。如沂南金厂金铜铁矿床就是中酸性岩浆沿马牧池-金厂断裂与NNE向断裂构造的交会部位上侵交代寒武纪碳酸盐岩，发生接触交代作用成矿的(图18-8)。

3. 矿体特征

该类矿床的矿体主要发育在浅成侵入岩与碳酸盐岩的接触带上及其两侧的矽卡岩带内，矿体形态复杂，主要为似层状和透镜状，其次为扁豆状、囊状等。单个矿体规模较小，长多在15~330 m之间，一般50~150 m；延深12~267 m，一般50~100 m；厚在0.45~35 m之间，一般为1~8 m。一个矿床或矿段由多个矿体组成，规模较大者可有数十个乃至近百个矿体。

矿体产状变化大，其基本上随接触带产状的变化而变化。如沂南铜矿冶官墓矿段矿体发育在二长花岗斑岩岩株与寒武纪张夏组灰岩的接触带内，因岩体与灰岩为不规则的环状接触，故矿体也呈不规则的环带状分布(图18-9)。

4. 矿石特征

矿物成分：此类矿床多数矿石的矿石矿物以磁铁矿、黄铜矿、斑铜矿为主，其次为黄铁矿、含金矿物、辉铜矿、赤铁矿、辉钼矿、铜蓝、孔雀石等。脉石矿物以石榴子石、透辉石、透闪石、绿帘石、方解石为主；其次有蛇纹石、绿泥石、阳起石、石英、长石、黑云母、滑石、方柱石等。

矿石中自然金呈不规则粒状、片状及树枝状，往往与石英、碳酸盐矿物一起组成细脉，穿插在黄铁矿、黄铜矿裂隙或包于黄铜矿中。金的成色较高，在806.4~945.6之间，银以类质同像形式赋存在自然金中，形成含银自然金。

化学成分：矿石主要有益组分含量变化较大，Cu品位一般为0.65 %~2 %；Au品位一般为2×10^{-6}~10×10^{-6}；TFe一般为23 %~33 %；Cu与Au含量一般呈正相关关系。

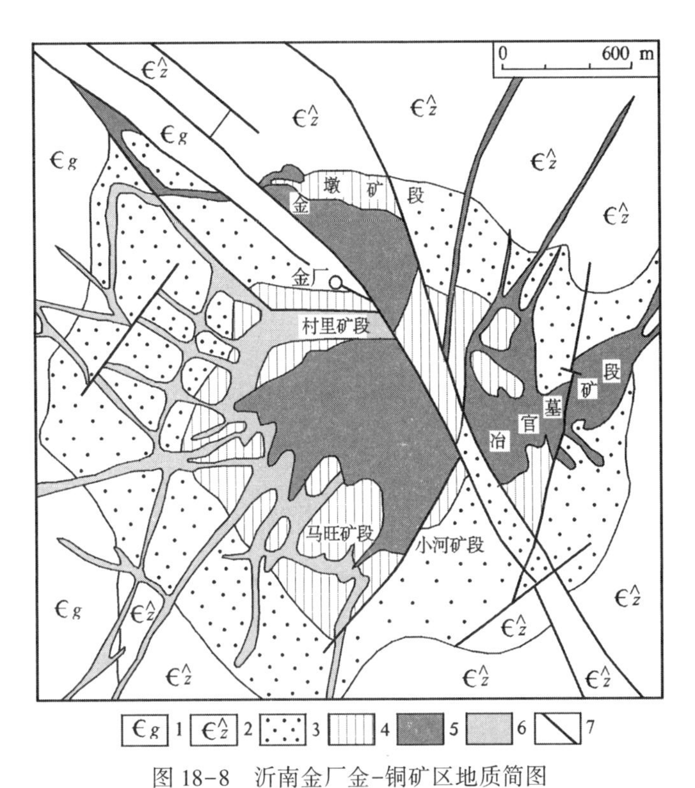

图 18-8　沂南金厂金-铜矿区地质简图

(据《山东省金矿资源总量预测报告》修编,1987;引自《山东矿床》,2006)

1—寒武纪崮山组;2—寒武纪张夏组;3—大理岩带;4—角岩带;5—中生代燕山晚期二长花岗斑岩;6—燕山晚期花岗闪长玢岩;7—断层

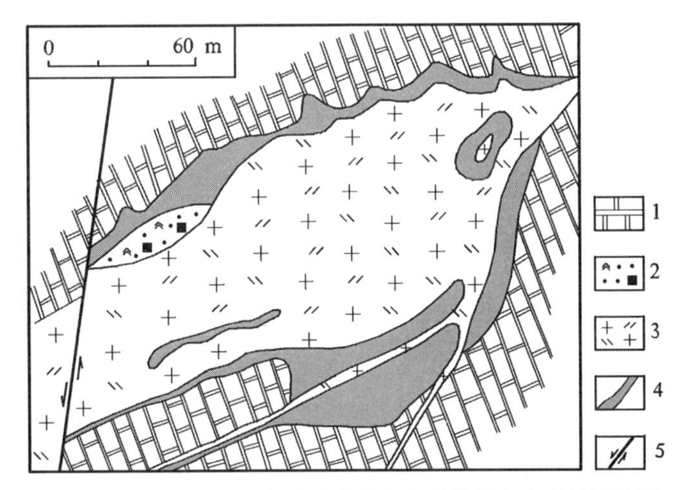

图 18-9　沂南金厂金-铜矿冶官墓矿段矿体分布水平投影简图

(据《山东省金矿资源总量预测报告》修编,1987;引自《山东矿床》,2006)

1—大理岩(张夏组灰岩接触变质产物);2—矽卡岩;3—燕山晚期二长花岗斑岩;4—金-铜-铁矿体;5—断层

结构构造及矿石类型:矿石结构主要为晶粒状结构,交代结构及交代残余结构,构造主要有浸染状、细脉状、网脉状和致密块状构造。矿石类型与矿物组合和成矿围岩相关,主要有含金铜磁铁矿矿石、含金铜矽卡岩矿石及含铜大理岩和含铜石英闪长玢岩矿石等。

5. 围岩蚀变特征

矿床围岩蚀变发育,主要蚀变有矽卡岩化、大理岩化;在内接触带或岩体内出现少量钾-钠长石化、硅化和绢云母化。矿体主要赋存在接触交代蚀变矽卡岩中,且不同类型的矽卡岩控制不同的矿种,铜金矿体主要赋存在含水钙矽卡岩中,镁矽卡岩与铁矿体关系密切,单纯的大理岩、角岩与成矿关系不大,但当其破碎或节理裂隙发育时,也可形成金铜矿化体。矿床围岩蚀变有时具有分带现象。

6. 矿床成因

矿床成因为产于在中生代燕山期中偏基性-中酸性侵入岩与古生代、古元古代碳酸盐岩及新太古代变质岩接触带上的矽卡岩型矿床。

(二) 代表性矿床——沂南县铜井金-铜-铁矿床地质特征❶

1. 矿区位置

铜井金-铜-铁矿床位于沂南县城北 8 km 处。矿区大地构造位置位于在沂沭断裂带西侧鲁中隆起之马牧池-沂源断隆上。矿区处在沂沭断裂带 NNE 向鄌郚-葛沟断裂与 NW 向马家窝-铜井断裂的交会部位。

铜井金-铜-铁矿床,是一般说的“沂南金矿”的一个组成部分,沂南金矿区东起铜井,西至金厂,东西长约 9 km,南北宽约 3 km,包括铜井和金厂 2 个矿区。铜井矿区包括山子涧、汞泉、龙旺庄、堆金山、汞泉东等矿段;金厂矿区包括金墩、村里、冶官墓、马旺、小河等矿段(图 18-10)。

2. 矿区地质特征

地层:矿区内发育有新太古代泰山岩群雁翎关组及新元古代土门群佟家庄组(主要见于钻孔中)和寒武纪李官组、朱砂洞组、馒头组、张夏组、崮山组。寒武纪灰岩是成矿的有利围岩;土门群佟家庄组灰岩及其与新太古代变质岩系的不整合面是成矿有利部位。

侵入岩:区内中生代燕山晚期中酸性岩浆活动强烈,主要侵入岩有沂南序列铜汉庄单元石英闪长玢岩(铜井杂岩体)、大朝阳单元二长闪长玢岩(朝阳岩体)等。岩体多分布于 NNE 向与 NW 向断裂的交会处,闪长玢岩与成矿关系最为密切,在与寒武纪灰岩的接触带处形成矽卡岩及金-铜-铁矿体。

构造:本区靠近沂沭断裂带,构造以断裂为主,主要有 NNE 向的鄌郚-葛沟断裂和 NW 向的马家窝-铜井断裂、马牧池-金厂断裂,及 NEE 和近 EW 向断裂。NNE 向与 NW 向断裂的交会部位控制着区内侵入岩和矿床的展布,铜井铜金矿床赋存在 NNE 向的鄌郚-葛沟断裂与 NW 向的马家窝-铜井断裂的交会处。褶皱构造主要为铜井、金厂 2 个穹状背斜(图 18-11)。

3. 矿体特征

在铜井岩体的南、西、北及东北部的闪长玢岩与寒武纪灰岩等围岩的接触带处,依次分布着龙头旺、汞泉、山子涧和堆金山 4 个矿段(山子涧矿段包含 4 个亚矿段),其中前三者是以金-铜-铁为主的矿段(表 18-1)。矿体呈透镜状、囊状、似层状及脉状,其产状受接触带控制,变化较大(图 18-12)。

4. 矿石特征

矿物成分:主要矿石矿物为自然金、黄铜矿、磁铁矿、黄铁矿;少量斑铜矿、黝铜矿、赤铁矿、镜铁矿、针铁矿等。脉石矿物主要有石榴子石、透辉石、绿帘石;其次有石英、绿泥石、阳起石、方解石、透闪石、蛇纹石、符山石、橄榄石等。

---

❶ 据 1975~2010 年间,山东省地矿局第八地质队、山东省冶金地勘公司第四勘探队等地质勘查成果,以及万天丰、顾雪祥、董树义等研究成果。

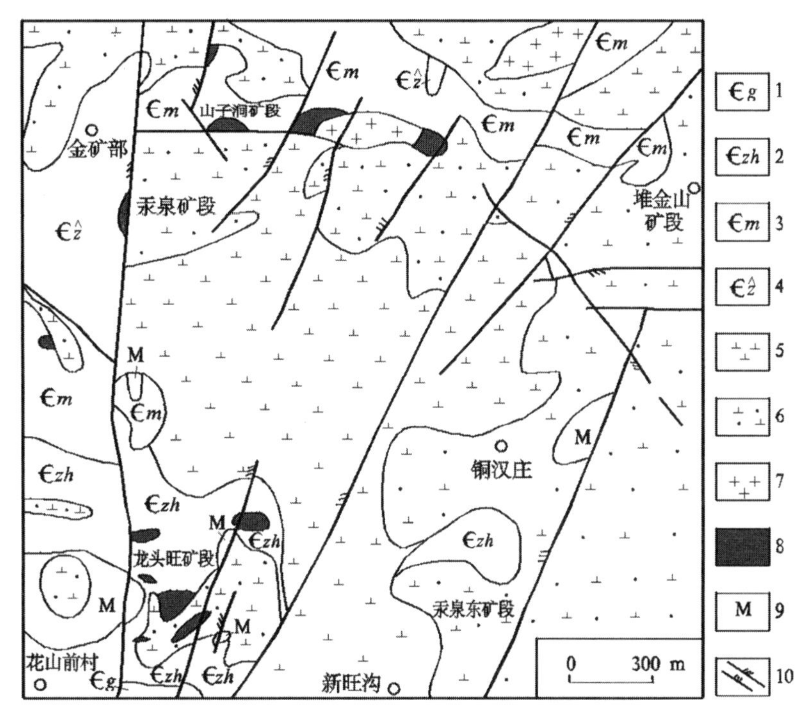

图 18-10　沂南铜井金-铜-铁矿区基岩地质略图

（据《山东矿床》,2006）

1—寒武纪崮山组；2—寒武纪张夏组；3—寒武纪馒头组；4—寒武纪朱砂洞组；5—中生代燕山晚期闪长岩；6—燕山晚期闪长玢岩；7—燕山晚期花岗岩；8—矽卡岩；9—大理岩；10—压扭性及压性断层

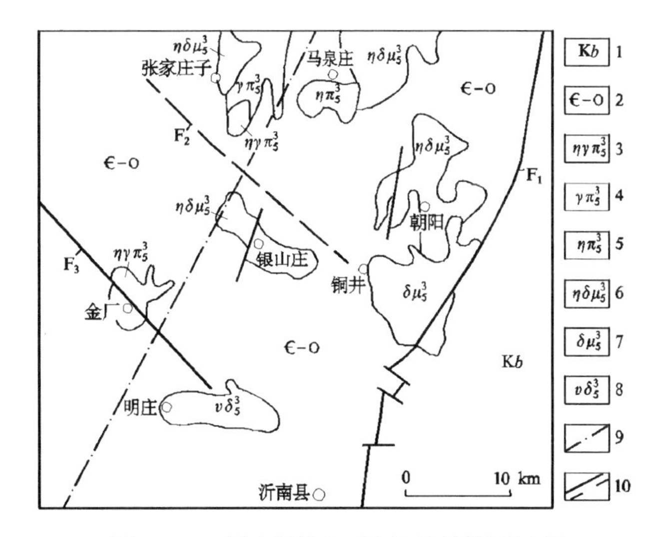

图 18-11　沂南铜井金-铜矿区区域地质略图

（据《山东矿床》,2006）

1—白垩纪青山群八亩地组；2—寒武系—奥陶系；3—中生代燕山晚期二长花岗斑岩；4—燕山晚期花岗斑岩及石英斑岩；5—燕山晚期二长斑岩；6—燕山晚期二长闪长玢岩；7—燕山晚期辉长岩-闪长玢岩；8—燕山晚期辉长岩-闪长岩；9—中基性与中酸性侵入岩大致分布界线；10—断裂；F_1—鄌郚-葛沟断裂；F_2—马家窝-铜井断裂；F_3—马牧池-金厂断裂

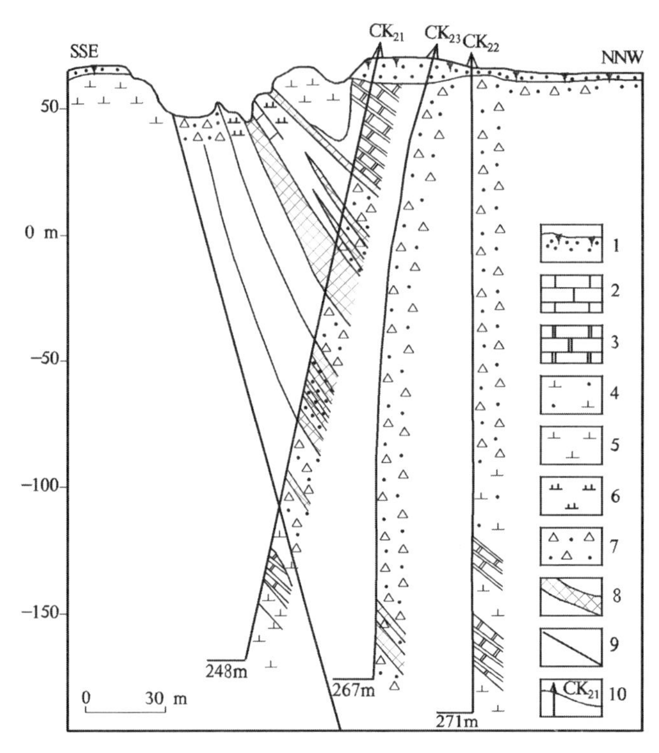

图 18-12 沂南铜井金-铜-铁矿区 01 线地质剖面图

(据《山东矿床》,2006)

1—第四系;2—寒武系;3—朱砂洞组大理岩;4—燕山晚期闪长玢岩;5—燕山晚期闪长岩;6—矽卡岩;7—断裂破碎带;8—金铜矿体;9—断层;10—钻孔位置及编号

表 18-1 沂南铜井金-铜-铁矿区主要矿段矿体特征

矿段			汞泉矿段	山子涧矿段	龙头旺矿段
矿体产出地质背景			产于铜井岩体西部的石英闪长玢岩与朱砂洞组灰岩接触带处的矽卡岩中,埋深 11~212 m	主要产于铜井岩体西北边缘的石英闪长玢岩与朱砂洞组灰岩接触带处的矽卡岩中或围岩捕掳体周围,个别产于盖层与基底岩系的不整合接触带上;埋深 0~300 m	产于铜井岩体西南及南部边缘的石英闪长玢岩与朱砂洞组、馒头组、张夏组灰岩接触带处的矽卡岩中或断裂破碎带内;埋深 0~500 m
矿体形态			似层状或扁豆状;多呈斜列、尖灭再现的形式出现	似层状或扁豆状,在控矿断裂两侧呈囊状	似层状或扁豆状;沿层面或层间破碎带产出
矿体倾角			5°~15°	10°~60°	30°~60°
矿体规模(m)	长	两极	18~200	15~158	
		一般	50~100	50	
	延伸	两极	29~202	12~150	25~50
		一般	50	50	50~150
	厚度	两极	0.83~5.39	0.46~18.45	2~20
		一般	1~2	1~3	3~5

据山东省地质矿产局第八地质队,山东省沂南县铜井地区铜金矿成矿地质条件及找矿方向,1981 年。

矿石中的金以自然金为主(占 90 %左右),其次为银金矿和金银矿。金矿物主要赋存在各种铜的硫化物中,赋存状态以粒间金为主,其次为包体金,裂隙充填金少见。金矿物粒径一般在 0.037~0.01 mm 之间(占 91.85 %)。

化学成分:Au 品位最高为 10×10^{-6}(山子涧矿段),最低为 0.40×10^{-6}(汞泉矿段),一般为 1×10^{-6}~3.26×10^{-6}。矿石中 Cu 品位最高为 3.72 %,最低 0.3 %,一般为 0.3~1.0 %;TFe 在 20 %~30 %之间;S

含量在 3 %~13 %之间。

结构构造及矿石类型：矿石结构主要为自形—半自形粒状结构、交代残余结构和填隙结构等。矿石构造主要为块状构造、条带状构造、细脉状构造和浸染状构造。矿石类型主要有含金铜磁铁矿矿石（占 70 %）、含金铜矽卡岩矿石（占 20 %）；含铜大理岩和含铜石英闪长玢岩矿石（占 10 %）。此外，矿床中还有少量磁铁矿矿石、细脉浸染型金（铜、钼）矿石和细脉型金矿石。

5. 围岩蚀变特征

矿体的围岩蚀变，自岩体边缘向接触带及其外侧表现出明显的分带性。由岩体向外可明显划分出内矽卡岩带、外矽卡岩带、大理岩及角岩化带。① 内矽卡岩带：见于山子涧、汞泉等矿段。由矽卡岩化闪长岩或闪长玢岩组成。带内一般不形成工业矿体。② 外矽卡岩带：矿区内各个矿段均有分布。该带中富含金铜工业矿体，是区内主要赋矿部位。③ 大理岩带：见于各个矿段。内含少量铜钼矿体。④ 角岩化带：分布于铜井岩体周围，该带内局部发育有铜矿体。

6. 矿床成因

此类矿床为产于中生代燕山期中偏基性-中酸性侵入岩与古生代、古元古代碳酸盐岩及新太古代变质岩接触带上的矽卡岩型矿床（铜井式）。氢、氧同位素研究表明，早期干矽卡岩和湿矽卡岩-磁铁矿阶段的成矿流体主要来自岩浆水；中期石英-硫化物阶段和晚期碳酸盐阶段的成矿流体则显示有大气降水混入的岩浆水特点。流体包裹体研究表明，早期矽卡岩矿物形成时为一种硅酸盐熔体与气液相流体共存的不混溶状态，这种不混溶直接导致含矿气水热液从岩浆体系中析出，并为后期热液成矿奠定了物质基础；晚期成矿热液阶段，成矿流体发生了以气、液相分离为主要标志的不混溶（沸腾）作用，且这种减压沸腾可能多次重复发生，从而导致了金-铜-铁的大量沉淀富集，形成矿床（顾雪祥等，2010）。

该矿床矿化作用，可划分为 3 个阶段。① 矽卡岩阶段：主要为石榴子石、透辉石、绿帘石等矽卡岩矿物及磁铁矿形成阶段，亦有部分黄铁矿生成。② 石英-硫化物阶段：是铜、金、硫铁矿主要成矿期。其早期除继续形成黄铁矿外，还伴有少量磁铁矿及黄铜矿形成；中期为最主要成矿期，生成大量黄铜矿及少量斑铜矿，黄铜矿中含金；晚期主要形成大量晶形完好、且粒度较大的黄铁矿及自然金，该期所形成的脉石矿物为石英、方解石。③ 碳酸盐-硫酸盐阶段：主要形成方解石、绿泥石、硬石膏等脉石矿物；镜铁矿亦主要形成于该期，但构不成工业矿体。

7. 地质工作程度及矿床规模

沂南县铜井金-铜-铁矿床为一小型矿床。自 1958 年至 2014 年间，共探明金金属量 8.67 吨，铜金属量 2.23 万吨，铁矿石 83.97 万吨❶。

四、斑岩（细脉浸染）型（邹平式）铜-钼矿床

该类矿床在本系列中，目前仅见邹平县王家庄一处，故以其为例表述铜-钼矿床地质特征（称其为“邹平式”）。

代表性矿床——邹平县王家庄铜-钼矿床地质特征❷

1. 矿区位置

邹平县王家庄铜矿床位于邹平县城西约 3 km 处，地质构造位置上处在鲁西隆起区北缘的邹平陆缘凹陷（火山岩盆地）中。该铜-钼矿为发育在 40~120 m 第四系之下的隐伏矿床。

❶ 中国冶金地质总局山东正元地质勘查院，山东省沂南金矿铜井矿区铜金矿共伴生铁矿地质志，2014 年 12 月。

❷ 山东地矿局第一地质队，沈滋椿等，山东邹平县王家庄铜矿详查普查地质报告及山东省邹平县王家庄铜矿 X，Ⅶ号矿体勘探地质报告，1987 年；山东省物化探勘查院，山东省邹平县碑楼矿区铜矿普查报告，2005 年。

2. 矿区地质特征

地层:矿区大部分为第四系覆盖,西南侧出露有白垩纪青山群方戈庄组粗安岩、粗安质角砾熔岩偶夹凝灰岩出露。方戈庄组火山岩中铜丰度较高,平均达 220×10^{-6}。

构造:矿床位于邹平火山岩盆地中偏北部,处在会仙山破火山口的中心部位,发育有火山通道构造和放射状断裂构造。① 火山通道构造是矿区主要控岩、控矿构造。它是会仙山破火山口演化晚期,火山通道被岩浆多次侵入、冷凝、堵塞而成的岩栓。② 放射状断裂构造发育于王家庄岩体外围地层中,主要有唐李庵、铜崮子、孙家峪、牛山及印台山等断裂。破火山口的放射状构造具有不同程度的矿化。

含矿岩体:目前发现的主要铜矿体处于破火山口中心的火山通道中,赋存于王家庄岩体内。王家庄岩体为一隐伏于第四系之下,呈岩柱状产出的中酸偏碱性中浅成复式岩体,其侵入于白垩纪青山群方戈庄组。该复式岩体由 3 次侵入活动所形成的岩石组成。西侧为第一次侵入形成的闪长岩(δ_5^{3-1}),东侧为第二次侵入形成的二长岩(η_5^{3-2}),中间为第三次侵入形成的石英闪长岩(外部相,δo_5^{3-3})-石英正长闪长岩(内部相,$\zeta o\delta_5^{3-3}$)。它们之间呈明显的侵入关系(图 18-13)。该岩体中 Cu,Mo 的含量,按闪长岩—二长石英闪长岩—石英正长闪长岩的顺序递增,石英正长闪长岩与成矿关系极为密切。据汤立成研究(1992)❶及邹平铜矿勘查资料(2004)❷,王家庄岩体南部的碑楼岩体是一个岩性及矿化特征与王家庄岩体相似的岩体,并在数个钻孔中见到铜矿体,是一个很有前景的地段。

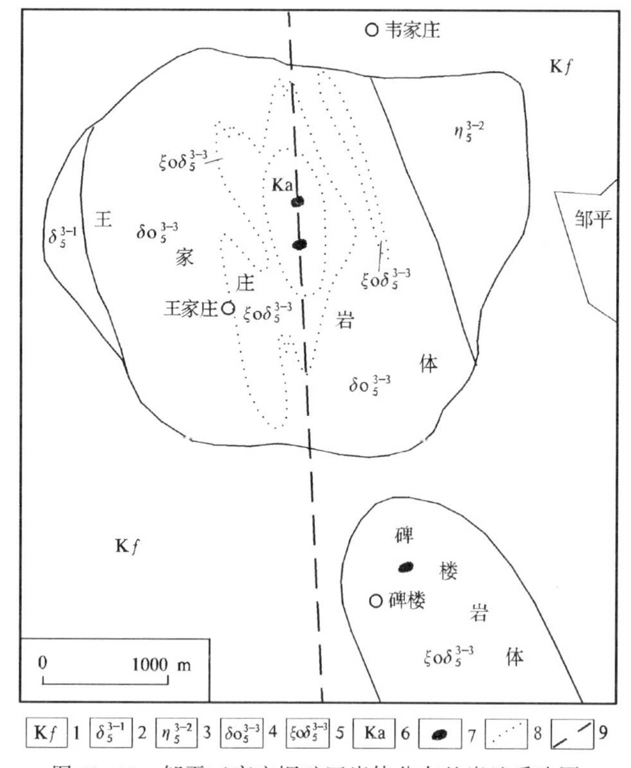

图 18-13 邹平王家庄铜矿区岩体分布基岩地质略图

(据山东省地矿局第一地质队 1987 年资料及邹平铜矿 2004 年资料编绘;《山东矿床》,2006)

1—白垩纪青山群方戈庄组;2—中生代燕山晚期闪长岩;3—燕山晚期二长岩;4—燕山晚期石英闪长岩;5—燕山晚期石英正长闪长岩;6—钾化硅化石英正长闪长岩;7—铜矿位置;8—岩体相带界线;9—推测断裂破碎带

❶ 汤立成,山东邹平火山岩盆地及邹平铜矿王家庄矿床地质特征初步研究,1992 年。

❷ 邹平铜矿,李信,2004 年。

3. 矿体特征

邹平王家庄铜矿区共圈定矿体30个，按其产出空间矿体赋存于石英闪长岩—正长闪长岩潜火山杂岩体内，可分为下部矿体和上部矿体。① 下部矿体分布在岩体中部的钾硅化-强钾硅化蚀变带内，呈透镜状、楔状、脉状，矿体倾向NW，倾角55°~65°，长一般50~115 m(较长者在280 m左右)；延深大于长度；厚一般1.20~2.70 m，沿走向和倾向多出现膨胀收缩及分支复合现象；② 上部矿体分布在北部矿化中心隐爆角砾岩的上部。其中的17号矿体为矿区内最大的矿体，长370 m，延伸>400 m，厚11.43~33.54 m，其在剖面上呈近水平的巢状，在水平断面上呈椭圆状，覆于下部陡倾斜矿体之上，倾向NW，倾角13°。矿床中钼与铜矿体重合；由矿体中心向外侧，钼矿化减弱，依次递变为铜-钼矿体→含钼铜矿体→铜矿体(袁叔容等，1987；汤立成，1990)。

邹平王家庄铜矿为斑岩(细脉浸染)型铜矿，又可分为伟晶状含金富铜矿体和细脉浸染状贫铜矿体。前者以17号铜矿体最具代表性，发育在石英正长闪长岩颈中央靠顶部的强钾化硅化蚀变带中，矿体形态比较复杂，品位悬殊较大；后者发育在石英正长闪长岩体的中部强钾化蚀变带中，矿体多集中在-500 m以上，规模均较小(一般长100~350 m，宽50~200 m，厚2~35 m)，多呈透镜状、长透镜状，倾向SW，倾角50°~65°(图18-14)。

4. 矿石特征

矿物成分：矿石中金属矿物主要有黄铜矿、砷黝铜矿、硫砷铜矿、块硫砷铜矿、斑铜矿、辉钼矿、黄铁矿等。脉石矿物主要有石英、长石、绿泥石、方解石等。伟晶状含金属富铜矿石的矿物成分比较复杂，而细脉浸染状铜矿石的矿物成分较为简单。

化学成分：矿石中Cu平均品位为3.99 %，属富铜矿石；Mo分布不均匀，在伟晶状含金富铜矿石中含量一般在0.1 %左右；Au一般在1×10^{-6}左右；S平均含量为7.22 %；不同矿石类型中矿石Cu含量差别很大：伟晶状含金富铜矿石Cu含量在主矿体为6.19 %~9.05 %(据5个钻孔资料统计，厚度11.43~33.54 m)，而细脉浸染状铜矿石Cu品位一般为0.51 %~0.6 %。

结构构造及矿石类型：矿石结构主要有他形—半自行粒状结构、填隙结构、交代残余结构、及格状结构、似文象结构等。矿石构造主要有伟晶状构造、晶洞状构造、角砾-砂状构造、团块斑状构造、细脉侵染状构造、网格状构造、肾状构造、葡萄状构造、蜂窝状构造等。矿石类型主要有伟晶状含金富铜矿矿石和细脉浸染状铜矿矿石2种。矿石类型不同，其矿物成分、结构构造及化学成分也不尽一致。

5. 围岩蚀变特征

矿体围岩(石英正长闪长岩)蚀变发育。主要蚀变类型有钾化、钾硅化、硅化、绢云母化、绿泥石化和高岭土化，其中以钾化、钾硅化和硅化为主，其他蚀变不发育。钾化形成于岩浆晚期阶段，钾硅化形成于伟晶岩阶段，硅化形成于中温热液阶段，绢英岩化形成于中低温热液阶段，绿泥石化形成于中低温热液晚期阶段，高岭土化形成于表生阶段。围岩蚀变作用具有中心式分带及多期叠加的特点，其中强钾硅化蚀变与成矿作用关系最为密切。

6. 矿床成因

对于邹平王家庄铜矿的成因，一般认为其属中温热液矿床，工业类型是斑岩型铜矿。为受控于中生代燕山晚期石英正长闪长质岩浆活动及火山机构、具有同期成岩、多阶段成矿特点的高温热液-中温热液充填交代型矿床，据矿体中不同金属硫化矿物硫同位素测定结果，表明硫源可能来自上地幔或地壳深部，反映为强烈的高硫低氧环境。通过对近年来矿山开采资料(特别是17号铜矿体开采资料)的研究认为，该矿床的成矿过程比较复杂。17号铜矿体大部分是由品位高的伟晶状铜矿石构成的，其形成于较宽阔的裂隙构造和封闭环境中，成矿时间较早、成矿温度较高，这与矿区内发育的细脉浸染状铜矿体的成矿环境有较大区别。目前所知，这2种在不同温压环境下形成一体的铜矿体(在很窄小的一个矿段内)是比较少见的。

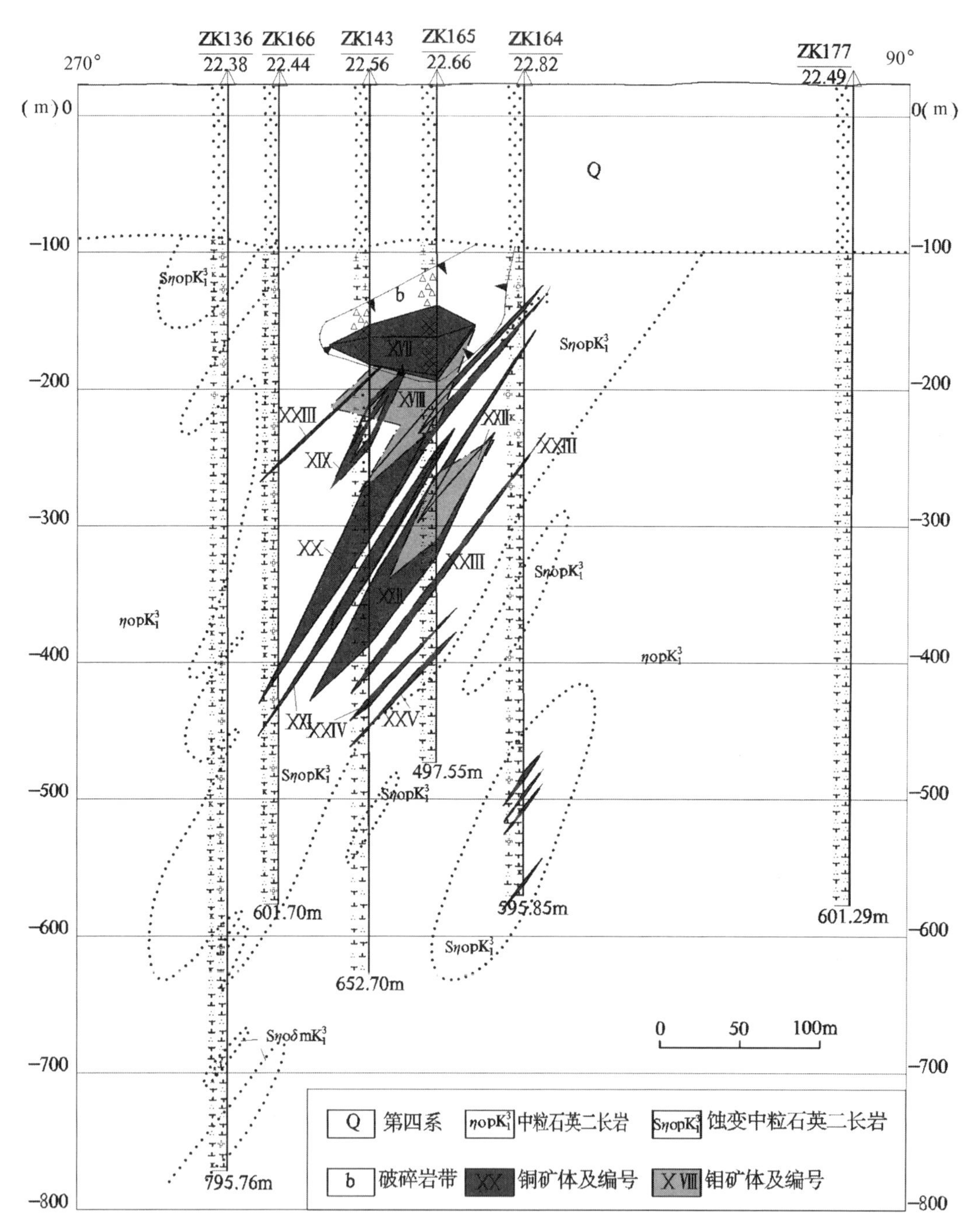

图 18-14 邹平王家庄铜-钼矿区第 15 勘探线剖面简图

(据山东省地矿局第一地质队编绘,1984)

7. 地质工作程度及矿床规模

到 2002 年底,矿区王家庄矿段查明 Cu-Mo 金属资源量为小型规模矿床。2005 年后,在王家庄岩体之南又发现了与王家庄岩体岩石特征相同的碑楼岩体,并发现了与王家庄矿段相同的隐伏铜-钼工业矿体,依此推测王家庄铜-钼矿床规模可以达到中型。

五、热液裂隙充填型铜矿床矿床式(青上式)及代表性矿床

(一) 矿床式

1. 区域分布

热液裂隙充填型铜矿是省内分布最为广泛的一种铜矿类型。主要分布在昌乐、安丘、沂南、临朐、枣庄及莒县等地。在胶东的海阳、乳山、栖霞等地也有该类矿床分布。主要产地有昌乐青上、安丘西官庄等。

2. 矿床产出地质背景

及此类矿床形成于中生代燕山晚期,属与中酸性侵入岩有关的以热液充填作用为主、交代作用为辅而形成的脉状铜矿床。该类铜矿床主要分布在大的断裂构造带内及其近侧的次级断裂、裂隙内,在沂沭断裂带及近侧有多处矿床点分布。铜矿化在发育在变质岩、火山岩、砂砾岩、花岗岩等各类岩石的构造裂隙中。昌乐青上铜矿体产于新太古代黑云母二长花岗岩(底板)及白垩纪大盛群页岩、泥岩(顶板)接触的破碎带内。

3. 矿体特征

矿体多数规模很小,一般呈脉状、细脉带状,规模较大的呈透镜状、似透镜状。矿体长一般几十米至数百米,厚度不足 1 m 至数米。

4. 矿石特征

矿物成分:矿石矿物有黄铜矿、斑铜矿、黄铁矿、辉铜矿、黝铜矿、方铅矿、铜蓝、孔雀石、褐铁矿等。脉石矿物有石英、方解石、长石、重晶石等。

化学成分:矿石中 Cu 品位一般为 0.3 %~3.0 %,高者可达 10 %,变化不均匀。矿石中伴生 Au,但含量一般较低。

结构构造:矿石结构为粒状结构、碎裂结构等;矿石构造有浸染状、细脉浸染状、角砾状、块状构造等。

矿石类型:矿石类型有含铜石英脉型、石英重晶石脉型、伟晶岩型矿石等。

5. 围岩蚀变特征

矿体围岩蚀变主要有绿泥石化、硅化、碳酸盐化、绢云母化等,矿体与围岩界线一般较清晰,少数呈过渡关系。

6. 矿床成因

该类铜矿床属与中生代岩浆热液活动有关的热液充填型脉状铜矿床。

(二)代表性矿床——昌乐县青上铜矿床地质特征[1]

1. 矿区位置

矿区位于昌乐县鄌郚镇南东 1.5 km 处,青上南东侧。地质构造位置位于沂沭断裂带内。

2. 矿区地质特征

区内出露前寒武纪基底变质岩系,出露地层为寒武纪长清群、寒武纪—奥陶纪九龙群,白垩纪青山群、莱阳群、大盛群,古近纪五图群,新近纪临朐群及第四纪临沂组。其中白垩纪大盛群与铜矿化关系密切,大盛群的页岩、泥岩为铜矿体的顶板。区内侵入岩主要出露新太古代峄山序列片麻状细粒石英闪长岩和傲徕山序列二长花岗岩。中元古代牛岚单元辉绿岩脉,零星分布于全区。傲徕山序列二长花岗岩

---

[1] 山东省冶金局第一勘探队,山东昌乐青上铜矿地质勘探总结报告,1959 年。

与铜矿化关系密切,铜矿体产于傲徕山序列黑云母二长花岗岩中。在矿床底部,见有含浸染状黄铜矿的辉长岩(或辉绿岩脉)。区内主要断裂构造为沂沭断裂带之沂水-汤头断裂,青上铜矿的形成和展布受沂沭断裂带及其近侧的次级断裂裂隙控制。

3. 矿体特征

青上铜矿床位于沂水-汤头断裂带上,矿床明显受断裂破碎带控制,矿体走向与断裂走向一致,矿体的宽度限定在破碎带内或破碎带附近的碎裂二长花岗岩中。矿体一般赋存于断裂带产状较缓的地段或裂隙发育的二长花岗岩中,矿体的顶板一般为大盛群泥岩、页岩。矿体以20°左右的倾伏角向SSW倾伏。反映矿液沿断裂带运移,在矿体SSW端首先沉淀。

矿区共有3个矿体,矿体的走向与断裂走向一致。Ⅰ号矿体呈似层状,南段倾角小,顶板与断面吻合,长300 m,垂直厚24.9 m;Ⅱ号矿体呈透镜状,位于Ⅰ号矿体之下,二者最小间距约3 m。矿体的最大平面近于水平,长约150 m,垂直厚度约18 m,埋深10~100 m;Ⅲ号矿体呈透镜状,倾向SW,倾角约20°,长400 m,宽100 m,最大厚度6 m,埋深150~300 m;青上铜矿Ⅰ,Ⅱ号矿体剖面见图18-15,青上铜矿孙家庄矿体42勘探线剖面见图18-16。

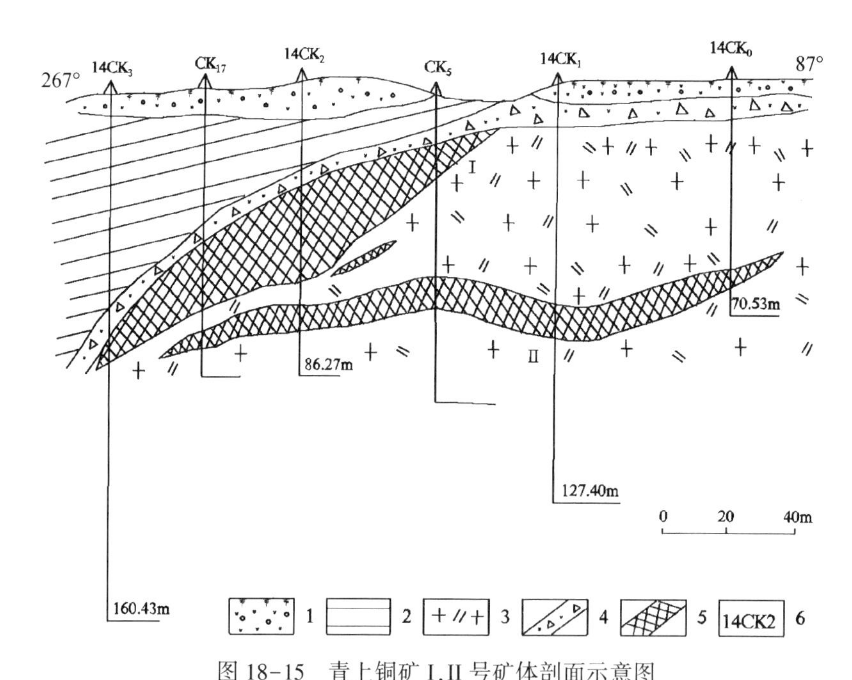

图18-15 青上铜矿Ⅰ,Ⅱ号矿体剖面示意图

(据山东省地矿局第一地质队1:5万鄌部等幅报告,1983)

1—第四系;2—大盛群砂页岩;3—二长花岗岩;4—破碎带;5—矿体;6—钻孔及编号

4. 矿石特征

矿物成分:含铜矿物有辉铜矿、斑铜矿、黄铜矿、蓝铜矿和孔雀石等,主要为辉铜矿、斑铜矿,其次为黄铜矿。斑铜矿及辉铜矿呈细脉状、薄膜状或浸染状不均匀的分布于蚀变破碎带岩石中,黄铜矿仅在矿体底部或个别地段有分布。脉石矿物有石英、方解石、长石、重晶石等。

化学成分:Cu品位一般为0.3 %~3.0 %,最高达10 %。Ag品位0.3×10^{-6}~50×10^{-6},Ag最高品位100×10^{-6}。Ⅲ号矿体的Cu品位平均为0.56 %,最高品位为1.02 %。

结构构造:矿石结构为粒状结构、碎裂结构等。矿石构造主为浸染状、镶边和胶状构造及角砾状、块状构造。

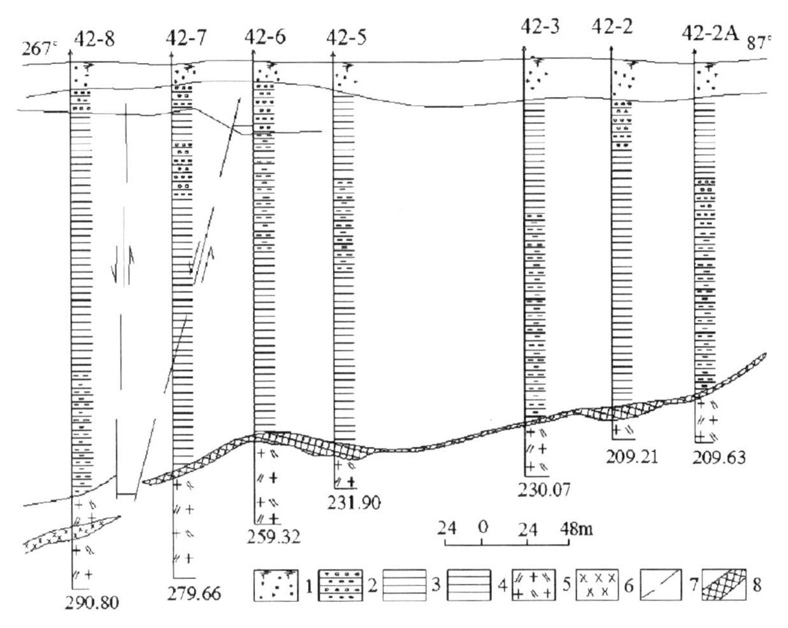

图 4-16　青上铜矿孙家庄矿体 42 勘探线剖面图

(据山东省地矿局第一地质队资料,1983)

1—第四系;2—砾岩;3—页岩;4—泥岩;5—二长花岗岩;6—辉绿岩;7—断层;8—矿体

矿石类型:矿石含铜矿物具垂直分带性,由地表至地下深部分为氧化矿石带—氧化矿石、原生矿石过渡带—原生矿石。反映深部为还原环境,浅部为氧化环境。

5. 围岩蚀变特征

矿体围岩具强烈的绿泥石化,较普遍的硅化、碳酸盐化和绢云母化,均为中低温蚀变矿物,蚀变宽度可达 200 m,深度达 150 m。矿体上盘的大盛群砂岩和页岩,蚀变轻微。

6. 矿床成因

矿床的形成明显受断裂破碎带控制,含矿热液沿断裂破碎带运移,在有利的构造部位沉淀充填成矿。

7. 地质工作程度及矿床规模

1959 年,山东省冶金局第一勘探队开展勘探工作,提交了《山东昌乐青上铜矿地质勘探总结报告》,查明为小型矿床。

六、潜火山热液石英脉型(龙宝山式)金矿床

鲁西地区与中生代燕山晚期潜火山热液活动有关的石英脉型金矿床(点),集中分布在鲁中南地区苍山县西部的龙宝山—晒钱埠及莲子汪—拾钱庄一带。已知矿床(点)有苍山龙宝山、晒钱埠、莲子汪、拾钱庄等。该类矿床规模小,除两处小型矿床外,其他均为矿(化)点。这些矿床(点)均发育在燕山期潜火山杂岩体的边部,成矿地质条件及矿床地质特征相似。为此,以地质工作程度较高、具有代表性的苍山县龙宝山金矿为例,表述此类矿床的地质特征。

代表性矿床——苍山龙宝山金矿床地质特征[1]

[1] 山东省第二地质矿产勘查院,司双印等,山东省苍山县龙宝山金矿床普查总结报告,1999 年;山东省地质科学实验研究院,于学峰等,苍山龙宝山—晒钱埠地区 1:5 万金矿成矿预测报告,2001 年;宋友贵等,鲁西南苍山县龙宝山—莲子汪地区金矿成矿规律研究及找矿靶区优选项目报告,1997 年。

1. 矿区位置

龙宝山金矿区位于苍山县西北约 15 km 处的龙宝山北麓及南麓；在大地构造位置上居于鲁西隆起区南部尼山凸起的南缘。

2. 矿区地质特征

矿区位于 NW 向的龙辉断裂的东北侧，出露地层主要为寒武纪朱砂洞组、馒头组和张夏组。中生代燕山晚期形成的龙宝山杂岩体位于矿区中部，岩性主要为角闪正长斑岩、石英正长斑岩、二长斑岩、含霓辉正长斑岩。区内断裂构造发育，NW 向龙辉断裂横穿矿区西南部，为区内主干构造；NNE 向断裂为主要赋矿构造，该组断裂近平行排列分布，断裂在平面及剖面上呈波状弯曲，走向 5°～25°，倾向 SE 或 NW，倾角 60°～90°。断裂破碎带宽 0.3～5 m，带内角砾岩发育，硅化、黄铁矿化明显（图 18－17）。

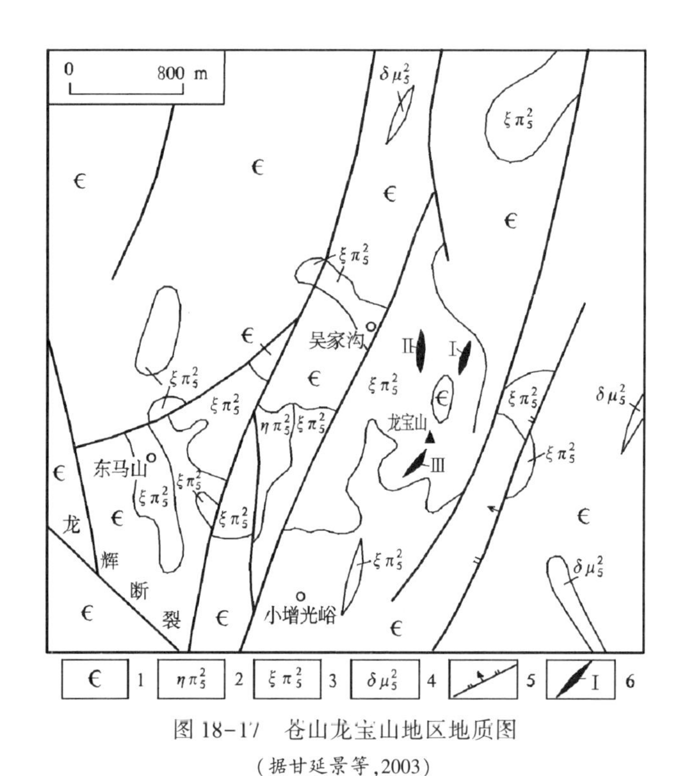

图 18－17　苍山龙宝山地区地质图

（据甘延景等，2003）

1—寒武系；2—中生代燕山期二长斑岩；3—燕山期正长斑岩；4—燕山期闪长玢岩；5—张性断层；6—金矿脉及编号

3. 矿体特征

龙宝山金矿床矿体主要产于 NNE 向、NE 向断裂带中，大多为含金石英脉，部分矿体由含金石英脉、含金蚀变（断层）角砾岩、斑岩及碳酸盐岩构成，矿体围岩为正长斑岩或寒武纪灰岩、砂岩等岩石。发育有Ⅰ，Ⅱ，Ⅱ$_3$，Ⅲ号等多个金矿体（含金石英脉），矿体一般地表狭窄，向下逐渐变宽，品位增高；矿体呈脉状、透镜状、舒缓波状，具有膨胀、收缩、分支、复合等变化特征。矿体倾斜陡，倾角多在 80°～90°，矿体长 75～130 m，宽 0.71～1.23 m，延伸 70～149.5 m（图 18－18）。

4. 矿石特征

矿物成分：金属矿物除自然金、银金矿外，主要有黄铁矿、黄铜矿、方铅矿、闪锌矿、褐铁矿；其次为辉铜矿、黝铜矿、磁黄铁矿、赤铁矿及银金矿等；少量钛铁矿、孔雀石、蓝铜矿。脉石矿物主要有钾长石、斜长石、石英、方解石、高岭石、白云石等；次为绢云母、萤石、角闪石、绿泥石、玉髓等；少量绿帘石、水云母等。

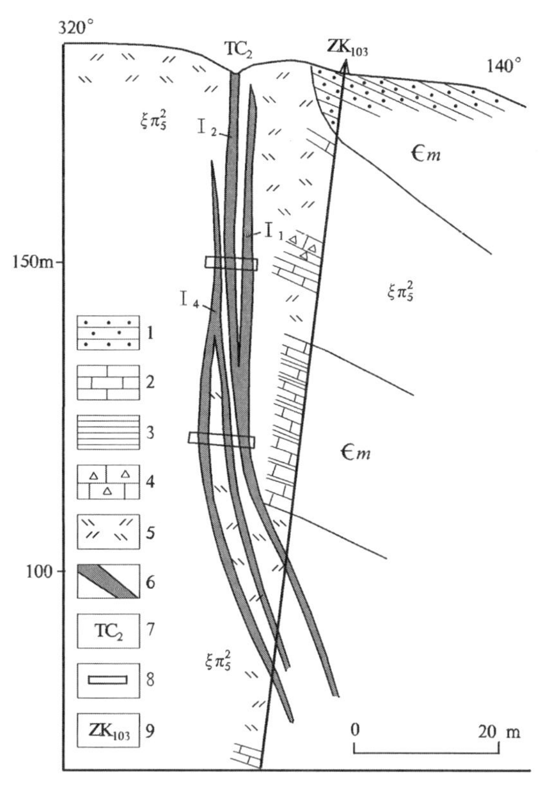

图 18-18　苍山龙宝山金矿床Ⅰ号矿体第 0 号勘探线剖面图

（据甘延景等，2003；《山东省矿床》，2006）

1—砂岩；2—灰岩；3—页岩；4—角砾状灰岩；5—正长斑岩；6—矿体及编号；7—探槽位置编号；8—沿脉坑道；9—钻孔位置及编号；∈m—寒武纪馒头组；$\zeta\pi_5^2$—燕山期正长斑岩

矿石中的金矿物以自然金为主（94 %），其次为银金矿（6 %）。金矿物粒度比较粗大，以中粗粒金居多；金的嵌布形成以包体金为主，次为粒间金。自然金主要包裹在褐铁矿中的裂隙内，或分布于褐铁矿与脉石矿物晶粒间。

化学成分：矿石中 Au 品位一般在 $3.7\times10^{-6}\sim10.2\times10^{-6}$之间，平均为 6.47×10^{-6}。金品位变化较大，矿体品位变化系数一般在 130 %~220 %。Ag 平均品位为 72.93×10^{-6}。Ag，Cu，Pb，Zn，Ti 等元素含量与 Au 呈正相关。

结构构造：矿石结构以反应边结构为主，其次为交代残余结构、乳蚀结构、包含结构、晶粒结构等。矿石构造主要有胶状构造、环带状构造、脉状构造、浸染状构造、角砾状构造等。

矿石类型：依据矿石的结构构造及矿物组分特征，矿石分为石英脉型（占 47 %）、角砾岩型（占 11 %）、斑岩型（占 32 %）、灰岩-页岩型（占 10 %）4 种成因类型。矿石自然类型分为氧化矿石、混合矿石和原生矿石。垂深 30 m 以上多为氧化矿石，30~60 m 为混合矿石，60 m 以下多为原生矿石。

5. 围岩蚀变特征

矿区内蚀变作用较普遍，主要发生在岩体与围岩接触带及岩体内部的围岩捕虏体中。蚀变作用主要为接触交代蚀变和热液蚀变。主要有绿泥石化、钠长石化、碳酸盐化、硅化、黄铁绢英岩化、萤石化，与金矿化关系密切的主要为硅化及黄铁绢英岩化。

依据矿物生成顺序，将矿化分为成矿早期、成矿中期、成矿晚期及成矿期后 4 个阶段，其中成矿早期与黄铁绢英岩化、钠长石化蚀变期相对应；成矿中期与绿泥石化、硅化蚀变期相对应；成矿晚期与萤石化、碳酸盐化蚀变期相对应。

6. **矿床成因**

苍山县龙宝山金矿为受控于断裂构造,与燕山晚期中偏碱性岩浆活动有关的中低温热液石英脉型金矿床。

7. **地质工作程度及矿床规模**

经山东省第二地质矿产勘查院1991~1998年勘查评价,确认为一小型金矿床。

七、岩浆热液-碳酸岩脉型(郗山式)稀土矿床❶

该成矿系列中与中生代燕山期碱性岩浆及碳酸岩浆活动有关的热液型轻稀土矿床(郗山式),有微山郗山和苍山吴家沟2处,但达到一定规模的主要矿床为微山县郗山稀土矿床,故以其为例表述该类型稀土矿床地质特征,命名为"郗山式"。

代表性矿床——微山县郗山稀土矿床地质特征

1. **矿区位置**

矿区位于微山县东南约17 km的郗山村及其周缘,西临微山湖。在地质构造部位上,居于鲁中隆起西南部峄城凸起的西南缘。

2. **矿区地质特征**

矿区内除郗山小山头有基岩露头零星分布外,其余皆被第四系覆盖。矿区之基底岩系为新太古代变质英云闪长质岩石(主要岩性为黑云斜长片麻岩及角闪黑云斜长片麻岩等),其被中生代燕山晚期侵入岩穿插切割,分布零乱。矿区内变质岩系与稀土矿化无关(图18-19)。

矿区内最为发育的岩石为中生代燕山晚期侵入岩——沙沟序列郗山岩体。主要岩性有正长岩类(正长岩、石英正长岩、含霓辉石石英正长岩等),碱性花岗岩及各种脉岩。

正长岩:主要分布在郗山周围,主体呈NE-SW向延伸,向SW倾斜。岩体主体由正长岩、石英正长岩及含霓辉石石英正长岩等组成。正长岩体与新太古代变质岩呈不规则的枝杈状接触,接触带多发生程度不同的碱性交代作用,形成蚀变岩和交代岩,有时则伴之发生铌、钍、及稀土金属矿化,形成富铀烧绿石、钍石和独居石等矿物。

碱性花岗岩:出露于矿区西南角,面积不大。岩体长轴大致呈NW向延伸。

脉岩:分布广泛,主要有闪长玢岩、石英正长斑岩、霓石石英正长斑岩、钠长斑岩、金云母岩、正长辉石岩、辉石正长岩、黑云母细晶岩、橄榄质超基性岩等。其中与稀土矿化有一定关系的脉岩主要有2类。①石英正长斑岩脉——包括正长斑岩、霓辉正长斑岩等,此类脉岩中含有霓辉石及稀土矿物。②霓石石英正长斑岩脉(或霓石正长斑岩或石英霓石正长斑岩)——此类岩石中含有霓辉石及氟碳铈矿、独居石等矿物;该类脉岩矿区内分布较多,脉宽一般0.5~1.5 m,最宽达10 m以上。

矿区内成矿前、成矿期及成矿后断裂构造发育。成矿前断裂为区内正长岩类及脉岩赋存的控制构造;成矿期断裂是稀土矿的控矿构造;成矿后断裂对稀土矿脉连续性小有破坏作用。

3. **矿体特征**

矿体总体为脉状,根据产出特点可分为单脉状、网脉状及浸染状矿体。单脉状矿体是矿床的主体,形态比较规则,厚度相对较大,延伸连续性好。单脉状矿体按产出方向可分为NW—NNW,NE—NEE,近EW向和近SN向4组,以NW—NNW和NE—NEE向矿体为主矿体,形成工业矿脉;近EW向和近SN向矿体规模小、不规则、变化大。

❶ 山东省地质局第二地质队,郑熙敬等,山东微山101矿区普查地质报告,1975年;2006~2012年补充勘查及资源潜力评价等成果。

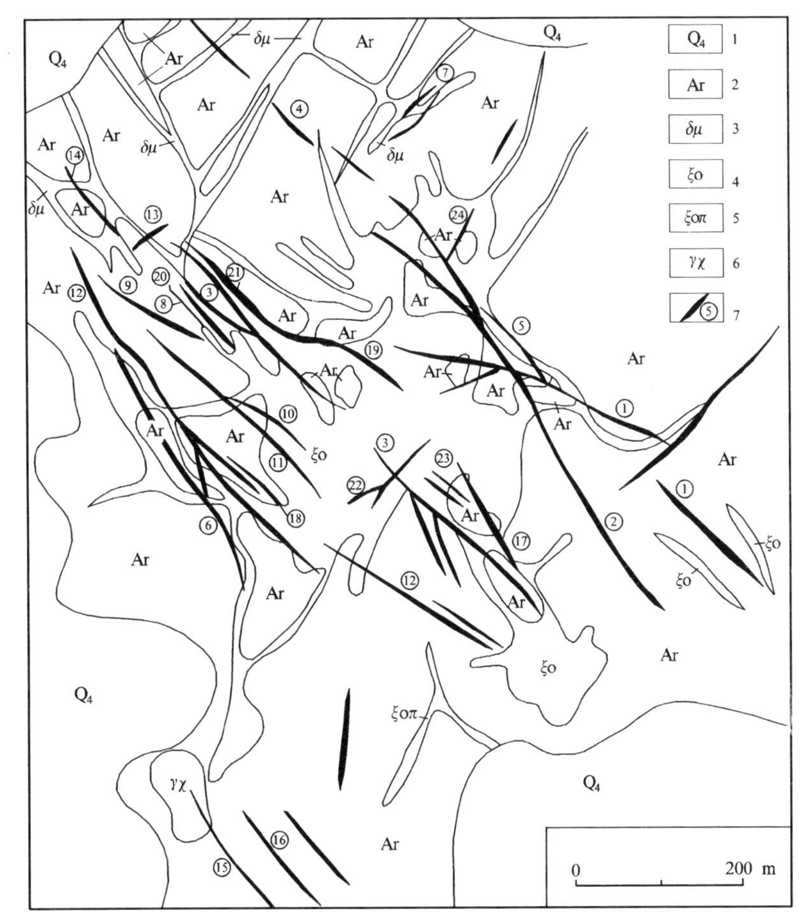

图 18-19　微山郗山稀土矿区地质简图

（据山东省地矿局区域地质调查队，山东省区域矿产总结修编，1989；《山东矿床》，2006）

1—第四系；2—新太古代变质岩系；3—中生代燕山期闪长玢岩；4—燕山期石英正长岩；5—燕山期霓辉石石英正长斑岩；6—燕山期碱性花岗岩；7—轻稀土矿体及编号

NW—NNW 向矿脉如 1～4，8～16 号矿脉等；该组矿脉数量多，含稀土品位高，REO 最高品位达 59.14 %。矿脉延伸长，最长达 620 m；延深大，深达 500 余米。同条矿脉纵深变化较稳定，局部有分支复合、膨大尖灭等现象（图 18-20）。

NE—NEE 向矿脉如 7，22，24 号矿脉等；该组矿脉数量少，含稀土品位低。含稀土石英重晶石脉 REO 最高品位 2.91 %，含稀土霓辉花岗斑岩 REO 最高品位 10.46 %。矿脉延长短，最长达 80～90 m，硅质高，萤石多。

在郗山矿区 0.85 km^2 范围内，已知含稀土单矿脉 60 余条，细小矿脉更为发育，在 60 余条矿脉中规模较大者有 24 条，已进行详查评价的主要有 1，2，3，4，6，14，15 号等 7 条矿脉。各矿脉的规模、产状及矿石品位等不尽相同。

单脉型稀土矿体，按其物质组分可分为 4 种类型：含稀土石英重晶石碳酸岩脉（地表为含稀土褐铁矿化石英重晶石脉），为矿区内主要含稀土矿脉类型；含稀土霓辉花岗斑岩脉；含稀土霓辉石脉；铈磷灰石脉。

4. 矿石特征

矿物成分：① 矿区内含稀土矿物有氟碳铈矿、氟碳钙铈矿（氟菱钙铈矿）、菱钙锶铈矿、独居石、钍

石、富铀烧绿石、铈磷灰石、碳酸锶铈矿(碳锶铈矿)、硅钛铈矿、碳酸铈钠矿(碳铈钠石)等❶;这些含稀土矿物以氟碳铈矿和氟碳钙铈矿为主。② 其他金属矿物有褐铁矿、赤铁矿、钛铁矿、金红石、黄铁矿、黄铜矿、方铅矿、闪锌矿、辉钼矿、铅铁矾、铅矾、铁矾、钼铅矿等。③ 脉石矿物有石英、重晶石、方解石、长石、白云母等。

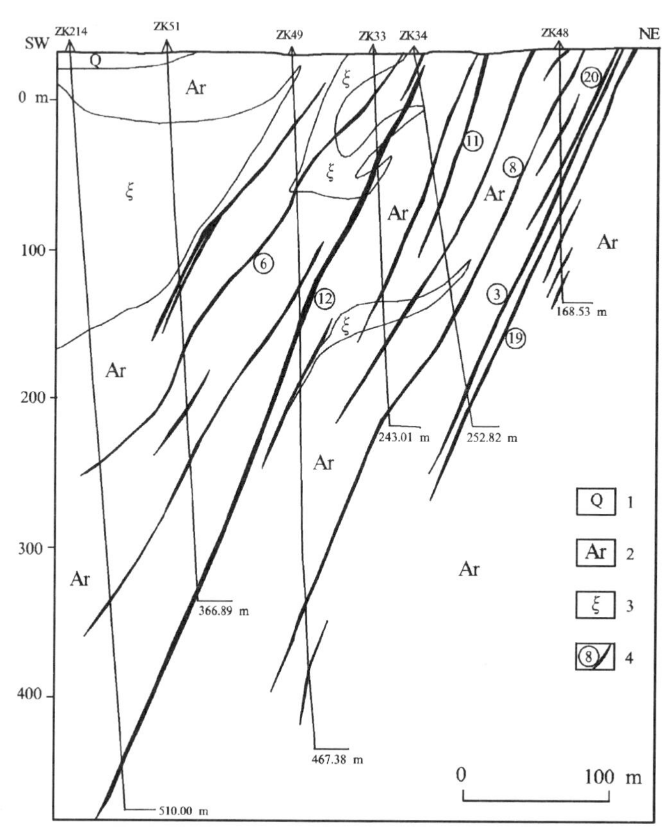

图 18-20 郗山稀土矿区第 39 勘探剖面图

(据山东省地矿局第二地质队,1975)

1—第四系;2—新太古代变质岩;3—中生代燕山期正长岩(含霓辉石石英正长岩);4—轻稀土矿体及编号

化学成分:矿石的主要有益组分为轻稀土元素,主要包括 Ce,La,Nd,Pr,Sm 以及 Eu,Er,Gd,Lu,Y 等 10 种;其他金属元素有 Tu,U,Mo,Pb 等。据诸块段储量计算结果,REO 变化于 1.55 %~4.92 %之间,全矿区的总平均品位为 3.25 %。

郗山稀土矿床为富铈族稀土矿,稀土组分中以铈含量为最高(稀土总量的 48.58 %~53.45 %);其次为镧(24.42 %~41.47 %)、钕(7.17 %~16.13 %)、镨(3.17 %~6.67 %);少量的稀土组分有钐(0.26 %~2.30 %)、钆(0.07 %~0.41 %)、铕(0.04 %~0.88 %)、钇(0.08 %~0.46 %)、镝(0.02 %~0.10 %)。钇组稀土元素比较少见。矿石中有益组分,除稀土外,尚含有少量铀、钍及铌等。铀主要赋存在富铀烧绿石中,钍主要赋存在钍石及其他一些含稀土矿物中。矿石中 Nb_2O_3 含量多者可达到 0.01 %以上,具有综合利用价值❷。

结构构造及矿石类型:矿石呈粒状结构及交代残余结构;块状构造、条带状构造及浸染状构造。矿

❶ 王厚伦、阎守民,山东省某稀土矿化及主要稀土矿物特征,山东地质情报,1980 年第 2 期。

❷ 山东省地质矿产局,山东省区域矿产总结(附件·轻稀土,1988 年)。

石类型主要有碳酸岩型、褐铁矿型、铈磷灰石型及氟碳铈矿椆石型。

5. 围岩蚀变特征

含稀土石英重晶石碳酸岩为充填在英云闪长质片麻岩、正长岩、石英正长岩、霓辉正长岩、钠长斑岩等岩石裂隙中的脉状矿体。脉状矿体与围岩接触界线清楚，蚀变较弱。而网脉状矿化带附近围岩蚀变作用较强。主要表现为碱质交代现象（钾长石化、钠长石化等），其他蚀变有碳酸岩化、重晶石化、萤石化、硫化物化、稀土矿化等。矿区内近矿围岩普遍矿化（特别是相距较近的两条矿脉围岩之间），其稀土氧化物含量一般在 0.1 %～1.0 %之间，个别高达 5 %。

6. 矿床成因

矿区断裂构造发育，自燕山晚期接受碱性正长质岩浆的侵入，之后脉岩侵入及稀土矿脉形成赋存其中。岩体与矿脉的同位素年龄（110 Ma，119.5 Ma）相近，稀土矿脉与岩体在成因上有密切关系。从矿化特点来看，含稀土霓辉花岗斑岩脉、含稀土霓辉石脉、铈磷灰石脉可能为先期形成，含稀土石英重晶石碳酸岩脉等可能是晚期的热液阶段形成的。

郗山稀土矿床与区域碱性岩侵入体密切相关，属于中-低温热液矿床（王中刚，1986；林传仙等，1994；田京祥等，2002）；在后期的表生阶段，浅部矿体中的稀土矿物经过氧化作用，形成部分表生（风化）稀土矿物。

7. 地质工作程度及矿床规模

1975 年，山东省地质局第二地质队对郗山稀土矿开展普查工作，提交《山东微山 101 矿区普查勘探报告》，查明矿床规模为中型。

八、岩浆分异型（沙沟式）磷矿床

该类矿床为产于燕山晚期偏碱性侵入岩中与岩浆分异作用及后期热液叠加作用有关的磷灰石矿床，在鲁西地区仅沙沟磷矿床一处，故以其为例表述该类型磷矿床地质特征，命名为“沙沟式”。

代表性矿床——枣庄市沙沟磷矿床地质特征[1]

1. 矿区位置

矿区位于枣庄市薛城区京沪铁路沙沟站北 1 km，地质构造位置位于鲁中隆起西南缘，韩庄凹陷西部，峄城 EW 向深断裂北侧。

2. 矿区地质特征

矿区出露沙沟偏碱性杂岩体，侵入于前寒武纪变质岩系中。该岩体为偏碱性超基性岩-碱质基性岩-碱性正长岩系列，主要岩石类型有黑云母辉石岩、辉石岩、斑杂状正长黑云辉石岩、正长辉长岩、黑云母辉石正长岩、正长岩等。岩体呈环状小岩株，面积 4 km^2。杂岩体侵入可分为 3 期，第一期主要为黑云母辉石岩类，分布在岩体中部；第二期主要为正长辉长岩类，分布在岩体外环；第三期主要为正长岩脉，穿插前两期岩石。杂岩体第一期岩石结晶过程中，磷灰石自始至终都有晶出，但以晚期析出为主并富集成矿。磷灰石矿化体赋存在黑云母辉石岩类中。

3. 矿体特征

磷灰石矿化体赋存在沙沟偏碱性杂岩体的黑云母辉石岩内，矿体以多样形态产出，主要有层状、脉状、透镜状。走向近 EW，倾向 S。矿化均匀，P_2O_5 含量一般在 2 %～6 %之间。

---

[1] 山东省地质局第八地质队，山东省枣庄市沙沟低品位磷矿详细普查地质报告，1981 年。

4. 矿石特征

根据磷灰石的产状、结晶形态及其与主要造岩矿物的相互关系,可分为四种赋存状态:①磷灰石以副矿物产出,呈星散状分布在辉石岩及黑云母辉石岩中。数量少,多包裹在辉石、黑云母中。磷灰石自形程度高,包裹体少见。据矿物之间相互关系判断,此种磷灰石晶出早于辉石、黑云母等造岩矿物,应为岩浆早期晶出的产物。②磷灰石大量富集成矿,形成磷灰石黑云母岩、含磷黑云母辉石岩。磷灰石分布不均匀,多集中在粗粒及伟晶状岩石中,呈镶嵌结构,部分呈长柱状穿插辉石、黑云母等。从矿物组合、结构构造分析,这种磷灰石主要在岩浆晚期析出,形成透辉石-黑云母-磷灰石建造这一找矿矿物标志。③磷灰石呈细脉状穿插早期黑云母辉石岩。其细脉中的磷灰石呈他形粒状集合体。这类磷灰石为明显的热液成因的产物。④在杂岩体第一期岩石与第二期岩石以及磷灰石细脉接触部位,可见不均匀分布着由于同化混染作用形成的斑杂状正长黑云母辉石岩。在这种岩石中形成的针状、无色透明的磷灰石晶体,是含矿熔浆与围岩接触时同化混染作用而形成的。

沙沟磷灰石主要成分 CaO 和 P_2O_5 低于理论值。尚有少量类质同象元素 K^+,Na^+,Fe^{3+},Al^{3+},REE,Si^{2+}等,不同岩石类型的阳离子值接近。磷灰石中富含稀土元素,以岩浆晚期和伟晶岩中含 REE 最高,稀土氧化物总量 0.896 %~1.51 %。

5. 围岩蚀变特征

矿体围岩蚀变为岩浆热液蚀变,主要有钠长石化、伟晶岩化等。

6. 矿床成因

沙沟杂岩体中元素演化具有 Si,Al,K,Na 从早期到晚期递增,Mg,Fe,Ca 从第一期到第三期直线下降,越到晚期岩石越高碱、贫钙,总趋势向富碱方向演化。根据对磷灰石气、液包裹体均一法和爆裂法测温研究,得出 3 组温度值:一组在 900~1 000 ℃;另一组在 430~625 ℃;最低一组在 300~430 ℃。磷灰石从岩浆结晶早期—晚期—热液期都有晶出。

夏学惠等人(1987)通过计算不同岩石(*原生岩石*)的非桥氧与四面体阳离子之比 NBO/T,并作了 NBO/T-P_2O_5 关系图,得出 NBO/T 与 P_2O_5 呈正相关关系,表明岩浆的聚合程度越低,越有利于磷的富集。磷之所以能富集在黑云母辉石岩相中,主要取决于该类岩石熔体中的非桥氧含量高于其他类型的岩石。由于挥发分的作用,P_2O_5 的溶解度提高,因而使磷集中到岩浆作用的晚期成矿。磷灰石大量形成富集于岩浆晚期,热液期与同化混染作用形成的磷灰石只对岩浆期磷矿起了叠加作用,使磷进一步富集。

7. 地质工作程度及矿床规模

1981 年,山东省地质局第八地质队对该区磷矿进行详细普查,提交《山东省枣庄市沙沟低品位磷矿详细普查地质报告》。查明沙沟磷矿床为一大型低品位晶质磷灰石矿床。

第十九章　鲁东地区与早白垩世中酸-中基性火山-气液活动有关的金-铜、硫铁矿、明矾石、沸石岩、膨润土、珍珠岩矿床成矿系列

第一节　成矿系列位置和该成矿系列中矿产分布 ………… 425

第二节　区域地质构造背景及主要控矿因素 ………… 425

一、区域地质构造背景 ………… 425

二、区域地质发展史与重大地质事件 …… 426

三、主要控矿因素 ………… 427

第三节　矿床区域时空分布及成矿系列形成过程 ………… 428

一、矿床区域时空分布 ………… 428

二、成矿系列形成过程 ………… 429

第四节　代表性矿床剖析 ………… 431

一、潜火山热液型（金线头式）金-铜矿床 ………… 431

二、火山热液充填交代型（钓鱼台式）硫铁矿矿床矿床式及代表性矿床 ………… 433

三、火山热液蚀变型（将军山式）明矾石矿床矿床式及代表性矿床 ………… 436

四、陆相火山岩型（涌泉庄式）膨润土-沸石岩-珍珠岩矿床矿床式及代表性矿床 … 440

鲁东地区是山东省重要的非金属矿产地，其中该区发育的与中生代火山作用有关的明矾石、膨润土、沸石岩、珍珠岩均为山东省重要非金属矿产，保有资源储量在全国居于前列（明矾石保有资源储量居全国第4位，珍珠岩、膨润土、沸石岩分别居第5位、第8位和第9位）。该区内与燕山晚期火山活动有关的热液充填交代型硫铁矿是山东重要的硫铁矿类型，山东硫铁矿的保有资源量居全国第9位。该类型中的五莲钓鱼台硫铁矿矿床是省内唯一的大型硫铁矿矿床，查明的资源储量占全省硫铁矿资源总量的57 %。除上述非金属矿产外，该系列中还发育与该期火山活动有关的潜火山热液型金-铜矿床。

第一节　成矿系列位置和该成矿系列中矿产分布

该成矿系列大体分布在潍坊—临沂一线以东的鲁东地区；大地构造位置跨沂沭断裂带、胶莱拗陷及胶南隆起、威海隆起等构造单元。矿床主要分布在胶莱拗陷边缘及沂沭断裂带北段的火山-沉积盆地中。其中，金-铜矿、硫铁矿矿床分布在五莲、诸城一带；明矾石矿床分布在莒南、诸城等地；膨润土-沸石岩-珍珠岩矿床产地多，是本系列中主要矿种，常伴生产出，分布在潍坊、诸城、胶州、莱阳、莱西、荣成及五莲、安丘、昌邑、高密、莒县、莒南等地。

第二节　区域地质构造背景及主要控矿因素

一、区域地质构造背景

该成矿系列分布虽然跨鲁西隆起和鲁东隆起两个地块，但在白垩纪时这两个地块的盆地构造类型

及火山-沉积作用特征都是相似的，此系列中的各类矿床主要分布在胶莱拗陷内及其周缘和沂沭断裂带内，赋存在白垩纪青山群中。

区内青山群是早白垩世一套火山喷发形成的火山岩系，分布在沂沭裂谷和胶莱拗陷中，自下而上划分为4个组，分别对应4个火山喷发旋回，即自下而上的后夼组、八亩地组、石前庄组和方戈庄组，对应Ⅰ，Ⅱ，Ⅲ和Ⅳ旋回（表19-1）。

表19-1　早白垩世青山群各火山旋回岩石建造及含矿特征

层位	火山旋回	岩石建造	主要岩石组合	主要矿化特征	矿床（点）产地	地质构造位置
方戈庄组	Ⅳ	偏碱中-基性熔岩-火山碎屑建造	粗安岩、玄武安山岩、粗安质集块岩、角砾岩	膨润土矿化	安丘、莒县等地	胶莱拗陷 沂沭断裂带
石前庄组	Ⅲ	酸性熔岩-火山碎屑岩建造	流纹岩、黑曜岩、珍珠岩、流纹质凝灰岩、角砾岩、碱流质集块角砾岩、角砾凝灰岩	膨润土、沸石岩、珍珠岩矿；高岭土、玉髓、蛋白石矿化	崂山东大洋、胶州李子行、莱阳白藤口、潍坊涌泉庄、诸城青墩、莒南侍家宅子、莒县后葛杭	胶莱拗陷 沂沭断裂带
八亩地组	Ⅱ	中-基性火山碎屑岩-熔岩建造	安山质集块岩、角砾岩、角砾凝灰岩、玄武岩、安山岩	明矾石矿、黄铁矿、沸石岩矿；膨润土矿化	诸城石屋子沟、莒南将军山、五莲七宝山、诸城马连口	胶莱拗陷 沂沭断裂带
后夼组	Ⅰ	酸性火山碎屑岩建造	流纹质凝灰岩、流纹质角砾凝灰岩	膨润土矿	胶州、莱阳等地	胶莱拗陷

据李洪奎、刘明渭等，1996；《山东非金属矿地质》，1998

区内中生代岩浆岩的展布方向与胶莱拗陷长轴方向一致，均为NE向，主要分布于胶莱拗陷的南东沿海地带，活动期为燕山期。该时期由于太平洋板块与欧亚板块作用，进入环太平洋构造演化阶段，区域上岩浆上侵、地壳物质重熔，形成大规模的岩浆侵入和火山喷发，到白垩纪晚期逐渐减弱。

断裂活动控制着胶莱盆地的形成和发展，NNE向的沂沭断裂带和NE向的五莲-荣成断裂带是控盆断裂，构成盆地边界，盆地内部牟平-即墨断裂带造成EW分区的格局。近EW向的五龙村断裂、平度断裂、胶州断裂、百尺河断裂的活动使盆地南北分带。宋明春、王沛成等认为切割胶莱盆地的断裂中，沂沭断裂带对中生代的沉积不起控制作用，而表现为对已存在的盆地起破坏作用。牟平-即墨断裂带对莱阳群的建造控制不明显，但对青山群的分布及王氏群的沉积起明显的控制作用（宋明春、王沛成等，2003）。区域断裂构造发育，其不仅为含矿火山岩的形成提供了先决条件，而且为含矿热液的活动提供了通道和容矿空间。

二、区域地质发展史与重大地质事件

山东省中生代火山作用为中国东部环太平洋火山活动带的一部分，白垩纪由于太平洋板块的俯冲，我国东部地区发生强烈的构造运动，产生一系列各种方向的断裂构造，同时部分古断裂开始复活，为火山作用创造了有利的构造环境，形成一套钙碱性系列火山岩。

早白垩世早期：为莱阳群沉积时期。该时期由于太平洋板块向欧亚板块俯冲造成沂沭断裂带左行走滑和五莲-荣成断裂带的近SN向逆冲，胶莱盆地在近SN向挤压应力场下，受到挤压挠曲作用而形成。早期盆地范围小，首先在两个挠曲处——北部的莱阳凹陷和南部的高密-景芝凹陷，形成两个沉降中心，沉积了瓦屋夼组；随后五莲-荣成断裂带的逆冲作用加强，断裂上盘岩石由于重力作用而崩塌，形成林寺山组底部的磨拉石沉积；此时盆地范围扩大，进入湖泊的发展时期；在该阶段后期，随沉降作用减弱，湖盆渐被淤塞，变为以广泛的河流冲积作用为特征，仅在局部残存水体中形成小型湖泊。该时期以沉积作用为主，火山活动规模小，喷发间隔时间长，形成酸性火山物质，火山岩分布局限。海阳为该时期中基性火山喷发中心，形成较厚的火山岩地层。

早白垩世晚期：为青山群火山-沉积期。随着莱阳期湖泊演化的结束，各个盆地已逐渐被填平。随后牟平-即墨断裂带开始活动，爆发大规模的火山活动，此时为全区大规模火山作用的鼎盛时期。首先在胶莱盆地南北缘喷出酸性火山物质，构成后夼组；经过短暂平静，随着构造作用加强，岩浆部分熔融的加剧，开始了第二期喷发，形成八亩地组，其喷出物之多，分布面积之广，是历次火山喷发之最；在八亩地旋回火山活动尚未结束时，莱西、莱阳一带出现第三期火山喷发，喷出物质为流纹质，形成石前庄组。石前庄组夹于八亩地组中或与八亩地组交叉叠置；第四期火山活动形成中基偏碱性火山岩，该旋回的火山活动部位与石前庄旋回分布有着密切关系，反映了方戈庄旋回存在不同来源的岩浆混合作用。

伴随着青山期的火山-沉积活动和浅成、超浅成的岩浆热液活动，区内形成了金-铜、硫铁矿、明矾石等重要矿产；经后期水解蚀变作用，形成了膨润土-沸石岩-珍珠岩等重要矿产。

晚白垩世：在早白垩世中基性-酸性火山岩大量喷发之后，晚白垩世由活动大陆边缘型的构造环境趋于稳定构造环境，进入王氏群沉积期。在牟-即断裂带活动影响下，胶莱盆地再次进入新的演化阶段。在原先盆地的基础上形成新的盆地，盆地沉积由 SE 向 NW 方向的迁移。由于此阶段盆地沉降规模较小，并受到来自东南方向掀斜作用的影响，所以沉降幅度较小，湖泊沉积不太发育，以分布广泛、相变频繁的河流沉积作用为主。王氏群沉积期间，在约 70~68 Ma 左右，局部火山喷发，形成少量玄武岩及潜火山岩后，中生代火山活动结束。

三、主要控矿因素

（一）不同火山旋回控制着不同的含矿建造和矿产组合

不同的火山喷发-沉积旋回，控制着不同特性的含矿建造和矿产组合。早白垩世青山期石前庄旋回形成的酸性熔岩-火山碎屑岩建造是膨润土、沸石岩、珍珠岩等矿产的赋矿层位；八亩地旋回形成的中-基性火山碎屑岩-熔岩建造是明矾石、黄铁矿、沸石岩等矿产的赋矿层位；早白垩世青山期方戈庄旋回、后夼旋回形成的偏碱中-基性熔岩-火山碎屑建造和酸性火山碎屑岩建造是膨润土矿的赋矿层位。

（二）有利的含矿建造是成矿的重要控制因素

白垩世青山群石前庄组酸性熔岩-碎屑岩建造是有利的含矿建造。该建造以酸性熔岩和火山碎屑岩发育为标志，主要岩石组合为流纹岩、黑曜岩、珍珠岩、流纹质凝灰岩、角砾岩、碱流质集块角砾岩、角砾凝灰岩等。该建造在潍坊涌泉庄、莱阳白藤口、胶州石前庄、诸城青墩等地发育较为典型，分布范围大，含矿性好，矿化程度高，是膨润土、沸石岩、珍珠岩等产出的重要建造基础，也是大矿、富矿产出的有利层位。潍坊涌泉庄大型膨润土矿床、中型沸石岩-珍珠岩矿床均赋存在该建造中，矿体呈层状、似层状、透镜状，膨润土与沸石岩和珍珠岩组成的多个复合矿层。此外，莱阳白藤口中型膨润土矿床（*共生沸石岩、珍珠岩*）也赋存在青山群石前庄组酸性熔岩-碎屑岩含矿建造中。

（三）火山机构是成矿的有利构造部位

白垩纪青山期火山喷发形成的火山机构，是区内铜金、硫铁矿、明矾石等矿床形成的有利控矿赋矿构造。火山机构既是火山热液、次火山岩浆热液运移的有利通道，也是成矿物质充填交代富集成矿的良好空间。

五莲七宝山金线头矿区处于昌邑-大店断裂与郝戈庄-山相家断裂交会处，区内火山机构岩相齐全，次火山岩发育，矿床发育在火山机构中；五莲钓鱼台式硫铁矿分布在胶莱拗陷与胶南隆起相接地带，区内分布早白垩世青山期火山岩、次火山岩。区内火山机构发育，围绕火山机构形成的环状、放射状断裂构造，为含矿热液活动和充填交代提供了有利的空间。五莲钓鱼台、分岭山、马耳山及诸城马连口、石屋子沟等硫铁矿矿床（*点*）均分布在火山机构附近；莒南将军山明矾石矿床赋存在胶南隆起西北部的白垩纪火山岩盆地中，矿床分布受火山-沉积盆地边缘断裂控制，矿体赋存于青山群八亩地组安山质火山岩中。火山活动对明矾石矿床的形成起着重要的作用,不仅提供了成矿母岩,而且提供了丰富的火山热液。火山机构对明矾石矿床的形成具有明显的控制作用,莒南将军山、诸城石屋子沟明矾石矿床均发育在火山机构附近。

(四) 断裂构造及热液蚀变作用对矿化富集的控制作用

深大断裂构造活动往往伴随多期的火山活动,深大断裂本身往往就是火山喷发的通道。区域性深大断裂控制着火山岩盆地、含矿火山岩系和成矿系列及矿床的分布。鲁东胶莱拗陷和含矿火山岩系的形成均受区域 NE 向,NNE 向深大断裂活动的控制。主干断裂的次级断裂构造控制矿床、矿体的生成和展布。如五莲钓鱼台硫铁矿矿床受 NNE 昌邑-大店断裂及 NE 向郝官庄-山相家等断裂控制;潍坊涌泉庄膨润土-沸石岩-珍珠岩矿床受沂沭断裂带控制,矿床分布在中生代火山岩盆地中。莒南将军山明矾石矿区西靠昌邑-大店断裂,其次级的 NW 向断裂构造发育,对明矾石矿化的叠加和有用组分的富集具有重要控制作用。

热液矿床的围岩蚀变程度、多期蚀变作用的叠加对矿质富集具有重要作用。如火山热液充填交代型五莲钓鱼台硫铁矿矿床,围岩蚀变发育,主要有早期面型绢英岩化和晚期脉型绢英岩化,属近矿蚀变类型。蚀变和黄铁矿化均围绕七宝山火山机构呈近同心圆状或带状分布,蚀变范围及强度与黄铁矿化范围及强度呈正相关系。由于矿化叠加使黄铁矿更加富集,常形成富矿段。

第三节　矿床区域时空分布及成矿系列形成过程

一、矿床区域时空分布

该成矿系列主要分布在潍坊、五莲、莒南及诸城、胶州、胶南、莱阳、莱西、安丘、莒县、荣成等地。成矿系列分布区大地构造位置跨沂沭断裂带、胶莱拗陷、胶南隆起、威海隆起等构造单元,各类矿床主要分布在胶莱拗陷内及其周缘和沂沭断裂带内,赋存在白垩纪青山群火山-沉积地层中。

(一) 金线头式金-铜矿床

五莲七宝山金线头式金-铜矿床大地构造位置处于胶莱拗陷西南缘与沂沭断裂带交会地带,该区为胶莱盆地火山活动中心之一。该类矿床分布在五莲七宝山、胶南上沟(铁橛山)等白垩纪火山岩盆地或其周围,矿床的形成与火山活动后期潜火山热液活动有关,金-铜矿化发育在火山机构中。

五莲七宝山金线头金-铜矿床主要发育在七宝山次火山穹窿内的石英闪长玢岩-花岗闪长斑岩隐爆角砾岩筒中,矿床受断裂构造控制,矿体产于 NE 向、NW 向和近 EW 向构造的复合部位。五莲七宝山复式火山-侵入岩体中的辉石二长岩(潜火山岩),其黑云母 K-Ar 同位素年龄值为 124.9 Ma(陈克荣,1993);锆石 U-Pb 同位素谐和年龄值为(126±3) Ma。该年龄值大致代表五莲七宝山金线头铜金矿床的形成时间,这与胶北地区火山活动后期浅成-超浅成侵入岩有关的铜、铅锌、钼金的成矿时代基本一致。

(二) 钓鱼台式硫铁矿矿床

钓鱼台式硫铁矿矿床分布在胶莱拗陷与胶南隆起相接地带。NNE 昌邑-大店断裂及 NE 向郝官庄-山相家等断裂构造,控制着区内青山期火山岩、次火山岩的分布。区内火山机构发育,自西北向东南分布着五莲七宝山、分岭山和马耳山及诸城桃林等火山机构(群),次火山岩侵入于火山机构中或围绕火山机构呈环状分布。这些火山机构既是含矿火山热液(气液)的供源地,也是含矿热液运移的通道。

五莲钓鱼台、分岭山、马耳山及诸城马连口、石屋子沟等硫铁矿矿床(点)均分布在火山机构附近,矿体的围岩为青山期火山-沉积岩系及次火山岩。矿体的形态、规模和产状受围岩岩性、断裂和层间构造等因素控制。产于火山碎屑岩中的矿床,受层间构造等控制,往往形成规模较大的似层状、透镜状矿体,产于次火山岩中的矿床,受断裂构造控制,往往形成规模较小的脉状矿体。

与成矿密切相关青山群八亩地组火山岩 K-Ar 同位素年龄多在 125~100 Ma 之间,以 120~110 Ma 最为集中,为八亩地旋回主喷发期。石前庄、方戈庄旋回主喷发期分别为 110~100 Ma 和 100~90 Ma。钓鱼台式硫铁矿矿床的形成与青山期火山活动相伴随,主成矿期大致在 120~100 Ma 期间,属早白垩世燕山晚期。

(三) 将军山式明矾石矿床

将军山式明矾石矿床主要分布在沂沭断裂带东侧、胶南隆起西北及西部边缘的中生代火山岩盆地中。该矿床展布受 NW 向断裂和 NE—NNE 向断裂控制,矿化均发生在青山群八亩地组安山质火山岩中,莒南将军山明矾石矿的赋矿岩石为安粗质熔结角砾凝灰岩,诸城石屋子沟明矾石矿的赋矿岩石为安山质晶屑/岩屑凝灰岩、熔结凝灰岩、安山质含角砾凝灰岩;均分布在火山作用形成的火山机构及其周围地区。矿体主要呈层状、似层状或透镜状。

八亩地组火山岩的 K-Ar 同位素年龄值以 120~110 Ma 最为集中,将军山式明矾石矿床的形成时间应在主喷发期后,大致在 110 Ma 左右。

(四) 涌泉庄式膨润土-沸石岩-珍珠岩矿床

该类矿床主要分布在胶莱拗陷边缘及沂沭断裂带北段的火山-沉积盆地中。矿床赋存在早白垩世青山群火山-沉积岩系中,其中青山群石前庄组为主要赋矿层位。膨润土、沸石岩、珍珠岩三矿常相伴产出或单独产出。

膨润土矿主要分布在潍坊、昌邑、高密、诸城、胶州、莱阳等地。在胶莱拗陷及沭断裂带内的坊子凹陷、夏庄凹陷内,均有膨润土矿分布。其往往与沸石岩矿、珍珠岩矿伴生。矿床产于青山群内,多数矿床产于石前庄组,少数产于后夼组中,与酸性-中酸性火山岩关系密切。代表性矿床有潍坊涌泉庄、诸城青墩、胶州石前庄、莱阳白藤口等。

沸石岩矿主要分布在潍坊、诸城、五莲、胶州、莱阳、莱西、荣成、安丘、莒县、莒南等地。其大地构造位置主要居于胶莱拗陷边缘及沂沭断裂带北段的次级凹陷构造单元中。沸石岩矿的产出明显受层位和岩性控制,所有具有工业价值的沸石岩矿均产于青山群石前庄组(酸性火山熔岩-火山碎屑岩建造)中。主要矿产地有潍坊涌泉庄、诸城青墩—芦山、胶州李子行、莱西于家洼(图 19-1)。

珍珠岩矿主要分布在潍坊涌泉庄、莱阳白藤口、诸城大土山、胶州西石及里山前、莱西于家洼及福山后、安丘胡峪和荣成龙家—大岚头等地,多与沸石岩、膨润土矿床共生。其产出受青山群石前庄组酸性-中酸性火山岩控制,矿床赋存在穹窿状火山机构(火山颈相)的外缘角砾岩或熔岩带中。

早白垩世青山期火山-沉积活动对该成矿系列中膨润土-沸石岩-珍珠岩矿床的形成具有重要的控制作用,该旋回形成的火山-沉积建造是矿床形成的物质基础,其经后期水解蚀变作用形成矿床;主要成矿期在石前庄组形成之后,大致 100~90 Ma 期间。

二、成矿系列形成过程

早白垩世青山群火山-沉积岩系是膨润土、沸石岩、珍珠岩的含矿岩系,也是与早白垩世潜火山热液活动有关的明矾石、硫铁矿等矿产的含矿(控矿)岩系,同时也是金-铜矿的有利围岩。该成矿系列的形成与早白垩世青山期的火山-沉积作用、潜火山岩浆侵入作用和热液作用密不可分,并伴随着青山期火山喷发→沉积→潜火山岩浆侵入的全过程。

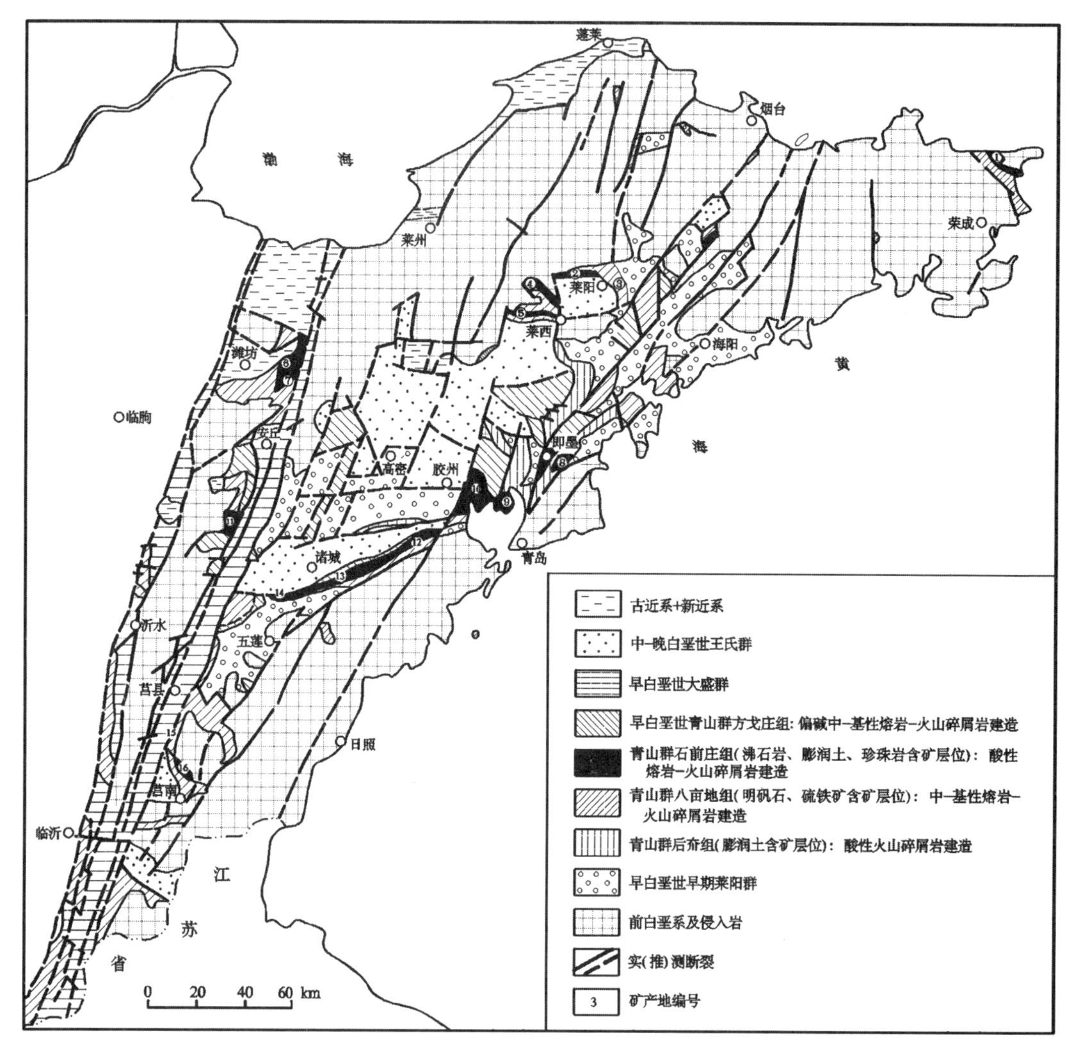

图 19-1　山东东部白垩纪早期含矿火山-沉积建造及其中主要沸石岩-膨润土-珍珠岩矿床(点)分布简图

(据 1991~2004 年有关山东区调、科研、勘查成果编绘;《山东矿床》,2006)

1—荣成龙家—大岚头沸石岩珍珠岩矿;2—莱阳白滕口沸石岩膨润土珍珠岩矿;3—莱阳纪格庄膨润土矿;4—莱西福山后-杨家屯沸石岩矿;5—莱西于家洼-丁家庄沸石岩膨润土珍珠岩矿;6—潍坊涌泉庄沸石岩膨润土珍珠岩矿;7—潍坊新庄-上房沸石岩矿;8—即墨西山前膨润土矿;9—崂山东大山珍珠岩矿;10—崂山西大洋-东大洋膨润土珍珠岩矿;11—安丘胡峪-菩萨峪-张解沸石岩矿;12—胶州石前庄—李子行沸石岩膨润土珍珠岩矿;13—诸城青墩-芦山沸石岩膨润土珍珠岩矿;14—五莲王家车村-小茅庄沸石岩膨润土矿;15—莒县后葛杭沸石岩矿;16—莒南侍家宅子沸石岩矿

早白垩世青山期是全区大规模火山作用的鼎盛时期。该期首先在胶莱拗陷南北缘喷出酸性火山物质,形成了后夼组流纹质凝灰岩、流纹质角砾凝灰岩等酸性火山碎屑岩建造,该建造为膨润土矿的含矿建造;之后经过短暂平静开始了第二期喷发,形成八亩地组安山质集块岩、角砾岩、角砾凝灰岩、玄武岩、安山岩等中-基性火山碎屑岩-熔岩建造,该建造为为明矾石、黄铁矿、沸石岩,膨润土(矿化)的含矿建造;在八亩地旋回火山活动尚未结束时,出现第三期火山喷发,喷出物质为流纹质,形成石前庄组流纹岩、黑曜岩、珍珠岩、流纹质凝灰岩、角砾岩、碱流质集块角砾岩、角砾凝灰岩等酸性熔岩-火山碎屑岩建造,该建造为膨润土、沸石岩、珍珠岩及高岭土、玉髓、蛋白石(矿化)的含矿建造;第四期火山活动形成了方戈庄组粗安岩、玄武安山岩、粗安质集块岩、角砾岩等偏碱中-基性熔岩-火山碎屑建造,该建造为膨润土(矿化)的含矿建造。

伴随着区内青山期的火山-沉积活动和浅成、超浅成的岩浆热液活动,在有利成矿部位形成了金-

铜、硫铁矿、明矾石等矿床;在有利构造部位经后期水解蚀变作用,形成了膨润土-沸石岩-珍珠岩矿床。

第四节　代表性矿床剖析

一、潜火山热液型(金线头式)金-铜矿床

潜火山热液型(金线头式)金-铜矿床分布于五莲七宝山、胶南上沟(铁橛山)等白垩纪火山岩盆地或其周围,矿床与火山活动后期潜火山热液活动有关。矿床处于胶莱盆地西南缘与沂沭断裂带的交会地带的白垩纪青山期次火山岩、火山岩中。矿化带赋存于次火山穹窿内的石英闪长玢岩-花岗闪长斑岩隐爆角砾岩筒中,或发育在闪长岩与石英闪长玢岩-花岗闪长斑岩的接触带内。已知产地有五莲七宝山金线头、胶南上沟(铁橛山)等地,五莲县七宝山金线头金-铜矿床地质特征展示清晰,矿床规模相对较大,故以其为例表述该类矿床地质特征,并命名为"金线头式"。

代表性矿床——五莲县七宝山金线头金-铜矿床地质特征❶

1. 矿区位置

矿区位于五莲县城西北约15 km的金线头村西北侧金牛栏附近。在地质构造部位上处于胶莱拗陷西南缘,其南与胶南隆起相接。

2. 矿区地质特征

除矿区内分布少量第四系、矿区外围分布着白垩纪青山群火山岩系外,主要分布有侵入于青山群的燕山晚期浅成及超浅成岩石,主要有角闪岩、安山玢岩、闪长岩、大岭安山玢岩-闪长玢岩、石英闪长玢岩-花岗闪长斑岩,其中闪长岩为辉石闪长岩体的边缘相岩体,为铜矿带的主要围岩。矿区处在七宝山潜火山穹窿中,矿化发育在其中的隐爆角砾岩筒内。矿区成矿前的NE向及近EW向的压扭性断裂发育,对矿体的形成有一定的控制作用(图19-2)。

3. 矿体特征

矿化带赋存于次火山穹窿内的石英闪长玢岩-花岗闪长斑岩隐爆角砾岩筒中(或发育在闪长岩与石英闪长玢岩-花岗闪长斑岩的接触带内),为含金-铜镜铁矿网脉状矿化带。矿带(矿体)总体走向65°~70°,倾向SE,倾角70°。矿区有4个矿带组成,总计含11个大小不同的矿体,其中主矿体厚0.95~55.5 m,平均厚16.25 m,其他矿体规模较小。矿体形态以层状、薄板状为主,局部膨大成透镜状、扁豆状、纺锤状等,矿体内部结构复杂,沿走向及倾向具有明显的分支复合、尖灭再现现象(图19-3)。

4. 矿石特征

矿物成分:矿石矿物主要为自然金、银金矿、黄铜矿、镜铁矿;次要为黝铜矿、斑铜矿、蓝辉铜矿、方铅矿、白铅矿、磁黄铁矿、褐铁矿、软锰矿、菱锰矿等;脉石矿物有石英、重晶石、方解石、绢云母、绿泥石等。

化学成分:矿石中有益组分Au含量一般为$0.38\times10^{-6}\sim5.39\times10^{-6}$,平均为$1.3\times10^{-6}$; Cu含量一般为0.30 %~2.5 %,平均为0.58 %; Ag平均为6.54×10^{-6},S为3.54 %,Pb为0.03 %,Zn为0.02 %。

结构构造及矿石类型:矿石主要为自形—半自形—他形粒状结构;其次为斑状结构、反应边形结构等。矿石构造主要为角粒状构造及网脉状构造,其次为细脉状构造和星点浸染状构造。矿石自然类型分为硫化矿石和氧化矿石2种;工业类型分为铜矿石(占65 %)、金-铜矿石(占18 %)和金矿石(占17 %)3种。

---

❶ 山东省地质局第四地质队,朱杰等,山东省五莲县七宝山金线头矿区铜矿详查地质报告,1981年,1982年;山东省区域地质调查队1:20万日照幅区域地质调查报告(矿产部分),1982年。

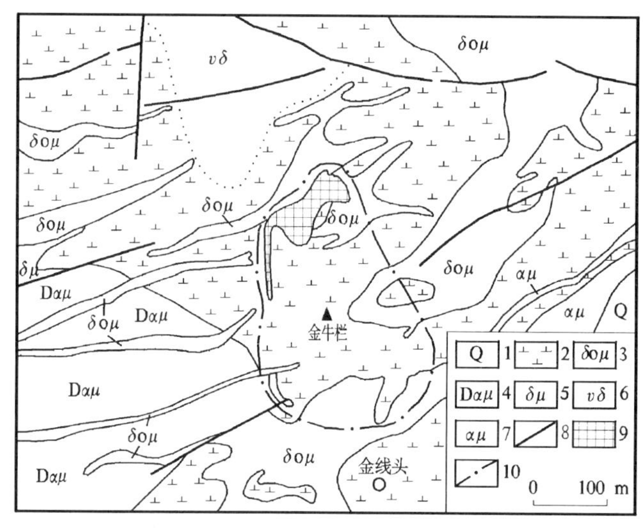

图 19-2 五莲县七宝山金线头金-铜矿区地质简图

(据山东省地质局第四地质队朱杰等原图编绘 1982)

1—第四系;2—燕山晚期闪长岩;3—燕山晚期石英闪长玢岩;4—燕山晚期大岭安山玢岩;5—燕山晚期闪长玢岩;6—燕山晚期辉石闪长岩;7—燕山晚期安山玢岩;8-断层;9—含金-铜镜铁矿矿带;10—含金-铜镜铁矿矿化带边界线

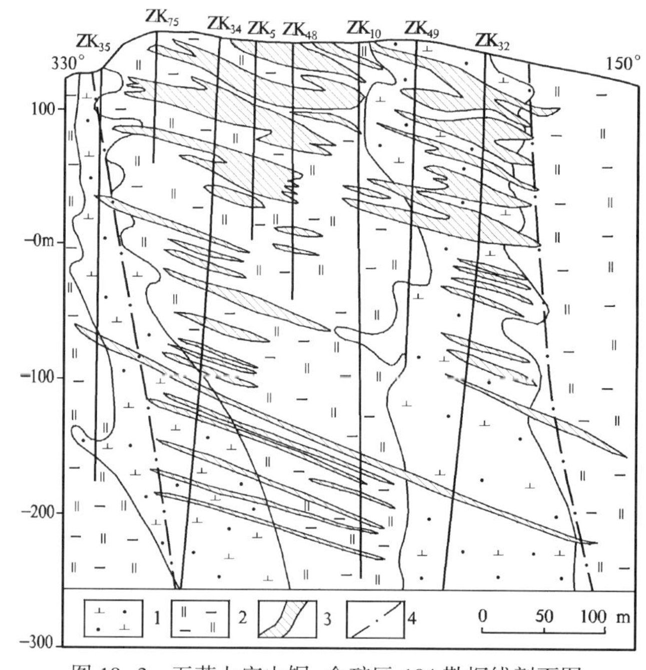

图 19-3 五莲七宝山铜-金矿区 104 勘探线剖面图

(据山东省地质局第四地质队朱杰等原图编绘 1982;《山东矿床》,2006)

1—燕山晚期石英闪长玢岩;2—燕山晚期辉石二长岩;3—金-铜矿体;4—角砾岩筒边界

5. 围岩蚀变特征

矿带的顶底板围岩(闪长岩和安山玢岩、闪长玢岩等)均遭受不同程度的蚀变;矿化带的蚀变作用强烈而普遍。主要为绢云英岩化、硅化、绿泥石化、高岭土化、碳酸盐化等;矿化与绢英岩化关系密切。

6. 矿床成因

矿床在成因上与燕山晚期大岭杂岩体晚期热液活动有直接联系(张小允,2001)。网脉状的矿化体和网脉—细脉状的矿石构造等矿床特征,表明它们是含矿热液沿张性节理裂隙充填交代的结果。从硫同位素组成看,成矿的硫应源于下地壳;而主要金属沉淀于310~160 ℃的数据表明,成矿是在中低温环境下进行的。鉴于此,五莲七宝山金线头金-铜矿石应属于与潜火山活动密切相关的潜火山热液裂隙充填交代型矿床。

7. 地质工作程度及矿床规模

20世纪50~80年代,山东省地矿、冶金等地勘单位,曾在五莲县七宝山的金线头、敞沟、尧头、金牛栏一带先后开展地质勘查工作;21世纪初,山东省第八地质矿产勘查院继续在金线头一带开展以铜矿为主的地质工作。经过几轮地质工作,已基本查明成矿条件及矿床规模。金矿达到中型规模;铜、银、硫为小型规模。

二、火山热液充填交代型(钓鱼台式)硫铁矿矿床矿床式及代表性矿床

(一)矿床式

1. 区域分布

在胶莱拗陷与胶南隆起相接地带,中生代火山机构较为发育,其总体上呈NW—SE向展布,火山热液充填交代型硫铁矿分布在火山机构附近。如:五莲七宝山、分岭山、马耳山及诸城马连口、石屋子沟等硫铁矿矿床(点)(图19-4)。

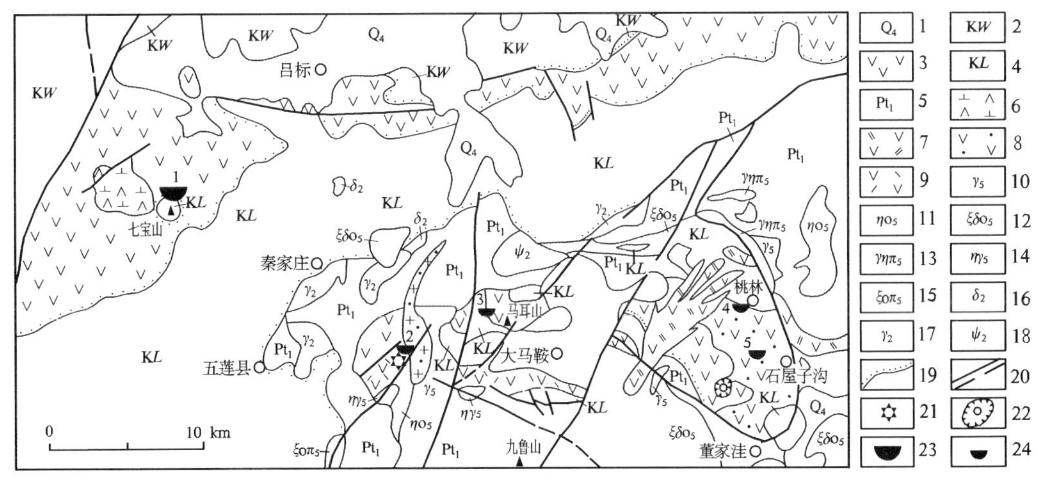

图19-4　五莲七宝山-诸城桃林火山机构中硫铁矿矿床(点)分布简图

(据山东省地质局第四地质队1978年资料编绘;引自《山东非金属矿地质》,1998)

1—第四系;2—晚白垩世王氏群;3—早白垩世青山群;4—早白垩世莱阳群;5—古元古代变质地层;6—早白垩世青山期细粒辉石角闪闪长岩;7—青山期英安斑岩、石英粗安玢岩、英安流纹斑岩;8—青山期粗安玢岩、石英粗安质凝灰熔岩;;9—安山玢岩;10—燕山期中粗粒花岗岩;11—燕山期石英二长岩;12—燕山期正长石英闪长岩;13—燕山期二长花岗斑岩;14—燕山期二长花岗岩;15—燕山期正长石英斑岩;16—中元古代闪长岩;17—中元古代花岗岩;18—中元古代角闪辉石岩;19—不整合地质界线;20—实(推)测断层;21—火山构造中心;22—火山通道;23—大型硫铁矿矿床;24—小型硫铁矿矿床(点)

硫铁矿矿床(点)编号:1—五莲七宝山;2—五莲分岭山;3—五莲马耳山;4—诸城马连口;5—诸诚石屋子沟

2. 矿床产出地质背景

区内西起五莲七宝山,往东南至诸城桃林一带的几处中生代火山岩盆地(凹陷)中,发育着早白垩

世青山群八亩地组及石前庄组(相当于早白垩世青山期第Ⅱ,Ⅲ火山活动旋回产物),分布着几个火山机构,每个火山机构岩性各具特点。七宝山火山机构主要岩性为基性-中性-中酸性次火山岩杂岩;分岭山火山机构主要岩性为花岗斑岩质次火山岩;马耳山火山机构中心为流纹斑岩,四周为流纹质熔岩及安山质熔岩;桃林火山机构主要岩性为石英粗安玢岩,局部过渡为石英安山玢岩和英安玢岩。在上述火山机构附近普遍发育有绢英岩化、青磐岩化、高岭土化和黄铁矿化蚀变。

3. **矿体特征**

火山热液充填交代型硫铁矿矿床的围岩,均为早白垩世青山群火山岩。如五莲七宝山钓鱼台硫铁矿矿体围岩为一套安山质火山碎屑岩和安山质火山熔岩及安山质次火山岩,其归属于青山群八亩地组。诸城桃林马连口硫铁矿矿体围岩为流纹质火山碎屑岩和英安质火山碎屑岩及粗面岩类岩石,其归属于青山群石前庄组和方戈庄组。

以火山碎屑岩为围岩的硫铁矿矿体,呈似层状或透镜状,其产状与地层产状一致,倾斜平缓。如五莲七宝山钓鱼台硫铁矿,为规模较大的似层状矿体,其产状与围岩(青山群八亩地组)一致。五莲分岭山、马耳山及诸城马连口等硫铁矿矿体围岩以次火山岩体为主,矿体受次火山岩岩体形态及断裂构造的影响,产状变化比较大,矿体规模相对较小,呈透镜状和脉动状。

4. **矿石特征**

火山热液充填交代型硫铁矿矿石,是单独硫铁矿矿床的主体,其矿石量约占单独硫铁矿型矿床总矿石量的98 %以上。五莲七宝山、诸城马连口等硫铁矿均属此类型。

该类型矿石一般为灰白色,呈块状,主要由含黄铁矿的安山质凝灰岩、安山质火山角砾岩及安山质次火山岩等矿化岩石构成。

矿物成分:矿石中主要矿石矿物为黄铁矿(10 %~15 %),并含少量磁铁矿、磁黄铁矿、方铅矿、闪锌矿、黄铜矿等。脉石矿物主要为石英(15 %左右)、绢云母(30 %左右)、方解石(45 %左右)及少量斜长石、磷灰石、黄玉、绿泥石、重晶石等。

结构构造及矿石类型:矿石主要呈半自形—他形粒状结构;浸染状、稠密浸染条带状、斑点状、“镶边”状、细脉浸染状构造,少数呈脉状构造。由于火山热液充填交代型硫铁矿矿床主要与火山碎屑岩有关,因此,矿石主要为浸染状构造。此类型硫铁矿矿体,以原生矿石为主,氧化矿石很少;可分为凝灰岩型硫铁矿矿石、火山角砾岩型硫铁矿矿石,次火山岩型硫铁矿矿石及脉状硫铁矿矿石。

化学成分:矿石中有益组分S品位变化在3 %~10 %之间,平均品位在5 %左右,最高品位为13 %,伴生有益组分Au为0.013 5×10^{-6},Ag为1.416×10^{-6},Cu为0.023 %,Co为0.002 %,这些伴生组分含量甚微,均达不到综合回收利用要求。矿石有害组分Pb含量为0.002 %,Zn为0.027 %, As为0.003 %,F为0.094 %,这些有害组分除个别地段上F(主要赋存在磷灰石及黄玉中)含量稍高外,其他均未超过工业允许含量范围。

5. **围岩蚀变特征**

此类矿床围岩蚀变发育,主要为绢英岩化、青磐岩化、高岭土化和黄铁矿化。

6. **矿床成因**

据张连营等(1996)对五莲七宝山与硫铁矿伴生的金-铜矿稳定同位素及气液包体等的研究报道,此类矿床的成矿组分与火山物质为同一来源;S,Pb均为深源,其是在中低温、浅成/超浅成及较高氧逸度的条件下形成的火山热液充填交代型矿床。

(二)代表性矿床——五莲县钓鱼台硫铁矿矿床地质特征[1]

[1] 山东省第四地质队,钟琢先等,五莲县钓鱼台矿区黄铁矿勘探地质报告,1978年。

1. 矿区位置

该矿床位于五莲县城西北约 15 km 的七宝山北侧至钓鱼台附近。在地质构造部位上处于沂沭断裂带中的昌邑-大店断裂东侧,胶莱拗陷西南缘。居于由 NE 与 NW 向的次级断裂构造复合部位所控制形成的七宝山火山机构的东北部。

2. 矿区地质特征

七宝山火山机构平面上呈椭圆形,NW-SE 轴向稍长,面积约 12 km^2(图 19-5)。组成火山机构的火山岩分为喷发相、溢流相和沉积火山岩相,各火山岩相在平面上近似于环状分布。在火山机构中心地段分布有多期次潜火山岩——大岭火山杂岩体,为早白垩世青山期火山喷发之后形成的基性-中性-中酸性火山喷溢岩体。

围绕火山机构发育有近环状分布的断裂,其中充填了岩浆活动晚期形成的安山玢岩、玄武玢岩等各类岩脉。在七宝山火山机构大规模火山活动之后,含硫热液活动,形成了分布于七宝山火山机构及其四周的“面型”绢英岩化、青磐岩化及黄铁矿化蚀变,为七宝山钓鱼台硫铁矿形成提供了物质基础。

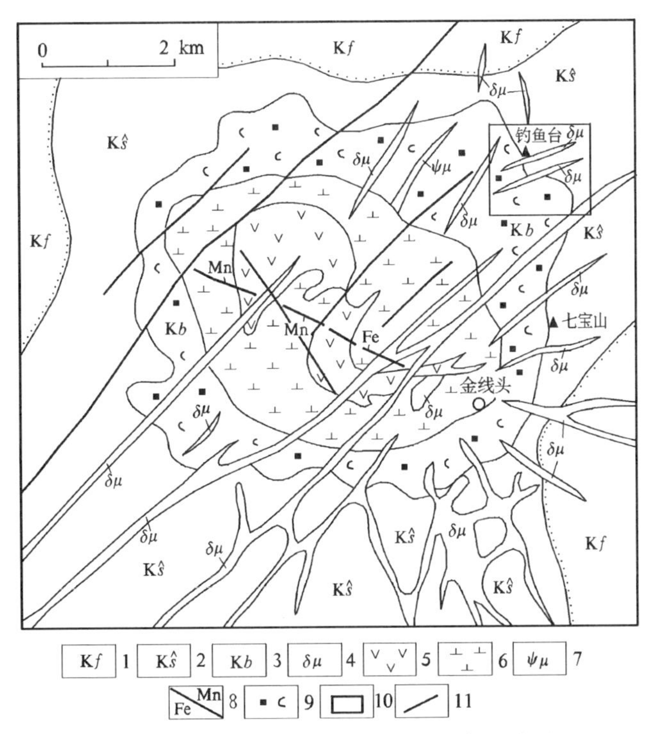

图 19-5　五莲七宝山火山机构地质构造略图

(据山东省地质局第四地质队 1978 年资料编绘;引自《山东非金属矿地质》,1998)

1—早白垩世青山群方戈庄组;2—青山群石前庄组;3—青山群八亩地组;4—石英闪长玢岩-花岗闪长玢岩;5—安山玢岩-闪长斑岩;6—辉石闪长岩-闪长岩;7—角闪安山玢岩;8—镜铁矿脉、铁锰矿脉;9—绢英岩化蚀变岩;10—钓鱼台硫铁矿矿区范围;11—断层

3. 矿体特征

矿体由黄铁矿化安山质火山岩构成,规模较大,平面上呈椭圆状,剖面上为似层状。矿体长度为 1 000 m,最大宽度为 800 m,平均厚度为 93 m,最大控制厚度为 338 m,矿体总体走向与火山岩层一致,为 40°~50°,倾向 SE,倾角 20°左右(图 19-6)。

4. **矿石特征**

矿物成分:主要矿石矿物为黄铁矿,含量在10 %左右,偶见磁黄铁矿;脉石矿物主要为石英、绢云母、方解石及少量斜长石、磷灰石、磁铁矿、黄玉等。

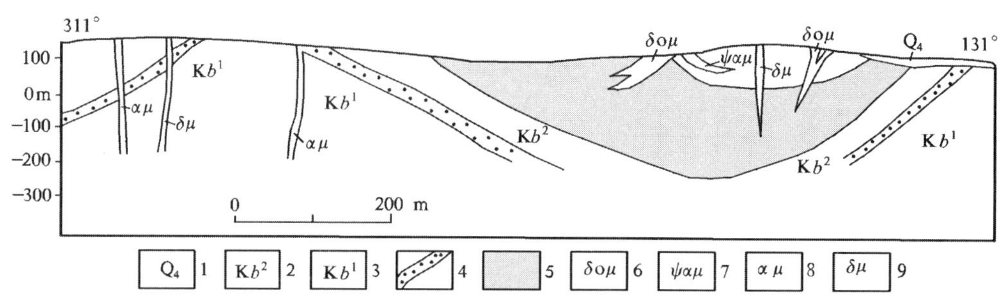

图19-6　五莲七宝山钓鱼台硫铁矿矿体剖面简图

(据山东省地质局第四地质队1978年资料编绘;引自《山东非金属矿地质》,1998)

1—第四系;2—早白垩世青山群八亩地组二段;3—八亩地组一段;4—早白垩世青山期安山玢岩;5—硫铁矿矿体;6—青山期石英闪长玢岩;7—青山期角闪安山玢岩;8—青山期安山玢岩;9—青山期闪长玢岩

结构构造及矿石类型:主要为半自形—他形粒状结构,少量呈自形晶粒状结构。矿石多呈浸染状、稠密浸染状、斑点状、镶边状、细脉浸染状构造。矿石主要类型有火山碎屑岩型、凝灰岩型、火山角砾岩型、次火山岩型及脉状型。

化学成分:矿石S品位一般为3 %~10 %,平均品位为5 %左右。伴生有益组分有Au,Ag,Cu,Co等,但含量低,达不到综合利用要求。有害组分除F含量偏高外,Pb,Zn,As等含量均很低,未超过工业指标要求。

5. **围岩蚀变特征**

矿床围岩蚀变较发育,主要有早期面型绢英岩化和晚期脉型绢英岩化,属近矿蚀变类型。硅化和青磐岩化蚀变是叠加在绢英岩化蚀变之上的区域面型蚀变,黏土化和碳酸盐化为成矿作用晚期普遍发育的蚀变作用。所发现的蚀变和黄铁矿化均围绕七宝山火山机构呈近似同心圆状或带状分布。与黄铁矿体有直接联系的蚀变为绢英岩化。

6. **矿床成因**

五莲七宝山钓鱼台硫铁矿床为受控于中生代燕山晚期火山机构、火山岩地层岩石及断裂构造的火山热液充填交代型矿床。

7. **地质工作程度及矿床规模**

自20世纪60年代中期起到70年代末,山东省地质局有关单位在五莲七宝山金牛栏—钓鱼台一带,开展了较系统的地质勘查和地质科研工作,基本查清了矿区地质特征及矿化特征;查明其为一大型低品位(S含量平均为5.24 %)硫铁矿矿床。

三、火山热液蚀变型(将军山式)明矾石矿床矿床式及代表性矿床

(一) 矿床式

1. **区域分布**

山东目前所发现的2处明矾石矿床,分布在沂沭断裂带东侧的胶南隆起西北部及西部边缘的白垩纪火山岩盆地中。

2. 矿床产出地质背景

明矾石矿化发生在青山群八亩地组安山质火山岩内——相当于早白垩世青山期第Ⅱ火山喷发旋回的b韵律。明矾石的成矿作用与青山期第Ⅱ火山活动旋回，无论在空间上、时间上，还是在物质成分上，均具有密切的联系（图19-7）。

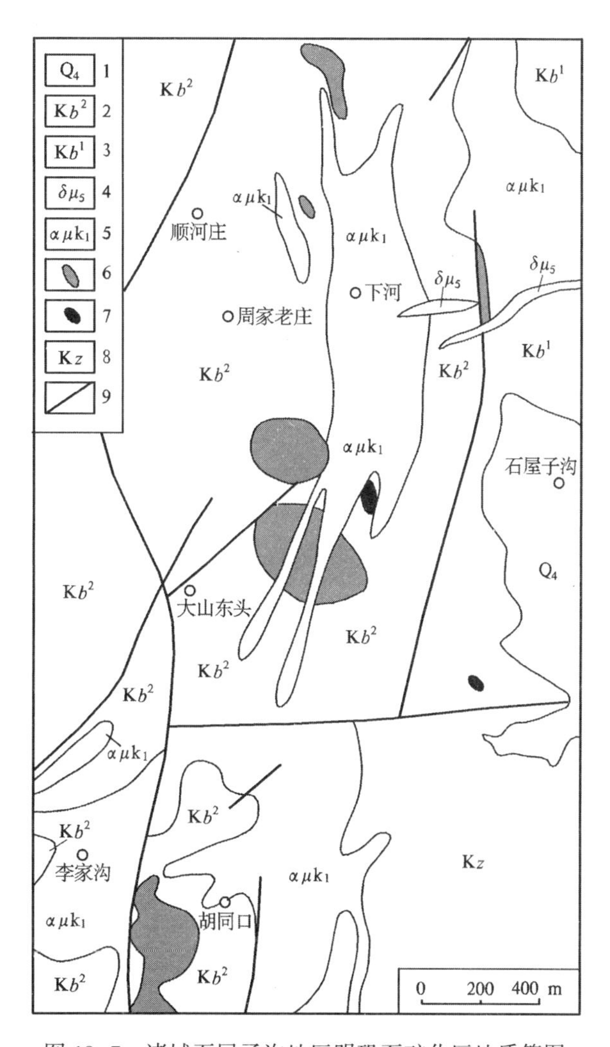

图19-7　诸城石屋子沟地区明矾石矿化区地质简图

（据山东省第四地质矿产勘查院资料编绘，2001；引自《山东矿床》，2006）

1—第四系；2—白垩纪青山群八亩地组二段；3—八亩地组一段；4—中生代燕山晚期闪长玢岩；5—早白垩世青山期潜火山岩；6—明矾石化次生石英化蚀变岩；7—明矾石矿体；8—白垩纪莱阳群止凤庄组；9—断层（F_1为昌邑-大店断裂）

3. 矿体特征

矿体主要为层状、似层状，个别呈透镜状。层状、似层状矿体与围岩产状一致；矿体与围岩呈渐变关系。矿体规模大小不一、变化较大。单矿体最长580 m，最短50 m，大多在100～150 m之间；最宽（延深）70 m，最窄10 m，一般为30～40 m；最厚40 m，最薄3 m，大多在10 m左右。

矿体分布在白垩纪青山群八亩地组中亚组和上亚组中并受其控制，其产状与含矿层位的产状一致，但因受后期断裂构造和岩浆活动的影响，产状在同一矿区亦有所变化。

4. 矿石特征

矿物成分:矿石矿物为明矾石,约占45 %~50 %;脉石矿物主要为石英(50 %*左右*),其次为高岭石(5 %~10 %);有少量绢云母、绿泥石、绿帘石、斜长石、钾长石、水铝石、叶腊石等。副矿物有锆石、磷灰石、榍石、金红石等。

化学成分:矿石的有益组分为 SO_3, Al_2O_3, K_2O 等,有害组分为高岭石和铁质。SO_3 含量多在11.30 %~15.00 %之间,最高22.57 %;Al_2O_3 含量多在14.14 %~19.36 %之间,最高为25.02 %;K_2O 含量多在2.39 %~3.85 %之间,最高为4.69 %;(Fe_2O_3+ FeO)含量在1.42 %~3.76 %之间,最高5.28 %。

结构构造及矿石类型:矿石的主要结构有变余角砾凝灰结构、细粒变晶结构和隐晶鳞片变晶结构等。矿石构造主要有块状构造,其次为细脉状及角砾状构造。矿石类型为石英明矾石型,工业类型为钾明矾石型。

5. 围岩蚀变特征

明矾石矿围岩蚀变发育,在空间上具有较为明显的分带现象。据其与地层层位的关系可大体分为上、中、下3个矿带。① 上带:明矾石化-次生石英岩化带——形成明显的蚀变带盖帽。② 中带:明矾石化-绢云母硅化带——位于蚀变带中部,以明矾石化为主要特征,主要蚀变为明矾石化、高岭土化、绢云母化、硅化等。矿体赋存在其中。③ 下带:黄铁绢英岩化-青磐岩化带——面广且厚度大,主要蚀变有黄铁矿化、绢云母化、绿泥石化、绿帘石化和碳酸盐化等。

6. 矿床成因

山东省内产于白垩纪青山群火山岩系中的明矾石矿床的成矿作用过程,基本是水热溶液对火山岩系的改造过程,可将其归属于大陆边缘火山带上水热蚀变型明矾石矿床(*祝有海等*,1995),其成矿模式可与矿床成因类型相似的安徽庐江矾山明矾石矿床相对比。

(二) 代表性矿床——莒南县将军山明矾石矿床地质特征[1]

1. 矿区位置

明矾石矿区位于莒南县西北将军山,距县城17 km。东西长5 km,南北宽2 km,面积约10.7 km^2。自西而东包括将军山、大凹、万羊山和庙山4个矿段,呈NW向展布。矿区在地质构造部位上,居于昌邑-大店断裂带东侧的莒南凹陷西北部的中生代火山岩盆地中(图19-8)。

2. 矿区地质特征

矿区西部及东北部为第四系;在矿区西部靠近昌邑-大店断裂一带出露白垩纪王氏群,其与白垩纪青山群及中生代燕山晚期正长岩体为断层接触。矿区内出露的含矿地层为青山群八亩地组,主要岩性为安粗岩及安粗质熔结角砾凝灰岩。矿区内侵入岩发育,燕山晚期正长岩及部分二长岩广泛分布在区内北半部,部分出露于矿区中部,包围或穿插在青山群八亩地组中,对八亩地组及明矾石矿体分布的连续性,产生一定的破坏作用。

矿区西靠沂沭断裂带东侧的昌邑-大店断裂,其次级断裂构造发育,主要有NNE向和NW向2组。NNE向断裂多次活动,常切割错断矿化层及明矾石矿体;平行矿化带的部分NW向断裂则造成了第2期明矾石矿化的叠加和矿石有用组分的富化。

3. 矿体特征

明矾石矿体赋存在中生代白垩纪青山群八亩地组安粗角砾凝灰岩中。安粗角砾凝灰岩既是矿化岩石又是矿体围岩。含矿层西起将军山,东至庙山断裂,断续延长约5 000 m,宽100~200 m;受后期断裂

---

[1] 1981~1986年,山东省地质局第八地质队李清海、刘元暖等先后在莒南县将军山明矾石矿区取得的地质勘查成果。

构造和岩浆侵入的影响，被分割成庙山、万羊山、大凹、将军山4个矿段。

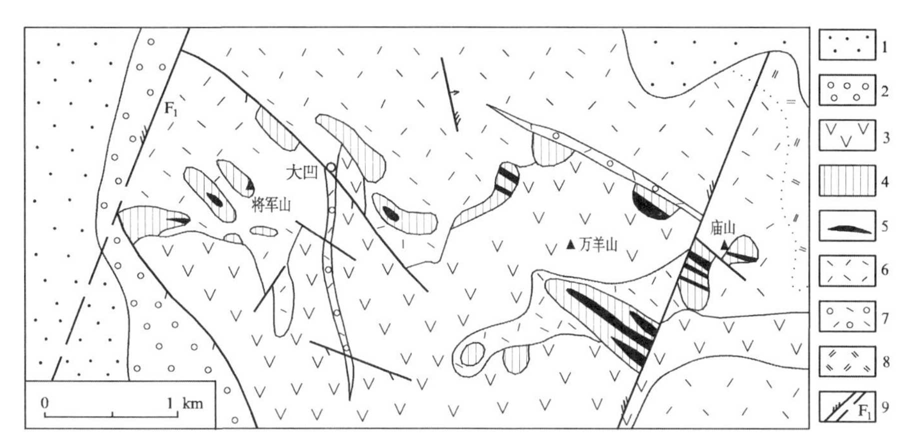

图19-8　莒南将军山明矾石矿地质简图

（据山东省地矿局第八地质队，1984）

1—第四系；2—白垩纪王氏群；3—白垩纪青山群八亩地组安粗岩；4—八亩地组明矾石化熔结角砾凝灰岩；5—明矾石矿体；6—中生代燕山晚期正长岩；7—燕山晚期石英正长岩；8—燕山晚期二长岩；9—断层（F_1为昌邑-大店断裂）

矿区内共查明28个矿体。矿体为层状、似层状或透镜状，其产状与围岩产状基本一致。庙山和万羊山矿段矿体倾向200°~220°；将军山、大凹矿段矿体倾向20°~40°。各矿段矿体倾斜较缓，倾角大多在35°左右（图19-9）。

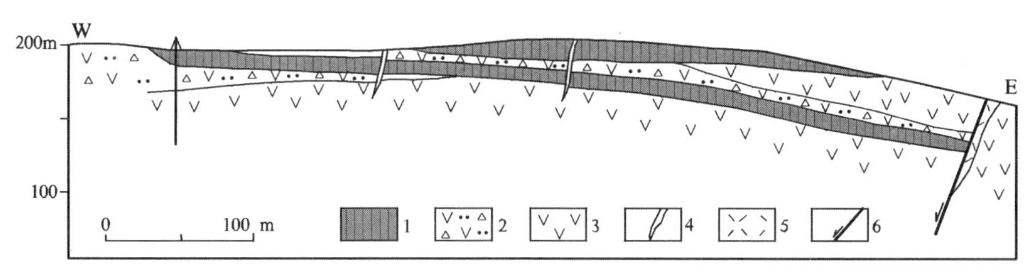

图19-9　莒南将军山明矾石矿万羊山矿段A-C地质纵剖面简图

（据山东省地矿局第八地质队，1984）

1—明矾石矿体；2—白垩纪青山群八亩地组安粗质熔结角砾凝灰岩；3—八亩地组安粗岩；4—燕山晚期安粗玢岩；5—燕山晚期正长岩；6—断层

各矿段矿体规模差别较大，矿区内查明的28个矿体，长度在50~580 m之间，多为100~200 m；矿体厚度在3~40 m之间，平均约11.3 m；延深在19~70 m之间，平均为34.8 m。多数矿体沿走向及倾向变化较小，分布较稳定。

4. 矿石特征

矿物成分：矿石的矿物成分主要为明矾石和次生石英，含有少量的绿帘石、绿泥石、水铝石、钠长石、叶腊石、高岭土等。

化学成分：矿石有益组分SO_3含量变化较稳定，各矿段的平均含量接近，为12.70 %（明矾石含量相当于32.89 %）至13.78 %（明矾石含量相当于35.71 %）。矿石中K_2O含量2.39 %~4.75 %，Na_2O<1 %；有害物质高岭石含量<12 %，铁质<3 %。

结构构造:矿石以变余角砾凝灰结构为主,次为粒状变晶结构;以块状构造为主,次为细脉状构造和角砾状构造。呈块状构造的矿石,其明矾石为单体或集合体均匀分布;细脉状者,明矾石沿岩石中的裂隙充填分布;角砾状者呈原岩中的晶屑、岩屑形态出现。

矿石类型:将军山矿区明矾石的矿石类型为单一的石英明矾石型,工业类型为钾明矾石型。矿石品级只有将军山矿段Ⅳ号矿体为Ⅱ级品(SO_3的平均品位为18.03%,相当于明矾石含量的46.71%);其余矿体皆为Ⅲ级品(SO_3的品位变化在11%~14%之间,相当于明矾石含量的28.5%~36.27%)。

5. 围岩蚀变

矿体与围岩的界线不明显,仅依据SO_3的含量来划分。次生石英岩化是该矿床的主要围岩蚀变类型,它与明矾石密切相关;绿帘石化、高岭石化局限在个别地段,且与明矾石化一般不共生。蚀变矿物的大致生成顺序由早到晚为:次生石英—明矾石—钠长石—绿帘石、水铝石—高岭石—叶腊石—绿泥石。

6. 矿床成因

莒南县将军山明矾石矿属于中生代大陆边缘火山带上水热交代蚀变型矿床,它是火山成矿热液(亦可能含有部分岩浆热液、地下热水)运移到构造条件优越的的空间,在适宜的围岩(中酸性火山碎屑岩)和温度、压力条件下,热液中的成矿物质与围岩交代,形成明矾石矿。

7. 地质工作程度及矿床规模

莒南县将军山明矾石矿,在1981~1984年间,山东省地质局第八地质队已进行了勘查评价,基本查明了矿床地质特征和矿床规模,为一小型明矾石矿床。

四、陆相火山岩型(涌泉庄式)膨润土-沸石岩-珍珠岩矿床矿床式及代表性矿床

该类矿床主要分布在胶莱拗陷边缘及沂沭断裂带北段的火山-沉积盆地中。矿床赋存在早白垩世青山群火山-沉积岩系中,青山群石前庄组为主要赋矿层位。膨润土、沸石岩、珍珠岩(俗称"三矿")常相伴产出。如,潍坊涌泉庄、诸城青墩-芦山、莱阳白藤口、胶州李子行-石前庄等矿区;部分为其中的2个矿种相伴产出(如莱西于家洼矿区主要为沸石岩与珍珠岩矿)或1个矿种单独产出(如荣成龙家-大岚头矿区主要为珍珠岩矿)。

(一)矿床式

本成矿系列中的膨润土、沸石岩、珍珠岩3个矿种发育在同一地质构造环境,它们产出的成矿地质背景主要控矿地质因素基本是一致的。但有些矿区并非"三矿"共生,而是其中2个矿种或1个矿种,故分别列出膨润土、沸石岩、珍珠岩各矿种的矿床式,以便于研究对比。

1. 膨润土矿床式

(1) 区域分布

此类膨润土矿床主要分布在鲁东地区的胶莱拗陷南缘、东缘及沂沭断裂带北段地区;有潍坊涌泉庄、莱阳白藤口、五莲院西、诸城积沟、胶州李子行-石前庄、崂山东大洋等矿床(点)。

(2) 矿床产出地质背景

该类矿床主要发育在胶莱拗陷边缘及沂沭断裂带北段的火山-沉积盆地中。矿床赋存在早白垩世青山群火山-沉积岩系中,青山群石前庄组为主要赋矿层位。

(3) 含矿岩系及矿体特征

此类膨润土矿多数赋存在早白垩世青山群内,其中多数矿床产于青山群石前庄组中,少数产于后夼组中,与酸性-中酸性火山岩关系密切。在许多矿床中,膨润土往往与沸石岩、珍珠岩共生。此类型矿床依据原岩和产状特征,可分为陆相火山碎屑岩水解蚀变型和陆相火山熔岩水解蚀变型2个亚类型。

① 陆相火山碎屑岩水解蚀变亚型膨润土矿床是火山爆发时形成的火山碎屑物质中的玻璃质，经堆（沉）积、水化、水解、结晶成岩而形成的。矿体产于距火山通道不远的火山碎屑岩中，多呈层状、似层状，矿层多、矿化均匀，矿体规模较大，延伸稳定。潍坊涌泉庄、诸城青墩及胶州石前庄等膨润土矿属此类型。② 陆相火山熔岩水解蚀变亚型膨润土矿床是由火山喷溢形成的火山玻璃质岩石（如珍珠岩、松脂岩），经水化、水解、结晶等过程形成的。该类型矿床分布于近火山通道的火山熔岩中，矿体多呈透镜状、团块状、囊状等形态，矿体规模较小，矿化不均匀，矿石质量变化较大。莱阳白藤口膨润土矿床属于此类型。

依据碱性系数 K[$(ENa^{+}+EK^{+})/(ECa^{2+}+EMg^{2+})$]分类，此类矿床膨润土可分为钠基膨润土（K≥1；主要分布在地表）和钙基膨润土（K<1；发育在地下）。

（4）矿石特征

矿物成分：主要矿物为蒙脱石（含量多在 65 %～86 %之间）；其次为石英（6 %～22 %）、方英石（0～13 %）、长石（0～8 %）、方解石（0～3 %）等。

化学成分：膨润土矿石具有 SiO_2/Al_2O_3 分子比率较高的特点（7.56～8.52）；SiO_2 偏高（67.78 %～71.12 %），Al_2O_3 偏低（13.20 %～15.01 %），属于铝过饱和系列的富碱、富水的铝硅酸盐类岩石。

结构构造：该类矿床的膨润土矿石多保留着火山岩的某些结构构造特点，矿石具变余凝灰结构、变余土状结构、变余火山角砾结构；具凝灰角砾构造、变余层理构造、变余流纹构造及块状构造等。

矿石类型：依据矿石结构构造及原岩特征，分为 4 种类型——块状（珍珠岩）型、凝灰角砾岩型、凝灰型和集块型矿石。

矿石主要物理性能：① 阳离子交换容量较高（mmol/g）——CEC 为 0.524～0.966；EK+为 0.013～0.017；ENa+为 0.017～0.158。② 吸湿性较强，吸水率（%）一般为 150～170，最高达 249.6。③ 膨胀倍较高，一般为 7～10 ml/g，最高达 31.4 ml/g。④ 较强的脱色力，脱色率一般为 70～120，最高达 186。⑤ 较高的耐火度，一般为 1 338～1 500 ℃。⑥ 较强的抗压、抗拉等力学性能，湿压强度一般为 0.021～0.054 MPa，干压强度为 0.32～0.52 MPa。

（5）矿床成因

此类矿床为严格受控于白垩纪火山盆地构造及火山岩系的水解蚀变型膨润土矿床。

2. 沸石岩矿床式

（1）区域分布

目前山东省内所发现的 30 余处沸石岩矿床（点）主要分布在潍坊、诸城、五莲、胶州、莱阳、莱西、荣成、安丘、莒县、莒南等地；在地质构造位置上，居于沂沭断裂带内及其以东的胶北隆起、胶莱拗陷和胶南造山带内，主要产于胶莱拗陷边缘及沂沭断裂带北段的次级构造单元中。

（2）矿床产出地质背景

该类矿床主要发育在胶莱拗陷边缘及沂沭断裂带北段的火山-沉积盆地中。矿床赋存在早白垩世青山群火山-沉积岩系中，青山群石前庄组和八亩地组为主要赋矿层位。

（3）含矿岩系及原岩特征

沸石岩矿床赋存在早白垩世青山群石前庄组和八亩地组中，其中多数沸石岩矿床，特别是大中型沸石岩矿床发育于石前庄组中，八亩地组中所见均为小型矿床（点）。

含沸石岩、膨润土、珍珠岩矿的青山群石前庄组，为一套酸性火山熔岩-火山碎屑岩沉积建造。主要岩性为流纹质凝灰岩、角砾岩及流纹岩，碱流纹质集块角砾岩及少量黑曜岩、珍珠岩、球粒流纹岩等，构成了早白垩世青山期第Ⅲ火山喷发-沉积旋回。

含矿原岩为酸性火山碎屑岩及火山熔岩。前者有熔结凝灰岩、角砾凝灰岩、火山角砾岩等；后者有流纹岩、玻璃质熔岩（珍珠岩、松脂岩、黑曜岩）等。

（4）矿体特征

山东沸石岩矿床产于早白垩世火山-沉积岩系中，产出严格受控于地层及火山岩。因此，矿体形态基本呈层状或似层状，产出与火山岩产状基本一致。但由于控矿的火山岩产出的空间位置（火山岩相）及形态的差异，矿体的形态与规模及矿石特征等也有所不同。① 产于火山沉积岩相内的沸石岩矿体主要为层状或似层状，矿体规模较大（长逾二三千米），矿石质量稳定，斜发沸石和丝光沸石均有，常呈角砾状、凝灰状、致密块状等构造。这是山东沸石岩矿的一种主要产出类型，潍坊涌泉庄沸石岩矿床即发育于火山沉积相内。② 产于火山爆发堆积相内的沸石岩矿体一般呈似层状、透镜状等形态，矿体常随火山的多次喷发堆积而具多层次性。矿体规模一般较大（单矿体长达千米左右）。矿石多呈集块状、角砾状构造，质量变化较大，丝光沸石、斜发沸石均有。这是山东沸石岩矿的另一种主要产出类型。诸城青墩-芦山、胶州李子行、莱西于家庄-福山后等矿床多产于火山爆发堆积相内。③ 产于火山溢流相内的沸石岩矿体常呈岩流状、岩枝状、岩盖状等形态，规模不大，单矿体长几十米至几百米，矿石质量变化较大，以丝光沸石为主。荣成龙家-大岚头沸石岩矿产于火山溢流相内。④ 产于火山颈相内的沸石岩矿体规模一般较小（单矿体多在150~200 m之间）。矿体多呈透镜状，其倾角受火山颈壁形态控制，变化较大（地表缓，延深变陡）。矿石以角砾型为主，矿石矿物以丝光沸石为主。莱阳白藤口沸石岩矿为产于火山颈相内的典型矿床。

（5）矿石特征

矿物成分：矿石中的沸石矿物约占20 %~70 %，其中以丝光沸石居多，斜发沸石次之，片沸石较少。沸石的伴生矿物以蒙脱石居多，其次有伊利石、石英、玉髓、蛋白石、方石英、长石、绿鳞石、绿泥石、碳酸盐矿物等。沸石岩中的沸石及伴生矿物都是酸性火山玻璃物质在沸石化、蒙脱石化过程中的蚀变及淋滤产物。此外，尚见有透长石、钠-奥长石、黑云母、普通角闪石等原岩残留矿物斑晶及磷灰石、榍石、锆石、磁铁矿等副矿物。

化学成分：① 丝光沸石岩具有高硅、高铝、富钾、低钙的特点（SiO_2多为68 %~72 %，Al_2O_3多为12 %~15 %，SiO_2/ Al_2O_3分子数值一般为9~10），属高硅丝光沸石。② 斜发沸石岩具有高硅、高铝、富钙的特点（SiO_2多为69 %~71 %，Al_2O_3多为11 %~13 %，SiO_2/ Al_2O_3分子数值一般为9~10），属高硅斜发沸石。

结构构造及矿石类型：沸石岩矿石为一种致密块状蚀变岩石，多保留原岩的一些结构构造特征。具有凝灰、角砾、塑状、斑状、粉砂状、隐晶状等结构；集块状、角砾状、凝灰状、流纹状、珍珠状、块状、石泡状等构造。其中比较多见的为角砾凝灰结构（如诸城青墩、安丘胡峪、莒南侍家宅子沸石岩矿）和凝灰角砾结构（如潍坊涌泉庄、诸城芦山、莱阳白藤口、莱西于家洼沸石岩矿），而斑状结构（如胶州李子行沸石岩矿）、纤维鳞片变晶结构（如胶州黑山前沸石岩矿）等较为少见。按矿石结构、构造和原岩等特征，可将山东省内沸石岩划分为4种基本矿石类型，即：集块型矿石、角砾型矿石（常见类型）、凝灰型矿石（较常见类型）和块状型矿石。

矿石物理化学性能：山东丝光沸石和斜发沸石具有较良好的物理化学性能。① 具有较良好的吸附性能，在加温500℃条件下最大脱水失重达11.2 %。② NH^{4+}交换容量（mmol/g）平均为1.00~1.20，K^+交换容量（mmol/g）一般为4~10。③ 耐酸性较好，沸石岩在100℃的10 mol盐酸中，2小时晶格没有发生明显变化。

（6）矿床成因

山东省内具有开发利用价值的沸石岩矿床与国内多数沸石矿床一样，其形成与中生代火山活动和火山岩关系密切，其原岩、产状及成因大体相似，其成因类型均可划归为陆相火山岩淡水湖水解蚀变型沸石岩矿床。

3. 珍珠岩矿床式

（1）区域分布

本成矿系列的珍珠岩矿（如潍坊涌泉庄、莱阳白藤口、诸城大土山、胶州西石、胶州黑山前、莱西于家洼、莱西福山后、安丘胡峪、崂山东大洋-西大洋和荣成龙家-大岚头等），多与沸石岩、膨润土矿伴生，多分布于鲁东地区；在地质构造位置上，则居于胶莱拗陷边缘及沂沭断裂带北段的次级构造单元中。

（2）矿床产出地质背景

该类矿床主要发育在胶莱拗陷边缘及沂沭断裂带北段的火山-沉积盆地中。矿床赋存在早白垩世青山群火山-沉积岩系中，青山群石前庄组为主要赋矿层位。其产出受青山群石前庄组内的酸性-中酸性火山岩控制。

（3）含矿岩系特征

如前所述，本成矿系列的珍珠岩矿，多与沸石岩、膨润土矿共生，赋存于早白垩世青山群石前庄组中，作为珍珠岩含矿岩系的青山群石前庄组为酸性熔岩-火山碎屑岩建造，主要由钙碱性富硅和富碱质的流纹质-碱流纹质的熔岩—火山碎屑岩组成。该含矿岩系岩石类型变化较小，但各地的厚度、岩石组合、含矿性等存在一定差异，以潍坊涌泉庄、莱阳白藤口—莱西于家洼、胶州石前庄—李子行、诸城青墩—芦山等地发育较齐全，含矿性较好（图 19-10）。

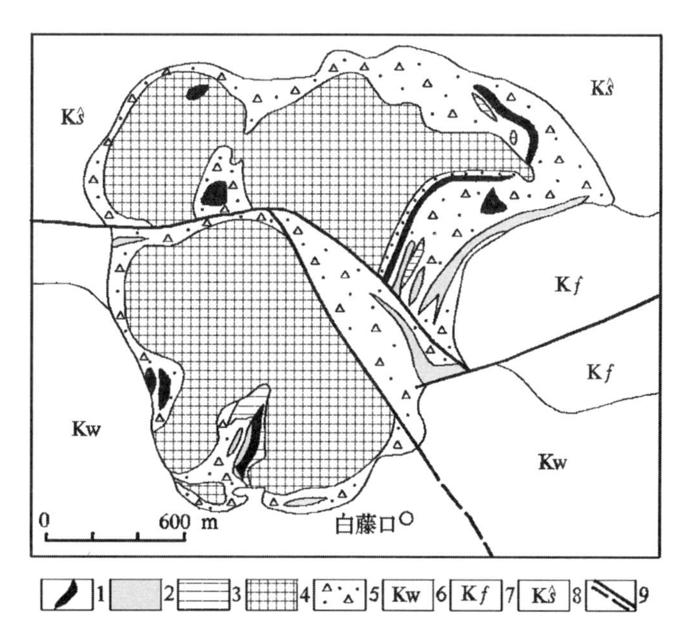

图 19-10　莱阳白藤口珍珠岩矿含矿岩系及矿体分布简图

（据山东省地质局第三地质队，1982 年资料编绘）

1—珍珠岩矿体；2—沸石岩矿体；3—膨润土矿体；4—早白垩世青山期火山颈相流纹岩；5—具不同程度膨润土化、沸石化的火山角砾岩、凝灰岩及熔角砾岩；6—中-晚白垩世王氏群；7—早白垩世青山群方戈庄组；8—青山群石前庄组（含矿层）；9—（实）推测断层

（4）矿体特征

珍珠岩矿体形态主要受控于火山作用方式，通常与火山溢出相及喷发相有关的珍珠岩矿体多呈层状、似层状或透镜状，与火山颈相或超浅成相有关的珍珠岩矿体多呈脉状。

层状、似层状或透镜状矿体是山东珍珠岩矿体的主要产状类型。潍坊涌泉庄、诸城青墩、胶州西石等矿区的珍珠岩主要为层状、似层状矿体，矿体规模较大，长千米左右，厚一般为 5~10 m。在这些矿区，有时还可见到珍珠岩呈大小不等的透镜状、或形态不一的团块状存在于膨润土矿层中，且每个单体断续可以连接，这是由于层状、似层状的珍珠岩，因风化蚀变，部分转化为膨润土，残留部分则保留呈透镜状或不规则的团块状。

（5）矿石特征

化学成分：本成矿系列中玻璃质岩石均属酸性玻璃，SiO_2 含量在 68.96 %～72.52 %之间，硅铝比（SiO_2/Al_2O_3）8.51～10.04 之间，属拉斑玄武岩系列、钙性酸性岩类。矿石中 K_2O，H_2O^+ 等含量均能满足工业要求，Na_2O/H_2O（重量比）值在 0.54～2.59 之间，除诸城大土山矿区略<1 外，其余均>1，属Ⅰ级或Ⅱ级品。

结构构造：矿石具凝灰结构或熔结凝灰结构，火山角砾构造、不均匀块状构造、假流纹构造（熔结凝灰岩）。

矿石类型：根据玻璃质岩石含水量（H_2O^+）的多少，可将矿石划分为黑曜岩型（含 H_2O^+<2 %）、珍珠岩型（含 H_2O^+2 %～6 %）和松脂岩型（H_2O^+>6 %）（赵礼等，1975）。依据矿石的结构构造特征，可将本系列中的珍珠岩矿石（含松脂岩、黑曜岩）分为玻璃质熔岩类矿石和玻璃质火山碎屑岩类矿石 2 类。

矿石物理性能：山东珍珠岩熔烧膨胀倍（K_0），因矿区及矿石类型（珍珠岩、松脂岩、黑曜岩）不同而异，变化较大，在 4.40～22.55 之间，多在 10 左右。一般情况下，松脂岩 K_0 值大于珍珠岩 K_0 值。

（6）矿床成因

珍珠岩是一种偏酸性火山玻璃质岩石。熔岩岩浆喷出地表（或接近地表）时，由于温度、压力迅速下降，急剧收缩凝固而形成玻璃质岩石。其成因应归于陆相火山喷发-岩浆型。

（二）代表性矿床——潍坊市涌泉庄膨润土-沸石岩-珍珠岩矿床地质特征[1]

1. 矿区位置

潍坊涌泉庄膨润土-沸石岩-珍珠岩矿区位于潍坊市潍城之东 20 km 的坊子区境内。主要矿体分布在涌泉庄东部一带，戴家庄居于矿区中心部位，是山东省膨润土-沸石岩-珍珠岩矿体出露最多、分布最为集中、矿床规模最大的矿区。为由沸石岩、膨润土和珍珠岩组成的复合矿床。矿区在地质构造部位上，居于沂沭断裂带北部的坊子凹陷中。

2. 矿区地质特征

矿区出露地层包含 2 部分，早白垩世青山群（为一套中基性及酸性火山熔岩和火山碎屑岩建造）和新近纪临朐群牛山组（为基性火山岩与正常碎屑沉积）。青山群为含矿岩系，矿区断裂构造发育，东部的安丘-莒县断裂对矿区构造起着控制作用。

矿区出露的早白垩世青山群自下而上包括八亩地组、石前庄组和方戈庄组。八亩地组（早白垩世青山期火山活动第Ⅱ旋回产物）主要岩性为安山质火山碎屑岩，其中含有透镜状钠基膨润土矿体。石前庄组（早白垩世青山期火山活动第Ⅲ旋回产物）主要岩性为流纹质火山熔岩-火山碎屑岩类，由沸石岩、膨润土和珍珠岩组成的上、下 2 个复合矿层赋存该组中（图 19-11）。

3. 矿体特征

涌泉庄矿区膨润土、沸石岩、珍珠岩（简称“三矿”）共生产出，呈层状、似层状、透镜状。较大的膨润土矿体 50 余个，沸石岩矿体 10 余个，珍珠岩矿体较大者有 5 个，三者组成下、上 2 个复合矿层。

下复合矿层呈层状、似层状产出，沿走向长约 1 800 m，沿倾向宽约 2 300 m。复合矿体倾斜平缓（一般 5°～40°），分支复合现象明显。膨润土、沸石岩、珍珠岩三者多呈渐变过渡关系，自上而下一般具有由膨润土层（或珍珠岩层）→沸石岩层（或珍珠岩层）→膨润土层的规律性变化（图 19-12）。该复合矿层中的主要矿体包括膨润土矿体（钙基膨润土）3 个，沸石岩矿体（丝光沸石岩及斜发沸石岩）7 个，珍珠岩矿体 2 个。

上复合矿层呈层状、似层状产出，沿走向长约 1 400 m，沿倾向宽约 1 100 m。下复合矿层自上而下有由膨润土（或沸石岩）→沸石岩（或珍珠岩、脱玻化珍珠岩）→膨润土层的规律变化（图 19-12）。该复合

[1] 山东地质局第四地质队，潍坊涌泉庄矿区膨润土、沸石岩、珍珠岩初步勘探地质报告，1981 年。

矿层中的主要矿体包括膨润土矿体(钙基膨润土)1个,沸石岩矿体6个(丝光沸石岩及斜发沸石岩),珍珠岩矿体3个。

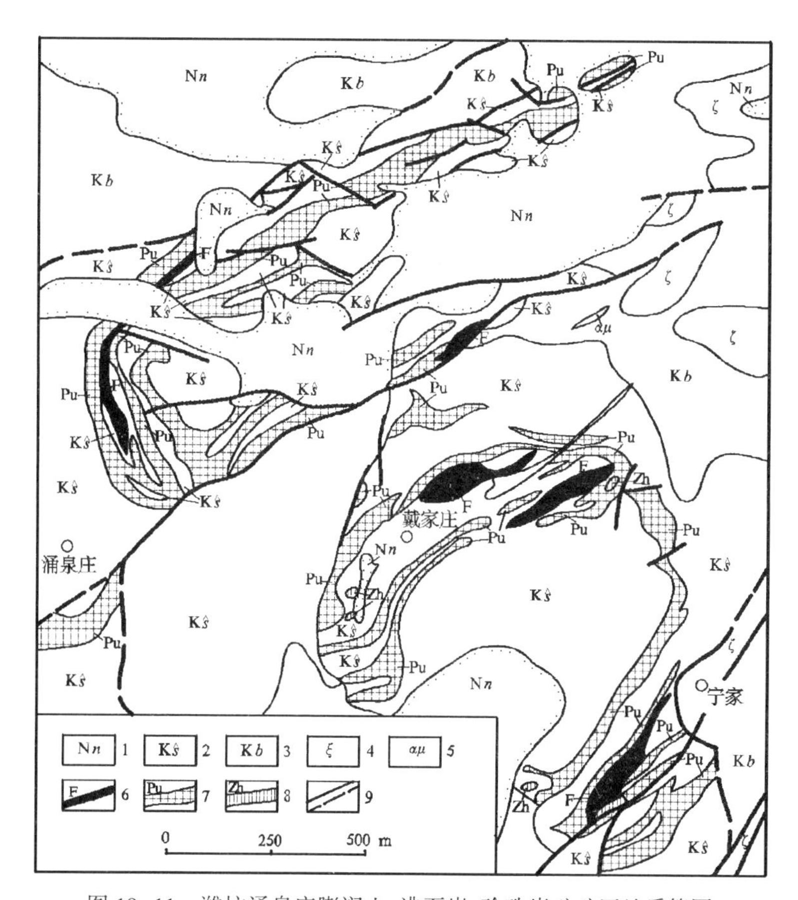

图 19-11　潍坊涌泉庄膨润土、沸石岩、珍珠岩矿矿区地质简图

(据山东省地质局第四地质队1981年资料编绘;引自《山东非金属矿地质》,1998)

1—新近纪临朐群牛山组;2—早白垩世青山群石前庄组(含矿层位);3—青山群八亩地组;4—早白垩世青山期英安岩;5—青山期安山玢岩;6—沸石岩矿体;7—膨润土矿体;8—珍珠岩矿体;9—断层

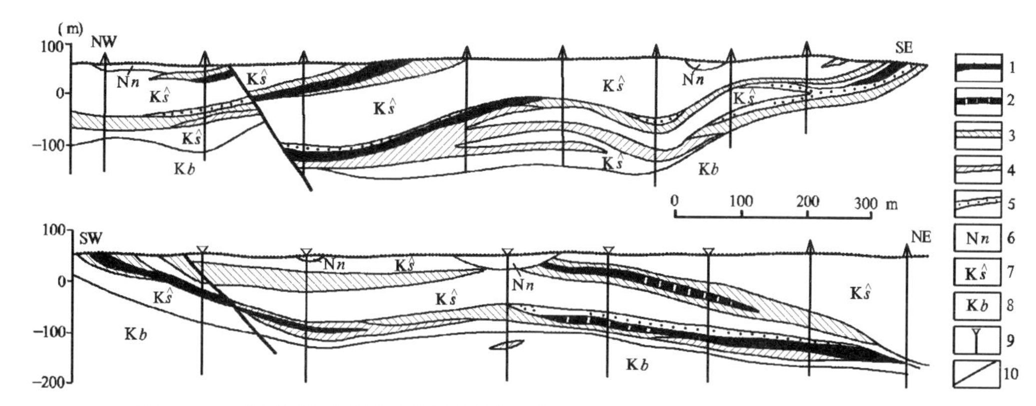

图 19-12　潍坊涌泉庄沸石岩矿体沿倾向(上图)及走向(下图)变化剖面简图

(据山东省地质局第四地质队1981年资料编绘;引自《山东非金属矿地质》,1998)

1—丝光沸石岩矿体;2—斜发沸石岩矿体;3—钙基膨润土矿体;4—钠基膨润土矿体;5—珍珠岩矿体;6—新近纪临朐群牛山组;7—早白垩世青山群石前庄组(含矿层);8—青山群八亩地组;9—勘探线位置;10—断层

4. 矿石特征

(1) 膨润土矿石

矿区膨润土矿石分为钠基和钙基2种。按可塑性划分,钠基膨润土多为硬质土,钙基膨润土多为软质或半软质土;按原岩性质可分为凝灰角砾岩和凝灰岩型、珍珠岩型、角砾岩型、流纹岩型4种类型。

矿石主要矿物成分为蒙脱石,含量一般为70 %~80 %,部分>90 %。含有少量长石、石英、黑云母、方英石、丝光沸石、斜发沸石及晶屑、玻屑等。矿石具变余凝灰结构,凝灰角砾构造。

涌泉庄膨润土具有SiO_2/Al_2O_3比值较高的特点(7.79),所含SiO_2偏高(平均为67.68 %),Al_2O_3明显偏低(平均为15.01 %)。

矿石主要物理性能:钠基膨润土平均膨胀倍12.9 ml/g,胶质价6.43 ml/g,吸蓝量0.911~1.330 mmol/g,碱性系数1.9;湿压强度0.020~0.055 MPa,干压强度0.45~0.65 MPa,热湿拉强度8.5×10^2~20.1×10^2 MPa;透气率145~180,耐火度1 220~1 350 ℃,脱色力75~85,吸水率249.6 %,造浆率5.7 m^3/t。钙基膨润土:平均膨胀倍10.29 ml/g,胶质价4.73 ml/g;吸蓝量0.719~1.188 mmol/g;湿压强度0.041~0.051 MPa,干压强度0.346~0.377 MPa;热湿拉强度8.55×10^2~19.0×10^2 MPa;透气率156.3~159.0,脱色力70~89,吸水率162.3 %~200.0 %;耐火度1 394.5~1 449.1℃,造浆率6.6~9.4 m^3/t。

(2) 沸石岩矿石

主要矿石矿物为丝光沸石和斜发沸石,极少见片沸石和辉沸石;伴生矿物有少量蒙脱石、石英、方英石、玉髓、极少量水白云母和绿鳞石、绿泥石等。矿石具有变余熔结凝灰、变余斑状等变余火山结构及变余角砾、变余流纹、变余珍珠等变余火山构造。主要矿石类型有角砾型和凝灰角砾型,珍珠岩质和流纹岩质块状型较少。

涌泉庄矿区沸石岩矿石具有高硅、富铝、富钾、低钠的特点。2种沸石岩的化学成分略有差异。丝光沸石岩$K_2O > CaO > Na_2O$,属钙钾型丝光沸石岩;斜发沸石岩$CaO>K_2O>Na_2O$,属钾钙型斜发沸石。丝光沸石岩和斜发沸石岩的SiO_2/Al_2O_3比值为8.88和8.56,均属高硅沸石。

矿石主要物理性能:丝光沸石岩和斜发沸石岩NH^{4+}交换容量(mmol/l)平均为1.06和1.21,钾交换容量(mg/g)一般为2~8.5和10~18,比表面积(m^2/g)两种沸石岩均为29.56。水吸附性能:丝光沸石岩和斜发沸石岩灼烧到300 ℃,吸水量最大(10 %左右)。热稳定性能:丝光沸石岩热稳定性能较好,在750 ℃条件下灼烧2 h,晶格基本不发生变化;斜发沸石岩热稳定性能较差,其在450 ℃条件下灼烧10 h,晶格全部破坏。耐酸性能:丝光沸石岩和斜发沸石岩均具有较强的耐酸性能,其分别在10 mol和4 mol浓度盐酸中,在100 ℃条件下处理2 h,它们的晶体结构均未受到破坏。

(3) 珍珠岩矿石

潍坊涌泉庄珍珠岩矿石有玻璃质熔岩状珍珠岩/松脂岩及玻璃质碎屑状珍珠岩/松脂岩2种类型,以前者为主。玻璃质熔岩状珍珠岩/松脂岩,具全玻璃质结构、玻璃雏晶结构,块状构造或显微流纹构造,珍珠状裂开发育。主要由火山玻璃组成,有极少雏晶或透长石、石英;副矿物有锆石、榍石、磁铁矿等。玻璃质碎屑状珍珠岩/松脂岩,岩石具有凝灰结构,角砾状构造或层状构造,由玻璃质珍珠岩/松脂岩角砾或玻屑组成,其呈棱角—尖棱角状杂乱分布,胶结物为火山灰。

矿石中H_2O^+含量为4.62 %~8.07 %,在所测的28件样品中,有14件样品H_2O^+>6 %,以此推算本矿区珍珠岩和松脂岩约各占一半。

矿石的平均焙烧膨胀倍数K_0=10.91,为以Ⅱ级品为主的矿石,质量较好。

5. 矿床成因

潍坊涌泉庄膨润土-沸石岩-珍珠岩为严格受控于白垩纪火山岩盆地及白垩纪青山群流纹质-碱流纹质火山岩控制的火山-沉积型矿床。珍珠岩矿床原岩即为流纹质火山熔岩;膨润土、沸石岩矿床主要为青山群石前庄组流纹质-碱流纹质火山碎屑岩及部分熔岩在碱性水介质条件下,经过水解、水合、蚀变等一系列地质作用下形成的。可归为陆相火山岩淡水湖水解蚀变型膨润土、沸石岩矿床。

6. 地质工作程度及矿床规模

潍坊涌泉庄膨润土-沸石岩-珍珠岩矿床,在20世纪70~80年代,山东省地质局第四地质队投入的勘查评价工作,已基本查清了成矿地质条件、矿床地质特征及矿床规模。膨润土矿床达到大型规模,沸石岩矿床和珍珠岩矿床为中型规模。

第二十章　鲁东地区与晚白垩世低温(流体)热液裂隙充填作用有关的萤石-重晶石、铅锌-重晶石矿床成矿系列

第一节　成矿系列位置和该成矿系列中矿产分布 …… 448
第二节　区域地质构造背景及主要控矿因素 …… 448
一、区域地质构造背景 …… 448
二、区域地质发展史与重大地质事件 …… 449
三、主要控矿因素 …… 449
第三节　矿床区域时空分布及成矿系列形成过程 …… 450
一、矿床区域时空分布 …… 450
二、成矿系列形成过程 …… 452
第四节　代表性矿床剖析 …… 452
一、热液裂隙充填脉型(白石岭式)铅锌、铅锌-重晶石矿床矿床式及代表性矿床 …… 452
二、热液裂隙充填脉型(巨山沟式)萤石矿床矿床式及代表性矿床 …… 457
三、热液裂隙充填脉型(化山式)重晶石矿床矿床式及代表性矿床 …… 462

鲁东地区是山东省萤石、重晶石、铅锌等矿产的重要分布区,山东省的萤石、重晶石矿主要产于该区,而本区的热液型铅锌矿资源在山东省内也占有一定地位。该区的的萤石、重晶石及与其相关的铅锌矿产地均已投入较详细的地质勘查评价工作,多数矿区已开发利用。

第一节　成矿系列位置和该成矿系列中矿产分布

该成矿系列主要分布在安丘、蓬莱、高密、胶南、诸城、胶州、即墨、乳山、荣成、海阳、莱州、招远、龙口、平度及五莲、日照东港、莒南、临沭等地。大地构造位置跨沂沭断裂带、胶莱拗陷、胶北隆起、胶南隆起和威海隆起等构造单元。

该成矿系列包含的金属矿产铅、锌,多与重晶石矿共生,形成白石岭式铅锌、铅锌-重晶石矿床。该类矿床主要分布在安丘白石岭、担山,胶南七宝山、高城现、逯格庄及龙口凤凰山、蓬莱得口店、荣成产里等地。化山式重晶石矿床主要分布在沂沭断裂带及其东侧的胶莱拗陷内。重晶石矿的形成和分布明显受区域主干断裂及其次级断裂构造控制,矿床(点)沿沂沭断裂带、牟平-即墨断裂带和胶莱拗陷内的EW向断裂集中展布。巨山沟式萤石矿床在鲁东地区分布较广,大地构造位置跨胶北隆起、胶莱拗陷和胶南隆起等构造单元。萤石矿集中分布在胶北隆起的蓬莱—栖霞、莱州—平度和胶莱拗陷、胶南隆起的胶州—胶南至五莲、莒南一带,形成萤石矿集区(带)。

第二节　区域地质构造背景及主要控矿因素

一、区域地质构造背景

该成矿系列主要分布在鲁东地区,与该成矿系列分布有关的地层主要有古元古代粉子山群、荆山

群，中元古代五莲群，中生代莱阳群、青山群、大盛群和王氏群。早前寒武纪变质地层主要分布在胶北隆起和胶南隆起中，中生代地层广泛分布在胶莱拗陷等断陷盆地和沂沭断裂带中。

区内广泛发育燕山晚期侵入岩，主要有郭家岭序列、埠柳序列、伟德山序列、雨山序列、大店序列和崂山序列侵入岩，与该成矿系列分布有关的岩体主要为雨山序列和崂山序列侵入岩等。

区内区域性断裂及其次级断裂构造发育，是控制区域成矿带及矿床和矿体分布的重要因素。

二、区域地质发展史与重大地质事件

该系列中矿床主要分布于沂沭断裂带及胶莱拗陷内。早白垩世时全省沉积比较普遍，鲁东地区沉积基底为前寒武系，盆地规模大，沉积类型复杂。沂沭断裂带内沉积基底为侏罗系，盆地多而规模小。早期以河流、湖泊沉积为主，晚期火山活动强烈，沂沭裂谷开始发育。

中白垩世时沉积主要发生在鲁东和沂沭断裂带内。早期火山作用仍很强烈，鲁东以火山岩系为主，沂沭断裂带则剧烈沉降形成裂谷系沉积。晚期在鲁东地区火山作用减弱至停止，进入第二期湖盆演化阶段，大量火山物质被搬运重新沉积，逐渐由河流沉积转为浅湖沉积，形成第二期规模较大的湖盆。据火山活动旋回及等时性分布，胶莱盆地北部湖泊发育较早，可能在方戈庄火山旋回活动时即已开始发育，而南部诸城一带相对较晚，在方戈庄火山旋回活动结束后才开始发育。白垩纪沂沭断裂带作左行张扭，安丘-莒县断裂和沂水-汤头断裂继续活动，构成了马站-苏村地堑和安丘-莒县地堑。鲁东“入”字型构造体系在前期基础上进一步发展，控制了青山群和王氏群沉积。

晚白垩世沉积中心向西迁移，胶莱盆地的范围可能扩展到沂沭断裂带东部地堑，在北部潍坊一带沉积并越过沂沭断裂带进入鲁西，在临朐至高青一带形成新的沉积中心。沂沭断裂带继续左行张扭，其中的马站-苏村凹陷和安丘-莒县凹陷及鲁东“入”字型构造中的胶莱拗陷，具有王氏群沉积。火山活动极弱，局部地区中上部有少量火山碎屑岩和熔岩。白垩纪末期，地壳逐渐强烈隆起并遭受剥蚀，从而结束了燕山运动。与此同时，还伴随有崂山阶段岩浆侵入，形成胶南崂山-大珠山花岗岩带。

三、主要控矿因素

（一）断裂构造是控制铅锌-重晶石、萤石、重晶石矿床形成的主导因素

沂沭断裂带和牟平-即墨做为区域分划性断裂带，控制着区内盆地的形成和发展，控制着火山活动、岩浆侵入和地层的展布，也控制着萤石、重晶石、铅锌-重晶石矿床的形成和分布。

铅锌-重晶石矿床主要发育在中生代火山-沉积岩系及花岗质侵入岩出露的拗陷内及隆起边缘区域性断裂旁侧的次级断裂构造中，矿化明显受断裂构造控制。矿体发育在不同时期的地质体中，主要赋存于构造裂隙带内。如安丘白石岭铅锌、铅锌-重晶石型矿床受沂沭断裂带鄌郚-葛沟断裂控制，矿床主要发育在断裂旁侧的二长花岗岩碎裂带中。

萤石矿主要分布在胶北隆起和胶南隆起区内，该区内断裂构造发育，为成矿提供了良好的空间条件。胶北隆起中的山后曹家-邢庄断裂、头包家-巨山沟-村里集等断裂构造控制着艾山-雨山萤石成矿带，胶南隆起区的郝官庄-山相家断裂控制着胶州山相家萤石成矿区，其次级的 NNE 向、NW 向断裂构造为主要的控矿赋矿构造。断裂构造不仅对萤石成矿区、矿床的分布起着重要的控制作用，而且对萤石矿体的形态和矿石质量也有很大影响。

重晶石矿的形成和分布明显受断裂构造控制，重晶石矿集中分布在大的断裂构造带内及其次级断裂中。沿沂沭断裂带分布有昌邑李家营、安丘宋官疃及范家沟、诸城荆山-锡山、莒县穆家沟及下石城、莒南仕沟等矿床（点）；沿牟平-即墨断裂带分布有即墨灵山、大欧戈庄、挪城、时于庄、兰家庄，莱阳埠岭、于王庄、沟东、石城、万第，莱西岭后、海阳鲁家等矿床（点）；在胶莱拗陷内 EW 向断裂出露区分布有高密化山、胶州铺集等矿床（点）。其中，沿沂沭断裂带重晶石成矿区为主要成矿区，该区重晶石资源量

占全省重晶石资源总量的70 %以上。

断裂构造不仅对区内萤石、重晶石矿床的分布起着重要的控制作用,而且对矿体的形态和矿石质量也有很大影响。充填于张性、张扭性断裂中的矿体,多呈锯齿状、膨胀收缩、分支复合现象明显;充填于压扭性断裂中的矿体(脉)在平面上呈脉状、交叉脉状、似脉状及“人”字形等形态,而在剖面上呈透镜状或串珠状。充填于张扭性断裂中的矿体,由于含有大量围岩角砾,故矿石品位往往偏低,如蓬莱艾山—雨山一带的萤石矿,其 CaF_2 含量在35 %以下。而充填于压扭性断裂中的矿体,其矿石品位偏高,如平度三合山萤石矿Ⅱ号矿体(脉),其 CaF_2 含量为67 %~77 %。

(二)花岗岩及青山群火山岩等是萤石重晶石成矿的有利围岩

萤石矿在空间分布上与燕山晚期侵入岩及青山群火山岩密切相关。蓬莱—栖霞一带的萤石矿床主要分布在燕山晚期黑云母花岗岩及花岗闪长岩中,如蓬莱巨山沟萤石矿床的赋矿围岩为似斑状花岗闪长岩中。平度三合山萤石矿附近分布有燕山晚期三合山岩体。在胶南隆起,萤石矿附近亦有中生代燕山晚期岩浆侵入或青山群火山喷发堆积。

燕山晚期岩浆侵入及火山活动产生的含矿热液,是萤石矿形成的重要物质来源。这些侵入岩及喷出岩中含有较多的含氟矿物(如胶南地区燕山晚期崂山阶段的花岗质岩体中,萤石含量最高达 240×10^{-6}),成为萤石矿形成的一种物质来源。据统计❶:鲁东地区中生代花岗岩及早前寒武纪变质岩系(变质花岗质侵入岩及变质地层)分布区岩石中F含量高。如,中生代花岗岩F平均含量为 724×10^{-6},早前寒武纪花岗岩F含量最高达 906×10^{-6},早前寒武纪地层中长英质变质岩石F平均含量 607×10^{-6},其远高于基性-超基性岩和沉积岩类。这些含F较高的岩石为热水溶液就地取材提供了物质来源,是萤石矿充填交代成矿的有利围岩。

从重晶石矿区域分布来看,多数矿床(点)分布在早白垩世青山期酸性火山岩或中生代燕山晚期花岗质岩侵入体中或其附近。这些中酸性火山岩或侵入岩的岩浆期后热液为重晶石含矿热液的来源之一。据赵先平等(1994)对莒南仕沟重晶石矿研究报道,该区岩石中Ba,F含量普遍较高,特别是青山群八亩地组中的粗安斑岩,Ba平均含量为 8.7×10^{-3},F平均含量为 4.6×10^{-3},比地壳丰度值高12个数量级,其为矿液的形成提供了Ba,F等的来源。

此外,白垩系火山碎屑岩及正常沉积砂砾岩裂隙发育,孔隙度较大,易于低温热液渗流和物质交换及含矿热液沉积,可形成规模较大的矿床,有时在其中的断层破碎带形成较厚大的主矿脉,而在断层上下盘裂隙发育部位形成规模较小的支脉。

第三节　矿床区域时空分布及成矿系列形成过程

一、矿床区域时空分布

(一)白石岭式铅锌、铅锌-重晶石矿床

该类矿床主要分布在安丘、乳山、荣成、海阳、龙口、蓬莱及胶南等地。该类型矿床主要发育在中生代火山-沉积岩系及花岗质侵入岩出露的坳陷内及隆起边缘区域性断裂旁侧的次级构造中,矿化明显受断裂构造控制。矿体发育在不同时期的各类地质体中,主要赋存于构造裂隙带内。矿体多呈脉状、复脉状,单矿体规模较小,延伸不稳定,多见分支复合、尖灭再现现象。

该类型矿床的典型代表——安丘白石岭铅锌、铅锌-重晶石型矿床,位于马站-苏村凹陷与沂山凸

❶ 山东省地质科学研究所,山东省地质-地球化学环境与有关农作物及地方病相关性研究,1994年。

起的相接地带，矿床受沂沭断裂带鄌郚－葛沟断裂控制，主要发育在断裂西侧的新太古代二长花岗岩中。根据区域地质特征，鄌郚－葛沟断裂控制着白垩纪青山群及大盛群的分布和矿床的形成，矿床的形成应该在青山群及大盛群形成之后的早白垩世晚期至晚白垩世。

（二）巨山沟式萤石矿床

巨山沟式萤石矿床主要分布在蓬莱、龙口、莱州、平度、招远、胶州、胶南、诸城、五莲、安丘及日照东港、莒南、临沭等地。大地构造位置跨胶北隆起、胶莱拗陷和胶南隆起区等构造单元。巨山沟式萤石矿呈区（带）集中分布在不同的地质构造单元中。

1）蓬莱至栖霞燕山晚期艾山－雨山二长花岗岩和花岗闪长岩分布区。该区位于胶北隆起中北部，该区东南靠近臧格庄白垩纪火山岩盆地，东部与巨山沟和下炉两个白垩纪火山－沉积洼地相接。区内分布着蓬莱巨山沟、小骆家、头包家、高家沟、卧龙沟、古城李家、得口店、下薛家、上炉、接家沟及龙口山后曹家、竹园村、任家沟等多处萤石矿床（点），构成雨山－艾山萤石成矿带。区内 NNE 向山后曹家－邢庄断裂、头包家－巨山沟－村里集断裂构造，对大多数萤石矿的分布起着控制作用，是含矿热液运移的良好通道；该组断裂所派生的近 EW 向和 NW 向断裂是热液沉淀储存的有利场所，为容矿构造，对萤石矿脉的分布起着严格的控制作用。

2）胶南隆起西北—西部边缘胶州、胶南至莒南一带早前寒武纪变质岩系、白垩纪火山－沉积岩系分布区。区内分布着胶州山相家、胶南高城现、胶南风台顶、胶南七宝山、诸城皇华店、五莲贺家岭、日照东港前石沟、莒南仕沟（孙家略庄）、临沭刘坞等萤石矿床（点）。在胶州山相家成矿区，郝官庄－山相家断裂控制着区内萤石矿的分布，其两侧次级 NNE 向、NW 向断裂是主要的赋矿构造。

3）胶北隆起西南部的莱州东—平度西一带新元古代二长花岗岩和古元古代荆山群分布区。在该区西南部的古元古代荆山群与新元古代二长花岗岩之间分布着白垩纪火山－沉积岩系。区内北部的二长花岗岩中分布着莱州莲花山－招远青龙、莱州郭家店等萤石矿床（点）；在西南部荆山群中分布有平度三合山等萤石矿床（点）。

在莒南仕沟（孙家略庄）萤石－重晶石细脉穿插在王氏群中部的砖红色砂岩中；在五莲贺家岭切穿王氏群中上部红色砂岩的玻基橄辉玢岩脉又被萤石矿脉所切穿。由此可见，鲁东地区萤石矿的形成时间最早应在王氏群形成后的晚白垩世晚期。山东省地质局第六地质队取自蓬莱艾山－雨山萤石成矿带内萤石矿石中的钾长石同位素年龄为 52.3 Ma，地质时代应为古近纪。综上所述，鲁东地区热液充填石英脉型萤石矿的形成时代可能为晚白垩世晚期至古近纪始新世。但不排除萤石矿多期成矿的可能性，其早期或主成矿期在晚白垩世，后期在古近纪又有萤石矿生成。

（三）化山式重晶石矿床

重晶石矿床主要分布在蓬莱、莱州、海阳、乳山、莱阳、莱西、昌邑、安丘、诸城、高密、胶州、即墨、五莲及日照东港、莒南、临沭等地。大地构造位置跨沂沭断裂带、胶莱拗陷及胶南隆起。重晶石矿的形成和分布明显受断裂构造控制，重晶石矿主要集中在几个大的断裂构造带内及其次级断裂中。① 沂沭断裂带分布区。该区分布的重晶石矿床（点）最多，自北而南有昌邑李家营、安丘宋官疃及范家沟、诸城荆山－锡山、莒县穆家沟及下石城、莒南仕沟、临沭刘坞－岱家等重晶石矿床（点）。这些矿床（点）均产于沂沭断裂带内及其旁侧的构造裂隙中，该区重晶石矿资源量约占全省重晶石资源总量的 70 %以上。② 牟平－即墨断裂带分布区。该区内重晶石矿产地有即墨灵山、大欧戈庄、挪城、时于庄、兰家庄，莱西岭后，莱阳埠岭、于王庄、沟东、石城、万第，海阳鲁家沟等重晶石矿床（点）。这些矿床（点）主要产于牟－即断裂的次级断裂中，在区域上主要分布在胶莱拗陷东北缘，该区重晶石矿资源量占全省总资源量的 10 %左右。③ 胶莱拗陷内 EW 向断裂出露区。如高密化山、胶州铺集等重晶石矿床。该区内重晶石矿床（点）资源量约占全省重晶石矿总资源量的 17 %左右。

由于矿床形成的区域地质背景不同,重晶石矿脉赋存于不同时代的各种围岩中,主要矿化围岩为中生代白垩纪火山碎屑岩和正常沉积碎屑岩类,其次为中生代花岗质岩体。白垩纪火山碎屑岩及正常沉积砂砾岩裂隙较发育,孔隙度较大,易于低温热液渗流和物质交换及含矿热液沉淀,可形成规模较大的矿床。根据化山式重晶石矿床的赋存特征,该类矿床的形成时代在青山群形成后的晚白垩世。

二、成矿系列形成过程

在早白垩世中基性—酸性火山岩大量喷发和岩浆侵入活动之后,晚白垩世由活动大陆边缘型的构造环境趋于稳定构造环境,进入王氏群沉积期。晚白垩受威海-胶南造山带隆起和太平洋板块相对于欧亚板块左旋扭动的联合作用,胶莱盆地进入新的演化阶段,盆地沉降中心不断向北西迁移,形成了王氏群一套红色陆相盆地碎屑沉积,局部夹基性火山岩的类磨拉石沉积建造。

牟平-即墨断裂在晚白垩活动强烈,形成一系列次级断裂构造,并切割晚白垩世地层;沂沭断裂带在大盛-王氏期,区域应力场以张扭活动为主,左行平移幅度减小。鲁东地区该时期大规模岩浆侵入作用不发育,但沿断裂系统的脉岩侵位及热液活动并未停止。来自地下的含矿热液在相对开放的断裂系统中运移循环,并与大气降水混合,形成低温含矿热液,在适宜的物理化学条件和有利的构造部位等因素控制下,通过渗滤交代和沉淀充填等作用,形成热液裂隙充填脉型的铅锌-重晶石矿床(*白石岭式*)、萤石矿床(*巨山沟式*)和重晶石矿床(*化山式*)。

第四节 代表性矿床剖析

一、热液裂隙充填脉型(*白石岭式*)铅锌、铅锌-重晶石矿床矿床式及代表性矿床

(一)矿床式

1. 区域分布

此成矿系列中的该类铅锌矿床主要分布在安丘、乳山、荣成、海阳、龙口及胶南等地。矿床规模均较小,多为小型矿床。主要产地有龙口凤凰山、蓬莱得口店、荣成产里、胶南七宝山、胶南高城现、胶南逯格庄、安丘白石岭、安丘担山、诸城荆山—锡山等。山东省内多数铅锌矿床属于此类型,目前所查明的资源储量占全省铅锌总资源储量的22%左右。

2. 矿床产出地质背景

该类矿床主要发育在中生代火山-沉积岩系及花岗质侵入岩出露的拗陷内及隆起边缘区域性断裂旁侧的次级构造中,成矿明显受控于断裂构造。成矿对围岩的选择性不明显,矿体可赋存于不同时期的各类地质体中,如前寒武纪变质变形侵入岩、变质地层,古生代碳酸盐岩,中生代砂岩、火山岩及侵入岩等。

此类矿床在胶莱盆地及其周缘多与重晶石矿共生,矿脉成群分布,是山东省比较重要的铅锌矿类型。

3. 矿体特征

铅锌(*-重晶石*)矿体主要赋存于构造裂隙带内,矿体多呈脉状、复脉状产出。主要有含铅石英脉、含铅重晶石石英脉、含铅萤石石英脉、含铅重晶石萤石石英脉、含铅重晶石萤石脉、含铅方解石萤石石英脉等矿脉类型。一些规模相对较大的矿床,多由数个至数十个单矿体组成,形成矿带,长度可达3~5 km,宽度跨1 km。单矿体规模较小,长几十米至几百米,宽几十厘米至几米;延深不稳定,多见尖灭再现、分支复合现象。

4. 矿石特征

矿物成分:矿石矿物主要为方铅矿、闪锌矿;其次为黄铁矿、黄铜矿等;脉石矿物主要为重晶石、萤石、石英;其次为方解石等。矿物组合比较简单。

化学成分：矿石品位一般不高，Pb 和 Zn 品位一般为 1 %~2 %，属低品位矿石。

矿石类型：此类铅锌矿的矿石自然类型取决于矿脉类型，有方铅矿-重晶石-石英型，方铅矿-萤石-石英型，方铅矿-重晶石-萤石型，方铅矿-萤石-方解石型等。

5. 围岩蚀变特征

热液裂隙充填脉型铅锌矿床形成于低温环境。成矿作用以充填为主，交代轻微，围岩没有明显的热液蚀变现象。近矿围岩一般具有轻微的碳酸盐化、硅化、白云母化、绿泥石化、高岭土化等。

6. 矿床成因

该类形成于燕山晚期，往往与重晶石、萤石共（伴）生的铅锌矿床，主要受控于断裂构造，含矿流体处于低温环境下形成的以充填作用为主要赋矿形式的脉状矿床。即一般所称的低温热液裂隙充填脉型铅锌-重晶石矿床。

（二）代表性矿床

Ⅰ. 安丘市白石岭铅锌-重晶石矿床地质特征❶

1. 矿区位置

矿区位于安丘市城西约 35 km 的白石岭村西。在地质构造部位上处于沂沭断裂带之鄌郚-葛沟断裂的西、东两侧，为马站-苏村凹陷与沂山凸起的相接地带。

2. 矿区地质特征

区内鄌郚-葛沟断裂以西为新太古代二长花岗岩，断裂以东为寒武纪朱砂洞组、白垩纪青山群及大盛群。区内岩浆活动频繁，燕山期火山喷发活动强烈，火山期后有闪长岩（*或辉绿岩*）侵入。鄌郚-葛沟断裂带由多条断裂组成，其西侧碎裂岩发育，矿床主要发育在断裂西侧的二长花岗岩中。

3.矿体特征

矿区主要由 8 条含铅锌矿-重晶石-萤石石英脉组成（图 20-1），分东西 2 个矿带。8 条矿脉沿 10°~20°方向延伸，倾向 SE，倾角 65°~80°。最长的 2 号矿脉长约 1 500 m；其次为 7 号脉，长约 1 200 m，其他矿脉均较短。矿脉宽（*厚*）0.5~2.65 m，沿走向具波状弯曲及膨缩现象。在倾向上西部矿脉厚度较稳定，而东部矿脉厚度变化大，且发育平行脉或网状脉，具分支复合现象（图 20-2）。

4. 矿石特征

矿物成分：矿石矿物主要有方铅矿、闪锌矿，其次有黄铜矿、黄铁矿、褐铁矿、蓝铜矿及少量孔雀石；此外尚有共生矿石矿物萤石和重晶石。脉石矿物主要有石英、方解石，其次为绿泥石、绢云母、绿帘石、蛋白石等。

化学成分：矿石中 Pb 的平均品位为 1.86 %，Zn 为 0.48 %，Cu 为 0.31 %。此外尚伴有可以回收利用的 Ag，Au 等。

结构构造：矿石呈自形—半自形不等粒粒状结构、溶蚀结构。矿石构造主要为浸染状构造、角砾状构造、条带状构造。

5. 矿化分带及蚀变特征

矿体具有分带现象，由内向外为铅锌矿带→含铅锌萤石带→含铅锌萤石重晶石带→含铅锌石英带；垂向上矿物分带由上到下大致为石英带→重晶石带→萤石带→铅锌矿带。矿体与围岩界限清晰，无明显交代现象。矿体围岩具有硅化、绿泥石化、绢云母化、高岭土化、黄铁矿化、黄铜矿化等蚀变。

---

❶ 山东省冶金局第一勘探队，1959~1960 年地质勘查成果资料。

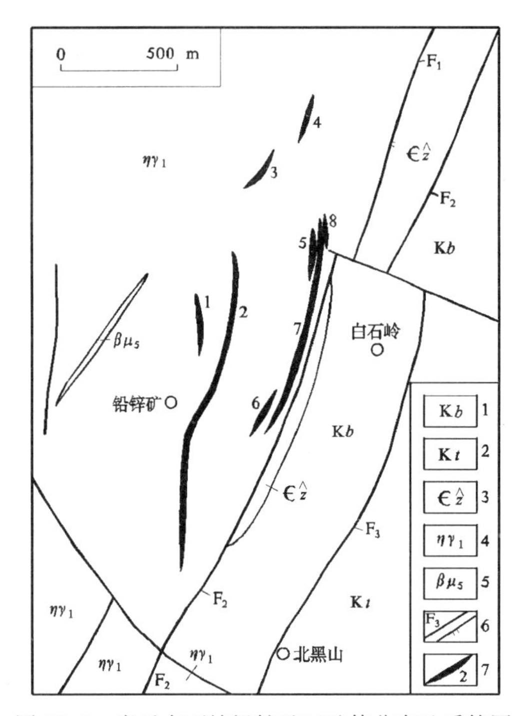

图 20-1　安丘白石岭铅锌矿区矿体分布地质简图

（据山东省冶金工业局第一勘探队，1960 年资料编绘；引自《山东矿床》，2006）

1—白垩纪青山群八亩地组；2—白垩纪大盛群田家楼组；3—寒武纪朱砂洞组；4—新太古代中粒二长花岗岩；5—中生代辉绿岩脉；6—断层及编号；7—铅锌矿体及编号

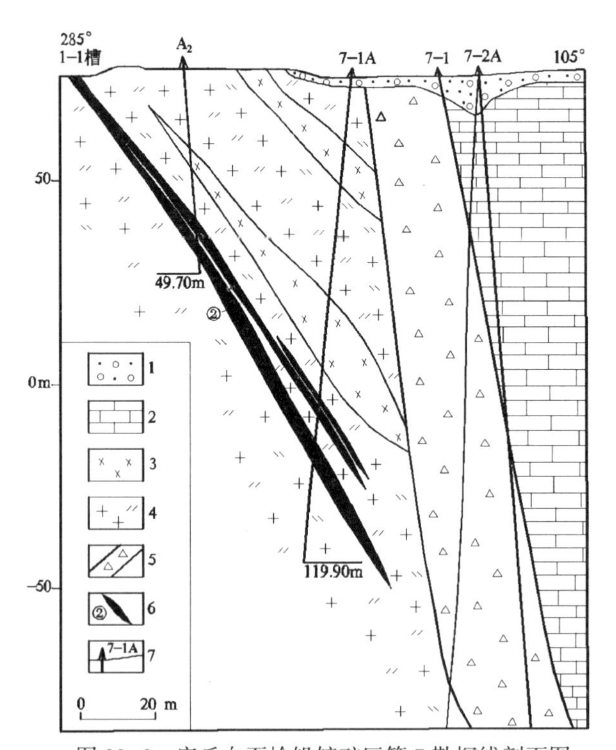

图 20-2　安丘白石岭铅锌矿区第 7 勘探线剖面图

（据山东省冶金工业局第一勘探队，1960 年资料编绘；引自《山东矿床》，2006）

1—第四系；2—石灰岩；3—二长花岗岩；4—断层；5—矿体；6—辉绿岩；7—钻孔及编号

6. **矿床成因**

该矿床为形成于中生代燕山晚期低温热液裂隙充填脉型铅锌-重晶石-萤石矿床。

7. **地质工作程度及矿床规模**

安丘白石岭铅锌-重晶石-萤石矿床，在20世纪60年代，山东省冶金一队进行了勘查评价，已基本查清了矿床地质背景和矿床地质特征，其为一小型矿床。

Ⅱ. 胶南市七宝山铅-萤石矿床地质特征[❶]

1. **矿区位置**

矿区位于胶南市城西北约17 km的七宝山一带。在地质构造部位上处在胶莱拗陷与胶南隆起相接地带的隆起区一侧。

2. **矿区地质特征**

矿区内出露的地层除山间沟谷分布的第四纪沉积层而外，主要为呈包体状分布在中生代侵入岩中的古元古代荆山群陡崖组，主要岩性为黑云变粒岩、石墨黑云变粒岩、大理岩等。矿区内岩浆岩发育，主要有新元古代晋宁期二长花岗质片麻岩，中生代印支期石英正长岩和含辉石黑云闪长岩及燕山晚期斑状细粒含角闪石英二长岩。脉岩主要为煌斑岩、二长斑岩和闪长玢岩。矿体赋存在中生代侵入岩及其与荆山群陡崖组接触带处的断裂构造中。矿区内断裂构造发育，可分为4组：NE—NNE向、NW—NNW向、近SN向和近EW向，其中以NE向的七宝山断裂为主，为控矿的断裂构造。七宝山断裂为区内主要的容矿构造，呈波状弯曲，位于矿区中部。总体走向10°～25°（北部走向NW），总体倾向E，倾角65°～90°。断裂延长近3 km，宽2～5 m，两侧次级裂隙较发育。该断裂地表硅化强烈，部分地段为含铅萤石石英脉充填（图20-3）。

3. **矿体特征**

矿区含萤石铅矿化带共有8条，部分形成工业矿体。矿（化）带主要分布于七宝山水泥厂—七宝山—白家屯一带，少量分布于七宝山村东南、白家屯西南及宅科北部一带。

矿（化）带呈脉状、凸镜状；走向以近SN向为主，其次为NNW向、NNE向。矿脉受断裂构造控制，且沿断裂带裂隙分布。矿脉多倾向E或NEE，局部倾向W。单矿脉长一般100～500 m，宽一般1～6 m，局部>6 m。矿（化）脉主要为含铅萤石石英脉，少量为萤石石英脉。分布于矿区北部的七宝山水泥厂—七宝山一带的金牛栏矿化带，是矿区内规模最大的一条矿化带。长3 000 m，宽2～7 m，总体呈NNE向（向北转为NNW向）展布，倾向SEE及NEE，倾角70°～77°。矿化带沿走向具有尖灭再现、分叉及局部膨大现象。该矿化带以硅化破碎带为主，南段发育萤石矿化。沿走向、倾向上的矿化不稳定。

据工程控制程度圈出铅矿体4个。①号铅矿体长724 m，厚0.86～5.96 m，平均4.53 m。矿体一般地表较厚，向深部变薄。②号铅矿体长300 m，厚3.04～14.91 m，平均厚6.31 m。第7勘探线钻孔控制矿体最深为260 m，向下有继续延深之趋势。矿体膨胀狭缩明显，地表真厚度为4.14 m，矿体垂深90 m时，其真厚度突增为14.91 m；矿体垂深240 m时，狭缩为4.22 m。③号和④号铅矿体为盲矿体（图20-4）。

4. **矿石特征**

矿物成分：矿石矿物为方铅矿，其次有萤石、自然银、黄铜矿、孔雀石、自然金、闪锌矿等。脉石矿物主要有石英、方解石、长石、云母、绿泥石、绿帘石等。

化学成分：Pb一般为0.39 %～4.53 %，平均为2.2 %，最高可达18 %。Ag一般为0.37×10^{-6}～50.1×10^{-6}，平均可达12.62×10^{-6}。①号矿体不含萤石；②至④号矿体CaF_2一般为3.61%～27.58%，平均

❶ 山东省地质调查院，山东省胶莱盆地南缘金及多金属矿调查评价报告，2003年。

16.4 %;Cu 含量不均匀,一般为 0.01 %~0.18 %,局部地段不含 Cu。矿石伴生有益组分有 Zn(0.1 %~1.09 %),As(0.2×10^{-6}~91×10^{-6}),Sb(0.02×10^{-6}~44×10^{-6})等。

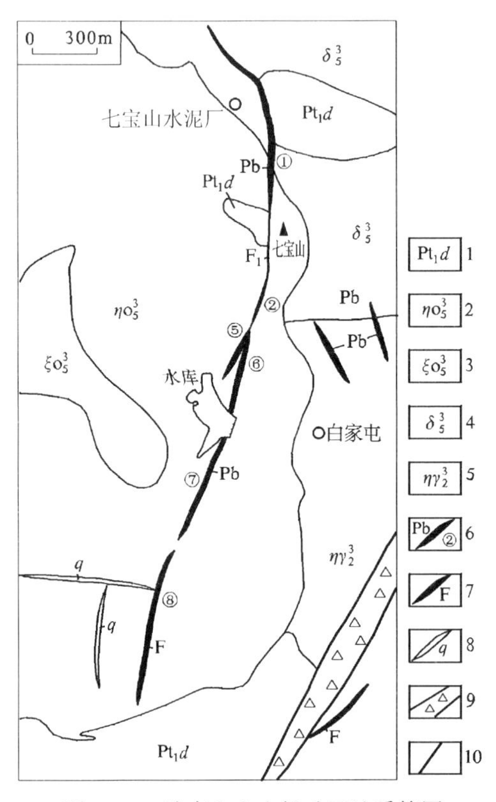

图 20-3 胶南七宝山铅矿区地质简图

(据山东省地质调查院 2003 年资料编绘)

1—荆山群陡崖组;2—燕山晚期石英二长岩;3—印支期石英正长岩;4—印支期含辉石黑云闪长岩;5—新元古代二长花岗质片麻岩;6—含铅萤石石英脉;7—萤石石英脉;8—石英脉;9—破碎带;10—断层

结构构造:矿石结构主要为粒状结构。矿石构造主要为团块状构造、条带状构造、浸染状网脉状构造、角砾状构造。

矿石类型:矿石类型分为 3 类:①萤石石英方铅矿矿石。为主要矿石类型,占全区矿石的 80 %以上。②萤石方铅矿矿石。主要发育在②号矿体内。③萤石方解石方铅矿矿石。主要分布于①号矿体的南段。矿石工业类型主要为硫化矿石,仅地表有极少量氧化矿石。硫化矿石可细分为含萤石方铅矿矿石、方铅矿矿石及含铜铅矿石 3 个亚类。

5. 围岩蚀变特征

矿体围岩较杂,主矿体围岩为石英二长岩,北部为角闪闪长岩和大理岩。其他矿体围岩为变质变形二长花岗岩、透辉岩及构造碎裂岩。围岩蚀变为硅化、萤石化,局部碳酸盐化、褐铁矿化、孔雀石化等。

6. 矿床成因

含矿热液沿断裂裂隙运移,在不同时代、不同岩性围岩中的有利构造部位,充填沉淀成矿。

7.地质工作程度及矿床规模

1961~1963 年,青岛地质队对该区萤石矿开展了普查评价,提交了普查报告。2000~2005 年,山东省地质调查院实施"荣成—胶南地区金铅锌矿产资源评价"项目,基本查清了矿体沿走向的分布范围,

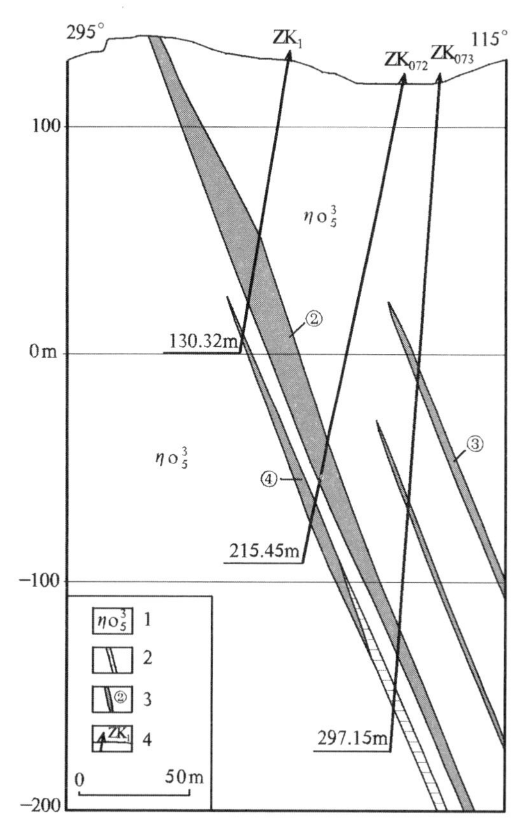

图 20-4　胶南七宝山铅矿区第 7 号勘探线剖面示意图

（据山东省地质调查院，2003）

1—燕山晚期斑状石英二长岩；2—萤石矿体；3—铅矿体及编号；4—钻孔位置及编号

并对重点地段做了初步深部控制。估算了铅、银、铜及萤石的资源储量，为小型规模。

二、热液裂隙充填脉型（巨山沟式）萤石矿床矿床式及代表性矿床

（一）矿床式

1. 区域分布

该成矿系列中的萤石矿主要分布在蓬莱、龙口、莱州、平度、招远、胶州、胶南、诸城、五莲、安丘及日照东港、莒南、郯城、临沭等地。

2. 矿床产出地质背景

区内较大的萤石矿床均分布在沂沭断裂带东侧白垩纪火山-沉积岩系附近的燕山期花岗质侵入岩及早前寒武纪变质岩系中。主要有 3 个萤石矿集中区。① 胶北隆起中北部的蓬莱至栖霞一带的燕山晚期的艾山-雨山二长花岗岩和花岗闪长岩分布区。该区东南靠近臧格庄白垩纪火山盆地；其东部与巨山沟和下炉 2 个白垩纪火山-沉积洼地相接。区内分布着雨山-艾山萤石成矿带，有蓬莱巨山沟、龙口山后曹家等十多处萤石矿床（点）。② 胶南隆起西北—西部边缘的胶州（/胶南）至莒南一带早前寒武纪变质岩系（部分为白垩纪火山-沉积岩系）分布区。该区西及西北部（及其内的局部地段）为白垩纪火山-沉积岩出露区。在这个区内分布着胶州山相家、胶南高城现、诸城皇华店、莒南仕沟（孙家略庄）、临沭刘坞等近 10 处萤石矿床（点）。③ 胶北隆起西南部的莱州东—平度西一带的新元古代二长花岗岩和古元古代荆山群变质岩分布区。在该区西南部的古元古代荆山群与新元古代二长花岗岩体之间分布着白

亚纪火山-沉积岩系。区内北部的二长花岗岩中分布着莱州莲花山-招远青龙、莱州郭家店等萤石矿床(点);在西南部荆山群中分布有平度三合山等萤石矿床(点)。

3. **矿体特征**

区内萤石矿的形成主要受控于断裂构造,因此萤石矿体因受控的断层、裂隙的形态差异,而呈现不同的形态,如脉状、透镜状、串珠状、“人”字状、网脉状、树枝状等,其中以脉状矿体为主(图 20-5)。

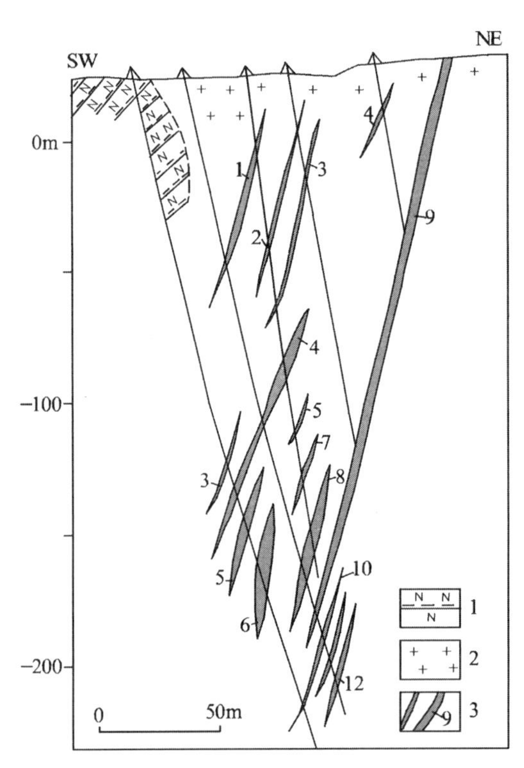

图 20-5 平度三合山萤石矿 11 线地质剖面图(示脉状、透镜状等矿体形态)

(据山东省非金属地质队,1976 资料编绘;引自《山东非金属矿地质》,1998)

1—古元古代荆山群黑云斜长片麻岩;2—燕山晚期似斑状花岗闪长岩;3—萤石矿体及编号

萤石矿体的规模受断裂构造的规模、性质和形态控制。其长度一般为几十米至几百米不等,最长者 3 000 m,最短者十几米;宽度一般为 0.5~1 m,最宽可达 15 m;延深一般为几十米至二三百米,最深 350 m。矿体的产状与控矿断裂带构造基本一致。

4. **矿石特征**

矿物成分:矿石的矿物成分比较简单。矿石矿物以萤石为主,其次为重晶石。伴生矿物有石英、玉髓、蛋白石、高岭石、方解石、叶腊石、方铅矿、黄铁矿等。

化学成分:有益组分 CaF_2 含量变化在 20 %~70 %之间,多数矿床属低品位萤石矿石。重晶石往往与萤石共生, $BaSO_4$ 含量多在 20 %~35 %之间,SiO_2 含量变化在 30 %~50 %之间(可综合利用)。

结构构造及矿石类型:矿石以自形、半自形粒状结构为主,柱状结构、压碎结构和残余结构次之。矿石的构造主要为块状构造、条带状构造、角砾状构造,次要有环带状构造、钟乳状构造、浸染状构造等。矿石类型较简单,按其矿物组成可分为单一萤石型、重晶石-石英-萤石型、石英-萤石型、方解石-萤石型 4 种类型。

5. 围岩蚀变特征

总体上，围岩蚀变不很发育，矿体与围岩界限清楚。常见的围岩蚀变为绢云母化、硅化、碳酸盐化、高岭土化及绿泥石化。

6. 矿床成因

区内硫同位素测定结果显示，其与蒸发岩系中的硫同位素组成相近。由此表明，重晶石-萤石-石英脉中的F，Ca，B，S，Si等物质主要是大气降水—地下热水在围岩内循环过程中汲取的。李长江等(1991)、曹俊臣(1995)等认为，如鲁东地区这些以热液充填为主的萤石矿床，主要是在含F较高的富硅、富碱的岩石分布区，在区域性断裂构造发育的前提下，由于大气降水在沿构造破碎带途中溶滤汲取岩石中的F^-和Ca^{2+}等成分，随着构造破碎带的挤压和地势增温，大气降水溶液沿构造破碎带渗流到地下深处，随地热增温而升温，并与地下热水混合循环。循环溶液受静压力、构造压力和温度梯度的变化，又沿着构造破碎带循环上升，在循环过程中不断溶滤汲取围岩中的F^-和Ca^{2+}，使循环溶液中的F^-和Ca^{2+}的浓度增高，在达到适合CaF_2沉淀的物理化学条件时，经化学反应在浅部岩石裂隙中沉淀成萤石矿体(图20-6)。

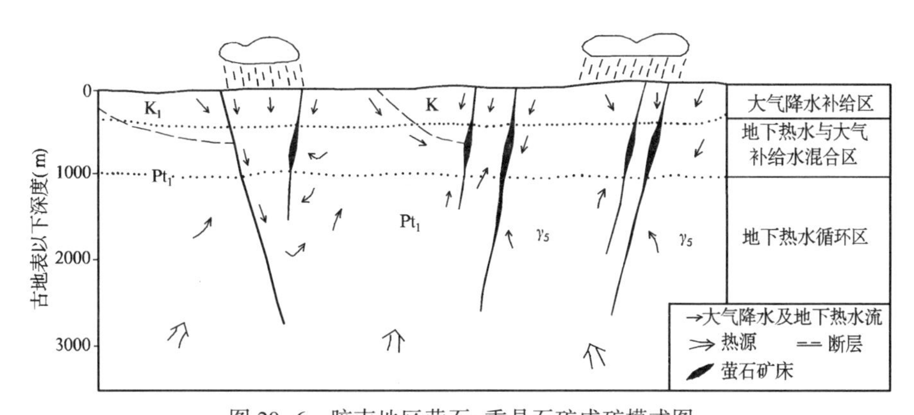

图20-6　胶南地区萤石-重晶石矿成矿模式图

(据李长江等1991和曹俊臣1995年原图编绘；引自《山东矿床》，2006)

K—白垩纪火山岩；K_l—白垩纪砂砾岩；Pt_1—古元古代长英质变质岩；γ_5—中生代燕山期花岗岩

测温结果显示，该区重晶石-萤石石英脉及方铅矿-重晶石石英脉中萤石形成温度在110~200 ℃之间，重晶石、方铅矿和石英一般在200 ℃左右，为低温成矿[1]。

该类萤石石英脉及重晶石-萤石石英脉，在青岛崂山红埠、莒南仕沟等地见其穿插晚白垩世砖红色砂岩；区调中获得蓬莱艾山-雨山萤石成矿带内萤石矿石中钾长石52.3 Ma的同位素年龄数值[2]。由上推断该成矿系列中的萤石及重晶石-萤石矿成矿时代可能为晚白垩世晚期到古近纪始新世。

综上述，本成矿系列中的萤石及萤石-重晶石矿床，为形成于晚白垩世晚期(或古近纪)的低温热液裂隙充填萤石石英脉(重晶石-萤石石英脉)型矿床。

(二)代表性矿床——蓬莱市巨山沟萤石矿床[3]

1. 矿区位置

蓬莱市巨山沟萤石矿区北距蓬莱16 km，位于胶北隆起艾山-雨山萤石矿成矿带中部。

[1] 杜心君、沈昆，山东省一些萤石矿床的流体包裹体研究，山东地质情报，1988年第1期；山东省地质局区域地质调查队，1:20万日照幅、赣榆幅区域地质调查报告·矿产部分，1982年。

[2] 山东省第六地质队，1:5万蓬莱中部地质图说明书，1975年。

[3] 山东省地质局第六地质队，刘星义等，山东省蓬莱县巨山沟萤石矿地质勘查报告，1973年。

2. 矿区地质特征

矿区出露地层主要为中生代白垩纪青山群，岩性为砂砾岩，分布在矿区东北部。矿区西部邢庄附近出露有呈捕虏体分布的古元古代粉子山群斜长片麻岩及斜长角闪岩等变质岩石。东部的巨山沟村周围为第四系山麓堆积。矿区内岩浆岩发育。中生代燕山期中粗粒黑云母花岗岩出露在矿区西部，燕山晚期似斑状花岗闪长岩广泛分布在矿区北部。闪长玢岩、花岗闪长斑岩、闪斜煌斑岩等呈脉岩产出，多呈NNE向展布。萤石矿体分布在黑云母花岗岩及花岗闪长岩中(图20-7)。

矿区断裂构造较为发育。近SN向的巨山沟压扭性断裂和NNE向的邢庄压扭性断裂分布于矿区东西两侧，控制着矿区构造格局及侵入岩和萤石矿的分布。除巨山沟及邢庄断裂外，矿区的NW及EW向断裂对矿区内萤石矿主矿体及细小矿体分布起着重要控制作用。

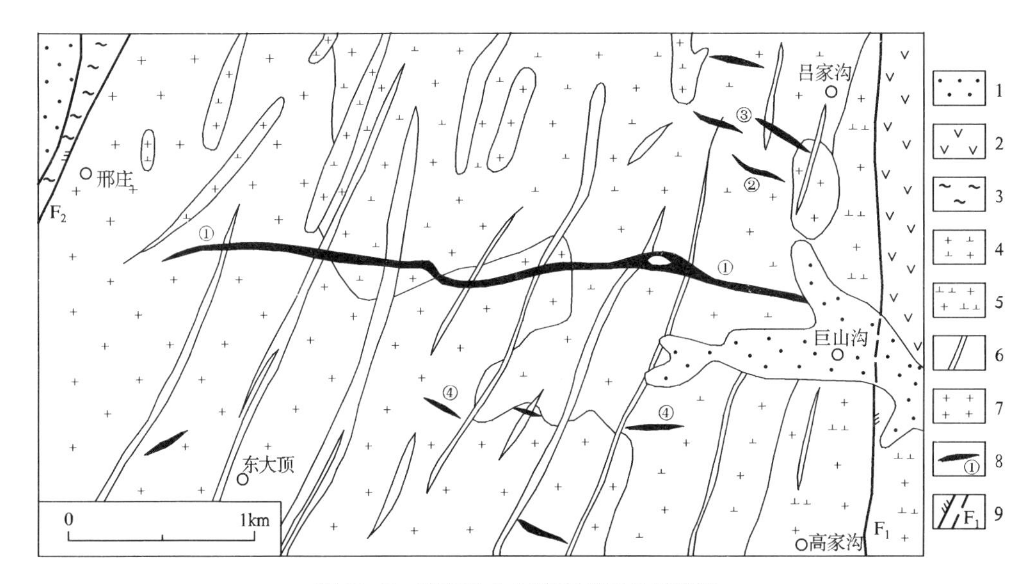

图20-7　蓬莱巨山沟萤石矿区地质略图

(据山东省地质局第六地质队，1973；引自《山东非金属矿地质》，1998)

1—第四系；2—白垩纪青山群；3—古元古代粉子山群；4—燕山期似斑状花岗闪长岩；5—燕山期闪长玢岩；6—石英闪长玢岩、花岗斑岩；7—燕山期黑云母花岗岩；8—萤石矿体及编号；9—断层及编号(F_1为巨山沟断裂，F_2为邢庄断裂)

3. 矿体特征

该矿床产于燕山晚期艾山-雨山似斑状花岗闪长岩中，近EW向和NW向张扭性断裂控制了萤石矿脉的产出与分布。矿脉规模较大，在走向或延深上，有明显的分支、复合、膨胀、收缩及折尾现象(图20-8)。矿脉中常包有围岩角砾。张性断裂是该萤石矿床形成的先决条件，后期的压性断裂活动对矿脉起着破坏作用。该萤石矿床为一个矿脉群所构成，横贯矿区的1号矿脉为主矿脉，在其两侧分布着2号、3号和4号等多条矿脉。

1号矿脉长约3 000 m，宽度大多为1~2 m，延深在300 m左右；矿脉走向NWW，倾向SSW，倾角70°~80°。蚀变带宽3 m(以绢云母化、硅化、绿泥石化为主)。矿体由萤石石英脉、石英萤石脉和含萤石石英脉组成，与围岩界限清晰(图20-9)。CaF_2平均品位为34.57 %。2号、3号、4号矿脉，长约250~800 m，宽0.1~6 m。CaF_2平均品位为31 %~50 %。

4. 矿石特征

矿物成分：主要为萤石、石英和钾长石；其次为方解石、重晶石、白云母、绢云母和绿泥石及褐铁矿、闪锌矿和方铅矿等。

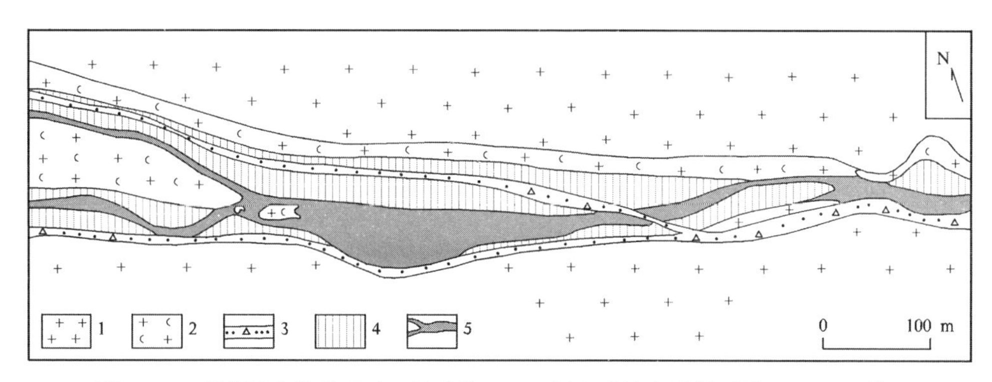

图 20-8　蓬莱巨山沟萤石矿 1 号矿脉 120 m 标高矿体水平断面图(155~158 线)

(据山东省地质局第六地质队 1973 年资料编绘;引自《山东非金属矿地质》,1998)

1—似斑状花岗闪长岩;2—黄铁绢英岩化带;3—碎裂岩;4—含萤石石英脉;5—萤石矿体

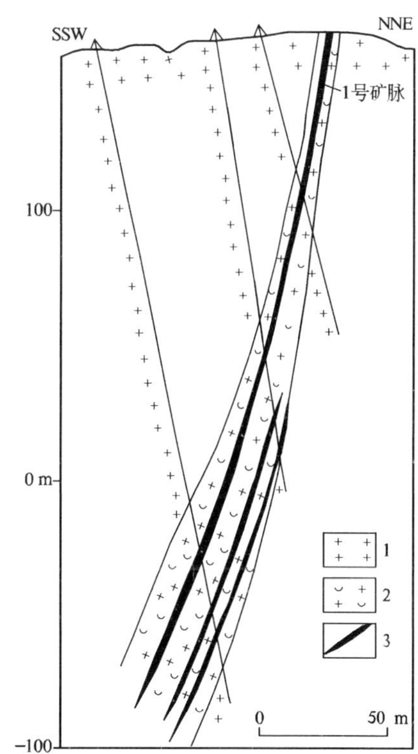

图 20-9　蓬莱巨山沟萤石矿 165 线地质剖面略图

(据山东省地质局第六地质队 1973 年资料编绘;引自《山东非金属矿地质》,1998)

1—燕山晚期似斑状花岗岩;2—黄铁绢英岩化带;3—萤石矿体

主要化学成分(平均值):CaF_2 含量为 33.92 %,SiO_2 为 54.11 %,Fe_2O_3 为 1.62,Pb 为 0.28 %,Zn 为 0.013 %。

结构构造:矿石结构以自形、半自形晶粒状结构为主;柱状结构、残余结构次之。矿石构造以块状构造为主,其次为条带状构造、环带状构造、交错脉状构造、角砾状构造和斑杂状构造。

5. 围岩蚀变特征

围岩蚀变主要有绢云母化、碳酸盐化、硅化及绿泥石化。

6. 矿床成因

如前面的萤石矿床式部分所述，该类矿床为晚白垩世(古近纪)低温热液裂隙充填萤石石英脉型矿床。

7. 地质工作程度及矿床规模

蓬莱巨山沟萤石矿在20世纪60年代经山东省地质局第六地质队初步勘探，已基本查清矿床地质特征和矿床规模，其为一中型规模萤石矿床。

三、热液裂隙充填脉型(化山式)重晶石矿床矿床式及代表性矿床

(一)矿床式

1 区域分布

此成矿系列中的重晶石矿分布广泛，与萤石矿床分布区域大体相当，主要分布于蓬莱、莱州、乳山、莱阳、莱西、昌邑、安丘、诸城、高密、胶州、即墨、五莲及日照东港、莒南、莒县、临沭、郯城等地。在地质构造位置上，主要分布在沂沭断裂带内及其以东的胶莱拗陷区。

2.矿床产出地质背景

区内重晶石矿体赋存在不同的围岩中，成矿与围岩岩性关系不明显。由于矿床形成的区域地质背景不同，重晶石矿脉可以赋存于不同时代的各种围岩中，从古元古代到中生代，从正常沉积岩、岩浆岩到变质岩中都有分布。但主要的围岩是中生代白垩纪火山碎屑岩及正常沉积砂砾岩等碎屑岩，如胶莱拗陷及沂沭断裂带内高密化山、安丘宋官疃等矿床；其次为中生代花岗质岩体及元古宙变质地层(粉子山群、五莲群)中，如胶北隆起区的蓬莱上炉、五莲福禄头等重晶石矿。

分布于鲁东地区的所有重晶石矿床均产于构造裂隙中，沂沭断裂带及胶莱拗陷内的NNW向、NNE—NE向等断裂构造，在区域上控制着重晶石矿的形成和分布。安丘-莒县断裂、北孟-贾悦断裂和安丘-辛兴断裂带对安丘宋官疃成矿区和诸城荆山-锡山成矿区具有控制作用；程戈庄-城阳断裂带对高密化山成矿区具有控制作用(图20-10)。牟平-即墨断裂带对东部的重晶石矿区(即墨重晶石脉集中分布区等)有控制作用。断裂构造本身是热液运移的通道，断裂构造的派生裂隙则直接控制着重晶石矿体的形态、产状及规模。如莒南仕沟重晶石矿就产在白垩纪青山群八亩地组与晚白垩世王氏群接触的张扭性断层中(图20-11)，含矿热液沿着断裂角砾岩带沉淀，形成萤石重晶石主矿脉、支矿脉及萤石、重晶石矿化断层角砾岩带。

3. 矿体特征

重晶石矿体形态、产状，均受控矿断裂形态及产状所制约。形成脉状、豆荚状、细脉—网脉状等形态的矿体。主矿体呈较宽大的脉体，倾角较陡，一般在70°以上，或具膨缩的豆荚状矿体；次要矿体为细脉—网脉状体。主矿体规模一般长几百米至二三千米，厚一般2~5 m，延深100 m以上。绝大多数矿体地表或浅部厚，向下逐渐变薄或分支，呈楔形至帚状尖灭。

4. 矿石特征

矿物成分：区内重晶石矿石主要矿物成分为重晶石，其次为含不等量的萤石。伴生的金属矿物有方铅矿、黄铜矿、黄铁矿、闪锌矿、磁黄铁矿、孔雀石、蓝铜矿、铅矾、褐铁矿、菱铁矿、磁铁矿等；脉石矿物以石英为主，其次有方解石、蛋白石、玉髓、长石、毒重石、天青石等。以上矿物除重晶石外，在不同矿区往往是部分出现，而且经常有一二种含量较高。这些含量较高的次要矿物主要是石英、萤石、方解石、方铅矿、褐铁矿等。一般某一具体的矿床，往往以其中的1种或2种矿物与重晶石矿物组合出现。

矿石类型：按矿石的矿物组合特征可划分为单一重晶石型矿石和复合重晶石型矿石2类。复合重晶石型矿石又可进一分为：石英-重晶石型矿石、方铅矿(硫化物)石英-重晶石型矿石、萤石-石英-重晶

石型矿石、方解石-石英-重晶石型矿石、褐铁矿-石英-重晶石型矿石。

化学成分:矿石中主要有益组分 $BaSO_4$ 含量因不同矿区或同一矿区的矿石类型不同,其含量变化较大,约在 40 %~95 %之间。在不同的矿石类型间,$BaSO_4$ 含量变化大体存在一定的规律:由萤石-石英-重晶石型矿石→褐铁矿-石英-重晶石型矿石→方铅矿(硫化物)石英-重晶石型矿石→方解石-石英-重晶石型矿石→石英-重晶石型矿石→单一重晶石型矿石,$BaSO_4$ 含量有逐渐增加的趋势。

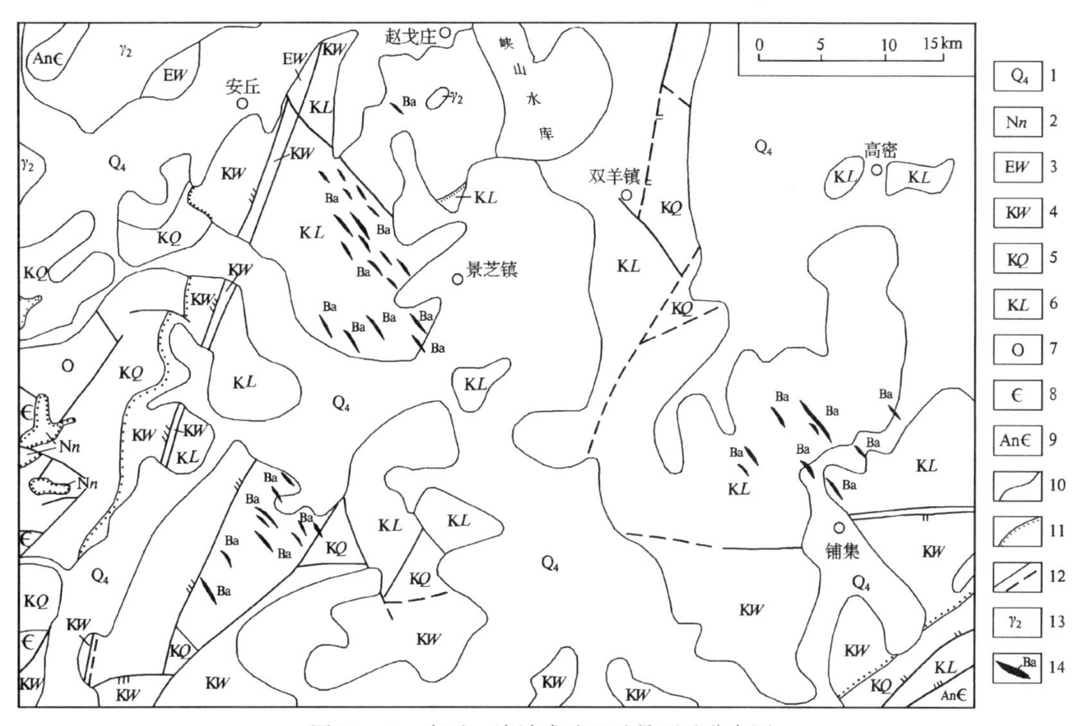

图 20-10　安丘—诸城成矿区重晶石矿分布图

(据 1:20 万高密幅地质图等资料编绘,1991;引自《山东矿床》,2006)

1—第四系;2—新近纪临朐群牛山组;3—古近纪五图群;4—白垩纪王氏群;5—白垩纪青山群;6—白垩纪莱阳群;7—奥陶系;8—寒武系;9—早前寒武纪地层;10—地质界线;11—平行及角度不整合界线;12—实测及推测断层;13—元古宙花岗岩;14—重晶石矿脉

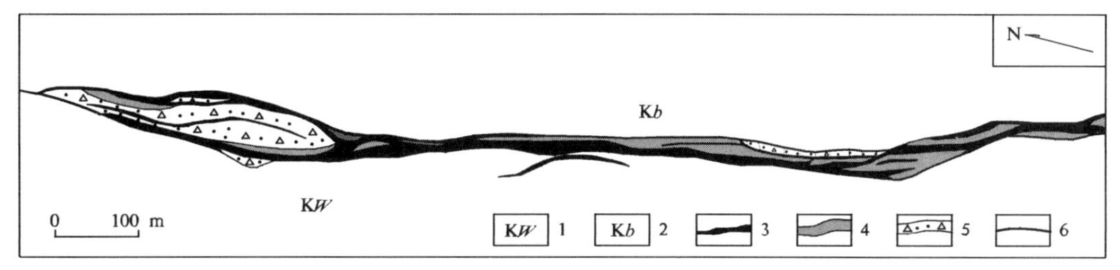

图 20-11　莒南仕沟重晶石-萤石矿区北矿段地质简图

(据山东省地质矿产局第八地质队 1984 年资料编绘;引自《山东矿床》,2006)

1—白垩纪王氏群;2—白垩纪青山群八亩地组;3—重晶石萤石矿脉;4—重晶石萤石矿化断层角砾岩;5—断层角砾岩;6—断层

5. 围岩蚀变特征

区内重晶石矿体围岩蚀变一般比较微弱,矿体与围岩界线清晰。由于围岩性质不同,蚀变程度不一。中生代正常沉积碎屑岩中的重晶石矿脉,近矿围岩仅见有硅化及褪色现象;火山岩系作为围岩时,除硅化外,个别可见绿泥石化现象;产于变质岩中的重晶石脉,近矿围岩除硅化外,往往还有绿泥石化、绢云母化、高岭土化等蚀变。在某些矿床中,蚀变带的宽度与矿脉厚度有直接关系。蚀变带宽的部位,重晶石矿厚,反之则薄,如乳山上夼、临沭岌山、莒县下古城等矿床都见到这种现象。

6. 矿床成因

如前所述,本成矿系列中重晶石矿与萤石矿及铅-重晶石矿体往往共(伴)生,产于同一地质环境,同一控矿条件下,成矿作用总体相同。区内重晶石矿床的硫同位素及测温数据指示,矿床硫同位素分布范围基本上与蒸发岩的相一致,热液为地下热水(有天水参与),其在移动过程中溶解了晚白垩世王氏群中有关岩石。成矿温度多在150~200 ℃,与萤石矿床类型一样,其应为晚白垩世(古近纪)低温热液裂隙充填重晶石石英脉型矿床。

(二) 代表性矿床

Ⅰ. 高密市化山铅-重晶石矿床地质特征[1]

1. 矿区位置

高密市化山铅-重晶石矿区位于高密城南25 km处。矿区处在胶莱拗陷南部柴沟凸起的中部,大王柱-于家庄断裂的北东侧。

2. 矿区地质特征

矿区出露白垩纪莱阳群杨家庄组及第四系。杨家庄组主要为砾岩、砂砾岩、长石石英砂岩、粉砂岩及泥岩组合,重晶石矿脉产于其中。矿区内褶皱构造为由莱阳群杨家庄组构成的单斜构造;成矿前断裂有5条较大的断裂(其走向305°~320°,倾向NE,倾角50°~80°),重晶石脉充填在其中。矿区内岩浆活动较弱,只见有燕山晚期玄武安山玢岩及安山玢岩脉。

3. 矿体特征

矿区内不同规模的重晶石矿脉,均分布于白垩纪莱阳群杨家庄组砂岩、砂砾岩、长石石英砂岩和泥岩出露区的NWW向断裂中。矿脉规模不等,长者>2 000 m,短者只有几十米,一般长600~1 000 m,构成NW向斜列式矿脉群。区内规模较大的重晶石脉有5条,即Ⅱ,Ⅲ,Ⅳ,Ⅶ,Ⅷ号矿脉(图20-12),另外尚有十几条规模较小的矿脉。矿脉总体走向305°~320°,除Ⅳ号矿脉向SW倾斜外,其余均为NE倾向;倾角50°~85°,局部地段近于直立。矿体最大厚度9.94 m,一般1~2 m;矿脉最大延深285 m。沿走向或倾向厚度变化均较大,普遍存在着膨胀收缩、分支复合现象。长度大的矿脉,其厚度一般较稳定,如Ⅱ号和Ⅳ号矿脉;长度小的矿脉,厚度极不稳定,一般呈扁豆体状或透镜状不连续分布,如Ⅵ和Ⅷ号矿脉。

4. 矿石特征

矿物成分:矿石中重晶石含量在80 %左右,其次为石英和方解石,以及少量方铅矿、黄铁矿、黄铜矿、孔雀石等金属矿物。

化学成分:矿石中$BaSO_4$含量沿走向及倾向变化均较大。如Ⅱ号矿脉平均品位为59.15 %,地表平均品位49.43 %,深部平均品位59.84 %;沿走向品位变化是中间高,两端低。矿区内局部地段含铅较高,可综合利用。据北京矿冶研究总院电子探针多点微区分析,矿石中普遍含Sr。Sr分布均匀,主要呈类质同象混入,Sr^{2+}取代Ba^{2+}。Sr的含量随着Ba的含量增加而减少;Ba减少,Sr则增加。

结构构造及矿石类型:矿石中重晶石结晶一般较好,呈自形晶,晶体直径一般为1~3 mm,个别大者

---

[1] 山东省地质矿产局第四地质队崔树森等,高密县化山矿区重晶石矿详细普查地质报告,1984年。

可达6~8 mm。呈板状、柱状及粒状结构；晶簇状、梳状、块状及角砾状构造。按矿物组合特征，可分为方解石-重晶石型、单一重晶石型、石英-重晶石型和含方铅矿-重晶石型等4种矿石类型。

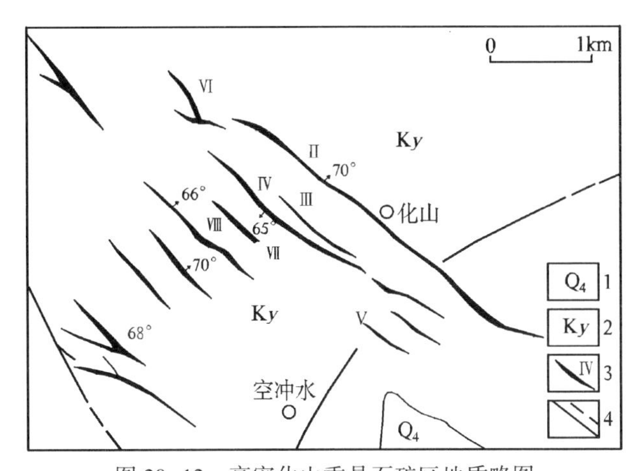

图20-12　高密化山重晶石矿区地质略图

（据山东省地质矿产局第四地质队，1984；引自《山东矿床》，2006）

1—第四系；2—白垩纪莱阳群杨家庄组；3—重晶石矿体及编号；4—断层

5. 围岩蚀变特征

矿区内围岩蚀变不发育。主要围岩蚀变有重晶石化、碳酸盐化、硅化、方铅矿化、绿泥石化等。蚀变岩石沿构造带及矿体顶底板呈带状分布。

6. 矿床成因

该重晶石矿为形成于晚白垩世晚期（古近纪）低温（多在37~168 ℃之间）❶热液裂隙充填铅-重晶石石英脉型矿床。

7. 地质工作程度及矿床规模

高密县化山铅-重晶石矿床，自1961年至1984年，历经几次普查及详查工作，基本查清了矿床地质特征及矿床规模，为一中型含铅重晶石矿床。

Ⅱ. 安丘市宋官疃含铅重晶石矿床地质特征❷

1. 矿区位置

矿区位于安丘县城东南约35 km的河南头—宋官疃—黑石埠一带。在地质构造部位上，居于沂沭断裂带东侧的胶莱拗陷西缘。

2. 矿区地质特征

矿区出露地层有古元古代荆山群（黑云斜长片麻岩、变粒岩夹大理岩）、白垩纪大盛群（正常沉积砂砾岩及火山碎屑岩）及第四系。重晶石矿体赋存于大盛群中。矿区内岩浆岩不发育，仅矿区西侧及北部发育有中生代燕山期中酸性小岩体。矿区靠近沂沭断裂带，成矿前的NNW向断裂构造发育，为含矿热液的运移通道和沉淀空间。

---

❶ 据山东省地质局实验室1984年测试数据。

❷ 据山东省昌潍地质二队，安丘县宋官疃重晶石矿区地质勘探中间报告，1961年；山东省化学矿地质队，安丘县宋官疃矿区河南头矿段补充地质报告，1982年；李文炎等，中国重晶石矿床，1991年。

3. 矿体特征

安丘宋官疃含铅重晶石矿床,明显地受控于断裂构造。区内所有含铅重晶石矿脉,均产于沂沭断裂带旁侧的 NW—NWW 向的断裂构造中,其在平面上呈首尾相接的尖灭再现或呈侧向斜列的雁阵形式。区内共发现重晶石矿脉 38 条,单矿脉长 100~643 m,厚 0.51~12.0 m。倾向 SW,倾角>55°,多在 70°左右。有的矿脉含铅较高,可以达到综合利用要求。以黑石埠矿脉和河南头矿脉最具代表性(图 20-13)。

黑石埠矿脉位于宋官疃西北,含铅重晶石矿脉产于白垩纪大盛群灰绿色页岩的裂隙中。矿脉走向 340°~350°,倾向 SW,倾角 60°左右。矿脉沿走向长>600 m。地表出露最厚处 3.5 m,薄处仅 0.2 m;矿脉在地表中段厚,向两端变薄,品位亦随之降低。矿脉延深为 120 m。

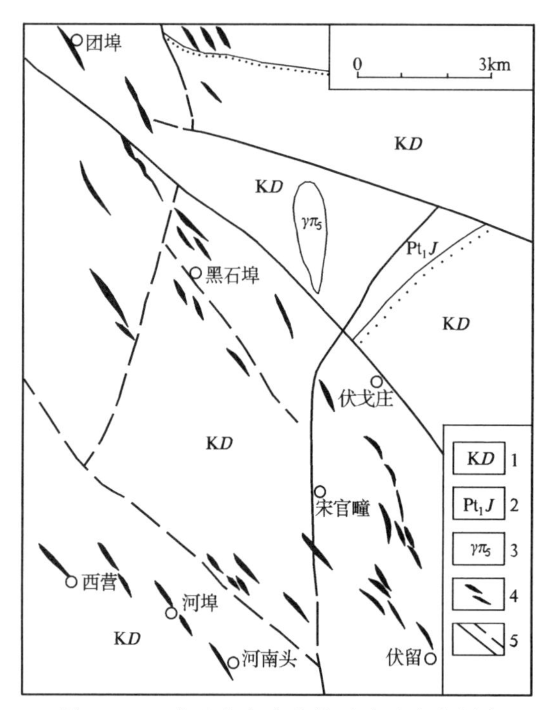

图 20-13 安丘宋官疃重晶石矿区地质略图

(据 1961 年昌潍地质二队及 1982 年山东省化学矿地质队资料编绘)

1—白垩纪大盛群;2—古元古代荆山群;3—燕山期花岗斑岩;4—重晶石矿脉;5—断层

河南头矿脉位于宋官疃西南,重晶石矿脉产于白垩纪大盛群灰色—紫红色页岩的裂隙中。矿脉走向 340°,倾向 SW,倾角 65°左右。重晶石矿脉长 320 m。矿体厚度及品位沿走向及倾向上都有所变化,矿体向深部出现分支现象(图 20-14)。矿体控制深 120 m 左右,推测最大延深在 150~200 m 间。矿段所见含铅重晶石脉厚 0.75~7.80 m,单重晶石矿脉厚 0.31~11.79 m。

4. 矿石特征

矿物成分:主要矿物为重晶石、石英和方铅矿,含少量黄铜矿、闪锌矿、黄铁矿、方解石、蛋白石、玉髓、孔雀石等。矿物形成世代大体可分为:① 石英-重晶石-方铅矿期;② 石英-方铅矿期;③ 重晶石重结晶期;④ 无矿石英期(生成蛋白石、玉髓等)。

化学成分:河南头矿脉矿石 $BaSO_4$ 含量为 49.50 %~74.01 %,平均为 63.05 %;Pb 含量为 0.29 %~1.30 %,平均 0.71 %;Ag 含量 1.29×10^{-6}~3.8×10^{-6},平均 2.91×10^{-6}。

结构构造:矿石为自形粒状结构、板片状结构。主要构造有 3 种。①条带状构造:往往发育在矿脉下盘。方铅矿多呈全晶质及不规则的他形粒状与重晶石、石英紧密共生,构成条带状。②块状构造:重

晶石、石英呈块体紧密共生,方铅矿呈完整的粗大晶体分布在石英块体周围。③星点状构造:方铅矿呈稀疏的星点状分散于重晶石脉中。

5. 围岩蚀变特征

矿体围岩蚀变不强烈,矿体上盘的蚀变带较宽,下盘一般较窄,蚀变带总宽约 20~30 m,可分为 3 个带。① 硅化带:靠近矿脉的围岩,常见有轻微硅化现象,硅化带宽 1.0~2.5 m。② 褪色带(土化带):发育于硅化带的外侧,灰绿色页岩受含矿热液浸泡,使其呈灰白色、松散土状、层理不清晰。此带宽 0.5~4.0 m。③ 重晶石细脉矿化带:位于褪色带外侧,较密集的重晶石细脉分布在页岩的裂隙中,此带宽 15~30 m。

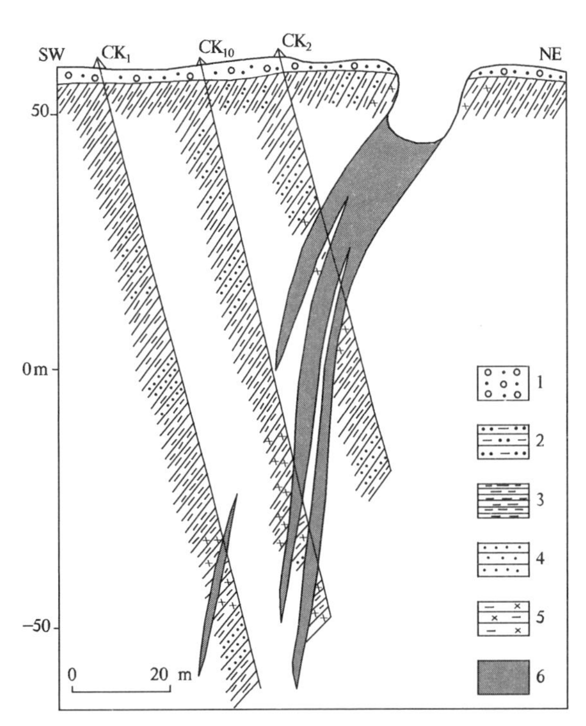

图 20-14　安丘宋官疃重晶石矿区河南头矿段地质剖面简图

(据山东省化学矿地质队 1982 年资料编绘)

1—第四纪残坡积物;2—白垩纪大盛群砂质页岩;3—大盛群灰色—紫红色页岩;4—大盛群细砂岩;5—大盛群蚀变页岩; 6—重晶石矿体

6. 矿床成因

安丘宋官疃含铅重晶石矿床,赋存于白垩纪火山-沉积岩系中。矿体呈脉状,受控于断裂构造。含铅重晶石石英脉中的石英均一法测定温度为 165 ℃,表明为在低温环境形成;$\delta^{34}S$ 重晶石值为 $+19.44\times10^{-3}$,$\delta^{34}S$ 方铅矿值为 -4.92×10^{-3},从硫的同位素组成在花岗质岩石中的天然变化范围($\delta^{34}S = +25\times10^{-3} \sim -10\times10^{-3}$)分析,宋官疃重晶石矿床可能属酸性岩浆期后低温热液成因(李文炎,1991)。

7. 地质工作程度及矿床规模

1961 年,山东省昌潍专署地质局第二地质队在该矿区开展普查评价,对河南头、河埠、黑石埠 3 条矿脉投入了较系统的普查工作,提交了《山东省安丘县宋官疃重晶石矿区铅、重晶石矿地质勘探中间报告》。1982 年,山东省化学矿地质队对安丘宋官疃河南头重晶石矿脉进行了补充详查工作,编写提交了《山东省安丘县宋官疃重晶石矿区河南头矿段补充地质报告》。查明主要矿体重晶石为一中型矿床。

第二十一章　山东中生代其他矿床成矿系列概要

第一节　鲁中隆起与侏罗纪沉积作用有关的煤、耐火黏土矿床成矿系列 ………………… 468
一、区域分布特征 ………………………… 468
二、成矿地质环境及主要控矿因素 ……… 468
三、代表性矿床地质特征 ………………… 469
第二节　胶莱拗陷西部与晚白垩世河湖相碎屑岩建造有关的膨润土、伊利石黏土矿床成矿系列 ……………………………… 470
一、区域分布特征 ………………………… 470
二、成矿地质环境及主要控矿因素 ……… 470
三、代表性矿床地质特征 ………………… 471

第一节　鲁中隆起与侏罗纪沉积作用有关的煤、耐火黏土矿床成矿系列

一、区域分布特征

与侏罗纪沉积作用有关的煤、耐火黏土矿床成矿系列形成于中侏罗世，赋存在侏罗纪淄博群坊子组含煤岩系中。主要分布在山东中东部、中南部，在大地构造位置上位于鲁西隆起边缘的坊子、淄博、章丘、蒙阴等凹陷盆地中。以潍坊坊子地区最为发育。坊子煤矿床发育在潍坊市坊子区坊子煤田内，煤矿资源储量较大，含有5层较稳定煤层；软质耐火黏土在潍坊坊子和淄博贾黄等地发育较好，有可供开采的软质耐火黏土矿层，均为小型矿床。

二、成矿地质环境及主要控矿因素

侏罗纪时，鲁西地区处于华北板块内部，鲁西地块边部及中心部位局部地段发生沉降，形成了周村盆地、济阳拗陷、坊子盆地、蒙阴盆地等断陷盆地。中侏罗世气候温和，植物繁盛，盆地中沉积了浅湖相、沼泽相含煤岩系。在坊子盆地沉积形成坊子煤田和杨家埠—荆山洼等软质耐火黏土矿床。晚期随地形的进一步夷平和地壳活动引起变形，演变为以广泛的河流相沉积为主，沉积形成了三台组河流相红色碎屑岩建造，局部有浅湖相沉积。

侏罗纪淄博群坊子组为三叠纪石千峰群之上、淄博群三台组之下的一套含煤、耐火黏土岩系，岩性组合以灰色调的砂岩、页岩为主，间有黄绿色砂岩、页岩及砾岩。该组煤层发育，形成一定规模的矿床。从区域对比看出，坊子组自东北向西南方向，厚度和含煤层减少，而紫色层增多，至菏泽-济宁地层小区缺失。从大区范围看，该组地层与华北地层大区同时代岩石地层单位具岩性组合和层位的一致性。

侏罗纪淄博群坊子组在坊子、淄博、章丘、蒙阴等凹陷盆地中都有分布，其构造盆地及盆地建造主要有以下特征：① 构造盆地总体上受太平洋板块俯冲影响，表现为板块内部活化，盆地发展具有明显的阶段性。② 燕山期构造盆地，以陆源碎屑沉积和火山岩堆积为特征，火山活动非常强烈。③ 随着构造运动的发生发展，盆地内堆积物在建造上呈现有规律的序列，盆地从形成→扩展→衰亡，堆积物也有明显三分性。④ 受陆相沉积规律控制，燕山期构造盆地相变很大，受地貌、微地貌影响较大，总体上盆地边缘以粗碎屑为主，往盆地内发育细碎屑岩。⑤ 盆地受断裂构造控制明显，同一世代的盆地受控于统一

的沉降系统。沂沭断裂带内主要受控于NE向断裂，形成NNE向盆地。鲁西地块主要受入字型构造控制，形成NW向或EW向盆地。⑥煤田赋存于构造运动差异性升降形成的断陷盆地中，尤其是断陷盆地与向斜叠加处。有利的赋煤构造是向斜，尤其在EW向向斜、NE向向斜、SN向向斜等多方向向斜叠加而成的盆地构造中，最有利于煤系赋存。

三、代表性矿床地质特征

（一）坊子煤矿床[1]

坊子煤矿床分布在潍坊市坊子区坊子煤田，大地构造位置上位于沂沭断裂带北端，坊子断陷盆地内，赋存于侏罗纪淄博群坊子组中。煤田的南部分布新太古代傲徕山序列二长花岗岩和四海山序列正长花岗岩，是含煤地层基底岩系。燕山期闪长岩、正长斑岩多以岩床、岩墙形式侵入煤系地层，中层煤和下层煤受影响最甚。受沂沭断裂带深大断裂影响，煤田内断层发育，按其走向可分为NNE—近SN向、NE向及近EW向3组，均为高角度正断层。其中以NNE—近SN向断层较为发育。煤田内次级褶曲较发育，轴向近EW。

坊子煤矿床的含矿建造，为由多种砂岩（*砂岩、细砂岩、粉砂岩*）互层、砂砾岩、泥岩及煤层组成的含煤建造组合。中、细粒碎屑岩自下而上增加，煤层集中在下部，泥岩、炭质泥岩集中于上层煤以下。坊子组煤系总厚193 m，含煤5层，主要可采煤层3层，即上、中、下煤层（图21-1）。各煤层大都为无烟煤，局部点为不黏煤、弱黏煤、贫煤和天然焦，煤质整体表现为高灰分、特低—低硫分，中—低挥发分，中等发热量等特征。

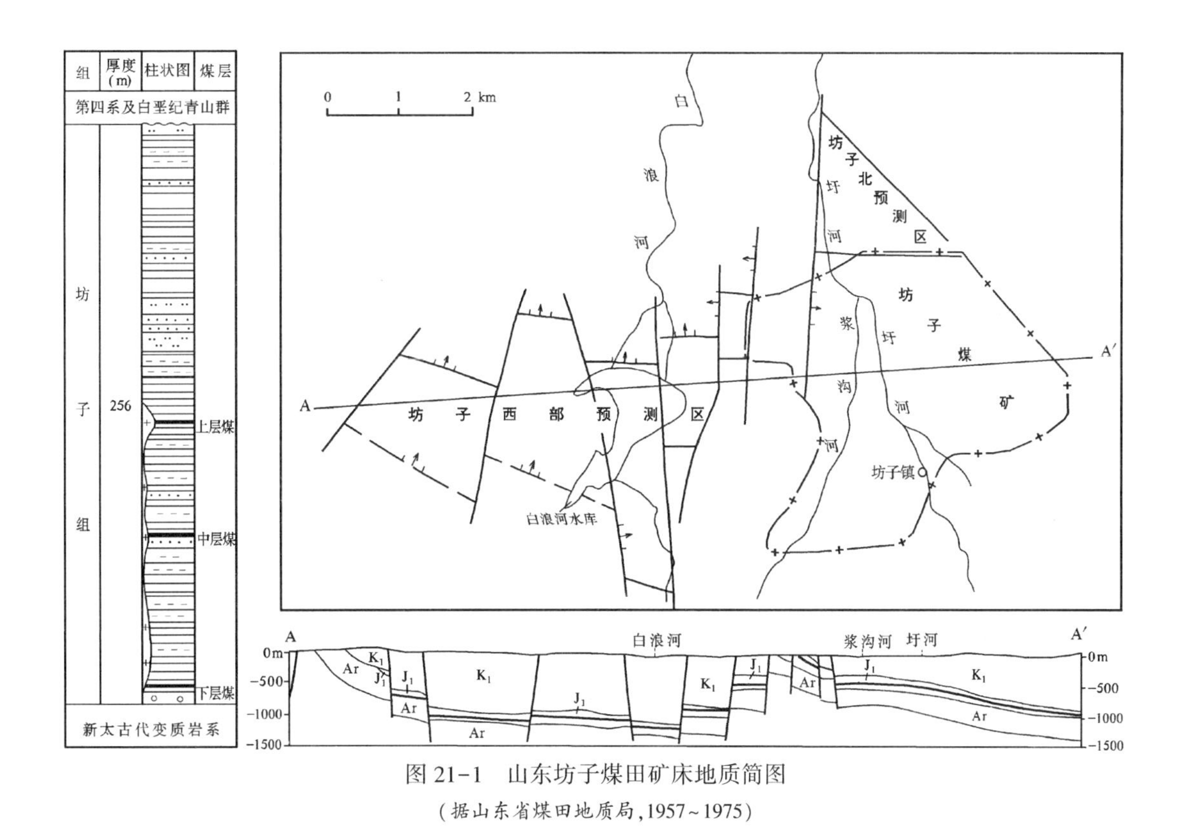

图21-1　山东坊子煤田矿床地质简图

（据山东省煤田地质局，1957~1975）

[1] 山东煤田地质局，坊子煤田各勘查阶段地质报告，1957~1975年。

（二）杨家埠—荆山洼软质耐火黏土矿床

杨家埠—荆山洼软质耐火黏土矿床位于潍坊市坊子城南约6 km处，在地质构造部位上居于沂沭断裂带北段的坊子凹陷内。软质耐火黏土矿赋存于淄博群坊子组地层中，坊子组为以灰色砂页岩为主，夹有粉砂岩、软质耐火黏土、砾岩和煤层的岩石组合。软质耐火黏土和煤层赋存于坊子组的下部，其层序包括上层煤、中层煤和下层煤及其间的软质耐火黏土矿层。

软质耐火黏土矿体为层状、似层状，长度一般为250~550 m，最长达2 000 m；沿倾向延伸50~295 m；厚度一般为0.8~2.6 m，最厚处为6.02 m。矿石主要矿物成分为高岭石，其次为伊利石，含少量石英砂。矿石化学成分不稳定，主要化学成分含量变化大。矿区矿石中的Ⅰ，Ⅱ级品供制做耐火砖用，Ⅲ，Ⅳ级品供陶瓷用。

第二节　胶莱拗陷西部与晚白垩世河湖相碎屑岩建造有关的膨润土、伊利石黏土矿床成矿系列

一、区域分布特征

该成矿系列分布于沂沭断裂带北段及胶莱拗陷西部的高密凹陷内，分布局限，为中白垩世—晚白垩世河湖相沉积矿床。膨润土矿床主要分布在高密谭家营、昌邑市高阳和蘑菇庄等地。在地质构造部位上居于胶莱拗陷西部的高密凹陷内，矿层发育于白垩世王氏群林家庄组及辛格庄组中。伊利石黏土矿床主要分布在安丘金冢子乡和昌邑南部的丈岭、太堡庄、金戈庄、北孟等地。在地质构造部位上居于沂沭断裂带东侧胶莱拗陷的边缘，矿层赋存于白垩世王氏群胶州组中。

二、成矿地质环境及主要控矿因素

（一）膨润土矿床

该系列膨润土矿床为河湖相沉积型膨润土矿床，形成于晚白垩世，主要分布在胶莱拗陷西部的次级凹陷盆地中。王氏群林家庄组为该类膨润土矿含矿岩系，矿层主要赋存在王氏群林家庄组的细碎屑岩、泥岩和泥灰岩岩段中。

燕山期沂沭断裂带等NNE向及NE向深大断裂，控制着胶莱拗陷的形成发展及含矿火山岩系的形成，同时断裂所控制的次级火山岩盆地（凹陷），又是形成富水环境的先决条件；此外，偏碱性和较封闭的水介质环境等，是导致火山玻璃物质水化、水解脱玻，并保持较高的pH值和Mg^{2+}浓度，生成蒙脱石的基本条件。晚白垩世在胶南拗陷的南、东和东北部边缘及沂沭断裂带北段，形成了一些大中型火山沉积水解蚀变型膨润土矿床，为后期的河湖相沉积型膨润土矿床的形成提供了成矿物质基础。该类膨润土矿成矿物质主要来源于青山群中的火山沉积水解蚀变型膨润土矿或其他陆源物质，这些物质在干燥、半干燥气候条件下，经剥蚀、搬运、分选，在河湖相偏碱性的还原、弱还原相对稳定的水介质环境下，蒙脱石类及其他黏土矿物凝聚沉淀而成矿。

（二）伊利石黏土矿床

伊利石黏土矿床为河湖相沉积型，地质构造部位上居于沂沭断裂带东侧的胶莱拗陷边缘。矿层赋存于晚白垩世王氏群胶州组二段中，该段由黄绿色砂岩、粉砂岩，黄土色—灰绿色黏土岩组成，伊利石黏土矿发育在该段下部。

中生代岩浆活动形成大量的富含云母、K质的铝硅酸盐等物质，给中生代末期的陆相湖盆沉积提供了丰富的碎屑物质。这些经风化、剥蚀、搬运至湖盆的碎屑物质，随着能量的减弱逐渐沉积下来，形成砂岩、粉砂岩、泥岩等碎屑岩，部分白云母在水化、水解过程中，逐渐形成伊利石矿胶体沉淀。该系列中伊利石黏土矿床主要赋存于晚白垩世王氏群胶州组细碎屑岩系中，分布在沂沭断裂带东侧的胶莱拗陷及其边缘白垩纪晚期的湖盆中。

三、代表性矿床地质特征

（一）高密谭家营膨润土矿床[1]

高密谭家营膨润土矿床位于高密阚家乡北6 km处的谭家营村，在地质构造部位上，居于胶莱拗陷西部的高密凹陷内。

区内广泛出露晚白垩世王氏群林家庄组沉积岩系，谭家营膨润土矿及居于其北约2 km的昌邑高阳和蘑菇庄膨润土矿，均发育于王氏群林家庄组中。矿区内出露的青山群方戈庄组主要由下部的玄武岩和上部的安山岩组成，安山岩普遍发生较强烈的硅化、高岭土化及蒙脱石化蚀变。矿区近SN—NNE向及近EW—NEE向张扭性及压扭性断裂构造发育，均为成矿后断裂，对矿体连续性产生一定破坏作用。

膨润土矿体赋存在王氏群林家庄组一段下亚段中（图21-2）。矿区内只有1层膨润土矿，呈层状、似层状。Ⅰ号走向近EW，倾向S，矿体长250 m，出露宽20~50 m，矿体厚度平均为13.74 m。

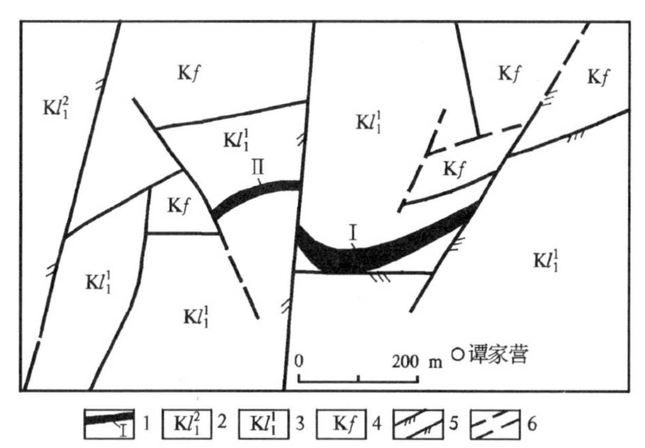

图21-2　高密谭家营膨润土矿区地质简图

（据山东省地质局第四地质队1989年成果编绘）

1—白垩纪王氏群林家庄组中膨润土矿体及编号；2—王氏群林家庄组一段上亚段；3—王氏群林家庄组一段下亚段；4—白垩纪青山群方戈庄组（含矿层位）；5—压扭性断层、张扭性断层；6—实（推）测性质不明断层

Ⅱ号矿体总体走向70°，倾向SE，矿体长160 m，出露宽13 m，平均厚5.45 m。矿石主要矿物成分为钙蒙脱石，含量在34.16 %~85.20 %之间，全矿区平均值为60.90 %。次要矿物为石英、方石英、长石及方解石等。呈白色、灰白色，具变余砂状结构及泥质结构，角砾状构造及块状构造。矿石类型按结构构造特点，可分为角砾状膨润土和块状膨润土2种类型；按矿物组合，可称为方石英-蒙脱石型；按属性，其应属钙基膨润土。

（二）北孟伊利石黏土矿床[2]

该矿区位于昌邑市南东30 km的北孟—太堡庄一带。在地质构造部位上处于胶莱拗陷西部之高密

[1] 山东省地矿局第四地质队，梁有义等，山东省高密县阚家乡谭家营矿区膨润土矿普查地质报告，1989年。

[2] 山东化工地质勘察院，山东省昌邑市北孟—太堡庄伊利石矿普查报告，2004年。

凹陷的西北缘,沂沭断裂带之东侧。

矿区内赋矿地层为晚白垩世王氏群胶州组,自下而上分为2段,伊利石黏土矿发育在二段下部。矿区内发育3组断裂,NE向和NEE向断裂一般为控盆断裂,控制着区内中生代—新生代地层边界。NW向断裂为隐伏断裂,一般发育于盆底区域,局部对盆地内地层的连续性有一定破坏作用,控制矿体的发育。区内岩浆岩不发育,仅在区域的东部和南部见有中生代潜粗面岩,西北部发育一条古元古代变辉长岩脉。

矿体赋存于胶州组二段下部的黏土岩中,为似层状—透镜状(图21-3),平面上呈椭圆状。主要矿体有3个,长420~650 m,最大延深80~350 m,厚度0.80~9.98 m。矿体倾斜较缓,倾角一般5°~15°,矿层一般为由四周向中心倾斜。矿石为土黄色及灰绿色,泥质结构,块状构造。主要矿物成分为:① 黏土类矿物伊利石、高岭土、蒙脱石等;② 粉砂质矿物石英、长石、方解石、黑云母等;③ 微量金属矿物褐铁矿、磁铁矿等。矿石的化学成分表现为有益组分偏低,有害组分偏高。

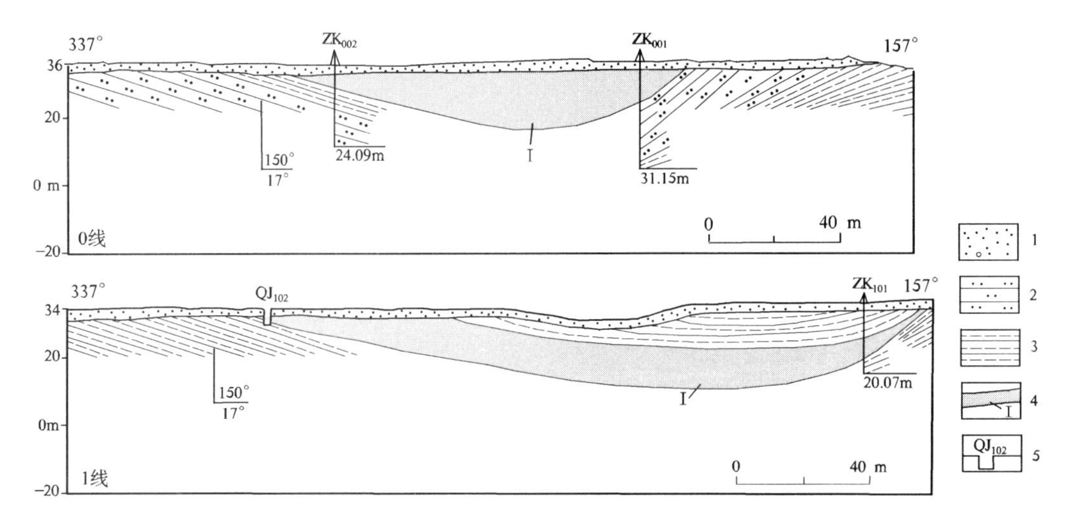

图21-3 昌邑市北孟—太堡庄一带伊利石黏土矿勘探线剖面图

(据山东省化工地质勘察院资料编绘,2004)

1—第四系;2—粉砂岩;3—泥岩;4—白垩纪王氏群胶州组内伊利石黏土矿体及编号;5—浅井剖面位置及编号

参考文献

毕伏科,肖文暹,阎同生.2006.成矿系列的缺位问题及其在成矿预测中的应用.矿床地质,9(4):735~742

曹俊臣.1994.中国萤石矿床//宋叔和等.中国矿床・下册.北京:地质出版社,314~340

陈克荣,潘永伟,陈小明.1993.山东五莲七宝山早白垩世破火山口火山-侵入杂岩特征和成因.南京大学学报,29(1):92~103

陈毓川,薛春纪,王登红,等.2003.华北陆块北缘区域矿床成矿谱系探讨.高校地质学报,9(4):520~535

陈毓川,裴荣富,王登红.2006.三论矿床的成矿系列问题.地质学报,80(10):4~13

陈衍景,赖勇,李超.2004.胶东矿集区大规模成矿时间和构造环境.岩石学报,20(4):907~922

丁式江,翟裕生,邓军.1997.胶东地区地质体含金性的地质地球化学评价.地质找矿论丛,25(6):735~742

甘延景,张旭,马昭建,等.2003.苍山县龙宝山金矿床地质特征.山东地质,19(1):50~53

顾雪祥,刘丽,董树义,等.2010.山东沂南金铜铁矿床中的液态不混溶作用与成矿:流体包裹体和氢氧同位素证据.矿床地质,29(1):43~57

郝建军,黄文山,焦秀美,等.2001.山东省栖霞市虎鹿夼银铅矿床地质特征.山东地质,17(1):30~34

胡芳芳,王永,范宏瑞,等.2010.鲁西沂南金场矽卡岩型金铜矿床矿化时代与成矿流体研究.岩石学报,26(5):1503~1511

胡华斌,毛景文,刘敦一,等.2004.鲁西铜石岩体岩石的锆石 SHRIMP U-Pb 年龄及其地质意义.地学前缘,11(2):453~460

孔庆友,张天祯,于学峰,等.2006.山东矿床.济南:山东科技出版社

蓝廷广,范宏瑞,胡芳芳,等.2011.山东微山稀土矿床成因:来自云母 Rb-Sr 年龄、激光 Nd 同位素及流体包裹体的证据.地球化学,40(5):428~438

李长江,蒋叙良.1991.中国东南部两类萤石矿床的成矿模式.地质学报,(3):263~274

李洪奎,杨永波,张作礼.2009.山东大地构造主要阶段划分与成矿作用.山东国土资源,25(7):20~24

李洪奎,耿科,禚传源,等.2010.山东省优势大地构造相划分初步方案.山东国土资源,26(6):1~6

李洪奎,于学峰,禚传源,等.2012.山东省大地构造相研究.北京:地质出版社

李洪奎,时文革,李逸凡,等.2013.山东胶东地区金矿成矿时代研究.黄金科学技术,21(3):1~9

李士先,刘长春,安郁宏,等.2007.胶东金矿地质.北京:地质出版社

李文炎,余洪云.1991.中国重晶石矿床.北京:地质出版社,122

林传仙,刘义茂,王中刚,等.1994.中国稀有稀土矿床//宋叔和主编.中国矿床・中册.北京:地质出版社,269~302

林景仟,谭东娟,于学峰,等.1997.鲁西归来庄金矿成因.济南:山东科学技术出版社

倪振平,倪志霄,李秀章,等.2014.山东省重要矿种成矿系列成矿谱系研究.山东国土资源,30(3):31~37

裴荣富,梅燕雄,毛景文,等.2008.中国中生代成矿作用.北京:地质出版社

宋明春,徐军祥,王沛成,等.2009.山东省大地构造格局和地质构造演化.北京:地质出版社

宋明春,王沛成,梁邦启,等.2003.山东省区域地质.济南:山东省地图出版社

宋明春,伊丕厚,崔书学,等.2013.胶东金矿"热隆-伸展"成矿理论及找矿意义.山东国土资源,29(7):1~12

宋明春,李三忠,伊丕厚,等.2014.中国胶东焦家式金矿类型及其成矿理论.吉林大学学报,44(1):87~104

宋明春,张军进,张丕建,等.2015.胶东三山岛北部海域超大型金矿床的发现及其构造-岩浆背景.地质学报,89(2):365~383.

汤立成.1990.山东邹平火山岩盆地伟晶状含金铜矿简介.地质论评,36(1):85~87

田京祥,张日田,范跃春,等.2002.山东郗山碱性杂岩体地质特征及与稀土矿的关系.山东地质,18(1):21~25

万天丰.2004.中国大地构造学纲要.北京:地质出版社

王永,范宏瑞,胡芳芳,等.2011.鲁西沂南铜井闪长质岩体锆石 U-Pb 年龄、元素及同位素地球化学特征.岩石矿物学杂志,30(4):553~566

王世称,杨毅恒,严光生,等.2001.大型、超大型金矿密集区综合信息预测.北京:地质出版社
王中刚.1986.我国稀有金属碳酸盐矿床的地球化学//地球化学文集.北京:科学出版社,136
夏庆霖,陈永清.2001.鲁西龙宝山金矿致矿地质异常浅析及成矿预测.地质找矿论丛,16(2):108~111
夏庆霖,高燕,王小哈.2002.鲁西龙宝山金矿成矿流体特征与矿床成因模型.黄金科学技术,10(3):13~17
夏学惠,刘昌涛.1987.山东枣庄沙沟环状偏碱性杂岩体中磷灰石特征及地质意义.岩石矿物学杂志,(4):357~362
于学峰.2001.山东平邑铜石金矿田成矿系列及成矿模式.山东地质,17(3/4):59~64
袁叔荣,黎秉符.1987.山东邹平火山岩盆地构造的基本特征.地质论评,33(1):5~11
曾广湘,吕昶,徐金芳.1998.山东铁矿地质.济南:山东科学技术出版社
赵礼,高凡.1975.我国珍珠岩及其膨胀性能的研究.北京:地质出版社,45~50
赵先平,衣德学.1994.仕沟重晶石矿床地质特征及成因探讨.建材地质,(4):3~7
张连营,程敏清.1996.山东五莲七宝山金-铜矿床地球化学特征及成因分析.地质找矿论丛,(01):18~24
张天祯,石玉臣,王鹤立,等.1998.山东非金属矿地质.济南:山东科学技术出版社
张小允.2001.山东五莲七宝山金铜矿控矿因素及找矿方向.山东地质,17(2):22~26
张增奇,刘明渭,宋志勇,等.1996.山东省岩石地层.武汉:中国地质大学出版社
张增奇,张成基,王世进,等.2014.山东省地层侵入岩构造单元划分对比意见.山东国土资源,30(3):1~23
祝有海,张德全,吴良士.1995.大陆边缘火山带上明矾石叶腊石矿床模式//裴荣富主编.中国矿床模式.北京:地质出版社,301~303

第五篇　山东新生代矿床成矿系列及其形成与演化

山东陆块在新生代(喜马拉雅构造旋回)时,继续在中生代以来的滨太平洋构造活动影响下,发生强烈的断块升降活动。鲁东隆起总体处于抬升的背景下,仅有零星分布的小型断陷盆地形成;鲁西地块的济阳-临清拗陷区继续沉降,鲁西隆起区以隆升为主。在这个新生代短短的65.5 Ma的地质演化中,山东陆块发生了一系列的火山、沉积、断块等地质事件;形成了与沉积作用、火山作用等有关的石油及天然气、煤、油页岩、石膏、石盐-钾盐、自然硫、蓝宝石、硅藻土、金刚石、金、锆石等重要的矿产资源。

古近纪(65.5~23.03 Ma),鲁西隆起区在早白垩世沉积盆地的基础上,形成一系列北断南超的箕状拉分断陷盆地,在这些盆地中接受了巨厚的河湖相碎屑岩、碳酸盐岩、蒸发岩沉积(官庄群、五图群),形成了石膏、石盐、钾盐、自然硫、煤、油页岩、白垩等矿产。在齐广断裂以北及聊考断裂以西的华北拗陷区开始形成,并逐渐形成潜凸(凸起)与潜凹(凹陷)相间分布的格局。在潜凹中沉积了一套厚度巨大的以陆相为主的含油碎屑岩系(济阳群),形成了石油、天然气、油页岩、石膏、石盐等重要矿产。鲁东地区总体处于抬升背景下,仅在局部小型断陷盆地中形成有陆相煤系(龙口),胶莱盆地已基本消亡。

新近纪(23.03~2.588 Ma),喜马拉雅运动再次强烈活动,致使整个济阳-临清拗陷再度急速沉降,形成了黄骅群一套河流相-河湖相碎屑岩夹碳酸盐岩沉积。鲁西隆起北部及东部的临朐、昌乐、沂水、安丘、潍坊,以及胶北隆起的栖霞、蓬莱等地,一套火山-沉积岩系——临朐群逐渐形成:早期形成了牛山组被状玄武岩;中期总体间歇,在临朐(解家河)、莱芜(大王庄)、蓬莱(南王)局部地区形成了山旺组一套硅藻页岩层;晚期基性玄武岩再次喷发。新近纪,在沂沭断裂带北段形成零星分布的火山湖、小湖泊及老年期河床,形成了以玄武岩为主夹砂砾岩、硅藻土等的沉积组合(临朐群),赋存着硅藻土-褐煤-磷、白垩、蓝宝石原生矿及膨润土等矿产;此时,在鲁中隆起区的山麓边缘岩溶凹地中,分布有少量河湖相沉积(巴漏河组、白彦组),在白彦组中含金刚石砂矿;鲁东隆起已经准平原化,发育大量老年期河床,有的岩系中含有砂金(唐山硼砾岩)。

第四纪(2.588 Ma迄今),差异升降活动显著,济阳—临清拗陷及鲁西潜隆起区保持较大的沉降速率,形成了厚度大的黑土湖组及其之下和之上的平原组和黄河组的冲洪积的松散堆积;在鲁中南及鲁东隆起区的山间盆地、河谷地段,山前坡缘及沿海岸及低洼处形成了残坡积、冲洪积,河流、湖泊、湖沼、滨海、河海交互、岩溶堆积、风积等成因类型的松散碎屑物沉积,在其中发育着金刚石(砂矿)、蓝宝石(砂矿)、金矿(砂矿)等金属和非金属矿产。另外,在华北拗陷的无棣大山和鲁东蓬莱等地有中更新世史家沟组碱性超基性-基性火山岩的喷溢。受新构造运动影响,包括沂沭断裂带在内的很多断裂构造都在活动,第四纪沉积层物错断和构造活动引发的历史上和现今的地震事件等均反映新构造活动仍未曾终止。

Part.5 The Cenozoic minerogenetic series and their formationandevolution

Due to continuous affect of marginal-pacific tectonic activities, strong block-elevation occurred in Shandong block in Cenozoic (Himalaya tectonic cycle). Only scattered small scale depression basins were formed in Ludong uplift. Except Jiyang-Linqing depression areasettled continuously in Cenozoic, much of Luxi uplift area was uplifting.

In the short geological evolution period of about 65.5 Ma in Cenozoic, multiple of geological events happened in Shandong block(such as volcano, sedimentary and fault blocks). Important mineral resources which had close relation with sedimentary and volcanic processes had been formed, such as oil, natural gas, coal, oil shale, gypsum, halite- potassium salt, natural sulfur, sapphire, diatomite, diamond, gold and zircon had been formed.

In Paleogene (65.5~23.03 Ma), on the basis of early Cretaceous sedimentary basins, a set of dustpan shaped pull-apart depression basins were formed in Luxi uplift area. In these basins, thick river- lake facies clastic rocks, carbonate rocks and evaporate sedimentary (Guanzhuang group, Wutu group) had been accepted, and formed gypsum, halite, potassium salt, natural sulfur, coal, oil shale, chalk, etc.

An alternate distribution pattern with uplift and depression was formed in the North China depression area.

A set of oil-bearing clastic rock system (Jiyang group) with a great thickness of continental facies were deposited in the depression area. Many important minerals, such as oil, natural gas, oil shale, gypsum and halite had been formed in these favourable area. Ludong area was under the uplift background in the overall. Continental coal system (Longkou) was only formed in regional small depression basins, while almost disappeared in Jiaolai basin.

In Neogene (23.3~2.588 Ma), Himalayan movement became strong again. It caused rapid settlement of Jiyang and Linqing depression again, and formed a set of fluvial facies-river clastic rocks with carbonate rock sedimentary in Huanghua group. A set of volcanic sedimentary rock series--linqu group was gradually formed in north of Luxi uplift and Linqu, Changle, Yishui, Anqiu city in the east, Qixia and Penglai in Jiaobei uplift. In early period, overlying basalt in Niushan formation was formed; while in the middle period, it showed an overall intermittent. A set of diatom shale of Shanwang formation was formed in regional areas of Linqu (Xiejiahe), Laiwu (Dawangzhuang), Penglai (Nanwang). In late period, basalt erupted again. In Neogene, volcanic lakes, small lakes and aged riverbed distributed sporadically in north of Yishu fault belt. Sedimentary assemblage which basalt was the main part, accompanying with sandy conglomerate and diatomite were formed (Linqu group). Diatomite-brown coal-phosphorus, chalk, sapphire primary ore and placer diamond occurred in this area. At the same time, a small amount of river and lake facies sedimentary (Balouhe group, Baiyan group) distributed in karst depression in piedmont fringe of Luzhong uplift. Diamond placer occurred in Baiyan group. Ludong uplift had been in the stage of peneplain, and developed a large number of aged riverbed. There were gold placers in some rocks (Tangshanpeng conglomerate).

In Quaternary (from 2.588 Ma to now), differential uplift activities were significant. A larger subsidence rate was kept in Jiyang-Linqing depression and Luxi uplift zone, and formed Heituhu formation with great thickness and alluvial accumulation of loose piled deposition in Pingyuan formation and the Yellow River formation below and above the plain. In intermountain basin, valley area, piedmont slope edge, coastal area and low-lying parts in Luzhongnan area and Ludong uplift area, residual-slope accumulation, alluvial-diluvial accumulation, rivers, lakes, lacustrine-swamp, coastal area, river and sea interaction, karst accumulation, aeolian deposit types of loose debris deposition were formed. Metal and non-metal minerals, such as diamond (placers), sapphire (placers) and gold deposit (placer deposits) developed in this area. In addition, there was an alkaline ultra-basic and basic volcanic rock eruption of middle Pleistocene Shijiagou group in Dashan area of Wudi County and Penglai area in Ludong region. Affected by new tectonic movement, many faults were active, including Yishu fault zone. Seismic events in the history and now caused by Quaternary sedimentary layer fault and tectonic activities reflect that Neotectonic activities have never stopped.

第二十二章　山东新生代矿床成矿系列综述

第一节　新生代成矿地质背景与地壳演化 …… 478
一、成矿地质背景 …… 478
二、地壳演化阶段 …… 481
第二节　新生代矿产区域分布特征 …… 483
一、古近纪(65.5~23.03 Ma) …… 483
二、新近纪(23.03~2.588 Ma) …… 483
三、第四纪(2.588 Ma 迄今) …… 483
第三节　新生代矿床成矿系列划分 …… 484
一、古近纪矿床成矿系列 …… 484
二、新近纪矿床成矿系列 …… 484
三、第四纪矿床成矿系列 …… 484

新生代是漫长的地质历史中最短暂的一个时代,山东陆块在新生代时处在断块构造发展阶段,经历了喜马拉雅构造旋回(65.5 Ma迄今)。但是在这短短的65.5 Ma中,山东地块与全球一样也发生了一系列的火山、沉积、断块等地质事件;形成了与沉积作用、火山作用等有关的矿床。在鲁西地区主要有石油、天然气、油页岩、煤矿(古近纪煤矿)、石膏矿、石盐矿、钾盐矿、自然硫矿、蓝宝石矿(原生矿及砂矿)、硅藻土矿、金刚石矿(砂矿)、金矿(砂矿)等;在鲁东地区主要有金矿(砂矿)、煤矿(古近纪煤矿)、玻璃用石英砂矿、铸型砂矿、锆英石砂矿等(张天祯,等,1996,1998;孔庆友,等,2006)。

第一节　新生代成矿地质背景与地壳演化

一、成矿地质背景

山东陆块在新生代时大约经历了65.5 Ma的地质历史时期。在这个地质历史时期中,发生了独具特色的沉积作用、火山作用,形成多种能源、金属、非金属及水气矿产,成为山东一个重要的成矿期。

(一) 地层

山东省新生代地层非常发育,分布广泛。包括古近纪、新近纪和第四纪地层,其中发育着较丰富的能源、金属、非金属和水气矿产。

1. 古近纪地层

山东省古近纪地层分布广泛,主要分布在鲁西地区(图22-1)。在华北平原地层分区呈大面积连续分布;在鲁西地层分区(主要为山地丘陵区)零星分布在山间盆地中,在鲁东地区主要分布于龙口—蓬莱及平度市香店一带。古近纪地层是山东省内一个重要含矿层位,其中发育有石油、煤、石膏、石盐、钾盐、自然硫等矿产。这套沉积岩系包括官庄群、济阳群和五图群。

(1) 古近纪官庄群

官庄群仅发育在鲁西山地丘陵区内的一些近EW—NW向展布的中新生代盆地中,为一套含膏盐的红色、灰色山麓洪积-河湖相碎屑岩系。该群自下而上划分为固城组、卞桥组、常路组、朱家沟组和大汶口组5个组。总厚1 525~3 844 m。官庄群发育有石膏、石盐、钾盐、自然硫等矿产。

(2) 古近纪五图群

五图群在鲁西地区主要分布于昌乐县五图、小楼、北岩、北�鄌郚和临朐县牛山、罗家树以及安丘市李家埠一带；在鲁东地区主要分布于龙口—蓬莱及平度市香店一带。总体上为一套含煤、油页岩的碎屑沉积，自下而上划分为朱壁店组、李家崖组、小楼组。该群总厚298~1 372 m。

(3) 古近纪济阳群

济阳群主要分布于华北平原区的潍北、东营、济阳、临清及德州、东明一带，自下而上划分为孔店组、沙河街组、东营组。岩性为一套色调、成分都很复杂的碎屑岩系，含有丰富的石油和天然气，有时夹石膏、石盐、薄层煤及中基性火山岩，地表未见出露。该群总厚1 202~4 990 m。

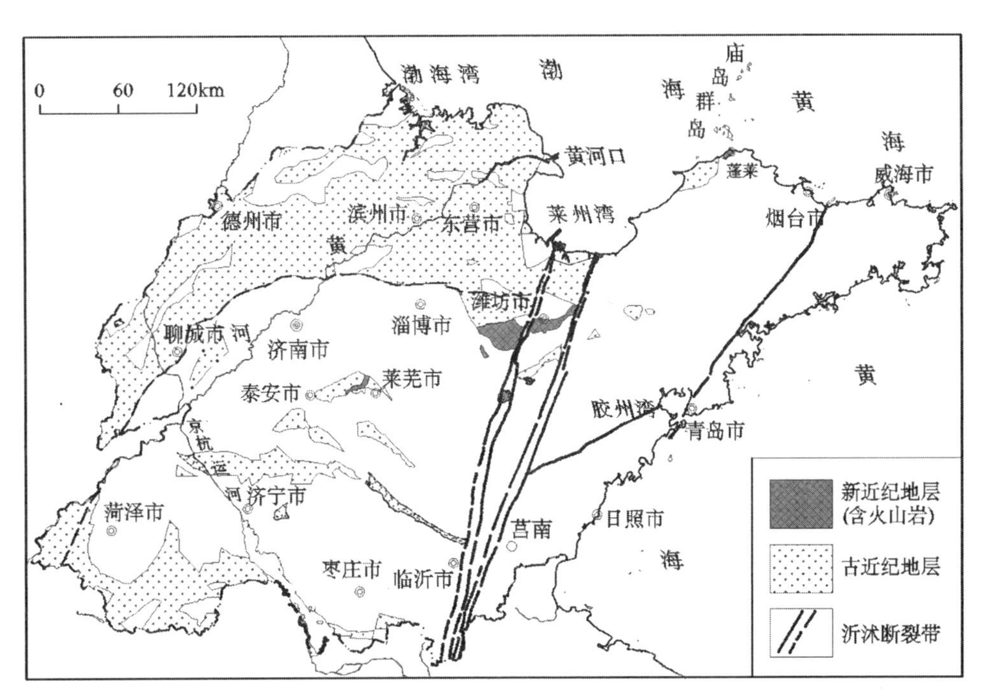

图22-1　古近纪—新近纪地层分布示意图
(据宋明春等2003)

2. 新近纪地层

山东省新近纪地层包括临朐群、黄骅群及巴漏河组、白彦组。

(1) 新近纪临朐群

临朐群在鲁西地区主要分布在临朐、昌乐、安丘、沂水等地，在莱芜、周村、淄博等地也有少量分布；在鲁东地区主要分布于栖霞、蓬莱等地。岩性主要为玄武岩夹砂砾岩、黏土岩及硅藻土。自下而上分为牛山组、山旺组、尧山组，其中山旺组分布局限，大部分地区为牛山组、尧山组。总厚217~598 m。该群中含有硅藻土矿、蓝宝石原生矿、膨润土及白垩矿等。

(2) 新近纪黄骅群

黄骅群主要分布于华北平原地层分区内，岩性为泥岩、砂岩及砂砾岩；自下而上划分为馆陶组和明化镇组；总厚439~1 500 m。

(3) 新近纪巴漏河组及白彦组

巴漏河组岩性主要为一套淡水结晶灰岩、泥岩及砂砾岩，为山麓边缘河湖相沉积。总厚6~17 m。巴漏河组地表分布局限，主要见于西巴漏河、青杨河沿岸。白彦组主要见于鲁西地区内早古生代碳酸盐岩出露区的高中级夷平面上(裂隙或溶洞中)。岩性主要为燧石质砾岩。在鲁南地区该组内可见金刚石。

3. 第四纪地层

山东第四纪地层依据其发育特征、岩石组合、接触关系及序列特征等，可分为山地丘陵区(包括山前平原)和华北平原区。山东第四纪地层总体来说分布广泛,但作为各个组级单位,其分布范围差别很大,且各组之上下层位因地而异,变化较大。

第四纪地层是山东一个重要的含矿岩系,在某些层位中发育有金刚石砂矿、砂金矿、蓝宝石砂矿、玻璃用石英砂矿、型砂矿、锆英石及金红石砂矿等多种矿产。

(二) 岩浆岩

1. 侵入岩

喜马拉雅期侵入岩在鲁西地区零星分布于平邑县八埠庄、肥城狼山、临朐西官庄等地,岩性分别为橄榄玄武岩、粗玄岩、玻基辉石玄武岩,呈脉状和不规则岩枝状产出,规模很小,面积约 0.13 km^2。原始岩浆来源于上地幔。

鲁东地区喜马拉雅期侵入岩不发育,分布也很局限,主要集中分布在大型构造活动带附近及其中,如沂沭断裂带东侧及其分支断裂中,五莲-青岛断裂及牟平-即墨断裂带中也有零星出露。其岩石类型主要为基性岩类和超基性岩类,岩性主要有玻基辉绿玢岩、辉绿岩、辉绿玢岩、橄榄辉绿玢岩等。这些岩石均呈脉状产出,规模很小,长几米、几十米,少量可达百米,其产状严格受断裂构造控制,以 NNE 和 NE 向为主,NW 向和近 EW 向次之。

2. 火山岩

(1) 火山岩与火山岩相

新生代火山岩为超基性—基性熔岩,主要见有橄榄霞石岩、玻基辉橄岩,前者见于栖霞方山、唐山硼、蚕山等地的尧山组及蓬莱、无棣大山等地的史家沟组,后者见于蓬莱一带的史家沟组。火山岩相主要为喷溢相,局部出现爆发相及火山通道相。

(2) 火山旋回

新生代火山作用可划出 4 个火山旋回。

沙河街旋回:该火山旋回为新生代最早期的火山活动,其产物仅在济阳新生代坳陷的一些钻孔中见及,为喷溢相玄武岩和潜火山岩相、火山通道相辉绿岩。

牛山旋回:主要分布于沂水县圈里、临朐、昌乐等地,为新生代火山活动最强烈时期的产物。火山岩为橄榄玄武岩、橄榄碱性玄武岩,多为喷溢相,偶见火山通道相。

尧山旋回:零星见于沂水圈里、临朐、栖霞方山等地,为基性-超基性溢流相橄榄玄武岩、橄榄霞石岩,构成尧山组。其喷发强度弱,规模小,分布局限。

史家沟旋回:仅见出露于蓬莱及无棣大山,为基性-超基性喷溢相玻基辉橄岩、橄榄霞石岩、橄榄玄武岩,见少量火山通道相、潜火山岩相及爆发相岩石。剖面上见玻基辉橄岩、橄榄霞石-橄榄玄武岩的喷发韵律性成分演化序列。该旋回喷发强度弱,规模小,分布更为局限,为新生代火山作用末期产物。

(3) 火山构造

可划为临朐-蓬莱新生代火山喷发带 1 个Ⅲ级火山构造。该Ⅲ级火山构造划分为圈里-昌乐、方山、蓬莱 3 个火山台地。

圈里-昌乐火山台地:分布于沂水圈里、临朐牛山、昌乐五图及潍坊一带,临朐群发育完整,牛山旋回、尧山旋回为被状喷溢相火山岩。地貌上呈零星的残留体或较大面积平顶山。中心式火山机构发育,火山机构类型多为盾状火山,野外保存较好的至少有 40 余处,如临朐县的朐山、尧山、灵山,青州市的香山,昌乐县的乔官、豹山、卧虎山、龙泉院等,尤其以乔官盾状火山发育较为典型。

方山火山台地:分布于栖霞大方山、小方山、唐山硼和蚕山一带,呈 NNE 向不规则状和长条状展布,该火山台地仅发育尧山旋回喷溢相熔岩被,岩性单一,为橄榄霞石岩,不整合于变质基底之上,多呈平顶山出露于地势高处。

蓬莱火山台地：分布于蓬莱北沟镇—刘家沟镇一带及大黑山岛、桑岛等地，呈近 EW 向带状展布。其上发育第四纪早更新世史家沟组，以喷溢相碱性系列超基性—基性火山岩为主，少量爆发相及火山通道相火山碎屑岩及潜火山岩。史家沟旋回火山作用早期以裂隙式火山喷溢、晚期以中心式喷溢为主，可识别出 2 个裂隙式火山机构及 14 处盾状火山。

（三）构造

1. 不整合构造

新近系与古近系之间的不整合，主要分布在济阳拗陷区和鲁中隆起的北缘及济宁拗陷区。在鲁中隆起北缘，主要表现为新近纪玄武岩与古近纪及早期地层的不整合；而在拗陷区，主要是济阳群或官庄群与馆陶群之间的不整合。它代表喜马拉雅早期构造幕与晚期构造幕的分界，在区内称为华北运动，其代表了鲁西的沉降区从早期的裂陷、断陷阶段向拗陷、披盖阶段转化。

新近系与第四系之间的不整合，在渤海湾盆地区，第四系不整合于新近系之上；而在鲁中隆起和沂沭断裂带中的小盆地、河谷处，第四系则不整合于所有较老的地质体之上，显示强烈的构造差异性。

2. 断裂构造系统

新生代断裂构造具有继承中生代构造发展的特点，断裂构造体系主要受 NNE 向走滑（郯庐断裂带和聊考断裂带）控制。聊考断裂带以西主要为 NW—SE 向伸展作用，形成 NE—NNE 走向伸展铲式或坡坪式正断层，控制新生代箕状断陷盆地（李三忠等，2004）。郯庐断裂带和聊考断裂带之间为近 SN 向伸展构造，济阳拗陷发育有 NNE 向和近 EW 向 2 组基底正断层，它们在空间上彼此交错，构成新生代盆地的锯齿状边界断层，形成北断南超的箕状断陷格局，与断块面倾向 N 或 NW 的“单面山”式半地堑相间排列。NNW、近 EW 向控盆边界断层多为伸展量巨大的铲式正断层。而 NE 向断层多表现为倾角较大、伸展量不大的走滑断层。

渤海湾盆地新生代构造和沉积中心迁移表现的极为明显，主要表现为自西向东、自南向北，其中古近纪表现为南部不断抬升，构造活动和沉积中心逐渐向北迁移，即自惠民向东营、沾化、渤中迁移。新近纪因太行山脉的不断隆起，构造和沉积中心自冀中向黄骅、渤中迁移。鲁中隆起区断裂明显继承了燕山期特征，由于 SN 向伸展作用，中生代盆地的控盆断裂重新活动，在盆地的边部叠加了长轴方向近 EW 向的三角形或长条形盆地，同样具有北断南超的构造格局。郯庐断裂带以东的北黄海盆地为南断北超的 NWW 向断陷盆地。

二、地壳演化阶段

山东陆块在古近纪和新近纪时期，继续在中生代以来的滨太平洋构造活动影响下，发生强烈的断块升降作用。处于沂沭断裂带以东的鲁东地块总体处于抬升的背景下，仅在零星分布的小型断陷盆地中形成了陆相煤系（如龙口）以及玄武质岩浆喷溢物质的堆积。鲁西地块在齐广断裂以北、聊考断裂以西的济阳拗陷-临清拗陷区沉降；齐广断裂以南、聊考断裂以东的鲁西隆起区以隆升为主，EW 向断裂活动加剧，形成了一系列北断南超的箕状拉分断陷盆地（程裕淇，等，1994；宋明春，等，2003）（图 22-2）。

济阳拗陷-临清拗陷及鲁西隆起区内大大小小的新生代盆地的结构大都比较复杂，凹中有凸、凸中有凹，构成了多物源、多中心的沉积湖盆，表明控制盆地发展演化的构造运动较为频繁。鲁西地区新生代盆地的形成与演化大体可以划分为 3 个旋回（阶段）。

（一）古近纪（65.5~23.03 Ma）

在 EW 向引张力应力的环境下，由于聊兰断裂和齐广断裂等断裂的张性活动，在中生代盆地的基础上于古近纪早期，发生了继承性的拗陷沉降，在华北拗陷沉积了济阳群一套巨厚的含石油、天然气和少量膏盐的河湖相、沼泽相杂色碎屑岩沉积;在鲁西地区的部分断陷盆地则发育了山麓洪积-浅湖-河流相一套含石膏(局部含油页岩和自然硫)为特征的官庄群,在鲁西隆起区东北缘和胶北断拱北缘的断凹盆地内侧沉积了五图群一套含褐煤、油页岩的河流、湖沼相的碎屑岩沉积。

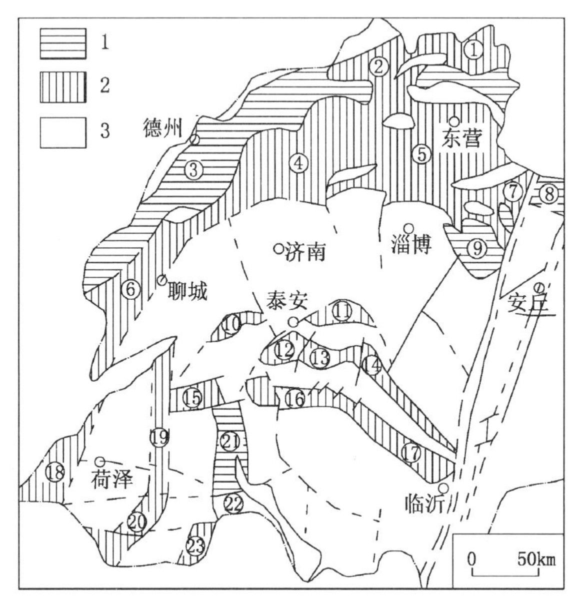

图22-2　鲁西地区新生代盆地展布示意图

(据王万奎等,1996;关绍曾,1997)

1—新近纪;2—古近纪;3—前古近纪地层及侵入岩。盆地:①沾化盆地;②车镇盆地;③德州盆地;④惠民盆地;⑤东营盆地;⑥莘县(寿张)盆地;⑦潍西盆地;⑧昌邑盆地;⑨昌乐-临朐盆地;⑩肥城盆地;⑪莱芜盆地;⑪汶口(汶西)盆地;⑬汶东(新泰)盆地;⑭蒙阴盆地;⑮宁阳盆地;⑯泗水盆地;⑰平邑盆地;⑱东明盆地;⑲巨野盆地;⑳成武盆地;㉑济宁盆地;㉒渔台盆地;㉓单县盆地

古近纪末,受喜马拉雅运动影响,沂沭断裂带左行压扭活动及两侧不同方位断裂的活动,导致并形成了掀斜式的断块构造,为山东构造格局奠定了基础。

（二）新近纪(23.03~2.588 Ma)

喜马拉雅运动再次强烈活动,致使整个华北拗陷区和围绕鲁西隆起北部(含沂沭断裂带北端)、西部和西南部边缘的阳谷-齐河潜单斜断凹,菏泽-兖州断拗,曹县-沛县断陷等构造单元地区,再度急速沉降,沉积了黄骅群一套河流相-河湖相碎屑岩夹碳酸盐岩沉积。其他地区则处于隆升环境。受太平洋板块自南东向北西的俯冲作用,诱发了基性玄武岩的喷溢,在鲁西隆起与胶北-胶莱断隆两构造单元北部隆拗分界线的临朐、昌乐、沂水、安丘、潍坊地区,形成了临朐群牛山组被状玄武岩,中期处间歇,在临朐形成了山旺组一套硅藻土岩沉积。晚期基性玄武岩再次喷发,规模较小,并向东迁移至东部的栖霞、蓬莱地区,形成临朐群尧山组的被状玄武岩溢流。与基性火山溢流相关联的有火山颈相八埠庄单元潜橄榄玄武玢岩侵入及鲁东地区橄榄玄武岩、玻基辉橄玢岩、苦橄玢岩、辉绿岩等岩脉侵入。同时,在章丘附近的近山区沉积了砂砾岩夹核形石灰岩的巴漏河组及泰山-蒙山断隆南部早古生代地层中灰岩岩溶洞穴充填沉积的含金刚石砾岩的白彦组。

新近纪末期,受喜马拉雅运动的影响,使鲁东和鲁西隆起进一步隆升,断裂活动加剧,导致阳谷-齐河潜单斜断凹、菏泽-兖州断拗,连同华北断陷同时下沉成为统一的拗陷盆地。同时加速了古近纪末所形成的掀斜断块的差异升降活动。

（三）第四纪（2.588 Ma 迄今）

差异升降活动使华北拗陷（指山东部分，下同）、菏泽－兖州断凹等鲁西南、鲁西、鲁西北平原区保持较大的沉降速率，主要沉积了厚度大的由黑土湖组及其之下的平原组和其上黄河组的冲洪积的松散堆积；在鲁中南、鲁东丘陵山区的山间盆地、河谷地段，山前坡缘及沿海岸及低洼处沉积了残坡积、冲洪积，河流、湖泊、湖沼、滨海、河海交互、岩溶堆积、风积等成因类型的松散碎屑（个别生物碎屑）物沉积组成的岩石地层单位。另外在华北拗陷的无棣大山和鲁东蓬莱等地有中更新世形成的史家沟组碱性超基性－基性火山岩的喷溢。受新构造运动影响，包括沂沭断裂在内的很多断裂构造都在活动，第四纪沉积物错断和构造活动引发的历史上和现今的地震事件等均反映新构造活动仍未曾终止。地质构造发展史至此基本结束，尽管如此，运动是永恒的，地质构造历史将随岁月流失而继续之。

第二节　新生代矿产区域分布特征

山东陆块历经大约 65.5 Ma 的新生代时期中，形成了独具特色的沉积岩系、火山岩系及多种能源、金属、非金属和水气矿产。

一、古近纪（65.5~23.03 Ma）

山东区块在古近纪时，继续在滨太平洋构造活动影响下发生剧烈的断块升降：① 鲁东地区总体处于抬升背景下，仅在局部小型断陷盆地中形成有陆相煤系（龙口），胶莱盆地已基本消亡。② 鲁西隆起区，继续以隆升为主，东西向断裂活动加剧，在早白垩世沉积盆地基础上，形成一系列北断南超的箕状拉分断陷盆地，在这些盆地中接受了巨厚的河湖相碎屑岩、碳酸盐岩、蒸发岩沉积（官庄群、五图群），形成了石膏、石盐、钾盐、自然硫、煤、油页岩、白垩等矿产。③ 在齐广断裂以北及聊考断裂以西的华北拗陷区开始形成，并逐渐形成潜凸（凸起）与潜凹（凹陷）相间分布的格局。在潜凹中沉积了一套厚度巨大的以陆相为主的含油碎屑岩系，形成了石油、天然气、油页岩、石膏、石盐等重要矿产。

二、新近纪（23.03~2.588 Ma）

山东区块在新近纪时：① 华北拗陷区断块式升降运动继续进行，在其内的一些潜陷中沉积了一套以杂砂岩夹砂岩岩系（黄骅群），并保留着该区曾发生过的多次海侵记录。② 在沂沭断裂带北段形成零星分布的火山湖、小湖泊及老年期河床，形成了以玄武岩为主夹砂砾岩、硅藻土等的沉积组合（临朐群），生成了硅藻土、蓝宝石原生矿及煤、磷、白垩等矿产。③ 鲁中隆起区依然处于剥蚀状态，只在山麓边缘岩溶凹地中形成少量河湖相沉积（巴漏河组、白彦组），在白彦组中含金刚石砂矿。④ 鲁东隆起已经准平原化，发育大量老年期河床，有的岩系中含有砂金（唐山棚砾岩）。

三、第四纪（2.588 Ma 迄今）

山东区块在第四纪时，继承了前期构造活动特点，以差异性升降作用为主。在局部地区接受了河湖相碎屑和黏土质沉积及陆台玄武岩岩浆的中心式喷发，形成了金刚石（砂矿）、蓝宝石（砂矿）、金矿（砂金）等金属和非金属矿产。此期的构造活动主要沿沂沭断裂带发生，表现为频繁的地震运动；其他一些大断裂也有新构造活动迹象；在局部地段的一些拉张裂缝中有幔源岩浆侵位，形成一些橄榄玄武岩脉。第四纪造就了现今山东地貌大势和人们今天所见到的丰富多彩的地质景观。

第三节　新生代矿床成矿系列划分

按不同的构造演化阶段、成矿环境及其形成的矿床系列组合，新生代矿床成矿系列划分为古近纪、新近纪和第四纪矿床成矿系列。山东省新生代矿床成矿系列划分见表22-1。

一、古近纪矿床成矿系列

自古近纪起，沂沭断裂继续活动，不仅使白垩纪地层被挤压成不对斜的褶皱，而且个别地方白垩纪地层被剥蚀。此时胶莱盆地已基本消亡，但因构造掀斜作用，局部残留小湖盆，形成少量陆相细碎屑沉积（王氏群胶州组），古新世-始新世鲁西地块在早白垩世沉积盆地的基础上形成新的沉积盆地（平邑盆地，蒙阴-大汶口盆地及莱芜盆地等），沉积了一套含膏盐的红色、灰色山麓沉积-河湖相碎屑岩系（官庄群）；同时鲁西地块西南侧地壳沉降，发育成鲁西南潜断块，在其内的潜陷中沉积了官庄群。始新世在沂沭断裂的北端附近形成少量小的盆地，沉积了一套含煤、油页岩的碎屑岩（五图群）；始新世-渐新世济阳断陷开始形成，并逐步形成潜凸与潜陷相间的构造格局，潜陷中沉积了一套厚度巨大的以陆相为主的含油碎屑岩系，潜陷之沉积中心有向北迁移之势，生油层亦由南向北渐新，其中东营潜陷活动最强，下陷最深，古近纪厚度大于5 700 m，而沾化和车镇潜陷活动较弱，古近纪厚仅2 600 m，潜山之上缺失古近纪沉积。

山东陆块厘定的古近纪的成矿系列有4个：① 鲁西隆起区与古近纪内陆湖相碎屑岩-碳酸盐岩-蒸发岩建造有关的石膏-石盐-钾盐-自然硫、石膏矿床成矿系列；② 济阳-临清拗陷与古近纪内陆湖相碎屑岩-碳酸盐岩-蒸发岩建造有关的石油-天然气-自然硫-石盐-杂卤石-石膏、地下卤水矿床成矿系列；③ 鲁中隆起与古近纪内陆湖相碎屑岩-有机岩建造有关的煤-油页岩-膨润土矿床成矿系列；④ 胶北隆起区与古近纪内陆湖相碎屑岩-有机岩建造有关的煤-油页岩矿床成矿系列。

二、新近纪矿床成矿系列

新近纪时，处在山东陆块西北部及西缘的华北拗陷断块式升降运动继承进行，在其内的一些潜陷中沉积了一套以杂色泥岩为主夹砂岩组成的地层（黄骅群），其中夹多层海相化石，表明有过多次海侵。

在沂沭断裂的北段则形成零星的火山湖、小湖泊及老年期河床，形成以玄武岩为主夹砂砾岩及硅藻土的沉积组合（临朐群），其中临朐火山湖除泥砂沉积外，还有生物化学作用生成的硅藻土、磷结核及沼泽相煤层，间或有玄武岩浆喷溢。该火山湖处于北亚热带温暖气候环境，适于各类生物繁衍，其中有鸟类、爬行类、两栖类、鱼类、昆虫，真犀科的原始无角犀，有角犀等。华北拗陷各湖盆中有大量三趾马动物群及介形类和藻类活动。鲁东隆起区已经准平原化，发育大量老年期河床，有的含有砂金，称为唐山硼砾岩。青岛—崂山一带的NE向构造发育。在鲁中隆起的山麓边缘岩溶凹地中发现少量河湖相沉积（巴漏河组、白彦组），白彦组中含金刚石。沿隆起区的局部拉张部位侵入幔源基性岩墙。

山东陆块厘定的新近纪的成矿系列有3个：① 鲁中隆起火山盆地内与新近纪火山-沉积建造有关的硅藻土-褐煤-磷、膨润土、白垩矿床成矿系列；② 昌乐凹陷内与新近纪火山喷发作用有关的蓝宝石（-刚玉）原生矿-玄武岩矿床成矿系列；③ 胶北隆起与新近纪河床砾岩-火山岩建造有关的砂金矿床成矿系列。

三、第四纪矿床成矿系列

第四纪以差异性升降运动为主，形成鲁西中低山丘陵区，鲁东低山丘陵区和鲁西平原区，丘陵区与平原区的沉积组合差别较大。

表 22-1 山东新生代成矿系列划分

成矿旋回			成矿系列名称		主要成矿地质作用	含矿建造（岩系）	产出构造部位	成因类型	矿床式	代表性矿床
新生代	第四纪	喜马拉雅期	鲁西地区与第四纪沉积作用有关的金刚石、蓝宝石、金、建筑用砂、贝壳砂、地下卤水矿床成矿系列	鲁中地区与第四纪冲洪积-残坡积沉积作用有关的金刚石、蓝宝石、金、建筑用砂等砂矿矿床成矿亚系列	河流相冲洪积-残坡积	冲洪积-残坡积相沉积建造——第四纪山前组(为主)	现代河床及河漫滩地带	残坡积-沉积碎屑建造沉积型	郯城式(金刚石) 昌乐式(蓝宝石) 辛安河式(金)	郯城陈埠金刚石砂矿床 昌乐辛旺蓝宝石砂矿床 新泰市岳庄河砂金矿床
				鲁北地区与第四纪滨海沉积作用有关的地下卤水、贝壳砂矿床成矿亚系列	滨海相海积-冲积	滨海砂泥质碎屑建造——潍北组	莱州湾海成阶地-滩涂地带	滨海细碎屑建造沉积型	廒里式(浅层地下卤水)	昌乐廒里浅层地下卤水 垦利惠鲁贝壳砂矿
			鲁东地区与第四纪沉积作用有关的含铪锆石-钛铁矿-石英砂、金、金红石、型砂矿床成矿系列	鲁东滨海地区与第四纪滨海沉积作用有关的含铪锆石-金红石-钛铁矿-石英砂等砂矿矿床成矿亚系列	滨海相海积-冲积	海积-冲积和海积层——旭口组	鲁东陆缘滨海地区海成阶地	滨海砂碎屑沉积型	石岛式(含铪锆石) 旭口式(石英砂)	荣成石岛含铪锆石砂矿床 荣成市旭口石英砂矿床
				胶北及胶莱盆地北部地区与第四纪沉积作用有关的金、金红石、型砂矿床成矿亚系列	河流相冲洪积-残坡积	冲洪积-残坡积相沉积建造——第四纪山前组(为主)	现代河床及河漫滩	河流冲积型	辛安河式(金) 河流冲积型砂矿	牟平辛安河砂金矿床 平度郑家金红石砂矿床 高密姚哥庄型砂矿床
	新近纪		胶北隆起与新近纪河床砾岩-火山岩建造有关的砂金矿床成矿系列		河流相冲积(-坡积)	河床相粗碎屑沉积建造——尧山组唐山含金砂砾岩层	胶北隆起内古河床	河流冲积型	河流冲积型(金)	栖霞唐山硼砂金矿床
			昌乐凹陷内与新近纪火山喷发作用有关的蓝宝石(-刚玉)原生矿-玄武岩矿床成矿系列		火山-沉积作用	火山喷发建造——临朐群尧山组	昌乐凹陷	岩浆型	方山式(蓝宝石-刚玉)	昌乐方山蓝宝石(-刚玉)原生矿床
			鲁中隆起火山盆地内与新近纪火山-沉积建造有关的硅藻土-褐煤-磷、膨润土、白垩矿床成矿系列		火山-沉积作用	河湖相碎屑岩-玄武岩建造——临朐群山旺组	昌乐凹陷	玛珥湖相生物沉积-蚀变型	山旺式(硅藻土-煤) 陶家庄式(白垩) 曹家楼式(膨润土)	临朐解家河硅藻土-煤-磷矿床 临朐陶家庄白垩矿床 安丘曹家楼膨润土矿床
	古近纪		胶北隆起与古近纪内陆湖相碎屑岩-有机岩建造有关的煤-油页岩矿床成矿系列		生物化学-沉积	内陆湖相碎屑岩-有机岩建造——五图群李家崖组	胶北隆起区内断陷盆地	生物化学沉积-变质型	五图式(煤-油页岩)	龙口黄县煤田
			鲁中隆起与古近纪内陆湖相碎屑岩-有机岩建造有关的煤-油页岩-膨润土矿床成矿系列		生物化学-沉积	内陆湖相碎屑岩-有机岩建造——五图群李家崖组	鲁西隆起区内断陷盆地	生物化学沉积-变质型	五图式(煤-油页岩-膨润土)	昌乐五图煤田
			济阳-临清拗陷与古近纪内陆湖相碎屑岩-碳酸盐岩-蒸发岩建造有关的石油-天然气-自然硫-石盐-杂卤石-石膏、地下卤水矿床成矿系列		沉积-蒸发-生物化学	内陆湖相碎屑岩-碳酸盐岩-蒸发岩建造——济阳群	济阳-临清拗陷内的拗(断)陷盆地	近海湖湘沉积型	东营式(石盐-杂卤石-石膏) 郓城式(石盐)	东营凹陷石油-石膏-石盐矿床 东营凹陷广利-郝家深层地下卤水矿床 郓城县夏庄石盐矿床
			鲁西隆起区与古近纪内陆湖相碎屑岩-碳酸盐岩-蒸发岩建造有关的石膏-石盐-钾盐-自然硫、石膏矿床成矿系列		沉积-蒸发-生物化学	内陆湖相碎屑岩-碳酸盐岩-蒸发岩建造——官庄群大汶口组	鲁西隆起内的拗(断)陷盆地	内陆湖相沉积型	汶口式(石膏) 东向式(石盐-钾盐) 朱家庄式(自然硫)	泰安汶口盆地石膏矿床 枣庄底阁石膏矿床 汶口盆地东向石盐-钾盐矿床 泰安朱家庄自然硫矿床

1.丘陵区

早更新世,主要沿沂沭断裂附近形成河流,残留有冲积砂砾层(小埠岭组),在郯城地区可含金刚石。

中晚更新世主要沿山间凹地形成具次生黄土性质的洪坡积,洪冲积堆积(羊栏河组、大站组)。沿古沂沭河继续形成冲积砂砾层(于泉组、大埠组)。在鲁西丘陵区形成岩溶洞积堆积(沂源组),并开始有古人类活动迹象。在鲁东丘陵东部海边有海积砂(柳夼组)形成,沿隆起区北缘及沂沭断裂北端有幔源玄武岩浆溢出(史家沟组)。

全新世早期气候潮湿,在隆起区的低凹地带普遍形成沼泽相沉积(黑土湖组),之后地壳抬升形成纵横交错的河流,沉积了河流相及洪积相砂砾石堆积(临沂组、沂河组、泰安组),局部地方形成湖泊沉积(白云湖组)及风成堆积(寒亭组),沿海地区形成海相沉积(旭口组、潍北组),同时在山坡下方形成残坡积物(山前组)。

2. 平原区

整个第四纪以黄河下游及渤海湾地区河漫滩相、河床相、海相沉积综合体为主(平原组、黄河组),总厚度约498.0 m,是山东省第四纪沉积最厚的岩石地层单位。早期在华北拗陷区有少量玄武岩喷出(史家沟组),晚期局部地区有少量湖相(白云湖组)、海相(旭口组、潍北组)及风成堆积(寒亭组)。

第四纪的构造活动主要沿沂沭断裂发生,表现为频繁的地震运动。其他部分断裂也有新构造活动的迹象。

山东陆块厘定的第四纪的成矿系列有2个:① 鲁东地区与第四纪沉积作用有关的含铪锆石-钛铁矿-石英砂、金、金红石、型砂矿床成矿系列。包含2个亚系列:胶北及胶莱盆地北部地区与第四纪沉积作用有关的金、金红石、型砂矿床成矿亚系列;鲁东滨海地区与第四纪滨海沉积作用有关的含铪锆石-金红石-钛铁矿-石英砂等砂矿矿床成矿亚系列。② 鲁西地区与第四纪沉积作用有关的金刚石、蓝宝石、金、建筑用砂、贝壳砂、地下卤水矿床成矿系列。包含2个亚系列:鲁北地区与第四纪滨海沉积作用有关的地下卤水、贝壳砂矿床成矿亚系列;鲁中地区与第四纪冲洪积-残坡积沉积作用有关的金刚石、蓝宝石、金、建筑用砂等砂矿矿床成矿亚系列。

第二十三章　鲁西隆起区与古近纪内陆湖相碎屑岩-碳酸盐岩-蒸发岩建造有关的石膏-石盐-钾盐-自然硫、石膏矿床成矿系列

第一节　成矿系列位置和该系列中矿产分布 … 487
第二节　区域地质构造背景及主要控矿因素 …… 488
　一、区域地质构造背景及成矿环境 ……… 488
　二、主要控矿因素 ……………………… 488
第三节　矿床区域时空分布及成矿系列的形成过程 …………………… 490
　一、矿床区域时空分布 ………………… 490
　二、成矿系列的形成过程 ……………… 491
第四节　代表性矿床剖析 ……………… 492
　一、矿床式 ……………………………… 493
　二、代表性矿床 ………………………… 495

山东省内新生代石膏、石盐、自然硫矿在沂沭断裂带以西的鲁西隆起及济阳-临清拗陷区都有分布，但作为勘查及开发对象，主要分布在鲁西隆起区内。

山东是我国石膏矿资源丰富的省份，经过几十年的地质调查、科学研究和勘查评价，在鲁西山区的一些新生代凹陷盆地中(主要是汶口盆地、平邑盆地、底阁盆地等)发现和查明了一大批石膏矿产地，累计查明的石膏资源储量居全国之首。近年间，通过山东省国土资源厅组织编制的勘查规划及部署的石膏资源潜力评价等项研究工作，对山东省石膏矿资源有了较全面的了解和认识。已经发现和投入地质工作较多的沉积盆地和含矿层位中，石膏矿资源远景非常可观。如赋存古近纪石膏矿的汶口盆地，含膏面积 204 km^2；矿层埋深最浅 29.61 m，最深 1 761.56 m。据预测评价，距地表 600 m 以上的石膏矿层厚度为 52.86 m，石膏矿石资源量 255 亿吨；600 m 以下的石膏矿层厚度为 164.82 m，石膏矿石资源量 412 亿吨；全盆地石膏矿石总资源量 667 亿吨，资源潜力巨大。

山东省固体石盐资源蕴藏丰富，集中分布在鲁西隆起内的汶口盆地和鲁西南潜隆起区内的单县盆地、济阳拗陷内的东营盆地和临清拗陷内的东明盆地中。泰安汶口盆地内的石盐矿层埋藏深度较浅；东营盆地和东明盆地内的石盐矿层埋藏深度大。泰安汶口盆地为石膏、石盐、自然硫矿共生。东营盆地中石盐层位见有多层杂卤石层，总厚度 8~29 m；埋深达 2 900~3 000 m 或更深。

目前所知，产于汶东盆地(也有称新泰盆地、磁新盆地)的泰安朱家庄自然硫矿床、产于汶口盆地中的泰安臭泉小河崖和南淳于 2 矿段自然硫矿床及见于拳铺、汶上、宁阳凹陷和惠民凹陷中的自然硫矿层(化)，均为赋存于古近纪含石膏、硬石膏蒸发岩系中的沉积型自然硫矿床，因采矿工艺待解决等因素，尚未开发利用。

第一节　成矿系列位置和该系列中矿产分布

山东主要成膏期的石膏矿分布在鲁西地区，其中，古近纪石膏矿主要分布在鲁西隆起内的新生代断陷中及鲁西北地区的济阳拗陷中。已评价的大型石膏矿床(如泰安汶口、泰安朱家庄、枣庄底阁、泗水董

柘、平邑卞桥)及30余处可进一步工作的矿点,主要分布在鲁西隆起区内的拗(断)陷盆地中(如汶口盆地、平邑盆地、底阁盆地等)。作为古近纪内陆湖相石膏矿,除鲁西隆起区外,就资源量来看,以济阳拗陷中最为丰富;但就目前开发利用的工业矿床来说,主要集中分布在鲁西隆起区内的新生代盆地中。从古近纪石膏矿的埋藏深度看,鲁北地区(济阳拗陷区)的石膏矿埋深最大(一般在千米以上,最深达2 000 m);鲁中地区的石膏矿埋深较浅(一般<200 m)。从纬向分布来看,西部的石膏矿埋深较深;东部的石膏矿埋深相对较浅。

此系列中石盐-钾盐、自然硫矿,以大汶口盆地中发育最为典型,并且是和石膏伴生;近年来在鲁西南潜隆起区内的单县盆地中发现一处特大型岩盐矿床。鲁西隆起区诸多凹陷盆地中还发育有单独的石膏矿(如底阁、平邑、泗水等凹陷中的石膏矿),或石膏-自然硫矿(如汶东凹陷石膏-自然硫矿),或自然硫-石膏矿(如泰莱拗陷,鲁西南潜隆起区的宁阳、汶上、奉铺等凹陷中的自然硫-石膏矿)。

第二节　区域地质构造背景及主要控矿因素

一、区域地质构造背景及成矿环境

燕山运动末期及喜马拉雅运动阶段,由于地壳的差异升降和水平移动受力不均匀,在鲁西地区形成了一些规模不等的古近纪拗陷或断陷盆地,形成了碎屑岩及蒸发岩堆积,沉积了石膏、硬石膏、芒硝(钙芒硝)、石盐。由于拗陷或断陷盆地内分割性强,次级断裂发育,物源以陆源为主,因此,成盐面积小,盐类沉积分散,很难形成长期继承性强的沉积中心,以致鲁西地区多数含盐盆地仅达到石膏、石盐析出阶段就结束了盐类矿物的沉积历程。只有汶口凹陷等少数盆地出现无水钾镁矾、杂卤石等钾的硫酸盐矿物。

该沉积组合广泛分布在鲁西断(裂)陷盆地中,如隆起区内的汶口凹陷、汶东凹陷、莱芜凹陷,沉降区内的临清-济阳拗陷。主要岩石组合为泥岩、泥灰岩、砂质泥岩夹石膏岩、石盐、钾盐、石油层、玄武岩。此含矿建造下部为棕红色泥岩、软泥岩、夹粉砂岩及石膏层,层位相当于古近系始新统官庄群大汶口组一段;中部为含膏泥岩、含膏泥灰岩、夹石膏层,层位相当于上始新统—下渐新统官庄群大汶口组二段下部;上部为泥灰岩、砂质泥灰岩夹自然硫矿带及石盐矿层(和部分地段上钾盐、芒硝、钠镁盐、杂卤石等),伴有石油层,相当于官庄群大汶口组二段上部。

二、主要控矿因素

(一) 含矿层位

山东古近纪碎屑岩系型石膏矿床赋存在两套沉积岩系中,即发育于鲁北平原区济阳拗陷内的济阳群沙河街组及鲁中隆起区断陷盆地内的官庄群卞桥组和大汶口组。这两套沉积岩系大体可以对比,特别是济阳群沙河街组三、四段与官庄群大汶口组的岩石组合,含矿性及时代基本可以对比,而官庄群固城组及卞桥组的形成时代早于沙河街组和大汶口组,岩石组合也有一定差异。但是产于不同层位中的石膏矿床的矿石特征大体是相似的。古近纪济阳群沙河街组及官庄群大汶口组和卞桥组内赋存有丰富的石膏矿产资源,其中沙河街组内的石膏矿层埋深大(一般在千米以上,最深达2 000 m),而官庄群大汶口组及卞桥组内的石膏矿层埋深较浅(有相当部分资源埋深<200 m),工作程度较高,是目前山东开发利用的基本对象。

钾盐矿目前主要在泰安汶口盆地和鲁西南潜隆起区内的单县盆地地区,与石膏、石盐、自然硫矿共生。赋存石盐和钾盐矿层位主要为古近纪始新世—渐新世的大汶口组。

目前已发现的自然硫矿皆赋存于这些凹陷盆地内的古近纪官庄群大汶口组二段上亚段(个别包括

大汶口组三段下部)含石膏的层位中。此外,渐新世宋庄组(据国家地质总局第五普查勘探大队1978年的《鲁2井完井地质报告》,层位在大汶口组三段和新近系之间)、古新世卞桥组上蒸发岩段亦含一定数量的石膏,同时也有形成自然硫矿的可能。

(二) 古新世—渐新世官庄群主要岩石组合及含矿性

古新世—渐新世官庄群为发育于鲁西隆起区内的以陆相碎屑岩石为主的岩石组合,其内赋存有石膏、石盐、钾盐、自然硫等重要矿产资源,主要分布在鲁西隆起内的一些中新生代盆地中。根据岩相、岩石组合、含矿性、古生物等特征,自下而上划分为固城组、卞桥组、常路组、朱家沟组和大汶口组,石膏矿赋存于卞桥组和大汶口组中(图23-1)(张增奇等,1996;宋明春等,2003)。

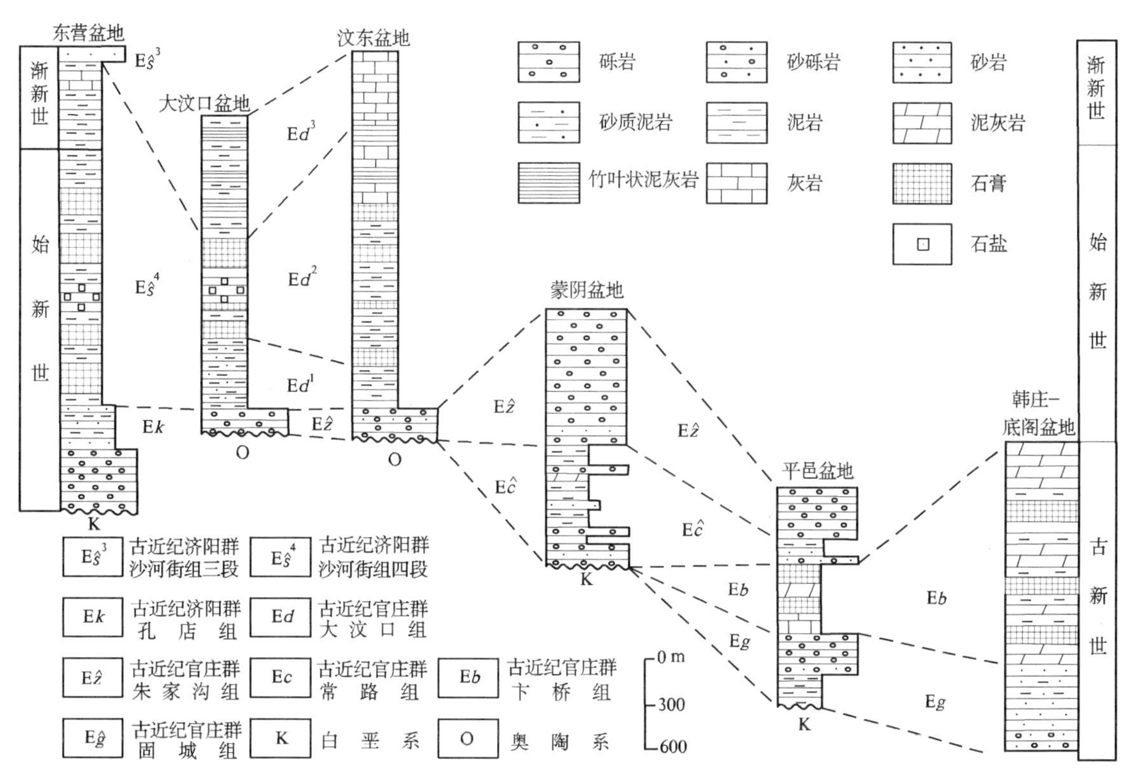

图23-1　鲁西地区古近纪主要盆地含膏岩系柱状剖面对比图

(据宋明春等修编,2003)

1. 固城组

固城组主要分布在鲁西断块隆起南部的韩庄底阁盆地(凹陷)及中部的平邑盆地(凹陷)内。为一套河湖相沉积岩系,岩性组合因盆地而异。在韩庄底阁盆地,该组岩性以褐红、灰红色砾岩、砂岩为主,夹砖红色粉砂岩,厚约700 m(未见底)。在平邑盆地内,该组岩性以砾岩为主,夹含砾砂岩、砂质泥岩,厚度在90 m左右。

2. 卞桥组

为含石膏岩组,其与固城组一样,主要分布在韩庄底阁盆地及平邑盆地内,在鲁西南地区的成武(潜)凹陷内也有分布。为一套盐水湖相沉积岩系,岩性组合因地而异。

1) 在韩庄底阁盆地内,该组岩性可分为上、下2部分。下部为半盐水湖相沉积,以含膏泥岩为主,夹石膏层,厚100~150 m;上部为沼泽相沉积,为泥岩、泥灰岩组合,厚度>500 m。

2）在平邑盆地内，该组岩性也可分为上、下2部分。下部为泥灰岩、泥岩组合，上部为含膏泥灰岩、膏岩组合，厚度>1 135 m。

3）在鲁西南地区的成武凹陷内，分为下、上2部分，曾被命名为“成武组”，厚1 500 m。下部为泥岩与粉砂岩互层，夹多层灰质膏岩和硬石膏层；上部为泥岩、膏质灰岩，夹硬石膏层（王从凤等，1981）。下桥组与下伏的固城组为整合接触。下桥组时代为古新世晚期。

3.常路组

常路组分布于平邑、蒙阴、莱芜等盆地。为河流浅湖相沉积，主要岩性为砖红色—紫红色泥岩、砂岩、砾岩组合，各盆地厚度变化较大，多在100~800 m之间。其与下伏下桥组为整合接触。常路组时代为始新世早期。

4. 朱家沟组

朱家沟组广泛地发育于大汶口、莱芜、蒙阴等盆地，为坡麓洪积相沉积，主要岩性为灰质砾岩夹少量红色砂岩、泥岩。该组在各个盆地内厚度变化较大，多在100~1 000 m之间。其与下伏常路组为整合接触。朱家沟组时代为始新世早期。

5. 大汶口组

大汶口组为含石膏、岩盐、钾盐、自然硫的含矿岩组，主要分布在汶口盆地及汶东盆地内（以汶口盆地最为发育），为浅湖相沉积岩系。该组自下而上可分为3段。① 下段（一段）岩性为棕红色、灰红色泥岩，厚40~300 m；② 中段（二段）岩性为青灰色泥岩、石膏岩、岩盐（含钾盐），夹油页岩、自然硫，厚206~1 700 m；③ 上段（三段）岩性为黄灰色泥岩、砂质泥岩、粉砂岩，厚97~600 m。该组与下伏朱家沟组为整合接触，时代为始新世—渐新世。

第三节　矿床区域时空分布及成矿系列的形成过程

一、矿床区域时空分布

（一）汶口式石膏矿床

已评价的古近纪汶口式大型石膏矿床（如泰安汶口、泰安朱家庄、枣庄底阁、泗水董柘、平邑卞桥）及30余处可进一步工作的矿点，主要分布在鲁西隆起区内的坳（断）陷盆地中（如汶口盆地、平邑盆地、枣庄盆地、成武盆地等）。这些石膏矿床发育在古近纪官庄群下部的卞桥组中（如底阁、平邑诸盆地中石膏矿床）及上部的大汶口组中（如汶口、汶东、泗水诸盆地的石膏矿床）❶，地理分布很不均衡，其主要含矿层及石膏矿床主要分布在鲁西地区，而鲁东地区只发现有石膏矿化线索。作为古近纪内陆湖相石膏矿，就资源量来看，以济阳坳陷中最为丰富；就目前开发利用的工业矿床来说，主要集中分布在鲁西隆起区内的新生代盆地中。从古近纪石膏矿的埋藏深度看，鲁北地区（济阳坳陷区）的石膏矿埋深最大（一般在千米以上，最深达2 000 m）；鲁中地区的石膏矿埋深较浅（一般<200 m）。从纬向分布来看，西部的石膏矿埋深较深；东部的石膏矿埋深相对较浅。

（二）东向式石盐-钾盐矿床

该类石盐-钾盐矿床集中分布在鲁西隆起内的汶口盆地、鲁西南潜隆起内的单县盆地内。在济阳

---

❶ 对鲁西隆起内古近纪官庄群大汶口组和下桥组的地层层位，目前尚存在不同意见。有的研究者认为这两个组级地层单位应是同时代发育在不同盆地内岩相和岩石组合基本一致的产物。它们中赋存的石膏矿地质特征基本是一致的。

拗陷内的东营盆地及临清拗陷内的东明盆地内也有分布。泰安汶口盆地内的石盐矿层埋藏深度较浅；单县盆地内石盐矿层埋藏较深。东营盆地和东明盆地内的石盐矿层埋藏深度大。

有经济意义的钾盐矿仅泰安汶口盆地 1 处，与石膏、石盐、自然硫矿共生。东营盆地中见有多层杂卤石层，总厚度 8～29 m；埋深达 2 900～3 000 m，或更深。

（三）朱家庄式自然硫（–石油）矿床

此成矿系列中已评价的自然硫矿床有 2 处：泰安汶口盆地自然硫矿和泰安朱家庄自然硫矿，2 矿床位于鲁西隆起西部的古近纪汶（口）蒙（阴）凹陷带内的汶口凹陷和汶东凹陷中。另外，胜利油田在石油调查时，曾在济阳拗陷内的惠民凹陷中部（商河县沙河街一带）古近纪沙河街组四段中发现 15 m 厚的自然硫矿层。在泰芜盆地东部及鲁西南潜隆起内的宁阳、汶上、拳铺等凹陷中古近系石膏层之上也发现有自然硫矿化。

二、成矿系列的形成过程

在燕山运动形成的构造格局及准平原化基础上，处在燕山运动末期及喜马拉雅运动早期的区域性断裂活动加剧的背景下，在鲁西隆起区，由于区域性的 NW 向、NE 向断裂构造交织组成的南北分区、东西分带的构造格局，形成一些北断南超、边断边陷的盆地。由此可见，鲁西地区古近纪盆地的发生、发展和演化受区域性断裂构造控制。特别是继承基底断裂发展而成的生长断裂构造是导致盆地发生、发展的决定因素，并直接控制着盆地的范围、形态及含矿沉积建造等基本特征。

鲁西隆起古近纪盆地内含膏建造的形成可以明显地分为早、晚 2 个阶段，即古新世沉积阶段和始新世—渐新世阶段。

1. 古新世沉积阶段（官庄群卞桥组形成时期）

此阶段为一个较完整的盆地演化及膏盐沉积阶段，这个阶段的地质记录主要见于鲁西隆起区南部的韩庄底阁盆地。

早期——古新世中早期（卞桥组下段形成时期）：由于控盆断裂拉张作用，盆地快速下陷，形成一些填平补充式的近源以河流相为主的粗碎屑沉积。

中后期——古新世中后期（相当于卞桥组中段形成时期）：湖盆扩大，水体稳定，形成河流湖泊相和湖泊相为主的细碎屑及硫酸盐岩、泥质碳酸盐岩。

晚期——古新世晚期（相当于卞桥组上段形成时期）：水体淡化，形成泥灰岩、灰岩沉积。

2. 始新世—渐新世沉积阶段（官庄群大汶口组形成时期）

与古新世含膏建造一样，此期在鲁西隆起区中部的汶口、汶东等盆地发育较完整的盆地及膏盐建造。大体可以分为早期、中期和晚期 3 个演化时期。

早期——始新世中期（相当于官庄群大汶口组下段形成时期）：基本上属于填平补齐式的沉积，沉积物主要为近源补给，形成一套山麓堆积相到河流相的粗碎屑岩建造。

中期——始新世晚期至渐新世早期（相当于大汶口组中段形成时期）：此期各盆地岩相有些变化，但总体上还是近似的。在其沉积早期（大汶口组中段下部）为一套红色碎屑岩夹泥岩和泥灰岩，多数为淡水湖相或半咸化湖泊相沉积，局部（如蒙阴盆地）发育山麓堆积相和河流相；沉积晚期（大汶口组中段上部）为一套碳酸盐岩及硫酸盐沉积，属咸水湖相沉积，个别盆地（如汶口盆地）出现石盐和钾盐，为盐湖相沉积。此外，在平邑、新泰和汶口等地有核形石发现，表明其多为潮间带下部海水动荡条件下由蓝藻参与形成的，具有一定的指相意义；在汶东盆地内发现蓝藻和海绿石，并且在钻孔中发现有孔虫、放射虫等海洋生物化石，表明该区曾一度受到海水的影响（王万奎等，1996）。

晚期——渐新世中早期（相当于大汶口组上段形成时期）：总体为一套巨厚的山麓相洪积相的粗碎

屑沉积，但汶口、汶东等盆地内形成一套湖相细碎屑沉积，局部（汶口盆地）夹有石膏层。渐新世中期，盆地逐渐收缩。

鲁西隆起区古近纪盆地发展在南部和中部所反映的这种阶段性具有普遍性，但空间分布上存在着一定差异。

在鲁西隆起区古近纪盆地中，以汶口盆地盐类矿床发育最全。汶口盆地属于汶蒙盆带发展的终极产物，位于该盆带的最西端。东部的蒙阴盆地形成最早，有较厚的红色碎屑岩沉积，之后沉积范围向西扩展，沉积中心西迁至汶东盆地及其以西，形成大汶口组中段的含自然硫的咸水湖相膏泥岩沉积建造。再后，沉积浓缩中心向西移至汶口盆地附近，形成了含硫酸钾镁盐的盐湖沉积建造（图 23-2）。这种岩相的展布，表明了汶蒙盆带湖盆自东向西的逐渐分级演化，成熟度也越来越高，构成了一个较为典型的多级盆地的成盐模式。这个模式在鲁西南潜隆起区内的单县盆地很具有代表性，其发展演化也具有相似性。

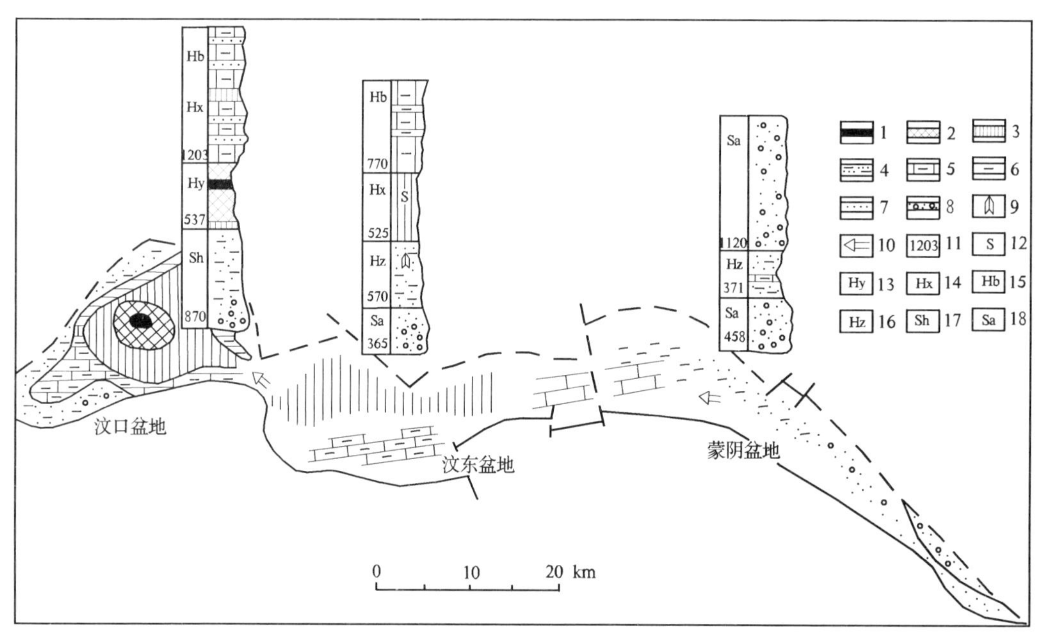

图 23-2　汶蒙盆带古近纪始新世-渐新世官庄群大汶口组含非金属矿沉积建造分异及形成机理简图

（据地矿部第三地质大队，1990）

1—钾镁盐沉积；2—盐湖相沉积组合；3—咸水湖相沉积组合；4—混积岩砂岩组合；5—泥灰岩灰泥岩组合；6—泥岩；7—含砾砂岩；8—扇积粗碎屑组合；9—硬石膏星点；10—物质运移方向；11—地层厚度（m）；12—自然硫；13—盐湖相；14—咸水湖相；15—半咸水湖相；16—间歇湖相；17—扇洪积相；18—扇积相

上述的盆地演化模式的特征大致可以概括为：隆起区内受断裂控制的地堑、长条形断陷区或谷地发展成一串盆地，它们在成因上受同一组断裂控制，各盆地间又有砂体等在一定程度上的分隔。当水体进入盆地时，在凹陷区形成自上游向下游逐渐迁移，逐步浓缩。沉积物往往也从洪积相为主渐渐变为以半咸水咸水湖相为主，形成石膏矿床；在最终的汇水盆地内形成石盐甚至钾盐沉积。

第四节　代表性矿床剖析

此系列中的石膏、石盐-钾盐、自然硫矿，以大汶口盆地和鲁西南潜隆起区内的单县盆地中发育最为典型，并且是膏、盐、硫三矿共生，矿床规模大，产出地质背景、矿床地质特征等与鲁西隆起区诸多凹陷盆地中单独的石膏矿(如底阁、平邑、泗水等凹陷中的石膏矿),岩盐矿(鲁西南潜隆起区内的单县盆地),或石膏-自然硫矿(如汶东凹陷石膏-自然硫矿),或自然硫-石膏矿(如泰莱拗陷,鲁西南潜隆起区的宁阳、汶上、拳铺等凹陷中的自然硫-石膏矿)等,总体是一致的。为便于同类矿床的区域对比,故将石膏矿、石盐-钾盐矿、自然硫矿3个矿种共生矿床按单矿种分别表述其矿床式(矿床基本地质特征)及代表性矿床地质特征(但自然硫矿床以规模大的朱家庄矿床为例表达)。即:泰安市汶口盆地(汶口式)石膏矿床、泰安市汶口盆地东向(东向式)石盐-钾盐矿床(为免于与石膏矿床产地名称"汶口盆地"重复,故将该盐矿盆地中心近处"东向村"加入命名)、泰安市朱家庄(朱家庄式)自然硫矿床。

此系列中的石膏、石盐-钾盐、自然硫矿床成因具有类似性:一般在隆起区内受断裂控制的地堑、长条形断陷区或谷地发展而成盆地,它们在成因上受断裂控制,各盆地间又有砂体等在一定程度上的分隔。当水体进入盆地时,在凹陷区形成自上游向下游逐渐迁移,逐步浓缩。沉积物往往也从洪积相为主渐渐变为以半咸水咸水湖相为主,形成石膏矿床、石盐、自然硫等沉积,次级盆地进一步被分隔,形成封闭或半封闭的状态,使得沉积矿产汇聚集中。其上继续沉积碎屑岩,将矿层覆盖。隔绝地表水和地下水的联系,然后硬结成岩,得以保存。

一、矿床式

(一)古近纪陆源碎屑岩-蒸发岩系中(汶口式)石膏矿床

1. 区域分布及产出地质背景

该类矿床广泛分布在鲁西隆起区中部的一些凹陷中(如汶口凹陷、汶东凹陷、蒙阴凹陷、莱芜凹陷)。石膏矿体赋存在鲁中隆起断陷盆地内的官庄群卞桥组和大汶口组中。

2. 含矿岩系特征

该矿床主要岩石组合为泥岩、泥灰岩、砂质泥岩夹石膏岩、石盐、钾盐、石油层。层位在隆起区相当于始新世—渐新世官庄群大汶口组二段(即《山东省区域地质志》中的"官庄组二段")。此建造形成于内陆淡咸水湖、浅深水交替环境下,该建造中普遍含有石膏、石盐,是山东重要的含膏盐建造。

据王万奎等(1996)研究,根据咸化湖盆演化程度和含矿特点,该矿床还可以分为含钾镁盐建造类型、含自然硫建造类型和含石膏建造类型(图23-3)。该建造自下而上可划分为3部分。底部(A):以砾岩、泥灰岩和泥岩为主,为氧化浅湖相沉积。中部(B):为石膏、石盐(含钾盐)、自然硫矿带,包括钙质、钙泥质和泥质岩石膏。上部(C):以灰岩、泥灰岩、泥岩、粉砂岩、砾岩为主,代表较深湖还原浅湖氧化交互蒸发沉积相。

3. 矿石特征

古近系中的石膏矿可分为石膏和硬石膏2个大的自然类型,依其结构、构造特点又可分为几个亚类型。

矿石中的矿石矿物为石膏和硬石膏,二者含量之和在65%~84%之间(如,汶口盆地石膏矿为67%~84%,平邑卞桥石膏矿为65%~75%,枣庄底阁石膏矿为70%~75%)。

(二)古近纪陆源碎屑岩-蒸发岩系中(东向式)石盐-钾盐矿床

1. 区域分布及产出地质背景

该矿床广泛分布在鲁西隆起区中南部的古近纪盆地中,以汶口盆地和单县盆地的岩盐矿床为代表。鲁西隆起区古近纪碎屑岩系型石盐矿床主要赋存在官庄群大汶口组中段,在区域上为岩盐矿赋存层位。

2. 含矿岩系特征

单县盆地中石盐层位主要在大汶口组中段(汶二段)。在汶口盆地内,尽管汶三段中部及汶一段红层中含有薄层石膏层,但就该盆地总体而言,巨厚硬石膏和石盐层以及钾矿层,都集中分布在汶二段。岩性为灰色、深灰色夹少量灰紫色泥岩、白云质泥岩、含沥青质钙质泥岩与灰白色、浅灰色膏质泥岩不等厚互层,夹岩盐,含少量钙芒硝岩及粉砂岩、细砂岩。

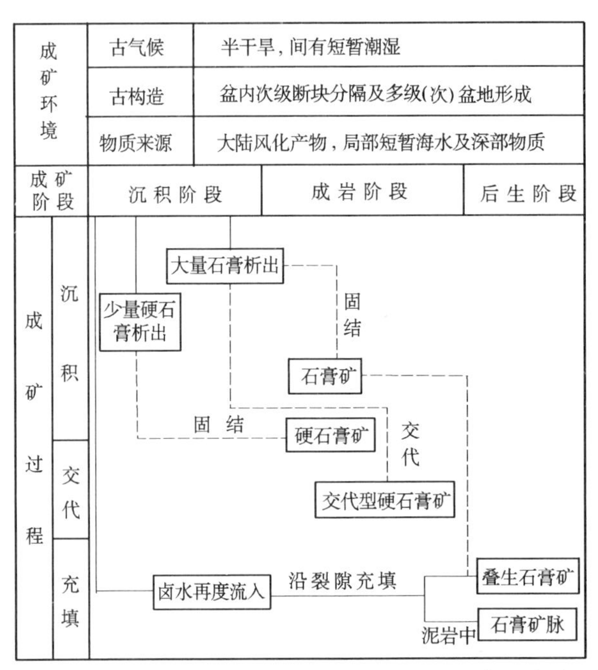

图 23-3 鲁西地区古近纪内陆盆地湖相碎屑岩系型石膏矿床成矿模式图

(据王弭力,1995)

3. **矿体特征**

区内岩盐矿赋存于古近纪官庄群大汶口组中段,矿层赋存形态简单,呈层状产出,产状稳定,与地层一致,倾角较缓,一般2°~5°。单县盆地含盐岩段埋深1 105~1 344 m;汶口盆地一般含盐岩段埋深690~1 380 m。单一盐层厚度一般不大,呈现盐层层数多,夹层多的特征。在剖面上,每个单一石盐矿体均呈层状产出,汶口盆地局部含盐岩段呈缓倾斜的透镜体状。

4.**矿石特征**

矿物成分较为简单,主要盐类矿物成分为石盐和石膏,局部含有少量钙芒硝、杂卤石钠镁盐类、钾镁岩类;杂质矿物主要为黏土类矿物。

(三)古近纪陆源碎屑岩-蒸发岩系中(朱家庄式)自然硫矿床

1. **区域分布及产出地质背景**

已经查明的2处自然硫矿床均发育在鲁西隆起内的汶蒙凹陷带内,经过勘查评价已取得较系统的成果资料;而发育在其西南部的拳铺、汶上、宁阳凹陷内的自然硫矿(化),工作程度较低,资料不够系统。尽管工作程度不一,但从已获得的地质信息来看,发育在鲁西隆起(含潜隆起)内的自然硫矿化的产出地质条件和矿化特征基本是一致的。

2. **含矿岩系特征**

该系列中的自然硫矿床和自然硫矿化,发育在鲁西隆起区西部的古近纪凹陷内——汶口凹陷、汶东凹陷及拳铺、汶上、宁阳凹陷中。这些赋存自然硫矿的古近纪凹陷(盆地),总体上具有大体相同的地壳演化历程和发育特征，其含矿岩系特征也基本是相似的。区域内赋矿的沉积岩系为古近纪官庄群大汶口组，该组为含石膏、石盐、钾盐和自然硫的含矿岩组，为浅湖相沉积岩系。

古近纪官庄群大汶口组自下而上可分为3个岩性段，自然硫矿赋存在二段（中段）中。大汶口组二段岩性为青灰色泥岩、石膏岩、石盐（含钾盐），夹油页岩、自然硫，厚206～1 077 m。在汶口凹陷及汶东凹陷内，该段的上部地层（也称上亚段）发育有2个自然矿矿带，自然硫矿体发育在自然硫矿带中。大汶口组二段（中段）上部的地层结构及含矿性，在鲁西南地区总体上具有区域分布的相似性，但各个凹陷（盆地）内还是存在一定差异的。如，①汶口凹陷与汶东凹陷虽然同样具备基本的成硫条件，但目前工作所控制地段含矿岩系的分布规模及含矿程度，均不及汶东凹陷。②汶上凹陷内大汶口组二段上部地层（上亚段）结构特征与汶东凹陷相似，但其中石膏矿层发育程度远不及汶东凹陷；且碳酸盐岩中泥质含量增高，有机质含量降低；含自然硫矿带薄，自然硫矿层少。

3. 矿体特征

在汶蒙凹陷带内，古近纪官庄群大汶口组二段上部（上亚段）自下而上大体可以分为2个硫矿带，其间为泥灰岩带所隔。

1）第Ⅰ硫矿带（下矿带），由自然硫矿层、泥灰岩、油页岩、含膏泥灰岩、泥岩等组成。厚度0.5～190 m。

2）泥灰岩带，由浅灰色泥灰岩夹页岩、石膏岩、细砂岩组成。厚度9～94 m。

3）第Ⅱ硫矿带（上矿带），由自然硫矿层、泥灰岩、油页岩、泥岩、含膏泥灰岩等组成。厚度1～200 m。

上述的2个矿带，以下部的第Ⅰ矿带分布最为稳定，延伸长、厚度大、自然硫矿层多、矿石硫含量高；第Ⅱ矿带的分布、延伸也较稳定，但规模不及第Ⅰ矿带（下矿带），其中自然硫矿层也相对少而薄，矿石含硫量相对低些。

二、代表性矿床

（一）古近纪陆源碎屑岩-蒸发岩系中（汶口式）石膏矿床——泰安市汶口盆地石膏矿床地质特征[1]

1. 矿区位置

汶口盆地跨泰安岱岳区与肥城市，盆地近中心处的东向村，东距大汶口镇15 km。汶口盆地石膏矿床为赋存于汶口盆地（也称大汶口盆地、汶西盆地）内，产于古近纪碎屑岩系中的特大型石膏矿床。汶口盆地为位于鲁西隆起西部（泰山之南、峄山之北）的一个北断南超的新生代断陷盆地。盆地在平面上呈向北凸出的箕形。石膏矿分布在盆地的中东部地区。

2. 矿区地质特征

（1）地层

汶口盆地为一新生代断陷盆地。盆地周缘地区分布着新太古代泰山岩群和新太古代TTG岩系及寒武系、奥陶系。盆地内为古近纪始新世—渐新世官庄群大汶口组，其自下而上可分为3段，石膏矿主要产于大汶口组二段中（部分产于三段中）。

（2）构造

控制汶口盆地边界的南留弧形断层及几组NW—NNW向和NE—NNE向断层，其在继承燕山晚期构造活动基础上，在喜马拉雅期强烈活动。这些以升降运动为主要活动方式的同生断层，不仅控制着盆

[1] 据山东省地质局第一地质大队，山东大汶口盆地盐类矿床（钾盐、盐岩、石膏）详查地质报告，1982年；山东省地质局综合研究队，山东省大汶口凹陷找钾建议，1975年；山东省地质矿产局第一地质大队刘鸣皋等，山东大汶口盆地石膏矿床地质，1986年；王万奎等，鲁西地区非金属矿含矿沉积建造，1996年。

地的成生与发展，形成北断南超、边断边陷的单断箕形盆地，而且限定和切割了盆地，使其形成一些交切分割的棋盘式次级断块（洼地）展布格局（赵鹏、邓永高，1982；刘鸣皋，1986）。汶口盆地内的断层均以升降运动为主，断距不等。盆地北缘的南留弧形断层垂向断距达 1 700~3 000 m。其他一些 NE—NNE 向及 NW—NNW 向断层的垂向断距也都在 200~600 m 间。

汶口盆地内古近系构成一轴向 50°左右的不对称向斜构造，向斜两翼岩层倾角一般为 3°~7°。

3. **含矿岩系特征**

汶口盆地古近纪始新世—渐新世蒸发岩岩相变化明显，在平面上，不同岩相分带清晰，从盆地边缘至中心可以划分为 6 个相区（图 23-4）。

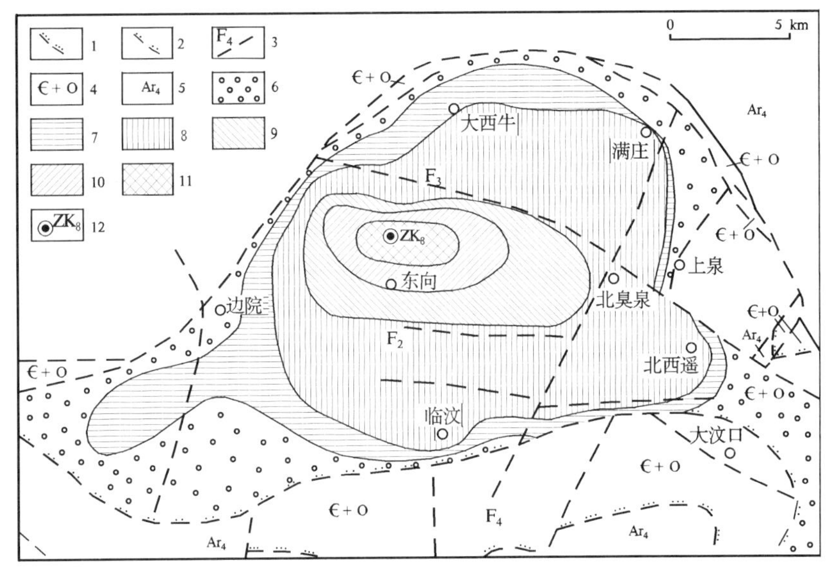

图 23-4 泰安汶口盆地古近纪始新世—渐新世蒸发岩沉积相略图

（据刘鸣皋等，1981；赵鹏等，1982）

1—剥蚀区边界线；2—推测不整合界线；3—推测断层；4—寒武系+奥陶系；5—早前寒武纪变质岩系；6—砂岩、砾岩相区；7—泥岩、泥质碳酸盐岩相区；8—石膏岩相区；9—石盐相区；10—钠镁岩相区；11—钾镁岩相区；12—钻孔及编号

砂岩、砾岩相区：此相区呈狭窄的环带状（带宽 0.2~1.3 km）分布于盆地的边缘。为山麓堆积或河流相粗碎屑沉积。

泥岩、泥质碳酸盐岩相区：此相区位于砂岩、砾岩相区内侧，二者为渐变过渡关系，呈环带状（带宽 0.5~1.5 km）。为浅湖相或河流相机械细碎屑碳酸盐沉积。

石膏岩相区：该相区呈椭圆形（直径约 10~16 km），其东至东南部分分布较为开阔，硬石膏层累计厚度可达 200~350 m，并形成较大范围的浅部可采膏层。其向盆地中心与石盐相区重叠，石膏层成为多层石盐层的夹层及含盐系之顶、底板。分布面积约 180 km^2。

岩盐相区：该相区呈蚕茧形，长 11.5 km，宽 3.5~5 km。边缘逐渐相变为硬石膏层。分布面积约 45 km^2。

钠镁岩相区：该相区呈卵形，长 7 km，宽 2.5~3.5 km，分布面积约 20 km^2。该相区以含盐系中上部石盐层中发育多层硫酸钠镁盐（包括钠镁矾，无水钠镁钒、白钠镁钒）为特征。这些钠镁盐岩层由相区边缘向中心存在着厚度增大、层数增多之趋势。为盐类较晚沉积阶段产物。

钾镁岩相区：该相区推测其长轴为 EW 向的椭圆形，分布面积为 5~6 km^2。在垂向上钾镁盐岩层（钾盐矿层）夹于硫酸钠镁岩层中。

上述各相区，由外向内大致呈同心椭圆状分布，各相区分布面积逐一缩小，反映了成盐期含盐卤水渐趋浓缩、高浓度卤水面积逐渐缩小的特点。其最终浓缩中心靠近断裂活动幅度最大的盆地北缘之南留弧形断层的西段。

4. 矿带及矿体特征

矿带形态及产状：汶口盆地石膏矿为隐伏矿床，赋存在古近纪官庄群大汶口组三段和二段的上、下2个矿带中。矿带在平面上呈椭圆形分布（图23-5），东西长约18 km，南北宽约12 km，面积约150 km^2。矿带产状与地层产状一致，因受控于盆地形态，矿带由盆地边缘向盆地中心倾斜；由于矿带最厚部位分布在盆地的东南部，因此矿带在总体上向NW倾斜，倾角一般为3°~7°，最大者9°。

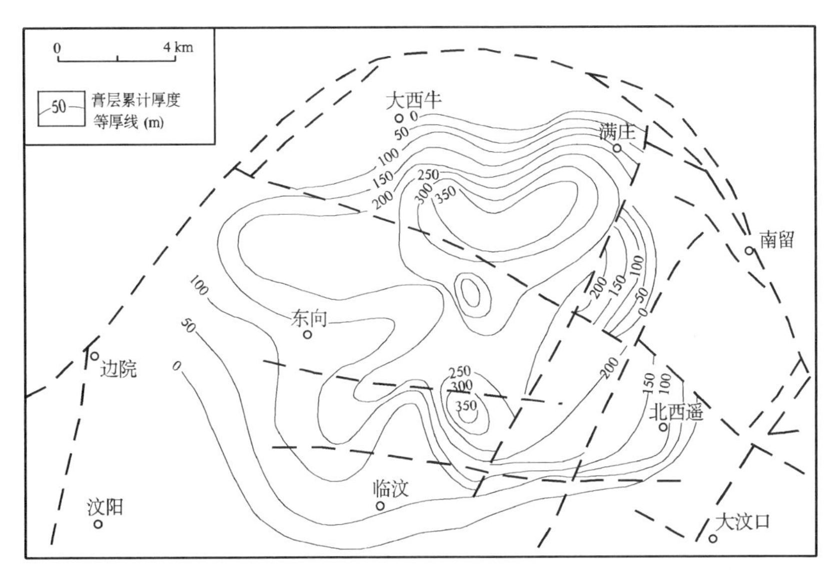

图23-5　泰安汶口盆地石膏矿第2矿带石膏矿层累计厚度等厚线图

（据山东省地质局第一地质大队，1982）

由于同生断层将汶口盆地分割成的大小不等、沉降幅度不同的几个构造洼地对卤水迁移和盐类物质分异的控制作用，致使各洼地内的含石膏矿带的岩石组合存在一定差异。如临汶洼地和北西遥洼地含矿带的岩石组合为黏土岩+ 泥灰岩+石膏岩，满庄洼地含矿带的岩石组合为黏土岩+泥灰岩+石膏岩+硬石膏岩；东向洼地含矿带的岩石组合为黏土岩+泥灰岩+硬石膏岩+石盐岩+钠镁盐岩+钾镁盐（无水钾镁矾）岩。

矿体形状、产状及矿层平均品位：石膏矿层多与泥灰岩互层产出（只东向洼地第2矿带中部见石膏层与石盐层互层产出），矿带中的矿体多呈层状、似层状、透镜状，其在横向和纵向上变化均很大。在构造洼地之间及同一洼地各钻孔之间的矿层层数和矿体厚度差异悬殊，反映了陆相沉积变化大的特点。赋存于矿带中的石膏矿体产状受控于盆地形态，由盆地边缘到中心，矿带厚度及第1，2矿带之间间距逐渐增大；矿层层数逐渐增多（图23-6）。

5. 矿石特征

汶口盆地石膏矿床平均品位（$CaSO_4 \cdot 2H_2O + CaSO_4$）为72.00 %。各洼地矿石平均品位：临汶洼地为84.55 %，北西遥洼地为70.58 %，满庄洼地为67.48 %，东向洼地为63.59 %。

（二）古近纪陆源碎屑岩-蒸发岩系中（汶口式）石膏矿床——枣庄底阁矿田前王庄矿段石膏矿床地质特征❶

❶ 山东建材地质大队黄光煦等，山东省枣庄市底阁石膏矿区前王庄矿段勘探地质报告，1982年；倪振平，鲁西南底阁凹陷四户盆地石膏矿床形成条件研究，中国地质大学硕士学位论文，1996年。

1. **矿区位置**

枣庄底阁石膏矿田前王庄矿段位于枣庄峄城东南约 25 km 处；在地质构造部位上居于韩庄四户凹陷中部的底阁凹陷中。石膏矿带从枣庄峄城向东延伸进入苍山县及江苏省邳县境内(图 23-7)。韩庄四户凹陷带是一个呈近 EW 向展布的狭长形的新生代断裂凹陷带。其西起微山湖，东抵沂沭断裂带，长约 70 km，宽 5~10 km，它是由韩庄凹陷、底阁凹陷、四户凹陷等几个小的凹陷组成的凹陷带。底阁凹陷和四户凹陷是这个凹陷带中含矿岩系发育齐全、含矿最好的 2 个凹陷，一般称其为“底阁四户凹陷”，在地理学上则称其为“底阁四户盆地”，前者行政区划属山东省，后者为江苏省所辖。

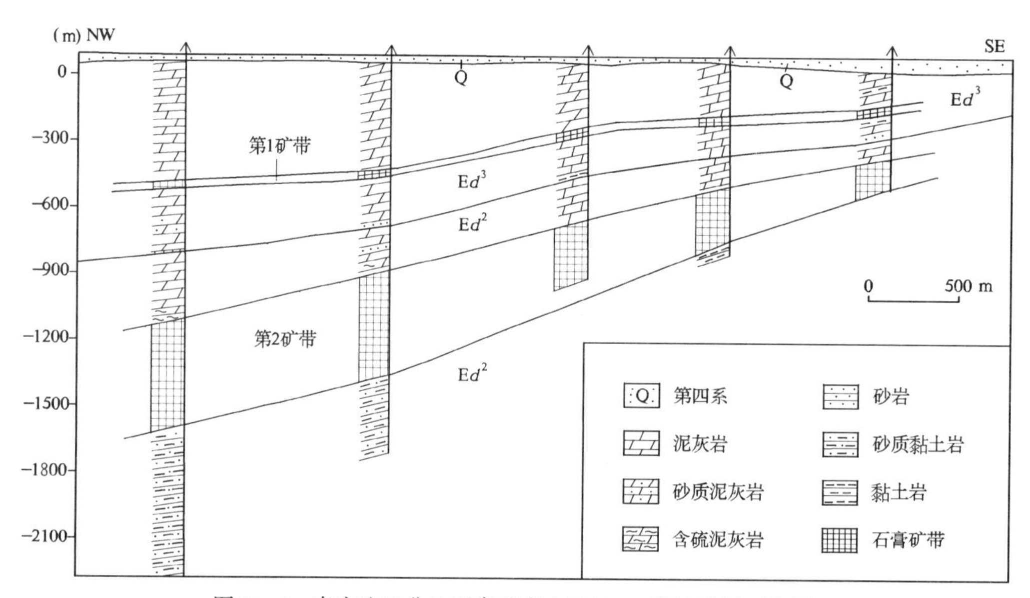

图 23-6 泰安汶口盆地石膏矿东向洼地 48 线地质剖面简图

(据山东省地质局第一地质大队，1982)

Q—第四系；Ed^3—古近纪官庄群大汶口组三段；Ed^2—古近纪官庄群大汶口组二段

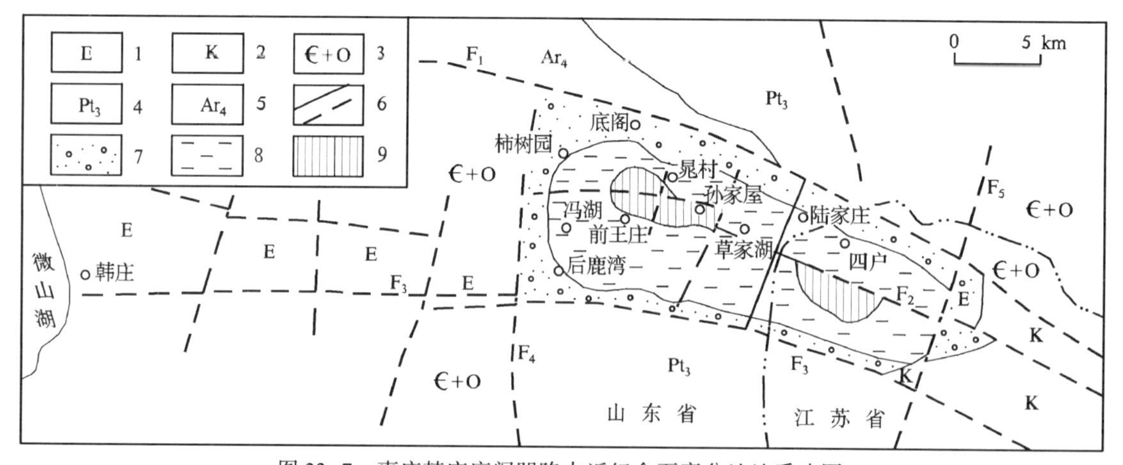

图 23-7 枣庄韩庄底阁凹陷古近纪含石膏盆地地质略图

(据山东建材地质大队黄光煦等 1982 年成果及倪振平 1996 年成果修编)

1—古近纪官庄群；2—白垩系；3—寒武系+奥陶系；4—新元古代土门群；5—新太古代变质岩系；6—实(推)测断层；7—古近纪官庄群下桥组下段粗碎屑沉积物；8—下桥组中段下部细碎屑(及泥质)沉积物；9—下桥组中段上部含石膏层。图中的前王庄、柿树园、冯湖、后鹿湾、晁村、孙家屋、草家湖、陆家庄为底阁石膏矿田中的主要石膏矿段。F_1—峄城断裂；F_2—铁佛沟断裂；F_3—韩台断裂；F_4—兰城店断裂；F_5—前芦汪断裂

2. 矿区地质特征

(1) 地层

区域地势低平，多为第四系覆盖，据部分露头及钻孔资料，盆地内分布着古近纪古新世官庄群卞桥组；盆地之北部和南部，官庄群卞桥组以断层的形式与新太古代变质岩系、新元古代土门群及寒武系和奥陶系接触，东部与白垩系接触。古近纪古新世官庄群卞桥组为含膏岩系，其自下而上可分为3个岩性段。

卞桥组下段：该段为冲洪积相粗碎屑堆积，主要岩性为紫红色长石石英砂岩、粉砂岩与泥岩互层，底部夹有多层砾岩、砂砾岩，厚度>500 m，仅局部见有星点状石膏及极薄的纤维石膏脉。

卞桥组中段：此段为含石膏岩层位，属典型的盐湖相沉积，以灰黑色含膏泥岩(上部)及褐色含膏泥岩(下部)为主，区域内含有3个稳定分布的矿带，2~12个石膏矿层。该段厚度为100~150 m。

卞桥组上段：该段为沼泽相沉积，主要岩性为黑色泥岩、泥灰岩，厚度>500 m。

(2) 构造

底阁四户盆地为新生代断陷盆地，断裂构造极为发育。断裂构造既控制盆地的发生与发展，又将盆地分割，控制着含矿带及矿体的分布。

区内近EW向(NWW向)的峄城断裂和韩台断裂，是盆地南北两侧重要的边界断裂，控制盆地的生成与演化；自西而东大体从盆地纵向中线穿过的NW—NWW向的铁佛沟断裂是成矿后断裂，其切割含矿岩系及矿体，对含矿层及矿体的连续性有一定影响。

居于山东境内的底阁盆地(凹陷)为由峄城断裂、韩台断裂、兰城店断裂(NNE向)等断裂所围限的盆地，其演化、含矿建造、含矿带、矿层等，既具备着区域的一致性，又具有底阁盆地本身的一些特征。

3. 含矿岩系特征

底阁盆地与四户盆地内发育着可以对比的古近纪古新世沉积岩系—官庄群卞桥组及石膏含矿带。据倪振平等研究，底阁四户盆地内的卞桥组中段(含膏矿段)，东西长约30 km，南北宽约3~5 km，总厚度>370 m。石膏矿层多伏于地下40~300 m之间。其自下而上可分为5个矿带——Ⅰ，Ⅱ，Ⅲ，Ⅳ，Ⅴ号石膏矿带。其中Ⅰ，Ⅱ矿带分布范围仅限于88线(勘探线，大体为省界)以东的江苏省境内；Ⅲ矿带是主矿带，在整个盆地内部都有分布；Ⅳ，Ⅴ矿带主要分布在88线以西的山东省境内(图23-8)。

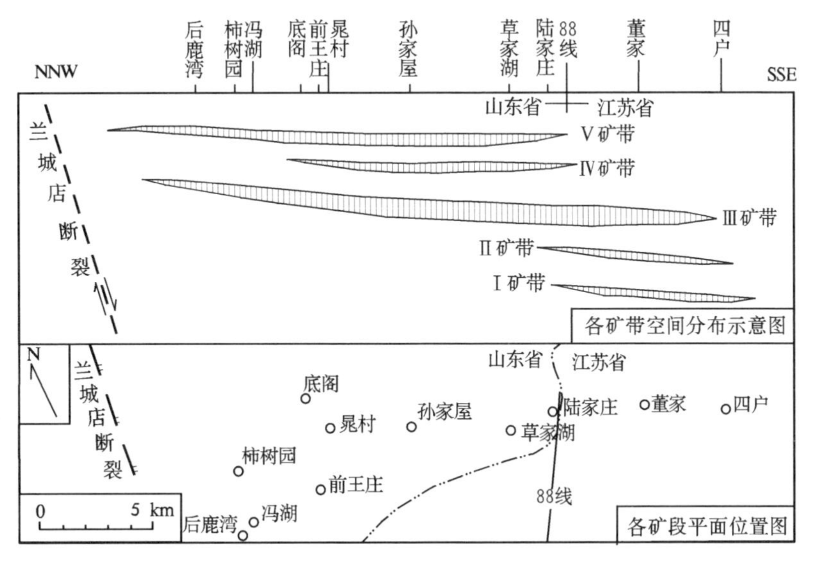

图23-8　枣庄底阁四户盆地石膏矿带及主要矿段分布位置示意图

(据倪振平1996年等资料修编)

底阁四户盆地内的5个矿带之间的岩石，一般为泥岩、粉砂岩、细砂岩。矿带之间距离不等，Ⅰ，Ⅱ矿带间隔为70~115 m；Ⅱ，Ⅲ矿带间隔15~20 m；Ⅲ，Ⅳ间隔及Ⅳ，Ⅴ矿带间隔均为10~15 m。每个矿带内的石膏矿层层数及单矿层厚度变化比较大。Ⅴ矿带内所含矿层层数最多者有8个；Ⅰ~Ⅳ号矿带中石膏矿层一般为1~3层。区内最厚的石膏矿层发育在Ⅲ矿带内，厚达25 m(董家矿段)；其次为第Ⅴ矿带的第8，9矿层，最大厚度分别为7.03 m和17.95 m(前王庄矿段)；多数矿层厚度在1~4 m之间。

上述的Ⅲ，Ⅳ，Ⅴ号矿带，在山东底阁盆地内的勘查成果中对应的编号依次为Ⅰ，Ⅱ，Ⅲ矿带，即下矿带、中矿带、上矿带。

4. **矿体特征**

底阁石膏矿区内发育的石膏矿带，一般可分为下、中、上3部分，即下矿带、中矿带、上矿带，每个矿带内一般包含2~6个主要石膏矿层，矿层间为泥岩或泥灰岩隔开。

下矿带：为灰黑紫褐色泥岩、泥灰岩、普通石膏(下简称“普膏”)、泥质石膏(下简称“泥膏”)夹少量薄层纤维状石膏(下简称“纤膏”)；厚10~55 m。

中矿带：为紫褐灰黑色泥岩、砂质页岩、泥膏、普膏夹少量薄层纤膏；厚10~19 m。

上矿带：为普膏与薄层、黑色泥岩互层，夹薄层纤膏；厚24~82 m。

底阁盆地内矿带连续性较好，分布较为稳定，特别是下矿(Ⅰ)带及上矿(Ⅲ)带。在这个盆地(矿田)内已经发现和勘查评价的有枣庄前王庄、柿树园、后鹿湾、冯湖、晁村、孙家屋、草家湖及苍山陆家庄等石膏矿床(矿段)。

底阁石膏矿田前王庄矿段的矿区地质特征与底阁四户盆地区域地质特征基本相同。含膏矿带发育于古近纪古新世官庄群卞桥组中段中，呈近EW向展布，倾向N，倾角10°~30°；其沿走向延伸长约3 600 m，沿倾向延伸1 150~1 560 m，厚100 m左右。前王庄矿段含石膏矿带与区域一样(底阁盆地内)，自下而上可分为3个矿带，矿带间为8~15 m厚的泥岩所隔(图23-9)。

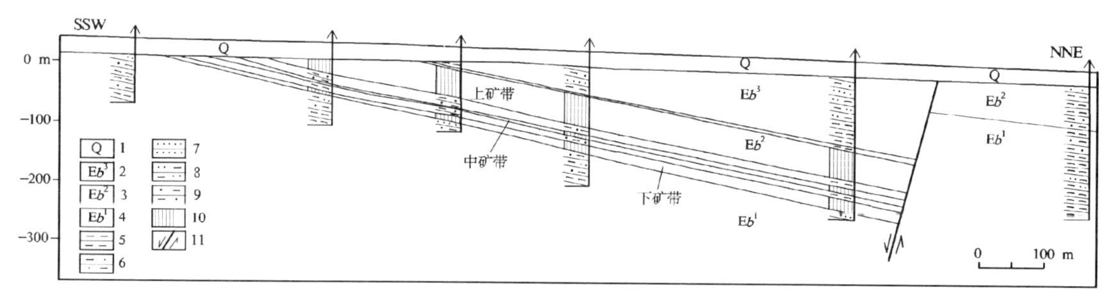

图23-9 枣庄底阁石膏矿田前王庄矿段石膏矿带分布剖面简图

(据山东建材地质大队，1982年)

1—第四系；2—古近纪官庄群卞桥组三段；3—卞桥组二段；4—卞桥组一段；5—泥岩；6—砂质泥岩；7—砂岩；8—泥质砂岩；9—含膏泥岩；10—石膏矿带；11—铁佛沟断层

下矿带：该矿带为紫褐色泥岩、含膏泥岩、泥膏、普膏等岩石组合，厚8~15 m。该矿带中含有Ⅰ，Ⅱ号2个石膏矿层(体)，各矿层累计厚度9.65 m。见表23-1。

中矿带：此矿带为紫褐色泥岩、砂质泥岩、含膏泥岩、泥膏组合，厚8~10 m。该矿带中含有Ⅲ，Ⅳ，Ⅴ号3个石膏矿层(体)，各矿层累计厚度5.99 m。该矿带与下矿带相隔5~10 m。

上矿带：该矿带为黑色含膏泥岩、黑色泥岩、普膏及泥膏等的岩石组合，厚45~50 m。该矿带有Ⅵ，Ⅶ，Ⅷ，Ⅸ，Ⅹ，Ⅺ，Ⅻ号矿层(体)，各矿层累计厚度29.55 m。该矿带与中矿带相隔12~15 m。

5. **矿石特征**

(1) 化学成分

前王庄矿段各矿层化学成分已列于表23-1中，各矿层矿石 $CaSO_4 \cdot 2H_2O+CaSO_4$（石膏+硬石膏）含量在68.33 %~75.33 %之间，其中以第Ⅺ号矿层平均值品位最高。就矿带而论，下矿带石膏矿层矿石平均品位最高，为74.28 %；上矿带居次，为71.63 %；中矿带最低，为69.45 %。

表23-1　枣庄底阁石膏矿田前王庄矿段矿层特征

矿带号	矿层号	分布/埋深	形态及产状	厚　度	矿石化学成分/%		矿石类型
					$CaSO_4 \cdot 2H_2O+CaSO_4$	其他成分	
上矿带	Ⅻ	中部/115 m	不规则状	2.07 m	72.25	MgO 1.82，Fe_2O_3 1.21，Al_2O_3 3.52，H_2O^- 0.33，酸不溶物11.68，烧失量21.39，K_2O 0.56，Na_2O 0.15	泥膏夹纤膏
	Ⅺ	中部/<112 m	层状，走向NW，倾向N，倾角8°	1.91 m	75.33	MgO 2.47，Fe_2O_3 0.88，Al_2O_3 2.08，H_2O^- 0.15，酸不溶物7.08，烧失量22.23，K_2O 0.40，Na_2O 0.15	泥膏，普膏夹纤膏
	Ⅹ	中部/56~126 m	层状，走向近EW，倾向N，倾角8°	1.45 m，其中含≥3 cm纤膏层（总厚0.05 m）	70.98	MgO 2.66，Fe_2O_3 1.25，Al_2O_3 3.22，H_2O^- 0.31，酸不溶物10.56，烧失量22.34，K_2O 0.60，Na_2O 0.18	泥膏，普膏夹纤膏
	Ⅸ	中部/<148 m	层状，具分支复合现象；走向EW，倾向N，倾角8°	14.55 m，其中含≥3 cm纤膏层（总厚0.70 m）	71.73	MgO 2.35，Fe_2O_3 1.17，Al_2O_3 3.30，H_2O^- 0.35，酸不溶物11.24，烧失量21.21，K_2O 0.58，Na_2O 0.23	普膏夹泥膏，纤膏
	Ⅷ	中部/<153 m	层状，走向EW，倾向N，倾角8°	5.57 m，其中含≥3 cm纤膏层（总厚0.34 m）	71.68	MgO 2.72，Fe_2O_3 0.90，Al_2O_3 2.76，H_2O^- 0.21，酸不溶物8.80，烧失量21.89，K_2O 0.48，Na_2O 0.21	普膏夹泥膏，纤膏
	Ⅶ	中部/<157 m	层状，走向EW，倾向N	2.06 m，其中含≥3 cm纤膏层（总厚0.13 m）	74.16	MgO 2.57，Fe_2O_3 1.13，Al_2O_3 2.64，H_2O^- 0.17，酸不溶物9.53，烧失量21.48，K_2O 0.52，Na_2O 0.22	普膏夹纤膏，泥膏
	Ⅵ	东部/160~169 m	不规则状	1.94 m，其中含≥3 cm纤膏层（总厚0.13 m）	69.10	MgO 3.42，Fe_2O_3 1.01，Al_2O_3 2.55，H_2O^- 0.16，酸不溶物8.23，烧失量22.79，K_2O 0.46，Na_2O 0.22	泥膏夹纤膏
中矿带	Ⅴ	东部/165 m	不规则状	1.52 m，其中含≥3 cm纤膏层（总厚0.15 m）	68.71		普膏夹纤膏，泥膏
	Ⅳ	中部/<180 m	层状，走向EW，倾向N，倾角8°	2.20 m，其中含≥3 cm纤膏层（总厚0.11 m）	69.98	MgO 3.21，Fe_2O_3 1.27，Al_2O_3 3.25，H_2O^- 0.29，酸不溶物12.02，烧失量21.52，K_2O 0.63，Na_2O 0.25	普膏夹纤膏，泥膏
	Ⅲ	东部/<185 m	层状，走向SE，倾向NE，倾角15°	2.27 m，其中含≥3 cm纤膏层（总厚0.16 m）	68.33	MgO 3.07，Fe_2O_3 0.73，Al_2O_3 1.92，H_2O^- 0.09，酸不溶物6.23，烧失量22.72，K_2O 0.36，Na_2O 0.17	普膏，泥膏，纤膏
下矿带	Ⅱ	东部/<190 m	不规则状	1.44 m，其中含≥3 cm纤膏层（总厚0.04 m）	74.73	MgO 2.19，Fe_2O_3 0.98，Al_2O_3 2.63，H_2O^- 0.20，酸不溶物8.16，烧失量21.13，K_2O 0.44，Na_2O 0.21	普膏夹纤膏，泥膏
	Ⅰ	全矿段<200 m	层状，具分支复合现象；走向EW，倾向N，倾角8°	8.21 m	73.83	MgO 3.25，Fe_2O_3 0.78，Al_2O_3 1.86，H_2O^- 0.36，酸不溶物9.58，烧失量21.62，K_2O 0.40，Na_2O 0.27	普膏，泥膏

据山东建材地质大队，山东省枣庄市底阁石膏矿区前王庄矿段勘探地质报告，1982年。

（2）矿物成分

主要矿石矿物为石膏、硬石膏，少量纤维状石膏；脉石矿物主要为方解石、黏土矿物及少量白云石、天青石、黄铁矿、石英、长石、绿泥石等。

（3）结构构造

矿石主要结构有他形粒状结构、镶嵌结构等；矿石构造有块状构造、角砾状构造、纤维状构造及条带状构造等。

（4）矿石类型

矿区内的石膏矿石依据矿石中石膏、硬石膏的相对含量,可划分为石膏型和硬石膏型2种工业类型。依据矿石的矿物成分及结构构造特点又可进一步划分为普通石膏(硬石膏或块状石膏/硬石膏)、钙泥质石膏(硬石膏/石膏)、泥质石膏(石膏/硬石膏)、钙质石膏(石膏/硬石膏)、条带状石膏、角砾状石膏、雪花状石膏、透石膏等自然类型。其中普膏、泥膏、纤膏为多见的自然类型。

普膏:灰黑色、深灰色,纤维中粗粒齿状镶嵌泥晶结构,块状构造。石膏含量一般65 %~85 %,以石膏为主(>60 %)。

泥膏:暗灰、灰褐色,泥晶中粒齿状镶嵌结构,层状、块状构造。石膏含量50 %~60 %。泥膏不能单独构成工业矿层,当其和普膏、纤膏共同产出时,可构成工业矿层。

纤膏:灰灰白色,纤维粒状结构,纤维状构造。层厚一般为1~5 cm,最厚者20 cm。

6. 地质工作程度及矿体规模

枣庄底阁石膏矿为枣庄市峄城区1977年底在该区找煤时发现古近纪地层中有石膏层存在。1978~1982年,国家建材工业局山东地质勘探大队黄光煦等,先后在底阁盆地开展石膏矿普查(1978~1980年)及底阁盆地前王庄矿段石膏矿勘探工作,查明资源储量18 012万吨,为一大型石膏矿床。

(三)古近纪陆源碎屑岩-蒸发岩系中(东向式)石盐-钾盐矿床——泰安市汶口盆地东向石盐-钾盐矿床地质特征[1]

1. 矿区位置

东向石盐矿床,分布于泰安市岱岳区大汶口镇西偏北9~20 km处的漕河涯—东向—张家庄—马家店一带。钾盐矿分布于石盐矿分布区的近中心偏北西部位,地处东向村北约600 m至东军寨一带。在行政区划上,其东部为泰安市岱岳区所辖,西部为肥城市所辖。

2. 矿区地质特征

汶口盆地为鲁西隆起区内发育的汶蒙凹陷带西部的一个古近纪内陆河湖相盆地,面积320 km^2。

(1)矿区地层

盆地及其周缘地区地层较为简单,由新太古界、下古生界、新生界组成,其中含矿岩系古近纪地层最发育。

(2)盆地的构造格局

汶口盆地内发育着以古近纪碎屑岩、泥灰岩类为主体的内陆河湖相沉积岩系,总厚达3 000 m以上,由其组成一个极缓倾斜(3°~7°)的不对称向斜褶皱构造。该向斜轴向50°,盆地内周边岩层大致向盆内倾斜。盆地北、东缘为南留断裂所切割、围限;盆地周边断续有海拔100~500 m的低山丘陵环绕,显示箕状凹陷的山间盆地的地貌景观。盆地的沉陷作用,主要受NW—NWW向和NE—NEE向2组交切断裂构造所控制。盆内的NW—NE向的南留断层(Fn),NE向的北臭泉断层(F_4)、上泉尚庄断层(F_6)、彭徐店断层(F_{10}),近SN向的边院断层(F_5)、NWW至近EW向的西界断层(F_1)、东浊头断层(F_2)、马家庄北西遥断层均为同生正断层,它们限定和或进一步切割了盆内断块,形成了总体向NW倾斜的箕状凹陷,并形成了盆地内若干矩形或豆腐块式的次级断块:满庄大西牛洼地、东向洼地、北西遥洼地、临汶洼地、洼里洼地和上泉凸起(图23-10)。

(3)重力异常特征

在1:20万区域重力异常图上,汶口盆地为一布格重力异常区。据胜利油田资料,负异常以-22 mGal圈定外边界,呈45°方向延伸的长30 km的尖卵形。异常中心值为-36 mGal,西端未封闭。重力值最低的地方古近系沉积最厚,并推断盆地中心在济河堂附近。

---

[1] 山东省地矿局第一地质队,汶口盆地东向—漕河崖地区岩盐矿储量升级勘探报告,1988~1989年。

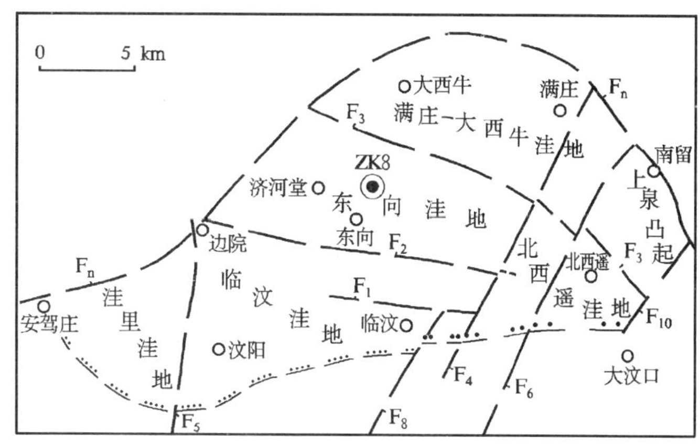

图 23-10　汶口盆地次级断块构造分布略图

（据山东省地质局第一地质队刘鸣皋等，1986）

F_n—南留断层；F_1—西界断层；F_2—东浊头断层；F_3—马家庄北西遥断层；F_4— 北臭泉断层；

F_5— 边院断层；F_6—上泉尚庄断层；F_{10}—彭徐店断层

3. 含矿岩系特征

在汶口盆地内，尽管汶三段中部及汶一段红层中含有薄层石膏层，但就该盆地总体而言，巨厚硬石膏和石盐层以及钾矿层，都集中分布在汶二段。汶口盆地在新近纪始新世—渐新世蒸发岩系沉积阶段，岩相变化明显，从盆地周缘至中心，依次可划分为 6 个相区：① 砂岩、砂砾岩相区；② 泥岩（黏土岩）、泥质碳酸盐相区；③ 石膏岩相区；④ 石盐岩相区；⑤ 钠镁盐相区；⑥ 钾镁盐相区。这 6 个相区，从外向内，大致呈同心椭圆状分布，各相区分布面积逐一缩小，反映了成盐期高浓度卤水面积逐渐缩小的特点。

4. 矿体特征

（1）石盐矿层地质特征

汶口盆地石盐矿，为矿层层数多、延伸稳定、品位高、盐质好、埋藏浅、易于开采的大型矿床。已圈定石盐矿层分布面积为 36.44 km^2。在平面上，呈似蚕茧状的椭圆形，分布在 F_2，F_3，F_4 和南留弧形断裂（F_n）西段所围限的东向洼地内（图 23-11）。

在剖面上，含盐岩段总体呈向 NW 缓倾斜的透镜体状（图 23-12），而每个单一石盐矿体均呈层状产出。含盐岩段顶面埋深为 690～1 380 m（在约 12 km^2 的勘探地段内为 743～1 100 m）；底面埋深在 715～1 700 m之间（勘探地段内为 854～1 640 m）。含盐岩段总厚一般为 100～300 m，最大厚度为 345.68 m。各石盐矿层总体倾向为 284°，倾斜平缓，倾角在 3°～7°间，一般为 4°～5°。在东向洼地内由 SE—NW 向，石盐矿层埋深有逐步加深、含盐岩段及石盐矿层总厚度有增大的趋势。据 14 个钻孔统计，矿区内石盐矿为 4～32 层，单层厚 0.68～14.98 m，一般 3～5 m；各见盐钻孔石盐矿层累计厚度为 4.69～165.04 m，平均 95.11 m。各钻孔所见石盐层在含盐岩段中的累计厚度比（即含盐率）为 19.97 %～52.67 %。

在石盐沉积时期，由于初期卤水分布的局限性及其后含盐洼地沉积中心的迁移，导致各个石盐层的分布范围不尽一致。其规律是：① 早期石盐的沉积中心在东向洼地中偏北部王家大坡附近。因此，在该地段形成了区内独有的含盐岩段内最底部的第 1 层石盐矿层。② 各石盐矿层在垂向上，由下部矿层到上部矿层，其平面展布范围由小逐渐到大，而后又逐渐缩小。底部 6 层矿由延展范围 1.5 km^2 增加到 9.60 km^2；中部矿层（7～23 层）面积最大（在勘探区段及相邻地带达 13.3～20 km^2）；中上部的石盐矿层的分布范围又逐渐缩小，到顶部的 2 个矿层（31，32 层）分布范围仅 0.7 km^2 左右。

汶口盆地石盐矿具有较坚硬的顶底板岩石。其岩性为灰白色硬石膏岩与泥灰岩、白云质泥灰岩等。

这些岩石均具隔水性。因多数石盐矿层与硬石膏岩互层,故硬石膏岩通常为石盐层的直接顶、底板。夹层硬石膏岩的厚度大以及其良好的稳定性,对分层水溶法开采石盐矿较为有利。

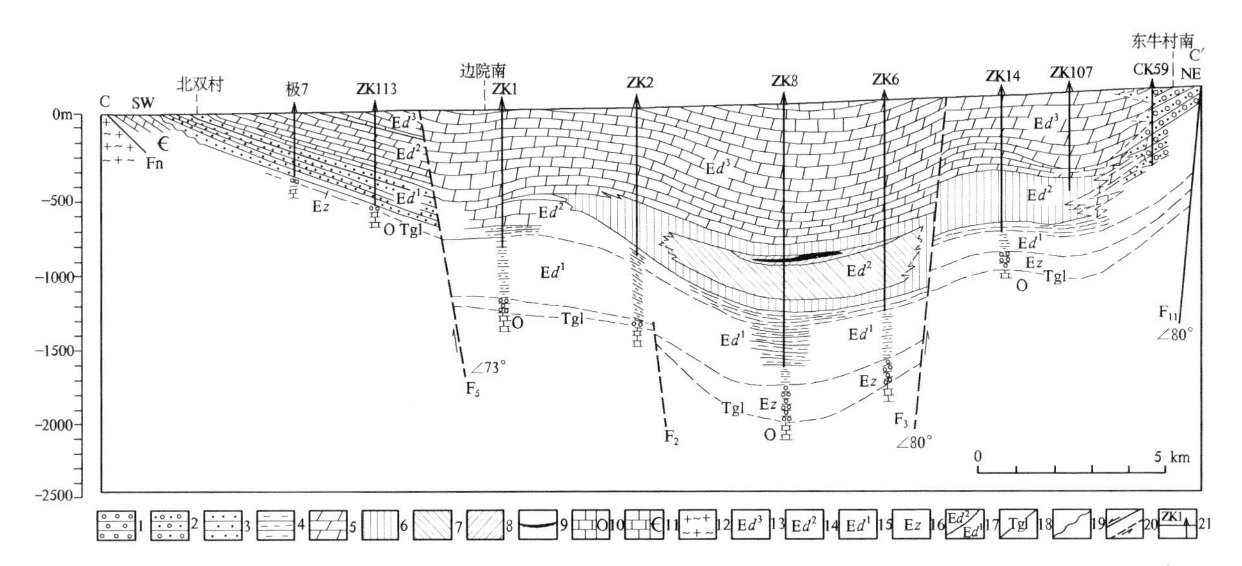

图 23-11 泰安汶口盆地盐矿 C —C′线岩相剖面图

(据山东省地质局第一地质队,1982)

1—砾岩相;2—砂砾岩相;3—砂岩相;4—黏土岩相;5—泥灰岩相;6—石膏岩相;7—石盐岩相;8—硫酸钠镁盐相;9—硫酸钾镁盐相;10—奥陶系灰岩;11—寒武系灰岩;12—新太古代变质岩系;13—古近纪官庄群大汶口组三段;14—大汶口组二段;15—大汶口组一段;16—官庄群朱家沟组;17—地层分界线;18—地震反射层界面及代号(TC 为古近纪朱家沟组砾岩顶面;Tg1 为奥陶系顶面);19—地层不整合界线;20—实(推)测断层;21—钻孔位置及编号

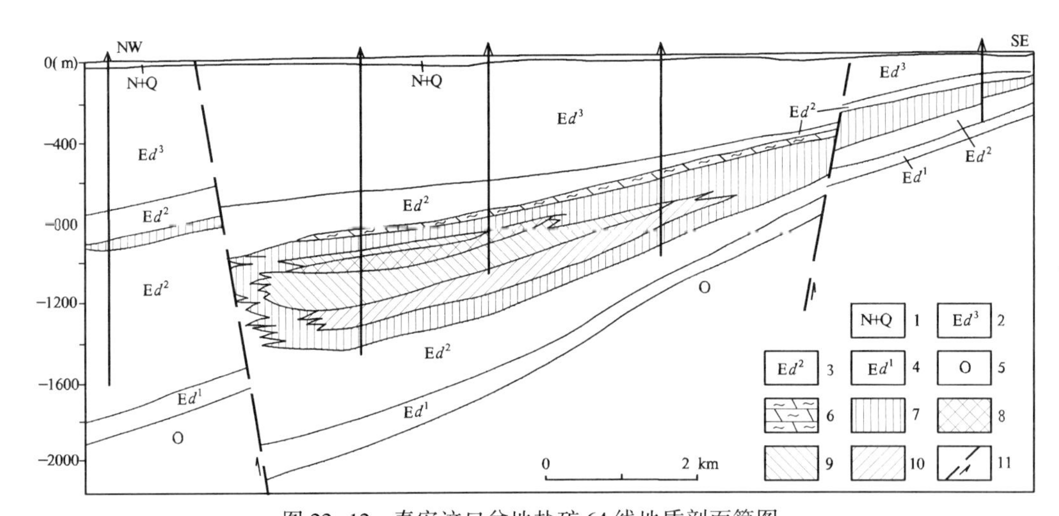

图 22-12 泰安汶口盆地盐矿 64 线地质剖面简图

(据山东省地质局第一地质队 1982 年原图简化)

1—新近系+第四系;2—古近纪官庄群大汶口组三段;3—大汶口组二段;4—大汶口组一段及朱家沟组砾灰岩;5—奥陶系;6—含自然硫泥灰岩层;7—石膏岩层;8—钠镁岩层;9—含杂卤石钙芒硝石盐层;10—含石膏石盐层;11—断层

(2) 钾盐矿层地质特征

汶口盆地内钾盐矿层,目前仅见于东向洼地的 ZK8 孔。钾盐矿层产于大汶口组二段含盐岩段内,其顶、底板均为薄层含杂卤石石盐岩。矿层顶板埋深为 1 085.65 m,厚度 1.18 m。矿层向 NW 缓倾斜(倾角≤4°)(图 22-13)。

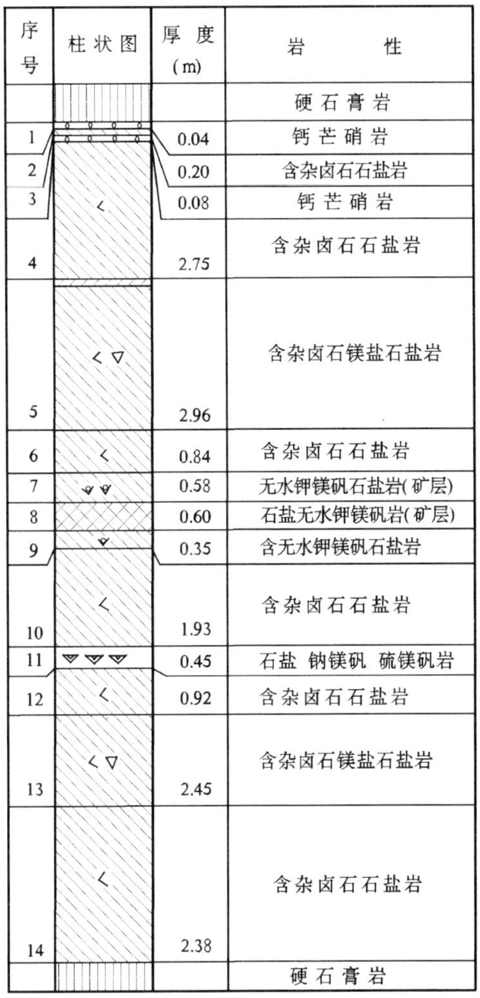

序号	柱状图	厚度(m)	岩　性
			硬石膏岩
1		0.04	钙芒硝岩
2		0.20	含杂卤石石盐岩
3		0.08	钙芒硝岩
4		2.75	含杂卤石石盐岩
5		2.96	含杂卤石镁盐石盐岩
6		0.84	含杂卤石石盐岩
7		0.58	无水钾镁矾石盐岩(矿层)
8		0.60	石盐无水钾镁矾岩(矿层)
9		0.35	含无水钾镁矾石盐岩
10		1.93	含杂卤石石盐岩
11		0.45	石盐　钠镁矾　硫镁矾岩
12		0.92	含杂卤石石盐岩
13		2.45	含杂卤石镁盐石盐岩
14		2.38	含杂卤石石盐岩
			硬石膏岩

图 22-13　泰安汶口盆地盐矿 ZK8 孔Ⅲ-3 韵律柱状图

(据山东省地质局第一地质队,1982)

图示:钾矿层(层序号 7~8)位韵律段中部,其顶底板为石盐岩

本盆地含盐岩段以多次重复的含盐韵律结构,即泥灰岩—硬石膏层—石盐岩层的多次重复出现为特征。整个含盐韵律结构组成的韵素在含盐段中,由下而上不尽相同,可划分为 5 种剖面结构(韵律结构)类型(图 23-14)。

硬石膏类型(Ⅰ):见于含盐岩段下部。

钙芒硝类型(Ⅱ):见于中下部韵律段。

杂卤石类型(Ⅲ):以盐层中含薄层状、条带状及浸染状杂卤石为特征。多见于含盐岩段中部及中上部韵律层中,反映了沉积时期卤水富钾的特点。

钠镁盐类型(Ⅳ):是反映卤水浓缩程度较高的一种类型,位于含盐岩段顶部韵律段,个别钻孔在该韵律的石盐层中见有钾盐矿物。

钾镁盐类型(Ⅴ):韵律剖面结构复杂,自下而上,由硬石膏岩—含杂卤石石盐岩—含杂卤石钠镁盐石盐岩—含石盐无水钾镁矾岩—含杂卤石钠镁盐石盐岩—含杂卤石石盐岩—钙芒硝岩—硬石膏岩组成。

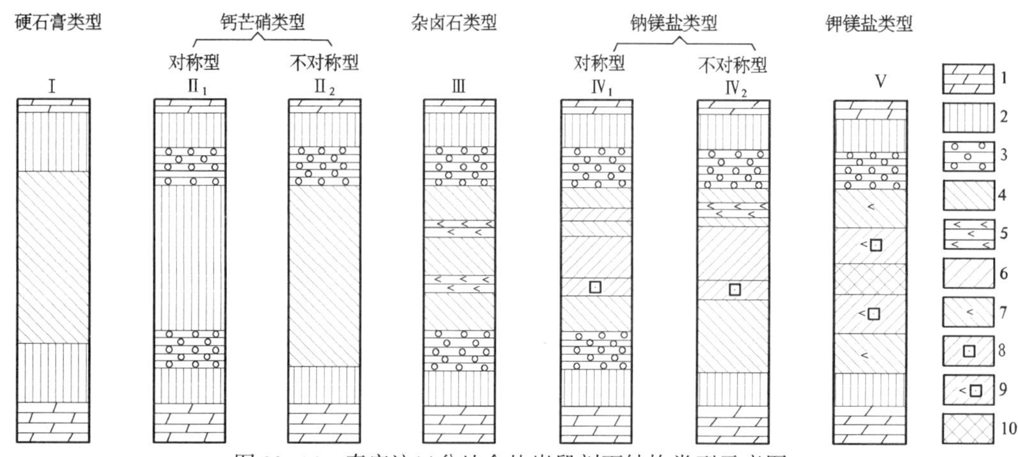

图 23-14　泰安汶口盆地含盐岩段剖面结构类型示意图

（据刘鸣皋，1981；引自《山东非金属矿地质》，1998）

1—泥灰岩；2—硬石膏岩；3—钙芒硝岩；4—石盐岩；5—杂卤石岩；6—钠镁盐岩；7—含杂卤石石盐岩；8—含石盐钠镁盐岩；9—含杂卤石石盐钠镁盐岩；10—钾镁盐岩

上述的含钾层韵律总厚达 17.60 m，构成完整的淡化—浓缩—淡化的含石盐、含钾盐韵律。从下而上，5 种剖面结构类型反映了卤水的演化规律，表明钾盐沉积是卤水演化的最晚期产物。

5. 矿石特征

（1）石盐矿石特征

本盆地石盐矿的矿物成分前已叙及。诸矿层主要有用化学组分 NaCl 含量高而变化小。32 层石盐矿石的平均品位变化于 50.77 %~94.47 %之间，其中有 27 层矿单层 NaCl 平均品位≥80 %，占总层数的 84.4 %（内有 14 层矿 NaCl 品位在 89.14 %~94.47 %之间，占总数的 43.8 %）。从展布规律看，成盐早期形成的矿层（底部的 1~10 层）品位较高，除其中的 2 层石盐（2~3 层，NaCl 83.26 %~86.68 %）外，品位均>89 %。上部石盐层因成分复杂及硫酸钠镁盐类（部分钾镁盐）矿物增多，品位多数<90 %。该石盐矿石中缺少碘，有害元素氟在部分地段超出允许含量要求（5×10^{-6}，水溶卤水部分）。但该矿精制盐中含氟量均<5×10^{-6}，经适当加碘处理后，是可供食用的。

（2）钾盐矿石特征

该盆地内钾盐矿层由上、下 2 部分组成：

1）上部为含无水钾镁矾石盐岩，具微层理构造。无水钾镁矾呈团块状、条带状产于石盐中，厚 0.58 m。K_2O 含量为 5.22 %。

2）下部为致密块状、含少量石盐的无水钾镁矾岩，厚 0.60 m。K_2O 含量为 16.62 %。其下盘 0.35 m 厚的石盐岩也含少量呈浸染状的无水钾镁矾。自下而上形成微含无水钾镁矾石盐岩—含石盐无水钾镁矾岩—含团块状、条带状无水钾镁矾石盐岩的含矿层序。

（四）古近纪陆源碎屑岩-蒸发岩系中（东向式）石盐-钾盐矿床——单县杨楼岩盐矿床地质特征[1]

1. 矿区位置

普查区中心位于单县县城东南 21 km，北距龙王庙镇约 1.8 km。行政区划隶属单县杨楼镇。

[1] 山东省地质科学研究院，山东省单县杨楼矿区岩盐矿普查报告，2015 年。

2. 矿区地质特征

(1) 地层

工作区为黄河冲积平原,被第四系所广泛覆盖。区内岩盐矿赋存层位为古近纪官庄群大汶口组,其盖层为新近系和第四系。

古近纪官庄群大汶口组,钻孔揭露厚度 683.40~712.50 m,均未穿透;该组地层与上覆新近纪黄骅群为角度不整合接触。

新近纪黄骅群,全区分布,覆盖于古近纪官庄群大汶口组之上。岩性以褐黄、浅黄色及棕红色泥岩、砂质泥岩为主,夹褐黄色细砂岩层,局部含石膏条带。本次钻探控制厚度 508~515 m。其与上覆第四纪平原组为不整合接触。

第四系自下而上划分为平原组、黑土湖组、黄河组。

(2) 构造

下伏古近系呈单斜产出,走向 NW,倾向 SW,倾角较缓,约 0.8°~3.5°。断裂构造较发育,主要为 NWW 向的龙王庙断裂、莱河-蔡堂断裂和 NE 向的 F_1 断层。矿层赋存于莱河-蔡堂断裂以西的断陷盆地内,矿层总体呈单斜产出,产状稳定,与地层一致,走向 NW,倾向 SW,倾角 2°~5°。

3. 含矿岩系特征

区内岩盐矿赋存于古近纪官庄群大汶口组中段,矿层赋存形态简单,呈层状产出,产状稳定,与地层一致,倾向 SW,倾角 2°~5°。工程控制矿层赋存标高-1 097.08~-1 300.36 m,最小埋深 1 105.63 m,最大埋深 1 343.93 m。单一盐层厚度一般不大,呈现盐层层数多,夹层多的特征。

4. 矿体特征

根据矿石质量变化情况及夹石、围岩特征,将本区岩盐矿自上而下划分为 14 个矿层,编号 1~14,5,6,7 矿层为主矿层。其中 5 个矿层(5,6,7,8,9 矿层)由 YZK1,YZK2 两个钻孔控制,推断为全区分布;其他 9 个矿层由钻孔 YZK2 控制,YZK1 未见矿,主要分布于普查区西部和南部。矿层厚度 2.62~18.68 m不等,累计厚度 91.70 m。各矿层基本特征见表 23-2。

5. 矿石特征

(1) 矿物成分

区内岩盐矿石的矿物成分较为简单,主要盐类矿物成分为石盐(占 75.15 %)和石膏(占 8.98 %),局部含有少量钙芒硝(占 0.04 %);杂质矿物主要为黏土类矿物(占 15.83 %)。

(2) 化学成分

岩盐矿的离子成分主要有:Na^+,Cl^-,Ca^{2+},SO_4^{2-},次为 K^+,Mg^{2+},它们组成的化合物主要有 NaCl,次为 $CaSO_4$,Na_2SO_4,$MgSO_4$,K_2SO_4,$CaCl_2$,KCl,$MgCl_2$ 等。NaCl 平均品位 67.64 %~90.31 %(表 23-3)。

(3) 结构构造及矿石类型

区内岩盐矿矿石结构主要为中粗粒半自形—自形粒状结构。矿石构造主要为块状构造,少见条带状构造和团块状构造。

区内岩盐矿矿物成分较为简单,主要成分为石盐和石膏,局部含少量钙芒硝。可划分为结晶块状石盐矿石和石膏石盐混生石盐矿石 2 种自然类型。工业类型为石膏质石盐矿石。

6. 矿床成因

为产于拗陷盆地内碎屑岩系建造中的沉积型盐矿床。

7. 地质工作程度及矿床规模

山东省地质科学研究院对单县物楼岩盐矿进行了普查评价,并于 2015 年提交普查报告;估算资源量可达大型规模。

表 23-2 单县杨楼岩盐矿矿层基本特征

矿层编号	工程控制矿层赋存标高/m	工程控制矿层埋深/m	矿层产状		矿层厚度/m	NaCl 品位/%	与下伏矿层间距/m	夹石情况
			倾向	倾角 ø				
1	-1097.08~-1100.03	1140.65~1143.60	SW	2°~5°	2.94	75.52	4.30	不含夹石
2	-1104.33~-1111.97	1147.90~1155.54	SW	2°~5°	7.63	74.55	3.10	不含夹石
3	-1115.07~-1122.98	1158.64~1166.55	SW	2°~5°	7.34	75.95	26.23	0.56 m/1 层
4	-1149.21~-1153.21	1192.78~1196.78	SW	2°~5°	3.99	84.89	10.11	不含夹石
5	-1064.63~-1189.31	1105.63~1232.88	SW	2°~5°	16.14~21.21 / 18.68	74.42	3.57~4.00 / 3.79	0.39~1.90 m / 5 层
6	-1090.76~-1210.13	1131.76~1253.70	SW	2°~5°	11.91~13.89 / 12.90	70.41	2.30~3.70 / 3.00	0.65~1.87 m / 3 层
7	-1109.17~-1234.48	1150.17~1278.05	SW	2°~5°	9.78~11.36 / 10.57	76.90	2.06~3.03 / 2.55	0.59~1.84 m / 4 层
8	-1135.06~-1240.49	1176.06~1284.06	SW	2°~5°	2.95~2.97 / 2.96	77.27	3.71~4.14 / 3.93	1.69~1.90 m / 2 层
9	-1145.75~-1255.18	1186.75~1298.75	SW	2°~5°	8.17~9.38 / 8.78	80.66	4.82	1.05~1.58 m / 1 层
10	-1260.00~-1264.42	1303.57~1307.99	SW	2°~5°	4.41	68.71	10.61	不含夹石
11	-1275.03~-1277.65	1318.60~1321.22	SW	2°~5°	2.62	90.31	3.37	不含夹石
12	-1281.02~-1283.67	1324.59~1327.24	SW	2°~5°	2.65	67.64	3.12	不含夹石
13	-1286.79~-1290.91	1330.36~1334.48	SW	2°~5°	3.04	70.80	3.98	1.07 m/1 层
14	-1294.89~-1300.36	1338.46~1343.93	SW	2°~5°	3.19	74.72	68.94	0.42~1.85 m / 2 层

据山东省地质科学研究院,2015 年。

表 23-3 单县杨楼岩盐矿矿石化合物组分及含量统计/%

化合物组分	NaCl	$CaSO_4$	$MgSO_4$	K_2SO_4	$CaCl_2$	KCl	$MgCl_2$	Na_2SO_4
最小值	30.84	0.55	0.000	0.000	0.000	0.000	0.000	0.000
最大值	96.02	24.52	0.680	0.183	1.053	0.278	2.115	1.675
平均值	75.15	8.98	0.016	0.005	0.395	0.093	0.281	0.020

据山东省地质科学研究院,2015 年。

(五)古近纪陆源碎屑岩-蒸发岩系中(朱家庄式)自然硫矿床——泰安朱家庄自然硫矿床地质特征[1]

1. 矿区位置

泰安朱家庄自然硫矿床位于泰安市岱岳区的南部。矿区以朱家庄为中心,东起凤凰庄,西至大汶口;北起茅茨,南至东良父。矿区(田)面积约 160 km^2。在地质构造部位上,居于鲁西隆起西部的大汶口蒙阴拗陷的汶东凹陷内。在地理地貌单元上,矿区位于汶蒙盆带中的汶东盆地内;该盆地北为新甫山凸起,南为蒙山凸起。自然硫矿床分布于汶东盆地的中西部。

2. 矿区地质特征

赋存自然硫矿床的汶东盆地(西半部),其东北和西北以蒙山断层和颜谢断层为边界,与早前寒武纪变质岩系接触;西南和东南超覆于古生界之上,为一个较为完整的箕形盆地(图 23-15)。盆地内发育含矿的古近纪始新世—渐新世碎屑岩、泥质碳酸盐、硫酸盐沉积建造——古近纪官庄群大汶口组。

[1] 据山东省地矿局第一地质队,山东泰安朱家庄自然硫矿详查地质报告,1986 年;何湘龙,浅谈山东磁新盆地自然硫矿的地质特征及成因,山东地质情报,1985 年第三期;化工部化学矿产地质研究院,山东泰安朱家庄自然硫矿床地质特征及鲁西南地区成硫远景探讨,1985 年。

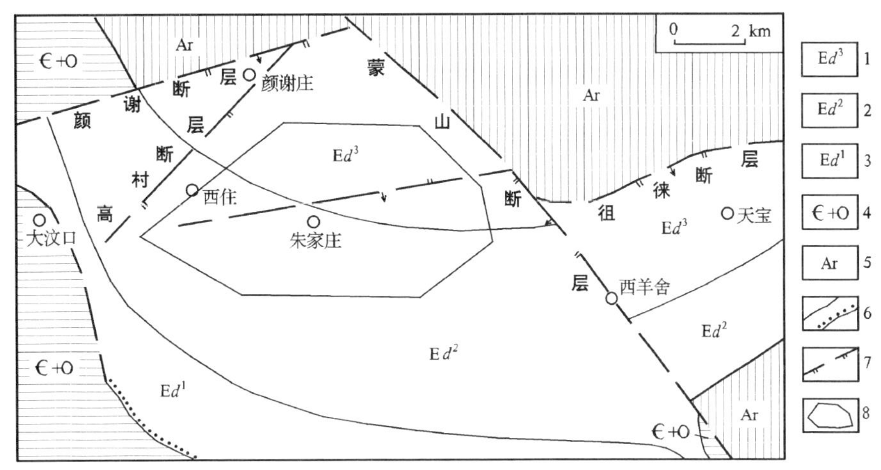

图 23-15 泰安汶东盆地自然硫矿区基岩地质略图

(引自《山东非金属矿地质》,1998)

1—古近纪官庄群大汶口组三段;2—大汶口组二段(含自然硫层位);3—大汶口组一段;4—寒武系+奥陶系;5—早前寒武纪变质岩系;6—地质界线及不整合地质界线;7—断层;8—自然硫矿体边界

汶东盆地(西半部)内的官庄群大汶口组,总体呈 NWW—SEE 向展布,向 NNE 向缓倾斜,自下而上可分为 3 段。

大汶口组一段:不整合于下伏岩系之上。底部为砾岩,砾径大,排列无序;中部砂砾岩增多,碎屑有分选性,填隙物增多,以泥质为主,成层;上部细碎屑组分多,出现砂岩、砾岩、泥岩互层。从下到上总趋势是由粗变细,呈节奏性韵律。砾石多呈棱角状,浑圆者少。厚 129~188 m。

大汶口组二段:与大汶口组一段为连续沉积,在盆地内分布广泛。是一套咸、淡水交替还原湖相的油页岩、石膏、泥岩、白云岩互层的沉积岩组合。下部为含石膏层位,由硬石膏与石膏矿层、泥灰岩、页状泥灰岩、白云质泥灰岩和白云岩互层组成;上部为含自然硫层位,由页状泥灰岩与泥灰岩,间有少量油页岩、白云质泥岩、白云岩和砂砾岩组成(这些岩层中均含有自然硫)。该段最大厚度 1 769 m。

大汶口组三段:底部有一层较稳定的砂岩、砂砾岩,含砂质灰岩与大汶口组二段分界;中下部为厚层泥质灰岩夹砂岩、灰岩,纹层发育;上部为泥岩,钙质泥岩夹少量砂岩。厚 18~480 m。

3. 矿体特征

赋存于汶东凹陷西半部大汶口组二段中的自然硫矿床沿走向(近 EW 向)延伸达 11.25 km,沿倾向延深(近 SN 向)达 5.65 km,分布面积约 44 km^2。朱家庄自然硫矿层均埋于地下,埋深一般为 200~500 m,浅者 49 m,最深达 997 m(图 23-16)。矿层产状与地层产状一致,倾角多在 5°左右。

自然硫矿体呈层状、似层状、透镜状产出,在不同地段内矿层层数多寡悬殊,厚薄不一,沿走向及倾向变化均较大。矿层间为厚度不一的泥质碳酸盐岩、石膏岩或黏土岩构成的夹层,夹层厚度由数十厘米至 10 m 以上。据矿层空间分布及其密集程度,可将矿区内的自然硫矿层划归为自下而上的 2 个矿带,矿带间为泥质灰岩所隔(表 23-4,图 23-17)。每个矿带又可进一步分为 9 个含矿层。

(1) Ⅰ矿带(下矿带)

由自然硫矿层、泥灰岩、含自然硫泥灰岩、油页岩和含膏泥灰岩等岩石组成。矿带埋深 131~997 m(一般为 300~500 m)。矿带厚度在 85.62~243.21 m 之间(一般为 100~150 m)。矿带底板为含石膏岩带,顶板为自然硫化泥灰岩;顶、底板与矿层为渐变过渡关系。

矿带中含有自然硫矿层 1~30 层(一般为 15 层),单矿层厚度 0.50~1.13 m(一般为 1~2 m),矿层累计厚度 0.92~57.52 m(平均累计厚度 21.80 m)。

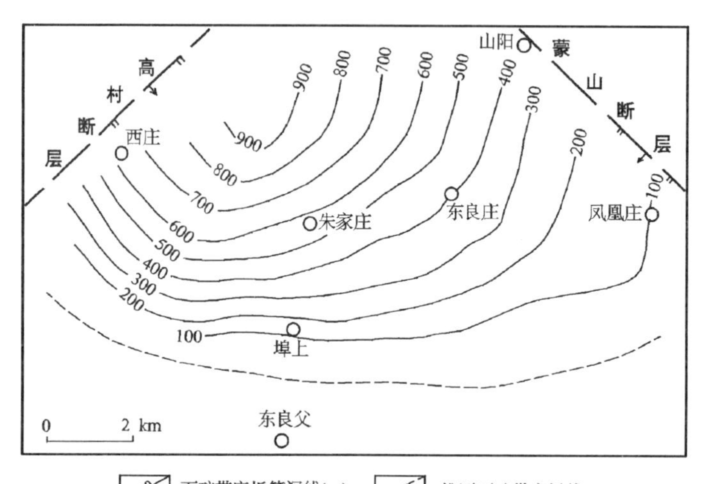

下矿带底板等深线(m)　推测下矿带底界线

图 23-16　泰安朱家庄自然硫矿下矿带底板等深线图

（据山东省地矿局第一地质队资料编绘，1986）

表 23-4　泰安汶东盆地自然硫矿带与矿层变化特征

矿　带	规模及分布情况	埋深/m	矿带厚度/m	矿层层数/层	单矿层最大延伸长度/m	单矿层厚度/m	矿层累计厚度/m	品位/%	夹层间隔厚度/m
Ⅰ（下矿带）	规模最大，矿层较连续稳定，分布广	131～997，一般为300～500	85.62～243.21，一般为100～150	0～30，一般为15	沿走向9.8，沿倾向5.0	0.50～11.13，一般1～2	0.92～57.5，平均21.8	6～33.41，平均10.19	1～68.36，一般几米或10余米
Ⅱ（上矿带）	规模较大，矿层较连续，变化较大	49～715，一般为200～300	14.18～288.22，一般为50～100	1～21，一般为10	沿走向1.25，沿倾向5.0	0.50～5.62，一般为1～2	0.79～33.64	6～28.34，平均9.51	1～60，一般几米或10余米

据《山东非金属矿地质》，1998年。

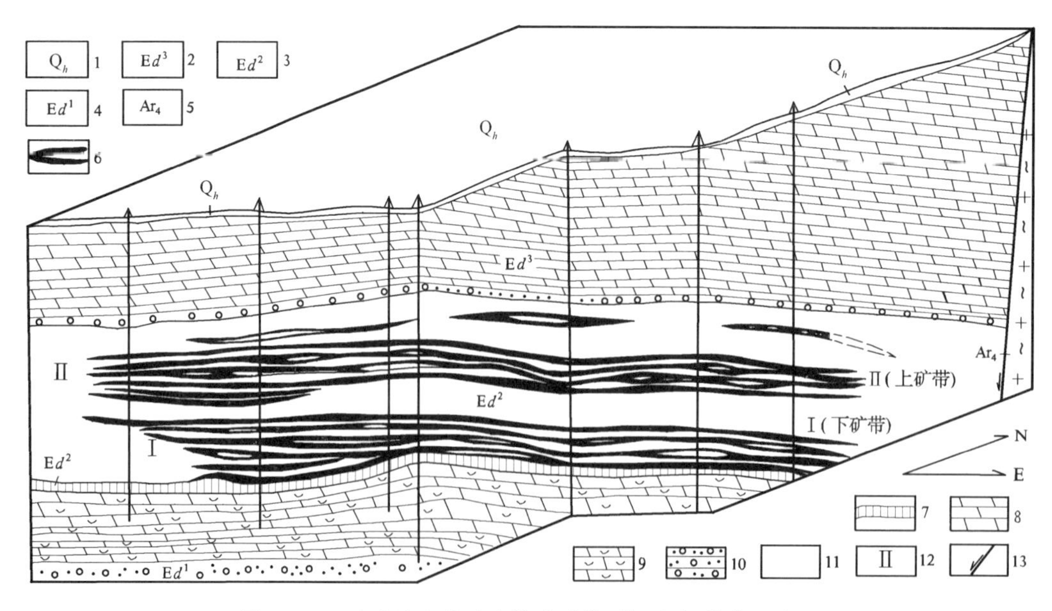

图 23-17　泰安汶东盆地自然硫矿带（体）空间分布示意图

（据林焕廷等，1986）

1—第四系；2—古近纪官庄群大汶口组三段；3—大汶口组二段；4—大汶口组一段；5—早前寒武纪变质岩系；6—自然硫矿体；7—石膏矿体；8—泥灰岩；9—含膏泥灰岩；10—砂砾岩；11—大汶口组二段上部含自然硫矿体之泥灰岩（夹层）；12—自然硫矿带及编号；13—断层

下矿带平均含矿率为18.13 %；自然硫矿石品位在6 %～33.41 %之间，一般品位在8 %～15 %之间，平均品位为10.19 %。矿带内自然硫为褐黄色隐晶质及黄色晶质形态，且晶质硫含量向下渐增。自然硫多呈团块状—浸染状—斑杂状，部分呈纹痕状—纹层状，主要产于灰质白云岩类碳酸盐岩岩石中。下矿带上、下部往往发育有数层石膏岩。

（2）Ⅱ矿带（上矿带）

由自然硫矿层、泥灰岩、油页岩、砂岩、含膏泥灰岩等岩石组成。矿带埋深49～715 m（一般埋深200～300 m）。矿带厚度14.18～288.22 m（一般厚50～100 m）。矿带底板为灰岩，顶板为厚层状泥灰岩或砂岩，矿层与顶、底板围岩为渐变过渡关系。该矿带含自然硫矿层1～21层（一般为10～12层），单矿层厚度0.5～5.62 m（一般为1～2 m），矿层累计厚度在0.79～33.64 m之间。

上矿带平均含矿率为14.89 %；自然硫矿石品位在6 %～28.34 %之间，一般品位为8 %～15 %，平均品位为9.51 %。矿层中自然硫以隐晶质硫为主，成层性较明显；自然硫呈纹痕状—透镜状—团块状，多产于灰岩或云质灰岩等碳酸盐类岩石中。矿带的上部及近底部，分别发育有层位相对稳定的石膏岩。

（3）含矿层

按岩性、含矿程度及韵律特征，分布在朱家庄自然硫矿区的古近纪官庄群大汶口组二段上部层位（上亚段），在已经划分为下矿带、中部泥灰岩带和上矿带的基础上，可以进一步划分为9个含矿层和其间的泥灰岩层（图23-18）。

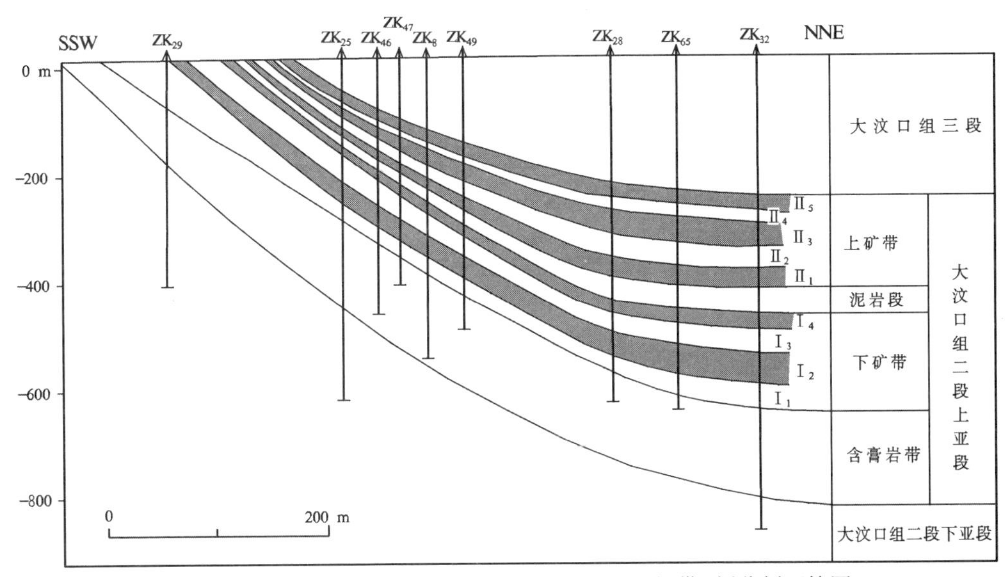

图23-18　泰安朱家庄自然硫矿区第64线含矿层（带）划分剖面简图

（据山东省地矿局第一地质队资料编绘，1986）

在上列的9个含矿层中，每个含矿层的中部，自然硫矿层相对集中，其中尤以下矿带的第3含矿层（$Ⅰ_3$）及上矿带的第2，3含矿层（$Ⅱ_2$，$Ⅱ_3$）含矿性最好。

4. 矿石特征

（1）矿物成分

主要矿石矿物为自然硫，此外尚有石膏、硬石膏、钙芒硝、地蜡、沥青、原油等。脉石矿物主要有方解石、白云石、天青石、石英、玉髓以及伊利石等黏土矿物。

依据自然硫的结晶特点可分为隐晶质自然硫和晶质自然硫。隐晶质自然硫又称胶态硫。分布在下矿带及上矿带各种矿石类型中。隐晶质自然硫因含杂质不同而呈不同的颜色，但以土黄色、浅棕色为主。具蜡状或土状光泽。镜下呈显微胶泥状或胶粒状;电镜下隐约可见微晶及球粒状聚集的形态。隐晶质自然硫多与方解石、白云石、天青石等矿物共生。在矿区内,隐晶质自然硫约占矿区总硫量的 80 %(其中 10 %为土状隐晶质自然硫)。在隐晶质自然硫中有一部分为土状自然硫,又称为土态硫。呈土黄色,土状光泽。镜下呈显微晶质或隐晶质。电镜下与晶质硫、普通隐晶质硫相近,有时可见呈斜方楔型的完好晶体。主要分布在上矿带及下矿带上部。多呈条带状、纹痕状或熔渣状产出。

晶质自然硫,又称晶态硫。呈浅黄绿色及蜜黄色。具玻璃光泽。呈粒状、柱状及板状,粒径多为 0.01~0.10 mm,个别大者>3 mm。其集合体呈透镜状、团块状、条带状和细脉状等形态。电镜下可见板状晶形,晶面上常有菱形空洞。晶质自然硫在上、下矿带中分布不均匀,分布在上矿带内的约占总硫量的 5 %,分布在下矿带中、下部的约占总硫量的 30 %左右;在全矿区内,晶质自然硫约占矿区总硫量的 20 %。

(2) 矿石品位

矿区内矿石中 S 含量一般在 6 %~15 %之间,全矿区 S 平均品位为 9.91 %。矿石 S 品位在不同地段、不同矿带略有差异(表 23-5)。

表 23-5 泰安朱家庄矿区自然硫矿石平均品位/%

区 段	全矿区			埠上地段			良庄西段			良庄东段		
	下矿带	上矿带	平均	下矿带	上矿带	平均	下矿带	上矿带	平均	下矿带	上矿带	平均
最低品位	6.00	6.00		6.00	6.04		6.01	6.00		6.12	6.10	
最高品位	33.41	28.34		21.26	21.07		24.83	28.34		20.46	17.32	
平均品位	10.19	9.51	9.91	10.66	8.81	9.93	10.62	10.04	10.36	9.43	8.22	9.23

据林焕廷等,1986 年。

(3) 矿石自然类型及结构构造

按照含自然硫的岩石类型,朱家庄自然硫矿石可划分为 5 种自然类型,即自然硫页状泥灰岩型、自然硫泥灰岩型、自然硫石膏岩型、自然硫油页岩型和自然硫砂岩型。分布广泛和具有工业价值的主要为前 2 种类型(表 23-6)。

表 23-6 泰安朱家庄自然硫矿石自然类型及矿石结构构造

矿石类型	矿 石 组 分	矿石结构	矿石构造	分 布
自然硫页状泥灰岩型	主要为自然硫和碳酸盐矿物,其次为石膏、硬石膏、黏土矿物、有机质和黄铁矿	显晶质隐晶质结构,自形—半自形粒状结构	页片构造、薄层状构造、皱纹状构造、透镜状构造	分布普遍,占全矿区各类矿石的 48 %
自然硫泥灰岩型	主要为自然硫和碳酸盐矿物,其次为黏土矿物、石膏及少量有机质	隐晶质结构	块状构造、层状构造、团块状构造、斑杂状构造	分布普遍,占全矿区各类矿石的 31 %
自然硫石膏岩型	自然硫、石膏、硬石膏、方解石及少量泥质、有机质	交代残余结构、交代假象结构、碎屑结构	波纹状构造、块状构造、角砾状构造	主要分布在下矿带(Ⅰ)中,占全矿区各类矿石的 6 %左右
自然硫油页岩型	自然硫、油页岩	隐晶质结构	页片状构造、星点状构造	在上、下矿带中均有分布,占全矿区各类矿石的 5 %左右
自然硫砂岩型	自然硫、石英、长石和少量方解石、白云石、海绿石	胶状结构、假鲕粒结构	块状构造、脉状构造	在上、下矿带中均有分布,占全区各类矿石的 5 %左右

据《山东非金属矿地质》,1998 年。

(4) 构造类型

依据自然硫的产出状况,即矿石构造特征,可将矿石划分为顺层型、准顺层型、不顺层型和斑杂型 4 种类型(图 23-19)。

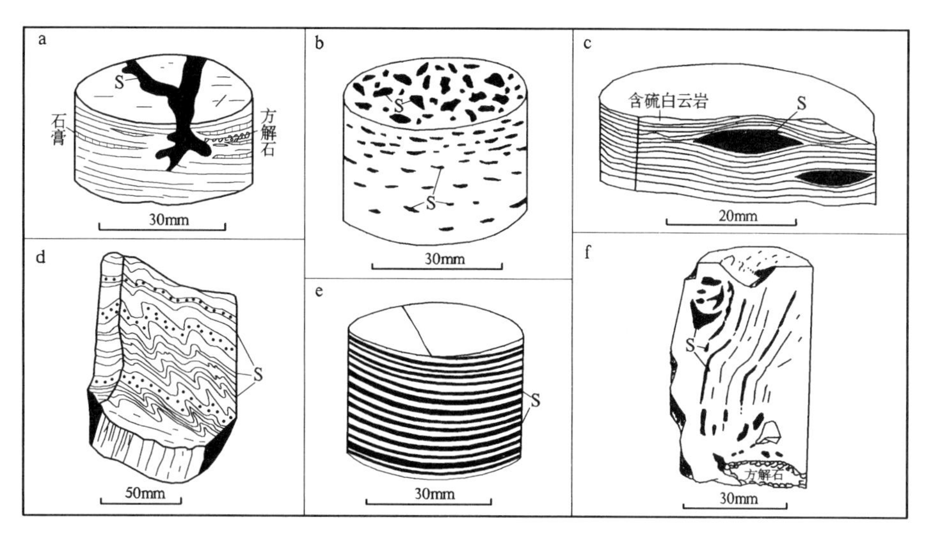

图 23-19　泰安朱家庄自然硫矿石构造素描图

（据林焕廷等 1986 年成果编绘）

a—脉状自然硫呈树枝状赋存于泥灰岩裂隙中，并与纤维石膏及方解石共生；b—团块状自然硫；c—自然硫呈透镜状（眼球状）赋存于含硫白云岩中；d—自然硫呈纹层状与泥灰岩、粉砂岩相间分布，柔皱清晰；e—薄层状自然硫；f—晶质自然硫呈团块状、脉状赋存在碎裂状含硫泥灰岩裂隙中，图中“S”代表自然硫

第二十四章 济阳-临清拗陷与古近纪内陆湖相碎屑岩-碳酸盐岩-蒸发岩建造有关的石油-天然气-自然硫-石盐-杂卤石-石膏、地下卤水矿床成矿系列

第一节 成矿系列位置和该系列中矿产分布 …… 515

第二节 区域地质构造背景及主要控矿因素 …… 515

一、区域地质构造背景及成矿环境 …… 515

二、主要控矿因素 …… 515

第三节 矿床区域时空分布及成矿系列形成过程 …… 516

一、矿床区域时空分布 …… 516

二、成矿系列的形成过程 …… 516

第四节 代表性矿床剖析 …… 517

一、古近纪内陆湖相碎屑岩-蒸发岩系中(东营式)石盐-杂卤石-石膏矿床 …… 517

二、古近纪陆源碎屑岩-蒸发岩系中地下卤水矿床 …… 521

三、古近纪陆源碎屑岩-蒸发岩系中(郓城式)石盐矿床 …… 523

处在山东省西北部及西部边缘的济阳-临清拗陷区(山东部分,下同),为进行区域地质研究及能源和盐类矿产勘查,自20世纪50年代中期以来,先后有煤炭、石油、地矿、化工等部门,在东营及东明盆地开展了不同专业和不同程度的地质工作,取得了许多重要成果。20世纪60年代初,胜利油田进行的石油勘探中,在东营凹陷钻井中发现了含盐岩系,东风1井石盐层总厚达163 m,并在4口钻井内发现多层杂卤石层。20世纪70年代初,中原油田勘探开发过程中,在东明盆地内的一些石油钻井中发现泥岩层中夹含多层较纯质石盐层。1976~1977年,胜利油田勘探开发规划研究院与中国地质科学院矿床所合作,对东营盆地沙四段含盐岩系进行了比较系统的岩石、矿物、地球化学研究工作。编制了“济阳拗陷成钾条件找钾远景的初步研究”报告,探讨了研究区域的找钾前景。

该区内的深层地下卤水研究工作起步较晚,程度较低。1995~1996年,山东省矿业协会、潍坊市地质矿产局、东营市矿产资源管理局,在地矿部矿管局直管科研项目“山东沿海卤水矿产资源开发利用与环境保护调查研究”工作中,对莱州湾沿岸深层地下卤水资源进行了概略性研究,推断深层卤水分布面积约700 km^2,估算资源可达35×10^8 m^3。2001~2002年,山东省鲁北地质工程勘察院对东营市东营区中东部地区2 100 km^2范围内深层卤水进行了勘察工作,估算卤水静资源储量为47.45×10^8 m^3、NaCl 55 455万吨。深层地下卤水主要分布于黄河三角洲东营凹陷,埋深2 500~3 000 m,面积700 km^2,卤水赋存于古近纪地层中。在卤水下部埋深3 000~4 000 m处,还赋存有丰富的质纯的石盐岩矿层,为盐卤矿产综合开发利用提供了丰富的资源条件。

本成矿系列中的首位矿产资源为石油及天然气,已经基本结束地质勘查,在开发中;系列中的石盐、石膏、深层地下卤水主要是在石油勘查钻井中发现的,地质工作程度不高,主要是少量钻孔成果。鉴于本项研究主要是针对固体矿产的成矿系列研究,故本节涉及矿种的的表述,主要是依据少量钻孔勘查成果对石盐、深层地下卤水矿床作概要归纳总结。

第一节　成矿系列位置和该系列中矿产分布

济阳-临清拗陷与古近纪内陆湖相碎屑岩-碳酸盐岩-蒸发岩建造有关的石油-天然气-自然硫-石盐-杂卤石-石膏、地下卤水矿床成矿系列集中分布在济阳拗陷内的东营盆地及临清拗陷内的东明盆地中。

济阳拗陷位于山东省北部黄河两岸,其西部和北部为埕宁隆起,南部以齐河-广饶断裂为界与鲁西隆起相接,西南部与临清拗陷的德州及莘县凹陷相连,东邻昌潍拗陷及郯庐断裂带。拗陷凸凹相间,自西南向东北呈帚状散开。临清拗陷的山东部分主要包括武城-馆陶凸起以东的德州-冠县拗陷、高唐-唐邑凸起和莘县凹陷、以及东濮凹陷的东南部(黄河以东)和东北部的小部分;拗陷主要受兰考-聊城断裂、齐河-武城和武城-馆陶凸起东界等大断裂的控制,总体呈 NNE 走向。

济阳拗陷、临清拗陷区在始新世—渐新世形成的济阳群沙河街组中含有丰富的石膏和石盐等非金属矿产及石油等能源矿产。这个拗陷区在沙河街组四段沉积时期,受新生代断裂构造活动的影响,在其内部分化为许多半隔离状态的盆地,形成了多相多源的沉积岩相组合。

第二节　区域地质构造背景及主要控矿因素

一、区域地质构造背景及成矿环境

燕山运动末期及喜马拉雅运动阶段,由于地壳的差异升降和水平移动受力不均匀,形成了一些规模不等的古近纪拗陷或断陷盆地。济阳-临清拗陷是在地台基础上发展起来的中、新生代断陷-拗陷复合盆地,结合区域地质背景,以区域性角度不整合或假整合为标志,可以划分如下 5 个构造层:早前寒武纪结晶基底变质岩系;古生代至中侏罗世沉积岩系;晚侏罗世和白垩纪地层;古近纪地层,其内多为连续沉积,但断裂活动较为强烈;新近纪地层,内部构造变动微弱。

二、主要控矿因素

济阳-临清拗陷陆源碎屑岩-蒸发岩系中沉积型石油-天然气-自然硫-石盐-杂卤石-石膏、地下卤水矿床的形成和分布,主要受控于下述 3 种因素。

1) 始新世—渐新世是矿床形成的主要地质时代:沉积型石油-石膏-石盐-杂卤石-自然硫矿床的沙四段或沙二段,其时代均为古近纪始新世—渐新世。

2) 喜马拉雅期差异性沉降造成的较深沉降区(断块)周边同生断层的持续活动,是盐类(石盐、钾盐)沉积的重要因素。据新生代地震地层学研究,鲁西新生界中可见 3 处明显间断或不整合:古近系(孔店组、常路组)底界;沙四段、汶二段顶界;东营组顶界。3 个界面可划出 2 个古近纪构造层:① 孔店组—沙四段或汶一段—汶二段组成的第一构造层,由粗—细—粗—细 2 个正沉积旋回组成,为碎屑岩、泥灰岩(含油页岩)、蒸发岩(含石盐、钾盐、杂卤石等)建造,仅分布于局部地区的凹陷中;② 沙三段—东营组或汶三段组成的第二构造层,由细—粗—细—粗 2 个反向沉积旋回组成,为碎屑岩(含生物灰岩及油页岩等),局部含蒸发岩(石膏、石盐)建造。

东营盆地沙四段含盐区亦位于该盆地西北部最深沉降区。盐类矿物的沉积有赖于同生断层的持续活动,即边断陷、边卤水补给、边沉积的有序活动。

3) 前盆地(预备盆地)较咸化水体是盐类沉积过程中较浓缩卤水补给的有效来源;在济阳拗陷的东

营盆地中,前者卤水补给方向是围绕中心盆地从多方向汇入的,形成前盆地(副盆)与主沉积盆地(主盆)之间的关系为"卫星式"前盆地沉积模式。

第三节 矿床区域时空分布及成矿系列形成过程

一、矿床区域时空分布

山东省的主要含油气盆地,包括济阳、临清拗陷都是晚中生代断陷与新近纪拗陷组成的复合盆地,是中国东部渤海湾含油气盆地的组成部分,其中济阳拗陷、临清拗陷区在始新世—渐新世形成的济阳群沙河街组中含有丰富的石油等能源矿产及石膏和石盐等非金属矿产。

胜利油田在石油调查时,曾在济阳拗陷内的惠民凹陷中部(商河县沙河街一带)古近纪沙河街组四段中发现15 m厚的自然硫矿层(井段为2 879~2 984 m),自然硫矿石呈假鲕粒状,硫品位60 %~70 %(最高达90 %)。

二、成矿系列的形成过程

济阳拗陷、临清拗陷区在始新世—渐新世形成的济阳群沙河街组中含有丰富的石油等能源矿产和石膏、石盐等非金属矿产。该拗陷区在沙河街组四段沉积时期,受新生代断裂构造活动的影响,在其内部分化为许多半隔离状态的盆地,形成了多相多源的沉积岩相组合。其大体可以分为早、中、晚3个沉积阶段。

1. 早期——始新世中期沉积阶段(沙河街组四段下亚段形成时期)

该阶段主要为河流洪积相、冲积相和淡水湖相组合。主要岩石类型为砾岩、砂砾岩、白云质泥岩等。

2. 中期——始新世中后期沉积阶段(沙河街组四段中亚段形成时期)

此阶段在东营盆地主要是石盐、石膏及蓝灰色泥岩夹薄层砂岩的盐湖沉积,并见有海相有孔虫化石;惠民盆地为泥岩、灰岩夹砂岩,并含有零星石膏团块,代表半咸水咸水湖沉积;车镇盆地沉积了一套红、绿相间的河湖相地层;沾化盆地主要砂岩、泥岩夹薄层石膏岩及灰岩,见有孔虫化石,为半咸水湖相沉积组合。

3. 晚期——始新世晚期至渐新世早期沉积阶段(沙河街组四段上亚段形成时期)

该阶段在东营盆地以粒屑灰岩、隐晶白云岩为主,同时见有海相化石,表明其为受海水补给的半咸水咸水湖相沉积;惠民盆地以含碎屑的淡水河湖半咸水湖相为特征,并显示多次火山活动的迹象;沾化盆地沉积了一套硬石膏岩及灰岩、白云岩,见有孔虫化石,属半咸水-咸水湖相;车镇盆地西部多以粗碎屑岩沉积为主,东部白云岩较为普遍,与沾化盆地沉积特征接近;东明盆地内沙河街组四段发育厚度较大,下部为紫红色粉砂岩、泥岩夹薄层灰岩的淡水湖相沉积,上部为石膏、石盐夹泥岩薄层及灰岩,含有孔虫、蓝藻,可能代表了近海盐湖相沉积。

总之,济阳拗陷临清拗陷区在始新世—渐新世(沙河街组四段沉积期)以湖相沉积为主,各盆地之间及同一盆地的不同时期存在盐度差异(王万奎等,1996)。

济阳拗陷临清拗陷区各盆地中的膏盐建造以东营盆地较为典型。这个盆地内含石盐、石膏沉积建造(层位相当于始新世沙河街组四段),总体特征是泥岩硬石膏岩石盐岩多次交替出现。可进一步分为3层:① 底部(A)主要为泥岩、白云质粉砂岩互层,含有黄铁矿晶粒,为淡水湖或微咸化湖相沉积。② 中部(B)主要为石盐、硬石膏和泥岩夹层,并多次出现杂卤石薄夹层,断续可见钙芒硝夹于硬石膏岩中。③ 顶部(C)为泥岩、页岩互层及泥岩和白云岩互层,有石膏薄层或晶片出现。该建造反映了湖盆从淡水→咸水→盐湖→咸水→淡水的一个较为完整的演化旋回(图24-1)。

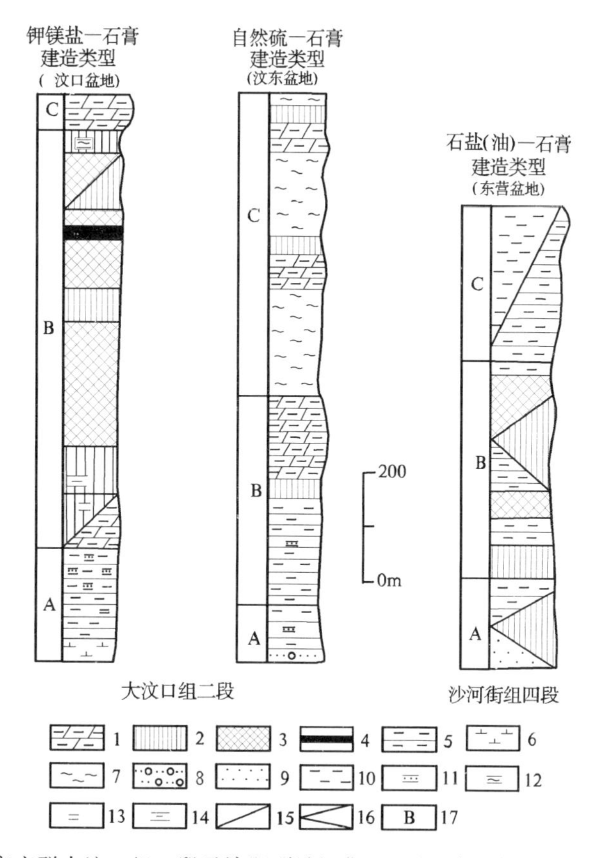

图 24-1　鲁西地区古近纪官庄群大汶口组二段及济阳群沙河街组四段(中上部)含石膏盐自然硫沉积建造对比图

(据王万奎等 1996 年资料修编)

1—泥灰岩;2—硬石膏岩;3—石盐矿层;4—无水钾镁矾岩;5—泥岩(黏土岩);6—砂质泥岩(黏土岩);7—自然硫矿带;8—含砾砂岩;9—砂岩;10—页岩;11—砂岩夹层;12—自然硫夹层;13—页岩夹层;14—泥岩夹层;15—二者互层;16—三者互层;17—建造分层号

第四节　代表性矿床剖析

该成矿系列中的石盐及深层地下卤水矿床,目前资料相对较系统的(一个较完整的钻孔资料)矿床只有济阳拗陷中东营凹陷石盐矿床、临清拗陷中的东明凹陷石盐矿床和东营凹陷深层地下卤水矿床,故矿床式不再单列,仅以这 3 处矿床为例综合一起表述其矿床式和矿床地质特征。即:① 古近纪内陆湖相碎屑岩-蒸发岩系中(东营式)石盐-杂卤石-石膏矿床——东营凹陷石盐-杂卤石-石膏矿床地质特征;②古近纪内陆源碎屑岩-蒸发岩系中地下卤水矿床——东营凹陷广利-郝家深层地下卤水矿床地质特征;③古近纪内陆源碎屑岩-蒸发岩系中(鄄城式)石盐矿床——鄄城县夏庄石盐矿床地质特征。

一、古近纪内陆湖相碎屑岩-蒸发岩系中(东营式)石盐-杂卤石-石膏矿床

东营凹陷石盐-杂卤石-石膏矿床地质特征❶

1. 矿区位置和矿区地质背景

东营凹陷属于渤海湾盆地济阳坳陷中的一个次级构造单元,其周围为凸起环绕,北部为陈家庄凸

❶　徐磊等,2008 年;刘晖等,2009 年。

起,西部为青城凸起和滨县凸起,南部为广饶凸起及鲁西隆起。古近纪东营凹陷是一个典型的箕状盆地,北陡南缓,包括北部陡坡带、牛庄洼陷、利津洼陷、博兴洼陷、民丰洼陷及南部缓坡带等二级构造单元(图24-2)。

东营凹陷膏盐岩主要发育在古近系孔店组一段(以下简称为孔一段)上部及沙河街组四段(以下简称为沙四段)。划分为孔一段上部、沙四段下部一、二套,沙四段上部共4套膏盐层。这4套膏盐岩由几十个小的盐韵律层组成。

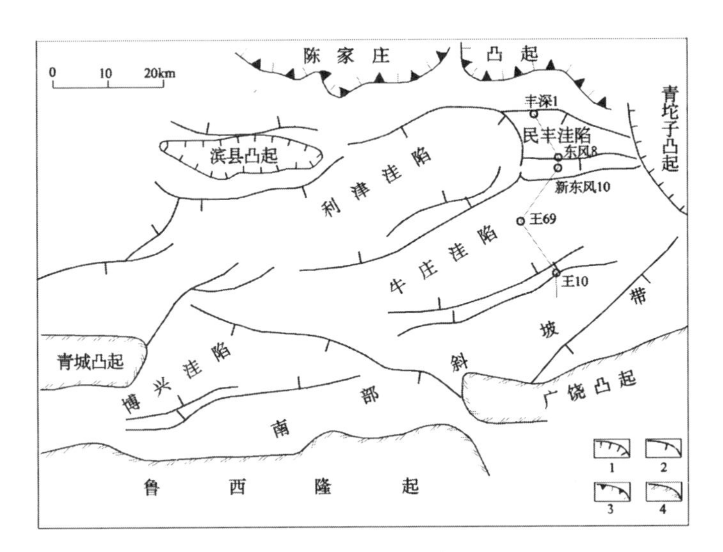

图24-2　东营凹陷古近系构造纲要图

(据刘晖等,2009)

1—古近系分布范围;2—主要断层;3—古近系超覆范围;4—古近系剥蚀带

2. 含矿岩系特征

东营凹陷沙河街组四段沉积时期,湖盆水体盐度相对较高,并且从沙河街组四段下亚段到沙河街组四段上亚段,盐度逐渐降低。沙河街组四段下亚段第二套膏盐岩在盆地的大部分地区表现为浅水沉积,岩性上以暗紫色、紫红色细碎屑岩与膏质泥岩、泥膏岩、石膏及盐岩的互层为主,只在盐湖水体最深处、比较小范围内沉积一些膏盐岩与灰色、灰绿色、红色泥岩的互层,主要为间歇性盐湖和洪积相沉积;沙河街组四段下亚段第一套及沙河街组四段上亚段膏盐岩则主要表现深水沉积的一些特征,膏盐岩一般与暗色泥页岩和油页岩共生,其间夹有具水平层理的泥岩、泥膏岩或页岩夹层,基本不发育红色地层,深灰色含盐泥岩表面可见石盐晶体印模,在某些层段可以见到指示还原环境的黄铁矿等,总体上属于盐-咸水湖沉积。

3. 矿体特征

东营凹陷沙河街组四段膏盐岩类型多样,主要有盐岩、膏岩、含膏盐岩、石膏质泥岩、盐质泥岩等。其中孔店组一段(以下简称为孔一段)膏盐岩分布范围较小,岩性不纯,以含膏盐岩、石膏质泥岩、盐质泥岩为主,孔一段膏盐岩分布范围广泛,岩性较纯,以膏岩、盐岩、膏盐岩为主。根据岩心、录井、地震等资料,沙河街组四段下亚段膏盐岩又可以划分两套。

(1)平面特征

东营凹陷膏盐岩平面分布广泛,民丰洼陷、中央隆起带、牛庄洼陷及滨南-利津地区都有膏盐岩发育,并具有环状分布特征,从湖盆中心向盆地边缘依次沉积盐岩、石膏、泥膏岩、碳酸盐岩、泥灰岩、碎屑岩,但不同时期膏盐岩的沉积中心及沉积厚度随着盐湖的演化有所变化(图24-3)。

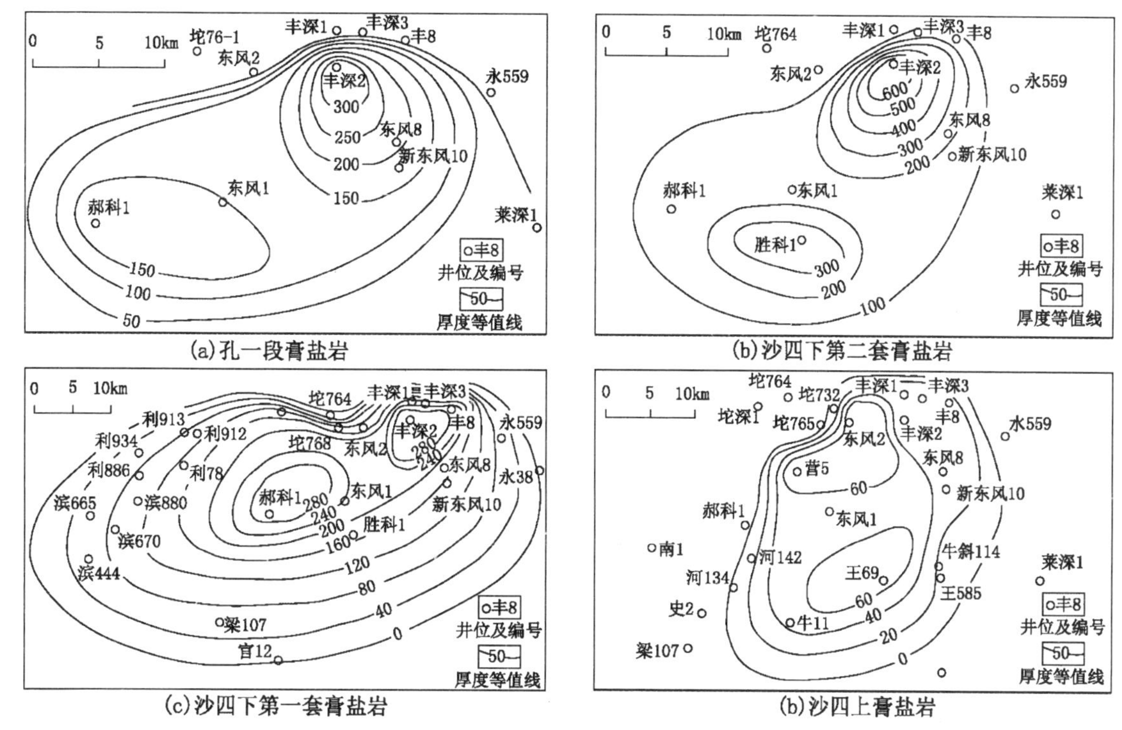

图 24-3　东营凹陷古近系膏盐岩厚度等值线图

（据徐磊等，2008）

孔一段沉积后期，凹陷北部开始出现膏盐岩沉积，盐类沉积中心位于民丰洼陷的丰深 2 井附近，主要是盐岩、膏盐岩、石膏、泥膏岩及泥盐岩组成的韵律层。盐岩沉积范围较小，主要集中在民丰洼陷以及中央隆起带附近，向北突变为砂砾岩，向其他方向渐变为砂泥岩。

沙四下第二套膏盐岩沉积时期，盐类沉积中心基本不变，但盐类沉积范围、沉积厚度都有所扩大，反映了第二套膏盐岩对第一套膏盐岩具有继承性、发展性的沉积特点。

沙四下第一套膏盐岩沉积时期，盐类沉积中心开始向南迁移，但迁移规模较小，仍然以民丰洼陷及中央隆起带为中心。盐岩及石膏沉积范围迅速扩大，膏质泥岩分布全区，盐湖发育处于鼎盛期。

沙四上沉积时期，盐类沉积中心南迁明显，开始以牛庄洼陷为沉积中心，盐类沉积范围缩小，分布局限，厚度明显减薄。盐岩仅在牛庄洼陷发育，先期的沉积中心民丰地区及中央隆起带以发育膏岩、泥膏岩为主，碳酸盐岩类沉积范围增大，厚度增加。该时期湖平面迅速上升开始由盐湖向咸水湖转化。

（2）剖面特征

东营凹陷膏盐岩主要发育在古近系孔店组一段上部及沙河街组四段（以下简称为沙四段）。根据岩心、录井、地震等资料可以将其划分为孔一段上部、沙四段下部一、二套，沙四段上部共 4 套膏盐层（图 24-4）。这 4 套膏盐岩由几十个小的盐韵律层组成。

该区膏盐岩在垂向上有比较明显的蒸发成因的沉积序列（图 24-5）。每一典型旋回分为 3 层：旋回开始时为泥岩或薄层碳酸盐岩层；之上为膏质泥岩、泥膏岩、泥质膏盐岩、膏岩或杂卤石层；最上部为膏盐岩及盐岩层。盐岩单层最大厚度可达 21 m。在部分井段只发育旋回的前两个部分，例如东风 1 井主要旋回为泥岩-石膏、杂卤石或钙芒硝。

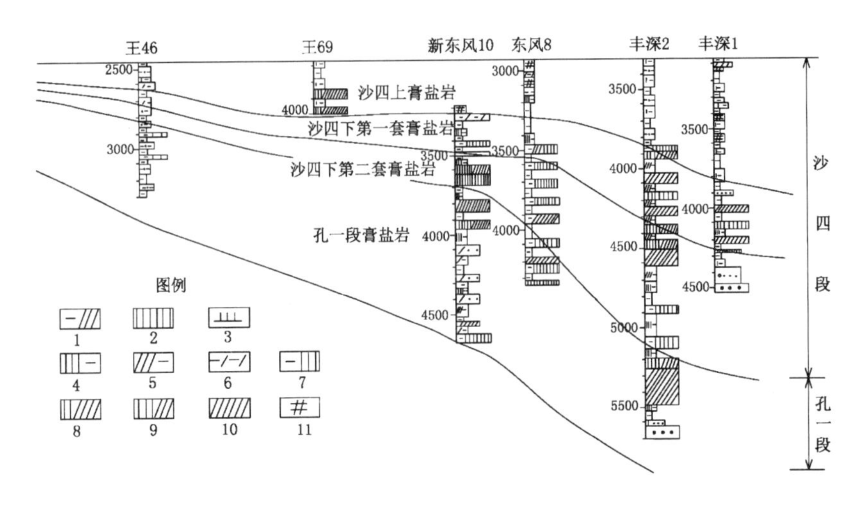

图 24-4　东营凹陷古近系膏盐岩南北向对比剖面图

（据徐磊等，2008）

1—泥盐岩；2—石膏；3—含膏泥岩；4—膏质泥岩；5—盐质泥岩；6—泥质白云岩；7—泥膏岩；8—含膏盐岩；9—膏盐岩；10—盐岩；11—油页岩

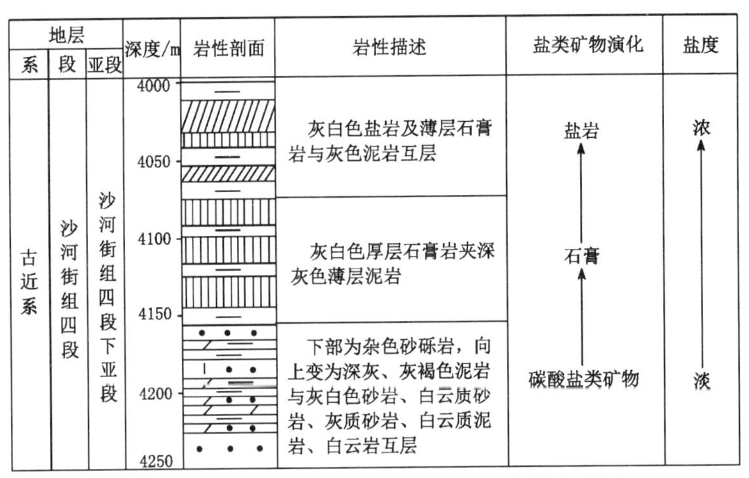

图 24-5　东营凹陷东风 2 井盐类矿物演化序列图

（据刘晖等，2008）

4. 矿床成因

东营凹陷孔一段沉积后期及沙四段第二套膏盐岩沉积时期（图 24-6）为盆地裂陷初期，气候干旱，降雨量少，缺乏永久性河流补给，断层活动微弱，盐类物质主要由阵发性水体从周围物源区携带而来，膏盐岩主要是浅水蒸发成因。在盆地边缘，为水体较浅的滨浅湖沉积，水体变化频繁，间歇性蒸发干枯。降水时期洪水携带陆源碎屑进入湖盆，沉积砂泥岩；蒸发时期形成一些棕红色、紫色薄层膏质泥岩、泥膏岩、石膏岩，在剖面上表现为膏盐岩与红色碎屑岩的频繁互层。湖盆中心的小范围内水体较深，同时离物源区最近，大量盐类物质汇聚于此，经过强烈蒸发作用，依次沉积灰色泥岩、碳酸盐岩、膏岩及厚层盐岩，旋回末期出现紫红色泥岩及其他干旱氧化特征。

沙四段第一套膏盐岩沉积时期，湖盆扩张，地形高差变大，干旱气候背景基本没有改变，但降水量有所增加，已有永久性河流长期补给盐湖，水体较为稳定，具有“高山深盆”的地貌特征。周围凸起经过强烈剥蚀,向湖盆提供了十分丰富的盐类物质。在强烈的蒸发作用下,形成稳定的“分层卤水”结构,卤水层十分发育,范围广阔,依次沉积深灰色泥岩、碳酸盐岩、膏岩及盐岩。膏盐岩沉积表现出深水蒸发特征,红色泥岩基本不发育,从湖盆中心到湖盆边缘表现出环状分布特征。同时该时期断层活动加剧,短暂的断层开启也可提供少量盐类,并在大断层附近沉积一些盐岩。该时期膏盐岩沉积范围最广,为盐湖发育的鼎盛期。

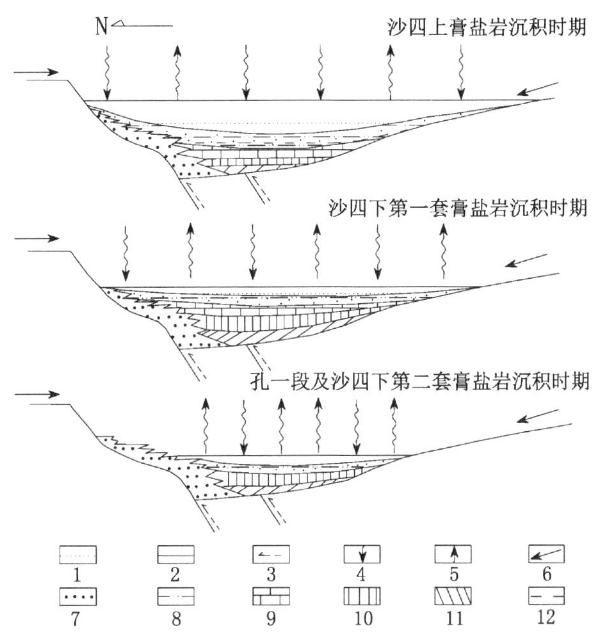

图 24-6　东营凹陷孔一段和沙四段膏盐岩沉积模式图

(据徐磊等,2008)

1—稀释层顶面;2—湖平面;3—卤水运移方向;4—降水;5—蒸发;6—物源方向;7—扇体;8—砂泥岩;9—碳酸盐岩类;10—石膏类;11—盐岩;12—盐跃层顶面

沙四上段沉积时期,气候条件发生明显改变,由干旱—半干旱型气候转变为半干旱—较湿润型气候,降雨量明显增加,湖平面迅速上升,水体深而水域广阔,断层活动减弱,湖水盐度降低,由盐湖向咸水湖转化。此时湖水仍具有“分层卤水”结构,只是短期内的干旱蒸发,一般只能达到碳酸盐类析出水平,只有在湖盆中心水体最深处,个别时期沉积一些厚度不大的深水成因膏盐岩。盐湖逐渐消亡。

二、古近纪陆源碎屑岩-蒸发岩系中地下卤水矿床

东营凹陷广利-郝家深层地下卤水矿床地质特征❶

1. 矿区位置

东营凹陷深层地下卤水矿床位于东营市东营区和垦利县境内,东起东营区广利镇,西到垦利县郝家镇,北起垦利县胜坨镇,南到东营区六户镇,区域上呈椭圆形分布(图 24-7)。

2. 赋矿层位埋藏条件及基本特征

东营深层地下卤水资源与盐岩矿层分布在同一层位中,发育在盐矿上部及其四周。卤水层自上而下可以分为 3 个含卤岩组。

❶ 山东矿业协会,山东沿海卤水矿产资源开发利用与环境保护调查研究报告,1996 年。

1）古近纪济阳群沙河街组二段含卤岩组：分布在东营市西城一带，面积30.4 km^2，与沙三段含卤岩组有水力联系。卤水层埋藏在沙一段碳酸盐岩之下，埋藏深度2 400～2 500 m。岩性主要为灰色砂岩、含砾砂岩，累计厚度20～40 m，为孔隙裂隙型储集层，孔隙度为24 %。本组卤水层单井出水量50～70 m^3/d，浓度18°Be′左右。

2）沙河街组三段含卤岩组：主要发育在东营凹陷内，面积369.6 km^2。卤水层埋藏深度2 600～2 900 m。岩性为砂岩、粉砂岩、含砾砂岩等，呈多层分布，单层厚度一般在8～20 m，最厚单层30 m以上。平均卤水层厚约40 m，为孔隙裂隙型含卤层，孔隙度在15 %～25 %之间。卤水层单井出水量100～110 m^3/d，浓度一般为15～30°Be′。

3）沙河街组四段含卤岩组：主要发育在东营凹陷东部，面积464 km^2。卤水层埋藏深度2 700～3 000 m，为沙四段中（上）部，岩性为砂岩、碳酸盐岩等，呈多层分布，单层厚度一般在2～20 m，总厚度约20～40 m，为孔隙裂隙型储集层，孔隙度在15 %～25 %之间。卤水层单井出水量70～240 m^3/d，浓度一般为11～35°Be′。

东营凹陷边缘卤水层埋藏较浅，渗透率较大，但卤水浓度较低，而郝家、史口一带卤水浓度较高，但渗透率较小。根据钻井资料分析，在东营凹陷东部边缘的永安—广利一带东西宽7～8 km、南北长25 km范围内，发育有沙三段巨厚砂岩体，深度在2 000～2 300 m之间，厚度达100 m以上。其中永8井在该层测试其浓度在7°Be′以上；胜华北营88井在2 800～2 900 m也有巨厚卤水层，浓度在20°Be′以上。上述2地段都是较理想的具有开采前景的深层卤水矿床。

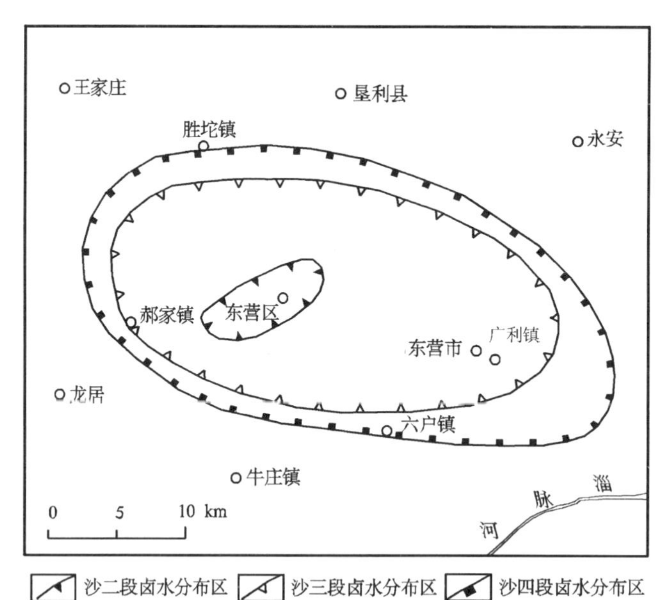

图24-7　东营凹陷深层地下卤水分布简图

（据山东省地勘局鲁北地质工程勘察院，山东省东营市利用油田报废井提卤、开发地热勘察报告修编，2002）

3. 深层地下卤水的物理化学特征

东营深层卤水为NaCl型原生卤水，无色透明，味极咸。卤水的矿化度一般在150～250 g/L，水温一般40～70 ℃，密度1.1～1.2 g/cm^3，pH值在5.5～6.5之间，呈弱酸性。主要离子含量顺序依次为Cl^-，Na^+，Ca^{2+}。从凹陷边缘至中心，卤水矿化度逐渐增大；自沙二段开始卤水浓度随深度增大而增大，直至石盐岩层饱和为止，出现明显矿化度垂直分带现象。在不同层位，卤水化学组成及特征有所差异。

沙二段含卤岩组卤水化学类型为Cl·Na型，主要离子中Cl^-，Na^+含量最高，Ca^{2+}次之，卤水矿化度较稳定，在150~210 g/L之间。沙三段含卤岩组卤水水化学类型为Cl·Na型，Cl^-含量90~130 g/L，Na^+含量45~65 g/L，Ca^{2+}含量也较高，达到8~12 g/L。沙四段含卤岩组化学成分变化较大，Cl^-含量60~150 g/L，Na^+含量35~70 g/L，Ca^{2+}含量达到3~20 g/L，卤水矿化度100~250 g/L（表24-1）。

表24-1　东营凹陷部分钻井深层卤水主要组分含量表/g/L

井　号	含卤岩组	Na^+	Ca^{2+}	mg^{2+}	Cl^-	SO_4^{2-}	HCO_3^-	pH	矿化度
营65井	沙二段	49.6	8.76	1.10	97.1	0.002		6.14	180
东风10井	沙三段	45.0	8.66	1.23	90.8	0.003		6.4	157
河82-2井	沙三段	62.2	11.15	1.01	122.9	0.004	0.10	5.66	213
河127井	沙三段	63.9	11.40	1.09	129.4	1.5		5.8	210
莱59井	沙四段	70.3	20.04	1.75	143.3	0.07	0.13	6.3	251
莱54井	沙四段	35	4.01	0.47	65.5	0.16		6.24	107
莱52井	沙四段	35	4.5	0.59	67.2	0.16		6.62	110
莱18井	沙四段	44.5	4.4	3.35	90.5	0.		5.90	150
莱151井	沙四段	36.84	3.37	0.59	67.4	0.48		5.96	113

据《山东省东营市利用油田报废井提卤、开发地热勘察报告》，2002年。

东营凹陷深层卤水除含有丰富的NaCl（一般为135~195 g/L）外，还含有较高的I，Br，Li，K，Si，B等组分，特别是I，Br，Li的含量已达到国家单独开采和综合利用的标准（表24-2）。

表24-2　东营凹陷部分钻井深层卤水微量组分含量表/g/L

井　号	含卤岩组	K^+	Li^+	Sr^{2+}	Br^-	I^-	B^{2-}	Ba^{2+}
营65井	沙二段	0.84	0.032	1.40	0.097	0.012	0.004	0.431
东风10井	沙三段	0.98		1.29	0.150	0.009		0.82
新东风10井	沙三段	6.22		2.99	0.130	0.013		0.023
河822井	沙三段	0.82	0.038	3.54	0.307		0.009	0.61
河127井	沙三段	0.583	0.027	1.25	0.274	0.013	0.010	0.794
莱59井	沙四段	1.24		2.26	0.127	0.020		0.10
莱54井	沙四段	0.372	0.015	0.68	0.09	0.016		0.015
莱52井	沙四段	0.437	0.017	0.01	0.095	0.01		0.028
莱18井	沙四段	0.546	0.029	1.52	0.114	0.010	0.007	0.042
莱151井	沙四段	0.387	0.035	0.38	0.133	0.028	0.016	0.003

据山东矿业协会等，1996年。

三、古近纪陆源碎屑岩-蒸发岩系中（郓城式）石盐矿床

郓城县夏庄石盐矿床地质特征❶

1. 矿区位置

郓城县夏庄石盐矿床位于距郓城县城西约14 km的夏庄地区，行政区划隶属郓城县董口镇管辖。矿区所处的大地构造位置为华北陆块（Ⅰ）华北坳陷（Ⅱ）临清坳陷区（Ⅲ）东明-莘县潜断陷（Ⅳ）东明凹陷（Ⅴ）。

❶ 山东省地质科学研究院，山东省郓城县夏庄地区岩盐矿普查报告，2013年。

该矿床主要分布于聊考断裂以西，含盐面积约 5.91 km^2，矿层赋存于古近纪沙河街组一段下部。

2. 矿区地质特征

区内第四系覆盖，钻探揭露地层自下而上发育有古近纪济阳群沙河街组二段、一段，东营组，新近纪黄骅群馆陶组、明化镇组和第四系。岩盐矿产于沙河街组一段下部蒸发岩系中。沙一段厚度 504.16~548.70 m。上部岩性主要为灰绿色砂质泥岩夹深灰色泥岩，呈互层状；中部为浅灰色细砂岩和深灰色泥岩互层；下部为含盐段，岩性以灰白色岩盐为主，局部夹石膏质粉砂岩薄层及少量钙芒硝。顶板为深灰色泥岩，底板为一层浅棕红色含砂泥岩，夹层多为泥岩、泥质粉砂岩等。

区内地层总体呈单斜状产出，自东向西呈台阶式下降。聊考断裂和前梨园断裂为区内主要构造，其中前梨园断裂位于矿区西北，断距较小，对矿床破坏较小；聊考断裂为区域断裂，构成成盐盆地东界。

区内岩浆岩不发育。据区域地质资料，位于矿区西南的刁城集南部及桥口地区钻孔岩心中见有侵入岩零星分布，侵入层位为古近纪济阳群沙河街组一段、二段和三段，侵入时代为燕山期和喜马拉雅期。

3. 矿体特征

矿体赋存于古近纪济阳群沙河街组一段的下部，赋存形态简单，呈层状产出，产状稳定，与地层一致，倾向 NW，倾角 3°~10°。根据岩盐矿层中夹石特征、岩盐矿物的变化情况，将本区岩盐矿床划分为 6 个含盐矿带，编号分别为Ⅰ，Ⅱ，Ⅲ，Ⅳ，Ⅴ，Ⅵ。

Ⅰ矿体：埋深 2 800~2 930 m，矿体厚度 6.19~6.41 m。赋存形态呈层状，产状稳定，与地层一致，走向 NE，倾向 NW。NaCl 品位 92.07 %~94.07 %，平均品位 93.08 %；矿石平均体重 2.13 g/cm^3。

Ⅱ矿体：埋深 2 850~2 970 m，矿体厚度 15.26~16.06 m。赋存形态为层状，产状稳定，与地层产状倾向延伸基本一致，走向 NE，倾向 NW，倾角 3°~5°。NaCl 品位 95.13 %~97.30 %，平均品位 96.19 %；矿石平均体重 2.14 g/cm^3。

Ⅲ矿体：埋深 2 920~3 040 m，矿体厚度 8.89 m~9.04 m。赋存形态呈层状，产状稳定，与地层产状基本一致，走向 NE，倾向 NW，倾角 5°~8°。NaCl 品位 92.68 %~98.05 %，平均品位 95.88 %；矿石平均体重 2.13 g/cm^3。

Ⅳ矿体：埋深 2 940~3 060 m，矿体厚度 8.40~9.48 m。赋存形态呈层状，产状稳定，与地层产状基本一致，走向 NE，倾向 NW，倾角 3°~5°。NaCl 品位 92.53 %~97.79 %，平均品位 94.87 %；矿石平均体重 2.13 g/cm^3。夹石厚 0.57~1.28 m，岩性为褐灰色泥岩，局部多见石膏质条带。

Ⅴ矿体：埋深 2 970~3 090 m，矿体厚度 10.72~10.75 m。赋存形态呈层状，产状稳定，与地层产状基本一致，走向 NE，倾向 NW，倾角 3°~5°。NaCl 品位 59.05 %~98.75 %，平均品位 91.71 %；矿石平均体重 2 150 kg/m^3。夹石厚 0.59~1.10 m，岩性为灰—深灰色砂质泥岩，局部夹石膏条带及薄层盐岩。

Ⅵ矿体：为主矿体，埋深 3 010~3 130 m，矿体厚度 33.91~34.08 m。赋存形态呈层状，产状稳定，与地层产状基本一致，走向 NE，倾向 NW，倾角 5°~10°。NaCl 品位 75.72 %~98.00 %，平均品位 91.29 %；矿石平均体重 2.17 g/cm^3。夹石厚度 1.00 m，岩性以深灰色泥岩为主。

4. 矿石特征

本矿床主要矿石类型为石盐岩矿石，盐质较纯，矿物成分较为简单，主要为岩盐和硬石膏，局部含有少量无水芒硝及钙芒硝等。岩盐矿 NaCl 含量 59.05 %~98.75 %，平均 92.83 %；$CaSO_4$ 含量 0~3.12 %，平均 0.33 %；$CaCl_2$ 含量 0~0.39 %，平均 0.11 %；KCl 含量 0~0.16 %，平均 0.05 %；$MgCl_2$ 含量 0~2.15 %，平均 0.25 %。F，Ba，Pb，As 超过水溶系列有害组分最大允许含量。但试采卤水和饱和卤水分析中，除 Pb 超标外，其余指标均不超标。

矿层顶底板围岩多为深灰色泥岩，少数为泥质粉砂岩。夹石类型与围岩类型基本一致，多为深灰色泥岩、泥质粉砂岩，主要分布在Ⅱ-2 号、Ⅲ-1 和Ⅲ-2 号矿体中，厚度 0.57~1.28 m 不等。

5. 矿床成因

鄄城夏庄地区石盐矿为产于古近纪陆源碎屑岩—蒸发岩系中的沉积型石盐矿床。

6. 地质工作程度及矿床规模

山东省地质科学研究院对鄄城夏庄地区岩盐矿进行了普查评价，于 2013 年提交普查报告；估算矿石量大于 10 亿吨，为一大型石盐矿床。

第二十五章　鲁中隆起与古近纪内陆湖相碎屑岩-有机岩建造有关的煤-油页岩-膨润土矿床成矿系列

第一节　成矿系列位置及区域地质背景 ……… 526
第二节　矿床区域时空分布及成矿系列形成过程 ……… 526
一、矿床区域时空分布 ……… 526
二、成矿系列的形成过程 ……… 527
第三节　代表性矿床剖析 ……… 528
鲁中隆起与古近纪内陆湖相碎屑岩-有机岩建造有关的煤-油页岩(五图式)矿床 … 528

第一节　成矿系列位置及区域地质背景

鲁中隆起与古近纪内陆湖相碎屑岩-有机岩建造有关的煤-油页岩-膨润土矿床成矿系列,分布在鲁中隆起的北部地区,范围狭小;含矿沉积岩系为古近纪五图群李家崖组,主要矿种为煤矿,资源总量少,仅占全省煤炭资源总量的0.04 %。该成矿系列中的煤矿在20世纪50~60年代,已经勘查评价,并投入开发。作为鲁西地区的古近纪含煤地层分布在昌乐五图。含煤地层为始新世五图群李家崖组。李家崖组含煤12层,可采3层,可采总厚3.28 m。昌乐五图煤田中主要油页岩层分布在中煤段与下煤段之间,分布稳定,厚度大(78~85 m)。

除五图煤层中伴生的油页岩而外,安丘周家营子油页岩为赋存于古近纪五图群李家崖组中的独立油页岩矿,分布面积约4 km^2,主要矿体平均厚度为10.28 m。

鲁中隆起古近纪膨润土矿沂沭断裂带西侧的昌乐-临朐凹陷,仅有少量的矿点分布在昌乐南有村附近五图组中,规模和资源量均较少,以下不再单独陈述。

聚煤盆地为沉积于燕山运动晚期形成的断陷盆地,受NNE向与EW向同沉积断裂构造控制,其煤系基底与下伏白垩纪青山组凝灰岩为不整合接触关系。由于盆缘断裂的活化与盆地长期的同沉积作用,盆地起初为间歇性的快速沉降,此阶段沉积了杂砂砾岩及角砾岩等粗碎屑岩系,而后盆地持续缓慢沉降,此阶段气候湿润,有大量植物生长,为成煤聚煤创造了条件。同时,沼泽区域浮游生物繁殖生长,生产富含油的油页岩层,湖泊水位的长期阶段性的升降,使得湖泊沼泽环境持续交替演化,生成煤层与油页岩交互的沉积建造。聚煤盆地古气候属亚热带气候,煤系底部为杂色砂砾岩、砾岩及角砾岩的粗碎屑岩系;煤系的中部发育一段紫红色岩层,将煤系截然分为上下两部分。

五图煤田煤系厚度大,在厚层紫红色黏土岩以下,五图煤田互层的煤和油页岩均很富集,成煤环境有利,沉积了煤层12层,油页岩21层。五图煤田含煤岩系与鲁东地区黄县煤田含煤岩系可以对比(贾克让,2010)(图25-1)。

第二节　矿床区域时空分布及成矿系列形成过程

一、矿床区域时空分布

五图煤田位于鲁中隆起的东北边缘,昌乐县城以南,为半隐蔽的早古近系煤田。区域上处于华北板

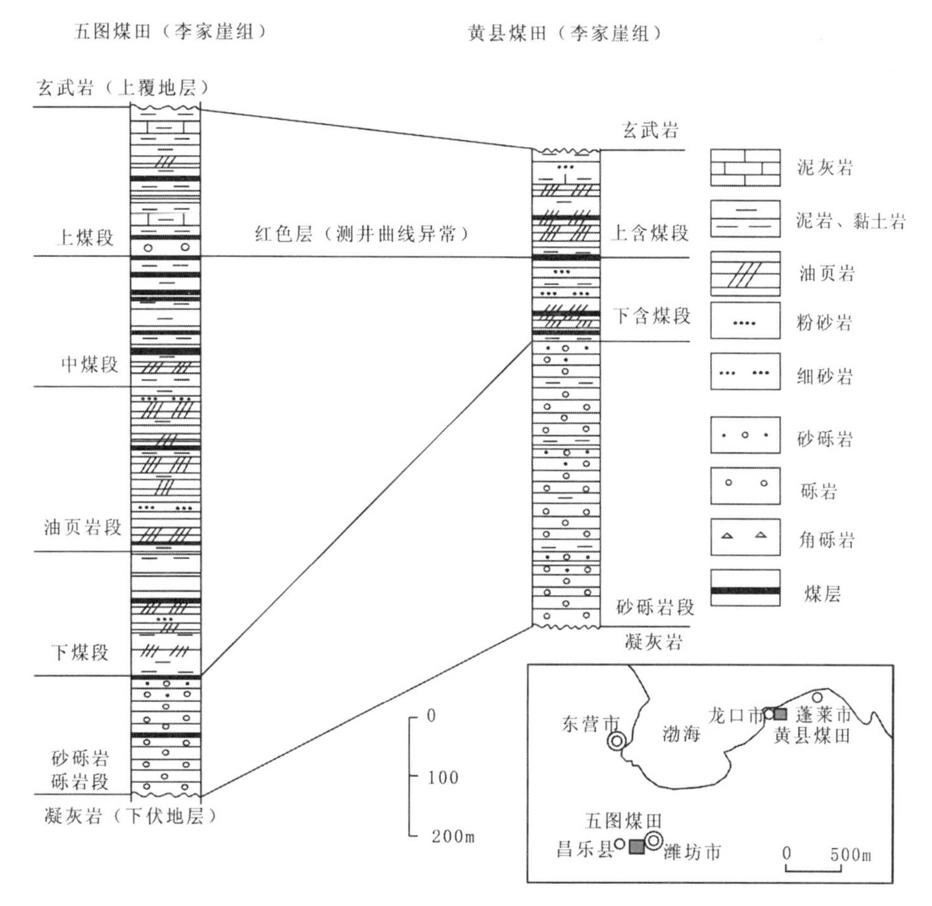

图 25-1　山东省古近纪五图煤田与黄县煤田煤系地层对比图

（据贾克让，2010；略改）

块（Ⅰ）、鲁西地块（Ⅱ）、鲁中隆块（Ⅲ）、泰山-沂山隆起（Ⅳ）、昌乐凹陷（Ⅴ）的中偏东北部。东以鄌郚葛沟大断裂为界，西至五井断裂，南至益都断裂，东北部至五图断裂，西北部至朱刘店断裂。东西长约35 km，南北宽约5～20 km，总面积约500 km^2，煤系赋存在-2 000 m以上的面积约209.2 km^2。该煤田为一新生代断陷盆地，沉积了煤层12层，油页岩21层，四周明显受大断层控制。已探明的五图煤矿位于盆地东北部，地层走向NW，沿走向呈缓波状，倾向SW，倾角5°～20°。向南至北岩附近，地层产状回转，倾向N，倾角10°。结合重力，电法资料分析，本煤田清晰显示为一规模较大的凹陷，盆底在谭家坊—郑母一带，重力反映为负异常区，电导值也清晰显示向这一带增高，称为谭家坊凹陷。向盆底过渡的地层倾角为8°～10°，该盆地属喜山运动边沉边断产物。

二、成矿系列的形成过程

由山麓、湖泊、沼泽和泥炭沼泽相组成，主要发育于新生代古近纪。古近纪含煤岩系——五图群李家崖组粗粒碎屑岩集中于下部，向上粒度变细，向盆地中心碎屑逐渐变细，煤层、油页岩集中于中部。

五图煤田植物群所反映的古气候，属于亚热带型，气候温热而湿润。根据煤系基底与白垩系青山群凝灰岩的接触关系和控制煤田边界的断裂分析，五图煤田含煤地层沉积于燕山运动晚期形成的断陷盆地，由于盆缘断裂的活化与盆地长期同沉降作用，盆地的沉降期漫长而不均，大体可分两个阶段。第一阶段为盆地间歇性快速沉降阶段，当时气候较干燥，沉积了杂色砂砾岩、砾岩夹杂色黏土岩及角砾岩等粗碎屑岩系。第二阶段为盆地缓慢持续沉降阶段，当时气候温热湿润，在沼泽区域由于有大量针叶植物和阔叶落叶植物生长，为煤层聚积提供了条件。在湖泊区域则因有浮游生物等大量生物繁殖，生成了富含油的油页岩层。湖泊水位长期阶段性的升降，造成湖泊—沼泽环境长期持续演替，其结果导致沉积了巨厚的含褐煤及油页岩交互的含煤地层。

第三节　代表性矿床剖析

鲁中隆起与古近纪内陆湖相碎屑岩-有机岩建造有关的煤-油页岩（五图式）矿床

鲁中隆起与古近纪内陆湖相碎屑岩-有机岩建造有关的煤-油页岩（五图式）成矿系列只有昌乐五图一处矿床，故以其为例综合表述矿床式和矿床地质特征。

昌乐五图煤田地质特征

1. 煤田位置

分布在昌乐县城东南五图村一带，五图煤田呈 EW 向带状分布，东西两端以 NNE 向断裂为界，南北两侧以 EW 向断裂为界。为半隐蔽古近纪煤田，总面积约 500 km^2。

2. 煤田地质特征

（1）地层

该组富含褐煤和油页岩层，根据岩煤层组合特征自下而上划分为 5 个岩石段（贾克让，2010）。

砂砾岩、砾岩段：厚度 200 m 以上。顶部为杂色砂砾岩、砾岩，向下均为砾岩。底部为角砾岩，砾石成分以石灰岩为主，另有花岗片麻岩及安山岩等，与下伏白垩纪青山组凝灰岩呈不整合接触关系。

下煤段：厚度 214 m。上部及下部为黏土岩、油页岩夹薄煤；中部为油页岩和少量簿层砂岩夹煤层，含煤 10 层，达可采厚度者 9 层，总厚度 22 m；油页岩 5 层，总厚度 46 m。该层含介形虫、轮藻化石。

油页岩段：厚度 287 m。上部及下部均为黏土岩、含油泥岩，夹油页岩及薄层砂岩。中部油页岩富集，与黏土岩成互层状，含较厚的油页岩 16 层，总厚度 129 m。含介形虫、轮藻化石。另外在油页岩中普遍含有介形虫、轮藻化石碎片。

中煤段：厚度 232 m。上部为灰绿色黏土岩，夹一层泥灰岩和多层薄煤。中部及下部为含油泥岩、黏土岩、砂岩夹煤层 5 层，厚度 3.68 m，达可采厚度者 3 层，总厚度 2.88 m。含介形虫、轮藻及和腹足类化石等。

上煤段：顶部为剥蚀面，在剥蚀面上有底砾岩，厚度 0~5 m，底砾岩之上平覆黝黑色橄榄玄武岩，厚度 5~15 m，与下伏含煤地层呈不整合接触。本段厚度为 298 m，上部及下部为灰绿色黏土岩，夹 6 层薄层泥灰岩。中部为深灰色黏土岩、含油泥岩，夹 4 层薄煤，仅 1 层达可采厚度。底部为杂色砂砾岩夹紫红色泥岩，厚度 30 m。测井曲线显示中子孔隙度大，密度小，自然伽马高，表现为明显区别于上下地层的突变特征。含介形虫及轮藻化石（图 25-2）。

（2）煤层特征

五图煤田李家崖组自下而上分为下含煤段和油页岩段、中含煤段、上含煤段。下含煤段含煤 9~13 层，主要煤层自上而下编号为 D 煤 4 至 D 煤 12，仅个别煤层局部可采，无开采价值；油页岩段不含煤层。

中含煤段含煤 12 层，自上而下编号为 B 煤 1 至煤 12，以 4，5，7 三层煤赋存较好，局部可采，其他均不可采。① 煤 4 厚 0~1.75 m，平均厚 1.08 m，结构复杂，含夹石达五六层，下距煤 5 为 10~20 m。② 煤 5 厚 0~2.35 m，平均厚 0.77 m，无夹石，结构简单，下距煤 8 为 26 m 左右。③ 煤 7 厚 0~3.36 m，平均厚 1.43 m，含夹石，结构较复杂。

上含煤段含煤 6~7 层，自上而下编号为 A 煤 1 至煤 7，但煤层均很薄，仅个别点可采，无开采价值。

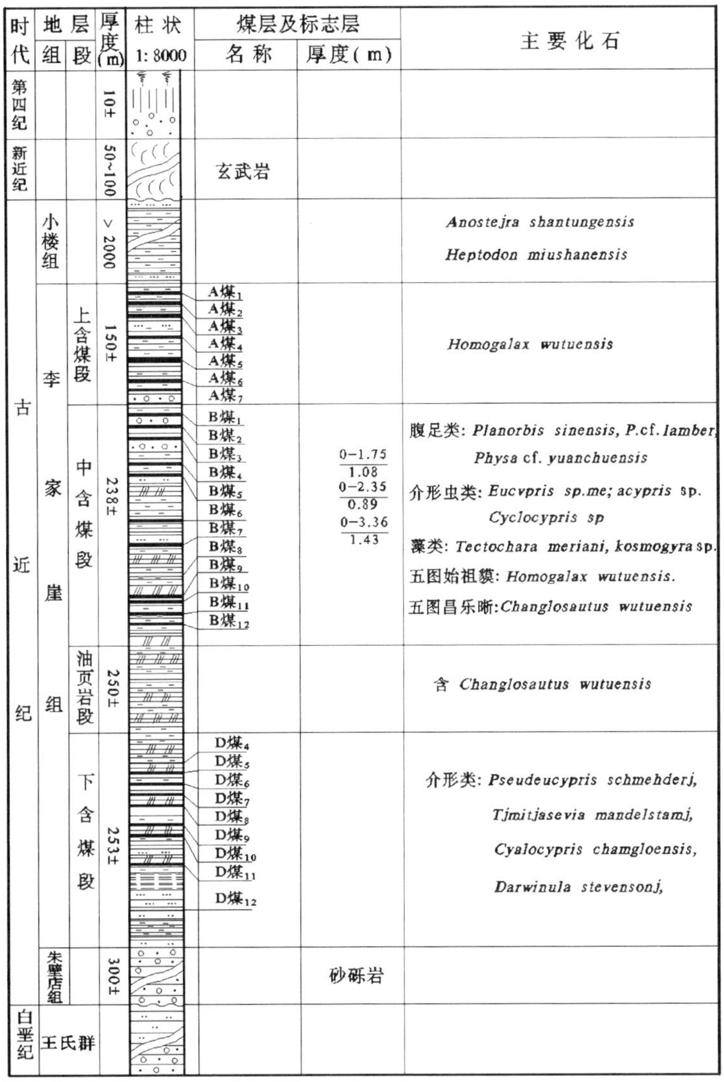

时代	地层 组	段	厚度(m)	柱状 1:8000	煤层及标志层 名称	厚度(m)	主要化石
第四纪			10±				
新近纪			50~100		玄武岩		
古近纪	小楼组		>2000				*Anostejra shantungensis* *Heptodon miushanensis*
	李家崖组	上含煤段	150±		A煤$_1$ A煤$_2$ A煤$_3$ A煤$_4$ A煤$_5$ A煤$_6$ A煤$_7$		*Homogalax wutuensis*
		中含煤段	238±		B煤$_1$ B煤$_2$ B煤$_3$ B煤$_4$ B煤$_5$ B煤$_6$ B煤$_7$ B煤$_8$ B煤$_9$ B煤$_{10}$ B煤$_{11}$ B煤$_{12}$	$\frac{0-1.75}{1.08}$ $\frac{0-2.35}{0.89}$ $\frac{0-3.36}{1.43}$	腹足类: *Planorbis sinensis, P.*cf. *lamber*, *Physa* cf. *yuanchuensis* 介形虫类: *Eucvpris sp.me; acypris* sp. *Cyclocypris sp* 藻类: *Tectochara meriani, kosmogyra* sp. 五图始祖貘: *Homogalax wutuensis.* 五图昌乐晰:*Changlosautus wutuensis*
		油页岩段	250±				含 *Changlosautus wutuensis*
		下含煤段	253±		D煤$_4$ D煤$_5$ D煤$_6$ D煤$_7$ D煤$_8$ D煤$_9$ D煤$_{10}$ D煤$_{11}$ D煤$_{12}$		介形类: *Pseudeucypris schmehderj, Tjmitjasevia mandelstamj, Cyalocypris chamgloensis, Darwinula stevensonj,*
	朱壁店组		300±			砂砾岩	
白垩纪	王氏群						

图 25-2　昌乐五图煤田煤系地层综合柱状图

(3) 煤岩类型和物理特征

五图煤田诸煤层多为半暗或暗淡型。

(4) 微观煤岩特征

煤的成因类型为腐植煤,并常杂以过渡煤(腐泥腐植煤或腐植腐泥煤),以微镜煤为主的显微煤岩类型

(5) 化学特征和工艺性能

水分:褐煤平均 17.76 %,长焰煤 9.84 %~12.69 %。灰分 41.00 %~4.00 %。褐煤 4.07 %~49.11 %。五图煤矿三立井煤层具褐煤低温焦油特点。

五图煤田煤层煤岩组分见表 25-1。

(6) 后期岩浆活动和变质规律

有新近纪喜马拉雅期大规模玄武岩喷发,自下而上有牛山组和尧山组,在含煤地层中存在玄武岩体,对煤层有一定影响。

表 25-1 昌乐五图煤田煤层煤岩组分

煤岩组分		3煤	4煤	5煤
有机组分/%	镜质组	77.55	83.21	82.05
	半镜质组	12.70	12.04	9.40
	惰质组	8.39	2.28	8.55
	壳质组	1.36	1.46	微量
	合　计	96.92	93.20	77.74
矿物质	第一类(易选)	0.44	2.38	8.31
	第二类(中等)	1.10	2.04	10.96
	第三类(难选)	1.54	2.30	2.99

据山东煤田地质局,2002年。

第二十六章　胶北隆起与古近纪内陆湖相碎屑岩-有机岩建造有关的煤-油页岩矿床成矿系列

第一节　成矿系列位置及区域地质背景 ……… 531
第二节　矿床区域时空分布及成矿系列形成过程 ……………………………………… 531
一、矿床区域时空分布 …………………… 531
二、成矿系列的形成过程 ………………… 532
第三节　代表性矿床剖析 ………………………… 533
胶北隆起与古近纪内陆湖相碎屑岩-有机岩建造有关的煤-油页岩(黄县式)矿床…… 533

第一节　成矿系列位置及区域地质背景

胶北隆起与古近纪内陆湖泊相碎屑岩-有机岩有关的煤-油页岩矿床成矿系列,分布在胶北隆起西部地区,范围小;含矿沉积岩系为古近纪五图群李家崖组,主要矿种为煤矿,资源总量少。该系列中的煤矿床,在20世纪70~90年代,已经详查勘查,并已建矿开发利用。成矿系列中的油页岩主要分布在龙口洼里、雁口、北皂、梁家等煤矿(井田)区。

区内含矿岩系古近纪五图群李家崖组主要分布于黄县(龙口)一带,煤层和油页岩集中于含煤岩系(李家崖组)的中部。

黄县盆地位于郯庐断裂带以东,山东半岛北部,是鲁东断块内唯一的古近纪断陷含煤和含油气盆地。盆地南以黄县大断层为界,东以北林院-洼沟断层为界,这两条大断裂为控制盆地沉积充填的盆缘同沉积断裂,西部及北部为渤海。盆地总体上属一向北开口的“簸箕”状断陷盆地。黄县盆地主要充填下古近系黄县组含煤沉积,最大厚度1 600余米,分为上、中、下3个亚组,其中上亚组和下亚组不含煤。中亚组为含煤层段,一般厚0~280 m,根据岩性可分为上下2个含煤段,上部含煤段为区内主要含煤层位。

黄县煤田煤系厚度小,煤和油页岩厚度均很小。成煤环境较好,沉积3组煤层和油页岩层(贾克让,2010)。

第二节　矿床区域时空分布及成矿系列形成过程

一、矿床区域时空分布

黄县龙口煤田位于龙口和蓬莱市境内,为一全隐蔽古近系煤田。区域上位于郯庐断裂以东,华北板块(Ⅰ)胶北隆起区(Ⅱ)、胶莱断隆(Ⅲ)、胶北断隆(Ⅳ)北西缘。东起北沟-玲珑断层,南以黄县断层为界,北、西均至煤层自然露头,东西长28 km,南北宽12~15 km,总面积375.2 km^2。其中,陆地含煤面积274.6 km^2,海域含煤面积100.6 km^2。该煤田赋存于前寒武纪基底隆起区中的新生代古近纪断陷盆地中,盆地东部和南部为新太古代、古元古代变质地层及中生代白垩纪青山群和新生代玄武岩,北为渤海。其东、南两侧均受断层控制,九里店断层将盆地分东西两部分。地层总体走向为NEE,倾向SE,东西两端向盆地中心倾斜,形成以单斜为主的盆地构造。地层倾角平缓,一般5°左右;断层比较发育,按其走向可分为近 NW—NEE,NW,NE,NNE 向 4 组;煤田内次一级褶曲有北马向斜、北沟-庄头向斜及曲谭向斜等(图 26-1)。

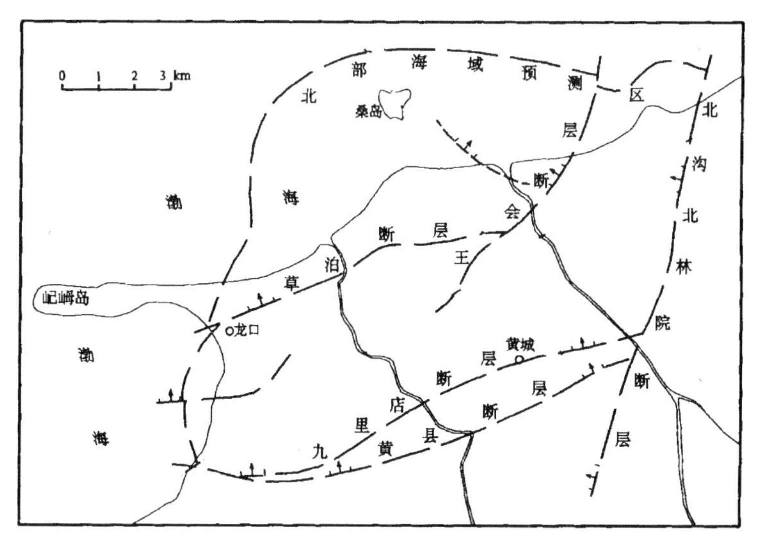

图 26-1　山东省古近纪黄县煤田构造纲要图

二、成矿系列的形成过程

该成矿系列的形成大体经历了 2 个构造-沉积旋回。

(一) 第一构造-沉积旋回

古近纪早期的裂陷作用形成黄县盆地的雏形。随断裂活动的逐渐加强,断裂两侧地形差异明显,上盘下陷形成盆地并接受沉积,由小型冲积扇逐步形成大型的冲积扇三角洲沉积,盆地扩大,水体加深。但这一阶段总体上盆地水体较浅,且常处于暴露状态,突发性洪水事件成为主要的沉积驱动力。因此,古近纪早期黄县盆地主要是粗碎屑夹杂色黏土类沉积,厚度巨大。这是黄县盆地充填沉积的第一构造-沉积旋回形成的早期——盆地形成期。

盆地形成后,盆缘断裂活动趋缓,盆地总体表现为稳定下陷,盆地水域扩张,盆地可容空间增大。伴随地势差异趋小和水域扩大,可容空间与沉积物补给通量比值(A/S)增大,以冲积扇为主体沉积转变为以辫状河三角洲及滨浅湖沉积为主,出现了有利于成煤的古地理和古构造条件。加之气候适宜,发生了大规模的聚煤作用。这是黄县盆地充填沉积第一构造沉积旋回形成的中期——盆地扩张期。

伴随盆缘断裂活动逐渐加强和盆地整体下陷速率的减小,盆地水域由扩张转化为收缩,湖盆覆水变浅,A/S 比值减小,碎屑体系向湖盆进积,湖泊沉积衰减,扇三角洲沉积占据主导地位,在盆缘处再度出现冲积扇体系。聚煤作用随之减弱至消失。这是盆地充填沉积第一构造沉积旋回形成的后期——盆地萎缩期。

(二) 第二构造-沉积旋回

盆缘断裂的再次强裂活动带来了盆地充填的第二个构造-沉积旋回。与第一构造-沉积旋回不同的是,第二构造-沉积旋回初期盆缘断裂的活动远没有盆地形成期来的强烈,主要表现为间歇性的缓慢下沉,下降速率低,沉降幅度小。因此,碎屑体系主要发育于盆缘区,且以细碎屑为主。随盆地的稳定下陷,A/S 比增大,碎屑体系进一步衰减,再度出现大规模聚煤作用。同时,滨浅湖沉积逐渐向浅湖沉积过渡,以泥灰岩为代表的浅湖沉积不断向盆缘扩展,聚煤作用也随之向盆缘迁移。这是第二构造-沉积旋回的早期——盆地再扩张期。之后，盆缘断裂活动再趋强烈，地势差异又趋明显，碎屑体系进积，盆地水域收缩，聚煤作用终止，盆地淤浅以至最后封闭。这是盆地充填的第二期构造-沉积旋回形成的后期。

总之，黄县古近纪断陷盆地充填演化经历了早期形成阶段、中期成熟发展和后期衰退消亡3个阶段，期间经历了2次大的构造-沉积旋回。盆地的扩张与萎缩呈现周期性，受盆缘断裂周期性活动及基底沉降所控制（李增学等，1999；兰恒星等，2000）。

第三节　代表性矿床剖析

胶北隆起与古近纪内陆湖相碎屑岩-有机岩建造有关的煤-油页岩（黄县式）矿床

胶北隆起与古近纪内陆湖相碎屑岩-有机岩建造有关的煤-油页岩矿床（黄县式）成矿系列中只有黄县龙口一处矿床。

黄县（龙口）煤田地质特征

1. 煤田位置

黄县（龙口）煤田位于龙口和蓬莱市境内，为一全隐蔽古近系煤田。东起北沟玲珑断层，南以黄县断层为界，北、西均至煤层自然露头，东西长28 km，南北宽12～15 km，总面积375.2 km²。其中陆地含煤面积274.6 km²，海域含煤面积100.6 km²（图26-2）。已探明面积233.8 km²，预测含煤面积141.4 km²。

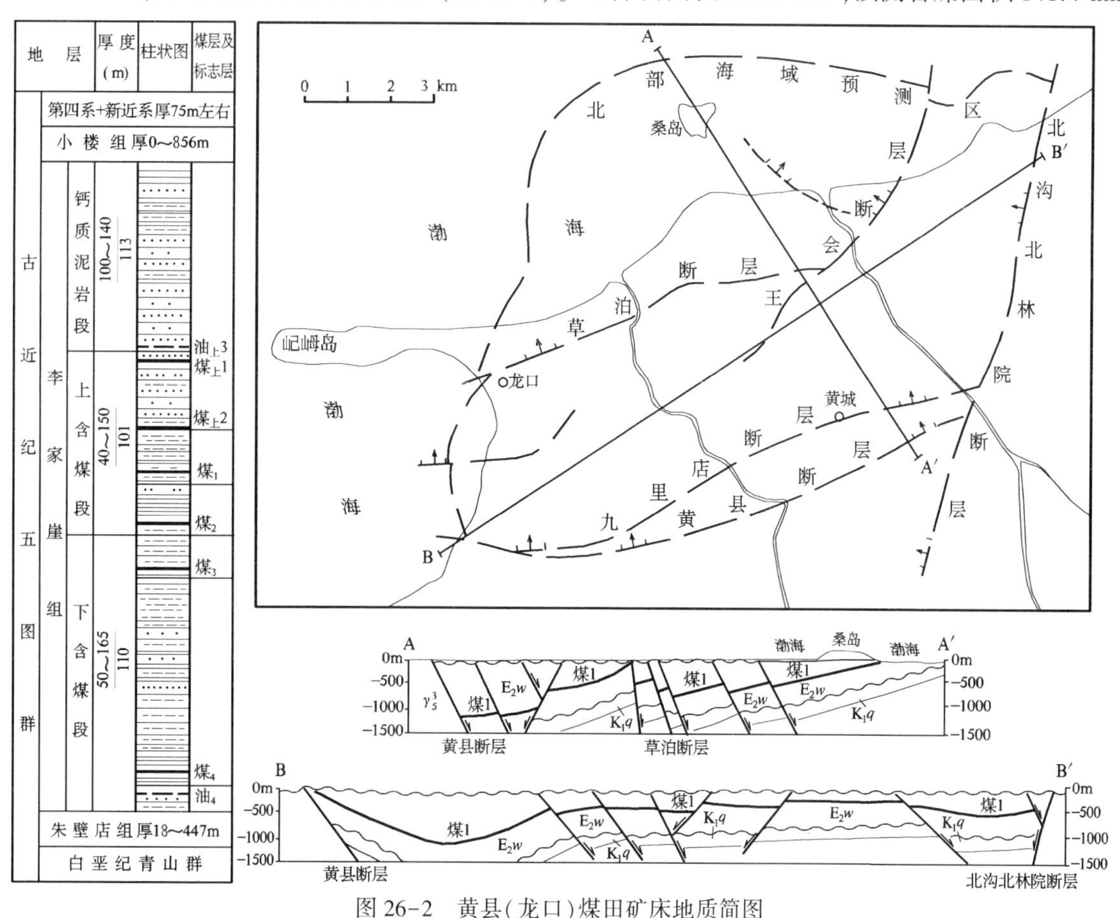

图26-2　黄县（龙口）煤田矿床地质简图

（据山东煤田地质局，1969～1997；李增学等，1999）

2. 煤田地质特征

(1) 地层

早白垩世青山群:由中性—碱性火山喷发岩和各种火山碎屑岩组成,为含煤地层沉积基底。

古近纪五图群李家崖组:自下而上分为5段。① 下部杂色岩段。位于煤4、油4以下至煤系底界,由灰—灰绿色泥岩、砂岩、杂色泥岩组成,厚度18~447 m。与下伏地层呈不整合接触。② 下含煤段。主要有泥岩、砂岩、炭质泥岩及油页岩,厚50~165 m,含不稳定煤层2层。③ 上含煤段。上起钙质泥岩之下,下至煤2之上,由泥岩、泥灰岩、粉砂岩及油页岩组成,含煤5层,为该煤田主要含煤层段,厚40~150 m。④ 泥岩段。以灰绿色、灰色、深灰色钙质泥岩为主,偶夹薄层泥灰岩、泥岩,煤田南部常相变为富含钙质砂、泥岩或互层。厚100~140 m,至煤田东部北沟一带较薄,仅20~75 m左右。⑤ 杂色砂泥岩段。以紫红色泥岩为主,夹灰绿色泥岩,偶夹砂岩,厚度变化很大,残厚856 m以至尖灭(图26-3)。

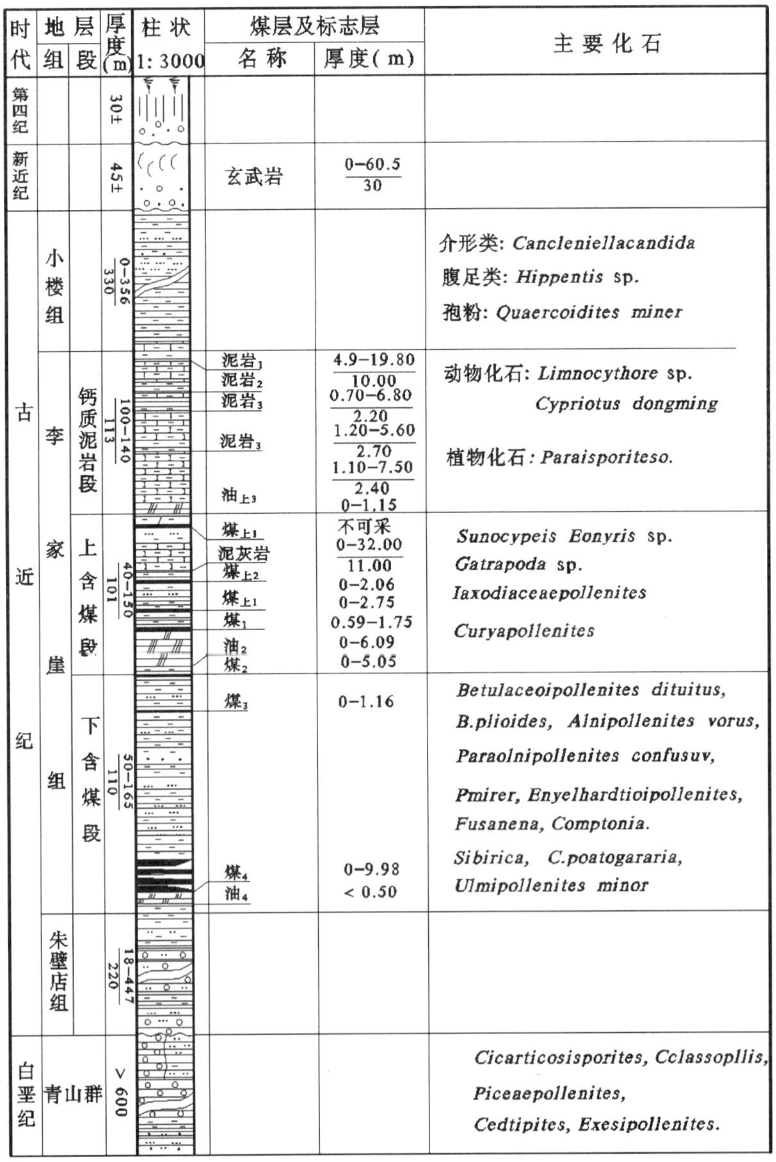

时代	地层 组	地层 段	厚度(m)	柱状 1:3000	煤层及标志层 名称	煤层及标志层 厚度(m)	主要化石
第四纪			30±				
新近纪			45±		玄武岩	0–60.5 / 30	
古近纪	小楼组		0–356 / 330				介形类: *Cancleniellacandida* 腹足类: *Hippentis* sp. 孢粉: *Quaercoidites miner*
	李家崖组	钙质泥岩段	100–140 / 113		泥岩$_1$ 泥岩$_2$ 泥岩$_3$ 泥岩$_3$ 油$_{上3}$	4.9–19.80 / 10.00; 0.70–6.80 / 2.20; 1.20–5.60 / 2.70; 1.10–7.50 / 2.40; 0–1.15	动物化石: *Limnocythore* sp. *Cypriotus dongming* 植物化石: *Paraisporiteso.*
		上含煤段	40–150 / 101		煤$_{上1}$ 泥灰岩 煤$_{上2}$ 煤$_{上1}$ 煤$_1$ 油$_2$ 煤$_2$	不可采; 0–32.00 / 11.00; 0–2.06; 0–2.75; 0.59–1.75; 0–6.09; 0–5.05	*Sunocypeis Eonyris* sp. *Gatrapoda* sp. *Iaxodiaceaepollenites* *Curyapollenites*
		下含煤段	50–165 / 110		煤$_3$ 煤$_4$ 油$_4$	0–1.16; 0–9.98; <0.50	*Betulaceoipollenites dituitus, B.plioides, Alnipollenites vorus, Paraolnipollenites confusuv, Pmirer, Enyelhardtioipollenites, Fusanena, Comptonia. Sibirica, C.poatogararia, Ulmipollenites minor*
	朱壁店组		18–447 / 220				
白垩纪	青山群		>600				*Cicarticosisporites, Cclassopllis, Piceaepollenites, Cedtipites, Exesipollenites.*

图26-3 龙口黄县煤田煤系地层综合柱状图

新近系上部为伊丁玄武岩，下部多为红色黏土、砂质黏土及杂色砂砾层。最大厚度可达60 m。第四系主要由砂土、砂质黏土、砂砾层组成，厚度0~120 m，由东南向西北增厚。

（2）构造

该煤田赋存于古近纪断陷盆地中，其东、南两侧均受断层控制。地层总体走向为NEE，倾向SE，东西两端向盆地中心倾斜，形成以单斜为主的盆地构造。地层倾角平缓，一般5°左右；断层比较发育，按其走向可分为近NW—NEE，NW，NE，NNE向4组；煤田内次一级褶曲有北马向斜、北沟庄头向斜及曲谭向斜等。其中NNE向褶曲可能与断块运动有关。

3. 煤层及煤质特征

煤系总厚211 m，含可采、局部可采煤层6层，可采煤层总厚11.97 m，含煤系数5.7 %。其中煤1稳定—较稳定，全煤田绝大部分可采；煤2大部可采，属较稳定煤层；其余为局部可采煤层。含油页岩5层，其中油2为局部可采油页岩。各可采煤层及油页岩情况见表26-1。主采煤层为中灰、特低硫分、发热量中等的褐煤、长焰煤。油页岩低温干馏平均含油率15.63 %~16.05 %，最高达22.8 %（表26-1）。

表26-1　黄县（龙口）煤田各可采煤层及油页岩特征

煤系	五图群李家崖组						
煤层名称	煤上2	煤上1	煤1	油2	煤2	煤3油3	煤4
两极厚度/m	0~2.06	0~2.75	0.96~1.75	0.71~6.90	0.63~5.05	0.63~1.16	0.60~9.98
一般厚度/m	0.95	1.68	1.25	3.01	2.56	0.82	4.71
层间距/m	20		12	0	16	12	109
结构	复杂	复杂	简单—复杂		较复杂—较简单	简单	复杂
稳定性	不稳定	不稳定	稳定—较稳定	较稳定	不稳定	较稳定—不稳定	
灰分/%	27.60	25.33	19.64		19.50	20.79	28.81
挥发分/%	48.58	49.52	45.21		45.03	46.43	54.41
全硫/%	2.60	3.58	0.98		1.01	1.25	0.69
发热量/MJ/kg	22.39	22.42	24.45	13.78	24.75	23.33	22.90
煤类	褐煤	褐煤	褐煤、长焰煤		褐煤、长焰煤	褐煤、长焰煤	褐煤、长焰煤

据山东煤田地质局，1969~1997年。

4. 聚煤规律

黄县盆地在沉积充填演化过程中，有2期聚煤作用发生。一是以下部含煤段（煤2-煤上4）为代表的早期成煤阶段；另一期是以上部含煤段（煤3-煤上3）为代表的后期成煤阶段。2期聚煤作用阶段均是盆地经历粗碎屑体系充填后，地形差异减少，在盆地水域扩张期盆地萎缩早期所发生的，受盆缘构造活动及古地理面貌所控制。煤聚积主要发生于构造活动相对稳定时期的扇三角洲平原前缘、滨湖地带及辫状河三角洲平原前缘带。

（1）早期聚煤作用

黄县盆地早期聚煤作用始于盆地演化的第一构造旋回中晚期，位于层序Ⅰ晚期低水位水进体系域中。是在盆地经历初期强烈裂陷后，基底趋于稳定并缓慢下沉，水域开始扩张时期发生的。此阶段初期盆地内主要沉积体系为小型冲积扇扇三角洲为主体（图26-4a），聚煤作用始于扇三角洲平原及前缘，向盆缘方向扩展，聚煤中心位于滨湖地带。煤4（煤层组）厚度图（图26-4b）显示了向盆缘和盆地中心厚度减小的规律。聚煤中心偏于研究区西南部，位于扇三角洲前缘滨湖区。

（2）晚期聚煤作用

黄县盆地晚期聚煤作用始于盆地演化的第二构造旋回早期，位于层序Ⅱ低水位体系域，在之后的低水位水进体系域中，均有不同程度的聚煤作用发生。晚期的聚煤作用也发生在盆缘断裂活动减缓、盆地整体趋于稳定并缓慢下沉、水域扩张的时期。煤3为本期聚煤作用的早期产物。由于此时沉积体系以冲积扇扇三角洲为主体,聚煤作用始于扇三角洲前缘平原部位,聚煤作用相对较弱,形成的煤层厚度较小且分布较为局限。煤2形成前,古地理面貌演化为辫状河三角洲沉积体系为主体,在三角洲平原和前缘部位出现了有利的聚煤环境,聚煤作用扩展,形成了具有工业价值的煤层。从煤1至煤$2_{上}$,盆地水域进一步扩大,扇三角洲沉积体系进一步向盆缘退缩且粒度变细,聚煤作用进一步向盆缘方向迁移。之后的水域扩展达到盆地演化史上的最高峰,泥灰岩广泛分布,聚煤作用减弱至消失。

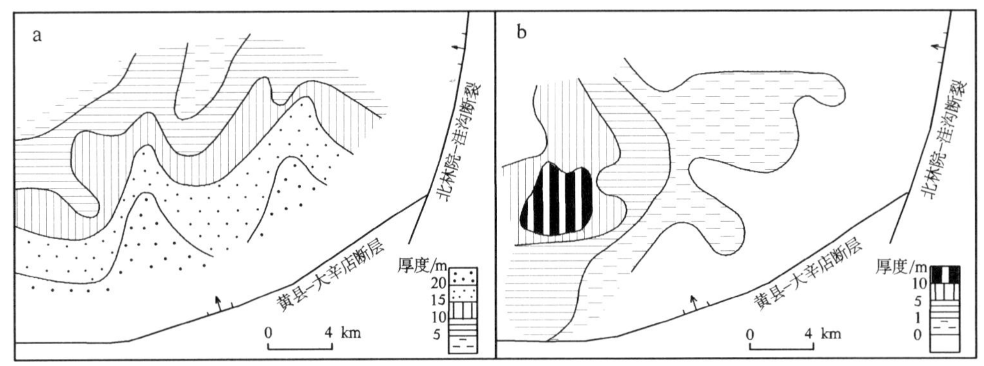

图26-4　黄县盆地煤底部砂岩(a)和煤层厚度图(b)

(据李增学等,1999)

由此可见,黄县断陷盆地聚煤作用受控于湖盆水域体制的变化,而盆地的低水位、水域扩张和盆地萎缩又受盆缘断裂构造活动的控制。在低水位水进期,盆缘断裂活动处于比较稳定阶段,冲积扇退缩,辫状河、扇三角洲及湖泊沉积体系占据主导地位,注入盆地的碎屑物质变少,粒度变细,在滨湖地带覆水较浅部位相当大的范围内发生泥炭沼泽化,并形成有重要价值的煤层。

第二十七章　鲁中隆起火山盆地内与新近纪火山-沉积建造有关的硅藻土-褐煤-磷、膨润土、白垩矿床成矿系列

第一节　成矿系列位置及区域地质背景 ……… 537
一、成矿系列位置及矿产分布 …………… 537
二、区域地质背景及主要控矿因素 ……… 537
第二节　矿床区域时空分布及成矿系列形成过程 …………………………… 538
第三节　代表性矿床剖析 ……………………… 539
一、新近纪淡水湖相沉积型(山旺式)硅藻土矿床 ………………………………… 539
二、新近纪淡水湖相沉积型(陶家庄式)白垩矿床 ………………………………… 540
三、新近纪火山沉积型(曹家楼式)膨润土矿床 ………………………………… 543

第一节　成矿系列位置及区域地质背景

一、成矿系列位置及矿产分布

新生代时,鲁西地块在差异性升降运动和水平的伸展作用下,形成了一些规模不等的、表现形式和动力学机制不同的拉分盆地。其为近 EW 或 NNE 向、北断南超展布的小型箕形盆地,位于沂沭断裂带北段的昌乐凹陷(也称"昌乐-临朐"凹陷)就是其中的一个盆地,在其中零星分布的火山湖、小湖泊及老年期河床,发育着以玄武岩为主夹砂砾岩、硅藻土等的火山-沉积组合(临朐群),赋存着硅藻土及褐煤、磷、膨润土、白垩等矿产。

二、区域地质背景及主要控矿因素

(一) 硅藻土、白垩

1. 新近纪山间盆地对矿床的控制作用

新近纪牛山期的火山活动规模大,构成了数量较多的山间盆地,形成系列淡水湖泊,开始接受近源碎屑沉积和生物化学沉积。近源碎屑沉积建造为砂砾岩、砂岩和黏土岩,主要分布在湖盆周缘地带。生物化学沉积建造为白垩矿、硅藻土矿及含植物化石黏土岩、油页岩。陆源碎屑沉积建造和生物化学沉积建造二者相变频繁,在有的盆地内可能仅发育一种建造组合,表明各个盆地接受的陆源碎屑成分差异较大。

2. 火山活动对矿床的控制作用

新近纪火山活动在该区主要表现为火山喷发溢流作用,牛山期的裂隙式火山喷溢活动持续时间较长,形成了分布广泛、厚达百米的气孔状玄武岩。岩石中大量的不规则状气孔后期多被方解石充填;山旺期的火山活动时有发生,但火山持续时间较短,火山岩分布较局限,形成山旺组内的玄武岩夹层;尧山期火山活动持续时间较长,岩浆喷溢规模较大,形成的橄榄玄武岩分布较广,为白垩矿床提供了较好的

封闭保存条件。而牛山期、山旺期的火山作用为白垩矿、硅藻土矿的形成提供了丰富的 Ca,Si 质物质来源。

3. 围岩与沉积环境对矿床的控制作用

在新近纪牛山期玄武岩建造的基础上,富含方解石的杏仁状玄武岩为白垩矿的形成提供了丰富的物质来源。由于地壳表面的风化—剥蚀—搬运作用,先期喷发形成的牛山组玄武岩及东部花岗质基底岩系的碎屑沉积物沉积于湖盆周缘地带。这些碎屑沉积物中的 Ca,Mg,Na 等元素,在长期风化、淋滤作用下,使富含 Ca,Mg 离子的溶液运移至湖盆中部。因这一时期的地壳活动相对稳定,气候温暖潮湿,湖水较深,适宜微体藻类生长繁殖。在温度增高,压力减小时,水介质中 CO_2 含量增加,可聚集大量的 $CaCO_3$ 溶液。在微体藻类生物的作用下,$CaCO_3$ 溶液富集于湖盆底部层位。当水介质的 pH 值呈碱性时,$CaCO_3$ 溶液即可发生大量沉淀,形成白垩矿床。

(二) 膨润土

安丘曹家楼膨润土矿床,赋存于新近纪临朐群牛山组中。膨润土矿的形成与牛山组玄武岩具有密切关系。区内牛山组橄榄玄武岩,在一定的温度、压力条件下,经过长期的风化剥蚀及水化、水解作用,发生蒙脱石化;经过短距离的流水搬运作用,使以蒙脱石为主的黏土矿物经过剥蚀—搬运—沉积—富集,在河湖相环境下形成膨润土矿层。

第二节　矿床区域时空分布及成矿系列形成过程

(一) 硅藻土矿

山东目前发现的硅藻土矿床均为产于新近纪中新世淡水湖泊相生物化学沉积矿床。矿体赋存在新近纪临朐群牛山组玄武岩之上的山间较浅的淡水湖盆中;含矿层位及硅藻土矿体发育在临朐群山旺组内。

(二) 白垩矿

山东临朐(陶家庄矿床、牛山矿点)白垩矿属新近纪山旺期湖相生物沉积矿床,矿层的空间形态严格受古湖盆的控制。矿床产于牛山期和尧山期的火山喷发间歇期形成的山间盆地(昌乐临朐凹陷)内。盆地边缘均发育有较厚的玄武质砂砾岩及长英质含砾砂岩,并向盆地中心倾斜,且岩层厚度和粒度向湖盆内部随深度增加逐渐变薄、变细(图 27-1)。

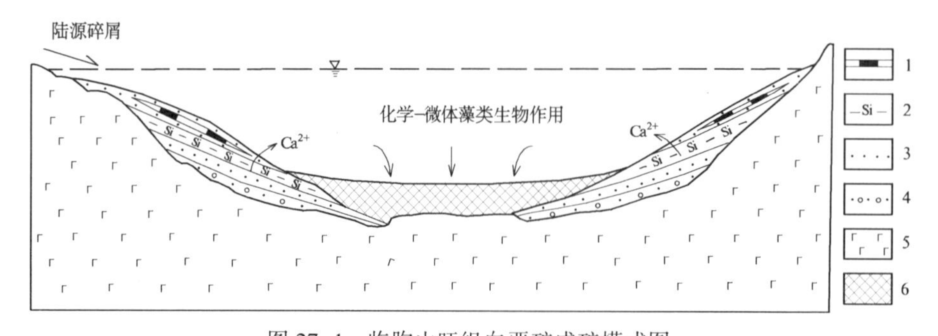

图 27-1　临朐山旺组白垩矿成矿模式图

(据景晓东等,2003)

1—油页岩;2—硅藻土;3—砂岩;4—砂砾岩;5—玄武岩;6—白垩矿

新近纪牛山期火山活动形成的大小各异的山间盆地，为山旺期沉积建造的形成提供了场所。半封闭的淡水湖泊地理环境，是白垩矿形成的先决条件。白垩矿沉积后，尧山期以中心式喷发为主的火山活动再度发生，尧山组橄榄玄武岩将有的湖盆全部覆盖，形成完全封闭的环境，使松软易碎、易于冲蚀的白垩矿矿层才能够保存下来，玄武岩没有覆盖的湖盆内的白垩矿则难以保存下来。因为尧山期后火山活动停止，地壳缓慢上升遭受风化剥蚀，只有处在地势低洼部位的白垩矿层，由于被第四系沉积黏土所覆盖，才得以部分保存下来。

（三）膨润土

此类膨润土矿赋存于新近纪临朐群牛山组中。含膨润土矿的中新世牛山组，主要发育于沂沭断裂带内及其近侧的临朐、昌乐、潍坊、沂水等地。其岩性组合主要为中厚层玄武岩及砂岩、砂砾岩和泥岩夹层。膨润土产于玄武岩喷发间歇期的砂岩和泥岩地段，其主要为玄武岩经过一系列风化、剥蚀、水化、蚀变、搬运、沉积作用而成。该类矿床属于与新近纪玄武岩有关的火山沉积矿床，分布在沂沭断裂带西侧的昌乐-临朐凹陷中，如安丘曹家楼、潍坊上埠等矿床。此类矿床分布局限，主要见于沂沭断裂带北段的安丘及潍坊望留一带，矿床规模小，资源总量少。

第三节　代表性矿床剖析

一、新近纪淡水湖相沉积型（山旺式）硅藻土矿床

发育在昌乐凹陷内的硅藻土矿有临朐县解家河、青山及包家河3处，但以解家河矿区含矿层位发育齐全、矿化特征清晰、矿床规模相对较大，最具代表性，故以临朐县解家河硅藻土矿床（共生褐煤及磷矿化）为例，表述硅藻土矿床地质特征。

临朐县解家河硅藻土（-褐煤-磷）矿床地质特征❶

1. 矿区地质特征

矿区位于临朐县城东北约19 km的解家河村至山旺村一带，面积约0.3 km^2。在地质构造部位上，矿区居于鲁西隆起东北缘、沂沭断裂带西侧的昌乐临朐新生代凹陷的次级凹陷（山旺凹陷）中（图27-2）。

2. 含矿层特征

解家河硅藻土矿分布在一个西北部及东北部已被破坏、大体呈圆形的残留盆地中。含矿层厚度受盆地形态的控制，边缘薄，盆心厚（最厚达28 m）。产状一般平缓（倾角10°~15°），盆地边缘陡些（25°左右）。作为含矿层的山旺组二段，在矿区可分为35层（张凤舫，1982）。

含矿层岩性可归纳为上、中、下3部分。① 上部（35~28层）：以含硅藻粉砂质泥岩为主。含硅藻10 %左右、黏土矿物65 %以上。② 中部（27~12层）：以硅藻土矿为主，含硅藻70 %左右、黏土矿物15 %~20 %左右。矿层中夹磷质结核及薄层硅藻页岩。③ 下部（11~1层）：为褐黑色页岩、碳质页岩、及硅藻页岩夹硅藻土矿层。

3. 矿体特征

含矿层内自下而上包含4个矿体，单矿体长400~800 m。由于湖盆沉积的横向变化，矿体中常夹有厚薄不等的各类页岩及泥岩，矿体厚度存在一定变化。Ⅰ号矿体厚度一般为1.9~2.4 m，在湖盆边缘骤

❶ 1959~1962年间，建材部华东地质分公司501队，临朐解家河硅藻土矿地质勘探报告；山东省地矿厅磷矿地质队，临朐解家河磷矿、硅藻土矿地质勘探报告。

减，仅0.2 m左右。Ⅱ号矿体分布较为稳定，厚度一般为2.3 m左右，在盆地边缘减薄至0.6 m左右。Ⅲ号矿体分布较为稳定，厚度变化不大，一般在0.55 m左右。Ⅳ号矿体是矿区中规模最大的矿体，厚度一般4.3~5.5 m，在西部边缘矿体虽变薄，厚度亦在1.4 m左右。

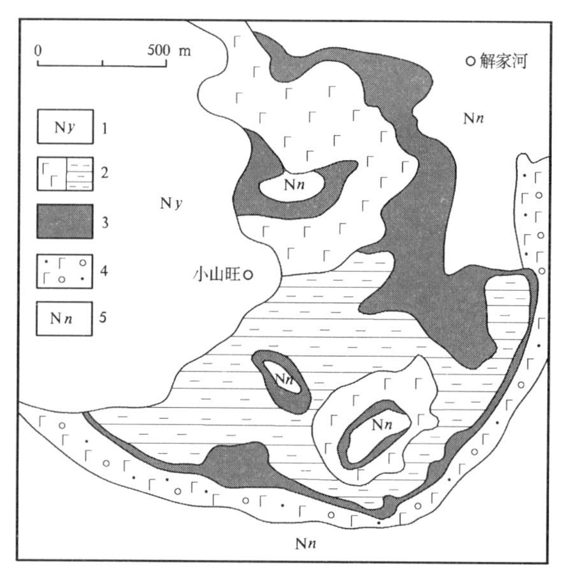

图27-2　临朐解家河硅藻土矿区地质简图

（据张凤舫1982年资料编绘；引自《山东非金属矿地质》，1998）

1—尧山组橄榄玄武岩；2—山旺组三段橄榄玄武岩/黏土页岩；3—山旺组二段硅藻土、硅藻土粉砂质泥岩；4—山旺组一段玄武质砂砾岩；5—临朐群牛山组玄武岩

硅藻土矿体的顶板岩性为黏土页岩，有时过渡为油页岩，局部地段为玄武岩；底板岩性主要为玄武岩。

4. 矿石特征

矿石类型以书页状者为主，其次为层状矿石。矿石主要物质成分为硅藻遗骸，含量一般为65 %~80 %（主要为冰岛直链藻，含量占99 %左右），硅藻壳体为蛋白石；次要成分为黏土矿物集合体（蒙脱石、伊利石或高岭石），含量一般为15 %~20 %。矿石中硅藻及SiO_2含量在盆地中心处含量较高，矿石质量较好；边缘部分含量稍低，质量亦稍差些。但总体来说，解家河矿区硅藻矿石质量好，利用领域较宽，应用效果好。

5. 伴生矿产

解家河硅藻土矿床，同时伴生有磷矿、油页岩及褐煤等。① 磷矿：磷灰岩呈薄层状产于硅藻土矿层中，主要见于盆地中心地带。磷灰岩层厚5~25 cm，最厚不超过0.5 m，有多层。矿石含P_2O_5一般为4 %~14 %，其中磷结核含P_2O_5可达34.65 %。该矿区除玄武质砂砾岩外，其他一些岩石多不同程度含磷，但含量不高，不能开采利用。② 油页岩：见于硅藻土矿层之上，与黏土页岩呈相变关系，变化大，形态不规则，含油率12 %，目前无利用价值。③ 褐煤：产于尧山组底部，呈透镜状，碳化程度轻微，规模小，无开采价值。

二、新近纪淡水湖相沉积型（陶家庄式）白垩矿床

目前发现和评价、规模相对较大的白垩矿床为临朐县陶家庄白垩矿床，故不再单列矿床式，仅以其为例，表述此类白垩矿床地质特征。

临朐县陶家庄白垩矿床地质特征❶

1. 矿区地质背景

临朐陶家庄白垩矿区位于临朐县城东南约 2 km，面积 5.18 km^2。在地质构造部位上，居于鲁西东北缘的临朐凹陷内，矿区东侧临近鄌郚-葛沟断裂。

矿区内出露的地层有古近纪五图群和新近纪临朐群。古近纪五图群岩石特征属河湖相碎屑岩建造，自下而上有朱壁店组、李家崖组、小楼组。新近纪临朐群为一套火山喷溢相玄武岩夹河湖相沉积建造为主的碎屑岩，自下而上有牛山组、山旺组、尧山组。白垩矿赋存于山旺组中(图 27-3)。矿区内新近纪地层多向 NE 倾斜，倾角 0°~10°左右。岩层总厚度 800 m 左右。新近纪临朐群各组岩石组合见表 27-1。

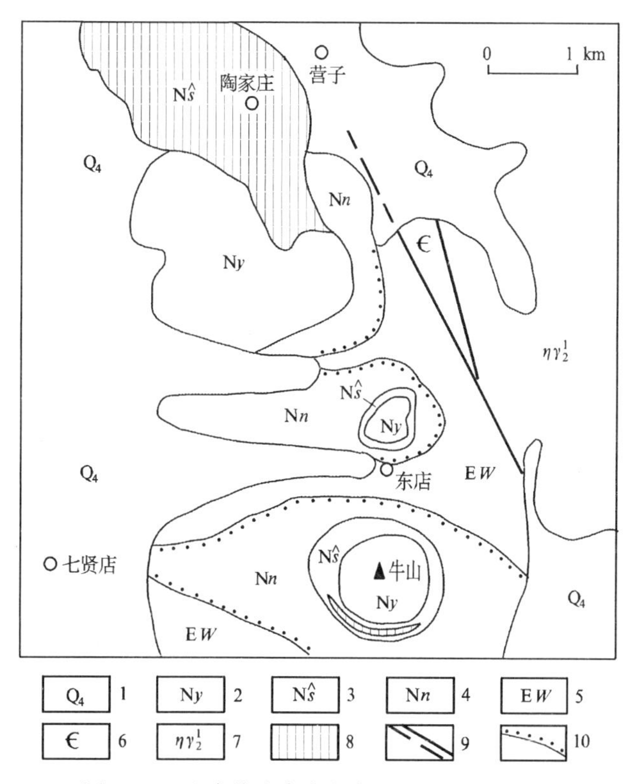

图 27-3　山东临朐陶家庄白垩矿区域地质略图

（据山东省地质调查研究院 1998 年资料编绘）

1—山前组；2—尧山组；3—山旺组；4—牛山组；5—五图群；6—寒武纪；

7—中元古代吕梁期中粗粒黑云二长花岗岩；8—白垩矿层；9—实测及推测断层；10—不整合界线

表 27-1　临朐陶家庄白垩矿区新近纪临朐群

地　层	厚度/m	岩 性 组 合
尧山组	40~100	致密块状橄榄玄武岩，底部为玄武质砾岩
山旺组	0~46	以泥质粉砂岩为主，其次为粉砂岩、砂砾岩，局部地段夹硅藻土矿、白垩矿、油页岩及玄武岩
牛山组	60~140	气孔、杏仁状玄武岩，底部往往有砂砾岩、砾岩

据山东省地质调查研究院区调成果，1998 年。

❶ 山东省第一地质矿产勘查院景晓东等，山东省临朐县陶家庄矿区白垩矿普查报告，2003 年。

2. 矿体特征

临朐陶家庄矿区白垩矿形成于新近纪山旺期沉积盆地内，直接沉积在牛山组气孔杏仁状玄武岩之上，顶板为尧山组橄榄玄武岩。因长期风化剥蚀作用，大部分的矿体顶板已剥蚀掉，致使第四系黄土直接覆盖在矿体上(图 27-4)。

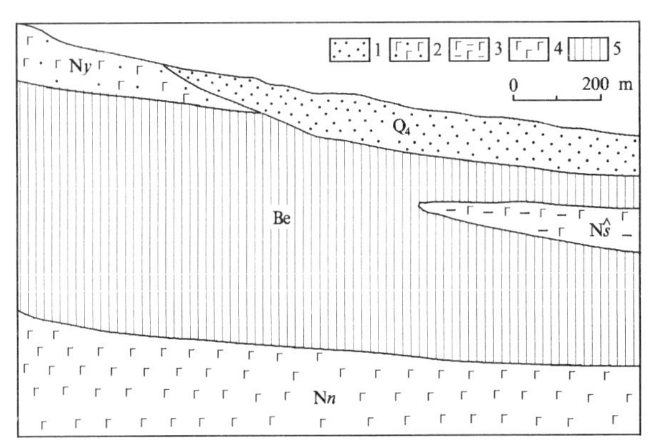

图 27-4　临朐陶家庄白垩矿空间分布剖面示意图

(据景晓东等,2004)

1—第四系黄土;2—尧山组玄武岩;3—山旺组玄武岩;4—牛山组玄武岩;5—白垩矿

白垩矿体呈层状，近 EW 向展布，长约 2 400 m，南北宽约 500~1 500 m，矿层平均厚度 17.36 m。矿层厚度稳定，矿体连续性较好。矿区北部矿体内发育有一玄武岩夹层，向南尖灭，厚度 4~12 m。矿体倾向 320°~350°，倾角 1°~3°。

3. 矿石特征

矿物成分及结构构造：矿石呈白色—灰白色，主要由方解石(85 %~95 %)及石英(5 %~15 %)组成，含有少量黏土矿物及不透明矿物。不透明矿物主要为褐铁矿(1 %左右)，常呈薄膜状分布在节理裂隙面上。矿石具泥晶结构，块状构造，矿石细腻均匀，具滑感；质软易碎，硬度 1~2，水浸后搅动呈糊状。

据 10 件样品统计，矿石的矿物粒度：中位径为 0.86~3.38 μm，重量平均径为 3.03~7.65 μm；最大粒径 11.6~90.00 μm，最小粒径 0.50 μm。比表面积 0.87~1.41 m^2/g。6 件样品的比表面积平均值为 1.17 m^2/g，已接近微细研磨钙的企业标准。粒度<2 μm 的累计频率 23.58 %~31.04 %，<4 μm 的累计频率 59.10 %~68.07 %，<10 μm 的累计频率 88.64 %~98.12 %。白垩矿矿石白度为 50.3 %~59.4 %，平均白度 57 %。

矿石类型及化学成分：矿石分为白色和灰白色 2 种自然类型。白色白垩矿石分布于矿体上部，灰白色白垩矿石分布于矿体下部。灰白色白垩矿石质量较好，即矿体下部 $CaCO_3$ 含量较高，Fe 含量较低(图 27-5)。

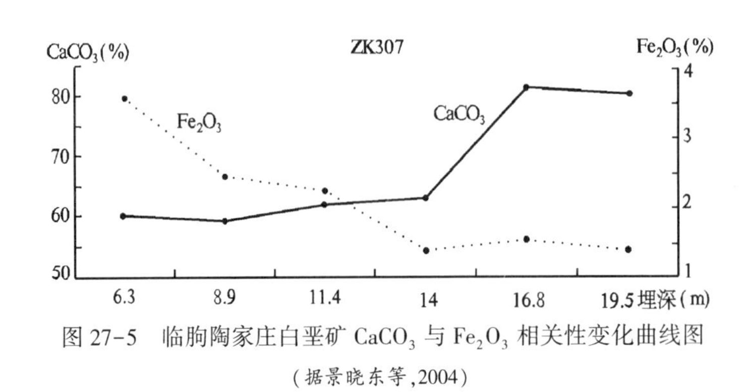

图 27-5　临朐陶家庄白垩矿 $CaCO_3$ 与 Fe_2O_3 相关性变化曲线图

(据景晓东等,2004)

白色白垩矿石 $CaCO_3$ 平均含量为 64.49 %，TFe 为 1.80 %；灰白色白垩矿石 $CaCO_3$ 平均含量为 79.73 %，TFe 为 1.00 %。矿石的单样品位 $CaCO_3$ 55.61 %～89.77 %，TFe 0.48 %～2.83 %，全区矿石 $CaCO_3$ 平均含量为 68 %，TFe 为 1.60 %。品位变化稳定，且 $CaCO_3$ 与 Fe_2O_3 含量呈反消长关系（图 27-5）。矿石化学成分除 CaO，Fe_2O_3 外，尚含有少量 SiO_2，Al_2O_3，MgO，K_2O，Na_2O 等（表 27-2）。

从表中可知白色白垩矿石 SiO_2 含量高于灰白色白垩，并含有少量黏土矿物。白垩矿石除上述主要化学组分外，还含有微量的 Zn，Mn，Ba，Cu，V 元素，由于含量低，不能综合利用。

表 27-2　临朐陶家庄白垩矿矿石主要化学成分/%

矿石类型	CaO	SiO_2	Al_2O_3	MgO	Na_2O	K_2O	LOS
白色白垩（10）	41.09	20.30	6.01	1.04	0.22	1.10	31.03
灰白色白垩（8）	45.11	11.57	3.32	1.18	0.22	0.74	36.90

括号中数字为样品数；据景晓东等，2004 年。

三、新近纪火山沉积型（曹家楼式）膨润土矿床

（一）矿床式

1. 含矿岩系及矿体特征

此类膨润土矿赋存于新近纪临朐群牛山组中。含膨润土矿的中新世牛山组，主要发育于沂沭断裂带内及其近侧的临朐、昌乐、潍坊、沂水等地，其岩性组合主要为中厚层玄武岩及砂岩、砂砾岩和泥岩夹层。膨润土产于玄武岩喷发间歇期的砂岩和泥岩地段，其主要为玄武岩经过一系列风化、剥蚀、水化、蚀变、搬运、沉积作用而成。

分布于潍坊（傅家、上埠、麓台、下坡、韩家、望留）、安丘（曹家楼、贺家庄、迷牛寺）等地的此类矿床（点），矿体呈层状、似层状，单矿体厚 1～5 m，矿体长 300～700 m，个别长者达一二千米，矿体规模较大。与早白垩世火山沉积水解蚀变型膨润土矿石相比，该类膨润土矿石中蒙脱石含量显低，矿石质量变化相对较大。

2. 矿石特征

膨润土矿石多呈白色，少数呈粉红色—淡红色、黄绿色—绿色。膨润土的外貌呈土状、胶冻状，具有土状、油脂状或蜡状光泽，断口不平整，有明显滑腻感，具有吸水膨胀性，莫氏硬度为 1～3。

矿石的主要矿物成分为蒙脱石类矿物，含量一般在 50 %～80 %，高者达 90 %以上；其次有石英、方英石、长石、云母、伊利石、丝光沸石、斜发沸石以及火山玻璃、晶屑、岩屑等，含量一般为 20 %～50 %（表 27-3）。

表 27-3　山东新近纪临朐群牛山组膨润土矿石主要矿物成分/%

产地	蒙脱石	石英	方英石	长石	高岭石	方解石	其他	吸蓝法测定蒙脱石含量
潍坊于家庄	63	16	0	4	14	0	3	56.7
潍坊上埠	67	28	0	0	5	0	0	67.5
安丘夏坡	92	8	0	0	微	0	0	81.4
平均	74.0	17.4	0	1.3	6.3	0	1.0	68.5

据赵云杰等，1996 年。

3. 矿石类型

产于新近纪牛山组中的膨润土矿石多为块状型，膨润土呈绿色—暗绿色，具含砂状结构，层纹状构造。如潍坊于家庄和上埠及安丘夏坡等膨润土矿床中多见此类型矿石。

4. 矿石的化学成分

膨润土所含 SiO_2 偏高，Al_2O_3 偏低，其均属于铝过饱和系列的富碱、富水的铝硅酸盐类岩石。

5. 矿石的物理性能

山东各地膨润土矿石，由于产出地质环境及其矿床成因类型以及矿石物质组分不同，物理性能存在着一定差异；即使产于同一地质环境下、同种矿床成因类型、矿石物质组分相似的矿石，因原岩特点不同，物理性能也有所差异。但总的来讲，同一地质环境下形成的膨润土矿床，其矿石物理性能大体还是相近似的。

总体看，产于青山群、王氏群和牛山组中的蒙脱石类矿物的阳离子交换容量没有特别显著的差别，但青山群中蒙脱石类样品的阳离子总交换容量和钙交换容量高于牛山组中的样品；各层位样品中钾交换容量相近；钠交换容量牛山组样品偏低；镁交换容量牛山组样品最高。

总体上，产于牛山组中的膨润土矿具有较好的物理特性：较强的吸湿性，较高的膨胀倍，较强的脱色力，较强的抗压、抗拉等力学性能。所具有的这些良好的物理性能，可以广泛地应用于化工、钻探、环境保护、食品、建筑、冶金等工业行业。

（二）代表性矿床——安丘曹家楼膨润土矿床地质特征❶

1. 矿区地质特征

矿区位于安丘县城西南 4 km 曹家楼村南 150 m 处，矿区面积 0.88 km^2。矿区在地质构造部位上处于沂沭断裂带中的安丘莒县断裂西侧，胶莱拗陷西缘的安丘莒县凹陷内。矿区出露地层为中晚白垩世王氏群林家庄组及新近纪中新世临朐群牛山组以及第四系。膨润土矿层赋存于牛山组中。

牛山组岩性自下而上可分为 5 层：① 灰白色砂砾岩，与下伏王氏群林家庄组为不整合接触，厚 0.20 m；② 灰绿—褐黄色含粉砂质黏土岩及粉砂岩，厚 2.10 m；③ 灰绿—褐黄色橄榄玄武岩，厚 0.29 m；④ 灰白色石英砂岩，其呈透镜体状，与部分下伏的橄榄玄武岩组成膨润土矿底板，厚 0.25 m；⑤ 灰绿色膨润土矿层，厚 0,94 m。矿区为一个轴向 30°左右的小型向斜构造。

2. 矿体特征

膨润土矿体呈层状、似层状。矿体沿走向长 650 m 左右，出露宽度变化较大，最宽处 650 m，最窄处 50 m。矿体在平面上呈头起东南，尾伸正北的“蝎形”（不规则状）（图 27-6）。矿体厚度变化比较大，大体存在着南厚北薄的变化趋势。矿区南部靠近橄榄玄武岩处（沉积中心）矿体较厚，为 4.0~4.5 m；矿区北部矿体较薄，为 0.5~1.0 m。矿区矿体平均厚度为 0.94 m。

3. 矿石特征

矿石呈灰绿色，部分矿石因含杂质而呈浅黄色；具泥质结构，土状构造及块状构造。矿石主要矿物成分为蒙脱石，含有少量石英、长石及方解石等。矿石平均化学成分（为 8 件样品。单位：ωB %）：SiO_2 为 57.27，TiO_2 为 1.47，Al_2O_3 为 15.86，Fe_2O_3 为 9.06，FeO 为 0.30，MgO 为 1.90，CaO 为 3.23，K_2O 为1.56，Na_2O 为 0.74。SiO_2/Al_2O_3 为 6.37。矿石具有较强的吸水性能，吸水后体积膨胀，平均膨胀倍为 9.08 mL/g；胶质价为 60~86 mL/15 g；吸蓝量为 24.22 %；耐火度 1 340~1 380 ℃，造浆率为 13.1 m^3/t。

❶ 据山东省地质矿产局第四地质队林润生等，山东省安丘县曹家楼矿区黏土矿初步普查地质报告，1984 年；山东省地质矿产局区域地质调查队，山东省区域矿产总结，1989 年。

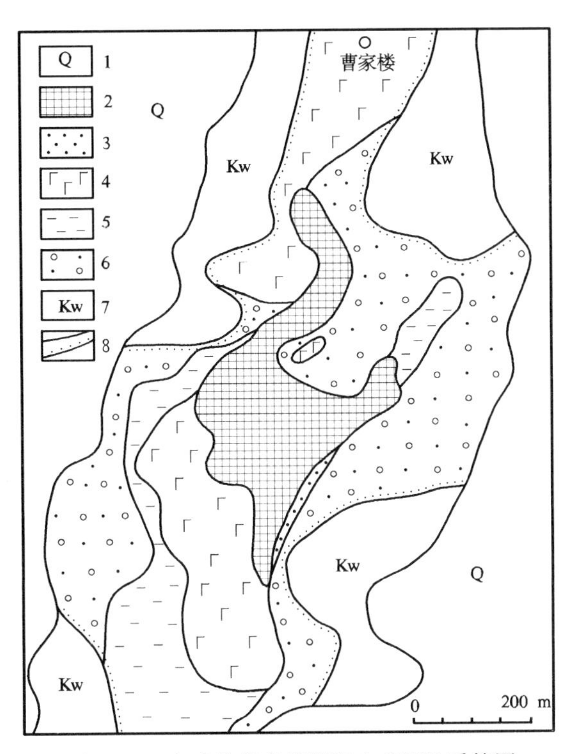

图 27-6　安丘县曹家楼膨润土矿区地质简图

（据山东省地质矿产局第四地质队 1984 年成果资料编绘）

1—第四系；2—新近纪临朐群牛山组膨润土矿层；3—牛山组石英砂层；4—牛山组橄榄玄武岩层；5—牛山组含粉砂质黏土；6—牛山组砂砾岩层，7—中晚白垩世王氏群林家庄组；8—地质界线及不整合界线

4. **矿床成因**

安县曹家楼膨涌土矿为新近纪临朐群牛山组玄武岩经风化剥蚀、淋滤、水化、蚀变、搬运、沉积等以外生地质作用为主形成的沉积型矿床。

5. **地质工作程度**

该膨润土矿为 1984 年山东省地矿局第四地质队进行了普查评价，基本查清了矿床地质特征和矿床规模；为一小型矿床。

第二十八章　鲁东地区与第四纪沉积作用有关的含铪锆石-钛铁矿-石英砂、金、金红石、型砂矿床成矿系列

第一节　成矿系列位置和该系列中矿产分布 …… 546
第二节　区域地质构造背景及主要控矿因素 …… 547
一、区域地质构造背景及成矿环境 …… 547
二、主要控矿因素 …… 547
第三节　矿床区域时空分布及成矿系列形成过程 …… 547
一、矿床区域时空分布 …… 547
二、成矿系列的形成过程 …… 548
第四节　代表性矿床剖析 …… 549
一、新生代河流冲积型(辛安河式)砂金矿床 …… 549
二、第四纪滨海沉积型(石岛式)含铪锆石砂矿床 …… 553
三、第四纪滨海沉积型(旭口式)石英砂矿床 …… 556

鲁东地区与第四纪沉积作用有关的含铪锆石-钛铁矿-石英砂、金、金红石、型砂矿床成矿系列包含2个成矿亚系列,即胶北及胶莱盆地北部地区与第四纪沉积作用有关的金、金红石、型砂矿床成矿亚系列和鲁东滨海地区与第四纪滨海沉积作用有关的含铪锆石-金红石-钛铁矿-石英砂等砂矿矿床成矿亚系列。

胶北及胶莱拗陷地区与第四纪沉积作用有关的金、金红石、型砂矿床成矿系列主要为新生代河流冲积型,其中砂金矿床(辛安河式)分布较广。

鲁东滨海地区与第四纪滨海相有关的含铪锆石矿床由于矿床规模等原因,目前总体开发利用程度不高。胶东半岛石英砂矿分布较为广泛,开发利用历史较久,用于制造平板玻璃及其他玻璃制品。对胶东半岛石英砂矿,正规的地质调查工作始于20世纪50年代末和60年代中期。当时的山东省地质局胶东一队及建筑工程部非金属矿地质公司华东分公司503队等地质部门,先后在胶东半岛北部沿海岸地带开展石英砂矿资源调查,评价了荣成旭口和仙人桥、牟平邹家疃、威海后双岛及龙口屺崂岛等玻璃用石英砂矿床(点)。

第一节　成矿系列位置和该系列中矿产分布

胶北及胶莱拗陷地区与第四纪沉积作用有关的河流冲积型砂金矿见于招远、莱州、牟平、乳山、栖霞等地岩金矿产区及其近缘地带。胶东地区的砂金矿床主要分布在莱州—牟平一带的从低山丘陵区流向渤海及黄海的河流——烟台外夹河、牟平辛安河、蓬莱黄金河、招远中流河等现代河流中。

鲁东滨海地区有含铪锆石矿矿床7处,其中锆资源储量达到中型者1处,小型者6处;伴生铪资源储量达到大型者1处,中型者4处,小型者2处。均分布在荣成石岛矿带内,此外在乳山白沙滩、海阳凤城、青岛沙子口、胶南烟台山等地分布有锆英石砂矿及矿化点。达到玻璃用硅质原料工业要求的石英砂矿床均为形成于全新世的滨海沉积型矿床。该类矿床发育于胶东沿海地带,赋存于第四纪全新世旭口组中。

第二节　区域地质构造背景及主要控矿因素

一、区域地质构造背景及成矿环境

砂金矿层赋存于现代河床及河漫滩的松散砂砾层中。含矿层走向与河谷延伸方向基本一致。含矿层多呈层状、似层状近水平产出(砂层底面向海岸边方向倾斜,坡度为0°~5°)。含矿层多为二元结构,上部主要为不含金的黏土和少量粗碎屑组成的泥砂层,下部为含金的砂、砾石、角砾和少量黏土组成的矿砂层,并常常具有磨圆度高,分选好,成分复杂的特点。

滨海沉积型砂矿床主要分布在山东半岛东部的荣成市成山头—青岛市黄岛一带的沿海地带,为发育在第四纪全新世沉积层中的滨海沉积型含铪锆石砂矿床,以产出状态分为海积型、风积型和风化剥蚀型。含矿砂体大致平行海岸分布,成矿物质来源于沿海地区的碱性-偏碱性侵入岩的风化剥蚀物。有用元素赋存于锆石中,为锆矿和铪矿,铪矿为锆矿伴生组分。

达到玻璃用硅质原料工业要求的石英砂矿床均为形成于全新世的滨海沉积型矿床。该类矿床发育于胶东沿海地带,赋存于第四纪全新世旭口组中;多直接覆盖于中生代和元古宙花岗质岩体或早前寒武纪变质地层之上,少部分覆盖在中、新生代火山岩之上。胶东半岛北部沿海岸地带石英砂矿主要赋存在滨海沉积层中,但在滨海沉积层之上的滨海风积层(如牟平邹家疃)及滨海沉积层之下的滨海冲积层(如荣成旭口)中也有少量石英砂矿分布。

二、主要控矿因素

含铪锆石砂矿床一般沿河流及海岸分布在沙嘴。海湾、河流边滩易于富集成矿,近水平层状平行海岸分布,成矿物质来源于沿海地区的碱性-偏碱性侵入岩的风化剥蚀物。有用元素赋存于锆石中,为锆矿和铪矿,铪矿为锆矿伴生组分。

胶东半岛玻璃用石英砂矿的形成,主要受着区域地层、岩石、构造、地貌等多种条件的控制。其中,区域地层、岩石是石英砂矿形成的物质基础;而断裂构造、地形地貌、气候、潮汐作用等是促成岩石风化、裂解、矿物筛选、石英砂分选富集成矿的重要条件。

第三节　矿床区域时空分布及成矿系列形成过程

一、矿床区域时空分布

山东省内可作为玻璃用硅质原料的第四纪海相石英砂,一般为现代滨海沉积型,主要分布在胶东半岛的北海岸地带,其为我国玻璃用石英砂矿主要产区之一。

在胶东半岛北部,东起荣成,经威海、牟平、烟台、龙口,西至莱州的长达250 km的海岸地带,断续分布着第四纪全新世滨海沉积物,发育着质量优良的玻璃用石英砂矿床(点)。其中的大、中型矿床有荣成旭口和仙人桥、威海后双岛、牟平邹家疃及龙口屺㟂岛;主要矿点有威海前双岛、莱州土山及荣成俚岛(图28-1)。此外,在崂山、胶南、日照等胶东半岛东海岸地带也有石英砂矿分布,但其多为型砂或含锆英石砂矿等。

含铪锆石砂矿床主要分布在山东半岛东部的荣成市成山头—青岛市黄岛一带的沿海地带,为第四纪全新世沉积。

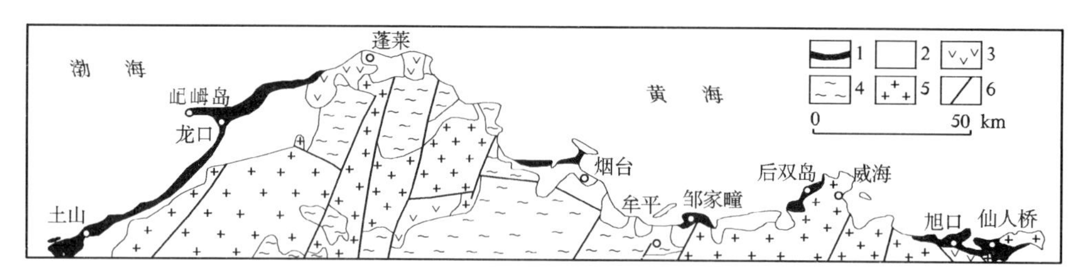

图 28-1　荣成旭口—龙口岠峪岛石英砂矿分布简图

(据山东省地矿局区调队 1992 年 1:50 万鲁东地质图编绘;引自《山东非金属矿地质》,1998)

1—第四纪全新世旭口组;2—第四纪其他沉积物;3—中生代中基性火山岩;4—前寒武纪变质岩系;5—各时代花岗岩类岩石;6—断层

二、成矿系列的形成过程

胶东半岛石英砂矿的形成,主要受区域地层、岩石、构造、地貌等多种条件的控制。其中,区域地层、岩石是石英砂矿形成的物质基础;而断裂构造、地形地貌、气候、潮汐作用等是促成岩石风化、裂解、矿物筛选、石英砂分选富集成矿的重要条件。

(一) 地层条件

胶东半岛滨海地带石英砂矿床均产于第四纪全新世早期渤海与黄海海滨地带的砂砾质海岸和基岩海岸的海积砂、夹少量砾石和淤泥的松散沉积层,为海积、海冲积、海风积成因(张增奇等,1996;方长青等,2001)。常形成滨岸砂坝、砂丘或 1~5 m 高的海积一级阶地。厚度一般<20 m。旭口组为滨海石英砂、锆英石砂、砂金、型砂、磁铁矿砂、金红石砂等砂矿的含矿层位,其中以玻璃用石英砂规模最大,质量最好。

(二) 岩石条件

鲁东沿海地区广泛出露太古宙、元古宙及中生代花岗质侵入岩。这些花岗质岩石含有大量的石英矿物颗粒,其含量一般在 22 %~37 %之间,多在 25 %左右(据《山东省区域地质志》,1991)。

此外,在鲁东地区近海岸地带还出露着早前寒武纪变质地层——胶东岩群、荆山群、粉子山群,其中一些变质岩石中也含有较多的石英矿物颗粒。上述这些花岗质岩石及变质地层中富含石英的岩石经风化裂解、搬运、分选等一系列地质作用后,石英矿物被分离出来,为石英砂矿的形成提供了丰富的物质来源。

(三) 构造条件

区内断裂构造及岩石中解理、裂隙均很发育,易使岩石破碎和促进风化作用的进行,其对岩块、岩屑搬运及石英矿物颗粒能够从岩石中分离出来起到重要的控制作用。此外,鲁东地区自新近纪以来,新构造活动较为明显,地块缓慢抬升,形成海成阶地,使富集的石英砂体赋存于海成阶地中不致于被海流带走或分散,得以保存下来。

(四) 地貌条件

胶东半岛北部处于低山丘陵地貌区,大多数河流流向黄海或渤海,在海岸地带形成低平的滨海地貌,利于山丘区风化剥落下来的岩块、岩屑的搬运、破碎、矿物分选、堆积。此外,在滨海区,一级海岸阶地(滨海平台)较宽,且附近均有小海湾,使海水波浪、岸流、底流因受阻而流速变缓,致使搬运能力减弱,利于石英砂的沉积。

(五) 气候条件

第四纪全新世气候温湿,故风化作用较强。又由于地表水发育,有利于陆屑物质的搬运、分选,从而在滨海地带形成石英砂矿。滨海砂矿是在波浪作用与潮汐作用强烈的高能环境下堆积而成的。适宜的海水动力条件与石英砂矿沉积有着密切的关系。当海水淹没至适当深度时,由拍岸浪携带的物质经此可以得到充分的淘洗和簸选,细粒物质被搬运至较深海域,石英砂得以高度地分选而沉积。据一般测定,海水淹没深度大致为5~10 m时(相当于1/2波长)对石英砂的堆积最为有利(秦元熙,1994)。

第四节　代表性矿床剖析

一、新生代河流冲积型(辛安河式)砂金矿床

(一) 矿床式

1. 区域分布

胶北及胶莱拗陷地区与第四纪沉积作用有关的河流冲积型砂金矿见于招远、莱州、牟平、乳山、栖霞等地岩金矿产区及其近缘地带,成矿时代为第四纪。第四纪砂金矿分布较普遍,具有开采利用价值。胶东地区的砂金矿床主要分布在莱州—牟平一带的从低山丘陵区流向渤海及黄海的河流,烟台外夹河、牟平辛安河、蓬莱黄金河、招远中流河等现代河流中。

2. 第四纪河流冲积型砂金矿床的一般特征

砂金矿层赋存于现代河床及河漫滩的松散砂砾层中。含矿层走向与河谷延伸方向基本一致。含矿层多呈层状、似层状近水平产出(砂层底面向海岸边方向倾斜,坡度为0°~5°)。含矿层多为二元结构,上部主要为不含金的黏土和少量粗碎屑组成的泥砂层,下部为含金的砂、砾石、角砾和少量黏土组成的矿砂层,并常常具有磨圆度高,分选好,成分复杂的特点。其沿走向长多在3~12 km之间,宽多在80~350 m之间;矿砂层厚度一般为0.7~12.0 m。含金砂层除少数接近地表外,多数埋于地下2~12 m之间。见图28-2。

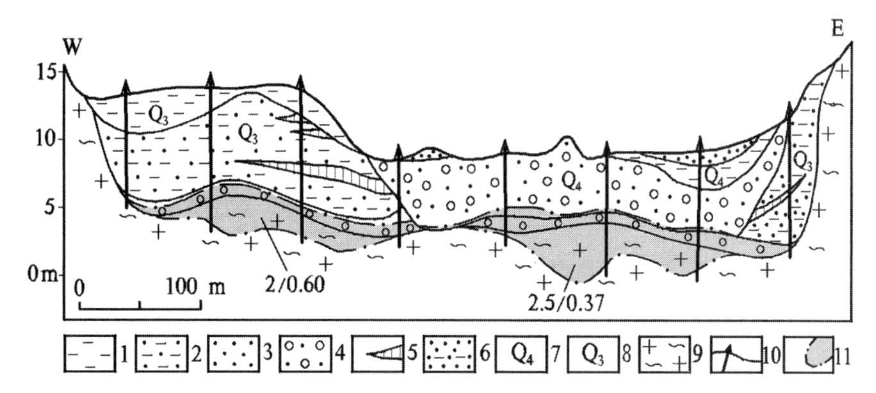

图28-2　招远诸流河砂金矿2线剖面图

(据《山东省区域矿产总结》,1989年)

1—粉砂质黏土层;2—砂质黏土层;3—中粒砂层;4—含黏土砂砾岩;5—泥质层;6—黏土质砂层;7—全新世冲积层;8—晚更新世冲积层;9—新元古代震旦期黑云母二长花岗岩;10—砂钻位置;11—砂金矿体厚度(m)/品位(10^{-6})

矿砂内有用矿物除自然金外,伴生重矿物有磁铁矿、石榴子石、锆石、榍石、钛铁矿、石英、长石等。矿床 Au 平均品位在 0.17×10^{-6}(烟台外夹河)~2.29×10^{-6}(蓬莱龙山店)之间。金颗粒直径一般为 0.1~1.0 mm。偶见自然金块,如发现于栖霞亭口的重 812.5 g 的自然金块及 1988 年在牟平辛安河发现的质量为 3 700 g 山东省迄今发现的最大自然金块。

按照有关砂金矿床成因分类❶,山东省内砂金矿分别属河谷型和现代河床型砂金矿。前者以牟平辛安河砂金矿为代表,其形成时代为晚更新世晚期至中全新世;后者以招远中流河砂金矿和栖霞占疃河砂金矿为代表。

3. 矿床规模和品位

山东省内砂金矿床全部为小型矿床,单个矿床探明资源储量多在 0.5~3.0 t 之间。Au 平均品位较低,除个别矿床达 1.46×10^{-6}~2.29×10^{-6}以外,多数砂金矿床 Au 品位均在 0.17×10^{-6}~0.79×10^{-6}之间。

山东省内砂金矿由于占用农田、回收率低及经济技术原因,包括采用采金船开采的辛安河矿区在内,所有砂金矿已全部停采。

(二) 代表性矿床——牟平辛安河砂金矿床地质特征❷

1. 矿区位置

辛安河砂金矿区位于牟平城区西—西南约 5~25 km 的辛安河流域内。大体北起解甲庄—辛安一线,南至高陵镇上朱车。矿区总体呈近 SN 向展布的河曲状,长约 30 余千米。

矿区在地质构造部位上居于胶北隆起东北缘,东隔牟平即墨断裂与威海隆起相接。矿区南部的低山丘陵地带,即为著名的金牛山—金青顶等众多硫化物石英脉型金矿发育地区。

2. 矿区地质及地貌特征

(1) 矿区地质特征

矿区东西两侧出露基岩,在中南部的祝家疃以南至高陵—上朱车一带为新元古代青白口期片麻状中粒二长花岗岩及震旦期玲珑弱片麻状中细粒含石榴二长花岗岩。在祝家疃以北地段为古元古代荆山群变质岩石。

矿区内第四系发育,约占矿区面积的 80 %以上,为更新世—全新世沉积物,砂金矿主要赋存在河流相沉积物中。① 中更新世坡积物:分布零散,主要分布在沟谷的谷坡部位,呈坡积裙。岩性为红色、棕红色黏土,含岩石碎块。② 晚更新世冲积湖积物:覆于中更新世红色黏土或基岩之上,地表出露形态为一级上叠阶地或基座阶地。可分为 2 个沉积旋回,每个旋回均以砂砾石层开始,以砂质黏土结束。③ 全新世冲积物洪积物:覆于更新世沉积物之上,在各河流、沟谷中都有分布。岩性主要为含泥粗砂砾石层,砾石磨圆度差,呈棱角或次棱角状,分选性差。矿体主要赋存于全新世和晚更新世的松散砂砾层中,碳同位素年龄为(8 990±170)~(22 540±560)a(王祖庆等,1992)。

区内断裂构造发育,NNE 向的牟平即墨断裂从矿区东侧通过,其从总体上控制着区内各类地质体的展布及河流的走势。

(2) 矿区地貌特征

本区位于胶东低山丘陵区的东北部边缘,地势南高北低,向北缓倾斜。南部山势陡峻,沟谷狭窄,北部地形平缓,河谷宽阔。可划分为 3 种类型的地貌区:丘陵剥蚀区、丘陵剥蚀堆积区、河谷堆积区,砂金矿发育在河谷堆积区内。

河谷堆积区分布在辛安河河谷。辛安河南自牟平南部的松山北麓,向北流经高陵水库后入黄海。

---

❶ 侯庆有,中国的金矿,见冶金部地质勘查总局,国家黄金管理局等主编,黄金手册,1990 年。

❷ 中国人民武警黄金第十支队张维武等,山东省牟平县辛安河上游砂金矿床勘探地质报告,1988 年。

南部山势陡峻，河谷狭窄；北部地形平缓，河谷宽阔，河谷断面呈屉形。沿辛安河东谷坡，从丘家河到槐树庄发育不连续的一级上叠阶地，阶面平坦，呈缓倾斜，阶面高出河床 2~4 m，坡角一般为 0°~3°，阶地宽几十米至百余米。

3. **矿体特征**

砂金矿体赋存在河床及河漫滩松散冲积砂砾石层中。冲积层具明显的二元结构：① 上部主要为不含金的黏土和少量粗碎屑组成的泥砂层。② 下部为含金的砂、砾石、角砾和少量黏土组成的矿砂层，砾石具有磨圆程度高、分选好、成分复杂的特点。

矿体形态简单，纵向连续性较好，横向具有分支复合、夹石和膨胀收缩现象（图 28-3）。矿体总长 34 130 m，最宽 400 m。矿体呈层状、似层状水平产出，在空间分布上与河流一致。

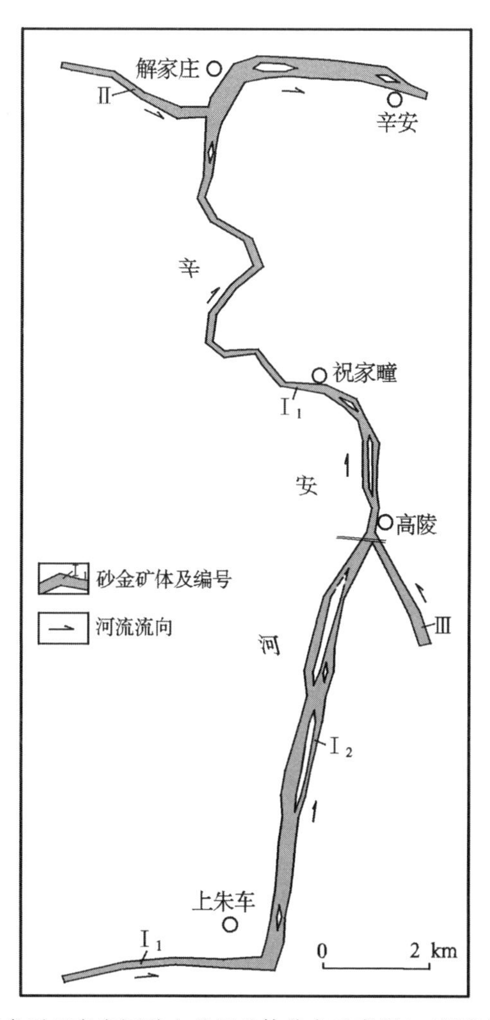

图 28-3　招牟平区辛安河砂金矿区矿体分布示意图（王祖庆等，1992 年）

牟平辛安河砂金矿可分为上游及下游 2 段，矿体产出特征基本是一致的。其中辛安河上游砂金矿区共圈出 4 个矿体，各矿体特征见表 28-1。

矿区内的Ⅰ2 号矿体为本区采金船开采的主要矿体，其砂金储量占全区总储量的 80 %以上。矿体产于下夼支流中，南起上朱车附近，北到高陵水库附近，总长 8 071 m，最宽 218 m，最窄 40 m，平均为 132 m。混合砂矿体最厚 9.80 m，最薄 3.00 m，平均厚 6.64 m，厚度变化系数为 18 %。

表 28-1 牟平辛安河上游砂金矿区矿体特征

矿体编号	矿体长度/m	矿体宽度/m	矿体厚度/m	矿体平均品位/10^{-6}	厚度变化系数/%	品位变化系数/%
Ⅰ1	2698	50	0.80	0.5250	20	19
Ⅰ2	8071	132	6.64	0.1999	18	115
Ⅱ	909	30	1.10	0.6000	10	40
Ⅲ	2131	124	2.04	0.5217	60	51

据张维武,1989 年。

Ⅰ2 号矿体纵向连续性好,横向有分支复合、夹石和膨缩现象,矿体在分布上呈现上、下游窄小,中部肥大的变化趋势。在矿体的中北段因出现几处纵向对应"夹石",而使矿体呈现分支复合现象。矿体沿河谷呈层状、似层状产出,纵横向上坡度变化较小。从上游至下游矿体厚度有逐渐变大的变化趋势,横向上厚度变化较小,无明显的变化规律。

Ⅰ2 号矿体砂金含量分布不均匀,沿矿体纵、横向砂金品位无明显的变化规律,而在垂直方向上变化规律明显,即砂金多分布于砂砾石层与基岩接触面以上 0.5~1.0 m 之间。矿体中单工程混合砂金品位最高为 1.773 4×10^{-6},最低为 0.005 9×10^{-6},平均品位为 0.199 9×10^{-6}。

4. 矿砂特征

矿砂主要由黄褐色、黄灰色、灰白色的砂砾石和少量泥质组成,其中砂含量为 47.84 %,砂砾石含量为 43.72 %,泥含量为 6.70 %,巨砾含量为 1.74 %。

矿砂组分在纵、横方向上无明显差异,仅在垂向上变化较大,主要表现为从上到下,矿砂粒度由细变粗,自然金及伴生重砂矿物,如磁铁矿、钛铁矿、独居石、石榴子石等含量增加。上部为表土层,厚 1.00 m,不含金;中间为砾石中砂层,厚 2.90 m,不含或含微量金;下部为粗砂砾石层,厚 1.50 m,为区内主要含金层位。

砂金多呈金黄色、黄色,颜色鲜艳,色调均匀,显极强的金属光泽。自然金的成色为 672~1 000,平均 854。自然金形态主要以粒状(60.41 %)、板状(占 29.94 %)为主,其次有片状(占 4.43 %)、柱状(占 2.97 %)、树枝状(占 0.66 %)及不规则状(占 1.59 %)。自然金表面粗糙,凸凹不平,多具小沟、洼坑及麻点。砂金的粒度以中粗粒为主,其重量百分比在 96 %以上。

与自然金伴生的重砂矿物有石榴子石、锆石、磁铁矿、钛铁矿、石英、长石等。

5. 砂金物质来源及富集规律

(1) 砂金物质来源

区内砂金成矿物质来源极其丰富,属多源补给型,提供金质的地质体主要是区内广泛分布的、含金背景值较高的"胶东岩群"变质岩系和花岗岩体,其次是含金石英脉等。这些含金地质体中的金被带出后,首先进入残坡积层中,然后被移到冲积砂层中富集成矿,残坡积层实际只起到了中间储集体的作用。同时,砂金的补给又是多方向的,既有上源补给、侧向补给,又有底源补给,本矿床以侧向补给为主。

(2) 砂金矿富集规律

区内砂金具有如下富集规律:① 支谷与主谷交会处,古河床与现代河床交叉处,是砂金富集的有利部位。② 河床基岩风化强且层面凹凸不平、裂隙节理发育处有利于砂金沉积。③ 自然金主要富集于砂砾层底部。④ 多向补给,多次富集的砂金品位较高,规模较大。本矿床属于多向补给、多次富集型。

6. 地质工作程度及矿床规模

1961 年,山东省冶金地质勘探公司第三勘探队在辛安河下游的解甲庄—冶头地段进行过砂金普查工作,计算出砂金资源储量 0.16 吨;1975~1976 年,该队又对牟平解甲庄地段进行砂金普查,计算出砂金资源储量 0.41 吨。

1983~1988年,中国人民武装警察部队第十支队在辛安河地区系统地开展砂金普查勘探工作,于1986年和1988年先后提交了《山东省牟平县辛安河砂金矿区高陵水库下游勘探地质报告》和《山东省牟平县辛安河上游砂金矿区勘探地质报告》,为中型矿床(艾宪森等,1996)。

二、第四纪滨海沉积型(石岛式)含铪锆石砂矿床

(一) 矿床式

分布在山东东部荣成—胶南一带滨海地区的锆石砂矿主要分布在碱性侵入岩发育地区的河流入海处之第四纪冲积层、海积层、残坡积层或风积层中。

不同地区的砂矿床具有大致相似的地质特征。

1. 矿体分布特征及含矿层位特征

锆石砂矿一般沿河流及海岸分布,尤其在砂咀、海湾、河流边滩等部位易于富集成矿。矿体呈近水平的层状分布在滨海平原上,部分矿体被海水淹没。

锆英石砂矿的含矿层位比较稳定。在以正长岩质侵入岩为物源区的第四纪沉积层中往往有锆石富集成矿;含矿物质以长石石英砂、石英砂、细砂、粉砂、含砾砂为主;含矿沉积物中的分选性和结构成熟度都比较高。

2. 矿层特征

本区锆石砂矿可分为海积型、冲积型和风化剥蚀型3种类型。

(1) 海积型砂矿

分布在堆积的海岸地带的第四纪全新世旭口组中。砂矿分为2层:① 现代海积砂矿(Ⅰ层)分布于海平面上下;② 埋藏海积砂矿(Ⅱ层)分布于第Ⅰ层砂矿下面的泥层之下,风化壳之上。

(2) 冲积型砂矿

分布在河漫滩、现代河床、冲沟及阶地中,砂矿分为2层:① Ⅰ层矿为表层矿,与海积型Ⅰ层砂矿相对应;② Ⅱ层砂矿与海积型Ⅱ层砂矿过渡,之上有现代冲积物覆盖,并往往有灰黑色沼泽相泥质粉砂层覆盖。

(3) 风化剥蚀型砂矿

分布在海积和冲积型砂矿下部的正长岩体的风化剥蚀层中。

(二) 代表性矿床——荣成市石岛含铪锆石(-金红石-钛铁矿)砂矿床地质特征❶

1. 矿区位置及矿区地质地貌特征

石岛含铪锆石砂矿区位于荣成市东南16~28 km间。包括楮岛、港头、小店、十里家园、桃园、崮山、谭村林等7个矿区。矿区3面环海,西靠大陆,范围近200 km^2。

(1) 地层

包括临沂组和旭口组。临沂组分布在冲沟、现代河流两侧,主要由含砾黏土质粉砂、砂质黏土等,厚度一般不超过5 m,可划分为上下2层(其间为厚0.5~1 m的灰色泥质粉砂层),也即发育2层含矿砂体(Ⅰ层和Ⅱ层)。旭口组分布在现代河流入海口附近,可分为3层,由下至上依次为砂层—泥层—砂层,是锆石的主要赋存层位。

(2) 侵入岩

矿区内侵入岩形成于新元古代晋宁期和中生代印支期。前者为花岗闪长质片麻岩及二长花岗质片麻岩,分布在楮岛、斥山、桃园、石岛、镆铘岛一带;后者为中—中细粒角闪正长岩、斑状中粗粒含角闪辉

❶ 山东省冶金局第五勘探队,荣成县石岛锆石砂矿勘探报告等成果资料,1960,1963。

石正长岩、斑状辉石正长岩等,分布在小店—崮山—东山—桃园一带。

(3)地貌

矿区地貌大致可分为剥蚀山地、二级剥蚀面和一级夷平面3种类型。

剥蚀山地:面积不大,主要呈NE向分布于矿区中央部位,海拔高度一般在200 m左右,基岩裸露,地形陡峻,由于剥蚀作用比较强烈,山体外形大多呈球面状。

二级剥蚀面:为矿区主要的地貌类型,高度一般在20~40 m,主要分布在剥蚀山地的周围和两剥蚀山地之间,地表呈波状起伏,在2个相邻大致平行的波形剥蚀面之间有现代河流分布。

一级夷平面:主要分布在近海岸地带及河流两侧,海拔高度一般在10~20 m,呈较好的夷平状态。在现代河流两侧常形成河流的Ⅰ级阶地。在海岸地带往往发育连岛砂洲、海滩、砂咀、潟湖及海蚀崖等。

2. 不同类型砂矿层特征

滨海地区的锆石砂矿主要分布在碱性侵入岩发育的河流入海口之第四纪冲积、海积及残坡积或风积层中,可分为海积型、冲积型和风化剥蚀型3种类型。

海积型锆石砂矿:赋存于旭口组中,锆石品位一般比较高,矿层分布稳定、规模较大,常形成具有工业意义的矿床,如楮岛、桃园等矿区。砂矿体分为2层。a.现代海积砂矿(Ⅰ层)位于海平面上下,矿层平均厚度1.7 m,锆石平均品位3 200 g/m^3,个别样品品位可达7 400 g/m^3;b.埋藏海积型砂矿(第Ⅱ层)位于第Ⅰ层砂矿下面的泥层之下,风化壳之上,埋深4~15 m,矿层连续,厚度比较稳定,平均厚度2.6 m,锆石平均品位5 000 g/m^3。

冲积型锆石砂矿:分布比较广泛,为矿区内比较重要的类型。常形成规模比较大的砂矿体,如港头、崮山、谭村林家等矿区。此类砂矿也分为2层。a.表层矿(Ⅰ层),大部分出露于地表,矿层比较平缓,与海积型Ⅰ层砂矿相对应;b. 埋藏型砂矿(Ⅱ层),一般埋藏于Ⅰ层砂矿之下,与海积型Ⅱ层砂矿过渡。各层矿体规模因矿区而异。与海积砂矿相比,冲积砂矿分布不太稳定,砂矿富集部位往往受河流主流线控制,因此,汇水型地貌对砂矿形成比较有利(图28-4)。

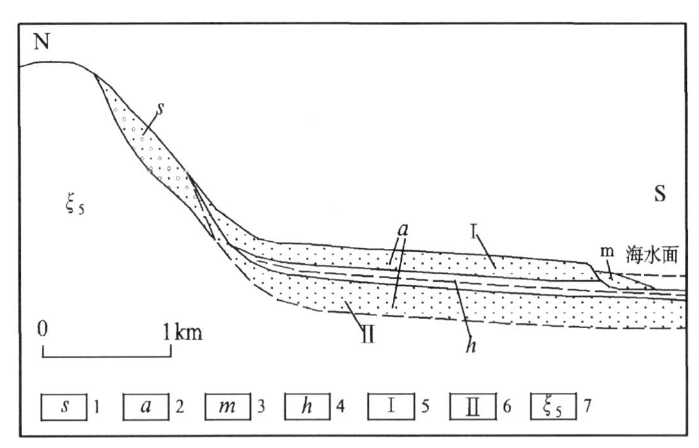

图28-4 荣成石岛锆石砂矿层分布示意图

(据石岛锆英石砂矿勘探报告等资料编绘,1963)

1—残坡积物;2—洪冲积砂;3—海积砂;4—湖沼相泥质粉砂;5—Ⅰ层含砂矿体;6—Ⅱ层含砂矿体;7—正长岩体

风化剥蚀型砂矿:分布于海积和冲积型砂矿的下部,赋存于正长岩体的风化剥蚀层中。矿层厚度变化较大,分布不稳定。在桃园矿区,矿层平均厚度为2.5 m,锆石平均品位5 000 g/m^3。

3. 重砂矿物共生组合特征

矿砂中的主要矿石矿物有锆石、独居石、金红石、磁铁矿、钛铁矿;脉石矿物有长石、石英、石榴子石、赤铁矿、榍石、蓝晶石、磷灰石、角闪石、云母、绿帘石、电气石、尖晶石、十字石、黄铁矿、矽线石等。但在不同矿区，由于沉积环境和物源区不同，重砂矿物的物质组成也不尽相同。

矿砂中含有 Zr，Hf，La，Ce，Y，Ga，Sr，U，Th 等多种稀有及放射性元素。据 48 件样品统计，Zr 含量为 6.2 %，U 0.101 % ，La 0.1050 % ，Ce 0.046 %，Y 0. 0195 %，Th 0.0076 %，V 0.037 %。矿区矿砂中 Hf 平均品位为 0.55940 %；锆石中 Hf/Zr 为 0.01。

4. 各矿区矿层及矿砂特征

在石岛锆石砂矿区约 200 km^2 范围内，普遍发育上、下 2 层矿体。按水系分布可分为楮岛、桃园、港头、崮山、谭村林家、小店、十里夏家 7 个矿区（段），其中 4 个主要矿区矿层特征列于表 28-2 中。

表 28-2　荣成石岛锆石矿各矿段地质特征

矿区名称	矿层编号	矿层规模			品位 /g/m^3	分布位置	成因
		长 /m	宽 /m	厚 /m			
桃园矿区	Ⅰ层	2000		2~6	平均 4168，个别高达 39120	近海岸线	海积型
		1800	80~250	1~7		砂咀中部	
		1700	100~200	0.5~5.75		澙湖岸边	
	Ⅱ层	＞2800	100~200	1~7	一般为 2000~5000，平均品位 4168，个别可达 7780	滨海或澙湖岸边	
楮岛矿区	Ⅰ层	3000	50 ~200	1.74	平均 9723，砂咀根部达 30000；向砂咀尖端方向逐渐降低。伴生金红石平均含量为 1553，钛铁矿平均为 9783	砂咀外缘	海积型
	Ⅱ层	局部地区有，埋深一般在 10 m 以下					
港头矿区	Ⅰ层	—	750	0.5~5.5	3545	港头东侧	冲积型
	Ⅱ层	3000~4100	1~5		2000~8000，平均 4184		
	Ⅰ层	2300	120	0.5~2.3	2500，个别钻孔达 10000	沿海及镆铘岛海湾	海积型
	Ⅱ层	3500	250~1400	0.5~4	2000~16000，平均 4000	镆铘岛海湾	
崮山矿区	Ⅰ层	4000	60~160	0.5~5.0	2 000~6 000	南北向河流两侧	冲积型
	Ⅱ层	300	40~3000	1. 5~7	平均 3644 ，个别达 10000		

据山东省冶金第五勘探队，1963 年。

5. 矿床成因

荣成市石岛地区的锆石砂矿主要分布在碱性侵入岩发育的河流入海口之第四纪冲积、海积及残坡积或风积层中，可分为海积型、冲积型和风化剥蚀型 3 种类型。

海积型锆石砂矿：分布在堆积的海岸地带的第四纪全新世旭口组中，砂矿分为 2 层：① 现代海积（Ⅰ层）分布于海平面上下；② 埋藏海积砂矿（Ⅱ层）分布于第Ⅰ层砂矿下面的泥层之下，风化壳之上。

冲积型锆石砂矿：分布在河漫滩、现代河床、冲沟及阶地中，砂矿分为 2 层：① Ⅰ层矿为表层矿，与海积型层砂矿相对应；② Ⅱ层砂矿与海积型Ⅱ层砂矿过渡，之上有现代冲积物覆盖，并常有灰黑色沼泽相泥质粉砂层覆盖。

风化剥蚀型砂矿：分布于海积和冲积型砂矿的下部，赋存于正长岩体的风化剥蚀层中。

6. 矿床规模

荣成市石岛地区的锆石砂矿桃园矿区属于大中型矿床，其他楮岛、港头、崮山、谭村林家、小店、十里夏家7个矿区均属于中小型矿床。

三、第四纪滨海沉积型(旭口式)石英砂矿床

(一) 矿床式

分布于胶东半岛北海岸地带的玻璃用石英砂为现代滨海相沉积矿床。这些不同产地的石英砂矿床具有大体相似的地质特征。

1. 含矿层位特征

石英砂矿含矿层位和层序在各产地基本相同。其主要由长石石英砂、石英砂、黏土、贝壳及少量暗色矿物组成。这套沉积物被厘定为第四纪全新世旭口组(宋明春等,2003),其多直接覆盖于中生代和元古宙花岗质岩体或早前寒武纪变质地层之上,少部分覆盖在中、新生代火山岩之上。

2. 矿体分布特征

石英砂矿体多沿海岸呈长条带状分布在高潮线以上,延伸方向与海岸线平行。各个产地的石英砂矿体均分布在小海湾近处(图28-1)。矿体呈近水平的层状赋存在微向海倾斜的海成一级阶地(平台)上。海平台较宽,一般高出海面1~5 m。所以就大部分矿区来说,石英砂矿体均分布在高出海平面1 m之上;但在一些矿体厚度较大的矿区内,下部矿层部分分布在海平面以下。

3. 矿层特征[1]

胶东半岛北部沿海岸地带石英砂矿主要赋存在滨海沉积层中,但在滨海沉积层之上的滨海风积层(如,牟平邹家疃)及滨海沉积层之下的滨海冲积层(如,荣成旭口)中也有少量石英砂矿分布。发育在这3类不同成因沉积物中的石英砂矿层形态基本相同,但矿层结构及规模有一定差异(表28-3)。

表28-3 胶东半岛北部主要产地玻璃用石英砂矿含矿层特征

产地	海滩砂砾层	石英砂含矿层					基底
		滨海风积层	滨海沉积层			滨海-冲积层	
			上矿层	下矿层	黏土层		
荣成旭口	粗粒石英砂及花岗质和安山质砾石。厚>3 m	黄色石英砂。厚0.3~5.0 m	白色浅黄色石英砂。厚0.6~4.0 m	灰色石英砂夹黑色软泥及海带草透镜体。厚0.1~2.0 m	黑色黏土(富含有机质)。厚0.8~2.0 m	中粒白色浅黄褐色石英砂。厚2.8~>3.3 m	早白垩世青山群火山岩及元古宙花岗质岩石
荣成仙人桥	灰白色黄褐色细粒石英砂及花岗质和安山质砾石。厚>5 m	黄褐色细粒石英砂。厚>1 m	浅黄褐色细粒石英砂,局部含砾,底部为泥炭层。厚1.0~3.1 m	黄色石英砂层及白色石英砂层夹黏土层。厚0.2~0.7 m	黏土层。厚1.5 m左右	残积的红色黏土及砂质黏土。厚2.0~7.0 m	元古宙及中生代花岗质岩石
牟平邹家疃	浅黄色细粒与中粗粒长石石英砂互层。厚1.0 m	浅黄色黄色细粒石英砂。厚1.0~17.0 m	浅黄色细粒石英砂,上部黏土质较多。厚0.4~3.6 m	灰色细粒石英砂,顶部可见含贝壳碎片软泥层。厚2.6~4.2 m	黏土质褐色石英砂层。厚0.2~5.0 m		元古宙花岗质岩石
威海后双岛	长石石英砂、软泥夹贝壳。厚7.2 m	浅黄色—黄色细粒石英砂。厚14.5 m	黄色及灰色石英砂,具水平层理及斜层理。厚0.5~7.1 m	灰色石英砂夹软泥透镜体及贝壳。厚1.1~8.4 m	黑色软泥,含贝壳层。厚7.1 m		元古宙花岗质岩石

据1963~1976年建工部非金属矿地质公司华东分公司503队成果资料。

[1] 主要据山东省地矿局区调队,山东省区域矿产总结(送审稿),1988年;山东省地矿局,山东省地质矿产志,1992年;有关胶东半岛石英砂矿勘查成果资料。

(1) 滨海沉积矿层特征

滨海沉积石英砂矿层在各矿区内均有分布,可分为上部矿层和下部矿层。

① 上部矿层

矿层分布在海积一级阶地(平台)上,直接出露于地表。主要呈层状,少部分呈透镜状。其走向与海岸线平行(总体为近 EW 向),微向海倾斜,发育有水平层理。矿层顶部海拔一般为 1~3 m(最大者 5 m)。矿层长 2 600~5 500 m,宽 300~2 400 m,厚一般为 2.50~3.0 m。上矿层主要由细粒石英砂组成,以浅黄色、黄色、黄褐色为主,其次为灰色。矿层中夹有 1~2 层呈薄层状或透镜状的腐殖质泥以及贝壳和贝壳碎片。上部矿层因裸露于地表,其顶部常覆盖有 0.1~0.2 m 厚的腐殖质层;矿层底板为 0.1~2.0 m 的黑色黏土层或泥炭层。

② 下部矿层

矿层总体呈近水平的层状,个别呈透镜状产出,埋深 2~5 m。矿层长 1 650~4 350 m,宽一般 1 250 ~2 250 m(窄者 300~700 m),厚 3~5 m。下部矿层主要由灰色白色细粒石英砂组成,含有薄层或透镜状软泥及贝壳碎片。

(2) 滨海风积矿层特征

滨海风积矿层主要见于牟平邹家疃及威海后双岛。矿体形态为新月形、椭圆形或浑圆形的砂丘。

矿体产出部位及形态主要受季节及风向的影响,变化较大。呈砂丘状的石英砂矿体大体作近 EW 向延伸,一般南坡陡于北坡,砂丘中间(顶)最厚,四周薄;单矿体常由几个相连的大小砂丘构成(相连部分成为鞍状体)。滨海风积石英砂矿层主要由浅黄色细粒石英砂组成,矿层厚度一般为 5~7 m,薄者 0.3 m(荣成旭口),厚者 17.0 m(牟平邹家疃)。

(3) 滨海冲积矿层特征

滨海冲积矿层出现在河口三角洲地带,只见于荣成旭口,分布在滨海沉积砂矿层之下(埋深 5 m)。

矿层厚 2.8~>5.5 m(未见底)。主要由白色—浅黄色中粒石英砂组成,夹有 3 层黄色黏土及砂砾质黏土(每层厚 0.2~0.3 m,靠近海边因有机质增多而成为黑色黏土)。滨海冲积矿层石英砂 SiO_2 含量高,质量优于滨海沉积矿层中的石英砂,但规模较小。

综上所述,胶东半岛沿海岸地带的石英砂矿是第四纪全新世早期形成的机械沉积矿床。主要是海水的波浪振荡及岸流作用将沿海岸地带分布的花岗质岩石碎屑反复进行分选→搬运→堆积形成的滨海沉积石英砂矿层。在某些地区参与了河流及风力的分选→搬运作用,又形成具有滨海风积及滨海冲积特点的石英砂矿层。据石英砂的磨圆度、形状、粒级及矿砂中副矿物类型、岩屑、基底和近源岩系等特点分析,石英砂来源于胶北隆起区内广泛出露的中生代和元古宙花岗质岩石及早前寒武纪变质地层。

4. 矿砂特征

产于现代滨海地带的石英砂矿床的矿石为松散的砂状体,其主要为海浪与潮汐作用下形成的,但在某些地段又有风力及河口三角洲冲积作用参与形成的矿体。故此,对区内石英矿砂大体可划分为滨海沉积型、滨海风积型及滨海冲积型 3 种产出类型。这 3 种矿砂类型具有大体相似的矿物组成和化学成分特点。

区内各种类型石英矿砂以中细粒砂和细粒砂为主,分选好,粒度较均匀,除滨海冲积型矿砂外,粒级在 0.74~0.10 mm 之间者一般占 90 %以上。矿砂矿物成分以石英为主,含量多在 85 %~95 %之间;其次为长石、岩屑及少量黏土、磁铁矿、钛铁矿、褐铁矿、角闪石、云母、石榴子石,以及微量锆石、榍石、电气石、金红石、黄玉、铬尖晶石等。

矿砂中的石英为白色、白色微带黄褐色、灰白色。半透明—透明;玻璃光泽,部分为油脂光泽。半棱角状—次圆状;多为粒状,少量呈不规则的柱状。石英多为单晶屑,亦有连晶或与长石、暗色矿物连生,个别粗粒状石英中见有暗色包裹体。

胶东半岛海岸地带的石英砂矿，质地较纯，SiO_2 含量较高在 86 %~93 %之间；Al_2O_3 含量因各矿区矿砂中的长石含量多少而异，在 3.50 %~7.75 %之间。但总体来看，矿砂化学成分比较稳定，Fe_2O_3（0.1 %~0.5 %之间）、TiO_2（0.05 %~0.10%之间）含量比较低。

石英砂之主要化学成分变化与其粒度具有一定关系，荣成旭口石英矿砂的有用组分（SiO_2）多集中分布在 0.60~0.30 mm 的粒级中；<0.3 mm 的矿砂，有用组分稍有降低，而有害组分（Al_2O_3，Fe_2O_3）含量骤增；>0.60 mm 稍粗一些的矿砂中，由于石英砂粒中含有铁矿物，而造成矿砂中 Fe_2O_3 含量有所增高。旭口石英矿砂的最佳粒级为 0.60~0.30 mm，其含量与 SiO_2 值呈正相关关系，与 Al_2O_3 值呈负相关关系（秦元熙，1994 年）。

（二）代表性矿床——荣成市旭口石英砂矿床地质特征[1]

1. 矿区位置及矿区地质地貌特征

矿区在地貌上处于海积平地的临海滩一侧，海成阶地发育。在海成一级阶地上沉积了滨海沉积层，形成了现代滨海石英砂矿层。海成一级阶地上的局部地段发育有风成地形，见有风成砂丘及风蚀洼地，分布有滨海风成石英砂矿层（图 28-5）。

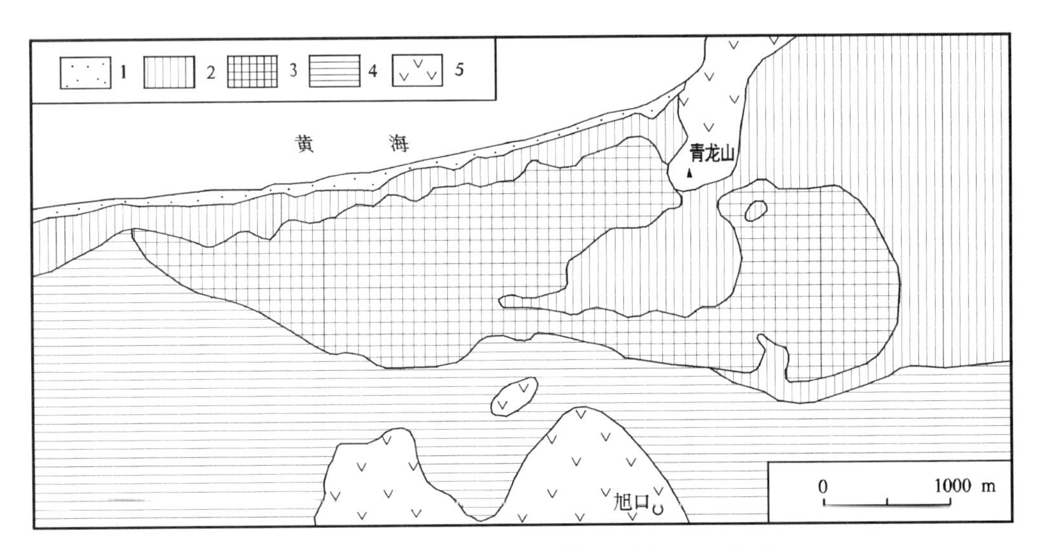

图 28-5 荣成旭口石英砂矿区第四纪沉积物分布简图

（据建工部非金属矿地质公司 503 队 1965 年资料及山东省地矿局 2000 年 1∶20 万区调资料编绘）

1—海滩砂砾质沉积物；2—滨海风成沉积物；3—滨海沉积物（石英砂矿层）；4—滨海积、风积、残坡积物（耕植层）；5—早白垩世青山群流纹质及英安质火山岩

2. 矿层结构

荣成旭口石英砂矿床主要由分布稳定的滨海沉积砂矿层（上部）和滨海冲积砂矿层（下部）构成。滨海风成砂矿层，分布规模小，厚度变化较大。滨海沉积砂矿层出露于地表，分布在潜水面上下；滨海冲积砂矿层伏于滨海沉积砂矿层之下，部分砂体在海水面之下。这 2 类砂矿层延伸稳定，长度约 5 000 m（控制长 3 700 m），宽度多在 1 250~1 500 m 之间。

滨海沉积砂矿层：平行于海岸分布。一般可分为以白色浅黄色石英砂为主的上矿层（厚 0.6~4.0 m）

[1] 建筑工程部非金属矿地质公司华东分公司 503 队，荣成县旭口石英砂矿区地质勘探报告，1965 年；山东省荣成县旭口石英砂矿区补充地质勘探报告，1976 年。

及以灰色石英砂为主的下矿层(厚 0.1~2.0 m,其间夹黑色软泥及海带草透镜体),二者以颜色区分,矿砂成分及粒度基本相同。上、下矿层之间为黑色淤泥质黏土层所隔。上矿层之顶部为灰化的腐殖质层,下矿层之底部为黑色淤泥质黏土层。滨海沉积砂矿层厚度一般为 3.5~4.9 m,厚度变化稳定。

滨海冲积砂矿层:分布于滨海沉积砂矿层底部的淤泥质黏土层之下(顶面距地表约 5 m 左右)。主要为透明半透明的石英砂,含有少量长英质岩屑。砂粒分选及磨圆度稍差。该砂矿层厚度一般>4 m,其间含有 3 层黄色黏土、砂砾质黏土或黑色黏土(每层厚 0.2~0.3 m)。

3. 矿砂特征

矿砂矿物成分及粒级:矿砂主要矿物为石英(87 %~95 %),少量及微量矿物有长石(2 %~9 %)、角闪石、绿帘石、石榴子石、褐铁矿、磁铁矿、钛铁矿、赤铁矿、电气石、黄玉、锆石、金红石及铬尖晶石等(刘绍斌,1987;秦元熙,1994)。

矿砂颗粒较均匀,粒级在 0.74~0.10 mm 者占 85 %,其中 0.60~0.30 mm 者占矿砂总砂粒的 79 %~83 %。靠近海部分矿砂粒度稍粗些。滨海冲积砂矿层中的石英砂粒较粗,粒级>0.74 mm 者占 15 %~20 %,且存在着由上而下粒度变粗、白色和无色石英增多、浅黄色石英减少以至消失的趋势。

矿砂化学成分:SiO_2 含量一般为 92.58 %~93.96 %,最高达 94.79 %;Al_2O_3 含量一般为 3.20 %~3.43 %,最低为 2.53 %;Fe_2O_3 含量一般为 0.12 %~0.18 %,最低为 0.08 %。矿砂以Ⅰ级品为主,Ⅱ级品矿砂仅为单钻孔所见,呈透镜状见于地表及近矿层底板处。Ⅱ级品的 SiO_2 含量也比较高(达到Ⅰ级品要求),只是 Al_2O_3 及 Fe_2O_3 含量有所增高。

石英矿砂主要化学成分在矿层中的分布虽然总体说是比较均匀的,但不同粒级矿砂的化学成分也存在着一定的规律性的变化。如粒级为 0.74~0.40 mm 的矿砂质量最好,SiO_2 含量高,Fe_2O_3 含量低;Fe_2O_3 富集于<0.40 mm 粒级的矿砂中;Al_2O_3 富集于细粒级中,随矿砂粒度减小而增高。

旭口石英砂矿砂中存在的有害物质:Fe_2O_3 来源于薄膜铁(43.14 %)、重矿物铁(13.0 %)、包裹体铁(16.4 %)、黏土矿物铁(5.8 %)及其他铁质(21.7 %)(刘绍斌,1987);Cr_2O_3 来源于铬尖晶石及含 Cr 的角闪石和电气石。矿砂中所含的 Fe,Cr 物质经选矿处理后,其含量均可降低,使矿砂达到优质玻璃原料要求。

4. 矿床成因

旭口石英砂矿位于海岸地带,主要为海浪与潮汐作用下形成的砂矿,基地岩性为早白垩世青山群火山岩及元古宙花岗质岩石,为滨海(后滨带)沉积成因类型,区内砂矿可划分为滨海沉积型、滨海风积型及滨海冲积型。

5. 矿床规模

1964~1965 年及 1975~1976 年,建筑工程部非金属矿地质公司华东分公司 503 队先后对矿区进行了勘探和补充勘探,查明荣成旭口石英砂矿床为一大型矿床。

第二十九章　鲁西地区与第四纪沉积作用有关的金刚石、蓝宝石、金、建筑用砂、贝壳砂、地下卤水矿床成矿系列

第一节　成矿系列位置和该系列中矿产分布 ········· 560
第二节　区域地质构造背景及主要控矿因素 ········· 561
一、区域地质构造背景及成矿环境 ········· 561
二、主要控矿因素 ········· 562
第三节　矿床区域时空分布及成矿系列形成过程 ········· 562
一、矿床区域时空分布 ········· 562
二、成矿系列的形成过程 ········· 564
第四节　代表性矿床剖析 ········· 568
一、第四纪沉积型(廒里式)浅层地下卤水矿床 ········· 568
二、第四纪沉积型(郯城式)金刚石砂矿床 ········· 572
三、第四纪沉积型(昌乐式)蓝宝石砂矿床 ········· 577
四、第四纪河流冲积型(辛安河式)砂金矿床 ········· 583

鲁西地区与第四纪沉积作用有关的金刚石、蓝宝石、金、建筑用砂、贝壳砂、地下卤水矿床成矿系列包含2个亚系列，即：鲁北地区与第四纪滨海沉积作用有关的地下卤水、贝壳砂矿床成矿亚系列和鲁中地区与第四纪冲洪积-残坡积沉积作用有关的金刚石、蓝宝石、金、建筑用砂等砂矿矿床成矿亚系列。

鲁北地区与第四纪滨海沉积作用有关的沉积型矿床主要有浅层地下卤水和贝壳砂矿床，以往针对浅层地下卤水开展的地质工作较多。20世纪50年代以来，特别是1980年以来，为了有计划地开发渤海湾沿岸地下卤水资源，山东地矿、盐业等部门在北部沿海的不同区段进行了多次勘查评价和专题研究工作，基本查明了渤海湾沿岸地下卤水分布规律，估算了地下卤水资源储量，为当地盐业生产建设提供了资源依据。1995~1996年，山东省矿业协会、潍坊市地质矿产局、东营市矿产资源管理局开展了地矿部直管科研项目“山东沿海卤水矿产资源开发利用与环境保护调查研究”，该项研究充分收集整理了以往沿海地区卤水勘探、科研和开发利用资料，摸清了山东渤海沿岸浅层卤水分布总面积为2 196 km^2，估算卤水静资源储量为$82.6\times10^8\ m^3$。

鲁中隆起区在第四纪时，继承了前期构造活动特点，以差异性升降作用为主。在局部地区接受了河湖相碎屑和黏土质沉积及陆台玄武岩岩浆的中心式喷发，形成了金刚石(*砂矿*)、蓝宝石(*砂矿*)、金矿(*砂金*)等金属和非金属矿产。此期的构造活动主要沿沂沭断裂带发生，表现为频繁的地震运动；其他一些大断裂也有新构造活动迹象；在局部地段的一些拉张裂缝中有幔源岩浆侵位，形成一些橄榄玄武岩脉。

第一节　成矿系列位置和该系列中矿产分布

鲁北地区与第四纪滨海沉积作用有关的沉积型矿床主要有浅层地下卤水和贝壳砂矿床，代表性矿床为第四纪沉积型(*廒里式*)浅层地下卤水矿床——昌邑市廒里浅层地下卤水矿床；第四纪沉积型贝壳

砂矿床——垦利县惠鲁贝壳砂矿床。

山东的金刚石砂矿床，根据其成矿时代、成因和含矿岩石性质及岩石组合特征，为第四纪河流相碎屑岩建造金刚石砂矿床，典型矿床为郯城县陈家埠金刚石砂矿床。

山东蓝宝石砂矿床为第四纪更新世—全新世残坡积、坡积、洪冲积型蓝宝石砂矿床。代表性矿床为昌乐辛旺蓝宝石砂矿床。

鲁中地区新生代砂金矿主要分布在新泰市岳庄河、岔河、东牛家庄、鲁家庄一带，为与第四纪冲洪积-残坡积相有关的机械沉积砂金矿床，代表性矿床为新泰市岳庄河砂金矿床。

第二节　区域地质构造背景及主要控矿因素

一、区域地质构造背景及成矿环境

（一）地下卤水

山东省地下卤水属于滨海相卤水矿，资源比较丰富，主要分布于环渤海湾沿岸，在莱州湾西南岸的莱州、昌邑、寒亭、寿光、广饶、东营地区和黄河三角洲北部沿海的无棣地区均有分布；主要位于华北板块济阳拗陷区内渤海湾南岸沿岸的第四纪海积冲积和海积层中；主要赋存在粉砂、中粗砂沉积物中，其中含有贝壳螺类海相生物碎片。

（二）郯城金刚石砂矿床

郯城金刚石砂矿分布区，地势东高西低。东部NNE向狭长的马陵山—七级山纵贯南北，构成区内两大河流——沂河与沭河的分水线，其西侧分布沂河残余Ⅱ级阶地，再向西为广阔的波状平原，平原上座落有黄山、青云山、庙山、大埠岭、小埠岭等孤丘。处于不同标高部位的小埠岭组，剥蚀作用差异甚大，各地小埠岭组在岩性、分布、产出形态及含矿性有不同变化。

（三）昌乐蓝宝石砂矿床

蓝宝石砂矿床发育在鲁西隆起区北部的泰沂隆断之昌乐凹陷中，东侧紧临沂沭断裂带。矿区内大面积出露着新近纪中新世牛山组，主要以蚀变玄武岩、杏仁状玄武岩、橄榄玄武岩为主，夹少量玻基辉橄岩。在地貌上形成平坦的熔岩台地。其次是新近纪上新世尧山组，其孤立分布于山丘体顶部，是火山锥的主体部分。岩性为黑色厚层橄榄玄武岩夹少量玻基辉橄岩和高铝玄武岩。矿区周缘分布着新太古代变质岩系和寒武纪灰岩。此外零星出露着白垩纪青山群安山岩及玄武岩，古近纪始新世五图群紫红色砂、页岩及新近纪中新世山旺组玄武岩，泥岩、页岩等。

砂矿区内第四系广泛分布，更新世中期全新世山前组残坡积层分布在丘顶或岭坡，更新世晚期大站组洪坡积层发育在小河或冲沟两侧。全新世沂河组现代河床和沟谷均为冲积层。第四系厚1~5 m，最厚处可达8~10 m。蓝宝石砂矿床赋存在第四纪更新世—全新世残坡积、坡积、洪冲积层中。

（四）砂金矿床

砂金矿层赋存层位主要在现代河流中第四纪临沂组、沂河组冲积、洪积的砂砾层中，附近及上游的基岩主要为花岗岩、闪长岩和糜棱岩等，基岩较为破碎，蚀变带较发育。砂金品位较高，金矿物一般为自然金，伴生矿物主要是钛铁矿、锆石、白钨矿、辰砂等。

二、主要控矿因素

（一）地下卤水

山东省浅层地下卤水主要赋存于渤海湾南岸沿岸的第四纪海积冲积和海积层中。渤海湾地区自第四纪更新世以来曾发生过3次较大规模海侵，以莱州湾为中心形成了3套海相地层，向东西两侧及向南海相地层厚度变薄，含水层沉积物颗粒粒度由西向东由细变粗，赋水性增强。

山东环渤海湾地区海岸属于缓慢沉降的泥沙质平原岸，地形平坦，海岸潮滩宽阔，岩性颗粒细，地下水径流微弱，适于地下卤水的形成。

（二）金刚石砂矿

含矿层中金刚石的富集与地貌部位、岩性、物质组分有着密切关系。富矿体多分布在Ⅱ级阶地残丘的丘顶、斜坡及缓坡部位，其他地带含金刚石较贫。砾石层、砂砾层或砂质砾石层中金刚石最富集，常形成富矿层；含黏土砂砾层次之，含矿中等；含砾黏土层较差，含矿较贫；而砂层、黏土层一般不含矿。石英质砾石含量在30 %以上，粒径2~8 cm的砾石为主要组分时，金刚石品位较高。

（三）蓝宝石砂矿

在昌乐蓝宝石砂矿各个矿区内，不同成因类型的第四纪沉积层中都含矿，但以洪冲积含矿层和洪坡积含矿层为主。洪冲积型蓝宝石砂矿多富集在河流转弯的内侧、河漫滩的顶部、Ⅰ级阶地下部及底部，河流的上游距蓝宝石原生矿在5 km范围内更有利于砂矿富集。洪坡积型蓝宝石砂矿距离蓝宝石原生矿3 km范围内的矿体，较3 km外的矿体富集；矿体底部较上部富集；基岩面上的凹坑部位最为富集。该类型下层矿体规模大，品位高，多属于大型蓝宝石砂矿床。

（四）砂金矿

区内砂金矿体严格受地形地貌特征的控制，走向基本上与河谷方向一致，河道平直，矿体亦平直，河道弯曲，矿体也弯曲，整个矿体基本连续，但由于河床的变迁，加之群众采坑的破坏，矿体形态局部较为复杂，有分支复合及膨大缩小现象。

第三节　矿床区域时空分布及成矿系列形成过程

一、矿床区域时空分布

（一）地下卤水矿床分布特征

山东省地下卤水属于滨海相卤水矿，资源比较丰富，主要分布于环渤海湾沿岸，在莱州湾西南岸的莱州、昌邑、寒亭、寿光、广饶、东营地区和黄河三角洲北部沿海的无棣地区均有分布（图29-1）。

浅层地下卤水主要分布于莱州湾沿岸和无棣县北部，沿海岸呈带状分布，宽度10~20 km，一般埋深10~40 m，最深不超过100 m。总分布面积2 197 km^2，其中莱州市195 km^2、昌邑市370 km^2、寒亭区220 km^2、寿光市753 km^2、广饶县112 km^2、东营区320 km^2、无棣县227 km^2。浅层地下卤水以莱州湾沿岸为主体，其范围东起莱州市的沙河，西至东营市青砣附近，东西长度约120 km，面积1 970 km^2；无棣县北部地下卤水分布，东起徒骇河，经傅家台、马山子及漳卫新河北岸与河北省黄骅地区卤水田相连，山东境内分布面积约227 km^2。

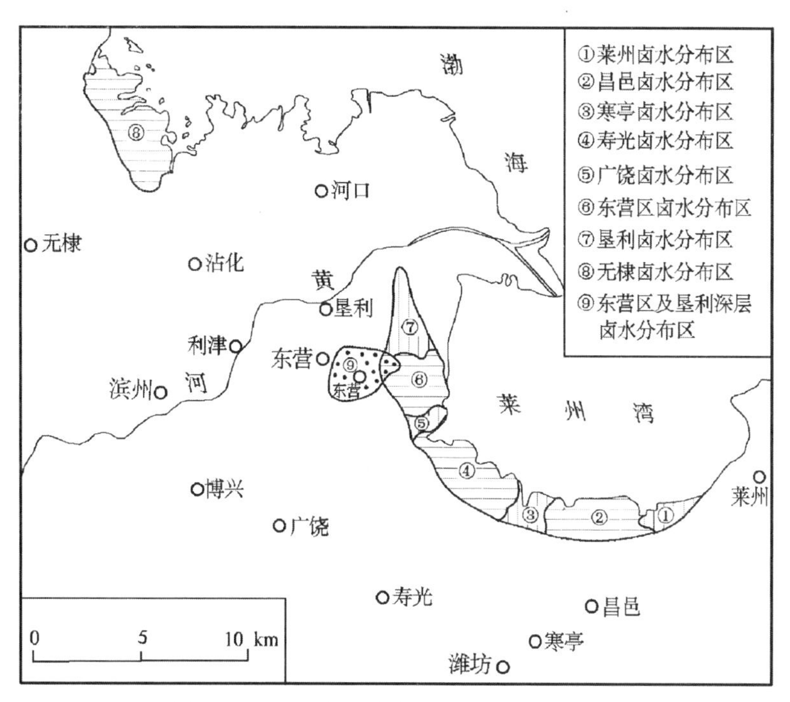

图 29-1　山东渤海湾沿岸地下卤水分布简图

（据山东矿业协会等成果修编，1996）

山东省浅层卤水矿床属海成潜水承压水型盐湖矿床，埋藏深度一般<100 m，赋存于沿海岸带的第四系孔隙含水层中，又称为第四纪滨海相地下卤水矿床。

（二）贝壳砂矿床分布特征

贝壳砂矿床零星分布在山东省西北和东南滨海地带。主要分布在垦利、无棣、莱州西由、乳山白沙滩和海阳凤城的滨海地带。

（三）金刚石砂矿床分布特征

郯城地区金刚石砂矿的分布和赋存受一定地貌形态与第四纪沉积物控制，已发现的砂矿由北向南依次分为于泉、陈家埠、邵家湖、柳沟、小埠岭 5 个矿区，具有工业价值的矿体多集中于陈家埠和于泉 2 个矿区。砂矿床根据地貌形态和成因划分为：Ⅱ级阶地残丘砂矿、坳谷洼地砂矿、小河砂矿 3 种类型。砂矿体平面形态多为不规则状，规模较小，面积 0.23~3.22 km^2，厚 0.29~1.79 m。金刚石品位变化较大，晶型多为菱形十二面体，颜色以无色透明为主，粒度 80 %以上为-4+2 mm（表 29-1）。

（四）蓝宝石砂矿含矿层分布

昌乐几个砂矿区内的第四纪沉积物中几乎都含有蓝宝石，但主要含蓝宝石的层位是全新世沂河组洪冲积层和更新世晚期大站组洪坡积层，这 2 套松散沉积层是昌乐蓝宝石砂矿区内的主要含矿层（图 29-2）。

（五）砂金矿区域分布

鲁中地区新生代砂金矿主要分布在新泰市岳庄河、岔河、东牛家庄、鲁家庄一带现代河流中第四纪临沂组、沂河组、山前组冲积、洪积的砂砾层中。

表 29-1 郯城地区金刚石砂矿床特征

矿区名称	矿区地理位置	矿体名称	矿体平面形态	矿体规模				岩 性	金刚石品位/mg/m^3
				长/m	宽/m	厚度/m	面积/km^2		
于泉	郯城县城 NNE 约 27 km于泉村周围	神泉院	不规则多边形	1000	北 500，南 150	0.5~0.6	0.46	含砾碎石、含黏土中粗砂	3.818
		于泉	不规则多边形	1500	北 1000，南 600	平均 0.684	1.1	含碎石砾石层、含碎石砾石砂层	
		莫疃	不规则多边形	1500	800	平均 0.462	0.98	含砾砂层、含碎石砾质砂层	
		岭红埠	不规则长条状	4000	120~1000	平均 0.754	2.2	含碎石砾质砂层、含砾黏土砂层、砾石层	
陈家埠	郯城县城 NNE 约 24 km陈家埠村北	陈家埠	不规则椭圆形	2500	1750	平均 0.687，最大 1.79	3.2	砂砾层、含砾碎石质砂层、含砾黏土砂层	4.509
		陈埠小河	不规则长条状	2200	400~960	最大 0.856	1.25	砂层、含砾黏土砂层、砾质砂层	
邵家湖	郯城县城 NE 约 20 km邵家湖村东南	邵家湖	不规则长条状	1000	320	0.29~0.70，平均 0.508	0.216	砾石层、黏土砂层	4.585
柳沟	郯城县城 NE 约 18 km柳沟村北	柳沟	不规则椭圆形			平均 0.449	0.21	砾石层、黏土砂层	4.1
小埠岭	郯城县城 NW 约 9 km小埠岭村北	小埠岭	不规则椭圆形			平均 0.56	0.23	砂质砾石层、含砾黏土砂层	3.0

据山东省地质局第七地质队 20 世纪 60~70 年代普查勘探成果。

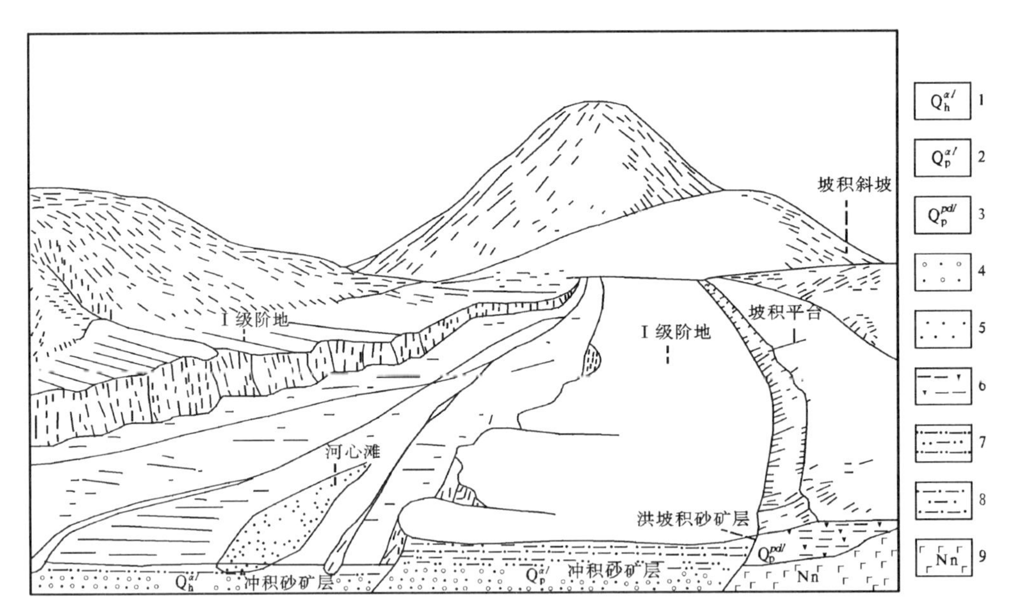

图 29-2 蓝宝石砂矿层示意图

（据山东省地质矿产局第七地质队资料修编，1991）

1—全新世冲积层；2—更新世冲积层；3—更新世洪坡积层；4—砂砾层；5—砂层；6—碎石质黏土层；7—黏土质砂层；8—砂质黏土层；9—中新世牛山组玄武岩

二、成矿系列的形成过程

（一）地下卤水矿床

卤水是一种液体矿产资源，与其他矿产一样，其形成主要受气象水文条件、地质构造条件、地貌条件控制,生成于宽阔的海岸潮滩与海积平原,且必须有干旱、半干旱的气候条件及适宜的地理位置、纬度以及与海洋的距离等。

1. **地质地貌条件**

山东环渤海湾地区海岸属于缓慢沉降的泥沙质平原岸,地形平坦,海岸潮滩宽阔,岩性颗粒细,地下水径流微弱,适于地下卤水的形成。

山东滨海相地下卤水矿床的含卤岩系是由一套海陆交互相松散沉积层组成,主要有3层,是区内主要的含卤层。3个含卤层形成于我国东部沿海晚更新世以来3次大的海侵,这3次海侵由早到晚依次为无棣海侵、惠民海侵和北镇海侵(图29-3),垂向上形成了3次海侵层(图29-4)。

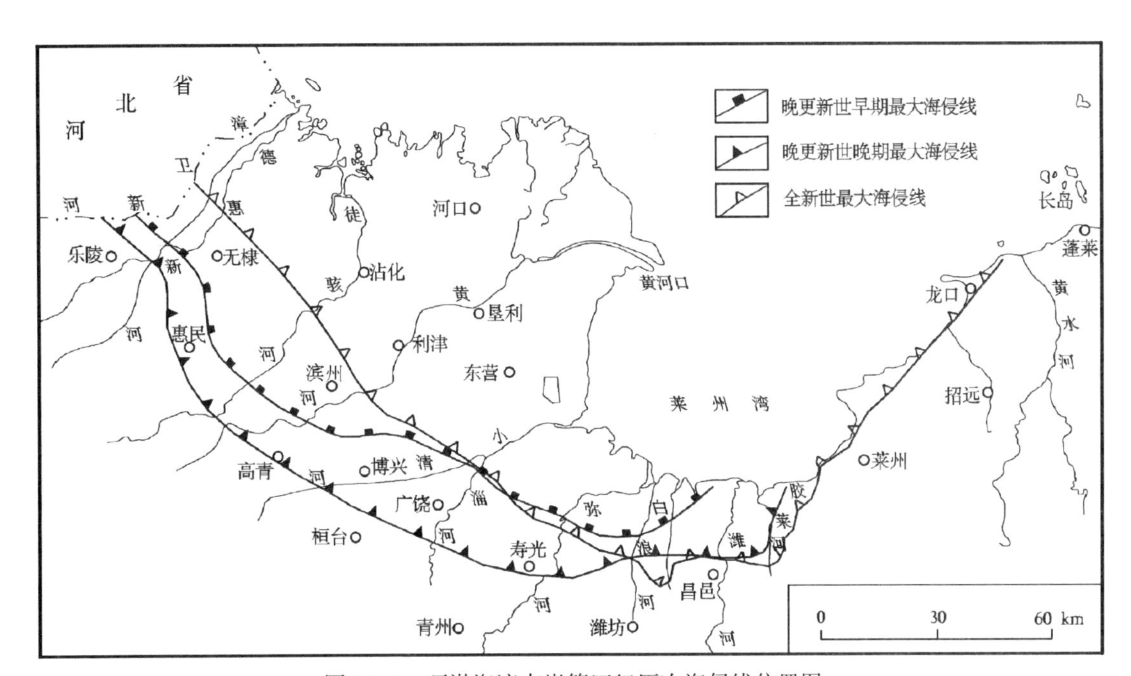

图29-3　环渤海湾南岸第四纪历次海侵线位置图

(据《环渤海地区(山东部分)地下水资源与环境地质调查报告》,2003)

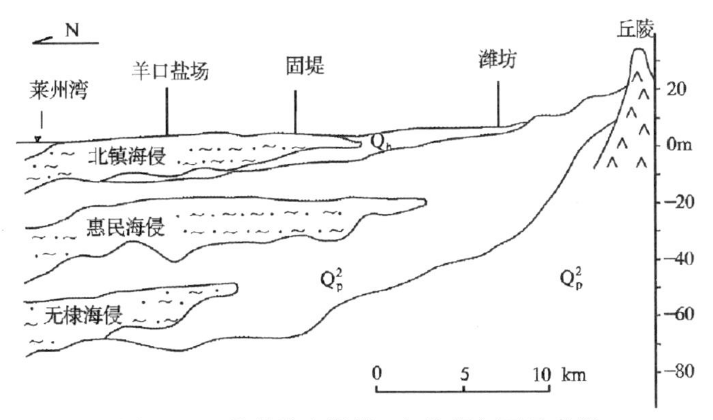

图29-4　莱州湾南岸第四纪海侵剖面示意图

(据《中国北方沿海第四纪地下卤水》修编,1996)

2. **气象及水文条件**

山东省地下卤水分布于北纬36°00′~38°28′、东经116°00′~120°00′,距海岸线10~20 km的范围内。这个地域内多年平均降水量为500~600 mm,多年平均蒸发量在1 500 mm左右,属半干旱气候,有利于卤水的形成。环渤海湾潮汐多为不规则的半日潮(即每日2次涨潮2次落潮),除黄河口附近为一个无潮区,潮差最小外,向两侧潮差逐渐变大;除日潮外,每月农历初一、十五左右还发生月潮,每年春分和秋分前后发生年大潮。环渤海湾海域也是一个多风暴潮的地区,据记载,在1682~1950年就发生45次大的风暴潮,超过海平面3 m的有10次,超过4 m的3次。近几十年来也不断发生大的风暴潮,1957年4月风暴潮在无棣县南侵40 km,马山子一带被淹没;1964年4月5~6日发生严重风暴潮,海峡出现40 m/s的东北大风,莱州湾地区最大实测水位高达6 m以上,西起无棣埕口、东到莱州沿海地带海水倒灌最大60 km;另外1969年、1972年、1982年、2003年都出现过风暴潮,潮水上溯超过20 km。海潮和风暴潮的盛行,加之蒸发量较大,为滨海地下卤水的形成提供了极为有利的气象水文条件。

另外,流经卤水分布区的河流,除黄河对两侧地下水有较强冲淡能力、不利于卤水的形成与生存外,其他河流均为季节性河流,且对地下水的补给能力较弱,有利于卤水的生存和再浓缩。

(二)金刚石砂矿床

受沂沭断裂带的影响,郯城砂矿地区新构造运动活跃,从地貌形态、第四纪地层分布、断裂发育和地震等均有强烈反映。表现为中生代白垩纪青山群或大盛群逆掩推覆于第四纪地层之上;第四纪地层被错断,垂直裂隙充填砂状脉和泥纹;平行断裂造成断块差异性的东升西降、北升南降。由于新构造运动,致使含金刚石矿的小埠岭组出露在不同高度上,有的抬高达百米以上(马陵山地区),有的则降低到Ⅰ级阶地之下数十米(郯城南部地区)。处于不同标高部位的小埠岭组,剥蚀作用差异甚大,因此造成各地小埠岭组在岩性、分布、产出形态及含矿性的不同变化(图29-5)。

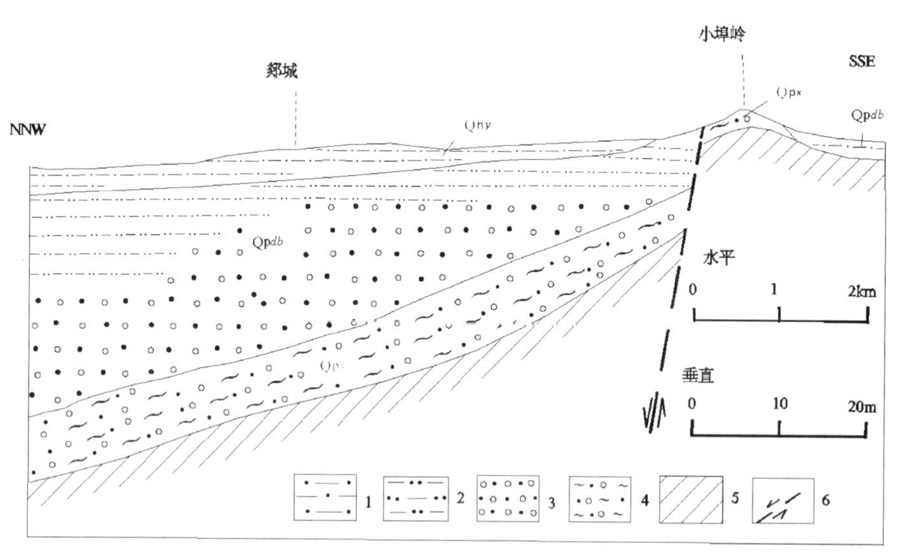

图29-5　郯城南部地区第四系分布剖面示意图

(据罗声宣等,1999)

1—黏土质砂层;2—含黏土砂层;3—砂砾层;4—含黏土砂砾层;5—基岩;6—断层

第四系:*Qhy*—沂河组;*Qpdb*—大埠组;*Qpx*—小埠岭组

(三)蓝宝石砂矿床

1. 蓝宝石寄主岩对砂矿成矿的影响

含蓝宝石的寄主岩是蓝宝石砂矿的源头。它的存在直接影响着砂矿的存在,它的规模直接影响着砂矿的规模。原生矿蓝宝石的质量、颗粒大小、颜色、净度等都与蓝宝石寄主岩有着直接的关系。

现已经发现的蓝宝石砂矿都分布在蓝宝石寄主岩的周围，虽然很多蓝宝石砂矿产地并未发现具有经济价值的蓝宝石原生矿，但都发现了含蓝宝石的寄主岩。蓝宝石砂矿呈放射状、扇状或其他形状分布在含蓝宝石寄主岩的周围。当蓝宝石寄主岩的规模很大时，其下游往往形成大型蓝宝石砂矿。如果蓝宝石寄主岩富含蓝宝石时，虽然其规模不是很大，也能形成大型蓝宝石砂矿。

中心式爆发使得蓝宝石巨晶及其寄主岩迅速喷出地表并冷却，蓝宝石巨晶来不及熔融而被保存在寄主岩中，这些蓝宝石巨晶及寄主岩多在火山通道附近。后期的中心式爆发则会将前期火山通道及其附近的寄主岩和蓝宝石巨晶抛得很远，并且散布的面积也相当大，这将利于蓝宝石从风化剥蚀的寄主岩中剥离出来，形成砂矿。同样，这也会使蓝宝石砂矿的分布面积扩大，搬运距离相距火山中心部位要更远一些。

山东昌乐蓝宝石寄主岩规模大，且寄主岩富含蓝宝石并形成了国内外少见的大型蓝宝石原生矿。尤其是初期形成的方山蓝宝石原生矿被后期中心式爆发所破坏，而使得蓝宝石寄主岩面积的分散扩大，对大型蓝宝石砂矿的形成有着重大的影响。

2. 气候环境对蓝宝石砂矿形成的影响

气候环境是影响蓝宝石砂矿形成的一个重要因素。干燥、少雨的气候环境，以物理风化为主，风化剥蚀的速度较慢，蓝宝石的搬运距离较近。在较短的地质时期内，很难形成规模较大的蓝宝石砂矿。而在较长的地质时期内形成的蓝宝石砂矿又容易被后期的地质作用所破坏，形成大型蓝宝石砂矿的可能性也不大。潮湿、多雨的气候环境，植物茂盛，动物种类繁多，风化剥蚀作用以化学风化剥蚀为主，风化剥蚀的速度快，蓝宝石的搬运距离较远。尤其是丰沛的降水，会使得密度较大的蓝宝石在有利地段富集，相对于干燥少雨的条件，更容易形成大型蓝宝石砂矿。

昌乐蓝宝石矿区在新近纪时期，处于潮湿、多雨的气候条件下，以化学风化剥蚀作用为主。大量的蓝宝石寄主岩中的蓝宝石在相对较短的时期内被大量的剥离出来，并逐渐富集成矿。

3. 水系条件对蓝宝石砂矿形成与富集的影响

水系的发育程度、水量的大小及水流的作用形式，对蓝宝石砂矿的成因类型影响较大。降雨丰沛、雨水大，则水系发育，增强了对岩石的冲刷作用，蓝宝石的搬运距离远，易于形成蓝宝石砂矿。流经含蓝宝石寄主岩的水以面状流水为主，一般容易形成坡积、残坡积砂矿。流经含蓝宝石寄主岩的水以线状流水为主，一般容易形成冲积砂矿。

如果含蓝宝石寄主岩的水既有面状流水也有线状流水，则容易形成洪坡积和洪冲积砂矿。昌乐蓝宝石矿区内的蓝宝石寄主岩大多处于正地形位置，以天然雨水的面状流水作用为主；部分寄主岩处于负地形位置，除面状流水作用外，冲沟、切沟流经其上，以线状流水作用为主。昌乐蓝宝石砂矿成因类型多样，但以洪坡积和洪冲积砂矿为主。

4. 地形地貌部位对蓝宝石砂矿富集的影响

在昌乐蓝宝石砂矿区内的基岩面上的负地形部位往往是残坡积、坡积、洪坡积砂矿的有利赋存部位；而河流拐弯、水流由急突然变缓等部位往往是冲积、洪冲积砂矿的有利赋存部位。这与一般砂矿床分布与富集的规律是一致的。

5. 侵蚀基准面升降对蓝宝石砂矿形成的影响

侵蚀基准面的升降对蓝宝石砂矿的形成及破坏都有很大的影响。侵蚀基准面上升，蓝宝石寄主岩处于侵蚀基准面之上，蓝宝石与寄主岩分离、搬运并富集成矿。侵蚀基准面下降，蓝宝石寄主岩处于侵蚀基准面之下，风化剥蚀作用很小；或者蓝宝石寄主岩被新的沉积物所覆盖，风化剥蚀作用停止，就不能形成蓝宝石砂矿。如果蓝宝石寄主岩区侵蚀基准面始终处于缓慢上升阶段，或者是侵蚀基准面总体以上升阶段为主，则早期形成的各种成因类型的蓝宝石砂矿也会被逐渐抬升至侵蚀基准面之上而遭受剥蚀，蓝宝石会从早期砂矿中剥离出来，再次搬运、沉积，形成新的砂矿。

昌乐蓝宝石砂矿区早期处于侵蚀基准面抬升阶段，基岩面上发育有各种成因类型的蓝宝石砂矿。但后期则处于侵蚀基准面下降阶段，早期形成的各种成因类型蓝宝石砂矿被新的细粒沉积物所覆盖，地表出露的蓝宝石砂矿仅仅以规模不大的洪冲积、冲积砂矿为主。

（四）砂金物质来源及富集规律

区内砂金矿体部严格受地形地貌特征的控制，走向基本上与河谷方向一致，矿体形态局部较为复杂，有分支复合及膨大缩小现象。

矿体周围基岩绝大部分都赋存在构造变质带中，个别在构造变质带的边部，而且还受构造变质带的影响，附近的英云闪长岩等都有不同程度的糜棱岩化，河流的汇水上游也多在构造变质带中。所以本砂金矿床成因与构造变质带关系密切。

构造变质带主体岩性是含角闪石类岩石包体的奥长花岗岩，其中碎裂滑石透闪片岩、透闪角闪岩及电气石英脉含金较富，且金粒形状、大小等与砂金矿中的金粒近似，由此推测，砂金主要是构造变质带中碎裂角闪质岩类经长期风化剥蚀在河流冲积洪积而成的。

第四节　代表性矿床剖析

一、第四纪沉积型（廒里式）浅层地下卤水矿床

（一）矿床式

1. 赋矿层位

山东省浅层地下卤水主要赋存于渤海湾南岸沿岸的第四纪海积冲积和海积层中。渤海湾地区自第四纪更新世以来曾发生过3次较大规模海侵，以莱州湾为中心形成了3套海相地层，向东西两侧及向南海相地层厚度变薄，含水层沉积物颗粒粒度由西向东由细变粗，赋水性增强（图29-6）。

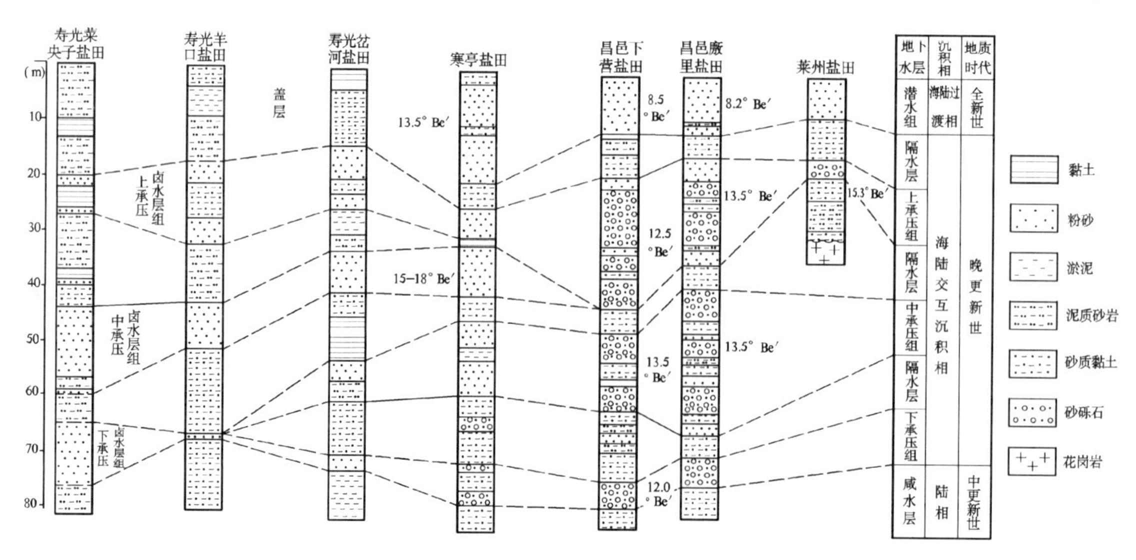

图29-6　莱州湾沿岸含卤沉积岩系柱状剖面对比图

（据《中国北方沿海第四纪地下卤水》修编，1996）

1）下部含卤水地层形成于8～10万年前，底板埋深35～55 m，局部深达100 m。主要岩性为浅灰色、灰黄色粉砂、黏砂，向东相变为中粗砂，底部含砾石，含有贝壳螺类海相生物碎片。为微承压承压含卤层，含卤水层厚度6～12 m。

2）中部含卤水地层形成于2～4万年前，底板埋深15～32 m。主要岩性为灰黑色、灰色粉砂、黏砂，泥质粉砂等，向东相变为中粗砂含贝壳螺类海相生物碎片。为微承压承压含卤层，含卤水层厚度1～16 m。

3）上部含卤水地层形成于0.8～1万年前，底板埋深0～22 m。主要岩性为灰黑色、灰褐色粉砂、黏砂，含有大量浅海滨海相贝壳生物碎片。为潜水含卤层，含卤水层厚度0～18 m。在3个含卤水层之间都有隔水层，隔水层岩性为黏土、粉质黏土等。上部隔水层一般厚5～18 m，隔水性较好，将上部潜水层卤水与中下层卤水隔断水力联系。

2. 空间分布规律

浅层地下卤水的浓度一般为5～15°Be′，最高达18°Be′，空间上有明显的分带性。在水平方向上因受海水及内陆淡水的影响，形成了近岸、远岸低浓度带、中间高浓度带的分布格局。① 近岸低浓度带为现代海水潮汐作用频繁地带，宽约10～15 km。卤水浓度一般7～10°Be′。② 中间高浓度带宽约5～10 km，大致相当于海拔2.5 m等高线的位置。此带除年、月特大潮能影响外，一般不受潮汐影响，卤水浓度高且稳定，为10～15°Be′，最高达18°Be′。③ 远岸低浓度带，宽约10～15 km。该带距海岸较远，受海水影响很小，受陆源淡水和大气降水影响较大，卤水浓度一般5～10°Be′，往内陆方向逐步变化为浓度<5°Be′的咸水（图29-7）。

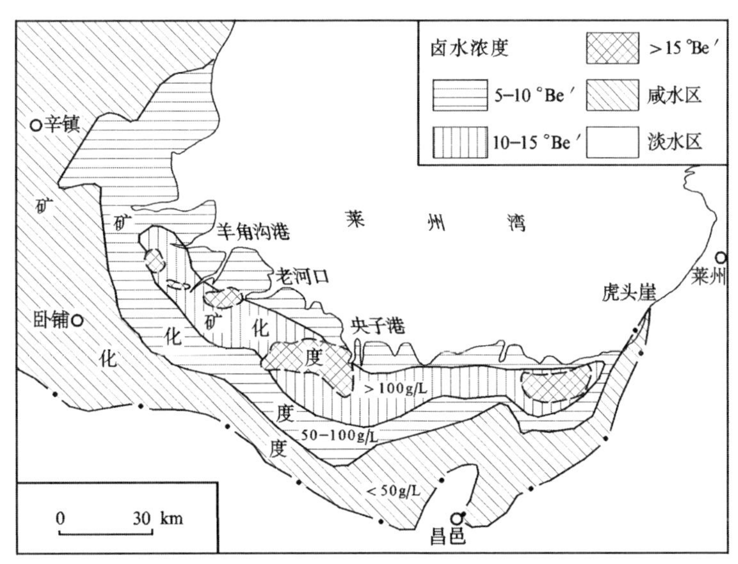

图29-7　莱州湾沿岸不同浓度浅层地下卤水分布简图

（据山东矿业协会等成果修编，1996）

浅层地下卤水在垂向上因受大气降水及深层咸水、淡水的影响，形成上、下部低浓度带及中部高浓度带。上部潜水层卤水处于地表，与地表水、海水都有较密切的水力联系，水位及浓度受大气降水、地表水影响较大。当海水处于高潮位时，地下水位明显升高；当雨季到来时，地下水的水位也随之升高，并且出现浓度降低现象，到了旱季则相反；中下部卤水封存条件好，略具承压性，受潮汐及大气降水的影响较小，卤水浓度高且稳定（图29-8）。

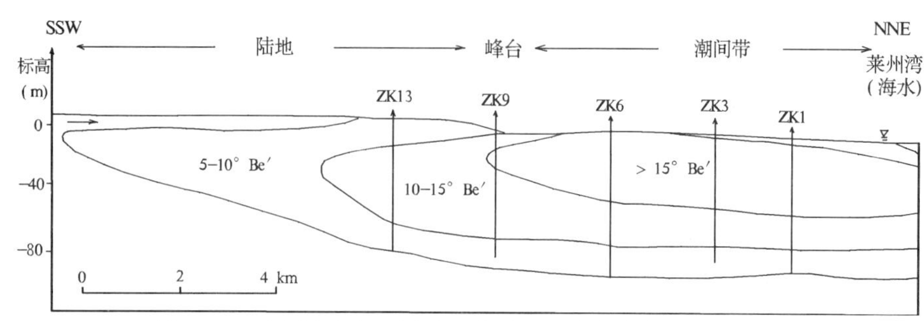

图 29-8 莱州湾南岸不同浓度浅层地下卤水分布剖面示意图

(据山东矿业协会等,1996)

3. 水文地质特征

浅层地下卤水的补给、径流、排泄浅层地下卤水的补给有 3 个来源:① 涨潮时海水在水压力作用下,在水平方向上渗透补给卤水层,在海水涨潮覆盖潮间带时自上而下渗入补给地下卤水;② 大气降水的渗入补给;③ 由内陆一侧方向来的地下淡水侧向径流补给。其中涨潮时海水的垂向补给是浅层地下卤水的主要补给源,因为退潮后会在潮间带滞留大量的海水,这部分海水在蒸发作用下进一步浓缩形成卤水渗入补给含卤层。山东省盐业研究所所做的潮间带浅滩成卤试验表明,每年每平方千米潮滩可生成 10°Be′的地下卤水 16×10^4 m^3。降水入渗对卤水的补给起到淡化卤水浓度的作用。

在地下卤水开发过程中,卤水水位会发生区域性的变化,出现降落漏斗,引起咸淡水界面及咸卤水界面的变化和移动;另外淡水侧向来量的大小也会引起咸淡水界面的移动。地下卤水的排泄方式主要是人工开采,其次为蒸发。

浅层地下卤水的富水性:浅层地下卤水的富水性,因含水层特性的区别而不同,莱州湾东部富水性较强,尤其以莱州湾南侧中部为最强,单井涌水量 1 000 m^3/d,白浪河以西渐小,至小清河以南及无棣县北部一般单井涌水量 500 m^3/d 左右,小清河以北永安镇一带,单井涌水量<100 m^3/d。

(二) 代表性矿床——昌邑市廒里浅层地下卤水矿床地质特征❶

1. 矿区位置

昌邑廒里浅层地下卤水矿床位于莱州湾南岸的昌邑市北赵家以北、胶莱河以西和潍河以东地区。

2. 矿区地质概况

(1) 地层

第四系遍布全区,厚度为 60~150 m,由一套海陆交互相含水砂层和黏土层组成,主要赋矿层位为全新世海积层及晚更新世地层。其下伏地层为新近纪明化镇组。

全新世地层主要赋矿层位为海积层,该层为全新世海侵所形成,分布于东冢—新河一线以北的滨海平原前缘。上部岩性为黄褐色粉砂,均呈粒状,局部见黑色有机质团块,层厚 11~20 余米。

晚更新世地层地表未出露,钻孔中见于 20~85 m,自上而下分为 3 段:上段为陆相冲积层,岩性为黄褐、灰绿色粉砂、中细砂、含砾中粗砂等,间夹亚黏土薄层,不含海相化石,厚度 7 m 左右。中段为海积层,岩性为黄绿色粉砂、中细砂,间夹亚砂土薄层,厚度 7 m 左右。下段为陆相冲积洪积层,岩性为黄褐、土黄色中细砂、中粗砂、含砾中粗砂等,间隔灰色、棕色杂砂砾石亚砂土、亚黏土互层,厚度 50 m 左右。这 3 段地层中均赋存卤水。

(2) 构造

❶ 山东省盐业总公司勘探队等,山东省昌邑县廒里地下卤水勘察报告,1984 年。

廒里矿区位于沂沭断裂带北端,安丘莒县断裂以隐伏形式纵贯矿区,断裂走向20°~30°,倾角60°以上,为正断层。该断层东西两侧无论基岩性质或第四纪地层发育情况、卤水含水层的厚度、空间分布等均有显著差异。其对矿区地层、卤水的分布起到了一定的控制作用。

3. **矿床水文地质特征**

卤水含水层按其水力性质和赋存条件分为潜水卤水层和承压卤水层(图29-9,图29-10)。

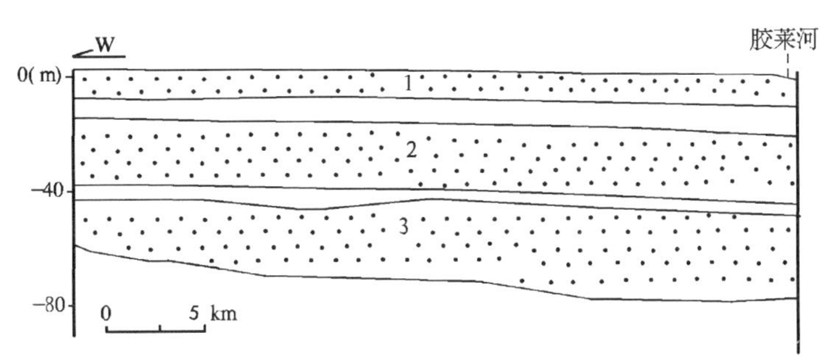

图29-9　昌邑廒里地下卤水层剖面图

(据山东省盐业总公司勘探队,1984)

1—潜水卤水层;2—上承压卤水层;3—下承压卤水层

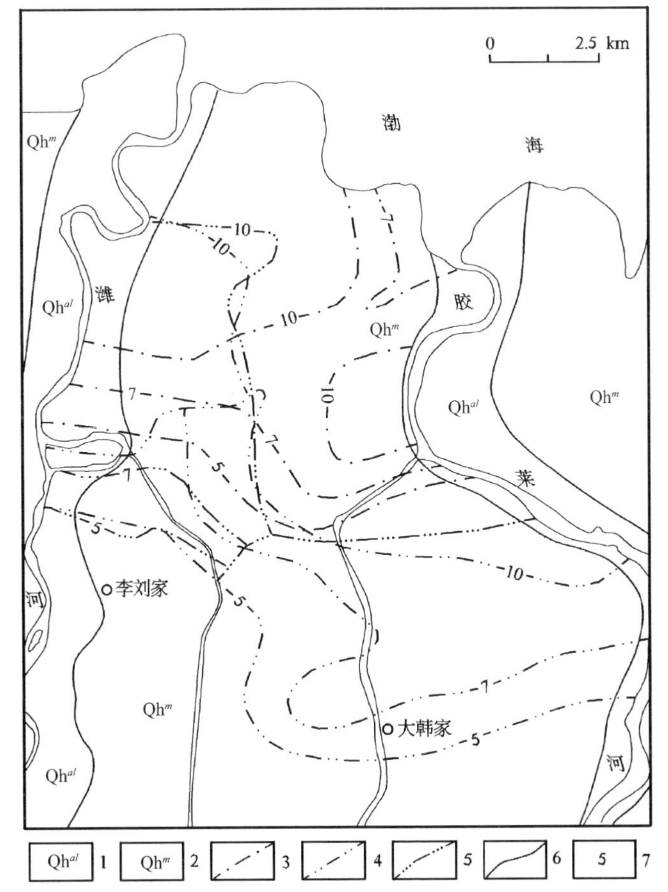

图29-10　昌邑廒里地下卤水矿区水文地质略图

(据山东省盐业总公司勘探队,1984)

1—第四纪全新世河流冲积层;2—第四纪全新世海积层;3—潜水卤水层等浓度线;4—上承压卤水层等浓度线;5—下承压卤水层等浓度线;6—地质界线;7—卤水浓度值,单位°Be′

在潜水卤水层与承压卤水层之间有一层分布较稳定的弱透水层，岩性为灰色、灰黑色、黄色、棕色较致密的砂质黏土、黏质砂土，埋深为10~20 m，层厚一般5~8 m，最厚达15.70 m，隔水性能良好，其渗透系数为(2.16~5.79)×10^{-3} m/d。

(1) 潜水卤水层

潜水卤水层为全新世海积相粉砂层，位于北部潮滩地带，面积51.19 km^2，厚度较稳定，一般为7.0~11.0 m。该层卤水受海水潮汐、大气降水及地表积水的直接补给，水位变化较大。卤水浓度由南向北增高，一般为6~12.2°Be′。

该潜水卤水层的孔隙度为37%~43%，单位涌水量为0.25~0.65 m^3/h·m，渗透系数为0.7~2.4 m/d，水量较小。

(2) 承压卤水层

承压卤水层为晚更新世海陆交互相地层，由2层承压卤水层组成。上下部承压卤水层之间的弱透水层岩性为棕红色、黄褐色、灰绿色砂质黏土、黏质砂土、泥质砂砾石，埋深40 m左右，北部厚度较小，一般为3~6 m，南部较大，一般为20~30 m，东西向变化不大，渗透系数<1×10^{-4} m/d。

上承压卤水层在矿区广泛分布，面积99.38 km^2。主要岩性为粗砂、粉砂、中细砂和含砾中粗砂。厚度一般为14.5~22.0 m。卤水浓度从南到北，从东到西逐渐增高，最高卤水浓度达14.5°Be′。该含水层单位涌水量6.77~15.12 m^3/h·m，渗透系数5.9~30.2 m/d，弹性释水系数为1.12×10^{-4}，水量中等—丰富。

下承压卤水层分布范围较小，面积63.52 km^2。主要岩性为中细砂、中粗砂和含砾中粗砂。厚度一般为15~25 m。卤水浓度6~12.5°Be′。该含水层单位涌水量7.16~9.11 m^3/h·m，渗透系数13.5~23.0 m/d，水量中等。

4. 地质工作程度及矿床规模

1982~1984年，山东省盐业总公司勘探队等单位完成了胶莱河与潍河之间的廒里地区299 km^2范围的地下卤水勘察工作，基本查明了本区地下卤水分布规律，查明卤水资源储量44 301.31×10^4 m^3，NaCl储量3 823.61万吨。

二、第四纪沉积型(郯城式)金刚石砂矿床

(一) 矿床式

1. 矿床产出地质背景

(1) 地形地貌

郯城金刚石砂矿分布地区，地势东高西低。东部马陵山—七级山构成沂河与沭河的分水线，其西侧断续分布沂河残余Ⅱ级阶地，再向西为波状平原及孤丘。根据成因，本区地貌可分为构造剥蚀低丘、侵蚀堆积Ⅱ级阶地、侵蚀堆积Ⅰ级阶地3种类型(图29-11)。

构造剥蚀低丘：以马陵山、七级山为主的低丘，高程在124~184 m，切割深度<100 m，由白垩系砂岩、页岩构成，丘顶及斜坡的平缓低洼部位，常可见残存的河床相砾石或砾石层，其中含有金刚石。

侵蚀堆积Ⅱ级阶地：由于新构造断裂活动的影响，Ⅱ级阶地受到严重破坏，有的断块被抬升遭受强烈剥蚀，冲沟和坳谷发育，使其分割成平缓孤立的残丘；有的断块下降，Ⅱ级阶地沉积物被埋藏于Ⅰ级阶地地面以下，变成平原地貌的组成部分。位于马陵山西麓部位的残余Ⅱ级阶地，是郯城金刚石砂矿的赋存地段，多已被残坡积物掩埋，在地形上成为低丘的斜坡部分。

侵蚀堆积Ⅰ级阶地：沂河两岸为广阔的Ⅰ级阶地平原。阶地面高出河床3~5 m，宽达13 km，阶面较平坦，但基岩面起伏不平，沉积层厚度变化较大。

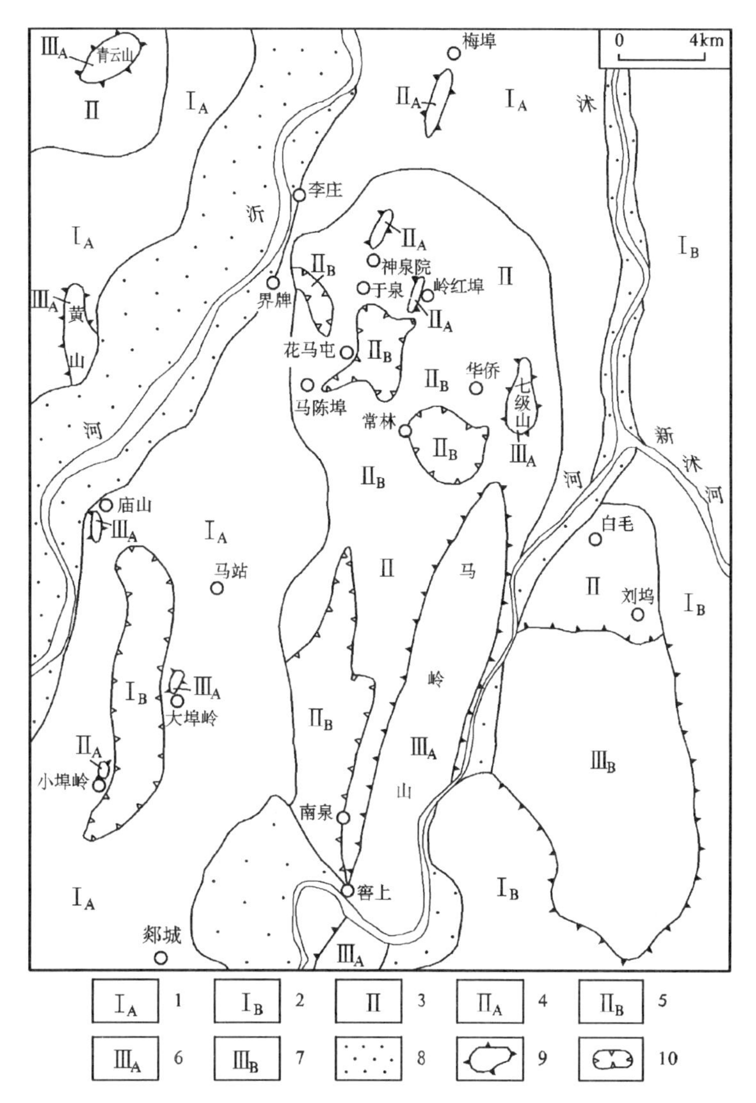

图 29-11　郯城金刚石砂矿产区地貌略图

（据山东省地质局第七地质队资料编绘，1990）

1—Ⅰ级阶地平原区；2—Ⅰ级阶地剥蚀堆积准平原区；3—Ⅱ级阶地；4—Ⅱ级阶地残丘；5—Ⅱ级阶地洼地；6—构造剥蚀新丘陵；7—构造剥蚀老丘陵；8—河漫滩；9—低丘；10—洼地

（2）第四纪地层

上新世末至早更新世，本区整体抬升，遭受剥蚀，自中更新世开始接受沉积，形成一套冲积系列为主，残坡积次之，后期伴有沼泽化作用产物的松散碎屑组合。

A. 更新世中期地层

主要为小埠岭组及于泉组，分布在沂河流域，前者是沂河及其支流Ⅱ级阶地的相关堆积物，后者是它的残坡积衍生物。

小埠岭组：该组地层直接覆盖于基岩侵蚀面之上，岩性为一套灰白、灰绿色含黏土砂质砾石层，局部夹砂和砂质黏土透镜体。是郯城地区主要的含金刚石层位之一。

于泉组：主要分布在沂河Ⅱ级阶地残丘顶、缓坡及坳谷上。有的覆于小埠岭组，有的直接盖在基岩面上，很多地方仅散布有该层的砾石碎屑，而无连续的堆积物。主要岩性为灰红色含砾黏土砂层及浅红色砂砾层，富含金刚石，在郯城县的于泉—陈家埠一带形成工业砂矿体。

B. 更新世晚期地层

大埠组：分布于沂河两侧广阔平原地带，为Ⅰ级阶地中下部碎屑沉积物的主体。其下部为灰黄色砂砾层，上部为灰黄—褐黄色砂质黏土、黏质砂及含黏土砂层，常含钙质结核和铁锰球。

山前组：岩性为以坡积为主，局部伴有残积或洪积的淡棕色、褐黄色砂质黏土层。分布于现代山前坡麓地带，山间洼地、沟谷两侧。时代为更新世中期—全新世。

C. 全新世地层

黑土湖组：主要分布在Ⅰ级阶地准平原上的低洼处，由沼泽化作用形成的灰黑色、褐黑色砂质黏土层组成。

临沂组：主要沿沂河两侧分布，岩性为灰黄色黏质粉砂—含黏土粉细砂，含砾中细砂。具微细水平层理，斜层理，常含淡水螺、蚌壳、砖陶片。

沂河组：沂河组为现代河床和低河漫滩堆积物，岩性为黄白色砂砾层，砂成分以长石、石英为主。具微细水平层理，交错层理。

2. 主要含矿层特征

在郯城金刚石砂矿地区，虽然第四纪地层多有金刚石出土的记录，但含矿普遍、面积较大的含矿层位主要是小埠岭组和于泉组，并且仅发现于泉组中的金刚石富集为工业砂矿。

（1）分布特征

含矿的小埠岭组和于泉组，总体呈 SN 向，主要分布在西起沂河、东到马陵山七级山范围内的残余Ⅱ级阶地上。包括于泉、岭红埠、陈家埠、柳沟、神泉院、邵家湖、龙泉寺、小埠岭、尚庄、南泉、大官庄（马陵山 94 高地）等地。此外在大埠岭东南的岭南头及郯城—码头一线以南地区，小埠岭组被掩埋于Ⅰ级阶地平原之下。

（2）岩性特征

小埠岭组砂砾层，以灰白—灰绿为基本色调，以含有“白皮砾石”为标志。砾石成分复杂，多达 30 余种，主要为脉石英、石英岩、石英砂岩、燧石等，其次为前寒武纪变质花岗质岩石、片岩、灰岩、紫色砂岩、页岩、流纹岩、安山岩、闪长玢岩、伟晶岩等。砾径一般 2~4 cm，最大可达 20 cm 以上；次圆—次棱角状，其中石英岩、石英砂岩常具较好的圆度和球度，呈椭圆—浑圆状。砾石表面灰白洁净，故有“白皮砾石”之称。花岗质岩石、砂岩、流纹岩类则松散易碎，具强烈的土化现象。砂以中细砂为主，成分为石英、长石、岩屑等。重砂矿物成分多达 40 余种，主要为绿帘石、褐铁矿、角闪石，次为金红石、锆石、榍石、石榴子石、钛铁矿、磷灰石，少量电气石、锐钛矿、白钛矿、铬铁矿、蓝闪石、金刚石、钍石、黄金等；黏土矿物以蒙脱石为主，少量黏土级石英、方解石、针铁矿和膨润土等。

于泉组砂砾层以棕黄—棕红为基本色调，以含有“黄皮砾石”为标志。砾石成分以脉石英、石英岩、石英砂岩为主，次为砂岩、火山岩及变质花岗质岩石。次圆—浑圆状；砾径多在 2~5 cm，最大 10 cm。其中的石英质砾石具黄色铁质氧化膜，故称之为“黄皮砾石”。砂以中细砂为主，成分主要为石英。重砂矿物组合与小埠岭组相似，但含量显著降低。

（3）沉积构造特征

小埠岭组沉积构造发育，可见微细水平层理、斜层理、交错层理，砾石叠瓦状构造比较明显。于泉组多遭受强烈的风化剥蚀改造，原始层理面貌已消失，仅局部地段（小埠岭、马陵山）可见其总体下粗上细，具有多韵律的冲洪积沉积构造特征。

（4）沉积环境特征

小埠岭组岩石组合为灰白—灰绿色的含砾黏土砂、黏土砂砾层，砂砾、砾石层，冲积沉积构造明显，为一套河流相产物，气候条件属寒冷还原环境。于泉组岩石组合为棕黄—棕红色砂砾、砾石层，含砾黏土砂层，虽风化剥蚀强烈，但局部地段其二元结构特点明显，属湿热氧化环境下的河流相堆积物。

（5）含矿性

小埠岭组砂砾层普遍含金刚石，沂河下游郯城地区平均品位 1.90 mg/m^3，局部地段>4 mg/m^3。于泉组砂砾层含金刚石较富，郯城地区于泉—陈家埠一带形成工业砂矿。

（二）代表性矿床——郯城县陈家埠金刚石砂矿床地质特征[1]

1. 矿区位置及矿区地质特征

陈家埠矿区位于郯城之北偏东 24 km 左右的前陈埠—大官庄—赵家屋—花马屯一带，由陈家埠、陈埠小河 2 个矿体组成（图 29-12）。矿区多为第四系覆盖，其含矿层下伏基岩为白垩纪青山群火山熔岩、火山碎屑岩及大盛群砂岩、砂砾岩。

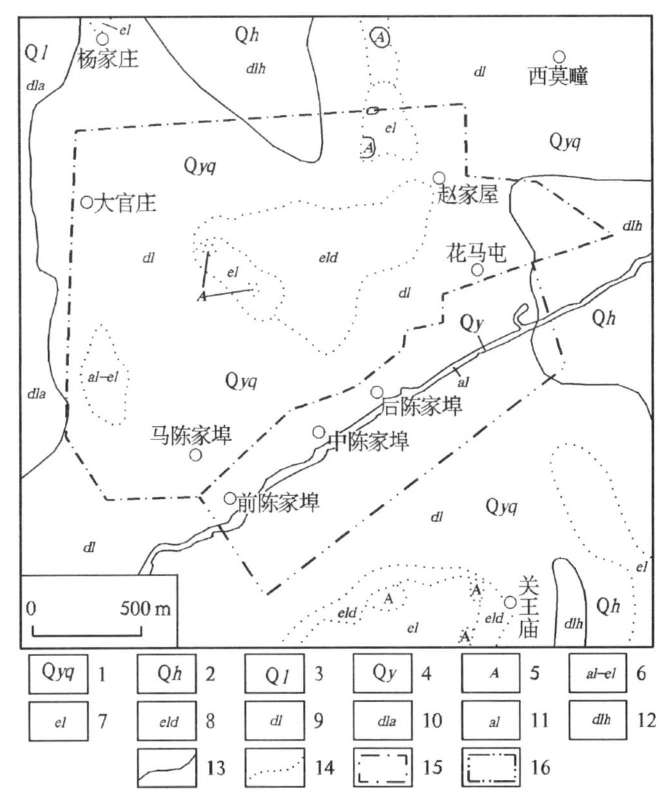

图 29-12　郯城陈家埠金刚石砂矿区地质略图

（据山东省地质局第七地质队，1964）

1—第四纪于泉组；2—第四纪黑土湖组；3—第四纪临沂组；4—第四纪沂河组；5—基岩；6—残余冲积层；7—残积层；8—残坡积层；9—坡积层；10—泛溢堆积层；11—冲积层；12—沼泽化坡积层；13—地层界线；14—岩性界线；15—陈家埠矿体范围；16—陈埠小河矿体范围

（1）矿区地貌

本区地势东北高，西南低，中部微微凸起。东部地形波状起伏，西部地形开阔平坦。根据地貌形态特征及其成因可分为 2 类：剥蚀堆积残余Ⅱ级阶地区和侵蚀堆积Ⅰ级阶地区。前一类包括 2 种地形，即剥蚀堆积地形和侵蚀地形：剥蚀堆积地形由残丘丘顶、斜坡、缓坡、微斜坡和坳谷洼地所组成，其上堆积物含矿性较好；侵蚀地形是在剥蚀堆积地形的基础上由小河和冲沟侵蚀而成。侵蚀堆积Ⅰ级阶地区与剥蚀堆积残余Ⅱ级阶地区地貌呈过渡关系，界限不明显，其上有更新世晚期堆积物，含金刚石很少。

（2）矿区第四纪地层

本区第四纪地层约占全区面积的 95 %，厚 0.2～1.0 m，最厚 3.5 m。共划分为 4 个组，由老到新依次

---

[1] 山东省地质局第一地质队，山东省郯城金刚石砂矿陈埠矿区最终地质勘探报告，1964 年。

为于泉组、黑土湖组、临沂组和沂河组,普遍含有金刚石(表29-2)。

表29-2 郯城陈家埠金刚石砂矿区第四纪地层特征

岩组	岩层	分布地区	地貌	岩性	砾石			面积 /km^2	厚度 /cm	含矿性
					成分	含量 /%	砾径 /cm			
于泉组	残余冲积层	马陈埠西北岭	丘顶	土黄色砾质砂层或含砾砂层	以石英岩、脉石英为主,其次为火山岩、砂岩、变质岩	30	2~5	0.1	30~40	主要矿层之一
于泉组	混有冲积物的残积层	园艺场、杨家屯、赵家屋、关王庙东、西岭	丘顶、斜坡	黄褐色含砾砂层、砾碎石质砂层	主要为火山岩、片麻状花岗岩,次为脉石英、石英岩	10~40	1~10	1.2	20~120	含矿层
于泉组	混有冲积物的残坡积层	关王庙、西岭、赵家屋、北岭、园艺场东	微斜坡、缓坡	黄褐色含碎石砂层、砾碎石质砂层,紫红色、黄褐色含砾碎石砂层	主要为火山岩、砂岩、片麻状花岗岩、片岩、脉石英	5~75	0.2~10	0.95	20~90	含矿最好层位
于泉组	混有冲积物的坡积层	遍布全区	微斜坡、缓坡、坳谷、洼地	黄褐色含砾砂层,紫褐色、紫红色砾质砂层	以脉石英、石英岩为主	5~40	0.2~5	12.57	20~100	主要矿层之一
黑土湖组	混有冲积物的坡积层	杨家屯东、花马屯东	洼地、坳谷	灰黑色、黑色含黏土粉砂层、含砾黏土砂层	以脉石英、石英岩为主	2~4	细小	2.3	20~50	不均
临沂组	坡积泛溢堆积层	大官庄西	Ⅰ级阶地	浅黄色粉砂				2.5	50~250	含矿性较差
沂河组	冲积层	陈家埠南	小河	含黏土砾砂层	以脉石英、石英岩为主	少量				

据胡思颐等,1994年;《山东省区域地质》,2003年。

2. 矿体特征

(1) 矿体形态

陈家埠矿体位于前陈埠以北,呈层状产出,平面上为不规则的椭圆形,长轴2 550 m,短轴1 750 m,面积约3.22 km^2。最大厚度1.79 m,平均厚度0.687 m,厚度变化系数35.3 %。陈埠小河矿体位于陈家埠矿区东南部,沿陈埠小河两岸呈NE向延伸。长2 200 m,宽400~960 m。面积约1.25 km^2。矿体厚度变化较大,一般在0.6~1.2 m,最大厚度2.7 m,平均厚度0.856 m,厚度变化系数为42.2 %。

(2) 矿体产状

矿体产状受地形地貌控制,陈家埠矿体以Ⅱ级阶地残丘顶部为中心向四周倾斜,倾角由残丘顶向坡脚略微变缓,从5°左右渐变为1°~3°,直至近于水平。倾角变化和地势表面起伏一致。在基岩面坑洼处,矿体厚度加大,凸起部位则变薄,相应的倾角也变化较大(图29-13)。陈埠小河矿体由缓坡向洼地、坳谷中心倾斜,北东高,南西低。一般较平缓,倾角1°~2°,局部地段受地形影响,变化较大。

(3) 矿体物质组分

陈家埠矿体由残余冲积物及含大量冲积物成分的残积物、坡积物组成。岩性为含砾砂层、砾质砂层、砂砾层、含砾碎石质砂层、含砾黏土砂层等。颜色为土黄色及褐黄色,砾石成分以带褐黄色皮壳的脉石英、石英岩、石英砂岩为主,其次有火山岩、砂岩、片麻状花岗岩、石灰岩、水铝石等。砾石含量变化大,但规律性明显,由残余Ⅱ级阶地丘顶向缓坡、洼地逐渐减少,可从40 %减至5 %或更少。垂直方向上,变化也很明显,顶部砾石含量较底部高。

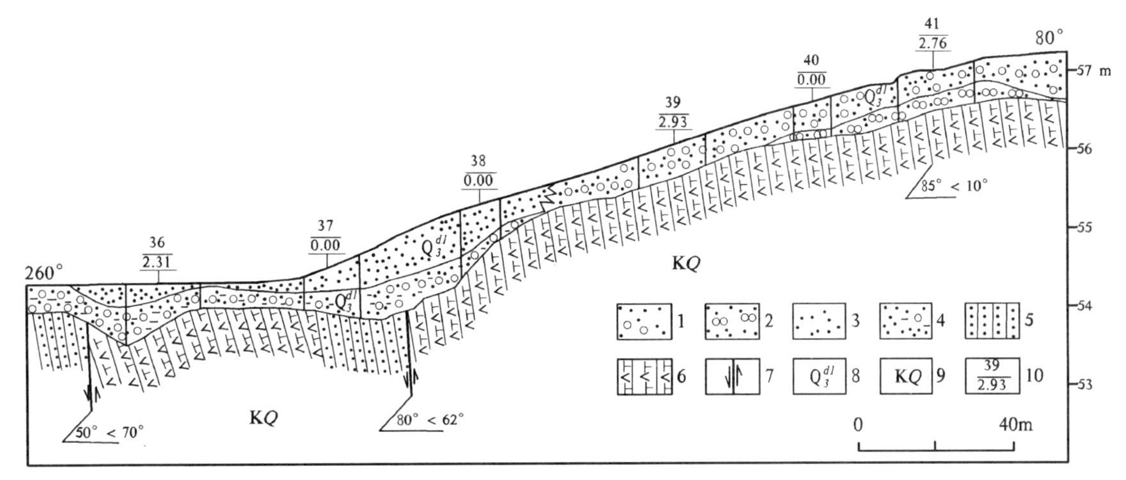

图 29-13　郯城陈埠砂矿区陈埠矿段 13 线地质剖面图

（据山东省地质局第七地质队，1964）

1—含砾砂层；2—砂砾层；3—砂层；4—含砾黏土砂层；5—砂岩；6—玄武安山岩；7—断层；8—第四纪坡积物；9—白垩纪青山群；10—探槽编号/金刚石品位（mg/m³）

陈埠小河矿体岩性一般分为 3 层。上部多为砂层，中部为含砾黏土砂层，底部由砾质砂或砂砾层组成。颜色均呈褐黄色，结构松散。砾石成分较陈家埠矿体简单，主要为脉石英、石英岩，只有少量片麻状花岗岩及火山岩。砾石含量变化较大，由缓坡到洼地中心砾石含量逐渐减少，由上到下砾石含量逐渐增多，上部砾石含量 5 %～10 %，下部可达 50 %。砾石直径上小下大，上部砾径 0.2～2 cm，底部则多在 1～5 cm 之间。砾石形态为次圆状和次棱角状，重矿物有绿帘石、角闪石、磁铁矿、石榴子石等。

3. 金刚石质量

陈家埠矿床金刚石晶形以菱形十二面体为主，其次为连生体、双晶，少量八面体，金刚石粒度多为-4+2 mm级，其次为-2+1 mm 级，少量-8+4 mm，-16+8 mm 级，特大金刚石偶有发现。

4. 矿床品位及规模

陈家埠砂矿床中金刚石分布不均匀，陈家埠矿体平均品位为 4.637 mg/m³，品位变化系数为 252.3 %。纵向上，南北 2 端较贫，中间富。横向上品位变化剧烈，最高品位比平均品位高 26.05 倍，并常有不含矿的地段。陈家埠小河矿体平均品位为 4.247 mg/m³，品位变化系数为 117.8 %。矿体总的趋势北东端品位较低，中段高，西南端略有下降。查明资源储量 14 828 g，属中型金刚石砂矿床。

5. 矿床成因

郯城陈家埠金刚石砂矿为产于第四纪冲积—残坡积层中的沉积型矿床。

6. 地质工作程度及矿床规模

郯城陈家埠金刚石砂矿床在 20 世纪 50 年代末至 60 年代中期，原山东省地质局沂沭队、809 队（即现在的山东省第七地矿勘查院）进行了勘探评价，查清了矿床地质特征和矿床规模，为一中型金刚石砂矿床。

三、第四纪沉积型（昌乐式）蓝宝石砂矿床❶

❶ 1979～1993 年，山东省地矿局第七地质队、第四地质队，昌乐北岩、辛旺、五图等地蓝宝石原生矿及砂矿勘查成果报告。

（一）矿床式

1. 洪冲积含矿层

为一套现代河床相堆积物，时代属全新世。分布在侵蚀堆积地形的现代河床、河漫滩及Ⅰ级阶地中，随河床变化而变化，呈蛇曲状展布。自原生矿向下游延伸，其长度可达20～30 km；宽度也随着河流的摆幅不同而不等，上游宽约几米至十几米，下游则宽约几十米至百余米，分布面积较大。

洪冲积层的二元结构较明显，上部一层为黏土粉砂层，厚度0～1.5 m，平均1 m左右，颜色为土黄色。黏土与粉砂约各占50 %，含有极少量的碎屑物质；下部为砂砾层，厚度0.2～2.5 m，个别地段>3 m，平均约1.5 m。此层中，砂约占30 %～50 %，个别地段达70 %。砾石约占70 %～50 %，个别地段达30 %，分选较好，砾石多呈次棱角状，次圆状，砾径一般0.2～0.5 cm，个别>10 cm。成分为玄武岩、砂岩、钙质结核，砂以中粒为主。

2. 洪坡积含矿层

系洪积与坡积的混合成因堆积物，时代属更新世—全新世。分布在剥蚀堆积地形的洪坡积平台上，呈长条带状分布，自原生矿向下游延伸，可达十几千米。宽度变化也较大，上游约百余米，下游可达数千米。在各矿区内出露面积较大。厚度一般3～10 m，上游3～6 m，下游5～10 m。坡积平台前缘与坡积平台后缘之间的厚度变化也很大，坡积平台后缘厚约2.5 m，向前缘渐厚，可达9 m，局部超过10 m。为黄色、鲜黄色含砂黏土层，黏土含量约占80 %～90 %，砂约占10 %～20 %。

该层中主要有两层粗碎屑层含矿。上部粗碎屑含矿层呈透镜状产出，多在2～5 m深处出现，为黄色黏土钙质结核夹层，厚约0.2～1.5 m，结核约占60 %，成分为钙质。结核直径较大，平均约3～10 cm，个别达15 cm，黏土与钙质结核相互胶结成板状。该含矿层横向和纵向上变化都较大，含矿性不稳定，仅个别地段可探求工业储量。下部粗碎屑含矿层则在基岩面上，厚度0.2～1.5 m，为姜黄色黏土质结核层，平均厚度1 m左右，结核约占50 %～60 %，局部可达70 %～80 %，结核直径2～5 cm左右。该层较连续、稳定，分布面积大。富含蓝宝石，品位较高，出露面积大，是矿区最重要的含矿层，山东大型蓝宝石工业矿体皆发育在此层中。

3. 残坡积含矿层

含矿的残坡积层主要分布在蓝宝石原生矿周围山丘附近，为一套沿山体斜坡的负地形堆积的基岩风化残坡积沉积物，主要为黏土碎石层，其中碎石和黏土含量约各占50 %，碎石成分与底部基岩成分一致。

该含矿层呈裙带状分布在剥蚀堆积地形的斜坡上，其周长取决于山丘体的大小，数百米至数千米。宽度十几米至几十米不等。长度、宽度及厚度变化均较大。残坡积层中蓝宝石的品位变化很大，在基岩面上裂隙或凹坑发育地段品位较高；而基岩面上裂隙或凹坑不发育的地段品位则相当低。由于该含矿层的长、宽、厚及品位的变化都很大，因此该含矿层很难圈定连续的具有经济价值的蓝宝石矿体。

4. 含矿层地形地貌特征

昌乐蓝宝石砂矿区以火山作用形成的火山岩地貌为基本格局，主要为低山丘陵地形，火山喷发的熔岩和碎屑物堆积成形态各异的火山丘和熔岩台地，其上发育有河床、河漫滩、Ⅰ级阶地等。蓝宝石砂矿形成于发育马蹄形洼地的第四纪沉积物中，依据其成因划分为3种地貌类型。

（1）构造剥蚀类型

盾形火山：指火山剥蚀地形，起伏形态呈盾形，表面平坦，平面呈圆形、马蹄形或不规则状，底部宽、锥坡缓（5°～10°），由玄武岩熔岩被组成。如中部的方山。

钟状火山：表面起伏形态呈钟状（或穹状），平面呈圆形、锥坡陡（15°～30°），表面浑圆。顶部往往为火山口，其内部伞状斜列的熔岩柱状节理十分发育。如乔山、二姑山等钟状火山地貌景观（图29-14）。

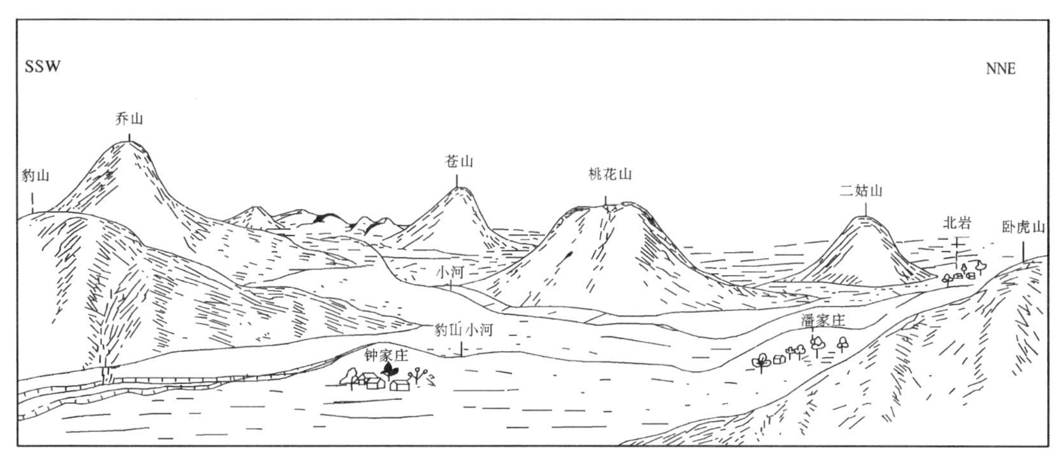

图 29-14　昌乐北岩蓝宝石产区钟状火山地貌景观

（据山东省地矿局第七地质队资料修编，1991）

新近纪上新世尧山组在地形地貌上往往形成上述 2 种火山地貌。蓝宝石原生矿主要见于这 2 种火山地貌的火山通道附近。是蓝宝石砂矿的供源区。

剥蚀斜坡：指山体斜坡上部或山麓的较高部位，绕山体分布，坡度 15°～30°，标高 150～300 m，很少有残坡积的碎石黏土层和玄武岩碎屑堆积层等。新近纪中新世牛山组多形成这种地形地貌。部分残坡积含矿层发育于此地形地貌单元中。

（2）剥蚀堆积类型

坡积缓坡：发育于山坡剥蚀斜坡前缘以下或丘麓低缓部位，组成坡积裙或坳谷，常被后期冲沟切割，向河床或低洼地方向倾斜。残坡积含矿层主要见于此类地貌单元中。

洪坡积平台：分布于火山锥坡脚地带，多被现代冲沟切割，切割深度>5 m，其表面平坦、开阔、微向河床方向倾斜，前缘为河岸陡坎。山东蓝宝石砂矿中最重要的含矿层——洪坡积砂矿层就发育在此类地貌单元中。

（3）侵蚀堆积类型

Ⅰ级阶地：分布于河床两侧，常形成阶地前缘眉峰，阶地后缘与坡积平台无明显分界。

河床、河漫滩：局限于河道中，比较狭窄，宽度一般为 100～150 m、局部宽度>200 m。侵蚀堆积地形是另一重要含矿层——洪冲积砂矿层的赋存地貌单元。

5. 矿体特征

在昌乐蓝宝石砂矿各个矿区内，不同成因类型的第四纪沉积层中都含矿，但以洪冲积含矿层和洪坡积含矿层为主。

（1）全新世洪冲积型蓝宝石砂矿矿体

此类砂矿体，主要分布在蓝宝石原生矿周围 10 km 范围内的现代河床及河漫滩中，矿体的长度变化较大，由几十米至几千米。宽度变化不大，近百米至二百余米；厚度 0.2～2.2 m，一般在 1.20 m 左右。矿体的平面形态较复杂，呈蛇曲状、透镜状、月牙状、树枝状、不规则状等形态。矿体在纵向上呈近似水平或微向下游倾斜的板状、透镜状，连续性较好，品位 0.703～10.050 g/m^3。全新世洪冲积型蓝宝石砂矿矿体中蓝宝石的分布富集具有明显的规律：① 河流转弯的内侧较外侧富集；② 河漫滩的顶部较下部富集；③ Ⅰ级阶地下部矿体较上部矿体富集、底部较上部矿体富集；④ 河流上游距离蓝宝石原生矿 5 km 范围内矿体较 5 km 范围外矿体富集。该类型矿体的规模一般不大，多属于中、小型，每个矿体的蓝宝石资源储量在 10～180 kg 之间。

（2）更新世洪坡积型蓝宝石砂矿矿体

此类矿体主要分布在蓝宝石原生矿周围 10 km 范围内剥蚀堆积地形的洪坡积平台上，在各矿区内出露面积较大。垂向上矿体分上下 2 层：① 上层矿体在平面和垂向上都多呈透镜状产出，埋深 1.5~3.5 m，矿体厚度 0.2~2.8 m，品位 0.5~1.5 g/m^3。该层矿体规模较小，长度<500 m，宽度在 200 m 左右，面积不大，矿体厚度和品位变化大。② 下层矿体位于基岩面之上，平面形态呈长带状，多与洪坡积平台平行分布。矿体长度几百米至几千米，宽度 1 000 m 左右，埋深 4.5~9 m。矿体厚度 0.2~2.8 m，平均 1 m 左右。矿体连续性较好，矿砂品位高，但变化较大，在 0.50~16.75 g/m^{3}之间。

更新世洪坡积型蓝宝石砂矿矿体中蓝宝石分布规律：① 矿体底部较上部富集；② 距离蓝宝石原生矿 3 km 内矿体，较 3 km 外矿体富集；③ 基岩面上出现凹坑的部位最为富集。该类型下层矿体规模大，品位高，多属于大型蓝宝石砂矿床，每个矿体的蓝宝石储量多>200 kg。

6. 蓝宝石特征

昌乐蓝宝石颜色以深靛蓝色为主，较鲜艳纯正，晶体较完整，颗粒大，透明度好，出成率高，是质量较好的蓝宝石。蓝宝石质量受多种因素制约，其中裂开、熔蚀构造、色带、包裹体是主要因素。这些因素一方面通过影响蓝宝石的颜色、透明度、形状、大小、出成率等，降低蓝宝石的质量；另一方面，在某些特殊情况下，又可形成星光蓝宝石、魔彩蓝宝石等稀有珍贵品种，提高蓝宝石的价值。

（1）蓝宝石的晶形

为三方晶系，晶体呈桶状、板状、柱状、锥状。所见晶形有六方双锥和板面的聚形，六方双锥、板面和菱面体的聚形，六方柱和板面的聚形；六方柱、板面和菱面体的聚形，两个六方双锥、板面和菱面的聚形，两个六方双锥与菱面体的聚形，两个六方双锥和板面的聚形等。本区蓝宝石的晶形，以六方双锥和板面的聚形最常见，其晶体呈桶状。对若干晶体进行测量，各个晶面的极距角在 57°~90°之间。

（2）蓝宝石的颜色及多色性

昌乐蓝宝石的颜色有深蓝色、蓝色、橙色、浅蓝色、蓝灰色、蓝绿色、绿色、黄绿色、黄色、棕黄色、棕褐色等，以带蓝色色调系列的蓝偏紫色为多，约占 70 %~80 %；其中又以深暗的蓝偏紫色为最多，约占蓝色色调的 70 %~80 %。

昌乐蓝宝石着色往往不均匀，一般只是颜色深浅的不均匀，呈逐渐过渡的渐变不均匀，但有的蓝宝石呈现 2 种或 2 种以上颜色系列的条带（或六边形环带）有规律地相间排列。据统计，昌乐蓝宝石有近 90 %的样品为深蓝色—蓝黑色，具蓝色调的颜色（如蓝绿、灰蓝等）。昌乐蓝宝石存在的颜色不均匀的现象，表现为色调不均匀或色泽差异，有时同一颗蓝宝石具有 2 种或 2 种以上的颜色，其中蓝色和黄色交替现象特别常见。

昌乐蓝宝石二色性明显，沿 c 轴观察，表现为深蓝色、深蓝绿色、深黄绿色；垂直 c 轴观察时，表现为蓝色、蓝绿色、黄绿色；而黄色蓝宝石的二色性不明显（余晓艳，1999）。

（3）蓝宝石的粒度

对一组山东昌乐蓝宝石的粒度进行统计：>8 mm 的蓝宝石占总重量的 28 %，其中>20 mm 的蓝宝石占总重量的 3 %~5 %。；<8 mm>4 mm 的蓝宝石占总重量的 44 %。；<4 mm>2 mm 的蓝宝石占总重量的 28 %。而在开采蓝宝石矿过程中，单颗重量>20 g 的蓝宝石并不少见。从昌乐已出土蓝宝石看，蓝宝石最大重量有超过 100 g 的，最大晶体有 200~300 g 的。昌乐蓝宝石以>8 mm 的巨晶为主，并存在有特大巨晶蓝宝石。

（4）蓝宝石的结构构造

昌乐蓝宝石具颜色深浅相间的环带构造（蓝色、褐色、蓝绿色环带）；放射状结构，部分具熔蚀结构、反应边结构。

环带构造：蓝宝石的环带肉眼可见，宽窄不一，从数毫米至 0.01 mm 不等。在垂直于 c 轴断面上观察，环带呈“六边形”，通常当晶体呈蓝色时，环带呈蓝、浅蓝相间分布；当晶体呈褐色时，环带呈褐、浅褐色相间分布。

放射状结构:在垂直于 c 轴的断面上常见 6 条明显的放射性,多数有放射状排列的显微裂隙组成,裂隙中充填大量杂质;高倍显微镜下少部分放射线系由有规律的金红石包裹体构成。

熔蚀结构:因熔蚀作用造成晶体的晶面、晶棱均轻度圆化,晶面变得光滑闪亮;熔蚀严重的晶体其某一侧面或一端被熔掉。受蚀晶面上可出现一些规则的负性凹坑和正性突起,前者如三角形小坑、倒置三角形蚀坑及由此连结成的菱形网格;后者类似砖块平行 c 轴叠加于六方双锥晶面上,表现为正性的长方条带。有时,也可出现不规则的较大蚀坑。

(二) 代表性矿床——昌乐县辛旺蓝宝石砂矿床地质特征❶

1. 矿区位置

辛旺蓝宝石砂矿段位于昌乐县城东南约 10 km 处。在地质构造位置上,居于沂沭断裂带西侧的昌乐临朐凹陷的东北部。矿区在地貌上处在辛旺小河北岸的蛇山南麓的洪坡积平台地带,海拔高度 70~100 m,稍有北高南低之势,坡度角约 5°~10°,表面平坦、开阔。矿区西部有一 SN 向的冲沟,切割最深处近 8 m,南邻辛旺小河,洪坡积物发育。矿区东西长 1 400 m,南北宽 1 000 m,面积 1.4 km^2,见图 29-15。

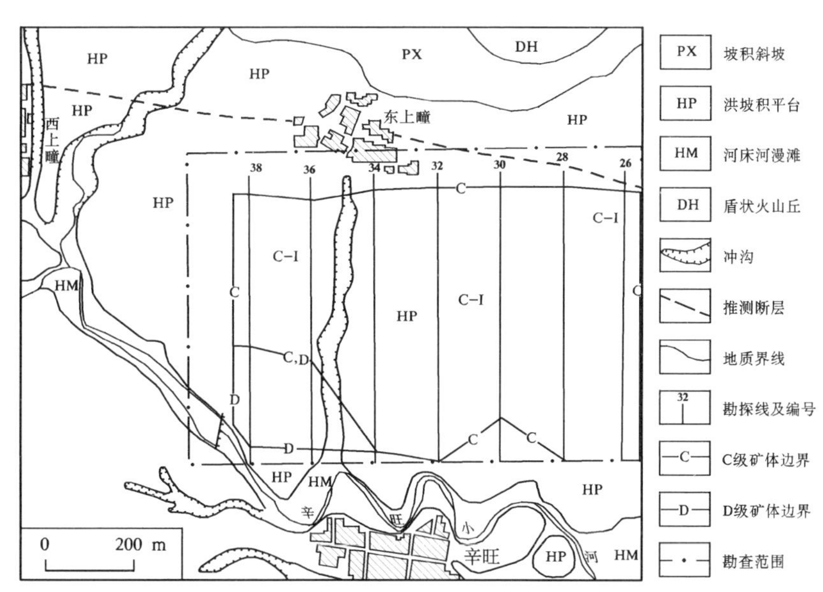

图 29-15　昌乐县辛旺蓝宝石砂矿矿区地貌简图

(据山东省地质矿产局第七地质队,1991)

2. 矿区地质特征

矿区内除北部和西部外围有寒武系及新近纪临朐群牛山组、尧山组出露外,均为第四系堆积物。

(1) 第四纪地层

第四纪全新世沂河组:为由黏土粉砂(上部,厚 0.2~1.5 m)及砂砾(下部,厚 0.5~2.5 m)组成的河床相堆积层。该层含有刚玉及蓝宝石。

更新世晚期大站组:为由含砂黏土(上部,厚 2.9~9.0 m)及结核质黏土和砂砾(下部,厚 1 m 左右)组成的洪积、冲积物。该层含有刚玉及蓝宝石,是区内主要含矿层。

更新世中期—全新世山前组:为由黏土、碎石等组成的残坡积层。该层中含有蓝宝石。矿区地貌为以火山作用形成的火山地貌为基本格架,总体为西高、东低的低丘地势。大丹河和小淳于河由蓝宝石原

❶ 山东省地质矿产局第七地质队张培强等,山东省昌乐县五图矿区辛旺矿段蓝宝石砂矿详查地质报告,1991 年。

生矿产地——方山的南、北两侧,自西而东流经矿区。

(2) 含矿层

矿区内各种成因类型的第四系沉积层中都含矿,均可称为含矿层,但主要是洪冲积含矿层中的砂砾层,洪坡积含矿层的结核质黏土层、黏土质结核层。

洪冲积含矿层:在砂砾层中随机取样 2 个,蓝宝石品位分别为 0.173 g/m^3 和 3.533 g/m^3,平均 1.853 g/m^3。刚玉品位分别为 2.096 g/m^3,10.099 g/m^3,平均 6.098 g/m^3,矿层平均厚度 1.30 m。

洪坡积含矿层:① 在该含矿层上部细碎屑物质含砂黏土层中取样 5 个,蓝宝石平均品位 0.342 g/m^3,最高品位 1.087 g/m^3,最低为 0(两个样品为 0);刚玉平均品位 2.046 g/m^3,最高品位 4.800 g/m^3,最低 0.014 g/m^3。上部细碎屑物质含黏土层中蓝宝石及刚玉品位变化较大,含矿性不稳定,未划分出工业矿体。② 在该含矿层上部的粗碎屑含矿层夹层(上层含矿层)——黏土质结核层中取样 11 个,蓝宝石平均品位 0.500 g/m^3,其中最高品位 3.941 g/m^3,最低为 0(5 个样品为 0)。刚玉平均品位 4.894 g/m^3,其中最高 29.488 g/m^3,最低为 0。在此层中圈出的Ⅱ号矿体,蓝宝石平均品位 1.103 g/m^3。③ 在含矿层底部的粗碎屑含矿层(下层含矿层)进行勘查,圈出一个矿体,其中 C 级矿段蓝宝石平均品位 0.913 g/m^3,刚玉平均品位 5.959 g/m^3,D 级矿段蓝宝石平均品位 0.965 g/m^3,刚玉平均品位 7.890 g/m^3,矿体连续、稳定、规模较大。

残坡积含矿层:在此层中取 2 个小体积重砂样,未选获蓝宝石及刚玉,但从当地群众采掘经验估算,蓝宝石平均品位应在 0.1~0.59 g/m^3 之间。

3. 矿体特征

辛旺矿段分布的更新世晚期大站组洪坡积含矿层内共圈定出 2 个矿体。Ⅰ号矿体是更新世晚期大站组洪坡积含矿层下层矿体,是主矿体,查明蓝宝石资源储量近 1 000 kg;Ⅱ号矿体是更新世晚期大站组洪坡积含矿层上层矿体,查明蓝宝石资源储量 70 kg。

(1) Ⅰ号矿体

为主矿体,分布在洪坡积平台底部(下层含矿层)含蓝宝石结核质黏土层中(图 29-16)。矿体呈板状,位于古近纪五图群侵蚀面上。底板岩性主要为五图群的砂页岩、泥灰岩等。在地势上北高南低,坡度角 >10°。顶板主要为黏土粉砂层。矿体长 1 350 m,宽约 750 m;矿体面积 102.34×10^4 m^2。矿体平均厚度 1.10 m。矿体一般埋深 1.4~1.6 m。北部埋深浅,一般埋深<0.5 m,局部矿体出露于地表;南部埋深大,位于Ⅱ号矿体之下的Ⅰ号矿体平均埋深 5.23 m。Ⅰ号矿体剥离比为 1.83:1。蓝宝石与刚玉之比为 1:6.25。

(2) Ⅱ号矿体

分布在洪坡积平台底部(上层含矿层)含蓝宝石黏土质结核层中(图 29-16)。为Ⅰ号矿体上部的夹层矿体,呈透镜状。矿体的顶板为含砂黏土层,底板为黏土粉砂层。矿体长 250 m,宽 210~308 m;矿体面积 6.720×10^4 m^2;矿体平均厚度 1.19 m。矿体平均埋深 2.84 m;剥离比为 2.98:1。蓝宝石与刚玉之比为 1:5.07。

Ⅰ号矿体自东向西有增厚、自南而北有减薄的趋势,但变幅不大,矿体厚度变化系数为 53.67 %。而品位变幅较大,变化系数为 132.87 %,纵、横向品位变化系数区间分别为 55.71 %~134.94 %,88.64 %~127.76 %,大体反映出矿体品位沿横向变化较大、沿纵向变化稍小的趋势。

4. 矿石(砂)特征

(1) 矿石(砂)类型

辛旺矿段内蓝宝石矿石(砂)有 2 种类型。结核质黏土型蓝宝石矿石(砂):此类型矿石(砂)由25 %~35 %的钙质结核和 65 %~75 %的黏土组成。其中蓝宝石平均品位为 0.939 g/m^3,蓝宝石与刚玉含量之比为 1:6.25。结核质黏土型矿石(砂)呈姜黄色,结核约占 25 %~35 %,局部可达 50 %,黏土约占 25 %~75 %。矿石(砂)密度为 1.21~1.42 t/m^3;松散系数为 1.09;含水量平均为 18.29 %。矿石(砂)中 <0.1 mm 的细物质组分最多,占 73.54 %;>2 mm 的粗物质组分仅占 26.46 %。在矿石(砂)中粗粒物质组分分析表明:直径>4 mm 的物质,钙质结核占 97 %左右;2~4 mm 的物质中,钙质结核约占 84 %,其余主要为铁锰球、石英及少量岩石碎屑等;重矿物主要为铁锰球、尖晶石、刚玉等。矿石(砂)中<2 mm 的重砂矿物中,磁性矿物占重砂矿物的 27.78 %,主要为磁铁矿;电磁性矿物占重砂矿物的 61.11 %,主要为普通辉石、镁铁尖晶石、钛铁矿、褐铁矿、赤铁矿、碳酸盐矿物等;重矿物占重砂矿物的 11.11 %,主要为锆石、水铝石、刚玉、金红石等。

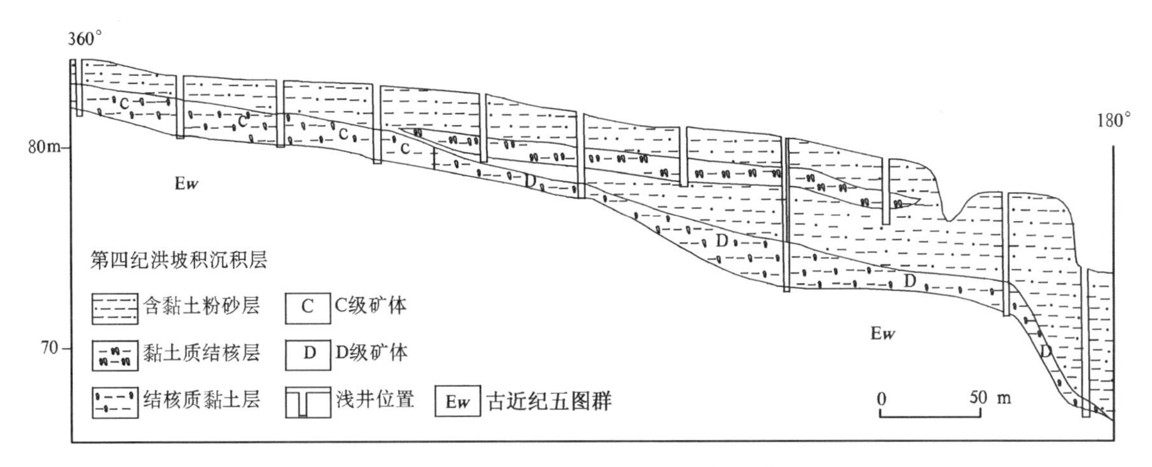

图 29-16 昌乐县辛旺蓝宝石砂矿床 38 线地质剖面简图
(据山东省地质矿产局第七地质队,1991)

黏土质结核型蓝宝石矿石(砂):此类型矿石(砂)由 50 %~60 %的钙质结核和 40 %~50 %的黏土组成。其中蓝宝石平均品位为 1.103 g/m^3,蓝宝石与刚玉含量之比为 1:5.07。辛旺矿段蓝宝石平均品位为 0.936 g/m^3。黏土质结核型矿石(砂)呈黄色,其结核含量稍高,约占 50 %~60 %,黏土约占 40 %~50 %。此类矿石(砂)其他特征与结核质黏土层相似。

(2) 矿石(砂)中与蓝宝石共生的主要矿物

矿石(砂)中与蓝宝石共生的主要矿物有镁铁尖晶石、锆石、镁铝榴石、辉石、歪长石等。其中颗粒最大,数量最多的数镁铁尖晶石,晶体为八面体,黑色、不透明,莫氏硬度 8,密度 3.6 g/cm^3,具电磁性。在开采蓝宝石矿的过程中,可用电磁选回收镁铁尖晶石,粒径>5 mm 的颗粒,用混圆机混圆,激光打眼,可加工成黑色的镁铁尖晶石项链。锆石,四方晶系,棕红色,透明—半透明,莫氏硬度 7.25,密度 3.9~4.1 g/cm^3。镁铝榴石,等轴晶系,棕红色,透明至半透明,莫氏硬度 7.25,密度 3.7~3.8 g/cm^3。锆石和镁铝榴石含量不多、颗粒不大,在开采蓝宝石矿的过程中,可回收大粒级的锆石和镁铝榴石。辉石和歪长石虽然颗粒较大,数量也多,但由于解理发育,难以加工成宝石。

5. 矿床成因

昌乐辛旺蓝宝石砂矿床为发育在第四纪冲积—残坡积层中的沉积型矿床。

6. 地质工作程度及矿床规模

该矿区在 1990~1991 年间,山东省地矿局第七地质队进行了详查评价,基本查清了矿区及矿床地质特征;为一大型蓝宝石砂矿床。

四、第四纪河流冲积型(辛安河式)砂金矿床

新泰市岳庄河砂金矿床地质特征

1. 矿区地质特征

新泰岳庄河砂金矿区位于新泰市西南约 20 km。矿区位于南涝坡构造变质带的东侧，矿区西半部属构造变质带。矿区以东的东牛家庄一带零星出露有糜棱岩、绢云石英片岩等。矿区北部主要为寒武纪—奥陶纪的灰岩、页岩及白云岩类，与砂金矿的关系不大。矿区中南部及其以南地段为砂金形成的上游地段，与砂金矿的形成关系密切。主要出露新太古代奥长花岗岩（含角闪石类岩石包体）、片麻状英云闪长岩及中生代闪长玢岩、花岗斑岩等。区内构造较发育，规模较大的关山头-火石山断裂破碎带及近 SN 向的张家村-岳家庄断裂破碎带从矿区通过，西部邓家沟一带有近 EW 向断裂带。

2. 第四纪地质特征

本区第四纪堆积物主要表现为多旋回的间歇性冲洪积物，并经长期剥蚀冲刷，多数保留不完整，仅出露临沂组、沂河组及山前组。

（1）全新统沂河组

本区全新统沂河组冲积物主要位于现代河床、河漫滩及超河漫滩，一般厚约 3~8 m，多数厚 4~6 m，局部地段夹有细砂层及淤泥层，本层又可细分为砂质土层及粗砂砾石层。砂质土层主要分布现代河床两侧，黄褐色，厚 0.5~3 m，多数厚 1.5 m，主要由泥和砂组成，局部地段为砂质亚黏土，含少量砾石，此层个别地带含砂金，其品位 0.037 9 g/m^3 以下。粗砂砾石层主要在现代河床，黄褐色—灰褐色，厚 0.5~6 m，粗砂以石英、长石及岩屑为主，砾石多以石英、奥长花岗岩、英云闪长岩、角闪岩、花岗斑岩等组成，此层分选性差，为主要含金层，单个样品最高品位达 6.292 86 g/m^3。

（2）全新统山前组

主要分布在丘陵冲沟口及丘陵两侧斜坡上，厚度不等，一般 1.5 m 以下，由黄褐色黏土及基岩碎屑、砂砾等组成，分选差，在局部地段下部含金。

（3）全新统临沂组

主要分布在一级阶地等部分地带，上部为砂质亚粘土，呈黄褐色，夹有少量的砂及细砾，向下逐渐过渡为砂层、砂砾石层，砾石成分主要由石英、英云闪长岩、奥长花岗岩、角闪质岩及闪长玢岩、花岗斑岩类碎块组成，砾石多呈次棱角状，此层也为重要的含金层。

3. 砂金矿床特征

（1）矿体特征

本矿床主要由 3 个矿体组成，3 个矿体分别位于岳庄河、冯家村河及围山庄河。矿体主要赋存于中游张家村到下游一带，冯家村河和围山庄河属岳庄河支流，矿体也分别赋存于中下游一带。

Ⅰ号矿体：即冯家村河矿体，从中上游东峪村至下游入岳庄河，控制长度约 5 500 m，最宽处 322 m，最窄处约 40 m，平均 162 m。混合砂最大厚度专为 10.80 m，最小为 2.40 m，平均为 5.87 m，厚度变化系数为 37 %，矿体内单工程混合砂最高品位为 0.919 0 g/m^3，最低品位为 0.216 6 g/m^3，表内矿体平均品位为 0.216 6 g/m^3，其品位变化系数为 42 %。

Ⅱ号矿体：即岳家庄河矿体。从张家村至下游的光明水库，控制长度约 9 000 m，矿体最宽处120 m，最窄处 40 m，平均宽度 65 m，宽度变化系数为 38 %；混和砂最大厚度 8.10 m，平均 6.63 m，最小 5.50 m，厚度变化系数为 13 %；单工程混合砂品位最高为 0.298 8 g/m^3，最低为 0.061 5 g/m^3，表内矿体平均品位为 0.160 8 g/m^3，其品位变化系数为 49 %。

Ⅲ号矿体：即围山河矿体。自上游至下游控制长度约 2 000 m，本矿体矿层薄，一般 1.5 m 左右，品位低，无法按混合砂计算，所以只能按矿层计算求得表外储量（边界品位按 0.15 g/m^3，工业品位 0.54 g/m^3）。

以上 3 个矿体严格受地形地貌特征的控制，走向基本上与河谷方向一致，河道平直，矿体亦平直，河道弯曲，矿体也弯曲，整个矿体基本连续，但由于河床的变迁，加之群众采坑的破坏，矿体形态局部较为复杂,有分支复合及膨大缩小现象。

矿体底板基岩主要是新太古代英云闪长岩或奥长花岗岩,个别地段为闪长玢岩或花岗斑岩,都较坚硬,风化壳很薄,砂金主要富集在含金砂砾层的下部和底部,一般在基岩以上 3 m 内。

(2) 矿砂与金矿物特征

富集达到工业品位的含金砂砾石,主要为粗砂砾石层,黄褐色,由砾石、砂及粘土组成,通过对 4 个大口径砂钻孔粒度分析得出结果:巨砾(直径>100 mm)平均占 1.6 %,粗砾(100~50 mm)平均占 2.2 %,中砾(50~20 mm)平均占 6 %,中细砾(20~10 mm)平均占 8.6 %,细砾(10~20 mm)平均 26.4 %,粗砂(2~1 mm)平均占 12.9 %,中细砂(1~0.01 mm)平均占 29.9 %,黏土(0.01 mm)平均占 10.5 %。由此看来主要粒级是砂及细砾,巨砾和黏土仅占 12.1 %,符合规范要求。在粗砂砾石层中一般上部含泥量较低,下部含泥量较高。

砂金矿物主要为自然金,金黄色、黄色、赤黄色,颜色鲜艳,色调均匀,强金属光泽。形态以粒状、树枝状、片状、长条状为主,金粒表面较粗糙,多具凹坑和麻点,部分较光滑,粒度多在 0.1~1 mm 粒径间。

(3) 砂金伴生的重砂矿物

自然金伴生的重砂矿物主要为磁铁矿、钛铁矿及锆石。另外还有少量的金红石、磷灰石、电气石、独居石、钍石、石榴子石等,锆石平均约 35 g/m^3,金红石平均约 0.4 g/m^3,独居石平均约 0.56 g/m^3,磁铁矿平均约 775 g/m^3,采矿时可考虑综合回收。

4. 成因及时代

本矿床 3 个矿体绝大部分都赋存在构造变质带中,特别是 I 号冯家河矿体赋存在构造变质带的中心部位,只有 II 号矿体的一小部分在构造变质带的边部,而且还受构造变质带的影响,附近的英云闪长岩等都有不同程度的糜棱岩化,而且 3 条河流的汇水上游也在构造变质带中,所以本砂金矿床成因与构造变质带关系密切。

构造变质带主体岩性是含角闪石类岩石包体的奥长花岗岩,经最近岩金调查发现,其中碎裂滑石透闪片岩、透闪角闪岩及电气石英脉含金较富,且金粒形状、大小等与砂金矿中的金粒近似。由此可知,砂金矿体主要是由构造变质带中的含金岩石经长期风化剥蚀,在河流冲积、洪积作用下形成的。

砂金赋存层位为全新统临沂组冲洪积层及全新统山前组残坡积层、沂河组冲积层,成矿时代应为第四纪全新统。

5. 地质工作程度及矿床规模

该砂金矿区,在 1961,1976 年及 1983~1988 年,山东省冶金地质勘探公司第三勘探队、中国人民解放军武警部队十支队先后在不同矿段开展了勘查评价工作,基本查清了矿区地质特征和矿床规模;为一中型砂金矿床。

第三十章 山东新生代其他矿床成矿系列概要

第一节 昌乐凹陷内与新近纪火山喷发作用有关的蓝宝石(-刚玉)原生矿-玄武岩矿床成矿系列 …… 586
一、成矿系列位置和该系列中矿产分布 … 586
二、区域地质构造背景及主要控矿因素 … 587
三、矿床区域时空分布及成矿系列形成过程 …… 587
四、代表性矿床剖析 …… 587
第二节 胶北隆起与新近纪河床砾岩-火山岩建造有关的砂金矿床成矿系列 …… 589

第一节 昌乐凹陷内与新近纪火山喷发作用有关的蓝宝石(-刚玉)原生矿-玄武岩矿床成矿系列

一、成矿系列位置和该系列中矿产分布

山东省内规模较大、具有开发利用价值的蓝宝石(-刚玉)原生矿,分布在鲁西隆起东北缘沂沭断裂带西侧的昌乐临朐凹陷中。蓝宝石原生矿产在昌乐县东南五图乡方山、方山北麓和邱家河一带。代表性矿床为方山蓝宝石原生矿床。作为岩棉等用途的玄武岩矿,在昌乐凹陷内最为发育;此外,还见于沂沭断裂带的中北段,资源丰富(图 30-1)。

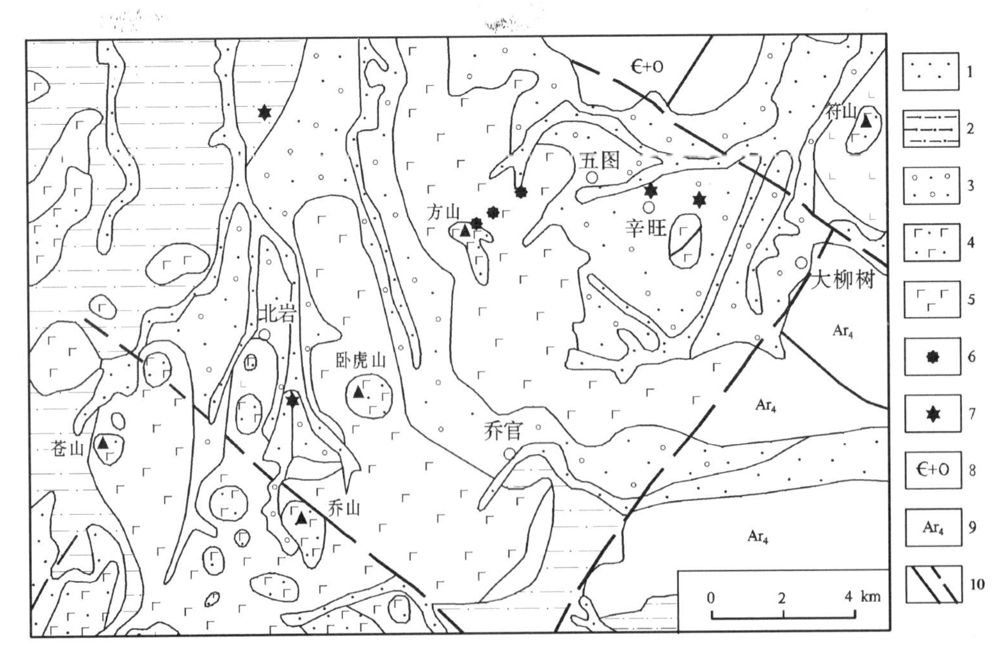

图 30-1 昌乐蓝宝石矿分布区地质简图

(据《山东非金属矿地质》修编,1996)

1—第四纪全新世沂河组;2—第四纪更新世—全新世山前组;3—第四纪更新世大站组;4—新近纪临朐群尧山组;5—新近纪临朐群牛山组;6—蓝宝石原生矿矿点;7—蓝宝石砂矿产地;8—寒武系+奥陶系;9—前寒武纪变质岩系;10—实(推)测断层

二、区域地质构造背景及主要控矿因素

（一）区域地质构造背景及成矿环境

山东蓝宝石(-刚玉)原生矿床发育在鲁西隆起区北部的泰沂隆断之昌乐凹陷中，东侧紧临沂沭断裂带。区内广泛分布新近纪火山岩，火山机构发育，火山口众多，形成了以火山锥和熔岩台地为主的独特地貌景观。

蓝宝石矿区内大面积出露着新近纪中新世牛山组，主要以蚀变玄武岩、杏仁状玄武岩、橄榄玄武岩为主，夹少量玻基辉橄岩。在地貌上形成平坦的熔岩台地。其次是新近纪上新世尧山组，其孤立分布于山丘体顶部，是火山锥的主体部分。岩性为黑色厚层橄榄玄武岩夹少量玻基辉橄岩和高铝玄武岩。

矿区周缘分布着新太古代变质岩系和寒武纪灰岩。此外零星出露着白垩纪青山群安山岩及玄武岩，古近纪始新世五图群紫红色砂、页岩及新近纪中新世山旺组玄武岩，泥岩、页岩等。

（二）主要控矿因素

1. 原岩对蓝宝石(-刚玉)原生矿形成的控制作用

如前所述，昌乐地区新近纪火山活动由早而晚可分为牛山期、山旺期和尧山期，目前所知，牛山期和尧山期玄武岩中都含有蓝宝石，但主要蓝宝石原生矿发育在尧山期玄武岩中，牛山期玄武岩中很少(只见于昌乐邱家河)。这两期玄武岩中的蓝宝石的寄主岩石岩性为碱性橄榄玄武岩、玻基辉橄岩和碧玄岩，其中黑绿色玻基辉橄岩是山东蓝宝石原生矿最重要的寄主岩。

2. 火山机构对蓝宝石(-刚玉)原生矿形成的控制作用

蓝宝石原生矿赋存于火山机构中心部位的火山通道附近，是山东蓝宝石原生矿的显著特点。中心式爆发使得蓝宝石及其寄主岩迅速上升并在地表爆发、快速冷却，蓝宝石巨晶来不及熔融而被保存下来。如方山蓝宝石原生矿呈喇叭状分布于火山喷发的中心部位；方山北麓、邱家河及老官李蓝宝石原生矿分布于火山通道附近。后期火山爆发作用的破坏，使得方山破火山口的北部很大一部分地区分布有原生矿的残留碎屑，甚至包括北部的灰岩地段。这种破坏作用加剧了原生矿残留碎屑的风化剥蚀，以至于在北部的灰岩面上、溶沟中及火山口附近的熔岩面上，形成了大面积的残坡积砂矿。其为该地区后期大型洪冲积砂矿和洪坡积砂矿的形成奠定了物质基础。

三、矿床区域时空分布及成矿系列形成过程

山东蓝宝石原生矿目前仅发现在昌乐县五图镇方山、方山北麓、邱家河及老官李一带，发育在新近纪玄武质岩浆喷发中心部位。蓝宝石寄主岩为碱性玄武岩、玻基辉橄岩。新近纪玄武质岩石(以碱性玄武岩、碧玄岩为主)在郯庐断裂中段西侧的临朐、昌乐、沂水、安丘一带有广泛出露，呈似层状覆盖于古近纪五图群沉积岩系之上，形成大面积熔岩台地及熔岩穹丘。

昌乐蓝宝石原生矿的形成与新近纪玄武质火山活动密切相关，含大量深源包体和巨晶矿物的含矿橄榄玄武岩、碧玄岩和黑绿色玻基辉橄岩等寄主岩中的蓝宝石，是在新近纪火山活动中捕虏先前形成的蓝宝石巨晶及在玄武岩形成和上升过程中分异结晶而形成的。

四、代表性矿床剖析

新近纪火山喷发型蓝宝石原生矿仅发现昌乐县五图镇方山、方山北麓、邱家河及老官李 4 处，其均发育在新近纪玄武质岩浆喷发中心部位，其中方山原生蓝宝石矿最具代表性，故命名为“方山式”，并以其为例，表述该类型蓝宝石矿地质特征。

昌乐县方山蓝宝石(-刚玉)原生矿地质特征❶

1. 矿区地质背景

方山蓝宝石原生矿位于昌乐县五图镇西南约4 km的方山近顶部,海拔250~300 m,分布面积约2.2 km^2。方山蓝宝石矿产于火山喷发中心的火山通道附近部位。矿区地质构造简单,构造剥蚀形成的火山地貌景观主要为盾状火山,表面起伏似盾状、平面呈长圆状、马蹄状或不规则状,底部较宽,坡度小,由具有流动构造的玄武岩组成。出露岩石主要为新生界尧山组碱性橄榄玄武岩和玻基辉橄岩,岩石呈层状、似层状产出,向火山口中心缓倾斜,倾角10°~15°(图30-2)。

2. 矿床特征

矿体呈似层状或透镜状产出,产状较缓,长约2 000 m,宽约1 100 m,呈半个扇形向方山西北方向倾斜,倾角<15°。主要见有2个矿层,局部可见3~5层,每层厚度0.5~2.5 m,平均厚约1.5 m,局部厚度>3 m。方山原生矿蓝宝石品位较高,蓝宝石与刚玉之和的品位可在50 g/m^3左右。

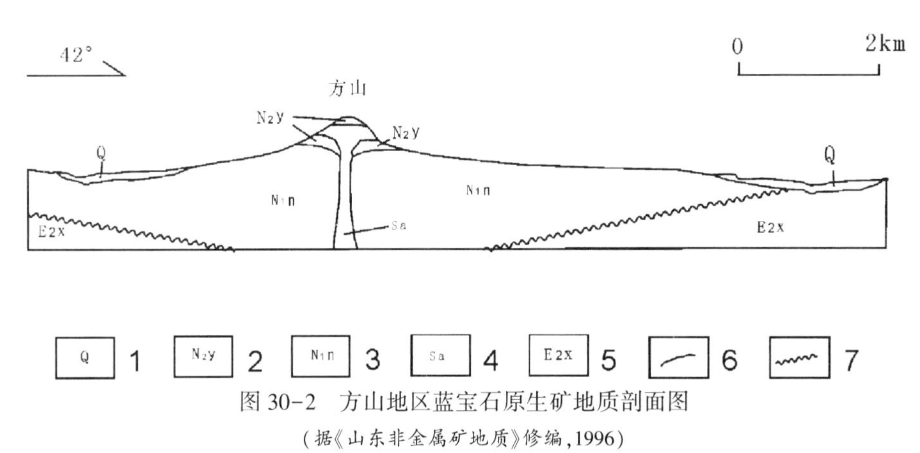

图30-2 方山地区蓝宝石原生矿地质剖面图

(据《山东非金属矿地质》修编,1996)

1—第四纪含蓝宝石砂质黏土;2—新近纪尧山组橄榄玄武岩;3—新近纪牛山组玄武岩;4—含蓝宝石和橄榄岩包体的橄榄玄武岩;5—古近纪小楼组砂质页岩;6—地质界线;7—角度不整合界线

原生矿寄主岩为新近纪尧山组黑绿色玻基辉橄岩,其中含有大量的深源捕虏体及捕虏晶。深源捕虏体平均约占矿石总体积的35 %~40 %,个别地段可>70 %。深源捕虏体主要为二辉橄榄岩,次为辉橄岩、含尖晶石纯橄榄岩等。这些捕虏体多呈橄榄绿色或深绿色,呈卵状,直径几厘米至二十几厘米,多风化为粉粒状,整体结构显得较为松散。

蓝宝石原生矿寄主岩中含有矿物巨晶,主要有:① 蓝宝石:巨大的蓝宝石镶嵌于寄主岩上。② 锆石:多呈桔红色,粒径多在3~5 mm,大者0.8~1.5 cm。③ 歪长石:多为无色,晶体粒径多为1~3 cm,个别>5 cm。④ 辉石:以普通辉石为主,黑色。粒径为1~3 cm,个别>5 cm。⑤ 尖晶石:黑色,粒径多在2~5 cm,个别>5 cm。

方山蓝宝石原生矿矿体的顶板为柱状节理发育的碱性橄榄玄武岩,底板为气孔杏仁发育的牛山组玄武岩。

3. 蓝宝石特征

昌乐蓝宝石原生矿中的蓝宝石特征与砂矿中产出的蓝宝石特征基本一致,但原生矿蓝宝石较砂矿中蓝宝石裂隙发育,且蓝宝石与刚玉之比较小(为1∶15~1∶13);其显著区别是原生矿蓝宝石的表面普遍

❶ 1979~1993年,山东省地矿局第七地质队、第四地质队,昌乐北岩、辛旺、五图等地蓝宝石原生矿及砂矿勘查成果报告。

发育有一层厚约 0.01~0.03 mm 的不透明黑色外壳。

原生矿蓝宝石晶体外壳分为 2 类：① 熔蚀壳，有明显的熔蚀坑；② 熔蚀“微晶”壳，壳上有大量不规则排布的微小似微晶物质。2 类熔蚀外壳的成分均为 Al_2O_3（何明跃等，1999）。

4. 矿床成因

一般认为方山式蓝宝石原生矿物（及刚玉）形成于地幔深处，在新近纪玄武质岩浆裹携早期结晶的蓝宝石（-刚玉）矿物，沿深切地幔的断裂上侵，在近地表的超浅成环境上喷发，形成爆发相的蓝宝石（-刚玉）矿床。

5. 地质工作程度及矿床规模

1989~1993 年间，以山东省地矿局第七地质队为主，对昌乐火山岩盆地中蓝宝石矿进行地质勘查工作，基本查清了矿区地质特征和矿体特征，估算了蓝宝石及刚玉矿资源量，属大型蓝宝石及刚玉原生矿床。

第二节　胶北隆起与新近纪河床砾岩-火山岩建造有关的砂金矿床成矿系列

胶北隆起与新近纪河床砾岩-火山岩建造有关的砂金矿床成矿系列中，目前所知只有栖霞地区的唐山硼1处砂金矿床。

栖霞市唐山硼砂金矿床地质特征❶

1. 矿区位置

唐山硼砂金矿区位于栖霞市城东南 6.5~8.5 km，处在由新近纪玄武质岩石构成的台地——唐山硼的周缘。在地质构造部位上居于胶北隆起中部，大体在“栖霞古陆核”内。

2. 矿区地质特征

矿区基底岩系为新太古代栖霞片麻岩套内的细粒含角闪黑云英云闪长质片麻岩，这套变质侵入岩系在 20 世纪 50~80 年代初一直是按变质地层处理的，先后被命名为“胶东群旌旗山组”和“胶东群蓬夼组”，因其 Au 元素背景较高，被视为胶东地区金矿的原（初）始矿源层。矿区内的新近纪唐山砾岩层及尧山组玄武质火山岩就发育在这套变质侵入岩系之上（图 30-3）。

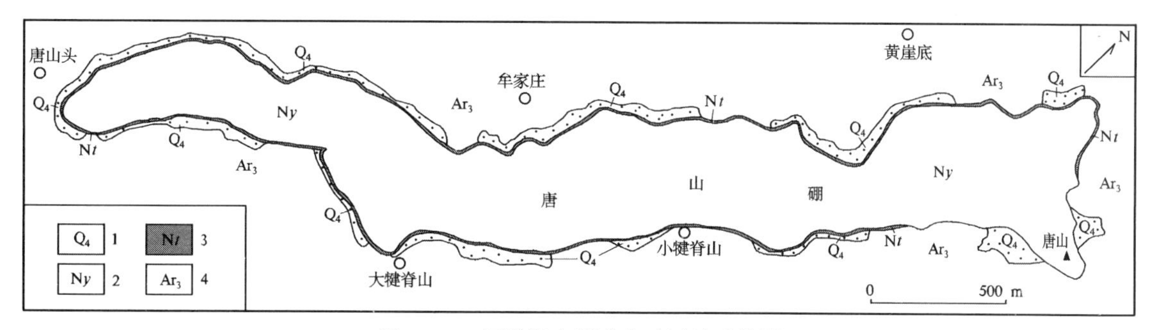

图 30-3　栖霞唐山硼砂金矿区地质简图

（据山东省第六地质矿产勘查院及山东省地质调查院资料编绘，2003）

1—第四纪坡积层（玄武质岩石砾堆）；2—新近纪尧山组玄武质岩石（橄榄霞石岩、伊丁石化玻基辉橄岩）；3—新近纪唐山砂砾岩层（含砂金岩系）；4—新太古代含角闪黑云英云闪长质片麻岩

❶ 山东省地质局第六地质队张志敏等，山东栖霞唐山砂金矿普查检查报告，1960 年。

矿区内含金岩系——新近纪唐山砂砾岩层及其上覆的新近纪尧山组玄武质岩石（橄榄霞石岩、伊丁石化玻基辉橄岩❶），呈 NE-SW 向的带状展布。在新近纪地层外缘分布着第四纪坡积层及冲积层，在冲积层内赋存有砂金矿化（图 30-4）。

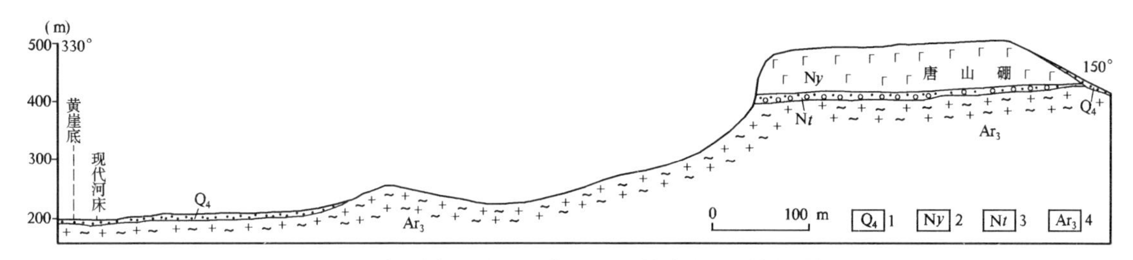

图 30-4　栖霞唐山砂金矿唐山硼—黄崖底地质剖面简图

（据山东省第六地质矿产勘查院，2003）

1—第四纪坡积层（玄武质岩石砾堆）；2—新近纪尧山组玄武质岩石（橄榄霞石岩、伊丁石化玻基辉橄岩）；3—新近纪唐山砂砾岩层（含砂金岩系）；4—新太古代含角闪黑云英云闪长质片麻岩

在区域上，NE 向断裂构造发育，控制着新近纪裂隙式基性火山岩的形成与分布及部分水系走势。在矿区东及东北部的盘子涧、马家窑、罗家、百里店等地分布着多处金矿床、矿点及矿化点，为矿区内砂金提供了物源。

3. 含矿层特征

主要分布在唐山硼新近纪尧山组玄武质岩层之下，在唐山硼北半部古河床内最为发育；在矿区西南部的小唐山玄武质岩层之下及矿区东北部的大硼、二硼、三硼等小山顶上也有小面积分布。在唐山硼上的砂砾层产状近水平，略向 SW 倾斜。

新近纪含金唐山砂砾岩层基本上由 2 部分组成，下部为砂砾岩层，上部为中—细粒砂岩层。

（1）砂砾岩层

在新近纪尧山组玄武质岩层之下几乎都有分布，厚度以唐山硼南缘最薄，为 0~0.5 m；北缘至中部为 2.5~5.5 m，总体上分布比较稳定。

该层之砾石主要为新太古代英云闪长质片麻岩；次为中生代闪长岩、煌斑岩、闪长玢岩，有少量蚀变花岗岩、脉石英等。砾石主要呈棱角状、次圆状，几乎见不到尖棱角状，圆状砾石也极少见。砾石间隙被砂粒充填，砂粒成分主要为长石及石英，有少量的云母细片及泥质和重矿物成分。砂砾岩层中往往夹有宽数米、长数米至数十米、厚数厘米至数十厘米的透镜状及不规则状的薄层细—中粒砂砾层。整个砂砾岩层胶结程度较差。

在下部砂砾岩中，含有产状近于水平、呈 NE-SW 向延伸的 1~2 层砂金矿体。矿体厚 0.3~0.6 m，单矿体延长数米至数十米，形态呈层状—饼状，主要分布在该层的下部。

（2）中—细粒砂岩层

较稳定的发育在砂砾岩层之上，只在唐山硼南东处缺失。厚度一般为 2~3 m。岩石胶结程度差，只是在接近玄武岩层的地方，由于热液影响，承压较大，而固结坚实。该层主要由石英及长石组成，含少量云母及泥质，接近该层顶部泥质物较多，并见有较多黄铁矿颗粒，偶见砾径数厘米的砾石。此砂岩层中基本不含砂金。

4. 矿石（砂）特征

矿石（砂）中除自然金外，含有锆英石、金红石、磁铁矿、褐铁矿等重矿物及石英、长石、石榴子石、角

---

❶ 山东省地质调查院，1:25 万烟台市幅区调报告，2003 年。

闪石等矿物。重矿物总重量约占砂砾总重量的 0.01 %~0.02 %。

矿石(砂)中的金粒多呈鳞片状、细粒状、条状、枝杈状。金粒粒度一般<1 mm,偶见重量达数克至数百克的金块。

矿石(砂)中 Au 平均含量 0.31 g/m^3,含矿程度为 0.149 m · g/m^3。

5. 矿床中金的分布与富集规律

栖霞唐山硼砂金矿属新近纪古河床冲积型矿床,含砂金砂砾岩层及砂金富集带延长方向与唐山硼山脊(台地)延长方向一致,表明古河流为 NE—SW 向流向。砂金主要富集在唐山硼的北半部古河床的有利地段,而唐山硼南半部的砂砾岩层已处在河漫滩相,含金极少,发现富矿的可能性很小。

区内的砂金矿体主要赋存在砂砾岩最发育的部位;金粒往往在砂砾岩的底部富集成矿,而在上部的细—中粒砂岩层内的金粒极为分散,不易形成矿体。

唐山硼西缘的河流走向与唐山硼砂砾岩层走向一致——NE-SW 向,表明古河流与现代河流走向是一致的。顺矿区向 NE 向延伸的 7~10 km 处,分布着盘子涧、百里店等多处金矿床、矿点,其近处河流沉积层中发育有第四纪砂金矿,推测唐山硼地区新近纪砂砾岩层中的砂金也源于其东北部金矿的风化剥蚀产物。

6. 地质工作程度及矿床规模

1950 年,刘国昌等对栖霞唐山硼砂金矿进行了踏勘评价,著有《栖霞唐山砂金矿》一文。1958 年,冶金工业部北京工作组及山东省地质局胶东第一地质队先后对唐山砂金矿进行了踏勘检查,认为可进行进一步普查工作。1960 年,山东省地质局第六地质队张志敏等对该区进行了普查评价。历经当地农民数十年的开采,已基本采空,残余部分资源储量有限,已经不具有工业开发价值。

参考文献

地球科学大辞典编委会.地球科学大辞典.北京:地质出版社,2005

山东省地质矿产局.1991.山东省区域地质志.北京:地质出版社

武汉地质学院煤田教研室.1981.煤田地质学.北京:地质出版社

白立仑,赵键,董桂深.1993.山东蓝宝石.山东师范大学学报(自然科学版),44(4):103~106

陈从喜.1994.初论中国北方的海相碎屑岩碳酸盐岩建造.磷灰岩—石膏沉积成矿系列.建材地质,(3):2~7

陈毓川.1999.中国主要成矿区带矿产资源远景评价.北京:地质出版社:289-292

迟洪纪,李秀章,郑作平.2001.山东省滨海砂矿成矿规律及远景区划.山东地质,17(5):24~31

董振信,杨良锋,王月文.1999.山东蓝宝石原生矿成因探讨.地球学报,20(2):177~182

方长青,尹素芳,孙立功,等.2002.山东省近海砂矿资源类型划分及开发前景.山东地质,18(6):26~32

方长青,尹素芳.2001.鲁东地区旭口组与近浅海全新世沉积地层特征.山东地质,17(5):11~16

关绍勇,江宗龙,魏东岩,等.1996.中国板块构造与盐类矿产.化工矿产地质,18(2):73~76

韩美,徐跃通.2000.山东蓝宝石原生矿研究. 山东师范大学学报(自然科学版),15(3):288~290

韩美.2000.山东蓝宝石资源的特征及其开采利用方向.地球科学,25(6):601~602

何明跃,郭涛.1999.山东昌乐蓝宝石矿物学及其改色.北京:地质出版社:9~46

胡思颐,魏同林.1994.山东蒙阴金刚石矿床和郯城金刚石砂矿.宋叔和主编.中国矿床・下册.北京:地质出版社:350~365

黄光煦.1988.枣庄石膏矿纤维状石膏成因探讨.建材地质,(3):5~10

贾克让, 2010. 鲁东古近纪煤田含煤地层特征及找煤方向分析. 中国煤炭地质. 22 (S1):1~3

江宗龙,田升平.1993.苏鲁豫皖早第三纪构造与含盐盆地分布规律.化工地质,15(4):213~222

景晓东,张诚,马金诚,等.2004.山东临朐陶家庄白垩矿地质特征.山东国土资源,20(2):41~44

孔庆友,张天祯,于学峰,等.2006. 山东矿床. 济南, 山东科学技术出版社

兰恒星,李增学,魏久传.2000.山东黄县早第三纪断陷盆地充填演化动力学特征.煤田地质与勘探,28(2):6-10

李锋,孔庆友,张天祯,等.2002.山东地勘读本.济南:山东科学技术出版社:147-148

李增学, 吕大炜, 张功成, 等. 2011.海域区古近系含煤地层及煤层组识别方法. 煤炭学报,36 (7):1102~1109

李增学, 张功成, 李莹, 等.2012. 中国海域区古近纪含煤盆地与煤系分布研究. 地学前缘. 19 (4):314-326

李增学,李守春,魏久传.1995.含煤岩系沉积体系研究.北京:地震出版社:35~96

李增学,魏久传,兰恒星,等.1999a.黄县盆地盆缘断裂活动的阶段性与沉积充填样式.煤田地质与勘探,27(6):4~8

李增学,魏久传,兰恒星,等.1999b.山东黄县第三纪断陷盆地低水位和扩张体系域聚煤作用分析.沉积学报,17(2):247~251

李增学,魏久传,兰恒星,等.2000c.黄县早第三纪断陷盆地高分辨率层序地层划分.中国煤田地质,12(1):9~12

林锦富,王嘉玲.1997.中国东部玄武岩中蓝宝石的紫外—可见光—近红外光谱特征.珠宝科技,19(25):18~21

刘晖,操应长,姜在兴,等.2009.渤海湾盆地东营凹陷沙河街组四段膏盐层及地层压力分布特征. 石油与天然气,30(3):287-293

刘鸣皋.1998.山东石盐矿和钾盐矿// 张天祯等.山东非金属矿地质.济南:山东科学技术出版社:73

刘群,陈郁华,李银彩,等.1987.中国中、新生代陆源碎屑—化学岩型盐类沉积.北京:北京科学技术出版社:15~92

路凤香,郑建平,陈美华.1998.有关金刚石形成条件的讨论.地学前缘,5(3):125~131

罗声宣,任喜荣,朱源,等. 1999.山东金刚石地质.济南:科学技术出版社:1~128

秦元熙.1994.中国玻璃硅质原料矿床// 宋叔和主编.中国矿床・下册.北京:地质出版社,424~428

任磊夫.1992.粘土矿物和粘土岩.北京:地质出版社,77~92

邵龙义, 鲁静, 汪浩, 等.2008. 近海型含煤岩系沉积学及层序地层学研究进展. 古地理学报. 10 (6):561-570

宋恩玉.1993.关于膨润土属性的划分.建材地质,(3):36~40

宋明春,李洪奎.2001.山东省区域地质构造演化探讨.山东地质,17(6):12~21
宋明春,王来明,张京信,等.1996.胶南一文威碰撞造山带及其演化过程//山东地质矿产研究文集.济南:山东科学技术出版社,51~61
宋明春,王沛成,等.2003.山东省区域地质.济南:山东省地图出版社
宋明春.2009.山东省大地构造格局和地质构造演化.北京:地质出版社,204~214
汤立成.1998.山东耐火黏土矿// 张天祯.山东非金属矿地质.济南:山东科学技术出版社:224~250
田立强，范士彦，刘松良，等.2008. 山东潍坊昌邑地区找煤方向. 煤田地质与勘探,36（3）：16−18
王从风,钱少会.1981.山东济宁下第三系的划分与对比.地层学杂志,5(3):208~215
王鸿禧,俞永刚.1983.自然硫.北京:地质出版社:36~140
王弭力.1995.陆内盆地湖相沉积岩中石膏矿床模式. 裴荣富主编.中国矿床模式.北京:地质出版社,310~312
王培,费琪,张家骅.1981.东营凹陷底辟型构造圈闭的形成机制.石油学报,2(3):13~21
王万奎,王玉玲,李艳双.1996.鲁西地区非金属矿含矿沉积建造.山东地质,12(6):77~91
王先政,郝成彬.1999.红、蓝宝石矿床成因——产状分类及我省主要宝石矿床地质特征.黑龙江地质,10(4):17~22
王珍岩,孟广兰,王少青.2003.渤海莱州湾南岸第四纪地下卤水演化的地球化学模拟.海洋地质与第四纪地质,23(1):49~50
王自具,李强,李宗成.2004.山东省泰安市大汶口盆地石膏矿资源潜力评价矿产品需求预测及开发建议.山东国土资源,19(5):23~25
王祖庆,高殿海,潘玉成,等.1992.山东辛安河砂金矿床成矿地质特征及成因探讨//中国人民武装警察部队黄金指挥部主编.金矿地质与勘探论文等.北京:冶金工业出版社:386~392
韦永福,吕英杰.1994.中国金矿床.北京:地震出版社:10~14
吴富强,鲜学福.2004.胜利油区渤南洼陷热液型硬石膏的存在.华南地质与矿产,(2): 52~54
徐磊,操应长,王艳忠,等. 2008. 东营凹陷古近系膏盐岩成因模式及其与油气藏的关系.中国石油大学学报(自然科学版）,32(3) ：30~36
姚道坤,史素瑞,等.1994.中国膨润土矿床及其开发应用.北京:地质出版社:27
叶素娟.1980.山东临朐中新统山旺组硅藻土古地磁的初步研究.地球物理学报,2(4):246~250
余晓艳.1999.山东蓝宝石的宝石矿物学特征.岩矿测试,18(1):41
袁见齐,蔡克勤.1994.中国盐矿床//宋叔和主编.中国矿床・下册.北京:地质出版社:164~165
袁慰顺,经浩豹,黄建国.1994.中国膨润土矿床// 宋叔和主编.中国矿床・下册.北京:地质出版社:252~260
曾广策,王方正,郑和荣,等.1997.东营凹陷新生代火山岩与盆地演化、油藏的关系.地球科学——中国地质大学学报,22(2): 157~164
翟裕生,彭润民,何运川,等.2004.区域成矿研究方法.北京:中国地质大学出版社:88~96
张安棣,谢锡林,郭立鹤,等. 1991.金刚石找矿指示矿物研究及数据库.北京:科学技术出版社:54~100
张成基.1982.山东省膨润土矿床地质特征及成矿条件初析.地质论评,28(1): 60~68
张成基.2005.山东省区域矿床成矿谱系概论.山东国土资源,21(2): 14~ 22
张凤舫.1982.山东临朐硅藻土矿床产出的地质特征.建材地质,(4):24~29
张明书,单莲芳.1994.山旺盆地沉积地质学.北京:地质出版社,3~12
张培强.2000a.山东昌乐蓝宝石颜色与化学成分关系的研究.山东地质,16(2):36~43
张培强.2000b.山东蓝宝石的特征研究.山东地质,16(4):27~32
张培元,王家枢,周永芳.1982.世界金刚石矿床的形成和分布规律.北京:地质出版社:6~39
张天祯,王鹤立,石玉臣,等.1996.山东地壳演化阶段中非金属矿床含矿建造.山东地质,12(2): 5~30
张天祯,石玉臣,王鹤立,等.1998.山东非金属矿地质.济南:山东科学技术出版社
张维武.1989.山东省辛安河上游砂金矿床成矿地质特征.黄金,20(5):7~12
张学云,李加贵,郭继香.2002.蓝宝石的蓝色色调差异之初探.矿产与地质,(6):34~38
张增奇,刘明渭.1996.山东省岩石地层.武汉:中国地质大学出版社
赵云杰,魏健.1996.山东膨润土矿物特征及应用专属性//山东省地矿局主编.山东地质矿产研究文集.济南:山东科学技术出版社.162~168

周登诗,刘继太,杨道荣,等.2003.山东昌乐蓝宝石矿地质特征.山东国土资源, 19(2):27~9

周开灿.1988.我国硅藻土矿地质特征.建材地质,(2):28~33

朱而勤.1997.山东昌乐蓝宝石.济南:山东科技出版社:8~27

邹进福,袁奎荣.1991.山东昌乐新生代玄武岩中蓝宝石宝石学特征及在岩浆中保存条件的探讨.珠宝,(10): 17~20

沈宝琳.1987.硅藻土//陶维屏主编.中国工业矿物和岩石·上册.北京:地质出版社:111~113

Dawson, J. B., 1989. Geographic and time distribution of kimberlite and lamproites: relationships to tectonic prosses. Kimberlites and related rocks,(1):323~342

Dawson, J.B.. 1980. Kimberlites and their xenoliths.New York:Springer-Verlag

Dawson. J.B. and Stephens, W.E., 1975. Statistical classification of garnets from kimberlites and associated xenoliths. The Journal of Geology, (83):589~607

E.Paterson and R·Swaffield.1987.A handbook of determinative method in clay mineralogy. New York:Chapman and Hall

Gurney, J.J, 1985, A collation between garnets and diamonds in kimberlites. In: Glover, J.E. and Harris, P.G. ed. Kimberlite occurrence and origin: a basis for conceptual models in Exploration,(8):143~166

Gurney, J.J, 1989. Diamonds. Kimbertites and related rocks,(2):935~965

Haggerty, S.E.,1986.Diamond genesis in amultiply-constrained model.Nature,(320):34~38

J.C. Horne, J.C. Fern and B.P. Baganz. 1978. Depositional models in coal exploration and mine planning in Appalachian Region.(62):12

Kubo.1989.Interface Activity of Water Given by Tourmaline.Solid State Physics.24(12):173~181

Marakushev, A. A.,1982.The fluid regime in the formation of diamond-containing rock. (24):1241~1252

Me Cubbin D. G., 1982. Barrierisland and strandplain facies, P. A. and Spearing, D. R. (eds,) Sandston depositional environments

MECubbin D. G. ,1982.BarriEr-island and strand-plain faciEs, P. A. and SpEaring, D. R. (Eds.) Sandston dEpositionAl EnvironmEnts, A. A. P. G.,MEn. 31

Mitchell, R.H., 1986, Kimberlites: Mineralogy, Geochemistry and Petrology. New York:Plenum Press:1~442

Mitchell, R.H., 1989, Aspects of petrology of kimberlites and lamprorites: some definitions and distinctions, kimberlites and related rocks. (1):7~45

Raeside, R.P., Helmstaedt, H.,1982, The Bizard intrusion, Montreal, Quebec-kimberlite or lamprophy.(19):1996~2011

Rock, N. M. S., 1986, The nature and origin of ultramafic lamprophyres.(27):96~155

Rock, N. M. S., 1987, The nature and origin of lamprophyress, an overview, In: Fitton, J.G. and Upton, B. G. J. (eds.), Alkalinc Igncous Rock.Geological Society Special Publication,(3):191~266

Rock, N. M. S., 1989. Kimberlites as varieties of lamprophyres: implications for geological maping petrological research and mineral exploration. Kimberlites and Related Rocks, GAS Special publication, 1(14):46~59

Wyllie, P.J., Transfer of subcratonic carbon into kimberlites and rare earth carbonatites.Geochem,(1):107~119

第六篇 山东矿床成矿谱系及找矿远景

从中太古代至今的近30亿年中，山东陆块经历了陆核形成、陆块形成、陆缘海及滨太平洋发展4个大的成矿地质环境的4个成矿期（前寒武纪、古生代、中生代和新生代）。在这4个成矿期中形成了150种矿产，分布着31个矿床成矿系列。

从以成矿系列为单元的山东矿床成矿谱图上看，鲁西地块与胶北地块、胶南-威海地块由于地质发展的差异，成矿作用各有特点。在中太古代至古生代（迁西期至华力西期），即陆块形成发展阶段与陆缘海发展阶段中，鲁西地块成矿环境和成矿作用与胶北地块及胶南-威海地块，显然不同。新太古代早-中期火山-沉积作用有关的铁、金等矿床成矿系列及石炭纪—二叠纪海陆交互相有关的煤、铝土矿、耐火黏土矿等矿床成矿系列只见于鲁西地块；而古元古代及中元古代孔兹岩系建造有关的沉积变质型铁、稀土、石墨等矿床成矿系列只见于胶北陆块及胶南-威海地块。

在中生代，鲁西与胶北及胶南-威海地块的成矿作用虽有一些共同之处，但依然存在很大差异。与燕山花岗质岩浆作用有关的金、银、钼、钨等矿床成矿系列只形成于胶北及胶南-威海地块（特别是胶北地块），这是否可能与该地块在前寒武纪基底岩系具有较高金的成矿地质背景有关？

到了新生代，古近纪与内陆湖相建造有关的石膏、石盐、自然硫等矿床成矿系列，只形成于鲁西地块，除了当时岩相古地理环境有别于胶北及胶南-威海地块而外，与鲁西地块中前古近纪存在膏盐沉积建造及膏盐矿床具有密切的“亲缘”继承关系。

新生代新近纪—第四纪时期（喜马拉雅中后期），鲁西、胶北及胶南-威海这3个地块具有大体一致的构造环境和构造演化历程，形成了相同和相似的沉积岩系，进而形成了与碎屑岩建造有关的金、金刚石、蓝宝石等矿床成矿系列，其中矿物质完全继承了前期岩系。

山东是矿床勘查程度较高的省份，已查明资源储量的85种矿产中的金、铁、煤等重要矿种，近年勘查又有新的发现，有较大的资源潜力和找矿远景。

本次研究在重要成矿区带中共圈定煤、金、铁、银、铜、铅锌、钼钨、铝土矿、金刚石、石墨、滑石、菱镁矿、萤石、重晶石、膨润土、硫铁矿、水泥灰岩、耐火粘土、石膏、岩盐、钾盐、自然硫等重要矿产相关的的找矿远景区45个。其中，圈定与金矿有关的找矿远景区13个，预测金远景资源量4 069吨；圈定与铁矿有关的找矿远景区12个，预测铁矿远景资源量75亿吨；圈定煤矿找矿远景区4个，预测煤矿远景资源量145亿吨。今后山东金、铁、煤等重要矿种找矿应以成矿系列、成矿系统等新的成矿理论为指导，按照矿床成矿系列中的“缺位-补位”的新思路，本着"立足老区，攻深找盲，扩大储量；缺位-补位，拓展新区，实现突破"的原则，在传统优势成矿带的深部和外围以及有潜力的找矿新区，部署进一步的找矿勘查工作，以期实现山东地质找矿的新突破。

Part.6 Mineralizing pedigree and the prospecting direction of the importantminerals in Shandong

During nearly 30 million years from the middle Archean to now, Shandong continental block has experienced four metallogenic periods (Precambrian, Paleozoic, Mesozoic and cenozoic) in four metallogenic geological environment as continental nucleus formation, land block formation, epicontinental sea formation and the Peri-Pacific Development formation. During the four periods, 150 kinds of minerals had been formed, and 31 minerogenetic series were distributed in this area.

According to secondary tectonic unit (third tectonic unit in eastern Shandong) and ore-forming order in Shandong province, regional mineralizing pedigree in Shandong province is set up. There are great differences in mineralization and geological evolution between Luxi block, Jiaobei block and Jiaonan- Weihai block.

From Archean to Paleozoic (Qianxi period to Hercynian period), that was the forming and developing stage of blocks epicontinental sea. metallogenic environment and mineralization in Luxi block were obviously different from the Jiaobei and Jiaonan-Weihai block. Iron-gold deposits minerogenetic series which had close relation with early-late Neoarchean volcano-sedimentary and coal, bauxite minerogenetic series which had close relation with Carboniferous-Permian marine-terrigenous facies had only been seen in Luxi block, while sedimentary metamorphic iron, rare earth, graphite deposit minerogenetic series which had close relaiton with palaeoproterozoic and mesoproterozoic khondalite series construction was only seen in Jiaobei block and Jiaonan Weihai block.

In Mesozoic, although there were some things in common of mineralization in Luxi block, Jiaobei block and Jiaonan-Weihai block, there were still great differences between them. Gold, silver, molybdenum, tungsten and other minerogenetic series related to Yanshanian granitic magmatism only formed in Jiaobei block, Jiaonan-Weihai block (especially Jiaobei block). In Cenozoic, gypsum, halite and natural sulphur minerogenetic series related to inland lake sedimentary formation was only formed in Luxi block. In addition to lithofacies palaeogeography environment was different from Jiaobei block and Jiaonan-Weihai block, it had close phylogenetic relationship with gypsum-salt formation and gypsum-salt deposit in Luxi block in early Paleogene.

During Cenozoic Neogene to Quaternary period (in middle and late Himalayan), Luxi block, Jiaobei block and Jiaonan-Weihai block had consistent evolution history in tectonic environment and tectonic, and formed the same or similar sedimentary rocks, and gold, diamond, sapphire deposit minerogenetic series related to clastic rock formation, and minerals fully inherited the early rock series.

Exploration degree of mineral resources is quite high in Shandong province. Up to now, geologists have confirmed reserves of 85 different minerals. Contemporary metallogenic prognosis supported by metallogenic theory has made rapid progress, which has important indicating significance for today´s exploration and evaluation for mineral resources.

45 mineral promising prospecting areas related to coal, gold, iron, silver, copper, lead and zinc, molybdenum and tungsten, bauxite, diamond, graphite, talc, magnesite, fluorite, barite, bentonite, pyrite, cement limestone, refractory clay, gypsum, halite, potassium salt, natural sulphur metallogenic belt have been delineated in this study.

Among them, 13 mineral promising prospecting areas related to gold have been delineated with gold prospective resources of 4069 tons; 12 mineral promising prospecting areas related to iron have been delineated with iron prospective resources of 75 million tons; 4 mineral promising prospecting areas related to coal have been delineated with iron prospective resources of 145 million tons. In the future, prospecting of gold, iron, coal and other important minerals should be guided by new metallogenic theory of minerogenetic series and metallogenic system, according to the new idea of "lack and supplement" in minerogenetic series. Prospecting work should be arranged in deep and surrounding areas of metallogenic belts with traditional advantages and new prospecting areas with potentiality to achieve a new geological prospecting breakthrough effectively.

第三十一章　山东矿床成矿谱系

第一节　山东地质历史中成矿作用与矿床成矿系列 ……………………………… 598
一、中太古代成矿作用 …………………… 598
二、新太古代成矿作用与矿床成矿系列 … 598
三、古元古代成矿作用与矿床成矿系列 … 599
四、中元古代成矿作用与矿床成矿系列 … 599
五、新元古代成矿作用与矿床成矿系列 ……………………………………………… 605
六、古生代成矿作用与矿床成矿系列 …… 605
七、中生代成矿作用与矿床成矿系列 …… 606
八、新生代成矿作用与矿床成矿系列 …… 608
第二节　山东区域矿床成矿谱系 ……………… 609
一、矿床成矿谱系的概念 ………………… 609
二、矿床成矿谱系的建立 ………………… 609

第一节　山东地质历史中成矿作用与矿床成矿系列

山东陆块从中太古代到新生代的近30亿年的地质演化过程中，在发生多阶段的构造-沉积作用、构造-岩浆作用的同时，也发生了多阶段的构造-成矿作用，形成了多种能源、金属、非金属和水气等矿产资源；形成了在一定的地质历史时期、一定的地质构造环境，具有一定成因联系的矿床自然组合——矿床成矿系列。

一、中太古代成矿作用

2 800 Ma之前的中太古代的山东陆块，处在陆块初始阶段的迁西构造-岩浆活动期。这个时期在胶北地块形成了超基性(官地洼序列)和英云闪长质(十八盘序列)两套侵入岩；在鲁西的沂水及鲁东的栖霞地区，形成了包含条带状硅铁岩的火山-沉积岩系(沂水岩群和唐家庄岩群)。这些岩浆及火山-沉积岩系，经历后期的角闪麻粒岩相变质作用，改造成为新的变质岩石组合，其中在火山-沉积岩群中发育的条带状磁铁石英岩(简称"铁英岩"，下同)矿层，显示了迄今山东最早发生的成矿事件，尽管由于其历经后期漫长的地壳抬升、剥蚀，致使这套中太古代铁英岩层被保留的相当稀少，构不成工业铁矿床，但应当认为这是山东金属矿化成矿作用的起始标志。

二、新太古代成矿作用与矿床成矿系列

山东陆块在新太古代(2 800~2 500 Ma)，处在陆块形成发展阶段的陆壳快速增生发展时期，主要特征是花岗-绿岩带形成及与其相关的沉积变质成矿作用和铁矿等矿床成矿系列的形成。

(一) 早-中期(2 800~2 600 Ma)

山东陆块在新太古代早-中期主要成矿作用事件发生在中太古代陆核的活动大陆边缘陆棚滨浅海环境下，由于海盆发生裂陷，诱发了火山喷发和陆源碎屑沉积，形成一套以超镁铁质-镁铁质火山岩及陆源富铁铝碎屑岩和硅铁质岩火山-沉积建造(鲁西地区的泰山岩群，发育齐全；鲁东地区的胶东岩群，少量残存)。这套火山-沉积建造形成后，因南北向挤压，地壳缩短增厚，致使其经受了中压相系角闪岩相

区域动力热流变质作用，构成了绿岩带；形成了受这种地质环境和沉积变质成矿作用控制的铁、金、硫铁矿矿床成矿系列；此系列中包含有阿尔果马型（BIF）的韩旺式及苍峄式铁矿床、绿岩型化马湾式金矿床。见表31-1。

（二）晚期（2 600~2 500 Ma）

1）新太古代晚期早阶段：地壳在东西向拉张环境下，岩浆侵入活动频繁：南涝坡序列幔源超铁镁质-铁镁质岩浆侵入就位，并经受了低角闪岩相区域变质；形成了受这种地质环境和岩浆成矿作用控制的玉石、蛇纹岩（含镍矿化）、钛铁、铜镍（-铂族）矿床成矿系列；此系列中包含有界首玉石-蛇纹岩矿床、桃科式铜-镍矿床、肖家沟钛铁矿床。

2）新太古代晚期中阶段：在新太古代早期鲁西古陆核中南部，由于洋壳再次俯冲产生深部重熔，大规模TTG质花岗岩侵入定位（新甫山序列、峄山序列），并伴有期后受断裂构造控制的花岗伟晶质、石英质等脉岩就位；形成了受这种地质环境和岩浆成矿作用控制的铌钽、电气石、绿柱（宝）石、长石矿床成矿系列；此系列中包含有岩浆（热液）型邹城下连家电气石矿床、新泰石棚铌钽-长石矿床、新泰黄花岭绿柱石矿床。

3）新太古代晚期晚阶段：在鲁西新太古代古陆的西南，局部海盆产生裂陷作用，诱发了火山喷发和陆源碎屑沉积，形成一套以中酸性火山岩及陆源富铁铝碎屑岩和硅铁质岩沉积建造（济宁岩群）；形成了受这种地质环境和成矿作用控制的铁矿床成矿系列；此系列中发育有伏于千米之下的苏必利尔湖型的济宁式铁矿床。

三、古元古代成矿作用与矿床成矿系列

山东陆块在古元古代（2500~1800 Ma），处在陆块形成发展阶段的裂陷盆地沉积发展时期，其重要特征是孔兹岩系（碳硅泥岩系）建造形成及超基性-基性岩浆作用发生，形成了与其有关的矿床成矿系列。

（一）中期（2200~1900 Ma）

此期主要表象是发生在鲁东地区的海相沉积事件。在太古宙花岗-绿岩带的东南缘，由于拉张作用形成了近东西向的裂陷海槽（海盆），在半稳定构造条件下形成了以高碳、高铝为特征的陆源碎屑-富镁碳酸盐陆棚滨浅海相的沉积组合（碳硅泥岩系）——孔兹岩系建造（荆山群、粉子山群）（张天祯等，1996；季海章等，1990；卢良兆等，1996），之后这套沉积变质岩系发生了低压相系角闪麻粒岩相—高角闪岩相区域变质作用，产生了新的变质岩石组合；形成了受这种地质环境和沉积变质成矿作用控制的铁、稀土、石墨、滑石、菱镁矿、石英岩（玻璃用）、透辉石、白云石大理岩（熔剂用等）、大理岩（饰面、水泥用）矿床成矿系列；此系列中包含有沉积变质型的莲花山式铁矿床、山阳式石英岩矿床、长乐式透辉石矿床、李博士夼式滑石矿床、粉子山式菱镁矿-绿冻石矿床、南墅式石墨矿床、海阳及莱州优质大理石矿床；沉积变质-伟晶岩化热液型塔埠头式稀土矿床。

（二）晚期（1900~1800 Ma）

在胶北地区发生了幔源超镁铁质-镁铁质岩浆侵入事件（莱州序列），形成了与这期岩浆作用有关的铁、磷矿矿床成矿系列；此系列中包含有岩浆熔离型的祥山式型铁矿床；岩浆型的彭家疃式磷矿床。

四、中元古代成矿作用与矿床成矿系列

中元古代（1800~1000 Ma），胶南地块处在拉张裂解环境下，在裂陷海槽中形成了一套与胶北地块古元古代孔兹岩系建造相似的沉积变质岩系（五莲群）及受其控制的矿床成矿系列——红柱石、石墨、稀

表 31-1 山东矿床成矿系列表

成矿旋回			成矿系列名称		主要成矿地质作用	含矿建造（岩系）	产出构造部位	成因类型	矿床式	代表矿床
新生代	第四纪	喜马拉雅期	31:鲁西地区与第四纪沉积作用有关的金刚石、蓝宝石、金、建筑用砂、贝壳砂、地下卤水矿床成矿系列	31-2:鲁中地区与第四纪冲洪积-残坡积沉积作用有关的金刚石、蓝宝石、金、建筑用砂等砂矿矿床成矿亚系列	河流相冲洪积-残坡积	冲洪积-残坡积相沉积建造——第四纪山前组(为主)	现代河床及河漫滩地带	残坡积-沉积碎屑建造沉积型	郯城式(金刚石) 昌乐式(蓝宝石) 辛安河式(金)	郯城陈埠金刚石砂矿床 昌乐辛旺蓝宝石砂矿床 新泰市岳庄河砂金矿床
				31-1:鲁北地区与第四纪滨海沉积作用有关的地下卤水、贝壳砂矿床成矿亚系列	滨海相海积-冲积	滨海砂泥质碎屑建造——潍北组	莱州湾海成阶地-滩涂地带	滨海细碎屑建造沉积型	廒里式(浅层地下卤水)	昌乐廒里浅层地下卤水 垦利惠鲁贝壳砂矿
			30:鲁东地区与第四纪沉积作用有关的含铪锆石-钛铁矿-石英砂、金、金红石、型砂矿床成矿系列	30-3:鲁东滨海地区与第四纪滨海沉积作用有关的含铪锆石-金红石-钛铁矿-石英砂等砂矿矿床成矿亚系列	滨海相海积-冲积	海积-冲积和海积层——旭口组	鲁东陆缘滨海地区海成阶地	滨海砂碎屑沉积型	石岛式(含铪锆石) 旭口式(石英砂)	荣成石岛含铪锆石砂矿床 荣成市旭口石英砂矿床
				30-2:胶北及胶莱盆地北部地区与第四纪沉积作用有关的金、金红石、型砂矿床成矿亚系列	河流相冲洪积-残坡积	冲洪积-残坡积相沉积建造——第四纪山前组(为主)	现代河床及河漫滩	河流冲积型	辛安河式(金)河流冲积型砂矿	牟平辛安河砂金床 平度郑家金红石砂矿床 高密姚哥庄型砂矿床
	新近纪		29:胶北隆起与新近纪河床砾岩-火山岩建造有关的砂金矿床成矿系列		河流相冲积.(-坡积)	河床相粗碎屑沉积建造——尧山组唐山硼含金砂砾岩层	胶北隆起内古河床	河流冲积型		栖霞唐山硼砂金矿床
			28:昌乐凹陷内与新近纪火山喷发作用有关的蓝宝石(-刚玉)原生矿-玄武岩矿床成矿系列		火山-沉积作用	火山喷发建造——临朐群尧山组	昌乐凹陷		方山式(蓝宝石-刚玉)	昌乐方山蓝宝石(-刚玉)原生矿床
			27:鲁中隆起火山盆地内与新近纪火山-沉积建造有关的硅藻土-褐煤-磷、膨润土、白垩矿床成矿系列		火山-沉积作用	河湖相碎屑岩-玄武岩建造——临朐群山旺组	昌乐凹陷	玛珥湖相生物沉积-蚀变型	山旺式(硅藻土-煤) 陶家庄式(白垩) 曹家楼式(膨润土)	临朐解家河硅藻土-煤-磷矿床 临朐陶家庄白垩矿床 安丘曹家楼膨润土矿床
	古近纪		26:胶北隆起与古近纪内陆湖相碎屑岩-有机岩建造有关的煤-油页岩矿床成矿系列		生物化学-沉积	内陆湖相碎屑岩-有机岩建造——五图群李家崖组	胶北隆起区内断陷盆地	生物化学沉积-变质型	五图式(煤-油页岩)	龙口黄县煤田
			25:鲁中隆起与古近纪内陆湖相碎屑岩-有机岩建造有关的煤-油页岩-膨润土矿床成矿系列		生物化学-沉积	内陆湖相碎屑岩-有机岩建造——五图群李家崖组	鲁西隆起区内断陷盆地	生物化学沉积-变质型	五图式(煤-油页岩-膨润土)	昌乐五图煤田
			24:济阳-临清拗陷与古近纪内陆湖相碎屑岩-碳酸盐岩-蒸发岩建造有关的石油-天然气-自然硫-石盐-杂卤石-石膏、地下卤水矿床成矿系列		沉积-蒸发-生物化学	内陆湖相碎屑岩-碳酸盐岩-蒸发岩建造——济阳群	济阳-临清拗陷内的拗(断)陷盆地	近海湖湘沉积型	东营式(石盐-杂卤石-石膏) 郓城式(石盐)	东营凹陷石油-石膏-石盐矿床 东营凹陷广利-郝家深层地下卤水矿床 郓城县夏庄石盐矿床
			23:鲁西隆起区与古近纪内陆湖相碎屑岩-碳酸盐岩-蒸发岩建造有关的石膏-石盐-钾盐-自然硫、石膏矿床成矿系列		沉积-蒸发-生物化学	内陆湖相碎屑岩-碳酸盐岩-蒸发岩建造——官庄群大汶口组	鲁西隆起内的拗(断)陷盆地	内陆湖相沉积型	汶口式(石膏) 东向式(石盐-钾盐) 朱家庄式(自然硫)	泰安汶口盆地石膏矿床 枣庄底阁石膏矿床 汶口盆地东向石盐-钾盐矿床 泰安朱家庄自然硫矿床

续表

成矿旋回			成矿系列名称		主要成矿地质作用	含矿建造（岩系）	产出构造部位	成因类型	矿床式	代表矿床
中生代	晚白垩世	燕山晚期	22:鲁东地区与晚白垩世低温（流体）热液裂隙充填作用有关的萤石-重晶石、铅锌-重晶石矿床成矿系列		低温热液裂隙充填	不同时代侵入岩、变质岩、碎屑岩、火山岩等岩系	矿体赋存在各类脆性岩石（体）构造裂隙中	低温热液裂隙充填型	巨山沟式（萤石） 化山式（重晶石） 白石岭式（铅锌-重晶石）	蓬莱巨山沟萤石矿床 高密化山重晶石矿床 安丘白石岭铅锌-重晶石矿床
			21:胶莱拗陷西部与晚白垩世河湖相碎屑岩建造有关的沉积型膨润土、伊利石黏土矿床成矿系列		河湖相沉积	晚白垩世河湖相碎屑岩建造——王氏群	河湖盆地中	河湖相沉积型	谭家营式（膨润土） 北孟式（伊利石黏土）	高密谭家营膨润土矿床 昌邑北孟-太堡庄伊利石黏土矿床
	早白垩世		20:鲁东地区与早白垩世中酸-中基性火山-气液活动有关的金-铜、硫铁矿、明矾石、沸石岩、膨润土、珍珠岩矿床成矿系列	20-3:胶莱拗陷及其周缘与早白垩世流纹质-碱流质岩浆活动有关的水解蚀变型膨润土-沸石岩-珍珠岩矿床成矿亚系列	火山-沉积及水解蚀变	流纹质-碱流质火山岩建造——青山群石前庄组	火山盆地中	火山-沉积水解蚀变型	涌泉庄式（膨润土-沸石岩-珍珠岩矿床）	潍坊涌泉庄膨润土-沸石岩-珍珠岩矿床
				20-2:胶南隆起西缘中生代凹陷中与安山质岩浆活动有关的热液型硫铁矿-明矾石矿床成矿亚系列	火山-沉积及交代蚀变	粗安质-安山质-英安质火山岩建造——青山群八亩地组	火山盆地中	火山热液充填型	钓鱼台式（硫铁矿） 将军山式（明矾石）	五莲钓鱼台硫铁矿矿床 莒南将军山明矾石矿床
				20-1:胶莱拗陷南缘与早白垩世中酸性岩浆活动有关的潜火山热液型金-铜矿床成矿亚系列	火山及潜火山热液蚀变	中基-中偏碱性火山-侵入杂岩——青山期潜火山岩系	近火山盆地中心地带	潜火山热液充填交代型	金线头式（金-铜）	五莲七宝山金线头金-铜矿床
			19:鲁中隆起与燕山晚期岩浆及热液活动有关的铁（-钴）、铁、金-铜-铁、铜-钼、铜、稀土、磷矿床成矿系列	19-4:鲁中隆起与燕山晚期中低温热液及风化淋滤作用有关的铁矿床成矿亚系列	中低温热液充填及风化淋滤	矿床主要赋存在寒武纪碳酸盐岩系中	早古生代碳酸盐岩层间脆弱地带	中低温热液充填及风化淋滤型	朱崖式（铁）	青州店子铁矿床
				19-3:鲁中隆起与燕山晚期碱性岩浆及碳酸岩浆活动有关的热液型稀土矿床成矿亚系列	岩浆热液充填交代	霓石正长岩等碱性岩、碳酸岩	前寒武纪片麻岩或早古生代碳酸盐岩裂隙发育地带	中低温热液充填交代脉型	郗山式（稀土） 胡家庄式（稀土）	微山郗山稀土矿床 莱芜胡家庄稀土矿床
				19-2:鲁中隆起与燕山晚期中酸性、偏碱性岩浆活动有关的金-铜-铁、铜-钼、金、铜、磷矿床成矿亚系列	岩浆热液充填交代	中酸性、偏碱性浅成岩建造组合	构造裂隙发育的中酸性岩株等小侵入体近处	接触交代型 斑岩型 热液充填型 岩浆分异型	铜井式（金铜铁） 邹平式（铜-钼） 龙宝山式（金） 青上式（铜） 沙沟式（磷）	沂南铜井金铜铁矿床 邹平王家庄铜-钼矿床 苍山龙宝山金矿床 昌乐青上铜矿床 枣庄沙沟磷矿床
				19-1:鲁中隆起与燕山晚期中-基性岩浆岩活动有关的铁（-钴）矿床成矿亚系列	接触交代	辉长岩-闪长岩-花岗闪长岩建造组合	背斜翼部中-基性侵入岩与早古生代碳酸盐岩接触部位	接触交代型	莱芜式（铁）	莱芜张家洼铁矿床

续表

成矿旋回			成矿系列名称		三要成矿地质作用	含矿建造(岩系)	产出构造部位	成因类型	矿床式	代表矿床
中生代	早白垩世	燕山晚期	18:胶北隆起与燕山晚期花岗质岩浆活动有关的金(银-硫铁矿)、银、铜、铁、铅锌、钼-钨、钼矿床成矿系列	18-2:胶北隆起与燕山晚期花岗质岩浆活动有关的热液型银、铜、铁、铅锌、钼-钨、钼矿床成矿亚系列	燕山晚期岩浆期后热液交代、充填	伟德山期花岗闪长岩-二长花岗岩等岩石建造	胶北前寒武纪克拉通地块中花岗质侵入岩区断裂构造系统发育部位	中低温热液充填型 中低温热液充填交代型 岩浆热液交代型 斑岩(浸染)型 中温热液充填交代型	十里堡式(银) 福山式(铜) 马陵式(铁) 香夼式(铅锌) 邢家山式(钼-钨) 尚家庄式(钼)	招远十里堡银矿床 福山王家庄铜矿床 乳山马陵铁矿床 栖霞香夼铅锌矿床 福山邢家山钼钨矿床 栖霞尚家庄钼矿床
				18-1:胶北隆起与燕山晚期花岗质岩浆活动有关的热液型金(银-硫铁矿)矿床成矿亚系列	燕山晚期岩浆期后热液交代、充填	玲珑及郭家岭二长花岗岩-花岗闪长岩岩石建造	胶北前寒武纪克拉通地块中花岗质侵入岩区断裂构造系统发育部位	破碎带蚀变岩型 石英脉型 硫化物石英脉型 蚀变层间角砾岩型	焦家式(金-银) 玲珑式(金-银) 金牛山式(金-银-硫铁矿) 蓬家夼式(金)	莱州市焦家金矿床 招远市玲珑金矿床 乳山市金青顶金矿床 蓬家夼金矿床
	侏罗纪	燕山早期	17:鲁中隆起与燕山早期偏碱性岩浆活动有关的金矿床成矿系列		中-偏碱性侵入杂岩侵入-隐爆	铜石二长闪长质-二长正长质岩石建造	鲁西前寒武纪克拉通地块中铜石杂岩区断裂构造系统发育部位	中低温热液隐爆角砾岩型 碳酸盐岩微细浸染型	归来庄式(金) 磨坊沟式(金)	平邑归来庄金矿床 磨坊沟金矿床
			16:鲁中隆起与侏罗纪沉积作用有关的煤、耐火黏土矿床成矿系列		河湖相沉积	碎屑岩-有机岩沉积建造——淄博群坊子组	鲁中隆起断陷盆地内	河湖相沉积-变质型	坊子式(煤) 荆山洼式(耐火黏土)	潍坊坊子煤矿床 荆山洼耐火黏土矿床
古生代	石炭纪—二叠纪	华力西期	15:鲁西地块与石炭纪—二叠纪海陆交互相碎屑岩-碳酸盐岩-有机岩建造有关的煤(-油页岩)、铝土矿(含镓)-耐火粘土、铁、石英砂岩矿床成矿系列		海陆交互相-陆相沉积-变质	碎屑岩-碳酸盐岩-有机岩建造——月门沟群	鲁西地块古生代盆地内	生物化学沉积-变质型 滨海沉积型 陆相湖沼-河湖相沉积型	巨野式(煤-油页岩) 湖田式(铝土-耐火黏土) 西冲山式铝土-耐火黏土-石英砂岩矿床	巨野煤田 淄博湖田铝土(含镓)-耐火黏土矿床 淄博西冲山铝土矿-耐火黏土-石英砂岩矿床
	奥陶纪	加里东期	14:鲁中地块与加里东期超基性岩浆活动有关的金伯利岩型金刚石矿床成矿系列		金伯利岩岩浆侵爆	金伯利岩建造	鲁中地块近沂沭断裂带的断裂构造发育区	(金伯利)岩浆型	蒙阴式金刚石矿床	蒙阴王村金刚石矿床
	寒武纪—奥陶纪		13:鲁西地块与寒武纪—奥陶纪海相碳酸盐岩-碎屑岩-蒸发岩建造有关的石灰岩、石膏、石英砂岩、工艺料石、天青石矿成矿系列	13-2:与奥陶纪马家沟群海相碳酸盐岩-碎屑岩-蒸发岩建造有关的石灰岩、石膏矿床成矿亚系列	缘海相沉积	海相碳酸盐岩-碎屑岩-蒸发岩建造——长清群、九龙群、马家沟群	鲁中地块古生代盆地内	海相沉积型 碳酸盐岩-蒸发岩系沉积型	柳泉式(石灰岩)	淄博柳泉石灰岩矿床 薛城张范石膏矿床
				13-1:与寒武纪海相碳酸盐岩-碎屑岩-蒸发岩建造有关的石灰岩、石膏、石英砂岩(玻璃用)、工艺料石(砚石、木鱼石等观赏石)、天青石矿床成矿亚系列				海相沉积型 碳酸盐岩蒸发岩系沉积型 滨海陆屑滩相沉积型	磨山式石灰岩矿床 源泉式石膏矿床 李官式石英砂岩矿床	嘉祥磨山石灰岩矿床 淄博口头-源泉石膏矿床 沂南蛮山石英砂岩矿床

续表

成矿旋回			成矿系列名称		主要成矿地质作用	含矿建造（岩系）	产出构造部位	成因类型	矿床式	代表矿床
新元古代	震旦纪	震旦期—晋宁期	12:胶南-威海地块与新元古代超高压变质作用有关的榴辉岩型金红石-石榴子石-绿辉石矿床成矿系列		变质作用	花岗质岩系中榴辉岩	胶南-威海地块	超高压变质型	官山式（榴辉岩）	日照官山榴辉岩矿床
新元古代	震旦纪	震旦期—晋宁期	11:胶南地块与新元古代岩浆作用有关的白云母、长石矿床成矿系列		岩浆作用	胶南隆起北缘新元古代伟晶岩带	胶南地块北缘	伟晶岩型	桃行式（白云母-长石）	诸城桃行白云母-长石矿床
新元古代	震旦纪	震旦期—晋宁期	10:胶北地块与新元古代震旦纪沉积作用有关的石灰岩（水泥用）、观赏石矿床成矿系列		浅海相沉积作用	浅海碳酸盐岩-碎屑岩沉积——蓬莱群	胶北地块	沉积型	燕地式（石灰岩）	栖霞油家泊燕地石灰岩矿床 蓬莱南庄千枚岩质造型石、砣矶砚石矿
新元古代	南华纪—青白口纪	震旦期—晋宁期	09:鲁西地块与新元古代青白口纪—震旦纪沉积作用有关的石灰岩（水泥用）、石英砂岩（水泥用）、观赏石矿床成矿系列		浅海相沉积作用	浅海碳酸盐岩-碎屑岩沉积——土门群	鲁中地块东及南缘	沉积型		苍山石门石英砂岩矿 莒县浮莱山、黑山关等地砚石、石灰岩等矿
新元古代	南华纪—青白口纪	震旦期—晋宁期	08:胶南地块与新元古代超基性岩浆侵入作用有关的石棉、蛇纹岩（-镍）矿床成矿系列		岩浆及热液作用	变辉石橄榄岩——梭罗树序列	胶南地块	岩浆型	梭罗树式（石棉矿-蛇纹岩）	日照梭罗树石棉-蛇纹岩矿床
中元古代	蓟县纪—长城纪	四堡期	07:胶南地块与中元古代沉积变质建造（孔兹岩系）有关的红柱石、石墨、稀土、透辉石、石英岩（玻璃用）、硅灰石、大理岩（水泥用）矿床成矿系列		沉积变质作用	孔兹岩系建造——五莲群	胶南地块	沉积变质型	小庄子式（红柱石） 大珠子式（稀土矿）	五莲小庄红柱石矿床 五莲大珠子稀土矿床 （五莲南窑沟石墨矿） （五莲坤山大理岩、硅灰石矿） （五莲白云洞玻璃用石英岩矿）
古元古代	滹沱纪	吕梁期	06:鲁东地块与古元古代晚期基性-超基性岩浆作用有关的铁、磷矿矿床成矿系列		岩浆熔离作用	基性-超基性岩（角闪石岩、变辉长岩）——莱州序列	胶北地块	岩浆熔离-岩浆交代型	彭家疃（矾山）式（磷） 祥山式（铁）	莱州彭家疃磷矿 牟平祥山、平度于埠铁矿床
古元古代	滹沱纪	吕梁期	05:鲁东地块与古元古代晚期沉积变质建造（孔兹岩系）有关的铁、稀土、石墨、滑石、菱镁矿、石英岩（玻璃用）、透辉石、白云石大理岩（熔剂用等）、大理岩（饰面、水泥用）矿床成矿系列	05-5:胶北地块与古元古代(?)伟晶岩化作用有关的稀土矿床成矿亚系列	沉积变质-伟晶岩化	荆山群内花岗伟晶岩化碎裂岩系	胶北地块	变质-伟晶岩（化）型	塔埠头式（稀土）	莱西塔埠头稀土矿床
古元古代	滹沱纪	吕梁期		05-4:胶北地块与古元古代高角闪岩-麻粒岩相变质含碳质变粒岩-片麻岩建造（荆山群陡崖组）有关的石墨（含金红石）矿床成矿亚系列	“基底型”区域沉积变质	孔兹岩系建造——荆山群陡崖组	胶北地块	角闪-麻粒岩相沉积变质型	南墅式（石墨）	莱西南墅石墨矿床
古元古代	滹沱纪	吕梁期		05-3:胶北地块与古元古代低-中变质相变质富镁质碳酸盐岩建造有关的滑石、菱镁矿（-绿冻石）、白云石大理岩（熔剂用等）、大理岩（饰面、水泥用）矿床成矿亚系列	区域沉积变质及变质-热液交代	孔兹岩系中富镁碳酸盐岩建造——荆山群野头组、粉子山群张格庄组	胶北地块南部及北部（“栖霞复背斜两翼”）	区域沉积变质-热液交代型沉积变质型	李博士夼式（滑石） 粉子山式（菱镁矿）	栖霞李博士夼滑石矿床 莱州粉子山菱镁矿（-绿冻石）矿床 （海阳及莱州大理石矿床）

续表

成矿旋回			成矿系列名称		主要成矿地质作用	含矿建造（岩系）	产出构造部位	成因类型	矿床式	代表矿床
中生代	早白垩世	燕山晚期	05：鲁东地块与古元古代晚期沉积变质建造（孔兹岩系）有关的铁、稀土、石墨、滑石、菱镁矿、石英岩（玻璃用）、透辉石、白云石大理岩（熔剂用等）、大理岩（饰面、水泥用）矿床成矿系列	05-2：胶北地块与古元古代角闪岩相-麻粒岩相变质钙镁硅酸盐建造（荆山群野头组）及绿片岩相-角闪岩相硅质富镁质碳酸盐岩建造（粉子山群巨屯组）有关的透辉石矿床成矿亚系列	浅海相沉积变质	孔兹岩系中富镁碳酸盐岩及钙镁硅酸盐建造——荆山群野头组、粉子山群巨屯组	胶北地块南部及北部（“栖霞复背斜两翼”）	沉积变质型	长乐式（透辉石）	平度长乐透辉石矿床 福山老官庄透辉石矿床
				05-1：胶北地块与古元古代硅质岩-含铁质硅质岩建造（粉子山群小宋组）有关的铁、石英岩矿床成矿亚系列	浅海相沉积变质	孔兹岩系中硅质碎屑岩建造——粉子山群小宋组	胶北地块西南缘	沉积变质型	莲花山式（铁）	昌邑莲花山铁矿床 昌邑山阳石英岩矿床
新太古代		五台期-阜平期	04：济宁微地块与新太古代晚期沉积变质作用有关的铁矿床成矿系列		火山-沉积变质	新太古代晚期含铁火山-沉积变质岩系——济宁岩群	鲁中地块西南部	沉积变质（苏必利尔湖）型	济宁式（铁）	济宁颜店铁矿床
			03：鲁西地块与新太古代晚期岩浆作用有关的铌钽、电气石、绿柱（宝）石、长石矿床成矿系列		岩浆侵入分异（花岗伟晶岩）	新太古代变质变形侵入岩及变质地层（泰山岩群）	鲁中地块	岩浆分异及热液充填型		新泰石棚铌钽-长石矿床（邹城下连家电气石及新泰黄花岭绿柱石矿等）
			02：鲁西地块与新太古代中-晚期基性-超基性岩浆作用有关的玉石-蛇纹岩（含镍）、钛铁、铜镍（-铂族）矿床成矿系列		岩浆侵入、熔离及热液蚀变	新太古代晚期变质基性-超基性岩组合——南涝坡序列、黄前序列	鲁中地块	岩浆熔离型岩浆热液蚀变型岩浆型	桃科式（铜镍） 肖家沟式（钛铁矿）	历城桃科铜-镍矿床 长清界首玉石-蛇纹岩矿床 莒县肖家沟钛铁矿床
			01：鲁西地块与新太古代早-中期火山-沉积变质作用有关的铁、金、硫铁矿矿床成矿系列	01-2：鲁中地块与新太古代绿岩带中有关的变质热液型金、硫铁矿矿床成矿亚系列	火山-沉积及热液交代	新太古代晚期变质岩系	鲁中地块	变质热液绿岩带型	化马湾式（金）	泰安化马湾金矿床 新泰石河庄硫铁矿床
				01-1：鲁西地块与新太古代早-中期角闪岩相火山-沉积变质作用有关的条带状铁矿床成矿亚系列	火山-沉积变质	新太古代晚期含铁火山-沉积变质岩系——泰山岩群雁翎关组、山草峪组	鲁西地块	火山-沉积（阿尔果马）型	韩旺式（铁） 苍峄式（铁）	沂源韩旺铁矿床 苍峄铁矿床

土、透辉石、石英岩（玻璃用）、硅灰石、大理岩（水泥用）矿床成矿系列；该系列中包含有沉积变质型的小庄式红柱石-蓝晶石矿床、大珠子式稀土矿床及五莲南窑沟石墨矿床、坤山大理岩和硅灰石矿床、白云洞玻璃用石英岩矿床等。

此期，在胶北地块沉积了一套以碎屑岩-含铁质碎屑岩为主的岩石组合（芝罘群），其中含有镜铁矿层（老爷山组镜铁石英岩）。另外，在华北和扬子克拉通之间的裂陷带上的胶南-威海地块中，有超镁铁质-镁铁质的幔源岩浆侵入定位（海阳所序列），并将深部已形成的榴辉岩（部分）带至浅层地壳（王来明，1996；王世进，2013❶）。

五、新元古代成矿作用与矿床成矿系列

新元古代（1000~541.0 Ma），山东陆块的鲁东和鲁西处在不同的地质构造环境，发生了地质事件及成矿作用，形成各具特点的矿床成矿系列。

（一）胶南-威海地块

在晋宁期—南华期（青白口纪—南华纪；1000~635 Ma），发生3次与成矿作用有关的构造-岩浆活动。

1）同造山期花岗闪长质—二长花岗质序列的岩浆，携带深部榴辉岩、海阳所岩套等沿北东向构造侵入就位（荣成序列）；形成了与超高压变质作用有关的榴辉岩型金红石-石榴子石-绿辉石矿床成矿系列；该系列中包含有超高压变质型的日照官山、莒南�边等金红石-石榴子石-绿辉石矿床。

2）继晋宁运动板块碰撞后的持续俯冲作用，造山后期的二长质—石英二长质—二长花岗质序列的壳幔混合同熔型花岗岩浆侵入定位（月季山序列）；形成了与此次岩浆活动相关的白云母、长石矿床成矿系列；此系列中包含有岩浆型的桃行式白云母-长石矿床。

3）幔源超基性岩浆侵入就位（梭罗树序列）；形成了受该期地质环境和梭罗树超基性岩浆成矿作用控制的石棉、蛇纹岩（-镍）矿床成矿系列；此系列中包含有梭罗树石棉-蛇纹岩（-镍）矿床。

（二）胶北地块

在震旦纪（636~541.0 Ma），由于古地壳边缘裂解沉降，海水入侵，形成了一套滨浅海相的碎屑岩-碳酸盐岩建造（蓬莱群），并遭受了后期的浅构造相绿片岩相动力变质作用；形成了受该时期地质环境和沉积（变质）成矿作用控制的水泥用石灰岩、观赏石矿床成矿系列；此系列中包含有沉积（变质）型的燕地式水泥灰岩矿床、蓬莱南庄千枚岩砣矶砚矿床。

（三）鲁西地块

在青白口纪—震旦纪（1000~541.0 Ma），鲁西古陆东部（近沂沭断裂带）发生拗陷，海水入侵，沉积了一套滨海相泥质岩-碎屑岩-碳酸盐岩建造（土门群）；形成了受控于该沉积建造控制的石灰岩（水泥用）、石英砂岩（水泥用）、观赏石矿床成矿系列；此系列中包含有莒县黑山官石灰岩-石英砂岩矿、莒县浮莱砚石矿、沂南徐公石砚石矿。

六、古生代成矿作用与矿床成矿系列

山东陆块在古生代时（541.0~252.17 Ma）与华北板块经历了相同的地质演化历程，总体处在陆缘海稳定发展阶段，包括加里东和华力西2个构造-岩浆活动期。陆块在SE—NW向挤压应力制约下，地壳多以差异升降活动为主，岩浆侵入活动十分微弱，显示台地发展特征。沂沭断裂带显示张剪活动，致使

❶ 王世进，山东地质演化史（山东地质博物馆制片稿），2015年5月。

鲁东地区持续稳定的隆升，遭受剥蚀；鲁西地区由隆升转为非均衡性沉降，海水几经进退，早古生代形成了以碳酸盐为主的海相沉积建造，晚古生代形成了海陆交互相沉积建造，形成了受沉积建造控制的矿床成矿系列。

（一）寒武纪—奥陶纪（541.0~416.0 Ma）

隆升后的鲁西古陆，直至早寒武世沧浪铺期开始沉降，海水自东南向西北方向逐步扩展，发育了东南厚西北薄的陆地边缘-台地相的滨浅海陆源碎屑岩-碳酸盐岩-蒸发岩沉积建造（长清群、九龙群、马家沟群）；形成了受控于该期地质环境和海相沉积成矿作用控制的石灰岩、石膏、石英砂岩、工艺料石、天青石矿床成矿系列；此系列中包含有沉积型的：① 寒武纪的李官式玻璃用石英砂岩矿床、枣庄抱犊崮式天青石矿床、源泉式石膏矿床和磨山式石灰岩矿床，以及青州红丝石矿、长清木鱼石矿；② 奥陶纪的淄博柳泉式石灰岩矿床、张范式石膏矿床。

（二）中-晚奥陶世

幔源低碱偏钾镁质超镁铁质岩浆在鲁中地块（蒙阴地区）侵爆就位（常马庄序列金伯利岩）；形成了受控于该期地质环境和金伯利岩浆作用控制的金伯利岩型金刚石矿床成矿系列；此系列中包含有岩浆型的蒙阴式金刚石原生矿床。

（三）石炭纪—二叠纪（541.0~416.0 Ma）

鲁东地块继续接受隆升、剥蚀。鲁西地块在泥盆纪—早石炭世，亦处隆起环境，遭受剥蚀；晚石炭世早期，受华力西运动影响，鲁西地块再度沉降，海水沿陆缘山前盆地由东向西逐步侵入，并逐步向东南方向海退，至早二叠世结束，沉积了陆棚滨海-陆相的海陆交互相的碎屑岩-碳酸盐岩-有机岩组合（月门沟群）；早二叠世晚期，鲁西地块隆升为陆，在陆源山前盆地内沉积了一套湖泊-河流相富铝泥质岩-碎屑岩沉积建造（石盒子群）；形成了碎屑岩-碳酸盐岩-有机岩建造有关的煤（-油页岩）、铝土矿（含镓）-耐火黏土、铁、石英砂岩矿床成矿系列；此系列中包含有沉积型的巨野式煤矿床、湖田式铝土-耐火黏土矿床、西冲山式耐火黏土-铝土矿-石英砂岩矿床等。

七、中生代成矿作用与矿床成矿系列

山东陆块在中生代时期（252.17~65.0 Ma），处于滨太平洋发展阶段的大陆边缘活化亚阶段，包括三叠纪（印支期），侏罗纪和白垩纪（燕山期），为潘基亚超级大陆裂解、漂移并达到高潮时期。受太平洋板块向库拉板块俯冲影响，在 NW—SE 向张应力的制约下，沂沭断裂带发生左行平移，区域断裂活动强烈，岩浆侵入和火山活动活跃，拗陷盆地接受陆相碎屑沉积，盆岭构造基本形成。

（一）三叠纪（印支期；252.17~199.6 Ma）

一些学者认为，山东陆块在三叠纪（印支期）处在由特提斯构造域向太平洋构造域转化时期，在胶南-威海地块表现为陆-陆碰撞造山活动。此期，鲁西地区处于构造活动弱活化时期，只在山前盆地内形成了陆相河湖碎屑沉积（石千峰群）。

经历了长期隆起遭受剥蚀的鲁东地块，在印支运动和扬子板块向华北板块深俯冲的侧向应力双重影响的制约下，发生了 NNE、NE 向断裂（部分）活动及角闪石岩—闪长岩—二长闪长岩—石英二长岩岩浆（宁津所序列）及正长岩—石英正长岩岩浆（槎山序列）侵入就位。此期岩浆活动，将深部地壳形成的榴辉岩裹挟到浅层地壳。

受印支构造运动影响，鲁西地区缺失晚三叠世沉积，鲁东地区则完全处隆起状态。此期除可作为石材的花岗石矿而外，目前还没有发现其他矿产形成。

（二）侏罗纪（燕山早期；199.6~145 Ma）

侏罗纪（燕山早期）为构造活动弱活化和盆岭构造形成期。受太平洋板块向库拉板块俯冲活动的影响，在SE—NW向压应力场的控制下，脆性断裂强烈活动，沂沭断裂带巨大的左行平移和之后的张性活动，聊考断裂和齐广断裂等东西向断裂的张性活动等导致断陷盆地形成、构成盆岭构造格局，东南沿海一带的岩浆侵入活动和由东向西的大规模火山喷发活动等等，均显示大陆边缘活化主要特色。

鲁西地块在侏罗纪早-中期，形成了含煤和耐火黏土等碎屑沉积建造（淄博群坊子组）及由其控制的有关的煤、耐火黏土矿床成矿系列；此系列中包含有沉积型的坊子式煤矿床、荆山洼式耐火黏土矿床。

中侏罗世，在鲁中地区有幔源二长闪长玢岩—二长斑岩—正长斑岩—含霓石正长斑岩质岩浆侵入就位（铜石序列）；形成了受控于该偏碱性岩浆活动控制的金矿床成矿系列；此系列中包含有隐爆角砾岩型的归来庄式金矿床。

（三）白垩纪（燕山晚期；145~65.5 Ma）

早白垩世早期，差异升降活动，使鲁东地区胶莱盆地和各山间盆地中迅速下沉并接受沉积，形成了一套杂色陆相碎屑沉积岩系（莱阳群）。早白垩世中期，在太平洋板块向库拉板块俯冲的强大侧应力作用下，NE向断层和沂沭断裂带相继出现强烈的张性活动，引发了大规模的火山喷发活动，在胶莱盆地内缘及西部凹陷内形成了一套基性—中基性—中酸性火山喷发岩系（青山群）；形成了受控于这种地质环境和中酸-中基性火山-气液作用控制的金-铜、硫铁矿、明矾石、沸石岩、膨润土、珍珠岩矿床成矿系列；此系列中包含有潜火山热液-交代型的金线头式铜-金矿床、钓鱼台式硫铁矿矿床；火山-沉积热液蚀变型的将军山式明矾石矿床、涌泉庄式膨润土-沸石岩-珍珠岩矿床。

早白垩世，鲁西地区先后有基性-超基性（济南序列）、中基性（沂南序列）、中酸性（苍山序列）、碳酸岩（雪野序列）等岩浆侵入定位；形成了受控于此期地质构造环境和岩浆侵入作用的重要矿床成矿系列——铁（-钴）、铁、金-铜-铁、铜-钼、铜、稀土、磷矿床成矿系列；此系列中包含有岩浆热液交代型、岩浆型的张家洼式铁矿床、朱崖式铁矿床、邹平式铜-钼矿床、郗山式稀土矿床、沂南铜井式金-铜-铁矿床、龙全山式金矿床、青上式铜矿床、沙沟式磷矿床，以及莱芜胡家庄、博山八陡碳酸岩稀土矿等。

早白垩世，胶北地区继燕山早期玲珑序列花岗闪长岩—二长花岗岩侵入定位后，到燕山晚期岩浆活动更显强烈，先后有有幔源、壳幔型的二长闪长岩—石英二长岩—花岗闪长岩—二长花岗岩（郭家岭序列）、闪长岩—二长闪长岩—石英二长岩—花岗闪长岩—二长花岗岩（伟德山序列）侵位；形成了受控于此期地质构造环境和玲珑、郭家岭及伟德山序列岩浆侵入作用的重要矿床成矿系列——金（银-硫铁矿）、银、铜、铁、铅锌、钼-钨、钼矿床成矿系列；此系列中包含有岩浆热液型的焦家式、玲珑式、金牛山式及蓬家夼式金矿床，福山式铜矿床，邢家山式钼-钨矿床，十里堡式银矿床，香夼式铅锌矿床，尚家庄式钼矿床，马陵式铁矿床。

晚白垩世，胶莱盆地及沂沭断裂带内的朱里、莒县-南古和安丘-夏庄等盆地下沉，发育了一套河流-河湖相红色碎屑沉积岩系（王氏群）；形成了受控于此期地质构造环境及沉积成矿作用的膨润土、伊利石黏土矿床成矿系列；此系列中包含有沉积型的谭家营式膨润土矿床、北孟式伊利石黏土矿床。

晚白垩世末（到古近纪初?），在胶北地区及沂沭断裂带内的前寒武纪变质岩系、中生代花岗质侵入岩系及碎屑岩系中，分布着受控于这些岩系内的断层、裂隙构造的脉状-网脉状等形态的萤石-重晶石、含铅重晶石矿（特别是胶北中部花岗质岩石分布区、胶莱盆地碎屑岩分布区、胶南隆起北及西缘，这类矿产分布更为广泛）；被厘定为与低温热液（流体）裂隙充填作用有关的萤石-重晶石、铅锌-重晶石矿床成矿系列；此系列中包含有低温热液裂隙充填型的安丘白石岭式铅锌-重晶石矿床、蓬莱巨山沟式萤石矿床、高密化山式重晶石矿床。

八、新生代成矿作用与矿床成矿系列

山东陆块在新生代时期(喜马拉雅期;65.5 Ma迄今),处于滨太平洋发展阶段的断块发展亚阶段,包括古近纪、新近纪和第四纪3个成矿地质阶段。

(一)古近纪(65.5~23.03 Ma)

古近纪早期的鲁西地区,处在东西向引张力应力的动力学背景下,由于聊考断裂和齐广断裂等的张性活动,在中生代盆地的基础上,发生了继承性的拗陷沉降作用,使聊考断裂和齐广断裂的北西及南东两侧形成不同规模、不同程度的断陷盆地,这些盆地在边沉积、边断陷的过程中,接受了一套巨厚的河湖相-沼泽相的以碎屑岩为主的沉积岩系,形成了石油、煤、石膏、石盐、自然硫等重要矿床。

1)在华北拗陷区的济阳-临清拗陷内沉积了一套巨厚的河湖-沼泽相的杂色泥岩-碎屑岩-碳酸盐岩-有机岩等的沉积岩系(济阳群);形成了受这种地质环境和沉积岩系控制的石油-天然气-自然硫-石盐-杂卤石-石膏、地下卤水矿床成矿系列;此系列中包含有沉积型的东营凹陷石油-自然硫-石盐-杂卤石-石膏-地下卤水矿床、郓城石盐矿床等。

2)在鲁西隆起的中西部地区的部分断陷盆地中发育了一套红色—灰色的山麓洪积-浅湖-河流相的含膏盐碎屑岩-碳酸盐岩-蒸发岩岩系(官庄群);形成了受这种地质构造环境和沉积岩系控制的石膏-石盐-钾盐-自然硫、石膏矿床成矿系列;此系列中包含有沉积型的汶口式石膏矿床、东向式石盐-钾盐矿床、朱家庄式自然硫矿床。

3)在鲁西隆起的北部及胶北隆起西部的盆地中发育了一套湖沼相含煤、油页岩的碎屑岩岩系(五图群);在鲁中及胶北地区分别形成了与这种湖盆环境及沉积岩系控制的煤-油页岩-膨润土矿床成矿系列的;此系列中包含有沉积型五图式煤-油页岩-膨润土矿床。

(二)新近纪(23.03~2.588 Ma)

由于喜马拉雅运动及太平洋板块自南东向北西俯冲作用对山东陆块的影响,致使陆块局部小型盆中接受了河流相-河湖相以碎屑岩为主的沉积及玄武质岩浆喷溢沉积(临朐群),形成了受控于新近纪这种沉积环境和火山-沉积岩系控制的:①昌乐凹陷内的硅藻土-褐煤-磷、膨润土、白垩矿床成矿系列;此系列中包含有火山-沉积型、火山岩型的山旺式硅藻土-褐煤-磷矿床、曹家楼式膨润土矿床、陶家庄式白垩矿床、方山式蓝宝石原生矿床等。②胶北隆起内的砂金矿床成矿系列;此系列中包含有沉积型有栖霞唐山硼砂金矿床。

(三)第四纪(2.588 Ma迄今)

山东陆块在第四纪时,由于区域差异升降活动,使山东陆块发生了不同幅度的沉降和不同强度的沉积作用,形成了冲洪积、残坡积、湖沼、海积等多种类型松散沉积及与此相关的矿床成矿系列。

1)在鲁东地区有含铪锆石-钛铁矿-石英砂、金、金红石、型砂矿床成矿系列;此系列中包含有沉积型荣成石岛含铪锆石砂矿床、荣成旭口玻璃用石英砂矿床、牟平辛安河砂金矿床、平度郑家金红石砂矿床、高密姚哥庄型砂矿。

2)在鲁西地区有金刚石、蓝宝石、金、建筑用砂、贝壳砂、地下卤水矿床成矿系列;此系列中包含有沉积型郯城陈埠金刚石砂矿床、昌乐辛旺蓝宝石砂矿床、新泰岳庄河砂金矿、昌乐廒里浅层地下卤水矿、泰安北集坡汶河建筑用砂矿、垦利惠鲁贝壳砂矿。

第二节　山东区域矿床成矿谱系

一、矿床成矿谱系的概念

矿床成矿谱系（简称"成矿谱系"）是矿床成矿系列理论的组成部分，是近年陈毓川院士等（2001）创立的新概念；它是从更高层次上反映成矿演化过程和多旋回成矿特点，增强了人们对成矿作用的认识能力的新思维（陈毓川等，2003，2007）。

陈毓川等指出（2007），在一个区域内的成矿作用决定于该区域地球圈层间的相互作用，后期的成矿作用都是前期成矿地质环境及物质基础上进行的。因此，早晚不同时期的成矿作用，在成矿地质背景上必然具有区域构造演化方面的继承性，并表现出成矿物质间的内在联系，存在一定程度的"亲缘"关系和演化趋势。可见，从"谱系"这个角度探讨区域成矿演化，是一种很直观的表达。成矿谱系对不同级别的区（带）而言，大至整个地球，小至矿田，均有各自的成矿谱系。因此，成矿谱系亦可称为区域成矿谱系。"（地球科学大辞典编委会，2005）。

"区域成矿谱系"是"区域矿床成矿谱系"的简称，是"一个区域内地质构造演化过程中成矿作用的演化及时空结构"（陈毓川等，2007）。"区域成矿谱系"是研究一个特定的区域内经历的全部地质历史过程中成矿作用的演化过程及成矿产物的时空分布、内在联系的规律等；探讨构成一个区域内的各个成矿旋回和其中某个成矿旋回内形成的矿床和矿床成矿系列之间的关系。陈毓川院士指出，研究区域成矿规律必定要研究区域成矿谱系❶。

二、山东矿床成矿谱系的建立

"成矿谱系"通常是指在一定的时空范围内进行的成矿谱系图的建立和区域成矿旋回的标定。一个完整的成矿谱系（及制作谱系图）涉及的基本内容，包括成矿年代学（区域成矿旋回）、成矿地质环境诸方面内容。

在开展山东全省矿床成矿系列研究时，涉及到全省 90 余个矿种、300 余个重要矿产地（从近 2000 处矿产地中选出）的成矿地质背景与成矿环境、成矿年代学、矿体和矿石等矿床成矿地质特征信息的采集研究。在此基础上，建立了 80 个矿床式（矿床类型）和 120 余处代表性（典型）矿床成矿地质特征的归纳总结，建立了 31 个矿床成矿系列。在上述进行矿床成矿谱系研究必需具备的前提下，进行了山东省矿床成矿谱系图的编制。

按着陈毓川等（2007）关于成矿谱系图的编制方法，在山东全省矿床成矿谱系图编制时，在横轴上按鲁西、胶北和胶南-威海 3 个具有各自地壳演化特点的地块作为空间单元；左边纵轴自下而上标示从中太古代（迁西期）—新生代（喜马拉雅期）的成矿旋回作为空间单元；右边纵轴自下而上标示地质历史发展阶段、大陆动力学特点等作为成矿地质环境单元；以建立的 31 个矿床成矿系列按着这 3 个横纵轴空间尺度展绘在相应的时空位置上，完成了矿床成矿谱系的基本图形。见图 31-1。

从山东矿床成矿谱图上看，鲁西地块与胶北地块、胶南-威海地块由于地质发展的差异，成矿作用存在很大差异。

在中太古代至古生代（迁西期至华力西期），即陆块形成发展阶段与陆缘海发展阶段中，鲁西地块成矿环境与成矿作用与胶北地块及胶南-威海地块，显然不同。与新太古代早-中期火山-沉积作用有关的铁-金等矿床成矿系列及与石炭纪—二叠纪海陆交互相有关的煤、铝土矿等矿床成矿系列只见于鲁

❶　据陈毓川院士 2014 年 5 月 22 日在山东省地质科学研究院讲课稿。

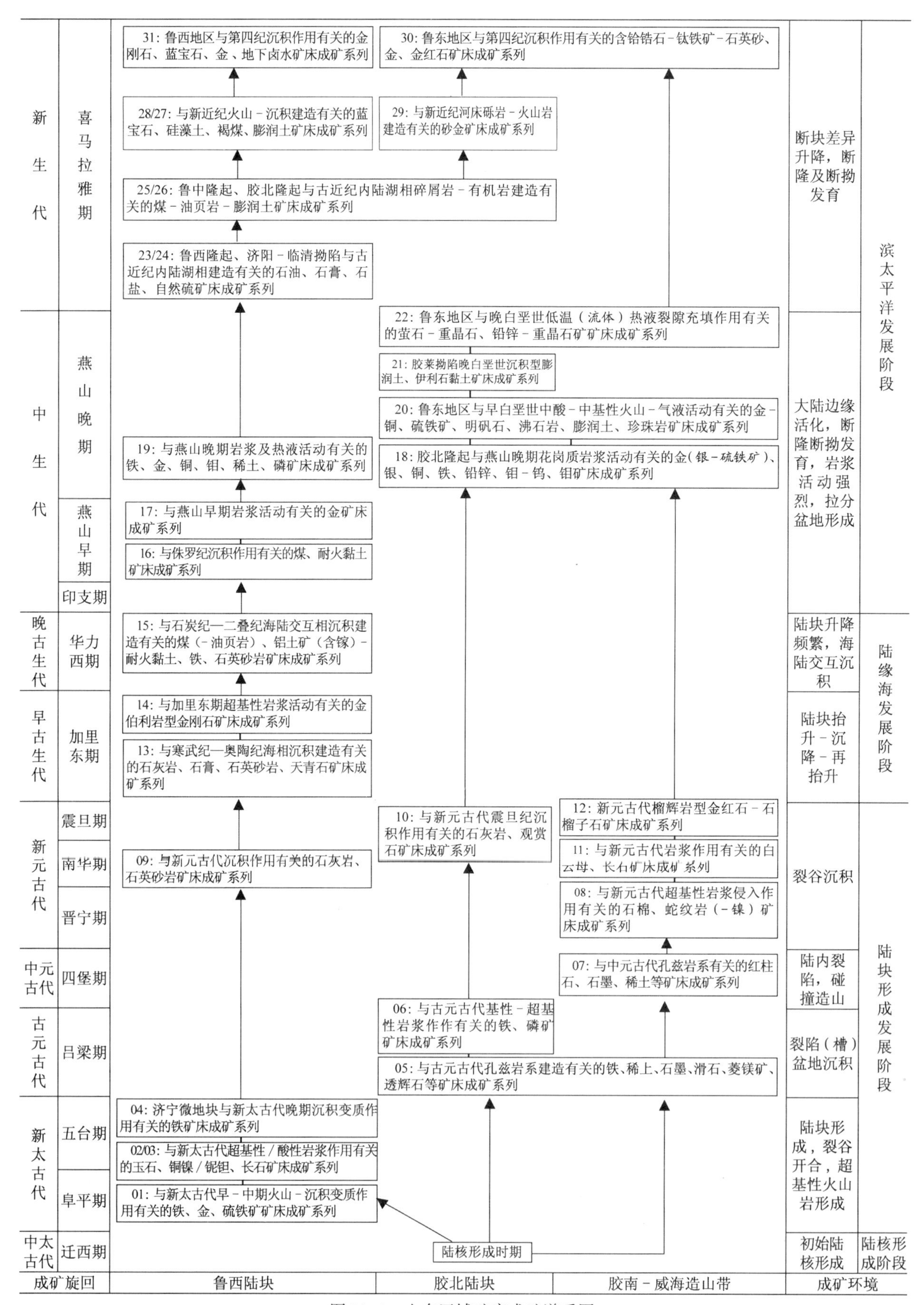

图 31-1　山东区域矿床成矿谱系图

西地块;而与古元古代及中元古代孔兹岩系建造有关的沉积变质型铁、稀土、石墨等矿床成矿系列只见于胶北陆块及胶南-威海地块。

在中生代,鲁西与胶北及胶南-威海地块的成矿作用虽有一些共同之处,但依然存在很大差异。比如,与燕山花岗质岩浆作用有关的金、银、钼、钨等矿床成矿系列只形成于胶北及胶南-威海地块(特别是胶北地块),这是否可能与该地块在前寒武纪基底岩系具有较高金的成矿地质背景有关?而与燕山晚期岩浆及热液作用有关的铁等矿床成矿系列只形成于鲁西地块,很有可能与鲁西地块从新太古代中晚期铁矿(韩旺式铁矿)、新太古代晚期末铁矿(济宁式铁矿),以及古生代是否存在含铁盆地(曹国权,2001)等具有"亲缘"——"谱系"关系。

到了新生代古近纪,与内陆湖相建造有关的石膏、石盐、自然硫等矿床成矿系列,只形成于鲁西地块,除了当时岩相古地理环境有别于胶北及胶南-威海地块而外,与鲁西地块中前古近纪存在膏盐沉积建造及膏盐矿床具有密切的"亲缘"继承关系。

新生代新近纪—第四纪时期(喜马拉雅中后期),即新生代断块发展阶段,鲁西、胶北及胶南-威海这3个地块具有大体一致的构造环境和构造演化历程,形成了相同和相似的沉积岩系,进而形成了与碎屑岩建造有关的金、金刚石、蓝宝石等矿床成矿系列,其中矿物质完全继承了前期岩系。

第三十二章　山东重要矿产资源找矿远景

第一节　山东重要矿产资源潜力分析 ………… 612
一、金矿资源潜力分析 …………………… 612
二、铁矿资源潜力分析 …………………… 613
三、煤矿资源潜力分析 …………………… 613
第二节　山东重要成矿区带及找矿远景区划分 …………………………………… 614
一、成矿区带划分原则 …………………… 614
二、Ⅳ级成矿区带划分 …………………… 614
三、重要成矿区带及找矿远景区 ………… 614
第三节　山东重要成矿区带找矿远景 ………… 615
一、胶西北金-铁-钼-石墨-滑石-菱镁矿成矿亚带(Ⅳ65-1) …………………… 615
二、鲁中地区煤-铁-铝-金-建材非金属成矿亚带(Ⅳ64-4) …………………… 620
三、威海-文登金-银-钼-铅锌-铜成矿亚带(Ⅳ67-10) …………………… 625
四、菏泽-济宁煤-铁成矿亚带(Ⅳ64-6)找矿远景 …………………… 626
五、胶莱盆地铜-金-铅锌-萤石-重晶石-膨润土成矿亚带(Ⅳ65-2) …………… 627
第四节　山东重要矿种找矿方向 …………… 629
一、金矿找矿方向 …………………… 629
二、铁矿找矿方向 …………………… 630
三、煤矿找矿方向 …………………… 631

本次研究的矿种近90种,各个矿种勘查评价与研究工作程度差别很大,很难对所有矿种全部开展系统的资源潜力及找矿远景分析。因此,本章是在以往全省资源潜力评价及近年来找矿勘查成果的基础上,以山东省固体矿产中最重要的金、铁、煤3种矿产为主,开展资源潜力、找矿远景与找矿方向的研究分析,以希望对全省重要矿产地质找矿工作部署提供启示与借鉴。

第一节　山东重要矿产资源潜力分析

一、金矿资源潜力分析

山东金矿成矿地质条件优越,资源潜力巨大。截至2015年6月底,全省累计查明资源储量已达4 500多吨(宋明春,2015)。2011年完成的全省资源潜力评价,在典型矿床研究和区域成矿规律研究的基础上,根据物探、化探、遥感、自然重砂信息提取及解释工作,进行最小预测区的圈定及优选分级,以及预测要素的变量研究,构置预测变量,共圈定金矿最小预测区165个❶。采用(单脉、群脉)地质体法对各最小预测区进行了预测资源量估算,全省2 000 m以浅共估算预测金金属资源量4 069吨;其中500 m以浅估算预测金金属资源量846吨,1 000 m以浅估算预测金金属资源量2 007吨。自2011年找矿突破战略行动实施以来,在胶东的三山岛、焦家和招平等重要金矿带连续实现找矿重大突破,新增资源量2 500余吨,扣除近年来查明新增资源量,仍有1 500吨左右的找矿潜力。但是,2014年以来先后发现和评价了莱州市三山岛北部海域、莱州市西岭、招远市纱岭3个资源量大于350吨的超大型金矿床,其中三山岛北部海域金矿查明资源量为470吨,为我国最大的单体金矿床;在胶莱盆地东北缘新发现资源量69吨的牟平辽上金矿;在栖霞笏山-西陡崖地区新发现了资源量30吨以上的大型金矿床;在鲁西归

❶ 山东省地质调查院,山东省矿产资源潜力评价成果报告,2013年。

来庄地区等深部找矿取得重要进展，这些新突破均显示出山东仍具有良好的找矿前景和广阔的找矿空间。从这些找矿新成果看，原资源潜力预测数据明显偏小，可以推断山东找矿潜力仍然巨大，预测至2015年，2 000 m以浅应当还有2 500吨以上的找矿潜力。另外，在莱州市三山岛北部海域、招远市纱岭矿区在2 000 m深度主矿体均未封闭，并且厚度大、品位较高；莱州市西岭矿区深部钻孔中在2 620 m深处见到厚大金矿体、在3 600 m左右控制了三山岛矿化蚀变带；这充分显示出胶东在2 000 m以下至3 000 m区间内金矿资源仍有巨大的找矿潜力和广阔的找矿远景。参考全省资源潜力评价对1 000 m至2 000 m之间的预测资源量结果（约2 050吨），推测全省2 000 m以下至3 000 m区间内金矿资源2 000吨左右。

二、铁矿资源潜力分析

山东省铁矿资源丰富，矿床类型较多，分布较广。分布特点是鲁西地区大、中型矿床多，多集中分布；鲁东地区矿床规模一般较小，多分散分布。现已发现和探明的铁矿床主要分布于济南、淄博、莱芜、临沂、泰安、枣庄、济宁、聊城等地市。截至2013年发现矿产地273处，铁矿保有资源储量达到52.4亿吨。形成了莱芜、金岭、苍峄、韩旺等重要铁矿供应基地。勘探、详查报告多数是20世纪60年代以后的资料，具有较高的准确性。近年来勘查地区主要集中于鲁西隆起区的莱芜-淄博、枣庄-苍山、泰安的汶上-东平地区、单县地区等，其次为莱州-平度地区。2004年以来探明铁矿的矿石品位以20 %~30 %的贫铁矿为主。山东省查明铁矿的矿床类型主要为沉积变质型、矽卡岩型、岩浆型和热液型等4类，在查明资源储量中沉积变质型铁矿占55 %，热液型铁矿占6 %，矽卡岩型铁矿占19 %，岩浆型铁矿占20 %。

2011年完成的全省资源潜力评价，通过对典型矿床研究和区域成矿规律研究的基础上，对预测工作区进行了最小预测区的圈定及优选分级，以及预测要素的变量研究，构置预测变量；山东省铁矿共圈出最小预测区98个。预测中采用了综合地质信息网格单元法、地质单元法，对各最小预测区进行了预测资源量估算，全省2 000 m以浅共计估算预测资源量74.99亿吨，其中500 m以浅估算预测铁矿石资源储量11.28亿吨，1 000 m以浅估算预测铁矿石资源储量34.26亿吨。2011年找矿突破战略行动实施以来，新发现大型及以上矿产地5处、中型矿产地4处，小型矿产地34处，查明铁矿石资源储量24.53亿吨。扣除近年来探获新增资源量后，全省2 000 m以浅仍有预测铁矿资源量近50亿吨。

三、煤矿资源潜力分析

山东省煤炭资源比较丰富，是我国东部产煤大省，煤炭资源分布比较广泛。已探明煤田及零星含煤区总面积约6 900 km^2，共查明24个煤田和6个煤井点，矿区304处，资源储量居全国第7位。已查明井田中达到勘探（精查）的161处、详查的49处，达到详查以上程度的占查明井田总数的86 %。煤炭资源勘查深度一般在-1 200 m以浅，少量勘查深度达到了-1 500 m。大中型井田查明的资源储量约占全省累计查明资源储量总量的89 %。煤类比较齐全，以气煤、肥煤为主。山东已查明及预测全省含煤面积约1.65万km^2，约占全省国土面积的11.5 %，除青岛、威海、东营、滨州等4市外，其他市均有煤炭资源赋存，主要集中在鲁西地区，其中，济宁、菏泽、泰安、枣庄、济南等5市探明资源储量约占全省的82 %。

2011年完成的全省资源潜力评价，对全省尚存在预测区的11个赋煤单元进行了资源潜力预测，圈定预测区27个，面积5 792.31 km^2，预测资源量145.84亿吨。其中600 m以浅预测资源量95 755万吨，占总预测资源量的6.6 %；600~1 000 m预测资源量272 472万吨，占18.7 %；1 000~1 500 m预测资源量462 336万吨，占31.7 %；1 500~2 000 m预测资源量627 859万吨，占43.0 %。2011~2013年煤矿探获新增资源量8.46亿吨，其中新矿区探获6.68亿吨。扣除近年来探获新增资源量后，全省2 000 m以浅仍有预测煤炭资源量近140亿吨。

第二节 山东重要成矿区带及找矿远景区划分

全省成矿区带的划分充分考虑了区域成矿地质条件的统一性和成矿背景的差异性,以全国矿产资源潜力评价统一的区划方案为基础,划分为Ⅰ、Ⅱ、Ⅲ、Ⅳ、Ⅴ五级,其中Ⅰ、Ⅱ、Ⅲ级成矿区带划分是按照全国成矿区带统一划分的,将不再进行重新划分;Ⅳ级、Ⅴ级成矿区带省内自行划分,Ⅳ级相当于成矿亚带,Ⅴ级为矿田或矿种组合。

一、成矿区带划分原则

Ⅰ级:为全球性成矿区(带),山东省处于滨(西)太平洋成矿域(Ⅰ-4)和秦祁昆成矿域(Ⅰ-2)内。

Ⅱ级:为成矿省,按地质构造的演化过程出现的成矿地质环境标定的,主要根据构造旋回及与之对应的成矿期进行划定,山东省处于华北成矿省(Ⅱ-14)和秦岭—大别成矿省(东段)(Ⅱ-7)内。

Ⅲ级:成矿区(带)主要根据区域成矿作用及与之相对应的矿床类型组合来划分。山东省划分为:Ⅲ-64鲁西(断隆、含淮北)Fe-Cu-Au-铝土矿-煤-金刚石成矿区,Ⅲ-65胶东(次级隆起)Au-Fe-Mo-菱镁矿-滑石-石墨成矿带,Ⅲ-67桐柏-大别-苏鲁Au-Ag-Fe-Cu-Zn-Mo-金红石-萤石-珍珠岩成矿带,Ⅲ-62华北盆地(断坳)石油天然气成矿带。Ⅲ成矿区带划分大致与Ⅱ级大地构造单元划分相对应。

Ⅳ级:成矿亚带,受同一成矿作用或主导成矿因素控制,矿床成因上有联系的一类或几类矿床集中分布的富集地区。根据本省地质及成矿特征,山东省共划分Ⅳ级成矿亚区(带)11个。

Ⅴ级:将相同或类似成因环境形成的矿种组或矿集区划分Ⅴ级成矿区带。

本次Ⅲ级以上成矿区带遵照全国统一划分方案,以本省划分的Ⅳ级成矿区带为基本预测单元,并在此基础上结合成矿系列及矿床分布、成矿地质环境及资源潜力等因素,进一步圈定找矿远景区。对Ⅴ级成矿区带不再涉及。

二、Ⅳ级成矿区带划分

Ⅳ级成矿区带边界确定主要是依据明显控矿地质体、区域地质构造和沉积盆地边界划分。山东Ⅳ级成矿区带具体划分边界主要受以下断裂构造控制:五莲断裂—牟平-即墨断裂(即胶南-威海隆起区与胶北地块的边界)、沂沭断裂带之昌邑-大店断裂(鲁东地块与鲁西地块边界),西部边界主要有聊(城)-兰(考)断裂(鲁西地块与鲁西凹陷区分界)、北部有齐(河)-广(饶)断裂(鲁西地块与鲁北凹陷分界)。其内再根据凸起、凹陷等明显有别的地质构造成矿单元进一步划分。Ⅳ级成矿带划分覆盖全省,Ⅳ级成矿带范围不跨越Ⅲ级构造单元。全省共划分Ⅳ级成矿亚区(带)11个,见表32-1,见图32-1。

三、重要成矿区带及找矿远景区

(一) 重要成矿区带

在所划分的11个Ⅳ级成矿区带中,以胶西北Au-Fe-Mo-石墨-滑石-菱镁矿成矿亚带(Ⅳ65-1)、鲁中地区煤-Fe-Al-Au -建材非金属成矿亚带(Ⅳ64-4)、威海-文登Au-Ag-Mo-PbZn-Cu成矿亚带(Ⅳ67-10)、菏泽-济宁煤-Fe成矿亚带(Ⅳ64-6)四个成矿区带最为重要,其次为胶莱盆地Cu-Au-PbZn-萤石-重晶石-膨润土成矿亚带(Ⅳ65-2)。此外,济阳石油天然气成矿亚带(Ⅳ62-7)及临清石油天然气成矿亚带(Ⅳ62-9),是山东重要的石油天然气产地,具有相当重要的地位,但本次研究工作以固体矿产为主,因此不再讨论石油天然气。

表 32-1　山东省成矿区带划分

全国划分及编号			山东省内划分及编号
Ⅰ级	Ⅱ级	Ⅲ级	Ⅳ级成矿区带
Ⅰ-4 滨太平洋成矿域	Ⅱ-14 华北成矿省	Ⅲ-65 胶东(次级隆起)Au-Fe-Mo-菱镁矿-滑石-石墨成矿带	胶西北 Au-Fe-Mo-石墨-滑石-菱镁矿成矿亚带(Ⅳ65-1)
			胶莱盆地 Cu-Au-PbZn-萤石-重晶石-膨润土成矿亚带(Ⅳ65-2)
		Ⅲ-64 鲁西(断隆、含淮北)Fe-Cu-Au-铝土矿-煤-金刚石成矿带	潍坊-临沂 Fe-Au-萤石-重晶石-金刚石成矿亚带(Ⅳ64-3)
			鲁中地区煤-Fe-Al-Au-建材非金属成矿亚带(Ⅳ64-4)
			菏泽-济宁煤-Fe 成矿亚带(Ⅳ64-6)
			苏鲁界区煤-建材非金属成矿亚带(Ⅳ64-5)
		Ⅲ-62 华北盆地(断坳)石油天然气成矿带	济阳石油天然气成矿亚带(Ⅳ62-7)
			埕宁石油天然气-煤成矿亚带(Ⅳ62-8)
			临清石油天然气成矿亚带(Ⅳ62-9)
Ⅰ-2 秦祁昆成矿域	Ⅱ-7 秦岭大别成矿省(东段)	Ⅲ-67 桐柏-大别-苏鲁 Au-Ag-Fe-Cu-Zn-Mo-金红石-萤石-珍珠岩成矿带	威海-文登 Au-Ag-Mo-PbZn-Cu 成矿亚带(Ⅳ67-10)
			日照-胶南 PbZn-Fe-Cu 成矿亚带(Ⅳ67-11)

各成矿区带由于所处的地质构造单元不同,成矿环境和成矿作用不同,因而所形成的成矿系列及矿床组合也不同。上述 5 个重要成矿区带中所包含的成矿系列,既涵盖了煤、铁、金、金刚石、石墨、滑石、菱镁矿、石膏、水泥灰岩等对全省经济社会发展具有重要作用、资源储量居于全国前列的优势矿产资源,也涵盖了铜、铅、锌、钼、钨、铝土矿、稀土、蓝宝石、耐火粘土、石英砂岩、膨润土、沸石岩、萤石、重晶石、岩盐、钾盐、自然硫、磷等重要矿产资源。

(二) 找矿远景区圈定原则

在同一地质作用、基本为同一成矿时段内形成的不同矿种(组)圈定为同一找矿远景区,即位于同一成矿系列的矿种(组)可圈定同一找矿远景区内。特殊情况,相似的成矿环境、基本为同一时间段或相近的时间段形成的不同成矿系列也可圈定为同一找矿远景区。找矿远景区圈定的大小是根据成矿系列成矿地质体的分布范围,并按照最小原则圈定,不得随意扩大圈定范围。

圈定的找矿远景区原则上不跨Ⅳ级成矿区带界线。但是,侏罗纪后受滨太平洋构造域叠加影响,区内基本属于同一构造体系,成矿地质环境相似或相同,成矿系列具有跨区的特征,此时圈定的找矿远景区可以跨Ⅳ级成矿区带界线。根据区内圈定的找矿远景区的资源潜力、可利用情况等因素确定其类别,共分为 A,B,C 三类。

A 类:找矿远景区内已发现多个矿床、矿点,区内资源潜力巨大,其资源可利用程度较高。

B 类:找矿远景区内具有少量小型矿床、矿点,或有较好的物化遥、自然重砂异常,具有一定的资源潜力的地区。

C 类:区内仅发现矿化点,未发现独立的矿床,其物化遥、自然重砂异常指示具有找矿远景的潜力区。

根据上述原则,在全省 5 个重要成矿区带中共圈定各类找矿远景区 45 处。其中 A 类 23 处,B 类 18 处,C 类 4 处。具体分布见图 32-1。

第三节　山东重要成矿区带找矿远景

一、胶西北金-铁-钼-石墨-滑石-菱镁矿成矿亚带(Ⅳ65-1)

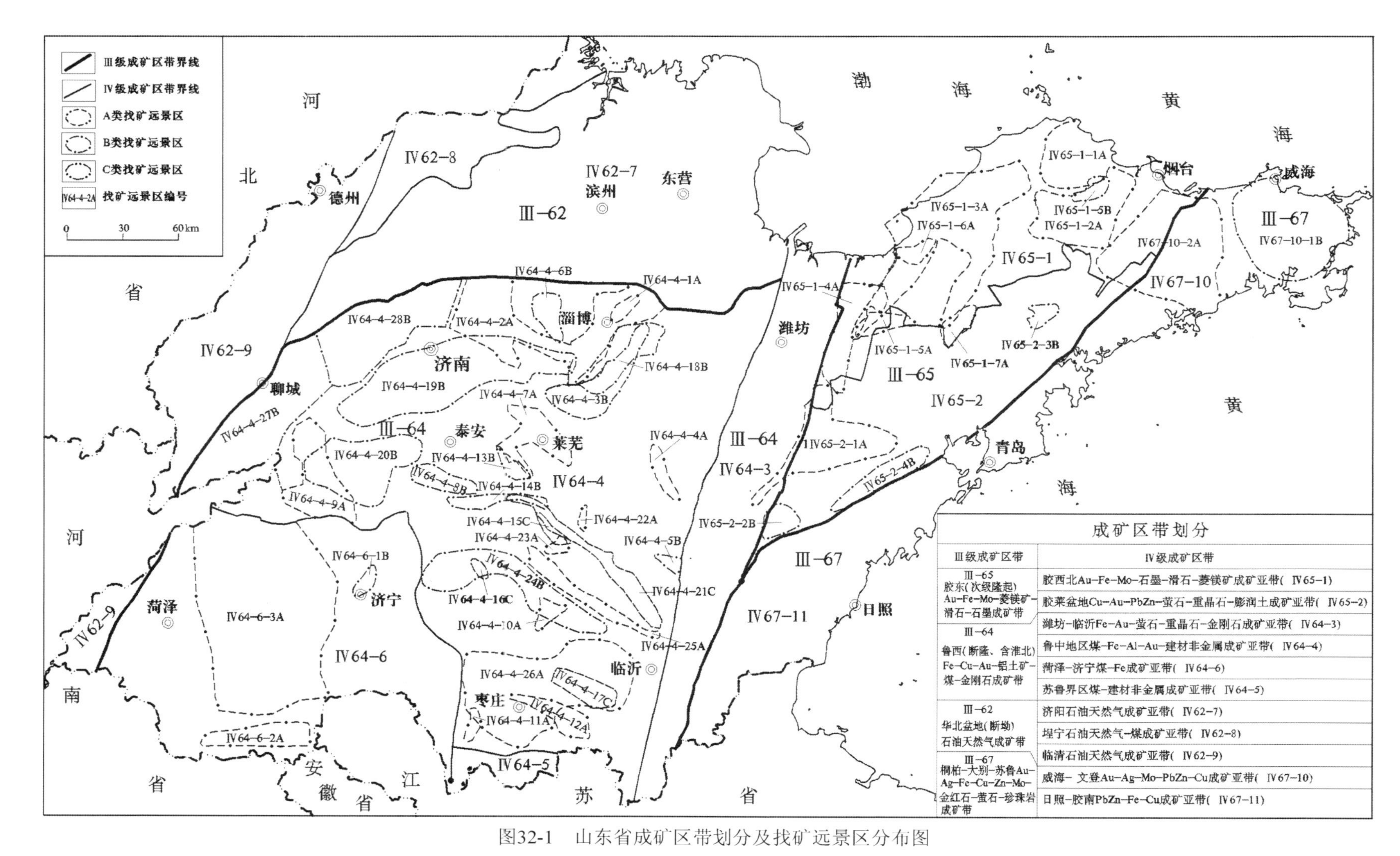

Ⅲ级成矿区带	Ⅳ级成矿区带
Ⅲ-65 胶东(次级隆起)Au-Fe-Mo-菱镁矿-滑石-石墨成矿带	胶西北Au-Fe-Mo-石墨-滑石-菱镁矿成矿亚带(Ⅳ65-1)
	胶莱盆地Cu-Au-PbZn-萤石-重晶石-膨润土成矿亚带(Ⅳ65-2)
Ⅲ-64 鲁西(断隆、含淮北)Fe-Cu-Au-铝土矿-煤-金刚石成矿带	潍坊-临沂Fe-Au-萤石-重晶石-金刚石成矿亚带(Ⅳ64-3)
	鲁中地区煤-Fe-Al-Au-建材非金属成矿亚带(Ⅳ64-4)
	菏泽-济宁煤-Fe成矿亚带(Ⅳ64-6)
	苏鲁界区煤-建材非金属成矿亚带(Ⅳ64-5)
Ⅲ-62 华北盆地(断坳)石油天然气成矿带	济阳石油天然气成矿亚带(Ⅳ62-7)
	埕宁石油天然气-煤成矿亚带(Ⅳ62-8)
	临清石油天然气成矿亚带(Ⅳ62-9)
Ⅲ-67 桐柏-大别-苏鲁Au-Ag-Fe-Cu-Zn-Mo-金红石-萤石-珍珠岩成矿带	威海-文登Au-Ag-Mo-PbZn-Cu成矿亚带(Ⅳ67-10)
	日照-胶南PbZn-Fe-Cu成矿亚带(Ⅳ67-11)

图32-1 山东省成矿区带划分及找矿远景区分布图

（一）大地构造位置及地质概况

该区带位于鲁东西北部，东部以牟平-即墨断裂为界，南部大致以平度断裂为界，西部以沂沭断裂带最东部的昌邑-大店断裂为界。地理坐标为东经：119°15′~121°30′，北纬：36°20′~37°50′。前侏罗纪大地构造属华北陆块区（Ⅰ）、胶辽陆块（Ⅱ），侏罗纪后上叠了滨太平洋构造域形成的构造。该区带西侧与沂沭断裂带相接，而东南部则与胶莱盆地为邻。基底主要由新太古代TTG岩系和古元古代变粒岩、高铝片岩、白云大理岩以及含石墨变粒岩为代表的类孔兹岩组合组成，含少量中太古代、新太古代高级变质岩、古元古代基性—超基性侵入岩。上叠构造主要由晚三叠世至白垩纪中酸性侵入岩、白垩纪中基性-酸性火山岩和新生代玄武岩组成，北部边缘局部为古近纪—新近纪沉积岩。区内构造、环境演化受不同时代宏观背景构造制约，构造格架主要包括两部分，中生代之前构造主体为EW向基底构造，中生代—新生代在原EW向构造体系上叠加形成NNE，NE向为主体；NW，NNW向为次要的断裂构造。

（二）成矿系列及矿床类型

该成矿区带内共包含8个成矿系列（表32-2），涉及矿种有金、银、铜、铁、钼、钨、铅、锌、菱镁矿、石墨、滑石、萤石、重晶石、煤、油页岩等。其中，鲁东地块与古元古代晚期沉积变质建造（孔兹岩系）有关的铁、稀土、石墨、滑石、菱镁矿、石英岩（玻璃用）、透辉石、白云石大理岩（熔剂用等）、大理岩（饰面、水泥用）矿床成矿系列和胶北隆起与燕山晚期花岗质岩浆活动有关的热液型金（银-硫铁矿）、银、铜、铁、铅锌、钼-钨、钼矿床成矿系列为区内重要的成矿系列。

表32-2　胶西北金-铁-钼-石墨-滑石-菱镁矿成矿亚带（Ⅳ65-1）成矿系列

代	纪	成矿系列	主要矿床类型
新生代	第四纪	鲁东地区与第四纪沉积作用有关的含铪锆石-钛铁矿-石英砂、金、金红石、型砂矿床成矿系列	滨海沉积型含铪锆石、金红石、石英砂矿床 河流冲、洪积沉积型金、金红石、型砂矿床
	新近纪	胶北隆起与新近纪河床砾岩-火山岩建造有关的砂金矿床成矿系列	河流冲、洪积沉积型砂金矿床
	古近纪	胶北隆起与古近纪内陆湖相碎屑岩-有机岩建造有关的煤-油页岩矿床成矿系列	湖相沉积型煤-油页岩矿床
中生代	白垩纪	鲁东地区与晚白垩世低温（流体）热液裂隙充填作用有关的萤石-重晶石、铅锌-重晶石矿床成矿系列	低温热液型萤石、重晶石、铅锌矿床
		胶北隆起与燕山晚期花岗质岩浆活动有关的热液型金（银-硫铁矿）、银、铜、铁、铅锌、钼-钨、钼矿床成矿系列	岩浆热液型金、银、硫铁矿、铜、铁、铅锌、钼-钨、钼矿床
新元古代	震旦纪	胶北地块与新元古代震旦纪沉积作用有关的石灰岩（水泥用）、观赏石矿床成矿系列	海相沉积轻微变质型水泥灰岩、石英砂岩矿床
	南华纪		
古元古代	滹沱纪	鲁东地块与古元古代晚期基性-超基性岩浆作用有关的铁、磷矿床成矿系列	岩浆型铁、磷矿床
		鲁东地块与古元古代晚期沉积变质建造（孔兹岩系）有关的铁、稀土、石墨、滑石、菱镁矿、石英岩（玻璃用）、透辉石、白云石大理岩（熔剂用等）、大理岩（饰面、水泥用）矿床成矿系列	沉积变质型铁、石墨、菱镁矿矿床；变质热液型滑石矿床；伟晶岩型稀土矿床

（三）找矿远景区特征

根据找矿远景区圈定原则，该成矿区带内共圈定重要找矿远景区8个，其中A类区7个，B类区1个，见表32-3。具体分布见图32-1。

1. 蓬莱南部金-萤石找矿远景区（Ⅳ65-1-1A）

区内变质岩发育，主要分布于远景区北部，主要有新太古代栖霞序列TTG岩系组合；古元古代粉子

表 32-3 胶西北金 - 铁 - 钼 - 石墨 - 滑石 - 菱镁矿成矿亚带（Ⅳ65-1）重要矿种找矿远景区特征表

远景区编号	远景区名	主要矿床类型	矿种	单位	查明资源储量	远景资源量	类别	成矿远景区地质特征
Ⅳ 65-1-1 A	蓬莱南部Au-萤石找矿远景区	与侵入岩有关的热液型金矿	Au	吨	130.49	87.00	A	矿床成矿时代为燕山晚期，为玲珑式石英脉型金矿。矿体由含金石英黄铁矿脉、含金黄铁矿石英脉、含金黄铁绢英岩化花岗岩组成，并受NE向断裂构造控制。地球化学场为高金背景区。金异常具有峰值高、规模大的特征，矿床（点）与异常对应较好。巨山沟式低温热液裂隙充填型萤石矿成矿时代为燕山晚期，矿体赋存在白垩纪二长花岗质岩石中，主要受断裂构造控制
			萤石	万吨	25	86		
Ⅳ 65-1-2 A	栖霞-福山Au-Ag-Cu-Mo-PbZn找矿远景区	与侵入岩有关的热液型金、银矿，夕卡岩型铜铅锌（钨钼）矿	Au	吨	31.63	74.21	A	区内多金属矿床成矿时代均为燕山期。金矿为玲珑式石英脉型，矿体由含金石英黄铁矿脉、含金黄铁矿石英脉、含金黄铁绢英岩化花岗岩组成，并受NE向断裂构造控制。地球化学场为高金背景区。金异常具有峰值高、规模大的特征，矿床（点）与异常对应较好。铜矿为福山庄式热液交代型，巨屯组二段及岗嵛组一段是主要赋矿层位，近NW向褶皱、韧性变形带、断裂构造叠加出现，为矿液运移和沉淀提供了有利的空间。铅锌矿为香夼式斑岩型，成矿地质体为花岗闪长斑岩，呈岩株状侵入震旦纪蓬莱群香夼组石灰岩中。银矿为十里堡式中低温热液裂隙充填脉型，矿床主要受NEE—NE向主断裂的次级断裂、裂隙控制，以热液充填方式为主。邢家山式夕卡岩型钼（钨）矿和尚家庄式斑岩型钼矿，前者成矿作用与燕山期侵入的斑状中细粒含黑云二长花岗岩和粉子山群张格庄组大理岩及断裂构造有关；后者钼矿化主要发育在燕山晚期含斑中细粒二长花岗岩及巨斑中粒二长花岗岩中
			Cu	万吨	26.70	42.49		
			Pb、Zn	万吨	0.86	15.16		
			Ag	吨	171	68		
			Mo	万吨	58.27	41.96		
			W	万吨	3.75	2.80		
Ⅳ 65-1-3 A	莱州-招远Au-Ag-萤石-硫找矿远景区	与侵入岩有关的热液型金矿	Au	吨	1488.08	3250.03	A	区内多金属矿床成矿时代均为燕山期，区内NE向构造发育，并以岩浆热液型为主。金矿为焦家式破碎带蚀变岩型和玲珑式石英脉型，前者主要受控于高级别的缓倾角断裂带，并发育糜棱岩，反映出塑性变形的性质，并有后期叠加的脆性断裂特征。后者由含金石英黄铁矿脉、含金黄铁矿石英脉、含金黄铁绢英岩化花岗岩组成，并受NE向断裂构造控制。铅锌矿为香夼式斑岩型，成矿地质体为花岗闪长斑岩，呈岩株状侵入震旦纪蓬莱群香夼组石灰岩中。银矿为十里堡式中低温热液裂隙充填脉型，矿床主要受NEE—NE向主断裂的次级断裂、裂隙控制，以热液充填方式为主。赋矿围岩为中生代玲珑片麻状中粒二长花岗岩。围岩蚀变主要为绢云母化、硅化、黄铁矿化、碳酸盐化及绿泥石化等。硫铁矿为唐家沟式岩浆热液充填型，矿床赋存在NE向断裂构造中，呈脉状分布。矿体的形成与燕山晚期区域中酸性岩浆活动有关。萤石为巨山沟式低温热液裂隙充填型，矿体赋存在白垩纪二长花岗质岩石中，主要受断裂构造控制
			Pb、Zn	万吨	0.14	3.08		
			Ag	吨	205	123		
			S	万吨		153.6		
			萤石	万吨	72.5	61.2		
Ⅳ 65-1-4 A	昌邑-平度Fe-Au找矿远景区	沉积变质型铁矿	Fe	亿吨	1.34	4.90	A	矿床成矿时代为古元古代，为莲花山式沉积变质型铁矿。古元古代粉子山群小宋组是含矿地层，岩性主要为黑云变粒岩、磁铁黑云变粒岩、磁铁黑云透辉变粒岩、磁铁浅粒岩为特征，夹石榴黑云变粒岩、斜长角闪岩、浅粒岩、长石石英岩组合。航磁异常特征明显，是必要的找矿要素
Ⅳ 65-1-5 B	栖霞臧家庄石灰岩找矿远景区	海相沉积型石灰岩矿	水泥灰岩	亿吨	3.58	12.08	B	矿床成矿时代为新元古代，燕地式沉积变质型水泥用灰岩矿。蓬莱群香夼组为水泥用灰岩主要含矿层位，为一套泥质碳酸盐沉积，其岩性为中厚—厚层灰岩、含泥质条带白云质灰岩、泥质灰岩、叠层石灰岩、泥灰岩及板岩。后经区域浅变质作用，形成大理岩
Ⅳ 65-1-6 A	莱州粉子山菱镁矿、滑石矿找矿远景区	镁质碳酸盐型菱镁矿	菱镁矿	亿吨	3.64	32.38	A	矿床成矿时代均为古元古代。菱镁矿为粉子山式沉积变质型，滑石矿床属于李博士夼式热液交代型。菱镁矿赋存在张格庄组三段大理岩—透闪片岩为主的富镁质碳酸盐岩系中；滑石矿赋存于厚层白云石大理岩夹黑云（绢云）石英片岩、石英片岩薄层透镜体，矿体经热液交代作用成矿，赋存在白云石大理岩建造内
		变质热液型滑石矿	滑石	万吨		1072.8		
Ⅳ 65-1-7 A	平度云山石墨找矿远景区	沉积变质型石墨矿	石墨	万吨	181.6	3278.9	A	为南墅式沉积变质型石墨矿。荆山群陡崖组徐村段为本区主要含矿层，上部为斜长角闪岩，夹1～6层石墨矿；中部为石墨透闪透辉岩、石墨黑云透辉斜长片麻岩；下部斜长角闪岩为主，夹大理岩及1～3层石墨片麻岩。含高碳、铝为特征的陆源碎屑岩，经中高温区域变质后，达到角闪麻粒岩相—高角闪岩相，形成石墨矿床
Ⅳ 65-1-8 A	平度西部石墨找矿远景区	沉积变质型石墨矿	石墨	万吨	901.8	2912.9	A	

山群、荆山群,包含张格庄大理岩滑镁岩组合,巨屯石墨变粒岩石墨透辉岩组合,岗嵛片岩组合;禄格庄片岩-大理岩组合、野头变粒岩透辉(闪)变粒岩-大理岩组合、陡崖石墨变粒岩片麻岩-片岩(孔兹岩)等6个岩石构造组合。侵入岩主要为造山早期的文登序列和玲珑序列,岩性为花岗闪长岩类和二长花岗岩类;造山中期的郭家岭序列,岩性为二长闪长岩-石英二长岩-花岗闪长岩-二长花岗岩系列。区内中生代 NNE 向岩脉极为发育,主要为石英脉、煌斑岩脉等。区内脆性构造发育,构造线方向主要为 NNE 向,其次为 NW 向及近 EW 向,主要断裂有紫现头-解宋营断裂,位于远景区西部,断裂长度 50 km,宽度 200~300 m,走向 10°~15°,倾向 SE,倾角 60°。断裂切割郭家岭岩体及粉子山群,为藏家庄盆地西界。断裂带内岩性为碎裂岩、碎粒岩,具构造透镜体、片理化带,断裂具金矿化。西林-吴阳泉断裂,断裂长度 35 km,宽度 300~500 m,走向近 EW 向,倾向 S。断裂北侧为郭家岭花岗闪长岩,南侧为古元古代变质岩和中生代地层,该断裂带内有金矿化。

区内密集分布有 NNE 向断裂,断裂内充填含金石英脉,是玲珑式石英脉型金矿床赋存的主要空间。此外区内分布的 NW 向、NWW 向小型断裂是巨山沟式萤石矿床的主要赋矿空间。金矿床分布于远景区中东部郭家岭岩体内及边缘的石英脉内;萤石矿床分布于区内西部的 NW 向及 NNE 向小型构造带内。区内已发现金矿床(点)多处,已查明金矿资源储量 130 余吨;查明萤石资源储量 25 万吨。区内金矿 1 000 m 以浅尚有较大的资源潜力,预测金远景资源量 87 吨;萤石矿尚有一定的资源潜力。区内分布有较大规模的化探金异常和金重砂异常且套合较好,具有良好的成矿地质条件和找矿前景。

2. 栖霞—福山金-银-铜-钼-铅锌找矿远景区(Ⅳ65-1-2A)

区内变质岩发育,南部主要有新太古代栖霞序列 TTG 岩系组合;中北部为古元古代粉子山群、荆山群,包含张格庄大理岩滑镁岩组合、巨屯石墨变粒岩石墨透辉岩组合、岗嵛片岩组合、禄格庄片岩-大理岩组合、野头变粒岩透辉(闪)变粒岩-大理岩组合、陡崖石墨变粒岩片麻岩-片岩(孔兹岩)6个岩石构造组合。此外,北部还分布蓬莱群一套以大理岩、千枚岩、板岩夹石英岩,顶为灰岩,底为砾岩的浅变质岩组合。侵入岩主要为文登序列和玲珑序列,岩性为花岗闪长岩类和二长花岗岩类;北部福山一带分布有雨山造山晚期闪长玢岩-花岗闪长斑岩组合,出露王家庄岩体,岩性为石英闪长玢岩。区内中生代 NNE 向岩脉极为发育,主要为石英脉、煌斑岩脉等。大型变形构造较为发育,主要为近 EW 向的栖霞复背形构造;近 NW 向的栖霞-唐家泊逆掩推覆构造,该构造走向 NWW 向,韧性变形带内主要为变晶糜棱岩、细纹状糜棱岩和千糜岩;以及大庄头-大白马左行走滑构造,韧性变形带内主要为钙质糜棱岩、糜棱片岩等。区内脆性构造发育,构造线方向主要为 NNE 向,其次为 NW 向及近 EW 向,多为小型构造,NE,NNE 向构造带内金矿化明显。

区内南部围绕玲珑、郭家岭岩体密集分布 NNE 向断裂,断裂内充填含金石英脉,是玲珑式石英脉型金矿床的主要赋矿构造。区内东部及北部雨山闪长玢岩-花岗闪长斑岩组合与香夼、张格庄大理岩组合接触带附近及斑岩体内赋存铜、铅锌、钼等矿床。区内已发现金矿床多处,已查明金资源储量31.63 吨;查明铜 26.70 万吨,铅锌 0.86 万吨,银 171 吨,钼 58.27 万吨,共伴生钨矿 3.75 万吨。区内金矿 1 000 m 以浅尚有巨大的资源潜力,预测金远景资源量 74.21 吨;铜、铅、锌、钼、银等矿产 1 000~2 000 m 以浅尚有较大的资源潜力(表 32-3)。区内有规模较大的化探金异常和组合异常,与重砂异常套合较好,具有良好的成矿地质条件;近年来,在栖霞笏山-西陡崖地区新发现了 2 处中、大型金矿床,新增资源量 30 吨以上,显示出良好的找矿前景。

3. 莱州—招远金-银-萤石-硫找矿远景区(Ⅳ65-1-3A)

区内变质岩主要分布于西部及东部,东部主要有新太古代栖霞片麻岩,为一套 TTG 岩系组合。东南部分布少量古元古代荆山期泥质岩夹中基性火山岩沉积建造、碳酸盐岩建造,主要岩性为石榴矽线黑云片岩夹透辉岩、黑云变粒岩、蛇纹石化大理岩、石墨变粒岩等。西部主要为古元古代粉子山群、荆山群,包含张格庄大理岩滑镁岩组合、野头变粒岩透辉(闪)变粒岩-大理岩组合等。侵入岩主要为玲珑-

昆嵛山造山早期片麻状花岗岩组合,岩性为花岗闪长岩类和二长花岗岩类,主要分布于区内中部及南部;郭家岭造山中期弱片麻状花岗闪长岩-花岗岩组合,主要岩性为二长闪长岩、花岗闪长岩、二长花岗岩,主要分布于区内北部。区内中生代 NNE 向岩脉极为发育,主要为石英脉、煌斑岩脉等。区内大型变形构造较为发育,主要为近 EW 向的栖霞复背形构造、游优山-粉子山复式向斜构造,前者分布区内中东部,后者分布区内西部。

区内 NE—NNE 向脆性断裂发育,三山岛、焦家、招(远)-平(度)大型张扭(压扭)性断裂是破碎带蚀变岩型金矿床的主要赋矿构造;其间较为密集的 NNE 及 NE 向小型断裂内充填含金石英脉,是玲珑式石英脉型金矿床赋存的主要空间。区内北部 NW 及 NWW 向断裂较为发育,多为小型断裂,是萤石矿床的主要赋存场所。该区是大中型金矿床集中分布区,区内已查明金矿资源储量 1 488 吨❶。新近资料表明,区内查明金矿资源储量已达 4 015 吨。查明银 205 吨,铅锌 0.14 万吨,萤石 72.5 万吨。区内金矿 2 000 m以浅尚有巨大的资源潜力,预测金远景资源量3 250 吨。区内分布有较大规模的金化探异常和金重砂异常且套合较好,具有良好的成矿地质条件和找矿前景。2014 年以来,本区先后发现和评价了莱州市三山岛北部海域、莱州市西岭、招远市纱岭 3 个资源量大于 350 吨的超大型金矿床,三山岛北部海域金矿查明资源量为 470 余吨,为我国最大的单体金矿床,显示出该区广阔的金矿找矿远景。区内铅锌尚有一定的资源潜力;银、硫、萤石矿 1 000 m 以浅尚有一定的资源潜力(表 32-3)。

4. 昌邑—平度铁-金找矿远景区(Ⅳ65-1-4A)

区内变质岩发育,主要为古元古代荆山期泥质岩夹中基性火山岩沉积建造、碳酸盐岩建造,主要岩性为石榴矽线黑云片岩夹透辉岩、黑云变粒岩、滑石片岩等组成,夹磁铁石英岩。侵入岩主要为玲珑-昆嵛山造山早期片麻状花岗岩组合,岩性为二长花岗岩类。区内大型变形构造不发育,主要为鲁东地区 NNE 向断裂左行走滑构造,该构造分布于区内北部,总体走向 10°~25°,向南东或北西陡倾,倾角 60°~70°。区内 NE、NNE 向脆性构造较为发育,多为小型断裂构造。断裂构造内一般不含矿,对岩体及铁矿体其破坏作用。

区内主要赋存莲花山式沉积变质型铁矿,矿体产于古元古代粉子山群小宋组变粒岩中,已查明铁矿资源储量 1.34 亿吨。区内铁矿 1 000 m 以浅尚有一定的资源潜力,预测铁矿远景资源量 4.90 亿吨。区内航磁异常特征明显,具有一定的找矿前景。

5. 其他找矿远景区特征

其他远景区特征见表 32-3,具体分布见图 32-1。

二、鲁中地区煤-铁-铝-金-建材非金属成矿亚带(Ⅳ64-4)

(一)大地构造位置及地质概况

该成矿亚带东部边界为沂沭断裂带鄌郚-葛沟断裂,北侧边界为齐河-广饶断裂,西侧为峄山断裂,南侧为枣庄断裂。地理坐标:东经:116°00′~119°00′,北纬:34°50′~37°00′。前侏罗纪该成矿带大地构造属于华北陆块区(Ⅱ)、鲁西陆块(Ⅱ-1)内,中新生代叠加了滨太平洋构造域,形成的 NW 及 NE 向构造,区内中生代形成的 NWW—NW 向断陷盆地与凸起构造发育。区内发育一系列大型变形构造。区内出露新太古代泰山岩群、新元古代土门群和寒武纪—奥陶纪、石炭纪—二叠纪及中生代、新生代地层。区内岩浆岩主要为前寒武纪变质变形侵入岩和中生代侵入岩。加里东期金伯利岩仅分布于蒙阴常马庄一带,该类岩体与金刚石矿密切相关。

❶ 山东省地质调查院,山东省矿产资源潜力评价成果报告,2013 年。

（二）成矿系列及矿床类型

该成矿区带内共包含15个成矿系列(表32-4)，涉及的矿种主要有煤、铁、金、铜、钼、铅、锌、铝土矿、稀土、金刚石、蓝宝石、耐火粘土、石灰岩、石英砂岩、石膏、岩盐、钾盐、自然硫、磷等。其中重要成矿系列主要有鲁西地块与新太古代早-中期火山-沉积变质作用有关的铁、金、硫铁矿矿床成矿系列；鲁中地块与寒武纪—奥陶纪海相碳酸盐岩-碎屑岩-蒸发岩建造有关的石灰岩、石膏、石英砂岩、工艺料石、天青石矿床成矿系列；鲁西地块与石炭纪—二叠纪海陆交互相碎屑岩-碳酸盐岩-有机岩建造有关的煤(-油页岩)、铝土矿(含镓)-耐火粘土、铁、石英砂岩矿床成矿系列；鲁中隆起与燕山早期偏碱性岩浆活动有关的金矿床成矿系列；鲁中隆起与燕山晚期岩浆及热液活动有关的铁(-钴)、铁、金-铜-铁、铜-钼、铜、稀土、磷矿床成矿系列；鲁西隆起区与古近纪内陆湖相碎屑岩-碳酸盐岩-蒸发岩建造有关的石膏-石盐-钾盐-自然硫、石膏矿床成矿系列等。此外，区内与金刚石有关的矿床成矿系列也占有重要的位置。

表32-4　鲁中地区煤-铁-铝-金-建材、非金属成矿亚带(Ⅳ64-4)成矿系列

代	纪	成矿系列	主要矿床类型
新生代	第四纪	鲁西地区与第四纪沉积作用有关的金刚石、蓝宝石、金、建筑用砂、贝壳砂、地下卤水矿床成矿系列——鲁中地区与第四纪冲洪积-残坡积沉积作用有关的金刚石、蓝宝石、金、建筑用砂等砂矿矿床成矿亚系列	河流相冲洪积-残坡积金刚石、蓝宝石、金、建筑用砂矿床
	新近纪	昌乐凹陷内与新近纪火山喷发作用有关的蓝宝石(-刚玉)原生矿-玄武岩矿床成矿系列	陆相火山岩型蓝宝石矿床
		鲁中隆起火山盆地内与新近纪火山-沉积建造有关的硅藻土-褐煤-磷、膨润土、白垩矿床成矿系列	湖相沉积型煤、硅藻土、膨润土、白垩矿床
	古近纪	鲁中隆起与古近纪内陆湖相碎屑岩-有机岩建造有关的煤-油页岩-膨润土矿床成矿系列	陆相沉积型煤、油页岩、膨润土矿床
		鲁西隆起区与古近纪内陆湖相碎屑岩-碳酸盐岩-蒸发岩建造有关的石膏-石盐-钾盐-自然硫、石膏矿床成矿系列	湖相蒸发岩型石膏-石盐-钾盐盐-自然硫矿床
中生代	白垩纪	鲁中隆起与燕山晚期岩浆及热液活动有关的铁(-钴)、铁、金-铜-铁、铜-钼、铜、稀土、磷矿床成矿系列	热液型稀土矿床，中低温热液及风化淋滤型铁矿床，斑岩型铜钼矿床，接触交代型铁金铜铁矿床，接触交代型铁矿床，岩浆分异型磷矿床
	侏罗纪	鲁中隆起与燕山早期偏碱性岩浆活动有关的金矿床成矿系列	次火山热液型(归来庄式)金矿床
		鲁中隆起与侏罗纪沉积作用有关的煤、耐火黏土矿床成矿系列	陆相沉积型煤矿床、耐火黏土矿床
晚古生代	二叠纪	鲁西地块与石炭纪—二叠纪海陆交互相碎屑岩-碳酸盐岩-有机岩建造有关的煤(-油页岩)、铝土矿(含镓)-耐火黏土、铁、石英砂岩矿床成矿系列	海陆交互相沉积型煤矿床，沉积型耐火黏土、石英砂岩矿床
	石炭纪		风化壳沉积型铝土矿床、铁矿床
早古生代	奥陶纪	鲁中地块与加里东期超基性岩浆活动有关的金伯利岩型金刚石矿床成矿系列	金伯利岩型金刚石矿床
	寒武纪—奥陶纪	鲁中地块与寒武纪—奥陶纪海相碳酸盐岩-碎屑岩-蒸发岩建造有关的石灰岩、石膏、石英砂岩、工艺料石、天青石矿床成矿系列	海相沉积型石灰岩、石英砂岩等矿床
新元古代	震旦纪	鲁西地块与新元古代青白口纪—震旦纪沉积作用有关的石灰岩(水泥用)、石英砂岩(水泥用)、观赏石矿床成矿系列	海相沉积型矿床石灰岩、石英砂岩等矿床
	南华纪		
新太古代		鲁西地块与新太古代晚期岩浆作用有关的铌钽、电气石、绿柱(宝)石、长石矿床成矿系列	伟晶岩型电气石、长石矿床
		鲁西地块与新太古代中-晚期基性-超基性岩浆作用有关的玉石-蛇纹岩(含镍)、钛铁、铜镍(-铂族)矿床成矿系列	岩浆熔离型、岩浆分异型铜镍矿床和钛铁矿床
		鲁西地块与新太古代早-中期火山-沉积变质作用有关的铁、金、硫铁矿矿床成矿系列	沉积变质型铁矿床，变质热液型金矿床

（三）找矿远景区特征

按照找矿远景区圈定原则，该成矿区带共圈定找矿远景区28个，其中A类区12个，B类区12个，C类区4个。具体分布见图32-1。以下对12个重要找矿远景区特征进行简述，其他找矿远景区特征见表32-5。

表 32-5 鲁中地区煤-铁-铝-建材非金属成矿亚带(Ⅳ64-4)找矿远景区特征

远景区编号	远景区名称	主要矿床类型	矿种	单位	查明资源储量	预测资源量	类别	远景区地质特征
Ⅳ64-4-13 B	泰安化马湾 Au 找矿远景区	变质热液型金矿	Au	吨	4.98	11.01	B	位于泰安市东南部化马湾镇,矿床为化马湾式变质热液绿岩带型,赋存于新太古代变质岩系中。矿体主要受韧性剪切带控制,化探 Au 异常的高背景区与金矿化带吻合
Ⅳ64-4-14 B	新泰磁窑-新汶铝土矿找矿远景区	古风化壳型、碎屑沉积型铝土矿	铝土矿	万吨	362	241	B	位于泰安市南部磁窑—新汶一带,矿床为湖田式古风化壳型铝土矿,成矿时代为石炭纪。矿体赋存在本溪组湖田铁铝岩段中,顶板为黏土页岩、铝土页岩,底板为紫色页岩或黏土页岩
Ⅳ64-4-15 C	新泰岳家庄 Au 找矿远景区	变质热液型金矿	Au	吨	0.32	2.94	C	位于新泰市西南部,矿床为化马湾式变质热液绿岩带型,赋存于新太古代基底岩系中。主要受韧性剪切带控制,后经历中生代岩浆热液作用叠加
Ⅳ64-4-16 C	泗水巨龙山 Cu 找矿远景区	基性-超基性岩浆型铜镍矿	Cu	万吨	0.14	0.53	C	位于泗水县南部,矿床为桃科式岩浆型铜(镍)矿,成矿时代为新太古代。矿体产在角闪辉长岩体内,并受其严格控制,伴生矿产为镍矿
Ⅳ64-4-17 C	苍山龙宝山-莲子汪 Au-Fe、稀土找矿远景区	与侵入岩有关的热液型金矿、岩浆热液型稀土矿	Fe	万吨	11.7	113.0	C	位于苍山县西南部龙宝山附近,区内矿床成矿时代均为燕山晚期。莲子汪接触交代型铁矿赋存于莲子汪岩体花岗闪长岩与土门群二青山组内接触带,航磁异常特征明显。金矿为龙宝山式潜火山热液石英脉型,异常元素组合以 Au 为主,浓集中心较明显,分带清。稀土矿为郗山式岩浆热液型稀土矿,矿体主要赋存在燕山晚期浅成碱性杂岩体中,矿脉含钍、铀等放射性元素,能引起明显的放射性异常
			Au	吨		10.22		
			稀土	万吨		21.05		
Ⅳ64-4-18 B	淄川-博山水泥灰岩找矿远景区	海相沉积型石灰岩矿	水泥灰岩	亿吨	16.62	311.52	B	位于博山—临淄附近,矿床为柳泉式沉积型水泥用灰岩矿,成矿时代为中晚奥陶世,矿体赋存在马家沟群八陡组灰岩中
Ⅳ64-4-19B	济南水泥灰岩找矿远景区	海相沉积型石灰岩矿	水泥灰岩	亿吨	3.91	487.39	B	位于平阴—济南—章丘一线。矿床为柳泉式沉积型水泥用灰岩矿,成矿时代为中晚奥陶世。矿体赋存在马家沟群北庵庄组、五阳山组、八陡组厚层灰岩中,为开阔台地相沉积
Ⅳ64-4-20 B	肥城-东平水泥龙岩找矿远景区	海相沉积型石灰岩矿	水泥灰岩	亿吨	5.85	114.81	B	位于肥城—东平一线,矿床为柳泉式沉积型水泥用灰岩矿,成矿时代为中-晚奥陶世。矿体赋存在马家沟群北庵庄组、五阳山组、八陡组厚层灰岩中,为开阔台地相沉积
Ⅳ64-4-21 C	新泰南部-蒙阴水泥灰岩、石英砂岩找矿远景区	海相沉积型石灰岩、石英砂岩矿	水泥灰岩	亿吨	0.80	27.08	C	位于新泰—蒙阴一线,水泥灰岩矿床为磨山式沉积型水泥用灰岩矿,成矿时代为中寒武世。矿体主要赋存在张夏组鲕粒灰岩、生物礁灰岩中,为台地边缘礁滩相沉积。石英砂岩矿床赋存于早寒武世李官组内,为滨海相沉积
Ⅳ64-4-22 A	蒙阴西峪金刚石找矿远景区	金伯利岩型金刚石矿	金刚石				A	位于蒙阴县北部,矿床为蒙阴式(金伯利岩)岩浆型金刚石矿,成矿时代为早古生代。矿体赋存在受断裂构造控制的金伯利岩岩管或岩脉中。航磁异常特征明显。自然重砂镁铝榴石为指示矿物
Ⅳ64-4-23 A	蒙阴常马庄金刚石找矿远景区	金伯利岩型金刚石矿	金刚石				A	位于蒙阴县西部,矿床为蒙阴式(金伯利岩)岩浆型金刚石矿,成矿时代为早古生代。矿体赋存在受断裂构造控制的金伯利岩岩管或岩脉中。航磁异常特征明显。自然重砂镁铝榴石为指示矿物
Ⅳ64-4-24 B	泗水-平邑-费县水泥灰岩、石英砂岩找矿远景区	海相沉积型石灰岩矿、石英砂岩矿	水泥灰岩	亿吨	15.66	151.97	B	位于曲阜—平邑—费县一线,水泥灰岩矿床为磨山式沉积型水泥用灰岩矿,成矿时代为中寒武世,矿体主要赋存在张夏组鲕粒灰岩、生物礁灰岩中,为台地边缘礁滩相沉积;石英砂岩矿床赋存于早寒武世李官组内,为滨海相沉积
Ⅳ64-4-25 A	平邑石膏找矿远景区	碎屑岩-蒸发岩型石膏矿	石膏	万吨	196037	168908	A	位于平邑县-费县一线的北部,矿床为汶口式陆相沉积蒸发岩型石膏矿,成矿时代为古近纪始古新世。石膏矿为隐伏矿床,赋存于古近纪官庄群卞桥组二段泥岩中
Ⅳ64-4-26 A	山亭-苍山水泥灰岩、石英砂岩找矿远景区	海相沉积型石灰岩、石英砂岩矿	水泥灰岩	亿吨	21.26	339.90	A	位于枣庄市山亭—苍山县一线,水泥灰岩矿床为磨山式沉积型水泥用灰岩矿,成矿时代为中寒武世。矿体主要赋存在张夏组鲕粒灰岩、生物礁灰岩中,为台地边缘礁滩相沉积;石英砂岩矿床赋存于早寒武世李官组内,为滨海相沉积
Ⅳ64-4-27 B	阳谷-茌平煤找矿远景区	海陆交互相沉积型煤矿	煤	亿吨	12.87	20.84	B	位于阳谷—茌平一线,属于全隐蔽型煤田,煤层赋存于晚石炭世—早二叠世太原组、山西组地层内,为海陆交互相沉积型煤田。煤系地层总厚 240 m,含煤共 15 层,其中可采 7~8 层,可采总厚 12.15 m。煤层埋深主要受 NW 向及 NE 向断裂切割形成的凸起与凹陷控制,埋深 600~2000 m
Ⅳ64-4-28 B	潘店-齐河煤找矿远景区	海陆交互相沉积型煤矿	煤	亿吨	39.49	15.24	B	位于潘店—齐河—济阳一线,属于全隐蔽型煤田,煤层赋存于晚石炭世-早二叠世太原组、山西组地层内,为海陆交互相沉积型煤田。煤系地层总厚 245 m,含煤 14 层,其中可采 7 层,可采煤厚 4~9 m。煤层埋深主要受 NW 向、NE 向断裂切割形成的凸起与凹陷控制,埋深 900~2000 m

1. 淄博金岭铁找矿远景区(Ⅳ64-4-1A)

远景区位于淄博金岭附近,区内沉积岩发育,分布于远景区周围,为中奥陶世陆表海潮坪灰岩-白云岩组合,岩性主要由相间分布的白云岩、灰岩组成。本区中部分布燕山晚期东明生岩体辉长岩-闪长岩组合,岩体呈 NE 走向,岩性主要为中细粒辉石闪长岩,岩石年龄(K-Ar)121 Ma,139.32 Ma。该岩体与接触交代型铁矿密切相关。区内在灰岩与岩体的接触带附近,密集分布十几个接触交代型铁矿,区内查明铁矿资源储量 2.95 亿吨。区内铁矿 2 000 m 以浅仍有较大的资源潜力和良好的找矿前景,预测铁矿远景资源量 5.19 亿吨。

2.济南—章丘—淄博煤、铝土矿、耐火黏土找矿远景区(Ⅳ64-4-2A)

该远景区位于济南—章丘—淄博一线,区内沉积岩发育,本溪组岩性主要为灰色铝质泥岩、杂色泥岩、铁铝岩;太原组主要为灰色调的泥岩夹砂岩、灰岩(下部)和煤层及黏土岩,细砂岩及粉砂岩为主夹煤层(上部);山西组岩性主要为黄绿色、灰白色砂岩与黄绿色、紫色、杂色泥岩等。本溪组铁铝岩系是湖田式铝土矿的主要含矿层位,太原组含煤碎屑岩组合是主要的含煤层位,万山组湖泊相泥岩-粉砂岩组合是西冲山式铝土矿的主要含矿层位。区内密集分布湖田式、西冲山式铝土矿,区内查明铝土矿资源储量 6 974 万吨。区内铝土矿 2 000 m 以浅仍有较大的资源潜力,区内煤炭资源仍有较大的资源潜力和较好的找矿前景。预测铝土矿远景资源量 13 104 万吨;预测煤远景资源量 3.54 亿吨。

3. 淄博淄河铁找矿远景区(Ⅳ64-4-3B)

该远景区位于博山—临淄一线的淄河流域附近,区内寒武纪—奥陶纪地层发育,岩性主要为灰岩、白云岩等。淄河断裂是区内主干断裂,呈 NE—NNE 向在区内中部通过,两侧分布有 NW 向及 NE 向次级断裂。淄河断裂及次级断裂是重要的控矿构造,与朱崖式热液交代充填-风化淋滤型铁矿关系密切。沿淄河主干断裂及次级断裂密集分布十几个朱崖式铁矿,区内查明铁矿资源储量 2.30 亿吨。区内铁矿 2 000 m以浅仍有较大的资源潜力和良好的找矿前景,预测铁矿远景资源量 5.63 亿吨。

4. 沂源韩旺铁找矿远景区(Ⅳ64-4-4A)

该远景区位于沂源韩旺附近,区内变质岩遍布,为泰山岩群雁翎关组斜长角闪岩-变粒岩-磁铁石英岩组合,岩性主要为斜长角闪岩、黑云变粒岩、角闪变粒岩、透闪阳起片岩、铁英岩。原岩为基性-超基性火山岩建造、火山碎屑岩建造及铁英岩建造。区内构造线方向为 NW-NNW 向,主要为韧性变形构造。铁英岩建造与韩旺式沉积变质型铁矿密切相关。区内已查明韩旺式铁矿资源储量 1.75 亿吨。区内铁矿 2 000 m 以浅仍有较大的资源潜力和良好的找矿前景,预测铁矿远景资源量 2.46 亿吨。

5. 沂南铜井铜-金-铁找矿远景区(Ⅳ64-4-5B)

该远景区位于沂南铜井附近,区沉积岩发育,分布全区,岩性主要为寒武纪灰岩、白云质灰岩等。区内广泛分布燕山晚期铜汉庄岩体石英闪长玢岩以及大朝阳岩体二长闪长玢岩。铜汉庄岩体年龄(K-Ar)121.6 Ma,大朝阳岩体年龄(K-Ar)112.5 Ma。区内断裂构造发育,主要为 NW 向脆性断裂。区内铜汉庄石英闪长玢岩和寒武纪碳酸盐岩与铜井式接触交代(矽卡岩)型金铜铁矿床密切相关。区内在灰岩与岩体的接触带附近,密集分布多个铁铜矿床(点)。近年来,在沂南铜井金矿田发现了深部前寒武纪基底不整合面含矿新层位,进一步扩大了找矿空间。区内已查明铜井、金厂等矿床,查明铁矿资源储量 0.37 万吨、铜 3.76 万吨。区内铁、铜、金 1 000 m 以浅仍有一定的资源潜力和找矿前景。预测铁矿远景资源量 1 604.7 万吨;预测铜远景资源量 5.81 万吨。

6. 邹平铜-钼找矿远景区(Ⅳ64-4-6B)

该远景区位于邹平县城北部,区内浅成侵入岩、火山岩发育,主要为中基性-酸性火山岩组合,与区内邹平式铜钼矿床关系密切。区内火山环形机构发育,火山岩石沿火山口呈椭圆形分布,断裂构造以火山口呈放射状分布。区内火山岩区分布数个小型铜钼矿床(点)。区内已查明铜矿资源储量 4.48 万吨,区内铜矿 1 000 m 以浅仍有一定的资源潜力和找矿前景,预测铜远景资源量 9.06 万吨。

7. 莱芜铁-铜-硫找矿远景区(Ⅳ64-4-7A)

该远景区位于莱芜市莱城区—钢城区一线,区内沉积岩发育,主要分布于远景区周围,为中奥陶世陆表海潮坪灰岩-白云岩组合。区内中部分布有燕山晚期莱芜辉长岩—闪长岩组合,与莱芜式接触交代(矽卡岩)型铁矿密切相关。区内在灰岩与岩体的接触带附近,密集分布十几个接触交代型铁矿。区内已查明铁矿资源储量 4.27 亿吨、硫资源储量 241.80 万吨。区内铁矿 2 000 m 以浅仍有较大的资源潜力和良好的找矿前景,预测铁矿远景资源量 5.42 亿吨;区内硫 1 000 m 以浅仍有较大的资源潜力和良好的找矿前景,预测硫远景资源量 661 263 万吨。

8. 泰安大汶口石膏-岩盐-钾盐-自然硫找矿远景区(Ⅳ64-4-8B)

该远景区位于泰安市南部的大汶口镇附近,区内含矿岩系为古近纪官庄群,岩性以细砂岩、泥岩、泥灰岩及蒸发岩类为主。盆地北部受近东西向及 NWW 向脆性断裂控制,属于北断南超的箕状盆地。盆地内蒸发岩类矿床发育,与大汶口式蒸发沉积型石膏(岩盐、钾盐)矿床及朱家庄沉积型自然硫矿床密切相关。区内查明钾盐矿资源储量 944 万吨、自然硫资源储量 32 043 万吨,石膏 299.98 亿吨。区内石膏在 500~2 000 m 深度之间仍有巨大的远景资源量,预测石膏远景资源量 255.6 亿吨;钾盐在 1 000~2 000 m深度之间仍有一定远景资源量,预测钾盐矿远景资源量 1 122 万吨;区内自然硫在 500~1 000 m 深度之间仍有较大的远景资源量,预测自然硫远景资源量 18 420 万吨。

9. 东平—汶上铁找矿远景区(Ⅳ64-4-9A)

该远景区位于东平县西部,区内泰山岩群变质岩发育,属山草峪组斜长角闪岩-变粒岩-磁铁石英岩组合,岩性主要为黑云变粒岩、角闪变粒岩、二云变粒岩、浅粒岩、云母片岩、磁铁石英岩等。原岩为新太古代山草峪期硬砂岩-泥质岩建造、中酸性火山碎屑岩及火山岩建造,该建造与苍峄式沉积变质型铁矿密切相关。区内查明苍峄式沉积变质型铁矿资源储量 6.60 亿吨。区内铁矿 2 000 m 以浅仍有较大的资源潜力和良好的找矿前景,预测铁矿远景资源量 5.60 亿吨。

10. 平邑铜石金找矿远景区(Ⅳ64-4-10A)

该远景区位于平邑县城东南部铜石镇附近。区内沉积岩发育,岩石组合为寒武纪陆表海台地灰岩-白云岩组合和陆表海潮坪灰岩-白云岩组合。前者岩性主要为厚层鲕粒灰岩、灰岩夹白云质灰岩,后者主要为相间分布的灰岩、白云岩。区内中部分布有燕山早期铜石闪长(玢)岩-二长(斑)岩-正长斑岩组合,岩性为斑状细粒角闪闪长岩、中斑含辉石角闪二长斑岩、中细斑霓辉二长斑岩等。区内脆性构造发育,主要为 NW 及 NNW 向断裂。铜石次火山杂岩体与归来庄式、磨坊沟式金矿床密切相关。在铜石杂岩体边部及构造裂隙内分布有多种类型的金矿床(点),区内已查明金矿资源储量 45.49 吨。区内金矿 2 000 m 以浅仍有较大的资源远景,预测金远景资源量 63.25 吨。近年来,在鲁西归来庄矿田隐爆角砾岩型金矿深部 600 m 以下发现矿体,预计新增资源储量超过 20 吨,归来庄金矿有望成为鲁西资源量大于 50 吨的唯一特大型金矿床,也显示着该矿区具有广阔的深部找矿前景。

11. 微山郗山稀土找矿远景区(Ⅳ64-4-11A)

该远景区位于微山县南沙沟镇南部,与成矿有关的岩体为燕山晚期郗山正长岩组合。郗山岩体主要岩性为细粒含霓辉石英正长岩等。郗山碱性杂岩体与稀土矿化密切相关。区内已查明稀土矿资源储量 12.00 万吨,区内稀土 1 000 m 以浅仍有较大的资源远景。预测稀土远景资源量 29.22 万吨。

12. 苍峄铁找矿远景区(Ⅳ64-4-12A)

该远景区位于枣庄北部—苍山西部一线,区内变质岩发育,主要为泰山岩群山草峪组斜长角闪岩-变粒岩-磁铁石英岩组合,岩性为黑云变粒岩、角闪变粒岩、二云变粒岩、浅粒岩、云母片岩等。原岩为新太古代山草峪期硬砂岩-泥质岩建造、中酸性火山碎屑岩及火山岩建造,该建造与苍峄式沉积变质型铁矿密切相关。区内查明苍峄式沉积变质型铁矿资源储量2.99亿吨。区内铁矿2 000 m以浅仍有巨大的资源潜力和良好的找矿前景,预测铁矿远景资源量9.11亿吨。

三、威海-文登金-银-钼-铅-锌-铜成矿亚带(Ⅳ67-10)

(一) 大地构造位置及地质概况

该成矿区带西部以牟平-即墨断裂为界,北西部与Ⅳ65-1成矿区带相邻,南西部与Ⅳ65-2成矿区带相邻,地理坐标东经:120°30′~122°40′,北纬:36°20′~37°30′。前侏罗纪该成矿带大地构造分区属于秦祁昆造山系、大别-苏鲁结合带、苏鲁高压-超高压变质带内,三叠纪后叠加了太平洋构造域构造体系。区内NE及NNE向构造发育,此外还发育近南北向断裂构造,其中牟平-即墨断裂是华北陆块与大别-苏鲁结合带的分界断裂。区内近南北向的牟平-乳山断裂及其分支断裂、米山断裂是重要的金矿成矿带。区内岩浆岩发育,主要有文登二长花岗岩体、玲珑二长花岗岩体和伟德山花岗闪长岩体等,前者与金矿床关系密切,后者与铅锌多金属关系密切。区内变质岩发育,变质期主要为元古代青白口纪、南华纪,变质作用类型为碰撞动力变质绿片岩相;主要为荣成闪长质-花岗闪长质-二长花岗质片麻岩组合。该区火山岩发育,主要为早白垩世青山期石前庄英安岩-流纹岩-流纹质凝灰岩组合、方戈庄玄武粗安岩-粗安岩组合,分布于断陷盆地内。火山岩组合与区内的铜、金矿床关系密切。

(二) 成矿系列及矿床类型特征

该成矿区带内共包含4个成矿系列(表32-6),涉及的矿种主要有金、银、铁、铅锌、钼、硫铁矿等。其中重要成矿系列为胶北隆起与燕山晚期花岗质岩浆活动有关的热液型金(银-硫铁矿)、银、铜、铁、铅锌、钼-钨、钼矿床成矿系列。

表32-6　威海-文登金-银-钼-铅锌-铜成矿亚带(Ⅳ67-10)成矿系列

代	纪	成矿系列	主要矿床类型
新生代	第四纪	鲁东地区与第四纪沉积作用有关的含铪锆石-钛铁矿-石英砂、金、金红石、型砂矿床成矿系列	滨海沉积型含铪锆石、金红石、石英砂矿床 河流冲洪积沉积型金、金红石、型砂矿床
中生代	白垩纪	鲁东地区与早白垩世中酸-中基性火山-气液活动有关的金-铜、硫铁矿、明矾石、沸石岩、膨润土、珍珠岩矿床成矿系列	热液型金、铜矿床,火山喷发水解型沸石、膨润土矿床
		胶北隆起与燕山晚期花岗质岩浆活动有关的热液型金(银-硫铁矿)、银、铜、铁、铅锌、钼-钨、钼矿床成矿系列	岩浆热液型银、铜、铁、铅锌、钼钨、钼矿床 岩浆热液型金、银、硫铁矿矿床
新元古代		胶南-威海地块与新元古代超高压变质作用用有关的榴辉岩型金红石-石榴子石-绿辉石矿床成矿系列	高压变质型金红石、石榴子石、绿辉石矿床

(三) 找矿远景区特征

该成矿区带共圈定重要找矿远景区2个,具体分布见图32-1。

1. 威海—文登钼-铅锌-金-铜找矿远景区(Ⅳ67-10-1B)

该远景区位于文登—荣成一线,区内发育荣成闪长质-花岗闪长质-二长花岗质片麻岩组合,主要岩性为细粒、中细粒含黑云二长花岗质片麻岩、条带细粒含黑云花岗闪长质片麻岩。区内中生代侵入岩发育,主要有晚侏罗世、早白垩纪侵入岩。晚侏罗世侵入岩为文登二长花岗岩组合,主要岩性为细粒二长花岗岩、含斑中粒含白云二长花岗岩、巨斑中粒二长花岗岩,主要分布于区内中部的文登附近,该岩石组合与金矿关系密切。早白垩纪侵入岩为伟德山花岗闪长岩-二长花岗岩组合，主要分布于区内中部的荣成市北部、西北部。该侵入岩与铜、铅锌等多金属矿密切相关。区内断裂构造较为发育，主要为NNE向，断裂规模较小，其内充填含金石英脉，是金牛山式硫化物石英脉型金矿赋存的主要空间。区内查明金资源储量5.56吨，铜资源储量0.17万吨。区内金矿、铜矿500 m以浅仍有一定的资源潜力，具有一定的找矿前景。预测金远景资源量11.79吨；预测铜远景资源量0.80万吨。

2. 牟平—乳山金-铜-钼-铁-硫找矿远景区(Ⅳ67-10-2A)

该远景区位于牟平—乳山一线，区内发育荣成闪长质-花岗闪长质-二长花岗质片麻岩组合，主要岩性为中细粒含黑云二长花岗质片麻岩、条带细粒含黑云花岗闪长质片麻岩等。区内中生代侵入岩发育，分布全区，属文登二长花岗岩组合，岩体侵入时代为晚侏罗世晚期。该岩石组合与金牛山式硫化物石英脉型、蓬家夼(发云夼)式蚀变角砾岩型金矿密切相关。区内沉积岩不发育，仅分布于远景区西南部，主要为早白垩纪莱阳群河流相砂砾岩-粉砂岩夹火山岩组合，早期为曲流河相，中期为火山泥石流相+火山洼地河湖相，晚期为淡水湖相沉积。该沉积岩组合底部砾岩及盆缘滑脱断裂构造内赋存发云夼金矿床。区内构造发育，主要为近南北向牟平-乳山断裂带及NNE向次级断裂，是金牛山式硫化物石英脉型金矿重要赋存空间。牟平-乳山断裂带是由一组近南北向密集断裂组成，主干断裂旁侧发育NNE向次级断裂，是重要的金矿成矿带。

区内已查明金矿资源储量218.81吨，铜矿1.42万吨，铁0.36亿吨，硫340万吨。区内具有良好的成矿地质条件和找矿前景，金矿2 000 m以浅尚有较大的资源潜力，预测金远景资源量540吨；近年来，区内牟平辽上金矿深部找矿获得重大突破，2014年底结束的深部详查新增金资源量69吨，该矿床累计查明资源量78吨，成为胶东东部地区所发现的唯一特大型金矿床，也更加显示出该成矿区良好的找矿前景。区内铜、铁、硫1 000 m以浅尚有一定的资源潜力，具有一定的找矿前景。预测铜远景资源量5.77万吨；预测铁矿远景资源量6 630万吨；预测硫远景资源量980万吨。

四、菏泽-济宁煤-铁成矿亚带(Ⅳ64-6)找矿远景

(一)大地构造位置及地质概况

前侏罗纪该成矿带大地构造分区属于华北陆块区(Ⅱ)、鲁西陆块(Ⅱ-1)内，全区被新近纪地层所覆盖。区内变质地层发育，主要为新太古代泰山岩群和济宁群。泰山岩群山由草峪组黑云变粒岩夹磁铁石英岩组合和柳杭组斜长角闪岩变粒岩夹绿片岩组合构成，分布于济宁嘉祥出露区及单县覆盖层之下。济宁群为千枚岩-粉砂岩-磁铁石英岩组合，岩性主要为绢云千枚岩、菱铁绢云千枚岩、绿泥千枚岩、铁英岩、菱铁铁英千枚岩、变质晶屑凝灰岩等，分布于济宁市北部。泰山岩群和济宁岩群分别与苍峄式、济宁式沉积变质型铁矿密切相关。变质岩系之上广泛分布寒武纪—奥陶纪地层及石炭纪—二叠纪海陆交互相煤系地层。区内断裂构造发育，主要为近SN向和近EW向断裂，控制着区内断陷和凸起的边界。其次为NE向断裂。区内岩浆岩不发育，偶见中生代闪长玢岩脉侵入于煤系地层内。

(二)成矿系列及矿床类型

该成矿区带内共包含4个成矿系列(表32-7)，涉及矿种主要有煤、铁、石灰岩、石膏等。其中重要成矿系列为鲁西地块与新太古代早-中期火山-沉积变质作用有关的铁、金、硫铁矿矿床成矿系列；鲁西地块与石炭纪—二叠纪海陆交互相碎屑岩-碳酸盐岩-有机岩建造有关的煤(-油页岩)、铝土矿(含镓)-耐火黏土、铁、石英砂岩矿床成矿系列；济宁微地块与新太古代晚期沉积变质作用有关的铁矿床成矿系列。

(三)找矿远景区特征

该成矿区带共圈定重要找矿远景区3个，其中A类2个，B类1个。具体分布见图32-1。

表 32-7　菏泽-济宁煤-铁成矿亚带(Ⅳ64-6)成矿系列

代	纪	成矿系列	主要矿床类型
晚古生代	石炭纪—二叠纪	鲁西地块与石炭纪—二叠纪海陆交互相碎屑岩-碳酸盐岩-有机岩建造有关的煤(-油页岩)、铝土矿(含镓)-耐火黏土、铁、石英砂岩矿床成矿系列	海陆交互相沉积型煤矿床
早古生代	寒武纪—奥陶纪	鲁中地块与寒武纪—奥陶纪海相碳酸盐岩-碎屑岩-蒸发岩建造有关的石灰岩、石膏、石英砂岩、工艺料石、天青石矿床成矿系列	海相沉积型水泥石灰岩矿床,潮上蒸发沉积型石膏矿床
新太古代		济宁微地块与新太古代晚期沉积变质作用有关的铁矿床成矿系列	沉积变质型铁矿床
		鲁西地块与新太古代早-中期火山-沉积变质作用有关的铁、金、硫铁矿矿床成矿系列	沉积变质型铁矿床

1. **济宁铁找矿远景区**(Ⅳ64-6-1B)

该远景区位于济宁市区北部,区内为新近纪地层全覆盖。区内变质岩发育,主要为新太古代济宁群,岩石组合为千枚岩-粉砂岩-磁铁石英岩,主要岩性为绢云千枚岩、菱铁绢云千枚岩、绿泥千枚岩、铁英岩、菱铁铁英千枚岩、变质晶屑凝灰岩。原岩为中酸性火山碎屑岩建造、细碎屑陆缘碎屑岩建造、铁英岩建造。该套岩石组合为济宁式沉积变质型铁矿密切相关。区内已查明铁矿资源储量 6.22 亿吨。区内铁矿 2 000 m 以浅预测有巨大的资源潜力,具有良好的找矿前景。预测铁矿远景资源量 29.68 亿吨。

2. **单县南部铁找矿远景区**(Ⅳ64-6-2A)

该远景区位于单县南部青堌集—蔡堂一线,区内地表被第四纪、新近纪冲积洪积及湖沼相沉积物覆盖,其下为新太古代泰山岩群,岩石组合为黑云变粒岩夹磁铁石英岩。主要岩性为黑云变粒岩、角闪变粒岩、二云变粒岩、浅粒岩、云母片岩,分布全区。该岩石组合与苍峄式沉积变质型铁矿密切相关。区内已查明铁矿资源储量 1.00 亿吨。预测区内铁矿 2 000 m 以浅仍有较大的资源潜力,具有较好的找矿前景。预测铁矿远景资源量 2.03 亿吨。

3. **郓城—巨野—成武煤找矿远景区**(Ⅳ64-6-3A)

该远景区位于区内梁山—郓城—巨野—成武一线,地表被第四系及新近系覆盖。其下被断裂构造切割成一系列凹陷、凸起,在凹陷区还保留有石炭纪—二叠纪含煤地层。区内含煤层主要是山西组 3 煤层和太原组 16,17 煤层。煤层埋深一般在 800~2 000 m 之间。区内已查明煤炭资源储量 98.58 亿吨。区内 2 000 m 以浅预测煤炭资源潜力巨大,找矿前景良好。预测煤矿远景资源量 34 亿吨。

五、胶莱盆地铜-金-铅锌-萤石-重晶石-膨润土成矿亚带(Ⅳ65-2)

(一) 大地构造位置及地质概况

该区带位于鲁东西部,东部及南部分别以以牟平—朱吴断裂为界,与Ⅳ67-10 和Ⅳ67-11 成矿区带相邻,北部大致以平度断裂为界与Ⅳ65-1 成矿区带相邻,西部以沂沭断裂带最东部昌邑-大店断裂为界与Ⅳ64-4 成矿区带相邻。地理坐标东经:119°00′~121°20′,北纬:35°40′~37°00′。前侏罗纪大地构造属华北陆块区(Ⅱ)、胶辽陆块(Ⅱ-2),上叠了三叠纪以来滨太平洋构造域形成的断裂、裂谷构造。区内基底主要由新太古代 TTG 岩系和古元古代变粒岩、高铝片岩、白云大理岩以及含石墨变粒岩为代表的类孔兹岩组合组成,上叠构造主要由白垩纪火山碎屑沉积层、中酸性侵入岩、白垩纪中基性—酸性火山岩组成。区内构造格架主要包括两部分,中生代之前构造主体为 EW 向基底构造,中生代—新生代形成 NNE 及 NE 向为主体,NW 及 NNW 向为次要的断裂构造。

（二）成矿系列及矿床类型

该成矿区带内共包含5个成矿系列(表32-8),涉及的矿种主要有金、铅、锌、硫铁矿、重晶石、萤石等。其中较为重要的成矿系列为鲁东地区与晚白垩世低温(流体)热液裂隙充填作用有关的萤石-重晶石、铅锌-重晶石矿床成矿系列和鲁东地区与早白垩世中酸-中基性火山-气液活动有关的金-铜、硫铁矿、明矾石、沸石岩、膨润土、珍珠岩矿床成矿系列。

表32-8　胶莱盆地铜-金-铅锌-萤石-重晶石-膨润土成矿亚带(Ⅳ65-2)成矿系列

代	纪	成矿系列	主要矿床类型
新生代	第四纪	鲁东地区与第四纪沉积作用有关的含铪锆石-钛铁矿-石英砂、金、金红石、型砂矿床成矿系列——胶北及胶莱盆地北部地区与第四纪沉积作用有关的金、金红石、型砂矿床成矿亚系列	残坡积、河流冲洪积型砂金、型砂矿床
中生代	白垩纪	鲁东地区与晚白垩世低温(流体)热液裂隙充填作用有关的萤石-重晶石、铅锌-重晶石矿床成矿系列	低温热液型萤石、铅锌-重晶石矿床
		胶莱拗陷西部与晚白垩世河湖相碎屑岩建造有关的沉积型膨润土、伊利石黏土矿床成矿系列	河湖相沉积型膨润土、伊利石黏土矿床
		鲁东地区与早白垩世中酸-中基性火山-气液活动有关的金-铜、硫铁矿、明矾石、沸石岩、膨润土、珍珠岩矿床成矿系列	火山热液型金-铜、硫铁矿矿床,火山岩水解型沸石岩、膨润土矿床
古元古代	滹沱纪	鲁东地块与古元古代晚期沉积变质建造(孔兹岩系)有关的铁、稀土、石墨、滑石、菱镁矿、石英岩(玻璃用)、透辉石、白云石大理岩(熔剂用等)、大理岩(饰面、水泥用)矿床成矿系列	沉积变质型石墨矿床

（三）找矿远景区特征

该成矿带共圈定找矿远景区4个,其中A类1个,B类3个,具体分布见图32-1。

1. 安丘景芝铅(锌)-重晶石-硫铁矿找矿远景区(Ⅳ65-2-1A)

该远景区位于安丘市南部—诸城市北部一带,区内火山岩发育,自下而上分别由早白垩世莱阳期流纹质凝灰岩、安山质凝灰岩-凝灰质砂岩,青山期流纹质凝灰岩、安山岩-安山质集块岩、流纹质凝灰岩-流纹岩、玄武粗安岩-粗安岩组成。火山-沉积及热液活动与区内重晶石、膨润土及铜等多金属矿关系密切。区内发育系列断裂裂隙,主要为NNE,NE向以及NWW向;NNE,NE向断裂构造是铅锌矿的主要赋矿场所;NWW向构造是重晶石矿的主要赋矿场所。区内查明铅(锌)资源量0.17万吨,重晶石矿资源量1 121万吨。区内铅(锌)、重晶石矿500 m以浅尚有一定的资源潜力,具有一定的找矿前景。预测铅(锌)远景资源量1.06万吨;预测重晶石矿资源量397万吨。

2. 五莲七宝山铜-金-铅锌-硫找矿远景区(Ⅳ65-2-2B)

该远景区位于五莲县北部七宝山附近,区内火山岩发育,自下而上分别为青山期后夼流纹岩-流纹质凝灰岩组合,青山期八亩地玄武安山岩-安山岩组合、玄武粗安岩-粗安岩组合。区内环形构造、NNE、NE断裂构造较发育,后夼流纹岩-流纹质凝灰岩组合与区内的铜(金)及多金属矿关系密切,青山期流八亩地玄武安山岩-安山岩组合与区内的硫铁矿密切相关。铜(金)及多金属矿脉主要赋存于断裂构造及裂隙内。区内已查明铜资源储量8.16万吨,硫铁矿29 491万吨。区内铜矿、硫铁矿1 000 m以浅尚有一定的资源潜力,具有一定的找矿前景。预测铜远景资源量12.36万吨;预测硫铁矿远景资源量22 928万吨。

3. 莱阳南部石墨找矿远景区(Ⅳ65-2-3B)

该远景区位于莱西市东部、莱阳市南部,区内变质岩较为发育,为古元古代变质岩。① 变粒岩-浅粒岩-石英岩组合、浅粒岩-黑云变粒岩组合。岩性主要为石榴矽线黑云片岩夹透辉岩、黑云变粒岩偶含石墨，原岩属于泥质岩夹中基性火山岩沉积建造。② 厚层大理岩组合，岩性为蛇纹石化大理岩、透辉大理岩、黑云变粒岩、透辉岩夹斜长角闪岩。原岩属于碳酸盐岩、碎屑岩、钙镁硅酸盐夹中基性火山沉积建造。③ 孔兹岩系，石墨变粒岩、石墨透闪岩、石墨大理岩。原岩为碳质碎屑岩、碳酸盐岩建造，该层位是南墅式石墨矿含矿层位。区内已查明石墨矿资源储量 8.3 万吨，区内石墨矿 500 m 以浅尚有一定的资源潜力和找矿前景，预测石墨矿远景资源量 1 500 万吨。

4. 胶州石前庄膨润土找矿远景区(Ⅳ65-2-4B)

该远景区位于胶州南部至诸城东部，区内火山岩发育，属青山期八亩地玄武安山岩-安山岩组合、石前庄流纹质凝灰岩-流纹岩组合及方戈庄玄武粗安岩-粗安岩组合。矿体主要赋存于石前庄流纹质凝灰岩-流纹岩组合内。区内仅开展过零星的膨润土矿勘查工作，预测该区 500 m 以浅膨润土矿有较大的资源潜力，具有一定的找矿前景，预测膨润土矿远景资源量 552 万吨。

第四节 山东重要矿种找矿方向

本次研究归纳总结了重要成矿系列之主要矿种在重要成矿区带中的成矿规律和找矿远景，圈定了能源矿产煤和金、铁、银、铜、铅锌、钼钨、铝土矿等金属矿产及金刚石、石墨、滑石、菱镁矿、萤石、重晶石、膨润土、硫铁矿、水泥灰岩、耐火黏土、石膏、岩盐、钾盐、自然硫等重要非金属矿产相关的的找矿远景区共 45 个(A 类 23 个，B 类 18 个，C 类 4 个)。其中，圈定与金矿有关的找矿远景区 13 个，预测金远景资源量 4 069 吨；圈定与铁矿有关的找矿远景区 12 个，预测铁矿远景资源量 75 亿吨；圈定煤矿找矿远景区 4 个，预测煤矿远景资源量 145 亿吨。今后山东金、铁、煤等重要矿种找矿应以成矿系列、成矿系统理论等新的成矿理论为指导，按照矿床成矿系列"缺位-补位"的新思路，本着"立足老区，攻深找盲，扩大储量；缺位-补位，拓展新区，实现突破"的原则，在传统优势成矿带的深部和外围以及有潜力的找矿新区，部署进一步的找矿勘查工作，以期实现山东地质找矿的新突破。

一、金矿找矿方向

(一) 找矿主攻类型

山东金矿主要类型为中生代岩浆期后热液型金矿，又以破碎带蚀变岩型(焦家式)、含金石英脉型(玲珑式)、硫化物石英脉型(金牛山式)及隐爆角砾岩型(归来庄式)最为重要。

破碎带蚀变岩型(焦家式)金矿：是山东最重要的矿床类型，无论是矿床数量还是资源储量均在胶东地区占绝对优势，矿床数量占胶东金矿的 64 %，资源储量占胶东金矿的 88 %(宋明春，2015)，胶东所发现的资源量规模 100 吨以上的超大型金矿床均属于蚀变岩型金矿。该类矿床主要分布于三山岛、焦家和大尹格庄等金矿田 ，矿床受规模较大的区域性断裂构造控制，是赋存于断裂主断面附近均匀破碎的碎粒岩、碎斑岩中的细粒浸染状矿化类型，主要矿石有浸染状黄铁绢英岩、细脉浸染状黄铁绢英岩化花岗质碎裂岩和细脉浸染状黄铁绢英岩化花岗岩，矿体呈似层状、大脉状产出，主矿体产状平行于控矿断裂主断面。

含金石英脉型(玲珑式)金矿：也是山东最重要的矿床类型之一，矿床数量占胶东金矿的 19 %，资源储量占胶东金矿的 8 %。主要分布于玲珑、大柳行和栖霞等金矿田。矿床受主干断裂伴生、派生的低级别、低序次陡倾角断裂控制。由单条石英脉或多条石英脉群组成，含金石英脉形态较简单，局部有分支现象。单个矿体长数十米至数百米，厚度数十厘米至数米。

硫化物石英脉型(金牛山式)金矿:矿床数量占胶东金矿的11 %,资源储量占胶东金矿的3 %。主要分布于牟平-乳山断裂及旁侧的分支断裂内,是邓格庄金矿田的主要类型。以沿断裂发育脉体宽大的含金硫化物石英脉为特征,矿床富含黄铁矿(含S一般大于8 %),有时伴生其他金属硫化物(黄铜矿、方铅矿等),金品位中等或偏低。矿床以含金硫化物石英脉单脉为主,部分矿区有脉群出现。矿体多为陡倾斜脉状,倾角60°~85°。矿体形态简单,多呈脉状、薄板状、透镜状。

隐爆角砾岩型(归来庄式)金矿:主要分布于平邑县东南部铜石地区,与燕山早期的铜石中偏碱性杂岩体密切相关,产于潜火山杂岩边部的构造隐爆角砾岩带中,是归来庄矿田主要金矿类型。矿体呈脉状或筒状产出,围岩主要为碳酸盐岩;贫硫富碲是该类矿床主要特色,硫化物含量很低(含S一般小于1 %),碲化物含量高(Te品位最高可达1 %),可形成富金矿床,如卓家庄金矿平均品位达$156×10^{-6}$。

上述类型已探明的资源储量约占全省资源储量的95 %以上,今后山东金矿找矿重点应主要放在寻找上述四种类型金矿上,兼顾盆缘断裂蚀变角砾岩型(蓬家夼式)金矿、碳酸盐岩微细浸染型(磨坊沟式)金矿、花岗-绿岩带变质热液型(化马湾式)金矿及接触交代型(铜井式)金矿。

(二)找矿主攻地区

对于胶东地区,“莱州—招远金-银-萤石-硫找矿远景区”、“牟平—乳山金-铜-钼-铁-硫找矿远景区”、“蓬莱南部金-萤石找矿远景区”和“栖霞—福山金-银-铜-钼-铅锌找矿远景区”等以金为主的找矿远景区,金矿成矿地质条件优越,资源潜力巨大,是进一步寻找焦家式、玲珑式、金牛山式等金矿床的重要地区。对三山岛成矿带、焦家成矿带、招平成矿带、牟平-乳山成矿带等传统优势成矿区带,继续进行攻深找盲,探边摸底,寻找缺位矿床产地,以期在成矿带的深部、两端(海域)及外围实现新突破,扩大资源量;对于胶莱盆地边缘及内部附近、栖霞陡崖-台前断裂带等初步取得突破的重要找矿远景区,应加大工作力度,力争实现找矿新突破;对于三山岛带西部海域物探推断断裂带、招平断裂带向胶莱盆地内南延地段应加大工作力度,按照矿床成矿系列“缺位-补位”的新思路,寻找缺位矿床类型,力争实现金矿找矿新发现。

对于鲁西地区,平邑—苍山金成矿区、沂源—沂南金成矿区和泰山—蒙山金成矿带是鲁西重要的金矿成矿区带。本次圈定的“平邑铜石金找矿远景区”和“苍山龙宝山—莲子汪金-铁、稀土找矿远景区”位于平邑—苍山金成矿区中,是寻找归来庄式、磨坊沟式和龙宝山式金矿床的重要远景区;“沂南铜井铜-金-铁找矿远景区”位于沂源—沂南金成矿区中,是寻找铜井式金矿床的重要远景区;“泰安化马湾金远景区”和“新泰岳家庄金找矿远景区”位于泰山—蒙山金成矿带中,是寻找化马湾式金矿床的重要远景区。对平邑归来庄金矿田、沂南铜井金矿田等传统优势成矿区带,继续进行攻深找盲,探边摸底,寻找缺位矿床产地,以期在成矿带的深部及外围实现新突破,扩大资源量。对鲁西的沂沭断裂带内部及其旁侧沂南—沂水地区和苍山龙宝山地区、泰安—蒙阴地区等成矿条件优越,但尚无重大发现的潜在远景区,按照矿床成矿系列“缺位-补位”的思路,采用新的找矿方法和技术手段,寻找缺位矿床类型,力争实现金矿找矿新突破。

二、铁矿找矿方向

在鲁西地区圈定的“淄博金岭铁找矿远景区”、“莱芜铁-铜-硫找矿远景区”、“淄博淄河铁找矿远景区”、“沂源韩旺铁找矿远景区”、“苍峄铁找矿远景区”、“东平—汶上铁找矿远景区”、“济宁铁找矿远景区”、“单县南部找矿铁远景区”是莱芜式、朱崖式、韩旺式、苍峄式和济宁式铁矿的主要分布区,也是进一步开展深部找矿的重要远景区。经过多年的铁矿勘查,铁矿的找矿工作已由地表和浅部转入到中深部找矿。资源潜力分析表明,沉积变质型铁矿(韩旺式、苍峄式)赋存在泰山岩群雁翎关组、山草峪组中,含矿层位分布广,矿层单一,未查明的地区较多,成矿地质条件优越,资源潜力大。因此,该类铁矿应是今后深部找矿的主攻类型。“苍峄铁找矿远景区”、“东平—汶上铁找矿远景区”、“韩旺铁找矿远景区”是寻找该类铁矿的重要远景区。应按照矿床成矿系列“缺位-补位”的思路，在含矿地层分布区域，部署进一步的找矿勘查工作，以期发现缺位铁矿床，实现找矿新突破。接触交代型（莱芜式）铁矿形成于燕山晚期中-基性侵入岩与奥陶纪马家沟群碳酸盐岩的接触带附近，鲁中地区中基性岩体和马家沟群碳酸盐岩分布广泛，具备良好的成矿地质条件，寻找该类型“缺位”矿床潜力较大，莱芜式铁矿也是今后深部找矿的主攻矿床类型。“莱芜铁-铜-硫找矿远景区”、“淄博金岭铁找矿远景区”是寻找该类铁矿的重要远景区。济宁式铁矿床主要赋存于济宁群颜店组和洪福寺组中，该类铁矿分布范围局限，仅限于济宁北部地区，分布范围约 100 km^2，埋深 1 200 m~2 000 m。本次圈定的“济宁铁找矿远景区”是寻找该类铁矿的重要远景区。

在鲁东地区圈定的昌邑—平度铁-金远景区是莲花山式沉积变质型铁矿的主要分布区，矿体赋存于古元古代粉子山群小宋组变粒岩中。区内航磁异常特征明显，具有一定的资源潜力和找矿前景，是鲁东地区今后进一步寻找该类铁矿的重点勘查区。

三、煤矿找矿方向

本次研究圈定的煤及与煤相关的找矿远景区 4 处：“郓城—巨野—成武煤找矿远景区”；“阳谷—茌平煤找矿远景区”；“潘店—齐河煤找矿远景区”；“济南—章丘—淄博煤炭、铝土矿、耐火黏土找矿远景区”。今后重点开展“郓城—巨野—成武煤找矿远景区”、“阳谷—茌平煤找矿远景区”、“潘店—齐河煤找矿远景区”深部找矿工作，尤其是曹县煤田、鄄城煤田、宁汶煤田周边、阳谷—茌平煤田、黄河北煤田、单县煤田周边等深部找矿工作，勘查深度一般控制在 1 500 m 以浅。在“济南—章丘—淄博煤炭、铝土矿、耐火黏土找矿远景区”，重点开展煤矿老矿山外围及深部的找矿工作，同时兼顾铝土矿、耐火黏土综合勘查、综合找矿工作。

参考文献

曹国权.2001.山东地质矿产工作的反思.山东地质,17(3/4):6-8
陈毓川,等.2007.中国成矿体系与成矿评价.北京:地质出版社,549-561
陈毓川,裴荣富,王登红.2006.三论矿床的成矿系列问题.地质学报,80(10):1501-1508
《地球科学大辞典》编委会.2005.地球科学大辞典·应用学科卷.北京:地质出版社,2
倪振平,倪志霄,李秀章,等.2014.山东省重要矿种成矿系列成矿谱系研究.山东国土资源,30(3):31-37
宋明春,徐军祥,等.2003.山东省大地构造格局和地质构造演化.北京:地质出版社,214
宋明春,王沛成,等.2003.山东省区域地质.济南:山东省地图出版社,723
宋明春.2015.胶东金矿深部找矿主要成果和关键理论技术进展.地质通报,34(9):1759-1771
王来明,宋明春,刘贵章,等.1996.鲁东榴辉岩的形成与演化//山东省地质矿产局.山东地质矿产研究文集.济南:山东科技出版社,39-50
王世进,万渝生,等. 2012.鲁西泰山岩群地层划分及形成时代——锆石 SHRIMPU-Pb 测年的证据.山东国土资源,28(12):(16-22)
王伟, 王世进, 刘敦一,等.2010.鲁西新太古代济宁群含铁岩系形成时代——SHRIMP U-Pb 锆石定年. 岩石学报,26(4):1175-1181
张天祯,王鹤立,石玉臣,等.1996.山东地壳演化阶段中非金属矿床含矿建造.山东地质,12(2):5-30
张增奇,刘明渭.1996.山东省岩石地层.武汉:中国地质大学出版社,42-83
张增奇,张成基,王世进,等.2014.山东省地层侵入岩构造单元划分对比意见.山东国土资源,30(3):1-23

结　语

山东矿床成矿系列课题，自2010年下半年正式实施至今整整做了5年。期间较多时间是用在收集、综合整理矿床勘查及成矿地质环境方面的成果资料，在此基础上进行矿床类型及各类矿床成矿地质背景研究，进而进行归类整理，初步厘定矿床成矿系列。在基本完成成果报告后，根据有关方面意见，特别是陈毓川院士2015年5月在山东考察及在山东地科院讲课时关于开展成矿系列研究方面的指导意见，以及中国地质科学院矿产资源研究所王登红研究员对项目组提出的山东矿床成矿系列划分方面的指导意见，加深了作者对成矿系列理论和方法的理解，对报告进行了认真的修改，将初步划分的成矿系列进行了归并，并补充了金、铁等重点矿产在近年间深部勘查的新成果，充实了本书的矿床地质信息。

一、取得的主要成果

1）根据矿床成矿系列理论和方法，本课题全面地收集研究了山东省内以往、特别是近年间取得的最新的区域地质调查及地质科研等方面的成果资料，以及华北板块及秦岭-大别-苏鲁造山带内有关地壳演化及大地构造旋回等方面的成果资料，确立了山东地壳演化阶段及重要成矿阶段和大地构造单元划分方案，进行了山东陆块各地壳演化阶段中成矿作用的总结研究。

2）对以固体矿产为主的近百个矿种的代表性矿产地（矿床、矿点及必要的矿化点）的产出地质构造环境及矿床地质特征（矿体、矿石、围岩、分布规律、成矿作用及成因等）等进行研究总结；对其中的主要矿种（金、铁、煤、银、钛、铜、铅、锌、钼、钨、稀土、锆、铪、金刚石、蓝宝石、石膏、水泥用灰岩、玻璃用石英砂岩、石墨、菱镁矿、滑石、透辉岩、石盐、钾盐、自然硫、硫铁矿、萤石、重晶石、膨润土、沸石岩、珍珠岩、明矾石、硅藻土、磷、地下卤水、伊利石黏土、电气石等矿种）建立了80个矿床式（类型）。

3）初步厘定了以“地域（大体为三级构造单元范围）+地质历史时期（构造旋回类型/纪或世）+主要成矿作用+矿种（组）”为基本结构的31个矿床成矿系列（早前寒武纪6个、中-新元古代5个、古生代3个、中生代8个、新生代9个），其中重要成矿系列10个（早前寒武纪3个、古生代2个、中生代3个、新生代2个）。对31个重要和主要成矿系列的形成与演化进行了总结描述。

4）依据山东地壳演化旋回、大地构造区划及鲁西陆块、胶北陆块和胶南-威海造山带各构造单元内成矿地质环境及厘定的矿床成矿系列特点，建立了从中太古代迁西期至新生代喜马拉雅期的30亿年左右的山东矿床成矿谱系。

5）在对全省成矿区带划分研究的基础上，对金、铁、煤3种矿产开展资源潜力、找矿远景与找矿方向的研究分析；预测2 000 m以浅金矿资源量2 500吨，3 000 m以浅金矿资源量4 500吨；预测2 000 m以浅铁矿资源量50亿吨；预测2 000 m以浅煤炭资源量140亿吨。对胶西北金-铁-钼-石墨-滑石-菱镁矿、鲁中地区煤-铁-铝-金-建材非金属矿、威海-文登金-银-钼-铅锌-铜矿、菏泽-济宁煤-铁矿、胶莱盆地铜-金-铅锌-萤石-重晶石-膨润土矿等5个成矿亚带的找矿远景进行了分析描述；圈定煤、金、铁、银、铜、铅锌、钼钨、铝土矿、金刚石、石墨、滑石、菱镁矿、萤石、重晶石、膨润土、硫铁矿、水泥灰岩、耐火黏土、石膏、岩盐、钾盐、自然硫等重要矿产相关的的找矿远景区45个。其中，圈定与金矿有关的找矿远景区13个，与铁矿有关的找矿远景区12个，煤矿找矿远景区4个。从金、铁、煤的找矿主攻类型和主攻地区研究分析入手，以矿床成矿系列缺位-补位新思路为主导，指出了下步找矿方向。

二、山东矿床成矿系列研究中有关地质问题思考及下步相关研究工作

矿床成矿系列研究是一项综合性的、涉及面广、带动全局性的区域矿产研究工作。以往涉及到矿床成矿系列方面的研究,尽管在山东省做一些不同程度的工作,但是作为全省性的涉及到多矿种的“山东矿床成矿系列找矿及方向研究”工作,在山东省还是一项新的、探索性的地质科研课题。作者在这项研究工作中,得到了陈毓川院士、翟裕生院士、裴荣富院士等教授的具体指导,使这项研究工作取得全面的进展,但由于作者对成矿系列理论和方法的理解和掌握还不够全面和深入,因此在操作中 还存在一些地质问题,有待于进一步解决。

(一) 基础地质研究方面问题

山东省尽管地质研究程度较高,但依然存在一些重要的基础地质问题需要进一步解决,以使矿床成矿系列更准确的厘定,促进山东矿床成矿系列研究进展。列举山东基础研究中几个方面的问题对成矿系列研究的影响。

1. 山东地层年代学研究中存在的问题对矿床成矿系列研究的影响

山东地层年代学研究中,特别是前寒武纪地层年代学研究中还存在一些不确定性,还存在一些需要进一步研究的问题,这些问题的存在对矿床成矿系列研究带来一定影响。如:

1) 20 世纪 90 年代划分的中太古代沂水岩群及唐家庄岩群,由于近几年在沂水岩群二辉麻粒岩中获得的锆石 SHRIMP (2 719±32) Ma 的 U-Pb 年龄数据和在作为 29 亿年栖霞英云闪长岩包体的唐家庄岩群中麻粒岩获得的锆石 SHRIMP 的 U-Pb 25 亿年数据,对其形成年代产生疑问,目前山东地质界暂将这两套变质岩系依然归属中太古代,认为其中的沉积变质型铁矿层为山东时代最老的铁矿(化)。

2) 20 世纪 50 年代,济宁大磁异常的发现受到地质界的关注。80 年代在颜店钻孔发现浅变质含铁岩系及铁矿层后,将这套变质岩系命名为济宁群,依据微古植物组合及 K-Ar、Rb-Sr 全岩同位素年龄将其形成时代判断为古元古代晚期。2010 年,依据获得的济宁群中碎屑锆石、变质英安玢岩中结晶锆石 SHRIMP 的 U-Pb 年龄为 25~27 亿年同位素测年数据,将该群及其中的铁矿层形成时代确定为新太古代晚期,本次进行的山东矿床成矿系列研究中采用了这个年代学归属,但从微古植物组合、含矿建造及矿床特征等方面考虑,其形成时代依然需要进一步探索。

3) 泰山岩群中条带状铁矿产出层位问题。目前所知,山东省产于新太古代泰山岩群中 3 个组级层位中发育有铁矿层,自下而上为雁翎关组、山草峪组、柳杭组,主要铁矿床发育在雁翎关组和山草峪组中,这 2 个岩组的碎屑锆石 SHRIMP 的 U-Pb 年龄分别为(2 747±7) Ma 和(2 544±6) Ma,形成时代应为新太古代早期(王世进等,2013)。但近两年来,有的研究者在沂源韩旺地区观察认为韩旺铁矿赋存在山草峪组中,提出鲁西地区泰山岩群中的条带状铁矿均发育在山草峪组中,雁翎关组中不存在条带状铁矿的观点。这个分歧还有待于进一步研究讨论。

4) 分布在胶南隆起西北缘的一套主要由大理岩、石英岩、黑云变粒岩、黑云片岩等变质岩石组合,在 20 世纪 70 至 80 年代区调时被命名为五莲群,时代归属于古元古代。其原岩建造、变质建造、含矿性等特征,与胶北地区的荆山群、粉子山群极为相似;曾被认为分布在胶北地区的荆山群及粉子山群与分布在胶南地区五莲、莒南等地的原胶南群于家岭组同属古元古代胶东海盆中异地同相产物(张天祯等,1998)。但由于 2013 年山东地调院获取的五莲群中的碎屑锆石 SHRIMP 的 U-Pb 年龄 1 727 Ma 和 1 685 Ma 数据,将这套沉积变质岩系时代归属于中元古代(王世进等)。本成矿系列课题研究中尊重将五莲群归属中元古代的方案,但依然认为需要进一步开展相关地层的年代学研究。

2. 山东大地构造学研究中存在的问题对矿床成矿系列研究的影响

这个方面的突出问题主要是构造单元区划方面的,比如二级构造单元边界断裂问题。当前,山东二

级构造单元边界分划性断裂有的是推测的,部分区段走向延伸推测存在着疑点,影响到成矿系列的划分。如作为鲁西隆起区与华北坳陷区分界的总体近 EW 向的齐河-广饶断裂,目前出版的山东省地质图等成果,对该断裂在广饶与临淄间向东怎样延伸存在不同推测,有的大体向正东方向延伸与沂沭断裂带西界的鄌郚-葛沟断裂相交,这样就将发育蓝宝石等矿产的昌乐凹陷划到鲁西隆起区了;有的成果将该断裂转向南东方向延伸,通过青州后与鄌郚-葛沟断裂相交,于是昌乐凹陷就被划入华北坳陷区了。

(二) 进一步加强山东矿床成矿系列研究问题

1. 关于全省建立的矿床式(类型)代表性问题

由于矿床地质研究程度不一和矿床发育程度和及分布的不均一性等因素,本次研究中全省固体矿产建立了 80 个矿床式(类型)。这 80 个矿床式(类型)的代表性不一致,大体分为 3 种类型。① 第 1 类矿床式代表性较强,同类矿床多,可以成为一个"类型模式",如巨野式煤矿床、焦家式金矿床、莱芜式铁矿床、蒙阴式金刚石原生矿床等;② 第 2 类矿床式代表性欠强,同类矿床少,如坊子式煤矿、化马湾式金矿等;③ 第 3 类矿床式代表性局限,有的只是一个矿产地,矿床规模小,如小庄式蓝晶石矿床等。见下表。

山东主要矿种矿床式(类型)研究程度

	第 1 类(36 个)	第 2 类(27 个)	第 3 类(17 个)
矿床式 80 个	基础资料丰富(地质工作程度高),已发现和勘查评价的此类矿床多(且在一些重要矿种中多有大型矿床勘查评价成果),总结的矿床特征具有较强的代表性	基础资料较丰富(地质工作程度相对较高),已发现和勘查评价的该类矿床较少(且少有大型矿床勘查评价成果),总结的矿床特征及其代表性欠强	基础资料比较不丰富(地质工作程度相对较低),已发现和勘查评价的该类矿床较少(且少有大中型矿床勘查评价成果,有的是单个矿床),总结的矿床特征及其代表性局限
能源矿产 4 个	2 个:巨野式煤矿床、五图式煤矿床	2 个:坊子式煤矿床、黄县式煤-油页岩矿床	
金属矿产 38 个	15 个:焦家式金矿床、玲珑式金矿床、金牛山式金矿床、归来庄式金矿床、莱芜式铁矿床、朱崖式铁矿床、韩旺式铁矿床、苍峄式铁矿床、济宁式铁矿床、福山式铜矿床、铜井式铜-金-铁矿床、郗山式稀土矿床、邢家山式钼-钨矿床、十里堡式银矿床、湖田式(G 层)铝土-耐火黏土矿床	14 个:化马湾式金矿床、磨坊沟式金矿床、龙宝山式金矿床、蓬家夼式金矿床、唐山硼式砂金矿床、金线头式铜-金矿床、马陵式铁矿床、祥山式铁矿床、邹平式铜矿床、香夼式铜-铅-锌矿床、石岛式含铪锆石砂矿床、西冲山式(A 层)铝土-耐火黏土矿床、肖家沟式钛铁-铁矿床、辛安河式砂金矿床	9 个:尚家庄式钼矿床、莲花山式铁矿床、塔埠头式稀土矿床、大珠子式稀土矿床、胡家庄式稀土矿床、白石岭式铅锌矿床、桃科式铜-镍矿床、青上式铜矿床、官山式金红石矿床
非金属矿产 38 个	19 个:蒙阴式金刚石原生矿床、郯城式金刚石砂矿床、汶口式石膏矿床、东向式石盐-钾盐矿床、朱家庄式自然硫矿床、昌乐式蓝宝石砂矿床、南墅式石墨矿床、李博士夼滑石矿床、粉子山式菱镁矿床、涌泉庄式膨润土-沸石岩-珍珠岩矿床、巨山沟式萤石矿床、化山式重晶石矿床、山旺式硅藻土矿床、唐家沟式硫铁矿床、李官式石英砂岩矿床、梭罗树式石棉-蛇纹岩矿床、长乐式透辉岩矿床、桃行式白云母矿床、将军山式明矾石矿床	11 个:钓鱼台式硫铁矿床、柳泉式石灰岩矿床、磨山式石灰岩矿床、燕地式石灰岩矿床、源泉式石膏矿床、方山式蓝宝石原生矿床、曹家楼式膨润土矿床、旭口式石英砂矿床、厥里式浅层地下卤水矿床、东营式深层地下卤水矿床、鄄城式岩盐矿床	8 个:彭家疃(矾山)式磷矿床、沙沟式磷矿床、小庄式红柱石矿床、抱犊崮式天青石矿床、谭家营式膨润土矿床、北孟式伊利石黏土矿床、荆山洼式耐火黏土矿床、陶家庄式白垩矿床

鉴于上述,对山东各类矿产资源,需要深化矿床类型研究,完善矿床式总结这项基础工作,以促进成矿规律研究。

2. 关于部分矿床成矿系列的组合归属问题

对于成矿地质流体,陈毓川院士指出:地质流体成矿作用,是指非岩浆、非变质、非沉积作用时的流体成矿,而是地壳中后来的表生流体与地壳已存在的流体,在一定深度与温度梯度条件下与围岩作用而形成的矿床(陈毓川等,2007)。本书归纳的"成矿系列组合"在"岩浆"、"沉积"、"变质"成矿作用之后划分一类"成矿流体"成矿作用矿床成矿系列组合,将"鲁东地区与晚白垩世低温(流体)热液裂隙充填作用有关的萤石-重晶石、铅锌-重晶石矿矿床成矿系列归于其中。

山东萤石、重晶石及含铅重晶石矿主要分布在胶西北隆起的蓬莱、龙口、招远、平度和胶莱拗陷及沂沭断裂带内的即墨、胶州、高密、诸城、安丘、莒南、临沭等地。矿床(点)围岩为中生代燕山晚期花岗质岩石、白垩系火山及沉积碎屑岩,矿体产出严格受控于断层、裂隙。以往勘查及研究成果都将其归结为与中生代燕山期酸性岩浆的期后热液及早白垩世火山活动后期热液有关的中低温热液矿床。近20年来,依据硫同位素组成、测温、流体包裹体等数据和地质观察,认为鲁东及沂沭断裂带内的萤石-重晶石矿主要是大气降水在区域性断裂构造发育的花岗质岩石、火山-沉积碎屑岩等岩石区内,沿构造破碎带运移过程中汲取了岩石中的F,Ba,Ca,B,S等组分,并沿构造破碎带渗流到地下深处,随地热增温而升温,并与地下热水混合循环。在循环过程中又不断溶滤汲取围岩中的F,Ba,Ca,B,S等组分,使其浓度增高,在达到适合沉淀的物理化学条件时,经化学反应在浅部岩石裂隙中沉淀成萤石、重晶石矿体。依据萤石-重晶石矿脉切穿晚白垩世王氏群红色砂岩层(崂山红埠、莒南孙家略庄),以及蓬莱艾山-雨山萤石成矿带内萤石矿石中的钾长石52.3 Ma的同位素年龄数据(据山东省地质局第六地质队),推测萤石-重晶石矿的形成时代最早应在晚白垩世晚期,或可能为古近纪。

除鲁东地区这类萤石、重晶石、铅锌-重晶石矿外,发育在鲁中中部,沿淄河断裂带分布的朱崖式褐铁矿-菱铁矿矿床,在20世纪50年代末和70年末的两轮勘查会战及此后发表的研究成果中,都表述其为岩浆期后热液充填交代-风化淋滤型矿床(曾认为与我国"南山式铁矿床"成因相当)。该类矿床为低温成矿,主要矿石矿物为褐铁矿和赤铁矿,成矿主要受控于断裂、裂隙(包括层间裂隙、溶洞等),矿区未见深成岩浆岩。此类铁矿床自1959年投入勘探以来,对其是"内生"还是"外生",或是"复合"成因就存在争议。笔者虽然此报告中将其归入"岩浆作用成矿系列组合",但以为将其归入"成矿流体作用矿床成矿系列组合"或更恰当。这些还有待于进一步研究探讨。

3. 厘定的基本成矿系列还需完善

1)对基本系列的划分在时间宽度上(一定的地质历史时期或构造运动阶段)原则上以代(或亚代)或构造旋回为基本单元,但在实际操作时对在"纪"或"世"或"亚构造旋回"的时间单元内形成的,"在一定的地质构造单元及构造部位,与一定的地质成矿作用有关,形成一组具有一定成因联系的矿床的自然组合",也厘定为一个矿床成矿系列,如"鲁西隆起区与古近纪内陆湖相碎屑岩-碳酸盐岩-蒸发岩建造有关的石膏-石盐-钾盐-自然硫、石膏矿床成矿系列";"鲁东地区与早白垩世中酸-中基性火山-气液活动有关的金-铜、硫铁矿、明矾石、沸石岩、膨润土、珍珠岩矿床成矿系列";"胶北隆起与燕山晚期花岗质岩浆活动有关的金(银-硫铁矿)、银、铜、铁、铅锌、钼-钨、钼矿床成矿系列"等。由此,矿床成矿系列划分是细了些,少有考虑其在更大区域范围的对比问题。

2)由于本课题在厘定矿床成矿系列时,"一定的构造单元"总体上掌握的是三级大地构造单元,因此,对省内有些形成于同一地质历史时期、同一地质成矿作用、具有同一成因联系的矿床的自然组合体,由于它们处在不同的三级构造单元,故将其分别厘定为不同的成矿系列。如,"胶北隆起与古近纪内陆湖相碎屑岩-有机岩建造(五图群李家崖组)有关的煤-油页岩矿床成矿系列";"鲁中隆起与古近纪内陆湖相碎屑岩-有机岩建造(五图群李家崖组)有关的煤-油页岩-膨润土矿床成矿系列"。由于这种因素,全省基本成矿系列可能划分的多了些。

4. 区域矿床成矿谱系需要进一步加强研究

在本课题中,作者作了区域矿床成矿谱系研究的初步尝试,对山东陆块内的有关矿产(组)不同时期的成矿作用,在成矿地质背景上所具有的区域构造演化方面的联系进行了初步探讨,但总结的还不够深入,还需要做进一步的探索。对于山东金属矿产区域成矿规律研究,自从国土资源部金矿成矿作用过程与资源利用、山东省金属矿产成矿作用过程与资源利用2个重点实验室设立以来,已经将山东金属矿产、特别是金矿的成矿规律研究,列入规划在有步骤的进行着。

陈毓川院士指出,"研究区域成矿规律必定要研究区域成矿谱系",通过本项目的实施,加深了作者对在成矿系列研究中加强区域成矿谱系研究的理解。下一步,作者将进一步开展特定区域内(比如胶北地区、鲁中地区),全部地质历史过程中金属矿产成矿作用的演化过程及成矿产物的时空分布、内在联系等规律的探索研究,寻求构成一个区域内的各个成矿旋回和其中某个成矿旋回内形成的矿床和矿床成矿系列之间的关系;从区域矿床成矿谱系新的视角探索区域成矿规律,为更有成效的指导山东地质找矿提供成矿谱系研究方面的依据。

Minerogenetic series of mineral deposits in Shandong

Shandong province, referred to as "Lu", located in the northern section of the China's east coast, is located in the lower reaches of the Yellow River. The entire land area is 157900 km^2, with 299 islands distributed in the coastal.

Shandong landmass developed on an erosional base of collision margin between Lower Yangtze and North China Plates, which composed by Western Shandong block, North Jiaodong block and Jiaonan-Weihai block.

Overall, shandong landmass in the process of crustal evolution of nearly 3 billion years, after the land nucleus formation, continental, epicontinental sea and the Pacific coast development evolution stage, the crustal evolution complex.

1 The main mineral resources in different geology historical stage

By the end of 2014, more than 150 kinds of minerals has been found in Shandong province, 85 kinds of them was proven reserves. Gold, iron, coal, oil and diamond are important and characteristic mineral resources of Shandong province, and it occupies important position in the economy.

These minerals formed in different geological history period, different geological tectonic environment, and ng a long geological history (From Neoarchean to Quaternary).

In Neoarchean, banded sedimentary metamorphic iron deposit, copper nickel, niobium, tantalum, titanium iron, jade and other minerals which have close relation with magmatism in Luxi block have been formed. In Proterozoic, sedimentary metamorphic iron, rare earth, rutile, graphite, talc, magnesite, kyanite deposit in Ludong block have been formed. In Paleozoic, in addition to the diamond related to magmatism in Luxi block, coal, bauxite, refractory clay, kaolin, limestone and gypsum minerals have been formed. In Mesozoic, gold, silver, iron, copper, rare earth, lead, zinc, molybdenum, fluorite, barite, bentonite, perlite, alunite, pyrite minerals which have close relation with magmatism, and coal, refractory clay minerals which have close relation with deposition in Ludong block and Luxi block have been formed. In Cenozoic period, oil and natural gas, coal, oil shale, gypsum, halite, sylvite, natural sulfur, placer diamond and sapphire placer, diatomite, placer gold, zircon placer minerals which has close relation with deposition, and sapphire primary minerals which have close relation with magmatism in Luxi block and Ludong block have been formed.

2 Precambrian minerogenetic series

Precambrian is an important metallogenic period in Shandong Province. Among 150 kinds of minerals already found in Shandong province, minerals formed during Precambrian accounted for about 25%. About 30% among 85 kinds of minerals with proven reserves formed during Precambrian. The BIF type iron deposit, talc, graphite, magnesite and other minerals occupies an important position in the economic development in Shandong province.

Precambrian geological evolution in Shandong province includes two stages as Middle Archean-Palaeoarchaean (Early Cambrian) and Mesoproterozoic-Neoproterozoic. Its basement in Middle-Archaean-

Proterozoic is a component part of North China Craton. It is composed of Jiaoliao micro block (Shandong part), Bolu micro block and Qianhuai micro block with the trend approximately of SE-NW sequentially arrayed. It formed the distribution characteristics of tectonic units as east and west differentiation. Crust transformed from immature continental crust to mature continental crust, collision and basal consolidation happened among different blocks, basement gradually consolidated, and cratonization happened.

In Mesoarchean (> 2800 Ma), two continental nucleus as Yishui and Tangjiazhuang occurred in Shandong province. In the initial stage of crust development, original crust was pulled apart and formed Yishui rock group and volcanic-sedimentary rock series in Tangjiazhuang rock group. In late Middle Archean period, arc-arc and arc-continent collision happed and formed T_1 T_2(combination) sodium granite. In this regard, this area became a non-uniform and immature transitional crust, and the space was transformed into the continental margin environment. Because of strong tectonic magmatic activities in late period, reserved scale of Mesoarchean geological body was small, and metallogenic characteristics was not obvious.

2.1 The Neoarchaean mineralization minerogenetic series

Neoarchaean (2800~2500 Ma) is an important period for crustal growth. The formation of the greenstone belt and theiron minerogenetic series related to sedimentation-metamorphism was one of the most essential characteristics in this period.

In the early Neoarchaean (2800~2600 Ma), the major mineralization was mainly occurred under littoral environment in the active continental margin. The iron-gold-pyrite minerogenetic series related to early-middle Neoarchean volcanic sedimentary metamorphism in Luxi block was formed during this period. In this period, crust was stretching and thinning, mantle material was upwelling and formed komatiitic rocks and pillow basalt. It would make crust horizontal accretion, and Taishan group and Jiaodong group were formed.

In middle and late period (2600~ 2500), accompanying with subduction of ocean basin, a large number of TTG granite intruded and made the crust accreted. In late period, it transformed into continental island arc, in the end, accompanying with arc continent collision, micro blocks conjunction and crust accretion, strong metamorphism and deformation happened and formed high amphibolite facies metamorphic basement rocks——granitic greenstone body. Thus, first cratonization of Shandong landmass had been finished. In Neoarchean, banded iron formation, middle hydrothermal gold deposit and copper nickel sulfide deposit which had close relation with greenstone belt were main mineralization types in Neoarchean period in Shandong province. In addition, large scale magmatism and later transformation, Taishan jade and Taishan stone (ornamental) deposits hade been formed. In late period of Neoarchaean, a stable platform background developed in passive continental margin, so that the Lake Superior Type banded iron construction (Jining iron deposit) could be formed in late period. In late Paleoproterozoic, the passive continental edge developed into stable platform environment. It formed Lake Superior banded iron construction. The iron minerogenetic series related to late Neoarchean sedimentary metamorphism in Jining micro block was formed during this period.

2.2 The paleo Proterozoic mineralization minerogenetic series

In the early stage of Proterozoic (2500 ~ 1800 Ma), the North China Craton have experienced a stretching-rupturing event of continental basement block, Jiaoliao rift basin was formed during this stage, and a set of littoral and neritic sedimentary formation (Jingshan group, Fenzishan group) under semi stable—more stable tectonic environment were formed in the North basin. In late Paleoproterozoic, North China Craton experienced a compressional tectonic event, and lead to the formation of Jiaoliao orogenic belt. Mineral deposits with Proterozoic ancient features, such as iron, rare earth, graphite, talc, magnesite which is represented by a large scale of clastic sediments in depression basin and later metamorphic events had been formed in this period. The iron-rare earth-graphite-talc-magnesite-quartzite-diopside-marble minerogenetic series related to late Paleoproterozoic sedimentary metamorphism formation was formed during this period.

2.3 The Mesoproterozoic mineralization minerogenetic series

In Mesoproterozoic period (1800 ~ 1000 Ma), Shandong landmass experienced a cracking and polymerization process which had close relation with the evolution of Rodinia super continent. In early period, a set of clastic rock and argillaceous rock (Wulian group and Zhifu group) were formed in crack depression basin in the margin of the Yangtze block. The andalusite-rare earth-graphite-talc-quartzite-diopside-wollastonite-marble minerogenetic series related to Paleoproterozoic sedimentary metamorphism formation was formed during this period.

2.4 The Neoproterozoic mineralization minerogenetic series

In Neoproterozoic period (1000~541 Ma), According to secondary tectonic unit (third tectonic unit in eastern Shandong) and ore-forming order in Shandong province, regional mineralizing pedigree in Shandong province is set up. There are great differences in mineralization and geological evolution between Luxi block, Jiaobei block and Jiaonan-Weihai block. After experiencing modification and thermal event, rare earth, alusite, graphite and other minerals were formed in Wulian group. Asbestos and serpentinite minerals (nickel) which had close relation with new Proterozoic ultrabasic magma intrusion, eclogite type rutile, garnet, green pyroxene minerals which had close relation with ultrahigh pressure metamorphism, muscovite, feldspar and other minerals which had close relation with magmatism in Jiaonan orogenic belt had been formed.The rutile-garnet-omphacite minerogenetic series related to Neoproterozoic ultrahigh pressure metamorphism in Jiaonan-Weihai block was formed during this period.

3 The Palaeozoic minerogenetic series

Shandong block was in epicontinental sea development stage during Palaeozoic. During a long geological history period of almost 300Ma (541.0~ 252.2 Ma), it has experienced two development cycles as Caledonian (541~41.6 Ma) and Variscan (41.6~2.522 Ma). In general, it has the same geological evolution framework with the North China plate, and has been in stable geological development stage. During this stage, geological development in Ludong area and Luxi area has different caracteristics and geological landscapes.

3.1 The Cambrian and Ordovician mineralization minerogenetic series

During the Cambrian and Ordovician period (541~ 416 Ma), Luxi area became the overall shallow sea on land surface due to seawater intrusion from south to north, and formed a shallow shelf environment sedimentary formation which carbonate rocks was main components, accompanying with clastic rocks and evaporites (Cambrian-Ordovician Changqing group, Jiulong group, Majiagou group), and many kinds of mineral deposits as gypsum, quartz sandstone (glass using), limestone (cement, flux, chemical industry, alkali using), celestite, and so on controlled by marine sedimentary formation. It constituted the "limestone, gypsum, quartz sandstone, process ashlar, celestine deposit minerogenetic series in Luzhong block related to Cambrian-Ordovician marine carbonate rock and clastic rock-evaporite formations".

In this stage, magmatic activities was very weak, Shandong block showed the development features of the platform. Only in the late Ordovician, mantle-derived low alkali potassium magnesium ultramafic magma-kimberlite magma intruded along deep fault (west fault beside Yishu fault belt) in partial region of Luzhong area. Numerous and different sizes of tubular and vein like containing diamond were formed in Changmazhuang aera in Mengyin and Xiyu area. It formed kimberlite type diamond minerogenetic series of ore deposits in Luzhong block related to Caledonian ultrabasic magma intrusion activities.

3.2 The Carboniferous and Permian mineralization minerogenetic series

During the Carboniferous and Permian period (416~ 252.17 Ma), In late Middle Ordovician period, Caledonian movement made Luxi area rise until the Early Carboniferous. It caused the lack of sedimentary from Late Ordovician to Early Carboniferous Cretaceous, and made this area suffer long-term weathering and denudation.

In Late Carboniferous, Luxi block depressed in general, and became vast shallow sea. Due to frequent crust shock and repeated retreat of sea water, formed marine-terrigenous facies which coastal marshes alternating with tidal flat, lagoon and carbonate platform(carboniferous-Permian Yuemengou group and Shihezi group), formed minerals as coal, refractory clay-bauxite (containing gallium), quartz sandstone (cement and glass using), kaolinite, pyrite, expansion diagenetic clay; and constituted "coal (-oil shale), bauxite (containing gallium)-refractory clay, iron, quartz sandstone deposit minerogenetic series in Luxi block related to Carboniferous-Permian marine-terrigenous facies clastic rocks-carbonate rocks-organic rock construction".

4 Mesozoic minerogenetic series

From Paleozoic to Mesozoic, the geological evolution development of Shandong block not only came into an important turning point, but also came into an important metallogenic period. Many famous deposits, such as Jiaodong gold deposit, rich iron ore in Luzhong area, Guilaizhuang gold deposit, and many non-ferrous metals, non-metallic and other important minerals were formed in this stage.

4.1 The Triassic mineralization minerogenetic series

During the Triassic period (252.17~ 199.6 Ma), Mesozoic tectonic evolution in Shandong province were mainly controlled by two kinds of dynamics background: one is the collision between Yangtze block in Paleo-Asian tectonic domain and ancient block of the North China, the other is the subduction of Pacific plate block in circum Pacific tectonic domain to Eurasian plate. In the early Mesozoic period, by constraints of the collision between ancient North China block and the Yangtze block, evolution showed a compressional tectonic mechanism. During the middle and late Mesozoic period, by constraints of the subduction from the Pacific plate to Eurasian plate, tectonic mechanism transformed to extension.

4.2 The Jurassic mineralization minerogenetic series

During the Jurassic period (199.6~ 145 Ma), due to the impact of the collision between the North China and the Yangtze plate, it showed an erosion state in the eastern area; while local settlement happened in Luxi area, and Jiyang, Zhoucun, Fangzi, Mengyin, depression basin were formed. In Luzhong area, these depression basins were filled with clastic rock-argillaceous rock-organic rock system——Zibo group. Fangzi group was the ore-bearing layers of Jurassic coal deposit and fire clay deposit. In the Middle Jurassic, alkaline monzonitic magma intrusion activity (Tongshi complex rock) occurred in the development sections of fault structure system in Luzhong block controlled the formation of Guiliazhuang type gold deposit. It is the only known metal metallogenic event occurred in the early Yanshanian in Shandong Province. At the end of early Jurassic, sinistral strike-slip occurred in Yishu fault zone. It had an important impact on geological development of Shandong block. The gold minerogenetic series related to early Yanshanian alkaline magmatism in Luzhong uplift was formed during this period.

4.3 The Cretaceous mineralization minerogenetic series

Cretaceous (145~ 65.5 Ma) is an important period in the tectonic regime transition in eastern China. In Ludong area, the largest Mesozoic basin in Shandong province——Jiaolai depression basin, Mazhan-Suncun basin, Juxian basin, Anqiu basin, Junan basin, Linshu basin, Tancheng basin, Taocun basin, Zanggezhuang basin and Lidao basin were formed. In Luxi area, Fangzi basin, Zouping-Zhoucun basin, Laiwu basin, Yiyuan basin, Mengyin basin, Feixian basin and Tangwu-Gegou basin were fomed. A set of continental sedimentary rock system (Laiyang group), volcano-sedimentary rock system (Qingshan group, Dasheng group), sedimentary rock system from early to late Cretaceous developed in these depression basins (especially in eastern Shandong) in Ludong and Luxi area. The gold-copper-pyrite-alunite-zeolite-bentonite-perlite minerogenetic series related to early Cretaceous volcanic hydrothermal activities was formed during this period.

In Cretaceous (late Yanshanian), due to intense tectonic magmatic activities, well developed fault structural system, multi stage magma intrusion and emplacement, and related minerals were formed in Ludong and Luxi area. In Luxi area, The iron-gold-copper-molybdenum-rare earth-phosphorus minerogenetic series related to lateYanshanian magmatic-hydrothermal activities was formed during this period. While in the eastern Shandong area, the famous gold-copper-pyrite-alunite-zeolite-bentonite-perlite minerogenetic series related to early Cretaceous volcanic hydrothermal activities and The fluorite-barite-lead-zinc minerogenetic series related to late Cretaceous epithermal fracture-filling activities in Ludong area were formed during this period.

5 Cenozoic minerogenetic series

Due to continuous affected of marginal-pacific tectonic activities, strong block-elevation occurred in Shandong block in Cenozoic (Himalaya tectonic cycle). Only scattered small scale depression basins were formed in Ludong uplift. Except Jiyang-Linqing depression areasettled continuously in Cenozoic, much of Luxi uplift area was uplifting.

In the short geological evolution period of about 65.5 Ma in Cenozoic, multiple of geological events happened in Shandong block (such as volcano, sedimentary and fault blocks). Important mineral resources which had close relation with sedimentary and volcanic processes had been formed, such as oil, natural gas, coal, oil shale, gypsum, halite-potassium salt, natural sulfur, sapphire, diatomite, diamond, gold and zircon had been formed.

5.1 The Paleogene mineralization minerogenetic series

In Paleogene (65.5~23.03 Ma), on the basis of early Cretaceous sedimentary basins, a set of dustpan shaped pull-apart depression basins were formed in Luxi uplift area. In these basins, thick river-lake facies clastic rocks, carbonate rocks and evaporate sedimentary (Guanzhuang group, Wutu group) had been accepted, and the gypsum-halite-sylvite-sulphur minerogenetic series related to Paleogene inland lake clasolite-carbonatite-evaporite formation in Luxi uplift were formed during this period. A set of oil-bearing clastic rock system (Jiyang group) with a great thickness of continental facies were deposited in the depression area. The petroleum-natural gas-sulphur-halite-polyhalite-gypsum-subsurface brine minerogenetic series related to Paleogene inland lake clasolite-carbonatite-evaporite formation were formed during this period. Ludong area was under the uplift background in the overall. Continental coal system (Longkou) was only formed in regional small depression basins, while almost disappeared in Jiaolai basin. The coal-oil shale-bentonite minerogenetic series related to Paleogene inland lake clasolite-organolite formation were formed during this period.

5.2 The Neogene mineralization minerogenetic series

In Neogene (23.3~2.6 Ma), Himalayan movement became strong again. It caused rapid settlement of Jiyang and Linqing depression again, and formed a set of fluvial facies-river clastic rocks with carbonate rock sedimentary in Huanghua group. A set of volcanic sedimentary rock series——linqu group was gradually formed. The diatomite-lignite-phosphor-bentonite-chalk minerogenetic series related to Neogene volcanic sedimentary formation in the volcanic basin and the zircon (with hafnium)-ilmenite-quartz sand-placer gold-rutile minerogenetic series related to Quaternary sedimentation were formed during this period.

5.3 The Quaternary mineralization minerogenetic series

In Quaternary (from 2.588 Ma to now), differential uplift activities were significant. A larger subsidence rate was kept in Jiyang-Linqing depression and Luxi uplift zone, and formed Heituhu formation with great thickness and alluvial accumulation of loose piled deposition in Pingyuan formation and the Yellow River formation below and above the plain. In intermountain basin, valley area, piedmont slope edge, coastal area and low-lying parts in Luzhongnan area and Ludong uplift area, residual-slope accumulation, alluvial-diluvial accumulation, rivers, lakes, lacustrine-swamp, coastal area, river and sea interaction, karst accumulation, aeolian deposit types of loose debris deposition were formed. The diamond-sapphire-ilmenite-quartz sand-placer gold-rutile minerogenetic series related to Quaternary sedimentation were formed during this period.

6 Mineralizing pedigree

According to secondary tectonic unit (third tectonic unit in eastern Shandong) and ore-forming order in Shandong province, regional mineralizing pedigree in Shandong province is set up. There are great differences in mineralization and geological evolution between Luxi block, Jiaobei block and Jiaonan-Weihai block.

From Archean to Paleozoic (Qianxi period to Hercynian period), that was the forming and developing stage of blocks epicontinental sea. metallogenic environment and mineralization in Luxi block were obviously different from the Jiaobei and Jiaonan-Weihai block. Iron-gold deposits minerogenetic series which had close relation with early-late Neoarchean volcano-sedimentary and coal, bauxite minerogenetic series which had close relation with Carboniferous-Permian marine-terrigenous facies had only been seen in Luxi block, while sedimentary metamorphic iron, rare earth, graphite deposit minerogenetic series which had close relaiton with palaeoproterozoic and mesoproterozoic khondalite series construction was only seen in Jiaobei block and Jiaonan-Weihai block.

In Mesozoic, although there were some things in common of mineralization in Luxi block, Jiaobei block and Jiaonan-Weihai block, there were still great differences between them. Gold, silver, molybdenum, tungsten and other minerogenetic series related to Yanshanian granitic magmatism only formed in Jiaobei block, Jiaonan-Weihai block (especially Jiaobei block). In Cenozoic, gypsum, halite and natural sulphur minerogenetic series related to inland lake sedimentary formation was only formed in Luxi block. In addition to lithofacies palaeogeography environment was different from Jiaobei block and Jiaonan-Weihai block, it had close phylogenetic relationship with gypsum-salt formation and gypsum-salt deposit in Luxi block in early Paleogene.

During Cenozoic Neogene to Quaternary period (in middle and late Himalayan), Luxi block, Jiaobei block and Jiaonan-Weihai block had consistent evolution history in tectonic environment and tectonic, and formed the same or similar sedimentary rocks, and gold, diamond, sapphire deposit minerogenetic series related to clastic rock formation, and minerals fully inherited the early rock series.

7 The prospecting direction of the important minerals in Shandong

It summarizes the promising prospecting area of the important minerals in Shandong for a total of 45 areas, involves energy minerals of oil, coal; metals of Au, Fe, Ag, Cu, Pb, Zn, Mo, Wu, Al etc; indispensable nonmetal minerals of diamond, graphite, talc, magnesite, fluorite, barite, bentonite, limestone, refractory clay, pyrite, cement, gypsum, rock salt, sylvite and natural sulfur etc.

The 13 gold promising prospecting areas, the predicted gold reserve is 4069 tons; The 12 iron promising prospecting areas, the predicted gold reserve is 75 million tons; The 4 coal promising prospecting areas, the predicted gold reserve is 145 million tons.

It has been pointed out that there is a good ore prospecting potential in Shandong Province, and ore prospecting should be further intensified.

7.1 Gold ore prospecting direction

The orientation of prospecting: The Mesozoic magmatic hydrothermal type gold mine, including fracture zone alteration rock pattern gold deposit, gold-bear quartz type deposit, polymetallic sulphide deposits of gold-quartz vein and crypto explosive-breccia-rock type gold deposits.

The areas of prospecting: In jiaodong area, "Laizhou-Zhaoyuan gold-silver-fluorite-sulfur promising prospecting area", "MouPing-Rushan gold-copper-molybdenum-iron-sulfur promising prospecting area", "Southern Penglai promising prospecting area of gold-fluorite" and "Qixia-Fushan gold-silver-copper-molybdenum-lead-zinc promising prospecting area". These areas have superior ore-forming geological condition, abundant mineral resource, and the great ore prospecting potential. The outside and the deep area of Existing mines is the focus area for the prospecting in the future.

In western Shandong area, Pingyi-Cangshan gold metallogenic belt, Yiyuan-Yinan gold metallogenic belt and the Taishan-Mengshan gold metallogenic belt are the most important gold mineralization zones in this area. This study has pointed out two promising prospecting areas in in western Shandong province, "Pingyi-Tongshi promising prospecting area" and "Cangshan-Longbaoshan promising prospecting area"

7.2 Iron ore prospecting direction

This study has pointed out four promising prospecting areas in in western Shandong province, as, "Zibo-Jinling promising prospecting area", "Laiwu promising prospecting area", "Dongping-Wenshang promising prospecting area", "Jining promising prospecting area" and "Southern Shanxian promising prospecting area". These promising prospecting areas are mainly distribution areas of Laiwu type, Zhuya type, Hanwang type, Cangyi type and Jining type iron deposits, which are the important area for prospecting in the Shandong. And the sedimentary-metamorphic deposits should be treated as the mian type for prospecting in the future.

7.3 Coal mine prospecting direction

This study has pointed out four promising prospecting areas, as, "Juancheng-Juye-Chengwu promising prospecting area", "Yanggu-Chiping promising prospecting area", "Pandian-Qihe promising prospecting area" and "Jinan-Zhangqiu-Zibo promising prospecting area". The outside and the deep area of Existing mines is the focus area for the prospecting in the future.

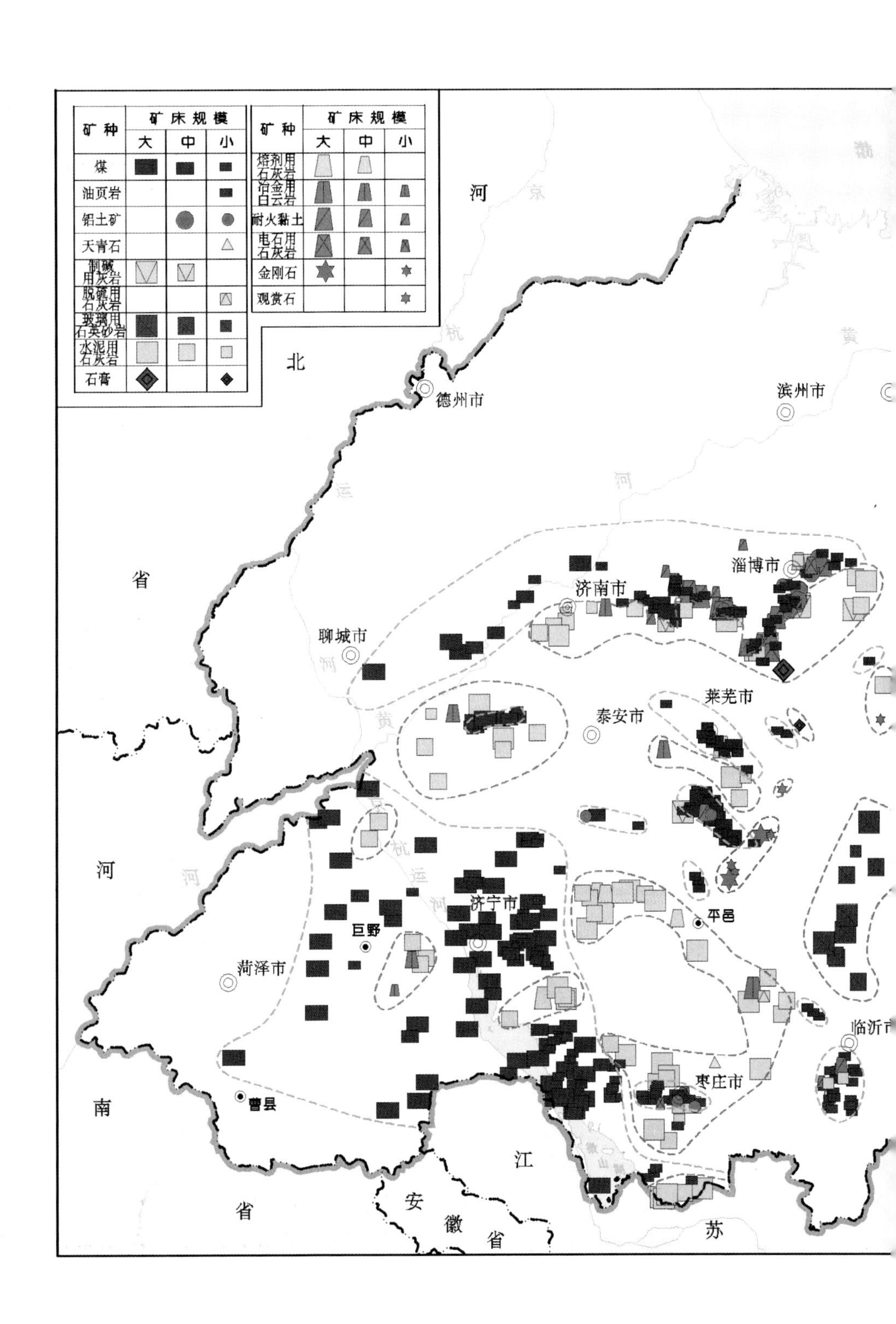

矿种
矿床规模
大
中
小
煤
油页岩
铝土矿
天青石
制碱用灰岩
脱硫用石灰岩
玻璃用石英砂岩
水泥用石灰岩
石膏
熔剂用石灰岩
冶金用白云岩
耐火黏土
电石用石灰岩
金刚石
观赏石
河
北
省
河
南
省
安
徽
省
江
苏
德州市
滨州市
淄博市
济南市
聊城市
泰安市
莱芜市
济宁市
巨野
平邑
菏泽市
曹县
枣庄市
临沂市

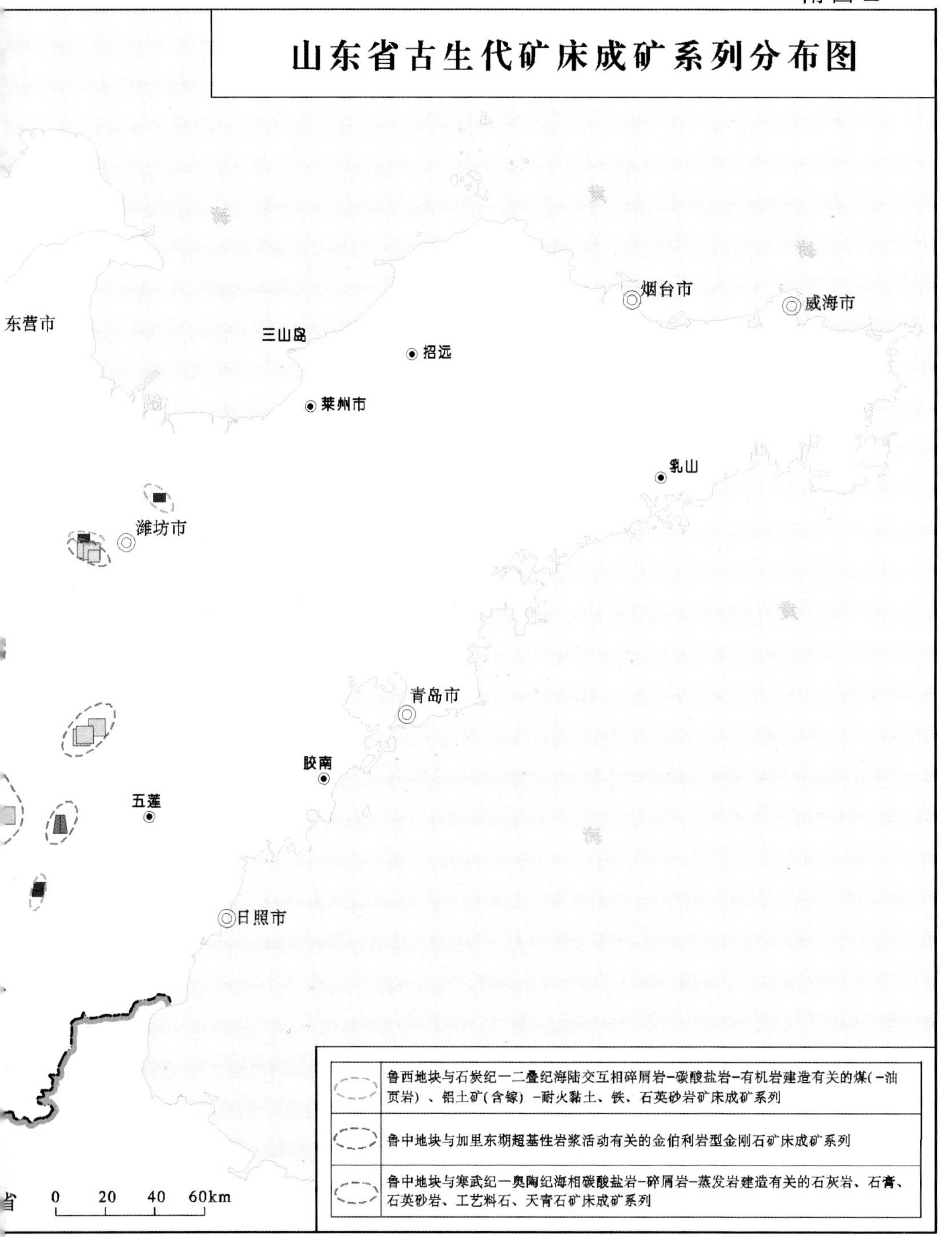
山东省古生代矿床成矿系列分布图
烟台市
威海市
东营市
三山岛
招远
莱州市
乳山
潍坊市
青岛市
胶南
五莲
日照市
省
0 20 40 60km
鲁西地块与石炭纪—二叠纪海陆交互相碎屑岩–碳酸盐岩–有机岩建造有关的煤(–油页岩)、铝土矿(含镓)–耐火黏土、铁、石英砂岩矿床成矿系列
鲁中地块与加里东期超基性岩浆活动有关的金伯利岩型金刚石矿床成矿系列
鲁中地块与寒武纪—奥陶纪海相碳酸盐岩–碎屑岩–蒸发岩建造有关的石灰岩、石膏、石英砂岩、工艺料石、天青石矿床成矿系列

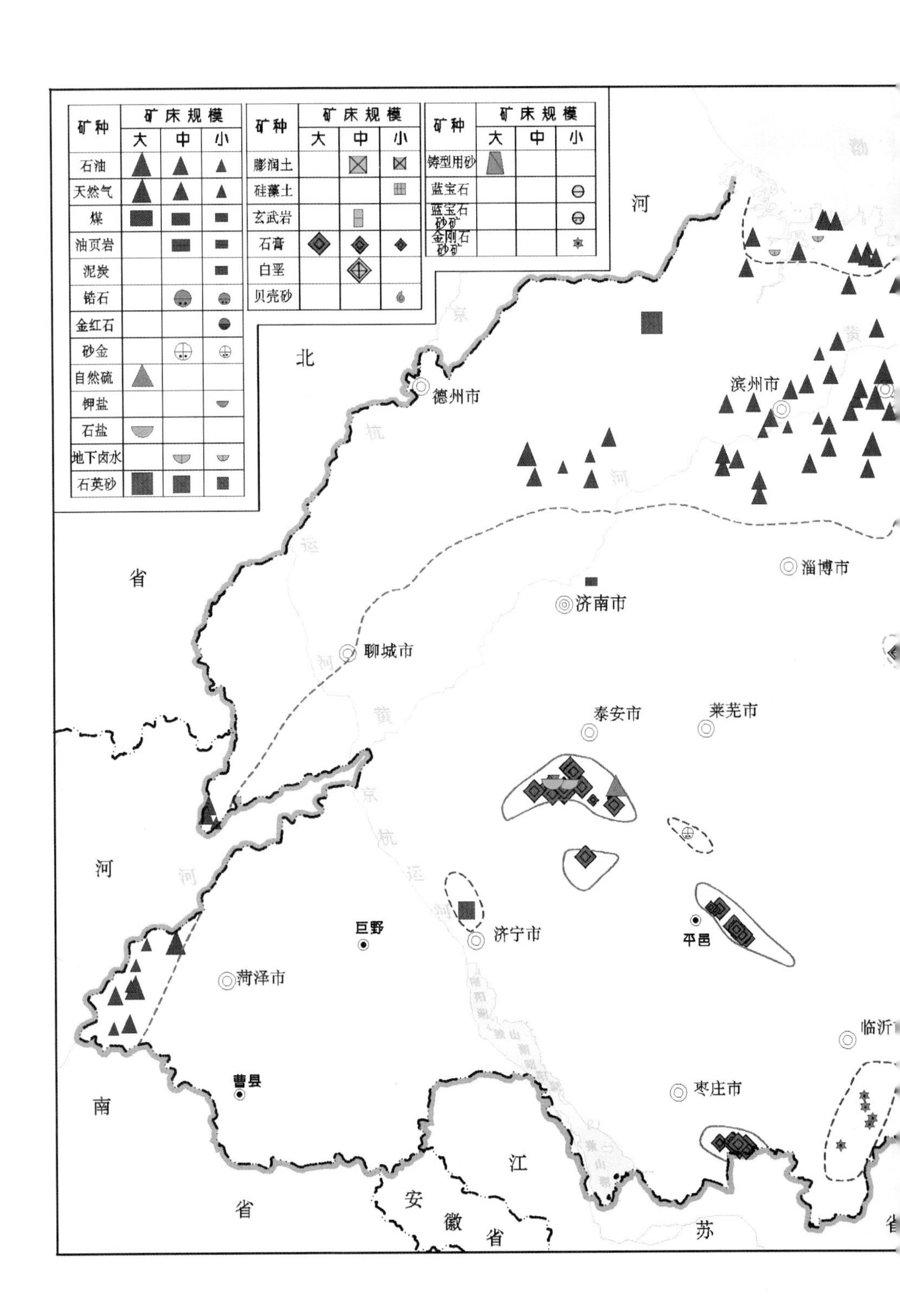

矿种
矿床规模
大
中
小
石油
天然气
煤
油页岩
泥炭
锆石
金红石
砂金
自然硫
钾盐
石盐
地下卤水
石英砂
膨润土
硅藻土
玄武岩
石膏
白垩
贝壳砂
铸型用砂
蓝宝石
蓝宝石砂矿
金刚石砂矿
河
北
省
德州市
滨州市
淄博市
济南市
聊城市
泰安市
莱芜市
济宁市
巨野
菏泽市
平邑
曹县
枣庄市
临沂
河
南
省
安
徽
省
江
苏
省

山东省新生代矿床成矿系列分布图

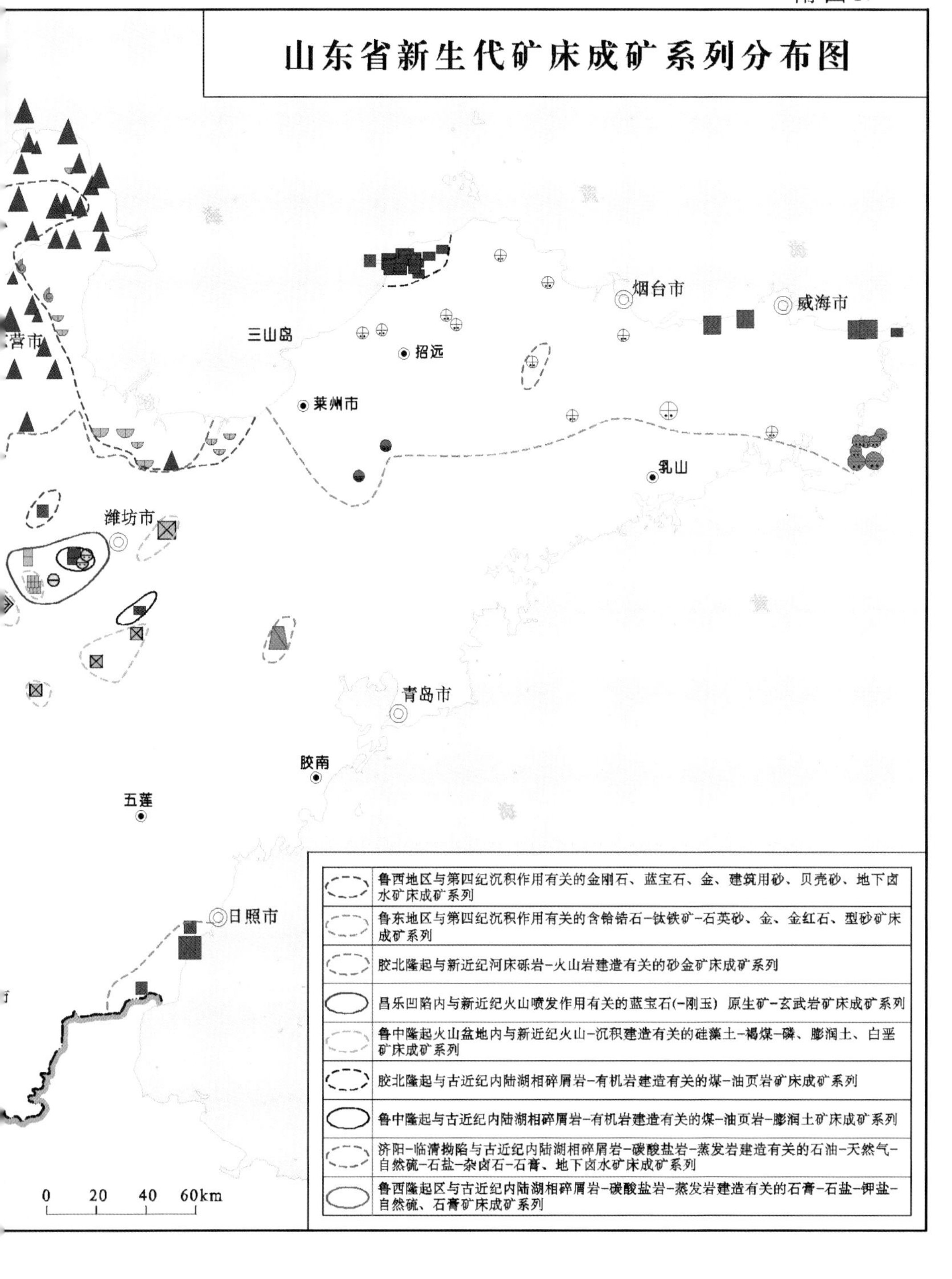